ISBN 978-0-364-34981-6
PIBN 11339265

1 MONTH OF
FREE
READING

at
www.ForgottenBooks.com

By purchasing this book you are eligible for one month membership to ForgottenBooks.com, giving you unlimited access to our entire collection of over 1,000,000 titles via our web site and mobile apps.

To claim your free month visit:
www.forgottenbooks.com/free1339265

English
Français
Deutsche
Italiano
Español
Português

www.forgottenbooks.com

Mythology Photography **Fiction**
Fishing Christianity **Art** Cooking
Essays Buddhism Freemasonry
Medicine **Biology** Music **Ancient**
Egypt Evolution Carpentry Physics
Dance Geology **Mathematics** Fitness
Shakespeare **Folklore** Yoga Marketing
Confidence Immortality Biographies
Poetry **Psychology** Witchcraft
Electronics Chemistry History **Law**
Accounting **Philosophy** Anthropology
Alchemy Drama Quantum Mechanics
Atheism Sexual Health **Ancient History**
Entrepreneurship Languages Sport
Paleontology Needlework Islam
Metaphysics Investment Archaeology
Parenting Statistics Criminology
Motivational

Revue

der Fortschritte der

Naturwissenschaften

in theoretischer und praktischer Beziehung.

Unter Mitwirkung von Fachmännern

herausgegeben

von

Hermann J. Klein,

Dr. phil., Ritter des Kgl. serb. San-Sava-Ordens, Mitglied der astronomischen Gesellschaft, der Selenographical Society in London, der naturwissenschaftlichen Gesellschaft „Isis" in Dresden, der phil. Societät in Berlin, der naturforschenden Gesellschaft zu Danzig, der wetterauischen Gesellschaft für die gesammte Naturkunde zu Hanau ꝛc. ꝛc.

Sechszehnter Band, 1888,
der
Neuen Folge 8. Band.

Leipzig
Verlag von Eduard Heinrich Mayer.
1888.

Q9
R4
v.16

Inhaltsübersicht.

--

Physik.

Allgemeine Mechanik.

An der Spitze der diesjährigen Übersicht mögen einige Bemerkungen über den Begriff „Kraft" von G. A. Hirn in Colmar stehen, die als Separatabdruck aus der Revue scientifique erschienen sind. Die Betrachtungen wurden angeregt durch eine Rektoratsrede von Prof. Clausius in Bonn und haben den Begriff „Kraft" zum Gegenstand. Hirn sondert zunächst die Anschauungen über Kraft in zwei entgegengesetzte Auffassungen. Die eine lautet: Jede Bewegung der Materie wird veranlaßt durch eine vor= gängige Bewegung eines andern Theiles der Materie und nur durch unmittelbare Berührung von Materie mit Materie. Die zweite läßt sich so aussprechen: Die Bewegung entsteht niemals direkt und durch unmittelbare Berührung; sie beruht vielmehr auf der Wirkung eines von der Materie spezifisch verschiedenen Elementes, sei dieses Element nun trennbar von der Materie oder nicht. Die erste Anschauung zählt die meisten Vertreter und wird durch eine Menge irdischer Erscheinungen, wo ein Körper auf den andern stößt, einer den andern treibt und bewegt, beglaubigt. Nicht minder sehen wir aber auch tagtäglich Erscheinungen, welche zu Gunsten der zweiten Auffassung sprechen. Ein Stein fällt mit wachsender Geschwindigkeit, eine Kompaßnadel fängt an zu osciliren, sobald man sie aus ihrer Ruhestellung bringt. In allen diesen und ähnlichen Fällen können wir nichts Körperliches wahrnehmen, was die Bewegung veranlaßt. Kräfte letzterer Art beherrschen das ganze Universum, die andern Erscheinungen bilden nur die Ausnahme. Und nun will man sonderbarer Weise die Bewegungserscheinungen mit unsichtbarer Ursache, welche die Regel bilden, mit Hülfe der Ausnahmen erklären, indem man sagt, etwas nicht Materielles kann nicht auf die Materie einwirken, es giebt also weder eine Anziehungs- noch eine Abstoßungskraft, sondern die das ganze Weltall durchfliegenden unsichtbaren Atome treiben durch ihre Stöße die Körper gegeneinander und auseinander. Genauer gefaßt lautet diese rein mechanische Theorie der Anziehungskraft, die zuerst von Lesage aufgestellt worden ist, folgendermaßen: Jeder Himmelskörper im Weltenraume wird beständig von materiellen Atomen getroffen, welche den Weltenraum mit einer beträchtlichen Geschwindigkeit nach allen möglichen Richtungen durcheilen. Es werden folglich die einzelnen Theile des Körpers gegen einander gestoßen, aber solange man sich den Himmelskörper als vereinzelt im Weltenraume denkt, bleibt er in Ruhe und Gleichgewicht, weil er von allen Seiten gleichmäßig gestoßen wird. Die Sache ändert sich, wenn wir zwei Körper in einer gewissen Entfernung voneinander annehmen, z. B. die Sonne und einen Planeten. Jetzt werden die fliegenden und stoßenden Atome in ihrem Laufe gegen den Planeten zum Theil durch die Sonne festgehalten, und ebenso beschäftigt der Planet einen Theil der gegen die Sonne fliegenden Atome. Folglich erhalten die beiden Körper weniger Stöße an den einander zugewendeten Seiten, als auf den Rückseiten; sie bewegen sich also zu einander hin, d. h. sie scheinen sich anzuziehen. Damit sie aber nicht aufeinander treffen, muß man beiden Körpern eine tangentielle Bewegung geben in der Art, daß die Centrifugalkraft in alle Zukunft dem „Stoße" das Gleichgewicht hält.

Auf diese Weise erklärt man die allgemeine Gravitation, jene Kraft, auf welche man alle andere Kräfte zurückführen will, ohne zu gewahren, daß man sie damit thatsächlich alle vernichtet. Diese Auslegung der Gravitation hat schon manchmal ihre Form gewechselt, aber nichts in ihrem Wesen geändert. Mehrere bedeutende Forscher haben sie für beachtenswerth erklärt, aber Niemand hat den gewaltigen inneren Widerspruch erkennen wollen, den sie unter dem Anschein völliger Klarheit und Bestimmtheit verbirgt. Zwei Thatsachen allein genügen, die Erklärung Lesage's zu vernichten. Man denkt sich also unsichtbare Theilchen den Raum nach allen Richtungen mit großer Geschwindigkeit durcheilend. Laplace hat nun gezeigt, daß wenn die Gravitation nicht überall zu gleicher Zeit wirken soll, sondern man ihr eine Fortpflanzungs- geschwindigkeit zuschreibt, daß dann diese Geschwindigkeit jedenfalls mehr als 50 Millionen Mal größer sein müßte, als die Fortpflanzungsgeschwindigkeit des Lichtes. Diese Geschwindigkeit wäre also auch den im Raume fliegenden Atomen zuzutheilen. Für jeden nicht voreingenommenen Kopf will aber dieses von Laplace aufgestellte Minimum von 2000 Billionen Meilen in der Sekunde nichts anders besagen, als daß die Geschwindigkeit der Atome in Wirk- lichkeit unendlich ist, das heißt, daß überhaupt keine Fort- pflanzung der Kraft existirt.

Ich gehe über zur zweiten kritischen Bemerkung. Ersicht- lich besteht in der materialistischen Auffassung die Intensität der Anziehung zwischen zwei Körpern in der Zahl der

Stöße, welche jeder in der Zeiteinheit und in der Richtung erhält, in welcher sie sich anzuziehen scheinen. Wenn nun alle Umstände gleich sind, so hängt die Zahl der Stöße von der Oberfläche der Körper ab. Vergleicht man nun das Platin, dessen Dichtigkeit 21·5 beträgt mit dem Lithium von der Dichtigkeit 0·59, so muß man schließen: Entweder enthält die Volumeneinheit 21·5/0·59 oder 36·44 so viel Mal Platinatome als Lithiumatome — oder das Platinatom bietet 36·44 Mal mehr Oberfläche dar, als das Lithiumatom. Die erste Schlußfolgerung ist aber nnzulässig, denn da das Atomgewicht des Platins 1233·5, das des Lithiums dagegen 80·5 beträgt, so müßten wir sagen: Das, was wir Platinatom nennen, ist aus 1233·5/80·5 = 15·32 Einheiten mehr gebildet, als das, was Lithiumatom heißt. Andererseits würde die zweite Annahme, in der man mit der Oberfläche des Atoms dessen Gewicht in Zusammenhang bringt, zu folgendem höchst sonderbaren Ergebnisse führen: Je dichter ein Körper ist, das heißt, je kleiner sein specifisches Volumen — desto größer ist das Atomvolum, und desto weniger Materie schließt ein Atomvolum ein. Dagegen spricht aber der erwiesene Satz, daß das Gewicht der Körper stets ihrer Masse proportional ist. Das Gewicht eines Atoms oder einer Atomgruppe, das Gewicht eines Körpers hat also nichts zu thun mit Oberflächen, welche von den stoßenden Atomen getroffen werden. Diese beiden kritischen Bemerkungen genügen schon, die Auffassung der Gravitation von Lesage zu widerlegen. Es liegt auch ein offenbarer innerer Widerspruch in dieser Anschauung. Zwei Körper, sagt man, die einander gegenüber stehen, dienen sich gegenseitig als Schirm gegen die Stöße der unsichtbaren treibenden Atome, und deshalb scheinen sich die Körper, die in Wirklichkeit gegeneinander gestoßen werden, gegenseitig anzuziehen. Aber man muß bemerken, daß nicht das Ganze des einen Körpers gegen das Ganze des andern hinstrebt, vielmehr strebt jedes unendlich kleine materielle Theilchen des einen Körpers in gleicher Weise nach allen unendlich kleinen Theilchen der Materie, welche den andern Körper ausmacht. Will man also hier die materielle Auffassung zulassen, so müßte man sagen: Jedes Atom eines und desselben Körpers wird isolirt von den stoßenden Atomen getroffen, gleich als ob es dem Körper gegenüber, dem es zustrebt, ganz allein existirte. Die materiellen Atome eines Körpers würden folglich nur denjenigen eines andern Körpers gegenüber als Schirme wirken, nicht aber unter sich gegenseitig in bestimmten gegebenen Richtungen. Es gäbe zu gleicher Zeit eine Undurchdringlichkeit und eine Durchdringlichkeit und dazu noch in gewisser Beziehung von „auswählender" Art. Vor diesem Nonsens bricht die Auffassung von Lesage zusammen, sowie jede andere, welche die Gravitation durch Anprallen von unsichtbaren stoßenden Atomen herleiten will.

Ob man es nun begreifen kann, oder nicht — die Ursache der allgemeinen Anziehung liegt in etwas, was von der Materie specifisch verschieden ist und den Weltenraum erfüllt; es ist eine „Kraft" im eigentlichen Sinne des Wortes. Wer behauptet, Bewegung entstehe nur aus Bewegung und gehe direkt von Materie zu Materie über, der giebt sich einer Täuschung hin und bewegt sich in einem circulus vitiosus. Ein bekanntes Beispiel macht das klar. Wenn man zwei Elfenbeinkugeln nebeneinander hängt und stößt die erste gegen die zweite, so schlägt letztere aus, während die erste ihre Bewegung verliert; fällt die zweite wieder zurück, so wiederholt sich der Vorgang in umgekehrter Folge u. s. w. Das ist doch gewiß eine Übertragung von Materie zu Materie! Und dennoch

ift Nichts falscher, als dieser Schluß. Denn was geschieht
in Wirklichkeit während des Stoßes? Wir sehen es,
wenn wir eine Elfenbeinkugel auf eine Marmorplatte
fallen lassen; sie springt zurück und zwar beinahe wieder
bis zu der Höhe, von der wir sie haben fallen lassen.
Da nun aber der Ball, weil er zurückspringt, vollständig
die Richtung seiner Bewegung umkehrt; so muß es doch
einen Zeitpunkt geben, so kurz er auch sei, wo der Ball
in vollständiger Ruhe ist. Wer zerstört also die frühere
Bewegung und wer läßt die zerstörte Bewegung wieder
erstehen? Die Thermodynamik lehrt, daß sich bei dem
Stoße die Bewegung in Wärme umsetzt. War nun die
Kugel unelastisch, z. B. von Blei, so bleibt die entwickelte
Wärme bestehen, und die Kugel springt nicht zurück; war
die Kugel aber elastisch, so verschwindet die Wärme wieder,
während die Kugel zurückspringt — die Wärme hat sich
also wieder in Bewegung umgesetzt. Durchaus nicht —
keinenfalls ist es die entwickelte Wärme, welche hier dem
Ball seine Geschwindigkeit wiedergeben kann. Vielmehr
entsteht bei der Berührung des Balles mit der Patte
eine wachsende Deformation und damit eine zunehmende
Spannung — grade wie bei einer Feder, die man biegt.
Diese wachsende Spannkraft vernichtet die fortschreitende
Bewegung und macht sie auch wieder in entgegengesetztem
Sinne entstehen. Man kann das deutlich sehen, wenn
man eine starre Kugel gegen eine wirkliche Feder fallen
läßt; sie biegt sich, hemmt den Gang der Kugel und wirft
sie dann wieder zurück, indem sie zu ihrer früheren Lage
und Gestalt zurückkehrt. Keine Vibration der Moleküle,
keine unsichtbare vorgängige Bewegung kann uns die
Elasticität der Körper erklären. Man pflegt zu sagen,
das Biegen der Feder entwickelt eine Kraft. Nein, die
Kraft, welche Elasticität verursacht, ist bereits vorhanden;

sie erhält die Körpermoleküle in ihrer gegenseitigen Lage; wenn man diese Lage stört, so vermindert sich die Energie dieser Kraft in einem Sinne und wächst in einem andern Sinne, und grade die Differenz dieser beiden Intensitäten offenbart sich uns als Spannkraft der Feder.

Was sich ereignet, wenn ein elastischer Ball gegen eine starre Fläche stößt, ereignet sich auch beim Zusammenstoß zweier Kugeln, von welchen die eine in Ruhe war. Beide Kugeln deformiren sich gleichzeitig und in beiden entsteht eine wachsende Spannkraft von gleicher Größe nach beiden Seiten hin, welche der ruhenden Kugel Bewegung verleiht, während sie die Bewegung der andern vermindert. Diese Spannkraft erreicht ihr Maximum, wenn die Geschwindigkeiten der beiden Kugeln gleich groß geworden sind; sodann vermindert sie sich in dem Maße, wie die Geschwindigkeit derjenigen Kugel wächst, die früher in Ruhe war, und wie die Geschwindigkeit der andern Kugel sich vermindert, die in Bewegung war. Alles vorher Gesagte ist unabhängig von den Dimensionen des Balles und läßt sich ebensogut auf das einzelne Atom wie auf eine Atomgruppe anwenden. Wenn wir daher zulassen, daß ein Atom des Weltäthers seine Bewegung auf ein andres Atom durch Zusammenstoß übertrage, so müssen wir auch annehmen, daß das Atom einer Deformation fähig ist und daß es folglich innerlich mit einer Kraft begabt ist, welche es zu seiner anfänglichen Gestalt zurückführt, die es durch den Stoß verloren hat. Dann aber dürfen wir das Atom fernerhin nicht mehr als einen geometrischen Punkt ansehen, wie man es heute thut.

Allen gegentheiligen Behauptungen zum Trotz muß man erkennen, daß die Bewegung nie unmittelbar aus Bewegung entsteht, und daß, wenn sie in einer materiellen Masse erzeugt oder zerstört wird, diese Erscheinung einer

dynamischen Kraft zu verdanken ist, die vor jeder Bewegung bestand. Die gewaltige Eroberung, welche die
moderne Wissenschaft gemacht hat, besteht in der Erkenntnis, daß jede zerstörte Kraft ersetzt wird durch ein Etwas,
welches die Kraft unter günstiger Bedingung wieder entstehen lassen kann. Dieses Etwas ist die Wärme, die
Elektricität.

Es fehlt uns an Raum, hier die ganze interessante
Abhandlung Hirn's hinzusetzen. Wir wollen deshalb aus
dem Folgenden nur noch einiges herausheben. Es giebt
mindestens drei Elemente, die specifisch von der Materie
verschieden sind und die sich als bewegende Kräfte offen-
baren können — das ist die Schwerkraft, die elektrische
Kraft, die wärmende Kraft. Die Schwerkraft scheint in
ihrer Stärke absolut unwandelbar, wenn gleiche Entfernungen und gleiche Mengen Materie gegeben sind, die
sie in dynamische Beziehung zu einander setzt. Die beiden
andern sind im Gegentheil besonderer Bewegungen fähig,
kraft welcher ihre Energie wachsen oder abnehmen kann
an einem und demselben Punkte des Raumes. Aber
diese beiden Kräfte können nicht durch einen unmittelbaren Antrieb die Materie aus der Ruhe oder wieder
zur Ruhe bringen. Aber existiren wirklich diese drei Kräfte
getrennt, oder sind Licht, Wärme und Elektricität nur
als besondere Arten einer einzigen allgemeinen Kraft,
nämlich der Schwerkraft, anzusehen? Das ist das Problem
für die Wissenschaft der Zukunft.

Hirn bekämpft auch die kinetische Gastheorie, indem
er aus früheren Arbeiten folgende Schlüsse anführt, die
sich aus dieser Theorie ergeben: 1. Der Widerstand der
Gase gegen einen in denselben sich bewegenden Körper ist
bei konstanter Dichtigkeit von der Temperatur abhängig
— was gegen alle Erfahrung spricht. 2. Die Gase folgen

beim Ausströmen aus einem Behälter in einen andern von geringerem Drucke ganz andern Gesetzen, als die Wirklichkeit zuläßt. Denn es müßte z. B. Luft von 0⁰, welche unter beliebigem Druck in einen vollständig luftleeren Raum ausströmt, eine Grenzgeschwindigkeit von 485 m in der Sekunde haben. 3. Die Schallgeschwindigkeit in der atmosphärischen Luft ist abhängig von der Höhe des Tones. 4. Die Höhe der Atmosphäre muß auf ungefähr 12000 m begrenzt werden.

Ein fast mathematisches Pendel hat J. T. Bottomley [1]) gelegentlich seiner Versuche über die Starrheit eines Seidenfadens konstruirt. Es besteht aus einem zwei Fuß langen einfachen Seidenfaden (Hälfte eines Coconfadens), an dessen Ende ein kleines Schrotkorn von etwas über 1/16 Zoll Durchmesser befestigt ist. Das Ganze ist in einer Glasröhre aufgehängt, in der mittels der Sprengel'schen Luftpumpe ein Vakuum von 0·1 M (ein zehnmilliontel Atmosphäre) hergestellt wird. Gab nun Bottomley diesem Pendel auch nur den ganz geringen Ausschlag von 1/4 Zoll, so daß die ganze Amplitude nur 1/2 Zoll betrug, so konnte er die Schwingungen noch ganz gut nach 14 Stunden zählen. Das Schrotkorn wog 1/3 g; der Seidenfaden ist aber ganz gut im Stande, bis 3 g zu tragen.

In dem Bestreben, möglichst feine Fäden herzustellen, ist es C. V. Boys [2]) nach einer Mittheilung an die Londoner physikalische Gesellschaft endlich gelungen, Fäden zu erzeugen, deren Durchmesser er auf weniger als 1/100000 Zoll schätzt. Bekanntlich werden die aus Glas gesponnenen Fäden um so feiner, je höher die Temperatur ist,

---

[1]) Philos. Mag. 1887, XXIII, p. 72.
[2]) Philos. Mag. 1887, Ser. 5, XXIII, p. 489.

bis zu welcher die Glasmasse erwärmt worden, und je
größer die Geschwindigkeit, mit welcher der Faden ausgezogen wird. Um nun letztere über die bisher üblichen
Grenzen zu steigern, bediente sich Boys des von einem
Bogen abgeschossenen Pfeils; ein Ende eines kurzen Glas-
stückes wurde an dem Pfeil befestigt, das andere Ende
festgehalten und die Mitte sehr stark erhitzt. Wurde der
Pfeil vom Bogen abgeschossen, so zog er aus dem Glase
einen Faden von 90 Fuß Länge und 1/10000 Zoll Durchmesser. Nahm man statt des Glases Quarz, so entstanden
jene äußerst feinsten Fäden, deren Durchmesser zu klein
war, um mit den zu Gebote stehenden optischen Mitteln,
welche die Messung von 1/100000 Zoll gestatten, bestimmt
werden zu können.

E. Mach[1]) ist es in Gemeinschaft mit P. Salcher
gelungen die Vorgänge in der Luft, die ein fliegendes
Geschoß veranlaßt, zu photographiren. Das fliegende
Geschoß löste selbst die Entladung eines Funkens von
einer Leydener Batterie aus, der das Projektil nebst
seiner Umgebung beleuchtete. Das Bild des Projektils
und seiner Umgebung wurde durch eine Camera auf eine
Trockenplatte projicirt, wo es fixirt und mit Muße studirt
werden konnte. Den Geschossen wurden aus drei verschiedenen Gewehren Geschwindigkeiten von 327 bis 339,
von 438 oder von 505 m pro Sekunde gegeben. Die
Versuchsergebnisse waren die folgenden:

1) Eine optisch nachweisbare Verdichtung vor dem
Projektil, beziehungsweise eine sichtbare Grenze derselben,
zeigt sich nur bei Projektilgeschwindigkeiten, welche die
Schallgeschwindigkeiten von rund 340 m pro Sekunde
übersteigen.

---

[1]) Annalen der Physik 1887, XXXII, S. 277.

2) Bei genügender Projektilgeschwindigkeit erscheint auf dem Bilde die Grenze der von dem Projektile verdichteten Luft ähnlich einem das Projektil umschließenden Hyperbelast, dessen Scheitel vor dem Kopfe des Projektils und dessen Achse in der Flugbahn liegt. Denkt man sich diese Kurve um eine Schußlinie als Achse gedreht, so erhält man eine Vorstellung von der Grenze der Luftverdichtung im Raume. Ähnliche, aber geradlinige Grenzstreifen gehen von der Kaute des Geschoßbodens divergirend und symmetrisch zur Schußlinie nach rückwärts ab. Ähnliche, aber schwächere Streifen setzen endlich an anderen Punkten des Geschosses an. Alle diese Streifen schließen etwas kleinere Winkel mit der Schußlinie ein, als die Äste der erst erwähnten Grenzlinie. Bei größerer Projektilgeschwindigkeit werden die Winkel der Grenzstreifen mit der Schußlinie kleiner.

3) Bei der größten, bisher angewandten Geschwindigkeit trat eine neue Erscheinung deutlich hervor. Der Schußkanal erschien hinter dem Projektil mit eigenthümlichen Wölkchen erfüllt.

Dieselben sind fast regelmäßig und symmetrisch wie Perlen auf eine längs der Schußlinie gezogene Schnur aufgereiht und haben ganz das Aussehen der Wölkchen von erwärmter Luft, welche der elektrische Funke beim Durchschlagen der Luft zurückläßt, in welcher man, nach der Schlierenmethode beobachtend, deutlich Wirbelbewegungen erkennt. Es ist auch sehr wahrscheinlich, daß hinter dem Projektile solche auf der Schußlinie aufgereihte Wirbelringe entstehen, weil die zunächst den hinteren Theil des Projektilmantels umgebende Luft wegen der Reibung mit geringerer Geschwindigkeit in den luftverdünnten Schußkanal einströmt, als in die die Schußlinie einschließende Luft. Alle Bedingungen für das Auftreten von Wirbelringen sind um so mehr gegeben, als bei genügender Projektilgeschwindigkeit und genügendem Durchmesser am Boden ein wirkliches Vakuum entstehen kann, in welches hinein eine diskontinuirliche Luftbewegung stattfindet. Durch Reibung und Zusammenstoß bei dieser diskontinuirlichen Bewegung erwärmt sich die Luft und wird mittels der Schlierenmethode sichtbar.

Die auf den Photographien deutlich sichtbaren Luftverdichtungswellen, welche das Projektil umgeben, finden ihre einfache Erklärung in dem Verhalten der Luft gegen das sich bewegende Projektil, welches ähnliche Erscheinungen veranlaßt, wie das im Wasser sich bewegende Schiff.

Um die Bewegungen im Innern einer Flüssigkeit sichtbar zu machen, bedient sich von Bezold[1]) der „hektographischen Tinte" und hat mit deren Hilfe schon eine ganze Reihe interessanter Beobachtungen gemacht, an die hier kurz erinnert sei. Bringt man eine kleine Menge hektographischer Tinte auf die Oberfläche einer in einem Becherglase befindlichen Wassermenge, so breitet sich dieselbe, falls die Oberfläche ganz rein war, sofort in einer dünnen Schicht bis zur Wand aus. Bald darauf wird die dünne, gleichmäßig gefärbte Fläche radial gestreift, so daß sie einem Rade mit vielen Speichen ähnlich sieht. Gleichzeitig sinken von der Mitte der freien Oberfläche einige dickere Tropfen herunter, welche an gefärbten Flüssigkeitsfäden hängen.

Diese Erscheinungen treten aber nur dann ein, wenn das Wasser eine niedrigere Temperatur hat, als die Umgebung. Denn dann findet an den Seitenwänden Erwärmung statt; es bildet sich dort eine aufsteigende Strömung, welche an der freien Oberfläche von dem

---

1) Sitzungsber. der Berl. Akad. 1887. XVI, S. 261.

Rand zur Mitte, in der Mitte des Gefäßes von oben nach unten gerichtet ist.

Dieses System von Strömungen wird durch die zuvor beschriebenen Erscheinungen sichtbar gemacht. Die Gebilde der gefärbten Flüssigkeit erwiesen sich von überraschender Empfindlichkeit gegen Bewegungen innerhalb der Flüssigkeit. Wird z. B. das Gefäß ungleichmäßig — wenn auch in sehr geringem Maße — erwärmt, so bedingt dies eine Abweichung der vertikalen Gebilde nach der Seite der stärkeren Erwärmung.

Nunmehr hat v. Bezold mittels der hektographischen Tinte auch die Erscheinungen untersucht, die sich zeigen, wenn das Gefäß um einen Winkel gedreht oder in langsame Rotation versetzt wird.

Zunächst sei daran erinnert, daß eine Flüssigkeit an den festen Wänden eines Gefäßes haftet, daß daher eine dünne Grenzschicht an den Bewegungen der Wand Theil nimmt.

Wenn man nun die oben beschriebene Radfigur mit einem centralen Stammgebilde in der Wassermasse eines Becherglases erzeugt hat, und man dreht das Gefäß etwa um einen rechten Winkel, so wird diese Drehung zuerst nur von der an der Wand haftenden Flüssigkeit mitgemacht. Durch Reibung pflanzt sich diese Bewegung auf die angrenzenden Schichten nach der Achse zu langsam weiter fort. Die radialen Streifen werden nämlich krummlinig und zeigen deutlich, wie die Drehung der Schichten sich immer mehr der Achse nähert. Ist schließlich der neue Gleichgewichtszustand in der ganzen Flüssigkeit eingetreten, so sind die Streifen wieder radial.

Bei einer langsamen und gleichförmigen Rotation nimmt die Flüssigkeit an derselben zunächst hauptsächlich an den Seitenwänden, außerdem aber auch an der oberen und unteren Grenzfläche Theil. In Folge dessen wirkt dort die Centrifugalkraft, welche die gefärbte Flüssigkeit nach der Peripherie zu treibt, wo sie sich langsam an den Seitenwänden ausbreitet.

Wird dann die Rotationsbewegung unterbrochen, so verschwinden die farbigen Wandflächen und es bilden sich oben und unten centrale, kelchartige Gebilde. Dieselben verdanken ihre Entstehung der noch im Innern der Flüssigkeit vorhandenen Rotationsbewegung und der dabei auftretenden Centrifugalkraft.

Die hier beschriebenen Bewegungserscheinungen haben eine gewisse Ähnlichkeit mit den Luftbewegungen, welche bei den Wirbelstürmen vorkommen, da auch bei diesen. auf= und absteigende Ströme und Rotationsbewegungen in Folge der Achsendrehung der Erde eine Hauptrolle spielen. Vorläufig zieht v. Bezold aus seinen Versuchen den bemerkenswerthen Schluß, daß bei heftigen Dreh= stürmen im Centrum ein absteigender Luftstrom, umgeben von einem aufsteigenden Strome vorkommen kann.

O. Lehmann [1]) betrachtet die Lösung als eine dem Schmelzen analoge Erscheinung, indem er das Schmelzen als die Lösung einer festen Modifikation in einer flüssigen desselben Körpers betrachtet. Da nun der Schmelzpunkt bekanntlich vom Druck abhängig ist, so vermuthete Leh= mann, daß auch das Lösen vom Druck beeinflußt werden müsse und stellte zu dem Ende eine große Reihe mikro= skopischer Versuche an. Er verband eine an einer Seite verschlossene und mit einer heiß gesättigten Lösung ge= füllte Kapillarröhre mit einer Cailletet'schen Pumpe mittels Windkessel und Kupferkapillare und betrachtete sie unter dem Mikroskop. War nun ein in der Kapillare befind= licher Krystall genau eingestellt, und man steigerte rasch

---

[1]) Zeitschrift für Krystallographie, 1887, XII, S. 401.

den Druck auf 300 Atmosphären, so konnte man deutlich
verfolgen, daß die Kryftalle, wenn auch nicht gerade sehr
beträchtlich, weiter wuchsen. Nach Ablauf einiger Minuten trat Stillstand ein. Es hatte sich nämlich die der
Verringerung der Löslichkeit durch den Druck entsprechende
Menge von Subftanz ausgeschieden. Ließ man nun den
Druck wieder auf 1 Atmosphäre sinken, so trat deutliches Auflösen ein, die Ecken und Kanten rundeten sich, und allent-
halben wurde die Oberfläche korrodirt; auch dieses Auflösen nahm einige Minuten in Anspruch. Wurde der
Druck wieder gesteigert, so erfolgte wieder Wachsen, und
so konnte der Versuch beliebig oft wiederholt werden.

Eine zufällige Beobachtung von Bodländer, daß
bei Auflösung von Ammoniumsulfat in einer Mischung
von Alkohol und Wasser sich die Flüssigkeit plötzlich in
zwei wohlgesonderte Schichten trennt, so bald sie einen
bestimmten Koncentrationspunkt erreicht hat, veranlaßte
J. Traude und A. Neuberg[1]) die Sache weiter zu
verfolgen. Sie experimentirten auch mit anderen Salzen
und sahen stets bei gewisser Koncentration die beiden
scharf gesonderten Schichten auftreten. Die Analyse ergab jedesmal, daß sowohl die obere wie die untere Schicht
beide Wasser, Alkohol und Salz enthielten. Jetzt gingen
die Beobachter daran, den Einfluß der Temperatur und
der wachsenden Koncentration zu studiren — zunächst mit
dem Ammoniumsulfat. Mit steigender Temperatur von
$16,6^0$ bis $55,7^0$ findet in der oberen Schicht eine Abnahme des Wassers- und Salzgehalts neben einer Zunahme des Alkoholgehalts statt. Bei wachsendem Alkohol-
oder Salzgehalt der Lösung (ersterer variirte in 750 ccm
Lösung zwischen 250 und 550 ccm; letzterer im Liter

---

[1]) Zeitschr. für physik. Chemie 1887, Bd. I, S. 509.

zwischen 340 g und 420 g) fand in der oberen Schicht eine Abnahme des Waſſer- und Salzgehalts neben einer Zunahme des Alkoholgehalts ſtatt wie bei ſteigender Temperatur; in der unteren Schicht dagegen beobachtete man eine Abnahme des Alkoholgehalts und eine Zunahme des Salzgehalts, während der Waſſergehalt erſt zu, dann abnahm.

Die Verſuche mit Kaliumkarbonat ergaben analoge Änderungen; an weiteren Salzen werden die entſprechenden Verſuche fortgeſetzt.

Die beruhigende Wirkung des Öles auf bewegtes Waſſer hat in neuerer Zeit wieder allgemeinere Aufmerkſamkeit erregt. Das amerikaniſche Hydrographic Office namentlich ließ alles hierauf bezügliche Material ſammeln, und A. Wyckoff[1]) hat 115 ſolcher Berichte über Anwendung des Öls in Stürmen ſtudirt und gefunden, daß in allen Fällen, mit Ausnahme von vieren, der Erfolg ein günſtiger geweſen iſt. Er hält es in Folge deſſen für nothwendig, daß jedes Schiff beſtimmte Quantitäten Öl mit ſich führe, um vorkommenden Falls davon Gebranch zu machen; ſelbſt die großen Poſtdampfer müßten Öl mitführen, wenn auch nicht für die von den Stürmen wenig abhängigen Dampfer ſelbſt, ſo doch für deren Boote. Zur Erklärung der beruhigenden Wirkung ſtellt er folgende Meinung auf:

Wegen ſeines ſpecifiſchen Gewichts ſchwimmt das Öl an der Oberfläche und breitet ſich daſelbſt ſchnell aus, indem es über dem Waſſer eine Haut bildet. Wegen der Zähigkeit des Öles und ſeiner ſchmierigen Beſchaffenheit reicht die Reibung, welche der Wind an der Ober-

---

[1]) Proceedings of the Am. Phil. Society 1886, XXXIII, Nr. 123.

fläche des Meeres veranlaßt, nicht aus, die Haut zu zerreißen und einzelne Partikelchen der Oberfläche aufzu-
rollen und auf den Gipfel der Welle zu treiben. Dadurch werden auch die darunter befindlichen Wassermole-
keln geschützt; und wenn auch die Stärke des Windes die
Schnelligkeit der Welle im Ganzen vermehrt, so wird dies
nur in der Art einer bedeutenderen Anschwellung sich
geltend machen und nicht in Form einer Sturmwelle,
welche charakterisirt ist durch eine lange und langsam ansteigende Neigung an der Windseite und einen sehr steilen
Abfall an der Leeseite. Da nun gerade die Steilheit der
entgegenkommenden Sturmwellen die Gefahr derselben
ausmacht, weil das Schiff dieselben nicht erklimmen kann
und von denselben überfluthet wird, so kann man diese
Gefahr auf dem Meere stets beseitigen, wenn man ein
geeignetes Öl anwendet. Das Öl wirkt also mechanisch
durch Schutz der dem Winde zugekehrten Seiten der Wellen
gegen das Aufrollen und Überstürzen.

G. van der Mensbrugghe [1]) führt die Wirkung
des Öles auf Verminderung der Oberflächenspannung
zurück und beschreibt folgenden Versuch für seine Anschauung. Einen senkrecht stehenden Trichter, dessen
untere Öffnung durch einen Pfropfen verschlossen und
von dem jede Spur von Fett ferngehalten ist, füllt man
mit destillirtem Wasser, dem man mittels eines wohlge-
reinigten Holz- oder Glasplättchens eine Rotationsbewegung um eine möglichst senkrechte Achse ertheilt. Hierauf
entkorkt man die Öffnung und beobachtet, daß die Flüssigkeit sich in der Mitte der freien Oberfläche vertieft, weil
in der Mitte die dem Abfließen entgegenwirkende Centri-

---

1) Bulletin de l'Acad. royale de Belgique 1887, XIV,
p. 205.

2*

fugalkraft am kleinsten ist. Die Vertiefung der Mitte der Oberfläche nimmt immer mehr zu, der Tiefendurch= messer wird größer als der Breitendurchmesser und der entstehende Kanal kann selbst über die Öffnung des Trichters hinausreichen und zeigt in seinem Innern An= schwellungen und Verengerungen, welche das Streben des rotirenden Wassers, sich in Kugeln aufzulösen, beweisen; der austretende Wassercylinder zeigt eine Erweiterung und eine Verengerung und löst sich dann in Tropfen auf.

Wenn man aber das Wasser, bevor es in rotirende Bewegung versetzt wird, mit einer dünnen (0·2 bis 0·3 mm) Schicht Terpentinöl bedeckt, so vertieft sich die Oberfläche viel schneller, und die Flüssigkeitsröhre bildet sich rascher aus, als vorher, da die Oberflächenspannung jetzt ge= ringer ist. Die röhrenförmige Vertiefung hat aber einen kleineren Durchmesser und zeigt im Innern weniger aus= gesprochene Ausbauchungen und Verengerungen, gleich= falls als Folge der geringeren Oberflächenspannung. Nach dem Austreten aus der Öffnung ist die Anschwellung der Flüssigkeit größer; während sie beim reinen Wasser einen Durchmesser von 5 bis 6 cm hatte, erreicht sie jetzt 7 bis 8 cm und mehr; waren die Trichterwände gleich= falls eingeölt, so daß auch die äußere Oberfläche des aus= tretenden, hohlen, flüssigen Cylinders mit Öl bedeckt war, so konnte der auf 8 cm Durchmesser erweiterte, hohle Flüssigkeitscylinder fast eine Länge von 20 cm erreichen, um sich dann in zahllosen Tröpfchen aufzulösen.

Angesichts der großen Schwierigkeit, das specifische Gewicht einer leicht löslichen Substanz zu be= stimmen, schlägt L. Zehnder [1]) einen Weg vor, der un= gefähr das Umgekehrte der bis jetzt üblichen Weise dar=

---

[1]) Wiedemann, Annalen XXIX, S. 249.

stellt. Man bringt den vorher gewogenen Körper in ein Pyknometer, taucht dieses umgekehrt in Wasser und öffnet. Der Körper fällt dann heraus, während die Luft im Pyknometer zurückbleibt. Der Raum, den der Körper früher im Pyknometer einnahm, füllt sich jetzt natürlich mit Wasser, und wenn man nun wieder wägt, so erhält man das Gewicht des gleichen Volumens Wasser, welches in Verbindung mit dem früher in der Luft bestimmten Gewichte des Körpers dessen specifisches Gewicht ergiebt. Es wird auf diese Weise jedenfalls vermieden, daß irgend etwas von dem Körper sich in der Flüssigkeit vor Ausführung der Operation löst, was schwer zu vermeiden ist, wenn man den Körper erst in die Flüssigkeit taucht und dann wägt.

Auch J. Joly [1] bedient sich einer neuen Methode, um das specifische Gewicht kleiner Mengen sehr dichter oder poröser Körper zu bestimmen. Das specifische Gewicht sehr kleiner Körper wird vielfach auf die Weise bestimmt, daß man eine Flüssigkeit herstellt, in deren Innerem die Körper gerade schweben, und dann das specifische Gewicht der Flüssigkeit ermittelt. Um diese Methode auch auf poröse Substanzen und auf solche von sehr großer Dichtigkeit anwenden zu können, bettet Joly dieselben in Paraffin ein. Das specifische Gewicht des Präparats läßt sich dann leicht nach der erwähnten Methode bestimmen, indem dasselbe, auch wenn Substanzen von sehr großer Dichtigkeit vorliegen, bis in das Bereich der specifischen Gewichte von Flüssigkeiten herabgedrückt werden kann. Joly benutzt Substanzmengen, welche bis auf 13 mg herabgehen, und als Flüssigkeit eine gemischte Lösung von Quecksilberjodid und Jodkalium, deren specifisches Gewicht bis 2·8 ansteigt.

---

[1] Beiblätter, Bd. XI, S. 1.

Damit man auch das specifische Gewicht der schwersten Mineralien nach der bekannten bequemen Methode des Schwimmenlassens bestimmen könne, kam Aug. Streng [1] auf eine ähnliche Idee wie Joly, doch führt er sie anders aus. Er legt das schwere, kleine Mineral in einen becherartigen Schwimmer aus Glas, dessen absolutes Gewicht 0·25 g, dessen specifisches Gewicht 2·85 g beträgt. Man bestimmt das absolute Gewicht des Schwimmers mit dem Mineral und das specifische Gewicht beider, und hat dann die Daten, um nach Ermittelung des absoluten Gewichts des Mineralstückchens auch sein specifisches Gewicht zu bestimmen. Streng konnte in dieser Weise selbst das specifische Gewicht von Bleiglanz (7·429) messen.

Ein Experiment, welches über die Eigenschaften der Flüssigkeits-Oberflächen aufklärt, theilt R. Blondlot [2] mit. In ein mit Wasser gefülltes Glas taucht man ein Stück Papier, dann legt man auf das Wasser einen Tropfen Öl, der die Gestalt einer Linse annimmt. Hierauf zieht man mit einer Zange das Papier langsam heraus; man sieht alsdann, daß in dem Maße, als das Papier aus dem Wasser hervorkommt, der Öltropfen einen größeren Durchmesser erlangt und sich mehr und mehr ausbreitet. Wenn man hingegen das Papier wieder ins Wasser senkt, zieht sich der Tropfen wieder zusammen und nähert sich der Kugelgestalt, und in dem Moment, wo das Papier wieder ganz untergetaucht ist, hat er seinen anfänglichen Durchmesser wieder angenommen. Somit hängt der Durchmesser des Tropfens von der Oberfläche des eingetauchten Papiers ab.

---

[1] Ber. der Oberhessischen Ges. 1887, S. 110.
[2] Journal de Phys. 1886, Ser. 2, V, p. 456.

Eine Erklärung dieser Erscheinung bieten die Eigen=
schaften der Flüssigkeits=Oberflächen. Flüssigkeiten ver=
halten sich bekanntlich so, als wäre ihre Oberfläche mit
einer elastischen Membran bedeckt, die sich beständig zu=
sammenzuziehen strebt. Ferner besitzt die Oberflächen=
schicht der Flüssigkeiten eine gewisse Zähigkeit, derart, daß
ein Zug, der auf einen Theil der Oberfläche ausgeübt
wird, sich auf andere Theile derselben überträgt.

Wenn man daher in dem obigen Versuche das Papier
herauszieht, so wächst die Grenzfläche Wasser=Luft um die
Ausdehnung der beiden Papierseiten; in Folge der Vis=
kosität erfolgt diese Ausdehnung auf Kosten aller Theile
der Wasseroberfläche, und deshalb erstreckt sie sich auch
auf den Öltropfen. Umgekehrt, wenn man das Papier
wieder einsenkt, nimmt die Spannnng an allen Punkten
der Oberfläche des Wassers ab, und daher die Zusammen=
ziehung des Öltropfens.

J. J. Coleman[1]) hat nach einer verbesserten Me=
thode die Geschwindigkeiten geprüft, womit gewisse Salze
in Flüssigkeiten hinein diffundiren. Eine genau
graduirte Bürette wurde bis zu einer bestimmten Höhe
mit Wasser gefüllt und die Luft über demselben evakuirt;
hierauf ließ Coleman die Salzlösung von unten her in
die Bürette eintreten, bis sie die Wassersäule auf eine
bestimmte Höhe gehoben hatte und überließ die beiden
über einander geschichteten Flüssigkeiten der Diffusion bei
möglichst gleich bleibender Temperatur. Nach 20 Tagen
ließ man dann durch Öffnen des untern Glashahns die
Flüssigkeit langsam abfließen, bis das Niveau erreicht
war, wo Wasser und Salzlösung sich beim Beginne des
Versuches berührt hatten; dann wurden sorgfältig gleich

---

[1]) Philos. Magazine, 1887, XXIII.

hohe Flüssigkeits-Säulchen (von 25 mm Höhe) abgelassen und gesondert auf ihren Salzgehalt untersucht; derselbe wurde auf Procente vom Salzgehalte der tiefsten Schicht der Salzlösung berechnet.

Aus den Versuchszahlen des bisher vorliegenden Beobachtungsmaterials leitet Coleman interessante Beziehungen zu Mendelejeff's periodischem Gesetz der chemischen Elemente ab. Bekanntlich ordnet dieses Gesetz die Elemente in bestimmte Reihen, von denen die dritte die typischste ist und folgende Elemente enthält:

	Na	Mg	Al	Si	P	S	Cl
Atomgewicht	23	24	27·3	28	31	32	35·5
Atomvolumen	24	14	10	11	14·5	16	27

Wie man sieht, nehmen die Atomgewichte zu, die Atomvolume hingegen sind erst hoch, nehmen hierauf nach der Mitte ab bis zu weniger als die Hälfte und steigen dann wieder schnell an. Die Diffusionsfähigkeit dieser Elemente in entsprechenden Verbindungen, die ersten drei als Sulfate, die letzten vier als Säuren, zeigt nun ganz denselben Verlauf wie das Atomvolumen. Man darf daher schließen, daß bei Elementen von nicht sehr verschiedenen Atomgewichten die Diffusionsfähigkeit in einer gewissen Beziehung zum Atom- oder Molekularvolumen steht.

Ferner ergab sich durch anderweitige Vergleiche mit den Mendelejeff'schen Reihen sowohl die Thatsache, daß größeres Molekulargewicht die Diffusion verzögert, als die Thatsache, daß das größere Molekularvolumen sie beschleunigt. In vielen Fällen werden diese beiden Momente sich Gleichgewicht halten und gleiche Diffusionsfähigkeit ergeben.

Über die Diffusion von Gasen durch die Cuticula (Oberhaut) der Pflanzen hat L. Mangin [1]) genauere

---

[1]) Compt. rend. 1887, CIV, p. 1809.

Versuche angestellt. Die Oberhaut wurde zwischen zwei Cylinder gebracht, welche je eine Röhre für die Zufuhr und für die Entnahme der Gasproben enthielten, und von denen eine noch ein Manometer und ein Thermometer enthielt. Sollte die Diffusion gegen Kohlensäure gemessen werden, so befand sich in dem einen Cylinder ein Schiffchen mit kaustischem Kali, welches die eintretende Kohlensäure absorbirte.

Über den Einfluß des Druckes auf die Menge des diffundirten Gases untersucht, sind Versuche mit Luft, Sauerstoff und Wasserstoff ausgeführt worden. Die Messung der in derselben Zeit bei einem bestimmten Überdruck durch die Oberhaut hindurchgegangenen Gase ergab, daß die Volume der Druckdifferenz proportional waren. Die Temperaturunterschiede bei den einzelnen Versuchen, die sich zwischen den Grenzen von 13° und 30° bewegten, ergaben, daß die Durchgängigkeit der Oberhäute sich nicht merklich verändert, wenn die Temperatur steigt.

Dagegen war die Natur des Gases für die Geschwindigkeit der Diffusion von großem Einfluß. Für den Durchgang gleicher Volume Gas brauchte Kohlensäure die Zeit 1, Wasserstoff 2·75, Sauerstoff 5·50 und Stickstoff 11·50.

Absorption von Gasen durch Petroleum. Um die Ansicht, daß man wässerige Lösungen durch eine Petroleumschicht gegen die Luft schützen könne, näher zu prüfen, maßen St. Gnievosz und Al. Walfisz[1] im Laboratorium des Prof. Ostwald die Absorption des reinen russischen Petroleums für eine ganze Reihe von Gasen bei 10° und 20°. Sie fanden für 7 Achtel der untersuchten Gase den Absorptionskoëfficienten des Pe-

---

[1] Zeitschr. für physik. Chemie 1887, Bd. I, S. 170.

troleums größer als den des Wassers. So betrug bei
gleicher Temperatur der Absorptionskoëfficient des Petroleums für Wasserstoff: 0·0582 (des Wassers: 0·0193);
für Sauerstoff 0·202 (0·0284); für Kohlensäure 1·17
(0·901).

Über die Aufnahme von Wasserdampf durch feste
Körper hat T. Ihmori[1] eine Reihe von Versuchen
angestellt. Messungen an Metallblechen ergaben, daß mit
Schellackfirniß überzogenes Metall viel Wasser aufnimmt,
während auf den blanken Metallen (Messing, Stahl,
Nickel) nur wenig Wasser niedergeschlagen wird; es wurden
z. B. auf gefirnißtem Messing 28·6 und auf blankem
0·27 Milliontel Gramm pro Quadratcentimeter gefunden.
Oxydirte Metalloberflächen nahmen verhältnismäßig viel
Wasser auf, welches übrigens im trockenen Raume nur
zum Theil wieder abgegeben wurde.

Siegellack verhielt sich ähnlich wie Schellack; es hatte
in einer Stunde pro Quadratcentimeter 31 Milliontel
Gramm aufgenommen, ohne daß die Absorption schon
beendet wäre. Achat nahm sehr viel Wasser auf; in einer
Stunde bis 164 Milliontel Gramm pro Quadratcentimeter. Stücke aus Bergkrystall, die nur durch Abbürsten
gereinigt waren, zeigten eine nicht unbeträchtliche Absorption, welche von derselben Größenordnung war, wie bei
Glas. Durch Abputzen mit Leder wurde die Absorption
dieser Körper verkleinert, mehr noch durch Abwaschen mit
Wasser. Der Wasserbeschlag bildete sich im Allgemeinen
in 5 Minuten aus und verschwand im trockenen Raume
zum größten Theil in sehr kurzer Zeit.

Platinstücke, welche gleichfalls nur durch Abbürsten
gereinigt waren, zeigten nur geringe Wasserabsorption, die

---

[1] Annalen der Physik, 1887, **XXXI**, S. 1006.

ganz verschwand, nachdem sie mit Leder abgeputzt waren, auch nach dem Reinigen durch Glühen konnte durch die Wage eine Absorption nicht nachgewiesen werden.

Für die Konstruktion einer Wage, welche möglichst von hygroskopischen Einflüssen befreit sein soll, ergiebt sich aus Vorstehendem, daß die Metalltheile des Balkens überall, wo es angeht, platinirt werden müssen, während die Anwendung von Schellackfirniß zu vermeiden ist; daß Achat am Wagebalken vermieden und vielleicht durch Bergkrystall ersetzt werden müsse; daß als Material für Normalgewichte Platin oder platinirtes Messing sich am meisten empfehle.

Um die vielfach verbreitete Meinung, daß die Ackererde in Trockenperioden Wasserdämpfe in ihren Poren verdichte und dadurch den Pflanzen Ersatz für den mangelnden Regen biete, näher zu prüfen, stellte J. S. Sikorski[1] eine Reihe genauer Versuche an, deren Ergebnisse folgende sind: Die durch die Kondensation des Bodens bewirkte Wasserzufuhr ist für die Vegetation ohne Bedeutung, weil 1) dieselbe im Vergleiche mit dem Wasserbedürfnis der Pflanzen verschwindend klein ist und sich nur auf die obersten Bodenschichten (3 bis 5 cm) erstreckt; 2) der Boden nur selten und nur vorübergehend in einen solchen Zustand der Trockenheit und Abkühlung geräth, daß er für die Kondensation des Wasserdampfes geeignet ist; 3) gerade in Trockenperioden das Verdichtungsvermögen des Erdreiches in Folge des geringen Feuchtigkeitsgehaltes der Atmosphäre und der herrschenden, hohen Temperatur bedeutend vermindert ist, so daß unter letzteren Verhältnissen sogar beträchtliche Mengen von dem in der vorangegangenen Periode kondensirten Wasser verloren gehen.

---

[1] Forsch. a. d. Geb. d. Agrikulturphysik, 1886, IX, S. 413.

Als Erſatz für das Sauſſure'ſche Haarhygrometer hat man in neueſter Zeit regiſtrirende Hygrometer von Horn, Gelatine in dünnen Blättern und von Goldſchlägerhaut angefertigt. Um eine genauere Einſicht in die Brauch-barkeit dieſer Subſtanzen zu erhalten, ſtellte nun Henri Dufour [1]) eine große Reihe von Meſſungen an bezüglich des Abſorptionsvermögens (das Verhältnis des Ge-wichtes des abſorbirten Dampfes zum Gewicht der Trocken-ſubſtanz und des mittleren hygroſkopiſchen Ausdehnungs-koëfficienten (das Verhältnis der Maximalverlängerung in feuchter Luft zur urſprünglichen Länge). Die Reſultate waren:

	Abſorption	Ausdehnungs-koëfficient
Hornplatte, 0·1 mm dick .	0·10	0·061
Gelatine	0·34	0·108
Goldſchlägerhaut	0·43	0·060

Die Längenänderungen der Hornplatte erfolgen zwar ſchnell, aber langſamer als die der Goldſchlägerhaut; die Gelatine ſcheint im feuchten Zuſtande nicht zähe genug zu ſein, um praktiſch verwerthet werden zu können. Mit-hin wäre die Goldſchlägerhaut am geeignetſten, das Haar bei den Hygrometern zu erſetzen. Alle Erfahrungen be-ſtätigen jedoch die Anſicht de Sauſſure's, daß es wahr-ſcheinlich keine Subſtanz giebt, die ſich beſſer für Hygro-meter eignet, als das nach ſeinen Angaben präparirte Haar.

An verſchiedenen Glasſorten ſtudirte G. Weid-mann [2]) den Zuſammenhang zwiſchen elaſtiſcher und thermiſcher Nachwirkung. Von ſeinen Ergebniſſen heben wir folgende hervor: Die elaſtiſche Nachwirkung nach

---

[1]) Archives des sc. phys. et nat. 1886, Ser. 3, XVI, p. 197.
[2]) Annalen der Phyſik, 1886, XXIX, S. 214.

Biegung ist bei gleicher Belastungsdauer und konstanter Temperatur unabhängig von der Größe der vorangegangenen Biegung und von den Dimensionen des benutzten Materials. Sie nimmt mit erhöhter Temperatur ab. Glas von großer resp. geringer thermischer Nachwirkung zeigt auch große bezüglich geringe elastische Nachwirkung und umgekehrt.

Die elastische wie die thermische Nachwirkung des Glases hängt ab von der chemischen Zusammensetzung; KaliNatronglas besitzt eine viel erheblichere und langsamer verlaufende elastische Nachwirkung, als reines Kali bezüglich reines Natronglas; die elastische Nachwirkung ist bei reinem Kaliglas geringer als bei reinem Natronglas.

Die elastische Nachwirkung nach verschiedenartigen Deformationen (Biegung, Druck, Torsion) scheint also unter denselben Bedingungen nahezu gleich zu sein.

In den „Mittheilungen aus dem mechanisch-technischen Laboratorium der technischen Hochschule zu München" veröffentlicht Bauschinger eine Abhandlung über die Veränderungen der Elasticitätsgrenze und Festigkeit des Eisens und Stahls durch Strecken und Quetschen, durch Erwärmen und Abkühlen und durch oftmals wiederholte Beanspruchung.

Zunächst ist es möglich, durch Strecken eines Stabes, d. h. durch Belasten desselben über die Streckgrenze hinaus, seine Elasticität zu erhöhen und zwar nicht bloß für die Zeit, in der die Belastung wirkt, sondern auch während einer nachfolgenden, längeren Ruhe; ebenso macht sich die Steigerung der Elasticitätsgrenze über die Belastung hinaus geltend, mit welcher vorher gestreckt wurde.

Neben diesem Mittel, die Elasticitätsgrenze zu erhöhen, giebt es aber auch solche, durch welche man dieselbe wieder künstlich erniedrigen kann. Zum Beispiel durch heftige

Erschütterungen, wie sie beim Schmieden im kalten Zu=
stande und nachherigen Bearbeiten vorkommen, ferner
durch Erwärmung auf verschiedene Temperaturen und
langsames oder schnelles Abkühlen. Die Erwärmungen
müssen bei verschiedenem Material über 350⁰ bis 500⁰
fortgesetzt werden, und die schnellen Abkühlungen waren
im Allgemeinen wirksamer als die langsamen. Endlich
erniedrigten auch wechselnde Beanspruchungen auf Zug
oder Druck die Elasticitätsgrenze.

Auch das Studium der Einwirkung von Schwingungen
auf die Elasticität und Festigkeit der Materialien, und
der Wirkungen bei vorher künstlich gesteigerter oder ver=
minderter Elasticität führte zu einer Reihe praktisch sehr
wichtiger Ergebnisse, welche es möglich erscheinen lassen,
durch bloß mechanische Einwirkungen ein Material von
bestimmter Elasticität herzustellen.

J. F. Main [1]) theilt seine Versuche über die Zähig=
keit des Eises mit, die er im Engadin machte, indem
er Eisstäbe einer Spannung aussetzt bei Temperaturen,
die jede Regelation ausschlossen. Die drei Experimente
wurden an Eisstäben von etwa 234 mm Länge mit Be=
lastungen von 4·3 bis 2 kg pro Quadratcentimeter aus=
geführt, sie dauerten vier bis neun Tage und ergaben,
daß Eis, welches gespannt wird, sich dauernd streckt, und
daß die Größe der Streckung von der Temperatur und
von der Inanspruchnahme abhängt. Ist letztere groß und
die Temperatur nicht sehr niedrig, so steigt die Ausdeh=
nung bis auf ein Procent der Länge pro Tag; die
Streckung ist dann so kontinuirlich und bestimmt, daß
sie von Stunde zu Stunde gemessen werden kann. Die
Ausdehnung wuchs kontinuirlich bei allen Inanspruch=

---

[1]) Proceed. of the R. Soc. 1887, XLII, Nr. 255, p. 329.

nahmen über 1 kg pro Quadratcentimeter und bei allen Temperaturen zwischen — 6⁰ und 0⁰. Die Gesammt-streckungen betrugen im ersten Versuch 11 mm in neun Tagen, im zweiten 1·8 mm in fünf Tagen und im dritten 1·7 mm in drei Tagen. Die Beanspruchung war in 1) größer als in 2) und 3), und die Temperatur am Tage nicht so niedrig; in Nr. 3 war die Beanspruchung gering, aber die Temperatur hoch.

Merkwürdige Wirkungen der Kapillarkräfte an der Berührungsstelle eines festen und flüssigen Körpers hat G. van der Mensbrugghe [1]) aufge-funden. Bringt man frisches Öl in ein Gemisch von Wasser und Alkohol von gleicher Dichtigkeit, so zieht sich bekanntlich die gemeinsame Oberfläche zwischen Öl und Wasser, und das Öl nimmt Kugelgestalt an. Wenn man nun die Ölkugel längere Zeit in der Alkoholmischung läßt und von Zeit zu Zeit die Gleichheit der Dichte beider Flüssigkeiten wieder herstellt, so verliert die Kugelgestalt sich langsam, und die Masse wird unregelmäßig; gleich-zeitig erscheint immer deutlicher eine Art Haut an der Trennungsfläche beider Flüssigkeiten, die wahrscheinlich das Produkt einer chemischen Veränderung ist.

Die Gestaltänderung der Ölkugel rührt daher, daß die Kapillarkräfte der Grenzschicht sich allmählich verändern. So lange diese Schicht flüssig ist, unterliegt sie einer Spannung, die abhängt von der Kohäsion des Öls und des Alkoholgemisches wie von der gegenseitigen Anziehung beider Flüssigkeiten, und welche einen bestimmten, nach innen gerichteten Druck senkrecht zur Oberfläche ausübt. Sowie aber die Grenzschicht erstarrt, wird die Spannung in derselben immer kleiner; sie wird schließlich Null, und

---

[1]) Bulletin de l'Acad. de Belgique, 1887, XIII, p. 11.

nun kann die Anziehung der Moleküle der Flüssigkeiten gegen einander kleiner werden, als die Anziehung der Haut auf die Flüssigkeiten; daraus ergiebt sich ein Ausdehnungs-Bestreben, indem „die Abnahme der mittleren Abstände zwischen den Molekülen in der Normalen zur Grenzfläche, parallel zu dieser, eine Zunahme der Abstoßungskräfte erzeugt."

Hiernach muß die Ölmasse die Tendenz, eine Kugel zu bilden, einbüßen und die geringste Störung führt eine Unregelmäßigkeit herbei. So verlängerte sich eine Ölkugel in einer Alkoholmischung nach mehreren Monaten stark und schien von einer weißen Haut bedeckt. Denn wenn man mit einem Heber etwas Öl wegnahm, so sah man dann die Grenzschicht Falten bilden.

In dieselbe Reihe von Erscheinungen gehört die ältere Beobachtung, daß, wenn man einen Tropfen destillirten Wassers auf Olivenöl legt, die untere Fläche sich nicht nur scheinbar mit einem weißlichen Häutchen bedeckt, sondern auch sich langsam verlängert.

Der Verfasser meint, man könnte vielleicht in derselben Weise die Strömungen von Flüssigkeiten innerhalb einer festen Haut von eiförmiger Gestalt erklären; ferner die sogenannten Brown'schen Bewegungen kleiner, fester Körnchen in Flüssigkeiten.

Über die Bestimmung von Kapillaritätskonstanten an Tropfen und Blasen handelt eine Inaugural-Dissertation von E. Sieg (Berlin, 1887), aus welcher sich in der Naturw. Rundschau II, S. 193 ein kurzer Auszug findet. Sieg benutzt im Wesentlichen die von Quincke vorgeschlagene Methode, nach welcher die „specifische Kohäsion" aus dem Vertikalabstand zwischen den vertikalen und horizontalen Oberflächenelementen eines auf einer Platte liegenden Tropfens resp. einer unter einer

Platte befindlichen Luftblase bestimmt wird. Quincke setzt das Quadrat dieses Abstandes gleich a², d. h. gleich der specifischen Kohäsion. Es ist dieses nur dann zulässig, wenn der Durchmesser des Tropfens resp. der Blase unendlich groß im Vergleich zu jenem Vertikalabstande ist. Dies trifft aber nach Magie bei dem Quincke'schen Experiment nicht zu, daher dessen Bestimmung a² = 8·09 einer Berichtigung bedarf.

Sieg hat deshalb nach einer etwas verfeinerten Methode die Beobachtungen an sorgfältigst gereinigtem Quecksilber wiederholt. Er findet als ein sehr bemerkenswerthes Resultat zunächst, daß sich die specifische Kohäsion an frisch aufgegossenen Quecksilbertropfen als eine andere ergiebt, je nachdem der Tropfen durch zeitweilige metallische Verbindung mit der Gas- oder Wasserleitung elektrisch entladen worden war oder nicht. Im ersteren Fall ergab sich a² = 6·55, im letzteren a² = 6·82. Es sind dieses Werthe, welche mit den von Laplace, Poisson, Desains und Danger erhaltenen übereinstimmen.

Andere Flüssigkeiten nach seiner Methode untersucht ergaben für a²

	Luftblasen	Tropfen
Destillirtes Wasser . . .	14·61	14·61
Lösung von Bittersalz .	13·42	13·34
„ „ Zinkvitriol .	13·41	13·46
„ „ Chlorzink .	13·67	13·65
Alkohol	5·084	
Schwefeläther	4·84	
Olivenöl	7·68	

Als weitere Versuchsergebnisse führt Sieg an: Aus der Übereinstimmung der Resultate aus Tropfenbeobachtung mit denen aus Steighöhenbeobachtung mit gleich

3

Null geſetztem Randwinkel folgt, daß letzterer bei benetzenden
Flüſſigkeiten wirklich gleich Null iſt.

Alle Salzlöſungen ergeben im Allgemeinen bei zunehmender Koncentration eine Abnahme von a^2, eine
Zunahme von $H/2$. Löſungen von Salzen, welche Verbindungen verſchiedener Metalle mit demſelben Radikal
ſind, geben bei gleichem ſpecifiſchen Gewichte gleiche Kapillaritätskonſtante.

Die in den Flüſſigkeiten enthaltenen geringen Spuren
von Verunreinigungen bewirken, wenn ſie nicht öliger
Natur ſind, keine Änderung der Kapillaritätskonſtanten.
(Ausnahme: Queckſilber.)

Über den Flüſſigkeiten ſtehende abſorbirbare Gaſe
verringern die Kapillaritätskonſtante der Flüſſigkeit, und
zwar um ſo mehr, je größer der Abſorptionskoefficient iſt.

Akuſtik.

Um den Satz zu prüfen, ob das Produkt pv aus dem
Druck und dem ſpecifiſchen Volumen der Gaſe bei kleinen
Drucken nahezu konſtant bleibt, oder, wie Mendeljeff will,
für jedes Gas nur innerhalb einer gewiſſen Grenze konſtant bleibt, griff K. Krajewitſch [1]) zu der Laplace'ſchen
Formel für die Schallgeſchwindigkeit in Gaſen.
Um Gebrauch davon machen zu können, mußte er erſt die
Schallgeſchwindigkeit in Gaſen unter verſchiedenen Drucken
ermitteln, und dieſe Verſuche ſind es, die uns hier zumeiſt
intereſſiren. Die Unterſuchungsmethode beſtand im Weſent-
lichen darin, daß man eine Schallwelle durch zwei Röhren
von gleicher Weite und verſchiedener Länge durchlaufen

---

[1]) Beiblätter, Bd. XI, S. 15. (Referat aus dem Journal
der ruſſ. phyſ. chem. Geſ. (9.) XVII).

ließ und den Zeitraum maß, der zwischen den Momenten des Ankommens beider Wellen an einer bestimmten Stelle verflossen ist. Dann gab das Verhältnis des Längenunterschiedes der Röhren zu dem gemessenen Zeitraum die gesuchte Schallgeschwindigkeit. Die Signale der Wellenankunft wurden durch die Bewegung einer dünnen Kautschukplatte erhalten, wodurch eine galvanische Kette mit schreibendem Apparat geschlossen wurde und ein Stift auf der Oberfläche des rotirenden Cylinders die Schraubenlinie zu zeichnen begann (analog wie bei Versuchen von Regnault und Tumlirz).

Die Zeit wurde mit Hülfe einer Stimmgabel mit 203 Schwingungen per Sekunde gemessen, die auf demselben Cylinder eine wellenförmige Linie schrieb. Um nun die Schallwelle bei größeren Drucken (780—60 mm) zu erzengen, benutzte der Verf. eine Bleikugel (200 g), die er im geschlossenen kupfernen Rohre von 4 cm Durchmesser und 112 cm Länge auf eine gespannte Kautschukplatte (1 mm Dicke) fallen ließ. Bei kleineren Drucken (60 bis 2 mm) komprimirte der Verf. in einem Gefäß durch das Quecksilber ein wenig Luft bis auf 2·0—2·5 Atm. und erhielt durch schnelles Umdrehen des Hahnes die nöthige Luftwelle. Die Druckmessung geschah mit Hülfe eines mit den zur Wellenleitung dienenden Röhren verbundenen Baromanometers. Die Versuche betrafen zwei Bleiröhren von 3 mm Durchmesser, 3 m resp. 4 m Länge; ferner zwei Röhren von Messing und von Blei von 16 mm und 3 mm Durchmesser, 8·409 m, resp. 0·06 m Länge; endlich eine kupferne Röhre von 34 mm Durchmesser, 8·807 m Länge und eine Bleiröhre von 3 mm Durchmesser, 0·130 m, resp. 0·06 m Länge.

Es wurde noch der Zeitunterschied gemessen, welchen die Welle, um zwei Röhren von 67 mm, resp. 34 mm

3*

Weite und gleicher Länge 9·102 m zu durchlaufen brauchte; es ergaben sich Unterschiede, welche innerhalb der Beobachtungsfehlergrenzen liegen. Aus Allem folgert der Verfasser:

a) Die Schallgeschwindigkeit in trockener Luft nimmt mit der Abnahme der Luftelasticität ab, und zwar umsomehr, je enger das Rohr ist;

b) in Röhren von größerem als 34 mm Durchmesser ist die Schallgeschwindigkeit von dem Durchmesser unabhängig und derjenigen in freier Luft gleich;

c) bei den Drucken zwischen 780·4 mm und 282·4 mm bleibt die Schallgeschwindigkeit konstant; mit weiterer Abnahme des Druckes nimmt dieselbe ab;

d) bei 0⁰ C. und 760 mm Druck beträgt die Schallgeschwindigkeit in freier trockener Luft ca. 320 m (statt 330—332 m, was nach allen bisherigen Beobachtungen gefunden wurde).

e) bei Drucken kleiner als 280 mm folgt die Luft dem Boyle-Mariotte'schen Gesetze nicht mehr.

In demselben Journal (3) XVIII, woraus die Beiblätter vorstehendes Referat gegeben haben, bespricht A. G. Stoletow die Versuche von Krajewitsch und bemerkt, daß die beobachtete Abnahme der Schallgeschwindigkeit mit der Druckabnahme hauptsächlich durch innere Reibung des Gases, theils aber durch Wärmeleitung verursacht ist. Bei der Fortpflanzung der Schallwellen in freier Luft bleiben genannte Umstände fast ohne Einfluß, sodaß in diesem Fall die Laplace'sche Formel angewandt werden kann; wenn aber die Wellen sich in Röhren fortpflanzen, so spielt, wie bekannt, die innere Reibung eine um so größere Rolle, je enger das Rohr ist. Der Einfluß der Reibung und Wärmeleitung wächst mit der Erniedrigung des Tones und mit der Luftverdünnung; die

Laplace'sche Formel kann daher in diesen Fällen zur Berechnung von p/d resp. pv nicht mehr dienen.

Mit Benutzung der Kirchhoff'schen Formel für die
Schallgeschwindigkeit sucht ferner der Verf. den Einfluß
der Reibung und Wärmeleitung bei den Versuchen von
Krajewitsch, insoweit das mit Daten desselben möglich ist,
zu berechnen, und findet ungefähr dieselben Zahlen für
die Schallgeschwindigkeit bei verschiedenen Drucken in
Röhren, die Krajewitsch auf experimentellem Wege gefunden hat. Die Anwendung der Formel ist natürlich
auf die Fälle nicht zu großer Verdünnung zu beschränken,
wo das Korrektionsglied noch als klein betrachtet werden
darf.

Der Verf. findet ferner, daß die Annahme von 320 m
als Werth der Schallgeschwindigkeit in freier Luft bei 0⁰
und 760 mm Druck ganz unzulässig ist, da dieselbe nicht
nur allen bisher gefundenen Resultaten widerspricht, sondern auch einen gewiß viel zu niedrigen Werth (1·3) von
k (Verhältnis der Wärmekapacitäten) ergiebt.

Zum Schlusse theilt der Verf. die Resultate seiner
eigenen Beobachtungen mit, die er über die Schallgeschwindigkeit der verdünnten Luft in Röhren nach Kundt's
Methode gemacht hat. Das tönende Glasrohr hatte 3·3 cm
inneren Durchmesser und 154 cm Länge; die Figuren
wurden mit Hülfe von Korkfeilspähnen erhalten; die Temperatur betrug 19⁰ C. Es ergaben sich für den zweiten
Ton des geriebenen Rohres (2300 Schwingungen per
Sekunde) in trockener Luft folgende Werthe von Halb-
wellenlänge (im Mittel):

$$p = 70 \text{ mm} \qquad 150 \qquad 772$$
$$\lambda/2 = 73\text{·}80 \text{ mm} \qquad 74\text{·}06 \qquad 74\text{·}55.$$

Für den Grundton (ca. 1160 Schwingungen per
Sekunde):

$$p = 50 \text{ mm} \qquad 100 \qquad 768$$
$$\lambda/2 = 145\cdot3 \text{ mm} \qquad 145\cdot8 \qquad 147\cdot3.$$

Die Änderung der Wellenlänge zwischen den Grenz=
drucken im ersten Fall beträgt 1 Proc. (Theorie 0·7 Proc.
im zweiten 1·3 Proc. (Theorie 0·8 Proc.). Bei den Ver=
suchen von Krajewitsch betrug die Änderung zwischen den=
selben Grenzen etwa zehnmal größere Werthe.

Mitte der 70er Jahre wurden von englischen und
amerikanischen Physikern längere Beobachtungsreihen aus=
geführt über die Hörweite von Schallsignalen, welche zur
Orientirung der Schiffe bei Nebelwetter von Küsten aus
nach dem Meere hingeschickt werden. Unter den hierbei
gewonnenen Resultaten sind besonders hervorzuheben die
Entdeckung Tyndall's, daß der Schall von heterogenen
Luftschichten stark reflektirt werde und in diesen Fällen
nicht soweit ins Meer hineindringt als gewöhnlich; ferner
die Entdeckung Reynolds, daß in Folge der Temperatur=
abnahme der Luft mit der Höhe der Schall von seiner
normalen, geradlinigen Richtung nach oben abgelenkt
werde, weil er sich in den unteren Schichten schneller fort=
pflanzt als oben. Diesen Einfluß der Temperaturver=
schiedenheit der Luftschichten auf die Richtung der Schall=
fortpflanzung bespricht auch H. Fizeau. [1]

Die Geschwindigkeit des Schalles ändert sich wie die
Quadratwurzel des Verhältnisses der Elasticität zur Dichte
e/d; die Dichte ihrerseits ändert sich umgekehrt wie das
Volumen, welches für jeden Grad der Temperaturände=
rung um den Werth $\alpha = 0\cdot003665$ wächst. Mit diesem
Werth erhält man die Zunahme der Schallgeschwindigkeit
für 1^0 C. $= 0\cdot001833$. Wenn man nun annimmt, daß

---

[1] Compt. rend. CIV, p. 1347.

unter beſtimmten Verhältniſſen das Meer an ſeiner Oberfläche wärmer iſt als die benachbarten Luftſchichten, dann
werden dieſe bei ruhigem Wetter ſich in der Nähe des
Waſſers ſo anordnen, daß die Temperaturen bis zu einer
gewiſſen Höhe um ſo niedriger ſind, je größer der Ab-
ſtand von der Oberfläche des Waſſers; dies tritt ſehr oft
in der Nacht und oft auch am Tage bei Nebelwetter ein.

Unter ſolchen Umſtänden nehmen die Schallwellen in
Folge der Temperaturunterſchiede ungleiche Geſchwindig-
keiten an; die der Waſſeroberfläche näheren pflanzen ſich
ſchneller fort, als die in den darüber liegenden Schichten,
und die Richtung der Schallſtrahlen wird nach oben gebogen. Dieſe Beugung der Schallſtrahlen wird immer
größer und kann ſchon bei geringen Temperaturunter-
ſchieden bedeutende Wirkungen veranlaſſen. Die Schallgeſchwindigkeit (V) iſt in Metern ausgedrückt: $V = 331$
$\sqrt{1+0\cdot003665t'}$; ihre Beſchleunigung bei einer Temperaturdifferenz von $0\cdot1^0$ beträgt pro 1 m $0\cdot0001833$ m.
Hieraus laſſen ſich die Höhen berechnen, um welche die
Richtung der Schallſtrahlen über ihre urſprüngliche horizontale Richtung bei zunehmenden Abſtänden von der
Schallquelle gehoben werden:

Abſtand m	Erhebung des Strahles m
10	0·009165
100	0·9165
250	5·728
500	22·91
750	51·5
1000	91·6

Die dieſen Berechnungen zu Grunde gelegte Annahme,
daß die Temperatur pro 1 m in den unteren Luftſchichten
über dem Meere um $0\cdot1^0$ abnehme, wird wohl ziemlich

häufig noch unter der Wirklichkeit bleiben bei Nebelwetter in ruhigen Nächten und bei stiller See, die um mehrere Grade wärmer ist als die benachbarten Luftschichten. Die oben angegebenen Zahlen können deshalb als minimale Werthe bezeichnet werden, da die Temperaturdifferenzen der Luftschichten oft das Doppelte und Dreifache der angenommenen betragen.

Diesem Übelstande, der grade die untersten Luftschichten betrifft, soll dadurch abgeholfen werden, daß man die Schallquelle und den Schallempfänger in eine entsprechende Höhe über die unteren Luftschichten bringt, wo die störenden Temperaturdifferenzen nicht mehr vorhanden sind.

Gelegentlich seiner akustischen Experimentalversuche untersuchte F. Melde[1] auch die Resonanzerscheinungen, welche eintreten, wenn man einen mit Flüssigkeit gefüllten Cylinder in Schwingungen versetzt, und dann einen zweiten dünneren Cylinder in den ersten hineinstellt — entweder leer, oder ebenfalls mit Flüssigkeit gefüllt. Der äußere Cylinder war von Glas, der innere von Blech. Zunächst fand Melde, daß, während bekanntlich die Schwingungszahl eines Cylinders durch Einfüllen von Flüssigkeit verringert wird, das Hineinsetzen eines zweiten Cylinders den Ton des ganzen Systems wieder erhöht; die Schwingungszahl ging aber wieder herab, wenn auch der innere Cylinder mit Wasser gefüllt wurde, und zwar war sie dann kleiner, als wenn der innere Cylinder fehlte. War der innere Cylinder mit nassem Sande gefüllt, so konnte dem Glascylinder kein Ton entlockt werden.

Stand der innere Cylinder centrisch innerhalb der Flüssigkeit des äußeren und waren die Flüssigkeitsmengen

---

[1] Annalen der Physik, 1887, XXX, S. 161.

fo abgemeffen, daß beide Cylinder die intenfivften Töne
gaben, fo hatten diefe Töne gleiche Schwingungszahl, fie
gehörten alfo bei der verfchiedenen Größe der Cylinder
zu Obertönen verfchiedener Ordnungszahl. Die Über=
tragung der Schwingungen erfolgte hierbei hauptfächlich
durch das Waffer; die Schwingungen des äußeren Cy=
linders nahmen nämlich nach dem Boden hin bedeutend
an Stärke ab und waren fchließlich fo fchwach, daß fie
die Refonanzerfcheinungen unmöglich veranlaffen konnten.

Stand der innere Cylinder excentrifch, fo traten Re=
fonanzen bei verfchiedenen Cylindertönen ein, das heißt,
die Töne waren allerdings unifono, aber fie waren bei
dem durch Refonanz erregten Cylinder verfchieden von
den Tönen, die er gab, wenn er direkt angeftrichen wurde.

Über die Dauer der Berührung zwifchen Hammer
und Saite eines Klaviers hat Ch. K. Wead[1] nähere
Unterfuchungen angeftellt, indem er durch geeignete Vor=
richtungen einen gefchloffenen Stromkreis erzeugte, folange
der Hammer mit der Saite in Berührung war. Seine
numerifchen Ergebniffe lehrten, daß bei fehr fanftem An=
fchlag die Kontaktzeit etwa 20 Proc. länger ift, als bei
gewöhnlichem oder auch bei hartem Anfchlag. Für den
gewöhnlichen Anfchlag betrug die Berührungszeit gerade
$\frac{1}{6}$ der Schwingungsperiode. Mit demfelben Apparate
beftimmte Wead auch die Berührungsdauer zweier Elfen=
beinkugeln, welche mit 78·2 cm Gefchwindigkeit gegen
einander ftoßen und fand fie gleich 0·00120 Sekunde.

Ab. Mercadier[2] berichtet über ein „Monotele=
phon" oder elektrifchen Refonator. In einer frühe=
ren Arbeit über die Theorie des Telephons hatte er darauf

---

[1] Americ. Journal of Sc. 1886, Ser. 3, XXXII, p. 366.
[2] Compt. rend. 1887, CIV, p. 970.

hingewiesen, daß die magnetische Platte dieses Apparates
zwei Arten von Schwingungen ausführt, nämlich: 1)
Schwingungen der Moleküle, die von der äußeren Gestalt
unabhängig sind und die Reproduktion aller Schall-
schwingungen ermöglichen; 2) transversale Gesammtschwin-
gungen, welche dem Grundton und den Eigentönen der
Platte entsprechen, von ihrer Elasticität, Gestalt und
Struktur abhängen und die Übertragung musikalischer
Töne und gesprochener Worte stören. Die Existenz dieser
beiden Arten von Schwingungen wird durch folgende
Vorrichtung bewiesen.

Man befestigt die Platte eines beliebigen Telephons
nicht in der gewöhnlichen Weise durch Einspannen des
Randes, sondern indem man sie möglichst nahe dem Elektromagnet an hinreichend vielen Punkten einer ihrer
Knotenlinien befestigt; also z. B., wenn es eine rechteckige Platte ist, an zwei geradlinigen Stützen, welche den
beiden Knotenlinien ihres Grundtones entsprechen, oder
bei einer kreisförmigen Scheibe an den drei Ecken eines
eingeschriebenen Dreiecks. Wenn man nun das so modificirte Telephon als Empfänger benutzt, so schwingt die
Platte nur dann, wenn die ankommenden elektrischen
Ströme eine Periode besitzen, die gleich ist ihrem Eigen-
tone; sie giebt dann nicht mehr, wie das gewöhnliche
Telephon, eine kontinuirliche Reihe von Tönen wieder,
sondern nur einen einzigen mit hinreichender Intensität.
Der Apparat ist jetzt nicht mehr ein „Pantelephon", sondern ein „Monotelephon". Freilich giebt die so befestigte
Platte außer ihrem Eigenton auch noch die Obertöne desselben wieder, aber in verhältnismäßig sehr geringer Intensität; außerdem werden auch noch etwas niedrigere und
etwas höhere Töne als der Grundton wiedergegeben, aber
nur in sehr kleinem Intervall. Diese Verhältnisse sind

ganz dieselben, wie beim gewöhnlichen akustischen Resonator, und das Monotelephon kann wie jeder Resonator zur Analyse von komplicirten Tonmassen dienen; es ist ein „elektromagnetischer Resonator".

Benutzt man ein solches Monotelephon zur Reproduktion der artikulirten Sprache, so hört man entweder gar nichts, wenn der Eigenton der Platte außerhalb der Skala der menschlichen Stimme liegt, oder man hört nur Töne von einem sehr veränderten Klang. Man kann aber das Monotelephon leicht in ein Pantelephon verwandeln, das alle Töne in ihrer Intensität und auch die artikulirte Sprache wiedergiebt, wenn man die Transversalschwingungen der Patte verhindert, indem man die Ränder oder mehrere Punkte der Patte entweder durch aufgelegte Finger, oder noch einfacher durch Andrücken gegen das Ohr leicht fixirt. Besonders die letzte Methode ist sehr interessant; denn beim jedesmaligen Abheben vom Ohr hat man ein Monotelephon, und beim jedesmaligen Anlegen ein Pantelephon.

George Forbes [1]) berichtet über einen „Wärme-Telephon-Übertrager" Folgendes. In einem unten geschlossenen Holzcylinder wird mit einer Säge quer durch den Durchmesser des geschlossenen Endes ein feiner Schlitz gemacht, und in den Schlitz wird ein 0·001 Zoll dicker und 2 Zoll langer Platindraht gespannt, dessen Enden mittels Kupferdrähten durch die primäre Rolle eines Induktionsapparates mit einer Batterie verbunden werden, welche den Draht glühend machen kann. Verbindet man nun den sekundären Kreis mit einem Empfangs-Telephon in einem entfernten Zimmer und spricht man in den Holzcylinder hinein, so werden die Worte deutlich in dem

---

[1]) Proc. of the Royal Soc. 1887, XLII, Nr. 252, p 141.

Telephon gehört. Jede Luftschwingung in dem Spalt kühlt nämlich den Platindraht ab, verändert seinen elektrischen Widerstand und verstärkt dadurch den Strom. Die übertragenen Worte sind nicht sehr vollkommen, es fehlen die höheren Obertöne, und es bedarf großer Aufmerksamkeit, um alle Worte eines Satzes zu verstehen.

Ein Messingcylinder statt des hölzernen und ein Wollaston'scher Platindraht von äußerster Dünnheit störten die Deutlichkeit der Artikulation nicht. Der Spalt mußte aber hier mit Glas ausgekleidet sein, um Kurzschluß zu vermeiden. Die Drähte waren 1 bis 3 Zoll lang, und die längsten gaben die besten Resultate. War der Draht nicht rothglühend, so wurde keine deutliche Artikulation vernommen; je wärmer der Draht, desto deutlicher ist die Sprache. Ein veränderlicher Spalt wurde untersucht, und der schmale Spalt gab die besten Resultate. Das besondere Interesse dieses Apparates liegt in der großen Schnelligkeit der Temperaturschwankungen in einem dünnen Platindraht. Auch sei noch die Thatsache hervorgehoben, daß die Töne in dem Instrument um eine Oktave höher werden als die hineingesprochenen.

Optik.

In seinen philosophischen Studien (Band IV, S. 311) giebt W. Wundt die Grundzüge einer Theorie der Gesichtsempfindungen, welche sich neben die Young-Helmholtz'sche und die Hering'sche als eine dritte Theorie hinstellt. Wundt geht nicht wie andere Physiologen von dem Urtheil darüber aus, ob eine Empfindung einfach oder aus mehrfachen Empfindungselementen zusammengesetzt sei, sondern legt die Ähnlichkeit der Empfindungen

unter einander zu Grunde. „Wenn wir", sagt er, „über
die wirkliche Verwandtschaft oder Verschiedenheit der subjektiven Farbenempfindungen Auskunft erlangen wollen,
so wird es offenbar am zweckmäßigsten sein, an das Urtheil solcher Individuen zu appelliren, welchen nicht nur
die physikalische und physiologische Optik völlig unbekannt
ist, sondern welche auch noch niemals ein Spektrum gesehen, oder selbst auch nur den Regenbogen aufmerksam
beobachtet haben, im Übrigen aber natürlich farbentüchtige
Augen besitzen. Ich habe mich überzeugt, daß bei meinen
beiden Kindern von acht und von zehn Jahren diese Bedingungen zutreffen, und ihnen dann in einer Reihe von
Versuchen verschiedene farbige Papiere vorgelegt und sie
aufgefordert, dieselben nach ihrer Ähnlichkeit in eine Reihe
zu ordnen. Ich wählte zunächst für je einen Versuch nur
drei oder vier Pigmente z. B. Violett, Roth, Gelb oder
Roth, Grün, Blau oder Grünblau, Gelb, Roth u. s. w.,
also, wie man an diesen Beispielen sieht, bald möglichst
entfernte, bald einander näherstehende Farben. Der Erfolg
zeigte nun, daß, wie von vornherein zu erwarten war,
solche Farben, die nach allgemeiner Ansicht einander ähnlich erscheinen, auch stets neben einander geordnet wurden,
also z. B. Violett und Blau, Violett und Roth, Orange
und Roth u. dergl. Aber es ergab sich auch, was, wie
ich gestehe, mir selbst einigermaßen überraschend war, daß
selbst fernerstehende Farben, namentlich die sogenannten
Principalfarben, in der weitaus überwiegenden Zahl der
Fälle in der ihnen im Farbenkreis zukommenden Ordnung gelegt wurden. Insbesondere wurde ein reines Gelb
als nächstverwandt dem spektralen Roth empfunden, wenn
etwa noch Blau und Grün in Frage kamen. Grün erschien dem Blau verwandter als dem Roth. Blau dagegen wurde bald neben Roth, bald neben Grün geordnet.

Die vier Hauptfarben wurden von dem einen der beiden Kinder in der Reihenfolge Blau, Roth, Gelb, Grün, von dem anderen in der ihr im Farbenkreise äquivalenten Blau, Grün, Gelb, Roth neben einander gelegt." Mehr als vier Pigmente neben einander machten die Kinder verwirrt, indessen war eine erwachsene Person, die niemals ein Spektrum gesehen hatte und sich auch der Farbenordnung im Regenbogen nicht mehr erinnern konnte, acht Farben vollkommen richtig neben einander.

Die Erfahrungen, welche man in neuester Zeit an Farbenblinden gesammelt hat, lassen sich vollständig weder mit der Young-Helmholtz'schen „Dreifarbentheorie", noch mit der Hering'schen „Vierfarbentheorie" in Einklang bringen. Es müßten zum Beispiel nach diesen Theorien alle Lichteindrücke, welche den zu jeglicher Farbenunterscheidung untauglichen Theil des Sehapparates treffen, immerhin als eine bestimmte Farbe empfunden werden, während sie thatsächlich farblos, d. h. weiß oder grau erscheinen. Wundt bemerkt dazu: „Wahrscheinlich in Folge subjektiv-optischer Versuche, die ich vorzugsweise mit dem rechten Auge auszuführen pflegte, litt ich vor einigen Jahren an einer cirkumskripten Choroideoretinitis desselben, die als Folge eine etwas verminderte Sehschärfe, insbesondere aber in einem Umkreise von etwa 10 Winkelgraden eine fast völlige Aufhebung der Farbenempfindlichkeit zurückgelassen hat. Während ich noch kleine Druckschrift mit Anstrengung bis zu Jäger Nr. 1 mit dem kranken Auge zu lesen vermag, und in der Peripherie der Netzhaut die Verhältnisse überhaupt normal geblieben sind, erscheinen mir in der angegebenen Region sehr gesättigte Farben weißlich, aber in ihrem richtigen Farbenton, weniger gesättigte sehe ich vollkommen farblos, ich vermag sie von weißen oder rein grauen von derselben

Lichtstärke nicht zu unterscheiden. Das linke Auge ist, abgesehen von einer Kurzsichtigkeit von etwa ¹/₅ und einem geringgradigen, horizontalen Astigmatismus (— ¹/₉₀) vollkommen normal. Das rechte (kranke) Auge ist etwas kurzsichtiger, aber nicht astigmatisch. An der unteren Grenze der farbenblinden Stelle findet sich außerdem eine kleine blinde Region von etwa 4⁰ im Durchmesser, welche die bekannten Erscheinungen des Mariotte'schen Fleckes in größter Deutlichkeit zeigt. Ich bin demnach im Stande, die Empfindungen der farbenblinden Stelle sowohl mit den normalen Empfindungen des anderen Auges wie mit den ebenfalls normalen dicht benachbarter Stellen des nämlichen Auges vergleichen zu können. Es kann aber nach dieser subjektiven Vergleichung kein Zweifel sein, daß erstens die Farbenempfindlichkeit für alle Farben, so weit sich dies bestimmen läßt, gleichmäßig herabgesetzt ist, und daß zweitens an die Stelle der aufgehobenen Perception eines Farbentones niemals ein anderer Farbenton, sondern stets die Empfindung des Farblosen tritt."

Weitere Sätze, die Wundt aufstellt, lauten: 1) „Abgesehen von jeder äußeren Lichtreizung und von allen dieser äquivalent wirkenden inneren Reizen, wie Druck, Elektricität u. dergl., befindet sich die Netzhaut in dem Zustande einer inneren Dauererregung, welche als konstant vorausgesetzt werden kann. Ihr entspricht die Empfindung des Schwarz, welche theils die Lichtreize begleitet und dann den qualitativen Eindruck des größeren oder geringeren Dunkels bestimmt, theils bei dem Wegfall anderer Reize allein zurückbleibt.

2) Durch jede äußere Netzhauterregung werden zwei verschiedene Reizungsvorgänge ausgelöst, eine chromatische und eine achromatische Reizung. Beide Erregungen bestehen bei jeder Reizung durch einfarbiges Licht neben

einander, folgen aber bei wachsender Reizstärke verschiede=
nen Gesetzen, indem die achromatische schon bei schwächeren
Reizen beginnt und zunächst die chromatische an Intensität
übertrifft. Bei mittleren Lichtreizen nimmt sodann die
relative Stärke der chromatischen Erregung zu, um bei
den intensivsten Reizen abermals der achromatischen das
Übergewicht zu lassen.

3) Die achromatische Erregung besteht in einem gleich=
förmigen photochemischen Vorgange, dessen Intensität bei
einfarbigen Lichtreizen theils in der soeben angegebenen
Weise von der objektiven Lichtstärke, theils von der Wellen=
länge abhängig ist, indem er im Gelb ein Maximum
erreicht und von da an gegen beide Enden des Spektrums
sinkt.

4) Die chromatische Erregung besteht in einem poly=
formen, photochemischen Vorgange, der mit der Wellen=
länge in unmerklichen Abstufungen veränderlich ist, indem
er zugleich eine periodische Funktion der Wellenlänge
darstellt."

Dieses „Periodische" kommt dadurch zu Stande, daß
erstlich die beiden Enden des Spektrums Roth und Violett
sich in der Färbung einander nähern, und zweitens inner=
halb des Spektrums immer je zwei in Bezug auf die
subjektive Ähnlichkeit am entferntesten stehenden Farben
sich zur farblosen Empfindung ergänzen (Komplementär=
farben). Und diese farblose Mischung entsteht dadurch,
daß die chemischen Produkte der durch komplementäre
Lichtarten erzeugten chemischen Processe sich wieder zu dem
ursprünglichen chromatisch nicht reizenden Stoffe verbinden
so daß nur die Summe der achromatischen Erregung
beider Lichtarten übrig bleibt.

Schließlich sei noch bemerkt, daß Wundt seine Theorie

im Gegensatz zu den Komponententheorien von Young-
Helmholtz und Hering „Stufentheorie" nennt.

Neue Messungen, von Prof. S. Newcomb in den
Jahren 1880/81 und 82 nach der Foucault'schen Methode,
allerdings mit einigen Veränderungen ausgeführt, ergaben
die Geschwindigkeit des Lichtes im Vakuum zu
299860 km mit einem wahrscheinlichen Fehler von + 30 km.

Die scheinbare Größe von Gegenständen unter
Wasser beruht bekanntlich auf objektiven und subjektiven
Gründen. Die objektive Seite, das heißt die Beteiligung
der Lichtbrechung hat F. A. Forel[1] näher berechnet
und gefunden, daß der Werth der durch Brechung verursachten scheinbaren Vergrößerung um so bedeutender
ist, je näher sich das Auge der Wasserfläche befindet, und
je tiefer das Wasser war (bis zu 10 m); ferner um so
bedeutender, je schräger die Strahlen ins Auge fallen.
Die subjektive Täuschung führt Forel auf falsche Schätzung
der Entfernung zurück. Ist das Wasser nämlich recht
klar, wie an schönen Wintertagen, so sieht man das
Wasser selbst nicht. Trotz aller Klarheit enthält das
Wasser aber immer noch Staubtheilchen und andere Partikelchen, weshalb die Umrisse der untergetauchten Gegenstände undeutlicher werden; wir schätzen deshalb die Entfernung und somit das Objekt zu groß. Ist das Wasser
trüber, oder erscheinen die Objekte bei großer Tiefe bläu-
lichgrün, so bleibt die falsche Schätzung der Entfernung
aus. Die scheinbare Vergrößerung kann bis auf 1/3 und
mehr der wirklichen Größe steigen.

Eine neue Methode zur Messung farbigen Lichtes
und besonders zur Vergleichung der Intensität verschiedener

---

[1] Bull. de la soc. vaudoise des sc. nat. 1886, Ser. 3,
XXII, p. 81.

Farben haben Kapitän Abney und Generalmajor Festing[1]) aufgefunden. In dem Spektrum einer konstanten Licht=quelle wurde der auf seine Intensität zu prüfende Theil durch einen Spalt in einem Schirm ausgesondert und mittels einer Linse auf einen zweiten weißen Schirm ge=worfen; ein Stab zwischen Linse und weißem Schirm warf auf den Schirm einen Schatten. Derselbe Stab wurde auch von einem Normallichte beleuchtet und gab auf dem Schirm einen zweiten Schatten; die Entfer=nungen der Lichter wurden auf einer getheilten Schiene so lange verändert, bis beide Schatten einander gleich waren. Als Lichtquelle für das Spektrum diente das elektrische Bogenlicht zwischen Kohlenstäben, und als Ver=gleichslicht eine Normalkerze. Die Messungen haben die größte Schwierigkeit bei der Abschätzung des Grüns ge=boten, Blaugrün wurde leichter verglichen, Roth und Violett haben, wenn die Lichtquelle intensiv genug war, keine Schwierigkeiten gemacht.

In dem normalen Spektrum wurde die größte Inten=sität bei der Wellenlänge 577 gefunden; zu diesem Maxi=mum stieg die Intensität von der Wellenlänge 412 etwas langsamer an, und fiel bis $\lambda = 699$ schneller ab. Die Farbe des Vergleichslichtes hatte auf das Ergebnis der Messungen im Allgemeinen keinen Einfluß; der Verlauf der Intensitätskurve war derselbe, wenn das Vergleichs=licht durch Fuchsin, durch grünes oder blaues Glas ge=gangen war. Ebenso wenig wurde das Resultat beein=flußt durch die Lichtmenge zur Bildung des Spektrums.

In einer besondern Versuchsreihe wurde der bisher noch nicht erwiesene Satz geprüft, daß der Eindruck, den

---

[1]) **Philos. Transactions of the R Soc. of London** 1887, Bd. 177.

das Auge von einem gemischten Lichte erhält, gleich ist der Summe der Eindrücke der einzelnen Bestandtheile des gemischten Lichtes. Zur Mischung des Lichtes wurden Schirme mit zwei oder drei Spalten benutzt, durch welche die verschiedenen Abschnitte des Spektrums gleichzeitig auf die Sammellinse fielen und von dieser vereint auf den zweiten Schirm geworfen wurden. Das Resultat war die volle Bestätigung des geprüften Satzes.

Das Spektrum mancher chemischen Elemente zeigt eine so große Anzahl von Linien, und diese Linien verhalten sich veränderten Bedingungen gegenüber so verschiedenartig, daß viele Gelehrten sich nicht entschließen können, die betreffenden Stoffe als wirklich einfache Körper anzuerkennen. A. Grünwald[1]) gelangt zu der gleichen Anschauung und zwar auf einem „mathematisch-spektral-analytischen" Wege, und da bereits ein Theil seiner mathematisch berechneten Beziehungen zwischen den Spektrallinien der Verbindungen und ihrer chemischen Bestandtheile durch das Experiment bestätigt worden ist, so verdienen seine Mittheilungen Aufmerksamkeit. Als Ergebnis seiner Studien, namentlich an Wasserstoff und Sauerstoff und deren Verbindung stellt Grünwald ein Fundamentaltheorem in folgender Fassung hin. „Es sei a ein primäres chemisches Element, welches in einer gasförmigen Substanz A mit anderen Elementen chemisch verbunden ist und in einer Volumeinheit von A das Volumen [a] einnimmt. Der Körper A verbinde sich chemisch mit einem Gase B zu einem dritten C. Bei dieser Verbindung gehe das Element a in einen anderen chemischen Zustand a' über, indem es sich dabei chemisch kondensirt; das Volumen, welches von ihm in dem Körper C erfüllt wird,

---

[1]) Astronom. Nachr. 1887, Nr. 2797.

sei [a'], wobei der Quotient [a']/[a] nach einem bekannten chemischen Grundgesetz meist eine sehr einfache, rationale Zahl ist. Dies vorausgesetzt, verhalten sich die Wellenlängen λ sämmtlicher Strahlen, welche dem Elemente a in dem Linienspektrum der freien Substanz A angehören, also von demselben ausgesendet werden, zu den Wellenlängen λ' der entsprechenden Strahlen, welche dasselbe Element in dem neuen chemischen Zustande a', in welchem es sich in der nunmehr gebundenen Substanz A der neugebildeten Verbindung C befindet, emittirt, wie die entsprechenden Volumina [a] und [a']."

Wenn [a] = [a'] ist, d. h. wenn sich das Volumen eines Gases bei seiner Verbindung nicht verändert (z. B. bei der Verbindung von H mit Cl,Br,J), dann muß auch λ = λ' sein. Ein Unterschied der Spektrallinien nach der Verbindung kann sich nur in Intensitätsänderungen zeigen, die zuweilen bis zum völligen Verschwinden einzelner Linien gehen können. In der That bestehen die Spektra der Verbindungen HCl, HBr und HJ nur aus den Spektren ihrer Komponenten mit charakteristischen Intensitätsänderungen.

Anders liegen die Verhältnisse bei den mit Kondensation stattfindenden chemischen Verbindungen, z. B. von Wasserstoff nnd Sauerstoff zu Wasser. Hier zeigte sich, daß sämmtliche Wellenlängen des zweiten, oder sogenannten zusammengesetzten Linienspektrums des Wasserstoffs sich durch Multiplikation mit dem Faktor 1/2 in entsprechende Wellenlängen des Wasserspektrums verwandeln laffen. Dieses empirisch gefundene Verhältnis ist eine einfache Folge des obigen allgemeinen Satzes, da das modificirte Wasserstoffmolekül H' in dem Wassergase genau die Hälfte seines Volumens im freien Zustande einnimmt. Als weitere Folgerung ergab sich aber auch eine große Anzahl von bisher noch nicht bekannten Wasser-Linien, die Herrn Liveing in Cambridge zur Prüfung der Theorie mitgetheilt wurden. Liveing hat nun aus der Liste der vorhergesagten Wasserlinien bereits 58 wirklich aufgefunden, und Grünwald hofft, daß unter Anwendung passender Vorrichtungen auch noch eine größere Reihe stärker brechbarer Wasserlinien sich photographisch wird darstellen lassen. Jedenfalls scheinen diese neu aufgefundenen Wasserlinien seine Theorie zu bestätigen.

Weiter fand Grünwald, daß die Wellenlängen des elementaren Linienspektrums des Wasserstoffs sich in zwei Gruppen, (a) und (b), derart theilen lassen, daß die Wellenlängen der einen Gruppe (a) mit dem Faktor $^{19}/_{30}$, die der anderen (b) dagegen mit dem Faktor $^4/_5$ multiplicirt, in entsprechende Wellenlängen des Wasserspektrums übergehen. Daraus folgt nach dem Fundamentalsatze, daß der Wasserstoff aus zwei primären Elementen, a und b, besteht, und mit Berücksichtigung ihrer Volumverhältnisse findet man $H = ba_4$; der Wasserstoff ist danach eine dem Ammonium NH_4 analoge Verbindung, deren Volumen bei der Dissociation in hoher Temperatur im Verhältnis von $2 : 3$ sich ausdehnen wird. Der Stoff a ist der leichteste aller gasartigen Stoffe und der Stoff b ist, wenn man a als einwerthiges Element auffaßt, ein dem Stickstoff ähnliches, fünfwerthiges, gasiges Element.

Die Untersuchungen über das Spektrum des Sauerstoffs führten zu folgendem Schlußergebnis: Der Sauerstoff in seinem einfachsten, molekularen Zustande ist eine Verbindung des modificirten Wasserstoffs H', welcher das zweite Wasserstoffspektrum ausstrahlt, mit einer Substanz O' zu gleichen Volumtheilen ohne Kondensation. Die Substanz O' ist eine Verbindung von 4 Volumtheilen des fünfwerthigen (stickstoffähnlichen) Elementes b des

Wafferstoffs in einem besonderen Zustande chemischer Kondensation mit 5 Volumtheilen einer Substanz O", welche ihrerseits wieder aus 4 Volumtheilen des primären Elements b (jedoch in einem von dem früheren verschiedenen chemischen Zustande) mit 5 Volumtheilen einer neuen, zur Zeit unbekannten, primären Substanz c besteht.

Eine Vergleichung der berechneten Spektrallinien der elementaren Gase a und b mit den Sonnenlinien führt zu dem Schluß, daß die Heliumlinie D_3 ($\lambda = 5874 \cdot 9$) der Sonne dem Spektrum von b angehöre, daß somit b mit dem bisher bekannten Helium identisch und somit sein freier Zustand auf der Sonne, also auch die Dissociation des Wafferstoffs auf derselben nachgewiesen wäre. Der andere Bestandtheil des Wafferstoffs, das Gas a, muß, weil es viel leichter ist, in der äußersten Sonnenatmosphäre gefunden werden, und Grünwald sucht nachzuweisen, daß die Koronalinie 1474 oder $\lambda = 5315 \cdot 9$ eine Linie des a-Spektrums ist, woraus dann zu schließen wäre, daß der primäre Bestandtheil a des Wafferstoffs mit dem „Coronium" identisch ist.

Angeregt durch die Forschungen von Cornn, die bereits in der vorjährigen Revue Erwähnung fauden, und die eine bestimmte Gesetzmäßigkeit in der Vertheilung und Gruppirung der Linien bestimmter Elemente nachwiesen, machte sich Deslandres [1] daran, auch die Spektra der Metalloide auf diesen Gesichtspunkt hin zu studiren. Für den ultravioletten Theil bediente er sich derselben achromatischen Linsen von Quarz und Flußspath, die auch Cornu für das Studium der Metallspektra sich angefertigt hatte; er benutzte nacheinander ein Prisma aus Flintglas, ein Prisma aus Quarz, ein Prisma aus isländischem Spath,

---

[1] Séances de la Soc. française de physique, 1887, p. 107.

und endlich ein ausgezeichnetes Rowland'ſches Gitter,
deſſen ſechſtes Spektrum photographirt werden konnte.

Zunächſt ſchien es angezeigt, diejenigen Gaſe gründlich
zu unterſuchen, die man gewöhnlich als Verunreinigungen
antrifft, nämlich: Stickſtoff, Sauerſtoff, Waſſerdampf und
die Kohlenwaſſerſtoffe; ſie gaben mindeſtens zehn deutliche Bandenſpektra. Außerdem ſtudirte er auch die beſonderen Banden des Leuchtgaſes, die Spektra des Cyans
und des Joddampfes und erhielt ſo im Ganzen dreizehn
Spektra, die mit einander verglichen und in Betreff der
Vertheilung von Linien und Streifen unterſucht werden
konnten.

Es ergaben ſich folgende Reſultate: Gewiſſe Spektra
von ſolchen zuſammengeſetzten Körpern, welche einen einfachen Körper gemeinſam haben, zeigen dieſelbe allgemeine
Anordnung der Banden, unterſcheiden ſich alſo nur durch
die Zuſammenſetzung homologer Banden, welche durch
das Übereinanderlagern ähnlicher Liniengruppen entſtehen.
Wenn man von den gemeinſamen Charakteren der Spektra,
die von einem und demſelben einfachen Körper abhängen,
abſieht, ſo haben alle dieſe Spektra ſehr verſchiedenen
Urſprunges in Wirklichkeit eine gemeinſame Struktur,
und zwar nach folgendem Geſetz: „Die Linien ein und
derſelben Bande und ebenſo die Banden ein und desſelben Spektrums können, wenn man die Spektrallinien
durch die Schwingungszahlen darſtellt, in ähnliche Reihen
getheilt werden; und jede Reihe iſt eine ſolche, daß die
Intervalle in arithmetiſcher Progreſſion wachſen.“

Hiernach kann man das Geſetz der Vertheilung der
Linien durch eine einfache Funktion von drei Parametern
von ſolcher Art darſtellen, daß mindeſtens zwei Parameter
die Werthe von Quadraten ganzer Zahlen haben.

So gilt für die zehnte Gruppe des Stickſtoffs die

Formel: $f(n^2 p^2) \times m^2 + Bn^2 - \sqrt{Cp^2 + \gamma}$; wobei m, n, p ganze Zahlen sind.

„Dieses Gesetz der Vertheilung der Linien ist nun genau analog dem Gesetz der Vertheilung der Töne eines festen Körpers, der nach seinen drei Dimensionen schwingt. Dieses letztere Gesetz wird nämlich gleichfalls ausgedrückt durch eine Funktion von drei Parametern m^2, n^2, p^2, welche den drei Dimensionen des Raumes entsprechen.

Man wird so dazu geführt (doch dies ist eine Deutung und nicht ein unmittelbares Resultat der Thatsachen), einerseits die drei verschiedenen Klassen von Linien in diesen Spektren auf die drei Dimensionen des Raumes zu beziehen; andererseits die Zahl der arithmetischen Reihen der Streifen in Beziehung zu bringen zu der chemischen Formel des zusammengesetzten Körpers, der sie erzeugt.

Übrigens sind nicht alle Spektra an eine Funktion von drei Parametern gebunden; so zeigt das Absorptionsspektrum des Sauerstoffs nur die Schwingungen von zwei Parametern und das Spektrum des Wasserstoffs die Variationen eines einzigen Parameters."

Neue Untersuchungen über Spektralanalyse hat A. F. Sundell [1]) geliefert. Es gelang ihm zunächst, Spektra von Gasen unter sehr geringem Druck und bei niedrigen Temperaturen herzustellen, die so deutlich waren, daß sie recht gut studirt werden konnten. Sundell erreichte das in der Weise, daß er sehr dicke Schichten des verdünnten Gases als Lichtquelle benutzte. In einer $1\frac{1}{2}$ m langen Röhre wurde das Gas durch Belegungen der Röhre in der Nähe ihrer Enden mit Zinnfolie elektrisch leuchtend gemacht und das Spektrum durch die ganze

---

[1]) Philos. Mag. 1887, XXIV, p. 99.

Länge der Röhre, also in einer 1½ m dicken Schicht des leuchtenden, verdünnten Gases beobachtet. Diese Anordnung ließ sehr hohe Verdünnungen und sehr niedrige Temperaturen zu und gab doch so helle Spektra, daß mit den Spektroskopen genaue Messungen der Linien und Streifen ausgeführt werden konnten. Der Reihe nach wurden Luft, Wasserstoff, Sauerstoff, Luft, Stickstoff, Wasserstoff, Luft, Sauerstoff in die Röhre gefüllt; der Apparat blieb dabei die ganze Zeit unverändert, und das neue Gas wurde stets erst eingeführt, nachdem das vorherige, so vollkommen es die Luftpumpe gestattete, entfernt war. Als Elektricitätsquelle diente eine Holtz'sche Maschine, deren Konduktoren mit den Belegungen der Röhre verbunden waren. Vorläufig ergab bloß die Untersuchung mit Luft definitive Resultate, während die mit den anderen Gasen erhaltenen Resultate noch zweifelhaft sind, weil keine reinen Gase bei den Experimenten verwendet wurden.

Über das Auftreten von Quecksilberlinien im Spektrum der Gase, das auch von andern Forschern bemerkt worden ist, hat Sundell beobachtet, daß sie in Röhren, welche reine Luft, Stickstoff oder Sauerstoff enthalten, nur bei hohen Verdünnungen erscheinen; in Wasserstoffröhren hingegen und in solchen mit unreiner Luft treten diese Linien bereits bei beträchtlichem Drucke neben den Wasserstoff- und Luftlinien auf.

Unter den gewählten Versuchsbedingungen begann die Luft bei einem Drucke von 10 bis 12 mm zu leuchten, hierbei wurde das Ende mit der positiven Elektrode etwas früher (14 mm Druck) leuchtend als die übrige Röhre. Bei einem Drucke von ungefähr 8 mm erschien unerwartet eine Schichtung des Lichtes, indem das erste Viertel der Röhre von der positiven Belegung an stark leuchtete, die Helligkeit aber mit der Entfernung etwas abnahm; dann das zweite Viertel wieder mit starker Helligkeit begann, die nach der Mitte der Röhre hin schwächer wurde; das dritte Viertel war deutlich geschichtet, drei bis vier oder mehr Schichten oscillirten ziemlich schnell und sahen wie Lichtkugeln aus; das letzte Viertel endlich an der negativen Belegung war stets gleichmäßig leuchtend, ohne Schichtung.

Das Spektroskop ergab in diesem Luftspektrum eine große Zahl von Streifen, deren Mitte gemessen wurde, wenn sie schmal waren, während bei den breiten beide Ränder bestimmt wurden. In einer Tabelle sind die Wellenlängen von 38 gemessenen Streifen des Spektrums angegeben. Das Spektrum zeigte keine Änderung, wenn die Verbindungen der Belegungen mit den Konduktoren umgekehrt wurden; hingegen hatten Änderungen des Druckes eine Reihe von Umwandlungen des Spektrums zur Folge. Bei mäßig weitem Spalt konnte das Spektrum schon bei einem Druck von 12 mm gemessen werden. Erst erschien ein schwaches, kontinuirliches Spektrum bei $\lambda = 557$, dann zeigten sich der 22. und 23. Streifen als ein kontinuirliches Band. Diesen folgten andere Streifengruppen, die erst kontinuirlich auftraten und sich dann bei weiterer Druckabnahme trennten; beim Druck von 2·3 mm waren alle 38 Streifen sichtbar. Sank der Druck unter 0·2 mm, dann wurden alle Streifen schwächer und bei weiterer Druckabnahme verschwanden die schwächeren Streifen zuerst, hierauf die anderen; bei 0·02 mm Druck waren 19 Streifen verschwunden, und 7 zu einem kontinuirlichen Glühen verbunden; bei 0·01 mm Druck waren nur vier, bei 0·0023 mm nur drei Streifen übrig und bei dem Drucke von 0·0013 mm war auch der letzte Streifen — Nr. 28 — von der Wellenlänge 4659 verschwunden. Bei noch weiterer Verdünnung war keine

Luftlinie mehr sichtbar, obwohl die Röhre noch schwach leuchtete; hingegen trat jetzt die Quecksilberlinie 546 sehr deutlich auf. Bei einem Drucke von 0·0007 mm wurde die Röhre nur sehr selten leuchtend, und als der Druck unter 0·0003 gesunken war, war alles Licht verschwunden.

Bei sehr hohen Verdünnungsgraden wurden die Wände der Röhre stark fluorescirend, besonders in der Nähe der positiven Belegung; und bei jeder Entladung gab diese Belegung ein scharfes Geräusch ähnlich dem eines Funkens.

Die Wasserstoffröhre ergab ein reines Wasserstoff= spektrum, trotzdem das Gas nicht rein war. Das Leuchten begann bei Druck von 30 mm; wenn Luft beigemischt war, leuchtete es schon bei 43 mm. Bei dem Druck von 0·35 mm zeigte das Spektrum die bekannten Hauptwasser= stofflinien neben zahlreichen schwachen Linien des zweiten Wasserstoffspektrums, das Hasselberg angegeben hat. Die Röhre blieb bis zu den höchsten erreichbaren Verdünnungen leuchtend, wenigstens an der positiven Belegung; Schich= tungen wurden nur einmal schwach bei hoher Verdün= nung gesehen.

In der Röhre mit Sauerstoff begann das Leuchten bei etwa 30 mm; das Spektrum war am hellsten bei 0·2 mm; besonders zeichneten sich zwei Streifen aus, die auch bei größeren Verdünnungen erkennbar waren, als die Röhre nur noch schwach leuchtete.

Stickstoff gab dasselbe Spektrum wie Luft.

Absorptionsspektrum des flüssigen Sauer= stoffs und der flüssigen Luft. Bei seinen Versuchen zur Verflüssigung des Ozons beobachtete K. Olszewski[1] daß das dunkelblaue Ozon auffallend blasser wurde, wenn

---

[1] Sitzungsbericht der Wiener Akad. II. Abth. 1887, XCV, S. 259.

es in den unteren, vom flüssigen Sauerstoff umgebenen Theil des Röhrchens gelangte. Es lag die Vermuthung nahe, daß der flüssige Sauerstoff die blauen Strahlen absorbire. Bei Anwendung von Sonnenlicht zeigte sich jedoch, daß zwei dunkle Linien stärker und fast schwarz erschienen, wenn das Spektrum bei Sonnenuntergang beobachtet wurde; diese Linien wurden also auch von der Atmosphäre absorbirt, und man mußte behufs Messung der Absorptionslinien des flüssigen Sauerstoffs als Licht-quelle Drummond'sches Kalklicht benutzen. Mittels eines Vierordt'schen Spektralapparates wurden vier Absorptions-streifen erhalten, deren Mitten den Wellenlängen 628, 577, 535 und 430 entsprachen; der Streifen 628 war durch seine Breite, der Streifen 577 durch seine Dunkelheit ausgezeichnet; die ungleich schwächeren Streifen 535 und 480 schienen im Sonnenspektrum nicht vorhanden zu sein.

Olszewski untersuchte nun auch das Spektrum des flüssigen Stickstoffs und wählte hierzu flüssige Luft, welche bei der Temperatur — 191° in gleicher Weise behandelt wurde, wie vorher der flüssige Sauerstoff. Man sah jedoch nur die beiden Streifen 628 und 577 des Sauerstoffs.

Die Absorptionen des luftförmigen Sauerstoffs scheinen demnach andere zu sein als die des flüssigen Sauerstoffs.

Trotz der zahlreichen Arbeiten über das Spektrum des Kohlenstoffes sind die Physiker noch immer nicht einig darüber, ob der Kohlenstoff ein eigenes Spektrum besitze, das von dem der Kohlenwasserstoffe verschieden ist, oder ob das Spektrum der Kohlenstoffverbindungen auch als dasjenige des Kohlenstoffes selbst zu betrachten sei. Charles Fievez[1]) stellte darüber folgende Versuche an.

---

[1]) Bulletin de l'Acad, de Belgique, 1887, Ser. 3, XIV, p. 100.

Ein starker elektrischer Funke sprang durch Luft zwischen zwei Kohle-Elektroden über, welche 3 mm im Durchmesser hatten, in Spitzen endeten und 3 bis 4 mm von einander abstanden. Durch ein Prisma betrachtet, deſſen Zerstreuungskraft der von sechs Flintglasprismen gleich war, sah man ein Spektrum aus zwei sehr hellen rothen Linien in der Nähe der C-Linie, aus zwei hellen Linien im Orange und einer großen Anzahl Linien im Grün.

Ließ man den Funken zwischen den Kohle-Elektroden in Wasserstoff bei einem Drucke von 700 bis 1000 mm überspringen, so bemerkte man nur eine von den beiden rothen Linien, während alle übrigen Linien verschwunden waren. Desgleichen sah man nur eine rothe Linie, wenn die Kohle-Elektroden sich in einer an freier Luft brennenden Wasserstoffflamme befanden. Hingegen in trockener verdünnter Luft verschwanden beide rothe Linien vollständig, wie groß auch die Energie des elektrischen Funkens war, was darauf hinzudeuten scheint, daß keine dieser beiden Linien dem Kohlenstoff angehört.

Nahm man statt Kohle-Elektroden Aluminiumdrähte und ließ die Funken in Luft überspringen, so erhielt man dasselbe Spektrum, nur sah man statt zwei rother Linien eine einzige, die genau mit der Linie C des Wasserstoffs zusammenfiel. Es ist somit nur eine einzige Linie dem Kohlenstoffspektrum eigenthümlich.

Woher stammt aber die zweite rothe Linie? Um das zu ermitteln, ließ Fievez das Spektrum des elektrischen Funkens zwischen Kohle-Elektroden in Luft auf ein Sonnenspektrum fallen, und da zeigte es sich, daß der dunkle Raum zwischen den beiden rothen Linien genau zusammenfiel mit der schwarzen Linie C des Sonnenspektrums. Hieraus ging die Überzeugung hervor, daß die beiden rothen Linien mit ihrem dunklen Zwischenraume nichts anderes sind, als eine stark verbreiterte, helle C-Linie, in deren Mitte eine dunkle Linie sich gebildet hat; eine Umwandlung, wie sie bei vielen Linien durch veränderte Temperatur und Druckverhältnisse experimentell hervorgebracht werden kann.

Fievez kommt folglich zu dem Schluß, daß das besondere, bisher dem Kohlenstoff zugeschriebene Spektrum diesem Element nicht angehöre.

In allen bisherigen Versuchen war Wasserstoff in der Nähe der Kohle gewesen. Um diesen nun ganz sicher auszuschließen, wurden schließlich die Kohlenfäden von Glühlampen durch einen elektrischen Strom glühend gemacht und das Spektrum untersucht, bevor die verdampfende Kohle das Glas getrübt hatte. Das Spektrum war nun absolut ähnlich dem Spektrum der Kohlenwasserstoffflammen und dem Spektrum der Kometen bei Benutzung desselben Spektroskops.

Aus der Gesammtheit dieser Versuche folgt mit großer Wahrscheinlichkeit, daß der Kohlenstoff kein Spektrum besitzt, das von dem seiner Wasserstoffverbindungen verschieden wäre.

Vorstehende Ergebnisse der Arbeiten von Fievez wurden der Akademie von Stas mitgetheilt. Letzterer knüpfte daran die Bemerkung, daß er selbst früher das Kohlenstoffspektrum eingehend studirt und nach Kenntnisnahme der Fievez'schen Ergebnisse seine Versuche wiederholt habe. Aus seinen alten und neuen Beobachtungen zieht er nun folgende Schlüsse:

Das Spektrum der Flammen von Leuchtgas und von Dämpfen flüssiger Kohlenwasserstoffe, welche mit Sauerstoff gespeist, bei der Temperatur des schmelzenden Iridiums verbrannten, besteht aus Linien und Banden, unter denen die für Wasserstoff charakteristischen Linien C, F, G vollständig fehlen. Von diesem Fehlen der Wasserstoff-

Linien überzeugt man sich auch, wenn man einen elektri=
schen Funken oder eine Entladung zwischen Kohlenspitzen
oder Platinkugeln durch die erwähnten Kohlenwasserstoff=
flammen hindurch gehen läßt. Wie auch die einzelnen
Theile des Apparates angeordnet sein mochten, niemals
konnte man die Linien C, F, G erhalten, selbst nicht C
allein, welche Linie doch so leicht erscheint, wenn man
einen Funken über eine wässerige Salzlösung hingleiten
läßt.

Das Spektrum von elektrisch leuchtendem Leuchtgas
und Kohlenwasserstoff=Dampf, das man unter einer Span=
nung von 20 mm in dem engen Theile der Geißler'schen
Röhre beobachtet, besteht aus den Linien und Streifen
des Flammenspektrums dieser Gase und Dämpfe, denen
sich, je nach der Intensität des Stromes, die Linie C,
oder C und F, oder C, F und G hinzugesellen.

Das Spektrum der Flamme von reinem Wasserstoff
besteht, je nachdem die Flamme dunkel und farblos, oder
leuchtend und gefärbt (und zwar azurblau) ist, aus einem
vollkommen dunklen Spektralraum oder auch aus einem
hellen kontinuirlichen Spektrum, das aber absolut verschieden
ist von dem Aussehen des kontinuirlichen Spektrums, welches
glühende, feste Körper liefern. Unter keinen Umständen
konnte Stas bei der Verbrennung von Wasserstoff in
Sauerstoff die Anwesenheit einer der Wasserstofflinien er=
kennen, und er hält es daher für sicher, daß das Spektrum
der Flamme von reinem Wasserstoff weder helle noch
dunkle Linien enthalte.

Das elektrische Spektrum des reinen Wasserstoffs in
Geißler'schen Röhren hingegen ist charakterisirt durch die
bekannten Fraunhofer'schen Linien C, F und G. Auf die
Beobachtung in der Geißler'schen Röhre muß hier be=
sonderes Gewicht gelegt werden, da das Auftreten der

Linien im Spektrum des in einer Wasserstoff=Atmosphäre hergestellten elektrischen Bogens zweifelhaft ist. Das Auftreten oder Fehlen der Linien C, F, G in dem elektrischen Strome, im Funken, in der Entladung, oder im Bogen bedarf noch neuer Untersuchung.

Auf Grund vorstehender Thatsachen zieht Stas den Schluß, den Fievez aus seinen richtigen Beobachtungen ableitet, in Zweifel. Er paßt nur auf das Spektrum der Kohlenwasserstoff=Flamme; hingegen stimmt er nicht mit dem elektrischen Spektrum der Kohlenwasserstoffe in Geißler'schen Röhren. Dieses Spektrum ist nicht dasselbe, wie das Flammenspektrum, vielmehr ist es die Vereinigung des Bogenspektrums des Kohlenstoffs und des elektrischen Wasserstoff=Spektrums. Fievez sowohl wie Stas wollen ihre Untersuchungen weiter fortsetzen.

T. W. Best[1]) stellte Untersuchungen darüber an, wie weit das Spektroskop über die Reinheit der Gase Auskunft giebt. Zunächst wurde für die drei Gase Wasserstoff, Stickstoff und Sauerstoff ermittelt, welches die kleinste Menge Wasserstoff ist, die im Stickstoff noch durch das Spektroskop erkannt werden kann, und welches die kleinste Menge Stickstoff, die man im Wasserstoff spektroskopisch nachweisen kann; ebenso wurden Stickstoff in Sauerstoff und Sauerstoff in Stickstoff untersucht. Die Gase waren stets sorgfältig getrocknet, sie wurden durch die Funken eines Induktionsapparates leuchtend gemacht, und mit einem Spektroskop aus einem Prisma mit 26·9facher Vergrößerung sowohl bei Atmosphärendruck, wie bei geringeren Drucken untersucht.

Die Resultate dieser Untersuchung waren: In einer Wasserstoffatmosphäre unter Atmosphärendruck wird die

---

[1]) Chemical News, 1887, LV, p. 209.

Anwesenheit des Stickstoffs erkannt, wenn er 1·1 Proc. ausmacht; bei einem Drucke von 10½ engl. Zoll müssen 3·6 Proc. Stickstoff zugegen sein, um sich spektroskopisch durch die Stickstofflinie zu verrathen, und bei 3½ Zoll Druck ist die kleinste erkennbare Menge 2·5 Proc. Bei diesen Bestimmungen machte es keinen Unterschied, ob man atmosphärische Luft oder reinen Stickstoff dem Wasserstoff zusetzte. In einer Stickstoffatmosphäre wurde bei normalem Druck Wasserstoff spektroskopisch erkannt, wenn seine Menge 0·25 betrug. Im Sauerstoff wurden 0·8 Proc. Stickstoff, und im Stickstoff erst 4·5 Proc. Sauerstoff durch das Spektroskop nachgewiesen.

Ferdinand Kurlbaum [1]) bringt neue Bestimmungen der Wellenlängen der Fraunhofer'schen Linien. Zur Begründung seiner Arbeit sagt er Eingangs: Thalén veröffentlichte 1884 in einer Abhandlung über das Spektrum des Eisens, daß die von Angström angegebenen Wellenlängen der Fraunhofer'schen Linien sämmtlich mit einem sehr erheblichen Fehler behaftet seien. Hervorgebracht war derselbe durch eine fehlerhafte Bestimmung des den Messungen zu Grunde gelegten Meterstabes. Trotzdem Angström dieser Fehler bald nach Veröffentlichung seiner Messungen bekannt wurde, gelang es seinen Bemühungen nicht, einen nochmaligen Anschluß des Meterstabes an das Pariser Meter herbeizuführen und die Größe des Fehlers zu bestimmen. Er hatte für die Länge seines Meterstabes 0·99994 m gefunden, während Thalén als Resultat einer nach Angström's Tode ausgeführten vorläufigen Messung 0·99981 m angiebt. Wird diese Zahl als richtig angenommen, so würden sämmtliche Wellenlängen nicht in Millimetern, sondern

---

[1]) Annalen der Physik, 1888, Bd. XXXIII, Nr. 1, S. 159.

in der Einheit 1·00013 mm ausgedrückt sein. Auf das
Resultat hat dies den Einfluß, daß eine mittlere Wellen=
länge von 540 μμ um 0·07 μμ zu klein angegeben ist,
eine Größe, welche die übrigen bei den Wellenlängen=
messungen vorkommenden Beobachtungsfehler bedeutend
übertrifft.

Da sich seit dem Jahre 1868, in dem die Angström=
sche Arbeit veröffentlicht wurde, in der Herstellung von
Gittern so außerordentliche Fortschritte geltend gemacht
haben, daß die Gitter an auflösender Kraft engen Doppel=
linien gegenüber den besten Prismensystemen gleichkommen,
so schien es mir wünschenswert, mit den heutigen Mitteln
die Angström'schen Messungen wieder aufzunehmen, und
habe ich mit den Voruntersuchungen im Sommer 1885
begonnen.

Wegen des Weiteren muß auf die Abhandlung selbst
mit ihren Tabellen verwiesen werden. Bemerkenswert
sind auch die Ausführungen über die Beschaffenheit und
den Gebrauch der Gitter zur Darstellung der Spektra.

Über den Einfluß der Schwellenwerte der Licht=
empfindung auf den Charakter der Spektra hat
Herman Ebert [1]) gearbeitet. Den Ausgangspunkt für
seine Untersuchungen bildete die auffallende Einfachheit
der Spektra der gasförmigen Nebelflecke; dieselben zeigen
in fast allen Fällen drei charakteristische Linien im Grün
und Grünblau: $\lambda = 500·4$, 495·8 und 486·1. Die erste
der drei Linien ist die hellste; sie entspricht der minder
brechbaren Komponente einer hellen Doppellinie der vierten
Plücker'schen Gruppe des Stickstoffspektrums; die zweit=
hellste Linie, die brechbarste, ist mit H identisch; bei der
schwächsten Linie, der mittleren, ist eine sichere Identifi=

---

[1]) Annalen der Physik, 1888, XXXIII, Nr. 1, S. 136.

cirung mit einer Linie eines irdischen Elementes seither noch nicht gelungen. Mitunter ist außer diesen drei typischen noch eine brechbarere Linie gesehen worden, welche mit H_γ identisch sein dürfte. Es ist zu unter- suchen, warum die in den Nebelflecken sicher vorhandenen Elemente Wasserstoff und Stickstoff nur je eine Linie ihrer Spektren zeigen, und warum gerade nur die ge- nannten?

Unter allen Wasserstofflinien ist die grünblaue am beständigsten. Veränderte äußere Bedingungen üben auf dieselbe den wenigsten Einfluß aus. Außerdem fanden Crookes und Lockyer, daß bei fortdauernder Verdünnung des Wasserstoffgases, bezüglich bei Verminderung der In- tensität der Entladung, die grünblaue Linie in dem Spek- trum schließlich ganz allein übrig bleibt.

Man hat nun die Einfachheit der Nebelfleck-Spektra. auf zweierlei Weise zu erklären versucht. Entweder senden die Nebelflecke nur die entsprechenden Strahlen aus und keine andern, so daß man auf eine eigenthümliche Be- schaffenheit der Nebelflecke schließen müßte; oder es findet auf dem Wege durch den Weltenraum bis zum Auge eine Absorption statt, die sich auf alle Strahlen außer grün erstreckt. Es dürfte aber auch eine allgemeine Schwächung aller Strahlengattungen genügen, da schon Huggins 1868 beobachtete, daß bei dem Stickstoff nur die grüne Linie $\lambda = 500\cdot4$ und bei Wasserstoff nur die grünblaue im Spektrum übrig blieb, wenn das Licht der Geißler'schen Röhre durch das Objektiv seines Teleskopes hindurch erst in 10 Fuß Entfernung auf den Spalt des Telespektroskops traf.

Ebert hält dafür, daß diese Erscheinung aus rein phy- siologischen Momenten zu erklären sei, daß also der Grund für die Einfachheit dieser Spektren nicht außer,

5*

sondern in uns zu suchen ist. Bei allen Beobachtungen
mit dem Auge geht die Retina des Beobachters als integrirender Bestandtheil in den analysirenden Apparat ein,
Eigenthümlichkeiten in der Natur des percipirenden Or-
ganes oder in unserem „Lichtsinne" müssen sich in den
erhaltenen Beobachtungsthatsachen wiederspiegeln, ein Umstand, welcher namentlich in Fällen, wo es sich um Minima
der Sichtbarkeit handelt, geradezu bestimmend wird. Um
im vorliegenden Falle über den Einfluß dieses subjektiven
Faktors Gewißheit zu erlangen, wiederholte er zunächst
die Fievez'schen Versuche in wesentlich der gleichen Anordnung. Außer den Wasserstoff- und Stickstoffröhren
untersuchte er einige mit Quecksilber gefüllte Entladungsröhren. Dieselben eignen sich für derartige Studien ganz
besonders, weil sich die Quecksilberlinien von einem total
lichtlosen Hintergrunde abheben, indem neben dem Spektrum des Quecksilbers diejenigen aller Verunreinigungen
verschwinden. Die gelbe Doppellinie des Quecksilber-
spektrums kann bei kräftigen Entladungen eine sehr große
Helligkeit erreichen; auch die blaue Linie ist der hellen
grünen unter geeigneten Versuchsbedingungen an Licht-
werth scheinbar ebenbürtig; trotzdem war die grüne Linie
in allen Fällen diejenige, welche am längsten eine Abschwächung der Gesammtintensität ertrug.

Nach Wundt wird die Reizempfindlichkeit gemessen
durch den Quotienten aus einer von den zu Grunde gelegten Einheiten abhängigen Konstanten, dividirt durch
die Reizschwelle der Reizbewegung. Über diese Schwellenwerthe im Gebiete des Lichtsinnes liegen bis jetzt keine
genaueren Bestimmungen vor. Man hat sogar Bedenken
principieller Natur gegen die Möglichkeit derartiger Bestimmungen geltend gemacht, da das Auge in Folge
schwacher subjektiver Erregungsvorgänge selbst in absoluter

Finsternis von einem mehr oder weniger intensiven Eigen-
lichte erfüllt ist. Da wir aber bei dem Lichtsinne bis
herab zu den minimalsten Empfindungen deutlich unterscheiden können, was Eigenlicht der Netzhaut ist, und
welches Eindrücke sind, die ihre Ursache außer uns haben,
so kann sich kein principielles Bedenken gegen die Messung
der letzteren erheben. Die wirkliche Messung selbst begegnet indes großen praktischen Schwierigkeiten. Aubert
scheint der Einzige gewesen zu sein, welcher eine solche
unternommen hat; er schätzt die Helligkeit, welche uns
eben — neben dem Eigenlicht des Auges — zum Be-
wußtsein kommt, zu $1/300$ der Lichtstärke eines weißen
Papiers, welches vom Vollmondlichte beschienen wird.

Die Bedingungen seiner Versuche, über welche man
das Nähere im Originale sehen möge, richtete Ebert in
der Weise ein, daß die eben untermerkliche und die eben
übermerkliche Reizschwelle zugleich bestimmt wurde. Durchweg wurde, wie zu erwarten, der erstgenannte Schwellenwerth kleiner als der zweite gefunden, d. h. das Auge ist
im Stande, einen sich in seiner Intensität stetig vermin-
dernden Lichtreiz bis zu einer minimalen Größe herab zu
verfolgen, die unter derjenigen liegt, bei welcher ein neu
im Blickfelde des Bewußtseins auftauchender Reiz die
Aufmerksamkeit erweckt und percipirt wird, ein Resultat,
welches seit Fechner von zahlreichen Forschern auch auf
anderen Sinnesgebieten bestätigt worden ist.

Die Versuche wurden von zwei Beobachtern angestellt,
die in ihren Resultaten sehr gut übereinstimmten. Sie
ergaben Folgendes: Die Reizempfindlichkeit $\left(\dfrac{\text{Konstanz}}{\text{Reizschwelle}}\right)$
des Auges ist eine verschiedene für die verschiedenen Farben.
Sie hat für das Grün bei Lampenlicht den weitaus
größten Werth. Nach dem Grün zeigte sich das Auge

in den beiden unterſuchten Fällen dem Roth gegenüber am empfindlichſten; dann dem Grünblau, dann erſt dem Gelb, endlich dem Blau gegenüber.

Dieſes Reſultat iſt aber nicht ſo zu verſtehen, als wenn wir bei ſchwachen Beleuchtungen zuerſt Grün, in ſeiner beſonderen Farbe, zu erkennen vermöchten. Über die Erkennung der Qualitäten der Strahlengattungen der verſchiedenen Wellenlängen ſagen die Verſuche nichts aus; in allen Fällen lief in der Nähe der Minimalempfindung die Farbe des ausgeblendeten Spektralſtreifens in dasſelbe unqualificirbare Grau aus. Die Verſuche zeigen vielmehr, daß das Sehorgan verſchieden empfindlich iſt je nach den Wellenlängen der dasſelbe reizenden Strahlengattungen.

Weitere Berechnungen führten zu dem Ergebnis, daß das Lampenlicht in den Bereichen der minder brechbaren Strahlen relativ viel reicher an Energie iſt, als das Sonnenlicht; eine Gasflamme z. B., welche im Gelb ebenſo hell, wie das Sonnenlicht iſt, würde im Roth mehr als die vierfache Energiemenge als dieſes aufweiſen. Beachtet man nun, daß nach Langley das prismatiſche Spektrum des Sonnenlichtes an der Erdoberfläche ſein Energiemaximum im Ultraroth (etwa bei $\lambda = 1000\ \mu\mu$) hat, und von hier gleichmäßig nach dem ſichtbaren Spektrum hin abfällt, ſo iſt nach dem Vorigen klar, daß das Energiemaximum der Strahlung des Gaslichtes weit im Ultraroth liegt; von da fällt die Energiekurve noch viel ſteiler, als bei dem Sonnenſpektrum nach der Seite der kürzeren Wellenlängen hin ab, wie die Tabelle zeigt. Dies ſtimmt mit allen ſonſtigen Erfahrungen überein.

Mit Hülfe der gewonnenen Zahlen iſt es nun möglich, die Empfindlichkeit des Auges für die Wellenbewegungen verſchiedener Schwingungsdauer direkt mit den

Energiemengen der erregenden Ätherbewegung in Beziehung zu setzen, d. h. die verschiedenen Empfindlichkeiten durch die verschiedenen Energiemengen zu messen, welche zur Auslösung einer Empfindung nöthig sind.

Es ergiebt sich aus den Berechnungen der Satz:

Bei dem normalen Auge ist die zur Auslösung einer Lichtempfindung nöthige Energie der erregenden Ätherbewegung am geringsten, wenn die Wellenlänge derselben die der grünen Strahlen ist λ (etwa gleich 530 $\mu\mu$). Eine etwa 1·3 bis 2 Mal so große Energiemenge ist nöthig, um im Grünblau die drei- bis vierfache Menge, um im Blau eine Empfindung unter den gleichbleibenden Umständen im Auge wachzurufen. Für Strahlen von der Wellenlänge der Gelben und Rothen ist die nöthige Energie noch erheblich größer; sie betrug in den beiden untersuchten Fällen etwa das 15- bis 17-, resp. 25- bis 34-fache der für das Grün nöthigen. Daß trotzdem bei gleichmäßiger Abschwächung des Gesammtlichtes sich im Roth die Empfindung sehr lange wach erhalten kann, liegt in dem überwiegenden Reichthum an rothen Strahlen der meisten unserer irdischen Lichtquellen.

Nach diesen Resultaten über die verschiedene Empfindlichkeit des Auges für die verschiedenen Farben läßt sich die Eigenthümlichkeit der sichtbaren Theile der Nebelfleckspektra ohne besondere Hypothesen erklären. Wenn unser Auge für die Strahlen mittlerer Brechbarkeit am empfindlichsten ist, so müssen sich die Spektra schwach leuchtender Objekte oder solcher Lichtquellen, deren Licht aus irgend welchem Grunde stark geschwächt zu uns gelangt, auf diese mittleren Partieen reduciren.

Es lassen sich aber auch die zum Theil scheinbar überraschenden Ergebnisse der Herren F. Weber und Stenger ohne weiteres ableiten. Da die Schwellenwerthe im Grün

ein Minimum besitzen, so ist es nicht auffallend, daß hier
bei schwachen Emissionen eine Empfindung zuerst ausgelöst wird. Diese Erscheinung ist bis zu einem gewissen
Grade von der Vertheilung der Energie im Spektrum
der Lichtquelle unabhängig, so lange man nämlich annehmen darf, daß dieselbe keine hervorragenden Maxima oder
Minima im Bereiche des sichtbaren Spektrums aufzuweisen hat. Wenn wir das Auftauchen der Lichtempfindung in den verschiedenen Spektralbezirken bei allmählich
zunehmender Gesammtstärke des zerlegten Lichtes verfolgen,
so haben wir zwei getrennte Erscheinungen vor uns, die
sich für unsere Empfindung übereinander lagern: einmal
die ein- für allemal gegebene, mehr oder weniger stabile
Empfindlichkeit des Auges für die Strahlen der verschiedenen Wellenlängen, und zweitens die Vertheilung
der Energie auf die einzelnen Theile des Spektrums bei
den verschiedenen Stadien der Lichtentwickelung. Aus der
Reihenfolge allein, in welcher die Lichtempfindung in den
verschiedenen Spektralregionen über die Schwelle des Bewußtseins tritt, kann also noch nicht auf die objektive
Vertheilung der Energie geschlossen werden.

In demselben Bande der Annalen (S. 155) polemisirt
Herman Ebert gegen ein Experiment Wüllners, welches beweisen soll, daß das Linienspektrum lediglich durch Vermehrung der Schichtendicke in das Bandenspektrum übergehe. Hierbei führt er folgende eigenen Versuche
an. 1) Durch eine Sammellinse wurde auf der Spaltplatte
des Spektralapparates gleichzeitig ein Bild von dem centralen,
sehr hellen Theile der Entladungsröhre, welchem die
Längsdurchsicht durch das Hauptrohr entspricht, und von
dem daran anstoßenden erleuchteten Theil des vorderen
Seitenrohres entworfen, sodaß die Trennungslinie beider
Theile etwa die Spaltlänge halbirte; die Brennweite der

Linse war so gewählt, daß der volle Strahlenkegel seiner ganzen Öffnung nach im Spektroskop zur Verwendung kam. Man sieht alsdann beide Spektra übereinander, das Bandenspektrum hell, das Linienspektrum sich deutlich von einem dunklen Hintergrunde abhebend. Durch einen Keil von schwarzem Rauchglase, der alle Strahlengattungen sehr nahe gleichförmig absorbirte, und dessen Keilwinkel nur wenige Grade betrug, konnte die eine Spalthälfte beliebig abgedunkelt werden. Um die Prismenwirkung des Keiles aufzuheben, war er mit einem gleichen aus weißem Glase zu einem Parallelepiped zusammengekittet. Wurde nun die Spalthälfte, welche das hellere Bandenspektrum lieferte, allmählich verdunkelt, so war in dem Momente, wo beide Spektra gleich hell waren, absolut kein Unterschied im Charakter beider mehr erkennbar: die schwächer leuchtenden Partieen der Banden waren mehr und mehr unter die Reizschwelle herabgedrückt worden; es waren schließlich nur noch die hellen, minder brechbaren Kanten der vier Banden als „vier schmale Streifen" übrig geblieben.

Das Gleiche zeigte sich, wenn man durch zwei Nicols das Licht des helleren Theiles so weit reducirte, daß es dem der schwächer leuchtenden dünneren Schicht gleich wurde: alsdann war kein Unterschied in den Spektren beider Theile mehr zu konstatiren.

Endlich wurde dieser Versuch noch in der Form angestellt, daß man sich von dem helleren mittleren Theile der Entladungsröhre mit einem geradsichtigen Spektroskope weiter und weiter entfernte. Während man in der Nähe das Bandenspektrum sehr ausgeprägt erblickte, fand sich beim allmählichen Entfernen bald eine Stelle, wo man, selbst bei ganz axialer Durchsicht durch das Hauptrohr, nur noch die Maxima der Banden zu erkennen vermochte.

2) Zur Kontrole wurde der umgekehrte Versuch angestellt; die Entladung wurde durch ein Seitenrohr am Ende des Hauptrohres der Länge nach durchgeschickt. Durch geeignet aufgestellte Cylinderlinsen konnte dann immer soviel Licht auf dem Spalte koncentrirt werden, daß neben den anfänglich allein sichtbaren vier hellen Linien mehr und mehr von den schwächeren Bestandtheilen der Banden auftraten. Da der Abfall der Helligkeit in diesen Banden nach der brechbaren Seite hin ein ziemlich starker ist, und auf die angegebene Art nicht so viel Licht gesammelt werden konnte, als der centrale Theil bei Längsdurchsicht liefert, so war eine vollständige Entwickelung des Bandenspektrums aus dem anfänglichen Linienspektrum nicht möglich; indessen war nicht zu verkennen, daß der übrigbleibende Unterschied nur ein quantitativer, durchaus kein qualitativer war.

Das Wüllner'sche Experiment liefert also keinen Beweis für die Abhängigkeit des Aussehens eines Spektrums von der Dicke der leuchtenden Schicht, sondern nur den Ausdruck dafür, daß sich Banden mit einseitig abfallender Helligkeit bei Verminderung der Gesammthelligkeit auf mehr oder weniger breite, linienartige Streifen reduciren müssen. Erwägt man die Gleichartigkeit des Linienspektrums von Wasserstoff z. B. in den kapillaren Theilen unsrer Entladungsröhren und in den Gassäulen der Sonnenfackeln, wo uns Schichten von vielen Tausend Kilometern Dicke das Licht liefern, so erkennt man, daß jener Einfluß der Dicke, der ja allerdings nach dem Kirchhoff'schen Gesetze zu erwarten ist, ein sehr minimaler sein muß (Lockyer); jedenfalls ist er nicht im Stande, Änderungen von so durchgreifender Bedeutung wie die Überführung des Spektrums aus einer Klasse in eine andere.

hervorzurufen; zu ihrer Erklärung werden wir vielmehr auf Umänderungen in den Molekülen hingewiesen.

Um die Menge des reflektirten Lichtes direkt zu messen, wandte Lord Rayleigh [1]) folgende Methode an. Er ließ Licht von einer Wolke durch mattes Glas in ein dunkles Zimmer unter polarisirendem Winkel auf eine Glasplatte fallen. Dann leitete er die hindurchgehenden und die reflektirten Strahlen mittels einer Reihe von Reflektoren auf verschiedenen Wegen in der Art, daß sie schließlich neben einander fielen und von gleicher Intensität waren. Ein Reflektor auf der Bahn des reflektirten Strahles war die Glasplatte, welche untersucht werden sollte, und auf die das Licht in fast senkrechter Richtung auffiel. Dieses Glas wurde nun entfernt und ein Spiegel so verschoben, daß die Einfalls-Winkel und Einfalls-Punkte des reflektirten Strahles auf den verschiedenen Spiegeln dieselben blieben wie früher. Der reflektirte Strahl war nun heller als der durchgelassene. Um beide wieder gleich zu machen, wurde eine Scheibe mit einem Ringe von Löchern in die Bahn des Strahls gebracht und in Rotation versetzt. Aus dem Verhältnis der Summe der Breiten der Löcher zu dem ganzen Umfange des Ringes ergab sich nun das Procentverhältnis des Lichtes, das von dem Glase reflektirt worden.

Für ein Stück geschwärztes Glas betrug die Menge des reflektirten Lichtes 0·058 von dem gesammten einfallenden Mengen. Es zeigte sich ferner, daß die Menge der Reflektion im hohen Grade abhing von der Klarheit und Politur der Oberfläche. Sie stieg in einem Falle durch wiederholtes Poliren von 0·04095 auf 0·0445. Fresnel's Formel giebt für diesen Fall 0·04514. Im

---

[1]) Nature, 1886, XXXV, p. 64.

Allgemeinen scheint die reflektirte Lichtmenge geringer zu sein, als nach Fresnel's Formel. Die Werthe für polirtes Glas und für Silber auf Glas waren 0·94 und 0·83.

Beobachtungen, die Evans über die Strahlung matter oder glänzender Oberfläche gemacht hatte, veranlaßten J. T. Bottomley[1]) zu Schlußfolgerungen, die ihn höchlichst überraschten und zu weiterer Prüfung antrieben. Es handelte sich nämlich darum, zu prüfen, daß ein Kohlenfaden, der durch den elektrischen Strom glühend gemacht wird, bei matter Oberfläche einer höheren Temperatur bedarf, um Licht von bestimmter Stärke auszustrahlen, als bei metallglänzender Oberfläche. Zum Versuche dienten zwei vollkommen ähnliche Glasröhren und zwei genau ähnliche Platindrähte, von denen der eine seine natürliche blanke Oberfläche hatte, während der andere mit einer möglichst dünnen Rußschicht dadurch versehen worden war, daß man ihn schnell aber gleichmäßig durch die Flamme einer Paraffinlampe geführt hatte. Beide Röhren wurden gleichzeitig bis auf den Druck von zwei Milliontel Atmosphäre evakuirt. Dann kamen sie parallel geschaltet in den Kreis einer Batterie von sechs Sekundärzellen, während durch Rheostaten die Leuchtkraft der Drähte so regulirt wurde, daß die Lichtemission nach dem Augenmaß an beiden Drähten gleich war. Die Lichtintensitäten variirten von eben sichtbarer Rothgluth bis zur hellen Weißgluth.

Die Versuche zeigten, daß die Temperatur, welche z. B. das Erscheinen eines bestimmten Grades der Rothgluth veranlaßt, viel höher ist, wenn die Oberfläche des erhitzten Körpers getrübt wurde, als wenn sie blank ist wie beim

------

[1]) Proc. of tho Royal Soc. 1887, XLII, Nr. 256, p. 433.

polirten Metall, und zwar beträgt der Temperaturunter=
schied sehr viele Grade.

Der Temperaturunterschied beider Glashüllen war
gleichfalls sehr auffallend. Die Glasröhre, welche den
blanken Draht enthielt, war nicht grade unangenehm
warm, während die andere so heiß war, daß sie an der
Haut der Hand Blasen machte; und doch war das Va=
kuum in beiden Röhren das gleiche gewesen.

Die Lichtempfindlichkeit von 35 verschiedenen
(meist organische Silbersalze) Substanzen hat Gottlieb
Marktanner=Turneretscher [1] mittels der Vogel'schen
Photometerskalen gemessen und theilt Folgendes mit. Chlor=
silber färbt sich auf Papier weniger rasch, als Brom= und
Jodsilber; hingegen ist die Intensität der Färbung bei
ersterem viel bedeutender, als bei den beiden anderen
Haloidsalzen.

Bei den Gliedern der Fettsäure zeigte sich bis zur
Raprinsäure (mit Ausschluß des ameisensauren Silbers,
das sich auch ohne Lichtwirkung schwärzt) ein stetiges
gleichmäßiges Wachsen der Lichtempfindlichkeit mit der Zu=
nahme des Kohlenstoffgehaltes der Glieder; bei den höheren
Gliedern der Reihe gelang es jedoch nicht eine Beziehung
zwischen Zusammensetzung und Lichtempfindlichkeit zu
statuiren. Merkwürdiger Weise bleibt das isobuttersaure
Silber an Lichtempfindlichkeit beständig hinter dem nor=
malen Salze zurück. Im Gegensatze hierzu zeigte sich
aber das Silbersalz der Paramilchsäure in Lichtempfind=
lichkeit und Färbung dem Silbersalze der Gährungs=
milchsäure ähnlich.

Die Silbersalze der Malon=, Äpfel=, Wein=, Hippur=
und Citronensäure waren weniger empfindlich als das

---

[1] Sitzber. d. Wiener Akad. 1887, II. Abth. XCV, S. 579.

oxalſaure Silber. Bei all dieſen Salzen wurde durch
Räucherung mit Ammoniak eine ſehr bedeutende Steigerung der Lichtempfindlichkeit herbeigeführt. Auch bei
anderen Präparaten wurde die Empfindlichkeit durch die
Behandlung mit Ammoniak verdoppelt. Verfaſſer nimmt
an, daß der Grund dieſer Steigerung in der Neutrali-
ſation der durch die Lichtwirkung frei werdenden Säure
geſucht werden müſſe.

Eine höchſt wichtige Arbeit über die Entwickelung
der Lichtemiſſion glühender feſter Körper bringt
H. F. Weber[1]. J. Draper hat vor etwa 40 Jahren
den Satz aufgeſtellt, daß alle feſten Körper bei einer und
derſelben Temperatur und zwar bei 525⁰ Licht auszu-
ſtrahlen beginnen, und zwar rothes Licht (Rothglut), und
daß mit ſteigender Temperatur das Spektrum immer
weiter nach dem violetten Ende hin zunehme. Beobachtungen aber, die Weber an elektriſchen Glühlampen
machte, erweckten ihm Zweifel an der Richtigkeit der
Draper'ſchen Aufſtellungen und regten ihn zu eigenen
neuen Verſuchen an. Die Beobachtungen über den Beginn der Lichtausſtrahlung wurden an Kohlenfäden elek-
triſcher Glühlampen in abſoluter Dunkelheit, nämlich im
Dunkelzimmer bei Nacht, angeſtellt. Bei einer Siemens-
Lampe (normale Spannung 100 Volt, normale Stromſtärke 0·55 Ampère und normale Helligkeit 16 Kerzen)
ſah man die folgenden Erſcheinungen: So lange die
Stromſtärke unter 0·051 Amp. blieb und die Potentialdifferenz zwiſchen den Fadenenden unter 13·07, war der
Faden der Lampe unſichtbar; wurden dieſe Werthe über-
ſchritten, ſo ſandte der Faden ein äußerſt ſchwaches Licht
aus, das Weber als „geſpenſtergrau" oder „düſter nebel-

---

[1] Sitzungsber. d. Berl. Akad. der Wiſſenſch. 1887, S. 491

grau" bezeichnet. Diese erste Spur Licht erschien dem
Auge unstet, auf und ab huschend, sei es, daß die Temperatur des Fadens etwas veränderlich war, sei es, daß
das Auge in Folge der großen Anstrengung, das schwache
Licht zu sehen, rasch ermüdete.

Wurde die Stromstärke über 0·051 Amp. gesteigert,
so nahm das Licht an Helligkeit zu, blieb aber noch längere
Zeit düstergrau; bei erheblicher Steigerung der Stromstärke wurde das Grau etwas heller, allmählich aschgrau
und ging zuletzt in ein entschiedenes Gelblichgrau über.
Erst als die Stromstärke den Werth 0·0602 Amp. erreicht
hatte, legte sich über das helle, gelblichgraue Licht des
Fadens der erste Schimmer eines ungemein lichten, feuerrothen Lichtes, mit dessen Auftreten das Hin= und Her=
zittern der Graugluth verschwand und das Licht absolut
ruhig wurde. Bei weiter zunehmender Stromstärke wurde
das lichte Feuerroth immer intensiver, ging in ein inten-
sives Hellroth über, welches dann die bekannten Änderungen in Orange, Gelb, Gelblichweiß und Weiß durch-
machte. Von einem „Dunkelroth", das in allen bisher
gegebenen Beschreibungen des beginnenden Leuchtens als
erste Phase beschrieben wurde, wurde nicht die Spur
entdeckt.

Prismatische Zerlegung des ersten grauen Lichtes war
wegen der Schwäche desselben schwierig; hingegen konnte
der grau leuchtende Faden durch ein Prisma mit gerader
Durchsicht oder durch ein Glasgitter mit bloßem Auge
untersucht werden. Die allererste Spur der Graugluth
ist durch das Prisma hindurch nicht zu sehen; erst nach
einer kleinen Verstärkung des Lichtes zeigt das Spektrum
des düster nebelgrau leuchtenden Fadens einen homogenen,
düstergrauen Streifen, der genau an der Stelle steht, an
welcher eine plötzliche Steigerung der Stromstärke die

gelbe und grüngelbe Strahlung erscheinen läßt; das
in dem ersten Stadium der Lichtemission ausgesandte
graue Licht ist also das Licht der mittleren Wellenlänge
des vollständigen Spektrums. Steigt die Temperatur
des Fadens, so verbreitert sich der graue Streifen und
wird heller; ist die Temperatur so hoch, daß der Faden
dem bloßen Auge gelblichgrau erscheint, so bildet das
Spektrum einen breiten, grauen Streifen, der in der
Mitte gelblichgrau leuchtet und auf beiden Seiten in ein
fahles, düsteres Grau übergeht. Ist die Temperatur so
hoch, daß dem unbewaffneten Auge die erste Spur eines
lichtrothen Schimmers erscheint, so sieht man im Spektrum
die eine Seite des grauen Streifens von einem äußerst
schmalen, zarten, feuerrothen Saume begrenzt, und gleichzeitig erscheint an der anderen Seite ein ziemlich breiter,
schwach leuchtender, graugrüner Saum. Bei weiter
wachsender Temperatur verbreitert sich allmählich der
rothe Saum, indem rothe Strahlen größerer Wellenlänge
hinzutreten; ebenso erweitert sich auf der anderen Seite
des grauen Streifens der grüne Bezirk durch Hinzutreten
von grünen und grünblauen Strahlen kleinerer Wellenlänge, während gleichzeitig der Ausgangspunkt des sich
entwickelnden Spektrums intensiv hell gelbgrau leuchtet.
Sobald sich das Spektrum, stets doppelseitig wachsend,
bis zum mittleren Roth und bis an die Grenze von
Cyanblau ausgedehnt hat, leuchtet die ursprünglich düster-
graue, dann hellgraue, dann gelblichgraue mittlere Partie
des Spektrums gelb und gelbgrün. Beim Eintreten der
hellen Weißgluth endlich ist das sichtbare Spektrum am
Ende seiner doppelseitigen Entwickelung angelangt; es
reicht bis zum äußersten, sichtbaren Dunkelroth und bis
zur inneren Grenze des Ultraviolett.

Das Spektrum des glühenden Kohlenfadens wächst

also bei steigender Temperatur nicht einseitig in der Richtung vom Roth nach dem Violett, sondern entwickelt sich, von einem schmalen Streifen ausgehend, genau von seiner Mitte aus gleichmäßig nach beiden Seiten. Die dem Auge zuerst erscheinende, den Ausgangspunkt der Spektrumentwickelung bildende Strahlung ist dieselbe Strahlung, die im vollständig entwickelten, sichtbaren Spektrum dem Auge mit der größten Helligkeit leuchtet und in den schwarzen Flächen der Thermosäule und des Bolometers die maximale Energie entwickelt.

Hieraus schließt Weber, daß die Strahlen mittlerer Wellenlänge schon bei der Temperatur der beginnenden Graugluth die größte Energie besitzen und deshalb am frühesten jenen Schwellenwerth übersteigen, der vorhanden sein muß, um eine Lichtempfindung zu veranlassen, und daß die Strahlen kleinerer und größerer Wellenlängen dann bei steigender Temperatur der Reihe nach dem Auge sichtbar werden, sobald deren lebendige Kraft einen Schwellenwerth ähnlicher Größe überstiegen hat. (Man vergleiche damit die Arbeit von Herman Ebert über Schwellenwerthe.)

Um sich zu überzeugen, daß bei den geschilderten Erscheinungen nicht der elektrische Strom, der den Kohlenfaden erhitzt, als solcher eine Rolle spiele, hat Weber auch eine Versuchsreihe ausgeführt, in welcher feste Körper in gewöhnlicher Weise mittels heißer Gase allmählich erhitzt wurden. Es dienten hierzu dünne Lamellen aus Platin oder Gold, die durch die von einem Bunsenbrenner aufsteigenden heißen Gase erwärmt wurden. Über die Flamme war ein Eisentrichter gestülpt, dessen obere Öffnung von der Platin- oder Goldlamelle verschlossen war; letztere bildete auch den unteren Verschluß eines zweiten innen geschwärzten Trichters, durch welchen die Lamelle im

6

Dunkelzimmer bei Nacht beobachtet wurde, während die Temperaturen durch Regulirung des Gaszuflusses zum Brenner beliebig gesteigert werden konnten. Auch bei dieser Art der Erwärmung erschien zunächst am Boden des Trichters ein schwaches, düster nebelgraues, unstetes Licht, welches bei allmählicher Temperatursteigerung hellgrau und gelbgrau wurde, während nach den Rändern das Grau in das düstere Nebelgrau überging; weiter erschien das lichte Feuerroth, und dann die Rothgluth mit ihren ferneren bekannten Übergängen. Die Erscheinungen waren die gleichen bei Lamellen aus Platin, Gold, Eisen oder Kupfer. Die Entwickelung der Lichtemission eines durch den elektrischen Strom glühenden Kohlenfadens ist also lediglich durch die Temperatur bedingt.

Nach den erhaltenen Resultaten war es auch zweifelhaft, ob Draper's Angabe über die Temperatur, bei welcher die Lichtemission der festen Körper beginne, richtig sei. Weber stellte deshalb Messungen an einer Platinplatte von 0·1 mm Dicke an, die über einem Bunsenbrenner in eben beschriebener Weise erhitzt wurde und mit der Löthstelle eines Thermoelementes verlöthet war, während die andere Löthstelle auf 0⁰ gehalten wurde. In drei Versuchen waren die Temperaturen, bei welchen das graue Licht erschien, 393⁰, 396⁰ und 391⁰. Die Temperatur, bei welcher Platin die ersten Spuren sichtbarer Strahlung auszusenden beginnt, liegt somit in der Nähe von 390⁰, also ungefähr 135⁰ tiefer, als die Draper'sche Angabe. Da bei diesen Messungen das Auge des Beobachters 20 cm von der Lamelle entfernt bleiben mußte, und in größerer Nähe sicherlich schon früher die ersten Lichtspuren sichtbar sein würden, ist anzunehmen, daß die erste Emission bei einer noch niedrigeren Temperatur erfolge.

Endlich prüfte Weber auch die Angabe von Draper,

daß die verschiedenartigsten Substanzen wie Gaskohle, Eisen, Platin, Blei, Messing und Antimon, bei derselben Temperatur anfangen, sichtbare Strahlen auszustrahlen. Er verglich Platin-, Gold- und Eisenlamellen. Zunächst wurde eine Platinlamelle und eine Goldlamelle mit den beiden Löthstellen einer Thermosäule zusammengelöthet und einmal die Platinlamelle über dem Bunsenbrenner im Trichter bis zur Graugluth erhitzt, während die Goldlamelle auf 0° abgekühlt war, dann umgekehrt, das Gold erhitzt und das Platin abgekühlt. In einer zweiten Kombination wurde Platin mit Eisen in gleicher Weise untersucht. In der ersten Versuchsreihe betrug die Temperatur der Graugluth für Platin = 391°, für Gold = 417°, und in der zweiten Reihe für Platin = 396° und für Eisen = 377° gefunden. Diese Versuche beweisen somit, daß die verschiedenen festen Substanzen auf verschiedene Temperaturen erhitzt werden müssen, wenn sie die ersten Spuren sichtbarer Strahlen aussenden sollen.

Eine neue photometrische Einrichtung schlägt A. Cornn[1] vor, um einem bisherigen Übelstande abzuhelfen, der darin besteht, daß die beiden in das Photometer eintretenden und zu vergleichenden Lichtbündel durch irgend eine Polarisationsvorkehrung polarisirt und dann erst das Verhältnis ihrer Intensitäten bestimmt wird. Offenbar kann dieses Verfahren im Allgemeinen nur dann einwurfsfreie Resultate geben, wenn das eintretende Licht unpolarisirt ist. Die Erfahrung lehrt aber, daß letzteres in den meisten Fällen nicht zutrifft, wenn es auch oftmals mit Rücksicht auf die Größe der unvermeidlichen Beobachtungsfehler bei photometrischen Messungen nicht in Betracht kommt.

---

[1] Compt. rend. 1886, CIII, Dezember.

Cornu bedeckt nun einen Theil der Objektivlinse eines Fernrohres mit einem schwachen (am besten mit einem achromatischen) Prisma, wodurch in dem Fokus des Fernrohres von jedem betrachteten Objekte zwei Bilder entstehen, welche zusammen die Intensität des ursprünglichen einfachen Bildes haben. Indem man nun einen mehr oder minder großen, aber bekannten Theil des Objektives bedeckt, kann man das Intensitätsverhältnis beliebig variiren, bis endlich das von dem bedeckten Theile der Linse herrührende Bild des einen der beiden zu vergleichenden Objekte dieselbe Helligkeit hat, wie das von dem unbedeckten Theile herrührende des anderen Objektes. Aus dem Bruchtheil der Objektivlinse, der von dem Prisma bedeckt ist, läßt sich alsdann unabhängig von der Polarisation, das Intensitätsverhältnis der beiden Objekte bestimmen.

Aus praktischen Gründen ist es rathsam, den anderen Theil der Objektivlinse mit einem Prisma von gleichem brechenden Winkel so zu bedecken, daß die Ablenkung in entgegengesetzter Richtung erfolgt.

Andere Einrichtungen, welche in gleicher Weise wirken, können an dem Okular angebracht werden. Die eine besteht darin, daß zwei entgegengesetzt gerichtete Prismen unmittelbar vor dem Okular in derjenigen Ebene angebracht werden, in der das reale Bild der Objektivlinse des Fernrohres entworfen wird, während bei der zweiten Anordnung dieses Prismenpaar zwischen die erste und zweite Linse eines terrestrischen Okulares eingeschaltet wird, wo bekanntlich ebenfalls ein reales Bild der Objektivlinse entsteht. Bei dem dritten Vorschlag endlich wird die zweite Linse des terrestrischen Okulars in einem Durchmesser durchschnitten und beide Hälften gegen einander verschoben. Die Berechnung geschieht in allen drei Fällen

in derſelben Weiſe, wie bei den auf das Objektiv bezüglichen Vorkehrungen.

Aus den Verſuchen von P. E. Lommel[1]) über
Phosphorescenz an zwölf Schwefelcalcium- und vier
Schwefelſtrontiumpräparaten mit theilweiſem Zuſatz von
Schwefelantimon ſei Folgendes mitgetheilt. Die Stoffe
wurden durch Sonnenlicht oder elektriſches Licht beſtrahlt,
welches durch blaue und violette Schirme gegangen war
und nur die tiefblauen, violetten und ultravioletten
Strahlen enthielt. Die ſpektroſkopiſche Analyſe des während der Belichtung und nach derſelben ausgeſtrahlten
Phosphorescenzlichtes ergab, daß alle Schwefelcalcium-
ſorten, ſo mannigfach auch die Farbentöne ihres Phosphorescenzlichtes ſein mochten, Licht ausſtrahlten, welches
drei bei allen Präparaten an derſelben Stelle des Spektrums liegende Maxima zeigte. Sie unterſchieden ſich
nur dadurch von einander, daß dieſe Maxima bei den
verſchiedenen Sorten verſchieden ſtark entwickelt waren, ſo
daß ein oder ſelbſt zwei Maxima ganz fehlen konnten.
Maximum I lag bei $\lambda = 584$, II bei $\lambda = 517$ und III
bei $\lambda = 462$. Die Verſchiedenheit der Phosphorescenz-
farben hing nur von der verſchiedenen Ausbildung dieſer
drei Maxima ab.

Geringere Übereinſtimmung zeigten die verſchiedenen
Schwefelſtrontiumſorten; doch ſtellte ſich ganz entſchieden
heraus, daß Schwefelcalcium und Schwefelſtrontium, ſelbſt
wenn der Farbenton ihres Phosphorescenzlichtes gleich
oder ähnlich erſcheinen ſollte, ſpektroſkopiſch leicht unterſchieden werden können.

Eine Analyſe der Strahlen des erregenden Lichtes und
die Vergleichung derſelben mit dem Phosphorescenzlicht

---

[1]) Sitzungsber. der Münchener Akad. 1886, S. 283.

zeigte, daß ganz entschieden bei allen Schwefelcalcium=
sorten, aber sicherlich auch bei dem Schwefelstrontium,
gerade die brechbarsten (ultravioletten) Strahlen des er=
regenden Lichtes die weniger brechbaren Strahlen des
ausgestrahlten Phosphorescenzlichtes hervorriefen.

In der Sitzung der physikalisch=medicinischen Gesell=
schaft zu Erlangen am 7. März des vorigen Jahres machte
Wiedemann[1]) unter anderm folgende optische Mit=
theilung. Eine Reihe von Körpern zeigt, in verschiedenen
Lösungsmitteln gelöst, Unterschiede in der Ab=
sorption des Lichtes, indem hierbei die Absorptions=
streifen entweder nur ein wenig verschoben sind, oder
stärkere Lagenänderungen zeigen, oder endlich das ganze
Absorptionsspektrum ein anderes wird. Diese Erschei=
nungen lassen sich theils aus physikalischen, theils aus
chemischen Ursachen erklären.

Eines der ausgezeichnetsten Beispiele solch tiefgreifender
Änderungen bietet das Jod in seinen violetten und brau=
nen Lösungen. Die violette Farbe der Schwefelkohlen=
stofflösung wird darauf zurückgeführt, daß in ihr die
Jod=Atome zu Molekülen an einander gelagert sind, wie
im Gaszustande; die braune Farbe der Alkohollösung
darauf, daß die Jod=Atome Moleküle bilden, wie im ge=
schmolzenen Jod, welche jedenfalls die komplicirteren sind.
Wenn diese Annahme richtig ist, dann war zu erwarten,
daß die violette Lösung beim Abkühlen eine braune Farbe
annehmen würde. In der That trat diese Erscheinung
ein, wenn man eine violette Lösung in einem Gemisch
von fester Kohlensäure und Äther stark abkühlte; der
andere analoge Versuch, der braunen Lösung durch
Erhitzen eine violette Färbung zu geben, hatte ein ne=

[1]) Sitzungsber. 1887.

gatives Resultat, weil das Job das Lösungsmittel zer-
setzte:

Henri Becquerel macht folgende Mittheilungen [1])
über die Gesetze der Lichtabsorption in Krystallen.

1) Das Absorptionsspektrum, das man in einem Krystall
beobachtet, ändert sich mit der Richtung der geradlinigen
Lichtschwingungen, die sich durch den Krystall fortpflanzen.

2) Die Streifen oder Linien, die man durch ein und
demselben Krystall sieht, haben im Spektrum feste Orte,
nur ihre Intensität ändert sich.

3) Für eine bestimmte Bande oder Linie existiren im
Krystalle drei rechtwinkelige Symmetrie-Richtungen und
nach einer von ihnen verschwindet gewöhnlich die Bande,
so daß bei passender Richtung der Lichtschwingungen der
Krystall nicht mehr die Strahlen absorbirt, welche der
Gegend des Spektrums entsprechen, wo die fragliche Bande
erschienen. Diese drei Richtungen kann man die Haupt-
absorptions-Richtungen in Bezug auf diese Bande nennen.

4) In den orthorhombischen Krystallen fallen die
Hauptabsorptionsrichtungen aller Streifen mit den drei
Symmetrieachsen zusammen. Man kann also drei Haupt-
absorptionsspektra beobachten. In den einachsigen Krystallen reducirt sich die Zahl der Absorptionsspektra auf zwei.

5) In den klinorhombischen Krystallen fällt eine der
Hauptabsorptionsrichtungen einer jeden Bande mit der
einzigen Symmetrieachse zusammen, die beiden anderen
rechtwinkeligen Hauptrichtungen jeder Bande können in
der zu dieser Achse normalen Ebene verschieden orientirt
sein. Am gewöhnlichsten sind diese Hauptrichtungen sehr
nahe den entsprechenden Hauptrichtungen optischer Elasticität, gleichwohl können für bestimmte Banden die Haupt-

[1] Compt. rend. 1887, CIV, p. 165.

richtungen optischer Elasticität und die Hauptabsorptionsrichtungen, die in der Ebene g_1 liegen, sehr verschieden
von einander sein.

. 6) In verschiedenen Krystallen sind die. Charaktere
der Absorptionserscheinungen beträchtlich verschieden von
denen, die man nach Prüfung der optischen Eigenschaften
des Krystalls erwarten würde.

Unter diesen Sätzen ist der fünfte bemerkenswerth.
Nach demselben sind in den klinorhombischen Krystallen
die Hauptabsorptionsrichtungen gewisser Streifen verschieden
von den optischen Elasticitätsachsen des Krystalles für die
entsprechenden Strahlen. Zur Erklärung dieser Verschiedenheit. denkt sich Becquerel, daß, da diese Krystalle
von komplicirten Körpern gebildet werden, jede an der
Bildung des Krystalls betheiligte isomorphe Substanz
ihre optischen Eigenschaften behält, die sie besitzt, wenn sie
allein krystallisirt. Die Hauptrichtungen optischer Elasticität
sind nun gegeben durch die Resultate der Wirkungen einer
jeden einzelnen den Krystall zusammensetzenden Substanz
auf die Fortpflanzung des Lichtes, während die Absorption.
eines bestimmten Abschnittes des Spektrums von einer
einzigen Substanz herrührt und diejenigen Symmetrie-
Richtungen hat, welche sie in dem isolirt gedachten ab-
sorbirenden Molekül besitzt.

Als Konsequenz dieser Auffassung folgert Becquerel:
Wenn die Anomalie sich wirklich.in der angegebenen
Weise erklärt, dann müssen die Banden, welche diese
Anomalien darbieten, anderen Substanzen angehören, als
die, welche Banden mit anderen Hauptabsorptionsrichtungen geben. Man würde dann im Absorptionsspektrum
ein Mittel besitzen, um in Krystallen verschiedene Sub-.
stanzen zu unterscheiden, die zwar isomorph sind, aber
nicht gleiche optische Eigenschaften besitzen, wenn sie isolirt

kryſtalliſiren. Wenn ferner zwei Banden in einem Kryſtall gemeinſame Charaktere darbieten, in einem anderen
Kryſtall aber verſchiedene, dann wird man ſie zwei verſchiedenen Körpern zuſchreiben müſſen.

Zur Beſtätigung hat Becquerel vier verſchiedene,
Didym enthaltende Kryſtalle unterſucht, und unter den
etwa 50 Abſorptionsſtreifen ihrer Spektra eine Reihe
ſolcher gefunden, welche nach der ausgeſprochenen Anſchauung auf das Vorhandenſein verſchiedener Subſtanzen hin-
weiſen, und das ſtimmt mit der vielfach gemachten Annahme, daß im Didym verſchiedene Elemente anweſend ſind.

Bekanntlich giebt es Kryſtalle des regulären
Syſtems, welche nicht optiſch iſotrop, ſondern doppel-
brechend ſind. Was der Grund dieſer Erſcheinung ſei,
darüber wird ſchon ſeit Jahren zwiſchen deutſchen und
franzöſiſchen Mineralogen geſtritten. Erſtere nehmen als
Grund der optiſchen Anomalien Spannungsverſchieden-
heiten in dem regulären Kryſtall an, wie ſie vom Glaſe
längſt als Urſache der Doppelbrechung des iſotropen
Glaſes bekaunt ſind, während nach Letzteren die äußerlich
regulären Kryſtalle aus irregulären, doppelbrechenden
Molekeln zuſammengeſetzt ſind, die ſich bei der optiſchen
Unterſuchung geltend machen. In einer neueſten Publi-
kation hatte Mallard gegen die Spannungstheorie unter
anderen Einwänden auch den angeführt, daß in dem
amorphen Glaſe zwar durch Abkühlen Spannuugen entſtehen können, niemals aber in einem Kryſtall, daß vielmehr hierbei die Kryſtalle entweder zerſpringen oder
Zwillinge bilden.

Gegen dieſen Einwand theilt Brauns[1] Veiſuche
mit, die er an Kryſtallen von Steinſalz, Sylvin und

---

[1] Neues Jahrb. für Mineralogie. 1887, Bd. I.

Flußspath ausgeführt hat. Spaltungsstücke des Steinsalzes, die er in der Flamme des Bunsen'schen Brenners vorsichtig erhitzt und in Öl abgekühlt hatte, zeigten im polarisirten Lichte eine Reihe von Bildern, welche die Doppelbrechung in der vorher als isotrop erkannten Masse bewiesen. Wurden die Stücke wieder erwärmt, so schwand die Doppelbrechung, um beim Abkühlen, wenn auch schwächer, wiederzukehren.

Diese Versuche beweisen jedenfalls so viel sicher, daß auch in Krystallen durch Abkühlen Spannungen hervorgerufen werden können, daß somit die Erklärung der optischen Anomalie durch Spannungen als möglich zugegeben werden muß.

Es ist bekannt, daß die „specifische Rotation" gewisser Stoffe, d. h. ihre Eigenschaft, die Polarisationsebene des durch sie hindurchgehenden polarisirten Lichtes zu drehen, eine Änderung erleidet, wenn man steigende Mengen eines indifferenten Lösungsmittels zusetzt. Im Falle der Abnahme der specifischen Rotation hat man bei einigen Substanzen sogar beobachtet, daß das Drehungsvermögen bei fortschreitender Verdünnung durch das inaktive Lösungsmittel auf Null hinabgeht, und dann in entgegengesetzter Richtung wächst.

Zur Erklärung sind drei Vermuthungen aufgestellt worden. 1) Die aktive Substanz löst sich nicht vollständig in einzelne Moleküle, sondern es bleiben noch Molekülaggregate bestehen, welche erst bei zunehmender Verdünnung immer mehr zerfallen, und je nachdem die Molekülgruppen und die Einzelmoleküle gleiche oder entgegengesetzte asymmetrische Struktur besitzen, erfolgt eine Abnahme oder Zunahme der Rotation bei der Verdünnung. 2) Die aktive Substanz geht mit den Molekülen des Lösungsmittels chemische Verbindungen ein, welche ein anderes gleiches oder entgegengesetztes Drehungsvermögen besitzen als die ursprüngliche Substanz, und so Vermehrung oder Verminderung der Rotation hervorbringen. 3). Die Struktur der aktiven Substanz und damit ihr Drehungsvermögen wird modificirt, wenn zwischen die Moleküle, die alle eine gleiche Anziehung auf einander ausüben, andere Moleküle (des Lösungsmittels) treten, welche eine abweichende Anziehung gegen die Moleküle besitzen; je mehr die Zahl der inaktiven Moleküle zunimmt, desto mehr ändert sich die Rotation in dem einen oder anderen Sinne, je nach der gesetzten Modifikation der Anziehung. Die beiden erstgenannten Hypothesen lassen erwarten, daß bei einem bestimmten Grade der Verdünnung alle Molekülgruppen zerfallen, respektive alle Moleküle hydrirt sind, so daß ein weiterer Zusatz des Lösungsmittels die Rotation nicht mehr ändern kann, während bei der dritten Hypothese kein Grund vorhanden ist, daß von gewissen Verdünnungen an eine Konstanz der specifischen Drehung eintreten müsse.

Um nun hierüber klar zu werden, hat Richard Pribram [1] das Drehungsvermögen aktiver Substanzen in sehr verdünnten Lösungen studirt, z. B. bei Lösungen von Weinsäure bis zu 0·34 Proc., von Nikotin bis 0·8 Proc. und von Rohrzucker bis 0·22 Proc. Niemals war auch bei der größten Verdünnung eine Konstanz der spec. Rotation zu bemerken, sondern immer noch eine Zunahme oder Abnahme. Damit wären also die beiden erstgenannten Erklärungshypothesen unzulässig.

Daß das Tönen der Radiophone durch abwechselnde Erwärmung und Erkaltung vermittels der inter-

---

[1] Sitzungsber. der Berl. Akad. 1887, S. 505.

mittirenden Lichtstrahlen bewirkt werde, widerlegt A. He-
ritsch [1]) durch folgendes Experiment. Eine ziemlich dicke
und lange Koaksplatte wurde im Bunsen'schen Brenner
zum Glühen erhitzt, möglichst rasch, noch leuchtend, in
eine Glasröhre gebracht und der intermittirenden Wirkung
des Sonnenlichtes ausgesetzt; die radiophonischen Töne
waren, trotzdem durch das Glühen die Kohle gasfrei gemacht war, vorhanden und schienen in dem Maße schwächer
zu werden, als die Platte sich abkühlte. Eine sehr dünne,
6 cm lange und 2 cm breite Koaksplatte gab sogar radiophonische Töne unter der Einwirkung intermittirender
Sonnenstrahlen, während sie durch einen Strom von
36 Bunsen'schen Elementen bis zur Weißgluth erhitzt
war; diese Töne waren um so hörbarer, je größer die
Rotationsgeschwindigkeit der das Licht unterbrechenden
Scheibe, also je höher der erzeugte Ton war.

Auch Versuche mit Flammen beweisen, daß die intermittirenden Erwärmungen durch die Lichtstrahlen ohne
Einfluß sind. Flammen von Stearinkerzen, von Petro-
leumlampen und eine Alkoholflamme wurden in einer
Röhre, welche durch ein passendes Hörrohr mit dem Ohr
in Verbindung stand, der intermittirenden Bestrahlung
durch Sonnenlicht ausgesetzt und gaben deutlich wahrnehmbare radiophonische Töne. Diese Versuche gelangen
nicht zu jeder Jahreszeit; aber immer war der Erfolg
gut während der brennenden Sonnenhitze eines südrussi-
schen Sommers hindurch. Verf. bezweifelt, daß unter
der Einwirkung der intermittirenden Sonnenstrahlen in
diesen Versuchen die Flammen Temperaturschwankungen
erleiden, besonders da in andern Versuchen die gasförmigen Produkte der Flammen, nachdem sie zu leuchten

---

[1]) Annalen der Physik 1856, XXIX, S. 665.

aufgehört, nicht mehr im Stande waren, unter gleichen Umständen Radiophone zu bilden.

Mit dem Namen „photochemische Induktion" haben Bunsen und Roscoe die Erscheinung belegt, daß ein Gemenge von Chlor und Wasserstoff sich bei Belichtung nicht plötzlich, sondern erst nach einiger Zeit zu Salzsäure verbindet. Die dem Eintritt der chemischen Verbindung vorhergehende Zeit heißt das Induktions= Stadium. Es hat nun E. Pringsheim[1]) die Erscheinung näher studirt. Als Apparat diente ein cylindrisches Glasgefäß, das zur Hälfte mit gesättigtem Chlorwasser, zur anderen Hälfte mit einem reinen Chlor=Wasserstoff= Gemisch gefüllt war, und oben in eine horizontale Kapillar= röhre überging, die durch einen Wasserindex abgeschlossen war. Das Wasser war vollständig vor der Bestrahlung geschützt und nur das Gas dem Lichte ausgesetzt. Wird in diesem Apparate durch Bestrahlung Salzsäure aus Chlorknallgas gebildet, so wird die entstehende Säure vom Wasser absorbirt und dadurch das Gasvolumen ver= ringert, was durch die Bewegung des Wasserindex im Kapillarrohre angezeigt wird.

Während des Induktions=Stadiums, das unter Um= ständen eine Dauer von 20 Minuten erreichen kann, muß offenbar eine Veränderung mit dem Gasgemische vor sich gehen, da dasselbe während dieser Periode die Eigen= schaft erwirbt, bei fortgesetzter Bestrahlung Salzsäure zu bilden, eine Eigenschaft, die es früher nicht besessen. Diese Veränderung zeigt sich auch durch eine plötzliche und schnell vorübergehende Volumzunahme des Gases, sobald man als Belichtungsquelle den Entladungsfunken einer Leydener Batterie benutzt. Salzsäurebildung findet aber durch eine

---

1) Verhandl. der phys. Ges. zu Berlin, 1887, S. 23.

solche kurze Belichtung nicht statt. Nur wenn schon vorher das Gas durch das Licht einer Petroleumflamme oder einer Anzahl auf einander folgender elektrischer Funken inducirt war, so erzeugt der starke Entladungsfunke eine erhebliche Säurebildung, und zwar unter der gleichen plötzlichen und schnell vorübergehenden Volumausdehnung.

Hieraus folgt, daß die Volumvermehrung nicht durch die bei der Salzsäurebildung frei werdende Wärme entsteht. Ebenso wenig kann eine Erwärmung des Gases durch Absorption des wirkenden Lichtes eine Erklärung der Erscheinung liefern, da die geringste Beimengung von atmosphärischer Luft, welche das Gas photochemisch unempfindlich macht, auch das Zustandekommen der plötzlichen Volumvermehrung verhindert. Es bleibt also nur übrig, die Ursache der Erscheinung in einer chemischen Veränderung des Gasgemisches zu suchen, und da die Volumvermehrung sehr rasch verschwindet, so kann sie nur der Dissociation, dem Zerfallen der Moleküle in die Atome, welches der Bildung neuer Moleküle unmittelbar vorhergeht, ihre Entstehung verdanken. Wir hätten hiernach den ersten Fall vor uns, wo man diese als Vorbedingung einer jeden chemischen Umsetzung theoretisch vorausgesetzte Dissociation thatsächlich beobachten kann.

Nach der Bestrahlung durch den Funken bleibt die Induktion des Gases bestehen, das Volumen aber geht auf das ursprüngliche Maß zurück; die dissociirten Atome müssen sich daher wieder zu Molekülen vereinen, von demselben Volumen wie die früheren, und gleichwohl von anderer Art, da das Gas sich im Stadium der Induktion befindet. Es kann sich also nur um ein Zwischenprodukt handeln, das von dem anwesenden Wasserdampf geliefert zu werden scheint. In der That wurde bei Versuchen, in denen statt des Chlorwassers koncentrirte Salzsäure

benutzt wurde, deren Dampfspannung viel geringer als
die des Chlorwassers ist, die Lichtempfindlichkeit des Chlor-
knallgases auf den 50. Theil reducirt. Als ferner das
Chlorknallgas durch lange Röhren von Phosphorsäureanhydrid getrocknet wurde, fand auch im stärksten Sonnenlicht keine Explosion statt, sondern es vollzog sich nur
unter schwacher Lichterscheinung eine schnelle Umsetzung
des Gases in Salzsäure. Wenn es nun auch noch nicht
gelungen ist, das Gas durch vollständiges Trocknen absolut
unempfindlich für das Licht zu machen, so zeigt sich doch
ein so starker Einfluß des beigemengten Wasserdampfes,
daß man annehmen darf, es bilde sich zunächst unter dem
Einflusse des Lichtes mit Hülfe des Wasserdampfes eine
Zwischensubstanz, aus welcher dann erst die Salzsäure
hervorgeht, und daß auf der Bildung dieser Zwischensubstanz das Wesen der chemischen Induktion des Chlor-
knallgases beruht.

Bei seinen Studien über die Wirkung des Lichtes
auf Selen hat S. Kalischer [1]) Selenzellen gefunden,
welche sich in gewissem Sinne umgekehrt verhalten, wie
die andern. Zwei Selenzellen nämlich mit Kupferelek-
troden zeigten in intensivem Lichte zunächst, wie gewöhnlich, eine Abnahme des Leitungswiderstandes, sodann aber
bei fortdauernder Belichtung eine Zunahme des Widerstandes, der erst im Dunkeln allmählich wieder seinen
ursprünglichen Werth annahm. Das Minimum der
Leitungsfähigkeit dieser Zellen lag somit nicht im Dunkeln,
sondern trat auf während der Belichtung. Kalischer will
den Gegenstand weiter verfolgen, um die Sache aufzuklären.

---

[1]) Annalen der Physik, 1887, XXXII, S. 108.

Wichtige neue Beziehungen zwischen Licht und Elektricität hat Carlo Marangoni[1]) gefunden, worüber er der römischen Akademie in der Sitzung von 6. Februar 1887 folgende Mittheilungen macht. „Bei der Wiederholung des Experimentes über das Durchbohren von Glas mittels elektrischer Entladung wollte ich versuchen, Scheiben von krystallinischen Mineralien zu durchbohren. Ich machte den ersten Versuch an einer Patte von isländischem Doppelspath, die durch Absplitterung parallel zu einer Rhomboëderfläche erhalten war. Das Resultat schien mir neu und höchst wichtig wegen der folgenden Umstände: 1) Das von der elektrischen Entladung im isländischen Spath erzeugte Loch war eine gerade Linie, während es im Glase eine geschlängelte Linie bildet. 2) Die Entladung folgte, statt die Richtung der Spaltungsebene, d. h. eine den Kanten parallele Gerade einzuhalten, wie man vorher glauben möchte, der Richtung der Hauptachse des Rhomboëders, d. h. der optischen Achse. 3) Längs dieses geradlinigen Loches beobachtete man zwei Sprünge, welche in zwei zu einander senkrechten Ebenen lagen und als Schnittpunkt das feine Loch oder die optische Achse des Krystalles hatten; einer dieser Sprünge lag im Hauptschnitt.

Zum Experiment wandte ich zuerst die Kundt'sche Röhre an; aber der Funke durchschlug, sei es wegen der Polyedrie der Krystall-Flächen, welche sich nicht genau dem Ende der Röhre anlegten, sei es aus anderen Gründen, fast immer den Kitt statt des Krystalls.

Ich kam daher auf den Gedanken, den Krystall vollständig in eine isolirende Flüssigkeit zu tauchen; Öl

---

[1]) Rendiconti della Acad. dei Lincei, 1887, Ser. 4, III (1), p. 136.

entsprach dem Zwecke gut, beſſer noch das Leucht=
petroleum.

Mein Apparat zum Funkendurchſchlagen iſt wie folgt
eingerichtet: Ein mit einem Pfropfen verſchloſſener Glas=
trichter iſt von einem Kupferdraht durchſetzt; in den
Trichter giebt man ſo viel Queckſilber, daß man eine
Oberfläche von etwa 4 cm im Durchmeſſer erhält. Über
dieſes bringt man eine etwa 2 cm hohe Schicht von
Petroleum. Ins Petroleum taucht man die Kryſtall=
ſcheibe, welche auf dem Queckſilber ſchwimmt. Auf das
Mineral ſtellt man einen in eine Spitze endenden Kupfer=
draht, welcher mit dem poſitiven Pole einer großen Ruhm=
korff'ſchen Induktions=Spirale in Verbindung iſt, während
der negative Pol durch einen Draht mit dem Queckſilber
verbunden iſt. So iſt ein elektriſches Ventil innerhalb
des Petroleums hergeſtellt; die größte Schlagweite in dieſer
Flüſſigkeit iſt etwa $1/17$ von der in der Luft, wo ſie gegen
15 cm betrug.

Es verdient bemerkt zu werden, daß bei dieſem Ventil
die flüſſige Platte mit allen Punkten der Oberfläche des
Kryſtalls in Berührung iſt, ſo daß die Entladung, welche
von der Spitze ausgeht, frei den Weg des kleinſten
Widerſtandes durch den Kryſtall verfolgen kann, während
zwiſchen zwei Spitzen oder zwiſchen einer Spitze und einer
Metallſcheibe der von der Entladung eingeſchlagene Weg
modificirt werden kann durch Berührungspunkte der bei=
den Pole, die ganz zufällig vertheilt ſind.

In der Regel genügt der erſte Funke, die Scheibe zu
durchbohren. Nachdem ſie aus dem Petroleum heraus=
genommen, in Äther gewaſchen und getrocknet worden, iſt
ſie ſehr ſauber und zur Beobachtung geeignet.

Mit dieſem neuen Verfahren zum Funkendurchſchlagen
prüfte ich auch andere Mineralien, wie Flußſpath, Selenit,

Muskovit, Topas; da aber die in meinem Besitze befindlichen Exemplare Löcher oder Sprünge hatten, so durchlief der Funke die bereits vorhandenen Kontinuitätsstörungen und man konnte nichts Interessantes sehen.

Hingegen ergab ein schönes Exemplar sehr durchsichtigen Steinsalzes die besten Resultate. Ich spaltete drei Scheiben desselben parallel den drei Flächen ab, welche eine Würfelecke bildeten; sie hatten die Dicke von 5 bis 10 mm.

Die Entladung durchbohrte diese Scheiben von Steinsalz in geraden, zu den Flächen senkrechten Linien, und erzeugte zwei große Risse, die zu einander senkrecht und parallel zu den Flächen des Würfels waren, ferner zwei andere sehr kleine Sprünge, die auch zu einander senkrecht waren und die von den ersten und größeren Rissen gebildeten Winkel halbirten; die kleineren Sprünge lagen daher in Ebenen parallel zu den Flächen des Rhombendodekaëders. Diese vier Sprünge gingen alle durch das geradlinige Loch, das von der Entladung gemacht worden und somit mit einer von den Achsen des Würfels zusammenfiel.

Legt man die durchbohrten Steinsalzscheiben auf den Spiegel des Nörrenberg'schen Polarisationsapparates, so daß die Polarisationsebene des Nikols senkrecht steht zu der des Spiegels, oder kurz, betrachtet man das Steinsalz im dunklen Felde, so sieht man ein schönes helles Kreuz in Gestalt eines X auftreten, welches die größte Helligkeit besitzt, wenn die Ebenen der großen Risse die Winkel, welche die Polarisationsebenen bilden, halbiren. Ein zweites weniger lebhaftes Maximum erhält man, wenn man den Krystall um 45° dreht, und die kleinen Sprünge die Stelle der großen einnehmen; wenn man dann das Steinsalz um ¼ rechten Winkel dreht, sieht man einen schwachen, hellen Stern mit acht Strahlen, der gebildet ist aus den beiden Kreuzen, entsprechend den vier Sprüngen. Dreht man den Nikol um 90°, so daß man ein helles Feld erzeugt, so erscheint ein dunkles Kreuz und ein dunkler Stern, wo sie früher hell erschienen waren, entsprechend den Sprüngen.

Diese Erscheinungen müssen von einer Dichtigkeits= änderung in der Nähe der Sprünge abhängen; und um zu entscheiden, ob die Dichte zu= oder abgenommen, nahm ich eine Brewster'sche Presse und preßte in derselben eine quadratische Steinsalzplatte, während ich beobachtete, was im Nörrenberg'schen Apparate im dunklen Felde eintrete. Ich sah das helle Kreuz in Gestalt eines X entstehen, ferner zwei helle Linien, welche wie ein V angeordnet waren, in jedem der beiden Druckpunkte, wobei der Scheitel des V mit dem drückenden Punkte in Berührung war. Diese hellen Linien sind parallel den Diagonalen der Würfelflächen. Preßt man noch stärker, so fühlt man ein Knistern, und gleichzeitig verschwindet jede der hellen Linien.

Komprimirt man in der Presse Glas und beobachtet man dasselbe im dunklen Felde, so entstehen die farbigen Lemniskaten, deren Centren nahe den beiden Kompressions= punkten sind, und ein dunkles Kreuz, dessen einer Arm durch die beiden komprimirenden Punkte geht, während der andere senkrecht zu demselben steht.

Diese Thatsachen beweisen, daß, wo eine Zunnahme der Dichte stattfindet, die Verdunkelung beobachtet wird, und daß mit einer Abnahme der Dichte auch eine Aus= dehnung stattfindet.

Das von der Entladung durchbohrte Glas zeigt nun im Nörrenberg'schen Apparat im dunklen Felde, ent= sprechend dem Loche, ein helles Kreuz und im hellen Felde ein schwarzes Kreuz, stets in Form eines X, d. h. dessen Arme die Winkel der beiden Polarisationsebenen halbiren, wie man auch das durchbohrte Glas drehen mag.

Hieraus, scheint mir, kann man schließen, daß im Glase wie im Steinsalz die Molekeln in einem Zustande gezwungener Ausdehnung sich befinden, die unterhalten wird von der gemeinsamen Anziehung aller benachbarten Moleküle, daß ferner, wenn die Kohäsion an einzelnen Theilen wegen des Springens derselben fehlt, Orte vorhanden sind, wo die Dichte geringer ist (die Ebenen des Reißens), und Orte, wo die Dichte größer ist (die Halbirenden der Winkel, welche von den Sprüngen eingenommen werden). Da es nun im Steinsalz vier Sprungebenen giebt, sieht man die hellen Sterne nur in diesen Ebenen, und sie drehen sich mit dem Krystall; während im Glase, wo die Sprünge in allen Azimuten vorhanden sind, das Kreuz sich nicht mit dem Glase dreht, sondern fest bleibt zu der Richtung der Polarisationsebenen.

An dem durchbohrten isländischen Spath habe ich keine der angeführten Erscheinungen beobachtet.

Kurz zusammenfassend, glaube ich aus vorstehenden Thatsachen die folgenden Analogien zwischen der Fortpflanzung der elektrischen Entladung und der des Lichtes ableiten zu können.

1) Licht und Elektricität pflanzen sich in einem Krystall, also in einem Medium von regelmäßiger Molekularstruktur in gerader Linie fort.

2) Licht und Elektricität durchlaufen in einer kleinsten Zeit oder auch mit geringstem Widerstande bestimmte Richtungen, welche entweder die Elektricitätsachsen sind oder Richtungen, welche bestimmte Beziehungen zu denselben haben.

3) Das Licht ist eine transversale Schwingungsbewegung und in nicht isotropen Körpern zerlegt es sich in zwei Strahlen, so daß die Schwingungen des einen Strahles in einer Ebene senkrecht zu den Schwingungen des anderen erfolgen. Ebenso erzeugt die elektrische Entladung transversal zu ihrem eigenen Wege Sprünge (welche nicht immer die Flächen leichtester Spaltbarkeit sind); diese Sprünge liegen in senkrechten Ebenen und weisen auf eine transversale Energie hin, welche in zwei Hauptrichtungen wirkt. Dies würde vermuthen lassen, daß auch die Elektricität bei der Fortpflanzung transversal schwingt, wie das Licht, und sich in zwei senkrechten Ebenen polarisiren kann.

4) Endlich ändert das natürliche Licht in einem amorphen Medium, wie das Glas, bei jeder noch so kleinen Zufälligkeit die Richtung der Schwingungsebene, aber nicht die Richtung des Strahles; deshalb ist die Bahn der Schwingungsebene des Lichtes das Komplicirteste, das man sich denken kann. Ähnlich ist der Riß, der in einem Glase von der Entladung erzeugt wird, gewunden und besteht aus einem stark gedrehten und wie eine Krause gefalteten Bande und dreht sich bald nach links, bald nach rechts in so complicirter Weise, daß man seinen Weg nicht verfolgen kann.

Betrachtet man die Risse unter dem Mikroskop und dreht man die Schraube sehr langsam, so kann man mit dem Blick in verschiedene Tiefen bringen und nur eine sehr kurze Strecke der Bahn übersehen. Man kann so besser den gewundenen Weg verfolgen, den die Entladung genommen, und ab und zu sieht man statt eines Spaltes zwei senkrechte, welche eine Theilung der transversalen elektrischen Energie in zwei Hauptrichtungen annehmen lassen, weil das Glas an diesem Punkte nicht homogen ist.

Die Erscheinungen, welche ich an der elektrischen Ent=
ladung in Kryſtallen beobachtet habe, ſind in vollkom=
mener Harmonie mit der Fresnel'ſchen Theorie, daß die
Schwingungen des Äthers leichter erfolgen parallel zu
den Schichten der Moleküle, als in ſchräger Richtung zu
denſelben, daß daher jede zu einer Elektricitätsachſe eines
Kryſtalles ſchräge elektriſche Schwingung ſich in zwei
Schwingungen zerlegt, eine parallel, die andere ſenkrecht
zu dieſer Achſe.

Die Analogie zwiſchen den bei der Entladung be=
obachteten Erſcheinungen und denen des Lichtes iſt eine
ſo innige, daß ſie nicht nur die Hypotheſe beſtätigt, daß
der Lichtäther und der elektriſche Äther ein und dasſelbe
ſind, ſondern auch glauben laſſen könnte an die Identität
der beiden Erſcheinungen, der elektriſchen Entladung und
der Fortpflanzung des Lichtes.

Eine zweite Mittheilung (S. 202 des angegebenen
Bandes) bringt neue Thatſachen über das Verhalten von
Platten aus isländiſchen Spath und aus Steinſalz. Wenn
man einen isländiſchen Spath in der Ebene, die durch
den Riß hindurchgeht, ſpaltet, ſieht man, daß das vom
elektriſchen Funken erzeugte Loch cylindriſch iſt und einen
Durchmeſſer von ⅓ mm hat. Die Oberfläche des Loches
iſt nicht glänzend, ſondern matt. An den beiden Seiten
des Loches befinden ſich Rieſen, die wie die Bärte von
Federn angeordnet ſind.

Im isländiſchen Spath ſind verſchiedene Richtungen
der Entladung möglich. In den zu einer Rhomboëder=
fläche parallel geſchnittenen Patten wurden drei Rich=
tungen beobachtet, nämlich entweder 1) ein Loch in einem
Hauptſchnitt faſt parallel zur kleineren Diagonale der
entſprechenden Fläche des Rhomboëders; oder 2) ein Loch

parallel zur Hauptachse; oder 3) ein Loch parallel zur Richtung einer Rhomboëderkante.

In einigen Kryftallen beftebt das vom Funken erzeugte Loch aus einem Bruch, der zwei oder drei Linien zeigt, die ftets mit den drei erwähnten Richtungen zufammenfallen. In einigen Fällen erzeugte ein und diefelbe Entladung zwei getrennte Löcher, die faft in entgegengefetzten Richtungen liegen. In drei Fällen konnte man fich überzeugen, daß diefe beiden Löcher, welche von Punkten in der Nähe der pofitiven Spitze ausgingen, parallel zu den kleineren Diagonalen der zwei anliegenden Rhomboëderflächen gerichtet waren.

In einer zu den Würfelflächen parallelen Patte von Steinfalz ift das Loch, wenn die Entladung in der Mitte hindurchgeht, fenkrecht zur Oberfläche, das heißt parallel einer Achfe des Würfels. Wenn aber die Entladung in der Nähe des Randes erfolgt, durchfetzt das Loch die Kante und macht mit der Achfe einen Winkel von 45°.

Schneidet man die Platten nach anderen Richtungen, fo kann man die eine Richtung der Entladung mehr begünftigen als eine andere, das heißt Löcher erzeugen, die verfchieden find von den oben erwähnten. Die Platten des isländifchen Spaths z. B., die fenkrecht zur Hauptachfe gefchnitten find, begünftigen Durchbohrungen nach diefer Achfe.

Das Loch ift ftets von Sprüngen begleitet, von denen jeder in einer durch das Loch gehenden Ebene liegt. Die Sprünge können der Zahl nach von einem bis vier variiren, je nach der Richtung des Loches. Im isländifchen Spath hat man nur einen Sprung, wenn das Loch nahe parallel ift der Kante des umgekehrten Rhomboëders —2 R. Meiftens entfpricht der Sprung dem Hauptfchnitt des Rhomboëders; aber oft findet man den

Sprung in einer anderen Ebene, die nahezu parallel ist
der entsprechenden Rhomboëderfläche, und man kann drei
oder vier successive Abwechselungen der genannten beiden
Ebenen haben.]

Im Steinsalz findet man zwei Sprünge, die zu ein=
ander senkrecht sind, wenn das Loch parallel ist einer
Achse oder der Kante des Tetraëders, oder auch der
Kaute des Oktaëders. Zuweilen sind im Steinsalz vier
Sprünge vorhanden, wenn das Loch einer Achse parallel
ist. Endlich findet man drei Sprünge sowohl im Stein=
salz wie im isländischen Spath, wenn das Loch parallel
ist der Diagonale des Würfels, oder der Hauptachse des
Rhomboëders. Diese Sprünge bilden unter einander
Winkel von 120° und sind im Rhomboëder parallel den
drei Nebenachsen.

Die Polarisationserscheinungen in den durchbohrten
Krystallen, mit noch besseren und kräftigeren Instrumenten
als früher untersucht, bestätigten die in der ersten Mit=
theilung aufgestellte Hypothese, daß diese Erscheinungen
von lokaler Änderung der Dichtigkeit herrühren. Wenn
das Loch in Glas von einem einzelnen Funken erzeugt
worden, so bildete es einen sehr feinen Sprung, welcher
in allen Azimuten drehte, und man sah im Polarisations=
apparat sehr schön die früher beschriebenen hellen und
dunklen Kreuze. Wenn man aber durch dasselbe Loch
mehr Funken durchgehen ließ, dann vermehrten sich die
Sprünge und die Kreuze verschwanden nach und nach.
Nach sehr vielen Entladungen wird das Loch groß, cylin=
drisch und voll Glaspulver; gleichzeitig verschwinden die
optischen Erscheinungen.

Neben den bestätigenden Thatsachen sind aber auch
solche gefunden worden, welche die Analogie zwischen Fort=

pflanzung des Lichtes und der Elektricität einschränken — „negative Resultate", wie Marangoni sagt.

Das Licht durchbringt nämlich die Krystalle in allen Richtungen, die elektrische Entladung durchsetzt dieselben aber nur in wenigen Richtungen.

Das Licht wird in anisotropen Krystallen doppelt gebrochen; die Entladung hingegen erzeugt ein einziges Loch; ausgenommen ist der erwähnte Fall der zwei Löcher in von einander sehr verschiedenen Richtungen, der als ein Fall von Doppelbrechung aufgefaßt werden könnte.

Wenn das Licht durch einen isländischen Spath gegangen, so geht es als polarisirter Strahl durch jeden anderen isotropen Körper. Man konnte nun erwarten, daß, wenn auf eine Glasplatte eine Spathplatte gelegt und beide durch einen Funken durchbohrt werden, man auch im Glase ebene Sprünge finden werde. Die Entladung wurde einmal vom Spath durch das Glas und ein zweites Mal in umgekehrter Richtung durchgeschickt; aber das Glas wurde stets in gleicher Weise durchbohrt, die Sprünge lagen in allen Azimuten.

„Diese Resultate sind der Gleichstellung der Erscheinungen der elektrischen Entladung und der Fortpflanzung des Lichtes nicht günstig; aber ich fürchte, daß ich nicht unter günstigen Bedingungen experimentirt habe aus Mangel guter Krystallschnitte, und ich muß auch diese Notiz mit dem Wunsche schließen, daß ich bald die Beobachtungen wiederholen könne an anderen Exemplaren, welche verschiedenen Krystalltypen angehören."

Einen Einfluß des ultravioletten Lichtes auf elektrische Entladung hat H. Hertz[1]) aufgefunden. Schaltet man die primären Spiralen zweier Induktions=

---

[1]) Sitzungsber. der Berl. Akad. 1887, S. 487.

apparate in denselben Stromkreis ein, so daß die Funken
beider Apparate gleichzeitig entstehen, und entfernt man
die sekundären Elektroden des einen so weit von einander,
daß man von diesem die größte Schlagweite erhält, so
beobachtet man, daß diese maximale Schlagweite größer ist,
wenn man den Funken in der Nähe des anderen überspringen läßt, als wenn man beide weiter von einander
entfernt. Der Funke, an welchem die Wirkung beobachtet
wird, heiße der passive, der andere der aktive Funke.
Senkt man zwischen beide Funken eine Patte aus Metall
oder Glas, so hört die Wirkung des aktiven Funkens
auf den passiven sofort auf, und sie erscheint unmittelbar
wieder, sowie man die Patte entfernt.

Die Wirkung des aktiven Funkens breitet sich nach
allen Richtungen geradlinig, genau nach den Gesetzen der
Lichtbewegung, aus. Jeder zwischengestellte Schirm erzeugt
einen Schatten der Wirkung, und jede Öffnung in demselben läßt einen Strahl der Wirkung hindurchtreten. Als
Schirme wirken die meisten festen Körper, einige
jedoch lassen die Wirkung mehr oder weniger durch; so
waren alle Metalle, alle Arten von Glas, Paraffin,
thierische und pflanzliche Stoffe, viele Krystalle, z. B.
Glimmer in dünnen Blättchen, undurchlässig, hingegen
waren Kalkspath und Steinsalz theilweise, Gyps und besonders Bergkrystall ganz durchlässig. Ähnliche Unterschiede zeigten die Flüssigkeiten, welche in Quarzgefäßen
untersucht wurden; Wasser war vollkommen durchlässig,
Benzol ganz undurchlässig, Alkohol, Äther und Säuren
standen zwischen diesen Extremen. Unter den Gasen erwies sich Leuchtgas als undurchlässig, ein Strahl von
1 cm Dicke bildete einen Schatten; schwächer absorbirten
die Wirkung das Chlor und der Bromdampf.

An den meisten Oberflächen wurde die Wirkung

reflektirt, und zwar nach den Gesetzen der Lichtreflexion; bei metallischen, polirten, ebenen Oberflächen war die reflektirte Wirkung ebenso groß wie die direkte; sie war ferner ganz scharf begrenzt. — Beim Übergang aus Luft in einen festen, durchlässigen Körper wurde die Wirkung ebenso gebrochen wie das Licht. Bei Anwendung eines „Strahles" und eines Quarzprismas überzeugte man sich, daß die Wirkung abgelenkt wird, und zwar stärker als das sichtbare Licht. Bildete man den Strahl durch einen schmalen Spalt, so daß ein Spektrum des sichtbaren Lichtes entstand, so war der Ort der stärksten Wirkung ebenso weit vom Violett entfernt, wie dieses vom Roth.

Aus diesen Erscheinungen folgt, daß das Licht des aktiven Funkens die Wirkung ausübt, und zwar ist lediglich das ultraviolette Licht hierbei wirksam. Dafür spricht die Thatsache, daß die Wirkung auf den passiven Funken auch durch eine Reihe der gewöhnlichen Lichtquellen aus- geübt werden konnte, und zwar vorzugsweise von solchen, welche als reich an ultravioletten Strahlen bekannt sind, so von dem Lichte des brennenden Magnesiums und vor Allem von dem des elektrischen Lichtbogens; nur schwach wirkten die Flammen der Kohlenwasserstoffe, während Sonnenlicht, das Licht weißglühender fester Körper und das des brennenden Phosphors keine Wirkung gaben.

L. R. Wilberforce[1] prüfte die elektromagne- tische Lichttheorie von Maxwell, welche den Licht- äther für identisch erklärt mit dem elektromagnetischen Medium auch an dielektrischen Körpern, zur Entschei- dung der wichtigen Frage, ob der elektrische Strom von einer Translationsbewegung des Äthers begleitet sei. Das

---

[1] Verhandl. der phys. Ges. zu Berlin, 1887, S. 23.

Dielektrikum, eine Glasplatte, befand sich zwischen den Platten eines Kondensators, von denen die eine mit einer Leydener Batterie verbunden werden konnte, die andere zur Erde abgeleitet war, und durch die Glasplatte gingen in entgegengesetzten Richtungen zwei Lichtstrahlen, welche nach ihrer Vereinigung mit einander Interferenzstreifen bildeten. Wurde die eine Kondensatorplatte mit der Elektricitätsquelle verbunden, so stieg die Ladung des Dielektrikums von Null sehr schnell bis zum Potential des Kondensators an und entlud sich durch den anderen Kondensator zur Erde. Wenn hierbei der Äther in der Glasmasse sich bewegte, so mußten die Interferenzfransen eine Verschiebung zeigen. Diese Interferenzfransen wurden nun auf eine ganz neue Methode erzeugt. Das Licht fiel nämlich auf eine dicke Glasplatte, so daß die von der Hinterseite reflektirten Strahlen senkrecht zu zwei unter einem rechten Winkel zu einander geneigten Spiegeln gelangten, von dort zur Hinterfläche der dicken Patte zurückkehrten und dann erst in das Beobachtungsokular kamen; die Abblendung der nicht mit einander interferirenden Strahlen erfolgte durch passende Schirme und Prismen.

Das Resultat dieser Experimente war aber nicht minder negativ, wie die von Roiti und Lecher erhaltenen. Die Entladungen verschieden großer Leydener Flaschen brachten keine merklichen Verschiebungen hervor.

Wärme.

Merkwürdiger Weise hat man bis jetzt noch nicht festgestellt, ob das Queck silber in einem Thermometer sich auch unterhalb des Nullpunktes ebenso ausdehne wie oberhalb. Diese Lücke ist endlich durch

W. E. Ayrton und John Perry[1] ausgefüllt worden. In einem Holzkasten befand sich Quecksilber, in welches die Kugel eines Quecksilber-Thermometers und die eines Luft-Thermometers von unten her eingeführt waren. Durch ein Gemisch von fester Kohlensäure und Äther wurde das Quecksilber in dem Kasten zum Erstarren gebracht, und während die Temperatur langsam auf 0⁰ anstieg, wurden regelmäßig gleichzeitige Ablesungen am Quecksilber- und am Luft-Thermometer vorgenommen. Diese gleichzeitigen Beobachtungen wurden mehrere Wochen lang wiederholt und die Resultate graphisch aufgezeichnet. Es zeigte sich, daß sie nahezu eine gerade Linie bilden, daß man schließen darf: das Quecksilber dehne sich ebenso regelmäßig unter 0⁰ bis —39⁰ aus wie oberhalb 0⁰, und es besitze nicht oberhalb seines Erstarrungspunktes einen kritischen Punkt, wie das Wasser.

C. V. Boys[2] hat eine Thermosäule konstruirt, welche an Empfindlichkeit auch gegen die geringste Wärmestrahlung alle bisherigen Instrumente übertrifft. Ein möglichst dünner Antimon- und ein eben solcher Wismuthstab werden mit einem Ende aneinander gelöthet, während die anderen Enden durch einen Kupferbügel mit einander verbunden sind; der so hergestellte Kreis wird an einem Faden zwischen die Pole eines kräftigen Elektromagnets gehängt. Bei der Erwärmung der Löthstelle entsteht im Kreise ein Strom, welcher eine Ablenkung des Kreises aus seiner Nullstellung veranlaßt, die durch Torsion des Fadens ausgeglichen und gemessen werden kann. Durch eine metallische Umhüllung mit einem Fenster zum Eindringen der zu messenden Strahlen wird der Apparat

---

[1] Philos. Mag. 1886, Ser. 5, XX, p. 325.
[2] Proc. of the Royal Soc. 1887, XLII, Nr. 253.

gegen äußere Wärmeeinwirkungen geschützt; er ist unempfindlich gegen den Magnetismus benachbarter Objekte und seine Angaben sind proportional den Strahlungsintensitäten.

„Es ist leicht, genau zu berechnen, welche Ablenkung durch eine bestimmte Temperaturerhöhung in irgend einem Instrument veranlaßt werden kann. Nimmt man Quantitäten, die sämmtlich leicht hergestellt werden können, nämlich Wismuth- und Antimonstäbe von $5 \times 5 \times 0{\cdot}25$ mm, einen Bogen aus Kupferdraht von $1/8$ qmm Querschnitt, hängt man den Kreis von 1 qcm in ein magnetisches Feld von 10000 Einheiten an einen Faden, dessen Torsion eine ungedämpfte Schwingungsperiode von 20 Sekunden giebt, so wird die kleinste Bewegung, die noch wahrgenommen werden kann, hervorgebracht durch eine Temperatursteigerung von etwa $1/94\,000\,000^{0}$ C. Der Apparat scheint im Stande zu sein, eine etwa 100 mal so große Empfindlichkeit zu erreichen, als das Bolometer. Die elektromotorische Kraft, welche bei dieser Temperatur zur Wirkung gelangt, würde nur ein Billiontel Volt betragen, was sicher weniger ist, als irgend eine durch andere Mittel nachweisbare Größe.

Boys hat seinem Instrument auch eine Gestalt gegeben, ähnlich dem Crookes'schen Radiometer, weshalb er es „Radio-Mikrometer" nennt. Er bildete ein Kreuz, dessen Arme aus Wismuth und dessen Mitte aus Antimon besteht. An die Enden jedes Armes ist ein Kupferdraht gelöthet; alle vier Drähte sind parallel zu einander und senkrecht zur Ebene des Kreuzes; die vier Enden des Drahtes werden an einen zum Kreuz parallelen Kupferring gelöthet. Das Ganze wird auf einer Spitze zwischen den Polen eines permanenten Magnets balancirt, und geräth in Schwingung und bald in Rotation, wenn

Strahlen auf das Kreuz fallen. Bestehen die Arme aus
Antimon und die Mitte aus Wismuth, so ist unter
gleichen Einfallsbedingungen der Strahlen die Rotation
eine entgegengesetzte als im obigen Apparat.

Es ist von verschiedenen Forschern die Ansicht aufgestellt worden, daß das Eis aus Meerwasser salz-
haltig sei. Dem widerspricht auf Grund seiner Analysen
J. Y. Buchanan [1] ganz entschieden. Nach ihm ist das
erste Eis, welches sich in den arktischen Gegenden bildet,
vollständig reines Eis, das aber in seinen Zwischenräumen Meerwasser einschließt, und diese eingeschlossene
Flüssigkeit kann dann später wohl auch zu Eis oder
Kryohydraten erstarren. Wenn nämlich Meerwasser sorgfältig abgekühlt wurde, war das Verhältnis des Chlors
zu der Schwefelsäure im ursprünglichen Wasser in den
Krystallen und in der Mutterflüssigkeit immer das gleiche.
Es ist nun höchst unwahrscheinlich, daß, wenn ein Theil
der Salze in die Substanz der Krystalle eintreten würde
und der Rest in der Lauge zurückbliebe, keine Verschiedenheit bei der Sonderung der einzelnen Bestandtheile auftreten sollte.

Wenn Schnee oder reines Süßwasser-Eis, das von
selbst oder in reinem Wasser unter Atmosphärendruck bei
der Temperatur 0° schmilzt, in eine Salzlösung getaucht
wird, dann verändert es seine Schmelztemperatur. Es
ist aber nicht die Menge des gelösten Salzes auf die
Erniedrigung des Schmelzpunktes von Einfluß, auch steht
sie nicht zur Koncentration in einem direkten Verhältnisse,
sondern das Äquivalentgewicht der Salze spielt hierbei
eine wesentliche Rolle.

Interessant ist auch die Thatsache, daß die Temperatur,

---

[1] Nature 1887, Bd. 36, p. 9.

bei welcher reines Eis in einer Salzlösung schmilzt, identisch ist mit derjenigen Temperatur, bei welcher sich Eis aus derselben Lösung ausscheidet, wenn sie hinreichend abgekühlt wird.

Läßt man Meerwasser frieren, bis 15 Proc. seiner Masse fest geworden, und läßt man dann die so gebildeten Krystalle in der Flüssigkeit, in der sie entstanden sind, schmelzen, dann schmelzen sie genau so, wie sie sich gebildet haben. Wenn Schnee oder reines Eis in Salzwasser getaucht wird, das sich durch theilweises Frieren von Meerwasser gebildet hat, dann schmilzt es bei derselben Temperatur, wie das Eis, das beim Frieren des Meerwassers entstanden, so lange die chemische Zusammensetzung in beiden Fällen dieselbe ist.

Die Anwesenheit von nicht oder schwer frierendem Salzwasser in frisch gebildetem Meerwassereis erklärt die so eminent plastische Eigenschaft des letzteren, selbst bei sehr niedrigen Temperaturen. Die Anwesenheit von ähnlichen, nicht gefrierendem Salzwasser im natürlichen Landeise bei Temperaturen in der Nähe von 0° erklärt ebenso seine leicht plastische Eigenschaft, welche ausreicht, das langsame Fließen der Gletscher unter dem Drucke seines eigenen Gewichtes zu begründen.

Über Eigenthümlichkeiten, welche man beim Ausscheiden von Luft oder Gasen in frierenden Flüssigkeiten beobachtet, berichtet George Maw. [1] Eis, das sich auf tiefem Wasser gebildet, enthält weniger Blasen von eingeschlossener Luft oder Gas, als Eis, das über seichtem Wasser entstanden, und wahrscheinlich ist dies der Grund, weshalb Eis vom seichten Wasser sich zur Aufbewahrung nicht eignet.

---

[1] Nature 1887, Bd. 34, p. 325.

Die oberste, oberflächliche Schicht einer Eisdecke enthält ausnahmslos weniger Luftblasen, als ihr unterer
oder tieferer Theil, und dieser Unterschied tritt deutlicher
hervor bei Eis, das sich über seichtem Wasser gebildet, als
in solchem über tiefem Wasser. In jedem Falle findet
man eine ziemlich regelmäßige Steigerung der Menge eingeschlossener Luft von oben nach unten. So fand sich in
einer dünnen Eisdecke in dem oberen Theile nur eine
kaum wahrnehmbare Menge Luft, während an der unteren Seite ein Pfund Eis 0·08 Kubikzoll Luft enthielt.

Mehr Luft ist in Eis eingeschlossen, das sich auf
wenig Wasser in einem kleinen Gefäße gebildet, als in
Eis auf einer großen Wassermasse.

Eine durch und durch gefrorene Eismasse enthält bei
gleichem Gewicht mehr Luft, als Oberflächeneis von einem
nur theilweise gefrorenen Gefäß mit Wasser. In der
ganz gefrorenen Masse enthielt 1 Pfund Eis 0·59 Kubikzoll Luft, von dem Oberflächeneise über nicht ganz gefro-
renem Wasser hingegen enthielt 1 Pfund nur 0·15 Kubikzoll.

Wenn man Wasser, von dem die erste gefrorene Decke
entfernt worden ist, besonders gefrieren läßt, dann enthält das Eis eine noch größere Menge Luft (0·89 Kubikzoll), als das Oberflächeneis oder das Eis einer ganz gefrorenen Wassermasse.

Läßt man Wasser, das bereits gefroren war und auf-
gethaut worden, wieder frieren, so findet man im Eise
nur noch wenig Luft, da diese fast gänzlich beim ersten
Frieren entfernt worden; 1 Pfund des zweiten Eises enthielt nur 0·005 Kubikzoll Luft.

Beim vollständigen Frieren eines Gefäßes mit Wasser
nimmt nicht bloß die eingeschlossene Luft nach unten an
Menge zu, sondern an der Basis der gefrorenen Masse
trifft man noch eine große Lufthöhle.

Aus diesen Beobachtungen folgt, daß die in Flüssigkeiten gelösten Gase beim Frieren ausgeschieden werden,
und daß dabei ein Theil in dem Eise eingeschlossen, ein
anderer aber von der noch flüssigen Masse absorbirt wird.
Daher kommt es, daß die tieferen Theile immer reicher
an Gasen sind und beim Frieren immer mehr Blasen
einschließen, und daß schließlich, wenn keine Flüssigkeit
mehr da ist, die übrige Gasmasse eine große Höhle am
Boden der Eismasse bildet. Das verhältnismäßige Fehlen
von Luftblasen in Eis über tiefem Wasser erklärt sich
durch den Umstand, daß eine große Masse von Wasser
zugegen ist, welche alle beim Frieren frei werdende Luft
aufnehmen kann.

Nach J. Joly[1]) gehört das Schlittschuhlaufen,
das heißt die freie Beweglichkeit auf dem Eise und das
sogenannte Fassen des Schlittschuhes zu den Erscheinungen,
die sich aus J. Thomsons thermodynamischen Beziehungen
zwischen Druck, Temperatur und Volumen erklären lassen.
Diese thermodynamischen Beziehungen sagen nämlich aus,
daß bei einer Substanz, deren Volumen durch Zufuhr
einer bestimmten Wärmemenge vermindert wird, durch
erhöhten Druck der Schmelzpunkt sich erniedrigt. Joly
führt nun Folgendes aus: Der Druck unter dem Rande
eines Schlittschuhs ist sehr groß. Das Blatt ruht nur
mit einer kurzen Strecke seiner Krümmung und bei glattem
Eise nur mit einer unendlich dünnen Linie auf, so daß
der entstehende Druck sehr groß ist. Dieser Druck veranlaßt die theilweise Verflüssigung des Eises unter dem
Schlittschuh, und das Eindringen oder Fassen folgt naturgemäß; die Tiefe des Eindringens wäre ungefähr ein
Maß für die Tiefe, bis zu welcher die Verflüssigung

---

[1]) Proceedings of the Royal Dublin Soc. 1887, V. p. 453.

stattgefunden. Indem das Blatt einsinkt, erreicht es eine Schicht, wo der Druck nicht mehr im Stande ist, den Schmelzpunkt unter die Temperatur der Umgebung zu erniedrigen. Berechnet man nun den Druck für diese Stellung, wenn die tragende Fläche 1/50 Quadratzoll beträgt, indem man annimmt, daß das Gewicht des Läufers 140 Pfund sei und daß keine anderen Kräfte auf das Eisen einwirken, so erhält man einen Druck von 7000 Pfund auf den Quadratzoll, und dieser reicht aus, den Schmelzpunkt auf —3·5° C. zu bringen. Bei sehr kaltem Eise wird der Druck sehr bald unwirksam werden, so daß dem Eisen das Fassen zu schwierig sein wird, was den Schlittschuhläufern wohl bekannt ist. Bei sehr kaltem Eise werden hohlgekehlte Schlittschuhe vortheilhaft sein.

Diese Erklärung des Schlittschuhlaufens nimmt also an, daß der Läufer auf einer dünnen Wasserhaut hingleitet, indem sich das Eis in Wasser verwandelt, wo der Druck am stärksten ist, und dieses sich unter dem Eisen beständig bildende Wasser nimmt wahrscheinlich wieder feste Form an, wenn der Druck verschwindet. An die Stelle der Reibung von festen Körpern tritt das Scheeren einer Flüssigkeit, und da der hierbei entstehende Widerstand proportional ist der scheerenden Fläche, so wird die Temperatur, bei welcher der Läufer das nothwendige Fassen erzielt, um sich vorwärts zu treiben, diejenige sein, welche die größte Freiheit der Bewegung gestattet. Andere Erscheinungen, wie das Aufreißen und Zermalmen, begleiten zwar die Bewegungen des Schlittschuhläufers, aber diese müssen die freie Beweglichkeit beschränken; die Thatsache, daß diese Erscheinungen die freie Bewegung des Läufers begleiten, kann als Beweis gegen die populäre Auffassung betrachtet werden, daß die Möglichkeit des Schlittschuhlaufens ausschließlich der Glätte des Eises

8*

zugeſchrieben werden muß. Es iſt ganz ſicher, daß Schlitt=
ſchuhlaufen auf einer glatten Subſtanz, wie z. B. Tafel=
glas, unmöglich ſein würde, wenn dabei die Oberfläche
aufgeriſſen würde. Andererſeits kann man bemerken,
daß Schlittſchuhlaufen auf ſehr rauhem Eiſe wohl möglich iſt.

K. Olszewski[1]) iſt es gelungen, den Siedepunkt
des Ozons und den Erſtarrungspunkt des Äthy=
lens zu beſtimmen. Er kühlte den ozoniſirten Sauerſtoff
mittels flüſſigen gewöhnlichen Sauerſtoffs auf —181·4°
ab; in dem Röhrchen verflüſſigte ſich dabei das Ozon
leicht zu einer dunkelblauen Flüſſigkeit, während der un=
verflüſſigte Sauerſtoff durch die obere Öffnung des Röhr=
chens entwich. Nachdem der flüſſige Sauerſtoff, der zur
Abkühlung gedient hatte, verdampft war, blieb das Ozon
bei der nun herrſchenden Temperatur des den Apparat.
umgebenden, flüſſigen Äthylens (—150°) noch flüſſig.
In ein anderes Gefäß von —140° gebracht, blieb das
Ozon noch immer flüſſig, und begann erſt zu ſieden, als
die Temperatur auf —106° geſtiegen war. Die Siedetemperatur des reinen Ozons liegt ſomit annähernd bei
—106°. Eine Erſtarrung des flüſſigen Ozons durch
weiteres Erniedrigen der Temperatur war nicht herbei=
zuführen.

Hingegen gelang es bei der Temperatur des ſiedenden
Sauerſtoffs (—181·4°), das flüſſige Äthylen zum Er=
ſtarren zu bringen. Es bildete eine weiße, kryſtalliniſche,
etwas durchſcheinende Maſſe, welche bei —169° zu
ſchmelzen begann. Dieſer Kältegrad iſt ſomit der Schmelz=
punkt des Äthylens.

---

[1]) Sitzungsber. der Wiener Akad. II. Abtheil. 1887, XCV.

Derselbe Forscher [1]) hat die Dichte von flüssigem Sauerstoff zu 1·124 (bei —181·4⁰) bestimmt; die von flüssigem Stickstoff zu 0·885 (bei —194·4⁰), von flüssigem Methan zu 0·415 (bei —164⁰). Außerdem fand er als Erstarrungspunkt von Fluorwasserstoff und Antimonwasserstoff —102·5⁰; von Phosphorwasserstoff —133·5⁰.

Die Ausdehnung und Zusammendrückbarkeit des Wassers, sowie die Verschiebung seines Dichtigkeitsmaximums durch Druck ist Gegenstand einer Untersuchung von E. H. Amagat [2]) gewesen. Die Versuche sind innerhalb der Temperaturgrenzen 0⁰ und 50⁰ angestellt und bis zum Druck von 3200 Atmosphären getrieben.

Bei einem Drucke von etwa 200 Atm. hat sich das Dichtigkeitsmaximum nach Null verschoben und diesen Punkt fast erreicht; es scheint zwischen 0⁰ und 0·5⁰ zu liegen. — Bei 700 Atm. Druck gab es kein Dichtigkeitsmaximum mehr über Null; die Gestalt der Kurve der Volumänderungen zeigte deutlich, daß es zwischen 200 und 700 Atm. unter Null gesunken war; die Untersuchung wird übrigens auf niedrigere Temperaturen ausgedehnt werden können, da der Druck den Gefrierpunkt herabsetzt.

Diese wichtige Erscheinung und ihre Folgen veranschaulicht man sich am besten, wenn man die Drucke auf Abscissen und die zugehörigen Volume auf den Ordinaten abträgt und die Kurven für die verschiedenen Temperaturen zeichnet. Diese Kurven schneiden sich successive an den Punkten, welche den Änderungen des Vorzeichens für die Ausdehnung des Wassers entsprechen, und bei zu-

---

[1]) Annalen der Physik 1887, **XXXI**, S. 58.
[2]) Compt. rend. 1887, **CIV**, p. 1159.

nehmendem Drucke nehmen sie die Reihenfolge der Tem=
peraturen an; bei 200 Atm. haben sie normale Ordnung
und sind um so enger, je niedrigeren Temperaturen sie
entsprechen. Nimmt der Druck zu, dann werden die
Abstände regelmäßig und entfernen sich von einander mehr,
so daß der Ausdehnungskoëfficient anfangs schnell, dann
langsamer wächst als der Druck, im Gegensatze zu dem
Verhalten der anderen untersuchten Flüssigkeiten. Bei
3000 Atm. wächst der Koëfficient nicht weiter und nimmt
wahrscheinlich unter stärkeren Drucken ab, wie bei den
anderen Flüssigkeiten; die Wirkung ist übrigens bei
gleichem Druck um so weniger ausgesprochen, je höher
die Temperatur ist.

Die Anordnung der Kurven ergiebt auch, daß zwischen
zwei Drucken der Unterschied der Ordinaten und somit
der Zusammendrückbarkeitskoëfficient abnimmt, wenn die
Temperatur steigt, gleichfalls im Gegensatze zu dem Ver=
halten der anderen Flüssigkeiten. Übrigens wird diese
Abnahme des Koëfficienten schwächer und [verschwindet,
wenn der Druck steigt; sie wird auch geringer, wenn die
Temperatur steigt.]

Man kann danach allgemein sagen, daß eine hin=
reichende Zunahme des Druckes oder der Temperatur die
Wirkung hat, das Wasser dem gewöhnlichen Verhalten
der anderen Flüssigkeiten nahe zu bringen; bei 3000 Atm.
sind die letzten Spuren der Abweichungen verschwunden,
welche durch die Existenz des Dichtigkeitsmaximums be=
dingt werden.

Derselbe Physiker[1]) hat auch über Erstarren von
Flüssigkeiten durch Druck gearbeitet. Nach der Theorie
kann man bei jeder beliebigen Temperatur das Erstarren

---

[1]) Compt. rend. 1887, CV, p. 165.

eines Körpers durch hinreichend hohen Druck bewirken, wenn seine Dichte im festen Zustande größer ist als im flüssigen. Bei solchen Substanzen aber, welche im festen Zustande weniger dicht sind als im flüssigen, wie z. B. beim Wasser, wird umgekehrt der Erstarrungspunkt durch Drucksteigerung erniedrigt, und ihr Festwerden bei über dem Erstarrungspunkte liegenden Temperaturen durch Druckverminderung herbeigeführt. Diese Theorie ist experimentell für Eis und für einige geschmolzene feste Körper nachgewiesen worden; nicht aber für die eigentlichen Flüssigkeiten, die man noch nicht durch Druck allein hat zum Erstarren bringen können.

Amagat hat nun eine große Anzahl unorganischer und organischer Flüssigkeiten steigenden Drucken bis über 3000 Atm. ausgesetzt, ohne daß sie Zeichen von Festwerden zeigten. Nur bei dem Zweifach-Chlorkohlenstoff entstand die Vermuthung, daß diese bisher im festen Zustande unbekannte Substanz durch den Druck erstarrt sei; Amagat widmet daher dieser Verbindung seine besondere Aufmerksamkeit.

Zunächst komprimirte er die Flüssigkeit in einem Broncecylinder, dessen oberes Ende durch einen eisernen Bolzen verschlossen war, und der gleichzeitig die Verlängerung eines kräftigen Elektromagnets bildete. In der Flüssigkeit befand sich ein kleiner beweglicher Eisencylinder, der durch seine Schwere nach unten fiel, aber bei Erregung des Elektromagnets durch die Flüssigkeit hindurch angezogen wurde und gegen den Bolzen anschlug. Wurde nun der Druck auf die Flüssigkeit erhöht, so trat ein Moment ein, wo man das durch das Aufschlagen des kleinen Cylinders erzeugte Geräusch nicht mehr hörte; hingegen wurde der Schlag wieder gehört, wenn der

Druck vermindert wurde. Der Druck, bei welchem das Eisen nicht mehr angezogen wurde, betrug 1500 Atm.

Hierauf wurde die Kompression des Chlorkohlenstoffs in einem Stahlcylinder ausgeführt, der an der Hinter- und Vorderwand zwei Lichtlöcher hatte, durch welche man einen elektrischen Lichtstrahl hindurch senden und die Vorgänge im Innern beobachten konnte. Der Apparat war außerdem so eingerichtet, daß man die Temperatur durch einen Wasserstrom, durch Eis oder durch eine Kältemischung konstant halten konnte. Wenn man nun den Druck sehr schnell erhöhte, so sah man plötzlich an der Peripherie einen Kranz von dichten und undurchsichtigen Krystallen, welche schnell die Mitte erreichten und das Licht abhielten. Steigerte man den Druck noch weiter, so blieb das Feld einige Zeit vollkommen dunkel, dann wurde es wieder hell und die Masse durchsichtig. Ließ nun der Druck nach, so sah man den Krystallfilz wieder auftreten und das Feld dunkel werden; endlich, wenn der Druck noch weiter sank, erschien das Licht wieder, die Krystalle schmolzen, verschoben sich und fielen zu Boden; sie waren also, wie es die Theorie verlangt, schwerer als der flüssige Theil der Masse.

Photographien dieser Krystalle lassen deutlich gerade Parallelepipede und Oktaëder des kubischen Systems erkennen. Die Bestimmung des Druckes, unter dem die Erstarrung vor sich geht, ist mit einigen Schwierigkeiten verknüpft. Da sich die Flüssigkeit beim Komprimiren erwärmt, muß man langsam komprimiren, aber der Moment des Krystallisirens ist schwer zu fixiren; bei der Verminderung des Druckes kehrt sich die Erscheinung um, und man erhält den Schmelzungsdruck. Den Abstand zwischen diesem und dem Erstarrungsdruck engt man

möglichst ein und nimmt dann das Mittel. In dieser
Weise ergiebt sich, daß der Chlorkohlenstoff fest wird:

bei — 19° unter dem Drucke von 210 Atm.
„   0   „   „   „   „   620   „
„ + 10   „   „   „   „   900   „
„ + 19·5 „   „   „   „ 1160   „

Mit Einfach-Chlorkohlenstoff ist bisher nur ein Versuch gemacht; bei 0° war derselbe unter einem Drucke
von 900 Atm. noch nicht erstarrt.

Von Benzin, das bei 0° unter normalem Drucke fest
wird, konnte nur ermittelt werden, daß bei 22° die
Flüssigkeit zu schönen farnähnlichen Krystallen erstarrte
bei etwa 700 Atm.

Amagat will weiter prüfen, ob nicht für jede Flüssigkeit ein kritischer Erstarrungspunkt existirt, das heißt eine
Temperatur, oberhalb welcher die Erstarrung unter keinem
Drucke erfolgen kann, und ob nicht ebenso eine Temperatur existire, unterhalb welcher der Körper auch bei den
geringsten Drucken fest bleibt.

Bekanntlich vergrößern alle festen Körper ihr Volumen
beim Schmelzen; ausgenommen sind nur: Wasser, Wismuth und Eisen, welche beim Schmelzen ein kleineres
Volumen annehmen. Neueste Untersuchungen haben einige
Physiker zu dem Resultate gebracht, daß alle Metalle beim
Übergang in den flüssigen Zustand ein geringeres Volumen
annehmen, während andere diese Dichtezunahme beim
Schmelzen nur beim Wismuth nachweisen konnten, bei
andern Metallen hingegen eine Ausdehnung beim Schmelzen
konstatirten. Auch Bicentini[1] hat in dieser Frage gearbeitet und veröffentlicht zunächst seine abgeschlossenen
Resultate über Wismuth, bemerkt jedoch in der Einleitung,

---

[1] Atti della R. Acad. di Torino, XXII, p. 28.

daß er auch für Zinn eine bedeutende Volumzunahme gefunden habe.

Er fand für chemisch reines Wismuth die Dichte bei der Temperatur 24⁰ = 9·804; die Dichte des festen Wismuth bei der Schmelztemperatur = 9·68; die Dichte des flüchtigen Wismuth bei derselben Temperatur = 10·01; die Änderung der Dichte beim Übergange vom flüssigen in den festen Zustand = 3·3, und den mittleren Ausdehnungskoëfficienten zwischen Schmelzwärme (270⁰) und 300⁰ = 0·000112. Die größte Dichte des flüssigen Wismuth liegt bei der Schmelztemperatur.

In demselben Bande S. 712 finden sich weitere Versuchsresultate, die Vicentini zusammen mit Herrn Omodei an Wismuth und drei weiteren Metallen, Zinn, Cadmium und Blei gewonnen hat. Das Ergebnis findet sich in nachstehender Tabelle, in welcher τ den Schmelzpunkt, D_0, D_τ die Dichten des festen Metalls bei 0⁰ und bei τ^0, D'_τ die Dichte des flüssigen Metalles bei τ, Δ die procentische Änderung der Dichte beim Übergange aus dem festen in den flüssigen Zustand und α den mittleren Ausdehnungskoëfficient bedeutet.

Metall	τ	D_0	D_τ	D'_τ	Δ	α
Cd	318⁰	8·6681	8·3665	7·989	4·72	0·000170
Pb	325	11·359	11·005	10·645	3·39	129
Bi	270·9	9·787	9·673	10·004	—3·31	122
Sn	226	7·3006	7·1835	6·988	2·80	113

Aus diesen Zahlen ist ersichtlich, daß Sn, Pb und Cd beim Schmelzen ihr Volumen vergrößern und daß nur Bi sich entgegengesetzt verhält. Die hier angeführten Experimente sind im Vergleich zu den früheren so exakt, daß die entgegengesetzten Angaben über das Verhalten der Metalle beim Schmelzen als widerlegt angesehen werden dürfen.

Frühere Versuche hatten bereits dargethan, daß gewiſſe organiſche Subſtanzen — z. B. Naphtalin, Paraffin, Nitronaphtalin, Diphenylamin, Stearin u. a. — ſich bei Miſchungen wie Metalllegirungen verhielten, daß alſo die ſpecifiſche Wärme der Miſchung ungefähr das arithmetiſche Mittel der ſpecifiſchen Wärmen der Komponenten beträgt, daß die Schmelzwärme der Miſchung unter dem Mittel ſteht, und daß endlich die Miſchungen mit Wärmeabſorption verbunden ſind. Dagegen fehlten Verſuche über das Verhalten der Volumina, und dieſe Lücke haben A. Battelli und M. Martinetti[1]) ausgefüllt. Es wurden gleiche Gemiſche aus den genannten Stoffen hergeſtellt und Dichtigkeitsmeſſungen ſowohl bei 0°, wie bei der Temperatur der Umgebung und endlich auch bei der Temperatur, wo die Miſchungen flüſſig werden, vorgenommen. Stets war die Bildung der Miſchung mit einer Abnahme des Volumens verbunden; ſie wächſt mit der Menge des einen veränderlichen Beſtandtheils bis zu einem Maximum und nimmt dann ab. Der Volumabnahme entſpricht eine Wärmeabſorption, proportional der Kontraktion. Endlich ſteht die Schmelzwärme des Gemiſches um ſo tiefer unter dem Mittel der Komponenten, je größer die Volumabnahme bei der Bildung des Gemiſches.

Die ſpecifiſche Wärme des unterkühlten Waſſers iſt durch P. Cardani und Fr. Tomaſini[2]) zum erſten Male zum Gegenſtande einer Unterſuchung gemacht worden. Die Methode ſtützte ſich auf die Thatſache, daß das unterkühlte Waſſer durch einen leichten

---

[1]) Rendiconti della Accad. dei Lincei, 1886, Ser. 4, vol. 2, p. 247.

[2]) Il nuovo Cimento, 1887, Ser. 3, XXI, p. 185.

Stoß schnell erstarrt und seine Temperatur augenblicklich auf 0⁰ erhöht. Die Wärmeeinheiten, welche zu dieser Temperaturerhöhung erforderlich sind, werden von dem erstarrenden Wasser geliefert; wenn man nun unterkühltes Wasser, während es erstarrt, in eine Umgebung von 0⁰ bringt, so kann nur diejenige Wassermenge erstarren, die nothwendig ist, um die ganze Masse des Wassers, welche vorher überschmolzen war, auf Null zu bringen. Kann man nun die Volumzunahme messen, welche der erstarrende Theil erleidet, so würde man auch die Menge des erstarrten Wassers und daher die Menge der entwickelten Wärme bestimmen können. In der Menge der entwickelten Wärme, dem Gewicht des benutzten Wassers und der Temperatur (t) des Wassers, wären dann alle Elemente bekannt, um die mittlere specifische Wärme des unterkühlten Wassers zwischen der Temperatur t und 0⁰ zu bestimmen. Wie das praktisch ausgeführt wurde, ist im Original einzusehen.

Aus dem Mittel der gefundenen Wärmewerthe, die in naheliegenden Temperaturintervallen bestimmt worden, zeigt sich, daß die mittlere specifische Wärme des Wassers von —6·52⁰ bis —10·67⁰ zunimmt, und zwar unabhängig von der durch das Glas und das Quecksilber absorbirten Wärmen. Werden diese Einflüsse in Abrechnung gebracht, so ergeben sich für das unterkühlte Wasser folgende mittlere specifische Wärmen:

zwischen	— 6·52⁰ und 0⁰		0·953
„	— 8·09⁰	„ 0⁰	0·961
··	— 9·47⁰	„ 0⁰	0·962
„	—10·67⁰	„ 0⁰	0·985

Die specifische Wärme ist also kleiner als 1, und da sie mit sinkender Temperatur wächst, so muß nach diesen

Verfuchen das Waffer zwifchen 0° und —6° ein fehr merkliches Minimum der Wärmekapacität befitzen.

Den abfoluten Werthen, welche hier gefunden find, haftet freilich noch die Unficherheit der Korrektionen wegen des Glafes und des Quecffilbers an; aber die Zunahme der Kapacität mit finkender Temperatur und das Minimum in der Nähe von Null Grad fteht feft.

In einer großen Reihe von Unterfuchungen über das Sieden von Salzlöfungen fand G. Th. Gerlach,[1] daß die Siedetemperatur von Salzlöfungen, welchen große. Mengen wafferfreien, refp. wafferarmen Salzes beigemengt find, weit unter 100° finken kann; in einem befonderen Falle beim Glauberfalz lag fie bei 72°, während die entweichenden Wafferdämpfe die Temperatur von 100° zeigten. Wie alfo aus koncentrirten Salzlöfungen, deren Siedepunkt weit über 100° liegt, dennoch Wafferdampf von nur 100° entweicht, fo fenden folche Löfungen, deren Siedepunkt durch die Gegenwart ausgefchiedenen Salzes weit unter 100° herabgedrückt ift, ebenfalls Wafferdämpfe von 100° aus.

F. M. Raoult[2] unterfuchte nach der Dalton'fchen Methode die Dampffpannungen einer Reihe von Löfungen verfchiedener Subftanzen in Äther, um den Einfluß des gelöften Körpers auf die Dampffpannung feiner Löfung zu ermitteln. Er benutzte hierzu unter den nothwendigen Vorfichtsmaßregeln mit Quecfilber angefüllte Barometerröhren, von denen eine als gewöhnliches Barometer diente, die andere ein beftimmtes Volumen Äther oder ein gleiches Volumen einer beftimmten ätherifchen Löfung enthielt; aus den Quecfilberhöhen ergaben

---

[1] Zeitfchr. für analyt. Chemie, 1887, XXVI, S. 413.
[2] Compt. rend. 1886, CIII, p. 1125.

fich die Dampfspannungen der Lösungen und des reinen
Äthers.

Zwischen 0° und 25° C. machte sich ein Einfluß der
Temperatur nicht geltend. Der Unterschied zwischen der
Dampfspannung einer ätherischen Lösung und der des
reinen Äthers war innerhalb dieser Temperaturgrenzen
ganz genau proportional der Dampfspannung des reinen
Äthers, so daß das Verhältnis (f — f')/f (wo f die
Spannung des Äthers, f' die der Lösung bedeutet) von
der Temperatur unabhängig und für die Lösung charakteristisch war.

Bei Lösungen mittlerer Koncentration, welche z. B.
1 bis 5 Moleküle auf 5 kg Äther enthielten, war die
Differenz der Spannungen ziemlich proportional dem
Gewichte der gelösten Substanz in einem konstanten Gewichte des Lösungsmittels. Bezeichnet man daher mit
M das Molekulargewicht einer bestimmten Verbindung
und durch P das Gewicht dieser Verbindung in 100 g
Äther, so ist (f—f')/f × M/P = K. Dieser Werth K
repräsentirt den relativen Unterschied der Dampfspannung,
den 1 Mol. der Substanz bei seiner Lösung in 100 g
Äther hervorbringen würde. Er ist für jede Substanz
ein konstanter und wird von Raoult „molekulare Spannungsverminderung" genannt.

Jeder Körper, der sich in Äther löst, vermindert diese
Spannung. Die relative Abnahme der Spannung kann
mit der Natur der gelösten Substanz sehr variiren, aber
die Spannungsabnahme K, die durch das einzelne Molekül
veranlaßt wird, bleibt für alle Körper der gleiche. In
einer kleinen Tabelle, welche diesen Werth für 13 verschiedene Verbindungen enthält, deren Molekulargewichte
zwischen 42 und 382 wechseln, liegen die molekularen
Spannungsabnahmen zwischen 0·67 und 0·74 und in

der Regel sehr nahe dem Mittelwerthe 0·71. Wenn man also 1 Mol. einer beliebigen Verbindung in 100 g Äther löst, so vermindert man die Dampfspannung dieser Flüssigkeit um einen bestimmten Bruchtheil seines ursprünglichen Werthes, und zwar um 0·71 bei allen Temperaturen zwischen 0⁰ und 25⁰.

Die hier angegebene Formel für ätherische Lösungen stellt Raoult[1]) auf Grund fernerer Untersuchungen mit einer Menge verschiedenartiger Substanzen und Lösungsmittel als ganz allgemein gültig hin zur Berechnung der molekularen Spannungsabnahme irgend einer Lösung; vorläufig jedoch macht er die Einschränkung, daß die Koncentration eine solche sein müsse, daß 4 bis 5 Moleküle der festen Substanz auf 100 Moleküle des Lösungsmittels kommen, weil die relative Spannungsabnahme sich nicht immer genau proportional der Koncentration erwies. Auch die Temperaturen, bei denen die vergleichenden Messungen ausgeführt wurden, waren stets so gewählt, daß bei ihnen das reine Lösungsmittel eine Dampfspannung von etwa 400 mm Quecksilber ergab.

Unter diesen Einschränkungen wurden folgende Lösungsmittel untersucht: Wasser, Chlorphosphor, Schwefelkohlenstoff, Chlorkohlenstoff, Chloroform, Amylen, Benzol, Jodmethyl, Bromäthyl, Äther, Aceton und Methylalkohol. In Wasser wurden folgende organische Substanzen gelöst: Rohrzucker, Glukose, Weinsteinsäure, Citronensäure, Harnstoff. Alle diese Substanzen haben ungefähr dieselbe molekulare Verminderung der Dampfspannung hervorgebracht; K war gleich 0·185.

Die molekularen Abnahmen der Dampfspannungen K, durch die verschiedenen Substanzen in einem und dem-

---

[1]) Compt. rend. 1887, CIV, p. 1430.

selben Lösungsmittel gruppirten sich beständig um zwei
Werthe; von diesen Werthen war einer, den Raoult den
„normalen" nennt, doppelt so groß als der andere. Die
„normale" Verminderung der Dampfspannung wurde
stets durch die einfachen und die gechlorten Kohlenwasser=
stoffe und durch den Äther hervorgerufen, während die
„anormale" Verminderung fast immer durch die Säuren
bedingt war. Bei einigen Lösungsmitteln, z. B. beim
Äther und Aceton, brachten jedoch alle aufgelösten Körper
dieselbe molekulare Verminderung der Dampfspannung
hervor.

Für alle Lösungen, die in einem und demselben Lö=
sungsmittel hergestellt sind, existirt ein nahezu konstantes
Verhältnis zwischen der molekularen Erniedrigung des
Gefrierpunktes und der molekularen Verminderung der
Dampfspannung. Für Wasser beträgt dies Verhältnis
100, für Benzol 60.

Eine noch interessantere Gesetzmäßigkeit stellt sich her=
aus, wenn man die molekulare Abnahme der Dampf=
spannung K für ein bestimmtes Lösungsmittel dividirt
durch das Molekulargewicht M' dieser Flüssigkeit; der
Quotient K/M' drückt die relative Abnahme der Dampf=
spannung aus, welche durch ein Molekül der Substanz
in 100 Molekülen des flüchtigen Lösungsmittels hervor=
gebracht wird. Für diese Rechnung darf man aber nur
die normalen Werthe von K verwenden, welche durch die
organischen Substanzen und die nicht salzartigen Metall=
verbindungen hervorgebracht werden.

Das Resultat ist, daß der Quotient K/M' nur sehr
wenig schwankt und für alle Substanzen in der Nähe
des Mittelwerthes $0{\cdot}0105$ bleibt, obwohl die Werthe von
K und von M' im Verhältnis von $1 : 9$ variiren.

Man kann also behaupten: 1 Molekül einer festen

Subſtanz, die kein Salz iſt, vermindert, wenn ſie ſich in 100 Molekülen einer beliebigen flüchtigen Flüſſigkeit löſt, die Dampfſpannung dieſer Flüſſigkeit um einen faſt konſtanten Bruchtheil ſeines Werthes, der in der Nähe von 0·0105 liegt.

Daß das verdunſtende Waſſer Pilzkeime, die in ihm enthalten waren, mit in die Luft ſchleudert, iſt ſchon ſeit mehreren Jahren nachgewieſen. Verſuche von P. M. Delacharlonny[1]) ſtellen nun auch feſt, daß Salze, Säuren und Baſen durch bloße Verdunſtung in die Luft gelangen. Ziemlich koncentrirte Löſungen mit Schwefelſäure, mit geſchmolzenem Natronhydrat, Natronkarbonat, Eiſenſulfat wurden in Schalen gegoſſen, dann über jede ein umgekehrter Trichter geſtellt, in deſſen engem Theile ſich Reagenzpapiere befanden. In weniger als zwei Tagen bei gewöhnlicher Temperatur verrieth ſich die Schwefelſäure an den Reagenzpapieren, nach zwei Tagen noch das Natron, das Eiſenſulfat nach 3 und das Natronkarbonat nach 5 Tagen.

Über die Beziehung zwiſchen den Theorien der Kapillarität und der Verdampfung hat J. Stefan[2]) eine ſehr bemerkenswerthe Arbeit geliefert, aus der Einiges hervorgehoben werden ſoll. Stefan bemerkt unter anderm: Laplace hat die Theorie der Kapillarität aus der Annahme entwickelt, daß zwiſchen den Theilchen einer Flüſſigkeit Kräfte wirken, deren Größe mit der Entfernung der Theilchen ſehr raſch abnimmt, ſo daß man bei der Berechnung ihrer Wirkungen ſo verfahren kann, als hätten ſie überhaupt nur innerhalb einer ſehr kleinen Diſtanz von Null verſchiedene Werthe. Dieſe ſehr kleine Diſtanz

---

[1]) Compt. rend. 1886, CIII, p. 1128.
[2]) Sitzungsber. der Wiener Akad. 1886, XCIV, S. 4.

wird auch der Radius der Wirkungssphäre eines Theilchens genannt. Aus dieser Annahme folgt, daß die Anziehungen, welche ein Theilchen im Inneren einer Flüssigkeit erfährt, sich gegenseitig das Gleichgewicht halten. Nur die Theilchen, welche sehr nahe der Oberfläche sich befinden, erfahren einen Zug nach einwärts, der von der Entfernung des Theilchens von der Oberfläche und von der Gestalt der letzteren abhängig ist.

Für den Fall einer ebenen Fläche wird ein Theilchen einen Zug nach einwärts erfahren, sobald sein Abstand von der Oberfläche kleiner ist als der Radius der Wirkungssphäre.

Ein Theilchen außerhalb der Flüssigkeit erleidet von dieser denselben Zug nach abwärts, als ob es sich in gleicher Entfernung von der Oberfläche im Innern der Flüssigkeit befände.

Innerhalb der Flüssigkeit kann ein Theilchen nach allen Seiten ohne Arbeitsleistung bewegt werden, wenn sein Abstand von der Oberfläche größer als der Wirkungsradius ist. Ist dieser kleiner, so erfordert die Bewegung des Theilchens gegen die Oberfläche eine Arbeit. Dieselbe Arbeit nun, welche nothwendig ist, um ein Theilchen aus dem Inneren der Flüssigkeit in die ebene Oberfläche zu schaffen, ist auch erforderlich, um ein Theilchen aus der ebenen Oberfläche der Flüssigkeit bis außerhalb der Wirkungssphäre derselben zu bringen. Durch diesen Satz ist die Beziehung, welche zwischen den Theorien der Kapillarität und der Verdampfung besteht, in der einfachsten Weise dargelegt.

Nach den Vorstellungen von Clausius erfolgt Verdampfung, wenn ein Flüssigkeitsmolekül, dessen Wärme in Bewegungen desselben besteht, durch ein günstiges Zusammentreffen der fortschreitenden, schwingenden und drehenden Bewegungen mit solcher Heftigkeit von seinen Nachbarmolekülen fortgeschleudert wird, daß es, bevor es durch die zurückziehende Kraft derselben diese Geschwindigkeit ganz verloren hat, schon aus ihrer Wirkungssphäre heraus ist. Ist die Oberfläche der Flüssigkeit eben und horizontal, so entspricht die vertikale Komponente der Geschwindigkeit, mit welcher das verdampfende Molekül die Flüssigkeit verläßt, einer lebendigen Kraft, welche der Arbeit gleich ist, die nothwendig ist, um dasselbe aus der Oberfläche über die Wirkungssphäre derselben hinauszuführen.

Ist der Raum über der Flüssigkeit ein begrenzter, so füllt sich derselbe mit Dampf, bis er die Dichte erreicht, bei welcher die Zahl der Moleküle, welche die Flüssigkeit verlassen, gleich ist der Zahl der zu ihr zurückkehrenden. Diese Dichte ist um so größer, je kleiner die Arbeit, welche zur Entfernung eines Moleküls aus der Oberfläche genügt, und je größer die Zahl der Moleküle, deren vertikale Geschwindigkeit die dieser Arbeit entsprechende Größe übersteigt. Mit steigender Temperatur nimmt die bezeichnete Arbeit ab und die Zahl der Moleküle mit größeren Geschwindigkeiten zu; aus beiden Gründen wächst die Dampfdichte mit steigender Temperatur.

Ist die Oberfläche der Flüssigkeit konkav, so lehrt eine der obigen analoge Betrachtung, daß innerhalb der Flüssigkeit der Zug nach einwärts kleiner ist, als bei ebener Oberfläche in gleichem Abstande von derselben; für einen Punkt außerhalb hingegen ist der Zug nach einwärts größer als bei ebener Oberfläche. Die zur Fortführung eines Moleküls nothwendige Arbeit ist bei konkaver Oberfläche größer, und daher die Dichte des gesättigten Dampfes geringer als bei ebener Oberfläche. Auf dieses Verhalten hat schon W. Thomson aufmerksam gemacht. Daß die

Dichte des gesättigten Dampfes über einer konkaven Ober=
fläche größer ist als über einer ebenen, läßt sich auf die=
selbe Weise leicht darlegen.

In der Theorie · der Kapillarität braucht man über
die Natur der Molekularkräfte keine bestimmte Voraus=
setzung zu machen. Wie man bisher annimmt, daß die
Wirkungssphäre eine große Zahl von Molekülen umfaßt,
kann man auch annehmen, daß die anziehenden Kräfte
nur zwischen den unmittelbar sich berührenden Molekülen
ausgeübt werden. Man kann dann sagen, daß innerhalb
der Flüssigkeit jedes Molekül an eine gewisse Anzahl von
Nachbarmolekülen gebunden ist, während ein Molekül an
der Oberfläche nur an halb so viele wie in der Mitte.
Wird ein Molekül aus der Mitte an die Oberfläche
transportirt, so wird dabei die Hälfte der bestehenden
Bindungen zu lösen und die der Lösung dieser Bindungen
entsprechende Arbeit zu leisten sein. Dieselbe Anzahl von
Bindungen ist aber zu lösen, dieselbe mechanische Arbeit
ist zu leisten, wenn ein Molekül aus der Oberfläche der
Flüssigkeit herausgezogen werden soll. Es ergiebt sich also
auch aus dieser Anschauung dieselbe Beziehung zwischen
den Theorien der Kapillarität und der Verdampfung,
welche oben dargestellt worden ist.

Von dieser Annahme ausgehend, kann man auch zu
einer Formel gelangen, welche die Größe des mittleren
Durchmessers eines Moleküls zu berechnen gestattet.

Aus den kapillaren Eigenschaften einer Flüssigkeit kann
man den Betrag von mechanischer Arbeit ableiten, welche
nothwendig ist, um die freie Oberfläche der Flüssigkeit
um ein Quadratcentimeter zu vergrößern. Wird diese
Vergrößerung der Oberfläche mit Hülfe der berechneten
Arbeit ausgeführt, so tritt gleichzeitig eine Abkühlung der
Flüssigkeit ein, worauf zuerst W. Thomson aufmerksam

gemacht hat. Zur Erhaltung der ursprünglichen Temperatur ist also noch die Zufuhr einer Wärmemenge erforderlich. Diese stellt zusammen mit der mechanischen Arbeit den Aufwand an Energie dar, welche nothwendig ist, um die Anzahl Moleküle, welche auf ein Quadratcentimeter der Oberfläche entfallen, aus dem Inneren der Flüssigkeit an die Oberfläche zu schaffen. Diesen Aufwand an Energie kann man nun auch demjenigen gleichsetzen, welcher genügt, um jene Menge der Flüssigkeit, welche dieselbe Anzahl von Molekülen enthält, in Dampf zu verwandeln. Man kann diesen Satz auch so aussprechen: Die Vergrößerung der Oberfläche der Flüssigkeit um den Querschnitt eines Moleküls erfordert denselben Aufwand an Energie, als die Verdampfung eines Moleküls. Man gelangt so zu einem Ausdrucke für den Quotienten aus dem Volumen und dem Querschnitt eines Moleküls. Für Äther findet man diesen Quotienten $= 2^1/_{100\,000\,000}$ cm.

C. Chree[1] hat nach einer neuen Methode die Wärmeleitung in Flüssigkeiten untersucht. Die Flüssigkeit kam mit der Wärme nur an ihrer Oberfläche in Berührung, indem man heißes Wasser in eine Metallschale goß, welche die Oberfläche berührte. In bestimmter Tiefe unter der Schale befindet sich ein Platindraht, dessen Temperaturveränderungen sich aus Veränderungen seines elektrischen Widerstandes erkennen ließen. Am Galvanometer, welches den Widerstand des Platindrahtes maß, konnte die Zeit bestimmt werden, welche zwischen dem Aufgießen des warmen Wassers und der schnellsten Temperaturerhöhung des Drahtes verstrichen war. In einer besonderen Versuchsreihe wurde die Geschwindigkeit er-

---

[1] Proc. of the Royal Soc. 1887. XLII, Nr. 254, p. 300.

mittelt, mit welcher die Wärme von der Schale in die
Flüssigkeit überging.

Zur Unterjuchung dienten: Wasser, Paraffin= und
Terpentin=Öle, Schwefelkohlenstoff, Methylalkohol und
verschieden koncentrirte Löjungen von Schwefelsäure. Die
Wärmeleitungsfähigkeit, welche ich nach einer mathe=
matisch entwickelten Formel aus der Dichte und der speci=
fischen Wärme der Flüssigkeit und aus der Zeit vom
Beginn der Erwärmung bis zur schnellsten Temperatur=
steigerung ergab, war in den verschiedenen Schwefelsäure=
löjungen, darunter einige von bedeutender Koncentration,
jehr wenig verschieden von der des Wassers; es existirt
aljo ein bedeutender Unterschied zwischen der Leitungs=
fähigkeit für Wärme und der für Elektricität. Geringe
Verunreinigungen, z. B. kleine Salzmengen, hatten keine
merkliche Wirkung auf die Leitungsfähigkeit.

Die Zeit, welche nach der Anwendung der Wärme
verstrich, bevor die Temperatur in einer bestimmten Tiefe
am schnellsten anstieg, war bei den einzelnen Flüssigkeiten
nicht sehr verschieden von einander. Am kürzesten war
sie beim Schwefelkohlenstoff, am längsten beim Terpentin.
Da sich somit dieje Zeit von einer Flüssigkeit zur anderen
nur wenig ändert, so hängt die Leitungsfähigkeit zum
größten Theil von dem Produkte der Dichte und der
specifischen Wärme ab, und zwar ist sie dieser Größe
direkt proportional.

Die Leitungsfähigkeit war bei vorübergehender
Wärmewirkung in Centimetern pro Minute ausgedrückt
beim Wasser = 0·0747, bei vier verschiedenen Schwefel=
jäurelöjungen = 0·0759 bis 0·0778, bei Methylalkohol
= 0·0354, bei Schwefelkohlenstoff = 0·322, bei Paraffinöl
= 0·0264. Andere Werthe wurden erhalten, wenn das
warme Wasser nicht abgeschöpft wurde, jondern dauernd

in der Metallschale blieb. Die Leitungsfähigkeit betrug dann beim Wasser 0·0815, bei Methylalkohol 0·0346, beim Paraffinöl 0·0273. Die Temperatur, bei welcher diese Messungen gemacht worden, betrug nahezu 20⁰ C.

J. Scheiner [1] hat sich bemüht, wirksame Schutz= mittel gegen strahlende Wärme aufzufinden. Als Wärmequelle diente bei allen Versuchen eine Locatelli'sche Lampe, welche aus einem gebogenen Kupferbleche bestand, das durch einen konstanten Bunsen'schen Brenner erhitzt, eine ziemlich gleichmäßige, auf 300⁰ erwärmte Quelle dunkler Wärme bildete. Die Lampe stand etwa 15 cm von der Mitte der Platte ab, deren Schirmwirkung zu untersuchen war. Die Platten selbst hatten 18 cm Länge und Breite, und ihre hintere Fläche war 5 bis 6 cm von dem vorderen Ende der Thermosäule entfernt, deren hin= teres Ende durch fließendes Wasser auf konstanter Tempe= ratur gehalten wurde. Zur Untersuchung kamen 1) schlechte Wärmeleiter: Glas, Schiefer, glasirter Thon, Ebonit, Mahagoni=, Kiefern=, Elsenholz und weißer Filz; 2) gute Wärmeleiter: Stanniol, Weißblech, Messing, Bleifolie, Zinnplatte, Daguerreotypplatte, Schwarzblech; 3) kombi= nirte Platten: Weißblech mit Elsenholz, Stanniol mit Elsenholz, Messingblech mit Filz und Zinkblech, Weißblech mit Holz und Zinkblech, belegter Glasspiegel, doppelte Pappe mit abgeschlossener Luft, doppeltes Weißblech mit cirkulirender Luft; 4) Glasküvette mit verschiedenen Flüs= sigkeiten. In gewissen Zeitintervallen während der Dauer der Bestrahlung wurden Galvanometernadel und Thermo= meter abgelesen, und der Versuch war beendet, wenn die Nadel stationär geworden war.

Aus den Tabellen ersieht man sofort, daß die Metalle,

---

[1] Zeitschr. für Instrumentenkunde, 1887, S. 271.

mit Ausnahme des Schwarzbleches, ganz bedeutend weniger Wärme durchgelassen haben, als die durchschnittlich in viel dickeren Schichten gebrauchten schlechten Wärmeleiter.

Diese bessere Schirmwirkung der Metalle, selbst in dünnen Schichten, im Vergleich zu den diathermanen Stoffen, rührt nicht von ihrer Undurchstrahlbarkeit her, denn auch die diathermanen Platten gaben keine direkte Strahlungswirkung. Vielmehr hängt die Schirmwirkung einer Substanz von drei Eigenschaften ab: 1) von der Strahlungsfähigkeit der Oberfläche, 2) von der Absorptionsfähigkeit der Substanz, 3) von der Wärmeleitungsfähigkeit. Die diathermanen Körper absorbiren die strahlende Wärme leicht und strahlen sie auch gut aus, sie wirken daher nicht gut als Schirme. Die Metalle hingegen, besonders die blanken, reflektiren den größten Theil der auffallenden Strahlen, nur ein geringer Theil wird absorbirt und durch die gute Leitungsfähigkeit über den ganzen Schirm ausgebreitet, der daher, besonders wenn er eine große Ausdehnung hat, nur wenig Wärme an der Hinterseite ausstrahlt.

Die Folge war, daß bei den schlechten Wärmeleitern der stationäre Zustand später eintrat, als bei den Metallen. Ferner ist die Beschaffenheit der Oberfläche der Metalle von größtem Einfluß auf die Schirmwirkung, die Dicke der Metallplatten hingegen innerhalb weiter Grenzen ohne Einfluß. Es scheint übrigens, als ob auch bei den schlechten Wärmeleitern die Dicken keinen oder nur geringen Einfluß hätten.

Wenn die Dicke der Platte nun auch auf das Endresultat ohne Einfluß war, so hatte sie doch, besonders bei den Metallen, eine entschiedene Wirkung auf den Verlauf der Erwärmungs-Kurve. Das Maximum der

Erwärmung trat um so später auf, je dicker die Platte gewesen.

Die mit kombinirten Platten erhaltenen Werthe zeigen, daß Schirme aus kombinirten Nichtleitern nur wenig nützen, daß ferner Schirme aus einem Metall und einem Nichtleiter schlechter sind, als das einfache Metall, und daß erst durch die Kombination zweier Metalle mit schlechten Leitern vorzügliche Schirme herzustellen sind.

Bei der Kombination eines Metalles mit einem Nichtleiter ist zu unterscheiden, ob das blanke Metall der Strahlung zugekehrt ist oder nicht. Im ersten Falle wird die Erwärmung des Metalls dieselbe sein, als bei Metall allein. Durch Leitung wird diese Temperatur dem schlechten Leiter mitgetheilt, und da dieser verhältnismäßig sehr gut ausstrahlt, kann es kommen, daß auch bei geringerer Temperaturerhöhung des schlechten Wärmeleiters doch mehr ausgestrahlt wird, als von der an sich wärmeren Metallplatte allein geschehen würde. Im zweiten Falle ist die Wirkung noch ungünstiger. Der schlechte Wärmeleiter erwärmt sich sehr stark und die dahinter befindliche Metallschicht nimmt nahezu dieselbe Temperatur durch Leitung an und muß also viel mehr ausstrahlen als sonst, wenn sie allein bestrahlt worden wäre.

Eine sehr zu empfehlende Kombination ist beiderseits blankes Metall mit einem schlechten Leiter dazwischen. Solche Kombinationen sind Holz oder Filz, auf beiden Seiten mit blankem Blech belegt. Eine andere, und wie es scheint die allerbeste Kombination, ist beiderseits blankes Metall mit einer cirkulirenden Luftschicht dazwischen. In diesem Falle wird die hintere Platte nicht mehr durch Leitung erwärmt, sondern nur noch durch die geringe Strahlung der vorderen. Ein Schirm aus drei Weißblechplatten, die durch Holzklammern in einer Entfernung

von je 5 mm von einander gehalten wurden und zwischen
welchen die Luft ungehindert cirkuliren konnte, bewährte
sich so gut, daß selbst bei stundenlanger Bestrahlung die
Nadel des Galvanometers nicht die geringste Abweichung
zeigte.

Bei den Versuchen mit Flüssigkeiten, welche sich in
Schichten von 5 mm Dicke zwischen planparallelen Glas-
platten befanden, erwärmten sich dieselben sehr stark, und
es war kein Zweifel, daß auch bei ihnen keine direkte
Durchstrahlung stattgefunden. Bei einem Versuche mit
fließendem Wasser zeigte nach einer Stunde die Nadel nur
eine Erwärmung von 0·01° an. Wurde jedoch die Locatelli'sche Lampe durch eine leuchtende Gasflamme ersetzt,
so fand bei fließendem Wasser ein momentaner Ausschlag
der Nadel statt, und schon nach 10 Minuten war eine
Erwärmung um 0·45° eingetreten.

Bei starker Erhitzung zeigt Eisen bekanntlich eine fast
gänzliche Veränderung seiner physikalischen Eigenschaften.
Jedoch wirkt auch schon die Erwärmung auf bloß 100°
sehr bedeutsam ein, wie Herbert Tomlinson[1] nach-
weist. Wie bereits Wiedemann und W. Thomson gefunden, vermindert sich die innere Reibung des Eisens
(eine der Ursachen, welche die Torsionsschwingungen eines
Eisendrahtes, die durch das logarithmische Dekrement des
Schwingungsbogens gemessen werden) bei anhaltenden
Schwingungen. Sie zeigt aber auch sowohl eine vorübergehende, wie eine bleibende beträchtliche Abnahme, wenn
der Draht auf 100° erwärmt wird. So ergab ein gut
ausgeglühter Eisendraht 10 Minuten nach dem Aufhängen
ein von der inneren Reibung bedingtes, logarithmisches
Dekrement von 0·003011, nach einer Stunde von 0·001195

---

[1] Philos. Mag. 1887, XXIII, p. 245.

und nach einem Tage von 0·001078. Als hierauf der Draht mehrmals auf 100⁰ erhitzt worden, war das logarithmische Dekrement nach dem Abkühlen nur 0·000412. Noch auffallender war das Verhalten beim langsamen Erhitzen auf 100⁰. Man fand das logarithmische Dekrement bei 98⁰ am kleinsten, und zwar gleich 0·000112, also nur ¼ so groß als bei 0⁰. Könnte man diesen Draht im Vakuum schwingen lassen und würde seine Temperatur dauernd auf 98⁰ gehalten werden können, dann würden acht Stunden verstreichen, bis die anfängliche Amplitude von 100 auf 50 zurückgegangen wäre. Die innere Reibung konnte durch Erwärmen bis 100⁰ überhaupt auf ein Dreißigstel ihres Anfangswerthes reducirt werden.

In weit geringerem Grade wird die longitudinale und Torsions-Elasticität verändert. Sowohl für die Torsionsschwingungen wie für die Längsausdehnung der Belastung ergab sich bei einem mehrmalig auf 100⁰ erwärmten angelassenen Drahte nach dem Abkühlen eine in den ersten Stunden sich steigernde permanente Zunahme der Elasticität; hingegen zeigte der Draht während des Erwärmens eine vorübergehende Abnahme der Elasticität, die für Torsion 2·693 und für Längszug 2·58 Procent betrug.

Die Schallgeschwindigkeit im Eisen soll nach Wertheim durch Temperaturerhöhung auf 100⁰ gesteigert werden, weil die Elasticität sich vergrößere. Das ist nun nach den Erfahrungen Tomlinson's nur in Bezug auf die nach der Abkühlung bleibenden Verhältnisse richtig. Bei den höheren Temperaturen hingegen ist die Elasticität wegen der temporären Wirkung des Erwärmens geringer. Dem entsprechend fand Tomlinson, daß, wenn ein Eisen- oder Stahldraht in Längsschwingungen versetzt wurde, so daß er einen musikalischen Ton gab, dieser Ton niedriger wurde, wenn man die Temperatur des Drahtes erhöhte. Wenn aber die Höhe des Tones durch Temperaturerhöhung verringert wird, dann wird auch die Fortpflanzungs-Geschwindigkeit des Schalles kleiner.

In seiner Inaugural-Dissertation (Leipzig 1886) theilt Franz Meißner die Resultate seiner Versuche über die Wärmetönung beim Benetzen pulverförmiger Körper mit. Wird ein fein vertheilter pulverförmiger Körper von einer Flüssigkeit benetzt, so tritt bei diesem Vorgang bekanntlich eine Temperaturänderung auf.

Pouillet hat zuerst im Jahre 1822 über diese Erscheinung umfassende Versuche angestellt, die späteren Arbeiten als Basis dienten. Er wandte dabei von festen Körpern sowohl anorganische, wie Metall-, Glas-, Ziegel-, Porzellanpulver ꝛc., als auch in besonders großer Zahl organische, wie fein vertheilte Kohle, Holz, Stärke, verschiedene Rindenarten, Wurzeln ꝛc., dann Seide, Wolle, Haare, Fasern, Elfenbein, Horn u. a. m. an und ließ durch diese Öl, Alkohol, Essigäther und destillirtes Wasser einsaugen.

Als Resultat zeigte sich in allen Fällen eine Temperaturerhöhung, allerdings wesentlich verschieden bei anorganischen und organischen Substanzen. Mit ersteren erhielt er in über 50 Versuchen eine Temperaturerhöhung, welche zwischen $1/4°$ und $1/2°$ C. schwankte, während er bei Anwendung organischer Körper eine solche zwischen $2°$ und $10°$ beobachtete.

Auf diese fundamentale Arbeit Pouillet's fußend, hat dann im Jahre 1865 C. G. Jungk eine Reihe von Versuchen über die vorliegende Erscheinung gemacht, bei denen als Flüssigkeit nur Wasser benutzt wurde. Dieselben unterscheiden sich bedeutend von denen Pouillet's. Einmal hat Jungk die Methode durch Anwendung einer Thermosäule verfeinert und dann zuerst die Temperaturen, bei denen er arbeitete, berücksichtigt. Jungk fand eine Temperaturerhöhung, wenn er Wasser von einer über 4⁰ liegenden Temperatur durch reinen Flußsand auffangen ließ, dagegen eine Temperaturerniedrigung bei Anwendung von Wasser unter 4⁰. Auch bei der Absorption von Wasser durch Schnee beobachtete er ein Sinken der Temperatur.

Nächstdem hat O. Maschke bei Versuchen mit amorpher Kieselsäure ebenfalls Erwärmungen beobachtet, und zwar von 1·2⁰ im Minimum bis 7·8⁰ im Maximum, bei einer Lufttemperatur zwischen 14·8⁰ und 20·9⁰. Mit Benzin erhielt er bei 19·5⁰ eine Temperaturerhöhung von 5·8⁰ und mit Alkohol eine solche von ca. 13⁰. Beim Aufsaugen von Wasser durch Glas- und Quarzpulver konnte Maschke keine Temperaturänderung konstatiren.

Übereinstimmend damit fand auch T. Tate beim Aufsangen von Wasser durch trockenes, ungeleimtes Papier eine Temperaturerhöhung von 2·8⁰ und 5·9⁰.

Auf Anregung von Professor Kundt ⎮wiederholte nun Verfasser die Jungk'schen Versuche nach zwei Methoden: der „thermometrischen" und „kalorimetrischen" mit besonderer Berücksichtigung der unter dem Dichtigkeitsmaximum des Wassers liegenden Temperaturen. Bezüglich des Materiales bemerkt er Folgendes: „Es ist zu beachten, daß fast alle früheren Arbeiten die Möglichkeit einer chemischen Wirkung zwischen Flüssigkeit und Pulver mehr oder weniger zulassen: Pouillet z. B. wandte organische Körper an, die zum Theil zweifellos von den Flüssigkeiten angegriffen wurden. Es mußte demnach eine Substanz gewählt werden, auf welche einmal die zur Verwendung kommenden Flüssigkeiten chemisch nicht einwirken, und die außerdem einer möglichst feinen Vertheilung fähig war.

Diesen beiden Bedingungen schien mir die amorphe Kieselsäure am besten zu genügen. Dieselbe wurde durch Fällung mit Salzsäure aus kieselsaurem Kali dargestellt und nach mehrfachem Reinigen durch Waschen und Auskochen mit destillirtem Wasser und Salzsäure sorgfältig ausgeglüht, was ich vor jedem Versuche wiederholte. Bei den anderen pulverisirten Substanzen, welche ich außerdem benutzte, wurde im allgemeinen ähnlich verfahren. Was die Flüssigkeit anlangt, so wandte ich besonders wiederholt und sorgfältig destillirtes Wasser, Benzol und Amylalkohol (95 Proc.) an, letztere in dem Grade gereinigt, wie sie im Handel sind."

Die in den Tabellen aufgeführten Zahlen zeigen, daß widersprechend den Jungk'schen Resultaten sowohl bei Wasser unter als über $+4^0$ Temperaturerhöhung auftritt, so daß Meißner den Satz aufstellt: Beim Benetzen von amorpher Kieselsäure, Kohle, Smirgel, Sand u. s. w. durch destillirtes Wasser, Benzol und Alkohol tritt bei 0^0 und Temperaturen über 0^0 Wärme auf. Um eine Anschauung von der Höhe der Erwärmung zu geben, seien aus drei Versuchsreihen Beispiele mit möglichst gleichen Bedingungen ausgewählt. 9·8 g Kieselsäure und 18·5 g Wasser von 19·1^0 gaben eine Erhöhung von $+3·52^0$. 10·1 g Kieselsäure und 17·5 g Benzol von 19·1^0 gaben $+5·15$. 9·7 g Kieselsäure und 15·5 g Amylalkohol von 19^0 zeigten $+6·24$. Das höchste Ergebnis lieferte 10 g Kieselsäure und 14·81 g Amylalkohol von 12^0 — nämlich $+9·70$. Versuche mit anderen Pulvern, z. B. Weizenstärke, Smirgel, Magnesia mit destillirtem Wasser und Magnesia mit Benzol gaben weit geringere Temperaturerhöhungen. Die Stärke zeigte als höchste Steigerung $+1·8^0$; die anderen Gemische blieben noch weit unter $+0.5^0$.

Elektricität und Magnetismus.

Die Frage, ob Kondensation von Wasserdampf im Stande sei, Elektricität zu erzeugen, ist bekanntlich noch in der Schwebe. Nachdem die meisten Forscher bei ihren diesbezüglichen Versuchen nur negative Resultate erhalten hatten, ist in jüngster Zeit Palmieri mit positiven Resultaten aufgetreten und hat die Kondensation des Wasserdampfes in bestimmter Weise als die Quelle der atmosphärischen Elektricität bezeichnet. Palmieri's Versuche sind neuerdings von Franco Magrini[1]) im Laboratorium des Herrn Roiti in Florenz einer wiederholten Prüfung unterzogen worden, deren Resultate hier kurz angegeben seien. Als Elektroskop diente das Thomson'sche, von Mascart modificirte Quadrantenelektrometer, dessen Empfindlichkeit so weit gebracht wurde, daß ein trocknes Beetz'sches Element eine Ablenkung von 500 mm veranlaßte. Als nun die Nadel durch einen Kupferdraht mit einem gut isolirten Platingefäß verbunden und andererseits die Verbindung mit der Erde hergestellt worden, blieb die Nadel nicht auf Null, sondern zeigte eine bestimmte Ablenkung. Man ließ nun die Nadel zur Ruhe kommen und brachte in das Platingefäß mit einem Porzellan- oder Glaslöffel Eisstückchen, die kurz vorher mit einem Eisenhammer zerschlagen worden waren.

Sofort schlug die Nadel aus, und die Ablenkung nahm während einer Minute zu, um dann konstant zu bleiben, wie viel Dampf sich auch aus der umgebenden Luft auf dem Platingefäß kondensiren mochte. Wenn man nun die Nadel zur Erde ableitete und dann plötzlich isolirte, so nahm sie nicht wieder die letzte Ablenkung an, sondern die ursprüngliche, als das Gefäß leer war.

---

[1]) Il nuovo Cim. 1886, Ser. 3, XX, p. 36.

Dieser Versuch wurde bei Temperaturen von mindestens 15⁰ sowohl in einem geschlossenen Zimmer, wie in freier Luft wiederholt und gab immer dasselbe Resultat: ziemlich starke positive Ladungen, sowie das Eis in das isolirte Platingefäß gelegt wurde, und keine Ladung, wenn nach der ersten Ablenkung das Gefäß wenige Sekunden mit der Erde verbunden war. Man kann daher diese positive Ladung nur einer Elektrisirung des Eises beim Zerschlagen und beim Hineinlegen mit dem Löffel zuschreiben. Denn es wurde keine Elektricität beobachtet, wenn man das zerschlagene Eis erst in einen zur Erde abgeleiteten Behälter und dann in das Platingefäß brachte, oder wenn das Platingefäß mit der Erde verbunden und erst dann isolirt wurde, nachdem es mit dem Eise gefüllt war.

Weitere Versuche zur Bekräftigung dieser Anschauung ergaben in Übereinstimmung mit den bereits angeführten den sicheren Nachweis, daß die von Palmieri beobachtete positive Elektricität wahrscheinlich Reibungselektricität war.

Einer Abhandlung über Luftelektricität von R. Nahrwold[1] entnehmen wir Folgendes. Jeder mit statischer Elektricität geladene Körper verliert in der Luft mit der Zeit einen großen Theil seiner Elektricität, und dieser Verlust erfolgt um so schneller, wenn er durch eine Spitze stattfinden kann. Die Elektricität geht an die umgebende Luft über und kann in derselben nachgewiesen werden. Bereits 1878 hatte nun Nahrwold gefunden, daß, wenn der Abfluß der Elektricität aus einer Spitze in abgeschlossenem Raume stattfindet, hierbei vornehmlich die in der Luft enthaltenen Staubtheilchen die Entladung übernehmen, indem sie elektrisirt werden und sich dann schnell an die Wände des abschließenden Gefäßes begeben,

---

[1] Annalen der Physik, 1887, XXXI, S. 448.

wo sie durch eine Glycerinschicht festgehalten werden können. In dieser Weise konnte ein abgeschlossener Raum durch Elektrisiren staubfrei gemacht werden.

Die Frage, ob die Luft als solche mit geladen werde oder nicht, war somit noch nicht gelöst. Denn während einerseits beobachtet war, daß in einem durch Elektrisirung möglichst staubfrei gemachten Raume durch einen elektrisch glühenden Platindraht der Luft eine Ladung gegeben werden kann, so lagen doch andererseits Erfahrungen vor, welche zeigten, wie schwierig es ist, ganz staubfreie Luft zu erhalten.

In einer Glasglocke, deren Inneres luftdicht abgeschlossen war, konnte eine Ladung der eingeschlossenen Luft mittels fallender Quecksilbertropfen zu jeder beliebigen Zeit gemessen werden. Zum Zwecke der Zuführung der Elektricität ragte in den Raum ein metallischer Spitzenapparat und ein zwischen zwei Elektroden eingeklemmter Platindraht, der elektrisch glühend gemacht werden konnte; die den Spitzen zugeführte Elektricität konnte man durch ein Funkenmikrometer messen; unter die Glocke konnte mittels eines Blasebalges entweder frische Luft oder durch Baumwolle filtrirte eingeführt werden.

Die Versuche mit diesem Apparate lehrten, daß nach Einführung frischer Luft die Ladung von den Spitzen aus sehr bald einen sehr hohen Grad erreichte, dann aber bei weiterer Elektrisirung abnahm und auf ein Minimum sank. Die staubhaltige Luft wurde nämlich schnell maximal elektrisirt, durch die Elektrisirung wurde die Luft staubfrei und damit sank ihre Elektrisirbarkeit auf ein Minimum. Wenn man nun den Platindraht ins Glühen brachte, wurde die Luft wieder ladungsfähig; aber diese Ladungsfähigkeit nahm mit der Zeit, die seit dem Glühen des Platindrahtes verstrich, wieder ab und sank wieder auf

10

ein Minimum. Diese Abnahme der Ladungsfähigkeit
zeigte darauf hin, daß es sich bei dem Einflusse der glühen=
den Drähte sehr wahrscheinlich um ein Beladen der Luft
mit kleinen, festen, von den glühenden Drähten abgeschleu=
derten Partikeln handle, die wie der Staub wirkten, was
durch direkte Versuche bestätigt wurde. Denn dieses Ab=
schleudern wurde sowohl durch den Gewichtsverlust der
Drähte beim Glühen, wie auch durch den Beschlag der
Glaswände mit Metallpartikelchen bewiesen.

Nach diesen Versuchen hält Nahrwold es für sehr
wahrscheinlich, daß reine atmosphärische Luft (die von
festem und flüssigem Staube ganz frei ist), und ver=
muthlich auch andere Gase, nicht statisch elektrisirt wer=
den kann.

Über die Elektricitätsentwicklung durch Rei=
bung bei seinen Wassertröpfchen haben Jul. Elster
und Hans Geitel[1]) eine Arbeit veröffentlicht. Sie be=
zeichnen die übliche Methode, einen Strom feuchter Luft
unter Druck gegen isolirte feste Körper zu leiten, als eine
sehr zweifelhafte, indem sie nachweisen, daß dabei ver=
schiedene Wirkungen durcheinander laufen. Selbstver=
ständlich suchten die Verfasser in ihren eigenen Versuchen
die Fehlerquellen zu vermeiden. Unter den Körpern ge=
wöhnlicher Temperatur, die im Wasserstaub eines Zer=
stäubers deutliche Elektrisirung zeigen, stehen oben an die
Blätter gewisser Pflanzen, die durch Ausscheidung von
Wachs an ihrer Oberfläche einen von Wasser nicht be=
netzbaren Überzug herstellen. In ausgezeichneter Weise
wirken z. B. die Blätter sämmtlicher Tulpenarten, über=
haupt junge Blätter verschiedener Pflanzenspecies. Führt
man ein solches mit dem Goldblattelektroskop leitend ver=

---

[1]) Annalen der Physik, 1887, XXXII.

bundenes Blatt in die Wasserstaubwolke des Zerstäubers
ein (etwa 4—6 cm weit von der Öffnung), sodaß die
Tröpfchen rasch über dasselbe hinweggleiten, so fahren die
Goldblättchen energisch auseinander. Die Elektricität
erweist sich als negativ. Leitet man das Blatt zur Erde
ab und fängt die von ihm reflektirten Tröpfchen mittels
einer isolirten, mit dem Elektroskop verbundenen Metallplatte auf, so erhält man eine positive Ladung.

In dem Maße, als der Wachsüberzug durch die gleitenden Tropfen entfernt wird, läßt die Erregung nach
und verschwindet (am Goldblattelektroskop beobachtet), sobald das Blatt vollständig benetzt wird. Alle von Wasser
nicht benetzten Blätter, die wir auf ihr Verhalten untersuchten, selbst solche, bei denen das Auge einen Überzug
nicht wahrnimmt, zeigen diese Elektrisirung, sodaß dieselbe
als Reagenz auf diese oberflächlichen Wachsausscheidungen
dienen könnte.

Ähnliche Wirkungen erhält man auch mit künstlichen
Wachsflächen. Überzieht man eine etwa handgroße Kupferplatte mit einer circa 1—2 mm dicken Schicht reinen
Wachses, so läßt sich auch mit einer solchen Patte der
obige Versuch mit gleichem Erfolge wiederholen, nur sind
die Ladungen nicht ganz so stark, und die Platte verliert
schneller ihre Wirksamkeit, indem Benetzung eintritt; sie
läßt sich dann dadurch, daß man sie in einer Flamme
ihres Wassergehaltes durch Erhitzung beraubt, wieder
tauglich machen. Auch Überzüge von Schellack und Schwefel
wirken analog, nur schwächer; Überzüge von Fett zeigen
sich zuweilen wirksam, zuweilen versagen sie aber auch
ganz, je nach dem Grade ihrer Benetzbarkeit. In allen
diesen Fällen wird das Wasser positiv, die geriebenen
Körper negativ elektrisch.

Die hohen Spannungen, zu denen sich eine mit Wachs

10*

überzogene Patte bei den oben beschriebenen Versuchen
lud, legten die Vermuthung nahe, daß eine solche Fläche
auch durch einzelne, über dieselbe hingleitende Tropfen
reinen Wassers eine meßbare Elektrisirung erfahren würde.
In der That ist ein feiner Wasserstrahl im Stande, eine
Wachs-, resp. Schellackplatte bis zu Potentialen zu laden,
die nahe an 600 Daniell hinanreichen.

Befestigt man an dem Knopfe eines Goldblattelektro-
skopes eine Spirale aus dickem Kupferdrahte, erhitzt dieselbe durch eine darunter gestellte Flamme bis zur Rothgluth, entfernt die Flamme und richtet die Mündung des
Zerstäubers gegen das heiße Metall, so nimmt dasselbe
sofort eine negative Ladung E von ca. 800 D an. Andere Flüssigkeiten, namentlich Alkohol und Äther, zeigen
dieselbe Erscheinung in weit stärkerem Maßstabe. Verwendet man statt Wasser unter annähernd gleichen Versuchsbedingungen diese Flüssigkeiten, so ergiebt sich für
Alkohol: E — 1135 D und für Äther: E — 1980 D, bei
letzterem drohen die Goldblättchen häufig zu zerreißen.
Auch hier ist die Ladung der Kupferspirale stets eine
negative. Die Elektrisirung des Metalles wird um so
energischer, je heißer dasselbe ist.

An einem eisernen Stativ wurde ein mit feiner, ver-
tikal nach unten gerichteter Ausflußöffnung versehenes
Gefäß befestigt; unter demselben befand sich ein Löthkolben,
der bis zur Temperatur des schmelzenden Bleis erhitzt
und leitend mit dem Tropfgefäß verbunden wurde, während die ganze Vorrichtung auf einem Isolirschemel stand.
Da Tropfgefäß und Auffangeplatte hier metallisch verbunden sind, so war jede Influenzwirkung auf die fallenden Tropfen ausgeschlossen. Solange der Löthkolben nicht
erhitzt war, zeigte das Elektrometer selbst bei ziemlich
rascher Aufeinanderfolge der Tropfen auch nicht eine Spur

elektrischer Ladung an, obwohl die Tropfen vom Löthkolben herab frei zur Erde fielen. Nachdem der Kolben
bis zum Schmelzpunkt des Bleis erhitzt war, wurde die
Flamme entfernt und der Tropfenfall eingeleitet. Es
zeigte sich sofort eine starke negative Elektrisirung des
Kolbens, die mit Spiegel und Skala nicht mehr zu messen
war und daher mindestens 10 Daniell betrug. Die Erregung dauerte noch beim Schmelzpunkte des Zinns an,
wurde aber mit zunehmender Abkühlung schwächer und
schwächer, während zugleich die Dampfbildung bei jedem
einzelnen Tropfen zunahm. Löſten ſich die Tropfen energisch in Dampf auf, so wechselte die Ladung des Kolbens
ihr Zeichen; er zeigte jetzt eine positive Ladung von ca.
5 Daniell. Mit weiter finkender Temperatur wurde auch
diese Erregung immer schwächer und schwächer und erlosch,
wenn vollkommene Benetzung eintrat. Die Temperatur
des Kolbens war dann soweit gesunken, daß Schwefel eben
noch geschmolzen wurde, betrug also ca. 112° C.

Die Temperatur, bei welcher der Zeichenwechsel der
elektrischen Erregung eintritt, wird vermuthlich unterhalb
180° liegen, sie fällt wahrscheinlich mit derjenigen zusammen, bei der die Bildung des Leydenfrost'schen Tropfens
beginnt. Diese Vermuthung wird dadurch bestätigt, daß
die Umstände, welche das Auftreten des Leydenfrost'schen
Tropfens begünstigen oder hemmen, auch begünstigend
oder hemmend auf die negative Elektrisirung der Unterlage wirken. Eine dem Tropfenfall ausgesetzte rauhe
Oberfläche (eine Feile) giebt schon bei relativ hoher Temperatur positive Werthe. Wird die glatte Metallfläche
des Löthkolbens durch große Tropfen schon positiv erregt,
so wird sie wiederum negativ, wenn man den feinen
Strahl eines Zerstäubers, dessen Tropfen leichter reflektirt

werden und der Kontaktstelle weniger Wärme entziehen, darauf richtet.

Es ergiebt sich also, daß folange die Temperatur des Metalles unter 100° liegt, keine deutlich nachweisbare Elektricitätserregung durch die fallenden Wassertropfen stattfindet. Bei zunehmender Temperatur tritt eine erst allmählich zunehmende, dann abnehmende positive Erregung ein bis zu einer noch unter 180° C. gelegenen Temperatur. Über 180° C. findet bei glatter Oberfläche keine Benetzung mehr statt, und das Metall wird negativ elektrisch, und zwar wächst die Ladung schnell mit der Temperatur und ist jedenfalls bei weitem kräftiger, als die voraufgehende positive. Man könnte durch die zwischen 100 und 180° gefundene positive Elektrisirung des Metalles die schon häufig ausgesprochene Vermuthung bestätigt finden, daß durch die Verdampfung an sich Elektricität entwickelt werde. Brachte man ein Kupferblech isolirt in der Nähe des verdampfenden Tropfens an, und zwar so, daß es von dem bei der heftigen Verdampfung stets herumgeschleuderten äußerst feinen Wasserstaube getroffen wurde, so zeigte sich eine wenn auch sehr schwache negative Elektrisirung desselben, ein Hinweis darauf, daß man es auch hier wohl nur mit Reibungsvorgängen zu thun hat.

Tritt der Leydenfrost'sche Tropfen ein, so ist in jedem Falle das reflektirte Wasser stark positiv elektrisch. Bläst man mittels eines Zerstäubers Wasserstaub durch ein 3 cm langes und 1 cm weites, stark erhitztes Messingrohr (man führt dasselbe zweckmäßig durch einen Metallschirm und hält es durch eine Gebläseflamme auf hoher Temperatur), so giebt eine in passender Entfernung von der Röhre hinter dem Schirme aufgestellte isolirte Metallscheibe Fünkchen bis zu 1 mm Länge. Eine Flüssigkeit wie

Äther, deren Siedepunkt niedrig liegt, elektrisirt Körper von 30 bis 40° C. Temperatur bereits negativ, während kältere Körper positiv elektrisch werden. Alkohol giebt bei hohen Temperaturen sehr starke negative Werthe; ein Zeichenwechsel beim Sinken derselben ist nicht beobachtet worden.

Als Resultate zusammen ergiebt sich Folgendes:

1. Richtet man den Strahl eines Zerstäubers gegen einen festen, von Wasser benetzten Körper, so ist eine etwa beobachtete Elektrisirung desselben nicht ohne weiteres einer Reibung an seiner Oberfläche zuzuschreiben. Es wiegen bei dieser Versuchsanordnung die Influenzwirkungen selbst sehr kleiner elektrischer Spannungen in der Umgebung vor. Selbst in dem Falle, daß die Tröpfchen die Mündung des Zerstäubers unelektrisch verlassen, muß sich die Auffangeplatte durch Influenz auf die von ihr abfliegenden Tröpfchen immer bis zum Potential der Umgebung laden.

Hieraus folgt, daß Versuche über Elektricitätserregung durch Tröpfchenreibung mit der größten Vorsicht aufzunehmen sind, wenn nicht geeignete Maßregeln getroffen wurden, die durch Influenz hervorgebrachten elektromotorischen Kräfte zu eliminiren oder den Betrag der durch sie hervorgerufenen Störung zu schätzen, ein Problem, das völlig zu lösen uns bislang nicht gelungen ist.

2. An etlichen Körpern, an welchen keine Benetzung stattfindet, überwiegt nachweislich die Elektricitätserregung durch Reibung die durch Influenz so bedeutend, daß der Einfluß der letzteren in den meisten Fällen unberücksichtigt bleiben kann. Zu diesen Körpern gehören solche, deren Oberfläche mit Wachs, Schellack, Schwefel oder Fett überzogen sind. Besonders wirksam zeigten sich die Blätter gewisser Pflanzenarten. Wie der Strahl eines Zer-

stäubers wirkt auch ein in Tropfen sich auflösender Wasserstrahl.

3. Überzieht man Metallplatten mit nicht benetzbaren Körpern, so läßt sich auch dadurch eine kräftige Elektrisirung derselben herbeiführen, daß man einen äußerst feinen Wasserstrahl so über dieselben hingleiten läßt, daß die Auflösungsstelle sich über oder auf der Platte befindet. Hier tritt allerdings auch eine Tropfensammlerwirkung ein, doch mißt dieselbe nur das Potential der durch Wasserreibung elektrisirten Platte. Zum Gelingen dieser Versuche ist erforderlich, daß die elektrisirte Schicht vorzüglich isolirt. Wenn dies nicht der Fall, wie z. B. bei den Pflanzenblättern, so findet eine Elektrisirung derselben nur im diskontinuirlichen Theile des Strahles statt. In allen den unter 2. und 3. angegebenen Fällen wird der geriebene Körper negativ, das Wasser also positiv elektrisch.

4. Auch Körper von so hoher Temperatur, daß sich auf ihnen der Leydenfrost'sche Tropfen bildet, können durch Tröpfchenreibung lebhaft elektrisirt werden. Alle Umstände, welche das Eintreten des sphäroidalen Zustandes der Flüssigkeit begünstigen, bewirken eine Steigerung der elektromotorischen Kraft an der Berührungsfläche von festen Körpern und Flüssigkeitstheilchen. Dabei ist für Wasser die Elektrisirung des heißen Körpers eine negative; mit Aufhören des sphäroidalen Zustandes eine positive, und unter 110 bis 100° findet keine deutlich erkennbare Elektricitätsentwickelung mehr statt. Analog verhält sich Äther, der bei gewöhnlicher Temperatur den geriebenen Körper positiv, bei höherer negativ elektrisirt. Bei Alkohol findet ein derartiger Wechsel im Vorzeichen der Ladung nicht statt.

Rob. v. Helmholtz[1]) berichtet über Versuche mit einem Dampfstrahl. Läßt man aus einer engen Öffnung einen Dampfstrahl ausströmen und betrachtet denselben gegen einen dunklen Hintergrund, so zeigt er das bekannte, indifferent grauweiße, mehr oder weniger undeutliche Aussehen. Wenn man nun dem Anfange des Strahls eine metallische Spitze nähert, welche mit einem Pole einer Influenzmaschine verbunden ist, so ändert sich, sobald Elektricität auszuströmen beginnt, das Aussehen des Strahls sehr auffallend; er wird heller, deutlicher und nimmt mehr oder weniger intensive Färbungen an, welche an die Diffraktionsfarben der Nebelschichten erinnern und den Schluß nahe legen, daß die elektrischen Kräfte die Kondensation beschleunigen. Ist die Menge der ausströmenden Elektricität sehr groß, so wird der Strahl bläulich oder azurblau wie der Himmel; läßt der Strom der Elektricität allmählich nach, so wird das Blau immer weißlicher, dann treten unter Umständen purpurne, rothe, später gelbe, grüne und endlich bei ganz schwacher Wirkung wieder blaßblaue Farbentöne von höherer Ordnung auf. Diese Farben treten auch gleichzeitig im Strahl auf, und zwar so, daß die Farben von unten nach oben langwelliger werden, was auf den Zusammenhang der Farben mit der Größe der Tropfen hinweist.

Es kommt bei diesem Phänomen nicht auf das Potential, sondern auf die Dichte der ausströmenden Elektricität an; eine geladene Kugel übte keine Wirkung, es sei denn, daß ein daranhängendes Haar oder ein Wassertröpfchen als Spitze wirkte. Ferner veranlaßte jeder der Kugel abgezogene Funke ein plötzliches Aufflammen des Strahls.

---

[1]) Annalen der Physik 1887. XXXII, S. 1.

Ein zwischen Spitze und Dampfstrahl gehaltener Schirm hinderte die Wirkung und warf gleichsam einen elektrischen Schatten auf den Strahl; folglich muß es jedenfalls etwas geradlinig und zwar mit großer Geschwindigkeit Fortgeschleudertes sein, was hier auf den Strahl wirkt.

Bei Versuchen in einem abgeschlossenen Raume, in welchem durch Ausdehnung feuchter Luft Nebelbildung veranlaßt worden war, zeigte sich sofort nach dem Beginne der Elektrisirung um die Spitze herum ein nebelfreier Raum und niemals wurde eine Verdichtung des Nebels beobachtet. Ozon erwies sich gleichfalls nicht als Nebelbildner; hingegen war ein glühender Platindraht im höchsten Maße wirksam. Selbst 1/2 m von dem Dampfstrahl entfernt, erzeugte er deutliche Farbenänderung. Hierbei war der glühende Platindraht sicherlich nur als Staubbildner wirksam und es war gleichgültig, ob das Glühen durch den elektrischen Strom oder mittels einer Flamme erzeugt wurde. Die Elektrisirung eines glühenden Drahtes hatte hierbei nur die Wirkung, die gebildeten Staubtheilchen abzuschleudern, denn es konnten auch Silber, Eisen, Kupfer, Messing und Glas durch Erhitzen mittels Flammen so wirksam werden, daß sie den Dampfstrahl färbten.

Da auch die Flammen als Nebelbildner bekannt sind, so lag es nahe, auch deren Einfluß zu prüfen. Sie waren im Allgemeinen sehr wirksam und ihre Wirkung steigerte sich noch, wenn die Flamme elektrisirt wurde. Dies gilt von der gewöhnlichen Gasflamme, der Kohlenoxyd-, Wasserstoff-, Petroleum-, Stearin- und Terpentinflamme; hingegen nicht von ganz rein brennenden Äthylalkohol- oder Äthylätherflammen. Diese Differenz zwischen Alkohol- und Wasserstoff-Flamme, der Umstand ferner, daß rußende Flammen nicht nur nicht besser, sondern fogar noch fchlechter wirkten als nicht rußende, wiesen aber darauf hin, daß für die Wirkung der Flammen die Staubhypothefe nicht genüge, daß hingegen die Temperatur der Flamme einen größeren Einfluß auszuüben fcheine.

Eine andere Deutung aber beanfprucht die Beobachtung, daß ein glühendes Platinneß, das in einem Strom nicht brennenden Leuchtgafes glühend bleibt, auch dann auf den Dampffftrahl färbend einwirkte, wenn ihm Stellen genähert wurden, welche ganz dunkel waren und das Gas nicht mehr entzündeten; der Dampffftrahl wurde von dem „katalyfirten“ Gafe ganz ebenfo gefärbt, wie von den leuchtend verbrannten Gasftrahlen. Vielleicht gehört in diefelbe Kategorie die Wirkung chemifcher Subftanzen, und zwar ftark koncentrirter Schwefelfäure in der Nähe des Strahles, und von Ammoniumfalzen, die fich erft im Strahle felbft bilden, während außerhalb des Strahls gebildeter Salmiaknebel unwirkfam war.

Die Frage, ob Dampf, der aus einer elektrifirten Flüffigkeit auffteigt, Elektricität mit fich führt (Konvektion) oder nicht, ift verfchieden beantwortet worden. Blacke z. B. hat nur negative Refultate erhalten, während Exner eine folche Konvektion wenigftens für Alkohol und Äther experimentell nachgewiefen haben will. Ernft Lecher[1] hat nun den Gegenftand wieder neu aufgegriffen und gefunden, daß das rafchere Verdampfen einer elektrifirten Flüffigkeit, welches von Exner als Beweis für die Konvektion der Elektricität durch den Dampf angeführt worden war, in diefem Sinne nicht gedeutet werden könne, fondern vielmehr nur die Folge des elektrifchen Windes fei.

---

[1] Sißungsber. der Wiener Akad. II. Abth. 1897, XCVI, S. 103.

Andererseits gelang es dennoch, die Elektrisirung des Dampfes direkt nachzuweisen: Ein Thomson'sches Elektrometer, dessen Quadrantenpaare mit je +5 resp. —5 Volt dauernd geladen waren, wurde mit einer 2 m entfernten, möglichst frei im Zimmer stehenden, isolirten Kugel verbunden. Dieser Kugel stand in 2 bis 3 m Entfernung eine zweite, gut isolirte Kugel gegenüber, welche mittels einer Influenzmaschine bis zum Potential von 25 000 Volt geladen werden konnte. Während der Ladung der letzteren war die Lemniskate des Elektrometers und die Kugel I zur Erde abgeleitet; unterbrach man dann die Erdleitung, und waren die Apparate genügend elektrisirt, so blieb das Elektrometer absolut in Ruhe, aber nur, wenn Kugel I vollständig trocken war. Befand sich aber auf der Kugel II ein Wassertropfen, so gab das Elektrometer nach Aufhebung der Erdleitung einen beträchtlichen Ausschlag, der nur dadurch erklärt werden kann, daß der aufsteigende Wasserdampf elektrisch war.

Statt der Kugel Nr. II wurden auch Halbkugeln angewendet, welche mit Wasser, Alkohol oder Äther gefüllt werden konnten, und dieselbe Erscheinung in ausgezeichneter Weise zeigten. Auch ein Gemisch von fester Kohlensäure und Äther gab ein sehr auffallendes Resultat.

In einem Versuche wurde die Kugel I nicht zur Erde abgeleitet, sondern nur durch ein abgeleitetes Metallnetz gegen Influenzwirkung geschützt; die feuchte Kugel II wurde alsdann eine Zeit lang elektrisirt, dann zur Erde abgeleitet und nun das schützende Metallnetz entfernt. Ein Elektrometerausschlag zeigte auch jetzt noch das Vorhandensein einer influenzirenden Dampfwolke an, welche sich erst allmählich zerstreute.

Verschiedene Versuche ergaben, daß eine sichtbare Wirkung nur bei sehr großer Dichte der Elektricität eintrat und daß auch dann noch die durch den Dampf mitgeführte Elektricitätsmenge eine sehr geringe war. Jedenfalls hält es Lecher für erwiesen, daß man durch starkes Elektrisiren einer Flüssigkeitsoberfläche eine durch längere Zeit frei schwebende, elektrisirte Dampfwolke bilden und deren Influenzwirkung nachweisen kann.

E. Bichat[1]) giebt Mittheilungen über das elektrische Flugrad und den elektrischen Verlust durch Konvektion. Alle bisherigen Versuche, das elektrische Flugrad als Meßinstrument zu benutzen, sind fehlgeschlagen, weil während des Ausströmens der Elektricität aus den Spitzen diese verändert werden. Bichat hat nun ein neues Instrument ohne Spitzen konstruirt, in dem dennoch die Bedingung für das Abfließen der Elektricität, daß nämlich die Krümmung des Leiters sehr schnell zunehme, vorhanden ist durch Benutzung eines dünnen Metalldrahtes in der Nähe eines leitenden Cylinders.

Ein rechteckiger Rahmen von 35 cm Länge und 8 cm Breite aus hohlen Metallröhren von 0·25 cm Durchmesser hängt an einem Torsionsfaden aus Neusilber von 86 cm Länge und 2 mm Durchmesser an einem isolirten Träger. Parallel zu den Längsseiten des Rahmens sind zwei sehr feine Metalldrähte zwischen Klemmen ausgespannt, die senkrecht zur Ebene des Rechteckes von diesem nach entgegengesetzten Seiten abgehen und 2 cm lang sind. An der unteren Schmalseite des Rahmens ist ein Stab befestigt, der unten zwei in Schwefelsäure tauchende Glimmerplättchen zur Dämpfung der Schwankungen und in der Mitte einen Spiegel zur Beobachtung der Drehungen des Rahmens trägt.

Wird dieser Apparat mit dem Konduktor einer Elektri-

---

[1]) Annales de Chim. et Phys. 1887; Ser. 6, XII, p. 64.

firmaschine verbunden, so nimmt er bald ein Potential
an, bei welchem die Elektricität aus den Drähten in Ge=
stalt von Büscheln entweicht und gleichzeitig der Rahmen
sich um den Aufhängedraht dreht. Bei den Messungen
ergab sich als Mittelwerth des Potentials, bei welchem
die Drehung anfing, 69·1 CGS, wenn der Draht aus
Platin bestand und 0·00501 cm Durchmesser hatte und
der Apparat positiv geladen war; bei negativer Ladung
war das Potential unter gleichen Bedingungen 63·2, doch
waren die Schwankungen bei negativer Elektrisirung größer
als bei positiver.

In Versuchen mit anderen gleich dicken Drähten sand
er, daß das Potential der beginnenden Bewegung bei
allen benutzten Drähten dasselbe blieb, wenn die Elektri=
sirung eine positive war. War hingegen der Apparat
negativ elektrisirt, so gaben Gold und Silber dieselben
Werthe, wie das Platin; Eisen, Nickel und Aluminium
hingegen gaben zuerst ein geringeres Potential, das aber
mit der Zeit zunahm und schließlich demjenigen gleich
wurde, welches die schwer veränderlichen Metalle gegeben
hatten. Wahrscheinlich hängt die Änderung des Potentials
davon ab, daß diese Metalle sich unter dem Einflusse
der Büschelentladung in Luft mit einer dünnen Oxyd-
schicht bedeckten. Waren diese Drähte gleich mit einer
Oxydhaut versehen, so gaben sie sofort die höheren Werthe.

Der Durchmesser des Drahtes hatte einen bedeutenden
Einfluß. Das Potential der beginnenden Drehung nahm
ab mit Veränderung des Durchmessers; bei 0·00206 cm
Durchmesser war das Potential bei positiver Ladung 38·4.
Die Temperatur des Drahtes, welche bei 14⁰, bei sehr
dunkler, dunkler, heller Rothgluth und bei Weißgluth unter=
sucht wurde, hatte gleichfalls großen Einfluß auf das
Entweichen der Elektricität; der Potentialwerth sank sehr

schnell bei steigender Temperatur; bei Weißgluth erfolgte der Elektricitätsverlust durch Konvektion schon bei dem Potential 4·3 CGS.

Um den Einfluß des umgebenden Gases auf das Entweichen der Elektricität zu untersuchen, stellte sich Bichat einen anderen Apparat her, bei dem das Abfließen der Elektricität gleichfalls von einem dünnen Metalldrahte erfolgte. Er fand dabei, daß das Quadrat des Potentials zunahm, wenn das Ausströmen der Reihe nach stattfand in Wasserstoff, Luft, Kohlensäure, und daß in allen Gasen dieser Werth bei positiver Elektrisirung größer war als bei negativer.

Zur Prüfung der Frage, ob sich Metallspitzen erwärmen, während sie Elektricität ausfließen lassen, stellte sich E. Semmola[1] eine konische Metallspitze her, die zur Hälfte aus Antimon, zur Hälfte aus Wismuth bestand; an der äußersten Spitze des Kegels waren die beiden Metalle an einander gelöthet, weiterhin aber durch eine Ebonitplatte isolirt; die Antimonhälfte ruhte mit ihrer Basis auf einem Metallstück, welches die zu entladende Elektricität der Spitze zuleitete, die Wismuthhälfte hingegen war an der Basis isolirt; etwa in der Mitte des Kegels trug ein isolirender, den Kegel umschließender Ring zwei Schrauben, von denen die eine die Antimonhälfte, die andere die Wismuthhälfte mit dem Galvanometer verband. Stellte man diese Spitze auf den Konduktor einer Elektrisirmaschine und drehte die Scheibe, so zeigte die Galvanometernadel eine Ablenkung um mehrere Grade; vertauschte man dann die Verbindungen der Kegelhälften mit dem Galvanometer, so erfolgte der Ausschlag des Galvanometers in entgegengesetzter Richtung.

---

[1] Rendiconti dell' Accad. di Napoli, 1887, Ser. 2. I, p. 63.

Hierdurch war deutlich erwiesen, daß die Antimon-Wismuth-Spitze während der Elektricitäts-Entladung sich erwärmte und einen thermo-elektrischen Strom erzeugte. Die Richtigkeit dieses Schlusses wurde durch Kontrolversuche mit einer Spitze aus einem einzigen Metall bewiesen, indem nun die Galvanometernadel nicht abgelenkt wurde.

Semmola hat weiter feststellen können, daß einige Umstände auf diese Wärmeentwickelung modificirend wirken. So wurde bei zunehmendem Abstand der Spitze von dem zweiten Konduktor der Maschine die Erwärmung immer geringer, die Ablenkung der Galvanometernadel immer kleiner; wenn man hingegen die Konduktoren einander näherte, wuchs die Ablenkung, so daß bei einem Abstande von 1 cm die Ablenkung 30 bis 40 Grade betrug, wenn die Spitze negativ war. Wenn man andererseits die Konduktoren einander soweit näherte, daß die Entladung selbst bei Tageslicht als kontinuirlicher feiner Funken sichtbar war, dann nahm die Ablenkung der Nadel bedeutend ab und betrug nur mehr sehr wenige Grade, wenn die Konduktoren einige Millimeter von einander abstanden.

Die Erwärmung der Spitze war auch verschieden, je nachdem sie positiv oder negativ elektrisirt gewesen; die Wärme war bedeutender bei der Entladung negativer Elektricität, als bei der Entladung positiver.

Semmola schlägt vor, die thermoelektrische Entladungsspitze als geeignetes Mittel zum Studium der Luftelektricität zu benutzen. Auf die Spitze der Blitzableiter gesetzt, würde sie durch ihre Erwärmung und die thermoelektrische Galvanometerablenkung anzeigen, ob und in welchem Maße ein Abfluß der Erdelektricität in die Luft oder eine umgekehrte Elektricitätsbewegung stattfinde.

Neue Untersuchungen von Jul. Elster und Hans Geitel[1]) betreffen die Elektrisirung von Gasen durch glühende Körper. In der Einleitung heißt es: „In einer 1883 veröffentlichten Mittheilung haben wir nachgewiesen, daß jeder glühende Körper die Eigenschaft hat, in seine Nähe gebrachte Leiter positiv zu elektrisiren, während er selbst eine gleich große negative Ladung annimmt. Gegen diese Versuche sind von G. Wiedemann in seinem geschätzten Lehrbuche der Elektricität Bedenken erhoben worden, derart, daß die von uns beobachtete Erscheinung vielleicht durch den in der Luft schwebenden Staub verursacht worden sei. Der gleiche Einwand ist vor Kurzem auch von Sohncke gemacht worden.

Diese Einwände sowie spätere Erwägungen veranlaßten uns, unsere Versuche von neuem aufzunehmen. Die Resultate dieser Untersuchung dürften von gewissem Interesse sein, da wir nicht nur unsere früheren Erfahrungen bestätigt fanden, sondern auch zu einigen neuen geführt wurden, die sehr auffälliger Natur sind.“

Die Versuche über den Einfluß des in der Luft schwebenden Staubes, über welche das Nähere im Originale nachzusehen ist, ergaben, daß etwa mit der Luft in den Zinkkasten eingeführter Staub die Ursache der von uns aufgefundenen elektrischen Erregung nicht sein kann. Führt man in die Apparate künstlich Staub ein, so erhält man sehr schwankende Resultate. In solchen Räumen überzieht sich nämlich die Luftelektrode mit Anflügen, die in der verschiedensten Weise elektromotorisch wirken können. Außerdem ist es unmöglich, stark staubige Luft ohne eine Elektrisirung der Staubpartikelchen durch Reibung an den Wänden der Zuleitungsröhren einzuleiten.

---

[1]) Annalen der Physik 1887, XXXI.

Schon 1885 haben die Verfasser Guthrie's Beobach=
tung, daß glühende Körper einen negativ elektrischen Körper
leichter entladen, als einen positiv elektrischen durch die
von dem glühenden Körper veranlaßte Elektrisirung der
Luft, also durch das Auftreten der bislang mit e bezeich=
neten elektromotorischen Kraft erklärt. Galvanisch glühende
Drähte zeigen nun das unipolare Verhalten in ganz
auffallender Weise. Theilt man nämlich dem über dem
glühenden Drahte angebrachten Draht CD eine positive
Ladung dadurch mit, daß man mit ihm den positiven Pol
einer aus 100 Plattenpaaren bestehenden Zamboni'schen
Säule momentan in Verbindung bringt, so verschwindet
sofort die Skala aus dem Gesichtsfelde des Fernrohres,
und zwar wird die Nadel dauernd um einen ganz be=
deutenden Winkel abgelenkt. Verbindet man dagegen CD
momentan mit dem negativen Pol der Säule, so erfährt
die Nadel zwar auch eine Ablenkung, kehrt aber sofort
in ihre frühere Einstellung zurück.

Verfasser haben auch das Verhalten glühender Drähte
in möglichst evakuirten Räumen untersucht, in Räumen,
wie sie Crookes zur Anstellung seiner bekannten Versuche
verwandt hat. Man darf wohl annehmen, daß in Medien
von so geringer Dichtigkeit ein primäres — dem Glühen
vorangehendes — Vorhandensein von Staub ausge=
schlossen ist.

Es ergab sich nun das in hohem Grade überraschende
Resultat, daß der glühende Draht ebenso kräftig elektro=
motorisch wirkt, als befände er sich im lufterfüllten Raume.

Hierdurch ist wohl bewiesen, daß die positive Elektri=
sirung einer einem glühenden Körper genäherten Elektrode
unabhängig ist von etwaigen in dem umgebenden Medium
enthaltenen Staubpartikelchen. Zugleich liegt in An=
betracht der geringen Dichtigkeit der Luft in diesem Raume

die Annahme nahe, daß im Vakuum die von einem glühenden Körper abgeschleuderten Theilchen die Träger der positiven Elektricität sind. Im lufterfüllten Raume werden die Metalltheilchen vornehmlich in der Richtung des aufsteigenden Luftstromes mitgeführt; im Crookes'schen Vakuum muß jedoch ein derartiges Abfliegen elektrisirter Theilchen nach allen Richtungen gleichmäßig erfolgen. In der That zeigt das Experiment, daß es hier gleichgültig ist, ob der glühende Draht sich über oder unter der Platte befindet; die sich für e ergebenden Werthe sind nahezu identisch. Im lufterfüllten Raume ladet sich die Luftelektrode verschieden, je nach ihrer Stellung zum glühenden Drahte.

Es sei noch bemerkt, daß schon nach ganz kurzem Glühen die Platinplatte einen starken metallischen Anflug zeigte; ein direkter Beweis dafür, daß in der That eine Überführung materieller Theilchen von dem glühenden zum nicht glühenden Körper stattgefunden hat.

Nach Guthrie zeigt der weißglühende Bogen einer Maxim'schen Lampe kein unipolares Verhalten. Der gelbglühende Draht in dem Crookes'schen Vakuum unseres Apparates zeigt das unipolare Verhalten sehr ausgesprochen, ebenso als ob sich derselbe in Luft befände.

Aus früheren Versuchen und aus diesen Versuchen im Crookes'schen Vakuum könnte man folgern, daß die auftretende elektromotorische Kraft überhaupt von der Natur des Gases, in welchem der Körper glüht, unabhängig sei, daß vielleicht die Gastheilchen gar nicht elektrisirt werden, sondern nur die abfliegenden, festen Partikelchen des glühenden Metalles. Es scheint uns deshalb von Bedeutung, daß ein Gas in seinem Verhalten von der Luft wesentlich abweicht, nämlich Wasserstoff.

Füllt man den Apparat mit reinem, filtrirtem und

getrocknetem Wasserstoff, so zeigt sich bei schwacher Rothgluth des Drahtes AB eine geringe positive Ladung des
darüberliegenden Drahtes CD, die, sobald man den Draht
AB stärker glühen läßt, immer mehr schwindet, und bei
heller Gelbgluth durch Anwendung von vier großen
Bunsen'schen Elementen in die entgegengesetzte Ladung
übergeht. Der glühende Draht ist hier also positiv, das
Gas negativ elektrisch.

Hierdurch ist erwiesen, daß Wasserstoff im Kontakt mit
fast weißglühendem Platin negativ elektrisch wird.

In diesem Verhalten des Wasserstoffs liegt ein Prüfstein der Theorie hinsichtlich der scheinbaren unipolaren
Leitung der Gase. Da hier die Gaspartikelchen negativ
elektrisch sind, so werden sie, falls man den Draht CD
positiv elektrisirt, von diesem angezogen und vernichten
so die positive Ladung. Elektrisirt man dagegen CD
negativ, so werden die Gastheilchen von diesem Drahte
fortgeblasen, d. h. CD bewahrt nahezu seine volle Ladung.

Diese Folgerung hat sich bestätigt: Wasserstoff in
Kontakt mit glühendem Platin verhält sich seiner unipolaren Leitungsfähigkeit nach gerade entgegengesetzt, wie
erhitzte Luft, verhält sich also in dieser Beziehung wie das
Innere der Flamme. Je nachdem also die spontane
Elektrisirung der umhüllenden Gasschicht positiv oder negativ ist, ist das Leitungsvermögen derselben scheinbar
negativ oder positiv unipolar.

Nach diesen Versuchen scheint es zweifellos, daß die
Natur des Gases die Erscheinung wesentlich mit bedingt.

Die Ergebnisse werden in folgender Weise zusammengefaßt: Die Erscheinung, daß isolirte Leiter in der Nähe
eines glühenden Körpers sich elektrisch laden, tritt auch in
Gasen auf, die mittels Filtration durch Glycerinwatte
nach Möglichkeit staubfrei gemacht sind. Sie bleibt be-

stehen bei Verminderung des Druckes bis zu der in
Crookes'schen Vakuumröhren herrschenden äußersten Verdünnung der Gase. Die Elektrisirung ist positiv für
Rothgluth und alle darüber liegenden Temperaturen in
den bis jetzt untersuchten Gasen mit Ausnahme von
Wasserstoff, der sich bei höherer Temperatur entgegengesetzt verhält. Für Luft und Kohlensäure liegt das Maximum der Elektricitätsentwickelung bei heller Gelbgluth.
Die einen glühenden Körper umhüllende Gasschicht zeigt
ein verschiedenes Verhalten hinsichtlich der Ableitung positiver und negativer Elektricität. Es wird immer diejenige
Elektricität am schnellsten entladen, deren Vorzeichen der
durch den Glühproceß im Gase entwickelten entgegengesetzt
ist. (Sogenanntes unipolares Leitungsvermögen.)

„Wir möchten zum Schluß noch darauf aufmerksam
machen, daß eine Untersuchung der elektrischen Erregung
verschiedener Gase durch glühende Körper bei niedrigen
Drucken interessante Ergebnisse verspricht, die, wie wir
schon in der Einleitung angedeutet, geeignet sein dürften,
einiges Licht auf die Erscheinungen zu werfen, welche
den Durchgang der Elektricität durch stark verdünnte Gase
begleiten.

Besonders auf einen Punkt möchten wir hinweisen,
der einer näheren Untersuchung werth erscheint. Stellt
man einem weißglühenden Platindraht sowohl in Luft
als auch im Crookes'schen Vakuum eine blanke Platinplatte gegenüber, so bedeckt sich letztere sehr schnell mit
einem die Nobili'schen Farben zeigenden Anfluge. Gleichzeitig findet man, daß die Patte positiv elektrisch geworden ist. In Wasserstoff bleibt der Anflug aus, wie
wir uns durch mehrfache Versuche überzeugten. Es liegt
nahe, einen ursächlichen Zusammenhang zwischen diesen
Erscheinungen anzunehmen und dieselben mit der Zer-

stäubung der Kathode in Vakuumröhren in Verbindung zu bringen. Hier geräth der negative Poldraht durch den Entladungsstrom ins Glühen und wird gleichzeitig an seiner Oberfläche zerstäubt; unser Versuch zeigt umgekehrt, daß ein Platindraht, wenn er infolge des Glühprocesses zerstäubt wird, sich negativ ladet. In Wasserstoff tritt die Zerstäubung nicht ein, und die elektrische Ladung wechselt ihr Zeichen."

Durchgang der Elektricität durch warme Luft. Schon 1863 hat Ed. Becquerel beobachtet, daß stark erwärmte Gase Elektricität auch von geringer Spannung durchlassen. Die Beobachtung ist jetzt von R. Blondlot[1]) näher studirt worden. Er fand, daß selbst eine elektromotorische Kraft von 0·001 Volt noch genügte, um Elektricität durch die Luft zwischen zwei rothglühenden Platinplatten durchzutreiben. Er fand aber auch, daß dieser Durchgang der Elektricität durch erwärmte Gase andern Gesetzen folge, als der Durchgang durch feste und flüssige Körper. Schon Becquerel hatte Thatsachen angegeben, welche mit diesen Gesetzen in Widerspruch standen; er hatte gefunden, daß der Widerstand abzuhängen schien von der Intensität des Stromes und von der Zahl der Kettenelemente. Auch Blondlot hat eingehend studirt, ob das Ohm'sche Gesetz für die warme Luft Gültigkeit habe, das heißt, ob die Menge der durch eine Schicht warmer Luft hindurchgegangenen Elektricität proportional ist der Potentialdifferenz der Elektroden, welche diese Schicht begrenzen.

Er konnte auch feststellen, daß die Menge der durchgegangenen Elektricität der Potentialdifferenz nicht proportional ist, wie bei festen und flüssigen Leitern, sondern

---

[1]) Compt. rend. 1887, CIV, p. 283.

schneller wächst als diese Differenz. Das ergiebt sich aus einer Kurve, deren Abscissen die elektromotorischen Kräfte und deren Ordinaten die Mengen der durchgegangenen Elektricität darstellen. Die Kurve ist nach oben stark konkav, während sie eine gerade Linie sein müßte, wenn die Luft dem Ohm'schen Gesetze folgte.

Hieraus ergiebt sich, daß die warme Luft keinen eigentlichen Widerstand besitzt, und daß eine Berechnung des Widerstandes nach bekannten Methoden eine Zahl ergeben wird, die abhängt von der elektromotorischen Kraft und der Intensität des Stromes.

Bezüglich der Art des Durchgangs nimmt Blondlot an, daß hier die Konvektion Faraday's stattfinde, das heißt die Übertragung der Elektricität erfolgt durch Lufttheilchen, welche sich an den Elektroden elektrisch laden, dann sich in Folge der elektrischen Anziehungen und Abstoßungen zur entgegengesetzten Elektrode begeben und dort wieder entladen.

Die Konvektion ist in der Kälte unmöglich wegen der Abhäsion zwischen der Luft und dem Platin, sie wird aber in der Wärme möglich, weil nun die Abhäsion aufhört.

Die elektrische Zerstreuung in feuchter Luft machte Giov. Guglielmo[1] zum Gegenstande besonderer Studien mit Hülfe der Coulomb'schen Wage. Mit dem Kasten der Wage war durch eine längere Glasröhre ein Nebenraum verbunden, in den das kugelförmige Ende des geladenen Balkens hineinragte, und der entweder mit gewöhnlicher Luft erfüllt war, oder mit solcher, die durch nasses Filtrirpapier vollständig gesättigt oder durch koncentrirte Schwefelsäure ganz ausgetrocknet war.

---

[1] Atti della R. Acad. di Torino 1887, XXII, p. 727.

Es zeigte sich, daß feuchte Luft Konduktoren, deren Potentiale geringer als etwa 600 Volt sind, ebenso gut isolirt, wie trockne Luft; bei höheren Potentialen jedoch ist die Zerstreuung in der feuchten Luft größer als in der trockenen, und zwar um so mehr, je höher das Potential und je mehr der Dampf sich seinem Sättigungspunkte nähert. Die absolute Menge des Dampfes scheint keinen Einfluß zu haben. Das erwähnte Potential, bei welchem sich ein Unterschied zwischen der Zerstreuung in feuchter Luft und in trockener bemerklich zu machen beginnt, ist das gleiche für Kugeln wie für sehr scharfe Spitzen. Der größere Verlust in feuchter Luft zeigte sich auch an ganz glatten und selbst an flüssigen Oberflächen (Quecksilber- und Wassertropfen); er scheint daher nicht von den Entladungen der Unebenheiten herzurühren, welche in feuchter Luft leichter entstehen als in trockener. Die Zerstreuung erfolgt bei gleichem Potential mit gleicher Intensität, welches auch die Größe der Kugel sei, welche die Elektricität zerstreut, da innerhalb der Grenzen der Versuche die Zunahme der Oberfläche die Abnahme der Dichtigkeit der Elektricität kompensirte. In mit Dämpfen isolirender Substanzen gesättigter Luft änderte sich die Zerstreuung der Elektricität gar nicht oder nur unmerklich.

Springt ein elektrischer Funke zwischen zwei Elektroden auf einer berußten Glastafel über, so zeichnet derselbe in Rußschicht eigenthümliche Figuren, die Antolik eingehend beschrieben hat. Bei Wiederholung dieser Versuche kam Julius Spieß[1] auf den Einfall, den Funken auf einer mit feinem Pulver bedeckten Wasseroberfläche überspringen zu lassen, und fand dabei sehr interessante Resultate. Die Funken der Batterie, welche

---

[1] Dissertation, Marburg 1887.

in der Luft nur wenige Centimeter Länge hatten, erschienen um das Zehnfache und mehr verlängert, sobald
sie über die Wasserfläche glitten. Die Erscheinung selbst
bot einen höchst überraschenden Anblick. Unter den Pol-
kugeln wurde das Wasser etwas in die Höhe gehoben, so
daß ein kleiner Wasserhügel entstand; plötzlich sprang
unter schwachem Geräusch ein weißlicher Funke über,
während auf dem Wasser ein prachtvoller Stern mit
vielfach verzweigten Radien von violetter Farbe entstand,
und zwar sah man an beiden Polen dieselben Bilder,
doch war das negative etwas kleiner. Verringerte man
die Abstände der Pole, so wurden die Strahlen der
Sterne in der Richtung zum anderen Pol immer länger,
bis sich zwei oder mehrere erreichten und zum gleitenden
Funken von weißlicher Farbe wurden; die Sterne blieben
dabei noch bestehen, nur wurden sie immer kleiner, je
näher die Pole einander kamen, wobei der Knall immer
heftiger, die Funkenbahn gestreckter und die Farbe immer
intensiver weiß wurde.

Freilich nahm die Intensität der elektrischen Entladung
mit dem „Auseinanderzerren" des Funkens ab, aber es
konnte noch Zeichenkarton von mäßiger Stärke durchschlagen werden, und zwar befanden sich die Durchbohrungen
an der Stelle, wo das Blatt ins Wasser tauchte. Ebenso
war der gleitende Funke im Stande, an jeder Stelle
seiner Bahn mit Benzol getränkte Watte zu entzünden.

Versuche mit fließendem Wasser und feuchtem Sande
wie mit jungem, frischem Holze, boten interessante An-
näherungen an die in der Natur beobachteten elektrischen
Entladungen dar.

Wenn die Wasseroberfläche mit Lykopodium in wechselnder Dicke bestreut war, hinterließ der gleitende Funke

Figuren, welche viel klarer und deutlicher als die Antolit-
schen die Natur derselben erkennen ließen.

Sie machen auch die bisherigen Erklärungen der Erscheinung, nach welchen die Funken gewissermaßen auf die
berußte Platte aufspringen und dann weitergehen, unwahrscheinlich, vielmehr ist Spieß der Meinung, daß man
es bei denselben nicht mit einer einzigen Entladung, sondern mit drei verschiedenen zu thun hat. Die beiden
Pole induciren auf der Oberfläche des Wassers ungleichnamige Elektricität; ist dann die Spannung groß genug
geworden, so findet ein dreifacher Ausgleich statt. Naturgemäß ist z. B. die Spannung an der Stelle, welche
dem positiven Pol gegenüberliegt, größer, als die im Pole
selbst, weil die vom negativen Pol verdrängte Elektricität
zu der durch den positiven inducirten hinzukommt. Ist
der Ausgleich zwischen den Polen und dem Wasser erfolgt, so bleiben in diesem noch ungleichnamige Elektrici-
täten übrig, die sich dann in dem längs der Oberfläche
hingleitenden Funken ausgleichen. Die hierbei entstehenden Bilder und das eingehendere Verfolgen dieser Versuche versprechen Aufschlüsse über verschiedene in der Natur
vorkommende Formen der Blitze und Blitzschläge, die,
besonders an Bäumen, wohl vorzugsweise als gleitende
Funken aufzufassen sind.

Neue Kombinationen Volta'scher Zellen theilen
C. R. Alder Wright und C. Thompson[1] mit.
Meist haben die chemischen Processe in einer Zelle zur
Folge, daß sich ein elektropositives Metall in eine Ver-
bindung verwandelt. Nur wenige Zellen erzeugen schwache
Ströme ohne Veränderung der Metallelektroden, nämlich
in denjenigen, in welchen die elektromotorische Kraft durch

---

[1] Journal of the Chemical Soc. 1887, LI, p. 672.

gegenseitige Berührung verschiedener Gase oder Flüssig=
keiten erregt wird. Indem nun die genannten Forscher
gerade diesen letzteren Zellen eine besondere Aufmerksam=
keit widmeten, kamen sie auf den Gedanken, daß man
ganz allgemein eine Zelle würde herstellen können, in
welcher eine unangreifbare Metallelektrode, z. B. Platin,
einfach die Rolle eines Leiters spielt, während die Flüssig=
keit, in welche sie taucht, sich mit dem Sauerstoff,
Chlor u. s. w. verbinden und die zur Erzeugung des
elektrischen Stromes erforderlichen chemischen Processe lie=
fern würde. Versuche zeigten, daß dies in der That der
Fall sei, und es kann somit eine ganze Reihe neuer
Volta'scher Kombinationen hergestellt werden, welche die
gemeinsame Eigenschaft besitzen, daß das Metall, das in
der gewöhnlichen Volta'schen Zelle angegriffen wird, ersetzt
ist durch eine Platte aus Kohle, Platin oder einer an=
deren leitenden Substanz, die unverändert bleibt, während
die Flüssigkeit eine oxydirbare Substanz enthält. Diesem
einfachen Leiter gegenüber steht eine ähnliche Platte in
Berührung mit einer Flüssigkeit, die im Stande ist, einen
oxydirbaren Stoff durch Reduktion zu liefern. In allen
bisher untersuchten Fällen nimmt die Platte, welche mit
der oxydirbaren Flüssigkeit in Kontakt ist, das niedrigere
Potential, die andere das höhere Potential an, d. h. erstere
wird der negative, letztere der positive Pol.

Als Beispiele für diese neue Klasse Volta'scher Zellen
werden angeführt: 1) Lösung von schwefliger Säure an
der einen, Chromsäure=Flüssigkeit (Kaliumbichromat mit
Schwefelsäure) an der anderen Seite mit Platinplatten;
Oxydation zu Schwefelsäure und Reduktion zu Chrom=
sulfat sind die chemischen Processe, die hier einen kon=
stanten Strom unterhalten; 2) Natriumsulfitlösung gegen=
über Kaliumpermanganat, das durch kaustisches Kali alka=

lisch gemacht ist; es bildet sich durch Oxydation Natrium-
sulfat, durch Reduktion Mangandioxyd; 3) Lösung von
Chromsesquioxyd in kaustischem Natron gegenüber der
Chromsäure-Flüssigkeit; die Oxydation bildet Natriumchromat, die Reduktion Chromsulfat u. s. w.

Alle diese und ähnliche Anordnungen, die auf demselben allgemeinen Principe beruhen, geben einen stetigen
elektrischen Strom, der äußere Arbeit zu verrichten
vermag, so lange die chemische Thätigkeit nicht er-
schöpft ist. In manchen Fällen sind die elektromotorischen Kräfte dieser Kombinationen nicht unbedeutend und
zuweilen, z. B. in der oben angeführten Kombination 3,
sind sie größer als in der Daniell'schen Zelle.

Bezüglich der innern Reibung verdünnter wässeriger Lösungen fand Svante Arrhenius[1]) nach
einer neuen Methode bei einer Anzahl von Nichtleitern —
Alkohole, Ester, Kohlenhydrate — und bei den Temperaturen 0^0 und $24{\cdot}7^0$, daß die innere Reibung des Wassers
stets vergrößert wird, wenn man ihm einen Nichtleiter
zusetzt, dieser Nichtleiter mag selbst kleinere oder größere
Reibung als das Wasser haben; bei Erhöhung der Temperatur nimmt dieser vergrößernde Einfluß beträchtlich ab.
Enthält eine wässerige Lösung die Mengen x und y
zweier verschiedener Körper, so läßt sich ihre relative innere
Reibung H (x, y) darstellen durch die exponentielle
Formel: H (x, y) = $A^x \cdot B^y$, wo A und B zwei bei
konstanter Temperatur für die beiden Körper charakteristische Konstanten sind.

Ein einfacher Zusammenhang zwischen innerer Reibung und galvanischem Leitungsvermögen ist an denjenigen
Normallösungen von Salzen, für welche Kohlrausch früher

[1]) Zeitschr. für phys. Chemie, 1887, I. S. 285.

das Leitungsvermögen bestimmt hat, nicht erkennbar; aber es ergiebt sich die bemerkenswerthe Thatsache, daß einige Salze — und zwar die am allerbesten leitenden — beim Zusetzen zu Wasser die innere Reibung desselben vermindern. Arrhenius zieht diese Erscheinung zur Bestätigung einer Anschauung an, welche er früher über die Konstitution der Elektrolyte entwickelt hat. Nach dieser Anschauung sind die Moleküle eines Elektrolyten von zwei verschiedenen Arten, aktive und inaktive; die aktiven Moleküle sind als dissociirt, als in Jonen gespalten anzusehen. Die innere Reibung wird nun aller Wahrscheinlichkeit nach mit der Zusammengesetztheit der reibenden Theile wachsen, aktive Moleküle werden also unter Umständen eine kleinere Reibung erleiden als inaktive. In jenen Salzlösungen, welche eine geringere Reibung als Wasser und gleichzeitig ein besonders hohes Leitungsvermögen besitzen, „würde also eine so große Menge von aktiven Molekülen vorkommen, daß ihre verringernde Einwirkung auf die innere Reibung die vergrößernde Einwirkung der gleichzeitig vorkommenden inaktiven Moleküle überwindet. Eine Stütze für diese Anschauung findet sich darin, daß auch Lösungen von diesen Salzen bei größeren Koncentrationen größere innere Reibung als das Wasser selbst haben. Bei zunehmender Koncentration wächst nämlich die Anzahl der inaktiven Moleküle auf Kosten der aktiven."

Die Frage, ob der elektrische Strom bei seinem Durchgang durch schlecht leitende Flüssigkeiten (Benzin, Olivenöl, Schwefelkohlenstoff und Paraffinöl) dem Ohmschen Gesetze folgt oder nicht, ist durch J. J. Thomson und H. F. Newall [1]) näher untersucht worden. Für die erst genannten drei Substanzen konnte bei den Mes-

---

[1]) Proc. of the Royal Soc. 1887, XLII, Nr. 256, p. 410.

fungen keine Abweichung vom Ohm'schen Gesetze nachgewiesen werden, obwohl die Potentialdifferenz von 500
bis auf 20 Skalentheile fiel. Bei Paraffinöl jedoch erschien die Leitungsfähigkeit etwas größer, wenn die Potentialdifferenz groß, als wenn sie klein war. Die Abweichung vom Ohm'schen Gesetz war jedoch selbst in diesem
Falle klein.

Während also nach Quincke für so große elektromotorische Kräfte, daß ein Funke durch die Flüssigkeit schlagen
würde, das Ohm'sche Gesetz auch nicht annähernd gültig
ist, und der Strom viel schneller wächst als die elektromotorischen Kräfte, war bei den hier in Anwendung gebrachten kleinen elektromotorischen Kräften der Strom
diesen Kräften proportional. Dies würde darauf hinweisen, daß bei elektromotorischen Kräften, die denjenigen
vergleichbar sind, welche einen Funken durch die Flüssigkeit erzeugen, eine andere Art der Zerstreuung der Energie
des elektrischen Feldes existiren muß, als die, welche in
Leitern wirksam ist, die einen Strom nach Ohm's Gesetz
leiten.

Der Schwefelkohlenstoff zeigte eine Erscheinung, welche
analog war der elektrischen Absorption; es ist dies der
einzige Fall, der in einem flüssigen Diëlektrikum beobachtet worden ist. Die Leitungsfähigkeit aller untersuchten
Flüssigkeiten nahm mit steigender Temperatur zu, so
daß sie sich in dieser Beziehung wie Elektrolyten verhielten.

Ad. Bartoli[1]) hat Versuche angestellt über die elektrische Leitungsfähigkeit von Flüssigkeiten bei
ihrem kritischen Punkte, d. h. bei derjenigen Tempe-

---

[1]) Rendiconti della Acad. dei Lincei 1886, Ser. 4. II (2),
p. 129.

ratur, oberhalb welcher der Dampf durch keinen Druck flüssig gemacht werden kann. In der Mitte von starkwandigen Glasröhren standen sich je zwei Elektroden in gleichem Abstande gegenüber. Jedesmal wurde eine Röhre mit der zu untersuchenden Flüssigkeit bis zu passender Höhe gefüllt, eine zweite leer verschlossen, beide neben einander in ein Bad von siedendem Petroleum gestellt und Vorrichtungen zur gleichmäßigen Erwärmung, zur Bestimmung der Temperatur und zur Abhaltung äußerer Störungen getroffen. Das leere, mit trockener Luft gefüllte Rohr diente zur Kontrole, um zu sehen, ob und in welchem Grade das Glas bei der angewendeten Temperatur leitet.

Sehr reines Benzol, das bis zum kritischen Punkte vollkommen isolirend war, blieb auch oberhalb dieses Punktes ein Isolator; da aber das Glas bei der angewandten Temperatur etwas leitend wurde, bleibt es ungewiß, ob nicht auch das Benzol eine sehr geringe Leitungsfähigkeit angenommen.

Der Methylalkohol ist ein guter Leiter und seine Leitungsfähigkeit wächst mit der Temperatur bis zum kritischen Punkte; jenseits desselben hört die Leitungsfähigkeit auf, und das Gas isolirt so gut wie flüssiges Benzol. Wenn wegen der schwachen Leitung des Glases bei höherer Temperatur eine Leitungsfähigkeit des gasförmigen Methylalkohols der Wahrnehmung entgangen ist, so kann diese nur millionenmal kleiner sein als die des destillirten Wassers.

Das reine Äthyloxyd erwies sich als schlechter Leiter, fast isolirend bis zum kritischen Punkte, oberhalb desselben war es entschieden isolirend.

Das galvanische Leitungsvermögen von Amal-

gamen ist von Carl Ludwig Weber[1]) näher studirt
worden. Er mischte das Quecksilber mit andern Metallen
in sehr verschiedenen procentischen Verhältnissen, um die
Abhängigkeit des Leitungsvermögens von der Menge der
Bestandtheile zu ermitteln; er maß auch die Widerstände
nur bei hohen Temperaturen, bei denen die Amalgame
noch vollständig flüssig waren; die Zinkamalgame z. B.
bei 245⁰—277⁰, die übrigen Legirungen, nämlich Wis-
muth-, Blei- und Cadmiumamalgame bei 265⁰. Die
Amalgame wurden auch in steter Bewegung erhalten, um
Dichteverschiedenheiten, die sich bei flüssigen Amalgamen
leicht einstellen, zu verhindern. Die Elektroden bestanden
aus amalgamirtem Eisendraht und die Messungen erfolgten stets mit zwei verschiedenen Stromrichtungen,
um den Einfluß der thermoelektrischen Ströme auszuschließen.

Das Hauptresultat war, daß die Leitungsfähigkeit der
flüssigen Legirungen der mittleren Leitungsfähigkeit der
Bestandtheile nicht gleich ist; vielmehr zeigte sich bei allen
vier Amalgamen eine rasche Abnahme des Widerstandes,
sobald dem Quecksilber nur wenige Procente des fremden
Metalls zugesetzt wurden. Von einem bestimmten Gehalte
an wurde diese Abnahme langsamer und schien sich beim
Zinn und beim Cadmium allmählich dem Widerstande
des zweiten Metalls zu nähern. Beim Wismuth und
Blei hingegen erreichte die anfängliche Abnahme des
Widerstandes rasch ihre Grenze, um nach Durchschreitung
eines Minimums wieder in eine Zunahme überzugehen
und ein Maximum zu zeigen, bevor der Widerstand des
flüssigen anderen Metalls erreicht ist; dieses Maximum

---

[1]) Annalen der Physik 1887, XXXI. S. 243.

war bei Wismuth entschiedener nachzuweisen, als bei den Bleilegirungen, die nur bis 70 Proc. untersucht wurden.

Das Leitungsvermögen der flüssigen Amalgame unterscheidet sich also von dem der früher untersuchten festen Legirungen insofern, als bei letzteren das Leitungsvermögen des besser leitenden Metalls schnell abnahm, während das des Quecksilbers rasch zunimmt, wenn man ihm geringe Mengen eines fremden Metalls zusetzt. Ferner waren bei den festen Legirungen wohl Maxima und Minima der Leitungsfähigkeit beobachtet, so bei Goldzinn, Goldblei und Silberkupfer, aber niemals hatte man, wie bei den Amalgamen des Wismuth und Blei eine Anzahl von Legirungen gefunden, die besser leiten, als jeder ihrer Bestandtheile.

Verfasser hält dafür, daß die Maxima und Minima des Widerstandes chemischen Verbindungen entsprechen.

Arthur Schuster[1]) hat die elektrische Entladung in Gasen von einem neuen Gesichtspunkte aus untersucht. Ein cylindrisches Glasgefäß von 38 cm Höhe und 15 cm Breite war durch einen vertikalen Metallschirm in zwei annähernd gleiche Kammern geschieden; zwischen dem Schirm und den Wänden des Gefäßes blieb ein freier Raum von etwa 5 mm, oben ein solcher von etwa 4 und unten von etwa 2·5 cm übrig. Die eine Kammer enthielt zwei Goldblättchen, welche ähnlich wie im Elektrometer von außen geladen werden konnten; die andere Kammer enthielt zwei Elektroden, etwa 5 cm von einander und 2 cm vom Schirm entfernt; diese Entfernungen konnten jedoch während des Experiments variirt werden. Der Schirm war dauernd zur Erde abgeleitet

---

[1]) Proc. of the Royal Soc. 1887, XLII, Nr. 256.

und die elektrischen Felder zu beiden Seiten desselben waren somit von einander unabhängig.

Waren die Goldblätter elektrisirt und divergirend, und gingen Entladungen einer Induktionsspirale durch die Elektroden an der anderen Seite des Schirms, so konnte bei Atmosphärendruck keine Wirkung beobachtet werden, die Goldblätter blieben divergent. Bei einem Drucke von 4·3 cm Quecksilber aber fielen die Goldblättchen während des Durchganges der Entladung in der Neben=kammer langsam zusammen, und als der Druck noch weiter vermindert wurde, erfolgte das Zusammenfallen immer schneller.

Um das Verhalten bei Atmosphärendruck zu studiren, wurden zwei leichte Kügelchen 9 Zoll weit von dem Elek=troden (Kugeln oder Spitzen) einer Vossi'schen Maschine, die 3 Zoll von einander abstanden, aufgehängt. Wenn nun beide Elektroden einander gleich, beide also Kugeln oder beide Spitzen waren, so fielen die Kügelchen nur zusammen, wenn sie positiv geladen waren; wenn hin=gegen eine Elektrode eine Kugel, die andere eine Spitze war, so fielen die Kügelchen nur zusammen, wenn ihre Elektricität derjenigen entgegengesetzt war, die von der Spitze ausströmte.

Der erste Versuch hatte also festgestellt, daß ein elek=trisirter Körper in einem partiellen Vakuum, durch welches ein elektrischer Strom hindurchgeht, seine Ladung schnell neutralisirt. Jetzt war zu entscheiden, ob diese Neutrali=sirung von einer wirklichen Entladung herrührt, oder nur davon, daß der elektrische Körper mit entgegengesetzt pola=risirten Partikelchen bedeckt werde. Darüber entschied der Versuch, daß in Luft ein kontinuirlicher Strom bei einer Potentialdifferenz von nur 1/4 Volt entstand, wenn ein unabhängiger Strom in demselben geschlossenen Gefäße

unterhalten wurde. Mit anderen Worten: Eine kon=
tinuirliche Entladung versetzte das ganze Gefäß in einen
solchen Zustand, daß es zum Leiter von elektromotorischen
Kräften wurde, welche wahrscheinlich ungeheuer klein sind
und nur wegen der Unempfindlichkeit des Galvanometers
erst bei ¼ Volt gemessen wurden.

Zu diesem Experiment wurde dasselbe Gefäß benutzt,
wie im ersten Versuch. Auf der einen Seite des zur
Erde abgeleiteten Schirms befanden sich die zwei Haupt=
elektroden, zwischen denen der Strom einer großen Bat=
terie überging; auf der anderen Seite befanden sich zwei
Hülfselektroden, welche mit den Polen einer kleinen Bat=
terie verbunden waren. So lange der Hauptstrom über=
ging, sandte auch die kleine Batterie einen stetigen, meß=
baren Strom durch seine Elektroden. Die kleinste elektro=
motorische Kraft, welche unter diesen Umständen einen
Strom gab, war ⅙ eines Leclanché, was ¼ Volt ent=
spricht. Man erhielt also einen Strom in Luft von einer
elektromotorischen Kraft, die durch Wasser keinen Strom
unterhalten kann.

Die Intensität nahm schnell zu mit der Intensität
der Hauptentladung und mit der Abnahme des Druckes
(bis ½ mm). Die Intensität des Stromes zwischen den
Hülfselektroden nahm aber weniger schnell zu, als die
elektromotorische Kraft. In einigen Versuchen, in denen
die eine Elektrode der Hülfsbatterie ein Kupferdraht, die
andere ein Kupfercylinder war, war der Strom fast
immer bedeutend stärker, wenn die größere Fläche der
Kathode angehörte. Endlich wurde die Stärke des beob=
achteten Stromes durch alles erhöht, was die Diffusion
des Gases von den Hauptelektroden zu den Hülfselektroden
beförderte. Als z. B. der Schirm zwischen beiden Feldern
aus Drahtgaze bestand, war der Strom bedeutend stärker.

12*

Diese Versuche beweisen, daß der gasige Zustand eines Körpers nicht die besondere Eigenschaft besitzt, irgend eine, wenn auch kleine elektromotorische Kraft daran zu hindern, einen Strom zu erzeugen. Wenn unter gewöhnlichen Verhältnissen eine bestimmte elektromotorische Kraft hierzu erforderlich ist, so kann dies nicht erklärt werden durch einen besonderen Übergangswiderstand, der durch einen bestimmten Potentialunterschied an der Oberfläche überwunden werden muß. Schuster glaubt vielmehr, diese Thatsache durch seine schon früher aufgestellte Theorie, nach welcher beim Durchgang der Elektricität durch Gase diese an der negativen Elektrode in ihre Atome zerlegt werden, in folgender Weise erklären zu können.

Wenn die beiden Atome eines Gasmoleküls mit entgegengesetzter Elektricität geladen sind, aber durch Molekularkräfte zusammengehalten werden, dann ist eine bestimmte Kraft erforderlich, um letztere zu überwinden. Sobald aber diese Kraft überwunden ist und die Atome selbst frei diffundiren und einen Strom bilden können, werden die Atome jeder elektromotorischen Kraft folgen, die auf sie einwirkt. Die Elektroden der Hülfsbatterie werden ihr elektrisches Feld herstellen, da sie, außer in ganz geschlossenen Gefäßen, nicht vollständig gegen den anderen Theil des Gefäßes geschützt werden können; die Atome mit ihren positiven und negativen Ladungen werden zu den Hülfselektroden hin diffundiren und ihnen ihre Elektricität abgeben. In diesen Elektroden ist keine bestimmte Potentialdifferenz erforderlich, weil die Arbeit, welche verbraucht wird, damit ein Atom seine positive Elektricität gegen die negative austauscht, am anderen Pole wieder ausgeglichen wird, wo ähnliche Atome die negative gegen positive Elektricität eintauschen.

J. Gubkin[1]) hat Versuche angestellt über die elektrolytische Metallabscheidung an der freien Oberfläche einer Salzlösung. Tritt ein elektrischer Strom aus einer Salzlösung in eine Dampf= oder Gasatmosphäre über, so verlangt die Theorie, daß an der Oberfläche der Flüssigkeit Metall elektrolytisch niedergeschlagen werde. Diese theoretische Forderung fand Bestätigung. Die Salzlösung wurde in ein Gefäß bis zu einer bestimmten Höhe gefüllt, und während der eine Elektrodendraht in der Flüssigkeit lag, befand sich der andere, wenn die Lösung ausgekocht worden, in kurzer Entfernung über der Oberfläche derselben; das Gefäß wurde dann zugeschmolzen und abgekühlt, und ein elektrischer Strom durch den Inhalt geleitet. Enthielt das Gefäß salpetersaures Silber, so erschien kurze Zeit nach Schluß des Stromes gerade unter der Kathode eine kleine, runde Scheibe von hellglänzendem Silber. Während sich deren Durchmesser vergrößerte, schwärzte sie sich in der Mitte, und bald bildete sich eine Reihe heller und dunkler koncentrischer Ringe, die manchmal gefärbt erschienen. Die Scheiden sanken nicht unter, wenn der Apparat vor Erschütterung bewahrt blieb. In der Luft konnte derselbe Versuch mit einem Induktorium ausgeführt werden, doch blieben die Silberscheiben kleiner, als im abgeschlossenen luftleeren Raume.

Enthielt die Zelle Zinkvitriollösung, so schied sich kein Metall ab; hingegen sah man von der Oberfläche weiße Flocken von Zinkoxyd niedersinken; das durch den Strom abgeschiedene Zink wurde also sofort oxydirt. Bei Platinchloridlösung wurde der Kathode gegenüber in einem U=förmig gekrümmten Gefäße, das an der Anode die An=

---

[1]) Annalen der Physik, 1887, XXXII, S. 114.

sammlung von Chlor gestattete, ein mattschwarzes Platinstückchen sichtbar, das jedoch bei weiterem Durchgang des Stromes sich nicht vergrößerte.

Die Thatsache, daß der elektrische Widerstand eines mit Wasserstoff beladenen Palladiumdrahtes fast der Menge des okkludirten Wasserstoffes proportional ist und bei vollständiger Sättigung etwa das 1·7fache wie beim reinen Palladium beträgt, war längst bekannt. Cargill G. Knott[1]) hat weitere Kenntnisse hinzugefügt, indem er das Verhalten von mit Wasserstoff beladenen Palladiumdrähten bei verschiedenen Temperaturen untersuchte. Bei ziemlich stark beladenen Drähten nahm der Widerstand beim langsamen Erwärmen stetig zu bis zu 130°. Oberhalb dieser Temperatur wuchs er etwas schneller bis 200°; dann hörte das Wachsen des Widerstandes auf, weil nun Wasserstoff entwich, und setzte man das Erwärmen über 250° fort, wurde der Widerstand geringer, bis bei 300° aller Wasserstoff entwichen war und der Draht sich nun mehr wie reines Palladium verhielt.

Annähernd herrscht eine sehr einfache Beziehung zwischen den Temperaturkoëfficienten für verschiedene Größen der Ladung: Der Widerstand eines bestimmten Drahtes in verschiedenen Ladungszuständen wuchs ungefähr um denselben Werth für eine bestimmte Temperatursteigerung; oder die Gesammtzunahme des Widerstandes eines Palladiumdrahtes, der bis zu einer bestimmten Stärke geladen worden, war bei allen Temperaturen unterhalb 150° derselbe; für höhere Ladungen muß also der Temperaturkoëfficient kleiner sein.

---

[1]) Journal of the College of Sc., Imp. Univers. Japan, 1887, I. p. 328.

Kombinirt man Palladium mit Palladiumwasserstoff zu einem thermoelektrischen Paar, so erhält man einen Strom von überraschender Größe, stärker als der einer Palladium-Kupferkombination. Wenn die erwärmte Verbindungsstelle 200⁰ erreicht, dann zeigen sich, je nachdem die Temperatur steigt oder fällt, Unregelmäßigkeiten, die zweifellos von dem Austreiben des Wasserstoffs beim Erwärmen und dessen Absorption beim Abkühlen herrühren. So lange die Temperatur unter 150⁰ bleibt, ist der mit Wasserstoff beladene Draht in seinem thermoelektrischen Verhalten so konstant wie der reine Draht. Der thermoelektrische Strom geht vom reinen Palladium zu dem beladenen Palladium durch die warme Kontaktstelle; bei einem bestimmten Paar ist der Strom nahezu proportional der Temperaturdifferenz der Verbindungsstellen; er ist größer bei einem stärker mit Wasserstoff beladenen Drahte. Mit Wasserstoff gesättigtes Palladium liegt bei gewöhnlichen Temperaturen thermoelektrisch zwischen Eisen und Kupfer. Die elektromotorische Kraft in einem Kreise aus Palladium und mit Wasserstoff gesättigtem Palladium, wenn die Temperatur der Verbindungsstellen 0⁰ und 100⁰ ist, beträgt etwa 20×10^4 C. G. S. oder 0·002 Volts.

Über das Maximum der galvanischen Polarisation von Platinelektroden in Schwefelsäure veröffentlicht Carl Fromme[1]) eine längere Abhandlung. Zur Einleitung bemerkt er: „Die Frage, welches der Maximalwerth der galvanischen Polarisation in einem Voltameter sei, dessen Flüssigkeit aus verdünnte Schwefelsäure, und dessen Elektroden aus Platin bestehen, muß gegenwärtig noch als eine offene betrachtet werden. Zwar besitzen wir schon eine ganze Reihe von Bestimmungen

---

[1]) Annalen der Physik, 1888, XXXIII, Nr. 1, S. 80.

dieser Größe, aber dieselben weichen in ihren Resultaten
so stark von einander ab, daß der Zweifel berechtigt erscheint, ob denn überhaupt nur ein Werth existirt, ob
nicht vielmehr das Maximum der galvanischen Polarisation eine von verschiedenen Verhältnissen stark beein-
flußte Größe ist? Es könnte dasselbe abhängen einmal
von der Beschaffenheit der Platinelektroden (blank oder
platinirt), sodann von der Größe derselben, von der
Koncentration der Schwefelsäure und endlich auch von
dem Druck, unter welchem die Entwickelung der elektrolytischen Gase stattfindet. Ein Einfluß der Elektroden-
fläche scheint in der That aus früheren Versuchen hervorzugehen: Denn während alle mit blanken Platinblechen
angestellten Versuche Werthe ergeben haben, welche zwischen
1·97 und 2·56 Dan. liegen, erhielt Buff mit dünnen
Drähten als Elektroden 3·31 Dan. als Maximum der
Polarisation. Da dieses Resultat von Buff ganz vereinzelt dastand, so habe ich schon vor längerer Zeit eine
Beobachtung mit kleinen Elektroden ausgeführt. Ich erhielt
ebenfalls p = 3·3 Dan. Somit entstand die Aufgabe,
genaue Messungen des Maximums bei verschiedener Größe
der Elektroden auszuführen. Es geschah dies in der
Weise, daß entweder beide Elektroden von gleicher — beide
groß oder beide klein — genommen wurden, oder aber
daß einer großen Anode eine kleine Kathode oder umgekehrt gegenüberstand.

Was weiter einen Einfluß der Koncentration der
Schwefelsäure anlangt, so geht ein solcher in der That
aus einigen früheren Messungen in der Art hervor, daß
mit zunehmender Koncentration auch die Polarisation zunimmt. Indes sind derartige Messungen in so geringer
Zahl vorhanden und lassen das Gesetz der Abhängigkeit
so wenig erkennen, daß ich auch diese Frage in umfassen-

der Weise zu beantworten gesucht habe. Von einer Unter=
suchung des Einflusses, welchen die Platinirung der
Elektroden und der Druck auf die Polarisation ausübt,
habe ich vorläufig noch abgesehen, und somit beschäftigt
sich diese Mittheilung mit der Beantwortung folgender
Frage:

In welcher Weise ist das Maximum der galvanischen
Polarisation von Platin in Schwefelsäure abhängig von
der Größe der Elektroden und von der Koncentration
der Säure?"

Hinsichtlich des Apparates, der Methode und der sehr
zahlreichen Messungen muß auf das Original verwiesen
werden. Fromm zieht aus seinen Versuchen folgende
Schlüsse: 1. Die Abhängigkeit der Polarisation von dem
Procentgehalt der Schwefelsäure ist am verwickeltsten bei
sehr kleinen Koncentrationen, wo sowohl eine Zunahme
wie eine Abnahme der Polarisation mit wachsender Kon=
centration stattfindet. Dagegen nimmt bei größeren
Koncentrationen die Polarisation nur zu, wenn die Kon=
centration wächst. Eine Ausnahme findet bei kleiner
Anode statt.

2. Das zur Herstellung der verdünnten Schwefelsäure
benutzte destillirte Wasser ist, je nach der Art seiner Be=
reitung, von Einfluß auf die Höhe der Polarisation, je=
doch nur bei den kleinsten Koncentrationen.

3. Das Gesetz, nach welchem sich die Polarisation mit
der Koncentration ändert, ist wesentlich auch durch die
Größe der Elektroden bestimmt und gestaltet sich am
wenigsten einfach, wenn die Anode klein ist.

4. Die Größe der Elektroden bestimmt ganz wesentlich
auch die Höhe der Polarisation: bei den kleinsten Kon=
centrationen ist jedoch die Größe der Anode von geringerem

Einfluß, als diejenige der Kathode; bei größeren Koncen=
trationen verhält es sich umgekehrt.

5. Die äußersten Grenzen der Polarisationswerthe
sind, wenn die Koncentration zwischen 0·18 und 65 Proc.
liegt:

bei großer Kathode und großer Anode 1·94 und 2·43 Dan.
  „ kleiner   „   „   „   „   1·45 „ 2·98 „
  „   „   „   „ kleiner „   1·90 „ 4·18 „
  „ großer „   „   „   „   1.89 „ 4·31 „

sie liegen also am weitesten auseinander bei kleiner Anode
und am wenigsten bei beiderseits großen Elektroden. Diese
Grenzen schließen alle bis jetzt gefundenen Polarisations=
werthe in weitem Kreise ein.

6. Der Widerstand eines durch einen starken konstanten
Strom polarisirten Voltameters nimmt mit wachsender
Koncentration der Säure ab, erreicht ein Minimum bei
etwa derselben Koncentration, bei welcher die Beobachtung
mit Wechselströmen für das Leitungsvermögen der Schwefel=
säure einen größten Werth ergeben hat, und nimmt darauf
wieder zu. Eine Unterbrechung erleidet die Widerstands=
zunahme aber bei kleiner Anode, indem bei denjenigen
Koncentrationen, welche die höchsten Polarisationswerthe
von 4 Dan. und mehr aufweisen, der Widerstand noch
unter das vorhergegangene Minimum sinkt. Auch im
Übrigen bedingen die durch den Strom an den Elektroden
hervorgerufenen Koncentrationsänderungen und sonstigen
sekundären Vorgänge Abweichungen von dem Widerstands=
gesetz der Schwefelsäure.

Ein neues Verfahren, das elektrische Bogen=
licht in Thätigkeit zu setzen, ohne daß sich die
Kohlenspitzen erst berühren, hat G. Maneuvrier [1]

---

[1] Compt. rend. CIV, p. 967.

gefunden. Es besteht darin, daß man die beiden Kohlen-
elektroden in einen hermetisch verschlossenen Glasballon einschließt, der ein Rohr mit einem Dreiwegehahn besitzt und
beliebig evakuirt, oder mit der äußeren Luft in Kommuni-
kation gebracht werden kann. Die Größe des Ballons hängt
von dem Durchmesser der Elektroden ab und gleicht für
Kohlenstäbe von 6 mm Durchmesser einem großen elektrischen Ei, während für Stäbe von 1 mm Durchmesser
die Ballons der Edison-Lampen ausreichen. Platindrähte,
die in das Glas eingeschmolzen sind, stellen die Verbindung zwischen den Kohlen und der Elektricitätsquelle für
Wechselströme her. Der Ballon wird evakuirt, bis ein
violettes Glimmlicht wie im elektrischen Ei entsteht; dann
dreht man den Hahn so, daß einige Luftblasen eindringen,
und sofort sammelt sich das lange, blasse Glimmlicht
zwischen den beiden Spitzen und verwandelt sich in das
blendend weiße, elektrische Bogenlicht.

Der Grad der Verdünnung, der hier nothwendig ist
hängt von dem Abstande der Spitzen und der elektromotorischen Kraft der Elektricitätsquelle ab. Die Erhöhung des Druckes durch Lufteintritt darf nur eine sehr
geringe sein, weil er sonst die Flamme auslöscht. Wenn
man nach Herstellung des Bogenlichts die Glaskugel
schließt, so hat man Bogenlicht, das von Luft abgeschlossen
und gegen Verbrennung geschützt ist.

Der sogenannte Disjunktionsstrom, den Edlund
im elektrischen Funken vor 20 Jahren entdeckt haben will,
wird von E. Lecher[1]) stark angezweifelt. Die Versuchsanordnung, die Edlund benutzte, läßt nämlich nach Lecher
eine ganz andere Erklärungsweise zu, wegen deren wir

---

[1]) Sitzungsber. der Wiener Akad. 1887, II. Abth. Bd. 95.
S. 628.

auf das Original verweisen müssen. Damit steht aber auch die Existenz der elektromotorischen Gegenkraft im galvanischen Lichtbogen auf dem Spiele. Lecher konnte auch auf keine Weise die Existenz eines Gegenstromes nach Unterbrechung des primären Stromes nachweisen. Seine Versuche sprechen vielmehr für die Erklärung Wiedemann's, daß es sich bei dem Volta'schen Bogen um eine schnelle Aufeinanderfolge von Einzelentladungen handelt.

Man weiß, daß der Widerstand, den der elektrische Lichtbogen dem durchgehenden Strome bietet, keineswegs der Länge proportional ist, vielmehr einen von der Länge unabhängigen Faktor zeigt, den Edlund elektromotorische Gegenkraft nennt. Hierüber theilen Ch. R. Croß und Wm. E. Shepard[1]) Näheres mit. Ebenso wie für den stillen elektrischen Lichtbogen, existirt auch für den zischenden Bogen eine elektromotorische Gegenkraft, deren Werth ungefähr 15 Volt beträgt.

Sie nimmt sowohl im stillen wie im zischenden Lichtbogen ab mit zunehmendem Strome.

Die Gegenkraft ist, wenigstens für den zischenden Bogen, kleiner bei einem umgekehrten Bogen (mit der positiven Kohle unten) als beim aufrecht stehenden.

Eine große Änderung des Widerstandes des Lichtbogens zeigt sich, wenn flüchtige Salze in den Bogen eingeführt werden, und zwar nehmen sowohl Gegenkraft wie auch gleichzeitig der leitende Widerstand merklich ab.

Der Gesammtwiderstand vermindert sich in verdünnter Luft (4 Zoll Quecksilber Druck), und diese Abnahme rührte nur von der Verringerung des Leitungswiderstandes her. Einiges deutet aber darauf hin, daß bei

---

[1]) Proc. of the Amer. Acad. of Arts and Sciences, 1887, XIV, p. 227.

bedeutender Druckabnahme die elektromotorische Gegen=
kraft etwas znnimmt.

Seine Messungen über den Gegenstrom im elek=
trischen Lichtbogen, die Viktor v. Lang vor jetzt
etwa drei Jahren ausgeführt, und die zu der Stärke=
bestimmung von 39 Volts geführt hatten, hat derselbe
Forscher jetzt wiederholt und auch auf die Lichtbogen
zwischen Metallspitzen ausgedehnt.[1] Außer Kohlenspitzen
von 5 mm Durchmesser wurden noch gleich dicke Elektro=
den aus Platin, Eisen, Nickel, Kupfer, Silber, Zink und
Kadmium untersucht. Das allgemeine Ergebnis war,
daß bei den Metallen der Werth der elektromotorischen
Gegenkraft des Lichtbogens sehr verschieden ausfällt; er
war für die schwerer schmelzbaren Metalle höher, als für
die leichter schmelzbaren, und die Gegenkraft erreichte für
die unschmelzbare Kohle den höchsten Werth. Eine Aus=
nahme von dieser Regel bildete nur das Silber, das nach
seinem Schmelzpunkte eine höhere Gegenkraft zeigte. Die
Abweichung mag sich jedoch daraus erklären, daß die Dicke
der Elektroden einen Einfluß auf die Gegenkraft aufweist
und dieser Einfluß der Dicke bei den verschiedenen Me=
tallen verschieden sein und dadurch die Übereinstimmung
zwischen Schmelzpunkt und Gegenkraft verdecken kann.

Die Leuchtdauer des Öffnungsfunkens des
Induktoriums ist von Carl Hünlich[2] untersucht worden.
Die Messungen geschahen mit Hülfe eines rotirenden
Spiegels, in welchem die Länge des Funkenbildes durch
Fernrohr und Skala abgelesen wurde; das Öffnen des
primären Kreises des Induktoriums wurde durch ein
Fallgewicht bewirkt, dessen Geschwindigkeit man durch die

---

[1] Annalen der Physik, 1887, XXXI, S. 384.
[2] Annalen der Physik, 1887, XXX, S. 343.

Verſchiedenheiten der Höhe, aus welcher das Gewicht nieder-
fiel, variiren konnte; die Intenſität des benutzten Stromes
wurde an der Tangentenbuſſole abgeleſen und der beim
Öffnen auftretende Extraſtrom unberückſichtigt gelaſſen.
Als Induktionsapparat diente entweder ein gewöhnlicher
Stöhrer'ſcher Funkeninduktor oder ein ſehr großer, von
Herrn Weinhold konſtruirter Induktionsapparat; die Kon-
takte, zwiſchen welchen der Funke überſprang, beſtanden
aus Stahl, Silber, Aluminium, Zink, Kupfer, Platin
und Queckſilber.

Stellt man die gewonnenen Zahlenwerthe graphiſch
dar (die Stromſtärken als Abſciſſen, und die zugehörige
Funkendauer als Ordinaten aufgetragen), ſo ergeben ſich
Kurven, die eine annähernd geradlinige Abhängigkeit der
Funkendauer von der Stromſtärke zeigen. Da die Funkendauer erſt bei gewiſſen Werthen der Stromſtärke meßbar
wurde und für alle kleineren Intenſitäten 0 war, ſo kommt
dem Werthe 0 der Funkenlänge nur eine relative Bedeutung zu. Als Beiſpiel mögen nachſtehende drei erſten
Werthe der erſten Tabelle für Stahlkontakt und langſame
Unterbrechung dienen. Stromſtärke in Amp. und Dauer
in hunderttauſendſtel Sekunden (t) ausgedrückt: 6·73
Amp. = 575 t; 5·44 Amp. = 440 t; 4·296 Amp. = 343 t.

Der Einfluß der Unterbrechungsgeſchwindigkeit war
bei niedrigen Werthen der Stromſtärke gering, wurde
aber mit zunehmender Stromſtärke bedeutender, und zwar
war dann die Funkendauer um ſo kleiner, je ſchneller die
Stromunterbrechung vollzogen wurde. So wurde die
Funkendauer bei der Stromſtärke 4·373 Amp. = 158 t,
wenn die Unterbrechung die ſchnellſte war, und bei der
Stromſtärke 6·04 Amp. = 250 t. — Bei Anwendung
des großen Induktoriums machte ſich bei Hintereinander-
ſchaltung die größere Spannung und der Extraſtrom

durch Verlängerung der Funkendauer bemerkbar. Der Kondensator hat beim großen Apparate stets eine Verminderung der Funkendauer bewirkt.

Von den verschiedenen Metallen zeigten Stahl und Kupfer ein wesentlich gleiches Verhalten; das leichter verbrennbare Zink lieferte größere Funkendauer, Silber kleinere. Die relativ kleinsten Funken unter allen Metallen lieferte das Platin.

Ferner wurde der Nachweis geliefert, daß die sekundären Funken erst dann entstehen, wenn der primäre Funke aufhört, also nach vollzogener Stromunterbrechung.

S. Kalischer und andere Physiker haben schon vor Jahren beobachtet, daß das Licht in Selen eine elektromotorische Kraft erregen kann. Kalischer [1]) hat jetzt die Erscheinung weiter untersucht und nach den Bedingungen geforscht, welche sicherlich eine elektromotorische Kraft im Selen hervorrufen. Seine Versuche sind belohnt worden. Man kann in der That stets ein unter dem Einflusse des Lichtes wirksames Selenelement herstellen, wenn man zwischen zwei Metalldrähten (Kupfer-Zink, Kupfer-Messing, Zink-Messing, Kupfer-Platin) Selen in bestimmter Weise einschmilzt und schnell abkühlen läßt. Zeigt sich bei Belichtung der Patte zwischen den Drähten noch kein elektrischer Strom, so hat man nur das Selen ein oder mehrere Male auf 190 bis 196° zu erwärmen, es eine halbe Stunde auf dieser Temperatur zu halten und allmählich abzukühlen. Das Selen ist dann sicher photoelektromotorisch und zeigt außerdem einen verhältnismäßig großen specifischen Widerstand. Mit der Zeit verschwindet diese Eigenschaft des Selens und sein großer Widerstand, und man muß die Erwärmung auf 190°

---

[1]) Annalen der Physik, 1887, XXXI, S. 101.

wiederholen, wenn man den großen Widerstand und die elektromotorische Kraft wieder auftreten sehen will.

Alle diese Selenplatten zeigen noch eine andere interessante Erscheinung. Läßt man, während sie von einem elektrischen Strome durchflossen werden, Licht auf dieselben fallen, wodurch der Ausschlag des im Kreise befindlichen Galvanometers ein anderer wird, so kehrt die Nadel nach Abblendung des Lichtes nicht sofort zu ihrer früheren Lage zurück, vielmehr erfolgt dieser Rückgang nur sehr allmählich, und wir haben hier eine Nachwirkung des Lichtes vor uns, wie sie in anologer Weise bei den Wirkungen des Lichtes auf die Pflanzen beobachtet wird. Die Dauer der Nachwirkung des Lichtes auf das Selen ist von der Intensität und Dauer der vorangegangenen Lichtwirkung abhängig.

Das thermoelektrische Verhalten des Quecksilbers ist von A. Battelli[1]) innerhalb weiterer Temperaturgrenzen studirt worden, als bis jetzt möglich gewesen war. Das Quecksilber hat die für thermoelektrische Versuche sehr unliebsame Eigenschaft, daß es sich in Berührung mit einem Metall sofort mit demselben amalgamirt, was leicht Ströme erzeugen könnte, die den thermoelektrischen Strom verdecken. Battelli griff daher zu dem Auskunftsmittel, daß er in das Quecksilber zwei genau gleiche Elektroden tauchte, welche bei gleichen Temperaturen beider Berührungsstellen keinen Strom gaben; wenn in einer solchen Kombination auch wirklich hydroelektromotorische Kräfte existirten, so würden sie bei Änderungen der Temperatur doch nur so kleine Änderungen erleiden, daß sie innerhalb der Beobachtungsfehler fallen müßten. Er goß also reines Quecksilber in eine horizontale, mit

---

[1]) Rendiconti della Acad. dei Lincei 1887, Ser. 4, vol. III.

den Enden senkrecht nach oben gebogene Glasröhre, die an der einen Seite durch Petroleum erwärmt, an der anderen durch Eis abgekühlt werden konnte. Genau gleiche Kupferdrähte, welche in die senkrechten Abschnitte bis zur Berührung mit dem Quecksilber hinein ragten, waren mit einem empfindlichen Galvanometer verbunden. Die Messungen zwischen den Temperaturen 0° einerseits und 15,6° bis 148,6° andererseits standen stets in guter Übereinstimmung mit dem nach Taits Formel berechneten Werthen. Ebenso war die Übereinstimmung befriedigend, als die eine Kontaktstelle 99° hatte und die andere von 141,5° bis 250,1° variirte.

Auch die thermoelektrischen Kräfte zwischen Quecksilber und Zink und zwischen Quecksilber und Messing bei Temperaturen von einerseits 0°, andererseits 200° stimmten mit der Tait'schen Formel.

Weiterhin ergeben die Experimente über das thermoelektrische Verhalten der Amalgame, wobei Amalgame solcher Metalle benutzt wurden, welche bereits früher auf ihr thermoelektrisches Verhalten in Legirungen untersucht worden waren, nämlich Zinn-, Kadmium-, Wismuth-, Blei-, Zink-, Kupfer- und Natriumamalgam, folgende Resultate:

1) Im vollkommen flüssigen Zustande folgen die Amalgame in ihrem thermoelektrischen Verhalten dem Tait'schen Gesetze. 2) Wenn man das thermoelektrische Verhalten der Amalgame eines bestimmten Metalls graphisch darstellt, indem man auf einer Achse die Temperaturen, auf der anderen die elektromotorischen Kräfte aufträgt, erhält man Kurven, die nicht zwischen den Kurven der beiden komponirenden Metalle liegen, sondern mit Vorliebe nähern sie sich der Kurve des einen der beiden Metalle und überschreiten dieselbe für be-

stimmte Verhältnisse. Diese Regel gilt gewöhnlich auch für das thermoelektrische Verhalten der anderen Legirungen. 3) Die für die festen Amalgame erhaltenen Resultate zeigten keine Gesetzmäßigkeit.

Fred. T. Trouton[1]) hat die thermoelektrischen Erscheinungen in einem einzelnen Leiter genauer untersucht, und zwar in einem Eisendraht, der mit einem Galvanometer zu einem geschlossenen Kreise verbunden war. Folgende Thatsache lag den Versuchen zu Grunde: Wenn man eine Flamme unter dem Drahte so hinbewegt, daß der in der Flamme befindliche Theil stets weißglühend ist, so zeigt sich in der Richtung der Bewegung ein elektrischer Strom, dessen elektromotorische Kraft gewöhnlich in der vierten Decimalstelle liegt. Zur Erklärung heißt es, daß vor der Flamme der Temperaturabfall ein schrofferer sei als hinter derselben; dort müsse daher auch die Fortpflanzungsgeschwindigkeit der Wärme eine größere sein als hinten und diese Differenz bedinge den elektrischen Strom. Seine Größe muß also offenbar von dem Unterschiede der Temperaturgradienten abhängen, und wenn man diesen Unterschied größer macht, müßte auch der Strom zunehmen, während umgekehrt bei Milderung des Gegensatzes der Strom abnehmen müßte.

Trouton fand jedoch gerade das Gegentheil. Als er den Draht hinter der Flamme durch Wasser abkühlte, somit den Unterschied zwischen dem Temperaturabfalle vorn und hinten verminderte, war der Strom stärker. Statt der Flamme stellte man nun unter den Eisendraht eine Reihe von Gasbrennern, welche in einer bestimmten Richtung der Reihe nach entzündet wurden, so daß die eine Seite des Drahtes in Betreff seines Temperatur-

---

[1]) Proc. of the Royal Dublin Soc. 1886, V, p. 171.

abfalles ganz unverändert blieb; es zeigte sich wiederum ein Strom in der Richtung, in welcher die Entzündung der Flammen erfolgte, also nach der Stelle, wo der Temperaturabfall der steilere war. Wurden nun die Flammen in umgekehrter Richtung der Reihe nach ausgelöscht, so zeigte sich wieder ein Strom, aber jetzt in umgekehrter Richtung, und dieser Strom war intensiver, wenn man die Abkühlung durch Wasser beschleunigte. In diesem Versuche war der steile Temperaturabfall immer an derselben Seite, und gleichwohl war die Richtung des Stromes nicht dieselbe; sie scheint also mehr von dem Erwärmen und Abkühlen abzuhängen, als von dem Temperaturgradienten.

Wurde ein feuchter Faden um die eine Seite des erwärmten Stückes des Eisendrahtes gelegt, so erschien gar kein Strom. Somit folgt, daß das Eisen beim Erhitzen eine gewisse Veränderung erleidet und beim Abkühlen wieder zum ursprünglichen Zustande zurückkehrt, und daß die veränderten und unveränderten Partien thermoelektrisch gegen einander wirken. Die Rückkehr in den normalen Zustand ist aber nicht vollständig, und wenn die Flamme mehrere Male über dieselbe Stelle geführt worden ist, erleidet der Draht durch die Flamme keine weitere Veränderung mehr; er ist dann dauernd heterogen an der Stelle, wo die Erwärmung begann, gegen die, wo sie endete, und jedes Ende giebt nun beim Erwärmen einen Strom.

Von anderen Metallen zeigte Nickel ein ähnliches Verhalten wie Eisen; Kupfer, Silber und Platin dagegen nicht; eine in ihrer Struktur hervorgerufene Veränderung blieb auch nach dem Abkühlen, während Eisen und Nickel theilweise in den ursprünglichen Zustand zurückkehrten.

Die Versuche haben somit gelehrt, daß beim Erhitzen eines Drahtes eine dauernde Änderung seiner Struktur hervorgerufen wird, so daß, wenn die Verbindungsstelle zwischen dem veränderten und unveränderten Theile des Drathes erwärmt wird, ein Strom entsteht, gerade so, als handelte es sich um zwei verschiedene Metalle. Außerdem zeigten aber wenigstens einige Metalle noch eine temporäre Veränderung ähnlicher Art, wie die dauernde, welche so lange anhält als der Draht stark erhitzt ist; auch diese Änderung kann Ströme geben, weil sowohl bei ihrem Auftreten als bei ihrem Verschwinden die Strukturänderung langsamer erfolgt als die Temperaturänderung; und hierdurch wird auch der temporär veränderte Draht bei den Bewegungen der Flamme in Bedingungen gebracht, daß er mit dem unveränderten einen thermoelektrischen Strom geben kann.

Bisher hat man noch wenig Aufschluß darüber geben können, ob das sogenannte Peltier'sche Phänomen auch bei dem neutralen Punkte eines Thermopaares gilt, das heißt bei derjenigen Temperatur, bei welcher die thermo-elektromotorische Kraft gleich Null ist. Denn diese neutralen Punkte lagen entweder so hoch oder so tief, daß die Untersuchung mit großen Schwierigkeiten verknüpft war. Nun hat A. Battelli[1]) gelegentlich längerer Untersuchungen über thermoelektrische Eigenschaften von Legirungen Metallmischungen aufgefunden, welche in Kombination mit Blei ihren neutralen Punkt bei gewöhnlicher Temperatur haben. Diese erschienen vorzugsweise geeignet, über die streitige Frage aufzu-

---

[1]) Rendiconti della Acad. dei Lincei, 1887, Ser. 4, vol. III (1), p. 404.

klären. Zunächst wurde das Element Blei-Zinn untersucht (Pb10 Sn). Es ergab sich, daß bei + 16,4° das
Peltier'sche Phänomen verschwand, wogegen der neutrale
Punkt dieses Elementes nach andern Messungen bei
+ 12° liegt. Bei einem andern Thermoelement aus
Blei und Zinn-Kadmium-Legirung war das Peltier'sche
Phänomen gleich Null bei + 31,5°, während der neutrale
Punkt bei + 26° lag. Angesichts der möglichen Beobachtungsfehler scheint damit eine befriedigende Übereinstimmung gewonnen, so daß also in der That bei dem
neutralen Punkte auch das Peltier'sche Phänomen verschwindet.

Edison meint eine Methode der Umwandlung
von Wärme in elektrische Energie mit Hülfe des
Magnetismus aufgefunden zu haben, die er selbst in
einem Vortrage entwickelt, der im L'Électricien. 1887,
XI, S. 593 wiedergegeben ist. Edison läßt die Wärme
erst den Magnetismus verändern, dessen Schwankungen
sich alsdann in Induktionsströme umsetzen. Die Schlüsse,
welche zu dieser neuen Stromerzeugung führten, sind
folgende. Man weiß, daß der Magnetismus der magnetischen Metalle und namentlich von Eisen, Kobalt und
Nickel durch die Temperatur bedeutend modificirt wird;
Nickel verliert bereits bei 400° C. seine Magnetisirbarkeit,
Eisen bei Kirschgluth, Kobalt bei Weißgluth. Andererseits ist bekannt, daß jedesmal, wenn ein magnetisches
Feld in der Nähe eines Leiters seine Intensität ändert,
in diesem Leiter ein elektrischer Strom entsteht. Es müßte
danach möglich sein, wenn man einen Eisenkern in ein
magnetisches Feld bringt und durch Änderungen der
Temperatur des Kernes seine Magnetisirbarkeit verändert,
einen elektrischen Strom in einer um den Kern gewickel-
ten Spirale zu erzeugen. Dies ist das Princip des neuen

Stromerzeugers, den Edison „pyromagnetischen Elektri=
citäts=Entwickler" genannt hat.

Nach diesem Princip hat sich Edison zuerst einen
neuen Wärme=Motor konstruirt, den er „pyromagnetischen
Motor" nennt.

Man denke sich zwischen den Polen eines kräftigen
Magnets N S einen aus kleinen Eisenröhren bestehenden
Anker, der um eine zur Ebene des Magnets senkrechte
Achse rotiren kann. Läßt man dann durch einen Theil
der Röhren heiße Luft streichen, welche dieselben auf Roth=
gluth erwärmt, während man gleichzeitig durch die an=
deren Röhren, welche mittels Schirme gegen die Wirkung
der Wärme geschützt sind, kalte Luft treibt, so wird der
eine Theil der Röhren sich magnetisiren, der andere nicht,
und wenn der Schirm zu den Schenkeln des Magnets
eine unsymmetrische Stellung hat, dann beginnt der
Anker zu rotiren, da der vom Schirm geschützte stärker
magnetische Theil mehr angezogen wird als der erhitzte
Theil. Ein solcher Motor, der mittels zweier kleiner
Bunsen'scher Brenner erhitzt wurde, und mit einem Ge=
bläse versehen war, konnte etwa 700 engl. Fußpfund in
der Minute (1·5 Kilogrammmeter in der Sekunde) er=
zengen. Ein zweiter Apparat, der im Bau begriffen und
1500 Pfund schwer ist, soll etwa 3 Dampfpferde
(225 Kilogrammmeter in der Sekunde) erzeugen. Die
Luft, welche zur Heizung dient, streicht zuerst die abzu=
kühlenden Röhren und gelangt so schon erwärmt zu
dem Herde.

Der eigentliche pyromagnetische Stromerzeuger besteht
nun aus acht Elektromagneten, welche durch eine fremde
Elektricitätsquelle erregt werden. Zwischen den Polen der
Elektromagnete befinden sich röhrenförmige Anker aus sehr
dünnem gewelltem Eisenblech, die mit Drahtspiralen um=

wickelt sind. Abwechselnd streicht durch vier Anker ein
heißer Luftstrom, durch die vier anderen ein kalter; die
Anker werden so abwechselnd erhitzt und abgekühlt, dadurch wird ihre Magnetisirbarkeit, resp. ihr Magnetismus
zwischen weiten Grenzen variirt und in den sie umhüllenden Drahtrollen werden elektrische Ströme erzeugt. Die
abwechselnde Erhitzung und Abkühlung wird mittels eines
rotirenden halbkreisförmigen Schirms erzeugt, der in den
bisherigen Versuchen 120 Umdrehungen in der Minute
machte, wodurch also die Anker ebenso oft erhitzt und
abgekühlt wurden.

„Die bisher erhaltenen Resultate", sagt Edison, „führen
zu dem Schluß, daß die Ökonomie der Produktion ;elek-
·trischer Energie mittels der Wärme durch den pyromagnetischen Entwickler mindestens gleich, wahrscheinlich aber
größer sein werde, als die mittels einer anderen der jetzt
gebräuchlichen Methoden erzielte. Aber die specifische
Kraft dieses Apparates wird kleiner sein, als die einer
Dynamomaschine von gleichem Gewicht. Um 30 Lampen
von 16 Kerzen in einem Wohnhause zu speisen, wird
wahrscheinlich ein pyromagnetischer Stromentwickler von
2 bis 3 Tonnen erforderlich sein. Aber da der neue
Apparat nicht hindert, die überschüssige Energie der Kohle
zur Erwärmung des Hauses selbst zu verwerthen, und
da keine Beaufsichtigung nothwendig ist, um ihn in guter
Thätigkeit zu erhalten, so hat dieser Entwickler bereits
ein weites Feld der Anwendung vor sich. Indem man
ferner das Princip der Regeneratoren auf ihn anwendet,
wird man große Verbesserungen in Betreff seiner Kraft
realisiren können, und sein praktischer Nutzen wird wahrscheinlich gleich sein dem wissenschaftlichen Interesse der
Principien, die dieser Apparat verwendet."

Magnetische Figuren, durch schwach magnetische Körper erzeugt. E. Colardeau[1]) berichtet darüber Folgendes: Zum Studium der Kraftlinien in einem magnetischen Felde schüttet man bekanntlich Eisenfeilicht auf ein über das magnetische Feld gebreitetes Blatt Papier; die einzelnen Körner ordnen sich dann längs der Kraftlinien und geben ein anschauliches Bild von denselben. Wenn man statt des Papiers ein sehr dünnes Eisenblech über die beiden Pole eines Elektromagnets legt und in gleicher Weise Eisenfeilicht aufschüttet, so erhält man ebenfalls die gewöhnliche magnetische Figur; die direktesten Verbindungslinien der beiden Pole zeichnen sich sehr schön als Bilder der Kraftlinien ab.

Nimmt man hingegen statt des Eisenfeilichts ein feines Pulver einer Substanz von mäßig magnetischen Eigenschaften, z. B. Eisensesquioxyd oder rothes Oxyd, so häuft sich zunächst das Pulver an den Punkten der Patte unmittelbar über den Kanten der Polstücke des Elektromagnets an, und in dem ganzen Zwischenpolarraume ordnet sich das Pulver, wenn die Gruppirung durch leichte Stöße gegen die Platte befördert wird, in Linien, welche zu den Kraftlinien senkrecht stehen, also nach den äquipotentiellen Linien. Rührt man das magnetische Pulver mit Wasser an, dem etwas Gummi beigemischt ist, so kann man, nachdem das Pulver sich nach den äquipotentiellen Linien geordnet, das Wasser verdunsten lassen und fixirt so die magnetischen Bilder. Pulver nicht magnetischer Substanzen und diamagnetische Pulver geben unter gleichen Verhältnissen und bei denselben magnetischen Intensitäten nichts.

Wendet man stark magnetische Pulver an, wie natürliches, magnetisches Oxyd, durch Wasserstoff reducirtes Eisen, Nickel oder Kobalt, so wird die Wirkung kompli-

---

[1]) Journal de Phys. 1867, Ser. 2, VI, p. 83.

cirter und bei eingehender Analyse überzeugt man sich, daß sich das Pulver in Netzen abgelagert, die aus einer Kombination der beiden früheren Figuren bestehen; man sieht die magnetischen Kraftlinien, und die zu denselben senkrechten Linien. Am schönsten erhält man diese Figuren, wenn man das Pulver in Wasser angerührt hat.

Die beschriebenen Resultate erhält man sowohl mit dünnen Blechen aus Eisen, wie aus anderen stark magnetischen Metallen. Bei Anwendung dicker Patten werden die Figuren undeutlich; bei Benutzung anderer nicht magnetischer Platten, z. B. aus Kupfer, Zinn u. s. w., findet keine Gruppirung des Pulvers statt.

Die Erklärung für die eigenthümliche Anordnung der schwach magnetischen Pulver in äquipotentiellen Linien liegt nach Colardeau darin, daß die Kraftlinien nach Faraday und Maxwell gespannten, elastischen Fäden gleichen, die sich zu verkürzen suchen. Die in den Kraftlinien liegenden Körner werden diesem Verkürzungsbestreben folgen und sich vom Rande der Platte nach der Mitte bewegen, wenn die Platte angeschlagen und das Korn frei beweglich wird. Die stark magnetischen Pulver halten sich in der Richtung der Kraftlinien zu stark fest, um diesem Bestreben folgen zu können; die schwach magnetischen werden sich aber in der Senkrechten zu den Kraftlinien verschieben, und wenn ein Korn durch eine Rauhigkeit der Unterlage festgehalten wird, bildet sich eine ganze Reihe solcher Körnchen aus, welche die äquipotentielle Linie zur Anschauung bringt.

Eine merkwürdige Änderung der Temperaturvertheilung im magnetischen Felde wird von Walther Nernst[1]) als Anhang zu einer größeren Abhandlung

---

[1]) Annalen der Physik 1887, XXXI, S. 787.

über thermo-magnetische Ströme mitgetheilt. Wenn man einen Kupferstab an einem Ende stark erhitzt und mit dem anderen zwischen die Pole eines kräftigen Elektromagnets hineinragen läßt, so beobachtet man, das rings herum in der zu den magnetischen Kraftlinien senkrechten Ebene die Temperatur nach Erregung des Feldes ziemlich rasch sinkt und schließlich einen stationären Zustand annimmt; nach Öffnen des magnetischen Stromes kehrt die frühere Temperaturvertheilung zurück. Ein Thermometer, das zwischen den Polen dem Kupferstabe in 2 bis 3 mm Entfernung gegenüberstand, zeigte vor der Erregung des Elektromagnets 35⁰, nach der Erregung von 5000 c. g. s. sank es um 2 bis 3⁰. Die Wirkung schien annähernd dem Quadrate der Feldstärke proportional. Über und unter dem Kupferstabe, in der Richtung der Kraftlinien vor und hinter demselben, war die Wirkung nicht vorhanden. Ebenso wenig war eine Abkühlung zu bemerken, wenn ein Thermoelement an die Endfläche des Kupferstabes angelöthet war, und sie verschwand auch, wenn man das Ende des erhitzten Stabes mit Watte umhüllte.

Es verschwindet somit nach Erregung des Feldes eine Menge Wärme zwischen den Polen. Als Äquivalent dafür fand Nernst außerhalb des Feldes zu beiden Seiten des Kupferstabes, und zwar wiederum in einer den Polflächen parallelen Ebene, daß die Temperatur nach Erregung des Feldes bedeutend anstieg, und zwar bis 5⁰. Die Erscheinung bleibt dieselbe sowohl bei berußten als mit Papier beklebten Polflächen. Auch die Ausbreitung der Wärmestrahlen in die Luft wurde durch den Magnetismus nicht verändert, da ein Thermometer zwischen den Polen sich nach Erregung des Magnetismus ebenso abkühlte wie vor derselben.

Versuche von Angelo Battelli[1]) über den Einfluß des Magnetismus auf die Wärmeleitungsfähigkeit des Eisens führten zu nachstehenden Resultaten: Längsmagnetisirung vermehrt die Leitungsfähigkeit, Quermagnetisirung vermindert sie; die gefundenen Werthe für diese Änderungen sind indessen erheblich kleiner als die von Maggi und Tomlinson angegebenen. In einem Magnetfelde von 1430—1500 C. G. S. beträgt bei longitudinaler Magnetisirung die Änderung der Wärmeleitungsfähigkeit ungefähr 0,002 der normalen. Bei transversaler Magnetisirung hingegen und in einem Felde von 1400 Einheiten beträgt die Änderung etwa 0,004 des normalen Werthes.

Bringt man eine Wismuthplatte zwischen die Pole eines kräftigen Magnetes, so steigt nicht nur ihr elektrischer Widerstand ganz bedeutend, sondern es wird auch die Richtung der die Platte durchfließenden Stromlinien verschoben, welche letztere Erscheinung unter dem Namen des Hall'schen Phänomen bekannt ist. Das ließ vermuthen, daß der Magnetismus die ganze Struktur des Metalles ändern und wahrscheinlich auch die Wärmeleitungsfähigkeit in derselben Weise beeinflusse, wie die elektrische Leitungsfähigkeit. Diesen Punkt hat Leduc[2]) näher geprüft und macht darüber der Pariser Akademie folgende Mittheilungen. Ein Wismuthstab zwischen den Polflächen eines kräftigen Elektromagnets wurde an einem Ende mittels eines Wasserdampfofens erwärmt, während das andere Eude frei blieb. Nun legte man eine thermoelektrische Sonde an einem Punkte A des Stabes an

---

[1]) Atti della Acad. di Torino 1886, XXI, p. 799.
[2]) Compt. rend. 1887, CIV, p. 1783.

und verband sie mit einem Galvanometer von geringem
Widerstande; der thermoelektrische Strom wurde dann
durch passende Mittel kompensirt und die Nadel auf Null
gebracht. Wenn nun der Elektromagnet erregt wurde,
so zeigte die Nadel des Galvanometers, gleichgültig wo
der Punkt A lag, eine neue Ablenkung, welche eine Temperaturerniedrigung andeutete, also eine Abnahme der
Wärmeleitung.

Drei Platindrähte A, B, C wurden in gleichen Abständen an den Wismuthstab gelöthet und zwar so, daß
A dem Ofen am nächsten war; sie nahmen bei gleich-
mäßigem Wärmeabfluß die Temperaturen t, t₁, t₂ an.
Die beiden Drähte A und B bildeten nun mit dem
zwischen ihnen liegenden Stück Wismuth zwei entgegengesetzte Wismuth-Platin-Ketten und die Potentialdifferenz,
die sich zwischen ihnen herstellte, entsprach der Temperaturdifferenz $t - t_1$; eine Messung derselben durch das
Galvanometer mittels der Kompensationsmethode ergab,
daß diese Potentialdifferenz unter dem Einflusse des magnetischen Feldes zunahm.

In einem Versuche, in welchem die Platindrähte 2 cm
von einander entfernt gewesen und das magnetische Feld
ungefähr 7800 c g s betragen, waren die Temperaturdifferenzen, ausgedrückt in Mikrovolts, des thermoelektrischen Stromes: zwischen t und t₁ ohne Magnetismus
1950 und mit Magnetismus 2060; die Temperaturdifferenz zwischen t₁ und t₂ war ohne Wirkung des
Magnetfeldes 572 und im Magnetfelde 583. — Aus
seinen Zahlen berechnet Leduc das Verhältnis der Wärmeleitung im Magnetfelde zu der Wärmeleitung ohne magnetische Einwirkung auf 0·86.

Zur selben Zeit als Leduc vorstehende Angaben der

Akademie einreichte, machte auch Augusto Righi[1]) der Academia dei Lincei nachstehende vorläufige Mittheilungen über denselben Gegenstand. „Ich habe vor einiger Zeit nachgewiesen, daß der Einfluß des Magnetismus im Wismuth eine sehr bedeutende Änderung des elektrischen Widerstandes erzeugt, und daß gleichzeitig in diesem Metalle das Hall'sche Phänomen (die Ablenkung der Stromlinien in einer Platte) mit sehr großer Intensität auftritt. Einige Physiker haben diese Thatsachen bestätigt, welche daher als für die Wissenschaft gewonnen betrachtet werden können; andere haben jüngst weitere, besondere Eigenthümlichkeiten des in das magnetische Feld gebrachten Wismuth gefunden.

Der Zusammenhang, welcher zwischen der Elektricitäts- und der Wärmeleitung zu bestehen scheint, veranlaßte mich zu untersuchen, ob auch die thermische Leitungsfähigkeit des Wismuth durch den Einfluß des Magnetismus verändert werde. Die Untersuchung bietet aber sehr große Schwierigkeiten, welche ich erst jetzt glaube überwunden zu haben, Dank einer besonderen Anordnung der thermoelektrischen Paare und mit Hülfe anderer besonderer Kunstgriffe.

Während ich noch meine Untersuchung fortsetze, halte ich es für angezeigt, von dem bisher in zweifelloser Weise erhaltenen Resultat Rechenschaft zu geben.

Ich habe feststellen können, daß in der That die Leitungsfähigkeit eines Wismuth-Stabes, der in äquatorialer Richtung zwischen die Pole eines Elektromagnets gebracht ist, beträchtlich abnimmt, wenn man das magnetische Feld herstellt. In einem Felde von der Intensität 4570 Einheiten (C. G. S.) etwa war das Verhältnis zwischen der

---

[1]) Rendiconti 1887, Ser. 4, vol. III (1), p. 481.

Leitungsfähigkeit k' des der Wirkung des Magnetismus ausgesetzten Wismuth zur gewöhnlichen Leitungsfähigkeit k desselben Stückes k'/k = 0·878.

Ein Stück Wismuth, das in gleicher Weise aus dem zuerst benutzten Barren hergestellt war, und in dasselbe magnetische Feld gebracht wurde, zeigte eine Änderung des elektrischen Widerstandes, die nahezu der Änderung der Wärmeleitungsfähigkeit entspricht. Nennen wir r den Widerstand des Wismuthstückes unter normalen Verhältnissen und r' den Widerstand, den es hat, wenn es sich im magnetischen Felde befindet, so war r/r' = 0·886.

Diese Resultate müssen als annähernde betrachtet werden; wenn die Untersuchung beendet sein wird, werde ich die genaueren Resultate geben."

Über die Arbeiten beider Physiker verbreitet sich Albert v. Ettinghausen. [1) „In jüngster Zeit haben die Herren Righi und Leduc kurze Berichte über Versuche veröffentlicht, aus denen sie den Schluß ziehen, daß die thermische Leitungsfähigkeit des Wismuths im magnetischen Felde in dem gleichen Betrage abnehme, wie dies für die elektrische Leitungsfähigkeit der Fall ist; es ist dabei vorausgesetzt, daß die Kraftlinien des Feldes die Strömungslinien der Wärme, resp. der Elektricität rechtwinklig durchschneiden. Hr. Nernst konnte keinen Einfluß magnetischer Kräfte auf die thermische Leitungsfähigkeit des Wismuths bemerken, dagegen ergaben Experimente, welche ich schon vor längerer Zeit gelegentlich angestellt habe, in der That eine Abnahme für das Wärmeleitungsvermögen k, jedoch schien die Verminderung dieser Größe bei weitem geringer zu sein, als jene des elektrischen Leitungsvermögens $\varkappa$. . Sorgfältige neuere Versuche, bei welchen sowohl Platten,

---

[1) Annalen der Physik 1888, XXXIII. Nr. 1, S. 129.

als auch Stangen aus Wismuth den Versuchen unter=
worfen und sehr kräftige magnetische Felder angewendet
wurden, haben dieses Resultat bestätigt.

Aus den Mittheilungen des Hrn. Righi ist zu ent=
nehmen, daß er die Temperaturen an drei äquidistanten
Punkten einer Wismuthstange mit Hülfe von Thermo=
elementen maß; Hr. Leduc dagegen hatte eine Anordnung
getroffen, um die Temperaturdifferenzen zwischen je zwei
Stellen zu beobachten: hierbei mußte aber der sogenannte
longitudinale thermomagnetische Effekt, d. h. eine in der
Richtung des Wärmestromes in der Patte wirkende elek=
tromotorische Kraft auftreten, welche sich mit Kommutirung
des Feldes nicht ändert, sodaß aus diesem Grunde Hrn.
Leduc's Versuche nicht als entscheidende angesehen werden
können.

Die Richtung und Größe dieses longitudinalen ther=
momagnetischen Effektes hängt außer von der Beschaffen=
heit des Wismuths wesentlich von der mittleren Tempe=
ratur ab, welche die Theile der Platte zwischen den
Elektroden besitzen; die durch das Magnetfeld geweckte
elektromotorische Kraft zeigt sich dabei von gleicher Stärke,
mag man Kupfer= oder Neusilberdrähte an die Platte
löthen, während die thermoelektrischen Kräfte der Kombi=
nationen Wismuth=Kupfer und Wismuth=Neusilber bei
gleicher Temperaturdifferenz der Löthstellen sich nahe wie
$6 : 5$ verhalten. So bewirkte in einer rechteckigen, 0·35 cm
dicken, 7 cm langen Platte aus sehr reinem Wismuth,
deren eines Ende durch einen Dampfstrom erwärmt wurde,
ein magnetisches Feld von der absoluten Intensität
$M = 9500$ C.=G.=S. zwischen zwei Stellen der Mittel=
linie, deren Temperaturen etwa 99 und 56° C. waren,
eine longitudinale elektromotorische Kraft von 39 Mikro=
volt, welche in der Patte einen Strom von der kälteren

zur wärmeren Stelle verursachte; zwischen den Stellen mit den Temperaturen 56 und 36⁰ war die longitudinale Kraft 40 Mikrovolt, wirkte aber in der Platte in entgegengesetzter Richtung: ebenso erzeugten die elektromotorischen Kräfte zwischen den Stellen mit den Temperaturen 36 und 24⁰ (29 Mikrovolt), resp. zwischen 24 und 20⁰ (15 Mikrovolt) Ströme, welche von der wärmeren zur kälteren Stelle in der Platte flossen. Von solchen störenden Einflüssen sind daher nur Messungen frei, bei welchen kein Theil der Platte einen Theil der Galvanometerleitung bildet."

Seine eigenen Versuche machte Ettinghausen mit einer Wismuthplatte oder -stabe, an der vier gleichweit von einander entfernte (1·8 cm) Löthstellen A, B, C, D von Neusilber- oder Kupferdraht befestigt waren. Bezüglich des Wärmeleitungsvermögens fand er im magnetischen Felde M = 8800 an den Stellen B, C, D eine Verminderung der thermischen Leitungsfähigkeit von 5·2 bis 2·8 und 3·2%. Bei einem anderen Versuch in dem magnetischen Felde M = 9400 war die Verminderung von k beziehungsweise 3·0, 2·1 und 3·7 Proc.

Eine sehr bedeutende Änderung durch den Magnetismus zeigte die elektrische Leitungsfähigkeit ϰ; im Felde M = 9200 fand sich die Widerstandsvermehrung, als der Plattentheil zwischen den Stellen A und B untersucht wurde, 27·1 Proc., zwischen den Stellen B und C: 30·3, zwischen C und D: 28·2 Proc.

Eine Wismuthstange (ziemlich rein), 9·5 cm lang, 0·7 cm dick, auf dieselbe Weise wie der Streifen untersucht, zeigte eine Verminderung von k um 2·1 Proc. im Felde M = 6800, endlich eine Patte aus wenig reinem Wismuth um etwa 3·2 Proc. im Felde M = 9400; bei letzterem Wismuth nahm die elektrische Leitungsfähigkeit

in demselben Felde nur um circa 14 Proc. ab. Es ergiebt sich also aus den angeführten Versuchen, daß ther-
misches und elektrisches Leitungsvermögen durch magnetische Kräfte in sehr verschiedenem Maße verändert werden.

Bezüglich der Deviation oder Drehung, welche nach
Leduc die isothermen Linien in Wismuth durch magnetische
Kräfte erhalten sollen, bemerkt Ettinghausen: „Bei meinen
Beobachtungen über den transversalen thermomagnetischen
Effekt und die galvanomagnetische Temperaturdifferenz
habe ich in reinem Wismuth diese Ablenkung der Isothermen nicht konstatiren können; ich brachte bei den darauf abzielenden Versuchen die Löthstellen nicht in direkte
metallische Verbindung mit der Patte, sondern isolirte
dieselben sorgfältig durch zwischen gelegte Glimmerblättchen.
Da nun in reinem Wismuth die Deviation der Isothermen nur sehr gering zu sein scheint, so konnte dieselbe leicht der Beobachtung entgehen, obwohl stets Kom-
mutirungen des magnetischen Feldes vorgenommen wurden.

Als die thermoelektrischen Sonden in den Mitten der
Langseiten einer rechteckigen Platte angelöthet waren, ließ
sich die durch den Magnetismus hervorgerufene Temperaturänderung dieser Stellen ohne Schwierigkeit nachweisen,
wenn die andere Löthstelle des Thermoelementes in ein
Gefäß mit Wasser von konstanter Temperatur tauchte.

Was die Größe dieser Temperaturändernng betrifft,
so fand ich sie bei einer 2·2 cm breiten Patte aus reinem
Wismuth im Felde M = 9500 nur etwa 1/8° C., bei
einer anderen 1·8 cm breiten Patte in demselben Felde
nahe 1/10°. Dagegen war die Wirkung viel stärker bei
einer Patte aus unreinem Wismuth (2.4 cm breit), wo
die Temperaturänderung einer Randstelle bei der Feld-
intensität M = 9400 über 1/2° betrug.

Die Ablenkung der Wärme durch die magnetischen

14

Kräfte findet in solcher Weise statt, daß dadurch in einer an die freien Ränder der Wismuthplatte angelegten Leitung thermoelektrische Ströme entstehen müssen, welche die entgegengesetzte Richtung haben, als die von mir mit Dr. Nernst beobachteten transversalen thermomagnetischen Ströme; letztere können also, auch wenn man von ihrer bedeutenden Stärke absehen wollte, auf die Deviation der Isothermen nicht zurückgeführt werden, wie auch jüngst von Hrn. Grimaldi hervorgehoben worden ist.

Bei seinen Versuchen mit Wismuth im magnetischen Felde fielen Righi[1]) Anzeichen von Drehungserscheinungen auf, welche dem Hall'schen Phänomen ähnlich waren. Wurde eine rechteckige Wismuthplatte zwischen die Pole eines Elektromagnets mit ihren Flächen senkrecht zu den Kraftlinien gebracht und wurden die Enden auf konstanten, verschiedenen Temperaturen erhalten, so konnte man direkt feststellen, daß die Isothermen-Linien gedreht sind in umgekehrter Richtung zum magnetisirenden Strome, das heißt in derselben Weise, in welcher die Linien gleichen Potentials gedreht werden, wenn ein konstanter elektrischer Strom die Platte durchfließt, statt eines permanenten Wärmestromes.

Wie der Magnetismus verändernd auf die elektrische Leitungsfähigkeit wirkt, ist zuerst für Eisen, Nickel und Wismuth festgestellt worden. Dabei ergaben sich ziemliche Unterschiede zwischen Eisen und Wismuth, so daß sich die Frage aufdrängte, ob nicht der magnetische oder diamagnetische Charakter des Metalles eine Rolle spiele. Darüber stellte Giuseppe Faè[2]) eine weitere Reihe von Versuchen an, zunächst mit dem magnetischen Kobalt und dem diamagnetischen Antimon. Aus letzterem wurden

---

[1]) Atti della Accademia dei Linc. 1887, Ser. 4, III (2) p. 6.
[2]) Atti del Istituto Veneto 1887, Ser. 6, V.

dünne Cylinder gegossen, die durch wiederholtes Erwärmen
und Abkühlen gereinigt wurden. An den Enden waren
mittels Zinn dicke Kupferdrähte angelöthet zur Verbindung mit dem elektrischen Kreise. Der elektrische Widerstand und seine Änderung wurde nach Matthiessen's
Methode bestimmt; das magnetische Feld mittels eines
Ruhmkorff'schen großen Elektromagnets hergestellt. Es
ergab sich, daß das Antimon im magnetischen Felde einen
größeren elektrischen Widerstand besaß, wenn der Strom,
der es durchfloß, senkrecht zu den Kraftlinien gerichtet
war, als bei paralleler Richtung. Es schien ferner, daß
bei derselben Intensität des Magnetfeldes die Zunahme
bei der transversalen Richtung größer war, als bei longitudinaler Richtung.

Das Kobalt wurde in seinen Plättchen auf elektro-
lytischem Wege aus dem Chlorür einer Platte eines Gemisches von Graphit und Stearin zwischen zwei Kupferdrähten niedergeschlagen. Wenn nun die Ebene der Platte
im magnetischen Felde den Kraftlinien parallel war, so
erfolgte eine Verminderung des elektrischen Widerstandes. Wenn hingegen die Platte senkrecht zu den Kraftlinien stand, so beobachtete man eine Steigerung des
Widerstandes.

Hiernach verhält sich das Antimon in derselben Weise
wie das Wismuth nach den Beobachtungen von Righi,
und das Kobalt ähnlich, wie Thomson für Eisen und
Nickel gefunden.

Dieselbe Frage hat D. Goldhammer[1]) bezüglich weiterer Metalle behandelt und geprüft, wie sich ihr elektrisches
Leitungsvermögen im intensiven magnetischen Felde ändert,
wenn die Stellung der Metallplatte zwischen den Magnet-

---

[1]) Annalen der Physik 1887, XXXI, S. 360.

polen zu den magnetiſchen Kraftlinien zwiſchen den Winkeln
0⁰ und 90⁰, und die Richtung des hindurchgehenden
Stromes zwiſchen paralleler und ſenkrechter Stellung
variirt.

Bei Silber, Gold und Meſſing fanden ſich negative
Reſultate, bei den ſechs anderen Metallen hingegen laſſen
ſich die Ergebniſſe dahin zuſammenfaſſen, daß in der
Richtung der Kraftlinien der Widerſtand ſämmtlicher
Metalle zunimmt, daß in der zu den Kraftlinien ſenk-
rechten Linie der Widerſtand bei den diamagnetiſchen
Metallen Wismuth, Antimon und Tellur gleichfalls zu-
nimmt, hingegen bei den magnetiſchen Metallen Eiſen,
Nickel und Kobalt abnimmt. Dieſe Reſultate ſtimmen
mit den vorſtehenden des Herrn Faé überein.

Die Ergebniſſe der Verſuche, die Giov. Grimaldi[1]
über die Einwirkung des Magnetismus auf das
thermoelektriſche Verhalten des Wismuths angeſtellt hat, ſind folgende. Das Wismuth war reines
Handelsmetall und der magnetiſirende Strom beſtand aus
12 Bunſen'ſchen Elementen. Die thermo-elektromotoriſche
Kraft des Wismuth gegen Kupfer wird durch den Magnetismus beträchtlich verringert; die Differenzen zwiſchen
der zweiten Ableſung und dem Mittel aus der erſten und
dritten, welche die Größe dieſer Verringerung meſſen,
ſtiegen bis 45 mm der Skala.

Zur Kontrole wurden beide Löthſtellen des Wismuth-
Kupfer-Elements auf 0⁰ gebracht und das kompenſirende
Element ſo abgeſchwächt, daß die Ablenkung des Galvano-
meters dieſelbe war wie vorher. Wurde nun der Verſuch
in derſelben Weiſe angeſtellt, wie oben, ſo zeigte der
Magnetismus keine Einwirkung.

---

[1] Rendiconti della Ac. dei Lincei 1887, III (1), p. 134.

Zu den Veränderungen, die der Magnetismus im Eisen bezüglich seiner physikalischen Eigenschaften hervorruft, gesellt sich auch eine von Thomas Andrews[1]) beobachtete Veränderung elektrochemischen Einwirkungen gegenüber. Andrews schnitt aus ein und demselben gut polirten Eisenstab zwei möglichst gleiche Stücke heraus und traf solche Anordnungen, daß das eine durch den Strom magnetisch gemacht werden konnte, das andere aber unmagnetisch blieb, während beide in ein und dieselbe Salz- oder Säurelösung tauchten. Hierbei ergab sich, daß der magnetisirte Stab in den meisten Lösungen zum positiven Metall wurde; das Galvanometer zeigte eine stetig wachsende Positivität des magnetischen Stabes im Vergleich zu dem unmagnetischen Eisen. Dieselbe schien herzurühren von einer gesteigerten Wirkung der Säuren und Salzlösungen auf den magnetisirten Stab, und in Folge dessen war dieser mit koncentrirterer Lösung umgeben als der nicht magnetisirte Stab. In einigen Fällen, in denen die stärksten Flüssigkeiten wirkten, schien ein Maximum der Positivität des magnetisirten Stabes einzutreten und nachher eine Abnahme sich bemerklich zu machen. Bei Anwendung von koncentrirter Schwefelsäure, unter gleicher Wärmewirkung und Temperaturdifferenz, verhielt sich der magnetisirte Stab negativ gegen den unmagnetisirten Stab.

Auch die verdünnte Chlorwasserstoffsäure verhielt sich ähnlich, wie die koncentrirte Schwefelsäure; der magnetisirte Stab war in derselben negativ zum unmagnetisirten. In allen Flüssigkeiten, welche den magnetisirten Stab positiv machten (es wurden elektromotorische Kräfte von 0·023 und selbst 0·11 Volt beobachtet), war Salpetersäure

---

[1]) Proc. of the R. Society 1887, XLII, Nr. 256, p. 459.

enthalten, welche sowohl allein, als besonders in den be=
nutzten Mischungen eine sehr kräftige oxydirende Wirkung
auf das Eisen ausübt; hingegen erzeugen Schwefelsäure
und Chlorwasserstoffsäure mehr reducirende Substanzen,
und diese würden das abweichende negative Verhalten
des magnetisirten Stabes in diesen Säuren erklären.

Im Ganzen läßt sich der Schluß ziehen, daß die
Magnetisirung an sich nur eine Steigerung der elektro=
chemischen Einwirkung der Flüssigkeit zur Folge gehabt
habe; bei den Salpetersäure haltenden Flüssigkeiten wurde
die Oxydation gesteigert, das magnetische Metall wurde
positiv, bei der Schwefelsäure und Salzsäure wurde die
Menge der reducirenden Substanzen vermehrt und der
magnetische Stab wurde negativ.

Den Einfluß des Magnetismus auf elektrische
Entladungen in verdünnten Gasen studirte L. Boltz=
mann[1]) durch folgenden Versuch. Eine plattgedrückte
Geißler'sche Röhre mit meist 2 bis 5 mm Gasdruck wurde
in ein homogenes magnetisches Feld gebracht; ihr Quer=
schnitt senkrecht zu den Kraftlinien war nahezu ein
Rhombus mit den Diagonalen von 6 cm und 4 cm,
ihre Dicke etwa 2 cm; an den Ecken waren die Elektro=
den angebracht. Durch die beiden Elektroden an den
spitzen Winkeln ging ein Induktionsstrom, während die
beiden anderen Elektroden mit einem Galvanometer ver=
bunden waren.

Bei der angegebenen Anordnung des Versuches ging
stets ein Strom durch die Transversalelektrode, und zwar
war die Austrittsstelle des positiven Stromes aus der
Röhre jedesmal an derjenigen Transversalelektrode, von
welcher der Lichtstreifen weggedrängt wurde. Vergleicht

---

[1]) Annalen der Physik 1887, XXXI, S. 789.

man diese Wirkung mit dem von Hall in Metallen ge=
fundenen, ähnlichen Phänomen, so verhält sich die Luft
wie Wismuth oder Gold. Wurde das Rohr mit Wasser=
stoff oder Kohlensäure von nahezu gleichem Drucke gefüllt,
so zeigten diese Gase dasselbe Verhalten wie die Luft.
Der Strom der Transversalelektroden war im Mittel
etwa gleich dem 60sten bis 30sten Theile des Primär=
stromes bei einem Felde von etwa 1800 c. g. s.

Da die verdünnten Gase sich in diesem Versuche ganz
so verhielten wie die Metalle bei dem Hall'schen Phäno=
men, glaubte Verfasser in der bekannten Thatsache, daß
die Wirkung eines Magnets den Durchgang des Stromes
durch Geißler'sche Röhren erschwert, ein Analogon zur
Widerstandsvermehrung des Wismuth im magnetischen
Felde erblicken zu dürfen. Ein direkter Versuch ergab in
der That, daß die Wirkung des Magnetfeldes den Wider=
stand der Geißler'schen Röhre etwa verzehnfachte.

Daß der Magnetismus die Ausflußgeschwin=
digkeit diamagnetischer Flüssigkeiten von bedeu=
tender Oberflächenspannung steigert, hat H. Dufour[1]
durch folgenden Versuch bewiesen. Aus einer horizontalen
Kapillarröhre, die sich zwischen den Polen eines großen
Elektromagnets befand, floß Quecksilber in einer Parabel
aus; der Strahl war zusammenhängend bis zu einem
bestimmten Abstande von der Öffnung, nachher löste er
sich in Tropfen auf. Wenn nun der Elektromagnet wirkte,
wurde die Parabel ausgedehnter, und gleichzeitig der zu=
sammenhängende Theil des Strahles länger. Diese Er=
scheinung beweist eine vermehrte Ausflußgeschwindigkeit des
Quecksilbers unter dem Einflusse des Magnets.

Nach dem Poiseuille-Hagen'schen Gesetze ist die Aus=

[1] Archives des scienc. phys. et nat. 1887, XVII, p. 162.

flußgeschwindigkeit einer Flüssigkeit aus einem Kapillarrohre v = p d⁴/cgl, wo p den Druck, d den Durchmesser, l die Länge der Röhre und c einen Koëfficienten,
den man den Koëfficienten der inneren Reibung der
Flüssigkeit nennen kann, bedeutet. Dieses Gesetz gilt auch
für Flüssigkeiten, welche, wie das Quecksilber, das Glas
nicht benetzen. Der vorstehende Versuch zeigt nun, daß
beim Quecksilber der Koëfficient c in einem magnetischen
Felde abnimmt, wenn die ausfließende Flüssigkeit stark
diamagnetisch ist. Setzt man den Koëfficienten c für
gewöhnlich = 1, so wird er unter der Einwirkung des
Magnetismus etwa = 0·92.

Eine einfache und sichere Methode, die Wirkung von
Magnetismus auf Flüssigkeiten zu zeigen, giebt
S. T. Morehead [1] an. Man gießt in eine Glasröhre
von etwa 4 bis 5 mm innerem Durchmesser eine geringe
Menge der Flüssigkeit, so daß sie einen kurzen Cylinder
bildet. Die Röhre wird dann horizontal und rechtwinkelig
zu den Kraftlinien gestellt, so daß die Flüssigkeit sich
nahezu zwischen den Polen befindet. Wenn nun der
magnetisirende Strom geschlossen wird, wird die biamagne-
tische Flüssigkeit deutlich abgestoßen; Wasser wurde etwa
1/2 cm weit abgestoßen und Holzgeist noch weiter. Indem die Röhre in der Richtung ihrer Länge verschoben
wurde, konnte der Holzgeist auf jede beliebige Entfernung
durch die Röhre getrieben werden. Die Größe der Bewegung hing ab von den Widerständen der Abhäsion und
Reibung, und andererseits von der Stärke der Abstoßungskraft. Die magnetische Anziehung von Flüssigkeiten wird
nach derselben Methode gleichfalls leicht zur Anschauung
gebracht.

---

[1] Americ. Journal of Sc. 1887, Ser. 3, Bd. 34, S. 227.

Wenn Stahl von Weißgluth an gleichmäßig abgekühlt wird, so beobachtet man von einer gewissen Temperatur an, daß die Abkühlung langsamer wird; gleichzeitig
macht sich eine Veränderung im magnetischen Verhalten
geltend, was auf eine molekulare Umwandlung hindeutet
(Le Châtelier und Pionchon). Nach einer gewissen Zeit
wird die Abkühlung wieder regelmäßig, erleidet aber zum
zweiten Male eine Unterbrechung, indem sich plötzlich eine
Erwärmung einstellt, die der Entdecker Barrett mit der
Bezeichnung „Rekalescenz" belegte. Später geht die Abkühlung wieder ihren ruhigen Gang. F. Osmond[1]
hat nun zu ermitteln gesucht, welchen Einfluß der Kohlenstoffgehalt des Stahls auf die beiden Erscheinungen
— molekulare Änderung und Rekalescenz ausübt. Er
prüfte dazu Stäbe aus Gußstahl mit verschiedenem Kohlenstoffgehalt, die er zwischen 800° und Lufttemperatur sich
erwärmen und auch abkühlen ließ. Gußstahl mit 0·16
Proc. Kohle zeigte nur ganz geringe Unregelmäßigkeiten.
Wurde Stahl von 0·57 Proc. Kohle mit einer Geschwindigkeit von 1° in der Sekunde abgekühlt, so zeigte sich
eine erste Verlangsamung zwischen 736° und 690°, worauf
der Gang wieder normal wurde. Bei 675° blieb das
Thermometer dann plötzlich stehen, stieg auf 681° und
sank nach einer Verzögerung von etwa 25 Sekunden
normal weiter. Bei passendem Kohlenstoffgehalte zeigten
sich also beide Erscheinungen: die molekulare Umwandlung
des Eisens und die Rekalescenz, welche von einer Änderung der Beziehungen zwischen Kohle und Eisen herrührte.
Denn wenn man das Eisen zwischen diesen beiden kritischen Temperaturen in kaltes Wasser tauchte, war es
zwar für die Feile ganz weich, aber wenn man es in

---

[1] Compt. rend. 1886, CIII, p. 743.

Salpeterfäure tauchte, erwies sich der Kohlenstoff im Zustande der getemperten Kohle. Oberhalb 736⁰ erhielt man durch das Abschrecken gewöhnlichen, getemperten Stahl, unterhalb 675⁰ zeigte sich gar keine Wirkung. — Beim Erwärmen flossen diese beiden Erscheinungen zusammen und zeigten nur eine Verlangsamung im Steigen des Thermometers zwischen 719⁰ und 747⁰.

Bei hartem Stahl mit 1·25 Proc. Kohlenstoff flossen beide Erscheinungen sowohl beim Erwärmen wie beim Abkühlen zusammen; beim Erwärmen fand man eine Verlangsamung zwischen 723⁰ und 743⁰, beim Abkühlen einen plötzlichen Stillstand bei 694⁰, mit Erwärmung auf 704⁰. Bei steigendem Kohlenstoffgehalt sinkt also die Temperatur der Umwandlung des Eisens, während die der Rekalescenz steigt, so daß beide im harten Stahl zusammenfallen.

Die Schnelligkeit der Erwärmung hatte auf die Lage der kritischen Punkte keinen Einfluß; hingegen veranlaßte ein schnelleres Abkühlen ein Sinken derselben, so daß man beim plötzlichen Abschrecken keine Störung mehr beobachtete. Die kritischen Punkte sanken ein wenig, wenn man die Ausgangstemperatur, von der man den Stahl der Abkühlung überließ, erhöhte. Beim Anlassen nach dem Tempern entwickelte sich die latente Wärme der Härtung allmählich und nicht plötzlich.

Eine zweite Reihe [1] von Versuchen prüfte den Einfluß von Mangan und anderen Stoffen. Vier Stahlsorten A, B, C, und D, deren Mangangehalt 0·27, 0·50, 1 und 1·08 Proc. betrug, zeigten bei Abkühlung von 1100⁰ an die erste Verlangsamung: A bei 800⁰—715⁰, B bei 760⁰—690⁰, C bei 725⁰—690⁰ und D bei

---

[1] Compt. rend. 1887, CIV, p. 985.

720⁰—643⁰; ihre Rekalescenz erschien: in A bei 685⁰, in B bei 664⁰, in C bei 648⁰, in D bei 643⁰. Zwei Eisenmangane von resp. 20 und 50 Proc. Mangan zeigten weder die eine noch die andere Wärmeanomalie. Das Mangan verzögert somit die molekulare Umwandlung des Eisens und die Rekalescenz, und zwar um so länger, je größer seine Menge ist. Diese Wirkung ist derjenigen gleichbar, welche eine schnellere Abkühlung eines mangan= freien Stahls von gleichem Kohlengehalt hervorbringen würde; sie ist gleichwerthig mit einer Härtung, was mit den bekannten mechanischen Eigenschaften des mangan= haltigen Stahls übereinstimmt.

Wolfram hat die gleiche Wirkung wie Mangan und sogar noch in ausgesprochenerer Weise. Ein Stahl, der ziemlich viel Wolfram und Mangan enthielt, zeigte bei der Abkühlung von 1100⁰ an die Rekalescenz erst bei 540—530⁰.

Chrom scheint auf die molekulare Umwandlung des Eisens nicht einzuwirken, dagegen wirkt es deutlich auf die Rekalescenz, aber entgegengesetzt wie das Mangan; es erhöht die Temperatur, bei welcher diese Erscheinung auftritt.

Silicium und Phosphor scheinen keinen Einfluß zu haben. Der Schwefel hingegen neutralisirt, so zu sagen, einen Theil des Mangans. Ein Stahl, der 0·28 Proc. Schwefel und 0·51 Proc. Mangan enthielt, zeigte die Rekalescenz bei 696⁰, während der Stahl B von gleichem Mangangehalt sie bei 664⁰ hatte.

Jeder fremde Körper im Stahl spielt somit eine be= stimmte Rolle, und bestimmte Mengen der verschiedenen Körper zeigen in der Regel einen gleichen Einfluß nur in Bezug auf eine einzige physikalische Eigenschaft, wäh=

rend die anderen Eigenschaften gleichzeitig nach anderen
Gesetzen verändert werden.

Vor zwei Jahren hatte W. F. Barrett[1] von Herrn
Bottomley ein Stück Stahl zugeschickt erhalten, das sich
merkwürdiger Weise als fast unmagnetisirbar erwies. Da
der Stahl manganhaltig war, so ließ Barrett noch
mehrere Stücke in derselben Fabrik anfertigen, um den
Einfluß des Mangans näher zu studiren. Die Dichte
dieses Manganstahles betrug 7·81 gegen 7·717 des gewöhnlichen Stahles. Durch einen besonderen Kunstgriff
wurden auch Drähte daraus hergestellt. Dieser Manganstahl wird nämlich, wenn man in Gelbgluth mit kaltem
Wasser abschreckt, nicht wie andere Stahlsorten hart, sondern dehnbar und läßt sich also zu Drähten ausziehen.
Erhitzt man nun solche Drähte von neuem und läßt
langsam abkühlen, so erhält man harte Drähte; schreckt
man aber die gelbglühenden Drähte ab, so werden sie
weich. Nachstehendes sind die Resultate der Untersuchungen. Der Elektricitätsmodulus der harten Manganstahldrähte war 16800 kg pro Quadratmillimeter, derjenige
der weichen Drähte 16710 kg; beide Werthe sind bedeutend kleiner, als der Modulus des Eisens (18610) und
des gewöhnlichen Stahls (18810 bis 20490). Die Bruch-
festigkeit der weichen Manganstahldrähte betrug 48·8
Tonnen pro Quadratzoll, die der harten Drähte 110·2
Tonnen pro Quadratzoll. Der elektrische Widerstand
war in harten und weichen Drähten genau gleich; der
specifische Widerstand betrug 77000 C. G. S. pro Kubik-
centimeter, also sehr bedeutend im Vergleich zu 9827, dem
specifischen Widerstand des gewöhnlichen Eisens und
21170 C. G. S. dem des Neusilbers. Dieses Material

---

[1] Proc. of the Royal Dublin Soc. 1887, V, p. 360.

würde sich danach empfehlen zur Konstruktion der Wider-
standsrollen bei elektrischen Beleuchtungen.

Am interessantesten waren die magnetischen Eigenschaften dieses Stahls. Bottomley hatte bereits früher
gefunden, daß die Magnetisirungs-Intensität des Mangan-
stahls zu der des gewöhnlichen Stahls sich verhalte wie
1 zu 3000, und wie 1 zu 7700 bei den besten Stahlsorten. Die sorgfältigen Messungen Barrett's ergaben,
daß der Manganstahl (13·75 Proc. Mangan) eine etwa
330 mal geringere Magnetisirbarkeit besitze als weiches
Eisen. Der Manganstahl zeigte ferner keine Verlängerung beim Magnetisiren und kein Tönen beim Magnetisiren und Entmagnetisiren. Ebenso zeigte dieser Stahl
kein Nachglühen, wie andere Eisen- und Stahldrähte,
also ebenso wenig wie die nichtmagnetischen Metalle:
Platin, Kupfer, Neusilber, Silber und Gold.

Während also 13 Procent eines nicht magnetischen
Metalls, mechanisch dem Eisen oder Stahl zugemischt, die
magnetischen Eigenschaften des letzteren nur wenig beeinflussen, sind 13 Proc. Mangan (das selbst ein schwach
magnetisches Metall ist), wenn sie mit dem Stahl legirt
sind, im Stande, die magnetischen Eigenschaften sehr tief
zu verändern. Wahrscheinlich übt hier die chemische Verbindung einen Einfluß auf die magnetischen Eigenschaften
aus. Manganstahl hat etwa dieselbe Magnetisirbar eit
wie Eisenoxyd; aber Neusilber, das eine Legirung von
Messing mit dem magnetischen Nickel ist, ist andererseits
ganz unmagnetisch. „Isoliren vielleicht die Manganmole-
küle die hypothetischen Ampère'schen Ströme im Eisen und
verhindern so die Bewegung der Moleküle, welche die
Magnetisirung begleitet?"

Neben ihrem wissenschaftlichen Interesse haben aber
die hier ermittelten Thatsachen auch einen praktischen

Werth. Die große Zähigkeit und die schlechte Magneti=
sirbarkeit machen nämlich den Manganstahl ganz besonders
geeignet zu bestimmten Maschinentheilen, z. B. zu Lagern
für Dynamos, und zu Platten für Schiffe, wo sie den
Kompaß weniger beeinflussen werden, als andere Stahl-
platten.

Die Wirkungen von Erschütterungen auf Stahl=
magnete machte W. Brown[1]) zum Gegenstand einer
systematischen Untersuchung. Aus sogenanntem „Silber=
stahl" wurden regelmäßig geformte Stäbe hergestellt und
gleichmäßig glashart gemacht; nur einige wurden dann
noch weiter gelb und blau angelassen. Nachdem sie dann
zwischen den Polen eines kräftigen Ruhmkorff'schen Elek=
tromagnets bis zur Sättigung magnetisirt worden waren,
blieben sie eine bestimmte Zeit bei Seite liegen und
wurden dann erst zum Versuch benutzt. Das magnetische
Moment des Stabes maß Brown an einem Bottomley'=
schen Magnetometer (einem kleinen, runden, an einem
einfachen Seidenfaden hängenden Spiegel, an dessen
Hinterseite zwei kurze Magnetnadeln befestigt sind); dann
ließ er den Stab, mit dem Nordpol voran, durch eine
vertikale, 1·5 m lange Glasröhre auf ein festes, mit Glas
bedecktes Brett fallen, und bestimmte wiederum sein mag=
netisches Moment. Nachher ließ er den Magnet dreimal
hinter einander durch die Röhre fallen, um zum dritten
Male das Moment bestimmen zu können.

Bei glasharten Magneten war der procentische Verlust
an Magnetismus um so kleiner, je länger der Magnet
in Rnhe verharrte, bevor er der Erschütterung ausgesetzt
wurde; ferner war der Verlust um so größer, je kleiner
das Verhältnis der Länge zum Durchmesser. Die an=

---

[1]) Philos. Magazine, 1887, XXIII, p. 293.

gelaſſenen Stäbe zeigten im allgemeinen um ſo größeren
Verluſt, je weiter ſie angelaſſen waren, doch iſt die Zahl
der betreffenden Verſuche noch nicht genügend. Bei faſt
allen Stäben wurde der größte Verluſt an magnetiſchem
Moment durch den erſten Fall veranlaßt.

Über die Viſkoſität des Stahls und ihre Be=
ziehungen zur Härtung haben C. Barus und
B. Strouhal[1] Verſuche angeſtellt. Zwei Stahldrähte,
von denen der eine ſtets glashart blieb, der zweite hin=
gegen durch Anlaſſen bei beſtimmten Temperaturen ver=
ſchiedene Grade der Härtung beſaß, wurden als Bifilar
zu Torſionsbeobachtungen benutzt, und daraus die Viſko=
ſität der Stahldrähte abgeleitet. Nnr zwei Ergebniſſe
ſeien kurz angeführt, nämlich erſtens, daß, wenn man
von den beiden Extremen des ganz harten und ganz
weichen Stahls abſieht, die Viſkoſität des Stahls abnahm
in dem Maße, als die Härte des Stahls wuchs. Wenn
man alſo mit W. Thomſon unter Viſkoſität der feſten
Körper die Reibung der Molekeln in elaſtiſchen, feſten
Körpern verſteht, dann kann das Reſultat auch ſo aus=
gedrückt werden: Die Molekularreibung im Stahl iſt in
dem Verhältnis größer, als das Metall härter iſt.

Das zweite Reſultat iſt, daß das Maximum der
Viſkoſität beim Anlaſſen bei einer Temperatur zwiſchen
500⁰ und 1000⁰ erreicht wird. Dieſe Thatſache iſt des=
halb bemerkenswerth, weil in demſelben Temperaturinter=
vall beobachtet wurden: eine plötzliche Volumenzunahme,
eine ſinusartig unterbrochene thermoelektriſche Kurve, ein
unregelmäßiges Verhalten des elektriſchen Widerſtandes,
das plötzliche Verſchwinden der magnetiſchen Eigenſchaft,
der Übergang der unverbundenen Kohle in gebundene,

---

[1] Americ. Journal of Sc. 1886, XXXII u. 1887, XXXIII.

das Dichtemaximum, das Widerstandsminimum, das Magnetifirungsmaximum und andere Erscheinungen, welche auf eine Modifikation des Metalls hinweisen.

Nachdem Edm. Hoppe im 28. Bande der Annalen der Physik eine Reihe von Versuchen ausgeführt hat, welche die Edlund'sche Theorie der unipolaren Induktion und ihre Anwendung auf elektrische und magnetische Erscheinungen in der Atmosphäre bekämpfen, bringt der 32. Band der Annalen einen Beitrag zur magnet-elektrischen Induktion von demselben Verfasser. Es handelte sich hier unter anderen um die Frage, ob überhaupt ein rotirender Magnet freie Elektricität auf seiner Oberfläche erzeuge. Verfasser konnte in seinen Versuchen nichts entdecken, was für die Erzeugung von Elektricität spräche. Bezüglich der Polemik gegen die Edlund'schen Anschauungen sei auf das Original verwiesen.

Aſtronomie.

Durchmesser. Untersuchungen über den scheinbaren Durchmesser der Sonne sind bereits früher und in nicht geringer Anzahl ausgeführt worden, auch haben dieselben mitunter zu merkwürdigen Ergebnissen geführt, von denen nur an das eine erinnert werden möge, daß der Sonnendurchmesser kurzzeitigen aber sehr merklichen Veränderungen unterliege. Alle Untersuchungen dieser Art waren jedoch keineswegs erschöpfende und es erschien bereits lange wünschenswerth, dieselben durch eine umfassende und definitive Resultate gewährende Arbeit ersetzt zu sehen. Einer solchen hat sich Prof. Auwers unterzogen und die Ergebnisse derselben der Preuß. Akademie der Wissenschaften[1] vorzulegen begonnen. In dem veröffentlichten Theile seiner Arbeit behandelt Herr Auwers die Bestimmungen des Sonnendurchmessers aus den Meridianbeobachtungen der Sternwarten Greenwich 1851 bis 1883, Washington 1866 bis 1882, Oxford 1862 bis 1883 und Neuchâtel 1862 bis 1883; sie führte zu folgenden, vom Verfasser formulirten Sätzen: „Die Bestimmung des Sonnendurchmessers aus den Differenzen der Kulminationszeiten oder der Zenithdistanzen der entgegengesetzten Sonnenränder

---

[1] Sitzbr. d. Preuß. Akademie 1886, S. 1055 u. ff.

15*

ist persönlichen Gleichungen unterworfen, welche durchschnittlich etwa 1", häufig jedoch, und zwar zwischen Beobachtungen an dem nämlichen Instrument und nach der
nämlichen Methode 3, 4 oder 5" und ausnahmsweise bis
10" betragen. Untersuchungen über das relative Verhalten
von Beobachtungsreihen oder von verschiedenen Stücken
derselben Reihe, die von verschiedenen Beobachtern herrühren, dürfen deshalb nicht ohne Berücksichtigung der
persönlichen Gleichungen ausgeführt werden. Andernfalls
sind die vermeintlichen Resultate solcher Untersuchungen
werthlos, ausgenommen, wenn an jedem einzelnen der
verglichenen Stücke so zahlreiche Beobachter Theil haben,
daß ein hinlänglich angenähertes, gegenseitiges Aufheben
der vernachlässigten Gleichungen vorausgesetzt werden darf.
Die persönlichen Gleichungen sind ziemlich häufig und
in verhältnißmäßig weiten Grenzen veränderlich, dergestalt,
daß ein Beobachter im Laufe mehrerer Jahre seine Auffassung des Sonnendurchmessers allmählich oder sprungweise bis zu mehreren Sekunden ändert. Es ist daher
nicht möglich, vermittelst der durch mehrere Jahre fortgesetzten Messungen eines und desselben Beobachters das
Verhalten des Sonnendurchmessers in Bezug auf etwaige
fortschreitende oder langperiodische Änderungen zu ptüfen,
falls nicht die Konstanz der Messung selbst anderweitig
nachgewiesen werden kann. Die Bestimmbarkeit der persönlichen Gleichungen wird durch deren Veränderlichkeit
empfindlich beschränkt. Hauptsächlich aus diesem Grunde
ist es unmöglich, eine den zufälligen Fehlern der einzelnen
Beobachtungen entsprechende Ausgleichung einer längeren
Beobachtungsreihe zu erzielen. Diese Ausgleichbarkeit
wächst mit der Zahl der fortlaufend und regelmäßig neben
einander an der Reihe thätigen Beobachter. Sie ist demnach am vollkommensten für das Greenwicher System;

die damit erreichte Grenze des mittleren Fehlers eines Jahresresultates von etwa = 0·2" scheint das äußerste im regelmäßigen Betriebe des Meridiandienstes einer einzelnen Sternwarte Erreichbare zu sein. Um Durchmesserbestimmungen aus verschiedenen Jahren innerhalb engerer Grenzen des m. F. vergleichbar zu machen, muß man daher ganz andere Messungsmethoden anwenden. Die Vergleichung der nach Möglichkeit von den persönlichen Gleichungen befreiten Jahresmittel der Meridianbestimmungen des Sonnendurchmessers für den Zeitraum 1851 bis 1883 giebt keine Anzeichen, welcher mit einiger Wahrscheinlichkeit, geschweige denn mit Sicherheit auf eine fortschreitende oder periodische Änderung des Sonnendurchmessers zu deuten wären; vielmehr ist, wo solche Anzeichen in der Rechnung zum Vorschein kommen, ihr Ursprung deutlich in einem Mangel der letzteren, nämlich fehlerhafter oder ungenügender Bestimmung der persönlichen Gleichung erkennbar. Insbesondere widersprechen die Beobachtungen in jeder möglichen Interpretation der Existenz solcher Änderungen, welche der Periode der Sonnenflecke folgen sollten. Nachdem die Untersuchung von 15000 Bestimmungen von 100 Beobachtern an vier starken Instrumenten zu diesen Ergebnissen geführt hat, muß es definitiv aufgegeben werden, Untersuchungen über Veränderungen des Sonnendurchmessers auf Meridian-Beobachtungen geschweige denn auf kleinere Reihen von solchen zu gründen." In Betreff der Frage nach dem wahren Betrage des mittleren Sonnendurchmessers giebt Auwers am Schlusse seiner Abhandlung die nachstehenden Mittelwerthe:

Greenwich . . . . 32′ 2·36"

Washington . . . 32′ 2·51"

Oxford . . . . 32′ 3·19"

Neuchâtel . . . . 32′3· 27"

Eine merkliche Abweichung des Sonnenkörpers von der Kugelgestalt hat sich nicht ergeben. Freilich sind Meridian-Beobachtungen auch zur Untersuchung der Gestalt der Sonne untauglich.

Entfernung der Sonne. Der Bericht des britischen Komités für die Beobachtungen des Venusdurchgangs von 1882 und die Berechnung derselben, ist nun erschienen.[1] Folgende Stationen waren von Expeditionen besetzt, welche England ausgeschickt hatte: Jamaika, Barbadoes, Bermuda, Montagu Road (am Kap), Madagaskar, Neu-Seeland, Brisbane. Diese Stationen, mit Ausnahme der letzteren, waren sämmtlich vom Wetter begünstigt. Die Beobachtungen wurden außerdem vervollständigt durch solche in Natal, Mauritius, Australien und Kanada. Als Resultat findet Stone aus der Diskussion der Beobachtungen folgende wahrscheinlichste Werthe der Sonnenparallaxe π:

Äußere Berührung beim Eintritt: $\pi = 8{\cdot}760'' \pm 0{\cdot}122''$

" " " Austritt: $\pi = 8{\cdot}953 \pm 0{\cdot}048$

Innere " " Eintritt: $\pi = 8{\cdot}823 \pm 0{\cdot}023$

" " " Austritt: $\pi = 8{\cdot}855 \pm 0{\cdot}036$

Die äußere Berührung beim Eintritt ist naturgemäß der unsicherste Moment. Stone findet als wahrscheinlichsten Werth der Sonnenparallaxe aus den Beobachtungen der englischen Expedition:

$$\pi = 8{\cdot}832'' \pm 0{\cdot}024''$$

entsprechend einem Abstande der Erde von der Sonne, welcher 92 560 000 engl. Meilen beträgt mit einer Unsicherheit von 250 000 Meilen.

Neue Untersuchungen über das Zusammenfallen der Linien des Sonnenspektrums mit

---

[1] Transit of Venus 1882. London 1887.

den Linien der Metallspektra haben Hutchins und
Holden ausgeführt. [1]) Sie bedienten sich dazu eines aus=
gezeichneten Rowland'schen Beugungsgitters. Von jedem
einzelnen zu untersuchenden Metalle wurde im elektrischen
Lichtbogen der Dampf erzeugt, und das Spektrum seines
Lichtes auf einer Hälfte einer photographischen Platte
fixirt, auf deren anderen Hälfte kurz vorher ein Sonnen=
spektrum photographirt worden war. Bei zehnmaliger
Vergrößerung wurden dann diese beiden über einander
liegenden Spektra verglichen und die Zahl der koncidiren=
den Linien mit Sorgfalt festgestellt. Es konnten durch
die Photographie nur die Theile des Spektrums, welche
zwischen den Wellenlängen 3600 bis 5000 liegen, fixirt
und untersucht werden. Die gewonnenen Resultate be=
ziehen sich daher auch vorzugsweise auf diesen Abschnitt
des Spektrums; in vielen Fällen wurden aber noch er=
gänzende Beobachtungen durch direktes Sehen gemacht.

Auf die Details der Versuchsanstellung und die Sicher=
heiten der Beobachtungen soll hier nicht eingegangen
werden; nur die gewonnenen Resultate haben allgemei=
neres Interesse, zunächst soweit sie die bisher als zweifel=
haft betrachteten Elemente in der Sonne betreffen. Zu
diesen zweifelhaften Elementen gehört das Kadmium, von
dem Lockyer zwei Linien mit Sonnenlinien übereinstim=
mend gefunden; diese Übereinstimmung wurde bestätigt.
Das Vorkommen von Blei in der Sonne stützte Lockyer
auf drei Linien; von diesen koincidiren zwei sicher nicht
mit Sonnenlinien, und über die dritte ist eine Entschei=
dung sehr schwierig. Die Metalle Cer, Molybdän, Uran
und Vanadin müssen zusammen besprochen werden. Lockyer
hat für Molybdän und Vanadin vier Koincidenzen, für Uran

---

[1]) Philos. Magazine 1887, vol. 24, p. 325.

drei und für Cer zwei gefunden. Alle vier Metalle geben aber im Bogenlicht eine solche große Anzahl von Spektral=linien, daß eine Platte von 10 Zoll über 1000 Linien enthält; Koincidenzen zwischen diesen und den Sonnen=linien müssen also natürlich oft auftreten; aber sie beweisen nicht viel, weder für noch gegen das Vorkommen dieser Metalle in der Sonne. Eigenthümlichkeiten der Gruppi=rung und der Stärke der Linien, wie sie beim Eisen vorkommen und als vollgültiger Beweis für sein Vor=kommen in der Sonne gelten, fehlen hier. Von den Metallen, deren Existenz in der Sonnenatmosphäre für wahrscheinlich gehalten wurde, sind von den Verfassern die nachstehenden untersucht. Vom Wismuth giebt das Bogenlicht in der betreffenden Gegend des Spektrums nur eine Linie; diese koincidirt vollkommen mit der brechbareren eines sehr schwachen Paares von Sonnenlinien. Vom Zinn glaubte Lockyer, daß eine Linie koincidire, aber sie fällt zwischen zwei Linien im Sonnenspektrum. Die An=wesenheit von Silber hält Lockyer für möglich, weil zwei von den nebelhaften Linien seines Spektrums mit Sonnen=linien zusammenfallen. Verfasser fanden zwischen den Wellenlängen 4000 und 4900 sieben Linien im Silber=spektrum, und zwar drei breite, nebelhafte, welche un=gefähr, soweit die Entscheidung möglich, koindiciren, und eine vierte, die ebenfalls breit ist, aber in der Mitte eine dunkle Linie hat, die genau mit einer Sonnenlinie zu=sammenfällt; die drei anderen Linien koincidiren gleichfalls mit Sonnenlinien. Vom Kalium wurden nur zwei Linien erhalten, welche wegen gewisser dunklen Linien nicht genau verglichen werden konnten; die eine scheint mit der Sonnenlinie zu koncidiren, über die anderen ist eine Entscheidung unmöglich. Vom Lithium zeigt die blaue Linie zwei dunkle Linien, eine schmale und eine breite, die beide mit Sonnenlinien zusammenfallen. Wie weit Verunreinigungen hier mitspielen, muß noch weiter untersucht werden. Über Platin sind bisher keine Angaben gemacht, daß es in der Sonne vorkomme. Die Beobachter waren daher sehr überrascht, als sie zwischen den Wellenlängen 4250 und 4950 im Ganzen 64 Platinlinien fanden, von denen 16 mit Sonnenlinien koincidiren. Es wurde alle mögliche Sorgfalt darauf verwendet, dies Resultat sicher zu stellen und jede Linie fern zu halten, die irgendwie fraglich sein könnte. Außer den 16 Linien, deren Lage genau angegeben ist (4291·10; 4392·00; 4430·40; 4435·20; 4440·70; 4445·75; 4448·05; 4450·00; 4481·85; 4552·80; 4560·30; 4580·80; 4852·90; 4857·70; 4899·00; 4932·40), wurden noch sieben andere gefunden, deren Übereinstimmung mit Sonnenlinien mindestens ebenso sicher ist, wie bei dem Kalium. Nach den bisher üblichen Normen muß nach diesen Befunden das Platin als Sonnen=Element anerkannt werden. [1]

Über Sonnenflecke und chemische Elemente auf der Sonne haben sich auch die durch ihre spektroskopischen Arbeiten bekannten Physiker J. Dewar und Liveing verbreitet. Sie kommen zu folgenden Ergebnissen:

1) Daraus, daß der Fleck dunkler als die Oberfläche erscheint, folgt noch nicht, daß er kühler ist, da für viele Elemente, z. B. Eisen 2c., die Intensität im Ultraviolett stärker ist als im sichtbaren Theile.

2) Die ungleiche Verbreiterung von Linien auf den Flecken ist analog dem Verhalten der Metalllinien.

3) Noch nicht auf der Erde gefundene Linien auf den Sonnenflecken brauchen nicht neuen Elementen zuzuge-

---

[1] Naturw. Rundschau 1887, Nr. 53, S. 503.

hören, da die meisten Elemente noch wenig durchforscht sind; so fauben die Verfasser mit Cerium und Titan manche neue Linie, die mit Sonnenfleckenlinien koincidirt. Das Verschwinden von gewissen Fraunhofer'schen Linien kann durch eine Kompensation von Absorption und Emission herrühren.

4) Die Linie 4923 gehört wahrscheinlich nicht dem Eisen an.

5) An einzelnen Stellen der höheren Regionen der Sonnenatmosphäre kann durch einfallende feste Theile der Korona eine Verdichtung stattfinden.

Die totale Sonnenfinsternis vom 29. August 1886 ist von den englischen Astronomen, zu denen sich noch Prof. Tacchini und Prof. Pickering gesellten, auf der Kleinen-Antillen-Insel Grenada beobachtet worden, woselbst die Dauer der Totalität auf 3 Min. 52 Sek. stieg. Folgendes sind die wichtigsten Ergebnisse der Beobachtung:

Die Korona war im Vergleich mit früheren Finsternissen verhältnismäßig schwach; sie erschien im wesentlichen sternähnlich (?), eine Reihe von Strahlen von ziemlich gleicher Länge ging von der Sonne nach verschiedenen Richtungen aus. In dieser Beziehung steht die Finsternis in direktem Gegensatz zu der von 1878, bei der zwei sehr verlängerte Strahlenbüschel in einander entgegengesetzten Richtungen ganz besonders hervortraten. Sehr wichtige Resultate hat Prof. Tacchini durch die Vergleiche der Protuberanzen während der Totalität mit denen, welche er nach derselben bei vollem Sonnenschein vermittels der spektroskopischen Methode gesehen hat, erlangt. Die Schlüsse, die er aus seinen Beobachtungen gezogen hat, sind folgende:

1) Sehr schöne Protuberanzen während der Totalität sind nicht sichtbar in dem Spektroskop beim vollem Sonnenschein.

2) Die Protuberanzen während der Totalität sind weiß, besonders in ihren höchsten Theilen.

3) Die Lichtintensität der weißen Protuberanzen ist gering, so daß sie dem bloßen Auge nur sichtbar sind, wenn sie über den hellsten Theil der Korona hinausreichen.

4) Alle Protuberanzen sind breiter und größer während einer totalen Sonnenfinsternis als im vollen Sonnenscheine; die oberen Theile derselben sind stets weiß, wenn die Protuberanz eine gewisse Höhe erreicht hat. Es ist also wahrscheinlich, daß wir im Spektroskop bei Sonnenschein nur einen Theil dieser Erscheinung erblicken.

Schon seit mehreren Jahren sind insbesondere von Huggins Versuche angestellt worden, die Korona bei vollem Sonnenlichte zu photographiren. Der Verlauf einer Sonnenfinsternis ist nun zu einer Kontrole dieser Methode vorzüglich geeignet, indem die Platten deutlich die Bedeckung der Korona durch den Mond während eines Vorüberganges vor der Sonnenscheibe erkennen lassen müssen. Dies ist nun thatsächlich nach den während der Sonnenfinsternis am 29. August angestellten Versuchen nicht der Fall gewesen, so daß wir die Methode von Huggins als verfehlt betrachten müssen 'und auch noch heutzutage, was das Studium der Korona anbelangt, allein auf die kurzen Momente, welche uns eine totale Sonnenfinsternis darbietet, angewiesen sind.

Die totale Sonnenfinsternis am 19. August 1887, deren Beobachtung sehr wichtige Ergebnisse verhieß, ist auf der ganzen langen Linie vom Harz bis zum östlichen Sibirien, durch Ungunst des Wetters der astronomischen Prüfung vielfach entzogen geblieben. Sehen wir von den unwesentlichen Wahrnehmungen über scheinbare Verdunkelung des Himmels und den sonstigen lediglich

meteorologiſchen, unſicheren und geringwerthigen Auf=
zeichnungen ab, und ebenſo von dem gelegentlichen kurzen
Anblick irgend einer Phaſe der Erſcheinung, ſo hat man
im öſtlichen Deutſchland nichts von Bedeutung geſehen.
In Wilna hat P. Garnier, in Uſtpenskoie, Young, in
Sawidowskaja, haben Ferrari und Lais, in Wyſſokowsky,
Turner aus Greenwich, vergebens auf die Gunſt des
Wetters gehofft. Es lohnt ſich nicht der Mühe, alle die,
einem deutſchen Ohre barbariſch klingenden Namen der
ruſſiſchen Orte aufzuführen, nach welchen ſich die Beob=
achter bemüht hatten, ohne von der Erſcheinung etwas
wahrnehmen zu können. Die erſten Nachrichten lauteten
ſo entmuthigend, daß man eine Zeit lang glaubte, es ſei
überhaupt an keiner von Aſtronomen beſetzten Station
eine vollſtändige Beobachtung des Phänomens gelungen.
Nach und nach ſind indeſſen doch erfreulichere Berichte ein=
gelaufen, die hier kurz aufgeführt werden ſollen.

Jakaterinburg. Anfang und Fortgang der
Finſternis wurden bei heiterem Himmel beobachtet. Die
Temperatur fiel von 18·9⁰ C. auf 12·8⁰ C und ſtieg
nach Beendigung auf 24⁰ C.

Irbit. Die Totalität begann 8 Uhr 44 Min. und
dauerte 1·Minute.

Tomsk. Heiterer Himmel. Die Korona konnte gut
beobachtet werden. Sterne wurden ſichtbar. In den
Häuſern zündete man zum Theil die Lampen an.

Krasnojarsk. Chamontoff, erhielt eine gute An=
zahl von Photographien der Korona.

Irkutsk. Himmel heiter, eine photographiſche Auf=
nahme der Korona wurde erhalten.

Elpatievo Nariſchkine (56⁰ 18′ nördl. Br., 38⁰
7′ öſtl. Greenwich). Während der Finſternis herrſchte
heiterer Himmel. Man ſah die Korona und Pro=

tuberanzen, sowie von hellen Sternen Regulus und
Merkur.

Blaghodat. Auf der Spitze dieses in 58° 17′ 20″
nördl. Br. und 59° 47′ 3″ östl. L. v. Greenw. gelegenen
Berges beobachtete Khandrikoff. Zur Beobachtung dienten
ein 3½ zölliges parallaktisch montirtes, mit Fadenmikrometer versehenes Fernrohr, ein Chronometer und ein
Sextant. Während 11 Tagen vor der Sonnenfinsternis
wurde der Gang des Chronometers geprüft und die
Sonnenoberfläche wiederholt beobachtet. Während der
Verfinsterung wurden die vier astronomischen Haupt-
momente: erste Berührung der Mond- und Sonnenscheibe, Anfang und Ende der Totalität und letzte Berührung der Mond- und Sonnenscheibe, sowie zwei
Bedeckungen von kleinen Sonnenflecken durch den Mond,
sehr scharf beobachtet. Aber die Hauptaufgabe bestand
nicht in den astronomischen, sondern in den astrophysika-
lischen Beobachtungen. Als die schwarze Mondscheibe sich
auf der Sonnenscheibe befand, konnte man bei ruhigen
und scharfen Bildern des Fernrohres die Konturen der
Mondberge sehr genau wahrnehmen. Nach Bedeckung
der Hälfte der Sonnenscheibe war die Lichtabnahme noch
nicht stark, jedenfalls nicht so stark, wie es von vielen
Beobachtern der früheren Sonnenfinsternisse geschildert
wird. Eine rasche, aber dennoch nicht besonders auffallende Lichtabnahme begann erst 10 Minuten vor der
ganzen Sonnenbedeckung und gleichzeitig damit wurde
eine gelbliche Färbung aller Gegenstände wahrgenommen.
Das vor dem Beobachter liegende weiße Papier erschien
gelblich-roth. 15 Sekunden vor der Totalität wurde die
sehr schmale Sonnensichel durch die Mondberge zerrissen
und das nordöstliche Horn derselben stark abgestumpft;
an dieser Stelle, in kurzer Entfernung von der Spitze

des Sichelhornes konnte man die Umrisse der Mondscheibe außerhalb der Sonne wahrnehmen, weil sie sich
auf dem beginnenden Koronalichte projicirte. Diese Erscheinung wurde am zweiten Sichelhorne nicht bemerkt.
Es ist schwer, die Empfindungen im Augenblicke der
vollen Sonnenbedeckung zu schildern. Mit dem Verschwinden der letzten leuchtenden Sonnenpünktchen ent-
brannte plötzlich um die ganze tiefschwarze Mondscheibe
herum ein wunderbares Feuerwerk, es erschien die im
Silberglanze strahlende Korona mit ihren verschiedenartigen Lichtstrahlen oder Lichtgarben, und es leuchteten
die Protuberanzen auf, für welche es keine Farben auf
der Palette eines Malers giebt. Diese wunderlichen
Feuerzungen waren von einer bläulich-rosa Farbe und
besaßen die Durchsichtigkeit einer zarten Flamme. Im
ersten Augenblick der Totalität waren am östlichen Son-
nenrande vier Protuberanzen sichtbar. Die südlichste
Protuberanz hatte die größten Dimensionen und konnte
selbst mit unbewaffnetem Auge wahrgenommen werden.
Bei dem Fortschreiten des Mondes wurden drei Protuberanzen von demselben bedeckt, aber die südlichste blieb
bis zum Schluß der Totalität unbedeckt. Ihre Dimensionen können als kolossal bezeichnet werden und betrugen
ungefähr den dritten Theil des Sonnenradius. Das
Koronalicht war nur in einer Entfernung von 1 oder
2 Bogenminuten vom Mondrande intensiv, und diese
Intensität war nicht gleichmäßig. Die Richtungen der
Lichtgarben der Korona waren sehr verschiedenartig. Einige
gingen in den Richtungen der Sonnenradien, andere
machten mit denselben Winkel von verschiedener Größe,
und einige standen sogar fast senkrecht zu denselben. Die
bedeutendsten von diesen Lichtgarben hatten eine Ausdehnung von mindestens zwei Sonnenradien. Auch die

Formen der Lichtgarben waren mannigfaltig. Zwei von denselben hatten linsenförmige Gestalten und bestanden aus konvergirenden Strahlen. Alle Koronastrahlen hatten einen sehr intensiven Silberglanz, standen ruhig und behielten unverändert ihre Form und Lage während der ganzen Dauer der Totalität. Die in Ölfarbe ausgeführten und in Farbendruck vervielfältigten vier Abbildungen, welche dem Berichte beigegeben sind, zeigen die Erscheinungen für vier verschiedene Zeitmomente, welche in mittlerer Ortszeit angegeben sind. Die in Krasnojarsk (Sibirien) von der Expedition der Kaiserlich-Russischen Physikalisch-Chemischen Gesellschaft erhaltenen Photographien sind mit diesen Abbildungen identisch. Etwa 40 Sekunden vor Ende der Totalität erschien am westlichen Rande in einer Ausdehnung von mindestens 60 Grad eine bedeutende Protuberänzengruppe. Sie erschien spät, weil sie ziemlich niedrig war. Es war keine Zeit, um die in unmittelbarer Sonnennähe, mit unbewaffnetem Auge sichtbaren Sterne zu zählen, jedoch wurden Venus zur linken und Merkur mit Mars zur rechten Seite der Sonne gesehen. Außerdem war, fast in den Koronastrahlen, der Stern α Leonis sichtbar, woraus man schließen kann, daß das Koronalicht schwächer als das Licht des Vollmondes ist, weil man α Leonis schwerlich in derselben Entfernung vom hellen Monde sehen würde. Während der Totalität war es so finster, daß man ohne Laterne weder zeichnen, noch das Chronometer ablesen konnte. Die Abnahme der Temperatur während der Verfinsterung hatte einen Thermometergrad nicht überschritten. Der Beobachter neigt zu der Meinung, daß die von ihm beobachteten Erscheinungen in einigem Widerspruche zu den gegenwärtigen Theorien des Sonnenbaues stehen. Es wird allgemein angenommen, daß zwischen den Sonnenflecken, den Fackeln und den Protuberanzen ein inniger Zusammenhang besteht. Nach Faye sind die Flecken trichterartige Vertiefungen, in welche der in der Chromosphäre befindliche, verhältnismäßig kalte Wasserstoff sich ergießt, wodurch Sonnenfackeln entstehen. Nachdem der Wasserstoff eine gewisse Tiefe erreicht hat, steigt er infolge seiner Erwärmung wieder in die Höhe. Mitunter bricht der glühende Wasserstoff stürmisch aus, einem Vulkanausbruch ähnlich, und wird in der Gestalt einer Protuberanz sichtbar. Im Jahre 1887 waren wir dem Minimum der Sonnenflecken nahe (das nächste Minimum findet im Jahre 1889 statt), während der elf Tage vor der Sonnenfinsternis waren gar keine oder nur wenige Sonnenflecken zu sehen, und folglich mußte man erwarten, daß man während der Sonnenfinsternis fast keine Protuberanzen sehen werde. Aber im Gegentheil, die Sonne war an schönen und großen Protuberanzen reich, was dem Zusammenhange zwischen den Flecken und den Protuberanzen widerspricht. Noch räthselhafter ist die Korona und sind hauptsächlich die Lichtstrahlen oder Lichtgarben derselben, welche mit den Richtungen der Sonnenradien verschiedene Winkel machen. Vielleicht könnten diese Erscheinungen dadurch erklärt werden, daß die das Sonnenlicht stark reflektirende Mondoberfläche mit solchen Unebenheiten bedeckt ist, welche gleich den Facetten eines Edelsteines, das Sonnenlicht nach verschiedenen Richtungen werfen.

Durch die Reflexion der Sonnenstrahlen von den sehr nahe an den Grenzen der Mondscheibe stehenden Gebilden können Strahlen, welche von den Richtungen der Sonnenradien abweichen, und selbst krummlinige Strahlen entstehen. Auf Grund seiner Beobachtungen kommt Herr Khandrikoff zu folgenden Schlüssen:

1) Zwischen den Sonnenflecken und den Sonnenprotuberanzen ist kein unmittelbarer Zusammenhang,
wenigstens nicht der Zusammenhang, welchen Faye in
seiner Hypothese über den Bau der Sonne annimmt.

2) Die Sonnenkorona besteht nicht aus Materie,
sondern ist eine Lichterscheinung, welche vielleicht an der
Mondoberfläche stattfindet und unserem Auge durch die
Vermittelung der Erdatmosphäre zugeführt wird.

Petrowsk, dort beobachtete Herr A. Kononowitsch
von der Sternwarte zu Odessa. Er berichtet[1]: „Verschiedene Umstände bestimmten mich, das Integralspektrum
zu beobachten zu welchem Zwecke ich zwei Instrumente
mit mir nahm, ein Spektroskop mit vier Prismen von
Dubosq und ein Sternspektroskop von Zöllner. Als
Hauptaufgabe nahm ich mir vor die Fraunhofer'schen
Linien und die Linien des Wasserstoffs zu beobachten.
Zur Bestimmung der Lage der hellen Linien im gelben
und grünen Theile des Spektrums sollte ein von dem
letzten Prisma des Dubosq'schen Spektroskops reflektirter
Maßstab dienen. Auf den Spalt des Spektroskop von
Dubosq fiel das Licht von einem Heliostaten von Praz-
mowski, welches noch durch eine Linse von 57mm Öffnung
concentrirt wurde. Die mit diesem Instrumente vor der
Finsternis angestellten Versuche ergaben, daß das Licht
des Mondes zwei Tage vor dem letzten Viertel ein helles
Spektrum mit deutlich wahrnehmbaren Fraunhofer'schen
Linien giebt; zur Zeit der partialen Mondfinsternis am
3. August 1887 ließ ich (in Odessa) das Licht des Mondes
auf den Spalt des Instrumentes fallen und während der
ganzen Dauer der Finsternis sah ich die Fraunhofer'schen
Linien sehr deutlich, und bemerkte, daß Personen, die das

---

[1] A. N. N. 2810.

Spektrum zum erſten Male ſahen, dieſelben auf den erſten
Blick wahrnahmen. Was das Zöllner'ſche Sternſpektroſkop
anbetrifft, ſo hat es einen Integrationswinkel von 6⁰.
Mit dieſem Spektroſkop konnte ich ebenfalls die Fraun=
hofer'ſchen Linien in den oben beſchriebenen Fällen ſehen,
wenn auch nicht ſo deutlich wie im Spektroſkop von
Dubosq. Das Wetter an den Tagen vor der Finſternis
gab wenig Hoffnung auf ein Gelingen der Beobachtungen,
ſo daß wir glaubten, daß wir überhaupt nichts von der
Finſternis ſehen würden. Am Tage der Finſterniß ſelbſt
war der Himmel von früh an mit dichten Wolken über=
zogen, aber gegen Anfang derſelben fingen die Wolken
an lockerer zu werden. Vor der totalen Phaſe kam die
Sonne zwiſchen großen Kumulus=Wolken einige Male
zum Vorſchein, aber auf eine ſo kurze Zeit, daß ich die
zwei Spiegel des Helioſtats bis auf eine Viertelſtunde
vor der Totalität nicht aufſtellen konnte. Ich entſchloß
mich daher, mit dem etwas lichtſchwächeren Spektroſkop
von Zöllner zu beobachten und das Auge möglichſt im
Dunkel zu halten. 1³/₄ Minute vor der Totalität kam
die Sonnenſichel wieder durch Wolken zum Vorſchein und
ich benutzte dieſe Gelegenheit um mit dem Zöllner'ſchen
Spektroſkop nach ihr zu ſehen; obgleich ich das Spek=
troſkop nur auf einige Sekunden auf dieſelbe richtete,
erblickte ich deutlich die Fraunhofer'ſchen Linien. Der
Anfang der Totalität war durch die Wolken nicht ſichtbar,
einige Sekunden nachher kam aber die Sonne zwiſchen
Wolken zum Vorſchein und man konnte bald durch lockere,
bald durch dichtere, aber die Sonne faſt zum Verſchwinden
verdeckende Wolken die Korona erkennen. Trotz aller
Anſtrengung des Auges konnte ich im Spektrum derſelben
die Fraunhofer'ſchen Linien nicht ſehen, auch die hellen
Linien wurden nicht ſichtbar, das Spektrum erſchien mir

kontinuirlich und ziemlich hell, etwa so hell wie das des
Vollmondes. Als die Sonne während der totalen Phase
mit dichteren Wolken bedeckt wurde, wandte ich mich zu
meinem Notizbuche, um die Beobachtungen aufzuschreiben;
durch die große Helligkeit des Koronalichtes betroffen, stellte
ich die Lampe, die mein Notizbuch erhellte, fort und konnte
ohne künstliche Beleuchtung bequem schreiben und die Uhr
ablesen. Während der totalen Phase waren der Himmel
und waren die Wolken am südlichen und östlichen Theile
des Himmels stark gefärbt erleuchtet, besonders auffallend
war ein breiter dem Horizonte parallel gelegener Streifen
von eigenthümlich grünlich-gelber Farbe. Obgleich zu
Anfang der Totalität die Sonne nicht sichtbar war, so
war doch der Unterschied in der Beleuchtung vor und
nach der Totalität so groß, daß man den Anfang derselben, auch ohne die Sonne anzusehen, erkennen konnte.
Windstoß oder Windstille während der Totalität war
nicht zu bemerken, auch keine fühlbare Temperaturabnahme
habe ich bemerkt. Meine Frau, die diese Finsternis in
Petrowsk beobachtete, war von mir beauftragt, auf die
beweglichen Schatten beim Anfang und Ende der totalen
Phase, sowie auch auf den Schatten eines senkrecht auf
weißes Papier gestellten Bleistifts acht zu geben. Die
beweglichen Schatten waren nicht zu beobachten, aber der
Bleistift warf zwei Schatten, einen von der Seite der
Korona und den anderen von dem südöstlichen Theile
des Horizonts. Nach dem Ende der totalen Phase kam
die Sonne aus den Wolken hervor und schien auf klarem
Himmel fast eine Stunde lang; gegen die Zeit des letzten
Kontaktes verschwand sie jedoch wiederum zwischen Wolken,
so daß derselbe nicht beobachtet werden konnte."

Professor von Glasenapp hatte ebenfalls zu Petrowsk
Aufstellung genommen. Über seine Wahrnehmungen und

die daraus über die Natur der Korona gezogenen Schlüsse berichtet er folgendes: „Beim Anfang der totalen Phase wurde der Mond von dicken Wolken bedeckt, wodurch die Korona ganz unsichtbar geworden; nach einigen Sekunden aber verzogen sich die Wolken, und unseren Augen stellte sich ein prachtvolles Bild dar: der dunkle Mond von einer glänzenden Korona umringt. Mit unbewaffneten Augen sah man die Korona nur in der Form eines regelmäßigen Kranzes von weiß-silberner Farbe, dagegen im Kometensucher von 5½ Zoll Öffnung konnte man Unregelmäßigkeiten und die scheinbare Struktur der Korona sehr deutlich beobachten. Die Korona schien mir aus glänzenden Strahlen zu bestehen, welche eine sehr zarte silberne Farbe hatten, und den Eindruck machteu, als ob sie durchsichtig wären. Im Allgemeinen waren die Strahlen zum Mondrande senkrecht, nur an zwei Stellen — oben rechts und unten links (wenn man die Sonne mit umkehrendem Fernrohre besichtigt) — bemerkte man zwei Anhäufungen von Korona-Strahlen, und zwar hatten die letzteren die Form eines zum Mondrande niedergebogenen Dreieckes, dessen eine Seite mit dem Mondrande zusammenfiel. Neben dem unteren Dreiecke beobachtete ich außerdem sehr deutlich einen Büschel von leicht divergirenden Strahlen, welche eine Fortsetzung der oben rechts konvergirenden Strahlen zu sein schienen. Ich muß gestehen, daß Alles, was ich gesehen habe, dem gar nicht entsprach, was ich mir vorgestellt hatte. Keine Beschreibung der totalen Finsternis und der Korona ist im Stande, eine klare Darstellung von der wirklichen Schönheit dieser Erscheinung zu geben. Die beobachtete totale Sonnen-Finsternis mit der Korona übertraf an Schönheit und Pracht Alles, was ich je gelesen oder gehört habe. Es ist gar zu schwer, eine Beschreibung davon zu machen,

und ich fühle mich nicht im Stande, dieselbe den Lesern
zu bieten. Den hellen Glanz und die zarte Durchsichtigkeit der Korona kann sich nur der vorstellen, welcher
sie selbst beobachtet hat. Auch die Photographie giebt
keine vollständige Vorstellung von der Erscheinung, weil
die einzelnen Strahlen auf dem Photogramme nicht her-
auskommen. Nehmen wir an, daß die Sonne von einer
Menge von kleinen kosmischen Meteoren umgeben ist, so
müssen wir als Folge dieser Hypothese eine regelmäßige
Form der Korona erhalten; es ließe sich dann eine unregelmäßige Korona nicht erklären. Die kosmischen Meteore, welche in unserer Atmosphäre als Sternschnuppen
erscheinen, bewegen sich im Himmelsraume nicht bloß als
einzelne unabhängige Körper, sondern bilden Meteor-
Schwärme, deren Bahn in vielen Fällen ganz in der
Nähe der Sonne liegen kann. Ein solcher Meteor-
Schwarm kann eine größere Dichtigkeit der kosmischen
Materie besitzen und muß deswegen in größerer Menge
das Sonnenlicht reflektiren: dadurch erklären sich ganz
einfach die Unregelmäßigkeiten der Korona. Aber diese
Unregelmäßigkeiten können nur divergirende, parallele
oder sehr schwach konvergirende Strahlen hervorrufen,
und zwar können die letzteren sich in diesem Falle von
den parallelen Strahlen gar nicht unterscheiden. Wir
wissen, daß einzelne Meteore eines und desselben Schwarms
sich längs parabolischen oder sehr excentrischen elliptischen
Bahnen bewegen, indem alle Bahnen sich sehr wenig von
einander unterscheiden. Die Bewegung sämmtlicher Meteore eines Schwarmes kann in gewissen Grenzen als
vollständig parallel betrachtet werden. Wenn also die
Unregelmäßigkeiten der Korona durch das Zurückwerfen
des Sonnenlichtes an Meteor-Schwärmen erklärt werden
müssen, so können die Strahlen der Korona entweder

parallel oder sehr nahe parallel werden, in keinem Falle
aber können sie eine stark divergirende oder konvergirende
Form annehmen. Deswegen kommen wir zu dem wich=
tigen Schlusse, daß die kosmische Hypothese der Korona,
welche eigentlich auch keinen physikalischen Gesetzen und
beobachteten Thatsachen widerspricht, zur Erklärung sämmt=
licher Phänomene der Korona nicht genügend ist. Die
Form des oben beschriebenen Dreiecks mit stark konver=
girenden Strahlen von einer Seite des Mondes und
einem entsprechenden Büschel fast paralleler Strahlen auf
der entgegengesetzten Seite gleicht im Allgemeinen der
eines Kometenschweifes. Ist aber die Annahme gestattet,
daß zur Zeit der totalen Sonnenfinsternis ein Komet sich
neben der Sonne befand? Wir wissen, daß die Kometen=
schweife sich nur in der Nähe der Sonne entwickeln, was
auch der Fall sogar bei schwachen Kometen ist. Das
Vorhandensein eines Kometen mit hübschem Schweife
widerspricht also gar nicht der Natur der Kometen. Wir
wissen auch, daß die Kometenschweife in drei Typen
gruppiert werden können, und daß die Schweife des
zweiten Typus zusammengesetzt oder mehrfach sein können,
in welchem Falle sie das Aussehen eines aufgerollten
Fächers haben. Solche Schweife hatten die Kometen vom
Jahre 1744 und vom Jahre 1861. Die oben beschrie=
benen Unregelmäßigkeiten der Korona widersprechen also
gar nicht der Form eines Kometenschweifes. Zur voll=
ständigen Annahme dieser Hypothese bleibt es nur noch
übrig, zu beweisen, daß die beobachtete Erscheinung auch
in der That ein Kometenschweif gewesen. Dieser Erweis
wäre erbracht, hätte man das Spektrum des genannten
Theiles der Korona beobachtet und gefunden, daß es mit
dem der Kometen übereinstimmte. Solche Beobachtungen
wurden aber nicht ausgeführt, und es scheint mir, daß

bei der nächsten totalen Sonnenfinsternis die Herren Spektroskopiker die ganze Korona werden zerlegen, und jeder von ihnen einen bestimmten Theil derselben untersuchen müsse. Erst dann werden wir die interessante Frage über die Natur der Korona gelöst haben. Bis zu der Zeit aber gilt die ausgesprochene Hypothese. Von anderen Beobachtungen, welche in Petrowsk ausgeführt worden, sind folgende bemerkenswerth. Bei der totalen Phase konnten wir, d. h. ich und meine Assistenten, ganz leicht, ohne unsere Augen anzustrengen, das Bild der Korona auf weißes Papier zeichnen. Die Beleuchtung des Himmels ist also intensiv genug gewesen, um die Details der Zeichnung zu unterscheiden. Dieses konnte vielleicht vom Vorhandensein der Wolken herrühren. Ich bekam aber von einem Liebhaber der Astronomie aus Tobolsk briefliche Nachricht, worin er mir schrieb, daß er während der totalen Sonnenfinsternis, bei vollständig klarem Himmel in jener Gegend, ganz leicht ein Buch mit gewöhnlicher Druckschrift lesen konnte. Im Momente des Anfanges der totalen Phase, wie auch während der ganzen Totalität, war am Horizonte ein intensiver rothgelber Streifen bemerkbar. Diesen Streifen bemerkten auch viele andere Personen, welche unser temporäres Observatorium am 19. August umringten."

Die Sonnenkorona nach den bei totalen Sonnenfinsternissen gewonnenen Photographien, ist von H. Wesley studirt worden [1]). Berücksichtigt wurden die Finsternisse 1851 Juli 28., 1860 Juli 18., 1869 August 7., 1870 December 22., 1871 December 12., 1875 April 6., 1878 Juli 29., 1882

---

[1]) Monthly Notices Royal Arts. S. 1887, vol. XLVII, p. 499.

Mai 17., 1883 Mai 6., 1885 September 8. Es wird darauf hingewiesen, daß das Aussehen der Strahlen der Korona durch die Perspektive sehr beeinflußt ist; gekrümmte Strahlen, wo sie symmetrisch an entgegengesetzten Seiten der Sonne verästeln, sind offenbar nichts anderes als Zonen krummer Strahlen, während die kürzeren, geraden, wahrscheinlich Strahlen an den dem Beobachter näheren oder ferneren Stellen der „synklinalen" Zone sind, die man verkürzt sieht. Ein gekrümmter, tangentialer Strahl wird nämlich, wenn er in der Gesichtslinie (nach dem Beobachter hin, oder von diesem ab) gekrümmt oder geneigt ist, gerade und radial, aber verkürzt erscheinen. Andererseits kann die Verkürzung die scheinbare Krümmung eines Strahles auch bedeutend vergrößern. Der wahre Ort der Sonnenoberfläche, von dem ein Strahl entspringt, wird nicht gesehen, wenn er nicht gerade auf dem Rande der Sonne liegt.

Diese scheinbare größere Dichte der Korona in der Nähe des Randes muß unstreitig zum großen Theile herrühren von ihrer größeren Dicke. Nur an den letzten, äußeren Grenzen der Korona können wir den wahren Charakter ihrer Strahlen sehen, und nur dort werden sie nicht beeinflußt durch die Perspektive oder das Übereinanderlagern. Ein großer Theil der Koronastrahlen ist gekrümmt, und die Krümmungen sind verschiedener Art. Oft kommt es vor, daß an den Rändern der „synklinalen" Gruppen ein Strahl, der vom Rande in nahezu radialer Richtung auszugehen scheint, plötzlich sich krümmt und dann gerade gestreckt ist, so daß er fast tangential wird. Dies ist eine sehr charakteristische Form der Koronastrahlen. Zuweilen ist der Strahl, nachdem er eine beträchtliche Höhe erreicht hat, leicht nach der entgegengesetzten Richtung gekrümmt, wie man dies deutlich auf

den Photographien von 1871, 1883 und 1885 sieht.
Strahlen, die sich vollständig umbiegen, und solche, die
sich verästeln, sind in der Beschreibung der Korona von
1871 erwähnt, wo sie sehr zahlreich sind; aber sie werden
kaum bei irgend einer anderen Finsternis gesehen. Möglicherweise treten sie in der Regel nur am Raube auf,
welcher Theil nirgends so gut dargestellt ist, wie in den
Photographien von 1871. Huggins ist der Meinung,
daß die Krümmungen der Strahlen dadurch veranlaßt
sein mögen, daß die emporgeschleuderten Massen mit der
geringeren Rotationsgeschwindigkeit der Photosphäre, von
der sie kommen, aufsteigen und deshalb zurückzubleiben
scheinen. Aber in diesem Falle müßten wir erwarten,
daß die Krümmungen nach Richtung und Charakter sich
in jedem Theile der Korona ähnlich seien, während faktisch eine solche Regelmäßigkeit nicht existiert, was darauf
hinzuweisen scheint, daß die Krümmungen nicht von dieser
Ursache allein herrühren können. Die Koronastrahlen
sind ausnahmslos heller in der Nähe des Randes und
erblassen allmählich nach ihrem Ende hin, wo sie zuweilen
zugespitzt sind, zuweilen sich ausbreiten. Manchmal steigen
sie von einer breiten Grundfläche auf, und dieser Charakter mag in Wirklichkeit häufiger sein, da die Basis
verdeckt ist, wenn der Strahl nicht auf dem Rande oder
in der Nähe desselben steht.

Die absolute Helligkeit und Erstreckung der Korona
bei den verschiedenen Finsternissen kann nicht aus den
Photographien bestimmt werden, da sie mit verschiedenen
Instrumenten, bei verschiedenen Expositionen und auf
Platten von verschiedener Empfindlichkeit gewonnen sind.
Die älteren Kollodium-Photographien zeigten wahrschein-
lich niemals die Hälfte der sichtbaren Korona, während
die neuen Negative, die auf Trockenplatten mit langen

Expositionen gewonnen wurden, mehr zeigen mögen, als mit dem Auge gesehen werden kann. Die Korona-Substanz ist sehr durchsichtig, da viele Strahlen, welche andere kreuzen, durch sie gesehen werden. Nichts, was Verfasser auf Finsternis-Photographien gesehen, scheint die geringste Stütze den Theorien zu geben, welche die Korona mit den Meteoren in Zusammenhang bringen. Zeichnungen, wie sie Liais 1858 angefertigt, welche die synklinalen Gruppen als symmetrische Kegel darstellen, könnten wohl als Meteorströme gedeutet werden, welche die Sonne umkreisen, und Zeichnungen, wie die Gillmanns von 1869, welche sämmtliche zahllose Strahlen wirklich radial darstellen, könnten die in der Sonne fallenden Massen andeuten. Auf den Photographien jedoch sind die Kegel niemals symmetrisch und bestehen deutlich aus Strahlen verschiedener Krümmung, während Strahlen, die wirklich radial sind, zu den Ausnahmen gehören. Wenn die Strahlen Meteorströme wären, die um die Sonne herumlaufen, müßten wir erwarten, dieselben Strahlen an entgegengesetzten Seiten zu treffen, während faktisch eine solche Korrespondenz nicht existiert, selbst nicht in der symmetrischen Korona von 1878. Die detaillirte Struktur der Korona scheint einen sehr überzeugenden Beweis zu liefern gegen Hasting's Theorie, daß sie ein Beugungsphänomen sei. Was auch die wahre Ursache der Korona sein mag, für einen, der die Photographien untersucht hat, ist es unmöglich, dem Schlusse sich zu entziehen, daß sie in irgend einer Weise von der Sonne ausgeht. Der Charakter der gekrümmten Strahlen, besonders derer, die sich ganz umbiegen, die ausnahmslos größere Helligkeit der Korona, wenn man sich dem Rande nähert, die breite Basis, von der zuweilen die Strahlen aufsteigen, alles scheint keiner anderen

Erklärung fähig. Obwohl viele Beobachter von der Bewegung der Koronastrahlen gesprochen und Änderungen ihrer Gestalt während der Totalität erwähnt haben, findet man auf den Photographien nichts, was darauf hinweist, daß Änderungen von solcher Größe, daß sie sichtbar sein könnten, in so kurzer Zeit eingetreten. In den Finsternis-Photographien kann Verfasser keinen Grund erblicken für die Unterscheidung zwischen einer „inneren“ und einer „äußeren“ Korona. Die hauptsächlichsten Details können in der Regel bis zum Rande hin gut verfolgt werden, und es scheint weder eine plötzliche Lichtabnahme (außer wenn eine solche durch gelegentliche starke Krümmungen oder Verkürzungen veranlaßt ist) vorhanden sein, noch irgend ein anderes Zeichen eines Mangels an Kontinuität; überall scheint derselbe Charakter zu herrschen. Gleichwohl kann es richtig sein, daß die unteren Strukturen häufiger starke Krümmungen und Verzweigungen zeigen als die oberen. Irgend ein Anzeigen für einen Zusammenhang zwischen den Koronastrahlen und den Sonnenprotuberanzen ist nicht vorhanden. Die einzige Verallgemeinerung in Betreff der Gestalt der Korona, die von den Photographien gestützt zu werden scheint, ist die von Ranyard, daß ein Zusammenhang existiere zwischen der allgemeinen Gestalt der Korona und der Sonnenthätigkeit, wie sie sich in der Zahl der Sonnenflecke zeigt. Die Korona während eines Sonnenflecken-Maximums war in der Regel etwas symmetrisch und hatte synklinale Gruppen, die mit ihrer allgemeinen Achse Winkel von 45^0 oder weniger bildeten. Die Korona der Sonnenflecken-Minima zeigt viel weiter geöffnete Polarspalten, synklinale Zonen, welche mit der Achse größere Winkel bilden und daher mehr nach den Äquatorgegenden herabgedrückt sind, in den sie gewöhnlich eine größere Ausdehnung haben. Diese Verallgemeinerung

wird gut repräsentirt durch die Maximum=Koronen von
1870 und 1871 und die Minimum=Koronen von 1867,
1874, 1875 und 1878. Auf der anderen Seite bestä=
tigen die Finsternisse von 1863, 1885 und 1886 diese
Theorie nicht. Die Finsternis von 1883, zu einer Zeit
schnell abnehmender Sonnenthätigkeit, zeigt alle Charak=
tere der Korona eines Flecken=Maximums, dasselbe kann
in etwas geringerem Grade von 1885 und 1886 gesagt
werden, da beide Male die Sonnenthätigkeit in der Ab=
nahme war. Obwohl die Polarspalten 1886 breit waren,
sah man keine deutliche Senkung der synklinalen Gruppen
nach dem Äquator hin, noch irgend eine große Ausdehnung
am Äquator, obwohl die Relativzahl der Sonnenflecke für
August 1886 nur 16·9 war. So schlagend also auch der
Beweis zu Gunsten der Verallgemeinerung in manchen
Jahren gewesen, so scheint es doch wahrscheinlich, daß die
Form der Korona durch andere uns jetzt unbekannte Ur=
sachen modificirt wird.

Die geringste Phase, welche bei Beobachtung
von Sonnenfinsternissen mit bloßem Auge noch
gesehen werden kann. Über diese interessante Frage
hat Herr Dr. Ginzel Untersuchungen angestellt und deren
Ergebnisse in Nr. 2816 der Astr. Nachr. veröffentlicht.
Wir entnehmen denselben folgendes: „Der Grund für
diese Erörterung ist der, daß man die Frage auf dem
Gebiete der Chronologie bisweilen nicht mit der nöthigen
Vorsicht behandelt findet, also beispielsweise Sonnenfinster=
nissen eine Auffälligkeit beigemessen wird, welche der Klein=
heit ihrer Phase wegen kaum haben wahrgenommen werden
können; da nicht selten solche Finsternisse zu Trägern
chronologischer Systeme gemacht werden, so ist es jeden=
falls nicht überflüssig, wenn die Auffälligkeit von Sonnen=
finsternissen für das bloße Auge hier an der Hand von

Beobachtungsmaterial etwas näher betrachtet wird. —
Zu einer ungefähren Bestimmung der kleinsten Phase,
bei welcher von Beobachtern früherer Zeiten noch Sonnenfinsternisse mit freiem Auge konstatirt worden sind, reichen
die in den Geschichtsquellen des Mittelalters enthaltenen
Finsternisberichte aus, die ich behufs Ableitung empirischer
Korrektionen der Mondbahn in der 2. und im Anhang
der 3. Abhandlung meiner „Astron. Unters. über Finst."
(Sitzgsber. d. k. Akad. d. W. Wien, Bd. 88 u. 89) aufgeführt habe und zwar kann man einen vorläufigen Betrag
für die beobachtete kleinste Phase aus jenen Aufzeichnungen
entnehmen, die von Orten herrühren, welche am weitesten
von den Centralitätsgrenzen der Finsternisse entfernt
liegen. Diese Art Berichte erwähnen die Wahrnehmung
einer Sonnenfinsternis meist durch den Ausdruck „Eclipsis
solis", etwa mit Hinzufügung des Datums, während die
Totalitätsberichte außer der Datirung noch die Angabe
der Tagesstunde und die lebendige Schilderung der To-
talitätserscheinungen enthalten. Wenn das auf diese Weise
zu Stande kommende Material verschiedener Ursachen
wegen auch lückenhaft sein muß, so gewährt es doch einen
allgemeinen Überblick darüber, bis zu welcher Größe während des Mittelalters die Sonnenfinsternisse an Orten,
wo sie nur partiell sein mußten, der Wahrnehmung auf-
merksamer Beobachter nicht entgangen sind. Ich gebe im
Folgenden bei den einzelnen Finsternissen für die der
Centralität entlegensten Beobachtungsorte die gerechnete
Maximalphase (g) und den Stundenwinkel (t), letzteren
deshalb, weil die leichtere oder schwerere Wahrnehmbarkeit
der Verfinsterungen von der Höhe der Sonne über dem
Horizont abhängt.

nach Chr.				g	t
563 Okt.	2	Clermont (Gregor v. Tours)		9·4 Zoll	290°
590 „	3	„ („)		8·7	350 1)
592 März	18	Fredegari Chron. (Dijon)		8·6	318 2)
664 Mai	1	Pavia (Paulus Diaconus)		9·8	94
733 Aug.	13	Weißenburg (Annalen)		10·4	322
760 „	15	Pavia (Paulus Diacon. Hist. misc)		9·6	59
764 Juni	3	S. Amand (Annalen)		10·8	353
787 Sept.	15	Fulda (Annalen)		8·4	296
		Moissac (Chron. vet. Moissiac.)		10·7	286
807 Febr.	10	Blandigny (Annalen)		10·0	345
809 Juli	15	Fleury (Chron.)		7·0	329
810 Nov.	29	Mailand (Tr. Calchi Hist. Patr.)		10·6	349
812 Mai	14	S. Amand (Annalen)		7·0	9
818 Juli	6	Fulda (Ann.)		6·8	273
840 Mai	5	Jburg (Ann.)		10·3	20
878 Okt.	29	Venedig (Trist. Calchi Hist.)		11·0	42
939 Juli	18	Braunschweig (Chr. Riddagh.)		9·4	206
961 Mai	16	Bari (Lupi prot. Bar.)		9·0	310
968 Dez.	21	Melk (Chron.)		11·7	328
990 Okt.	20	Belgien (Div. Ann.)		9·6	338
		Byzanz (Cedrenus)		10·2	13 3)
1010 März	18	Egmunde (Ann.)		9·6	77
1023 Jan.	23	Cöln (Ann.)		10·2	12
1033 Juni	28	Braunschweig (Div.)		10·0	3
		Salerno (Romualdi Chron.)		10·0	10
1037 April	17	Cambray (Gesta episc.)		9·2	320
1039 Aug.	22	Altzella (Chron.)		8·8	10
1044 Nov.	21	Fulda (Excerpta necrol. Ful.)		10·2	346
1093 Sept.	22	Fossa nuova (Ann.)		9·2	346
1098 Dez.	24	Augsburg (Ann.)		9·6	1
1113 März	18	Jerusalem (Fulcher Hist. Hier.)		9·2	288
1124 Aug.	11	„ („)		6.4	50
1133 „	1	Rouen u. Nordfrankr. (Div.)		10	350

---

1) Wie die fünfte ☽ Sichel.

2) ... Sol. minoratus est, ut tertia pars ex ipso vix appareret.

3) Meldet das Auftreten von Sternen (?).

nach Chr.		g	t
1140 März 20	Schweden (Div.)	11	Zoll 60°
1147 Okt. 25	Magdeburg (Ann.)	10·8	343
1178 Sept. 12	Rye (Ann.)	9·0	2
1185 Mai 1	Winchester (Ann.)	9.6	323
1187 Sept. 3	Cremona (Ann.)	8·3	354
1191 Juni 22	Riga (Chron.)	10·2	18
	Lucca (Ptolem. Hist. Eccl.)	9·2	2
1207 Febr. 27	London (Ann.)	10·0	348 [1]
1241 Okt. 6	Königsberg (Can. Sambiens. ep. gest. pruss.)	10·7	21
1261 März 31	Asti (Memor. Venturae)	8	324
1263 Aug. 5	Waverley (Ann.)	9·4	29
	Rom (Vitae rom. pontif.)	9·6	50
1267 Mai 24	Schäftlarn (Ann.)	8·2	326
1270 März 22	Rye (Ann.)	10.6	277
1310 Jan. 31	Modena (Chron.)	9·6	35 [2]
1321 Juni 25	Seeland (Chron.)	10·6	273
1330 Juli 16	Bologna (Chron.)	10.0	67 [3]
1331 Nov. 29	Byzanz (Nic. Greg. Hist. Byz.)	6·6	305 [4]
1354 Sept. 16	Bologna (Chron.)	10·9	319
1406 Juni 15	„ („)	10·8	279 [5]
1408 Okt. 18	Wien (Paltrami Chron.)	6·1	335
1409 April 15	Forli (Chron.)	8·6	61

Aus den vorstehenden Beobachtungen kann man den Schluß ziehen, daß während des Mittelalters die meisten Finsternisse bei einer etwa 9zölligen Bedeckung bemerkt worden sind und daß man als unterste Grenze (bei nicht allzu tief stehender Sonne) dafür nicht viel unter 7 Zoll

---

[1] In mehreren deutschen Annalen: Nam plurimi humanum caput in sole se vidisse testantur. (Daselbst etwa 11 Zoll.)

[2] ... ita quod. est obscuratus per tres partes.

[3] ... non rimase se non la quinta parte, che rendesse splendore.

[4] Nach ☉ Aufgang.

[5] ... quasi le tre parti del sole.

annehmen darf. Daß in den Fällen, wo Finsternisse sich
bei tief stehender Sonne ereignen, die Verfinsterungen
schon bei beträchtlich kleinerer Phase konstatirt werden
können, ist selbstverständlich. In letzterer Hinsicht ist eine
Beobachtung, auf welche ich vor Kurzem aufmerksam zu
machen Gelegenheit gehabt habe,[1] nicht uninteressant: die
partielle Sonnenfinsternis vom 17. Aug. 882 n. Chr.
wurde im Moment des Sonnenuntergangs bei der kleinen
Phase von 2·1 Zoll in Bagdad noch wahrgenommen.

Unter den Beobachtungsmaterialien über Sonnenfinsternisse der Neuzeit ist an brauchbaren Notirungen
zur Bestimmung der geringsten, mit freiem Auge gesehenen
Phase durchaus kein Überfluß, sondern vielmehr zu wün-
schen, daß bei künftigen Finsternissen dieser Art Notirung
einige Beachtung geschenkt werden möchte. Das wenige,
was ich gefunden habe, soll hier folgen:

1842 Juli 7 Mannheim (Max. 10·8 Zoll). Um die
Mitte der Finsternis Abnahme des Tageslichtes merklich (A. N. 20·6).

Koräkof (total). Nach der halben Bedeckung vermag ein Zuschauer mit bloßem
Auge auf einige Zeit in die Sonne zu
blicken (ibi 181).

Woronesch (Max. 11·8 3.) Korona erkannt (ibi 231, 234).

Semipalatinsk (total). Nach 8 Zoll Beleuchtung stärker abnehmend (ibi 356).

Bajanaul (nahe total). 3 Sterne gesehen.

Lipezk. (Venus 10 m vor der Totalität
(ibi 231).

1851 Juli 28 Zoppot. Einige große Planeten bis 6 m

[1] Sitzgsber. d. k. preuß. Akad. d. W. 1887, XXXIV.

nach der Totalität mit freiem Auge (A. N. 33·14).

Kremsmünster (10·6 3.). Lichtabnahme sehr merklich (ibi 61).

Rixhöft. 20 m vor der Total. Lichtabnahme bedeutend (ibi 237).

Traheryd. Bei 9 3. Lichtabnahme (ibi 55)

1858 März 15 Hamburg (10·5 3.). Merkliche Abnahme des Tageslichtes (A. N. 48·89).

Kremsmünster (9 3.). Tageslicht ein wenig matter (ibi 158).

1858 Sept. 7 Rio de Janeiro (10·2 3.). Einige Sterne (A. N. 49·273 ff.).

1860 Juli 18 Tarazona. Bei mehr als 9 Zoll allmählich Tageslicht schwächer (A. N. 54·309).

Valencia. Venus 20 Min. vor der Totalität mit freiem Auge (ibi 339).

Castellon. Als etwa 7/8 der Sonne (10·5 3.) bedeckt waren, fing die Finsternis an, dem Auge merklich zu werden . . . kurz darauf ein Stern im gr. Bären (ibi 84).

Athen (9 3.). In der Beleuchtung zeigt sich Land und Meer in anderem Kolorit (ibi 1).

Nach diesen Beobachtungen scheint also auch für Beobachter, welche die Zeit der Finsternisse völlig genau kennen, eine 6zöllige Phase nothwendig zu sein, wenn die Verfinsterung ohne Schwierigkeit mit bloßem Auge konstatirt werden soll. Bei einer 9zölligen Bedeckung sind nach diesen Beobachtungen die Finsternisse ziemlich allgemein von Auffälligkeit, einzelne Sterne scheinen bisweilen schon bei Phasen zwischen 10 und 11 Zoll hervorzutreten. Wetterzustände, namentlich die Durchsichtigkeitsverhältnisse der Luft, werden übrigens die Sichtbarkeitsumstände nicht selten erheblich modificiren. Besonders scheinen Fälle leicht denkbar, in welchen vermöge eines leichten Trübungsgrades der Luft das Sonnenlicht derart abgedämpft wird, daß schon erheblich kleinere Phasen als 6 Zoll ohne Mühe wahrnehmbar sein könnten."

Neue Planeten.

Seit dem letzten Berichte sind folgende neue Planeten aus der Klasse der Asteroiden aufgefunden worden:

260	Huberta,	am 3. Oktober 1886	von	Palisa	in	Wien.
261	Prymno,	„ 31. „ „	„	Peters	„	Clinton.
262	Balda,	„ 3. November „	„	Palisa	„	Wien.
263	Dresda,	„ 3. „ „	„	„	„	„
264	Libussa,	„ 22. December „	„	Peters	„	Clinton.
265	Anna,	„ 27. Februar 1887	„	Palisa	„	Wien.
266		„ 17. Mai	„	„	„	„
267	Tirza,	„ 27. „	„	Charlois	„	Nizza.
268	Adorea,	„ 9. Juni	„	Borelly	„	Marseille.
269		„ 21. Septbr.	„	Palisa	„	Wien.
270	Anahita,	„ 8. Oktober	„	Peters	„	Clinton.
271		„ 16. „	„	Knorre	„	Berlin.
272		„ 4. Februar 1888	„	Charlois	„	Nizza.
273		„ 8. März	„	Palisa	„	Wien
274		„ 3. April	„	„	„	„
275		„ 15. „	„	„	„	„

Venus.

Herr I. G. Lohse hat auf der Sternwarte des Herrn Wiggelsworth mit einem 15½zölligen Refraktor im Jahre 1886 interessante Wahrnehmungen an dem Planeten Venus gemacht. Am 2. Januar und 3. Februar 1886 wurde der dunkle Theil von Venus sowohl von Herrn Wiggelsworth wie von Herrn Lohse deutlich gesehen; er hatte eine graue Farbe, ausgenommen in der Nähe der Lichtgrenze wo er durch Kontrast blau aussah, und erschien, verglichen mit dem hellen Theil von Venus, bedeutend schmäler. Am 2. Januar von 5 Uhr 15 Min. bis 5 Uhr 35 Min. mittl. Greenw. Zeit bei sehr guter Luft erschien die obere oder südliche Spitze der Sichel abgerundet, während das untere Horn ganz scharf war. In der Verlängerung des unteren Horns, aber deutlich von demselben getrennt, sah man eine helle, schmale Lichtlinie, etwa 1/20 des Venus=Durchmessers lang. Eine ähnliche Erscheinung wird oft veranlaßt durch die Berge des Mondes in der Nähe seines südlichen Horns; längs des Randes erscheinen sie als eine gesonderte, unregelmäßige Lichtlinie so lange, als nur die Gipfel dieser Berge erleuchtet sind.

Das sekundäre Licht der Venus wurde im Herbst 1887 wiederholt gesehen. Herr Dr. Lamp schreibt in Nr. 2818 der Astr. Nachrichten: „Dem Beobachter der am Morgenhimmel stehenden Venus zeigt sich jetzt wieder jenes räthselhafte Phänomen, daß auch der dunkle, von den Sonnenstrahlen nicht erleuchtete Theil der Scheibe in einem eigenthümlichen matten Lichte schimmert. Am 21. Okt. war diese Erscheinung trotz schlechter Luft unverkennbar, aber selbst am 26. Okt. habe ich sie, wenn auch undeutlich, wahrnehmen können, obgleich an diesem Tage die Bewölkung so stark war, daß Venus von einem Hofe (dessen Durchmesser ca. 22' betrug) umgeben war. Die Farbe war bräunlichgrau oder, wie sie auch früher schon bezeichnet ist, aschgrau; die Grenze gegen die Nachtseite verlief in einem Kreisbogen, der sich vom dunklen Himmel ziemlich gut abzeichnete.

„Wie Herr Prof. Zenger in den Monthly Notices April=Heft 1883 in einem Aufsatz „On the visibility of the Dark Side of Venus" berichtet, hat bereits Riccioli im Jahre 1643 dieses aschgraue Licht wahrgenommen, und

17*

seit der erſten Hälfte des vorigen Jahrhunderts haben
einige Aſtronomen es planmäßig beobachtet und Hypo=
theſen verſchiedener Art über ſeinen Urſprung aufgeſtellt.
Von dieſen gründen ſich die einen auf die Möglichkeit,
daß nach Analogie des Erdlichtes auf dem Monde von
einem anderen Planeten oder auch von einem Venusmonde
auf die dunkle Seite der Venus und von dieſer wieder
zur Erde reflectirte Sonnenſtrahlen uns ſichtbar werden
könnten. Dieſer Anſicht giebt auch Prof. Zenger in der
erwähnten Mittheilung Ausdruck, indem er zugleich als
Bedingungen der Sichtbarkeit des aſchgrauen Lichtes die
zwei Sätze aufſtellt, daß erſtens die Luftbeſchaffenheit aus=
nahmsweiſe gut ſein und daß zweitens der Planet bei
möglichſt kleiner Phaſe im Stadium der größten Helligkeit
ſich befinden müſſe. Hiergegen möchte ich zur Sache ſelbſt
bemerken, daß nach den Rechnungen des Herrn Stroobant
in Brüſſel die Exiſtenz eines Venusmondes jetzt mehr als
je angezweifelt werden muß, und daß im Übrigen nicht
recht erſichtlich iſt, wie ein weit entfernter Planet eine ſo
bedeutende Lichtentwickelung auf der Venus verurſachen
ſollte. Mir ſcheint daher, worauf auch früher ſchon von
Anderen hingewieſen iſt, daß man die Urſache des Phä=
nomens, ſo lange die Beobachtungen nicht dagegen ſprechen,
auf der Venus ſelbſt ſuchen muß, und zwar entweder in
einer in ihrer Atmoſphäre zeitweilig ſtattfindenden Phos=
phorescenz oder in einem elektriſchen, durch Wärmeſtrö=
mungen hervorgerufenen Vorgang. Auch hierüber wird
ſich kaum diskutiren laſſen, aber an ſich unmöglich iſt
dieſe Hypotheſe ſicherlich ſo wenig wie die zuerſt erwähnte,
und jedenfalls hat ſie den Vorzug, daß ſie auf die Her=
beiziehung anderer, z. Th. ſelbſt wieder hypothetiſcher Er=
klärungsgründe verzichtet.“

Der ſogenannte Venusmond. Es iſt bekanut,

daß zwischen den Jahren 1645 und 1768 verschiedene
Beobachter wiederholt in der Nähe des Planeten Venus
einen Stern gesehen haben, den man damals und auch
später gern als einen Trabanten der Venus betrachtete.
Zwar wurden schon früh Stimmen laut, welche gewichtige
Bedenken gegen die Annahme eines Venusmondes vor=
brachten und nicht die geringste Schwierigkeit die dieser
Hypothese entgegensteht ist die, daß man in den letztver=
gangenen 120 Jahren niemals mehr eine Spur des frag=
lichen Mondes bemerkt hat, trotzdem während dieses Zeit=
raumes der Planet Venus sehr viel häufiger und mit
unvergleichlich bessern Fernrohren ist beobachtet worden.
Zur Erklärung der Wahrnehmungen jener früheren Be=
obachter hat man die merkwürdigsten Hypothesen aufge=
stellt. Am meisten Ansehen hatte lange Zeit die Meinung
von P. Hell in Wien, jene hellen Sterne in der Nähe
der Venus seien nichts als Abspiegelungen des glänzenden
Planeten auf den Okularen der Teleskope gewesen. Es
ist nicht zu läugnen, daß solche Reflexbilder entstehen
können, ja bei den sogenannten dreifachen Okularen unserer
modernen Instrumente kann man oft genug in der Nähe
heller Fixsterne solche Reflexbilder sehen. Allein jeder
einigermaßen geübte Beobachter erkennt sie auch sogleich
als solche und es dürfte kaum anzunehmen sein, daß Be=
obachter wie Dominicus Cassini und Short sich in dieser
Beziehung sollten getäuscht haben. Andererseits sind die
Wahrnehmungen der genannten Beobachter doch auch keines=
wegs so unbedingt sicher als man häufig annimmt. Von
Short wenigstens berichtet Lalande, daß derselbe ihm bei
einer Unterhaltung im Jahre 1763 selbst nicht sehr von
der Existenz eines Venusmondes überzeugt zu sein schien.
Im Ganzen ist der angebliche Venusmond 33 Mal von
einzelnen Beobachtern gesehen worden, aber fast immer

nur sporadisch mit Ausnahme des Frühjahrs 1761, wo
diese fragliche Erscheinung nach und nach an vier verschiedenen Observatorien gesehen worden ist. Gegenwärtig
haben sich die Ansichten der Astronomen ziemlich dahin
vereinigt, daß Venus keinen Mond besitzt oder vielmehr,
daß die in Rede stehenden Beobachtungen die Existenz
eines solchen Mondes nicht beweisen. Vor Kurzem hat nun
Herr P. Stroobant der Belgischen Akademie der Wissenschaften eine Abhandlung über den fraglichen Satelliten
vorgelegt, in welcher er den Gegenstand einer neuen und
scharfsinnigen Untersuchung unterzieht. Er hat das sämmtlich vorhandene Beobachtungsmaterial in den Original-
mittheilungen der einzelnen Beobachter gesammelt. Es
folgt aus dieser Zusammenstellung nachstehend (S. 263
bis 265) eine Übersicht der einzelnen Beobachtungen.

Betrachtet man diese Beobachtungen genauer, oder
noch besser, geht man auf die Originalberichte der einzelnen Beobachter zurück, wie dieselben von Herrn Stroobant mitgetheilt werden, so erkennt man sogleich, daß
diese Beobachtungen nach ihrer Qualität sehr ungleich
sind. Am unzuverlässigsten sind jedenfalls die Wahrnehmungen von Fontana, die derselbe auch durch rohe Zeichnungen verdeutlicht hat. Auf diesen Zeichnungen sieht
man die Venus sichelförmig und von kurzen Strahlen
umgeben, während der Mond als großer Vollkreis unmittelbar an, ja vor der Sichel steht. In der Zeichnung
vom 15. Nov. 1645 sind sogar zwei Monde in Gestalt
von dunkel schraffirten Vollkreisen zu sehen, von denen jeder
ein Horn der Venus ziert. Es ist merkwürdig, daß
Fontana gar nicht daran gedacht hat, daß, wenn die Venus
sichelförmig erscheint, auch ein dicht über ihrem Horn
stehender Mond uns sichelförmig erscheinen muß. Herr
Stroobant hat außerdem gefunden, daß zu den Zeiten

Übersicht sämmtlicher Beobachtungen des sogenannten Venusmondes.

Nr.	Datum	Mittlere Ortszeit	Beobachtungsort	Beobachter	Durchm. des Satelliten im Vergleich zur Venus	Stellung des Satelliten im tellsten gegen die Venus	Distanz v. d. Venus	Instrument	Aussehen des Satelliten und Bemerkungen
1	1645 Novbr. 11	6 St.	Neapel	Fontana	$\frac{1}{5}$	in der Mitte der Sichel	—	—	rund
2	„ „ 15	„	„	„	$\frac{1}{6}$	ein Mond nahe bei jedem Horn der Sichel	$\frac{1}{2}$ Durchmess. der Venus	—	beide rund
3	„ Decbr. 25	5 St.	„	„	$\frac{1}{6}$	nahe dem oberen Rande der Venus	$\frac{1}{2}$ Durchmess.	—	rund
4	1616 Januar 22	6 St.	„	„	$\frac{1}{7}$	nahe b. Centrum der Venus	Null	—	do.
5	1672 „ 24	19 St.	Paris	Cassini	$\frac{1}{4}$	westlich	1 Durchmesser	34 Fuß. Fernr.	sichelförmig uniförmlich
6	1686 August 27	16 St.	„	„	$\frac{1}{4}$	östlich		2 Teleskope v. 16½" Brnte. u. 50–60 f. Bgr. Später 240 f. Vergrößerung.	länglich wie Venus. Die
7	1740 Novemb. 2	19 St.	London	Short	V	Eine Linie durch das Centrum der Venus machend einen Winkel v. 18–20° m. d. Äquat. Satel. lit geht vorauf unter der Venus	$\frac{1}{5}$ 10′ 20″		Beobachtung dauerte 1¼ Stunde
8	1759 Mai 20	8 St. 45 M.	Greifswald	A. Mayer	—	—	1½ Durchm.	Gregorisches Teleskop von 30″ Breite	Beob. bauerte ½ St. Die Distanz b. Satelliten v. b. Venus änderte sich nicht, wenn man b. Richtung des Fernrohrs änderte
9	1761 Februar 10		Marseille	La Grange	—		—	6füßiges Teleskop (?)	(kleine Phase) D. Gestirn schien e. Be- weg. senkr. 3. Elliptizität zu besitzen
10	„ „ 11		„	„	—		—		
11	„ „ 12		„	„	—		—		
12	„ Mai 3	9½ St.	Limoges	Montaigne	$\frac{1}{4}$	Winkel v. 20° mit b. Vertikalen unt. Venus geg. Süd.	20″	Fernrohr v. 2¼′ Länge 40–50 f. Bgr.	Schwache Sichel, gleich der Venus

Überficht fämmtlicher Beobachtungen des fogenannten Benu8monbes.

Nr.	Datum	Mittlere Ortzeit	Beobachtungsort	Beobachter	Durchm. des Satelliten im Vergleich zur Venus	Stellung des Satelliten im felben gegen die Venus	Diſtanz v. d. Venus	Inſtrument	Ausſehen des Satelliten und Bemerkungen
13	1761 Mai 4	9½ St.	Limoges	Montaigne	¼	Winkel v. 10° mit...	20' 30" oder 21'	Fernrohr v. 2¼ Länge 40–50f. Vgr.	—
14	" 7	9 St. (?)	"	"	"	Winkel geg. Nord 45° unter Venus	25'—26'	"	
15	" 11	9 St.	"	"	"	Winkel v. 45° über, jublid v. d. Venus	25'—26'	"	
16A	Juni 5	21 St. 9 M.	St. Neot	?	⅟₄	In Sonnennähe 38 m nach d. Austritt der Venus	—	—	Die Bahn ſchien verſchieben von derjenigen d. Sonnenflecke und mehr der Ekliptik genähert als die der Venus rund und ſchwarz
16B	" 6	0 St.	Krefeld	Scheuten	etwa ⅟₄	nahe d. Sonnenmittelpunkt	27'	—	
16C	" 6	3 St.	"	"	"	nahe d. Sonnenraube	27'	"	
17	" 28	früh	Kopenhagen	Rödkier	"	Venus folgend	11 Sec. in AR 86" in D	17füßiges Fernrohr	Die and. Aſtronomen in Kopenhagen ſahen nichts.
18	" 29	3 St.	"	"	"	nahe dem oberen Horne der Venus	¼ des Venus durchm.	Quadrant	biffile Helligkeit, v. den übr. Kopenhagener Beob. nichts geſehen
19	" 30	Morgens	"	"	"	oben links im Geſichtsfelde	40 Balken. d. Venus	17füß. Fernr.	ſchwach und biffile
20	Juli 18	13 St.	" und Röserup	Rödkier und Horrebow	"	unt. im Fernrohr, Venus folg. i. AR	24 Sec. in AR 33' 17" in D	parallaſt. Maſchine	Rödkier hatte zuerſt einen Satelliten für d. Satelliten genommen
21	Augujt 4	13¾ St.	"	"	"	in AR voraufgehend	30' 9"	"	
22	" 7	14 St.	Röserup	"	"	unten, rechts im Fernrohr	—	—	Wolken verhinderten die Poſitionsbeſtimmung
23	" 11	13 St.	"	"	"		—		

Übersicht sämmtlicher Beobachtungen des sogenannten Venusmondes.

Nr.	Datum	Mittlere Ortszeit	Beobachtungsort	Beobachter	Durchm. des Satelliten im Vergleich zur Venus	Stellung des Satelliten gegen die Venus	Distanz v. d. Venus	Instrument	Aussehen des Satelliten und Bemerkungen
24	1761 Aug. 12	13 St.	Kopenhagen	Roedtier	—	unt. rechts i. Fernr.	—	—	schwach, Wolken verhind. die Positionsbestimmung
25	1764 März 3	6 St.	"	"	1/4	links v. Venus i. Fernrohr links oben	2/3	9½ füßiges Fernrohr	dieselbe Phase m. Venus
26	" " 4	6 St.	"	Horrebow, Bojerup, Roedtier	merkl. Drehm. kaum 1/5	oben rechts im Fernrohr	1/2 — 1/2	"	"
27	" " 9	6½ St.	"				1/4		"
28	" " 10	6 St.	"	C. u. P. Horrebow, Roedtier	—	rechts mit d. Vertikal durch Venus ein Winkel von 45° unten	80" etwa	"	C. u. P. Horrebow wagen nicht zu behaupten, daß es der Venusmond sei. Um 7¼ U. verschwand dieses Licht gänzlich
29	" " 11	5¾ St.—7 St.	"	sämmtliche Astronomen	sehr klein	rechts, 30° über d. Horizontalen durch Venus (?)	3/4—1		schwaches Licht
30	" " 15	7 St.	Auxerre	Montbarron	—	60° m. d. Vertikal gegen Ost	—	32zöll. Teleskop von Gregory	Keine Phase zu erkennen
31	" " 28	7½ St.	"	"	—	15° m. d. Vertikal gegen West	—	"	"
32	" " 29		"	"	—	44° m. d. Vertikal gegen West	—	"	"
33	1768 Januar 3	17¼—18¼ St.	Kopenhagen	Chr. Horrebow, Bützou, Goldor, Johnson	—	unten etwas rechts	1	10 füßiger Dollond und 12 füßiger Dollond	Am Schluß der Beobachtungen war der Satellit mehr rechts. Die Beobachter versichern, d. sie keiner optischen Täuschung unterlagen

als Fontana beobachtete, die Venus gar nicht die von ihm gezeichneten Phasen haben konnte, so daß auf Fontana's Wahrnehmungen gar kein Gewicht zu legen ist. Aber auch die übrigen Beobachtungen sind nicht der Art, daß sie zusammen durch irgend eine Bahn eines Venussatelliten dargestellt werden könnten. Wenn man jedoch eine Auswahl trifft, wie dies einst Lambert ausgeführt hat, so kommt man allerdings zu einer gewissen Bahn, allein alsdann ergiebt sich die Masse der Venus zehnmal größer als sie in Wirklichkeit ist. Es kann also von keinem Satelliten die Rede sein. Auch die Erklärung der Erscheinung durch Reflex verwirft Herr Stroobant mit Recht und ebenso weist er darauf hin, daß es sich nicht um den berüchtigten intramerkurialen Planeten handeln könne, da die Venus damals zu weit von der Sonne abstand. Endlich konnte auch Uranus oder einer der Asteroiden nicht die Täuschung hervorgerufen haben. Soweit führt die Untersuchung also zu einem lediglich negativen Resultate. Herr Stroobant bringt jedoch einen neuen Gesichtspunkt in die Diskussion, indem er die Frage behandelt, ob nicht kleine Fixsterne zur Zeit jener Beobachtungen nahe bei der Venus gestanden haben und irrthümlich für den Satelliten der letzten gehalten worden sind. Dieser Gesichtspunkt läßt nun die Frage in einem neuen und ganz unerwarteten Licht erscheinen. Man hatte stillschweigend angenommen, daß die Astronomen, welche von der Beobachtung eines Satelliten der Venus sprechen, sich vorher versichert hätten, daß kein bekannter Fixstern die Erscheinung veranlaßt habe. Diese stillschweigende Voraussetzung war jedoch, wenn man die Sachlage richtig betrachtet, nicht so ohne Weiteres gestattet, denn in keinem einzigen Falle erwähnen die Beobachter, wie sie sich versichert hätten, daß an dem Orte des wahrge=

nommenen Trabanten der Venus nicht etwa ein Fixstern
stehe. Selbst heute, wo bei den Beobachtungen unver=
gleichlich mehr Sorgfalt in Kritik angewandt wird, würde
ein Astronom, der etwa eine ähnliche Wahrnehmung machte
wie einst Rödkier, nicht unterlassen seinem Bericht beizu=
fügen, daß er sich aus zuverlässigen Himmelskarten über
den Fixsternstand an der betreffenden Stelle unterrichtet habe.

Herr Stroobant ist nun dazu übergegangen, für die
Zeiten sämmtlicher vorliegenden Beobachtungen die Po=
sition der Venus unter den Fixsternen zu berechnen und
die diesen Örtern benachbarten Sterne hauptsächlich nach
der Bonner Durchmusterung in Karten einzutragen. Dann
wurden die von den alten Beobachtern geschätzten Örter
des vermutheten Venussatelliten ebenfalls eingetragen
und nun ergab sich sogleich ob diese Örter mit etwaigen
Fixsternen nahe zusammenfielen. In der That fand dies
in vielen Fällen statt und war die Übereinstimmung manch=
mal so gut, daß gar kein Zweifel mehr bleiben konnte.

So hatte am 4. August 1761 Rödkier einen Stern
beobachtet, den er zuerst für den Venussatelliten nahm,
dann aber machte ihn der Mitbeobachter Boserup auf=
merksam, es stehe unterhalb desselben ein schwacher Stern
und dieser müsse der fragliche Venusmond sein. Darauf
hin wurde dessen Stellung gegen die Venus mittels der
„parallaktischen Maschine" bestimmt. Die Frage ob nicht
beide Sternchen vielleicht Fixsterne seien, legte sich weder
Rödkier noch Boserup vor. Herr Stroobant findet nun
nach Rödkier's Messungen den Ort des erstgenannten
Sterns (auf 1855·0 reducirt) in Rektasc. 5 Uhr 54 Min.
52 Sek. D + 19⁰ 39'. Die Bonner Durchmusterung
hat den Stern 5·5 Gr. 64 Orionis in Rektasc. 5 Uhr
54 Min. 52 Sek. D + 19⁰ 41'. Niemand kann hier=
nach noch zweifeln, daß jener Stern, den Rödkier zuerst

fah, wirklich 64 Orionis war. Aber auch der andere Stern, auf den Boferup, als den eigentlichen Venusmond aufmerkfam machte, erweift fich als Fixftern, nämlich als 62 Orionis 5. Gr. Denn der von Rödfier gemeffene Ort führt für 1855·0 auf Reftafc. 5 Uhr 55·2 Min. D + 20⁰ 4′, während 62 Orionis in Reftafc. 5 Uhr 55·3 Min. D. + 20⁰ 8′ fteht.

Der in diefer Form geführte Nachweis der wahren Natur des in Rede ftehenden Objekts ift völlig überzeugend; nur könnte möglicherweife noch der Einwurf gemacht werden, es fei undenkbar, daß die Kopenhagener Beobachter Sterne 5. und 6. Gr. fo nahe bei der glänzenden Venus hätten wahrnehmen können. Auch diefen Einwurf hat Stroobant zurückgewiefen, indem er feftftellte, daß in dem 5-Zoller der Brüffeler Sternwarte felbft Sterne bis 9. Gr. in 5′ Abftand von der Venus fichtbar waren, alfo wohl Fixfterne 5. Größe in einem kleinen Inftrumente bei größerer Diftanz gefehen werden können.

Für die Beobachtung von Short am 2. Nov. 1740 findet fich nahe am bezeichneten Orte ein Stern 8·5 Gr. Hier ift die Übereinstimmung nicht fo fchlagend, theils weil der Stern fehr fchwach ift, theils weil Short demfelben einen merklichen Durchmeffer und eine längliche Geftalt zufchreibt. Auch zur Zeit der Beobachtungen von La Grange ftanden nahe an dem gefchätzten Orte des angeblichen Venusfatelliten Sterne 7· bis 8·7 Gr. und man kann nach einem Blick auf die Karte wohl annehmen, daß diefe Sterne zu der Verwechslung geführt haben.

Für die Beobachtungen von Montaigne am 3., 4., 7. und 11. Mai 1761 ift die Verwechslung mit Sternen 7· bis 8·5 Gr. auch fo gut wie ficher.

Rödfier's Wahrnehmung am 18. Juli 1761 bezog fich ganz zweifellos auf Stern m Tauri 5. Gr. und seine Wahrnehmung am 7. August 1761 war diejenige von 71 Orionis 6. Gr. Ebenso ist der Stern, den er am 11. August jenes Jahres bei der Venus sah, kein anderer gewesen als ν Geminorum 4·5 Gr., dagegen am 12. August war es ein Stern 7. Gr. der in der Bonner Durchmusterung vorkommt (D M + 19⁰ 1391). Die Daten der Beobachtungen von Montbarron führen für den 15. und 28. März 1764 auf Sterne 7. und 8.5 Gr., für den 29. März findet sich ein Stern 6·5 Gr. (D M + 170⁰ 493) nahe bei der Venus und es ist kein Zweifel, daß Montbarron diesen als Satelliten ansah.

· Horrebow's Wahrnehmung am 3. Januar 1768 führt mit aller Bestimmtheit auf den Stern ϑ Librae, 4·5 Gr.

Für die Beobachtung Cassini's 1672, ebenso für diejenigen desselben Beobachters im Jahre 1686, endlich für die Wahrnehmung Mayer's 1759 läßt sich kein Stern speciell nachweisen. Vielleicht ist das Datum irrthümlich und Stroobant bemerkt, daß wenn man beispielsweise den Tag von Mayer's Wahrnehmung etwas im Datum vorrückt, man auf ε Geminorum als Nachbarstern der Venus treffen würde. Die Beobachtungen von Rödkier im Juni 1761 sind zweifelhaft, da die übrigen Astronomen der Kopenhagener Sternwarte nichts sahen, auch die Wahrnehmungen desselben Astronomen im März 1764 sind schwierig zu erklären, doch wagten die gleichzeitigen Beobachter C. und P. Horrebow ja selbst nicht zu behaupten, der wahrgenommene Lichtschein sei ein Venusmond.

Faßt man alles zusammen, so kann man nicht anstehen, auszusprechen, daß es Stroobant gelungen ist das Räthsel des Venusmondes zu lösen und daß letzterer jetzt endgültig aus der Liste der astronomischen Probleme zu streichen ist.

Mars.

Bei der Opposition im Frühjahr 1886 hat Green den Mars mit einem 18 zolligen Reflektor und Vergrößerungen von 280 bis 560 untersucht. Er fand, daß nur bei starken Vergrößerungen gewisse Details der Oberfläche gesehen und gezeichnet werden konnten, natürlich war dann aber sehr ruhige Luft erforderlich. Die Vergleichung der gegenwärtigen mit früheren Zeichnungen der Nordhemisphäre des Mars ergab im Allgemeinen eine gute Übereinstimmung. Zwischen 90° und 180° areographischer Länge wurden einige neue Flecke bemerkt und gezeichnet. Der helle Fleck, welcher den Namen Leverrier-Land erhalten hat, wurde deutlich als von der Lassell- und Knobel-See getrennt erkannt. Es ist übrigens sehr zu bedauern, daß die englischen Beobachter sich noch immer nicht der Terminologie der Marsflecke bedienen, welche Schiaparelli eingeführt hat, es würde dies für die Vergleichung der Wahrnehmungen der verschiedenen Beobachter überaus angenehm sein. Eine von Green hervorgehobene Eigenthümlichkeit, die er bei dieser Opposition wiederholt bemerkte, ist die Thatsache, daß helle Flecke am Rande der Marsscheibe sichtbar waren, die aber niemals mitten auf die Scheibe traten, sondern stets am Rande blieben. Andererseits wurden gewisse orangefarbene Stellen stets nahe der Mitte der Scheibe gesehen, aber niemals am Rande, vielmehr wurden sie weißlich, sowie sie sich dem Rande näherten.

Green fragt, ob es nicht thunlich sei, dies so zu deuten, daß wolkenartige Kondensationen an der rechten Seite des Planeten (d. h. auf der Nachtseite desselben) sich bilden und sich in dem Maße auflösen als die Sonne in Folge der Umdrehung höher und höher steigt bis zum Mittage.

Diese Deutung liegt nahe, aber sie ist doch wohl nicht
zulässig, vielmehr ist das Abblassen der dunklen Flecke,
wenn sie sich deren Rande nähern, eine lediglich optische
Erscheinung und Folge der merklichen Atmosphäre von
der Mars umgeben ist. [1)]

Die Sternwarte zu Nizza hat, Dank der Vorzüglich-
keit ihrer Lage und Äquatoriale, sowie der Aufmerksamkeit
ihrer Astronomen, selbst bei der letztmaligen ungünstigen
Opposition des Mars die Wahrnehmung der Schiaparelli'schen Kanäle gestattet und damit auch die letzten
Zweifel beseitigt, welche noch an der Realität der wunder=
baren Formationen, die der Mailänder Astronom entdeckt
hat, bestehen mochten. Den in unserm letzten Berichte
gegebenen Mittheilungen möge noch Folgendes beigefügt
werden.

Wegen des schlechten Wetters konnten Perrotin und
Thollon die Beobachtungen erst gegen Ende des März
beginnen, doch wurden sie bis Mitte Juni fortgesetzt so
oft als die Luftbeschaffenheit dies gestattete. Hauptzweck
dieser Beobachtungen war, die vielfachen und doppelten
Kanäle zu studiren, welche Schiaparelli auf dem Mars
entdeckt hatte, die aber außer ihm bis dahin noch keines
Menschen Auge jemals gesehen. Die ersten Versuche,
welche die Beobachter zu Nizza machten, waren keineswegs
ermuthigend. An mehreren Abenden wurde vergeblich
beobachtet, allein alle Mühe war umsonst, denn die Bilder
waren theils zu schlecht, theils war es die Neuheit dieser Art
von Beobachtungen, welche zu keinem Resultat führte.
Die Nachforschung wurde in Folge dessen sogar einmal
ganz eingestellt, dann aber wieder aufgenommen und

[1)] Vgl. Klein, Handbuch der allgem. Himmelsbeschreibung,
Bd. I, S. 139.

führte endlich zu günstigem Resultate. Dies ist beiläufig
sehr belehrend für solche Beobachter, die sich einem bis
dahin von ihnen nicht kultivirten Gebiete zuwenden wollen;
sie sollten nach den ersten Versuchen, auch wenn dieselben
ganz entmuthigend ausfallen, nicht verzagen, Ausdauer
und Erfahrung führen auf dem Gebiete der beobachtenden
Astronomie zuletzt fast immer zu günstigen Resultaten.

Am 15. April gelang es Perrotin zuerst einen der
Kanäle zu erkennen, der westlich von der sogen. Kaiser-
see, ober der großen Syrthe Schiaparelli's sich hinzieht.
Derselbe verbindet dieses Meer mit dem Sinus Sabaeus.
Thollon sah ihn ebenfalls sofort. Von diesem Tage an
gelang es nach und nach eine große Anzahl dieser Kanäle zu erkennen und bis auf einige Details alles genau
so zu bestätigen, wie es der Mailänder Astronom angegeben.

Die Kanäle, sagt Perrotin, wie sie Schiaparelli beschrieben hat und wie wir sie theilweise sahen, bilden in
den äquatorialen Theilen des Mars ein Netz von Linien,
die längs größter Kreise gezogen erscheinen. Sie durchschneiden die Zone der Kontinente in allen Richtungen
und verbinden die Meere beider Hemisphären mit einander, ebenso stehen die Kanäle unter sich in Verbindung.
Sie schneiden sich unter den verschiedensten Winkeln und
erscheinen auf dem hellen Grunde der Planetenscheibe als
graue Striche von mehr ober weniger dunkler Farbe.
Verglichen mit dem Durchmesser der Spinnfäden im Gesichtsfelde des Fernrohres scheinen sie auf der Planeten-
oberfläche einen Durchmesser von 2^0 bis 3^0 zu haben.
Einige der von den Beobachtern in Nizza gesehenen Kanäle haben 50^0—60^0 Länge. Mehrere davon wurben
als Doppelkanäle erkannt, indem sie sich als zwei Linien
zeigten, die in aller Strenge einander parallel waren, in

Abständen, die nach Schiaparelli's Schätzungen zwischen 6° und 12° variiren.

Die Herren Perrotin und Thollon haben auf der Schiaparelli'schen Marskarte von 1882, die von ihnen gesehenen Kanäle bezeichnet. Ihre Beobachtungen geschahen in den Abendstunden zwischen 8 Uhr und 10 Uhr bei Vergrößerungen, die zwischen 450 und 560fach wechselten. Sie unterscheiden drei Regionen. Die erste liegt zwischen 290° und 350° der Länge auf den Mars. Am 15. April wurde bestimmt der Kanal AB (Phison) gesehen. In sehr günstigen Momenten glaubte man auch eine feinere Linie zu sehen, die AB parallel war. Ebenso sah man FEA (Astaboras bei Schiaparelli), HG und DK˙ (Euphrates), diese beiden parallel und nicht bivergirend, wie auf der Karte gezeichnet.

Am 19. und 21. Mai, als die nämliche Region wiederum zu einer passenden Zeit auf der Mitte der Marsscheibe erschien, sah man dieselben Kanäle, außerdem aber noch FG, welcher den Kanal Phison unter rechtem Winkel schneidet. FG scheint nicht, wie Schiaparelli's Karte zeigt, in F zu entstehen, sondern in einem dem Äquator näheren Punkte, fast in der Breite des Sees Moeris.

Zweite Region, zwischen 180° und 260° der Länge.

Am 23., 24. und 25. April zeigten sich Stigiopalus und Cyclopum als einfache Kanäle. In Momenten glaubten die Beobachter einen Kanal doppelt zu sehen, doch ohne Gewißheit hierüber erlangen zu können. Dieselben Kanäle wurden am 25., 26. und 31. Mai, sowie am 1. Juni wiedergesehen. An den beiden ersten Tagen sah man auch RQ (Aethiopum) sowie R' Q', welche im Widerspruch mit der Karte, eine gerade Linie parallel RQ bildet. Am 26. gelang es Perrotin ein Stück

18

des doppelten Kanals QO (Eunostos) zu sehen, das sich vom Nordende des einfachen Kanals QR abzweigt.

Am 1. Juni sah Gautier, gleichzeitig mit den beiden genannten Beobachtern den Kanal LO.

Seit den ersten Beobachtungen zu Nizza erlitt der Kanal LN eine beträchtliche Veränderung; man sah ihn nur noch auf eine kleine Ausdehnung hin und allein an der Seite von N. Dieser Kanal findet sich nicht auf der Schiaparelli'schen Karte von 1879, sondern erscheint erst auf derjenigen von 1882. „Unsere Beobachtungen", sagt Perrotin, „bestätigen also durchaus die schon konstatirten Veränderungen, aber sie zeigen außerdem, daß solche Veränderungen sich in einem sehr kurzen Zeitraume vollziehen können.

Dritte Region, zwischen 30° und 100° Länge.

Am 11. Mai erschienen die doppelten Kanäle R" S (Nilus II) und TU (Iridis) mit großer Klarheit. Trepied sah sie ohne Anstrengung und obgleich er die Karte nicht kannte, so bemerkte er doch die beiden parallelen Linien, welche der doppelte Kanal TU bildete, sofort. Thollon vermuthete nur die Verdoppelung. Bei dem Kanal R" S erschienen den Beobachtern in Nizza die beiden geraden Linien, welche den Theil R" Z ausmachen, schmäler als in der Zeichnung angegeben, dagegen erschienen die beiden Linien des Theiles Z S dunkler. Auch die Linie VZ wurde gesehen. Am 16. sah Perrotin mit Gewißheit auch den doppelten gradlinigen Kanal XY (Jamuna); dagegen konnte weder am 11. noch am 16. der Kanal XZ (Ganges), der auf der Karte als doppelt angegeben wird, gesehen werden. Am 12. Juni wurde der Kanal TT' (Fortunae) sehr gut gesehen und dürfte derselbe auch doppelt sein. Während der ganzen Beobachtungszeit erschien der Meeresarm, der den Namen Nil erhalten hat, in seiner ganzen Ausdehnung viel bestimmter (markirter) als er in der Karte dargestellt ist.

Die sämmtlichen angeführten Kanäle sind zu wiederholten Malen und von mehreren Beobachtern gesehen worden in der Position, wie sie Schiaparelli 1882 angegeben hat. Ihr Aussehen ist wenig von dem verschieden, welches die Karte darstellt, nur erschienen einige, die als doppelt verzeichnet sind, dieses Mal einfach, was wohl der größeren Entfernung, in welcher Mars dieses Mal blieb, zuzuschreiben ist. Es scheint daher, sagt Perrotin, in der Äquatorialgegend dieses Planeten ein Zustand der Dinge zu herrschen, der wenn er nicht absolut permanent ist, sich doch nicht auf wesentliche Art ändert.

Veränderungen auf dem Mars. „Während unserer Studien über die Kanäle", fährt Perrotin fort, „ereignete sich eine bemerkenswerthe, wenngleich vorübergehende Veränderung in derjenigen Region, welche das Meer von Kaiser, die große Syrthe, bei Schiaparelli, bedeckt. Gelegentlich unserer ersten Beobachtungen war dieser Theil der Marsoberfläche dunkel, wie alle Meere und merklich übereinstimmend mit der Karte; als wir ihn jedoch am 21. Mai wiedersahen, hatte sich sein Aussehen total verändert. An diesem Tage war derjenige Theil der großen Syrthe, welcher zwischen 10⁰ und 55⁰ nördl. Breite liegt, hinter einem lichten Schleier verborgen von ähnlicher Farbe wie die Kontinente, aber von weniger lebhaftem und milderem Lichte. Man würde dabei an Wolken oder Nebel, die in regelmäßige Streifen, von NW nach SO gerichtet, geordnet sind, denken können. In gewissen Momenten wurden diese Wolken durchsichtig und ließen die Fortsetzung der Umrisse der großen Syrthe erkennen. Am 22. Mai waren sie gleichmäßiger vertheilt als Tags vorher; man sah sie noch am 23., 24. und 25.,

allein sie hatten nun an Intensität erheblich verloren. Sie
waren rechtseitig weit hin, westwärts und östlich vom
Meere über die Kontinente ausgebreitet, denn von einem
Tage zum andern, bisweilen auch im Verlaufe eines und
desselben Abends, waren benachbarte dunkle Theile z. B.
der See Moeris im Osten und der Nil im Westen bald
sichtbar bald unsichtbar. Am 25. Mai sahen wir den
Isthmus, welchen man auf der Karte bei 300⁰ Länge
und 52⁰ nördl. Br. erblickt und der bis dahin unsichtbar
war. An demselben Tage konstatirten wir eine sehr ausgesprochene Verdunkelung der Kontinente in der unmittelbaren Nähe des Meeres. Während dieser merkwürdigen
Erscheinungen wurde der südliche Theil der großen Syrthe,
welcher nicht von den Wolken erreicht war, dunkler und
zeigte eine charakteristische bläulich-grünliche Färbung.“

„Sind nun“, fragt Perrotin, „die Erscheinungen dieser
Art wirklich erzeugt durch Wolken oder Nebel, die sich in
der Atmosphäre des Mars befinden?“ Er bejaht diese
Antwort und Jeder wird ihm darin beipflichten. Die
Beobachter zu Nizza haben auch in der Nähe des weißen
nördlichen Polarfleckes, zwischen 200⁰ und 280⁰ der Länge,
zwei oder drei helle Punkte wahrgenommen ähnlich denjenigen, die Green 1877 auf Madeira nahe beim südlichen Polarflecke bemerkt hat.

Das sind in Kürze die Wahrnehmungen, welche 1886
auf der Sternwarte zu Nizza gelangen, sie liefern die
vollkommenste Bestätigung der wunderbaren Entdeckungen
Schiaparelli's über die eigenthümliche Konstitution der
Marsoberfläche. Die Thatsache der doppelten Kanäle ist
nicht mehr zu bestreiten, ein Versuch der Erklärung
derselben aber könnte zunächst nur sehr vage Vermuthungen
zu Tage fördern. Jedenfalls aber scheint klar zu sein,
daß die Wahrnehmung jenes merkwürdigen Details haupt-

fächlich so ruhige und klare Luft erfordert, daß auch sehr mächtige Instrumente in unsern Breiten nicht genügen, diesen Mangel zu kompensiren.

Jupiter.

Die Rotationsdauer des Jupiter fand Herr C. A. Young während der Opposition von 1886 zu 9 Stunden 55 Minuten 40·1 Sekunden; seine Beobachtungen sind nicht sehr zahlreich, allein sie lassen eine kleine Verminderung der Rotation, etwa um 5 Sekunden in der Zeit von 1879 bis 1885 erkennen. Ein kleiner weißer Fleck, der im März und April 1885 dreimal beobachtet wurde und während dieser Zeit 58 Rotationen machte, gab als Periode 9 Stunden 55 Min. 11 Sek.[1]). Das Aussehen des Jupiter ist auch in den letzten Jahren anhaltend und aufmerksam auf der Sternwarte zu Chicago studirt worden.[2]) Aus diesen Beobachtungen ergiebt sich, daß der rothe Fleck von 1879 bis 1886 ohne wesentliche Änderung seiner Größe und Form bestehen blieb. Um die Mitte 1885 war das Centrum des Fleckes etwas blasser als die Ränder und er erschien wie ringförmig. Überhaupt hat die Färbung sich von Jahr zu Jahr merklich geändert. In den letzten drei Jahren war der Fleck bisweilen äußerst schwach, ja kaum sichtbar. Professor Hough verharrt bei seiner Behauptung, daß die oft gelesenen Aussprüche, das Aussehen der Jupiterscheibe ändere sich in wenigen Tagen bisweilen völlig, ganz irrig sind. Die Rotation des Jupiter ergab sich aus den Beobachtungen des rothen Fleckes

---

[1]) Sidereal Messenger, 1886.
[2]) Annual Report of the Chicago astr. Soc. together with the Rep. of the Dir. of the Dearborn Obs. 1885—1886, Chicago 1887.

für 1884 bis 1885 im Mittel zu 9 Uhr 55 Minuten 40·4 Sekunden.

Die Annomalien im Aussehen und in der Helligkeit der Jupitermonde beim Vorübergange derselben vor ihrem Hauptplaneten sind von Dr. Spitta zum Gegenstand einer wichtigen und erschöpfenden Untersuchung gemacht worden [1]). Die durch die Beobachtungen festgestellten Thatsachen sind folgende:

4. Mond. Wird schwächer, wenn er sich dem Rande des Planeten nähert, glänzt während der ersten 10 oder 15 Minuten des Vorübergangs, verschwindet darauf etwa während der gleichen Zeitdauer, erscheint dann als schwarzer Fleck und wird später von graulicher Farbe.

2. Mond. Bleibt stets weiß während des Vorübergangs, sein Glanz wird durch die Nähe des Jupiterrandes wenig beeinträchtigt.

3. Mond. Verschwindet bisweilen, zeigt sich dann als schwarzer Fleck, bleibt auch bisweilen hell.

1. Mond. Verschwindet zuerst und nimmt dann eine Färbung zwischen Grau und Schwarz an.

Dr. Spitta hatte die glückliche Idee diese Erscheinungen an einem Modelle nachzuahmen, wobei Jupiter durch eine weiße Scheibe von 100 mm Durchmesser, die Satelliten durch solche von 3 mm Durchmesser dargestellt wurden. Letztere wurden durch chinesische Tusche nach Bedürfnis dunkler gemacht. Das Ganze, von einer Laterna magica beleuchtet, wurde von einem 3zolligen Fernrohr aus 60 m Entfernung beobachtet.

Diese Experimente ergaben unwiderleglich, daß die oben erwähnten Erscheinungen der Monde nur durch die Unterschiede der lichtreflektirenden Kraft derselben und

---

[1]) Observatory T. X. 1887, Décembre.

des Jupiter bedingt sind. Dieselben wurden zuerst merklich, wenn die Differenz der lichtreflektirenden Kräfte der großen Scheibe und der kleinen nahezu 0·5 beträgt, alsdann erscheint die kleine grau und sie wird schwarz sobald die Differenz 0·8 übersteigt. Die Erscheinungen, besonders diejenigen, welche der 4. Jupitermond zeigt, haben ihren Grund nur in der schwachen lichtreflektirenden Kraft desselben. Nach direkten Messungen des Herrn Spitta hat man folgende Werthe für die lichtreflektirenden Kräfte der 4 Monde, denen diejenigen Pickerings nebengestellt sind:

Mond	Spitta	Pickering	Durchmesser
1	0·66	0·65	1·08"
2	0·72	0·81	0·91"
3	0·41	0·45	1·54"
4	0·27	0·23	1·28"

Saturn.

Ein neue Bestimmung der Masse des Saturn, gestützt auf eigene Beobachtungen der Trabanten Titan und Japetus hat Dr. L. de Ball ausgeführt[1]). Die Beobachtungen geschehen am 10 zolligen Refraktor der Sternwarte zu Lüttich und umfassen den Zeitraum vom 2. November 1885 bis zum 2. April 1886. Sie bestanden in der Bestimmung relativer Positionen nach dem Vorschlage von H. Struve. Die Berechnung der mittleren Elongationen gab folgende Werthe der Saturnsmasse, aus Japetus $\frac{1}{3497}$, Titan $\frac{1}{3501}$,

---

[1]) de B. Masse de la Planète Saturne déduite des obs. des Sat. Japet et Titan faites à l'Institut astr. de Liège Bruxelles 1887.

im Mittel also $\frac{1}{37973}$, was hinreichend nahe mit Beffel's Werth übereinstimmt.

Kometen.

Die Kometen des Jahres 1886 sind theilweise im vorigen Bericht aufgeführt, der Übersichtlichkeit halber mögen sie hier sämmtlich nochmals zusammenstehen, geordnet nach der Zeit ihrer Perihelburchgänge:

Komet I von Fabri zu Paris entdeckt am 1. Dec. 1885.

„ II „ Barnard am 3. Dec. 1885 entdeckt.

„ III „ Brooks am 30. April entdeckt.

„ IV „ „ „ 22. Mai „

„ V „ „ „ 27. April „

„ VI Winnecke's periodischer Komet.

„ VII von Finlay am 6. Sept. entdeckt.

„ VIII „ Barnard am 23. Januar 1887 entdeckt.

„ IX „ Barnard am 4. Okt. und Hartwich am 5. Okt. entdeckt.

Die Kometen des Jahres 1887 sind folgende: I. Der große Südkomet.

Komet II von Brooks am 22. Januar entdeckt.

„ III „ Barnard am 16. Februar „

„ IV „ „ „ 12. Mai „

„ V der Olbers'sche Komet, von Brooks am 24. Aug. aufgefunden.

Komet 1886 I beschreibt nach den Rechnungen von A. Svedstrup folgende Bahn:

$$T = 1886 \text{ April } 5{\cdot}99962 \text{ m. 3. Berlin}$$
$$\pi = 162^{\circ} \ 58' \ \ 5{\cdot}3''$$
$$\Omega = \ \ 36 \ \ 22 \ \ 38{\cdot}7 \quad \text{m. Äqu. } 1886{\cdot}0$$
$$i = \ \ 80 \ \ 37 \ \ 17{\cdot}1$$
$$\log q = \ \ \ 9{\cdot}807767$$

Am Kap der guten Hoffnung wurde der Komet, als er bald nach dem Durchgange durch seine Sonnennähe am 6. April sich nach dem südlichen Himmel begab, während des Monates Mai beobachtet und an verschiedenen Abenden sind Bilder von demselben gewonnen worden. — Am 2. Mai war der Komet ein sehr auffallendes Objekt; der Kopf ziemlich hell, 15' im Durchmesser mit einem Schweif, der sich bisweilen etwa 1½° ausbreitete und gegen 9° vom Kerne zu verfolgen war. Im Fernrohre zeigte er einen hellen, stark kondensirten Kern, umgeben von einer breiten, aber weniger hellen Koma, und machte den Eindruck einer hellen Kugel, die umgeben war von einem weniger leuchtenden Gase, das von seiner ganzen Peripherie ausströmte, und nachdem es sich eine Strecke zur Sonne hinbegeben, vollständig umbog und nach der entgegengesetzten Richtung strömte, wobei es sich allmählich verbreitete. Man sah einen verlängerten, abgestumpften Kegel ungemein verdünnter, gasiger Materie mit einer Kugel dichterer Materie in seiner Längenachse, die in geringem Abstande von seinem schmalen Ende stand. Ein sehr kleiner Stern, etwa 8. Größe wurde durch die Koma gesehen. Der Kern lag excentrisch in der Koma und die streifige oder haarförmige Beschaffenheit der letzteren war sehr deutlich. — Am 4. Mai erschien der Kern von röthlich-brauner Farbe, umgeben mit einer blassen, gelben Koma von hyperbolischer Gestalt mit spitzem Apex, die sich nach der Seite stark ausbreitete. Der Theil unmittelbar hinter dem Kern war verhältnismäßig dunkel. Am 11. Mai war der Kern noch sehr hell und von dunkelrother Farbe, welche ein unterscheidender Charakterzug dieses Kometen war. Am 14. Mai war der Komet dem bloßen Auge unsichtbar, der Kern noch stark verdichtet; eine Änderung war

nicht zu entdecken; er war nun, bei sehr hellem Mond-
schein, ein sehr mäßiges Objekt.

Sein Spektrum aus den bekannten hellen Banden
bestehend, war nach den Beobachtungen · zu Potsdam
ziemlich schwach und aus den eben daselbst von Müller
angestellten photometrischen Beobachtungen ergab sich, daß
das Eigenlicht dieses Kometen nur gering gewesen sein
kann.

Komet 1886 II war nach Müllers Untersuchungen
ebenfalls vorwiegend in reflektirtem Sonnenlicht glänzend.

Komet 1886 III zeigte im Fernrohr einen feinen
Kern, der durch einen 12" breiten Nebelstreif mit einem
zweiten etwas verwaschenen Kern verbunden war. Nach
dem 20. Mai zeigte sich der Komet nach Tempel als
Spindelnebel ohne Kern. Celoria hat folgende Bahnelemente berechnet:

$$T = 1886 \text{ Mai } 4 \cdot 482162 \text{ m. 3. Berlin}$$
$$\pi = 326^0 \ 19' \ \ 6 \cdot 5''$$
$$\Omega = 287 \ \ 45 \ \ 33 \cdot 4 \quad \Big\} \text{ m. Äqu. } 1886 \cdot 0$$
$$i = 100 \ \ 12 \ \ \ \ 6 \cdot 7$$
$$\log q = 9 \cdot 925294$$

Komet 1886 IV konnte wegen Lichtschwäche nur bis
zum 3. Juli beobachtet werden, ist aber dadurch interessant, daß er nach Hind folgende elliptische Bahn
beschreibt:

$$T = 1886 \text{ Juni } 6 \cdot 60866 \text{ m. 3. Berlin}$$
$$\pi = 229^0 \ 45' \ 58 \cdot 0''$$
$$\Omega = \ \ 53 \ \ \ 3 \ \ 25 \cdot 7 \quad \Big\} \text{ m. Äqu. } 1886 \cdot 0$$
$$i = \ \ 12 \ \ 56 \ \ \ 1 \cdot 8$$
$$\varphi = \ \ 37 \ \ 27 \ \ 10 \cdot 2$$
$$\log a = 0 \cdot 5329478, \ M = 563 \cdot 0992''.$$

Umlaufszeit: 6·301 Jahre.

Komet 1886 V wurde auf der südlichen Erdhälfte

bis zum 30. Juli beobachtet. Folgendes sind die von
A. Krueger berechneten provisorischen Elemente desselben:

$$T = 1886 \text{ Juni } 7 \cdot 42621 \text{ m. Z. Berlin}$$

$$\left.\begin{array}{rrrr} \pi = & 33^0 & 55' & 26 \cdot 9'' \\ \Omega = & 192 & 42 & 6 \cdot 5 \\ i = & 87 & 44 & 23 \cdot 1 \end{array}\right\} \text{m. Äqu. } 1886 \cdot 0$$

$$\log q = 9 \cdot 431999.$$

Komet 1886 VI, der zurückkehrende Winnecke'sche Komet, war nach E. Lamp's Ephemeride am 19. August von
Finlay am Kap aufgefunden worden und konnte dort bis
zum 29. November beobachtet werden. Für die Nord-
hälfte der Erde war seine Stellung ungünstig. Einen
Schweif zeigte der Komet nicht.

Komet 1886 VII wurde anfangs für identisch mit
dem Komet de Vico (1844 I) gehalten. Seine Bahn
zeigte in der That große Ähnlichkeit mit derjenigen dieses
letzten, allein eine Identität ist sehr zweifelhaft. Professor Krueger hat folgende Bahnelemente abgeleitet:

$$T = 1886 \text{ Nov. } 22 \cdot 42429 \text{ m. Z. Berlin}$$

$$\left.\begin{array}{rrrr} \pi = & 7^0 & 34' & 14 \cdot 6'' \\ \Omega = & 52 & 29 & 58 \cdot 8 \\ i = & 3 & 1 & 39 \cdot 2 \end{array}\right\} \text{m. Äqu. } 1886 \cdot 0$$

$$\begin{array}{rrrr} \varphi = & 45 & 54 & 22 \cdot 7 \\ M = & 532 \cdot 6894'' & \pm & 0 \cdot 395. \end{array}$$

Umlaufszeit 2432·937 Tage.

Komet 1886 VIII, zwar erst im Januar 1887 aufgefunden, aber der Zeit des Perihels nach in das Jahr
1886 gehörend. Die folgenden vorläufigen Elemente hat
Professor E. Weiß berechnet:

$$T = 1886 \text{ Nov. } 25 \cdot 77700 \text{ m. Z. Berlin}$$

$$\left.\begin{array}{rrrr} \pi = & 287^0 & 1' & 38 \cdot 1'' \\ \Omega = & 257 & 41 & 38 \cdot 8 \\ i = & 85 & 29 & 18 \cdot 2 \end{array}\right\} \text{m. Äqu. } 1887 \cdot 0$$

$$\log q = 0 \cdot 161476.$$

Komet 1886 IX zeigte gegen Ende November einen
5⁰ langen Schweif, außerdem noch einen Nebenschweif,
der Anfangs December neben dem Hauptschweif ziemlich
hell war. Spuren eines dritten Schweifes glaubte Barnard am 23. November zu sehen, doch war davon am
28. November nichts mehr wahrzunehmen. Backhouse
sah einen dritten Schweif am 25. December. Das Spektrum dieses Kometen zeigte die bekannten drei Banden.
E. von Gothard hat den Kometen am 27. und 28. November photographirt. Folgende Elemente wurden von
A. Svedstrup berechnet:

$$T = 1886 \text{ Decbr. } 16 \cdot 51908 \text{ m. Z. Berlin}$$
$$\pi = 223^0 \; 43' \; 46 \cdot 1''$$
$$\Omega = 137 \quad 21 \quad 50 \cdot 1 \Big\} \text{ m. Äqu. } 1886 \cdot 0$$
$$i = 101 \quad 39 \quad 36 \cdot 0$$
$$\log q = 9 \cdot 821442.$$

Die doppelte Schweifbildung dieses Kometen hat Herrn
Bredichins Eintheilung der Kometen in drei Typen durchaus bestätigt[1]). Die beiden Schweife, welche wohl einen
ganzen Monat lang gesehen wurden, gehören dem ersten
und dritten Typus an. Der kurze Anhang des dritten
Typus trennte sich bereits vom Kopfe des Kometen an
von dem längeren des ersten Typus und bildete mit
diesem nach den genauesten Beobachtungen einen Winkel
von 55⁰. Unter Zugrundelegung von Beobachtungen
Ricco's in Palermo, der Ende November und im December
gleichfalls die beiden Schweife gesehen, und genau beschrieben hat, berechnete Bredichin die Abstoßungskräfte
1 — μ, welche diesen Schweifen entsprechen, und findet
für den ersten Schweif 1 — μ = 17·5, d. h. die Abstoßung
gleich 17·5 mal der Sonnenanziehung, wenn er an der

---

[1]) Bull. de la Soc. imp. des natural. de Moscau 1887.

von Ricco gegebenen Position nur die sehr zulässige Korrektion 2·8⁰ anbringt. Für den anderen kurzen Schweif ergiebt sich die Abstoßung 1 — μ gleich einem kleinen Bruchtheile der Einheit, entsprechend den Werthen des dritten Typus. Nach Abschluß der Rechnungen über die beiden Schweife las Bredichin eine Notiz, nach welcher Backhouse am 25. December noch einen britten Schweif zwischen den beiden anderen gesehen, der kürzer aber breiter als der Hauptschweif gewesen. Nach der Lage der des britten Schweifes, die Backhouse-angegeben, hat derselbe genau die Stellung und Beschaffenheit, welche die Theorie den Schweifen des zweiten Typus zuschreibt.

Professor Bredichin findet in der Erscheinungsweise dieses Kometen eine glänzende Bestätigung seiner Theorie der Kometenschweife.

Die Bahn des großen Südkometen 1887 I, der am 18. Januar von Thome zu Cordoba zuerst gesehen worden, dessen Kopf aber nur am 21. und 22. Januar zu Adelaide beobachtet werden konnte, ist von H. Oppenheim berechnet [1] worden. Die vorliegenden Beobachtungen sind nur sehr rohe Einstellungen, als wahrscheinlichste Bahn ergab sich:

$$T = 1887 \text{ Januar } 11·4519 \text{ m. } \mathfrak{Z}. \text{ Berlin}$$
$$\left. \begin{array}{l} \omega = 64^0 40·3' \\ \Omega = 339 51·7 \\ i = 138 1·8 \end{array} \right\} \text{ m. Äqu. } 1887·0$$
$$\log q = 7·66660.$$

Die Darstellung der Beobachtungen läßt in Rektascension und Deklination Fehler bis über 30' übrig, was nicht wundern kann, wenn man erwägt, daß der Kopf des Kometen keine centrale Kondensation zeigte, auf welche eingestellt werden konnte. Der Komet war Anfangs sehr

---

[1] A. N. Nr. 2785.

hell, doch nahm er rasch an Glanz ab und verschwand gegen Anfang Februar.

Komet 1887 II. Die folgenden proviſoriſchen Bahn-elemente hat Herr H. Oppenheim berechnet:

$$T = 1887 \text{ März } 17\cdot0698 \text{ m. Z. Berlin}$$

$$\left. \begin{array}{l} \omega = 159^0 \ 11' \ 23\cdot4'' \\ \Omega = 179 \quad 51 \quad 12\cdot0 \\ i = 104 \quad 17 \quad 19\cdot8 \end{array} \right\} \text{ m. Äqu. } 1887\cdot0$$

$$\log q = 0\cdot213010.$$

Der Komet hatte einen ſchwachen Kern von 12''. Er wurde beobachtet bis zum 30. März.

Komet 1887 III. Nach E. E. Barnard's Berechnung bewegte ſich dieſer Komet in folgender Bahn:

$$T = 1887 \text{ März } 28\cdot3963 \text{ m. Z. Greenwich}$$

$$\left. \begin{array}{l} \omega = \quad 36^0 \ 28' \ 50'' \\ \Omega = 135 \quad 27 \quad 17 \\ i = 139 \quad 48 \quad 39 \end{array} \right\} \text{ m. Äqu. } 1887\cdot0$$

$$\log q = 0\cdot002950.$$

Die Beobachtungen gehen bis zum 11. April. Der Kopf zeigte zwei ſternartige Kernpunkte 15'' bis 20'' von einander entfernt.

Komet 1887 IV. Die Berechnung von H. Oppen-heim giebt für dieſen Kometen folgende genäherte Bahn:

$$T = 1887 \text{ Juni } 16\cdot74089 \text{ m. Z. Berlin}$$

$$\left. \begin{array}{l} \omega = \quad 15^0 \ \ 9' \ 46.1'' \\ \Omega = 245 \quad 13 \quad 12\cdot7 \\ i = \quad 17 \quad 35 \quad 6\cdot8 \end{array} \right\} \text{ m. Äqu. } 1887\cdot0$$

$$\log q = 0\cdot144498.$$

Der Kopf dieſes Kometen erſchien als runder Nebel von 1' Durchmeſſer mit ſternartigem Kern. Er konnte bis zum 11. Auguſt beobachtet werden.

Der Olbers'ſche Komet, den man ſchon 1886 zu ſehen erwartete, war bei ſeiner diesmaligen Rückkunft recht schwach. Er zeigte sich als feiner Nebel mit einem etwas excentrisch liegenden Kern gleich einem Stern 10. Größe.

Definitive Bahnelemente des Kometen 1877 VI hat R. Larssén abgeleitet [1]). Die Beobachtungen umfassen den Zeitraum vom 14. September bis 10. December. Als wahrscheinlichste Bahn ergiebt sich folgende Parabel:

Zeit des Perihels 1887 Sept. 11·25543 m. Z. Berlin
Länge des Perihels   34° 13′ 2·19″⎫
    „   „ aufst. Knotens 250° 59′ 46·63″⎬ m. Äqu. 1887·0
Neigung gegen d. Ekliptik 102° 13′ 51·42″⎭
Logorithmus der Perihelbistanz 0·1975297.

Die Bahn des Kometen 1882 I, der bekanntlich im Perihel der Sonne sehr nahe kam und über den ein sehr umfangreiches und genaues Beobachtungsmaterial vorliegt, ist von Herrn E. von Rebeur-Paschwitz einer definitiven Berechnung unterzogen worden [2]). Man weiß, welche großartigen Veränderungen das Spektrum dieses Kometen bei seiner Annäherung an die Sonne erlitt und es ist wissenschaftlich von hohem Interesse zu untersuchen, ob sich nicht in der Bewegung des Kometen der Einfluß eines etwa vorhandenen Widerstandes in der Nähe des Sonnenkörpers nachweisen lasse. Diese Untersuchung ist Hauptzweck der Arbeit des Herrn von Rebeur-Paschwitz gewesen. Das Resultat ist aber ein negatives gewesen und der Verfasser sagt, indem er die Ergebnisse seiner Arbeit zusammenfaßt:

„Trotzdem die Perihelbistanz von 0·061 weit größer ist, als bei der bekannten Kometengruppe 1843, 1880,

1) Astr. Nachr. Nr. 2762.
2) Astr. Nachr. Nr. 2802.

1882, so war doch in diesem Falle für eine Untersuchung
eher Aussicht auf Erfolg vorhanden, als in den vielbe-
sprochenen Fällen, welche sich seit 1880 dargeboten haben.
Denn wie sich aus der Vergleichung des Beobachtungsmaterials ergiebt, waren die Bedingungen für die Beobachtungen so günstige, wie sie jedenfalls nur selten bei
Kometen vorkommen. Ferner berechtigt dasjenige, was
die Beobachtungen über die physische Beschaffenheit des
Kometen ergeben haben, zu der Annahme, daß er einen
relativ dichten Kern von erheblichen Dimensionen besessen
habe. Man kann daher behaupten, daß ein selbst viel
geringerer Widerstand, als derjenige, den man beim
Enke'schen Kometen wahrgenommen hat, unzweifelhaft
hätte bemerkt werden müssen. Wie aus dem obigen folgt,
ist aber das Resultat in dieser Hinsicht ein negatives.
Die neueren Untersuchungen von Backlund über den
Enke'schen Kometen haben schon erhebliche Zweifel in
Betreff der von Enke aufgestellten Hypothese entstehen
lassen. Das Resultat dieser Untersuchung scheint mir
nicht minder gegen dieselbe zu sprechen. Freilich bleibt
es nach wie vor ein Räthsel, wie die mit bedeutenden
Geschwindigkeiten begabten kometarischen Massen die nachweislich mit Stoffen erfüllten Regionen in der Nähe der
Sonnenoberfläche durchstreifen konnten, ohne irgend welche
merkliche Hemmung in ihrer Bewegung zu erfahren."

Die Vertheilung der Kometen-Aphele an der
Himmelsphäre ist schon wiederholt Gegenstand der Untersuchung gewesen. Eine neue und sehr erschöpfende Arbeit
hierüber hat Herr Dr. Holetschek veröffentlicht [1]), in welcher

---

[1]) Sitzber. d. Kais. Akad. zu Wien, Bd. XCIV, Abth. II,
1886.

er Eingangs auch die früheren Bearbeitungen des Pro=
blems kritifirt. Bode hat die Vertheilung von 98 Peri=
helien unterfucht und bemerkt, daß mehr Kometen nach
den Zwillingen und dem Krebs hin, als nach dem Schützen
und Steinbock hin durch ihr Perihel gegangen find, wobei
er andeutet, daß diefer Umstand wohl durch unferen
Standpunkt auf der Nordfeite der Erdkugel zu erklären
ist. Brorfen fand die Anhäufung in der heliocentrischen
Länge 70⁰ und 250⁰, Lardner bei 75⁰ und 200⁰. Car=
rington bringt die ungleichmäßige Vertheilung der Peri=
hele in Beziehung zur Bewegung unferes Sonnensystems
im Raume, läßt jedoch, ähnlich wie Bode, durchblicken,
daß vielleicht die ungleiche Vertheilung der Kometenent=
decker auf der nördlichen und füdlichen Hemifphäre dabei
eine Rolle fpielt. Eine größere Arbeit verdanken wir
Herrn Houzeau, der durch die Vergleichung von 209 Ko=
meten=Perihelien zu dem Refultate gelangt ist, daß die
großen Achfen der Kometenbahnen längs des heliocen=
trischen Doppelmeridians 102⁰ und 282⁰ ein Maximum
befitzen. Da sich nun das Sonnensystem gegen einen
Punkt bewegt, deffen Länge (nach O. Struve) 254⁰ ist,
und die Differenz zwischen diefen beiden Längen nur 28⁰
beträgt, fo liegt es nahe, in diefem Zufammentreffen
einen neuen Beweis für die Bewegung unferer Sonne
zu fehen. Nimmt man nämlich an, daß die Kometen,
oder wenigstens die meisten unter ihnen, nicht unferem
Sonnensystem angehören, fondern von außen her und
zuweilen von allen Seiten mit gleicher Häufigkeit in das=
felbe eintreten, fo müssen sie in der dem Apex der Sonnen=
bewegung benachbarten Himmelsgegend ein der Radiation
der Sternschnuppen analoges Phänomen zeigen; diefer
Schluß scheint nun dadurch bestätigt zu fein, daß die
großen Achfen der Kometenbahnen, also speciell die Aphele

19

und Perihele gerade in dieser Richtung stärker als in den anderen gehäuft sind. Auch eine Arbeit von Herrn Svedstrup, die sich auf 206 Kometenbahnen erstreckt, führt zu einem ähnlichen Resultate; sie ergiebt nämlich für den Pol des Kreises, um welchen sich die Perihele am dichtesten gruppiren, die Position: Länge = 178°, Breite = + 29°. Aus den nachfolgenden Betrachtungen geht jedoch hervor, daß diese Ansammlung der Kometen= Perihele vollkommen durch die Umstände erklärt werden kann, welche der Auffindung von Kometen am günstigsten sind. Ich werde, fährt Verf. fort, zu diesem Zwecke vorerst zeigen, daß, obwohl die Periheldurchgänge der Kometen über= haupt nicht an das Erdjahr gebunden sind, dennoch die Pe= rihelzeiten der wirklich beobachteten Kometen wenigstens der Mehrzahl nach von der Jahreszahl abhängen, und daß die Periheldurchgänge der meisten Kometen während eines Jahres ziemlich regelmäßig durch die Ekliptik wandern. Fragen wir zunächst um die räumliche Anordnung der Perihelpunkte, so besteht kein Grund gegen die Annahme, daß dieselben, von der Sonne aus gesehen, nach allen Richtungen nahe gleichmäßig verteilt sind und daß die Sonne ungefähr die Mitte derselben einnimmt. Diese Vertheilung wird wohl nicht bloß für die Gesammtheit der Kometen, sondern auch für solche Gruppen gelten, die in bestimmten Zeiträumen, z. B. im Monat August (ohne Rücksicht auf das Jahr) durch das Perihel gehen. Da sich die Projektionen der zu demselben Monat ge= hörenden Perihelpunkte ebenfalls ziemlich gleichförmig um die Sonne gruppiren, so werden auch die geocentrischen Positionen der Perihele die Sonne nahe in ihrer Mitte haben. Obwohl nun die Sonne von den Kometen=Peri= helien nach allen Seiten hin und, wie wir annehmen können, in gleicher Dichte umgeben wird, ist doch die

Wahrscheinlichkeit, von der Erbe aus bemerkt zu werben, nicht für alle Kometen dieselbe. Es dürfen daher die Bahnen derjenigen Kometen, welche wir thatsächlich wahrnehmen, wenn auch nicht in ihrer Gesammtheit, so doch der Mehrzahl nach ein bestimmtes Merkmal haben, und dieses liegt in einem Zusammenhang zwischen der Perihelzeit und der heliocentrischen Länge des Perihels, während gleichzeitig auch die Breite an eine Bedingung gebunden ist. Die größte Aussicht, wahrgenommen zu werben, haben jene Kometen, welche die Möglichkeit bieten, von der Erbe aus auf beiden Ästen der Parabel, also vor und nach dem Perihel beobachtet zu werben, und die in der Nähe des Perihels auch in die Erdnähe gelangen. Diese Kometen werben leichter aufgefunden, weil sie, wenn auch auf dem einen Parabelast übersehen, immer noch auf dem anderen entdeckt werben können, und weil sie während der größten Helligkeitsentwicklung der Erbe nahe kommen. Die Perihelpunkte solcher Kometen liegen, von der Sonne aus gesehen, in der der Erbe zugewandten Partie des Himmels; demnach ist die heliocentrische Länge des Perihels durchschnittlich so groß wie die zur Zeit des Periheldurchganges gehörende heliocentrische Länge der Erbe ($Lo \pm 180^\circ$), während die heliocentrische Breite des Perihels einen verhältnismäßig kleinen Werth hat. Da die zweite dieser Bedingungen für die vorliegende Arbeit eine geringere Bedeutung hat, als die erste, soll es behufs ihrer völligen Erledigung gleich gesagt werben, daß sie durch die Thatsachen bestätigt wird. Ordnet man nämlich in dem (im Original) mitgetheilten Verzeichnisse die heliocentrischen Breiten der Kometen-Perihele nach ihrer Größe, so vertheilen sie sich in folgender Weise:

Nördliche Perihele

zwischen	0⁰ und	+30⁰	. .	88
„	+30 „	+60	. .	65
„	+60 „	+90	. .	25
				178

Südliche Perihele

zwischen	0⁰ und	—30⁰	. .	85
„	—30 „	—60	. .	26
„	—60 „	—90	. .	11
				122

Daß die nördlichen Perihele zahlreicher vertreten sind, als die südlichen, rührt — wie u. A. auch Schiaparelli bemerkt hat — von der nördlichen Position der meisten Beobachter her. Die obigen zwei Bedingungen lassen sich auch in die eine zusammenfassen, daß zur Zeit der Perihels die heliocentrischen Winkeldifferenz zwischen Erde und Komet einen kleinen Werth habe. Übertragen wir diese Forderungen auf den geocentrischen Standpunkt, so ergiebt sich, daß die Kometen im allgemeinen um so leichter zu unserer Wahrnehmung gelangen, je kleiner die Elongation von der Sonne ist, in welcher sie ihre größte Helligkeit erreichen, wobei jedoch von Kometen, die der Erde sehr nahe, oder mit der Sonne in Opposition kommen, abzusehen ist. Dasselbe geht übrigens auch aus einer anderen Überlegung hervor. Vollkommen Null darf die Elongation nicht sein, weil sonst der Komet trotz seiner Erdnähe in den Sonnenstrahlen verborgen wäre; sehr groß, also gegen 90⁰, kann sie in den meisten Fällen auch nicht mehr sein, weil sonst seine Distanz von der Sonne zu bedeutend, also seine Helligkeit zu gering wäre. Die günstigste Sichtbarkeitsgegend liegt also zwischen beiden Extremen, aber doch der Sonne so nahe, als es ihre Strahlen nur gestatten; im Allgemeinen kann vielleicht der Radius dieses Umkreises zu 30⁰ angesetzt werden.

Was die Neigung der Bahnebene, gegen die Ekliptik anbelangt, so ist wohl bei Kometen mit direkter Bewegung,
da dieselben der Erde durch längere Zeit nahe bleiben
können, die Wahrscheinlichkeit der Auffindung eine größere,
also bei retrograden.   Dieser Umstand kommt aber nur
bei solchen Kometen zur vollen Geltung, die in sehr
großen Elongationen von der Sonne, mitunter sogar in
der Opposition beobachtet werden.   Für Kometen dagegen,
die innerhalb der Erdbahn ihre Sonnen- oder Erdnähe
passiren, ist es behufs leichterer Auffindung von Wichtigkeit, daß sie sich rasch aus dem Gebiete der Sonnenstrahlen
entfernen können, und zwar nicht nur parallel zur Ekliptik,
sondern auch weit über oder unter dieselbe; sie müssen
also die Ekliptik ziemlich steil durchkreuzen, und daher
kommt es vermuthlich, daß z. B. Neigungen zwischen 80°
und 130° häufiger vertreten sind als solche zwischen 130° und
180°, ja sogar auch noch etwas häufiger als zwischen 30°
und 80°. Übrigens ist diese kleine Betrachtung über die
Neigung für das in Rede stehende Thema ohne Bedeutung
und nur gelegentlich angeführt worden. Eine wesentlich
andere Rolle spielen die Kometen mit kleiner Periheldistanz; bei diesen kehren sich die Verhältnisse geradezu
um.   Während nämlich die vorhin betrachteten Kometen
vorzugsweise in der dem Perihel benachbarten Bahnstrecke
wahrgenommen werden können, bieten uns die Kometen
mit kleiner Periheldistanz hauptsächlich in den dem Aphel
zugekehrten Bahnteilen die Möglichkeit der Auffindung
dar. Es werden daher unter diesen Kometen am leichtesten
solche gesehen werden, deren Periheldurchgang jenseits der
Sonne stattfindet, für welche also die Länge des Perihels
ungefähr so groß ist, wie die der Zeit des Periheldurchganges entsprechende geocentrische Länge der Sonne. Die
Richtung des heliocentrischen Laufes ist wohl bei Kometen

mit ſehr kleiner Perihelbiſtanz ziemlich gleichgiltig; wird
aber die Perihelbiſtanz etwas größer, beiſpielweiſe q = 0·4,
ſo dürfte die retograde Bewegung doch etwas mehr Aus-
ſicht zur Wahrnehmung gewähren, weil dann eher die
Möglichkeit beſteht, daß ein Komet ſowohl auf dem einen,
als auf dem anderen Bahnaſt in die Erdnähe gelangt,
und baher vorausſichtlich wenigſtens auf einem berſelben
bemerkt wird. Wir haben alſo außer dem Hauptmaximum
der Perihellängen noch eine ſekundäre Anhäufung, die
aber, weil die Zahl der Kometen mit kleiner Perihelbiſtanz
eine geringe iſt, nur wenig hervortritt. Übrigens kann
die Grenze zwiſchen großen und kleinen Perihelbiſtanzen
nicht ſtreng gezogen werben, denn wenn man auch q = 0·5
dafür annehmen wollte, ſo finden ſich doch manchmal
Kometen, mit q = 0·6, deren Sichtbarkeitsverhältniſſe
denen der Kometen mit kleiner Perihelbiſtanz gleichge-
kommen ſind, während dagegen Kometen mit q = 0·4
mitunter ſo aufgetreten ſind, wie Kometen mit größerer
Perihelbiſtanz. Bezeichnender wäre es vielleicht, zu ſagen,
daß ſich die Kometen mit kleiner Perihelbiſtanz um q = 0·2
mit mittlerer um q — 0·6 mit größerer Perihelbiſtanz
um q = 0·1 gruppiren. Verf. hat an einer anberen
Stelle die Bedingungen abgeleitet, unter benen ein
zur Sonne herabkommender Komet für uns unſichtbar bleiben kann, und dafür unter anberm gefunden, daß
derſelbe für größere Perihelbiſtanzen ſein Perihel jenſeits,
für kleinere Perihelbiſtanzen dieſſeits der Sonne paſſiren
muß, und daß in beiben Fällen die Bahnachſe unter
einem kleinen Winkel gegen die Ekliptik geneigt ſein ſoll.
Man braucht ſich jetzt nur den Kometen gegen die Erbe,
oder was auf daſſelbe hinauskommt, die Erbe gegen den
Kometen in der Ebene der Ekliptik um 180° verſchoben
zu benken und erhält ſofort aus der Bedingung, unter

welcher ein Komet am schwierigsten, diejenige, unter welchen
er am leichtesten gesehen wird; man findet nämlich:

I. für q gegen 1 und darüber hinaus: Komet während des Perihels diesseits der Sonne, d. h. l = Lo ± 180°,

II. für kleine q: Komet während des Perihels jenseits
der Sonne, d. h. l = Lo, wobei Lo die zur Perihelzeit T stattfindende geocentrische Länge der Sonne ist.

Die gemeinschaftliche Bedingung, daß der Winkel
zwischen Bahnachse und Ekliptik mäßig sein soll, bleibt
auch jetzt bestehen und somit kann diese Bedingung sowohl das Verborgenbleiben, als das Sichtbarwerden eines
Kometen begünstigen, welcher scheinbare Widerspruch nicht
behoben ist. Soll nämlich der Komet verborgen bleiben,
so steht er (wenn wir bloß die größeren Periheldistanzen
ins Auge fassen) jenseits der Sonne und hat kleine Neigung, bleibt somit lange in den Sonnenstrahlen und
besitzt, wenn er auch heraustritt, nur geringe Helligkeit.
Soll er sichtbar werden, so befindet er sich im Perihel
diesseits der Sonne, und kommt, da die Bahnachse nahe
in der Ekliptik liegt, der Erde relativ am nächsten; wenn
er sich auch einige Zeit in den Sonnenstrahlen verbirgt, so
tritt er doch in Folge seiner raschen geocentrischen Bewegung sehr bald, und in Folge seiner großen Neigung
sehr weit heraus und zwar mit bedeutender Helligkeit.
Selbst wenn der Komet im Perihel mit der Sonne in
Opposition sein sollte, was für q > 1 eintreten kann,
sind seine Sichtbarkeitsverhältnisse günstiger für den Fall,
daß seine Bahnachse mit der Ekliptik einen kleinen Winkel
bildet, weil die Annäherung an die Erde zur Zeit des
Perihels geschehen kann; Beispiele dafür bieten die Kometen
1585 und 1844 I. Nachdem nun gezeigt ist, daß bei
den relativ meisten Kometen ein Zusammenhang zwischen
Perihelzeit und Perihellänge besteht, indem die Perihel-

längen des Jahres ungefähr mit der Erbe um die Sonne
wandern, bleibt noch die Frage zu beantworten, wann
dieser Zusammenhang am stärksten zu Tage tritt. Offen=
bar dann, wenn unter den in einer bestimmten Jahres=
zeit durch das Perihel gehenden Kometen die meisten zu
unserer Wahrnehmung gelangen. Es muß also die Mög=
lichkeit, einen Kometen im Perihel oder wenigstens auf
einem der beiden Parabeläste zu erblicken, am größten
sein, somit jene Himmelsgegend, in welcher die Kometen
gewöhnlich eine größere Helligkeit erlangen, d. h. der
nächste Umkreis der Sonne für uns am leichtesten zu=
gänglich sein, und das ist der Fall, wenn die Sonne ihre
höchste Deklination erreicht, also in unserem Sommer.
Hier ist es vor allem die Cirkumpolargegend des Him=
mels, die uns in den Stand setzt, die Kometen bei ge=
ringen Elongationen von der Sonne während der ganzen
Nacht, ja sogar um Mitternacht zu beobachten und aus
diesem Grunde können auch von den im Sommer durch
das Perihel gehenden Kometen die meisten gefunden wer=
den. Da die Länge der Sonne bei ihrer nördlichsten
Deklination 90° ist, so werden in dieser Zeit den früheren
Betrachtungen zufolge die Perihellängen in der Nähe von
270° überwiegen, und da nach dem soeben Gesagten im
Sommer überhaupt die meisten Kometen bemerkt werden
können, so müssen Perihellängen von ungefähr 270° nicht
nur unter den Sommer=Kometen, sondern überhaupt
unter allen Kometen des Jahres überwiegen. In jeder
anderen Jahreszeit ist uns der Umkreis der Sonne um
so weniger erreichbar, je südlicher die Sonne steht; am
wenigsten also im Winter. Dennoch rufen aber auch
einige im Winter durch das Perihel gehende Kometen ein
Übergewicht hervor, und zwar diejenigen, deren Perihel=
distanz groß, nämlich gegen 1 und darüber hinaus ist.

Solche Kometen kommen unserer Erde meist in sehr großen Elongationen, ja sogar in der Opposition nahe und werden am ehesten gefunden, wenn die der Sonne gegenüberstehende Himmelsgegend, die als Mittelpunkt aller dieser Perihele betrachtet werden kann, ihren höchsten Stand hat, also im Winter. Im Sommer sind solche Kometen am schwierigsten zu sehen, weil dann die mit der Sonne in Opposition befindliche Gegend zu tief steht. Obwohl also im Winter die uns zugängliche Umgebung der Sonne bedeutend verringert ist, liefert diese Jahreszeit doch ein Maximum der Perihellängen und zwar bei 90°, welches aber schwächer, als das bei 270°, weil es hauptsächlich von den bloß in geringerer Zahl vorhandenen Kometen mit großer Periheldistanz herrührt. Gegen die letzten Erwägungen kann der Einwand erhoben werden, daß für die Wahrnehmung von Gestirnen noch andere Umstände maßgebend sind, daß z. B. in Mitteleuropa und überhaupt in mittleren geographischen Breiten die Durchmusterung des Himmels im Sommer durch die Helligkeit der Nächte, im Winter durch die häufigen Trübungen der Atmosphäre beeinträchtigt wird. Die obigen Folgerungen dürften aber dadurch kaum abgeschwächt werden. Was zunächst die hellen Sommernächte betrifft, so fallen dieselben wohl nicht stark ins Gewicht; denn wenn Kometen, wie es ja wiederholt geschieht, in der hellen Morgen- und Abenddämmerung entdeckt werden, so können sie in der durch die Mitsommersonne verursachten Helle ebenso gut oder gar noch leichter gefunden werden, weil hier Gelegenheit geboten ist, einen großen Theil des Sonnenumkreises durch längere Zeit, also mit Muße zu durchforschen. Übrigens brauchen die Kometen, welche das Übergewicht bei 270° Länge hervorrufen, nicht gerade bei nördlichsten Sonnenstand entdeckt zu werden;

es genügt schon, wenn nur die zugehörige Deklination
der Sonne überhaupt einen ziemlich großen Werth, beispielsweise 16⁰ hat. Die vielfachen Trübungen der
Atmosphäre im Winter werden wohl durch die bedeutende
Länge der Nächte größtentheils wieder ausgeglichen, weil
sich Gelegenheit bietet, vorübergehende Aufheiterungen
öfter, als in kurzen Nächten auszunützen. Beide Einwände fallen aber gleichzeitig weg, wenn man bedenkt,
daß auch Länder, wo sich die fraglichen Verhältnisse
wesentlich günstiger gestalten, z. B. Oberitalien und
Süd-Frankreich, an der Durchforschung des Himmels
immer regen Antheil genommen haben. Die nordameri-
kanischen Sternwarten werden zwar auch in ihrer Thätigkeit durch die hellen Sommernächte wenig gestört, können
aber hier noch nicht als beweisend angeführt werden, weil
die daselbst entdeckten Kometen erst der Neuzeit angehören
und überhaupt bis jetzt nur einen kleinen Bruchtheil der
Gesammtzahl ausmachen. Die Kometen mit kleiner Perihelbistanz, die uns für 1—Lo die günstigsten Sichtbarkeitsverhältnisse bieten, können hier in Kürze erledigt
werden, weil sie in Anbetracht ihrer geringen Zahl zur
Verstärkung der Maxima der Perihellängen nur in einem
untergeordneten Grade beitragen. Da ihre Sichtbarkeitsumstände jenen der bisher behandelten Kometen entgegengesetzt sind, so verstärken sie im Winter die Längen bei
270⁰ und im Sommer die Längen bei 90⁰. Daß die
Aphele dieser Kometen vorzugsweise in der Nähe von
90⁰, also die Perihele bei 270⁰ liegen, hat übrigens schon
Schiaparelli bemerkt, und daß diese Verdichtung auf die
hier angedeutete Ursache zurückzuführen ist, hat R. Leh-
mann-Filhés gezeigt. Wir haben bis jetzt die Nordhemisphäre der Erde im Auge gehabt. Wenn wir nun
untersuchen, wie sich die Südhemisphäre zu diesem Thema

verhält, so sehen wir gleich, daß durch den geänderten
Standpunkt der Kometenentdecker an dem Wesen der
Thatsache, daß längs des heliocentrischen Meridians
90°—270° eine Anhäufung der Kometenperihele stattfindet, eigentlich nichts geändert wird, sondern daß nur
eine Verschiebung um 180° geschieht. Der Sommer der
Südhalbkugel wird nämlich die Perihele bei 1—90° und
der Winter in etwa geringerem Grade (durch die Kometen
mit größerer Periheldistanz) die Perihele bei 1—270°
häufen; entsprechende Verhältnisse müßten sich auch, falls
die Kometenentdeckungen auf der Südhalbkugel zahlreicher
werden sollten, bei den Kometen mit kleiner Periheldistanz
zeigen. Beide Hemisphären wirken also in demselben
Sinne, beide verstärken die Maxima bei 90° und 270°.
Nur die Entdeckungen in den Tropengegenden, für welche
keine Hemisphäre des Himmels ein Übergewicht hat,
würden wahrscheinlich jede Stelle der Ekliptik nahe gleichmäßig mit Kometen-Perihelien besetzen. Bisher ist immer
stillschweigend die Perihelzeit mit der Entdeckungszeit
identificirt worden, eine Vereinfachung, welche das Resultat der vorliegenden Abhandlung nicht schädigen kann.
Da nämlich die Kometen zur Zeit ihrer Auffindung gewöhnlich nicht weit vom Perihel entfernt sind, so zwar,
daß im Durchschnitt entweder der Perihelmonat selbst
oder einer der beiden Nachbarmonate (meist der vorübergehende) als Entdeckungsmonat betrachtet werden kann,
so läßt sich in den allermeisten Fällen behaupten, daß
ein Komet, der in einer bestimmten Jahreszeit sein Perihel
passirt hat, in derselben auch entdeckt worden ist. Da
nun für diese Untersuchungen nur eine bis auf einen
Monat genaue Angabe der Perihelzeit in Betracht gezogen
werden. Um nun eine thatsächliche Bestätigung seiner
Auseinandersetzungen zu liefern, hat Verf. vorerst ein Ver-

zeichnis der Perihelpositionen aller berechneten Kometen
angelegt und dabei nur jene Kometen der früheren Jahrhunderte weggelassen, deren Bahnen in besonderem Grade
unsicher sind. Da ihm daran gelegen war, seine Folgerungen auch auf die beiden Verzeichnisse von Houzeau
und Svedstrup anzuwenden, hat er keinen der von diesen
Autoren benutzten älteren Kometen ausgeschlossen, immerhin aber noch zwei andere hinzugenommen, nämlich die
von Celoria nach Toscanelli's Beobachtungen berechneten
Kometen 1449 und 1457 I. Da sich während seiner
Arbeit herausgestellt hat, daß die Anhäufungen der
Kometen-Perihele bei 90° und 270° vollständig durch die
Umstände erklärt werden können, welche die Auffindung
und Beobachtung von Kometen begünstigen und somit
keine Nöthigung besteht, in dieser Verdichtung einen Beweis dafür zu erblicken, daß die Kometen von außen her
unserer Sonne zulaufen, hat man keinen Grund, bei der
Ermittelung der Positionen jener Anhäufungen, oder bei
einer Untersuchung, wie die vorliegende ist, Kometen mit
entschieden elliptischen Bahnen auszuschließen, und soll
dazu sämmtliche Kometen heranziehen; sogar die Wieder-
entdeckungen periodischer Kometen sollte man benutzen und
nur die vorausberechneten Erscheinungen derselben weg-
lassen. Da jedoch bei mancher Wiedererscheinung eines
periodischen Kometen schwer zu entscheiden ist, ob man
seine Auffindung mehr der Arbeit des Rechners oder dem
Glück des Entdeckers zu verdanken hat, hat Verf. jeden
periodischen Kometen nur einmal in das Schema gesetzt
und zwar stets die erste Erscheinung desselben; für den
Halley'schen die Erscheinung 1378. Dr. Holetschek theilt
nun ein Verzeichnis von 300 nach der heliocentrischen
Länge des Perihels geordneten Kometen mit und diskutirt
dasselbe nach verschiedenen Richtungen. Zum Schlusse

faßt er die Resultate seiner Untersuchungen mit folgenden Worten zusammen:

„Von den zu unserer Wahrnehmung gelangenden Kometen überwiegen erfahrungsgemäß diejenigen, deren Perihelpunkte in der Nähe der Erde liegen; für diese ist die heliocentrische Länge des Perihels ungefähr so groß, wie die während des Periheldurchganges stattfindende heliocentrische Länge der Erde. Je weiter sich die Kometen von dieser Bedingung entfernen, um so unwahrscheinlicher wird im Allgemeinen ihre Auffindung. Das Übergewicht der Kometenbahnen, bei denen dieser Zusammenhang zwischen Perihelzeit und Perihellänge besteht, wird sich um so stärker bemerkbar machen, je mehr wir unter den durch das Perihel gehenden Kometen aufzufinden vermögen. Für die Nordhemisphäre ist diese Möglichkeit im Sommer am größten, weil uns dann Partien des Himmels, die von der Sonne nur geringe Elongation haben und das Hauptgebiet bedeutender Helligkeitsentwicklungen der Kometen bilden, am leichtesten zugänglich sind. In etwas minderem Grade ist diese Möglichkeit im Winter vorhanden, wo wir Kometen in sehr großen Elongationen von der Sonne, ja sogar in der Opposition beobachten können. Durch die ersteren entsteht eine Häufung der Perihele bei 270^{0}, durch die letzteren bei 90^{0} Länge. Die Kometen mit kleinerer Periheldistanz verhalten sich gerade entgegengesetzt, da wir sie nicht in der Sonnennähe, sondern gewöhnlich gegen die Sonnenferne hin wahrnehmen. Ihre Perihelanhäufungen treten aber weit weniger zu Tage, weil die Zahl solcher Kometen nur gering ist. Die auf der Südhemisphäre der Erde gefundenen Kometen werden dieselbe Eigenthümlichkeit zeigen, nur mit dem Unterschied, daß eine Verschiebung um 180^{0} Länge eintritt, so zwar, daß der Sommer die Perihele 90^{0}, der

Winter die Perihele bei 270° häuft; das Gegentheil gilt natürlich wieder von den Kometen mit kleiner Perihel-distanz.

Es kann also die ausgesprochene Neigung der großen Achsen der Kometenbahnen, sich in der heliocentrischen Länge 90° und 270° dichter als an anderen Stellen an-zusammeln, durch Verhältnisse rein terrestrischer Natur erklärt werden, und somit liefert diese Anhäufung keinen Beweis für die Eigenbewegung der Sonne und den extrasolaren Ursprung der Kometen.

Die Existenz besonderer Kometensysteme, d. h. das Vorhandensein von Gruppen von Kometen, die vor Eintritt in unser Sonnensystem zusammengehört haben, ist mehrfach behauptet worden. Eine neue Untersuchung dieser Frage hat J. Holetschek vorgenommen [1]) und kommt zu dem Ergebnisse, daß sie verneint werden muß. Ab-gesehen davon, daß an eine Berechnung von Bahnnähen und physischen Zusammenkünften im interstellaren Raum gar nicht gedacht werden kann, tragen die zur Entscheidung herangezogenen mehrfachen Durchschnitte zwischen den Pro-jektionen der verschiedenen Bahnen, das Gepräge rein zufälliger Natur. Es ist nämlich vor allem selbstver-ständlich, daß dort, wo sich viele unter den verschiedensten Winkeln gegen einander geneigte Kurven häufen, noth-wendig auch viele Schnittpunkte entstehen, ohne daß man deshalb zu der Annahme berechtigt wäre, daß die Curven, deren Durchschnitte näher an einander liegen, physisch zusammengehören. Nun kommen aber die maßgebenden, nämlich die in der Nähe der Aphele liegenden Schnitt-punkte, also die angeblichen Kometensysteme am zahlreichsten gerade an jenen Stellen der Himmelssphäre vor, in denen

---

[1]) Wiener Akad. Anzeiger 1887, Nr. 15.

sich erfahrungsgemäß die Kometenaphele am dichtesten
häufen (in der Nachbarschaft der heliocentrischen Längen
90° und 270°, ferner in kleinen und mittleren Breiten),
am spärlichsten aber dort, wo die Aphele überhaupt selten
sind. Diese allgemeine Verdichtung der Aphele hat der
Verfasser in seiner früheren Abhandlung „Über die Richtungen der großen Achsen der Kometenbahnen" auf ter-
restrische Verhältnisse zurückgeführt, und da also die
fraglichen Kometengruppen nur besondere Fälle dieser
Anhäufungen sind, besteht kein Grund, hier eine kosmische Ursache zu vermuthen. Das weitere Argument,
nämlich daß die Kometen einer solchen Gruppe in denselben Zeitpunkten auch in nahezu gleichen Entfernungen
von der Sonne gewesen sind, kann gar nichts beweisen,
denn diese Eigenschaft kommt in Folge des außerordentlich geringfügigen Unterschiedes zwischen den zur Periheldistanzen verschiedener Größen gehörenden gleichzeitigen
großen Radienvektoren nicht nur gewissen, sondern überhaupt allen Kometen zu, deren Periheldurchgänge in
kleinen Zeitintervallen auf einander folgen. Ebenso ist
die Thatsache, daß solche Kometen beim Eintritt in die
Attraktionssphäre der Sonne nahezu dieselbe Bewegungs-
richtung und Geschwindigkeit gehabt haben, von vornherein zu erwarten, also kein Beweisgrund. Nachdem
nun diese wechselseitigen Durchschnitte, deren Realität
ohnehin fraglich ist, für die Idee von Kometensystemen
gegenstandslos geworden sind, möchte der Verfasser im
Hinblick auf die gegenwärtig immer mehr Boden ge-
winnende Ansicht, daß die Kometen unsere Sonne auf
ihrer Wanderung durch den Weltraum begleiten und mit
ihr ziemlich gleichen Schritt halten, wenigstens den Aphel-
richtungen selbst einige Wichtigkeit zuerkennen. Er stellt
zu diesem Zwecke eine Reihe von Kometenpaaren zusammen,

beren Aphelprojektionen um weniger als 3^0 im größten Kreis differiren, und erörtert einige mehr oder minder hervortretende gemeinsame Eigenschaften der die verschiedenen Paare bildenden Kometen.

Sternschnuppen.

Die Vertheilung der Radiationspunkte an der Himmelssphäre ist von A. de Tillo untersucht worden.[1] Die 1315 katalogisirten Radianten des nördlichen Himmels vertheilen sich in Rektascension wie folgt:

AR	Zahl der Radianten
0— 90°	392
90—180	259
180—270	302
270—360	362

Die Regionen, welche die meisten Radianten aufweisen, sind diejenigen, durch die fast ganz die Milchstraße führt. Svedstrup hat schon früher die Bemerkung gemacht, daß die meisten Kometen ihre Perihele in der Nähe der Milchstraße haben. (S. S. 291.)

Werden die Radianten nach ihrer Deklination klassificirt, so ergiebt sich, daß ihre Zahl mit den Deklinationen wächst.

Die hauptsächlichsten Meteorströme, nach ihrer Radiation und Thätigkeit, hat Denning aus seinen eigenen Beobachtungen innerhalb der letzten 15 Jahre bestimmt.[2] Er giebt folgende Positionen (für 1890·0):

---

[1] Compt. rend. de l'Academie de Paris t. CIV, N. 21—26.
[2] Monthl. Not. Astr. Soc. XLVIII 3, p. 110.

Namen der Ströme	Thätigkeitsdauer	Maximum	Radiant		Länge der Sonne
			AR	D	
Quadrantiden	Dec. 28 — Jan. 4	Januar 2	229·8°	+52·5°	281·6°
Lyriden	April 16 — 22	April 20	269·7	+32·5	31·3
η Aquariden	„ 30 — Mai 6	Mai 6	337·6	— 2·1	46·3
δ „	Juli 23 — Aug. 25	Juli 28	339·4	—11·6	125·6
Perseiden	„ 11 — „ 22	August 10	45·9	+56·9	138·5
Orioniden	Okt. 9 — 29	Okt. 18	92·1	+15·5	205·9
Leoniden	Nov. 9 — 17	Nov. 13	150·0	+22·9	231·5
Andromeben	„ 25 — 30	„ 27	25·3	+43·8	245·8
Geminiden	Decbr. 1 — 14	Decbr. 10	108·1	+32·6	259·5

Der Radiant der Quadrantiden ift zuerft von Heis genauer bestimmt worden. Auf die Lyriden machte vor Jahren Herrick schon aufmerksam; Galle und Weiß bemerkten die wahrscheinliche Übereinstimmung ihrer Bahn mit jener des Kometen I 1861. Die Mai-Aquariden zeigen einige Ähnlichkeit der Bahn mit der des Halley-schen Kometen. Die Orioniden wurden zuerst von J. Schmidt und A. Herschel bemerkt, die Geminiden von Greg.

Die gasförmigen Bestandtheile einiger Meteoriten sind von Ansdell und Dewar untersucht worden.[1] Die Temperatur, bei welcher das Gas extrahirt wurde, war stets nahezu gleich.

Der zu untersuchende Stein wurde zerkleinert und als grobes Pulver in eine passend lange Verbrennungsröhre gebracht, welche mit einer Sprengel'schen Luftpumpe verbunden war durch ein kleines Kugelrohr, das in eine Kältemischung getaucht, alle Feuchtigkeit und kondensirbaren, flüchtigen Produkte zurückhalten sollte. Die Röhre wurde erst ausgepumpt, dann im Ver-

---

[1] Prov. Royal Soc. Vol. XL. No. 245. Referat in Naturw. Rundschau 1887, Nr. 1, S. 3.

brennungsofen auf niedere Rothgluth erwärmt; während des Erwärmens wurden die Gase allmählich durch die Pumpe ausgezogen, und wenn die Röhre mehrere Minuten auf der Temperatur dunkler Rothgluth verweilt hatte, wurde sie vollständig ausgepumpt. Zur Analyse wurde in der Regel die gesammte gewonnene Gasmenge verwerthet.

„Bei der Untersuchung des ersten (Dhurmsala) Meteoriten zeigte sich in der Kugelröhre eine große Menge Wasser; weil dieser Meteorit jedoch aus einer sehr porösen Masse besteht, wurden vollständig glasirte Stücke der Meteoriten von Pultusk und Mocs, die nach der Zerkleinerung sofort in die Röhre gebracht worden, untersucht; aber bei diesen wurde fast eben so viel Wasser in der Kugelröhre kondensirt wie beim Dhurmsala-Meteoriten. Wenn nun auch die Rindenglasur der beiden Meteoriten keine vollkommen absolute Sicherheit gegen das Eindringen von Feuchtigkeit giebt, so ist doch aus der Gleichheit der Wassermengen die wahrscheinliche Annahme berechtigt, daß dasselbe einen Bestandtheil der Meteorsteine bildet. Die Analyse der aus den drei genannten Meteoriten gewonnenen Gase, wie die, des Vergleiches wegen, gleichfalls untersuchten Gase, welche aus einem sehr porösen Bimsstein gewonnen worden, sind nachstehend zusammengestellt:

	Glas-volum	CO_2 Proc.	CO Proc.	H Proc.	HC_4 Proc.	N Proc.
Dhurmsala .	2·51	63·15	1·31	28·48	3·9	1·31
Pultusk . .	3·54	66·12	5·40	18·14	7·65	2·69
Mocs . . .	1·94	64·50	3.90	22·94	4·41	3·67
Bimsstein .	0·55	39·50	18·50	25·4	—	16·60

„Diese Resultate bestätigen vollständig die früheren Erfahrungen sowohl über den Kohlensäurereichthum der Gase in den Meteorsteinen, wie über das Vorkommen von ansehnlichen Mengen Grubengas in denselben. Ob jedoch das Grubengas als solches in den Meteoriten eingeschlossen enthalten war, oder sich erst bei der Erwärmung und Extraktion gebildet habe, war nicht zu entscheiden.

„Es schien zweckmäßig, durch den Versuch die Absorptionsfähigkeit poröser Meteoritenmassen festzustellen. Gepulverter Dhurmsala-Meteorit, dem seine Gase in angegebener Weise extrahirt waren, wurde in feuchter Luft unter einer Glasglocke zuerst

24 Stunden, dann 6 Tage und dann 8 Tage stehen gelassen, und jedesmal in gleicher Weise die absorbirten und okkludirten Gase ausgezogen und bestimmt. Es zeigte sich, daß Wasser und Gase sehr schnell absorbirt wurden, doch war nach dem zweiten Erhitzen die Absorptionsfähigkeit bedeutend verringert. Die Wassermenge, welche nach dem Verweilen in feuchter Luft extrahirt werden konnte, war aber bedeutend geringer, als die beim ersten Erhitzen des Meteoriten gewonnene. Hierin und in dem Umstande, daß das Wasser erst beim Erhitzen abgegeben werde, sehen die Verfasser eine Stütze für die Auffassung, daß das Wasser in den Meteoriten chemisch gebunden sei.

„Zur Untersuchung der verschiedenen Graphite wurde ein vollkommen oblonger Graphitknoten benutzt, der aus dem Inneren eines Stückes des Toluka-Meteoreisen entnommen war, er war äußerlich wie innen gleichmäßig dunkelschwarz und gab ein feinkörniges, glanzloses Pulver. Mit diesem kosmischen Graphit wurden mehrere irdische Graphite verglichen. Die Analysen der Gase, welche aus diesen verschiedenen Graphiten gewonnen worden, sind wieder in einer Tabelle nach Menge und procentrischer Zusammensetzung zusammengestellt:

	Gas-volum	CO_2	CO	H	CH_4	N
Kosmischer Graphit	7·25	91·81	—	25·50	5·40	0·1
Borrodale „	2·60	36·40	7·77	22·2	26·11	6·66
Sibirischer „	2·55	57·41	6·16	10·25	20·83	4·16
Ceylon „	0·22	66·60	14·80	7·40	3·70	4·50
Unbekannter „	7·26	50·79	3·16	2·50	39·53	3·49

„Man sieht, der Borrodale und der sibirische Graphit gaben ungefähr gleiches Gasvolumen, und der kosmische und unbekannte Graphit sind sich gleichfalls in dieser Beziehung ähnlich, indem sie mehr als das doppelte Volum der anderen ergaben. Alle irdischen Graphite, mit Ausnahme des von Ceylon, enthielten eine große Menge Grubengas; und wenn auch die Menge dieses Gases im kosmischen Graphit nicht unbedeutend war, war sie doch erheblich geringer als in den terrestrischen. Die Absorptionsfähigkeit des kosmischen Graphits wurde durch direkte Versuche bestimmt; es zeigte sich, daß in trockener Kohlensäure, welche, wie die übrigen untersuchten Gase, 12 Stunden lang in der Kälte über das gasfrei gemachte Pulver geleitet war, nur

1·1 Volum Gas abſorbirt waren mit 98·4 Proc. CO_2, nach Einwirkung von Grubengas wurden 0·9 Volum Gas mit 94·1 Proc.
CO_2 gewonnen und nach Einwirkung von Waſſerſtoff erhielt man
nur 0·17 Volum mit 95 Proc. CO_2. Um der Quelle des Gruben-
gaſes nachzuſpüren, wurden die Mengen dieſes Gaſes in den
einzelnen Graphiten mit dem Waſſerſtoff verglichen, den man
beim Verbrennen der Graphite erhält; aus den gefundenen
Werthen ließen ſich keine Schlußfolgerungen ableiten. Hierauf
wurden 2 g des kosmiſchen Graphits mit koncentrirter Salpeterſäure mehrere Stunden digerirt und nach dem Auswaſchen der
Säure wieder analyſirt; die Menge des Waſſerſtoffs war genau
dieſelbe wie früher; er ſchien daher im Graphit in ſehr ſtabiler
Verbindung zu exiſtiren. Endlich wurde der kosmiſche Graphit
und, des Vergleiches wegen, der Graphit unbekannten Fundortes
zur Entfernung aller Kohlenwaſſerſtoffverbindungen mit reinem
Äther extrahirt und dann wieder analyſirt. Das Reſultat war,
daß das Grubengas im kosmiſchen Graphit auf etwa die Hälfte,
im unbekannten auf ungefähr ein Drittel zurückging. Es ſcheint
daher, daß entweder der Äther nicht alle kohlenſtoffhaltigen
Verbindungen ausgezogen hat, oder daß ſich das Grubengas
ſpäter beim Erhitzen bildete.

Weiter hatten die Verfaſſer Gelegenheit, ein Stück des bekannten Orgueil-Meteoriten zu analyſiren. Es gab ſehr viel
Waſſer ab, das ſauer reagirte, ſtark nach ſchwefliger Säure roch
und auch Ammoniak enthielt. Die Gaſe zeigten nach Abzug der
ſchwefligen Säure eine Zuſammenſetzung, welche derjenigen der
Gaſe aus den Stein-Meteoriten ſehr nahe kam. Die organiſche
Subſtanz dieſes von Cloëz 1864 zuerſt analyſirten Meteorits
hat nach dieſem Chemiker eine Zuſammenſetzung wie ungefähr
irdiſche Humusſubſtanz. Es bietet jedoch Schwierigkeiten ſich
vorzuſtellen, daß der irdiſche Kohlenſtoff aus dem Humus ſich
in Graphit verwandelt habe, da hierzu hohe Temperaturen erforderlich ſind, bei denen Kohlenſtoffverbindungen, wie ſie im
Graphit vorkommen, nicht hätten exiſtiren können.

Die Verfaſſer neigen zu der ſchon anderweitig aufgeſtellten
Annahme, daß der Graphit durch Einwirkung von Waſſer, Gaſen
und anderen Agentien auf die Kohlen-Metalle entſtanden iſt,
und daß während dieſer chemiſchen Reaktionen ein Theil des
Kohlenſtoffs in organiſche Verbindungen übergeführt worden.

In beiden Fällen kommt man zu dem Schlusse, daß die Art der Entstehung der meteoritischen und der irdischen Graphite eine ähnliche gewesen, und es ist vollkommen möglich, daß sie schließlich aus einer gemeinsamen Quelle abstammen."

Das Meteoreisen von Mazapil, Zacatecas. Am 27. November 1885 fiel bei dem Orte Mazapil ein Meteoreisen, dessen chemische Zusammensetzung W. E. Hidden untersucht hat. [1] Dasselbe ist von besonderem Interesse, einmal weil seine Fallzeit mit dem auf den zerstörten Bielakometen zurückführbaren Sternschnuppenschwarm zusammenfiel, sodann weil es die 7 bis 8 nach ihrer Fallzeit bekannten Meteoreisen um einen vermehrt. Bis jetzt wurden nämlich nur folgende registrirt:

1) Agram (26. Mai 1751); 2) Charlotte, Dickson, County, Tennesse (1. Aug. 1835); 3) Braunau (14. Juli 1847); 4) Tabarz, Sachsen-Gotha (18. Oktober 1854); 5) Victoria, West-Afrika (1862); 6) Nejed, Arabien (Frühjahr 1865); 7) Nedagolla, Indien (23. Januar 1870); 8) Rowton, Shropshire, England (20. April 1876). Das neue Eisen, 3950 g schwer, mit dem größten Durchmesser von 175 mm und der größten Dicke von 60 mm, fiel unter lebhaften Lichterscheinungen, aber ohne Detonation am Abend des 27. November 1885 13 km östlich von der Stadt Mazapil, Zacatecas, unter 24° 35' nördlicher Breite und 101° 56' 45" westlicher Länge von Greenwich nieder und schlug ein 30 cm tiefes Loch in die Erde, aus welcher später durch Auswaschen noch einige offenbar beim Falle losgelöste Splitter gesammelt werden konnten. Die Oberfläche des Eisens, das sich von den übrigen Zacatecaseisen durchaus unterscheidet, ist mit sehr tiefen Eindrücken übersät, und an elf Stellen treten bis

---

[1] Sillim Journ. [3] XXXIII, 221—226.

25 mm große Graphitknollen aus derselben heraus. Außer den durch die Analyse sich ergebenden Bestand= theilen und dem Kohlenstoffe des sehr harten Graphites verräth sich noch ein kleiner Gehalt an Chlor durch eine leichte Ausschwitzung von Eisenchlorür. Die von J. B. Mackintosh ausgeführte Analyse ergab: 91·26 Proc. Fe; 7·845 Proc. Ni; 0·653 Proc. Co und 0·30 Proc. P. (Summe 100·058). [1]

Fixsterne.

a) Photometrie.

Das photometrische Verhältnis der Stern= größen der Bonner Durchmusterung ist von E. Lindemann in Pulkowa mittels eines Zöllner'schen Photometers, das an einem 5 zölligen Refraktor angebracht war, studirt worden. [2] Als Ergebnis fand sich das mittlere logarithmische Verhältnis β zweier benach= barten Größenklassen der Bonner Durchmusterung bei den gemessenen Sternen 3. bis 9. Größe zu

$$\beta = 0·384 \pm 0·005.$$

Aus 36 helleren, zur Ausgleichung der Anzahl der verschiedenen Sterne hinzugezogenen Sternen fand es sich zu $\beta = 0·298 \pm 0·012$. Indem diese beiden Werthe mit dem von Rosén gefundenen $\beta = 0·393 \pm 0·008$ vereinigt wurden, ergab sich als definitiver Werth $\beta = 0·378 \pm 0·004$. Aus der paarweisen Vergleichung der Sterne der benach= barten Größen ergiebt sich β für die verschiedenen Größen= klassen wie folgt:

---

[1] Chemisches Centralblatt 1887, Nr. 20.
[2] A. N. N. 2816.

für Sterne	β	Zahl d. Sternpaare
3.—5. Gr.	0·291	48
5.—6. „	0·303	78
6.—7. „	0·394	88
7.—8. „	0·437	103
8.—9. „		74
	½ β	
9.—9½ „	0·397	27

Im Allgemeinen muß man hiernach annehmen, daß die Größenschätzungen der Durchmusterung für die hellen Sterne genauer sind als für die schwachen. Der Umstand, daß die β für die helleren Sterne kleiner ausfallen als für die schwächeren, dürfte vielleicht eine Erklärung darin zu suchen erlauben, daß zugleich die Stufen für die helleren Sterne kleiner waren und somit einen geringeren Spielraum für die Abweichungen der Schätzungen gewahrt haben. Wie man sieht, trennen sich die β in zwei deutlich auseinander stehende Kategorien, in runden Zahlen: β = 0·300 für die mit bloßem Auge sichtbaren Sterne und β = 0·400 für die teleskopischen bis 9. Größe. Daß die Größenschätzungen für diese verschiedenen Kategorien von Sternen verschieden genau ausfallen können, oder sogar müssen, dürfte von vorne herein anzunehmen sein.

Die Reduktion der von Zöllner photometrisch bestimmten Sterne auf ein einheitliches System, hat Dorst ausgeführt.[1] Es ist dies eine sehr verdienstliche Arbeit, durch welche die Zöllner'schen Beobachtungen eigentlich erst recht verwendbar werden. Dorst hat die Reduktion auf die Helligkeit der beiden Gruppen 26 und 27, welche Zöllner am 14. Februar 1860 von 8 Uhr 25 Minuten bis 10 Uhr 5 Minuten beobachtete, aus-

---

. [1] A. N. N. 2822.

geführt. Er giebt als Refultat feiner Arbeit einen voll=
ftändigen Katalog der fämmtlichen Zöllner'fchen Sterne.
Derfelbe folgt hier, doch ift, wo Meffungen von mehreren
Abenden vorliegen, nur das Mittel aus allen angegeben,
im letzteren Falle mit dem birekt ermittelten wahrfchein=
lichen Fehler in Einheiten der 3. Decimale.

Name des Sterns	Größe	log J	Name des Sterns	Größe	log J
Hercules			Lyra		
χ	4·5	8·699	α	1	0·278 ± 0
υ	4.5	8·677	ζ	4.5	8·824
φ	4	8·795	δ	4·5	8·822 ± 2
τ	3·4	8·924 ± 2	γ	3·4	9·171 ∓ 4
σ	4	8·830	η	4·5	8·701 ∓15
ζ	3·2	9·348	ϑ	4·5	8·747 ∓ 4
η	3	9·092 ± 2	Pegasus		
ε	3·4	8·897	χ	4	8·814 ± 6
δ	3	9·160 ± 18	ι	4	8·965
π	3·4	9·247 ∓ 9	Perseus		
ι	3·4	8·896	υ	4·3	8·952
μ	3·4	9·033	φ	4	9·111
ϑ	4	8·927	π	5	8·582 ± 8
ξ	4·3	8·989	γ	3	9·268 ∓ 2
ν	4·5	8·731	χ	4·5	9·009 ∓12
ο	4·3	8·921 ± 6	ω	5	8·683 ∓ 7
Leo			α	2	9·692 ∓ 2
ε	3	9·227	δ	3	9·234 ∓ 3
μ	4	8·917	ν	4	8·970
α	1·2	9·757	ε	3·4	9·266 ± 4
ζ +115	3	8·946 ± 28	λ	4·5	8·728 ∓13
γ	2	9·499	μ	4·5	8·811 ∓13
54	4·5	8·600	e	5	8·780 ∓18
δ	2·3	9·260	Taurus		
ϑ	3·4	8·950	α	1	0·074
β	2	9·420	β	2	9·745
Leo minor			Ursa major		
31 +60	4·5	8·824 ± 16	ο	3·4	9·103
35	6	8·044	b	5	8·273
38	6	8·272	ι	3	9·175
46	4	8·932	ρ	5	8·641
Lynx			10	4	8·882
38	4	8·896	χ	3·4	8·976 ± 1
40	3·4	9·219 ± 18	σ¹	5	8·536

Name des Sterns	Größe	log J	Name des Sterns	Größe	log J
σ²	5	8·583	α	2	9·502
τ	5·4	8·654$+$ 1	ζ	4	8·703
c	5	8·500	γ	4·3	8·886
h	3·4	9·007$+$21	δ	4·5	8·642
ϑ	3	9·156$\mp$12	ε	4	8·830
υ	4·3	8·935$\mp$ 2	Cygnus		
φ	5·4	8·559	χ	4	8·999
λ	3·4	9·060$+$ 6	ι	4	8·972
μ	3	9·274$\mp$18	ϑ	5·4	8·727
33 H	5	8·304$\mp$ 9	c	6·5	8·316
ω	5	8·565	δ	3	9·309$+$ 3
β	2·3	9·441$+$ 8	η	4·5	8·918$\mp$22
α	2	9·697$\mp$ 9	b¹	6·5	8·447
ψ	3	9·260$\mp$15	· b²	6·5	8·547
ξ	4·3	8·902	o¹	4	9·007
ν	3·4	9·072	b³	5	8·605
χ+81	4	8·973$+$ 3	o²	4·5	8·953
γ	2·3	9·418$\mp$ 2	P	5	8·640
δ	3·4	9·067$\mp$11	36	6	8·260
ε	2	9·681	35	5·6	8·525
ζ	2	9·578$+$ 4	γ	3·2	9·608$+$13
83	6·5	8·717	α	2·1	9·799
84	6	8·194	ε	3·2	9·573$+$28
η	2	9·640$+$11	ν	4	8·917
86	6	8·241	ξ	4	9·084
Cepheus			ζ	3	9·068$+$95
α	3·2	9·483	τ	4	9·041
β	3	9·209	μ	4·5	8·762$+$16
Coma berenicis			Delphinus		
7	5·6	8·590	ε	4	8·797$+$ 2
12	5	8·607	β	4·3	8·991$\mp$ 1
13	5	8·459	α	4	8·649$\mp$ 0
14	5·4	8·579	δ	4	8·889$\mp$ 6
16	5	8·538	γ	3·4	8·947$\mp$29
15	4·5	8·819	Draco		
17	5	8·449	λ	3·4	8·985
23	5	8·337	17 Heis	6·5	8·424
31	5	8·525	4	5	8·476
37	5	8·582	χ	3·4	8·862$+$14
41	5	8·620	α	3·4	8·968
43	4	8·781	ι	3	9·153
Corona			β	3·2	9·358
β	4·3	8·979	ν	4	8·749
ϑ	4	8·776	ψ	4·5	8·734
			ξ	3·4	8·965

Name des Sterns	Größe	log J	Name des Sterns	Größe	log J
γ	2·3	9·613	34	6	8·491
b	5	8·571	ε	2·3	9·426+12
φ	4·5	8·793	ω	5·4	8·612∓ 2
χ	4·3	9·083	β	3	9·010∓14
d	5	8·680	ψ	4·5	8·702∓ 2
c	5·6	8·558	c	5·4	8.503∓ 9
o	5·4	8·779	b	6	8·230∓ 3
δ	3	9·276	δ	3	9·044∓20
Gemini			μ	4·3	8·821
θ	3·4	8·951	ν	4	8·580
α	2·1	9·743+ 3	Camelo-		
β	1·2	9·937∓12	pardalis		
Andro-			9	4	8·744
meda			10	4	8·905
o	4·3	8·992	Canes		
λ	4	8·945	venatici		
ι	4	8·748	2H	5	8·496+ 1
μ	4	8·797	6	5·6	8·488∓ 0
φ	4·5	8·822	5H	5	8·302∓15
ξ	5	8·624	8	4.5	8·800∓14
ω	5	8·629	12	3	9·225
Aquila			14	5	8·422
α	1·2	9·913	17	5	8·162
Auriga			11H	5	8·559
ι	·3	9·424	20	5·4	8·651
ζ	4	8·966	17H	5	8·542
η	4·3	9·124	25	5	8·603
a	1	0·305+ 9	23H	5	8·619
τ	5	8·666	Canis		
υ	5	8·574+11	minor		
ν+56	4	8·878∓ 4	α	1	0·097+13
δ	4·5	8·992	Cassiopeja		
β	2	9·640+10	β	2·3	9·549+ 3
θ	3	9·354∓11	λ	5	8·570
40	—	8·265	χ	4·5	8·800
Bootes			59B	6	8·437
χ	4·5	8·738+ 4	ζ	4	8·960
α	1	0·344	η	4·3	0·097
λ	4	8·714+31	υ¹	6·5	8·630
ι	4·5	8·622∓ 2	γ	2	9·589+ 4
ϑ	4·3	8·847∓27	υ²	6·5	8·613
ρ	4·3	8·947∓11	ϑ	4·5	8·809
γ	3·2	9·128∓10	δ	3	9·362+ 7
σ	5·4	8·642∓27	ε	3·4	9·043∓18

Die photometrischen Größen der helleren Fixsterne sind von Prof. Pickering zusammengestellt worden.
Das nachstehende Verzeichnis enthält daraus eine Anzahl
der hellsten Sterne:

		Größe			Größe
α	Canis majoris	—1·4	ε	Orionis	1·8
α	Argûs	—0·8	γ	Crucis	1·8
α	Centauri	—0·1	ζ	Orionis	1·8
α	Bootis	+0·1	β	Tauri	1·9
α	Aurigae	0·2	η	Urs. maj.	1·9
β	Orionis	0·2	λ	Scorpii	1·9
α	Lyrae	0·4	β	Argûs	1·9
α	Can. min.	0·6	ε	Urs. maj.	1·9
α	Eridani	0·6	α	Urs. maj.	2·0
α	Orionis	0·8	α	Persei	2·0
β	Centauri	0·8	ν	Argûs	2·0
α	Crucis	0·9	β	Aurigae	2·0
α	Tauri	1·0	ε	Argûs	2·0
α	Aquilae	1·0	δ	Can. maj.	2·0
α	Scorpii	1·1	θ	Scorpii	2·1
α	Virginis	1·2	θ	Centauri	2·1
β	Gemin.	1·2	α	Tri. aus.	2·1
α	Pis. Aus.	1·3	α	Pavonis	2·1
α	Leonis	1·4	α	Androm.	2·1
β	Crucis	1·5	α	Urs. min.	2·1
α	Cygni	1·6	γ	Gemin.	2·1
ε	Can. maj.	1·6	β	Can. maj.	2·2
α	Gemin.	.1·6	α	Hydrae	2·2
γ	Orionis	1·8	α	Arietis	2·2
α	Gruis	1·8	ζ	Urs. maj.	2·2

Hiernach ist α Bootis oder α Centauri sehr nahe
ein Normalstern 1. Größe. Die Helligkeit von α Argûs
und α Canis sind negativ, weil der Ausgangspunkt der
Größenskala schon bei einem etwas helleren Sterne als
α Bootis liegt. Würde man Sirius als den Ausgangspunkt der Skala nehmen und = 1. Größe setzen, so

würde α Bootis bereits 2·5 Größe, α Tauri 3·4 Größe sein.

Prof. Pickering hat während seiner Beobachtungen mit dem Meridianphotometer auch mehrere Planeten photometrisch untersucht. Er findet die folgenden Größen=klassen für dieselben in mittlerer Opposition:

Mars —1·29, Vesta +6·47, Jupiter —1·28, 3. Ju=pitersmond 4·68, Saturn 1·67, Uranus 5·56, Neptun 7·96.

b) Spektroskopie.

Die spektroskopische Durchforschung des Sternen=himmels wird von verschiedenen Observatorien rüstig fort=gesetzt. Zu ihnen hat sich nun auch die Sternwarte O=Gyalla gesellt, indem sie den Anschluß an Prof. Vogel's Arbeit, die bis zum Äquator reicht, bis —20° s. Dekl. ausführte.[1] „Die Beobachtungen wurden am 6zölligen Refraktor mit Zuhülfenahme des 254 mm Refraktors ausgeführt. Der Spektralapparat war das unter dem Namen: Zöllner'sches Sternspektroskop bekanntes In=strumentchen. Von diesen besitzt die Sternwarte eine ganze Sammlung, und es wurde immer eines mit der passendsten Dispersion verwendet. Die Beobachtungen sind womöglich immer in der nächsten Nähe des Meridians angestellt worden, wo die südlichen Sterne ihren höchsten Stand erreicht haben.

Die Katalogisirung ist im Sommer 1886 vollendet worden, es fehlten dann blos einige Nachrevisionen, welche auch bald darnach folgten. Der Arbeitsplan war, vorläufig blos bis zur 6—6·5 Größe zu gehen; jedoch haben die Beobachter bald eingesehen, daß die Lichtstärke des

---

[1] Beob. am Astrophys. Observatorium zu O=Gyalla. 8. Band.

prachtvollen Merz'schen Objektives es bei günstigen atmosphärischen Verhältnissen erlaubte, auch tiefer zu gehen,
weshalb sie sich entschlossen haben, die Arbeit dort ab-
znbrechen, wo die Resultate mit entschiedenen Unsicher-
heiten behaftet waren. Es sind im ganzen Katalog 2022
Sterne aufgenommen worden, welche völlig genau nach
den Vogel'schen Typen bezeichnet worden sind.

Die folgende Tabelle zeigt die Anzahl der verschiedenen
Typen.

Ia	Ib	Ib?	Ic?	IIa	IIb	IIIa	IIIb	Kontin.	Monochr.	?
990	4	12	1	865	2	87	3	41	3	14

Es befinden sich selbstverständlich im Katalog noch
mehrere Klassifikationen, welche aber der Einfachheit wegen
hier etwas zusammengezogen worden sind.

Kontinuirlich bedeutet keinesfalls I b, es sind blos
wegen Schwäche des Spektrums keine Linien darin gesehen
worden.

Monochromatische Spektra sind drei beobachtet worden,
welche sich aber auf Nebel beziehen.

Der Charakter der mit Fragezeichen bezeichneten Sterne
war nicht festzustellen. Die Reduktion der Sterne ist auf
das Jahr 1880 berechnet worden. Als Hülfskataloge
dienten Lalande, Weiße, Yarnall, Grant, Schjellerup u. s. w.
Die Position der Sternhaufen, welche auch mitbeobachtet
worden sind, wurden aus d'Arrest's Katalog entnommen.

Die spektroskopischen Beobachtungen auf der
Sternwarte zu Greenwich sind auch 1887 mit Erfolg
fortgesetzt worden. Es ergab sich beim Sirius das
interessante Resultat, daß die Verschiebung der F-Linie,
welche in früheren Jahren gegen das rothe Ende des
Spektrums hin stattfand, dann aber allmählich ihre

Richtung änderte und gegen Blau hin merklich war, gegenwärtig ganz unbemerkbar ist. Die F-Linie hat also jetzt im Siriusspektrum ihre normale Lage. Im Spektrum des Algol wurde die Lage der F-Linie so oft als möglich während des Winters 1886—1887 gemessen, um zu unter- suchen, ob dieselbe eine periodische Verschiebung zeige, welche der Hypothese, daß die Lichtänderung durch raschen Umlauf eines großen Satellit entstehe, entspricht. In der That sind Andeutungen einer derartigen periodischen Ver- schiebung der Linien wahrgenommen worden, doch müssen fernere Beobachtungen hierüber erst Gewißheit verschaffen.

Untersuchungen der Sterne mit Spektren III. Klasse sind von N. C. Dunér veröffentlicht worden.[1] Als Instrumente dienten ein 9 zolliger Refraktor und 3 Spektroskope, ein kleines von Heustreu in Kiel, ein Zöllner'sches Okularspektroskop und ein stärker zerstreuen- des von Merz. Beobachtet wurden hiermit sämmtliche von Secchi und d'Arrest dem dritten Typus eingereihten Sterne, ebenso wie die von Vogel vor 1880 entdeckten Objekte; von den in den Potsdamer spektroskopischen Beobachtungen der Sterne bis einschließlich 7·5 Größe enthaltenen Nova nur die als besonders gut ausgeprägt bezeichneten, da die geringere optische Kraft des Fernrohrs ein zuverlässiges Studium der schwächeren Sterne aus- schloß. Auch einige von Pickering aufgefundene Sterne, sofern sie nicht zu südlich standen, wurden hinzugenommen. Jeder Stern wurde mindestens zweimal, meist mit ver- schiedenen Spektroskopen beobachtet, diese Zahl indessen im Fall nicht besonders günstiger Witterung oder unvoll- kommener Übereinstimmung vermehrt. In dem beigefügten Verzeichnis findet man neben den, den verschiedenen Kata-

---

[1] Mém. Acad. royale de Suède 1884, Juni 11.

logen entnommenen Positionen, die Namen der ersten
Beobachter, nebst der von denselben gegebenen Beschreibung, Farbenschätzungen 9 Stufen zwischen „fast absolut
roth" und „weiß" und endlich die eigenen Bemerkungen
und Messungen des Verfassers angegeben. Diese Messungen sind mit dem Merz'schen Spektroskop angestellt. Die
Cylinderlinse desselben ließ sich verschieben, um bei Objekten verschiedener Helligkeit oder bei Anwendung verschiedener Dispersion die Breite des Spektrums variiren
zu können.

Die Messungen geschahen mit aller Sorgfalt und ergiebt sich aus ihnen die Thatsache, daß die Hauptbanden
im Spektrum der Klasse III b mit den Streifen des
Kohlenwasserstoffspektrums zusammenfallen. Auch auf die
Frage nach der wahrscheinlichen Anzahl der Sterne des
Typus III geht Herr Dunér ein. Er findet, daß sich
noch eine Vermehrung der bisher bekannten Sterne
zwischen 6·0 und 7·5 Größe vorzüglich der Klasse III a
erwarten läßt. Im Allgemeinen darf jedoch die Kenntnis
dieser interessanten Objekte als ziemlich vollständig vorausgesetzt werden, wie schon aus dem Umstande hervorgeht, daß die mittlere Helligkeit der später entdeckten
Sterne beständig herabgeht. Untersucht man ferner die
Vertheilung der Sterne des Typus III am Himmel, indem man sie zonenweise in Bezug auf die Pole der Milchstraße ordnet, so ergiebt sich eine starke Häufigkeits-
zunahme mit der Annäherung an die Milchstraße, eine
Zunahme, welche jedoch dem allgemeinen Anwachsen der
Sterndichtigkeit entspricht. Auch eine Untersuchung über
die Vertheilung in Länge mit Bezug auf die Milchstraße
führte zu keinem Resultate, so daß sich ein besonderes
Gesetz in der räumlichen Anordnung dieser Weltkörper
nicht erkennen läßt. Dunér wendet sich nunmehr zu

Betrachtungen über muthmaßliche Veränderlichkeit der Spektren der Klasse III. Während man voraussetzen muß, daß die Entwicklung sich in den jüngeren und heißeren Sternen mit außerordentlicher Langsamkeit vollzieht, so glaubt er für diese bereits kühleren Weltkörper ein relativ rasches Fortschreiten annehmen zu dürfen. Allein aus Vergleichung der Wahrnehmungen verschiedener Beobachter darf im besonderen Falle dennoch nur mit großer Vorsicht ein Schluß gezogen werden. Dunér verwirft in dieser Beziehung die Secchi'schen Beobachtungen gänzlich, da die optischen Apparate, mit welchen sie angestellt sind, zu unvollkommen waren und Seechi wohl auch die wesentlichen Merkmale des Typus III b noch nicht mit voller Klarheit erfaßt habe. Unter den zuverlässigeren Beobachtungen d'Arrest's findet sich in der That ein Stern D. M. + 36·2772, von welchem dieser Beobachter sagt: „8·3 mg mit schönem, säulenartigem Spektrum, ist einer der Begleitsterne des großen Herkulesnebels," während sich jetzt in dieser Gegend des Himmels überhaupt kein Stern vom Typus III a befindet, also auch eine Positionsverwechslung als ausgeschlossen erscheint. Im Verlauf der eigenen Beobachtungen, welche sich über einen Zeitraum von 6 Jahren erstreckten, hat Herr Dunér keine merklichen Veränderungen in irgend einem Spektrum feststellen können. Wenn nun diese Untersuchung bisher noch zu einem negativen Resultate führte, so läßt sich doch aus der Betrachtung der in verschiedenen Sternen zur Zeit vorhandenen Entwickelungsstadien eine Vorstellung gewinnen von den Entwickelungsphasen, welche das einzelne Individuum successive zu durchlaufen hat. Man darf annehmen, daß sich der Übergang vom Typus III zum Typus III a in der Weise vollzieht, daß infolge fortschreitender Abkühlung, die metallischen Linien, besonders

des Eisens, Magnesiums, Kalciums, Natriums, sich ver=
breitern und zugleich Systeme gedrängter, schwacher
Linien auftreten, so daß oft der Charakter des Spektrums
in diesem Übergangsstadium schwer festzustellen ist. Nicht
mit gleicher Sicherheit läßt sich der Übergang zum Typus
III b verfolgen, eine Bemerkung, welche einzelne Beobachter
veranlaßte, die Klassen III a und III b überhaupt nicht koor=
dinirt, sondern als subordinirt zu betrachten, und die letztere
als die Endstufe der genannten Reihe unmittelbar vor dem
vollkommenen Verlöschen hinzustellen. Allein berücksichtigt
man die geringe Anzahl der Sterne vom Typus III b, so
läßt sich mit nur geringer Wahrscheinlichkeit die Auffindung
von Übergangsstufen erwarten. Hierzu kommt noch, daß
die wesentlichen Merkmale aus den drei Banden bestehen,
daß das Vorhandensein dieser Banden über den Charakter
des Spektrums entscheidet, also nur in Helligkeitsunter=
schieden Übergänge gesucht werden können. In der That
ist es doch Herrn Dunér gelungen, einen Stern zu ent=
decken, D. M. + 38·3957 = 541 Birm., welchen er als
Übergang von III a zu III b ansieht. Sein Spektrum
zeigt eine ziemlich breite Bande bei W. L. 519 Mill. mm
und endigt plötzlich bei 475 Mill. mm. Diese Wellen=
längen stimmen mit den Messungen bestimmter Banden
im Spektrum von III b überein. Nur einmal ließen sich
Spuren von Licht jenseits 475 Mill. mm Wellenlänge
und unter den günstigsten Umständen schwache Anzeichen
noch zweier anderer Banden bemerken. Man sieht, daß
die Entwickelung der Banden sich hier erst in ihrem
Anfangsstadium befindet. Als ein besonderes Kriterium
für Sterne im Übergangsstadium bezeichnet Dunér aber
die starke Absorption der brechbaren Strahlen, welche die
rothe Färbung der Sterne bedingt. Bei weiter vor=
schreitender Entwickelung treten dann die Banden bei

W. L. 516 und 473 Mill. mm zunächst auf und nehmen an
Dunkelheit zu, während gleichzeitig eine dritte Bande bei
W. L. 563 Mill. mm sichtbar wird. Mit dem Auftreten der
Bande bei W. L. 576 Mill. mm sind dann die charakteristischen Merkmale des Spektrums vorhanden. Mit zunehmender Abkühlung kann endlich das schließliche Verlöschen des Sternes entweder durch allmählige Verbreiterung
der dunklen Banden oder durch Zunahme der allgemeinen
Absorption im Spektrum erklärt werden. Die letztere
Anschauung hält Herr Dunér für die wahrscheinlichere,
da bei keinem Sterne die Breite der Banden diejenige
der hellen Zone überschreite und sich auch ein analoges
Verhalten des Spektrums der veränderlichen Sterne
während des Minimums zeige, sowie auch die Sonnenflecke ihre Dunkelheit zunächst einer Zunahme der allgemeinen Absorption verdanken.

Sternzahl.

Die Vertheilung der Sterne auf der südlichen Halbkugel des Himmels bis zu 23° südl.
Deklination nach Prof. Schönfeld's Durchmusterung ist von Professor Seeliger untersucht
worden, [1] im Anschluß an seine frühere Arbeit über die
Vertheilung der nördlichen Sterne. [2] Die Eintheilung
in Klassen ist die gleiche wie früher, doch wird noch eine
Klasse 8 zugefügt, welche die Sterne 9·6. bis 10. Gr.
umfaßt. Die Vertheilung der Sterne auf die einzelnen
Deklinationsgrade ist folgende:

---

[1] Sitzber. der mathem.-phys. Klasse b. kgl. bayer. Akad.
1886, Heft 2.
[2] Diese Revue. Bd. 14, S. 240.

Klasse	1	2	3	4	5	6	7	8	Summe
0°	51	34	59	144	370	908	3052	—	4618
—1	53	37	65	140	342	968	2923	—	4528
—2	49	59	79	154	355	840	2608	1952	6096
—3	59	58	81	158	340	814	2561	1689	5760
—4	59	60	94	181	346	845	2593	1847	6025
—5	70	63	78	178	343	877	2497	2006	6112
—6	58	58	74	147	356	921	2723	2026	6363
—7	55	66	78	164	372	877	2636	1902	6150
—8	69	69	100	170	362	891	2698	1885	6244
—9	62	56	79	147	345	941	2657	2137	6324
—10	61	65	70	176	355	892	2493	2116	6228
—11	60	48	89	155	363	910	2560	2020	6205
—12	63	78	92	156	377	859	2651	2335	6611
—13	51	46	84	169	333	905	2557	2374	6519
—14	63	69	95	169	399	846	2594	2383	6618
—15	68	56	105	197	373	915	2718	2105	6537
—16	64	54	89	171	390	921	2500	2227	6416
—17	53	69	94	183	353	930	2731	2457	6870
—18	60	57	91	155	367	929	2728	2040	6427
—19	67	69	95	172	344	906	2795	2114	6562
—20	59	50	83	168	398	928	2820	2215	6721
—21	60	62	100	170	395	903	2773	2070	6533
—22	55	64	78	176	335	883	2672	1996	6259
Summe	1369	1317	1952	3800	8313	20509	61540	43896	142726

Um den Einfluß der Milchstraße zu bestimmen, verfährt Prof. Seeliger in der Weise, daß er den Himmel in Zonen theilt, parallel der Milchstraße, so daß die erste Zone um den Nordpol der Milchstraße liegt und von einem um 20° von diesem Pole abstehenden Kreise begrenzt wird. Die Zone 2 wird begrenzt von diesem Kreise und einem andern, der 40° vom Nordpol der Milchstraße verläuft. Den Nordpol der Milchstraße nahm Prof. Seeliger in 12^h 49^m Rektascension und +27° 30′ Deklination an. Bei seiner vorliegenden neuen Untersuchung der Schönfeld'schen südlichen Durchmusterung wurde wiederum eine Zoneneintheilung mit Bezug auf die Milchstraße vorgenommen. Nur bezeichnet jetzt der Verfasser mit Zone I denjenigen Theil des Himmels, der zwischen 180° und 160° vom Nordpole der Milchstraße entfernt liegt, mit Zone II diejenige, welche 160° bis 140° von diesem Pole absteht u. s. w.

Die birekte Abzählung der in den einzelnen Zonen enthaltenen Sterne der 8 Größenklassen ergab folgendes Resultat:

Klasse	1	2	3	4	5	6	7	8	Summe	7 + 8
Zone I	72	66	92	190	368	856	2330	2261	6235	4591
II	175	176	207	409	934	2104	5986	5399	15390	11385
III	161	135	214	395	883	2004	5897	5015	14704	10912
IV	222	202	269	602	1283	3171	9888	6475	22112	16363
V	194	197	330	593	1423	4053	12489	8930	28209	21419
VI	176	204	292	559	1199	2707	8343	7970	21450	16313
VII	204	231	343	604	1224	3008	8559	6110	20283	14669
VIII	61	65	81	164	287	730	2073	1736	5197	3809
Summe	1265	1276	1828	3516	7601	18633	55565	43896	133580	99461

Hieraus ergiebt sich für die Anzahl der Sterne A auf dem Areale eines Quadratgrades.

Klaffe	1	2	3	4	5	6	7	8	Summe	7+8
Zone I	0·154	0·141	0·197	0·406	0·786	1·828	4·977	4·829	13·317	9·806
II	0·156	0·157	0·185	0·365	0·833	1·877	5·340	4·816	13·729	10·156
III	0·183	0·154	0·244	0·450	1·005	2·282	6·714	5·710	16·741	12·424
IV	0·226	0·206	0·274	0·614	1·308	3·234	10·084	6·603	22·549	16·687
V	0·198	0·201	0·337	0·605	1·452	4·135	12·742	9·110	28·779	21·852
VI	0·169	0·196	0·280	0·537	1·151	2·599	8·009	7·651	20·591	15·660
VII	0·139	0·157	0·233	0·410	0·831	2·043	5·812	4·149	13·774	9·962
VIII	0·154	0·163	0·204	0·413	0·723	1·838	5·220	4·371	13·087	9·592
Summe	1·379	1·375	1·954	3·800	8·089	19·836	58·898	47·239	132·567	106·139

Die Zone V ist diejenige, in welcher die Milchstraße liegt. Wird also jedes A durch das betreffende der Zone V zugehörige A dividirt, so erhalten wir die Sterndichtigkeit D aus folgender Tabelle:

Klaffe	1	2	3	4	5	6	7	8	Summe	7+8
Zone I	0·777	0·701	0·584	0·671	0·541	0·442	0·391	0·530	0·463	0·449
II	0·789	0·781	0·549	0·603	0·574	0·454	0·419	0·529	0·477	0·465
III	0·926	0·765	0·724	0·743	0·693	0·552	0·527	0·627	0·582	0·569
IV	1·144	1·025	0·815	1·015	0·901	0·782	0·791	0·725	0·784	0·764
V	1·000	1·000	1·000	1·000	1·000	1·000	1·000	1·000	1·000	1·000
VI	0·854	0·974	0·833	0·887	0·793	0·628	0·629	0·840	0·716	0·717
VII	0·700	0·781	0·692	0·678	0·573	0·494	0·456	0·456	0·479	0·456
VIII	0·776	0·814	0·606	0·683	0·498	0·445	0·410	0·480	0·455	0·439
Summe	6·966	6·841	5·803	6·280	5·573	4·797	4·623	5·187	4·956	4·859

Wenn man für jede Klasse die Summe der Werthe 1—D bildet und durch 7 dividirt, so erhält man eine Zahl, die Prof. Seeliger den Gradienten genannt hat. Man findet diesen Gradienten noch einfacher, wenn man die bereits gebildeten Summen der D von 8 subtrahirt und durch 7 dividirt. Auf diese Weise ergiebt sich für den Gradienten

1. Klasse 0·148
2. „ 0·166
3. „ 0·314
4. „ 0·246
5. „ 0·347

$$6. \text{ Klasse } 0.458$$
$$7. \quad \text{„} \quad 0.482$$
$$8. \quad \text{„} \quad 0.402$$
$$7. + 8. \quad \text{„} \quad 0.449$$

und für die Gesammtheit aller in der südlichen Durch=
musterung enthaltenen Sterne 0.435.

c) Photographie.

Des vom Direktor der Pariser Sternwarte, Admiral
Mouchez, angeregten Unternehmens der photographi=
schen Aufnahme des gesammten Himmels, wurde bereits
im letzten Berichte vorübergehend gedacht. Seitdem hat
der Plan festere Gestaltung gewonnen und geht seiner
Realisirung entgegen. Eine in Paris zusammengetretene
Konferenz von Astronomen und Fachleuten aus den her=
vorragendsten Kulturstaaten, hat sich für die photographische
Aufnahme des Himmels im Sinne des Mouchez'schen
Vorschlags entschieden.

Dem Berichte eines Theilnehmers an dieser Konferenz
ist folgendes entnommen:

„Der Beschluß wurde gefaßt, das ganze Unternehmen
der photographischen Herstellung einer Himmelskarte, nach
einem einheitlichen Plane und in völlig gleichmäßiger
Weise auszuführen. Ein ständiger Ausschuß soll die noch
offenen Fragen zur endgültigen Erledigung bringen und
später die Ausführung des Ganzen überwachen. Die
Himmelskarte wird alle Sterne bis zur 14. Größe nach
französischer Zählung enthalten, was nach deutscher Größen=
schätzung etwa der Größe 13½ entspricht. Von dem
Vorschlage, eine dreimalige Exposition bei geringer Ver=
schiebung der Platte unmittelbar nacheinander auszuführen,
um nachher die Sterne durch ihre dreieckige Gestalt von
zufälligen Unreinlichkeiten der Platte zu unterscheiden, ist

man wieder abgekommen, da während der langen Dauer
zu viele begonnene Aufnahmen durch Wolkenbildung verloren gehen könnten. Dafür hat man in Aussicht
genommen, jede Gegend des Himmels zweimal zu ganz
verschiedenen Zeiten zu photographiren. Was das Technische des Unternehmens anlangt, so ist beschlossen worden,
die Instrumente nach dem Muster des Pariser Apparates
zu bauen. Hiernach besteht das Instrument aus einem
Doppelfernrohr von 3·43 m Brennweite; die Öffnung
des zum Photographiren bestimmten Fernrohres beträgt
33 cm, die des anderen, zur Führung bestimmten, 23 cm.
Als Expositionszeit ist 20 bis 30 Minuten vorgesehen.
Die photographischen Platten sollen, wenn möglich, von
einer einzigen Fabrik geliefert werden, woselbst sie unter
Aufsicht eines Astronomen in genau gleichmäßiger Weise
hergestellt werden sollen. Sie werden voraussichtlich gleich
mit einem einkopirten feinen Netze versehen, welches nachher gleichzeitig mit den Sternen hervorgerufen wird. Das
Netz dient zur Ermittlung etwaiger Verzerrungen der
Gelatineschicht und zur Erleichterung beim Ausmessen der
Platten. Das Hervorrufen und Fixiren wird ebenfalls
genau gleichmäßig bewerkstelligt, doch sind die näheren
Bestimmungen darüber noch erst von dem ständigen Aus-
schusse zu treffen. Es ist von großer Bedeutung, daß
die gleichzeitige Herstellung eines genauen Sternkatalogs
durch Abmessung der Platten beschlossen worden ist. Die
Ausmessung soll sich bis auf die 11. Größenklasse herab
erstrecken, und da natürlich bei kurzen Expositionen die
Bilder der Sterne schärfer werden als bei längern, so
sollen zur Abmessung besondere Aufnahmen angefertigt
werden, die bei 3—4 Minuten Expositionszeit noch die
Sterne der 11. Größe enthalten. Die Herstellung dieses
Katalogs ist eigentlich von größerer Wichtigkeit als die

Himmelskarte selbst. Die Frage der farbenempfindlichen
Platten ist, wie vorauszusehen war, auf der Ver-
sammlung besprochen worden, und man hat sich dahin
entschlossen, sie nicht zur Aufnahme der Himmelskarte zu
verwenden, es sollen aber von Seiten des Komites noch
weitere Versuche über ihre Brauchbarkeit angestellt werden.
Maßgebend bei diesem Beschlusse sind verschiedene Umstände gewesen. Vor allem dürfte es sehr schwer halten,
die farbenempfindlichen Platten gleichmäßig herzustellen,
ferner ist man noch keineswegs im Klaren über die Veränderungen, welche diese Platten im Laufe der Zeit erfahren, auch sind sie im allgemeinen empfindlicher als die
gewöhnlichen Gelatineplatten. Sie besitzen anderseits ja
den Vortheil, die Helligkeiten der Sterne viel mehr dem
Anblick mit dem Auge entsprechend wiederzugeben, doch
ist diese Übereinstimmung keineswegs eine vollständige.
Man müßte also doch noch immer eine Reduktion auf
die jetzige Größenskala ermitteln, und da ist es eigentlich
ziemlich gleichgültig, ob dieselbe größer oder kleiner ausfällt. Man hat von gewisser Seite her diesen Beschluß
des Kongresses scharf getadelt, ja, sogar den anwesenden
Astronomen ungenügende Kenntnis des photographischen
Verfahrens vorgeworfen. Diese Vorwürfe entspringen
aber nur einem mangelhaften astronomischen Verständ-
nisse, sie beruhen auf der gänzlich irrigen Ansicht, daß
es ein unmittelbarer Fehler oder Mangel der Himmelskarte sei, die Helligkeiten der Sterne nicht wiederzugeben,
wie das Auge sie sieht. Bequemer würde der Gebrauch
der Karte gewiß sein, wenn sie mit dem direkten Anblicke
übereinstimmte; aber man hat in der Astronomie bis jetzt
noch nie nach Bequemlichkeit gefragt, wenn es galt, einen
wissenschaftlichen Zweck mit mehr Genauigkeit zu erreichen,
und daß die größere Gleichmäßigkeit und die Wiedergabe

der Helligkeiten auf Seiten der gewöhnlichen Platten liegt, unterliegt wohl keinem Zweifel. In einer Beziehung ist deren Anwendung sogar von großem Vortheile und bietet eine nicht zu unterschätzende Erweiterung dessen, was wir mit unserem Auge wahrnehmen können. Schon früher ist darauf hingewiesen, daß das Maximum der Empfindlichkeit der gewöhnlichen Platten im Blau und Violett liegt. Aus physikalischen Gründen ist es nun klar, daß bei der Abnahme der Temperatur eines glühenden Körpers, eines Fixsterns, eine merkliche Abnahme der Helligkeit meist am violetten Ende des Spektrums auftritt. Findet eine Abnahme der Helligkeit eines Sternes statt, so wird dieselbe mithin auf den gewöhnlichen Platten früher erscheinen, als auf den farbenempfindlichen oder dem menschlichen Auge. Das Unternehmen ist jedenfalls das großartigste, welches je in der Astronomie begonnen worden ist, obgleich grade diese Wissenschaft schon mehrere derartige weit umfassende Arbeiten aufweisen kann. Man braucht hier nur an die beiden Bonner Durchmusterungen zu erinnern, sowie an das noch in Arbeit befindliche Zonenunternehmen der Astronomischen Gesellschaft. Einige Zahlenangaben werden genügen, um eine Anschauung von dem Umfang der Arbeit zu geben, welche die Herstellung der Himmelskarte erfordern wird. Die einzelnen Platten werden 12 Centimeter im Quadrat groß und umfassen 4 Quadratgrade. Zur Aufnahme des ganzen Himmels sind bei doppelter Ausführung also 20 626 Platten erforderlich, die ein Gesammtgewicht von etwa 1 1/2 Tausend Kilogramm besitzen. Die Anzahl der hierauf befindlichen Sterne, bis zur 13 1/2 fachen Größe gezeichnet, beträgt etwa 30—40 Millionen. Zur Ausmessung müssen ebenfalls wieder 20 626 Platten hergestellt werden mit etwa 3 Millionen Sternen; von diesen 3 Millionen Sternen

muß jeder mindestens zweimal gemessen werden. Nimmt
man an, daß es möglich sei, diesen Katalog in derselben
gedrängten Form zu veröffentlichen, wie dies bei der
Bonner Durchmusterung geschehen ist, bei welcher 1 Quart-
band von 400 Seiten 100 000 Sterne enthält, so wird
der neue photographische Katalog 30 dieser mächtigen
Bände umfassen. Werfen wir nun die Frage auf, ob
der zu erwartende Erfolg denn wirklich der ungeheuren
Mühe und den großen Kosten entspricht, so müssen wir
dieselbe für den Fall des Gelingens ganz unbedingt
bejahen. Man muß aber hierbei zweierlei unterscheiden,
einmal den Nutzen, den die fertige Himmelskarte für die
Gegenwart bringt, und dann ihre Bedeutung für spätere
Zeiten, wenn das ganze Unternehmen noch einmal wiederholt wird. Wir setzen hierbei aber voraus, daß der
Katalog der ausgemessenen Sterne ebenfalls fertig ist,
und wollen bedenken, daß auch die schwächeren Sterne
jederzeit ausgemessen werden können, sobald die Noth-
wendigkeit dazu vorliegt, daß man also gleichsam von
allen Sternen genaue Stellungen besitzt. Großen Vortheil
wird die photographische Karte beim Aufsuchen der
Gestirne bieten, da sie alle Sterne enthält, welche selbst
mit größeren Instrumenten sichtbar sind, während nur
die neuesten Riesenrefraktoren mehr Sterne zeigen werden.
Sie erleichtert das Entdecken der kleinen Planeten und
bietet die Bequemlichkeit, zu jeder Zeit gleichsam den
Himmel zu Rathe ziehen zu können, ohne von den Launen
des Wetters abzuhängen. Auch die Hoffnung auf Entdeckung eines ultraneptunischen Planeten könnte vielleicht
verwirklicht werden. Es würde zu weit führen, wollte
man alle diese einzelnen Vortheile aufzählen, welche der
Besitz der Karte gewähren wird, und wir wollen daher
gleich zum wichtigsten Zwecke des ganzen Unternehmens

übergehen, einem Zwecke, der schon bald zum kleinsten
Theile durch Vergleichung der Himmelskarte mit den
früheren Katalogen erreicht werden wird, dessen voll=
ständige Erfüllung in bis jetzt ungeahnter Weise aber erst
unsern Kindeskindern zu gute kommen wird. Unsere
Nachkommen, die Arbeiten ihrer Vorfahren wiederholend,
werden durch eine Vergleichung beider Kataloge voraus=
sichtlich einen Einblick in die Konstitution unseres Weltalls
erlangen, wie er für uns selbst nur ein kühner Wunsch
bleiben kann.“

Die Sternphotographie wird in Nordamerika haupt=
sächlich auf der Sternwarte zu Cambridge kultivirt,
worüber ein Bericht des Direktors Pickering er=
schienen ist.

Dem Referat darüber [1]) ist folgendes entnommen:
„Besondere Wichtigkeit legt Pickering der Photographie von
Sternen bei ruhendem Fernrohr bei. Wie schon erwähnt, hinter=
läßt in diesem Falle jeder Stern, welcher das Feld passirt, auf
der Platte eine Linie, welche den Theil eines Kreises bildet, der
den Pol zum Mittelpunkt hat. Diese Linie kann von einer
befekten Stelle in der Platte mit Sicherheit unterschieden werden;
ferner wird die gleiche Intensität derselben an allen Stellen der
Platte eine Probe dafür ablegen, ob die Empfindlichkeit der
letzteren überall dieselbe ist. Kleine Unterschiede in der Helligkeit
der Sterne werden sich in den Linien deutlicher zeigen als in
den kreisrunden Bildern der Sterne, welche bei bewegtem Fern=
rohr erhalten werden, so daß sich aus den Intensitäten der
Linien die photographischen Helligkeiten der Sterne mit großer
Sicherheit bestimmen lassen werden. Daß dieselben nicht mit
den mit dem Auge vorgenommenen Schätzungen durchweg über=
einstimmen, ist bekannt; blaue Sterne werden auf der photo=
graphischen Platte, rothe dem Auge heller erscheinen. Durch
Vergleichung der photographischen mit direkt geschätzten Größen
sind wir also auch im Stande, die Farbe der Sterne zu be=

---

[1]) Im Naturforscher 1887, Nr. 14.

stimmen; dies Verfahren wird selbst Anwendung auf die schwächsten
Sterne finden können, deren Helligkeit zu gering ist, als daß ein
Unterschied in der Farbe direkt bemerkbar wäre.

Auch für die Positionsbestimmungen der Sterne bieten die
Linien besonderen Vortheil; der Natur der Sache nach werden
dieselben allerdings nur differentieller Natur sein mit Ausnahme
in der Nähe des Pols, wo die absoluten Deklinationen direkt
gemessen werden können, wenn der Mittelpunkt der durch die
Linien definirten Kreise mit Sicherheit bestimmt werden kann.

Ein weites Feld eröffnet sich der Anwendung der Photographie bei Meridianinstrumenten, indem hier die photographische
Platte an die Stelle des Fadennetzes in manchen Fällen mit
Erfolg treten wird. Die nöthige Angabe der Zeit, zu welcher
ein Stern eine bestimmte Stelle der Platte passirt, kann auf
verschiedene Weise bewerkstelligt werden. Einmal kann eine
Sternzeituhr zu bestimmten Momenten vor das Objektiv automatisch einen Deckel schieben, wobei die Intervalle so gewählt
werden müssen, daß wir als Bild des Sterns eine Reihe von
nahe kreisförmigen Punkten erhalten, welche durch möglichst
kurze Intervalle getrennt sind. Eine andere Methode wäre die,
daß die Kassette selbst in der Richtung des Deklinationskreises
um geringe Beträge in bestimmten Intervallen hin und her ge-
schoben würde. Als besonders wichtig hebt Pickering hervor,
daß die persönliche Gleichung bei dieser Art von Beobachtungen
vollständig eliminirt ist, so daß sie sich besonders für Längen-
bestimmungen eignen wird.

Leider ist die Anwendung der Photographie bei feststehendem Fernrohr nicht geeignet für schwache Sterne, mit Ausnahme
in der Nähe des Pols. Äquatorsterne schwächer als 8. Größe
werden auf diesem Wege nicht mehr photographirt werden können,
während ein Polstern von der 14. Größenklasse noch eine deutliche Linie zeigt.

Kurze Linien werden aber auch bei bewegtem Fernrohr hervorgebracht, wenn das Uhrwerk nicht genau nach Sternzeit geht
oder die Axe des Instruments nicht vollständig berichtigt ist.
Die allerschwächsten Sterne werden zwar auch jetzt noch nicht
sichtbar werden, die anderweitigen Vortheile aber, wie die Unterscheidung der Bilder von defekten Stellen und die größere Genauigkeit, mit der die Helligkeit geschätzt werden kann, verdienen

wohl, daß diese Methode bei schwächeren Sternen unter Verzicht-
leistung auf die allerschwächsten zur Anwendung gebracht wird.

Eine seit Herbst 1885 in Cambridge energisch in Angriff
genommene und schon zur Hälfte beendete Arbeit ist die Bestimmung der photographischen Helligkeiten der Sterne von
—30° Dekl. bis zum Pole bei feststehendem Fernrohr. Ein und
dieselbe Platte dient hierbei zu 8 verschiedenen Expositionen in
um 10° verschiedenen Deklinationen. Damit genau erkannt
werden kann, zu welcher Deklination eine bestimmte Sternlinie
gehört, finden in der 1 Minute betragenden Expositionszeit gewisse für jede Deklination typische Unterbrechungen statt, so daß
das Bild des Sterns auf der Platte den Buchstaben des Morse-
Alphabets ähnelt. Da auf diese Weise jede Platte 800 Quadratgrade bedeckt und jede Gegend des Himmels zweimal aufgenommen
werden soll, werden im Ganzen 72 Platten erforderlich sein.

Zur photographischen Anfertigung von Himmelskarten bei
bewegtem Fernrohre schlägt Pickering die Skala der Karten von
Peters und Chacornac vor. Hiernach müßten die mit seinem
photographischen Fernrohr aufgenommenen Bilder eine dreimalige Vergrößerung erfahren, was für zulässig erachtet werden
kann, wenn auch die feineren Details verloren gehen. Eine
einzige Aufnahme einer bestimmten Himmelsgegend mit 1 Stunde
Expositionszeit hält Pickering für ausreichend; der Apparat
arbeitet automatisch und kein Beobachter ist nöthig, um fortwährend die genaue Einstellung des Fernrohrs unter Kontrolle
zu halten. Die mittlere Länge einer Nacht beträgt 10 Stunden;
4 klare Nächte wöchentlich vorausgesetzt, würde man in einem
Jahre nahe 2000 Platten erhalten können. 1600 Platten würden
für eine einmalige Aufnahme des ganzen Himmels mit seinem
Apparat erforderlich sein, so daß 2 Stationen in verschiedenen
geographischen Breiten in einem Jahre die ganze Arbeit bequem
bewältigen können. Empfehlen wird sich, das Instrument nicht
genau zu berichtigen, damit die entstehenden kurzen Linien
leichter von defekten Stellen in der Platte unterschieden und die
Helligkeiten besser geschätzt werden können. Der Mangel, daß
die schwächsten Sterne nicht sichtbar werden, kann kaum ins
Gewicht fallen, da die Karten doch noch immer mindestens ebensoviel Sterne wie die Peters'schen und Chacornac'schen zeigen
werden.

Eine der interessantesten Anwendungen der Photographie ist die photographische Aufnahme von Sternspektren. Auch dieses Gebiet ist in Cambridge aufs Eifrigste gepflegt worden und zwar in einer viel umfassenderen und vollkommeneren Weise als es bisher geschehen ist. Zur Herstellung des Sternspektrums bedeckte man das Objektiv mit einem großen Prisma, dessen brechende Kante horizontal stand, wenn das Fernrohr sich im Meridian befand. Diese Methode hat den großen Vortheil, daß der Verlust an Licht äußerst klein ist und daß die im ganzen Feld des Instruments befindlichen Sterne ihre Spektren auf die photographische Platte einprägen. Damit bei bewegtem Fernrohr die Spektrallinie nicht zu schmal wird und die einzelnen Linien deutlich werden, gebraucht Pickering kein genau nach Sternzeit gehendes Uhrwerk, sondern ein solches, welches in einer Stunde 10 Sekunden verliert. Es wird dadurch die nöthige Weite des Spektrums erreicht, um auch die schwächeren Linien zu zeigen, und man hat nicht nöthig zu einer Cylinderlinse seine Zuflucht zu nehmen. Auf diese Weise konnten Spektren von Sternen bis zur 8. Größe mit Leichtigkeit photographirt werden; eine sich über den ganzen Himmel erstreckende spektroskopische Aufnahme ist in Vorbereitung begriffen.

Den Schluß der Pickering'schen Abhandlung bilden zwei Untersuchungen über die helleren Sterne in den Plejaden und über die dicht am Pole stehenden Sterne. Referent kann hierauf nicht näher eingehen, sondern will nur, was die Plejaden betrifft, kurz erwähnen, daß fast alle helleren Sterne derselben ein Spektrum vom 1. Typus besitzen, welches von einer Reihe deutlich ausgesprochener dunkler Linien in regelmäßigen Intervallen durchzogen ist, unter denen sich die Linien C, F, G, h und H des Sonnenspektrums befinden. Die K-Linie fehlt oder ist wenigstens zu schwach, um gesehen zu werden. Wir haben hiermit einen neuen Beweis für die schon aus anderen Gründen wahrscheinliche physische Zusammengehörigkeit des Plejadensystems. Eine Ausnahme bilden nur die Spektren der Sterne 26 s und 39 Plejadum, in denen die K-Linie deutlich sichtbar ist. Diese scheinen deshalb nur optisch mit der übrigen Gruppe verbunden zu sein und es wird sich empfehlen, bei dem Studium einer etwaigen Parallaxe des ganzen Systems auf sie besonders zu achten. Nebenbei sei noch bemerkt, daß eine Platte vom 3. Nov.

1885 ben erſt 13 Tage nachher von den Gebrüdern Henry in Paris entbeckten Majanebel deutlich zeigt, der aber nicht als ſolcher erkannt, ſondern einer beſekten Stelle der Platte zu-geſchrieben wurde."

Über den Einfluß verſchieden langer Ex-poſition auf die Exaktheit photographiſcher Sternaufnahmen, hat Herr Dr. J. Scheiner. in Potsdam Unterſuchungen angeſtellt. [1] Aus denſelben ergiebt ſich, daß die Expoſitionszeit ohne Einfluß auf die Genauig-keit der Sternpoſitionen zu ſein ſcheint. Drei Aufnahmen Henry's in Paris auf der gleichen Platte aber von verſchiedener Expoſitionsdauer boten auch Gelegenheit etwas über die Zunahme der Durchmeſſer der Stern-ſcheiben bei wechſelnder Expoſitionsdauer zu erfahren. Es ergab ſich, „daß für hellere Sterne der Durchmeſſer bei längeren Expoſitionen in abſolutem Maaße genommen ſtärker wächſt als bei ſchwächeren, daß aber für ſchwächere Sterne die Zunahme des Durchmeſſers verhältnismäßig ſtärker iſt. Dieſe Erſcheinung iſt für die Größenbeſtim-mung bei Sternaufnahmen ſehr erſchwerend, da eine Ver-ſchiedenheit der Luftzuſtände auf die Durchmeſſer der Sternſcheibchen ähnlich wirken muß wie eine ſolche der Expoſitionszeiten, und man nach Obigem von der Stern-größe einer Platte nicht ohne weiteres auf die einer an-deren übergehen kann. Zu einer weiteren Verfolgung dieſes Gegenſtandes iſt das vorliegende Material aber nicht ausreichend. Bei den Henry'ſchen Sternaufnahmen ſind ebenſo wie bei denen des Herrn v. Gothard die Scheibchen von nahe gleichmäßiger Schwärzung bis dicht zum Rande, dann erfolgt die Abnahme der Schwärzung ſehr raſch, ſodaß zwar der Rand verwaſchen erſcheint,

---

[1] A. N. N. 2818.

aber so gering, daß die Durchmesserbestimmungen sehr exakt aufzuführen sind. Die Pariser Aufnahmen sind bekanntlich mit einem für die chemischen Strahlen achromatisirten Objektive erhalten, die des Herrn v. Gothard mit einem Spiegel. Ganz anders erscheinen die Sternscheibchen bei den Aufnahmen des Herrn Dr. Lohse am hiesigen großen Refraktor. Hier sind selbst bei zweistündiger Expositionsdauer die Scheiben noch völlig rund, aber ihre Schwärzung nimmt schon fast vom Centrum an ganz allmählig bis zum Verschwinden ab, so daß Durchmesserbestimmungen nicht gut möglich sind. Es zeigt sich aber sehr deutlich, daß die möglichste Vereinigung der chemischen Strahlen in einem Punkte für die Herstellung gut ausmeßbarer Photographien durchaus nöthig ist, ganz abgesehen von dem Vortheile größerer Lichtstärke.

Sternfarben.

Das erste einigermaßen reichhaltige Verzeichnis von rothen Sternen gab Schjellerup, ihm folgten Birmingham und andere. Kürzlich hat nun Herr Chambers einen neuen Katalog rother Sterne veröffentlicht,[1] als Resultat zahlreicher eigener Beobachtungen, die systematisch seit 1870 angestellt wurden, vielfach aber auch auf frühere Jahre zurückgehen. Herr Chambers bediente sich bei seinen Beobachtungen 1870 bis 1881 eines 4zolligen Refraktors von Cooke, seit 1884 dagegen ausschließlich eines 6-Zollers von Grubb. Stets wurde ein Okular mit schwacher Vergrößerung und einem Gesichtsfelde von nahezu $1\frac{1}{4}^{0}$ angewandt. Herr Chambers hat nicht nur alle vorhandenen Kataloge der rothen Sterne benutzt, sondern auch mehrere

---

[1] Monthly Notices XLVII, 6.

Jahre hindurch alle Notizen über Farben einzelner Sterne gesammelt. In seinem Verzeichnisse sind diejenigen Angaben, welchen der Name „Brodie" beigefügt ist, von diesem Beobachter gemacht worden, der einen 8½ zolligen Refraktor benutzte. Die bekannten Veränderlichen von rother Farbe hat Herr Chambers übrigens nicht in seinen Katalog aufgenommen, da sie im kleinsten Licht meist außerhalb der Sichtbarkeitsgrenze sich befinden. Andrerseits ist das Verzeichnis aber auch durchaus nicht erschöpfend, denn es umfaßt nur Sterne, bei denen die Färbung ganz bestimmt wahrzunehmen ist und die nicht schwächer als 8·5 Größe sind. Sehr bezeichnend sagt übrigens Herr Chambers, daß nach seiner Erfahrung viele Beobachter die Intensität der Färbung stark übertrieben haben möchten. Im Allgemeinen möchte er die als „roth" angegebenen Sterne als orangegelb aufzeichnen und nur sehr wenigen das Prädikat „roth" ertheilen, kaum ein Dutzend dürfte am Himmel sein, die man karminfarbig oder rubinroth nennen sollte. Herr Chambers hält diese Bemerkung für erforderlich, um den unerfahrenen Beobachter zu orientiren, wenn derselbe bei Prüfung eines als „roth" oder „sehr roth" bezeichneten Sternes über die Farbenintensität enttäuscht wird. Herr Chambers meint, sein Auge sei möglicherweise nicht so empfindlich für die Auffassung der rothen Farbe als dies bei anderen Beobachtern der Fall ist; indessen scheint es wahrscheinlicher, daß die Farbenbezeichnungen eben vielfach übertrieben sind, keinesfalls hat man bei rothen, blauen, grünen, goldfarbig gelben Sternen an rein spektrale Färbungen zu denken, sondern in fast allen Fällen nur an eine schwache Farbennüance des weißen Lichtes.

Das von Herrn Chambers gegebene Verzeichnis der rothen Sterne muß an dem oben angegebenen Orte

22

nachgesehen werden. In der ersten Kolumne zeigt ein
Sternchen (*) an, daß das betreffende Objekt von Interesse
ist, zwei Sternchen (**) bezeichnen ein besonders interessantes
Objekt. Kolumne 2 giebt die Nummer des Birmingham-
schen Katalogs. Die Helligkeiten der Sterne in Kolumne 6
sind aus Pickerings Harvard Photometry entnommen,
diejenigen Sterne, welche dort nicht vorkommen, wurden
von Herrn Brodie nach Dawes' Methode in Bezug auf
ihre Größenklasse geschätzt. Die Bemerkungen in der letzten
Kolumne, welche in Anführungszeichen eingeschlossen sind,
wurden den benutzten Quellen entlehnt, alle übrigen ent-
stammen den eigenen Beobachtungen.

Herr Chambers hat nicht beabsichtigt aus seinen
Studien über die rothen Sterne weitere spekulative
Schlüsse zu ziehen, doch weist er auf Birmingham's
Bemerkung hin, daß am Himmel besonders die Stern-
bilder des Adlers, der Leyer und des Schwans sehr reich
an rothen Sternen sind und man diese Gegend nicht
unpassend als die rothe Region des Himmels bezeichnen
könne. Allerdings ist diese Region überhaupt sehr stern-
reich und man kann unter gleichen Verhältnissen deshalb
dort auch ein zahlreiches Auftreten der rothen Sterne
erwarten, allein in anderen Theilen der Milchstraße, die
ebenfalls äußerst reich an Sternen sind, erscheinen die
rothen Sterne keineswegs verhältnismäßig ebenso zahlreich als im Sternbilde des Schwan. Noch eine Bemerkung Birmingham's ist nützlich zu erwähnen, nämlich
die, daß die rothen Sterne ebensowohl einer Veränderung
des Farbentones als der Helligkeit fähig sind. „Obgleich,"
sagt Birmingham, „Veränderungen im Farbentone ohne
Änderung der Größe des Sterns eintreten mögen, so
habe ich doch beobachtet, daß ein veränderlicher rother
Stern blasser wird, wenn er sich dem Maximum nähert

und ſicher an Farbenton gegen das Minimum hin." Schmidt hat dieſelbe Bemerkung gemacht und lange vor beiden Referent, der 1862 und 1863 durch eine große Anzahl von Beobachtungen verſchiedener veränderlicher Sterne nachwies, daß einer Intenſitätszunahme des Lichtes eine Abnahme der Farbe entſpricht.[1]) Der Grund, weshalb Herr Chambers nicht unter die 9. Gr. herabgeht, iſt natürlich der, daß die Farbenunterſcheidungen von da ab ſelbſt in den größten Teleſkopen ſchwierig ſind, obgleich einige Beobachter, wie Admiral Smyth, gedankenlos genug waren, bei Sternen von der 12. und 13. Größe noch Farbenbezeichnungen zu geben. Sonſt wird aber wohl Jeder zugeben, daß ein „rother" Stern 13. Größe ein Unding iſt.

Rothe Sterne und ſolche mit bemerkenswerthen Spektren wurden in neuerer Zeit auch von J. E. Eſpin aufmerkſam geſucht. Er bemerkt,[2]) daß Webb mehrere Jahre hindurch das Aufſuchen von rothen Sternen eifrig betrieb. Nach deſſen Tode hat Herr Eſpin die Arbeit fortgeſetzt, indem er ſich dabei eines ſchönen 9zolligen Reflektors von Calver bediente. Mit dieſem Inſtrumente wurden 32 Sterne aufgefunden, doch zeigte ſich bald, daß es wünſchenswerth ſei, ein größeres Inſtrument anzuwenden, Herr Calver ſtellte deshalb einen Reflektor von 17¼ Zoll Spiegeldurchmeſſer zur Verfügung und die Arbeit mit demſelben begann im September 1885. Im November 1886 wurde ein Spektroſkop angebracht, welches die Spektra von Sternen bis zur 9. Größenklaſſe Argelanders zeigt. Seitdem wurde jeder neue rothe Stern

---

[1]) Sitzber. der naturforſch. Geſ. Iſis in Dresden, 1867, S. 34 u. ff.
[2]) The Observatory Nr. 125.

gleichzeitig spektroskopisch geprüft. Bis heute sind 220 neue rothe Sterne gefunden worden, darunter 87 mit schönem Bandenspektrum des 3. Typus und 23 Sterne, welche zum Typus 4 gehören. Die Sterne der letzteren Klasse sind bekanntlich sehr selten, im Ganzen kennt man nur 84 und es ist wahrscheinlich, daß nur wenige Sterne dieses Typus noch aufgefunden werden, die heller als 8. Größe sind. Die folgende Tafel zeigt die Größe derselben soweit sie bekannt sind:

Größenklasse	früher bekannte Sterne	neu aufgefundene mit dem 17¼ Reflektor	total
5. bis 6.	4	0	4
6. „ 7.	14	0	14
7. „ 8.	17	3	20
8. „ 9.	12	16	28
unter 9.	6	14	10
Veränderliche	8	0	8

Herr Dunér hat darauf aufmerksam gemacht, daß diese Objekte sich hauptsächlich in der Nähe der Milchstraße finden, auch die von Herrn Espin entdeckten Sterne dieses Typus stehen nicht weit ab von der Milchstraße. Ferner hat Dunér bemerkt, daß die Sterne des 4. Typus eine Tendenz zeigen in Gruppen aufzutreten und besonders sind zwei Punkte am Himmel in dieser Beziehung merkwürdig. Dieselben haben folgende Position:

$$\text{Rektasc. } 305^0 \quad \text{Dekl. } +40^0$$
$$\text{„ } 85 \quad \text{„ } +25.$$

Die Nachforschungen des Herrn Espin mit dem 17zolligen Reflektor bestätigen die Ergebnisse Dunér's vollkommen, denn es fanden sich nahe dem ersten Punkte noch 4 und nahe dem anderen noch 8 Sterne dieses Typus. Das Centrum der zweiten Region scheint jedoch um etwa 5° nördlicher zu liegen, jedenfalls ist es die interessantere Region, obgleich die Sterne lichtschwächer sind.

Veränderliche Sterne.

Herr Espin giebt folgende Mittheilungen über von ihm entdeckte neue Veränderliche: [1]

	AR	D	Lichtwechsel	Perioden-dauer
	1885			
V Cassiop.	0^h 39^m 55^s	+47° 37·6′	8·5—14.	260^d $\pm$
Tauri	4 21 25	+15 50·7	8·2—13.	360 $\pm$
Aquilae	18 32 52	+ 8 43·5	6·5— 9.	310 $\pm$
„	20 5 58	+47 28·9	7·7— 9.	—

Herr Boß in Albany hat den Stern der Bonner Durchmusterung + 3° Nr. 766 als veränderlich erkannt.[2] Er ward in Bonn als 9·2 Größe notirt, doch konnte er 1880 und 1881 mit dem Meridianinstrument zu Albany nicht gesehen werden. Seitdem hat ihn indessen der 13zöllige Refraktor als Sternchen 11·5 Größe gezeigt.

Ein neuer Veränderlicher des Algoltypus ist von Herrn E. Sawyer erkannt worden. Es ist der Stern 155 der Uranom. Argent. im großen Hunde (Rektasc. 7^h 13^m 49^s Dekl. —16° 9·7′ für 1875·0). Die Periode der Veränderlichkeit scheint sehr kurz zu sein. März 26. erschien der Stern sehr schwach, März 29. und an den folgenden Abenden war er von normaler Helligkeit, allein April 11. zeigte er sich wieder noch im kleinsten Lichte, ebenso April 19. und April 20.

Im Schwan hat Herr S. C. Chandler jr. einen neuen Veränderlichen von kurzer Periode aufgefunden. Es ist der Stern Lalande 40083 und sein Ort 1875·0:

---

[1] Observatory 1887, No. 129—395.
[2] Gould astr. Journ. No. 160.

AR 20ʰ 38ᵐ 30ˢ Dekl. + 35⁰ 8′ 25″. Der Lichtwechſel ſchwankt zwiſchen 6·3 und 7·6 Größe. Dauer der Periode: 14ᵈ.

Bei Gelegenheit der Beobachtung dieſes Sternes ent= deckte Herr Chandler, daß ein benachbarter Stern (AR 20ʰ 46ᵐ 16ˢ Dekl. + 34⁰ 7·0′) ebenfalls veränderlich iſt und zur Algolklaſſe gehört. Er hat die Bezeichnung Y Cygni erhalten und ſeine Periode iſt nahe 1½ᵈ.

Als ferneren Veränderlichen vom Algoltypus bezeichnet Chandler den Stern R im großen Hunde (AR 7ʰ 13·8ᵐ Dekl. — 16⁰ 10′) mit einer Periode von 1ᵈ 3ʰ 16ᵐ Helligkeit im Maximum 5·9 Größe, im Minimum 6·7 Größe.

Veränderlicher in der Wage. Nach den Beob= achtungen von J. Bauſchinger iſt der Stern Lamont 3 1875 (Münchner Zone 695) deſſen Ort für 1855·0: Rektaſc. 15ʰ 4ᵐ 1·5ˢ Dekl. — 5⁰ 27·6′ veränderlich. Er iſt bei Lamont als 8 Größe angegeben, eine Münchener Beobachtung Juni 13. 1887 gab ihn 9·2 Größe, in der Bonner ſüdlichen Durchmuſterung fehlt er.

Nach den Beobachtungen von Eſpin gehört auch der Stern Birmingham 541 zu den Veränderlichen. Seine Helligkeit variirt zwiſchen 6·6 und 8·0 Größe. Der Ort iſt 1887·0: Rektaſc. 20ʰ 9ᵐ 17ˢ Dekl. + 38⁰ 22·0′.

Der Stern 28 Andromedae iſt von T. W. Backhouſe als wahrſcheinlich veränderlich erkannt wer= den.[1] Die erſte Vermuthung hierzu war eine Wahr= nehmung am 30. November 1886, bei welcher der Stern ungewöhnlich hell erſchien. Seitdem hat Herr Backhouſe denſelben aufmerkſam verfolgt. Die Schwankungen der Helligkeit können jedoch jedenfalls nur gering ſein, denn

---

[1] Liverpool. Astr. Soc. Circ. No. 15.

die Abweichungen der Beobachtungen untereinander übersteigen nicht 1/3 Größenklasse. Der Stern verdient eine
genauere Untersuchung, denn es wäre wenigstens nicht
unmöglich, daß er zur Klasse der Algolsterne gehörte.

Fixsternparallaxen.

Die Parallaxe von 61₁ und 61₂ Cygni ist
von Prof. C. Pritchard in Oxford mit Hilfe von photographischen Aufnahmen bestimmt worden und zwar ist
dies der erste Versuch solcher Art.[1] Die ersten Aufnahmen geschahen am 26. Mai 1886, die letzten 31. Mai
1887. Es wurden in 89 Nächten 330 photographische
Platten exponirt. Die Untersuchung ergab, daß solche
Aufnahmen überaus werthvoll behufs Parallaxenmessung
sind. Als Resultat ergab sich mit Bezug auf 2 Vergleich-
sterne a und b.

Parallaxe von:

$$61_1 \text{ Cygni}$$

bestimmt aus Stern $a = 0\cdot4294''$

" " " $b = 0\cdot4228$

Mittel $= 0\cdot4289$

$$61_2 \text{ Cygni}$$

bestimmt aus Stern $a = 0\cdot4250''$

" " " $b = 0\cdot4508$

Mittel $= 0\cdot4353$

Der mittlere wahrscheinliche Fehler einer Bestimmung
ist für beide Sterne 61₁ und 61₂ nahe gleich und etwa
$0\cdot014''$.

Aus Messungen von Deklinationsdifferenzen hat Prof.
Hall früher als Parallaxe von 61 Cygni den Werth

[1] Monthly Notices Roy. astr. Soc. 1887, Vol. XLVII,
No. 8, p. 444.

π = 0·270" ± 0·0101 erhalten. [1]) Beſſel fand dafür
π = 0·348" (1840), Auwers π = 0·564" (1863), Ball
π = 0·468" (1878). Die vorzüglichen Reſultate, welche
Prof. Pritchard mit Hilfe der Photographie über die
Parallaxe von 61 Cygni erhalten, veranlaßten ihn, auch
ſeine bezüglichen Meſſungen zur Beſtimmung der Parall=
axe von μ Caſſiopejae zu unterſuchen. Dieſer Stern
iſt in 53 Nächten photographirt worden und der Vergleich
mit 2 Sternen a (8. Gr.) und b (10. Gr.) ergiebt:

Parallaxe mit Bezug auf Stern a = 0·0501" ±0·0270"

"   "   "   "   " b = 0·0201 ±0·0235

Dieſe Werthe vergrößern ſich um nahezu 0·02", je
nachdem man eine Korrektion bezüglich der Eigenbewegung
von μ nicht berückſichtigt. Jedenfalls iſt die kleine Pa=
rallaxe dieſes Sternes von ſo raſcher Eigenbewegung
merkwürdig. [2])

Die Parallaxe des Aldebaran. O. Struve
hat die Reſultate ſeiner Unterſuchungen über die Parall=
axe dieſes Sternes veröffentlicht. Die Meſſungen des
Poſitionswinkels und der Diſtanz beziehen ſich auf
den optiſchen Begleiter 11. Gr. Als Endreſultat fand
ſich die jährliche Parallaxe π = 0·516" ± 0·57". Prof.
Aſaph Hall hat Aldebaran ebenfalls in Bezug auf Er=
mittelung ſeiner Parallaxe beobachtet und zwar von
1886 Okt. 2 bis 1887 März 15. Als Ergebnis fand
er, aus den Poſitionswinkeln π = 0·163" ± 0·0409",
aus den Diſtanzen π = 0·035" ± 0·0431" im Mittel
π = 0·102" ± 0·0296". Die Ergebniſſe beider Be=
obachter zeigen hinreichend, daß wir zur Zeit von der

---

[1]) Appendix to the Washington Observations for 1883.
[2]) Monthly Notices Roy. Astr. Soc. Vol. XLVIII, 1887,
No. 1, p. 27.

Parallaxe des Aldebaran nicht mehr wissen, als daß sie sehr klein sein muß.

Die Parallaxe des Sternes Σ 2398. Dr. Lamp hat diesen Doppelstern schon 1883 bis 1885 zum Zwecke einer Bestimmung seiner Parallaxe beobachtet. Diese Beobachtungen ergaben als wahrscheinlichsten Werth der Parallaxe 0·34″. Seitdem hat der genannte Astronom seine Beobachtungen noch zwei weitere Jahre hindurch fortgesetzt und diese neue Messungsreihe lieferte eine völlige Bestätigung des erstgefundenen Werthes. Es fand sich nämlich als wahrscheinlichster Werth der Parallaxe aus den neuen Messungen $\pi = 0·353″ \pm 0·014″$.

Doppelsterne.

Die durch die Fortpflanzung des Lichtes hervorgerufenen Ungleichheiten in der Bewegung der physischen Doppelsterne ist Gegenstand der Untersuchungen von L. Birkenmajer gewesen.[1] Die nicht momentane Fortpflanzung des Lichtstrahles bedingt bekanntlich die Aberration der Fixsterne. Aus gleicher Ursache treten bei den Doppelsternen eigenthümliche Erscheinungen ein, deren mathematische Behandlung die obige Abhandlung giebt. Schon von mehreren Astronomen, besonders von Villarceau ist diese Aufgabe behandelt worden. Die Abhandlung von Birkenmajer zeichnet sich durch Vollständigkeit und mathematische Eleganz aus, und hat sich Verfasser dadurch ein besonderes Verdienst erworben, daß er nicht bei der Entwickelung der Formeln stehen bleibt, sondern auch deren Anwendung an einem Beispiele zeigt. Daher es nun nicht möglich ist, an dieser Stelle in gedrängter Form die mathematische Entwickelung wiederzugeben, so wollen wir es versuchen, zunächst ohne An-

---

[1] Wiener Akad. Sitzungsber. 1886. II. Abth. Bd. XCIII.

wendung des mathematischen Apparates einen Theil der bei Doppelsternen durch die Aberration des Lichtes hervorgerufenen Eigenthümlichkeiten zu erklären. Nehmen wir an, die Umlaufszeit eines Doppelsternpaares sei a Jahre, und es entferne sich von uns jährlich, so ist es klar, daß uns die Umlaufszeit des Paares größer erscheint, als wenn sich dessen Entfernung von uns nicht änderte, und zwar beobachten wir die Umlaufszeit a + a x. Näherte sich uns das Paar um denselben Betrag so würden wir als seine Umlaufszeit beobachten a — a x. Da im Allgemeinen alle Sterne ihre Entfernung von uns in dem einen oder anderen Sinne ändern, so beobachten wir alle Umlaufszeiten von Doppelsternen um einen gewissen Betrag falsch, der nur von der Geschwindigkeit der Annäherung oder Entfernung abhängt und nicht von den Bahnelementen des Doppelsternes. Außerdem ist es klar, daß wir überhaupt die Zeit, zu welcher der Begleiter einen bestimmten Punkt der Bahn einnimmt, unrichtig beobachten, und zwar immer zu spät um den Betrag, den das Licht braucht, um die Entfernung des Sternes von uns zu durchlaufen. Aus den Beobachtungen sind beide Fehler direkt nicht zu ermitteln, sondern sie können nur dann berechnet werden, wenn die absolute Entfernung des Doppelsternes und die Geschwindigkeit seiner Bewegung in der Gesichtslinie anderweitig bestimmt werden kann. Auch die Entstehung einer anderen Ungleichheit läßt sich leicht andeuten. Wenn die Bahnebene des Doppelsterns nicht genau normal zur Gesichtslinie steht, so nähert sich uns bei der Umlaufsbewegung der Begleiter in dem einen Theile der Bahn, während er sich in dem anderen von uns entfernt. Es ist leicht einzusehen, daß dies auf die Elemente der Bahn ändernd einwirken muß, da in dem einen Falle die Bewegung scheinbar beschleunigt, im an=

deren scheinbar verzögert wird. In welcher Weise diese periodischen Änderungen vor sich gehen, läßt sich ohne mathematische Betrachtung nicht näher zeigen. Der Betrag derselben kann aber durch die Beobachtungen selbst ermittelt werden, und kann sogar Aufschluß über die Parallaxe des Doppelsterns geben, wozu es allerdings nicht bloß genügt, relative Doppelsternmessungen zu haben, sondern wobei absolute Bestimmungen beider Komponenten erforderlich sind. Hierbei ist noch von besonderer Bedeutung, daß die Ungleichheit, aus welcher die Parallaxe ermittelt werden kann, um so größer ist, je kleiner die Parallaxe selbst ist. Birkenmajer wendet nun seine Formeln auf die Berechnung eines Doppelsterns an und wählte hierzu den Stern ξ Ursae majoris, der bei einer Umlaufszeit von ungefähr 60 Jahren sehr häufig beobachtet worden ist. Während sonst bei Berechnung der Bahn eines Doppelsterns sechs Unbekannte eingeführt werden — den sechs Bahnelementen entsprechend — bestimmt Birkenmajer eine siebente Unbekannte k mit. Bei seiner ersten Berechnung aus den Positionswinkeln findet Birkenmajer den Werth von k zu $+ 2\cdot8190$ und im Verlaufe weiterer Rechnungen zum besseren Anschluß der Beobachtungen $+ 0\cdot647^0$, während sich nach Anbringung persönlicher Korrektionen an die Beobachtungen k zu $+ 0.756^0$ ergiebt. Aus einer anderen Rechnung, welche nicht bloß Positionswinkel, sondern auch Distanzen berücksichtigt, folgt $k = + 1.037^0$. Wenn auch der wahre Werth von k mithin noch immer sehr unsicher bleibt, so läßt sich doch mit großer Wahrscheinlichkeit behaupten, daß k positiv ist, wodurch ein unmittelbarer Schluß auf die wirkliche Neigung der Doppelsternbahn gegen die Gesichtslinie gegeben ist, die sonst bekanntlich nur zweideutig ermittelt werden kann. Aus den Beobachtungen der Distanzen findet Verfasser, daß die mittlere Entfernung der beiden Komponenten zunimmt, daß mithin zwischen diesem System und uns eine Annäherung stattfindet, doch ist dieses Resultat noch recht unsicher.

Über das System ζ im Krebs hat Paul Harzer einige interessante Bemerkungen gemacht.[1]) Bekanntlich zeigen die Beobachtungen hier im Ganzen drei Sterne, doch hat früher O. Struve aus seinen Messungen gefunden, daß der entferntere Begleiter C in seiner Bewegung kleine Anomalien erkennen läßt, die sich erklären lassen unter der Annahme, daß dieser Stern, während er eine mittlere gleichförmige Bahn um die Mitte der Begleiter A, B, beschreibt, gleichzeitig eine sekundäre Kreisbahn von 0·3″ Radius in einer Periode von etwa 20 Jahren vollführt. Ferner meint O. Struve, daß eine solche Bahn wahrscheinlich entstehen würde, wenn noch ein störender, vielleicht dunkler oder wenig leuchtender Körper in der Umgebung von C vorhanden wäre. P. Harzer kommt zu dem Ergebnisse, daß es nicht unmöglich ist, daß der vermuthete Stern weit weg von den bisher beobachteten drei Sternen steht, daß seine Masse gering ist, und seine Ortsveränderung vielleicht in dem Maße langsam, daß zur Konstatirung derselben die Beobachtungen von Jahrzehnten nicht genügen, so daß man geneigt wäre, ihn als einen nicht zum Systeme gehörigen Stern zu behandeln. Es scheint daher sehr wichtig zu sein, daß die sich mit der Messung des Systems ζ Cancri beschäftigenden Astronomen künftig auf etwaige, selbst in der weiteren Umgebung von ζ Cancri liegende, selbst schwache Sterne ihr Augenmerk richten und Alles was in einem bestimmten Umkreise zu sehen ist, in die Messungen mit einschließen.

---

[1]) A. N. N. 2764.

Bahnbestimmung des Doppelsternes β Del-
phini (β 151). G. Celoria hat eine neue Bahnberechnung dieses sehr schwierigen Doppelsterns ausgeführt.
Burnham hat den Begleiter bekanntlich 1873 entdeckt,
indem er den grünlichen Hauptstern in zwei zerlegte. Damals betrug die Distanz 0·7″, nahm aber gegen Ende
der siebziger Jahre noch mehr ab, so daß Dembowski
den Stern höchstens nur länglich sah. Ende vorigen
Jahres war die Distanz nach Schiaparelli's Bestimmungen
am 18zolligen Refraktor nur 0·2″ Die Bahnberechnung ist
unter solchen Umständen nothwendig noch recht unsicher,
obgleich zweifellos die Umlaufsdauer sehr kurz sein muß.
Celoria giebt (Astr. Nachr. Nr. 2824) folgende Bahn-
elemente:

Periastrum 1868·850, halbe große Achse 0·46″ Excen-
tricität 0·09622, Umlaufszeit 16·955 Jahre. Ω = 10·938⁰,
λ = 220·952, γ = 61·582.

Die Bahn des Doppelsterns δ Equulei (Σ 2777).
Dieser Doppelstern hat unter allen bekannten die kürzeste
Umlaufszeit des Begleiters, und da außerdem die Distanz
nur 0·5″ beträgt, so kann man den Stern nur in den
Elongationen wirklich getrennt sehen. O. Struve schätzt
die Umlaufszeit auf 6 bis 13 Jahre. Eine neuliche
Berechnung durch H. Wroblewsky[1] ergab:

$$
\begin{aligned}
T &= 1892{\cdot}03 \\
\Omega &= 24{\cdot}05\,^0 \\
\pi-\Omega &= 26{\cdot}61 \\
i &= 81{\cdot}75 \\
\varphi &= 11{\cdot}60\ (e = 0{\cdot}2011) \\
a &= 0{\cdot}406'' \\
U &= 11{\cdot}478\ \text{Jahre.}
\end{aligned}
$$

$\left.\begin{array}{l}\\ \\ \\ \end{array}\right\}$ m. Äqu. 1870

Diese Elemente sind freilich auch noch sehr unsicher

---

[1] A. N. N. 2771.

und Prof. v. Glasenapp macht deshalb auf die Wichtigkeit der Beobachtung des Sterns an den größten Instrumenten aufmerksam, da gegenwärtig eine günstige Zeit zur Beobachtung desselben heranrückt.

Nebelflecke.

Über einige Nebel, bei denen Veränderlichkeit oder Eigenbewegung vermuthet wird, hat J. L. E. Dreyer Untersuchungen angestellt.[1]) Das am meisten bekannte Beispiel einer Helligkeitsänderung ist das Verschwinden eines Nebels — des Hind'schen Nebels im Stier — und dies ist gleichzeitig der am sichersten nachgewiesene Fall. Chacornac's Nebel (General-Katalog Nr. 1191), obgleich nur von diesem Beobachter gesehen, hat ebenfalls zweifellos existirt an einem Orte des Himmels, wo gegenwärtig keine Spur von Nebel mehr wahrgenommen werden kann. Diese beiden Fälle sind aber auch die einzigen, die als völlig gewiß angesehen werden können. Allerdings ist es richtig, daß mehrere der von Sir William Herschel angezeigten Nebel heute nicht mehr aufgefunden werden können, allein die betreffenden Objekte sind entweder Kometen gewesen oder, was wahrscheinlicher ist, es sind Irrthümer bei den Positionsangaben mit untergelaufen. Letzteres ist z. B. der Fall gewesen 1801 April 2., wo Herschel eine Anzahl Nebel (darunter 3 sehr helle der Klasse 1) behufs Ortsbestimmung auf einen Stern bezieht, den er als 208 in der Giraffe bezeichnet. Da aber kein einziges dieser Objekte aufgefunden werden kann, so ist einleuchtend, daß eine Verwechselung des Sternes oder ein Irrthum im Aufzeichnen der Position stattgefunden haben muß. Ein anderes Beispiel bietet der Nebel G. K. 2179 = 6 I 2, welcher wahrscheinlich bei der Beobachtung mit dem Nebel

---

1) Monthly Notices 1887, May. Vol. XLVII, No. 7.

95 des Messier'schen Verzeichnisses verwechselt worden ist. Der merkwürdige Merope=Nebel, und der weniger bekannte Nebel G. R. 710, wurden von d'Arrest und andern als veränderlich bezeichnet, weil sie an großen Instrumenten nur äußerst schwierig, dagegen früher an kleinen leicht gesehen worden waren. Die Schwierigkeit ist aber, wie man jetzt weiß, bei den großen Instrumenten nur in der Anwendung einer zu starken Vergrößerung und deshalb zu kleinen Gesichtsfeldes begründet und heute hält Niemand diesen Nebel mehr für veränderlich. Verf. will hier nicht in eine Prüfung all der Fälle eingehen, in welchen die verschiedenen Beobachter in Bezug auf Helligkeit eines Nebels nicht in ihren Angaben übereinstimmen. Wahrscheinlich haben in diesen Fällen atmosphärische oder instrumentelle Eigenthümlichkeiten die Verschiedenheiten veranlaßt, aber die Möglichkeit, daß Nebel in wenigen Jahren ihre Helligkeit verändern, kann nicht geleugnet werden, da zwei Fälle des völligen Verschwindens von Nebelflecken wirklich konstatirt sind.

Die meisten der in den nachfolgenden Zeilen erwähnten Nebel sind Doppelnebel, bei denen man Positionsveränderungen vermuthet hat. Dieselben sind (aus dem Werk von d'Arrest) durch Flammarion im Anhange zu dessen Doppelsternkatalog gesammelt worden. In allen diesen Fällen wird die Vermuthung der relativen Ortsveränderung, auf Unterschiede in den Angaben von William Herschel und Sir John Herschel, sowie der späteren Beobachter begründet. Dabei ist aber gänzlich außer Acht gelassen, daß W. Herschel sich niemals eines Mikrometers bediente, sondern Positionswinkel und Distanzen von benachbarten Nebeln nur schätzte und daß John Herschel ebenso verfuhr bis zum 5. Juli 1828. Nach diesem Datum erhielt das Okular seines 18zölligen Spiegelteleskops ein

Fadenmikrometer, mit dem jedoch nur Positionswinkel gemessen werden konnten, während die Distanzen wie früher bloß geschätzt wurden. Aber auch dann noch wurden die Positionswinkel oft nur geschätzt, in welchen Fällen bloß ganze Grade angegeben sind, während in den Fällen von Messung auch die Zehntel des Grades bezeichnet werden. Da solche Schätzungen als Basis zu weiteren Schlüssen nicht geeignet sind, so hat Verf. eine Anzahl von Objekten an dem neuen 10zolligen Refraktor der Sternwarte Armagh, den er überhaupt zu Mikrometermessungen von Nebelflecken bestimmte, anfs Neue gemessen.

Der große Andromeda-Nebel. Die Frage nach der Veränderlichkeit dieses Nebels, die zuerst von Legentil aufgeworfen worden, ist sorgsam von G. P. Bond diskutirt worden, der zu dem Ergebnisse kam, daß die Schlüsse Legentil's in den wirklichen Thatsachen keine genügende Stütze finden. Der Kern des Nebels ist sehr verschiedener Art gezeichnet und beschrieben worden. Einige (Schultz, Schönfeld, Vogel) schildern ihn als sternähnlich, andere (Schmidt) beschrieben ihn nahe zur gleichen Zeit, als stufenweise Kondensation der Neblichkeit. Diese sehr auffallenden Verschiedenheiten haben jedoch ihre Erklärung durch die interessanten Experimente von Dr. Copeland, mit verschiedenen Okularen, gefunden. Dieselben zeigen den ungeheuren Einfluß, den die Vergrößerung auf das Aussehen des Kerns ausübt, die schwachen Okulare zeigen ihn sternartig, die starken hingegen nebelig und groß. Ob der neue Stern von 1885 wirklich zu dem Nebel gehört, kann hier unerörtert bleiben, jedenfalls beweisen aber die Vergleiche Copeland's mit künstlichen Sternen und verschiedener Erleuchtung des Gesichtsfeldes, daß selbst, wenn eine wirkliche Veränderung in dem Nebel stattgefunden haben sollte, zur Zeit als der Stern aufleuchtete, wir diese, so

lange der Stern hell leuchtete, nicht haben konstatiren
können. Nachdem dieser Stern wieder schwach geworden,
hat übrigens der Nebel durchweg seine frühere Gestalt
gezeigt.

Nebel III 228, 229 — General-Katalog 585, 587
(Rektascension 2^h 37^m. Nordpoldistanz 81° 52'). Flammarion bemerkt, daß W. Herschel die Distanz dieser
beiden Nebel auf 1' schätzte, während d'Arrest dieselbe zu
etwa 112" angiebt. Indessen findet sich volle Übereinstimmung zwischen John Herschel und d'Arrest. Beide
Nebel sind sehr schwach.

Nebel III 574, 575 — General-Katalog 686, 687
(Rektascension 3^h 37^m Nordpoldistanz 49° 11'). W. Herschel sagt nichts über die relative Position dieser beiden
Nebel, da dieselben äußerst schwach sind. Der Unterschied von 12° im Positionswinkel zwischen J. Herschel
und d'Arrest ist nicht überraschend.

Nebel II 8, 9 — General-Katalog 858, 859 (Rektascension 4^h 23^m Nordpoldistanz 89° 39'). Flammarion
bemerkt, daß 1830 (richtiger 1827) der Positionswinkel
30°—40° war, während d'Arrest 1862 (richtiger 1863
bis 1865) denselben zu etwa 80° angab. Dies ist jedoch
irrig, da Herschel den Positionswinkel zu 60°—50° schätzte.
Zu Birr Castle wurde derselbe 1850 = 77°, 1876 = 78·8°
gefunden, jedenfalls ist er daher in dieser Zeit unverändert
geblieben.

Der große Orionnebel. Dieses Objekt ist häufiger
als irgend ein anderes in den Verdacht gekommen, es
habe seine Gestalt verändert, andererseits ist aber auch
kein anderer Nebel so häufig untersucht worden als gerade
dieser. Auf Grund seiner eigenen Beobachtungen und
der Prüfung der hauptsächlichsten fremden, zog d'Arrest
den Schluß, daß die beobachteten Veränderungen aus-

23

schließlich in zeitweisen Fluktuationen der Helligkeit bestanden haben können und Professor Holben kommt in seiner großen Monographie über den Orionnebel zu dem Resultat, daß derselbe seit 1748 bis heute seine Gestalt unverändert behalten hat, daß dagegen einzelne Theile unzweifelhaften Helligkeitsveränderungen unterworfen waren und noch sind.

Nebel IV 25, General-Katalog 1487 (Rektascension 6^h 58^m. Nordpoldistanz 101^0 7'). Ein Doppelstern in einem fächerförmigen Nebel. Im Jahre 1827 wurde der Positionswinkel $= 125^0$, die Distanz $= 12''$ geschätzt, d'Arrest fand 1860: 120^0 und 4''. Die Beobachtungen in Birr Castle 1874—1876 ergaben: 119^0 und 11''. Wenn also selbst eine Veränderung der Distanz des Doppelsterns stattgefunden haben sollte, so kann doch nicht von einer solchen des Nebels die Rede sein. W. Herschel erwähnt nicht, daß der Stern doppelt ist.

Nebel II 316, 317 — General-Katalog 1519, 1520 (Rektascension 7^h 17^m Nordpoldistanz 60^0 15') d'Arrest machte zuerst auf die Nichtübereinstimmung seiner Beobachtungen mit jenen der beiden Herschel aufmerksam. Allein die Messungen seit 1864 zeigen keine wahrnehmbare Änderung der Position.

Nebel General-Katalog 2091 (Rektascension 10^h 16^m Nordpoldistanz 76^0 44'). Ein Doppelstern mit anhängendem Nebel. H. Sadler vermuthete, daß hier möglicher Weise ein Fall von Eigenbewegung in einem Nebel vorliege, da Burnham 1879—82 den Nebel 19'' von dem Hauptstern entfernt gefunden habe. Die Wahrnehmungen von d'Arrest 1864, stimmen aber vollständig mit denjenigen zu Birr Castle 1872 überein und ebenso mit einer neuen Beobachtung am 15. März 1887.

Der große Nebel um η Argûs. Es ist hinreichend an die verschiedenen älteren Abhandlungen über behauptete Veränderungen in diesem Nebel zu erinnern. Seitdem herrscht völlige Einstimmigkeit darüber, daß diese Veränderungen nur imaginäre waren.

Nebel I 248 II 832 — General-Katalog 2560, 2561 (Rektascension 11ʰ 41ᵐ Nordpoldistanz 29° 48′). Flammarion hält nach Herschel's frühesten Messungen eine Bewegung für sicher. Die neuesten Beobachtungen zeigen keine Veränderung in der Stellung beider Nebel. Das Gleiche gilt von den Nebeln III 394, 395, II 751, 752. Der Nebel M 20 — General-Katalog 4355 (Rektascension 17ʰ 54ᵐ Nordpoldistanz 113° 2′). Dieser Nebel bildet den Gegenstand einer großen Abhandlung von Prof. Holden, in welcher dieser zu zeigen sucht, daß von 1784 bis 1833, der dreifache Stern zwischen den 3 Nebeln ziemlich central stand, daß er dagegen von 1839 bis 1877 von dem südlich folgenden Nebel eingehüllt war. Diese letztere Behauptung beruht auf sicheren Beobachtungen, da der Nebel seit 1839 wiederholt sorgsam beobachtet und gezeichnet worden ist. Die erstere Behauptung hat dagegen keine so sichere Begründung. Jedenfalls wäre es auffällig, wenn der Nebel im Verlauf von wenigen Jahren sich so rasch bewegt haben sollte wie bis 1835, den dreifachen Stern zu umhüllen, während er seitdem keine merkliche Verändernng seiner Stellung mehr erlitten hat.

Der Omeganebel. Prof. Holden hat in einer eigenen Abhandlung aus der Vergleichung seiner eigenen Beobachtungen mit jener von J. Herschel, Lamont, Lassell und Trouvelot zu zeigen versucht, daß der westliche Arm dieses Nebels seine Lage in Bezug auf eine kleine Sterngruppe verändert habe. Eine Zeichnung von Le Sueur aus dem Jahre 1869 stimmt mit einer solchen, die zu Washington angefertigt wurde überein und die Ver-

änderung müßte hiernach zwischen 1862 und 1869 stattgefunden haben. Indessen giebt eine Zeichnung von
Tempel, 1876 am 11 zölligen Refraktor zu Arcetri erhalten, Übereinstimmung mit den früheren Skizzen des
Nebels, während solche, die 1854 in Birr Castle erhalten
wurden, mit den letzten Zeichnungen übereinstimmen.
Sicherlich hat also keine Veränderung in der Lage einzelner Theile des Nebels stattgefunden, doch ist die Möglichkeit von Änderungen der Helligkeit nicht ausgeschlossen.

Die Nebel II 426, 427, III 210, 211, IV 855, 856,
bei denen Flammarion Veränderungen der Lage wahrscheinlich glaubte, zeigen in den neueren Beobachtungen zu
Birr Castle solche nicht mit Sicherheit. —

Der Ringnebel in der Leyer ist 1887 von
E. v. Gothard photographisch aufgenommen worden.
Derselbe schreibt in Nr. 2749 der Astr. Nachr.: „Die
Aufnahme zeigt den bekannten Nebel sehr deutlich, die
äußern Konturen sind recht scharf, die Intensität des
Ringes ist ungleichmäßig; sie hat zwei Minima, so daß
der Ring so aussieht, als ob er aus zwei Klammern
zusammengesetzt wäre (◯), sie machen aber den Eindruck,
als ob sie spiralartig übereinander gewunden wären.
Die inneren Konturen sind weniger scharf; in der Mitte
ist ein runder (vielleicht ringförmiger) Kern sichtbar; er
ist nur etwas schwächer, als der bekannte kleine Stern
dicht bei dem Nebel. Da ich von einem Kern oder einem
helleren Stern in der Mitte des Nebels keine Erwähnung
finde — bei der sehr vollkommenen Beschreibung des
Nebels von Prof. H. C. Vogel (Publ. des Astrophysikal.
Observator. zu Potsdam Nr. 14, Bd. IV, S. 35) ist
im Gegentheil gesagt: „Das Innere des Ringes erscheint
im Wiener Refraktor ganz gleichförmig mit schwächer
leuchtendem Nebel ausgefüllt" —, muß ich annehmen,

daß ich einen nur chemisch wirkenden Kern gefunden habe.
Es wäre wünschenswerth, wenn Untersuchungen mit
großen Apparaten angestellt würden, ob der Kern sich seit
1883 gebildet hat oder ob er nur chemisch wirksam ist.
— Eine zweite Aufnahme am 21. September zeigt den
Kern ebenso deutlich." Am großen Wiener Refraktor
hat Spitaler 1885 eine sehr genaue Zeichnung des Nebels
und der umgebenden Sterne angefertigt, welche indessen
das Innere des Nebelringes sternfrei zeigt. Südwestlich
bis nahezu westlich vom Centrum des Nebels, ungefähr
in der Mitte zwischen Centrum und innerem Rande desselben, zeigt sich stets eine hellere Lichtflocke. Im östlichen
Theile der inneren Ringfläche nahe am Nebelrande sah
Spitaler wiederholt 3 sehr schwache Sternchen, sowie an
verschiedenen Stellen des Nebelringes feine Lichtpünktchen
aufblitzen. Ein Sternchen in der Nähe des Centrums
war aber niemals zu sehen. Am 25. Juli 1887 jedoch
sah Spitaler und Prof. Young, bei leiblich guter Luft
sogleich, etwas nordwestlich vom Centrum des Nebels,
einen kleinen Stern da, wo er nach der v. Gothard-
schen Photographie stehen mußte, ebenso am folgenden
Abend. [1])

---

[1]) Wochenschrift f. Astron. 1887, Nr. 35, S. 275.

Meteorologie.

Die nächtliche Strahlung und ihre Größe in absolutem Maße ist Gegenstand einer wichtigen Arbeit von Dr. J. Maurer gewesen.[1] Bereits seit Ende des vorigen Jahrhunderts ist von Seiten namhafter Physiker und Meteorologen die Größe der nächtlichen Wärmestrahlung und ihr Einfluß auf die Temperaturverhältnisse der im Freien befindlichen Körper zum Gegenstande eingehender Untersuchungen gemacht worden. Man erinnere sich an dieser Stelle an die bekannten Arbeiten von Six, Wells, Melloni, Pouillet, Glaisher u. A., ferner an die Beobachtungen über die nächtliche Strahlung an sich, welche Boussingault in den Anden, Bravais und Martins auf dem Grand Plateau und Montblanc, endlich Langley anläßlich der Expedition auf dem Mount Whitney noch Anfangs dieses Jahrzehnts (Spätsommer 1881) auf letzterem Berge zur Ausführung gebracht haben. Alle diese Beobachtungen sind relativ; ein genaues Maß über die Größe resp. die Intensität der nächtlichen Strahlung vermögen dieselben nicht zu geben, weil sie die Wirkung der letzteren einzig und allein nur thermometrisch ohne jede Rücksicht auf die physikalischen Konstanten des gebrauchten Apparates durch die Schnelligkeit des Fallens oder durch die Größe der Temperaturdifferenz zu bestimmen suchten, welche ein in heiterer, ruhiger Nacht in größerer

---

[1] Sitzgsber. d. k. preuß. Akad. b. W. 1887, XLVI.

ober geringerer Höhe über dem Erdboden frei exponirtes
Thermometer gegenüber der Temperatur der Umgebung
aufweist. Allgemeine Resultate konnten auf diese Weise
ja auch nicht erhalten werden, da die angewandten Instrumente und die Umstände der Beobachtung meistens der
Vergleichbarkeit ermangelten, die numerischen Bestimmungen,
welche in letzter Instanz erlangt wurden, daher gewöhnlich nur für besondere Fälle galten. Die nächtliche
Wirkung der Wärmestrahlung ist eben von so mannigfachen Faktoren abhängig, als da sind Klarheit und Reinheit des Himmels, Freiheit des Standortes, Ruhe der
Luft, nicht zu vergessen die physikalischen Konstanten des
Thermometers, also in erster Linie Strahlungsvermögen,
dann Maße und Oberfläche nebst specifischer Wärme der
thermometrischen Substanz u. s. w., so daß es nicht zu
verwundern ist, wenn die Resultate der bisherigen
Messungen oft ziemlich weit auseinander gehen. So erhielt Langley mit den Apparaten Melloni's im Mittel
aus vier Bestimmungen, die das meiste Gewicht verdienen, in einer heiteren und ruhigen Nacht (auf Mountain
Kamp, Mount Whitney) für die Größe der nächtlichen
Strahlung $4^0 \cdot 30$, während Melloni unter dem heiteren
Himmel Italiens (9. Oktober 1846) für jene Größe $3^0 \cdot 58$
angiebt. Pouillet's Resultate, die er in der Nähe von
Paris mit seinem bekannten Aktinometer erhielt, sind mehr
als doppelt so groß.

Über die Größe der nächtlichen Strahlung ausgedrückt
in absolutem Maße — Dr. Maurer definirt dieselbe als
diejenige Wärmemenge, welche pro Flächeneinheit in der
Zeiteinheit in einer wolkenlosen ruhigen Nacht allseitig
von einer horizontalen berußten Fläche gegen den Nacht-
himmel ausgestrahlt wird — liegen bis jetzt noch keine
Messungen vor, obwohl ja derartige Beobachtungen kaum

geringere Bedeutung haben, wie die Maßbestimmungen über die Feststellung der absoluten Intensität der Sonnenstrahlung an der Erdoberfläche, denen bereits seit den Zeiten Pouillet's von Seite der Physiker und Meteorologen die eingehendste Beachtung geschenkt wird. Daß es in der That wünschenswerth ist, die Größe der nächtlichen Radiation genau und zwar in kalorimetrischem Maße zu kennen, kann auch damit motivirt werden, daß sie es ja gerade ist, die in erster Linie als Parameter in die Grundgleichungen eingeht, auf welchen die theoretische Darstellung des Temperaturganges während der Nachtstunden beruht; daß ferner sie es ist, welche unter einfachen Voraussetzungen jene Wärmemenge berechnen läßt, welche von der gesammten Atmosphäre durch eigene Strahlung uns wieder zurückgegeben wird und die für die Erhaltung der hohen Oberflächentemperatur unserer Erde ja von der weittragendsten Bedeutung sein muß. Es spielt die Größe der nächtlichen Strahlung also in all' den Fragen und Problemen, die sich auf den Wärmeaustausch zwischen Weltraum, Sonne und Erde unter Vermittelung der Lufthülle der letzteren beziehen, eine ganz bedeutende Rolle.

Für die Messung der nächtlichen Strahlung benutzte Dr. Maurer ein besonderes Aktinometer, das in einfachster Weise eine sichere Bestimmung dieser wichtigen Größe ermöglichte; die genaue Theorie und Beschreibung des Apparates finden sich in der Originalabhandlung.

Aus den sämmtlichen Beobachtungsreihen, die während einzelner wolkenloser Nächte in Zürich zur Ausführung gelangten, giebt Dr. Maurer für die Größe der nächtlichen Strahlung d. h. für diejenige Wärmemenge, welche ein Quadratcentimeter in der Minute bei

freier, horizontaler Exponirung gegen den heitern Nacht=
himmel allseitig ausschickt (bei einer mittleren Temperatur Θ
der kalorimetrischen Platte von 15° C.) einen Werth, der
in nächster Nähe von

$$\Sigma = 0{\cdot}130 \text{ Kal.}$$

liegt, d. h. ungefähr ein Zehntel derjenigen Wärmemenge,
welche ein Quadratcentimeter Fläche bei normaler Be=
strahlung und hohem Sonnenstande während einer Minute
an der Erdoberfläche von der Sonne empfängt. Es ge=
stattet dies sofort einen Schluß zu ziehen auf den Betrag
derjenigen Wärmemenge, welche die Flächeneinheit in der
Zeiteinheit in einer heitern Nacht durch Strahlung von
der gesammten nicht erleuchteten Atmosphäre wieder erhält.
Beachtet man nämlich, daß nach der bekannten von
Stefan aufgestellten Formel über die Abhängigkeit der
ausgestrahlten Wärmemenge von der Temperatur des
strahlenden Körpers, wonach die von letzterem (absolut)
ausgegebene Wärmemenge proportional der vierten Potenz
seiner absoluten Temperatur ist, für diese direkte, also
absolut ausgetheilte Strahlung unserer Kupferplatte bei
15° C. der Werth resultirt ($\alpha = 0{\cdot}00367$):

$$S = 0{\cdot}723 \times 10^{-10} \times 273^4 (1 + \alpha\Theta)^4 = 0{\cdot}518 \text{ Kal.}$$
$$\text{(per Min. u. Quadratcentim.)}$$

so bleibt alsdann für die Größe der Wärmestrahlung der
Atmosphäre pro Minute und Quadratcentimeter

$$S - \Sigma = 0{\cdot}39 \text{ Kal.}$$

ein Werth, der zufälligerweise genau übereinstimmt mit
demjenigen, den Dr. Maurer aus den Temperatur=
beobachtungen einer Reihe von Stationen unseres Erd=
balls seiner Zeit abgeleitet hat.

Weitere Messungsreihen, welche die Natur der nächt=
lichen Strahlung, namentlich ihren täglichen und jähr=
lichen Gang, ihre Abhängigkeit von den einzelnen meteo=

rologischen Faktoren, die Variation derselben mit zunehmender Meereshöhe klar legen sollen, sind in Ausführung begriffen und deren Resultate wird Dr. Maurer in einer späteren Mittheilung geben.

Über die Seehöhe der Isotherme von 0° in den Ostalpen und deren Beziehung zur unteren Schneegrenze und zur mittleren Temperatur an der letzteren hat sich Prof. Hann verbreitet.[1] Er hat die Höhe, in welcher man die mittlere Temperatur des Gefrierpunktes in den verschiedenen Monaten zu suchen hat, für 7 Gebiete der österreichischen Alpen berechnet d. h. für alle, für welche Stationen bis zu so großen Höhen vorliegen, daß die Rechnung nicht illusorisch wird. In den folgenden Zahlen finden sich die Resultate kurz zusammengefaßt:

Höhe der Isotherme 0° in Meter

Monat	Nordalpen	Südalpen	Differenz
Oktober	2400	2470	70
November	1080	1460	380
December	110	770	660
Januar	80*	550*	470
Februar	540	930	390
März	1040	1380	340
April	1900	2070	170
Mai	2500	2600	100
Juni	3080	3180	100
Juli	3500	3590*	90
August	3530*	3550	30
September	3170	3170	0

Unter Nordalpen sind hier die nördlichen Alpen vom Säntisstock bis zum Brenner zu verstehen (mittl. Br. 47·2°, Länge 10·4° O v. Greenw.), unter Südalpen: Südtirol und das Gebiet der italienischen Seen (mittl.

---

[1] Zeitschr. d. deutsch-österr. Alpenvereins 1886, Bd. XVII.

Br. 46·2⁰, mittl. L. 9·9⁰ O v. G.). Der Unterschied
zwischen der Höhe der Isotherme von 0⁰ auf der Nord-
und Südseite der mittleren Centralkette der Alpen ist,
wie zu erwarten war, im Winter (speciell im December)
am größten und nimmt dann langsam ab, bis er im
September sogar Null wird, dann aber nimmt er wieder
sehr rasch zu. Berechnet man ferner, wie Prof. Hann es
gethan hat, die Höhenänderung dieser Isotherme von Monat
zu Monat für die verschiedenen Alpentheile, so findet man,
daß die Zeit des raschesten Hinaufrückens derselben überall
auf die Mitte des März fällt, die des schleunigsten Herabsinkens auf Oktober und November. Das Hinaufsteigen
erfolgt allmählich, das Herabsinken dagegen sehr rasch.
Im Süden (Süd-Tirol und Tessin) zeigt sich eine Abnahme des Hinaufsteigens der Isotherme vom April bis
Mai, der vom Mai zum Juni wieder ein rascheres Hinaufrücken folgt. Die Rechnung giebt für das Datum der
tiefsten Lage der isothermen Fläche von 0⁰ den 7. Januar,
wo sie im Norden bei 160 m, im Süden bei 400 m
Seehöhe angelangt ist, für das Datum der größten Höhe
den 5. August, wo sie im Norden wie im Süden bei
ca. 3550 m Seehöhe angelangt ist. Das Hinaufrücken
erfolgt also relativ sehr langsam, denn es dauert 212 Tage,
das Herabsinken dagegen rasch, denn es genügen zum Erreichen des tiefsten Standes 152 Tage, d. i. 2 Monate
weniger, als zum Emporsteigen bis zur größten Höhe
nöthig waren. Zur Zeit des raschesten Emporsteigens,
d. i. um den 1. Mai herum, legt die Nullgrad-Isotherme ca. 22 m im Tag zurück, zur Zeit des raschesten
Herabsinkens jedoch, um den 5. November herum,
nahe 38 m."

Angaben über die mittlere Höhe der unteren Schneegrenze in den verschiedenen Monaten liegen nur vom

Säntis vor. Hann vergleicht dieselben mit seinen Zahlen für die Höhe der isothermen Fläche von 0⁰ im unteren Rheingebiet und giebt folgende Zusammenstellung:

Untere Schneegrenze, mittlere Temperatur an derselben und Höhe der Isotherme vom 0⁰ am Säntis.

Monat	Untere Schnee-grenze m	Mittlere Temperatur an derselben ⁰ C.	Isotherme von 0⁰ m	Differenz gegen Schneegrenze m
März	720	2·4	1130	410
April	910	6·3	1910	1000
Mai	1310	7·4	2510	1200
Juni	1910	7·2	3040	1130
Juli	2500?	5·6	3400	900
August	?	—	3400	?
September	2100	5·5	3080	980
Oktober	1740	3·2	2370	630
November	1020	0·5	1120	100
December	750	—1·9	250	— 500

„Die untere Schneegrenze rückt also nicht parallel mit der Isotherme von 0⁰ aufwärts, sie bleibt am tiefsten unterhalb derselben zur Zeit des raschesten Emporsteigens der Nullgrad-Isotherme; der Unterschied erreicht sein Maximum im Mai mit 1200 m, im Hochsommer bleibt sie etwa 1000 m unter derselben, sinkt dann aber langsamer wieder herab, als die Nullgrad-Isotherme, so daß diese letztere sie schon Ende November einholt und im December beträchtlich tief unter die Schneegrenze hinabsinkt. Aus diesen veränderlichen Abständen zwischen der Nullgrad-Isotherme und der unteren Schneegrenze ergiebt sich von selbst, daß die mittlere Temperatur an derselben einer beträchtlichen jährlichen Schwankung unterliegen muß."

Die Kälterückfälle des Mai in Ungarn. Vor einigen Jahren hat Prof. v. Bezold eine größere Untersuchung der Kälterückfälle im Mai angestellt und kam zu dem Ergebnisse, daß deren primäre Ursache in einer im Frühjahr stattfindenden vorzugsweisen Erwärmung der

ungarischen Tiefebene zu suchen sei, weßhalb er die sogen.
„gestrengen Herren" als „geborene Ungarn" bezeichnete.
Diese Schlüsse stützen sich auf einen von Wild gefundenen
empirischen Satz über die Beziehung zwischen Isobaren
und Isanomalen der Temperatur, von dem es indessen
fraglich ist, ob er in dieser Weise angewendet werden
darf. Neuerdings ist nun durch direkte Untersuchung von
R. Hegyfoky nachgewiesen worden, daß die behauptete
höhere Temperatur des Mai in Ungarn gar nicht existirt
und ebenso wenig vorhanden ist als die von Bezold ge=
machte Annahme richtig ist, der zu Folge der Luftdruck
in Ungarn in der 3. Pentade durchschnittlich am niedrigsten
sein müsse. Die Depressionen, welche während des Monats
Mai über Ungarn hinwegziehen, kommen meist von Süd=
west und laufen vorwiegend in östlicher bis nördlicher
Richtung. Was die Temperatur anbelangt, so verhält
diese sich in Ungarn während des Mai thatsächlich ganz
entgegengesetzt, wie sie sich nach Bezold's Hypothese ver=
halten müßte. Theilt man den Monat Mai in 6 Pen=
taden, so stieg während der Zeit von 1871—80 die
Wärme in der 2. Pentade (vom 6.—10. Mai) um $1{\cdot}6^0$ C.
über die Temperatur der 1. Pentade (1.—5. Mai); in
der 3. Pentade (11.—15. Mai) blieb die Temperatur in
der gleichen Höhe wie in der 2. Pentade, in der 4. stieg
sie um $1{\cdot}0^0$ C. Hieraus ist ersichtlich, daß die 2. Pentade
eine starke Wärmezunahme, die 3. aber, die der „ge=
strengen Herren", einen Stillstand aufweist, der im Mai
schon Temperaturrückschritt ist. Ferner findet sich, daß in
der 4. Pentade (16.—20. Mai) am häufigsten Morgen=
temperaturen von weniger als 5^0 C. beobachtet werden.
Daß diese Abkühlung aus den nämlichen Ursachen ent=
springt wie die Kälte der „gestrengen Herren" in Deutsch=
land wird augenfällig durch die Thatsache bewiesen, daß

in der 3. und 4. Pentade das Übergewicht der nördlichen Winde in Ungarn am größten ist. Dazu kommt, daß in den Tagen vom 16.—20. Mai am häufigsten Reif beobachtet wird und dieser sogar in der 5. Pentade (vom 21.—25. Mai) noch öfter vorkommt als in der dritten (vom 11.—15. Mai). Wir haben also auch in Ungarn alle charakteristischen Symptome der Kälterückfälle und wie Hegyfoky sagt „die Beobachtungen rechtfertigen mithin nicht die Behauptung des Dr. v. Bezold, daß die 3. Pentade auffällig warm sei." Unter Beseitigung dieser irrigen Schlußfolgerungen ist durch die Untersuchungen von Hegyfoky, vielmehr die wichtige Thatsache festgestellt worden, daß auch Ungarn seinen Kälterückfall hat und zwar durchschnittlich in der Zeit vom 11.—15. Mai in einzelnen Fällen aber auch später, selbst in der 5. Pentade vom 21.—25. Mai. Über die nächste Ursache der Kälterückfälle des Mai wissen wir nur, daß sie mit Depressionen verknüpft ist, die aus Skandinavien herabkommen, während gleichzeitig hoher Barometerstand im NW von Centraleuropa vorhanden ist. Die primäre Ursache der Maikälte, d. h. diejenige Ursache, welche die eintretende Druckvertheilung und Bewegung der Barometerminima bedingt, ist heute noch unbekannt. Eine Untersuchung der täglichen synoptischen Wetterkarten aus den letzten 7 Jahren zeigt jedoch, daß Druckverhältnisse, wie sie zur Zeit der Maikälte über dem westlichen und mittleren Europa sich ausgebildet haben, auch zu anderen Zeiten sich annähernd einstellen und dann auch von Kälterückfällen begleitet sind. Die größte Neigung zur Ausbildung solcher Druckverhältnisse besteht im Frühling und Sommer und es scheint als wenn der Atlantische Ocean hierbei eine sehr viel wichtigere Rolle spielt, als die meteorologischen Verhältnisse über dem Festlande von Mitteleuropa.

Luftdruck.

Die Vertheilung des Luftdrucks über Mittel-
und Süd-Europa ist Gegenstand einer großen und
überaus wichtigen Arbeit von Prof. J. Hann geworden.[1]
Seit Buchan[2] die Wichtigkeit der Darstellung der mittleren
Luftdruckvertheilung durch Monats- und Jahresisobaren
nachgewiesen, ist der von ihm gezeigte Weg nicht wieder
betreten worden, bezüglich der Monatsisobaren der ganzen
Erdoberfläche und nur wenige Arbeiten über einzelne
Theile derselben wurden unternommen. Diese sind indessen
von besonderer Wichtigkeit, da wir, wie Prof. Hann in
der Einleitung seiner Arbeit sagt, nur auf Grund von
Monats- und Jahresisobaren einzelner Theile der Erdoberfläche, die mit einer den strengsten wissenschaftlichen
Anforderungen entsprechenden Genauigkeit entworfen werden, mit der Zeit zu einer zuverlässigen Kenntnis der
Luftdruckvertheilung über der ganzen Erde gelangen
können. Die Schwierigkeiten, welche sich der Ausführung
der so wichtigen Detailarbeiten auf diesem Gebiete ent-
gegenstellen, bestehen hauptsächlich in der fehlenden Kenntnis der genauen Seehöhen der Barometer und ihrer
Korrektionen, dann in der zu kurzen Beobachtungszeit
oder der mangelnden Homogenität langer Reihen. Im
1. Kapitel behandelt Prof. Hann die Methoden zur Ableitung vergleichbarer Luftdruckmittel und zur Herstellung
richtiger Isobaren. Da die Zehntelmillimeter des auf
gleiches Niveau reducirten Barometerstände sicher sein
sollen, so muß die Seehöhe des Instrumentes bis auf
0·1 m genau bekanut sein. Die Mittelwerthe aus den

---

[1] Geographische Abhdlg. v. Penck, Bd. II, Heft 2.
[2] Transact. Roy. Soc. Edinburgh Vol. XXV, April 1869.

täglichen Beobachtungen (7, 2, 9, oder 6, 2, 10 Uhr)
geben den mittleren Barometerstand sofort ohne Korrektion
hinlänglich genau auf dem in Rede stehenden Gebiete.
„Das wesentlichste Erfordernis der Vergleichbarkeit der
Luftdruckmittel ist, daß dieselben entweder unmittelbar
aus den gleichen Jahrgängen abgeleitet, oder doch auf
die gleiche Periode reducirt worden sind. Wie die später
folgenden specielleren Nachweise darthun, können selbst
20-, ja 30jährige Mittel desselben Wintermonates um
1—2 mm differiren je nach den Perioden, aus welchen
sie abgeleitet worden sind. Im nordwestlichen Europa ist
die Veränderlichkeit der Monat=Mittel so groß, daß der
wahrscheinliche Fehler 20jähriger Mittel in den Wintermonaten noch nahezu einen Millimeter beträgt, selbst im
mittleren Europa ist derselbe noch 0·7 mm. Es würden
hunderte von Beobachtungsjahren dazu gehören, um die
Monat=Mittel des Winterhalbjahres auf 0·1 mm genau
zu erhalten. Es ist deshalb gar nicht daran zu denken,
eine derartige Genauigkeit der absoluten Werthe anstreben
zu können. Ganz anders verhält es sich aber mit der
Veränderlichkeit der Differenzen der Monat= und Jahres=
Mittel des Luftdruckes. Dieselbe ist in runder Zahl etwa
zehnmal kleiner als die der Mittel selbst, daher ist auch
der wahrscheinliche Fehler der Mittelwerthe der Differenzen
aus gleichviel Jahrgängen zehnmal kleiner und die Zahl
der Jahrgänge, welche nöthig ist, um dieselbe Genauigkeit
der Mittel zu erreichen, kann daher rund hundertmal
kleiner sein. Daraus ergiebt sich, daß verhältnismäßig
wenige Jahrgänge von Beobachtungen hinreichen, um die
Unterschiede der Mittelwerthe des Luftdruckes bis auf
0·1 mm genau zu erhalten, und daß daher diese Differenzen ein bequemes Mittel abgeben, um bis auf 0·1 mm
vergleichbare Luftdruck=Mittel zu erhalten, selbst wenn es

nicht möglich ist, alle Mittelwerthe in der That genau aus den gleichen Jahrgängen abzuleiten."

Die den Mittelwerthen der Hann'schen Arbeit zu Grunde liegende gemeinsame Periode umfaßt die 30 Jahrgänge 1851—80. Alle Mittel sind auf die gleiche Intensität der Schwere (45° Br. und Meeresniveau) reducirt. Auf 3 Tafeln· giebt Prof. Hann die Darstellung der Luftdruckvertheilung in den einzelnen Monaten und im Jahresmittel. Bezüglich des Verhaltens der Luftdruck-Maxima und -Minima im Jahreslauf bemerkt er folgendes:

„Die konstanten Elemente in der Vertheilung des atmosphärischen Druckes über Europa sind: Das Luftdruck-Maximum im SW und der niedrige Luftdruck im NW und N.

Der hohe Luftdruck über der Pyrenäen-Halbinsel erreicht sein Haupt-Maximum im Winter und speciell im Januar mit 766 bis 767 mm, er erstreckt sich dann auch über Marokko und Algerien. Vom Februar zum März sinkt der Luftdruck rasch und erreicht im Mai ein Minimum von 762 mm. Zum Juni steigt er wieder um 2 mm und hält sich im Juni und Juli auf 764·0, wobei der hohe Druck zugleich nach N vorbringt, sodaß der Ort höchsten Druckes für Mittel-Europa nun mehr im W. liegt. Im August sinkt der Druck über SW-Europa wieder und erreicht im Oktober ein zweites Minimum von 762·5, um im November wieder zu steigen auf 763 mm und im December auf 765·5. Die lokalen Druckänderungen über dem Innern der Pyrenäen-Halbinsel haben wir dabei außer Beachtung gelassen.

Das Barometer-Minimum über dem nordatlantischen Ocean und der niedrige Druck über Nord-Europa überhaupt sind das zweite konstante Element in der Druck-Vertheilung über Europa. Ein specielles Eingehen auf die jahreszeitlichen Änderungen desselben fällt aber außerhalb des Rahmens dieser Untersuchung. Es ist bekannt, daß dieses nördliche Minimum im Winter am meisten entwickelt ist, nachdem schon im Oktober eine bemerkenswerthe Vertiefung desselben stattgefunden hat, der aber im November wieder eine Zunahme des Druckes folgt. Die Monate April und namentlich der Mai sind dagegen derjenige Theil des

Jahres, wo der Einfluß des nordatlantischen Minimums am meisten zurücktritt.|

Die temporären Maxima und Minima über Mittel- und Süd-Europa.

1) Das Maximum über den Alpen und Mitteldeutschland. In den Monaten December, Januar und Februar liegt dasselbe mit seinem Centrum über den Ostalpen und kommt dann an Intensität dem Maximum über SW-Europa gleich mit 766·5 mm und darüber. Im März verlagert sich das Maximum nach Ober-bayern mit bedeutender Abnahme an Intensität (762·5), im April und Mai liegt es noch weiter im NW über dem Mittel-Rhein und Main-Gebiet |(mit 761·5). Im Juni ist es verschwunden, und taucht erst wieder auf im September, wo über Süddeutsch-land und der Schweiz ein seichtes wenig ausgeprägtes Barometer-Maximum sich einstellt (763·5), das im Oktober auf die Südseite der Ostalpen sich verlagert. Im November dagegen läßt sich kein Maximum im Alpengebiet konstatiren.

Es tritt sdemnach wie man sieht über dem Alpengebiet und dessen nördlichem Vorland eine sehr ausgesprochene Tendenz zur Entwickelung einer Area hohen Luftdruckes ein. Während acht Monaten findet man daselbst ein abgegrenztes Maximalgebiet vor, und auch im Sommer legen sich die von West her vorge-streckten Zungen hohen Druckes an die Nordseite der Alpenkette an.

2) Das Maximum über SO-Europa. Während der Monate December und Januar stellt sich über dem östlichen Theil von Ungarn, Siebenbürgen und der Wallachei ein gut abgegrenztes Barometer-Maximum von bedeutender Intensität ein (766·5). Gegen den hohen Druck im Innern Rußlands ist dasselbe ab-gegrenzt durch ein barometrisches Thal, welches, wie es scheint, von der Ostsee zum schwarzen Meere hinabführt, ein Analogon zu den deutlicher ausgeprägten ähnlichen Mulden niedrigen Druckes über Ungarn und dem mittägigen Frankreich. Im Februar löst sich dieses Maximum in zwei weniger intensive Maxima auf, von denen das eine über Ober-Ungarn, das andere über der Wallachei liegt. Im März sind eigentlich nur noch Spuren dieser beiden Maxima vorhanden, von denen sich das zweite noch weiter nach Süden über Bulgarien verlagert hat. In allen übrigen Monaten fehlt dieses südöstliche Maxi-mum, im April findet man den höhern Druck in Klein-Rußland,

im September und Oktober, wo der Druck über dem südlichen Rußland so stark zunimmt, erstreckt sich derselbe mit zungenförmigen Isobaren nach Klein-Rußland und Ost-Galizien herein.

Im November, wo der Luftdruck über SO-Rußland sein Maximum erreicht, findet man gleichfalls hohen Druck über Klein-Rußland.

Im übrigen giebt es sonst keine ausgesprochenen Maxima mehr über Europa. Im Juni, dann im August und September findet man eine Tendenz zu einem Barometer-Maximum über Mittel-Italien und auf dem Gebiete zwischen Palermo und Tripolis.

Temporäre Minima. Von den sekundären Barometer-Minimis über Europa ist jenes über dem westlichen Mittelmeerbecken, das sein Centrum zunächst im Golf du Lion und im ligurischen Meere hat, das konstanteste und bedeutendste. Es verschwindet nur in den drei Sommermonaten Juni, Juli, August, dann liegt aber ein Gebiet niedrigen Druckes über Ober-Italien und Süd-Tirol, sodaß das ganze Jahr hindurch auf der Südseite der Westalpen ein Centrum niedrigsten Luftdruckes anzutreffen ist. Man könnte demnach ein Recht von einem persistenten Minimum auf der Südseite der Westalpen oder der Seealpen sprechen; doch ist zu beachten, daß wegen der Scheidewand des Alpenzuges, der dasselbe nicht allein nach Nord, sondern auch nach West und Süd abschließt, das sommerliche Minimum auf der Südseite der Westalpen in dynamischer Beziehung von ganz untergeordneter Bedeutung ist.

Ein zweites Minimum stellt sich, den Sommer ausgenommen, fast beständig über dem östlichen Mittelmeerbecken ein, und hat sein Centrum zumeist über dem Meere zwischen Kreta und Sicilien. Im Sommer rückt dasselbe nach Osten und verschmilzt dann mit dem tiefen Minimum über Vorder-Asien. Die Monate, wo das Minimum des östlichen Mittelmeeres sich am meisten vertieft, sind der März und der November.

Über dem adriatischen Meere liegt fast das ganze Jahr hindurch ein Gebiet niedrigen Luftdruckes von sackartiger Gestalt. Aber nur in den Monaten Oktober und November kommt es zur Entwickelung eines lokalisirten Minimums, das über der nördlichen Adria sein Centrum hat.

Die Südseite der Westalpen hat gleichfalls das ganze Jahr hindurch niedrigen Luftdruck. Zur Bildung eines lokalisirten

Minimums kommt es in Süd-Tirol im April und Mai. Während des Sommers, wo im Norden wie im Süden der Luftdruck steigt, bleibt über Südtirol und der Poebene ein barometrisches Thal.

Im April und Mai entwickeln sich ferner Minima über Ungarn und der Balkan-Halbinsel, die wir früher specieller betrachtet haben und die von besonderer klimatischer Wichtigkeit sind. Im Oktober findet man wieder die Tendenz zu einem Gebiet relativ-niedrigen Druckes über dem mittleren Ungarn.

Die allgemeine Druck-Vertheilung ist aber dann eine ganz andere wie im Frühjahr, und Ungarn liegt nun mit ganz Mittel-Europa in einem Gebiete hohen Luftdruckes.

Im März findet sich ein Minimum über der südlichen Ostsee. Die großen Barometer-Minima, die sich im Sommer über Nordafrika namentlich aber über dem westlichen Asien entwickeln, liegen außerhalb des Gebietes, auf welches sich die vorliegende Untersuchung beschränken muß.

Die Haupterscheinungen in der Luftdruckvertheilung über dem mittleren und südlichen Europa selbst sind: Der fast konstant niedrige Luftdruck über dem Mittelmeerbecken und die Tendenz zur Bildung einer Zone hohen Luftdruckes über dem Alpengebiet und über dessen nördlichen Vorland, sowie im Winter über Siebenbürgen und der Wallachei."

Das Luftdruck-Maximum in SW-Europa ist natürlich nur ein Ausläufer des subtropischen Luftdruck-Maximum über dem atlantischen Ocean in der Gegend der Azoren, dessen Hauptursache auf die allgemeine atmosphärische Cirkulation zurückzuführen ist, ebenso wie das Gebiet niedrigen Luftdruckes im NW und N Europa's. Die untergeordneten, sekundären Maxima und Minima lassen dagegen die lokalen Ursachen ihrer Ausbildung durchaus nicht verkennen, wobei die bekannte Tendenz zur Entstehung einer Fläche niedrigen Druckes über relativ warmen, namentlich Meeres-Gebieten und hohen Druckes über relativ kalten Landflächen im Winter sogleich offenbar wird.

Prof. Hann entwickelt dies im Einzelnen. „Das Mittelmeer ist das ganze Jahr hindurch ein Depressionsgebiet, und ganz charakteristisch ist, wie über dem adriatischen Meere die Isobaren den Küstenlinien folgen und eine sackartige Depression über der Achse der Adria umschließen. Sicherlich existirt ein ganz analoges Depressionsgebiet auch über dem Schwarzen Meere.

Daß die Stelle niedrigsten Luftdruckes im westlichen Mittelmeerbecken an dessen nördlicher Ausbuchtung liegt und namentlich die Golfe von Genua und du Lion der bevorzugte Aufenthaltsort von Barometer-Minimis sind (ähnlich wie die nördlichen Buchten der Adria), findet seine Erklärung wohl darin, daß hier auch die positive Temperatur-Anomalie im Winter am größten ist und daß von Westen wie von Süden her der hohe Luftdruck des Subtropengürtels die Depressionen leichter ausfüllt, während von Norden her wegen der Gebirgsumrahmung der Luftzufluß gehindert ist.

Die Südseite der Westalpen hat aus ähnlichen Ursachen das ganze Jahr hindurch niedrigen Luftdruck; die südlichen Alpenthäler sind viel wärmer als ihre Umgebung, die Luft fließt deshalb in der Höhe ab. Es kann aber unten seitlich wegen der Gebirgsumrahmung nicht entsprechend Luft wieder zuströmen, ausgenommen von der Südseite, welche aber selbst dem Depressionsgebiet des Mittelmeeres angehört."

Von besonderem Interesse ist das Maximum über dem Alpengebiet, das auch noch im Jahresmittel prägnant hervortritt. Prof. Hann zweifelt nicht daran, daß dessen Ursprung theils auf dynamische, theils auf thermische Ursachen zurückzuführen ist.

„Wir haben sehr niedrigen Luftdruck im Süden über dem westlichen Mittelmeer und der Adria, und ein zweites Depressionsgebiet im Norden. Dazwischen liegt die Alpenkette und die Hochebene, am Nordfuße derselben. Es ist dies ein Gebiet, welches einen großen Theil des Jahres hindurch eine Schneedecke trägt, die noch andauert, wenn auch im Norden der Schnee lange geschmolzen. Selbst im Sommer noch sind die höheren Theile des Alpengebietes durch ewigen Schnee und Gletscher, durch Wasserreichthum und Wälder relativ kühle Gebiete. Die von den Depressionsgebieten im Süden und im Norden in der Höhe abfließenden Luftmassen werden daher über dem Alpengebiete am leichtesten wieder herabsinken und sich anhäufen. Aus rein dynamischen Ursachen werden wir schon aus der Lage Mitteleuropa's zwischen zwei Depressionsgebieten auf die Entstehung eines

Maximalgebietes zwischen denselben schließen können. Denn die Luft, die über einem Depressionsgebiet aufsteigt, muß in der Umgebung desselben sich wieder herabsenken und den vertikalen Kreislauf derart vollenden, sonst ist die Fortexistenz des Depressionsgebietes selbst nicht gesichert.

Findet sich nun in der Nachbarschaft eines Depressionsgebietes eine Gegend, die eine negative Temperaturanomalie aufweist, so wird das Herabsinken der Luftmassen über dieser Gegend besonders begünstigt, und es wird sich über derselben ein lokales Barometer-Maximum einstellen.

Im Winterhalbjahre nun, wo ein Barometer-Maximum durch Wärme-Ausstrahlung bei heiterem Himmel und Luftruhe die Erkaltung ganz besonders begünstigt, müssen sich derart die dynamischen und die thermischen Ursachen eines Barometer-Maximums gegenseitig unterstützen und steigern. Der einmal eingeleitete Proceß besitzt in seinen Konsequenzen die Tendenz zu seiner Forterhaltung und Steigerung. Es gilt dies von Barometer-Maximis ebenso wie von den Barometer-Minimis. Bei letzteren ist es die Kondensation des Wasserdampfes in den aufsteigenden Luftmassen, ebenfalls eine sekundäre Erscheinung, welche der Depression ihre Fortexistenz, ja Steigerung der Intensität sichert. Es ist ferner auch nicht zu übersehen, daß ein einmal eingeleiteter, große Luftmassen in Bewegung setzender Kreisproceß überhaupt eine Tendenz zur Erhaltung hat, die im Falle des Aufhörens des anfänglichen Impulses, doch noch solange fortbestehen wird, bis das ganze allmählich angesammelte Bewegungsmoment aufgezehrt worden ist.

Für die allmähliche Ausbildung und die Erhaltungstendenz von Barometer-Maximis und Minimis haben auch unsere Monats-Isobaren manches Beispiel geliefert.

Die Entstehung des Barometer-Maximums über dem Alpengebiete scheint nun durch die vorstehenden Erläuterungen hinlänglich klar gemacht zu sein. Der Ort der größten gegenseitigen Steigerung von Ursache und Wirkung liegt in den Ostalpen, namentlich in der Gegend des Oberlaufes der Mur und der Drau, wo im Winter bekanntlich die fast beispiellose Umkehrung der Temperaturabnahme mit der Höhe ihren Sitz hat und gleicherweise die dynamische Erwärmung der Höhen. Die Thäler dagegen unterliegen einer außerordentlichen negativen Temperatur-Anomalie.

Das Barometer-Maximum, das während des Winters über Siebenbürgen und der Wallachei sich einstellt, entspringt wohl den gleichen Ursachen. Hier sinkt die Luft herab, die über den Depressionsgebieten im Westen und Süden, sowie über jenem des Schwarzen Meeres aufgestiegen ist. Das Bergland von Siebenbürgen und jenes von Bulgarien vertritt hier die Stelle der Alpen. Man betrachte die Lage dieses Maximums zwischen dem Depressionsgebiet der Adria und jenem des Schwarzen Meeres auf der Karte der Isobaren des December.

Wenn aus gewissen Ursachen an zwei benachbarten Orten sich Barometer-Maxima eingestellt haben, so wird das naturgemäß zwischen ihnen befindliche barometrische Thal die Tendenz bekommen, sich noch etwas weiter zu vertiefen, weil zwischen den beiden Maximalgebieten die Tendenz zu einer cyklonischen Luftbewegung sich einstellt. Vorüberziehende Luftwirbel, welche in diese Gegend kommen, werden dieses barometrische Thal auch demgemäß als die natürlichste Zugstraße aufsuchen, ja auf derselben noch eine Zunahme an Intensität erfahren können.

Diese Bemerkungen scheinen nun Anwendung zu finden auf die barometrischen Mulden über Ungarn und über dem mittelländischen Frankreich. Wahrscheinlich besteht auch ein barometrisches Thal auf der Ostseite des siebenbürgischen Maximums, das zum Schwarzen Meere in einem ähnlichen Verhältnisse steht, wie die ungarische barometrische Mulde zur Adria."

Ein sekundäres Moment, welches in Bergländern die Vertheilung des Luftdruckes beeinflußt, äußert sich darin, daß, soweit keine großen allgemeinen Ursachen zu Verschiedenheiten der Luftdruckvertheilung vorhanden sind, die lokalen Ursachen der Terraingestaltung dahin streben, über den Thalbecken im Winter Barometer-Maxima, im Sommer Barometer-Minima zu erzeugen.

Im 3. Kapitel behandelt Hann die jährlichen Perioden in den Luftdruckverhältnissen von Europa. Folgendes sind die Hauptergebnisse:

„a) Jährlicher Gang der Luftdruck-Differenzen.

1) Der Druck-Unterschied zwischen Nord und Süd (der im Allgemeinen stets einem nach N gerichteten Gradienten entspricht) erreicht sein Maximum im December

und sein Minimum im Mai.. Auch die Monate Sep=
tember und Oktober zeigen einen großen Überschuß des
Druckes in Süd=Europa gegen Nord=Europa.

2) Der Druck=Unterschied zwischen dem nördlichen
atlantischen Ocean (Gegend der Shetlands=Inseln etwa)
und dem Westufer des schwarzen Meeres entspricht fast
das ganze Jahr hindurch einem von SO nach NW ge=
richteten Gradienten und zeigt eine ganz außerordentlich
starke jährliche Periode. Das Maximum tritt im Januar
ein, das Minimum im Mai, wo sich der Gradient sogar
umkehrt und von NW nach SO gerichtet ist. Der
Oktober zeigt ein zweites starkes Maximum des Druck=
überschusses im Südosten.

Wir sehen, daß das ganze Jahr hindurch der untere
Gradient von Süd nach Nord und von SO nach NW
gerichtet ist, nur der Mai macht eine Ausnahme, in diesem
Monat ist der süd=nördliche Gradient sehr klein, der
sonst von SO nach NW gerichtete Gradient aber kehrt
sich sogar um.

Im Winter ist das Übergewicht des Druckes im Süden
und Südosten am größten.

3) Der Druck=Unterschied zwischen Westen und Osten,
der sich aber nur auf die relativ geringe Längen=Differenz
zwischen Paris und Czernowitz und auf 48½° Breite
etwa bezieht, hat seine Extreme im Oktober und Januar
und dann im Juli. Vom September bis März über=
wiegt der Druck im Osten, in den übrigen fünf Monaten
jener im Westen.

Im Juni und Juli besteht ein ziemlich starker nach
Ost gerichteter Gradient.

4) Der Luftdruck=Unterschied zwischen der Küste von
Portugal im Südwesten und Polen im Nordosten ent=
spricht das ganze Jahr hindurch, den Oktober allein aus=

genommen, einem nach NO gerichteten Gradienten.
Dieser Gradient ist im Juni und Juli am steilsten, im
November gleich Null und im Januar unbedeutend, im
Oktober kehrt er sich, wie schon bemerkt, um.

Das Übergewicht des Luftdruckes im Westen und Süd=
westen ist im Sommer am größten, im Winter im All=
gemeinen am kleinsten.

Im Allgemeinen ergiebt sich daraus, daß die vor=
herrschende Windrichtung über Mittel=Europa sich vom
Winter zum Sommer von einer mehr südlichen Richtung
zu einer westlichen Richtung drehen muß."

b) Änderungen des Luftdruckes von Monat zu
Monat.

„Vom December zum Januar steigt der Luftdruck
über ganz Europa, ausgenommen den äußersten W und
NW. Vom Januar zum Februar findet genau das Um=
gekehrte statt, der Luftdruck sinkt über ganz Europa, den
äußersten W und N, dann vornämlich aber den NW
ausgenommen, wo der Luftdruck um nahe 6 mm steigt.
Vom Februar zum März hat das Sinken des Luftdruckes
weitere Fortschritte gemacht, nur im NW, d. i. über dem
nordatlantischen Ocean, ist der Luftdruck im weiteren
Steigen begriffen. Vom März zum April hat das
Sinken des Luftdruckes abgenommen, im N und NW
sowie im S steigt der Druck. Vom April zum Mai
sinkt der Luftdruck nur mehr auf der Ostseite, dann auch
im SW. Sonst ist er im Steigen begriffen. Vom Mai
zum Juni sinkt der Luftdruck im N wie im O, er steigt
aber im W und S, am stärksten im SW. Der hohe
Luftdruck des Subtropen=Gürtels rückt nach N vor. Vom
Juni zum Juli fällt der Luftdruck überall, ausgenommen
im W über dem atlantischen Ocean und dessen Küsten.

Am beträchtlichsten ist das Sinken des Luftdruckes im SO und im N. Vom Juli zum August sinkt der Druck auf der West- und Südseite, und steigt auf der Ost- und Nordseite. Am beträchtlichsten ist das Steigen des Druckes in NO. Vom August zum September ist das Steigen des Luftdruckes allgemein geworden, nur im äußersten NW ist der Luftdruck weiter im Fallen begriffen. Das Steigen des Luftdruckes ist am bedeutendsten über dem Kontinent von Europa im SO, O und NO. Vom September zum Oktober steigt der Luftdruck noch fort auf der SO- bis Nordseite, er fällt auf der Nordwest-, West- und Südseite. Der Druck sinkt im Nordwesten über dem atlantischen Ocean ebenso rasch, als er im NO über dem Innern des Kontinents zunimmt. Vom Oktober zum November fällt das Barometer im S, O und NO, steigt aber im N, W und SW. Am beträchtlichsten ist die Zunahme des Luftdruckes über dem nordatlantischen Ocean. Vom November zum December endlich steigt der Luftdruck überall nur im N und NW sinkt er. Das Steigen des Luftdruckes ist im SW am beträchtlichsten, das Sinken im NW über dem atlantischen Ocean."

c) Jährlicher Gang der Monatmittel von Central- und Süd-Europa.

„Der Luftdruck erreicht sein Hauptmaximum im Januar und ein sekundäres Maximum im September ober Oktober, von welch' letzterer Regel aber der SW von Europa eine Ausnahme bildet. Im W an der Küste von Frankreich und an der Nordsee fällt das Hauptmaximum erst auf den Februar (statt auf den Januar). Von der Nordsee bis hinab an die Küste von Portugal desgleichen in Süd-Italien tritt auch noch ein Sommermaximum des Luftdruckes auf, das auf den Juni ober Juli fällt. Der Eintritt des niedrigsten Luftdruckes unterliegt viel größeren örtlichen Verschiedenheiten als jener des Maximums.

Ein März-Minimum findet man an der Nord- und Ostsee und in Norddeutschland überhaupt, desgleichen an der ganzen Adria und in Süd-Italien. Am Mittel-Rhein haben März und April den gleichen Luftdruck, das Minimum fällt aber schon mehr auf den April als auf den März. Ein entschiedenes April-Minimum hat Ober-Italien zwischen dem Apeninn und den Alpen. Ein Mai-Minimum finden wir auf der Nordseite der Alpen, dann in Böhmen, Schlesien und Mähren, in Ungarn, Süd-Steiermark nnd Krain, ferner im SW von Europa. Auf den Juni fällt nirgends wo ein Minimum.

Durch ein Juli-Minimum wird der jährliche Gang des Luftdruckes im Osten von Europa charakterisirt, es entspricht dies dem kontinentalen Typus. Ein Hauptminimum im Juli finden wir in unserer Tabelle in Ost-Galizien, in der Walachei, und auf der östlichen Balkanhalbinsel (Athen, Konstantinopel) überhaupt. Ein sekundäres Juli-Minimum findet man in Schlesien, in Ober-Italien zwischen Alpen und Apeninn, und über der Adria namentlich im S. Das August-Minimum tritt nur als sekundäres Minimum auf in Süd-Italien und im SW von Europa.

Von den übrigen Monaten des Jahres haben nur noch der Oktober und November im Süden und SW von Europa Minima des Luftdruckes aufzuweisen. Auch in NW von Mittel-Europa (Gruppe Mittel-Rhein und Nordseeküste) erhebt sich das November-Minimum zum Range eines sekundären Minimums.

Das Auftreten zahlreicher Maxima und Minima im jährlichen Gange des Luftdruckes über Mittel- und Süd-Europa zeigt den unentschiedenen Charakter desselben an, hervorgerufen durch die Einflußnahme verschiedenartiger Faktoren.

Nur im O und im SO kommt der einfache kontinentale Typus des jährlichen Ganges schon mehr zur Geltung. Am unentschiedensten und am meisten abgeschwächt ist der jährliche Gang an den Küsten der Nordsee und des atlantischen Oceans."

Im vierten Kapitel behandelt Hann die Beziehungen zwischen den Luftdruck-Anomalien über Europa und den Temperatur-Anomalien in Mittel-Europa. Wir heben aus den eingehenden Untersuchungen des Verfassers folgendes heraus: „Die extremen Wintermonate in Mittel-Europa stehen in keiner konstanten Beziehung zur Luftdruck-Abweichung über Mittel-Europa selbst. Es ist aber für sie charakteristisch, daß in strengen Wintern der Luftdruck im Norden und Nordosten von Europa zu hoch ist, dagegen in sehr milben Wintern im Nordwesten und Norden zu niedrig."

„In sehr kalten Frühlingsmonaten ist in Central-Europa selbst die Luftdruck-Abweichung häufiger negativ als positiv (6 gegen 4) in sehr warmen häufiger positiv als negativ (6 gegen 4). Als charakteristisch können aber die Luftdruck-Abweichungen über Mittel-Europa selbst nicht betrachtet werden.

Was die Luftdruck-Abweichungen außerhalb Mittel-Europa anbelangt, so ist für sehr kalte Frühlingsmonate als charakteristisch zu bezeichnen die positive Anomalie (zu hoher Luftdruck) im Nordwesten, in allen Fällen kann man sagen, wozu meist auch eine negative Anomalie, zu niedriger Druck, im SO und S kommt. Auch im N war die Luftdruck-Abweichung positiv in 10 Fällen von 12.

In sehr warmen Frühlingsmonaten herrscht zu niedriger Luftdruck im Nordwesten und zu hoher Luftdruck im SO.

Die anderen Richtungen scheinen keine entscheidende Rolle zu spielen."

„Im Sommer stehen die Temperatur-Abweichungen über Central-Europa in einer viel engeren Beziehung zu den gleichzeitig daselbst herrschenden Luftdruck-Abweichungen, als in den übrigen Jahreszeiten. In den neun kältesten Sommermonaten der Periode 1851—80 war siebenmal der mittlere Luftdruck unter dem Mittel, und in den neun wärmsten Monaten ausnahmslos über dem Mittel. Zu hoher Luftdruck ist daher im Sommer charakteristisch für eine positive Temperatur-Abweichung.

Was die gleichzeitigen Luftdruck-Abweichungen über ganz Europa anbelangt, so sind in den kältesten Sommermonaten die negativen Abweichungen die vorherrschenden, namentlich im NO, während der Luftdruck über Island zu hoch ist. In den wärmsten Sommermonaten herrschen über ganz Europa die positiven Luftdruck-Abweichungen vor. Am meisten charakteristisch ist der hohe Luftdruck im SO. Aber auch in NO und N sowie im W ist der Luftdruck zumeist zu hoch, über Island dagegen zu niedrig."

„Im Herbst sind die Luftdruck-Abweichungen über Central-Europa selbst nicht mehr entscheidend für den Charakter der gleichzeitigen Temperatur-Abweichungen. In den kältesten Herbstmonaten herrscht zumeist zu hoher Luftdruck, namentlich im Oktober; aber in den wärmsten Herbstmonaten ist die Luftdruck-Abweichung gleichfalls häufiger positiv gewesen als negativ. Die Abweichung des Luftdruckes über Central-Europa selbst steht daher in keiner konstanten Beziehung zu dem Charakter der gleichzeitigen Temperatur-Anomalie daselbst.

Was die Luftdruck-Abweichungen über ganz Europa anbelangt, so finden wir für die kältesten Herbstmonate nur ein ganz charakteristisches Moment, den zu hohen

Luftdruck im Nordwesten, im September und Oktober auch zugleich im Westen; im Südosten dagegen ist der Luftdruck meist zu niedrig. Für die wärmsten Herbst= monate dagegen ist der zu niedrige Luftdruck im Nord= westen charakteristisch; im Südosten dagegen steht der Luftdruck meist über dem Mittel. Das Hauptmoment bleibt in allen Fällen die „effektive" Abweichung im Nordwesten."

Was die Frage nach mehrjährigen Perioden des Luftdruckes anbelangt, so hat sich auch auf diese der Verf. eingelassen, allerdings nur vorübergehend, so weit sie mit dem Hauptgegenstande seiner Arbeit in un= mittelbarer Beziehung steht. Es scheint hiernach, daß in der That langjährige Perioden existiren, in welchen die Luftdruck=Anomalien in gleichem Sinne anbauern. Was etwaige Perioden der Jahresmittel selbst anbelangt, so ist der hohe Luftdruck von 1832—36 das hervorstechendste Ereignis der ganzen 60jährigen Periode 1826—85. „Er hat seinesgleichen seither nicht mehr gefunden und muß als eine außerordentliche Erscheinung betrachtet werden. Es sieht so aus, als wäre der hohe Druck, oder wenig= stens der Eintritt des Maximums desselben von Norden nach Süden der Zeit nach allmählich fortgeschritten. Zu Petersburg finden wir das Maximum am obersten Rande unserer Tabelle im Jahre 1831, in Warschau 1833, zu Kremsmünster und Paris zwischen 1833 und 1834, zu Basel zwischen 1834 und 1835 und zu Palermo im Jahre 1835.

Im Norden, zu Petersburg, trat übrigens der höchste Luftdruck der ganzen Periode erst in den Jahren 1839 und 1840 ein, in Culloden zwischen den Jahren 1855 bis 1857."

Bezüglich der Variationen der jährlichen Periode des

25

Luftdruckes, so hat schon Kreil 1862 darauf aufmerksam gemacht, daß der jährliche Gang in verschiedenen Zeiträumen sehr erhebliche Verschiedenheiten zeigen kann. Prof. Hann kommt zusammenfassend zu dem Ergebnisse, daß der mittlere Luftdruck nicht blos erheblichen langjährigen Schwankungen in Bezug auf die absolute Stärke, sondern auch in Bezug auf die jährliche Variation unterliege.

Die Gebiete hohen Luftdruckes sind von Elias Loomis auf Grund der Karten des Signal Service, der Hoffmeyer'schen synoptischen Karten und der Karten des internationalen Bulletins studirt worden.[1]

Darin wurden zunächst diejenigen Fälle zusammengestellt, in denen an irgend einem Punkte der Luftdruck höher als 31 engl. Zoll (786 mm) gewesen, und die gleichzeitig herrschende Temperatur, wie die Ausdehnung des Gebietes nach Graden in NS- und WO-Richtung, in welchem der Druck gleichzeitig über 30 Zoll (760 mm) betragen, angegeben. Aus dieser Tabelle ergiebt sich zunächst, daß die (81) Fälle sämmtlich in das Winterhalbjahr fallen, und zwar 29 auf den Januar, 4 auf den Februar, 5 auf den März, 1 auf den Oktober, 8 auf den November und 34 auf den December; die Monate Januar und December haben 79 Proc. der Gesammtzahl. Ferner, daß von den 81 Fällen 74 Europasien betrafen, 6 Nordamerika und 1 den Atlantischen Ocean nahe dem Südwestende von Irland; während es auf dem pacifischen Ocean niemals vorkam, daß der Druck höher wie 31 Zoll gewesen. Dieser Umstand beweist den großen Einfluß, den die Kontinente auf die Ausbildung der Gebiete sehr hohen Druckes haben; speciell treten diese Gebiete am häufigsten über Europasien zwischen den Parallelen 50° und 60° auf.

„Diese Gebiete hohen Druckes sind ferner sehr stationär. Einige von ihnen dauerten 5, 7, 8 und selbst 10 Tage ohne wesentliche Ortsveränderungen, oder mit nur geringen Ver-

---

[1] Americ. Journ. of Science 1887, Ser. 3, Vol. XXXIII, p. 247. Naturw. Rundschau 1887, Nr. 29.

schiebungen bald in dem einen, bald in dem anderen Sinne. Sie unterscheiden sich hierin wesentlich von den Gebieten niedrigen Druckes, welche in bestimmten Bahnen, oft mit großen Geschwindigkeiten wandern.

Der mittlere Durchmesser dieser Gebiete beträgt in der Richtung von Norden nach Süden 55° eines Meridians oder etwa 3800 engl. Meilen (6118 km); der mittlere Durchmesser von Ost nach West ist gleich 4900 engl. Meilen (7889 km).

Sehr merkwürdig sind die niedrigen Temperaturen, welche diese Gebiete hohen Druckes begleiten; die mittlere Temperatur bei den 74 Fällen Europasiens war — 18° F. (— 27·8° C.), gegen die mittlere Temperatur der betreffenden Zeit an dem betreffenden Orte betrug die Differenz durchschnittlich — 19°·F. (— 10·5° C.). Gleichwohl kamen mehrere Fälle vor, in denen das Thermometer nur wenig unter dem Mittel stand, und zwei Fälle, in denen es sogar ein wenig über dem Mittel war. Eine Zusammenstellung der Fälle, in welchen in einem Gebiete hohen Druckes das Thermometer weniger als 6° F. (3·3° C.) unter dem Normalen stand, zeigt, daß in all diesen Fällen entweder ein Gebiet niedrigen Druckes sich in der Nähe befand, oder der Himmel an dem Orte mit Wolken bedeckt war.

Die Untersuchung hat also ergeben, daß über Europasien Gebiete hohen Luftdruckes oft einen weiten Länderkomplex bedecken; das Barometer steigt in denselben auf eine Höhe, die von keinem anderen Punkte der Welt bekannt ist; das Thermometer sinkt dabei sehr tief, und das Centrum des Maximumgebietes, wenn es auch von einem Tage zum anderen hin und her schwankt, scheint keine ausgesprochene progressive Bewegung zu besitzen.

Ein anderer sehr merkwürdiger Umstand, der diese hohen Drucke charakterisirt, ist ihre lange Dauer. Am beachtenswerthesten ist der Fall des Decembers 1877, denn er zeigt, daß in fast ganz Europasien 50 Tage lang der Druck, wenn auch mit mannigfachen Schwankungen, hoch bleiben kann, und daß während dieser ganzen Zeit im Centrum des Gebietes der Druck niemals unter 30·5 Zoll (773·5 mm) sank. Die eingehende Diskussion dieses merkwürdigen Falles, in dessen Verlauf der Druck die Höhe von 31·63 Zoll (802 mm) erreicht hat, liefert Thatsachen, aus denen Herr Loomis die nachstehenden allgemeinen Schlüsse ableitet.

Zweifellos sind die Gebiete hohen Druckes Begleiter von Gebieten niedrigen Druckes. Wenn an irgend einem Orte der Erdoberfläche das Barometer unter seinen mittleren Stand sinkt, so muß es an einem anderen Orte über das Mittel steigen. Finden wir ein Gebiet niedrigen Druckes von weiter Ausdehnung, dann wissen wir, daß ein entsprechendes Gebiet hohen Druckes in einem anderen Theile der Welt vorhanden sein muß. Für die ganze Erde muß die Gesammtmenge der Luft, welche in irgend einem Moment über ihre mittlere Niveaufläche gehoben ist, genau gleich sein der Gesammtmenge, welche an anderen Orten vom Niveau fortgenommen ist. Die Gebiete hohen Druckes werden also von der Luft gebildet, welche aus den Gebieten niedrigen Druckes stammt. Wir wissen ferner, daß in einem Gebiete niedrigen Druckes an der Oberfläche der Erde die Luft im Allgemeinen nach innen strömt, daß in der Nähe des Centrums dieses Gebietes die Luft in die Höhe steigt und nach anderen Theilen der Erde abfließt. Ebenso herrscht in einem Gebiete hohen Druckes an der Oberfläche der Erde eine allgemeine Bewegung der Luft nach außen; und da Maximumgebiete viele Tage und zuweilen viele Wochen anhalten, so muß oben ein stetiger Zufluß von Luft stattfinden. Die in den Gebieten niedrigen Druckes aufsteigende Luft begiebt sich also zu den Gebieten hohen Druckes, die sie in absteigender Bewegung stetig speist. Dieser sich von selbst ergebende Schluß ist übrigens durch direkte Beobachtung der Bewegung der Cirruswolken bestätigt worden. Wo die Gebiete niedrigen Druckes für die hier besprochenen Maximagebiete zu suchen sind, ist nicht zweifelhaft, denn man weiß, daß im Winter, der Periode hohen Druckes in Europasien, über dem Atlantic niedriger Druck vorherrscht.

In Betreff der niedrigen Temperatur, welche die hohen Drucke begleitet, ist Herr Loomis der Ansicht, daß sie theilweise die Ursache und theilweise die Wirkung des hohen Druckes ist. Niedrige Temperatur macht die Luft dichter und die Höhe der Luftsäule wird geringer. Dadurch wird also der Druck nicht erhöht; aber das Vakuum in den oberen Theilen der Atmosphäre muß durch Luft, welche aus der Nachbarschaft zufließt, ausgefüllt werden, und so wird der Druck vermehrt. Die niedrige Tempe-

ratur wird also indirekt Urfache des hohen Druckes. Diefer aber
veranlaßt eine ftille, trockene Atmofphäre, welche die Ausftrahlung
der Erdoberfläche begünftigt, und fo wird der hohe Druck eine
Quelle vermehrter Kälte. Hoher Druck und niedrige Temperatur
verftärken fich alfo gegenfeitig und find faft regelmäßig mit
einander verbunden."

Über periodifche Schwankungen der Atmo=
fphäre zwifchen beiden Halbkugeln der Erde
hat fich J. Kleiber verbreitet.[1] Betrachtet man die Ifo=
barenkarten für verfchiedene Monate und vergleicht fie
mit einander, fo fieht man leicht, daß die Gebiete hohen
Luftdrucks periodifch aus einer Halbkugel der Erde in die
andere wandern, indem fie fich im Winter auf der nörd=
lichen, in unferem Sommer auf der füdlichen Hemifphäre
befinden. Es findet alfo zwifchen den beiden Halbkugeln
ein jährlicher Austaufch von großen Luftmaffen ftatt,
welcher fich aus der ungleichen Vertheilung von Waffer
und Land erklären läßt.

Aus den gewöhnlichen Ifobaren= oder Ifothermenkarten,
welche in Merkators Projektion entworfen werden, ift es
nicht möglich, fich über die Fläche der Gebiete von ge=
gebenem Luftdruck oder gegebener Temperatur eine Vor=
ftellung zu bilden; denn bekanntlich find die Flächen einer
in biefer Projektion gezeichneten Karte nur in der Nähe
des Äquators den entfprechenden Flächen auf der Kugel
äquivalent, während der Maßftab der Flächen mit der
geographifchen Breite zunimmt; in Folge deffen werden
die weit vom Äquator gelegenen Gegenden in einem ver=
hältnismäßig zu großen Maßftabe dargeftellt, ja es wird
fogar diefer Maßftab in der nächften Umgebung des Poles
unendlich groß.

Verf. hat deshalb Karten der Ifobaren des Januar

[1] Met. Zeitfchr. 1887, S. 11 u. ff.

und Juli in ſographiſcher Projektion entworfen und die
von den einzelnen Iſobaren eingeſchloſſenen Flächen er=
mittelt, indem er ſie aus einer Karte ausſchnitt und auf
einer guten chemiſchen Wage ihr Gewicht beſtimmte. Als
Endreſultat fand ſich mittels einer einfachen Interpola=
tionsrechnung folgende Vertheilung des Luftdruckes auf
der Erde:

	Januar	Juli	Mittel	Differenz
Südliche Hemiſphäre				
Luftdruck	756·60	759·58	758·09	
Abweichung vom mittleren Luftdruck des ganzen Jahres	−1·49	+1·49		2·98
Abweichung vom mittleren Luftdruck der ganzen Erde	−2·60	+0·38		2·98
Nördliche Hemiſphäre				
Luftdruck . . . . , . . .	761·80	758·82	760·31	
Abweichung vom mittleren Luftdruck des ganzen Jahres	+1·49	−1·49		2·98
Abweichung vom mittleren Luftdruck der ganzen Erde	+2·60	−0·38		2·98
Mittlerer Luftdruck d. ganzen Erde	759·20	759·20		0·00
Differenz zwiſchen beiden Halbkugeln (N—S) . .	+5·20	−0·76	2·22	5·96

Betrachtet man die in dieſer Tabelle zuſammengeſtellten
Reſultate, ſo ſehen wir, daß zwiſchen beiden Hemiſphären
ein konſtanter Unterſchied im mittleren Luftdruck von
2·22 mm beſteht und daß zwiſchen ihnen im Laufe eines
Jahres ein periodiſcher Austauſch von einer großen Maſſe
Luft ſtattfindet, deren Betrag aus den gegebenen Zahlen
berechnet werden kann. Denn da der Unterſchied der
Barometerhöhe zwiſchen Januar und Juli in beiden

Hemisphären 2·98 mm beträgt, so ist die verschobene Luftmasse gleich der Masse einer Schicht von Quecksilber von
der Höhe von 2·98 mm, welche die ganze Oberfläche der
Erde bedecken und periodisch aus einer Halbkugel in die
andere abfließen würde. Diese Quecksilberschicht entspricht
einer Wasserschicht von 2·98 . 13·6 = 40·5 mm, und ihre
Gesammtmasse ist 103 000 Mill. kg. Es befindet sich
also über der nördlichen Hemisphäre im Juli um 206 000
Mill. kg weniger Luft als im Januar.

Das oben angegebene Wasseräquivalent der trans-
portirten Masse zeigt die Höhe der Wasserschicht an,
welche, unter dem erhöhten Drucke weichend, aus einer
Halbkugel der Erde in die andere periodisch abfließen
würde, wenn die ganze Erde mit Wasser bedeckt wäre.
Da nun aber ein Theil der Erdoberfläche von Land eingenommen wird, so wirkt auf die Höhe des Niveaus der
Oceane nur derjenige Theil der Atmosphäre, welcher über
diesen gelagert ist. Um den Betrag der dadurch bewirkten
Oscillation des Meeresniveaus zu bestimmen, will Verf.
aber noch das Erscheinen der neuen Isobarenkarten ab-
warten, welche Prof. Julius Hann gegenwärtig bearbeitet.

Wind.

Über Fallwinde verbreitet sich Hugo Meyer[1] auf
Grund der Untersuchungen hauptsächlich von Prof. Hann.

Die Fallwinde wehen von dem Kamm eines Gebirgs
in die Niederungen und Thäler; sie können daher in
allen Bergländern vorkommen, treten aber nicht überall
gleich heftig und vollkommen ausgebildet auf. Sie werden
entweder als ungewöhnlich warme oder außerordentlich

---

[1] Das Wetter 1887, S. 247.

kalte Luftströmungen empfunden. Zu den letzteren gehört
der Mistral an der südfranzösischen Küste und ebenso die
Bora in Istrien, Dalmatien und im nordwestlichen Kaukasus am Schwarzen Meer. Auffallend warme Winde
dagegen sind der Alpenföhn, der vom Nordfuß der Pyrenäen herabbrausende „Spanische Wind", der Terral in
Spanien, der talmatische Wind am rothen Thurmpaß in
Siebenbürgen, der Chinook im obern Missourithal. Ähnliche warme Winde, wenn auch gemäßigteren Charakters
sind neuerdings in Grönland, Ostsibirien, Indien, im
Kaukasus und im Harz nachgewiesen worden.

Beide Arten von Sturzwinden, die warmen und die
kalten, sind ihrem Wesen nach nicht von einander verschieden; nur äußere Umstände bedingen ihren wechselnden
Charakter. Im allgemeinen führen sie stets eine Wasserdampf enthaltende Luftmasse aus der Höhe herab; wenn
derselben weder Wärme entzogen noch zugeführt wird, so bewirkt die während der herabsteigenden Bewegung eintretende Verdichtung des Gases eine Erwärmung von $0.97°$ für je
100 m Höhenunterschied, während in der ruhenden Luft
auf je 100 m Erhebung die Temperatur sommers um
$0.4°$, winters um $0.6°$ abnimmt. Die für die ruhende
Atmosphäre angegebenen Werte sind aber Mittelwerte,
von denen beträchtliche Abweichungen vorkommen können.
Im Allgemeinen werden also Fallwinde an den Thalstationen als warme Winde verzeichnet werden, wenn, wie
dies in der Regel stattfindet, die Temperaturabnahme mit
der Höhe in der ruhenden Atmosphäre weniger als $0.97°$
für 100 m beträgt; übertrifft aber letztere diesen Normal-
werth von $0.97°$, so muß ein eintreffender Fallwind den
Thalstationen Abkühlung bringen.

In Gebirgsländern ohne weit ausgedehnte, abgeschlossene
Hochflächen, wo die Berg- und Thalwinde zur Erhaltung

des stabilen Gleichgewichts der Luft beitragen, d. h. wo
durch sie in allen Theilen die Temperaturabnahme für
die Höhenstufe von 100 m kleiner als 0·97° erhalten
bleibt, treten die Fallwinde als warme Winde auf und
haben daher Föhncharakter. Wo aber im Gebirgssystem
über einem abgeschlossenen Hochland die Luft durch Aus=
strahlung sich stark abkühlen kann, so daß sie sich kalt und
schwer auf dem Plateau ansammelt, da kann die Tempe=
raturabnahme von vorgelagerten Tiefebenen zur Hoch=
fläche leicht 0·97° pro 100 m übersteigen. Die kalte
Luft, welche durch gewisse Ursachen über den Rand des
Plateaus weggehoben wird, erreicht dann die Thäler als
rauhe eisige Luft; sie besitzt den gefürchteten Boracharakter.

Daß der warme und der kalte Fallwind, der Föhn
und die Bora, derselben Natur sind, sofern sie durch
während des Herabsinkens sich erwärmende Luftmassen
gebildet werden, ist nur für den Föhn durch genaue Be=
obachtungen unzweifelhaft erwiesen; bei der Bora dagegen
fehlt es bis heute an entsprechenden Temperaturbeobacht=
ungen, aber gewisse indirekte Beweise erlauben einen
ziemlich sicheren Schluß in der angedeuteten Richtung.
Sowohl am schwarzen wie am adriatischen Meer sind
vor Ausbruch der Bora die östlichen Höhen stets wollen=
los. Einige Zeit vor Beginn des Sturms bilden sich
kleine weiße Wölkchen an den Bergspitzen; während ihre
Zahl zunimmt, kommen sie in starke Bewegung; einzelne
Wolken reißen sich von den Bergen plötzlich los und
stürzen in die Tiefe, wo sie sich in halber Höhe über dem
Meer auflösen. Diese Beobachtungen beweisen offenbar,
daß sich in der Höhe die kalte Luft des Hinterlandes mit
der wärmeren und feuchteren des Vorderlandes mischt
und durch Abkühlung Wolken erzeugt, welche durch die
heftig absteigenden Luftwirbel mitgerissen werden und sich

unterwegs bei der stetigen Erwärmung der niederstürzen=
den Luft wieder auflösen.

Während des Herabfallens entfernt sich infolge der
eintretenden Erwärmung die Luft mehr und mehr vom
Sättigungspunkt; daher sind alle Fallwinde trockene Winde.
Allerdings ist häufig die adriatische Küste trotz herrschen=
der Bora in dichten Nebel gehüllt; allein diese Dunst=
schichten rühren offenbar nur davon her, daß der Sturm
aus dem gewaltig aufgeregten Meer feinst zerstäubte
Gischtmassen mit sich fortführt. Ähnliche Erscheinungen
finden im Schwarzen Meere in der Bucht von Nowo=
rossisk statt, wo die Schiffe im Borasturm nicht selten
von einer dicken Eisschicht überzogen werden.

Die erste Anregung zur Entwickelung eines Fallwindes
geht stets von einem Gebiet niedrigen Luftdrucks aus;
durch dieses wird im Vorbe⋯hen die Luft aus den Ge=
birgsthälern oder den vorgelagerten Ebenen weggesaugt,
während gleichzeitig die Gebirgszüge ein seitliches Zu=
strömen der Luft verhindern. Die Luft stürzt also von
den Abhängen herab und dies geschieht am häufigsten in
Gebieten, welche in der Nähe stark frequentirter Cyklo=
nenstraßen sich befinden. Eine solche verbindet den nörd=
lichen Theil des Biskaischen Meerbusens mit Südschweden;
sie ist es, welche den „Spanischen Wind“ der Pyrenäen
und den Föhn der nordwestlichen und nördlichen Alpen
wehen läßt. In den Ostalpen ist der Föhn selten, weil
dort ausgebildete Cyklonen nur in geringer Zahl auf=
treten. In ähnlicher Weise wird das Mittelmeer nur
von wenigen und nicht sehr tiefen Depressionen heimge=
sucht; dementsprechend weht auf der Südseite der Alpen
selten ein Föhn; und wenn hier trotzdem eine stürmische
Bora entstehen kann, so erklärt sich dies dadurch, daß in=
folge der größeren Dichte der herabsinkenden Luft ein be=

deutend verstärkter vertikaler Gradient sich vorfindet. Mit der gegebenen Erklärung stimmt auch die Thatsache über= ein, daß dann und wann in einem ausgeprägten Bora= gebiet Föhnwinde auftreten, die aber in solchen Fällen stets schwach und wenig heftig sind.

Fallwinde, welche den Charakter der Bora haben, können auch ganz oder bis zu einem gewissen Grad un= abhängig von einer Depression dadurch entstehen, daß über einer muldenartigen Hochfläche möglichst viel kalte Luft angesammelt wird. Bei noch weiterer Abkühlung des Gebiets oder auch durch eine Drucksteigerung im Hinterland kommt ein Überfließen der kalten Luft über den Rand des Plateaus zustande, so daß eine Bora (nie aber ein Föhn) ausbrechen kann, ohne daß eine benach= barte Depression ihren Einfluß geltend gemacht hätte.

Die Wirbelstürme des Bengalischen Meer= busens während der Jahre 1877 bis 1881 sind von J. Eliot studirt worden.[1]) Es werden 46 Wirbel= stürme specieller beschrieben, doch wird hervorgehoben, daß während der Regenzeit Wirbel der verschiedensten Größe und Intensität außerordentlich häufig vom bengalischen Busen nach Indien kommen und der intermittirende Charakter des SW=Monsuns gerade durch die häufige Aufeinanderfolge solcher kleineren Wirbel bedingt wird. In den Intervallen treten schwache veränderliche Winde mit lokalen Regenfällen ein. Die Wetterlage in Indien steht anscheinend in gar keiner Beziehung zu dem Auf= treten von Cyklonen auf dem Bengalischen Meerbusen. Solche sind dort entstanden bei relativ hohem und bei niedrigem Druck in Nordindien; entstanden, wenn in Nord=

[1]) Indian Meteorological Memoirs Vol. II, Part. IV, No. 6, p. 217—448.

indien der SW-Monsun und auch wenn daselbst der NO-Mousun herrschte; bei starken SW-Monsunwinden an der Bombay-Küste und auch wenn diese schwach und unstetig waren; sie sind entstanden während der Herrschaft starker SW-Monsunstürme im westlichen Indien, welche die Westküste mit schwerem Regen und Wind überzogen, sowie während der Existenz cyklonischer Störungen im oberen Indien, welche mit kaltem Wetter und den Bedingungen des NO-Monsuns verbunden sind.

Eliot folgert hieraus, daß die Ursache der Cyklonenbildung auf dem bengalischen Meerbusen selbst zu suchen sei und hauptsächlich der Regenfall und die Gestalt der Bai die Bedingungen dazu liefern. Stets hat während der Entstehung dieser Stürme der SW-Monsun über einem größeren oder geringeren Theil des bengalischen Busens geherrscht und ebenso ging stets eine kürzere oder längere Unterbrechung der Monsunorkane und eine ziemlich gleichmäßige Vertheilung des Luftdruckes vorauf. Die Stürme selbst brachten immer feuchte Winde nach den Küstengebieten und nachdem das Centrum auf das Festland übergetreten, folgen mehr oder weniger allgemeine Regen. Die Größe und Intensität eines Wirbelsturms in der Bai von Bengalen während der Herrschaft des SW-Monsuns scheint vorwiegend von folgenden Bedingungen abzuhängen:

1) Der Ausdehnung, bis zu welcher ungefähr gleichförmige Zustände vor der Entstehung der Störung sich eingestellt hatten.

2) Der Stärke der feuchten südlichen Winde, und der Geschwindigkeit, mit welcher die Vorräthe von Wasserdampf durch diese Winde herbeigeführt werden.

3) Die Entfernung seines Entstehungsortes von den Küsten der Bai.

„Die Unterſuchung zeigt, daß ein großer Theil der Stürme des SW-Monſuns die Küſte von Oriſſa kreuzt. Die Mehrzahl von dieſen bringt über die Oriſſa-Hügel in die Centralprovinzen ein. Von den 46 Cyklonen der Jahre 1877—81 gingen 21 über Oriſſa, davon 20 während der mittleren oder eigentlichen SW-Monſun-Periode; 16 von dieſen erreichten die Centralprovinzen, 4 ſchritten noch weiter fort in die nördlichen Theile der Präſidentſchaft Bombay, einſchließlich Gudſcherat, Kutſch und Sind.“

Die Cyklonen der beiden Übergangsperioden gehören nach Eliot nur dem unterſten Theile der Atmoſphäre an, die der eigentlichen Regenzeit aber ſollen in größere Höhen hinaufreichen. Dies erklärt nach ihm die Thatſache, daß die erſteren ſehr ſelten Gebirge überſchreiten, die mehr als 2—3000 Fuß hoch ſind, während die letzteren die Oriſſa-Hügel und die Gebirge Central-Indiens ohne erkennbare Beeinfluſſung überſchreiten. An der Oſtküſte der Bai ſind die Höhen viel größer und werden auch deshalb Cyklonen, welche ſich dorthin bewegen, viel raſcher ver-nichtet, als ſolche, die nach W gehen.

Die Regenmenge, welche die Cyklonen Indiens begleitet, iſt oft außerordentlich groß. So fielen in jenen 5 Jahren drei Mal während 24 Stunden über 30 engl. Zoll (762 mm) Regen, zu Purneah am 13. September 1879 volle 898 mm.

Über die Taifune der chineſiſchen Meere macht D. Ruete auf Grund 17jähriger Erfahrungen als See-fahrer in jenem Meere, intereſſante Mittheilungen.[1] Hiernach unterſcheiden ſich dieſe Taifune von den gewöhn-lichen Stürmen der chineſiſchen Meere:

---

[1] Ann. der Hydrographie XV. Jahrg. 1887, Heft 9, S. 333 u. ff.

a) „durch die Zeit ihres Auftretens, den Ort ihrer Entstehung und ihre Bahnen;

b) durch ein scharf begrenztes Stillengebiet in der Mitte des Sturmfeldes, das sogenannte Centrum oder Mittelfeld;

c) durch verhältnismäßig rasche Drehung des Windes bei geringer Ortsveränderung des Beobachters;

d) durch eine ungleichmäßige Fahrt des Mittelfeldes, welche nach Breite und Gegend sich richtet, sowie durch viel Regen;

e) durch den gleichzeitigen Stand des Barometers, indem bei gewöhnlichen Wirbelstürmen der Sturm erst mit dem niedrigsten Stande des Barometers so recht losbricht, während im Taifun der Sturm mit steigendem Barometer abnimmt; außerdem sind die Winterstürme von trockenem Wetter begleitet oder sie leiten es ein.

Man könnte auch kurz sagen: ein Taifun ist ein Wirbelsturm von kleinem Durchmesser mit einem scharf begrenzten Stillengebiet in der Mitte. Andere Wirbelstürme, namentlich die Winter-, Herbst- und Frühjahrsstürme, haben kein solches stilles Mittelfeld. Taifune kommen ferner am häufigsten im August und September vor, im Juli und Oktober schon weniger, noch viel seltener sind sie im Mai und Juni sowie im November."

Die Form der Taifune, d. h. die Begrenzung ihrer jeweiligen Wirkungssphäre auf der Erdoberfläche ist gewöhnlich oval, aber von der Gestalt und Streifung der Küste abhängig, weshalb man beim Sturmfelde nicht von „Halbkreis", sondern von „Hälfte" oder „Seite" reden sollte. „Der Kursdurchmesser des Sturmfeldes mit Windstärke 6 (Beauf. St.) und mehr schwankte bei 23 Taifunen zwischen 120 und 1300 Sm, der Dwarsdurchmesser zwischen 120 und 600 Sm. Es kommen aber auch Taifune mit einem Durchmesser von weniger als 100 Sm vor. Von jenen 23 Taifunen hatten zwei Drittel weniger als 500 Sm Durchmesser.

Das Gebiet des niedrigen Druckes, oder das Depressions- oder Fallgebiet, auf welchem das Barometer die Einwirkung des Taifuns verräth, im Gegensatz zum Sturmgebiete, erstreckt sich häufig bedeutend weiter und betrug z. B. im Taifun vom 15.—20. September 1878 in der Bahnrichtung vor dem Taifun etwa 1250 Sm, während das Sturmfeld nur 800 Sm in dieser Richtung maß. Im Taifun vom 12.—27. August 1880 hatte das Fallgebiet 1200 Sm, das Sturmfeld nur 700 Sm Durchmesser; im Taifun vom 22.—31. August 1881 maß ersteres sogar 1600 Sm, letzteres 700 Sm.

Wie der Durchmesser des Sturmfeldes schwankt auch die Größe des Stillengebietes oder Mittelfeldes; dasselbe nimmt mit der Dauer des Taifuns allmählich an Größe zu und betrug bei sieben Taifunen von 3 bis 30 Sm.

Die Fahrt des Mittelfeldes ist sehr verschieden; im Süden über den Philippinen betrug das Fortrücken bei 10 Taifunen von 3—7 Sm in der Stunde, in der Südchinesischen See 6—13 Sm, über Hainan und Cochiuchina 5—7 Sm, im Formosa-Kanal bei 4 Taifunen von 2 bis 15 Sm, ostwärts von Formosa bis zu 30° nördl. Br. bei 10 Taifunen von 6 bis 15 Sm, nördlich von 30° nördl. Br. 10 bis 30 Sm die Stunde. Der Fortgang in den Japanischen Meeren ist noch größer und unregelmäßiger.

Während im Südchinesischen Meere die Fahrt über das Festland abnimmt, tritt beim Betreten des Landes in den August- und September-Taifunen eine ganz bedeutende Beschleunigung der Fahrt ein."

„Der gefahrvolle Theil eines Taifuns ist die vordere

Hälfte, und die gefährlichste Gegend dieses Sturmfeldes liegt bis 4 Strich auf jeder Seite des Bahnkurses. Es findet häufig ein Hin- und Hergehen des Windes in der ganzen Hälfte statt. Wohl schwerlich hat dieses Zurückgehen des Windes allein in der elliptischen Form der Isobaren seinen Grund, sondern es spielen hier gewiß auch andere Einflüsse eine Rolle; vielleicht ließe sich aus einer vergleichenden graphischen Darstellung mehrerer Taifune, bei welchen ein Zurückgehen des Windes beobachtet worden ist, auf die Ursachen schließen."

„Was die Windstärke in der vorderen und hinteren Hälfte der Taifune angeht, so wehte es unter 20 Taifunen bei 12 derselben stärker in der hinteren, bei 8 von ihnen stärker in der vorderen Hälfte. Von letzteren wehten 6 Taifune im Südchinesischen Meere mit Kursrichtung WNW, die beiden anderen kamen auch von dort, aber mit Kursrichtung NNO.

Unter diesen 20 Taifunen fiel bei 12 derselben in der vorderen Hälfte am meisten Regen, bei 1 in der hinteren Hälfte, und bei 7 von ihnen währte der Regen im ganzen Taifungebiet. Böen fanden vorwiegend in der vorderen Hälfte statt."

„Genaue Beobachtungen haben ergeben, daß es drei Arten von Taifunen giebt, deren Verlauf im Großen und Ganzen indessen derselbe ist, nämlich:

a) einfache Taifune,

b) Doppel-Taifune, welche jedoch auf See als einfache zu behandeln sind,

c) Zwillings-Taifune, wie Knipping sie nennt, nach seinen Wahrnehmungen in den Japanischen Meeren. Letztere folgen rasch auf einander, halten nahezu dieselbe Bahn ein, und pflegt der erste Taifun regelmäßig der schwerste zu sein. Es sind bis jetzt vier solcher Zwillings-

Taifune beobachtet. Im Jahre 1883 beobachtete er zwei im Juli mit einem Zeitunterschied von 2 bezw. 6 Tagen und einen im Oktober mit einem Zeitunterschied von 2 Tagen; die Fahrt des ersten war 55 Sm, des zweiten 38 Sm, der Kurs beider nordöstlich. Der vierte fand statt im September 1884 mit einem Zeitunterschied von kaum 24 Stunden; die Fahrt beider betrug durchschnittlich 30 Sm die Stunde, der Kurs war ebenfalls nordöstlich. Dieses rasche Aufeinanderfolgen von Taifunen nahezu in derselben Bahn findet aber auch zuweilen in der Südchinesischen See statt, denn die Bahn eines neu sich bildenden Taifuns ist nach der Gegend gerichtet, wo zur Zeit ein anderer Wirbel den Druck erniedrigt."

Über die Vorausanzeichen eines Taifuns äußert sich der Verf. wie folgt:

„Unstreitig ist das Barometer der beste Warner des Schiffsführers, dem keine telegraphischen Warnungen von Land zur Verfügung stehen, und dem aus dem Verhalten seines Instrumentes erst die Überzeugung von der drohenden Gefahr sich aufdrängt. Aber es gehört eine genaue Kenntnis des Instrumentes dazu, aus seinen Warnungen den richtigen Nutzen zu ziehen, denn ein Taifun zeigt sich in den beiden vorhergehenden Tagen weniger durch das Fallen des Instrumentes an, als vielmehr durch das Verhalten des Instrumentes überhaupt.

Unter 29 Taifunen erhielt ich bei zwei Dritteln derselben 12 Stunden vorher oder später genügende Warnung durch entschiedenes Fallen des Barometers und wehte es dann zum Mindesten mit Stärke 8; bei dem letzten Drittel hatte ich von 24 bis 12 Stunden vorher Warnung. Ein Taifun (vom 10. bis 12. Juli 1881) mit Kurs NNW und N, Fahrt 15·5 Sm, gab in Tamsui zwei Tage vorher, an Bord des Dampfers „Keelung", in etwa 28° nördl. Breite und 122° östl. Länge, einen Tag vorher und bei mir an Bord, in 36° nördl. Breite und 123° östl. Länge, acht Stunden vorher Warnung. Der Gradient wurde also auf einer Entfernung von 660 Sm sehr steil. Da obige Zeit für ein Segelschiff in der Regel nicht ausreichen wird, um binnen oder dem Taifun aus dem Wege zu laufen, außerdem durch die

26

unsichere Peilung des Mittelfeldes sein Ort nicht hinreichend genau bestimmt werden kann, so wird allerdings in den meisten Fällen nichts Anderes übrig bleiben, als beizudrehen.

Aus der Dauer des Fallens läßt sich kein Schluß auf die Größe des Sturmfeldes ziehen. Bei dem Taifun vom 31. Juli 1879 (Dechevrens), dessen Kursburchmesser etwa 300 Sm betrug, fing bei mir an Bord das Barometer einen Tag vorher zu fallen an, bevor ich das Mittelfeld des Taifuns passirte; dasselbe fand aber statt bei dem Taifun vom 15.—21. September 1878 (Knipping), als das Sturmfeld den ungeheuren Kursburchmesser von 1300 Sm hatte.

Auch die Tiefe des Fallens giebt wenig Anhalt zur Beurtheilung der Schwere des Taifuns. Während des Taifuns vom 24.—28. September 1881, dessen Kursburchmesser etwa 1000 Sm betragen mochte, und der 20—25 Sm Fahrt hatte, wehte es bei mir an Bord in etwa 27⁰ nördl. Breite und 123⁰ östl. Länge 36 Stunden hindurch mit Stärke von 10 bis 12. Mein Barometer, ein Aneroid, für Stand verbessert, fiel vom Mittag des 23. September, als es aus N z. O 6 wehte, bis zum Mittag des 25. September, als das Wetter schon anfing besser zu werden, obwohl es noch aus NW z. N mit Stärke 11 wehte, also in 48 Stunden von 29·92" bis 29·59" oder 0·33 Zoll. Dagegen fiel es während des Taifuns vom 21.—23. August 1883, der einen Kursburchmesser von 400 Sm hatte und 14 Sm Fahrt lief, bei mir an Bord in 26⁰ nördl. Breite und 123⁰ östl. Länge vom Mittag des 22. August bei NNO-Wind Stärke 6 bis um 7 Uhr Nachm. des 23. August bei W-Wind Stärke 10, also in 31 Stunden, von 29·89" bis zu 29·42", also um 0·47 Zoll. In beiden Taifunen trat der niebrigste Stand des Barometers erst nach der größten Windstärke ein; das Schiff stand beim Passiren des Mittelfeldes des ersten Taifuns nur etwa 100 Sm und des zweiten Taifuns gegen 150 Sm von seiner Bahn entfernt.

Obgleich also das Barometer für sich allein und durch die Tiefe seines Fallens nicht immer frühzeitig genug Warnung giebt, so ist seine Beobachtung doch in Verbindung mit anderen Taifunzeichen entschieden das beste Mittel, sich über einen heranziehenden Taifun Gewißheit zu verschaffen. Diese Taifunzeichen sind Tage vorher der Wind und der Seegang, ferner seine Cirruswolken, welche wie dünne Haare, Federn oder Büschel

Wolke aussehen und im Chinesischen Meere zwischen N und O westlich ziehen; dazu hat man dann meist leichte Winde und auffallend schönes Wetter. Jetzt wird der Gang des Barometers unregelmäßig und die Luft eine Zeit lang merkwürdig durchsichtig; kommt der Taifun aber näher, so wird das Wetter diesig und drohend, es zeigen sich Ringe um Sonne und Mond, der Gang des Barometers wird immer unregelmäßiger, und wiegt die Neigung zum Fallen vor. Dann setzen Böen ein und damit ist man im Bereiche des Taifuns. Selten werden gerade alle Anzeichen wahrgenommen, immer aber einige von ihnen. . .

Ich selbst halte mich gegenwärtig an die folgende Regel: Geht mein Barometer während der Taifunzeit auf See unregelmäßig, d. h. sind die täglichen periodischen Schwankungen des Standes unregelmäßig, und zeigt dabei das Instrument eine Neigung zum Fallen, herrschen ferner gleichzeitig, ganz abgesehen von der Stärke, nördliche, östliche und südöstliche Winde mit oder ohne nordöstliche und südöstliche Dünung, so nehme ich an, daß irgendwo ein Taifun weht, der vielleicht noch 1000 und mehr Seemeilen entfernt sein`mag. . .

Faßt man vorstehende, den Verlauf eines Taifuns schildernde Erfahrungen zusammen, so ergiebt sich:

1) daß der Taifun sich mit unregelmäßiger Fahrt südlich von 30° nördl. Breite langsamer, nördlich von 30° nördl. Breite schneller fortbewegt;

2) daß je rascher die Fahrt und je größer das Sturmfeld, desto schwerer der Taifun ist;

3) daß in einem und demselben Taifun die Peilungen nach der Fahrt verschieden ausfallen;

4) daß in der vorderen gefährlichen Hälfte die Winde sowohl aus- als eingebogen werden, also die Peilungen recht ungenau ausfallen können;

5) daß die östlichen und südöstlichen Winde in den Japanischen Meeren und in der Nähe der Liu-kiu-Inseln die ungenauesten Peilungen ergeben;

6) daß die Dauer des Barometerfalles keinen Schluß auf die Größe des Sturmfeldes zuläßt;

7) daß ein herannahender Taifun sich weniger durch die Tiefe des Barometerfalles, als vielmehr durch das ganze Verhalten des Instrumentes anzeigt;

8) daß, wenn man einen Taifun überstanden hat, man sich klar machen soll für einen nachfolgenden."

Was die Zeit des Auftretens der Taifune und ihre Bahnen anbelangt, so sagt Hr. Ruete darüber folgendes:

„Die Taifunzeit für die Chinesischen und Japanischen Meere reicht von Ende Mai bis Ende November.

Wenn einzelne Meteorologen auch annehmen, daß Taifune das ganze Jahr hindurch vorkommen, so sprechen doch schwerwiegende Gründe dafür, in für den Seemann bestimmten Darstellungen eine begrenzte Taifunzeit anzunehmen.

Soviel sich bis jetzt erkennen läßt, scheinen die Taifune sich zu bilden entweder ostwärts von den Philippinen, oder im Südchinesischen Meere, oder weiter im Norden bei den Liu-kiu-Inseln.

Das Gebiet, auf dem Taifune wehen, erstreckt sich von 10^0 nördl. Br. bis 38^0 nördl. Br. in der Chinesischen See und weiter bis 50^0 nördl. Br. in den Japanischen Meeren. Auf diesem Meerestheile kommen sie aber nicht während der ganzen Taifunzeit vor, sondern es lassen sich vier verschiedene Zeiten und Gebiete unterscheiden:

1. Im Südchinesischen Meere bis zu 22^0 nördl. Br. herauf, sowie ostwärts der Philippinen wehen die Taifune während der ganzen Zeit.

2. Im Formosa-Kanal trifft man sie nur an im August und September, selten schon im Juli.

3. Ostwärts von Formosa, sowie im Ostchinesischen Meere kommen Taifune im Juli, August und September vor.

4. In den Japanischen Meeren trifft man Taifune an im Juli, August, September und Oktober.

Die Taifune ziehen den Wasserweg vor. Durch die Streichung der Küste und der Gebirge werden sie abgelenkt und verändert. Beim Betreten des Landes wird über den Philippinen, Hainan und Tonkin die Fahrt verlangsamt, über Japan aber beschleunigt.

Die Insel Formosa mit ihren 12000 Fuß hohen Bergen lenkt die Taifune ab und ist auch die Ursache, warum Amoy so selten von einem Taifun heimgesucht wird und die Taifunzeit im Kanal überhaupt nur zwei Monate dauert.

Die eigentliche Taifunzeit fällt in die Monate Juli bis Oktober einschließlich und allenfalls November; jedenfalls sind August und September die taifunreichsten Monate.

Die Gebiete und Bahnen der einzelnen Taifune angehend, so bleiben die wenigen Taifune des Mai und Juni südlich von 22° nördl. Br.; doch will im Juni schon ein Übertritt in höhere Breiten vorkommen.

Im Juli halten selbst noch viele Taifune sich mit WNW-Kurs südlich von 22° nördl. Br., aber gegen Ende des Monats treten ostwärts der Philippinen und von Formosa Taifune mit NNW-lichem Kurse auf, welche in etwa 28° nördl. Br. die Chinesische Küste treffen und dann entweder nördlich laufen oder nordöstlich nach Japan abbiegen; selten wird der südliche Theil des Formosa-Kanals von ihnen heimgesucht.

Im August scheinen die Taifune am wenigsten geregelten Bahnen zu folgen, und wehen ebensoviel Taifune im Japanischen als im Chinesischen Meere. Im Südchinesischen Meere, sowie ostwärts der Philippinen ist ihr Kurs vorwiegend WNW-lich, jedoch läuft er auch NNW-lich und N-lich; die Bahn trifft dann die Chinesische Küste zwischen 24° bis 30° nördl. Br. oder wird durch Formosa nach Nord abgelenkt und biegt dann auf etwa 30° nördl. Br. oder nördlicher nach NO über Japan hin aus. Im Japanischen Meere ist dann ihr Kurs vorwiegend nordöstlich; jedoch treten auch hier entstandene Taifune mit NW=Kurs auf, welche erst in etwa 34° nördl. Br. nach NO umbiegen.

Im September treten die Taifune ostwärts der Philippinen und von Formosa mit NNW=Kurs auf und biegen zwischen 24° und 30° nördl. Br. nach NO um, halten sich aber in der Regel ferner ab von der Chinesischen Küste, da ihr Mittelfeld oberhalb 26° nördl. Br. gewöhnlich ostwärts von 123° östl. Länge bleibt. Im Südchinesischen Meere ist ihr Kurs westlich, im Kanal von Formosa zwischen NW und Nord und im Japanischen Meere zwischen Nord und ONO.

Im Oktober ist der Formosa=Kanal und das ganze Ostchinesische Meer wieder frei von Taifunen, aber sie herrschen noch im Südchinesischen Meere unterhalb 22° nördl. Br., wo ihr Kurs WNW bis WSW=lich ist, und in den Japanischen Meeren, wo ihr Kurs nordöstlich ist.

Im November ist Japan ebenfalls frei von Taifunen; sie kommen nur noch im Südchinesischen Meere unterhalb 18° nördl. Br. vor, wo sie WNW= bis SW=Kurs verfolgen."

Was das Verhalten der Schiffsführer beim Heraufkommen eines Taifuns anbelangt, so sind darüber die Ansichten sehr getheilt, jedenfalls sind die älteren Vorschriften, welche lediglich aus theoretischen Ansichten herauskonstruirt worden, nicht richtig. Kapitän Ruete empfiehlt zunächst das Studium der von ihm seiner Abhandlung beigegebenen Karten, die allgemein den Weg zeigen, den der Taifun in einem bestimmten Monat wahrscheinlich einschlagen wird. Nämlich:

„a) im südchinesischen Meere bis zu 22° nördl. Breite wird der Kurs zwischen WNW und WSW liegen.

Bei allen Schiffen, welche nach dem Süden oder nach dem Norden bestimmt sind, schneidet also der Schiffskurs den Taifunkurs nahezu unter einem rechten Winkel; ein Schiff in der süd=

lichen Hälfte eines Taifuns sollte daher versuchen, östlich weg-
zuhalten und so um den Taifun herumzusegeln, falls es nach
Norden bestimmt ist. Befindet man sich auf der Bahn selber,
so lenze man. Es weht gewöhnlich am schwersten in der nördlichen Hälfte.

b) Im Formosa-Kanal sowie im ostchinesischen Meere bis zu
30⁰ nördl. Br. liegt der Kurs des Taifuns zwischen NW und
NNO, seltener behält ein Taifun oberhalb 30⁰ nördl. Br. seinen
Nordkurs bei, doch kam es in 8 Jahren 7 Mal, darunter 4 Mal
im August, vor.

c) Oberhalb 30⁰ nördl. Br. und in den japanischen Meeren
laufen die Bahnen zwischen NW und ONO.

Die Schiffe, welche von Südchina nach dem Norden oder
umgekehrt bestimmt sind, haben das ganze Taifungebiet zu durch-
segeln; sie sollten daher wenn möglich sich Seeraum verschaffen
zum Beidrehen; nur im September sollten die Schiffe sich mehr
unter der chinesischen Küste halten, weil dann der Taifun von
dem NO-Monsun schon nach Osten gedrängt wird.

Nach einer Zeichnung eines Wirbelsturmes mit dazu gehörenden Winden läßt sich sehr leicht beurtheilen, wie ein Kapitän
auf See handeln soll. Ganz so leicht wie auf dem Papier liegt
die Sache aber in Wirklichkeit doch nicht, denn die Bahn eines
Taifuns und die Drehung des Windes verläuft nicht so glatt,
als die Zeichnung es darstellt, und darum haben alle Regeln
über Beidrehen oder Lenzen stets nur einen bedingten Werth.
Denn beides hängt nicht allein von den vorhandenen Umständen
ab, sondern in vielen Fällen auch von der Vorstellung und Auffassung, welche der Schiffsführer vom Taifun sich entworfen hat."

Experimentelle Untersuchungen zur Lehre
von den Luftwirbeln hat G. Weyher angestellt [1] und
diese Versuche sind zur Unterstützung und Berichtigung
gewisser theoretischer Vorstellungen von größtem Interesse.
Besonders gilt dies von dem schönen Versuche, in welchem
er die Luftbewegung in einer fortschreitenden Cyklone dem
Auge deutlich und klar auf einem Tisch vorführt, auf

---

[1] Compt. Rend. T. CIV 1887, p. 322, 494, 1058. Sur
les Tourbillous, Trombes Paris 1887, Gauthier-Villars.

welchem mehrere hundert Stecknadeln stehen, jede mit einem kleinen Faden an dem Kopfe, der als Windfahne dient. Sobald über diesen eine innen mit kleinen Schaufeln versehenen Scheibe in Rotation versetzt wird, nehmen sofort alle Fähnchen der Nadeln die dem entstehenden Luftwirbel entsprechende Richtung an. Selbst die centrale Kalme sieht das Auge unmittelbar! Aber noch mehr. Der Luftwirbel verändert seinen Ort durch Drehung des Apparates und das ganze System der Winde folgt ihm, ja ein angebrachtes Manometer zeigt das entsprechende Sinken und Steigen des Luftdruckes je nach der Lage des Wirbels. Man kann sich nichts Schöneres und Instruktiveres denken, besonders wenn man diese Versuche mit jenen unbeholfenen Modellen vergleicht, in welchen die Druckverhältnisse durch mehr oder weniger dick aufgetragene Pappschichten sehr ungeeignet vorgestellt zu werden pflegen. Selbst für die reine Theorie sind die Versuche von Weyher sehr wichtig.

Auch Schwedoff hat Versuche über Wirbelbewegung angestellt. Er nahm eine wässerige Lösung von Chlorkalcium (Dichte 1·08), Chlornatrium (Dichte 1·05) und Natriumkarbonat (Dichte 1·03), die er der Reihe der Dichtigkeiten nach in ein cylindrisches Gefäß eingoß. Bringt man jetzt in die obere Schicht eine horizontale Scheibe von 2 cm Durchmesser und versetzt dieselbe in Rotation, so bemerkt man, daß sich aus der unteren Flüssigkeitsschicht mehrere Fäden des entstandenen Niederschlags trennen und sich nach oben richten. Bei zunehmender Rotationsgeschwindigkeit schwillt die Oberfläche der mittleren Schicht jetzt auch nebelartig in der Mitte nach oben an; die austretenden Wolken werden immer dichter, ziehen sich nach der Richtung der Scheibe aus und drehen sich spiralförmig. Es entsteht also ein aufsteigender Wirbel, dessen Ursache

oben liegt, entgegen der Ansicht von Faye, welcher aus
einer solchen Rotationsbewegung einen absteigenden Wirbel
herleitet. Bringt man die horizontale Scheibe in die
untere Schicht und versetzt dieselbe in Rotation, so schwillt
die mittlere Schicht nach unten auf und bildet eine Art
von herunterhängenden Büscheln, andere Büschel trennen
sich von der mittleren Oberfläche, drehen sich auf die
Rotationsachse auf und bilden einen sich drehenden Trichter.
Die Form der Büschel hat auffallende Ähnlichkeit mit
den Gewitterwolken, die bei der Bildung einer Cyklone
vorkommen. Nach einigen Umdrehungen entsteht eine
schraubenförmige Säule von herabfallenden und rotirenden Wolken. Man bekommt also einen absteigenden
Wirbel bei unten liegendem Ausgangspunkt, entgegen
der Ansicht der Meteorologen, welche hieraus einen aufsteigenden Wirbel ableiten. Der Verfasser glaubt nun,
daß eine Cyklone als ein Fall der Wirbelbewegung
der Flüssigkeiten aufgefaßt werden muß und leitet
deshalb einige Folgerungen aus der Hydrodynamik
ab, die für die Cyklonentheorie von Wichtigkeit
sein dürften: 1) die Wirbelbewegung einer Flüssigkeit
kann nur durch die Kräfte oder Strömungen hervorgerufen werden, welche vor Beginn der Wirbelbewegung
vorhanden waren. 2) die Wirbel können „geschlossene"
und „offene" sein d. h. mit gestützten und ungestützten
Basen; die ersteren stellen eine Art der stationären Bewegung dar, sie sind daher untheilbar, unzerstörbar; ein
offener Wirbel kann nicht lange bestehen. Die atmosphärischen Cyklonen sind geschlossene Wirbel, ihre Basen
sind auf die Erdoberfläche, bezüglich auf die freie Atmosphärenfläche gestützt; sie können daher sehr lange dauern
und sehr große mechanische Effekte ausüben. Die Staub-
wirbel auf den Wegen sind oben offen und dauern daher

nur einige Sekunden. 3) Ein geschlossener Wirbel besteht während der ganzen Zeit seiner Bewegung aus
denselben Flüssigkeitstheilchen. Daraus erklärt man leicht
die Verschiedenheit der Formen, welche die Cyklonen unter-
dem Einflusse der atmosphärischen Strömungen annehmen.
4) In einer gasförmigen Atmosphäre sucht eine geschlossene
Wirbelsäule immer ihre cylindrische Form zu behalten.
Wenn also ein solcher Wirbel sich der Länge nach aus-
dehnt, wie es beim Übergang aus den Gebirgen ins
Thal der Fall ist, so streben die Lufttheilchen ihren
früheren Abstand von der Drehungsachse zu behalten,
woraus eine Luftverdünnung im Innern der Säule, zugleich aber eine Vermehrung der lebendigen Kraft hervorgerufen wird. 5) Eine geschlossene Wirbelsäule besitzt
die Eigenschaften eines elastischen Fadens und verhält sich
deshalb nicht passiv zu äußeren atmosphärischen Strömungen.
6) Ein geschlossener Wirbel mit einer geradlinigen Achse
hat keine translatorische Bewegung; eine solche kann nur
im Wirbel mit gebogenen Achsen stattfinden. 7) Geschlossene Wirbel besitzen die Eigenschaften der gegenseitigen
Wirkung; z. B. wenn man zwei Wirbel von ungleicher
Stärke, aber derselben Rotationsrichtung hat, so rotirt
der kleinere um den größeren herum in der Richtung der
gemeinsamen Rotation. In atmosphärischen Cyklonen
sieht man oft, daß die kleinen Wirbel auf der Peripherie
eines größeren rollen. 8) Die freie Atmosphärenfläche
muß durch eine Wirbelbewegung deformirt werden, so
wird nach unten eingesaugt. Dasselbe gilt auch für die
übrigen horizontalen Flächen der Atmosphäre. Eine horizontale Wolkenschicht wird daher so deformirt, daß sie
eine Art hohlen Kegel bildet; in der Höhlung muß die
Luft der oberen Luftschichten durchsichtig, trocken und
verdünnt bleiben; das beobachtet man in der That bei

großen Cyklonen, wie auch bei Wettersäulen. Bei kleinen Wirbeln, deren Basis niedriger als die Wolkenschicht liegt, bildet dieselbe nur einen Kegel ohne durchsichtige Höhlung.

Bewölkung.

Die durchschnittliche Vertheilung der Be=
wölkung auf der Erdoberfläche ist von L. Teisserenc de Bort studirt worden.[1]) Hiernach ergiebt sich fol=
gendes:

1) In allen Monaten des Jahres ist eine sehr ent=
schiedene Tendenz der Bewölkung erkennbar, sich nach Zonen parallel zum Äquator zu vertheilen.

2) Wenn die Erscheinung von den Störungen befreit wird, welche sie kompliciren, sieht man, daß ein Maximum der Bewölkung in der Nähe des Äquators existirt, zwei Streifen geringer Bewölkung von 15⁰ bis 35⁰ nörd=
licher und südlicher Breite; zwei Zonen stärker bedeckten Himmels von 45⁰ bis 60⁰. Darüber hinaus (so weit man nach dem urtheilen kann, was auf der nördlichen Hemisphäre vorkommt) scheint der Himmel nach den Polen hin sich mehr aufzuklären.

3) Diese Zonen haben eine sehr ausgesprochene Ten=
denz, dem Gange der Sonne in Deklination zu folgen; sie verschieben sich im Frühling nach Norden und im Herbst nach Süden.

„Wenn man", sagt der Verf., „die Karten der Isonephen mit denen vergleicht, welche die Vertheilung der Drucke und der Winde angeben, wird man von der Thatsache überrascht, daß die Zonen klaren Himmels den Gegenden der hohen Drucke

---

[1]) Compt. rend. 1887, T. CIV, p. 385. Naturw. Rundschau 1887, S. 131.

entsprechen, welche sich zu beiden Seiten des Äquators erstrecken und einerseits die Passatwinde, andererseits die Westwinde erzeugen, welche in den gemäßigten Gegenden der beiden Hemisphären vorherrschen. Die Zonen mit mehr bedecktem Himmel liegen über den Gebieten niedriger Drucke, das ist einerseits am Äquator, andererseits in der Nähe des 60. Breitengrades im Norden und Süden.

Die Untersuchung der Winde zeigt, daß die Luft an der Oberfläche der Erde von den Zonen hoher Drucke, die jenseits der Tropen liegen, divergirt und einerseits nach dem Äquator fließt, andererseits nach den geringen Drucken, die in der Nähe des 60. Grades beider Hemisphären liegen.

Man wird veranlaßt, hieraus zu schließen, daß die Winde in der Nähe der Divergenzmittelpunkte eine absteigende Komponente, und in den Gegenden, nach denen sie hinfließen, eine aufsteigende Komponente besitzen. In Folge dessen ist, unter sonst gleichen Bedingungen, die Bewölkung dort gering, wo der Wind eine von oben nach unten gerichtete vertikale Komponente hat, und dort stark, wo der Wind eine von unten nach oben gerichte Komponente besitzt.

In der That sieht man ein, daß eine Luftmasse, welche wegen der Anordnung der Flächen gleichen Druckes in der Atmosphäre aufsteigt, sich in Folge der Ausdehnung abkühlt, und daß daher der Wasserdampf derselben sich zu kondensiren strebt. Das Umgekehrte erfolgt in der Regel in einer niedersinkenden Luftmasse.

Die Vertheilung der Bewölkung ist somit in ihrer Gesammtheit eine direkte Folge des Ganges der Winde und wird durch die Vertheilung der Drucke bestimmt.

Dieselben Erscheinungen mit denselben wesentlichen Charakterzügen finden sich wahrscheinlich auf den Planeten, welche eine Atmosphäre besitzen; die Streifen klaren und bedeckten Himmels, welche auf der Erde vorkommen, müssen den Streifen gleicher Art entsprechen, die man auf verschiedenen Planeten findet.

Die Vertheilung der Bewölkung erfolgt auf der Erde nicht mit vollkommener Gleichmäßigkeit, und die Zonen, obwohl sehr deutlich, erleiden ihrerseits, wie der barometrische Druck, den Einfluß verschiedener störender Ursachen, unter denen die ungleiche Vertheilung der Kontinente und Oceane die wichtigste ist. Die Natur und die Wirkungen dieser Störungen will Verfasser in einer besonderen Mittheilung behandeln."

Untersuchungen über die Cirruswolken sind vom Referenten angestellt worden.[1] Dieselben beruhen auf dem zahlreichen Beobachtungsmaterial, welches in den Jahren 1882 und 1883 in Folge einer Aufforderung von vielen Beobachtern vorzugsweise im westlichen Deutschland zusammengebracht worden ist. Die Diskussion beschränkt sich zunächst auf eine statistische Zusammenstellung der Häufigkeit des Auftretens der einzelnen Cirrusformen nach Aussehen und Zugrichtung.

Als typische Formen waren folgende aufgestellt worden:

I. Schleier. a) dichter Cirrusfilz, b) schwache, faserige Decke, c) matter Anflug.

II. Schäfchen. a) feinkörnig, silberweiß auf blauem Himmelsgrunde, b) verwaschen, größer, mattweiß oder grau.

III. Federwolken. a) geradlinig fädig, b) quergekämmt, c) fedrig gekämmt, d) zerzaust gekämmt, e) gebogen, f) linear mit Locke oder Häufchen am Ende.

Unterscheidet man die Cirruswolken in diese drei Klassen, so ergeben sich aus dem vorliegenden Beobachtungsmaterial folgende Gesammtsummen für den Zug derselben aus den einzelnen Himmelsrichtungen.

---

[1] Wochenschrift für Astronomie und Meteorologie 1887, Nr. 28 u. ff.

Gesammtzahl der Cirruswolken.

Klasse I.

Zug aus	O	SO	S	SW	W	NW	N	NO	ohne Zug	Summa
December und Januar	23	20	61	76	104	35	28	7	140	494
Procentf. d. Wolf. m. Zug:	7	5	17	22	29	10	8	2	28	
Februar und März	28	17	33	56	87	54	59	17	145	496
Procentf. d. Wolf. m. Zug:	8	5	9	16	25	15	17	5	29	
April und Mai	60	60	145	206	250	186	114	81	478	1580
Procentf. d. Wolf. m. Zug:	5	5	13	19	23	17	11	8	30	
Juni und Juli	30	51	102	208	188	77	33	26	307	1022
Procentf. d. Wolf. m. Zug:	4	7	14	29	26	11	5	4	30	
August und September	32	23	67	146	170	92	33	21	332	916
Procentf. d. Wolf. m. Zug:	6	4	11	25	29	16	6	4	36	
Oktober und November	15	13	42	55	109	26	16	5	131	412
Procentf. d. Wolf. m. Zug:	5	5	15	19	39	9	6	2	32	
	188	184	450	747	908	470	283	157	1533	4920

Klasse II.

Zug aus	O	SO	S	SW	W	NW	N	NO	ohne Zug	Summa
December und Januar	15	16	50	58	91	33	30	9	52	354
Procentf. d. Wolf. m. Zug:	5	5	16	19	30	11	10	3	15	
Februar und März	27	8	32	52	80	49	58	27	40	373
Procentf. d. Wolf. m. Zug:	8	2	10	16	24	15	17	8	11	
April und Mai	84	62	97	137	174	169	121	105	194	1143
Procentf. d. Wolf. m. Zug:	11	6	10	15	18	18	13	11	17	
Juni und Juli	27	45	96	188	152	63	23	21	137	752
Procentf. d. Wolf. m. Zug:	4	7	16	31	25	12	4	3	18	
August und September	45	27	63	152	177	126	81	38	196	905
Procentf. d. Wolf. m. Zug:	6	4	9	21	25	18	11	5	22	
Oktober und November	10	10	35	50	68	14	12	6	50	255
Procentf. d. Wolf. m. Zug:	5	5	17	24	33	7	6	3	20	
	208	168	373	637	742	454	325	206	669	3782

Klasse III.

Zug aus	O	SO	S	SW	W	NW	N	NO	ohne Zug	Summa
December und Januar	33	27	65	103	107	47	42	10	98	532
Procentſ. d. Wolk. m. Zug:	8	6	15	24	25	11	10	2	19	
Februar und März	28	24	44	63	133	86	29	24	100	581
Procentſ. d. Wolk. m. Zug:	6	5	9	13	28	18	16	5	17	
April und Mai	97	74	155	225	293	268	165	143	410	1830
Procentſ. d. Wolk. m. Zug:	7	5	11	16	21	19	12	10	22	
Juni und Juli	53	74	137	284	276	137	73	27	319	1380
Procentſ. d. Wolk. m. Zug:	5	7	13	27	26	13	7	3	23	
August und September	45	37	106	209	257	147	80	45	329	1255
Procentſ. d. Wolk. m. Zug:	5	4	11	23	28	16	9	5	26	
Oktober und November	19	16	51	68	133	40	21	8	79	435
Procentſ. d. Wolk. m. Zug:	5	4	14	16	37	11	6	2	18	
	275	252	558	952	1199	725	460	257	1335	6013

In dieſer Zuſammenſtellung zeigt ſich, daß während des Beobachtungszeitraumes für jede Klaſſe der Cirruswolken das Maximum der Zugrichtung auf Weſt fällt, mit Ausnahme der Monate Juni und Juli, in welchen daſſelbe in SW lag. Am geringſten iſt die Zughäufigkeit bei der Klaſſe I aus NO, mit einem ſekundären Minimum in SO, während bei Klaſſe II und III, das Hauptminimum auf SO, ein ſekundäres Minimum auf NO fällt.

Unterſucht man, wie oft Cirruswolken jeder der drei Klaſſen nur in einer Form dieſer Klaſſe oder in mehreren gleichzeitig auftraten, ſo erkennt man ſogleich eine ſehr augenfällige jährliche Periode, indem für ſämmtliche drei Klaſſen das Verhältnis in den Monaten Juni bis September ein Minimum, in den Wintermonaten dagegen ein Maximum wird; mit anderen Worten: in dem Winterhalbjahre treten die Cirrusgebilde aller Klaſſen häufiger in einer Form auf, in den Sommermonaten ſind dagegen häufiger mehrere Formen gleichzeitig am Himmel ſichtbar. Dies gilt ſowohl für die Cirren, welche ihre Zugrichtung deutlich erkennen laſſen als für diejenigen, bei denen letzteres nicht der Fall ist, ja es tritt bei diesen noch entschiedener hervor. Selbst für die einzelnen Zugrichtungen, besonders für die Hauptrichtung aus W ist dieses Verhältnis so scharf ausgeprägt, daß man an der Thatsächlichkeit nicht den geringsten Zweifel hegen kann. Ebenso deutlich zeigt sich eine gesetzmäßige Anordnung dieses Verhältnisses je nach den Zugrichtungen, das Minimum fällt für jede der drei Wolkenklassen ganz entschieden auf W, das Maximum auf die Azimute zwischen N und O.

Um das Verhalten der Cirruswolken zu nachfolgendem Regen festzustellen, wurde jede einzelne Klasse und in derselben jede der 8 Hauptzugrichtungen besonders behandelt. Es wurde die Anzahl der Fälle zusammengestellt, in welchen dem Auftreten der betreffenden Cirruswolken spätestens nach 48 Stunden Regen folgte. Die Tabellen der Originalabhandlung geben die erhaltenen Zahlen und das procentische Verhältnis der Häufigkeit des Regeneintritts innerhalb der angegebenen Stundenzahl.

Durchschnittlich am häufigsten, nämlich in 68% aller Fälle, trat Regen ein nach dem Auftreten von Cirren der Klasse I, etwas weniger häufig, in 66% alle Fälle, nach der Erscheinung von Klasse II, noch etwas weniger oft (in 64% aller Fälle) nach dem Sichtbarwerden von Cirren der Klasse III. Die Jahreszeiten verhalten sich in dieser Beziehung etwas verschieden: das Minimum der Regenwahrscheinlichkeit fällt auf die Monate April und Mai, Maxima fallen in die Monate Juni, Juli und Oktober, November. Berücksichtigt man die einzelnen Himmelsrichtungen, aus denen der Zug der Cirren erfolgt, so findet man, daß bei Klasse I, II der Zug aus SO, bei Klasse III aus O, das Minimum der Regenwahrscheinlichkeit aufweist, das Maximum dagegen bei Zug aus SW und W liegt. Das absolute Maximum für die Cirrusklasse I fällt auf die Zugrichtung W und die Monate Oktober und November mit 85% nachfolgender Regenfälle, für Klasse II auf NW im Juni und Juli mit 84%, für Klasse III auf SW im Oktober und November mit 88%.

Ferner wurde untersucht wie sich die Häufigkeit des gleichzeitigen Auftretens mehrerer Cirrusformen zu nachfolgendem Regen gestaltet. Wegen der in den Tabellen niedergelegten Einzelheiten muß auf das Original verwiesen werden, hier genügt als Resultat aufzuführen, daß stets die Regenwahrscheinlichkeit eine größere ist, wenn verschiedene Cirrusformen gleichzeitig vorhanden sind.

Über die Entwicklungsgeschichte der Wolken, einen noch in den ersten Anfängen liegenden Zweig der Meteorologie, hat W. Köppen einige interessante Bemerkungen gemacht.[1] „Die drei Faktoren," sagt er, „welche dieselbe vorzugsweise beherrschen, sind 1) die vertikale Komponente der Luftbewegung, 2) die vertikalen Verschiedenheiten in der horizontalen Komponente, 3) die Strahlung. Daneben mögen noch andere Ursachen wirksam sein; es fehlt aber an Beweisen dafür. Da die neueren Versuche von Lodge u. A. es sehr wahrscheinlich gemacht haben, daß die Elektricität bei der Regenbildung (d. h. beim Zusammenfließen der Wolkentröpfchen) eine bedeutende, vielleicht die ausschlaggebende Rolle spielt, so ist es auch einigermaßen wahrscheinlich, daß sie bei der Wolkenbildung mitwirkt; in welcher Weise jedoch, ist noch unbekannt. Bis auf Weiteres thut man jedenfalls gut, so lange man mit rein mechanischen Principien auskommt, diese fragliche Ursache nicht zur Erklärung herbeizuziehen. Vom Ein-

---

[1] Meteorol. Zeitschrift 1887, S. 257.

fluſſe der Strahlung kann man nicht viel mehr ſagen,
als daß er vorhanden ſein muß, da Wolkenbildung und
Wolkenzerſtörung weſentlich Fragen der Temperatur ſind,
und weil Strahlungseinflüſſe bei den Bodennebeln eine
hervorragende Rolle ſpielen. Es bleiben uns alſo zur
genaueren Betrachtung nur die beiden erſten Faktoren
übrig. Der zweite derſelben iſt von Lamarck und neuer=
dings von Möller zur Erklärung der Cirrusbildung heran=
gezogen. Die „Auskämmung“ derſelben zu langen Fäden
ſoll eine Folge der Fortführung verſchiedener Theile der=
ſelben Wolke durch Luftſtrömungen von verſchiedener
Richtung oder wenigſtens verſchiedener Geſchwindigkeit ſein.
So geiſtreich und plauſibel dieſe Erklärung iſt, ſo darf
man doch nicht vergeſſen, daß der Vorgang aus dem
anderweitigen Verhalten der Cirren erſchloſſen, der direkten
Beobachtung aber ſchwer zugänglich iſt, weil ſein Verlauf
ein ſehr langſamer iſt. Vorausſetzung bei dieſer Erklärung
iſt, daß Strömungen von weſentlich verſchiedenem Be=
wegungszuſtand in nächſter Nachbarſchaft von einander
in der Atmoſphäre vorhanden ſeien, was durch die Er=
fahrung auf Ballonfahrten beſtätigt wird. Erklärlich iſt
dieſe Thatſache, wie mich Herr Möller mündlich aufmerkſam
machte, wohl nur durch das veränderliche Verhältnis der
Luftſtrömung zum Gradienten, eine Folge ihrer Trägheit,
denn der Gradient kann unmöglich ſo raſch mit der Höhe
wechſeln. Wenn die Formänderung der Cirren ſo ſchwierig
zu beobachten iſt, daß ſelbſt die beſten Wolkenkenner den
Proceß der Auskämmung nur wenige Male in ihrem
Leben direkt haben mit den Augen verfolgen können, ſo
ſteht dieſes ganz anders bei den Kumulus=Wolken. Denn
hier gehen die Proceſſe mit ſolcher Geſchwindigkeit vor
ſich, daß unter günſtigen Umſtänden wenige Minuten
Aufmerkſamkeit genügen, um eine überzeugende Be=

obachtung zu machen, und die Gelegenheit dazu ist so
häufig, daß es nur zu verwundern ist, wenn man in
der Literatur keine Spuren ihrer Ausnutzung findet. An
Tagen, wo Kumuli mit glänzenden traubigen Gipfeln
am blauen Himmel zu sehen sind, ist der Vorgang gewöhnlich, schematisch dargestellt, der folgende. Jeder Kumulus bildet in diesem Falle mit dem vor ihm, im Sinne
seines Zuges, liegenden klaren Zwischenraum einen Wirbel
um die horizontale Achse, dessen oberer und unterer Qua-
brant einfach durch die relative Bewegung der verschieden
rasch strömenden Luftmassen gebildet werden. Die im hinteren Quadranten aufsteigende Luft erreicht in irgend einem
Niveau den Sättigungspunkt und quillt nun, wo ihre
Abkühlung durch die Kondensation verzögert ist, mit um
so größerer Kraft empor, etwa über der Mitte der Basis
am stärksten. Durch die nach oben hin zunehmende Wind=
geschwindigkeit wird der kompakte, glänzende Kumuluskopf,
der sich hier bildet, beim weiteren Aufsteigen nach vorn
weggeblasen, wobei er allmählich seine festen Umrisse und
seinen Glanz einbüßt, bis er, über die Basis der Wolke
hinausgelangt, vom niedersteigenden Ast des Wirbels rasch
seiner Auflösung zugeführt wird. Solche in Auflösung
begriffene Fetzen schweben denn auch überall zwischen den
Kumuli; hinter ihnen sieht man dann schon einen zweiten
Kopf bereit, sich zu überstürzen, und einen dritten eben
mit aller Kraft empordrängen mit einer Geschwindigkeit,
welche häufig offenbar 120 m in der Minute oder 2 m
p. Sek. übersteigt. In diesem Proceß der fortwährenden
Erneuerung liegt die Erklärung dafür, daß man Kumuli
halbe Stunden lang und mehr in ungefähr gleicher Gestalt, mit kompakten glänzenden Gipfeln, ohne erheblichen
Höhenzuwachs sehen kann, obwohl die genauere Beobachtung zeigt, daß dieses Aussehen alsbald verschwindet,

27*

wenn die aufsteigende Bewegung nachläßt. Allgemein ist dieses der Fall am Abend, und man braucht bei schönem Wetter (namentlich an der Südküste der Krim von mir beobachtet) nur eine kleinere Wolke nach 5 Uhr Nachmittags in's Auge zu fassen, um sie vor seinen Augen in Nichts zerfließen zu sehen. Nicht immer ist, wie hier, die Windgeschwindigkeit im oberen Theile des Kumulus größer als im unteren. In Fällen, wo dem höheren Druck die niedrigere Temperatur entspricht, kann der Gradient so schnell mit der Höhe abnehmen, daß seine Verringerung jener der Reibung die Wage hält. Dann steigen die Kumulusköpfe als schmale Thürme hoch in die Luft, oder sie hängen sogar nach hinten über, und unterliegen hier ebenso der Auflösung, wie die nach vorn überkippenden. Man kann dann die Temperatur-Vertheilung über einen größeren Raum gewissermaßen vom Himmel ablesen.

Wodurch die feste halbkugelige Form der aufsteigenden Kumulusköpfe bedingt wird, ist nicht mit Sicherheit bekannt; die Erscheinungen an den Dampfwolken einer Lokomotive lassen es wahrscheinlich erscheinen, daß wir es hier mit pilzförmigen Bildungen (Wirbelringen) nach Art der von Vettin studirten zu thun haben."

„Bisweilen besteht die vertikale Luftcirkulation in einer Abwechslung unmittelbar benachbarter auf= und niedersteigender Luftbewegungen. Der Schauplatz dieser Bewegungen verschiebt sich natürlich fortwährend in horizontalem Sinne mit dem allgemeinen Luftstrom. Den niedersteigenden Strömen entsprechen die blauen Zwischenräume. Anders ist es, wenn unter der Einwirkung allgemeinerer Druckdifferenzen die ganze Luftmasse Neigung erhält zum Aufsteigen. Dann herrscht auch in den Zwischenräumen zwischen den Kumuli keine abwärts gerichtete Bewegung mehr, welche die dorthin gelangenden

Wolkentheile zur Auflösung bringen würde; die fortge-
blasenen Kumulusgipfel verschwinden nicht mehr, sondern
werden zu einem Schirm ausgezerrt, oder es erhält, wenn
die aufsteigende Bewegung auch im oberen Theile noch
stark ist, der ganze Kumulus die Gestalt einer geneigten
Säule. Ob hierin die wahre oder gar die einzige Ursache jener cirrösen Ausströmungen aus den Gipfeln der
Kumulo-Nimbi liegt, weiß ich nicht. Daß diese Aus-
kämmungen bei Gewitterwolken stets aus Eisnadeln bestehen sollten, wie es die Hypothese von Prof. Sohncke
verlangt und wie es Hildebrandsson für möglich hält,
erscheint mit ihrer neuerdings nachgewiesenen geringen
Höhe und mit dem, was wir aus Beobachtungen auf
hohen Bergen wissen, schwer vereinbar, so bestechend jene
Hypothese auch ist; es wäre wichtig, jede Gelegenheit zum
optischen Studium dieser „falschen Cirri" auszunutzen.

Das, besonders bei Ostwinden nicht seltene, Vorkommen
über den ganzen Himmel sich erstreckender paralleler Wülste
von weichen Kumulusformen scheint darauf hinzudeuten,
daß die fortgetragenen oberen Theile des Kumulus die
Fähigkeit haben, aufsteigende Luftbewegung auch unter
sich immer auf's Neue hervorzurufen. Statt der kompakten Wülste erscheinen häufig Ketten getrennter Kumuli.
Der Seemann beachtet diese Erscheinung, weil sie ihm
die allgemeine Luftbewegung bequem anzeigt, streng genommen jene in der Wolkenregion, von welcher aber auf
offenem Meere der Wind nicht weit abweicht.

„Da die Ursache der Wolkenbildung im Allgemeinen
in aufsteigender Bewegung der Luft zu suchen ist, so ist
die Frage, was die untere und obere Grenze der Wolken
bestimmt, eine besonders wichtige. Für die untere Grenze
ist die Antwort einfach: sie liegt dort, wo die aufsteigende
und durch Expansion erkaltende Luft ihren Thaupunkt

erreicht und ist in der Regel horizontal, weil ersteres
gewöhnlich für große Luftmassen in einem und demselben
Niveau geschieht. Soweit absteigende Bewegungen Wol=
kentheile hinabführen, ist die Grenze, bis zu welcher sie
vor ihrer Auflösung gelangen, besonders von der Größe
der Tropfen bedingt, aus denen sie bestehen und durch
deren Verdunsten sie verschwinden. Schwieriger ist die
Erklärung der oberen Grenze. Bei den Kumuli (oben
geschildert) wird sie durch das Fortblasen und Abwärts=
führen der Gipfel in der geschilderten Rotation um die
horizontale Achse bedingt. Bei den dünnen ausgedehnten
Wolkenteppichen, welche so häufig unsern Himmel bedecken
und deren horizontale Ausdehnung das mehrhundertfache
der vertikalen ist, dürften verschiedene Ursachen zusammen=
wirken. Weht ein horizontaler, in beschleunigter Be=
wegung begriffener Strom über einem langsamer fließenden,
so wird der erstere Luft aus dem letzteren hinaufsaugen,
die in der Mitte des oberen Stromes wieder horizontale
Richtung annimmt. Die Wolkenbildung wird bis zu
dieser Mitte reichen; höher hinauf rekrutirt sich der Strom
durch absteigende Luftmassen von seiner oberen Grenze
her. Ein solcher Fall der beschleunigten Bewegung liegt
vor für die obere Hälfte des Unterstroms auf der vor=
deren Seite einer barometrischen Depression und auch in
einer Anticyklone, soweit die ausströmende Bewegung
reicht; in beiden Fällen, besonders im letzteren, geschieht
indessen unter Umständen die Speisung der in Beschleu=
nigung begriffenen Strömung ganz vorwiegend durch in
Verzögerung befindliche Luftmassen aus der Höhe, wodurch
Wolkenbildung überhaupt unterdrückt wird. Ob die Grup=
pirung des in der aufsteigenden Schicht entstandenen Wol=
kenschleiers zu einzelnen Schäfchen, welche so häufig eintritt,
eine Wirkung ungleichmäßigen Aufsteigens, oder, wie es

die interessanten Versuche von Bettin und Busch anzu-
deuten scheinen, durch elektrische Einflüsse erzeugt ist, muß
noch dahingestellt bleiben. Nach meinen Erfahrungen treten
diese Wolkenteppiche in Hamburg vorwiegend bei cyklonalen Isobaren auf, deren Centrum im NW oder N liegt,
viel seltener in Anticyklonen. Diejenige Wolke, welche der
Beobachtung und dem Studium am meisten Interessantes
darbietet, weil sie einen Mikrokosmos in sich darstellt, der
alle Wolkenformen vereinigt und in dem sich die verschiedenen Vorgänge schnell und auf kleinem Raume übersehbar
abspielen, ist die Schauer-Wolke, der Kumulo-Nimbus, in
ihrer vollen Entwickelung. Dieser Wolke habe ich 1881
bis 83 eingehende Aufmerksamkeit geschenkt, deren Ergebnisse [2]) mitgetheilt sind und auch in Sprung's Lehrbuch [3])
Platz gefunden haben. Meine seitherigen Beobachtungen
haben das dort niedergelegte bestätigt und erweitert; ausführlich hoffe ich darauf ein anderes Mal zurückzukommen.
Nur die horizontale Vertheilung der Wolkenformen in
einem solchen vollausgebildeten Kumulo-Nimbus wollen
wir durch einen schematischen Grundplan hier vorführen,
in welchem die Pfeile die Richtung der Fortpflanzung
andeuten.

Zum Ausbau und zur Festigung unseres Wissens
über die Vorgänge in den Wolken kann zwar noch viel

---

1) Meteorol. Ztschr. 1886, S. 38 u. 128.
2) Ö. Z. 1884, S. 18 u. Met. Ztschr. 1884, S. 235.
3) S. 294—295.

durch Beobachtungen von der Erdoberfläche aus geschehen; für manche der wichtigsten Fragen können wir jedoch die Entscheidung, ja selbst die erste Aufklärung nur von wissenschaftlichen Luftfahrten erwarten. Seit der berühmten Serie der Glaisher'schen Fahrten sind zwei Decennien vergangen, in welchen die Meteorologie eine völlige Umgestaltung erfahren hat; eine Wiederholung dieses Unternehmens unter gleich wissenschaftlicher und umsichtiger Ausführung wäre eine höchst zeitgemäße und aussichtsvolle Aufgabe."

Die Höhe der Wolken in Upsala ist bereits 1884 von Ekholm und Hagström untersucht worden. Dieselben haben ihre Messungen im Sommer 1885 fortgesetzt und zwar an den Endpunkten einer 1302 m langen Basis.[1]) Die unterschiedenen Wolkenformen sind folgende:

1) Detachirte oder geballte Wolkenformen: Cirrus, Cirro-Kumulus, Alto-Kumulus (Kumulo-Cirrus [Kapello]) und Strato-Kumulus.

2) Wolkenschleier: Höherer Cirro-Stratus, niedriger Cirro-Stratus (Cirro-Stratus [Kaemtz], Strato-Cirrus [Kapello]) und Nimbus.

3) Wolken im aufsteigenden Luftstrom: Kumulus und Kumulo-Stratus (Gewitterwolken), die letztgenannten oft mit „falschen Cirri" umgeben.

4) Gehobener und zerrissener Nebel: Stratus.

Die genannten Meteorologen fanden früher, in Übereinstimmung mit Vettin, daß die Wolken zwar in jeder beliebigen Höhe sich bilden, aber doch am häufigsten in gewissen Höhen vorkommen, sozusagen in gewissen Etagen, wo der Wasserdampf sich mit Vorliebe kondensirt und Wolken bildet. Dies wird durch die neuen Messungen

---

[1]) Meteorol. Ztschr. 1887, S. 73.

nicht ganz bestätigt, doch beruht die Verschiedenheit viel-leicht darin, daß die Beobachtungszeiten in beiden Som-mern nicht die gleichen waren, während die Höhen der verschiedenen Wolken, wie sich ergeben hat, eine tägliche Periode von über 1000 m haben. Zunächst geben die Beobachter folgende Tabelle der in verschiedenen Höhen gefundenen Anzahl der Wolken:

Höhe in m	Zahl der Wolken	Höhe in m	Zahl der Wolken	Höhe in m	Zahl der Wolken
2— 400	2	42—4400	14	82— 8400	11
4— 600	13	44—4600	5	84— 8600	8
6— 800	22	46—4800	8	86— 8800	13
8—1000	17	48—5000	9	88— 9000	12
10—1200	36	50—5200	6	90— 9200	6
12—1400	46	52—5400	6	92— 9400	7
14—1600	57	54—5600	8	94— 9600	10
16—1800	75	56—5800	5	96— 9800	8
18—2000	47	58—6000	9	98—10000	6
20—2200	43	60—6200	7	100—10200	13
22—2400	36	62—6400	4	102—10400	11
24—2600	31	64—6600	6	104—10600	5
26—2800	32	66—6800	8	106—10800	7
28—3000	11	68—7000	8	108—11000	1
30—3200	7	70—7200	10	110—11200	2
32—3400	11	72—7400	7	112—11400	6
34—3600	13	74—7600	9	114—11600	2
36—3800	17	76—7800	11	122—12400	1
38—4000	5	78—8000	6	132—13400	1
40—4200	8	80—8200	7		

Was die tägliche Veränderung der Wolken-höhen anbelangt, so geben die Verf. jetzt über die Kumulus-Form folgende Tabelle:

Stunde	Gipfel Höhe in m	Gipfel Zahl der Wolken	Basis Höhe in m	Basis Zahl der Wolken	Differenz m
8 Uhr Vorm.	1306	12	1087	8	219
9 „ „	1420	6	1075	5	345
Mittag	1842	22	1266	7	576
1 Uhr Nachm.	2055	42	1572	12	483
2 „ „	2088	45	1554	8	534
5 „ „	1758	15	1703	2	55

Bei Berechnung dieser Tabelle wurden nur diejenigen Messungen benutzt, bei welchen der anvisirte Punkt deutlich der höchste oder niedrigste war. Die Resultate werden in folgender Weise zusammengefaßt:

1) Die Höhe der Basis oder Grundfläche der Kumuluswolken steigt allmählich von Morgen bis Abend.

2) Die Höhe der Gipfel und die Mächtigkeit oder Dicke hat ein Maximum um 1 Uhr 30 Min. Nachm.

3) Der Zuwachs am Vormittage ist schneller als die Abnahme gegen Abend.

Die folgende Tabelle zeigt die tägliche Veränderung der Höhe der übrigen Wolkenformen:

Stunde	Nimbus		Strato= Kumulus		Alto= Kumulus		Cirro= Kumulus		Cirrus		Cirro= Stratus	
	m	Zahl	m	Zahl	m	Zahl	m	Zahl	m	Zahl	m	Zahl
8—9 U. Vorm.	1183	38	2012	24	3780	28	6024	24	8708	44	9687	12
1—2 „ Nachm.	1547	62	1755	11	4259	33	6566	8	8761	29	8924	8
7—8 „ „	2156	16	2641	56	4000	52	6227	24	9501	45	9670	26

Die Tabelle zeigt, daß im Allgemeinen sämmtliche dieser Wolkenformen eine Tendenz haben, im Laufe des Tages zu steigen. Die Abweichungen erklären sich vielleicht dadurch, daß scharfe Grenzen zwischen den verschiedenen Formen nicht existiren. Verwechselungen sind daher möglich, und da das Material, besonders um 1 Uhr Nachm., noch ziemlich gering ist, so können solche Irrungen in der Bestimmung der Formen leicht auf das Resultat einwirken. Die höheren und niedrigen Alt-Kumulus sind hier auch zusammengeschlagen.

„Diese aufsteigende Bewegung der Wolken während des Tages,“ fahren die Beobachter fort, „ist folglich wenigstens in Upsala im Sommer ein allgemein gültiges Gesetz und wird durch nachstehende Tabelle noch mehr bewiesen. In dieser Tabelle finden wir die Zahl sämmtlicher Wolken, ausgenommen die Kumuli, die in verschiedenen Höhen zu den drei Beobachtungsstunden 8—9 Uhr Vorm., 1—2 und 7—8 Uhr Nachm. gemessen worden sind. Der Vergleichbarkeit wegen sind die Zahlen auf 1000 (pro Mille) reducirt.

Zahl der Wolken in verschiedenen Höhen.

m	8—9 Uhr	1—2 Uhr	7—8 Uhr	m	8—9 Uhr	1—2 Uhr	7—8 Uhr	m	8—9 Uhr	1—2 Uhr	7—8 Uhr
0— 500	34	13	0	45—5000	29	7	31	90— 9500	57	33	31
5—1000	126	66	10	50—5500	0	26	36	95—10000	17	40	36
10—1500	91	152	25	55—6000	29	40	20	100—10500	51	27	61
15—2000	91	152	86	60—6500	11	27	31	105—11000	29	13	20
20—2500	80	99	86	65—7000	40	27	36	110—11500	11	13	15
25—3000°	52	46	132	70—7500	40*	53*	25	115—12000	0	0	5
30—3500	11	33	66	75—8000	34	27	20	120—12500	0	0	0
35—4000	11	20	102	80—8500	57	20	30*	125—13000	0	0	0
40—4500	23	23	61	85—9000	86	33	21	130—13500	0	0	5
									1000	1000	1000

Die Tabelle zeigt wirklich, daß zu jeder der drei Beobachtungsstunden die Wolken in „Etagen" vorkommen. Eine Vergleichung der drei Kolonnen zeigt aber auch, daß diese Etagen im Laufe des Tages sich aufwärts bewegen. Die unterste z. B. befindet sich Morgens auf 500—1000 m Höhe, Mittags auf etwa 1500 m und Abends auf 2500—3000 m. Unter den höheren Wolken sieht man ebenfalls ein Maximum, das sich Morgens unterhalb 9000 m, Mittags um 10 000 m und Abends auf beinahe 10 500 m befindet. Man unterscheidet auch andere mehr oder weniger deutliche, sich aufwärts bewegende Maxima der Frequenz.

Wir sind jetzt berechtigt, das in der früheren Abhandlung für die Cirruswolken ausgesprochene Gesetz auf alle Formen, mit Ausnahme der Kumulusgipfel, auszudehnen, und folglich so zu formuliren:

Die mittlere Höhe sämmtlicher Wolken steigt im Laufe des Tages. Die Änderung beläuft sich auf nahezu 2000 m."

Bezüglich der typischen Cirrusformen finden die Beobachter folgendes: „Morgens, wenn die Cirruswolken am niedrigsten gehen, ist die Frequenz der niedrigsten

Formen, der Cirrokumuli, am größten; Abends, wenn die Höhe der Cirruswolken am größten ist, ist auch die Frequenz der höchsten Formen, Cirro=Stratus am größten."

Endlich haben Ekholm und Hagström auch eine Zu=sammenstellung der Wolkenhöhen nach dem Witterungs=charakter gegeben und gefunden, daß die Höhe der Grund=fläche der Kumuli beinahe konstant ist. Die Gipfel dagegen sind am niedrigsten im Gebiete eines Maximums, wachsen in der Nähe eines Minimums und ragen am höchsten empor in den Gewittern, wo die gewaltigen Ku=mulus=Stratusmassen eine Mächtigkeit von mehreren Kilo=metern erreichen. Was die übrigen Formen betrifft, so scheinen die höchsten Wolken in der Nähe einer Depression am niedrigsten zu gehen. Um andere sichere Resultate festzustellen, ist das Material zu gering."

Zum Schluß sei noch die von den Beobachtern zu=sammengestellte Tabelle der mittleren, größten und kleinsten Höhe der verschiedenen Wolkenformen mitgetheilt:

	Anzahl		Mittel	Max.	Min.
	Messungen	Wolken			
Stratus	18	13	623	994	414
Nimbus	188	125	1527	3700	213
Kumulus (Gipfel) . . .	215	129	1855	3611	900
Kumulus (Basis)	50	36	1386	2143	730
Kumulus (Punkt in ½ Höhe)	52	23	1507	2078	901
Kumulo=Stratus (Gipfel) .	18	14	2848	5970	1400
Kumulo=Stratus (Basis) .	2	2	1405	1630	1180
„Falsche Cirri"	5	4	3897	5470	2165
Strato=Kumulus	165	99	2331	4324	887
Niedrige Alto=Kumuli (unter 4000 m)	112	76	2771	3820	1498
Hohe Alto=Kumuli (oberhalb 4000 m)	100	56	5586	8297	4004
Cirro=Kumulus	99	60	6465	10235	3880
Niedrige Cirro=Stratus . .	4	3	5198	5657	4740
Hoher Cirro=Stratus= Schleier	56	25	9254	11391	6840
Cirrus	373	142	8879	13376	4970

Feuchtigkeit und Niederschläge.

Die Feuchtigkeits= und Temperaturverhält=
nisse des Bodens bei verschiedener Neigung des
Letzteren gegen den Horizont und die Himmels=
richtung hat E. Wolluy untersucht.[1]) Als Endergebnis
kommt er zu folgenden Sätzen:

1) Bei verschiedener Lage des Bodens gegen die
Himmelsrichtung ist der südliche Hang am wärmsten,
dann folgen die Ost= und Westseite, während die Nordost=
exposition die niedrigste Temperatur zeigt.

2) Die Südhänge sind um so wärmer, die Nordhänge
um so kälter, je größer die Neigung des Terrains gegen
den Horizont ist. Der Einfluß der letzteren auf die Er=
wärmung der Ost= und Westseiten ist vergleichsweise be=
deutend geringer und tritt in der Weise in die Erscheinung,
daß die Ostseite gemeinhin um so wärmer, die Westseite
um so kälter ist, je stärker geneigt die Lage des Bodens ist.

3) Die Temperaturunterschiede zwischen Nord= und
Südhängen sind bedeutend größer als diejenigen zwischen
Ost= und Westseiten.

4) Die Unterschiede in der Erwärmung des Bodens
zwischen südlich und nördlich exponirten Gehängen nehmen
in dem Grade zu, als die Flächen eine größere Neigung
gegen den Horizont besitzen. Der Böschungswinkel hat
auf die Unterschiede der Bodentemperatur zwischen den
Ost= und Westseiten vergleichsweise einen bedeutend ge=
ringeren Einfluß. Die Westseite ist bei flacher Lage (15°)
meist ein wenig wärmer, bei steiler Lage (30°) etwas
kälter als die Ostseite.

5) Die ad 1 und 2 charakterisirten Unterschiede in

----

[1]) Forschungen auf dem Gebiete der Agrikulturphysik, X. Bd.
1887, S. 1—54.

der Erwärmung des Bodens sind im täglichen Gange der Bodentemperatur zur Zeit des Minimums am geringsten, zur Zeit des Maximums bezüglich der Nord- und Südseiten am größten. Bei Ost- und Westhängen machen sich entsprechend dem Stande der Sonne zwei Termine (Vor- und Nachmittags) betreff des Auftretens der Temperaturdifferenz bemerkbar.

6) Die Schwankungen der Bodentemperatur sind in den südlichen Expositionen am größten und werden um so geringer, je mehr die geneigte Bodenfläche eine nördliche Lage hat.

7) Der Einfluß der Neigung des Terrains auf die Schwankungen der Bodentemperatur bei verschiedener Exposition machte sich in der Weise geltend, daß die Oscillationen der Temperatur auf südlichen Hängen vergrößert, auf nördlichen Hängen verringert werden, je größer der Böschungswinkel ist. Die Bodentemperatur der Ost- und Westseiten wird in dieser Richtung weniger beeinflußt. Erstere verhalten sich wie Südhänge, letztere wie Nordhänge. Die Ursachen dieser Ergebnisse werden einer näheren Erörterung bedürfen.

Dadurch, daß die verschieden exponirten Gehänge zu verschiedenen Zeiten und in verschiedener Dauer sowie unter verschiedenem Winkel von den Sonnenstrahlen getroffen werden, sind hinlänglich die im großen Durchschnitt auftretenden Unterschiede in der Bodentemperatur erklärt. Die Abweichungen vom Durchschnitt sind auf die Bewölkungs- und Windverhältnisse, sowie auf den Einfall atmosphärischer Niederschläge zu verschiedenen Tageszeiten und in verschiedenen Perioden zurückzuführen, da diese Faktoren neben der Insolation die Bodentemperatur beeinflußten. Freilich wird es im speciellen Falle nicht immer möglich sein. Die Ursache der hervorgerufenen Modifikation zu eruiren.

Bezüglich des Einflusses des Böschungswinkels auf die Bodentemperatur verschieden exponirter Hänge ergiebt sich zwischen den ermittelten Daten und den von C. Eser berechneten Werthen für die Bestrahlungsintensität nur eine theilweise Übereinstimmung.

Auf der Südseite ist nach jenen Berechnungen innerhalb der hier gewählten Grenze im Frühjahr und Herbst, ebenso im Winter, die Intensität der Bestrahlung um so größer, je steiler die Gänge sind; dagegen verschiebt sich Ende April das Maximum allmählich auf die weniger stark geneigten Flächen, fällt am 20. Juni sogar auf die horizontale Fläche, um dann nach und nach bis zum 20. August wieder auf das gegen den Horizont am stärksten geneigte Terrain überzugehen. In den vorliegenden Versuchen hält die Bodentemperatur mit der Bestrahlung im Herbst, Winter und Frühjahr gleichen Schritt; dagegen tritt im Sommer (Mai-Juli) insofern eine Abweichung ein, als die Bodenwärme um so höher, der Betrag der Bestrahlung aber um so kleiner ist, je steiler die Flächen ansteigen. Wie bereits an anderem Ort ausgeführt wurde, wird diese Anomalie durch die Unterschiede in der Bodenfeuchtigkeit hervorgerufen. Letztere nimmt in dem Grade ab, als das Terrain stärker gegen den Horizont geneigt ist. Da die Erwärmung des Erdreiches um so geringer ist, je größer der Wassergehalt derselben, so kann im Sommer, wo das Maximum der Bestrahlung auf die weniger geneigte Fläche fällt, die Wirkung der stärkeren Bestrahlung auf der letzteren wegen der vergleichsweise höheren Bodenfeuchtigkeit nicht zur Geltung kommen; dazu kommt, daß die Unterschiede in der Bestrahlungsintensität gegen den Horizont verschieden geneigter Flächen in der heißen Jahreszeit an sich verhältnismäßig gering sind.

Vergleicht man den Gang der Bodentemperatur der Nordseite bei verschiedenem Neigungswinkel mit den berechneten Werthen der Tagesbestrahlung, so ergiebt sich hier eine vollständige Übereinstimmung zwischen denselben, so daß es nicht der Hinzuziehung eines anderen Faktors zur Erklärung der ermittelten Versuchsergebnisse bedarf.

Bei den Ost- und Westhängen gestalten sich diese Verhältnisse wiederum verwickelter. Obwohl die Werthe der Tagesbestrahlung für verschiedene Neigungen des Terrains bei beiden Expositionen vollständig gleich sind, weichen beide in der Bodenerwärmung nicht unwesentlich von einander ab, ein deutlicher Beweis dafür, daß neben der Bestrahlung unter vorliegenden Verhältnissen noch andere Faktoren von Wirksamkeit sind. Während der Betrag der Intensität der Bestrahlung von Mitte September bis Ende März um so größer, in der Zwischenzeit mit einem auf den 20. Juni fallenden Maximum um so kleiner ist, je steiler die Bodenflächen ansteigen, bemerkt man, daß die Bodentemperatur der Ostseiten mit einzelnen Ausnahmen bei stärkerer Neigung des Terrains etwas höher ist, als bei geringerer, während die Westseiten ausnahmslos das entgegengesetzte Verhalten zeigen.

Zur Erklärung der Abweichungen, welche der Gang der Bodentemperatur der Osthänge von demjenigen der Bestrahlung während der Zeitperiode von Ende März bis Mitte September aufweist, wird die ungleiche Vertheilung der Bodenfeuchtigkeit, welche auf den steileren Abdachungen kleiner ist, als auf den flacheren, in gleicher Weise, wie dies bei den Südseiten geschehen ist, herangezogen werden dürfen. Dagegen läßt sich das geschilderte Verhalten der Westhänge in Bezug auf deren Wärmeverhältniſſe nicht auf dieſelbe Urſache zurückführen, weil bei dieſen der trocknere Boden der ſtärker geneigten Flächen eine niedrigere Temperatur aufwies, als das feuchtere Erdreich der weniger abſchüſſigen Hänge. Da die betreffende Erſcheinung nach den Verſuchen ganz allgemein an jenen Hängen auftritt, ſo wird angenommen werden dürfen, daß die Wirkungen der Inſolation durch einen unbekannten reſp. nicht berückſichtigten Faktor aufgehoben worden ſind. Als ein ſolcher könnte möglicherweiſe der Wind gelten, der in München den größten Theil des Jahres eine weſtliche Richtung beſitzt. Möglicherweiſe übt derſelbe auf die ſtärker geneigten Weſthänge durch ſeine Temperatur ſowohl, als durch die von ihm veranlaßte ausgiebigere Verdunſtung einen größeren Einfluß aus, als auf die weniger Widerſtand bietenden flacheren Hänge. Mit dieſer Erklärung ſtimmt es überein, daß in denjenigen Perioden, in welchen Oſtwind vorherrſchend war oder mit Weſtwind wechſelte, die verſchieden gegen den Horizont geneigten Oſtſeiten in der Mehrzahl der Fälle ein den Weſthängen analoges Verhalten zeigten.“

Die jährliche Periode der Niederſchläge in den deutſchen Mittelgebirgen iſt neuerdings genauer von G. Hellmann unterſucht worden.[1]) Schon 1880 bei Bearbeitung der älteren Brockenbeobachtungen hat derſelbe gefunden, durch Vergleichung der gleichzeitigen Niederſchlagsmengen von je einer am Fuße und auf dem Gehänge des Gebirges gelegenen Station, daß im Harz, im Rieſen- und Erzgebirge, im Thüringer Wald und in den Vogeſen daß die Verhältniszahl derſelben vom Sommer zum Winter zunimmt und in letzterer Jahreszeit ihren größten Werth erreicht.

---

[1]) Meteorol. Ztſchr. 1887, S. 84.

Der Mangel an Beobachtungen erlaubte es damals nicht, diese Untersuchung specieller durchzuführen und auf alle deutschen Mittelgebirge auszudehnen. Da aber seitdem gerade das Netz der Regenstationen in erfreulicher Weise dichter geworden und manche früher zu kurze Beobachtungsreihe fünf weitere Jahre fortgeführt worden ist, so hat Dr. Hellmann die Frage nach dem Einflusse der Gebirge auf die jahreszeitliche Vertheilung der Niederschläge in Deutschland vor Jahresfrist wieder aufgenommen.

In gewohnter, gründlicher Weise giebt Dr. Hellmann zunächst eine Übersicht über die früheren Arbeiten bezüglich des Gegenstandes. „Schon im Jahre 1831 hat Kämtz diesen Gegenstand berührt.[1]) Er vergleicht die jährliche Periode der Niederschläge von fünf Orten in Bayern und Württemberg unter 2000 Fuß Meereshöhe mit derjenigen von vier solchen in größerer Höhe und findet, daß die Sommerregen nach aufwärts zunehmen. Mit Ausnahme von Genkingen auf der schwäbischen Alp gehören die drei anderen hochgelegenen Stationen dem Alpenvorlande an. Aus dieser Zusammenfassung erklärt sich, wie wir später sehen werden, das den neueren Ergebnissen widersprechende Resultat von Kämtz. Bereits ein Jahr später traf Schübler das Richtige, indem er Tübingen einerseits mit dem genannten Genkingen auf der Alp, welches nur 12 km südlicher, aber 460 m höher als dieses liegt, und andererseits mit Freudenstadt auf dem Ostabhange des Schwarzwaldes in Parallele stellte.[2]) Dieses Resultat ist leider so gut wie unbekannt geblieben;

---

[1]) Lehrb. d. Meteorologie, I, S. 462—463.
[2]) Untersuchungen über die Regenverhältnisse der schwäbischen Alp und des Schwarzwaldes. Differt. von Aug. Hartmann unter dem Präsidium Schüblers. Tübingen 1832. 8°.

denn die eben angezogene Doktorschrift eines Mediciners
scheint in die Hände nur weniger Meteorologen gelangt
zu sein. Der erste Bearbeiter der Regenverhältnisse
Deutschlands, von Möllendorff, gruppirte die Orte nach
ihrer Meereshöhe, gelangte zwar, seinen Zahlen nach zu
schließen, zu einem negativen Resultate hinsichtlich des
Einflusses der Höhe auf die jährliche Periode der Nieder=
schläge, erwähnt dasselbe aber im Texte nicht. Mehr als
zwanzig Jahre später kam van Bebber unter Befolgung
derselben Methode zu der nämlichen Schlußfolgerung, der
er aber entschiedenen Ausdruck gab. Er findet, „daß
durch die Erhebung eines Ortes über dem Meeresniveau
die Vertheilung der Niederschläge in der jährlichen Periode
nicht oder nur sehr wenig geändert wird." Die Gruppirung
sämmtlicher Stationen Deutschlands nach ihrer absoluten
Meereshöhe war eben nicht geeignet, den erheblichen Ein=
fluß der Gebirge hervortreten zu lassen. Allerdings hatte
Sonklar von Instätten schon im Jahre 1860[1] mittels
derselben Methode richtige Resultate erhalten und die Zu=
nahme der Winterniederschläge mit der Höhe erkannt, aber
einzig und allein nur deshalb, weil er sich dabei auf ein
räumlich kleines Gebiet (Böhmen und Mähren) mit ziem=
lich gleichartiger Regenvertheilung beschränkte. Hann hat
diesen Befund neuerdings wieder in Erinnerung gebracht
und in seinen „Untersuchungen über die Regenverhältnisse
von Österreich=Ungarn" vom Jahre 1879/80 noch deut=
licher für die böhmischen Randgebirge nachgewiesen."

Handelt es sich nur darum, die Zunahme der Winter=
niederschläge mit der Höhe in den Gebirgen Deutschlands
nachzuweisen, so bewährt sich die Eingangs erwähnte und

---

[1] Grundzüge einer Hyetographie des österr. Kaiserstaates
im IV. Bd. der Mitth. der k. k. geogr. Ges. in Wien.

bereits früher von Dr. Hellmann gebrauchte Methode der Verhältniszahlen am besten. Dieselbe zeigt, daß auch überall da, wo die Niederschläge der kalten Jahreszeit in der Höhe noch nicht das Übergewicht über die sommerlichen erreicht haben, jene gesetzmäßige Zunahme dennoch besteht.

Will man die deutschen Mittelgebirge hinsichtlich der jährlichen Periode ihrer Niederschläge unter einander vergleichen, dann stellt man dieselbe besser durch Procente der Jahressumme dar.

Dr. Hellmann giebt in einer großen Tabelle das passend gruppirte Zahlenmaterial, das meist völlig neu von ihm berechnet wurde und schließt daran eine specielle Diskussion, wegen der auf das Original verwiesen werden muß. Nur der Schluß der Abhandlung möge hier Platz finden:

„Es ist bekannt, daß die im Winter fallenden Niederschläge zur Speisung der Quellen und Flüsse bei weitem mehr beitragen als diejenigen irgend einer anderen Jahreszeit, insbesondere die des Sommers, wo durch Verdunstung, Absorption des Erdreichs und der Vegetation ein großer Theil (20—25 Proc.) den Flüssen unmittelbar verloren geht, während im Winter, namentlich wenn die Niederschläge in fester Form erfolgen, diese Processe in viel kleinerem Maßstabe vor sich gehen und das Abfließen in oberirdischen Rinnen alsdann fast ganz wegfällt. Wenn nun gerade im Gegensatz zu den Tiefländern ringsumher, wo die meisten Niederschläge im Sommer erfolgen, in den höheren Gebirgslagen, auf denen alle größere Flüsse Deutschlands entspringen, die Winterniederschläge sehr verstärkt auftreten oder gar das Übergewicht besitzen, so kann dies nur als eine weise Maßregel im Haushalte der

Natur betrachtet werden, der wir den Wasserreichthum der meisten unserer Flüsse zu verdanken haben."

Die vertikale Vertheilung und die Maximalzone des Niederschlags am Nordabhange der bayrischen Alpen im Zeitraum November 1883 bis November 1885 ist von Dr. F. Erk studirt worden.[1] „Es ist eine längst erkannte Thatsache, daß die Gebirge von dem größten Einflusse auf die Vertheilung der Niederschläge sind. Das mechanische Hindernis der Gebirgswälle verstärkt die vertikale Komponente in der cyklonalen Bewegung der Luftmassen und bedingt auf der Luvseite der Höhenzüge eine raschere Zunahme der Kondensation. Hieraus entspringt für diese Seite eine Vermehrung der Niederschläge, welche auf der Leeseite bei dem herabsinkenden und sich erwärmenden Luftstrom wesentlich geringer sind. Schon Dove hat an verschiedenen Stellen darauf hingewiesen. In ausgezeichneter Weise legt Hann dies an den Regenverhältnissen des böhmisch-mährischen Beckens und am Arlberge dar. Auch in der Rheinpfalz und in Franken spielen das Haardtgebirge bezw. der Spessart eine ähnliche Rolle.

„Die Menge des meteorischen Wassers, welches durch die Kondensation beim Aufstieg an den Gebirgswänden aus der Atmosphäre ausgeschieden wird, hängt ab von der Geschwindigkeit des Aufstieges, von dem ursprünglichen Feuchtigkeitsgehalte am Fuße des Gebirges, und von dem Maße der Temperaturabnahme mit der Höhe. Soweit die Geschwindigkeit des Aufstieges abhängig ist von der Neigung des Terrains, bleibt sie bei dem gleichen Gebirgszuge im ganzen Jahre die gleiche. Allein der Aufstieg wird auch noch bedingt

---

[1] Meteorol. Ztschr. 1887, S. 55 u. ff.

durch die Verschiebung der Depressionsbahnen, durch die
verschiedene Tiefe der einzelnen Cyklonen, und den daraus
entspringenden Änderungen des horizontalen und des vertikalen Gradienten. Es wird also schon für diesen Faktor
sich eine Änderung im jahreszeitlichen Verlaufe ergeben.
Einer noch ausgesprocheneren jährlichen Periode unterliegen
aber die beiden andern Faktoren, der Feuchtigkeitsgehalt
der Atmosphäre, sowohl der absolute wie der relative,
und die Abnahme der Temperatur mit der Höhe."

„Die Kondensation der atmosphärischen Feuchtigkeit,"
fährt Verfasser fort, „wie wir dieselbe allgemein in der
cyklonalen Bewegung und verstärkt beim Aufstieg an der
Luvseite der Gebirge finden, muß nothwendig in einer
gewissen Höhe ein Maximum erreichen, wo die Luft völlig
mit Wasserdampf gesättigt ist, und von welcher aus nach
oben hin eine Abnahme der absoluten Feuchtigkeit stattfindet. Bei einem Gebirge, welches in diese Zone hinein-
ragt, muß daher auch nothwendig sich eine Höhenschichte
finden, in welcher die Niederschläge am größten sind, so
daß oberhalb und unterhalb dieser Höhe eine Minderung
der Regenmengen eintritt. Hill hat zur Evidenz nachgewiesen, daß im Himalaya diese Zone in einer Höhe
von 1200 m (900 m über der Ebene) liegt und zusammenfällt mit jener Schichte, in welcher der Sommermonsun
beim Aufstiege am Gebirge bis unter seinen Thaupunkt
abgekühlt wird. Die Regelmäßigkeit und Großartigkeit,
mit welcher die bedingenden Faktoren in jener Gegend
auftreten und zumal der Umstand, daß fast die ganze
Regenmenge bei der gleichen Temperatur fällt, erleichterten
dort die Untersuchung sehr wesentlich. Bedeutend schwieriger sind die Verhältnisse in den Alpen. Die meisten
meteorologischen Stationen liegen in Thälern, wenigstens
bei den centralen Theilen der Alpen, so daß sich für die-

selben der Einfluß der flankirenden Außenketten in der verschiedenartigsten Weise geltend macht. Eine besonders günstige Lage haben, wie Eingangs erwähnt, die bayrischen Stationen. Allein der Niederschlag tritt nicht nur innerhalb einer, auf einen verhältnismäßig kurzen Zeitraum beschränkten Regenperiode ein, sondern ist über das ganze Jahr hin verbreitet. Damit unterliegt aber die Seehöhe jener Schichte, in welcher die stärkste Kondensation stattfindet, all den ineinander greifenden Einflüssen, welche die jährliche Periode der drei bedingenden Faktoren ausübt. Es ist daher im Voraus zu erwarten, daß, wenn sich überhaupt eine Niederschlagsmaximalzone in den Alpen nachweisen läßt, dieselbe sicherlich einer jahreszeitlichen Wanderung durch verschiedene Höhen unterliegen wird.

„Hann sprach schon 1870 die Ansicht aus: „Das steht wohl fest, daß die Hauptmasse des Niederschlags nicht den höchsten Regionen zukommt, daß die Regenmenge durchschnittlich nur bis zu einer mittleren Höhe zunimmt, und dann wieder abnimmt, wenn auch die höchsten Stationen des schweizerischen Beobachtungsnetzes von dieser Abnahme noch wenig merken lassen." Noch schärfer drückt er diese Ansicht 1879 aus: „Hätten wir Regenmessungen von Orten an der Außenflanke der Alpen, die in sehr verschiedenen Höhen an den Abhängen oder auf den Kämmen selbst liegen würden, dann dürften wir voraussichtlich dasselbe Phänomen, nur viel deutlicher nach beiden Richtungen hin, entwickelt finden, eine anfängliche Zunahme der relativen Menge der Winterniederschläge bis zu einem Maximum in einer gewissen Höhe, von welcher an wieder eine Abnahme derselben nach oben eintreten würde. Es könnte aber auch sein, daß wegen der Höhe der Alpenkämme, die viel größer ist als die der deutschen Mittelgebirge, die Wirkung derselben auf die Steigerung der

Sommerregen, noch dazu in wärmeren Breiten, so groß
ist, daß ein relatives Wintermaximum nicht mehr zum
Vorscheine kommt, dasselbe also dem Mittelgebirge eigen=
thümlich sein könnte. Die Maximalzone des Regenfalls
wird wohl im Sommer in größere Höhen hinaufrücken,
aber den Kamm nicht überschreiten können, wie dies im
Mittelgebirge der Fall ist, daher auch der relativ geringere
Procentsatz der von dem Wind herbeigeführten Wasser=
dampfmenge, der in dem tieferen Niveau niederfällt, noch
immer größer sein kann als der maximale des Winters
bei geringerem Wassergehalt der Atmosphäre. — Unsere
Alpenstationen in Österreich bieten für eine Untersuchung
der fraglichen Verhältnisse noch kein Material; vielleicht
aber würden jene der Schweiz wenigstens eine theilweise
Antwort auf die angeregten Fragen geben können."

Im Oktober 1883 ward die Station auf dem Wendel=
stein eingerichtet und ein Höhenintervall zwischen 500
und 1800 m Seehöhe dadurch in den Kreis der Beob=
achtung gezogen. Die benutzten Stationen sind:

I.	1) Augsburg	. . . . in d. Seehöhe v.	499 m	}	im Mittel		
	2) München	. . . „ „ „ „	529 m	}	514 m		
II.	3) Traunstein	. . . „ „ „ „	597 m	}	im Mittel		
	4) Memmingen	. . . „ „ „ „	599 m	}	598 m		
III.	5) Kempten	. . . . „ „ „ „	696 m	}	im Mittel		
	6) Miesbach (Feld)	. „ „ „ „	720 m	}	708 m		
IV.	7) Hohen=Peißenberg	„ „ „ „	994 m				
V.	8) Wendelstein	. . . . „ „ „ „	1730 m				

Von diesen wurden die Paare Augsburg=München,
Traunstein=Memmingen, Kempten=Miesbach, die immer
nahezu gleiche Höhe hatten, zu je einem Mittelwerthe
vereinigt, so daß also in dem ganzen Intervalle für 5
Stufen beobachtete Werthe vorliegen.

Die Darstellung geschah nach dem System der Iso=

plethen des Verfassers, welches gestattet, gleichzeitig für eine bestimmte Höhenstufe die jährliche Periode und für eine beliebige Jahresepoche die Variation mit der Höhe zu überblicken. Die Resultate der Untersuchung faßt der Verfasser mit folgenden Worten zusammen:

„Es existirt eine jahreszeitliche vertikale Verschiebung der Zone maximalen Niederschlags am Nordabhang der bayerischen Alpen, welche, soweit es die bisher zur Verfügung stehenden Mittel erkennen lassen, in erster Linie von der Jahresperiode der Temperatur abhängig ist. Mit Bestimmtheit tritt eine einfache Maximalzone häufig im Winter in den Lagen 600—1000 m auf; es darf aber nicht verkannt werden, daß dieselbe nicht regelmäßig und durch den ganzen Winter anhaltend erscheint; sondern sie bildet ein Seitenstück zur Temperaturumkehr mit der Höhe, welche ja auch fast in jedem Winter und ebenfalls mit zeitlicher Unterbrechung wiederkehrt."

Die Regenvertheilung in den Central-Karpathen, während den Jahren 1871—85, ist von Karl Griesinger studirt worden.[1]) Es wurden dabei 19 Stationen benutzt, wovon 10 zwischen Nordfuß und Hauptkamm, 9 südlich davon bis zum Rande der ungarischen Ebene liegen. Es ergiebt sich, daß in den Central-Karpathen der Procentsatz der Winterniederschläge in den Gebirgsstationen abnimmt, während die Summen derselben ziemlich unverändert bleiben. Im Sommer hingegen nimmt sowohl Procentsatz als auch Jahressumme der Niederschläge entschieden mit der Höhe zu. Während für das böhmische Randgebirge von Hann, und für einzelne Gebirgsstationen in den deutschen Mittelgebirgen

---

[1]) Bericht über das 13. Vereinsjahr des Vereins der Geographen an der Universität Wien.

von Hellmann nachgewiesen wurde, daß die Winternieder=
schläge mit der Erhebung bis zu einer gewissen Höhe
zunehmen, ja sogar die Sommerniederschläge übertreffen,
so zeigen die Regenverhältnisse in den Central=Karpathen
wie auch in der Bukowina das Gegentheil davon. Hell=
mann's Anschauung, daß die mitteleuropäischen Flüsse
ihren Wasserreichthum namentlich den Winternieder=
schlägen zu verdanken haben, ist also für die Central=
Karpathen nicht stichhaltig. Auch die Amplituden nehmen
in den Central=Karpathen im Gegensatz zu den deutschen
Mittelgebirgen mit zunehmender Höhe nicht ab, sondern
zu. Wenn man die Beobachtungen auf beiden Seiten
des Hauptkammes zusammenfaßt, so ergiebt sich, daß der
mächtige Gebirgsstock der Central=Karpathen in Bezug
auf die Vertheilung der Niederschläge keine ausgesprochene
Wetterscheide bildet. Wir haben sowohl auf der Nord=
seite wie auf der Südseite ein Sommer=Maximum und
ein Winter=Minimum beobachtet, ebenso nehmen die
Jahressummen mit der Annäherung an den Gebirgskamm
auf beiden Seiten zu. Während aber auf der Nordseite
das Juli=Maximum vorherrscht, sehen wir südlich vom
Hauptkamme mehr das Juni=Maximum vorwalten, neben
welchem noch August= und Juli=Maxima auftauchen. Die
Ursache, warum die Central=Karpathen in Bezug auf
Regenverhältnisse keine Wetterscheide bilden, liegt haupt=
sächlich in der Richtung dieses Gebirgszuges. Da nament=
lich Westwinde herrschen, so streichen diese nicht senkrecht
gegen das Gebirge und es kommt also nicht zu einer
besonderen Regenseite. Nachdem ferner im Winter über
den Central=Karpathen ein Barometer=Maximum lagert,
so dürfte die Ursache der geringen Niederschlagsmengen
in dieser Jahreszeit dadurch zu erklären sein, daß hier im
wesentlichen ein absteigender Luftstrom herrscht, welcher

Trockenheit bringt. Dies bezeichnet einen wesentlichen Gegensatz zu den deutschen Mittelgebirgen, welche noch in das Bereich des großen nordwesteuropäischen Minimums fallen und daher von feuchten Westwinden auch im Winter getroffen werden.

Die Regenverhältnisse Ostindiens und des Indischen Oceans sind von Blanford näher untersucht worden und anschließend daran hat Dr. Köppen dieselben übersichtlich dargestellt.[1]

Was das Festland von Indien anbetrifft, so unterscheidet man hier drei Jahreszeiten: unsere Frühlingsmonate bilden die heiße Zeit, der Sommer und der Anfang des Herbstes fallen in die Regenzeit, während unser Spätherbst und Winter für jene Länder eine kühle Zeit bedeuten. Vom Mai bis September lagert zwischen dem mittleren Indus und dem nördlichen Theil der Bai von Bengalen eine Rinne niedrigen Luftdrucks, während der höchste Druck südwestlich vom Kap Komorin zu suchen ist. Es herrschen daher um diese Jahreszeit im SW von diesem Gebiet niedrigen Drucks westliche, im Busen von Bengalen südwestliche und südliche, nordöstlich von der Rinne bis an den Abhang des Hymalaya südöstliche Winde. Während der Herrschaft der vom Arabischen Meer her kommenden sommerlichen Seewinde, welche trotz ziemlich veränderlicher Richtung den gemeinsamen Namen des Südwest-Monsuns tragen, gehen die ausgiebigsten Regengüsse am westlichen Abhang der Westghats nieder, wo die Regenhöhe bis über 1½ m steigt. Etwas geringer ist die Niederschlagsmenge, in der Umgebung des östlichen Theils der erwähnten Rinne, am geringsten aber im östlichen Dekan, im nordwestlichen Indien

---

[1] Das Wetter, IV. Jahrgang, Heft 5.

und in den nördlichen Strichen Ceylons. Die relative Regenarmuth des östlichen Dekans erklärt sich in einfacher Weise durch die Lage jener Gegenden im Regenschatten der ziemlich hohen und zusammenhängenden Westghats. Schwieriger ist es, eine Erklärung für die unbedeutende Niederschlagsmenge des nordwestlichen Indiens vom Meeres= ufer bis an den oberen Indus zu gewinnen. In diesen Gebieten des niedrigsten Luftdrucks finden zwar die Monsuns im Sommer ihre stärksten Anziehungspunkte, aber es fehlen einerseits bedeutende Gebirge, welche den Wind zum Aufsteigen nöthigen würden, und andererseits umfaßt der Monsun im westlichen Indien neben regen= reichen SW=Winden auch trockenere W= und NW=Winde, welche, namentlich in Erhebungen über 1000 m, zum Theil rein kontinentalen Ursprungs sind.

Vom innern und westlichen Ceylon erstreckt sich fast bis zur Mitte der Halbinsel Dekan ein nicht gar breiter Streifen, längs dessen sich die lang andauernde, aber wenig intensive Regenzeit in zwei Maxima spaltet. Das erste dieser Regenmaxima, welches einen so hervorstechen= den Zug des „Ausbruchs des Monsuns" bildet, findet im Hochsommer statt; dann folgt ein Nachlassen der Regen und ein Wiederanwachsen derselben im Herbst — eine Erscheinung, welche in anderen Gebieten der Tropenzone in ähnlicher Weise auftritt.

In den regenreichen Landschaften des östlichen Ben= galens und Assams treten die Frühjahrsregen in der Form nachmittägiger Gewitterschauer sehr bald ein und erreichen ihre größte Heftigkeit im Hochsommer.

Seitdem auch in Indien tägliche telegraphische Wetter= berichte ausgegeben werden, hat sich gezeigt, daß, wie in der gemäßigten Zone, der Regen hier meist im Gefolge von Depressionen auftritt, die innerhalb dieser Gebiete nach NW oder W ziehen. Große praktische Bedeutung besitzt der von Blanford gelieferte Nachweis, daß aus der Mächtigkeit und Andauer der Schneelage im Hymalaya auf das längere Anhalten von Zeiträumen mit hohem Druck und geringem Regen für die erste Hälfte des Sommers geschlossen werden kann. Je reichlicher sich die auf dem Hymalaya als Schnee niedergehenden Winterregen in Nordindien einstellen, desto später und spärlicher treten eben dort und etwas südlich davon die Monsunregen auf. Diese auffallende Erscheinung der Winterregen im Pendschab zu einer Zeit, wo im gleichen Gebiet der Luftdruck im Durchschnitt am höchsten ist, rührt nach Blanford davon her, daß der Nordostmonsun eine schwächere und seichtere Strömung ist als der Südwestmousun, und dabei noch häufig Unterbrechungen erleidet. Solche Störungen sind in Nordindien der Entwickelung von größeren Luftwirbeln günstig, welche in Folge der nördlich aufsteigenden Gebirgsmauer vorwiegend durch feuchte Luft aus dem Süden gespeist werden. Diese winterlichen Depressionen, welche fast stets Regen bringen, ziehen nach Osten hin, und auf sie folgt das für den NO=Monsun charakteristisch kalte, klare Wetter mit hohem Barometerstand.

Auf dem Meere südlich von Indien verschwindet die scharfe Ausprägung der Jahreszeiten mit der Annäherung an den Äquator rasch. Bei südlichem Vordringen wächst die Regenhäufigkeit in solchem Maße, daß z. B. zwischen 2^0 N und 12^0 S in allen Monaten mehr als die Hälfte der Tage regnerisch ist, jedoch so, daß auch hier die Regen vom Juli bis Oktober am häufigsten sind. Zieht man auch die übrigen Zonen mit in den Kreis der Betrachtungen herein, so stellt sich die auffallende Thatsache heraus, daß längs des Meridians 90^0 östlich v. Gr. bei

aller Verschiedenheit in der Regenmenge doch vom nörd=
lichen bis zum südlichen Eismeer die meisten Regen in
den Monaten Juli, August und September niedergehen.

Durch seinen außerordentlichen Regenreichthum in
allen Monaten ist der centrale Theil des Indischen Oceans
vor allen Orten gleicher Breite ausgezeichnet, während
sich die Regenverhältnisse des Restes des Gebietes und
insbesondere Indiens selbst, entsprechend den Verhältnissen
in den übrigen Tropenländern einem der drei Grundtypen
zuordnen lassen: es finden entweder Hochsommerregen statt
oder eine doppelte Regenzeit trennt eine kurze Trockenzeit
im Hochsommer von einer langen im Winter, oder end=
lich, es finden nur Herbstregen statt. Wenn man den
meteorologischen Äquator streckenweise, namentlich im at=
lantischen Ocean einige Grad nördlich vom astronomischen
legt, so ist im großen und ganzen die Anordnung der
drei Typen dergestalt, daß die Region des ersten Typus
weiter vom Äquator entfernt liegt, als die Gebiete des
zweiten und britten Typus. Die Regelmäßigkeit in der
Anordnung dieser drei Regenzonen der Tropen ist auf
der südlichen Halbkugel nicht in demselben Maße ent=
wickelt, wie auf der Nordhemisphäre; insbesondere erleidet
der äquatoriale Gürtel mit Regen in allen Monaten eine
Unterbrechung auf dem atlantischen Ocean und ist typisch
ausgebildet nur auf der Mitte des indischen Oceans.

Über den Einfluß der Bewaldung auf die
Regenverhältnisse verbreitet sich Prof. Studnicka [1] be=
züglich Böhmens. Die gesammelten Beobachtungsergeb=
nisse einer großen, bis zu 700 ansteigende Zahl von
Stationen, welche mit Unterstützung aus Landesmitteln

---

[1] Grundzüge einer Hyetographie des Königreichs Böhmen.
Prag.

seit einer Reihe von Jahren in Böhmen unter einheit-
licher Leitung thätig sind, sind übersichtlich zusammengestellt und wissenschaftlich bearbeitet; darauf gründet sich
dann die beigegebene Regenkarte, auf welcher die Landes-
theile mit gleich großen Niederschlagsmengen durch Farbentöne kenntlich gemacht wurden. Der Verf. bildet für
Böhmen sieben Regenzonen; die niedrigste tritt mit weniger als 500 mm Regenhöhe nur in drei kleinen Inseln
auf; die beiden folgenden mit 5—600 mm und 6—700 mm
Regenhöhe beherrschen in fast gleicher Ausdehnung das
böhmische Mittelland; die Grenze zwischen beiden liegt
etwas östlich von der Moldau und rückt nur im nördlichen Theile weiter davon ab, überschreitet die Elbe an
der Isermündung und folgt diesem Flusse aufwärts in
einigem Abstand bis Jungbunzlau. Die übrigen Regen-
gebiete mit Einschluß des letztgenannten legen sich gürtel-
förmig den Grenzgebirgen an, wobei aber der Zusammenhang der regenreicheren Striche mehrfach unterbrochen ist
und die wenigen Inseln mit mehr als 1000 mm Regenhöhe im Südwesten an der Quelle der Moldau und
Wotawa wie im Nordosten am Riesengebirge einen verhältnismäßig geringen Umfang besitzen. Die frühere Annahme, daß das letzterwähnte Gebiet regenärmer sei als
der Böhmerwald, die Osthälfte regenärmer als die West-
hälfte des Mittellandes, ist als Irrthum erwiesen. Die
beobachteten Regenverhältnisse können namentlich für die
Gebirgsgegenden nur durch die fortschreitende Entwaldung
in Verbindung mit der ausgedehnten Trockenlegung von
Sümpfen und Mooren erklärt werden. Des weiteren
wird in einer ausführlichen Darstellung die Erhebung der
Beobachtungsorte über dem Meere mit den betreffenden
Regenhöhen ins Verhältnis gesetzt, wobei sich ergab, daß
das beiderseitige Ansteigen in den verschiedenen Höhen-

schichten nicht ganz regelmäßig anhält, da bei zunehmender Erhebung die Niederschlagsmenge in verzögerter Weise wächst. Als Mittelzahl wurde für einen Höhenunterschied von 100 m die Zunahme der Regenhöhe um 69 mm gefunden. Mit Hülfe dieser Zahl wird dann ferner berechnet, um wie viel die mittlere Regenmenge einer Station je nach deren Höhenlage zu vermindern oder zu vermehren ist, um das durchschnittliche „Soll" der Niederschläge für diesen Ort genau zu bestimmen. Weicht sodann das gefundene Beobachtungsergebnis erheblich davon ab, so kann die Ursache dafür nur in den örtlichen Verhältnissen der Umgebung gesucht werden. So liegt z. B. die eine Regen-Insel bei Kamaik mit der geringsten Niederschlagsmenge im Regenschatten des südwestlich vorgelagerten Tremziner Gebirges. Andere Orte haben einen viel stärkeren Regenfall als den, welcher ihnen nach ihrer Lage zukäme; von diesen sind 48 in oder neben größeren Waldkomplexen gelegene mit längerer Beobachtungszeit ausgewählt und in einer tabellarischen Übersicht zusammengestellt worden, in welcher das über jenes „Soll" hinausgehende Mehr der beobachteten Regenhöhe für jeden Ort einzeln angegeben ist, wobei sich durchweg sehr erhebliche Überschüsse ergeben, z. B. für Tetschen und böhmisch Kamnitz 32 und 33 Proc., für Eisenstein 30 Proc., für Zinnwald 24, für Kolin, Jicin, Turnau und Braunau 20 und 19 Proc. Hiermit hat uns der Verf. aus einem großen Beobachtungsgebiet ein unanfechtbares Beweismaterial geliefert dafür, daß durch die reichlichere Bewaldung eines Landes die Regenmenge gesteigert werden kann. Diese günstige Wirkung ist auch schon in den Gegenden mit dem geringsten Niederschlag, bei Brandeis a. d. E. und Alt-Prerow, wahrzunehmen.

Als ebenso ungünstig schildert der Verf. den Einfluß

des Waldes auf die Regenhäufigkeit; doch erkennt er als gewissenhafter Beobachter selber an, daß hierfür eine zahlenmäßige Grundlage viel schwieriger zu beschaffen sei, weil auf der einen Station oft schon ein leichtes Nebel= rieseln als Regen verzeichnet werde, während die andere in solchem Falle keinen Regentag verzeichne.

Zum Schluß mögen noch die allgemein interessanten Zahlen über die Abgleichung zwischen der auf ganz Böh= men treffenden Regenmenge und der durch die Elbe ab= geführten Wassermenge hier Platz finden; erstere berechnet sich auf 35·4 Km˙ (zu 1000 Millionen km), die letzteren auf durchschnittlich 10 Km jährlich. Die Grenzen des oberen Elbgebietes fallen bekanntlich fast ganz mit den politischen Grenzen Böhmens zusammen und deshalb bringen diese beiden Zahlen das Verhältnis zwischen Zu= und Abfuhr des Wassers mit hinlänglicher Genauigkeit zum Ausdrucke. Die durchschnittliche Regenhöhe für ganz Böhmen wird aus obigem gleich 681 mm gefunden. Zur weiteren Erhärtung der eingangs erwähnten Thatsache mögen noch die Regenverhältnisse Jerusalems und Naza= reths nach zehnjährigem Durchschnitt kurz angeführt werden. Ersteres hat 570, letzteres 612 mm Regenhöhe; da aber Jerusalem 500 m höher liegt als Nazareth und da nach der Vergleichung mit Jaffa auf je 100 m Er= hebung die Niederschlagsmenge in Palästina um 14·3 mm zunimmt, so sollte die heilige Stadt 71·5 mm mehr haben als Nazareth, sodaß sich daraus ein Unterschied von 113 mm oder 20 Proc. ergiebt. Die einzige Ursache liegt nach Leo=Anderlind[1]) in der Bewaldung; die Umgebung Jerusalems ist auf 45—75 km Entfernung ganz waldlos, während Nazareth von zwei Waldgürteln umgeben ist, der

---

[1]) Ztschr. des deutschen Palästina=Vereins, Bb. VIII, H. 2.

eine auf dem Gebirge Ephraim, der andere am Karmel, wofür 6 Procent als Bewaldungsziffer gefunden wurden. In Nazareth ist die Vertheilung des Regens eine viel gleichmäßigere; hier liegen die Jahresmittel zwischen 374 und 896 mm, in Jerusalem zwischen 318 und 1090 mm und es treten auch außerdem die Platzregen und Wolkenbrüche in Jerusalem viel häufiger und verheerender auf als in Nazareth.

Der Einfluß der Wälder auf das Klima ist neuerdings auch in Schweden auf Veranlassung des meteorologischen Centralinstitutes studirt worden und H. E. Hamberg hat die Beobachtungen diskutirt.[1]) Dem Bericht[2]) über diese Untersuchungen entnehmen wir das Folgende:

„Die Stationen waren in der Weise organisirt, daß eine derselben unter Bäumen einer sehr dicht bewaldeten Fläche, die andere in der Ebene an einer unbewaldeten Stelle, 10—20 km von der erstern entfernt, etablirt wurde u. f. f.

Die Resultate haben streng genommen nur Gültigkeit für die forstlichen Bezirke und großen Ebenen der Kreise Upsala, Westermanland und Staraberg, sind jedoch auch von großer allgemeiner Bedeutung. Sind die Einflüsse von Seen und Flüssen, der verschiedenen Höhenlage, der Unterbrechungen des Bodens durch größere und kleinere stehende Gewässer, Beschattung von Bäumen, Beschaffenheit des Bodens und noch andere sekundärer Art in Anschlag gebracht und eliminirt und die Verhältnisse daher im Übrigen gleich, so kann man das Klima des Waldes (Fichten und Kiefern) und der Ebene in Schweden folgendermaßen charakterisiren.

Das Mittel der Jahrestemperatur unter den Waldbäumen ist 0·15° geringer als in den Lichtungen und ungefähr 0·25° geringer als das in der Ebene.

---

[1]) Hamberg, De l'influence du forêts sur le climat de la Suède. Stockholm 1886.

[2]) Wollny Forschungen auf d. Gebiet der Agrikulturphysik IX. Bd., S. 146. Meteorol. Ztschr. 1887, S. [1].

Die Größe dieser Temperaturdifferenz zwischen dem Walde und der Ebene ist nach den Jahreszeiten verschieden. Während der Monate April bis August ist die Temperatur unter den Bäumen 0·5⁰ niedriger als in benachbarten Lichtungen, dagegen vom November bis Januar 0·2⁰ höher. In den Lichtungen andererseits ist die Temperatur im Mai bis Oktober niedriger und vom Januar bis März ungefähr 0·5⁰ höher, als in der Ebene. Die Verminderung der Temperatur unter den Wald= bäumen im Vergleiche zur Ebene beträgt also während der Monate April bis September zwischen 0·5⁰ und 0·7⁰, während eine kleine Erhöhung von ungefähr 0·2⁰ sich im November, De= cember und Januar zeigt.

Diese Temperaturerniedrigung unter den Waldbäumen im Frühling und Sommer erklärt sich aus der niedrigen Maximal= temperatur des Tages, welche im Mittel nicht weniger als um 2—3⁰ herabgedrückt wird, während die Nachttemperatur in den= selben Jahreszeiten fast so niedrig ist wie in der Ebene (1·80 m über dem Boden).

Die Hauptursache der niedrigen Temperatur unter den Bäumen während der heißen Jahreszeit ist wohl in der geringen Insolation und der in Folge dessen erniedrigten Temperatur des Bodens und der Baumstämme zu suchen; in der That ist die Bodentemperatur in der Tiefe von 0·5 m hier im Juni und Juli nicht weniger als 3·5⁰ niedriger, als in der Ebene. Auf der anderen Seite erklärt sich die schwache Erhöhung der mitt= leren Lufttemperatur im Winter aus dem, wenn auch schwachen Schuß, welchen der Wald gewährt (Bodentemperatur bei 0·5 m Tiefe höher als in der Ebene). Das Temperaturminimum erhebt sich gewöhnlich vom Oktober bis zum März um 0·8⁰ im Mittel, während das Maximum sich nur um 0·4⁰ im December und Januar, aber schon um 0·8⁰ im November und Februar erniedrigt. Der Gewinn ist also unbedeutend und macht sich nur in der Mitteltemperatur des December und Januar bemerklich. Diese höhere Temperatur im December und Januar ist wohl auf Rech= nung der seit dem Sommer im Boden und in den Baumstämmen verbliebenen Wärme zu setzen. Die Erniedrigung der Temperatur in den Lichtungen im Vergleiche zur Ebene im Sommer und im Herbste erklärt sich nicht aus der Temperatur des Tages, sondern aus derjenigen des Abends und der Nacht; diese letztere ist vom

April bis zum Oktober 1·8 m über dem Boden, im Mittel 0·5⁰ bis 0·7⁰ niedriger als in der Ebene. Selbst über dem mit Kräutern bedeckten Boden dieser Lichtungen ist das Minimum der Temperatur vom Juni bis September nicht weniger als 1⁰ unter demjenigen in der Ebene. Diese verhältnismäßig beträcht= liche Erniedrigung der Temperatur der Lichtungen während der Nacht ist wahrscheinlich durch eine stärkere Ausstrahlung bedingt.

Die Unterschiede, welche die Lichtungen und Ebenen hin= sichtlich der Temperatur aufweisen, treten am stärksten bei klarem Himmel hervor, verwischen sich aber, sobald letzterer bedeckt ist, ein Beweis dafür, daß die Differenzen in der Luftwärme durch solche in der Ausstrahlung hervorgerufen werden. So war bei heiterem Wetter die Temperatur um 9 Uhr Abends im Sommer durchschnittlich um 1⁰, im Herbst um 0·75⁰ geringer in der Lich= tung, als in der Ebene. Dagegen sieht man keinen auffälligen Unterschied bei verschiedenen Winden.

Die Größe der täglichen periodischen und unperiodischen Variation ist unter den Waldbäumen viel geringer, als in der Ebene. So ist die periodische zwischen März und Oktober 1—2⁰, die unperiodische 2·2—3·5⁰ kleiner im ersteren Fall als im letz= teren; für das ganze Jahr ist sie resp. 1·3 und 2·6⁰ kleiner. In den Lichtungen aber ist die tägliche Variation ein wenig größer als in der Ebene: die periodische um ungefähr 0·15⁰, die nicht= periodische um 0·25⁰ größer für das ganze Jahr und letztere um ungefähr 0·5⁰ größer während der Monate April bis Oktober. Dies steht also in einer innigen Beziehung zu den bezüglich der Temperaturextreme angeführten Resultaten.

Die Größe der jährlichen Variation ist um etwas mehr als 0·5⁰ geringer in der Lichtung als in der Ebene. Die mittlere Veränderlichkeit in der Temperatur von Tag zu Tag für dieselbe Stunde beläuft sich im Bezirk Upsala auf 3⁰ im Jahresmittel, in dem südlicher gelegenen Bezirk Skaraborg nur auf 2·5⁰. Sie erreicht im Winter und im Frühling ihr Maximum Morgens und Abends; im Sommer ist sie größer um Mittag. Sie ist stets unter den Bäumen geringer, als in der Lichtung, oder in der Ebene. Morgens und Mittags ist sie in der Lichtung und in der Ebene gleich, Abends an ersterem Ort ein wenig größer.

In den Lichtungen hat die Temperatur keinen maritimen Charakter im Vergleich zu demjenigen der großen kultivirten

Ebenen. Das Ufer der großen Seen hat eine höhere durchschnittliche Jahrestemperatur, als das Innere des Landes; im
Walde aber wird dieses Mittel noch geringer, als in der Ebene.
Das Ufer zeichnet sich durch seine warmen August- und Herbstmonate aus; der Wald ist hingegen zu dieser Jahreszeit kälter,
als die Ebene; das Ufer hat im Allgemeinen geringere tägliche
Schwankungen der Temperatur, als das Innere, eine Lichtung
hingegen größere, als die Ebene.

Diese Resultate ermöglichen, die Frage zu lösen, welchen Einfluß die Wälder auf die Temperatur von Schweden ausüben. Die
vorliegenden Untersuchungen gestatten zwar nicht, zu entscheiden,
ob die Gegenwart von Wald dazu beiträgt, die mittlere Temperatur zu erhöhen, oder zu erniedrigen. In der That ist weder
die Insolation noch die Ausstrahlung der Nadeln und Gipfel der
Bäume in Betracht gezogen worden. Hinsichtlich dieses Punktes
sind wir daher auf ungefähre Schätzungen angewiesen. Unter
den in Schweden vorkommenden verschiedenen Oberflächenformen
sind sicherlich die wichtigsten: Gewässer, Felsen, Wiesen und
Wald. Das forstliche Klima gleicht weder dem maritimen Klima
noch demjenigen der Städte: Der Wald läßt sich am besten mit
einer Wiese mit riesenhafter Vegetation und Ausdehnung vergleichen, wofür die niedrige Bodentemperatur unter den Bäumen
und die Kühle des Waldes im Sommer, vornehmlich Abends
und Nachts in Folge starker Ausstrahlung, sprechen. Von diesem
Gesichtspunkt aus würde der Wald eher eine Quelle der Kälte,
als der Wärme sein.

Die Oberfläche des Waldes unterscheidet sich dadurch von
anderen Oberflächenformen der Natur, daß sie sehr hoch in die
Luft über die unterste Luftschicht emporragt. Es folgt hieraus,
daß, mag das Jahresresultat ein Übermaß oder einen Ausfall
an Wärme ergeben, beides sich durch die Winde einer größeren
Luftmasse und den benachbarten Schichten des Bodens mittheilen
muß. Die thermischen Eigenthümlichkeiten der anderen Oberflächen kommen mehr den unteren Luftschichten zu statten, üben
also, vom praktischen Standpunkt aus betrachtet, einen größeren
Einfluß auf die Bodentemperatur oder die unmittelbar darüber
lagernde Luft aus.

Die Frage, welches der wichtigste Einfluß des Waldes auf
die Temperatur der tiefsten Luftschichten sei, soweit sich derselbe

mittels des Thermometers feststellen läßt, glaubt Verfasser für Schweden, wie folgt beantworten zu sollen.

Der Wald erniedrigt in freien und kultivirten Gegenden Schwedens während der Vegetationsperiode die Temperatur der Luft und des Bodens während klarer Abende und Nächte, schränkt die Zeit der täglichen Insolation ein und hemmt dadurch die Vegetation. Die anderen Einwirkungen des Waldes auf die Temperatur in Schweden sind so schwach, daß sie keine praktische Wichtigkeit besitzen — wie z. B. die Verminderung der Kälte während des Winters — oder sind von der Art, daß sie mittels des Thermometers nicht wahrgenommen werden können. Unter den Einwirkungen letzterer Art ist der Schutz anzuführen, welchen den Wald gegen die kalten und heftigen Winde einer empfind= lichen Vegetation gewährt. In gewissen Fällen kann er auch gegen kalte Luft oder Nebel schützen, welche während kalter Nächte vom benachbarten Terrain kommen und Veranlassung zu Frost geben können. Der günstige Einfluß des Waldes auf die Tem= peratur scheint sonach, wie Verfasser ausführt, derselbe zu sein, welchen man mit Hilfe einer Mauer, einer Pallisade, einer Hecke erreichen würde.

Einerseits gewährt also die Nachbarschaft des Waldes mecha= nisch einen Schutz gegen heftige Winde; andererseits aber schadet dieselbe, indem sie die Sonnenwärme zurückhält, die Bodenwärme während klarer Nächte herabdrückt und dadurch die Rauhfröste begünstigt. Auf größere Entfernungen übt der Wald keinen wahrnehmbaren Einfluß in Schweden aus."

Atmosphärische Elektricität.

Untersuchungen über die Erscheinungen bei Entladungen der atmosphärischen Elektricität und bei Gewittern hat Dr. Bernhard Weber im Auf= trage des elektro=technischen Vereins ausgeführt.[1] Diese Untersuchungen sind noch durchaus nicht abgeschlossen, haben jedoch bereits interessante Resultate ergeben.[2]

Die Versuche mit Blitzableiterpaaren, bei denen Material

---

[1] Elektrotechnische Zeitschrift 1886, Bd. VII, S. 445.
[2] Naturw. Rundschau 1887, Nr. 13.

und Gestalt der Spitzen verschieden waren, haben noch keine wesentlichen Resultate ergeben; nur wenig Beobachtungen konnten bisher gemacht werden, und bei diesen wurde konstatirt, daß die Elektricität stets von der höheren Spitze vorzugsweise abgeleitet werde, während ein in der Nähe befindlicher Blitzableiter mit der niedrigeren Spitze keine Funken an der Unterbrechungsstelle zeigte.

Mannichfacher und für die Kenntniß der atmosphärischen Elektricität ergebnißreicher waren die Experimente zur Messung der durch Spitzen oder Flammen sich ausgleichenden Ströme. Die Versuchsanordnung war durchweg so, daß von einem in Spitzen oder Flammen endigenden und der Atmosphäre exponirten Leiter eine isolirte Leitung zum Galvanometer und von diesem zur Erde geführt wurde. Bei den Messungen dieser Ströme wurde als Einheit der millionste Theil eines Milliampère ($\mu\,\alpha$) zu Grunde gelegt.

Ein erster Versuch auf dem Dache des Wohnhauses des Vortragenden, während zarte Cirruswolken am Himmel standen, ergab bei Anwendung einer Kerzenflamme den Werth 18; acht aus einem Brennrohre strömende Flammen veranlaßten eine $3\frac{1}{2}$ Mal so große Ablenkung der Nadel, und eine Petroleumfackel gab einen Strom von 114 $\mu\,\alpha$. Eine spätere Beobachtung auf dem 729 m hohen Zobten gab (bei Nebelwetter) mit sechs Wachsfackeln Ströme zwischen 23 und 94 $\mu\,\alpha$. Auf der 1603 m hohen Schneekoppe wurde bei mäßig klarem Wetter mit einer Fackel der Werth 32 $\mu\,\alpha$ erhalten.

Eine Vergleichung der aus feinen Metallspitzen ausströmenden Elektricitätsmenge mit der aus Flammen strömenden ergab, daß ein Kranz von 150 feinen Nähnadeln auf dem Dache des Hauses keine Spur eines Stromes erkennen ließ, wo eine Kerze schon die Nadel deutlich ablenkte. Verschiedene Pflanzen an Stelle der Spitzen wurden ebenfalls zu vergleichenden Messungen verwendet; aber bei völlig heiterem Himmel gelang es nicht, mit Sicherheit eine Ausströmung aus den Pflanzen zu messen.

Versuche mit Drachen wurden sowohl in Breslau wie auf der Schneekoppe wiederholt ausgeführt und haben bei heiterem Himmel wesentlich stärkere Ströme ergeben. Auf der Koppe sind von dem stationirten Telegraphisten gelegentlich Ströme von 5400 bis 10 800 und einmal sogar von 19 000 $\mu\,\alpha$ beobachtet worden. Systematischer waren die Beobachtungen in Breslau; sie führten zur Feststellung der Thatsache, daß das Potential mit der Höhe eine Zunahme zeige, welche nahezu die Größenordnung der von Exner berechneten Werthe erreicht. Als Beleg hierfür seien die Werthe angeführt, welche am 7. Oktober in Breslau durch Beobachtungen gewonnen sind, während welcher der Anfangs mit leichtem Cirrostratus bedeckte Himmel sich ganz aufgeklärt hatte; unter h ist die Höhe des Drachens in Metern, unter i die Intensität des durch das Galvanometer fließenden Stromes in μ α angegeben:

h	i	h	i
44	27	115	627
71	61	78	257
107 .	451	41	40
140	1078	139	1332

Neben den galvanischen Messungen wurde bei den einzelnen Höhen mittels eines eingeschalteten Funkenmessers auch die Schlagweite bestimmt; sie war bei im Mittel 144 m Höhe 1 mm und zwar erfolgten 14 Entladungen in der Minute. Diese Schlagweite würde einer Potentialdifferenz von etwa 5000 Volt entsprechen. Nimmt man an, daß der Ausbreitungswiderstand des Drachens bei derselben Windgeschwindigkeit einen konstanten Werth besitzt, so würde sich für die letzten 30 m zwischen den Höhen 110 und 140 m aus der Vermehrung der Stromstärke eine Vermehrung des Potentials von 2500 auf 5000 Volt ergeben, also für 1 m eine Zunahme von 83 Volt.

Diese Beobachtung ist durch eine Reihe anderer im Wesentlichen bestätigt worden, so daß durch dieselbe die sehr schnelle Zunahme des Potentials mit der Höhe erwiesen ist. Ob man aus dieser Zunahme des Potentials auf eine negative Ladung der Erde schließen soll (wie es Exner thut), oder ob man in den vermuthlich sehr konstanten Luftströmungen der hoheren Schichten eine elektromotorische Kraft suchen soll, will Weber unerörtert lassen. Die Vorstellung müsse aber festgehalten werden, daß sich der auch als elektrische Niveaufläche zu betrachtenden Erdoberfläche Schichten konstanten Potentials auflagern, welche über den ebenen Theilen der Erde als parallele Schichten erscheinen und sich den Hervorragungen in größerer Dichte anschmiegen.

Komplicirter zeigten sich die Erscheinungen während der

Wolkenbildung beim Herannahen von Gewittern und bei Blitzschlägen. Weber giebt einige Beispiele derartiger Beobachtungen,
die in Breslau an verschiedenen Lokalitäten und auf der
Koppe ausgeführt sind. Bei einer von Fehlern freien Beobachtung im Universitätsgebäude zu Breslau wurde die Galvano-
meter-Nadel beim Anziehen des Gewitters unruhig und es traten
kleinere Zuckungen auf; dieselben wurden ausgeprägter, als das
Gewitter sich unter lebhaftem Donner und Blitz mehr und mehr
näherte. Gleichzeitig mit jedem Blitz trat eine momentane positive Zuckung ein, dann begann eine kontinuirliche negative Ablenkung, welche allmählich an Stärke zunahm, bis ein neuer
Blitz mit entgegengesetztem Stromstoß erfolgte. Die größte,
kontinuirliche Ablenkung betrug 9 mm, entsprechend einer
Stromstärke von fast 1000 μ·α; die größte unmittelbar darauf
folgende Zuckung betrug 22 cm. Aus dieser Ablenkung wurde
die Potentialdifferenz zwischen Erde und Spitze des Blitzableiters
während des Blitzes berechnet und gleich 5500 Volt gefunden.

Weber schließt aus seinen Beobachtungen, daß die galvanischen Messungen angewandt werden können, um die während
eines Gewitters aus Blitzableiterspitzen fließenden Ströme zu
messen, und demnach bei fortgesetzten Beobachtungen mit verschiedenen Spitzen charakteristische Unterschiede festzustellen. Ferner
hält er es nach seinen Resultaten bei heiterem Himmel für wahrscheinlich, daß die unausgesetzt in die unzähligen Spitzen des mit
Vegetation bedeckten Landes eingezogenen Ströme sowohl für
den elektrischen Zustand der Atmosphäre, wie für die Erdströme
von Einfluß sind.

Über das Aussehen und die Beschaffenheit
der Gewitterwolken und das Auftreten der
Gewitter im Allgemeinen hat sich Dr. Hahn verbreitet.[1] In unseren Breiten kommt es selten vor, daß
ein Gewitter sich aus schon längere Zeit bewölktem
Himmel entwickelt, obwohl Jahre vorkommen, in denen
selbst nach tagelang anhaltendem Regen die anscheinend
gleichmäßig grauen Wolken plötzlich Blitz und Donner
bemerken lassen. Selbst aus dichtem Nebel heraus können

---

[1] Annalen der Hydrographie 1887, 1. u. 2. Heft.

sich Gewitter entwickeln, was durch Beobachtungen an den Meeresküsten und aus dem Binnenlande beglaubigt wird. So beobachtete man am 31. August 1877 ein überaus heftiges Gewitter, dessen Blitze durch einen dichten, schon längere Zeit vorher entstandenen Nebel hindurchleuchteten. Nach Andries soll ein solcher Staub= nebel die Luftelektricität sehr steigern und die Gewitter vermehren.

Sehr häufig bildet ein Gewitter den Schluß einer längeren oder kürzeren Periode vorwiegend heiteren Wetters. Die Annäherung und das Aufsteigen der Ge= witterwolken kann dann meist unmittelbar beobachtet werden. In Gebirgen sieht man dann und wann, wie sich eine Gewitterwolke in bedeutender Höhe über dem Horizont zusammenzieht; in der Ebene sind solche Beob= achtungen nur in sehr geringer Zahl zu machen. Das bemerkenswertheste Kennzeichen des heraufsteigenden Ge= witters ist ohne Zweifel der Cirrusschirm. An dem vor Erscheinen des Gewitters meist dunstigen Horizont scheidet sich in den häufigsten Fällen ein dichter Cirrusfilz mit zerfasertem vorderem Rande langsam aus, der eine gewisse Höhe über dem Horizont erreichen kann, ehe noch die Haufenwolken unter demselben erscheinen. Letztere, den eigentlichen Sitz der elektrischen Entladungen bildenden Wolken, sind oft sehr dunkel, eigenthümlich gefärbt und von charakteristischer Form; es zeigt sich häufig ein durch die Wirkung der Perspektive bogenförmig gekrümmter, langgestreckter Wulst, eine sogenannte Bogenwolke oder bogenförmige Böe, und sie ist im Allgemeinen ein An= zeichen eines schweren, von Hagel und Sturm begleiteten Gewitters. Unter dem Wolkenwulst erscheint meist ein sich hell und scharf abhebendes Segment, das nichts weiter ist, als die aus der heranziehenden Wolke niederströmende

Regenschicht. In gewissen Fällen ist dieses regnende Segment theilweise durch einen eigenthümlichen Wolkenvorhang, ein aus leichten, nebelartigen, draperieförmig herabhängenden Wolkenzipfeln bestehendes Gebilde verdeckt; solche Gebilde deuten nach Hahn sicher auf heftigen Gewittersturm, der oft mit Hagelschauern auftritt.

Die Färbung der schweren Kumulus- und Kumulostratusmassen ist gewöhnlich eine grauschwarze, manchmal mit bläulichem oder grünlichem Farbenton; der Wolkenvorhang zeigt meist weiß-gelbliche oder auch röthliche Tinten, und an den Rändern der deutlich unterscheidbaren Wolkenmassen entstehen dann und wann grell weiße Streifen.

Bei Beobachtungen über die Blitzformen kann man heute noch die Eintheilung von Arago zu Grunde legen. Die Zickzackblitze bestehen, wie aus Blitzphotographien erkannt worden ist, nicht aus einer scharfen Linie, sondern aus mehreren Bändern und Streifen, die durch dunklere Zwischenräume getrennt sind. Die Richtungsänderung geschieht nicht in sehr spitzen Winkeln, sondern in ziemlich sanften Biegungen; die Verästelungen der Blitzstrahlen bilden die Regel; einfache Blitze, d. h. solche, die in ihrem ganzen Verlauf nur einen Lichtstreifen zeigen, sind sehr selten, ebenso solche, die nur gradlinig verlaufen. Die breiten Flächenblitze bieten den Anblick eines Feuermeers, das durch die Wolken hindurch sichtbar wird; den spektroskopischen Untersuchungen Häpke's zufolge sind sie generell von den Zickzackblitzen verschieden. Am merkwürdigsten sind wohl die Kugelblitze, deren Natur Planté durch Experimente näher zu treten versuchte; eine genügende Erklärung dieser Erscheinung ist erst von weiteren Untersuchungen zu erwarten. Als Übergangsform vom ersten zum dritten Blitztypus sind die Funkenblitze zu erwähnen.

Es zerfällt entweder der ganze Blitzstrahl in eine Reihe glänzender Funken, oder ein Zickzackblitz zerfasert sich am Ende in sprühende Funken, ein Fall, der häufig dann eintritt, wenn der Blitz einschlägt. Die Färbung der Blitze ist bei manchen Gewittern sehr charakteristisch, bisweilen sind sie rothviolett, manchmal intensiv blau, meist aber blendend weiß. Auch der Donner zeigt in manchen Fällen bemerkenswerthe Einzelheiten, die namentlich beim Einschlagen eines Blitzes stark hervortreten. Auf den kurzen, knallartigen Donner folgt dann wohl ein eigenthümlich prasselndes Geräusch, oder es folgen dem ersten furchtbaren Krach mehrere gleich heftige Schläge.

Auf die Eigenart der Gewitter in ihrer Abhängigkeit von Tages- und Jahreszeiten, sowie von anderen begleitenden Erscheinungen sekundärer Art ist ein besonderes Gewicht zu legen, da auch in dieser Hinsicht noch eine Reihe interessanter Fragen ihrer Lösung harrt. Unter den Sommergewittern ist das erste nach langer, heißer Trockenheit ausbrechende Gewitter, weil in großer Höhe befindlich, nicht verheerend und regenarm; es folgen aber dann in der Regel noch weitere, die tiefer ziehen und viel heftiger und gefährlicher auftreten.

Das Wetterleuchten, nahe am Horizont beobachtet, darf im Allgemeinen auf die elektrischen Entladungen eines nicht immer sehr leicht nachweisbaren Gewitters in großer Ferne zurückgeführt werden. Allein es ist auch schon sogenanntes Wetterleuchten höher am Himmel, ja sogar im Zenith, wahrgenommen worden; in solchen Fällen ist an ruhige, dem St. Elmsfeuer ähnliche Ausströmungen zu denken oder auch an Gewitter, die sich in einer so beträchtlichen Höhe abspielen, daß ihr Donner uns nicht mehr erreicht.

Außerdem sind noch zuweilen leuchtende Wolken und

verwandte Erscheinungen zu beobachten, deren sorgfältige Notirung dringend empfohlen werden muß. Während eines Gewitters erscheint in einzelnen Fällen in den Pausen zwischen den Blitzen ein Leuchten der Wolken an ihren Rändern oder in ihrer ganzen Ausdehnung, ohne daß etwa an eine optische Täuschung zu deuken wäre. Auch ohne jede Spur eines Gewitters treten leuchtende Wolkengebilde auf, entweder als niedrig ziehende Nebelmassen oder in großer Höhe, wo sie sich dann meist sehr deutlich gegen andere nicht leuchtende Wolken abheben. Die Erleuchtung kann sich über das ganze vorzugsweise bewölkte Himmelsgewölbe erstrecken. Es herrscht nach Aßmann ein eigenthümlich fahles Halbdunkel, in welchem man Gegenstände, welche sonst in dieser Entfernung im Dunkeln völlig unsichtbar bleiben, mit großer Deutlichkeit erkennen kann.

Die an einzelnen irdischen Gegenständen zu beobachtenden Lichterscheinungen sind entweder nordlichtartige Erleuchtungen, welche z. B. während eines heftigen Gewitters vom unteren Ende einer Terrainausbiegung zur Spitze derselben hinaufziehen oder es ist das eigentliche St. Elmsfeuer, das gerne an stürmischen, Regen- und Schneeschauer bringenden Wintertagen mit und ohne Gewitter auftritt. Es zeigt sich meist an hohen Punkten (Thürmen, Bäumen, Schiffsmasten), bisweilen aber auch in großer Nähe der Erdoberfläche an Zäunen und Sträuchern. Die weißblauen Flämmchen oder das starke, bläuliche, undulirende Phosphoresciren geht häufig einem Gewitter voran, erlischt bei der ersten heftigeren elektrischen Entladung und stellt sich wohl auch nach einiger Zeit wieder ein, oder es verweilt während eines lang andauernden Gewitters ohne wesentliche Änderung.

Untersuchungen über die Gewitter auf der

skandinavischen Halbinsel haben H. Mohn und
H. Hildebrand Hildebrandson veröffentlicht. Die wissenschaftliche Untersuchung der Gewitter, der Bedingungen
ihres Auftretens und der Mechanik ihrer Bewegung ist in
neuester Zeit von verschiedenen Seiten in Angriff genommen
worden. Leverrier in Paris war der Erste der vor ein paar
Jahrzehnten ein vollständiges Netz für Gewitterbeobachtungen
in Frankreich organisirte und Instruktionen ausarbeitete,
welche im wesentlichen seitdem überall zu Grunde gelegt
worden sind. Außerhalb Frankreich war es zuerst Norwegen 1867 und darauf Schweden 1871 wo ein Stations-
netz zu besonderen Gewitterbeobachtungen errichtet wurde.
Die Beobachtungen in Frankreich und auf der skandinavischen Halbinsel haben seitdem zur Entdeckung der allgemeinen Gesetze über Ursprung und Ausbreitung dieser
Phänomene und ihrer Periodizität geführt. Schon Fron,
welcher die Gewitter in Frankreich aufmerksam studirt,
fand, daß dieselben keineswegs lokalisirte Erscheinungen
sind, sondern in sehr innigen Beziehungen zu den barometrischen Depressionen stehen, und daß sie im voraufgehenden Theile der Wirbelsturmgebiete erscheinen und diesen
letzteren im Allgemeinen von West nach Ost folgend, sich
über größere Räume fortpflanzen. Indem der französische
Meteorologe für jede Station die Zeit der Mitte zwischen
dem ersten und letzten Donner der Gewitter aus den
eingesandten Beobachtungen feststellte und diese Momente
auf einer Karte den betreffenden Orten beischrieb, wurde es
ihm leicht, die fortschreitende Bewegung der Gewitter graphisch zu zeigen. Bereits 1865 wurde von Leverrier
erkannt, daß neben den großen Gewitterzügen, die an die
barometrischen Depressionen gebunden, mit diesen, ziemlich
unbekümmert um die Beschaffenheit des unter ihnen befindlichen Erdbodens dahinziehen, auch eine Art von Ge-

wittern exiftirt, die als „erratifche Gewitter" bezeichnet
wurden. Die Unterfuchungen in Norwegen haben diefe
Ergebniffe beſtätigt und nach der Seite der atmofphärifchen
Bedingungen hin, unter denen ſich Gewitter bilden, er=
weitert. Es hat ſich ergeben, daß als anſcheinend uner=
läßliche Bedingung für die Entſtehung eines Gewitters
ein aufſteigender Luftſtrom erforderlich iſt, welcher bedeu=
tende Mengen von Waſſerdampf enthält. Damit auf=
ſteigende Luftſtröme ſich ausbilden, iſt in erſter Linie hohe
Temperatur erforderlich. Der Waſſerdampf trägt dann
durch ſeine Kondenſation in der Wolkenregion mächtig
zur Wirkung des aufſteigenden Stromes bei. Man kann
zwei verſchiedene Arten von atmofphärifchen Zuſtänden
angeben, welche die Bildung von Gewittern begünſtigen.
Beide werden von aufſteigenden Luftſtrömen begleitet, ein
Unterſchied iſt nur in Bezug auf die Bewegung vorhanden.
Während der Sommermonate erzeugt die Strahlung der
Sonne eine hohe Lufttemperatur. Die Luft nimmt den
Waſſerdampf des Meeres und der ſonſtigen Waſſerflächen
auf und giebt dadurch in der Höhe Veranlaſſung zur
Bildung von Gewölken und Gewittern. Man kann dieſe
Art von Gewittern Wärmegewitter nennen. Sie
bilden ſich am häufigſten in den mittleren und öſtlichen
Gegenden von Skandinavien. Bei dieſer Klaſſe von Ge=
wittern iſt der Wind, die Schnelligkeit der Wolkenbewegung,
die Stärke der Blitze und des Donners, ſowie die Hef=
tigkeit des Regens gewöhnlich ſchwächer als bei den ſonſtigen
Gewittern. Die Wärmegewitter beſchränken ſich durchaus
auf die heiße Jahreszeit, im Winter iſt die Strahlung
der Sonne zu ihrer Entſtehung durchaus nicht hinreichend.
Die günſtigſte Bedingung für die Entſtehung von Ge=
wittern iſt gegeben wenn ſich das Centrum einer baro=
metriſchen Depreſſion, begleitet von wirbelnder Luftbewe=

gung, vom atlantischen Ocean her Norwegen nähert und
über dieses Land hinwegschreitet. Die zahlreichsten Ge=
witter finden dann im voraufgehenden oder östlichen Theil
des Wirbels statt, in welchem vorwiegend südliche Winde
mit hoher Wärme und großer Feuchtigkeit auftreten. Ge=
witter auf der Rückseite eines atlantischen Wirbels sind
sehr seltene Erscheinungen. Die Wirbelgewitter sind übri=
gens sehr viel zahlreicher als die Wärmegewitter, im Winter
treten stets nur Wirbelgewitter auf. Inzwischen muß man
sich aber hüten ein Wirbelgewitter als eine Wolkenschicht
von hoher elektrischer Spannung zu betrachten die vom
Winde vor sich her getrieben wird. Vielmehr kann man
behaupten, daß die Fortpflanzung der Gewitter nicht ledig=
lich in einer Fortbewegung der Wolken besteht, deren
Elektricität auf so langem Wege sich zerstreuen müßte,
sondern vielmehr in einer fortgesetzten Neubildung der
Bedingungen zum Entstehen der Gewitter, unter denen
in erster Linie warme, feuchte, aufsteigende Luftströme zu
nennen sind. Die Beobachtungen und Untersuchungen
in Schweden bestätigen vollständig die in Frankreich und
Norwegen gefundenen Resultate. Auch dort erkennt man
zwei verschiedene Arten von Gewittern, doch ist es hier
unmöglich eine scharfe Grenze zwischen ihnen zu ziehen.
Thatsächlich zeigen sich häufig Gewitter beider Klassen
gleichzeitig in unmittelbar benachbarten Theilen des Landes.
An Zahl überwiegen in Schweden die Wärmegewitter bei
weitem und sind Gewitter am Ende des Sommers oder
zur Winterszeit hier äußerst selten. Auch die Intensität
der Wärmegewitter ist in Schweden sehr beträchtlich und
bisweilen sind sie von ungewöhnlich heftigen Hagelfällen
begleitet. Nach dem Muster von Frankreich und Nor=
wegen hat Bezold in Bayern Gewitterbeobachtungen or=
ganisirt; die ausgedehntesten und wichtigsten Untersuchungen

sind jedoch von Prof. Ciro Ferrari in Italien angestellt worden. Besonders seit das Ufficio centrale di meteorologia zu Rom als Mittelpunkt der meteorologischen Beobachtungen in Italien fungirt, ist die Zahl der Stationen, an welchen regelmäßige Gewitterbeobachtungen angestellt werden, sehr gewachsen und vor allem hat Norditalien ein sehr dichtes Netz solcher Stationen aufzuweisen. Von den Ergebnissen, zu denen Herr Ciro Ferrari gelangte, mögen folgende hier hervorgehoben werden:

Die Gewitter zerfallen in drei Haupttypen: 1) lokale Gewitter von geringer Dauer und Ausdehnung (Wärmegewitter); 2) Gewitter, welche sich wesentlich in gerader Linie fortpflanzen, so daß die Linien gleichen Maximums merklich parallel sind; 3) Gewitter, die von einem Punkte ausstrahlen, so daß die Linien der größten Intensität Bogen von koncentrischen Kreisen darstellen. Die Gewitter 2) und 3) sind Wirbelgewitter. Die Untersuchung über die Beziehung der Gewitter zu der allgemeinen Druckvertheilung über Europa hat ergeben, daß, wenn das herrschende barometrische Centrum ein solches von hohem Luftdruck ist, in Oberitalien weder Gewitter noch Regen auftreten, daß dagegen die Nähe oder die Herrschaft einer barometrischen Depression das Entstehen von Gewittern und schlechtem Wetter dort begünstigt. Ein genaueres Studium dieser Verhältnisse hat Herrn Ciro Ferrari zu folgender Zusammenstellung der allgemeinen atmosphärischen Lage und des Wetters in Oberitalien geführt:

Allgemeine Wetterlage:	Wetter:
1) hoher Luftdruck	
gut hervortretend oder nahe . . .	sehr schönes Wetter
nicht deutlich hervortretend oder entfernt . . . . }	schönes Wetter

30

entfernt, gegen SSO bis SSW . .	leichte Anzeichen v. Regen u. elektr. Entladungen
in NW, N bis NO liegend u. gleichzeitig tiefer Druck im S bis OSO	schönes Wetter

2) niedriger Luftdruck

über der Po=Niederung	Regen u. Gewitter
in der Nähe überhaupt	„ „ „
ausgebreitet, aber wenig tief . . .	Regen
im S und OSO	oft schönes Wetter
entfernt	Regen und Gewitter
in Gestalt einer Schlinge über dem Pothal mit Öffnung n. NO u. OSO	zahlreiche Gewitter
in Gestalt einer Schlinge über dem Pothal, aber breit und wenig tief	Regen, wenig zahlreiche Gewitter

3) gleichförmiger Luftdruck . .	im Allgemeinen Gewitter
abhängig von zwei benachbarten Anticyklonen	stets Gewitter.

Bezüglich der Temperatur findet Herr Ciro Ferrari, daß in der Po=Niederung eine gewitterreiche Periode stets mit einer Periode großer Hitze zusammenfällt; jeder Erhebung der täglichen Wärmekurve entspricht eine Hebung der Häufigkeitskurve der Gewitter. Die Gewitter werden also durch zwei Hauptursachen bedingt: eine lokale, die hohe Lufttemperatur und eine allgemeine: die Barometerdepression. Wenn die lokale Ursache d. h. die hohe Luftwärme fehlt, so tritt bloß Regen aber kein Gewitter ein. Eine sehr bemerkenswerthe Erscheinung, welche die Gewitter begleitet, ist das Sinken der Luftwärme. Bei den Gewittern des Jahres 1880 hat man einen raschen Temperaturfall von 5°, ja von 10° C und selbst darüber beobachten können. Diese schnelle Temperaturabnahme ist um so bemerkenswerther, als, wie wir wissen, den Gewittern eine hohe Luftwärme voraufgeht. Jedes Gewitter ist ferner verbunden mit einem Minimum der Luftfeuch=

tigkeit auf deffen Rückfeite das Gewitter sich befindet, während ein Maximum des atmosphärischen Wasserdampfes folgt, so daß also das Gewitter sich auf der Grenze zwischen einer trocknen und einer feuchten Zone entwickelt. Endlich haben die Unterfuchungen des Herrn Ciro Ferrari noch festgestellt, daß eine innige Verbindung der Gewitter mit lokalen barometrischen Depressionen besteht. Diese, welche man Gewitterdepressionen nennen könnte, entstehen mit dem Gewitter, verlaufen sich, während letzteres an Heftigkeit zunimmt und sterben mit ihm ab. Das Gewitter hat dabei eine Tendenz auf der Rückfeite diefer kleinen Depression zu verweilen, oder richtiger, das Maximum der Gewitterheftigkeit fällt zusammen mit dem barometrischen Minimum. Um diefe Gewitterdepressionen bläft der Wind in derfelben Richtung wie um alle gewöhnlichen Depressionen d. h. im umgekehrten Sinne der Bewegung des Uhrzeigers. Diese kleinen Gewitterdepressionen lassen sich kartographisch nur darstellen, wenn das Netz der Beobachtungsstationen zahlreich genug ist, um die auf das Meeresniveau reducirten Barometeraufzeichnungen zur Konstruktion von Ifobaren, die von Millimeter zu Millimeter fortschreiten, zu verwenden. In Belgien hat Herr Lancaster ebenfalls die cyklonale Natur der Gewitter erkannt und zwar in feiner Diskussion der belgischen Gewitterbeobachtungen von 1878 und 1879, die in den Annalen der Kgl. Sternwarte zu Brüffel erschienen sind. Das häufige Auftreten von Gewittern in den Schleifen der Ifobaren (bei niedrigem Druck, die wie Henkel verlaufen) ist übrigens eine Thatfache, die sich allen Forschern aufgedrängt hat, welche die täglichen synoptischen Wetterkarten studirten, 1877 wird es erwähnt in der „Monatlichen Übersicht der Witterung," herausgegeben von der Deutschen Seewarte in Hamburg. So viel steht fest, daß die Gewitter in innigem Konnexe mit den sekundären Depressionen stehen.

· Das Vorhergehende ist eine das Wesentliche umfassende Übersetzung der Einleitung, welche die Herren Mohn und Hildebrandsson ihren Untersuchungen über die Gewitter der skandinavischen Halbinsel voraufschicken.[1]) Sie geben dann zunächst eine Beschreibung mehrerer aus gewissen Gründen besonders interessanter Gewitter. Zunächst wird das Wirbelgewitter vom 6. August 1881 besprochen. Es trat zuerst auf gegen 5 Uhr früh an der norwegischen Küste nahe bei Lister, erreichte zwischen 10 Uhr und 11 Uhr morgens den Christianiafjord, wo seine Geschwindigkeit auf die Hälfte der ursprünglichen reducirt erscheint, trat Mittags auf schwedisches Gebiet und passirte Abends 10 Uhr Gotland. Bei diesem Gewitter ergab sich mit Sicherheit, was man übrigens schon früher beobachtet hat, daß der Gewitterzug bei seinem Fortschreiten nach Osten häufig Lokalitäten gewissermaßen übersprungen hat. An manchen Stationen hat man durchaus nichts von einem Gewitter bemerkt, an anderen sah man dasselbe am Horizont, kurz es ist unzweifelhaft, daß das Gewitter sich keineswegs wie ein zusammenhängendes Band senkrecht zu dessen Länge fortbewegt. Die Herren Mohn und Hildebrandsson glauben dieses seltsame Verhalten dadurch am besten erklären zu können, daß sie annehmen, ein Wirbelgewitter bestehe aus einer großen Anzahl lokalisirter Gewitter, die in einer Linie rangirt sind, aber mit mehr oder minder großem Zwischenraum zwischen sich, das Ganze avancire dabei wie eine Reihe Soldaten. Wie lange jedes besondere Gewitter dabei fortbestehe, lasse sich

---

[1]) Les Orages dans la Péninsule Scandinave. Par H. Mohn et H. Hildebrandsson, Upsala 1888.

nicht sagen, wahrscheinlich erlösche jedes einzelne nachdem es ein paar Kilometer durchlaufen habe und gleichzeitig bildeten sich an anderen Orten neue lokale Gewitter.

Ein sehr interessantes Resultat stellt sich aus den Beobachtungen über den Gang der meteorologischen Instrumente heraus, nämlich daß die bereits oben erwähnten Veränderungen des Luftdruckes, der Wärme und Feuchtigkeit nicht nur dem Sinne nach die gleichen sind während der Wirbel= und der Wärmegewitter, sondern ebenso bei jedem Regenfalle der als sogenannter Platzregen auftritt. Die Regel ist einfach die: das Barometer fällt zunächst, bald ziemlich rasch, bald langsam und fast unmerklich, dann steigt es plötzlich mit dem beginnenden Regenfalle. Die Temperatur sinkt plötzlich während des Regens um später rasch wieder zu steigen.

Der Wind dreht sich rasch mit der Sonne gleichzeitig während das Barometer steigt und durchläuft bisweilen den ganzen Umkreis des Horizontes. Die Windstärke nimmt beträchtlich zu während das Barometer steigt. Diese Veränderungen im Stande der meteorologischen Instrumente während der Gewitter und der Regen= oder Hagelschauer sind übrigens Jedem bekannt, welcher die Kurven der selbstregistrirenden Instrumente studirt hat. Die Herren Mohn und Hildebrandsson kommen zu dem gleichen Ergebnisse, welches vor ihnen Herr Lancaster bereits gefunden und ausgesprochen hat, nämlich, daß der Vorübergang eines Gewitters über eine Station dem Vorübergange eines kleinen Luftwirbels ähnlich ist. Indessen machen die skandinavischen Forscher darauf aufmerksam, daß die Veränderungen im Barometerstande beim Gewitter in einer Beziehung von denjenigen eines größeren Luftwirbels verschieden sind; das Fallen des Barometers ist nämlich beim Gewitter sehr langsam und fast unmerklich, während das

nachfolgende Steigen sehr rasch geschieht. Dies steht in
direkter Beziehung zur Stärke des Windes, die bekanntlich
vor Ausbruch eines Gewitters schwach oder gleich Null
ist, aber äußerst heftig auftritt, sobald das Barometer
steigt. Nach den Beobachtungen des Berichterstatters in
Köln ist, wenigstens für hier, das Sinken des Barometers
vor Ausbruch eines Gewitters keineswegs meist so unmerklich, wie die Herren Mohn und Hildebrandsson in
Skandinavien konstatiren konnten. Im Gegentheil zeigt
sich in den Beobachtungen zu Köln, daß das Sinken des
Barometers vor Ausbruch des Gewitters oft, wenn nicht
meist, recht deutlich und rasch erfolgt, so daß es, wenigstens
für hier, als ein recht sicheres lokales Anzeichen kommender
Gewitter betrachtet werden kann. Was die Windstärke
anbelangt, so wird dieselbe nach den Kölner Beobachtungen
stets am erheblichsten, sobald das Barometer zu steigen
beginnt, gleichgültig, ob es sich um den Vorübergang eines
Gewitters oder eines großen atlantischen Wirbelsturmes
handelt. Die Erfahrungen der beiden skandinavischen
Meteorologen, daß beim Gewitter der Regen mit dem
Steigen des Barometers fällt, also auf der Rückseite des
Wirbels, finden auch hier im westlichen Deutschland Bestätigung. Überhaupt fällt der Regen meistens, wenngleich
nicht immer, sobald das Barometer vom Sinken zum
Steigen umkehrt. Die Thatsache, daß jeder Platzregen
und selbst Graupelschauer, stets die gleichen Veränderungen
im Gange der Instrumente im Gefolge haben, mögen
diese Niederschläge nun von Blitz und Donner begleitet
sein oder nicht, führt die beiden skandinavischen Forscher
zu der anscheinend paradoxen Behauptung, daß beim Gewitter die elektrischen Erscheinungen eigentlich nur als sekundäre Phänomene zu betrachten sind. Dieser Ausspruch
findet sich in Übereinstimmung mit Edlund's Erklärung

der Entstehung der Gewitter=Elektricität. „Die starke und heftige Verflüssigung des Wasserdampfes der Atmosphäre," sagt der berühmte Physiker, „ist die Hauptursache der excessiven elektrischen Spannung bei den disruptiven Entladungen der Gewitterwolken." Man kann demnach schließen, daß ein Regenschauer, so lange er eine gewisse Intensität und Heftigkeit nicht erlangt, nur als solcher auftritt, weil nämlich die Elektricität die zum Entstehen des Gewitters nothwendige Spannung nicht erreicht.

Was die Höhe der Gewitterwolken anbelangt, so liegen darüber von verschiedenen Beobachtern und Orten sehr verschiedene Angaben vor. Die Frage hat seit den Untersuchungen Sohnke's über den Ursprung der Gewitter=Elektricität an Interesse gewonnen. Aus den Beobachtungen im Luftballon leitete Sohnke als Ergebnis ab, daß die Isotherme von 0⁰ in den heißesten Sommermonaten sich in einer Höhe von 3—4000 Meter befindet und nur ausnahmsweise bis auf 2000 Meter herabsteigt. Sie steigt durchschnittlich während des Vormittags und sinkt gegen Abend. Oberhalb dieser Fläche zeigen sich die Wolken nur als „Eiswolken" d. h. als Cirren, während unterhalb derselben die „Wasserwolken" auftreten, nämlich Nimbus, Kumulus u. s. w. Prof. Sohnke hat ferner durch Versuche gezeigt, daß ein Stück Eis sich bei 0⁰ mit Elektricität ladet, sobald man einen Strom warmer, mit Feuchtigkeit gesättigter Luft darauf richtet. Die atmosphärische Elektricität würde nach seiner Ansicht durch die Reibung zweier Luftströme entstehen, von denen der eine Eisnadeln der andere Wassertröpfchen transportirt. In der gleichen Weise würde die Elektricität der Gewitterwolken erzeugt, wenn die Gipfel dieser letzteren rasch die Schicht des Cirrostratus durchschneiden. Bei Prüfung dieser verschiedenen Anschauungen greifen die beiden skandinavischen Meteoro-

logen zunächst auf die direkten Messungen der Wolkenhöhe
zurück, welche Ekholm und Hagström zu Upsala angestellt
haben. Dieselben ergaben für die Höhe des Cirrus im Mittel
9000 m, die feinen Cirrostratus-Schleier schweben im allgemeinen noch 1000 m höher; nur vereinzelt ist wahrer
Cirrus in Höhe von 6000 m beobachtet worden. Die Gipfel
der Gewitterwolken finden sich dagegen meist in Höhe von
3000 m, nur ein einziges Mal wurde bei ihnen eine
Höhe von 5000 m konstatirt. Die untere Fläche der Gewitterwolken findet sich durchgängig in 1400 m Höhe,
was mit der Angabe von Hann für die Alpen übereinstimmt. Gewöhnlich sieht man die Gipfel der Wolken
von feinen Dünsten umgeben, die sich allerseits hin ausdehnen und nicht selten einen großen Theil des Himmels
bedecken, dem Cirrus oder Cirrostratus vollständig ähnlich.
Hann hat diese Bewölkungsform gut beschrieben. Man
kann sie als „falschen Cirrus" bezeichnen und die Messungen
zu Upsala zeigen, daß diese Wolkenschichten in der gleichen
Höhe mit dem Kumulostratus schweben, d. h. etwa 3000 m
über dem Boden. Die Bildung dieser falschen Cirren kann
man in ähnlicher Weise erklären wie die Entstehung der
flottirenden Nebel über wärmeren Wasseroberflächen an
kalten Wintertagen. Von der relativ warmen Oberfläche
der Wolkengipfel verdunstet das Wasser und bildet dann
sogleich in der kälteren Umgebung kleine Eiskrystalle. Die
Thatsache, daß die Gewitterwolken die Cirrusregion nicht
erreichen, wird auch dadurch erwiesen, daß die Bewegung
der wirklichen Cirren durchaus nicht durch die heftigen
Störungen, welche an Gewittertagen in den tieferen Schichten
der Atmosphäre stattfinden, beeinflußt erscheint.

Was den Zusammenhang zwischen Wetterleuchten und
Gewitter betrifft, so weisen die Herren Mohn und Hildebrandsson nach, daß stets in der Richtung, in welcher

Wetterleuchten beobachtet wurde, ein Gewitter vorhanden war, und daß die Blitze in Entfernungen bis zu 400 oder 500 Kilometer gesehen werden können.

Auf die eingehenden statistischen Untersuchungen der Verfasser über die tägliche und jährliche Periode der Gewitter in Skandinavien kann hier nicht näher eingegangen werden. Es sei nur bemerkt, daß in ganz Schweden und im Innern von Norwegen die Gewitter in der warmen Jahreszeit am häufigsten sind, je mehr man sich nordwärts wendet, um so mehr koncentrirt sich das Maximum der Gewitterfrequenz auf den Monat Juli. An der Küste Norwegens sind dagegen die Verhältnisse anders. Zwar kommen auch dort die meisten Gewitter in den Monaten Juli und August vor, allein ein zweites, kleineres Maximum tritt im Januar ein. Ein doppeltes Maximum der Gewitterhäufigkeit in den Sommermonaten läßt sich für Schweden nicht nachweisen.

Die tägliche Periode der Gewitter, Wetterleuchten (und Nordlichter) zu Oxford ergiebt sich auf Grund 20jähriger Beobachtungen[1]) wie folgt:

Tagesstunde	Gewitter u. Wetterleuchten in den Sommer-Monaten Juni, Juli u. Aug.		Nordlichter im Jahre
Nachts 12 bis 1 Uhr	9	14	10
1 „ 2 „	5	4	2
2 „ 3 „	5	1	2
3 „ 4 „	6	1	1
4 „ 5 „	4	0	0
5 „ 6 „	6	0	1

---

[1]) Results of Meteor. Observ. suude at the Radcliffe Observ. Oxford 1887.

	Tagesstunde	Gewitter u. Wetterleuchten in den Sommer-Monaten Juni, Juli u. Aug.		Nordlichter im Jahre
Vorm.	6 bis 7 Uhr	4	0	1
	7 „ 8 „	7	1	0
	8 „ 9 „	5	0	0
	9 „ 10 „	8	0	0
	10 „ 11 „	7	1	0
	11 „ 12 „	21	1	0
Nachm.	12 „ 1 „	26	0	0
	1 „ 2 „	24	0	0
	2 „ 3 „	21	2	0
	3 „ 4 „	29	2	0
	4 „ 5 „	17	2	0
	5 „ 6 „	22	4	5
Abends	6 „ 7 „	22	3	10
	7 „ 8 „	5	12	26
	8 „ 9 „	3	22	31
	9 „ 10 „	5	41	27
	10 „ 11 „	5	40	25
	11 „ 12 „	5	26	16

Zur Statistik der Blitzschläge in Deutschland hat Dr. Hellmann sehr eingehende Studien veröffentlicht. [1] Hier können nur die zusammengefaßten Hauptergebnisse angeführt werden.

1) Die Statistik der Blitzschläge auf Gebäude in Schleswig-Holstein, Baden und Hessen lehrt, daß die für große Ländergebiete Deutschlands im Allgemeinen konstatirte Zunahme der Blitzgefahr in einzelnen Gegenden gar nicht zu verspüren ist, vielmehr in Abnahme übergeht Neben Gebieten schnellsten Anwachsens der Zahl von Blitzbränden liegen solche merklicher Verringerung derselben.

---

[1] Ztschr. d. kgl. preuß. stat. Bureaus 1886. Daraus in der Gaea Jahrgang 1887.

2) Die jährliche wie tägliche Periode der Blitzschläge schließt sich an die analogen Perioden in der Häufigkeit der Gewitter eng an. Als besonders interessant verdient hervorgehoben zu werden, daß an der Westküste Schleswig-Holsteins die meisten Blitzbrände auf die ersten Stunden nach Mitternacht fallen.

·   3) In Schleswig-Holstein war im Jahrzehnte 1874 bis 1883 von allen Blitzschlägen auf Gebäude mit

harter Dachung   9 Proc. zündende, 91 Proc. kalte,
weicher   „   68   „   „   32   „   „

so daß also Blitzschläge auf Gebäuden mit weichem Dache 7 bis 8 mal öfter als solche auf Gebäuden mit hartem Dache zünden.

Neben diesem erheblichen Einflusse der Dachungsart macht sich ein noch viel größerer der Gebäudegattung geltend, da durchschnittlich im Jahre Blitzschläge entfallen auf je eine Million

gewöhnlicher Gebäude } mit harter Dachung 163 } 290
              „   weicher   „   386

Kirchen   6277
Windmühlen   8524
gewerblicher Gebäude, Dampfschornsteine u. s. w.   306

In Schleswig-Holstein ist demnach die Blitzgefahr von Kirchen und Glockenthürmen 39 mal, die von Windmühlen sogar 52 mal größer als die gewöhnlicher Gebäude mit harter Dachung.

4) Von den einzelnen Kreisen Schleswig-Holsteins sind die Marschgegenden von Husum bis Steinburg am blitzgefährdetsten, die Landschaften an den Föhrden der Ostküste indeß am sichersten gegen Blitzschäden. Dort beträgt der Blitzgefahrkoefficient für 1 Million versicherter Gebäude 400 bis 540, hier sinkt derselbe bis zu 160 bis 170, also 3 mal kleineren Beträgen herab. Die hohe

Blitzgefährdung der Marschgegenden — auch in Olden=
burg und Hannover — rührt besonders daher, daß die
auf dem flachen und waldarmen Lande zerstreuten Einzel=
gehöfte als einzig hervorragende Objekte der Gefahr, vom
Blitze getroffen zu werden, am ehesten ausgesetzt sind und
das Erdreich sehr feucht ist.

5) Die relative Blitzgefahr nimmt unter sonst gleichen
Umständen um so mehr ab, je mehr Häuser zu einer
geschlossenen Ortschaft gruppirt sind. Im Königreiche
Preußen ist die Blitzgefahr auf dem Lande fünfmal größer
als in den Städten. In Berlin werden durchschnittlich
nur 0·2 bis 0·3 Proc. aller Brände durch Einschlagen
des Blitzes verursacht. Für ein gewöhnliches Wohn=
gebäude, welches weder vereinzelt dasteht noch besonders
hoch ist, dürfte daher die Anlegung eines Blitzableiters
hier unnöthig erscheinen.

6) Im Großherzogthum Baden sind die Unterschiede
im Betrage der Blitzgefahr der einzelnen Kreise so groß,
wie vielleicht in keinem anderen Theile Deutschlands; im
Heidelberger Kreise erreicht dieselbe nur 24, dagegen im
Waldshuter 265 für 1 Million Gebäude.

7) In der nördlichen Hälfte des Großherzogthums
Baden und im anstoßenden Großherzogthum Hessen hat
die Zahl der Blitzschläge auf Gebäude in den Jahren
1868 bis 1883 abgenommen.

8) In Hessen sind die blitzgefährdetsten Gegenden die
der mittelrheinischen Tiefebene, während die Bergkreise
des Odenwaldes und des Vogelsgebirges am wenigsten
durch Blitzschäden leiden. Bei Bergkreisen schützt die
Belegenheit der Ortschaft in tief eingeschnittenen Thälern,
welche von höheren Gegenständen überragt werden; da=
gegen vermehrt die Lage im Flachlande, zumal wenn es

wie Rheinheſſen, überall waldarm iſt, die Gefahr bedeutend.

9) Die Urſachen für die Veränderungen in der Zahl
der Blitzſchläge auf Gebäude wie auf Menſchen ſind in
terreſtriſchen, nicht aber in kosmiſchen Vorgängen zu ſuchen.
Der zwiſchen den Schwankungen in der Häufigkeit der
Blitzſchläge und der Sonnenflecken vermuthete Zuſammenhang ſcheint nicht zu beſtehen.

10) Im fünfzehnjährigen Durchſchnitte für 1869 bis
1883 wurde von je 1 Million Menſchen durch Blitzſchlag
getödtet in

Preußen	4·4	Frankreich	3·1
Baden	3·8	Schweden	3·0

11) Die geologiſche Beſchaffenheit des Bodens, ins-
beſondere ſeine Waſſerkapacität, hat auf die Größe der
Blitzgefahr einer Gegend erheblichen Einfluß. Bezeichnet
man dieſe Gefahr für Kalkboden mit 1, ſo iſt diejenige
für Keupermergel gleich 2, für Thonboden 7, für Sand-
boden 9 und für Lehmboden 22. Dieſem Umſtande hat
der größte Theil Süddeutſchlands und Öſterreichs ſeine
geringe Blitzgefährdung gegenüber dem norddeutſchen Flachlande theilweiſe zu verdanken.

12) Die Verſchiedenheiten in der räumlichen Vertheilung der Blitzgefahr für Gebäude ſind vornehmlich
durch vier Urſachen, von denen zwei phyſikaliſcher und
zwei ſocialer Natur ſind, bedingt; nämlich einerſeits durch
die ungleiche Häufigkeit der Gewitter und die geologiſche
Beſchaffenheit des Bodens, andererſeits durch die wechſelnde
Art der Beſiedelung und der Bauart der Häuſer.

13) Von allen Bäumen werden Eichen verhältnismäßig am häufigſten, Buchen am ſeltenſten durch Blitz
beſchädigt. Bezeichnet man die Blitzgefahr der Buchen

mit 1, so ist dieselbe für Nadelhölzer gleich 15, für Eichen 54 und für andere Laubhölzer 40.

14) Der Blitz trifft relativ oft kranke, bevorzugt frei= stehende und Randbäume vor solchen im Bestande und beschädigt am leichtesten 16 bis 20 m hohe Bäume.

15) Der Blitzstrahl trifft nahezu dreimal häufiger den Schaft als die Spitze des Banmes, fährt meistens bis zur Erde nieder und springt nur in 3 unter 100 Fällen zu andern Bäumen über.

16) Bei einem Drittel aller vom Blitze berührten Bäume wird der Stamm zersplittert. Meistens fährt der Blitz den Längsfasern folgend, in gerader Richtung am Stamme herab, und nur halb so oft schlägt er eine ge= wundene Bahn ein, wobei er zuweilen zwei vollständige Umläufe am Stamm zurücklegt.

Die Zunahme der Blitzschläge und die Ur= sache dieser wachsenden Häufigkeit ist auch Gegen= stand einer Betrachtung von S. Weinberg gewesen.[1] Er verwirft vollständig die Bezold'sche Hypothese eines Parallel= lismus dieser Häufigkeit mit den Sonnenflecken und weist dafür auf lokale Ursachen hin. Folgende Umstände wer= den in dieser Beziehung betont:

1) Je leichter und unmerklicher die Entladung der atmosphärischen Electricität von Statten geht, je mehr Objekte daran Theil nehmen und dermaßen den anderen Objekten einen Schutz bieten, desto weniger sind letztere Blitzschlägen unterworfen. Darum sind niedrig gelegene Ortschaften dem Blitze weniger unterworfen als höher gelegene, die den ersteren durch ihre höhere Gefährdung Schutz gewähren.

---

[1] Bull. de la société Imper. des Naturalistes de Moscou 1887, No. 3.

2) Dieses findet auch hinsichtlich der größeren Gefährdung der ländlichen Distrikte im Vergleich mit den
städtischen seine volle Bewährung. Schon abgesehen von
den in den Städten häufig vorkommenden Blitzableitern
und anderen metallischen Konstruktionen, trägt das dort
auf einem verhältnismäßig engen Raume stattfindende
Zusammendrängen vieler Gebäude dazu bei, die Spannung
der atmosphärischen Elektricität um vieles zu erniedrigen
und die Blitzschläge abzuwenden.

3) Die Konstruktionen der städtischen Häuser tragen
viel zur Verminderung oder Vermehrung der Blitzgefahr
bei. Enthält das Haus viel Metall und hat dasselbe
Erdleitung, so ist es vor Blitz mehr geschützt als ohne
Erdleitung. Besteht die Bedachung aus Stroh oder Holz,
so ist dieselbe wegen ihrer schlechten Leitungsfähigkeit dem
zündenden Blitzschlag mehr unterworfen. Bäume sind je
nach ihrer Leitfähigkeit nützlich oder schädlich für neben-
stehende Häuser.

4) Die Umgebungen großer Flüsse sind entgegen der
Ansicht v. Bezold's dem Blitze mehr ausgesetzt als die
wasserarmen, ebenen Gegenden.

Was die Ursachen der Vermehrung der Blitzgefahr anbetrifft, so stellen sich nach Weinberg vorwiegend zwei dar:
die Ausrottung der Wälder und die Vergrößerung der
Intensität der atmosphärischen Elektricität.

Die Bäume wirken wie eine Masse Entlader, die
irdische Elektricität der entgegengesetzten Elektricität der
Wolken zuführend und demnach die letztere neutralisirend.
In denjenigen Ortschaften also, wo die Ausrottung der
Wälder stark von Statten gegangen ist, muß die Inten-
sität der atmosphärischen Elektricität sich vermehrt haben
und folglich auch die Blitzgefahr. Nach Karsten ist die
Abnahme der Waldungen in Deutschland als Ursache der

steigenden Blitzgefahr zu betrachten, erstens wegen der dadurch hervorgerufenen Steigerung der Sommerhitze und zweitens wegen verminderter Neutralisation der Wolken= elektricität.

Nach P. Andries ist es nicht allein die wachsende Zahl der Gewitter, sondern vielmehr ihre steigende Heftigkeit, die die vermehrte Blitzgefahr hervorruft. Diese vermehrte Blitzgefahr läßt sich nun erklären durch die in neuerer Zeit durch Fabriken und Eisenbahnen erzeugten und der Luft zugeführten ungeheueren Staubmengen, welche theils durch Reibung elektrisch gemacht werden und dadurch, wie Andries meint, die Spannung erhöhen, theils den Durchgang der Elektricität durch die Luft erleichtern.

Optische Erscheinungen.

Die seltsamen atmosphärischen Erscheinungen, welche Ende August 1883 zuerst auftraten, und zwar theilweise in Gestalt von höchst lebhaften Dämmerungsfärbungen, haben nicht nur das große Publikum, sondern länger noch die Naturforscher beschäftigt. Die Königliche Gesellschaft zu London ernannte im Januar 1884 eine Kommission zur Untersuchung der bezüglichen Erscheinungen, doch ist bis jetzt ein Bericht dieser Kommission nicht erschienen. Unabhängig hiervon hat Prof. Kießling denselben Gegen= stand eingehend untersucht und seine Arbeit ist bereits abgeschlossen und im Druck begriffen. Die Hauptergeb= nisse dieser umfassenden Studien sind kurz folgende: Die Erscheinungen, um welche es sich handelt, traten in brei= facher Form auf. Außer ungewöhnlichen grünen und blauen Färbungen der Sonne beobachtete man eine er= hebliche Steigerung in der Entwickelung der Dämmerungs= farben sowie endlich einen die Sonne umgebenden Beu=

gungsring. Da diese drei Erscheinungen zuerst gleichzeitig auftraten und die beiden letzteren eine ununterbrochene Entwickelung in der Ausbreitung zeigten, so schließt Prof. Kießling, daß sie auf eine gemeinschaftliche Quelle zurückgeführt werden müssen. Aus den überaus zahlreichen für die Tage vom 26. bis 31. August 1883 vorliegenden Beobachtungen ergiebt sich, daß der zeitliche Beginn der Erscheinungen genau mit der Steigerung der vulkanischen Thätigkeit auf der Insel Krakatau am 26. und 27. August 1883 zusammenfällt und daß der geographische Ausgangspunkt gleichfalls in der Sundastraße liegt. Der Verlauf der geographischen Ausbreitung der Erscheinungen bis zu ihrer ausgedehntesten Entwickeluug läßt brei Perioden unterscheiden. In der ersten, bis Ende September, beschränkten sich die Erscheinungen, welche eine die Erde mehr als zweimal in der Richtung von Ost nach West mit 40 m in der Sekunde Geschwindigkeit umkreisende Bewegung erkennen lassen, im Allgemeinen auf die äquatoriale Zone. Daneben war eine nach NNO gerichtete Bewegung von 20 m Geschwindigkeit vorhanden, deren westliche Grenze durch die zahlreichen Beobachtungen in Japan sich sehr genau feststellen ließ. In der zweiten, bis etwa Mitte November dauernden Periode wurde die äquatoriale Zone allmählich von den optischen Störungen frei, indem diese die westöstliche Bewegung verloren und in beiden Erdhälften polwärts vordrangen. Zugleich bildeten sich umfangreiche Gebiete aus, in welchen ohne Unterbrechung Dämmerungserscheinungen auftraten. Die bedeutendsten lagen östlich von der Insel Mauritius und nordöstlich von den Cap Verde-Inseln. Das letztere Gebiet erweiterte sich anfangs November (wahrscheinlich unter dem Einflusse einer Reihe von Depressionen, die den nordatlantischen Ocean durchsetzten) bis nach der Nord-

see hin und rief dadurch in England und Dänemark die
dort anfangs November beobachteten Erscheinungen hervor.
In der dritten Periode, die bis Ende December 1883
dauerte, breitete sich das Störungsgebiet gleichzeitig auf
der nördlichen wie auf der südlichen Erdhälfte über die
beiden gemäßigten Zouen aus. Dann erst begannen die
Erscheinungen aus der Atmosphäre zu verschwinden, doch
geschah dies überaus langsam. Es dauerte bei den ungewöhnlichen Dämmerungserscheinungen über Jahresfrist,
bei dem Sonnenringe sogar bis in den Sommer 1886.
Die Vermuthung, eine kosmische Staubwolke sei in die
Erdatmosphäre eingedrungen und habe die Erscheinungen
verursacht, ist nach Prof. Kießling völlig unzulässig; es
bleibt nur die Annahme, daß die sämmtlichen Erscheinungen
durch die vulkanische Katastrophe auf der Insel Krakatau
verursacht worden sind. Die Hauptexplosion auf dieser
Insel fand nach Verbeek's Untersuchungen am 27. August
10½ Uhr morgens statt, und zwar in Folge des Ein-
sturzes des größten Theiles der Insel. Die hierdurch
erregte Wasserwelle und die in Folge der heftigen Explosion erzeugte Luftwelle haben gleichzeitig von derselben
Stelle aus ihre die ganze Erde wiederholt umkreisende
Bewegung begonnen. Prof. Kießling bezeichnet als einzige Quelle der fast drei Jahre lang dauernden optischen
Störung der Erdatmosphäre, die bei jener letzten Explosion in die Luft emporgetriebenen, vergasten und zer-
stiebten, mit Verbrennungsprodukten vermischten Wasser-
massen. Aus den experimentellen Untersuchungen, welche
Prof. Kießling mit mechanisch erzeugtem Staube anstellte,
ergiebt sich, daß die festen Auswurfstoffe, d. h. die aus
Bimsteinstaub bestehende „vulkanische Asche" bei der Steigerung der Dämmerungsfarben keine Rolle gespielt haben
kann. Ferner steht der lange Aufenthalt der fremden

Stofftheilchen in der Atmosphäre in vollem Einklange mit der experimentell bestimmten Fallgeschwindigkeit von Rauch in atmosphärischer Luft. Durch diese Ergebnisse des deutschen Forschers ist die „Krakatau-Frage" im wesentlichen als erledigt anzusehen, und zwar, was beachtenswerth ist, bevor noch von der englischen Kommission ein Ergebnis ihrer Arbeiten veröffentlicht wurde.

Wetterprognosen.

Die Frostprognosen mittels des feuchten Thermometers, nach der von Kammermann angegebenen Methode sind auch von E. Renau geprüft worden.[1] Er findet im Mittel eine ziemlich konstante Differenz von ca. 4⁰ C. für die Monate April und Mai 1884 sowie Mai 1886. Indessen macht Renau darauf aufmerksam, daß diese ziemlich konstanten Mittelwerthe nicht berechtigen darauf Prognosen zu gründen, weil die einzelnen Fälle häufig sehr vom Mittel abweichen. Das ist genau übereinstimmend mit den früheren Ergebnissen des Referenten zu Köln,[2] dessen Beobachtungen Abweichungen von 3⁰ bis 5⁰ C. zeigten, die nicht einmal im Vorzeichen voraus zu ahnen waren und zudem gerade in den kritischen Zeiten sich einzustellen pflegen. Eine Bestätigung hierfür zeigt die Zusammenstellung von J. Berthold in Schneeberg, welche die Maxima und Minima der Differenz zwischen feuchtem Thermometer und nächtlichem Minimum enthält und außerdem noch die mittlere Differenz je nach der Windrichtung.[3] Folgendes ist diese Tabelle:

---

[1] Ann. de la Société méteorol. de France 1886, p. 224.
[2] Diese Revue 15. Bd. 1887, oder N. F. 7. Bd., S. 149.
[3] Meteorol. Ztschr. 1887, S. 304.

Das nächtliche Minimum lag tiefer als die 2 Uhr-Temperatur des feuchten Thermometers:

	8jähr. Mittel	86—87	Max.	Min.	trübe	bewölkt	heiter	C	B	B	R	D
April	4·5	4·5	9·2	—0·7[1]	3·2	3·4	7·5	3·0	3·9	4·8	5·9	
Mai	4·6	4·5	7·7	0·4	3·6	5·1	5·4	3·6	4·1	4·7	4·9	
Juni	4·2	4·0	8·7	0·9	2·6	5·3	6·9	2·9	3·3	4·1	4·5	
Juli	4·0	4·5	8·6	—1·8	3·8	4·8	5·4	4·2	4·4	5·2	6·6	
August	4·2	4·3	8·7	—1·9	3·4	4·8	6·2	1·0	3·7	5·4	5·8	
September	4·3	5·1	9·2	—1·0	2·6	4·4	6·1	1·7	2·6	5·7	6·6	
Oktober	3·6	4·8	10·3	0·5	2·8	4·7	6·6	3·3	3·4	7·2	5·8	
November	3·4	3·4	9·4	—0·8	2·4	2·8	6·6	2·8	3·5	2·6	5·8	
December	3·5	2·3	7·7	—1·0	1·8	5·3	5·4	2·0	2·1	4·7	val.	
Januar	4·1	6·1	14·1	—0·4	2·5	4·1	8·8	4·9	3·3	3·4	4·4	
Februar	3·8	4·5	10·8	—0·1	1·4	4·7	7·5	1·6	2·3	6·3	5·8	
März	4·5	4·0	9·1	0·1	2·0	4·1	7·4	2·5	2·8	4·6	6·3	
Jahr	4·1	4·3	9·5	—0·5	2·7	4·5	6·7	2·8	3·3	5·2	5·8	
Frühling	4·5	4·3	8·8	—0·1	2·9	4·3	6·8	3·0	3·6	4·7	5·7	
Sommer	4·1	4·3	8·7	—0·9	3·3	5·0	6·2	2·7	3·8	4·9	5·6	
Herbst	3·8	4·4	9·6	—0·4	2·6	4·8	6·4	2·6	3·2	5·9	6·2	
Winter	3·8	4·5	10·9	—0·3	1·9	3·9	7·2	2·8	2·6	5·3	5·5	
Anzahl der In-dustitionsfälle	—	—	—	—	157	118	90	142	139	143	132	

1) — Beb., daß das nächtl. Min. höher lag als die 2 Uhr-Temperatur des feuchten Thermometers.

Phänologie und Wetterprognose. Prof. Hoffmann in Gießen hat [1]) die Ergebnisse langjähriger Beobachtungen über die Fruchtreife der Roßkastanien (als
solche ist der Tag genommen, an welchem die ersten Kapseln
aufspringen) in Beziehung zur Reihe der Winter von
1851 bis 1886 gesetzt und folgende Ergebnisse erhalten:

Der Winter ist vom November bis Februar gerechnet.
Das allgemeine Mittel beträgt für die Winter des genannten Zeitraumes $+ 0.9°$; Schwankung $+ 4.4°$ bis
$— 3.4°$. Der Hellmann'schen Auffassung entsprechend
gelten als strenge Winter solche mit einer Mitteltemperatur
unter $— 0.56°$. Es zeigt sich dann, daß in 71 Proc.
aller Fälle auf einen Sommer mit früher Reife der Roß-
kastanie ein milder oder mäßig kalter Winter folgt; in
10 Fällen entspricht einer auffallend frühen Fruchtreife
9 mal ein auffallend warmer Winter.

Dabei mag besonders bemerkt werden, daß frühe Fruchtreife nicht etwa regelmäßig einem sehr warmen Sommer
entspricht. Ebensowenig kann aus der hohen Mitteltemperatur eines Sommers auf einen zu erwartenden
milden Winter, oder umgekehrt vom Winter auf den
darauffolgenden Sommer geschlossen werden.

**Eine Prüfung der Wetterprognosen des Jahres
1886 der deutschen Seewarte** ist von Dr. van Bebber
ausgeführt worden [2]) und sie hat, bezüglich der geringen Anzahl von Treffern derselben lediglich das bestätigt, was Referent schon früher gefunden hatte.[3]) Dr. van Bebber giebt
eine große Anzahl von Tabellen, aus denen man die einzelnen
Daten bequem entnehmen kann. Diese Tabellen beziehen

---

[1]) Meteorol. Zeitschrift 1887, S. 129.
[2]) Monatsber. d. deutschen Seewarte 1886.
[3]) Diese Revue Bd. 14, S. 406.

sich auf die Prüfung der Prognosen der einzelnen meteoro=
logischen Elemente in drei Beobachtungsorten: Hamburg,
Neufahrwasser und München. Treten wir an diese Ta=
bellen heran mit der Frage: Wie groß war der Procent=
satz der richtigen Prognosen 1886 für die genannten Städte?
Die von Dr. van Bebber gegebenen Zahlen antworten
uns dann:

Die Wetterprognosen der deutschen Seewarte hatten
1886 folgende Procente von Treffern:

	In Hamburg.	Neufahrw.	München.
Temperatur=Abweichung	49·7	56·0	60·5
Temperatur=Änderung	48·3	48·5	46·2
Bewölkung	44·7	47·5	44·2
Hydrometeore	45·6	47·4	46·8
Windstärke	55·3	38·7	37·8
Windrichtung	46·4	50·0	36·0
Mittel	48·3	53·0	45·3

Hierbei ist in der Rubrik Hydrometeore trocken und
ohne wesentliche Niederschläge als identisch und ebenso
Niederschläge und Veränderlich zu Gunsten der Prognosen
als identisch betrachtet worden. Aus diesen Ziffern ergiebt
sich also deutlich und unzweifelhaft die völlige Bestätigung
des von mir früher aufgestellten Satzes: Diese Art von
Wetterprognosen ist häufiger falsch als richtig! Solches
wird um so einleuchtender, wenn man berücksichtigt, daß
jener durchschnittliche Satz von etwas weniger als 50 Proc.
Treffer sich nicht auf die sämmtlichen Witterungselemente
zugleich bezieht, sondern immer nur auf eines derselben.
Wollte man auch nur diejenigen Prognosen als zutreffend
anerkennen, in denen gleichzeitig Temperatur und Nieder=
schlag richtig vorher verkündigt worden wären, so würde
die Zahl der Treffer noch erheblich geringer werden (in
Köln betrug sie in der Zeit von 1885 Januar 1. bis

1886 Juli 30. nur 31 Proc.). Vergleicht man diese Ergebnisse für Köln mit denjenigen, welche Dr. van Bebber
selbst für Hamburg pro 1886 erhalten hat, so findet man
die vollste Übereinstimmung. Es kann also keine Rede
davon sein, daß solche Prognosen, welche von einer staatlichen Centralstelle aus nach entfernten Landestheilen telegraphirt werden, dort in 80 Proc. ober noch mehr aller
Fälle, das Wetter richtig vorher verkündigen, vielmehr ist es
nothwendig, daß an den einzelnen Orten lokale Prognosen
aufgestellt werden, wie ich dies in einer früheren Abhandlung (Gaea 1887 S. 23) näher ausgeführt habe. Ein
„Prognosendienst" in einem Lande, wie z. B. Bayern,
ist also etwas höchst überflüssiges, indem bei dem gegenwärtigen Zustande der Wissenschaft Jeder, der meteorologische Kenntnisse besitzt, und die lokalen Wetteranzeichen
beobachtet, dabei auch noch die täglichen Berichte der Seewarte über die allgemeine Wetterlage berücksichtigt, eine
bessere Prognose für seine Ortsumgebung selbst aufstellen
kann, als ihm eine Centralanstalt zutelegraphiren könnte.
Wenn es aber nun auch keinem Zweifel unterliegen kann,
daß 50 Proc. Treffer für ein Witterungselement nicht genügen, um einer Prognose Werth für die Praxis ober für
den Landmann zu verleihen, so würde man doch sehr irren,
wenn man die Zufallstreffer auch auf 50 Proc. taxiren
wollte. Dr. van Bebber zeigt, daß die Prognosen der
Seewarte durchweg günstiger sind, als dem bloßen Zufalle gemäß zu erwarten wäre; das Fundament, auf dem
sie beruhen, ist daher ein richtiges: „Die Prognosen der
Seewarte haben eine reelle Basis". Die richtigen Prognosen
auf Niederschläge lagen 1886 allerdings nicht hoch über
den Zufallstreffern, nämlich in Hamburg durchschnittlich
um 15 Proc., in Neufahrwasser um 9 Proc., in München
gar nur um 8 Proc. Daß diese Zahlen, wie Dr. van

Bebber sagt: „für die Jahreszeiten große Übereinstimmung"
zeigen, ist eigentlich nur ein zweifelhafter Trost, aber daß
sie „einen Ausdruck für einen nicht ungünstigen Erfolg
der Prognosenstellung geben", kann ich, offen gesagt, nicht
finden, sondern meine vielmehr, es trete hier ein wirklich
ungünstiger Erfolg eklatant zu Tage. Dagegen übersteigen
die Trefferprocente der Temperaturprognosen den Zufall
ganz erheblich, und diese Prognosen sind gut, wie auch
mir schon früher die Prüfung derselben gezeigt hatte. In
den folgenden Sätzen stimme ich Dr. van Bebber im Allgemeinen bei: „Die Erhaltungstendenz des Wetters ist
zwar bei Aufstellung von Wetterprognosen nicht zu ver-
nachlässigen, allein Prognosen, welche nur auf Erhaltungstendenz basirt sind, haben keinen, oder doch nur bedingten
Werth. Bei der Prognosenstellung ist das Hauptaugen-
merk auf Vorhersage des Witterungswechsels zu legen.
— Bei der Anwendung der Ausdrücke in der Prognose
„normale Temperatur", „unveränderte Temperatur",
„veränderliche Bewölkung" ist es gerathen, ganz besonders
vorsichtig zu sein". Dr. van Bebber schließt endlich aus
dem Umstande, weil die Werthe für die Treffer in den
drei Prognosengebieten Nord-West-, Ost-Süd-Deutschland,
nahezu gleich sind, daß der Werth der Lokalindicien meistens
überschätzt worden ist. Ich bin nicht ganz sicher, ob es
statthaft ist, aus Prognosen, die so unzuverlässig sind, daß
bei jedem einzelnen Witterungselemente durchschnittlich die
Hälfte der Voraussagungen falsch ist und bei denen beispielsweise die Treffer der Regenprognosen durchschnittlich
noch nicht einmal 11 Proc. über dem bloßen Zufalle liegen,
solche Schlüsse zu ziehen. Ja, der Umstand, daß gerade
die wichtigsten Prognosen, nämlich die Regenprognosen,
für Hamburg am meisten, für Neufahrwasser weniger, für
München noch weniger über die bloßen Zufallstreffer her-

vortreten, könnte schon allein zu dem Schluſſe führen, daß die Beachtung der lokalen Wetterindicien die Sicherheit der Prognoſen um einen recht nennenswerthen Betrag erhöht. Statt mich jedoch in ein theoretiſches Raiſonne=ment einzulaſſen, will ich Thatſachen anführen. Wie bekannt, habe ich ſeit Jahren Prognoſen aufgeſtellt, die ſich nur auf lokale Wetterindicien gründeten, und zwar geſchah dies, um zu konſtatiren, wie ſich ſolche Prognoſen in Bezug auf Treffſicherheit gegenüber denjenigen ver=halten, welche mit allem telegraphiſchen Apparat der Neu=zeit erhalten werben. Solche Ortsprognoſen ohne Kennt=nis der Luftdruckvertheilung wurden auch 1886 für Köln täglich aufgeſtellt. Ihre Prüfung nach denſelben Regeln, die Dr. van Bebber befolgte, und die ich für die Prüfung der Seewarten=Prognoſen anwandte, ergab folgendes Re=ſultat, wobei noch außerdem alle im geringſten zweifel=haften Treffer zu den ungünſtigen Fällen gerechnet wurden:

Trefferprocente der Lokal=Prognoſen zu Köln 1886:

	Bewölkung.	Niederſchlag.	Temperatur.	überhaupt.
Jannar	19	27	54	39·2
Februar	46	63	79	67·8
März	66	54	38	54·8
April	56	72	56	55·2
Mai	61	57	48	53·2
Juni	54	46	54	53·4
Juli	70	44	56	56·0
Auguſt	76	56	56	61·6
September	50	50	64	60·0
Oktober	52	56	37	46·6
November	40	44	40	42·8
December	28	40	44	39·2
	51·5	50·7	52·2	52·5

Diese Ziffern haben völlig denselben Werth und dasselbe Gewicht wie diejenigen, die Herr Dr. van Bebber
anführt, und wie diejenigen, die ich in der Tabelle der
Trefferprocente der Seewarteprognosen aufführte. Man
sieht aus denselben, daß die nur auf den lokalen Wetterindicien beruhende Prognose, die dazu bereits kurz nach
Mittag aufgestellt wird, 5·6 Proc. mehr Treffer aufzuweisen
hat, als die Prognosen der Seewarte, die etwa 3 Stunden
später aufgestellt werden und bei denen außerdem die Nach-
mittagsbeobachtungen im nordwestlichen Europa benutzt
werden. Diese Thatsache spricht eine deutliche Sprache.

Nur allein die Temperatur wird bei den Prognosen
der Seewarte etwas besser getroffen. Ich habe dies bereits
früher nachgewiesen, aus den Untersuchungen während des
Zeitraumes vom 1. März 1884 bis zum 31. Januar 1885.
Die dort gegebenen Prüfungsresultate habe ich später bis
Ende 1885 ausgearbeitet, so daß die Reihe 20 Monate
umfaßt. Die Zusammenstellung derselben liegt mir jetzt
vor und ich will sie deshalb nach ihren Mittelwerthen
hierhin setzen. Es hatten Treffer in Procenten während
des Zeitraumes von 1884 März 1. bis 1885 December
31. zu Köln:

	die Prognosen der Seewarte	die nur auf lokalen Wetterindicien beruh. Prognosen
Windrichtung . . .	32·3	41·8
Windstärke . . .	44·2	66·0
Bewölkung . . .	41·9	50·4
Niederschlag . . .	50·6	51·5
Temperatur . . .	52·1	49·7
Mittel	44·2	51·8

Man erkennt auch hier die Überlegenheit der lokalen
Prognose, nur die Temperatur wird von ihr etwas weniger

gut dargestellt. Die Bestimmtheit, mit welcher letzterer Umstand in sämmtlichen Reihen auftritt, kann umgekehrt als gewichtiges Moment dafür angesehen werden, daß auch die übrigen Witterungselemente in den obigen Ziffern für die procentuale Richtigkeit der Prognosen ihren entsprechenden Ausdruck gefunden haben. Meinerseits stütze ich mich, wie ich wiederholt hervorheben möchte, bei den zur Veröffentlichung gelangenden Prognosen durchaus nicht ausschließlich auf die lokalen Wetterindicien, sondern gleichzeitig auf die Druckvertheilung im weiteren Umkreise, wie solche aus dem täglichen Wetterberichte der Seewarte, der mir telegraphisch zugeht, ersichtlich wird. Von anderer Seite werden dagegen Wetterprognosen nur allein auf die lokalen Wetteranzeichen begründet, veröffentlicht, z. B. von der Kölner Volkszeitung und ich habe gefunden, daß diese Prognosen durchschnittlich den Charakter des kommenden Wetters ganz gut treffen. Ich habe daneben noch einen aufmerksamen Wetterbeobachter in Köln veranlaßt, solche Prognosen täglich aufzustellen und selbständig mit dem kommenden Wetter und den Prognosen der Seewarte zu vergleichen; das Resultat war genau dasselbe, welches auch ich gefunden habe. Endlich wurde in gleicher Weise von einem Beobachter in Aachen verfahren und zwar wiederum mit dem Erfolge, daß die nur auf lokale Wetterindicien gestützte Prognose stets mehr Treffer hatte als die Prognose der Seewarte für das nordwestliche Deutschland. Solche Resultate dürfen nicht unberücksichtigt bleiben, sie fallen vielmehr schwer in die Wagschale zu Gunsten der lokalen Wetterindicien. Diese letzteren zu überschätzen oder sie für die wissenschaftliche Auffassung der Wetterlage auf gleiche Stufe stellen zu wollen mit den synoptischen Karten, bin ich weit entfernt; ich will nur betonen, daß, so lange wir nicht in der

Lage sind, auf exakte Weise aus der bestehenden Druck-
vertheilung deren Veränderung in der nächsten Zeit abzuleiten
und ebenso die entsprechende Veränderungen sämmtlicher me-
teorologischer Elemente als bestimmter Funktionen der jeweiligen Druckveränderung, so lange wird ein bloßer Zuwachs von telegraphischem Material für die Treffsicherheit der
Prognosen nur sehr fragwürdige Bedeutung haben. Ein
Beispiel aus der Astronomie kann hier sehr gut zur Illu-
strirung dienen. Denken wir uns, man habe von der
Mondbewegung keine weitere Kenntnis. Durch Beobachtungen auf einer Sternwarte würden aber der Ort und
die jeweilige stündliche Bewegung des Mondes bestimmt.
Auf Grund dieser Bestimmungen würden dann nach anderen Puukten die Örter des Mondes für die nächsten
24 Stunden telegraphirt. Im allgemeinen, für eine sehr
rohe Annäherung, würde diese Vorausbestimmung ein-
treffen; allein, wer nun glauben wollte, daß diese Orts-
bestimmungen wesentlich genauer sein würden, wenn sie
auf Grund der Beobachtungen von möglichst vielen Sternwarten für den nächsten Tag abgeleitet würden, wäre
offenbar sehr im Irrthume, da ohne Zuhilfenahme der
Theorie, aus der einfachen, der Zeit proportionalen Bewegung selbst dann kein richtiger Ort abgeleitet werden
kann, wenn die Beobachtungen absolut fehlerfrei wären.
Genau so ist es mit den Wetterprognosen und Sturmwarnungen: so lange die Theorie noch in den Kinder-
schuhen liegt oder theilweise noch gar nicht einmal vorhanden ist, kann eine Anhäufung von telegraphischem
Material nicht viel helfen. Werth für das Publikum
haben gegenwärtig nur lokale Prognosen, bei denen neben
der allgemeinen Druckvertheilung die örtlichen Wetterindicien berücksichtigt werben.

Indem also die Thatsachen zu dem Resultate führen,

daß bei uns, im weſtlichen Europa, allgemeine Wetter=
prognoſen, die von einer beſtimmten Centralſtelle und
für einen größeren Bezirk gegeben werden, für praktiſche
Zwecke keine nennenswerthe Bedeutung haben, könnte
es den Anſchein gewinnen, als ſei man in Nordamerika in dieſer Beziehung weiter fortgeſchritten. Bekanntlich beſteht in den vereinigten Staaten die großartige
Einrichtung des „Signal Service", eines Syſtems für
Wetterbeobachtungen und darauf zu gründende Prognoſen,
das außerordentlich ausgedehnt iſt, ungeheure Summen
verſchlingt und von einigen europäiſchen Meteorologen,
die für die Sache ſchwärmen, wenigſtens in Bezug auf
Großartigkeit der Organiſation, als das anzuſtrebende
Ideal für uns hingeſtellt wurde. Dazu kamen die Er=
folge, welche die Wetterprognoſen des Signal Service
für den Nationalwohlſtand bereits gehabt haben ſollten.
Ein Bericht überbot den anderen. Auch bevor ich noch
den Maßſtab einer kritiſchen Prüfung an unſere allge=
meinen Prognoſen angelegt hatte, wagten doch ſelbſt die
größten Lobredner dieſer letzteren nicht, deren Ergebniſſe
neben diejenigen Jung-Amerikas zu ſtellen, und das will
allerdings viel heißen! Man entſchuldigte ſich damit, daß
zunächſt bei uns nicht die nöthigen Mittel vorhanden
ſeien, um gleich ſo ins Große zu gehen wie drüben; dann
aber wies man auch darauf hin, daß die meteorologiſchen
Verhältniſſe in Europa für Prognoſen weit ungünſtiger
ſeien, als in Nordamerika. Dieſer letztere Grund ſchien
mir früher auch einleuchtend, allein ein näheres Studium
hat mich zu einem ganz entgegengeſetzten Reſultate ge=
bracht, nämlich zu der Überzeugung, daß die allgemeinen
Verhältniſſe bei uns in Europa weit günſtiger für Auf=
ſtellung von Wetterprognoſen ſind als drüben in Amerika.
Wie iſt es aber unter dieſen Umſtänden möglich, daß

unſere beſtgeleiteten europäiſchen meteorologiſchen Central=
anſtalten in Bezug auf Wetterprognoſen und Sturm=
warnungen ſo klägliche Reſultate aufweiſen, während in
Nordamerika die glänzendſten Ergebniſſe erzielt werden?
Dieſe Frage zu beantworten, wandte ich mich an meh=
rere wiſſenſchaftliche Freunde in den Vereinigten Staaten
und bat um ihre Anſchauung betreffs der Wetter=
prognoſen des Signal Service. Die Auskunft war
überraſchend genug! Die öffentlichen Berichte über die
Werthſchätzung dieſer Prognoſen ſeitens des Publikums
wurden nämlich als ganz und gar ſchwindelhaft dar=
geſtellt und die deutſchen Gelehrten verlacht, welche leicht=
gläubig genug ſeien, ſolche Berichte für baare Münze zu
nehmen.

Wenn man nun auch aus der Art und Weiſe wie
drüben die Wetter= und Sturmprognoſen geprüft werden,
nicht auf ein ſtrenges wiſſenſchaftliches Verfahren ſchließen
konnte, und dieſer Schluß jedem Meteorologen, der die
bezüglichen Publikationen des Signal Service kennt, nahe
liegt, ſo erſchien es doch höchſt unwahrſcheinlich, daß die
Werthſchätzung der nordamerikaniſchen Wetterprognoſen
bei uns nur auf Übertreibungen beruhen könnten. Ich
habe deshalb auch über dieſe Sache geſchwiegen. Jetzt
werden nun aber drüben Stimmen laut, welche öffentlich
die Prognoſen des Signal Service geradezu als Farce
und dummes Zeug bezeichnen. Es iſt wichtig, dies zu
bemerken, damit unſere deutſchen Gelehrten von ihrem
Irrthum zurückkommen und auch das Publikum bei uns
nicht ferner glaube, die amerikaniſchen Wetterprognoſen
ſeien den europäiſchen „über". Schon vor einiger Zeit
hat in einem Boſtoner Blatte ein dortiger Juriſt in
energiſcher Weiſe ſeinem Unwillen über die nichtsnutzigen
Wetterprognoſen des Signal Service Luft gemacht und

unter Anderem gesagt: „Daß die Prognosen hin und
wieder einmal richtig sind, verschlägt nichts, denn auch
ein Mann, der in einem dunklen Raume sitzt, würde
nicht stets das Wetter falsch prophezeihen. Es scheint,
daß es nun doch Zeit ist, für ein Einstellen dieser Farce
von officiellen Wetterprognosen zu plaidiren, wenigstens
bezüglich Bostons und Umgebung. Wer die Gewohnheit
hat, in den Morgenblättern nach dem prophezeiten Wetter
zu sehen, muß eine hohe Vorstellung davon gewinnen,
wie weit es das Washingtoner Prognosenbureau darin
gebracht hat, stets das Wetter falsch anzusagen." Dann
folgt eine ganze Liste von falschen Prognosen des Signal
Service und zum Schlusse sagt der Verf.: „Ich will nur
die Frage aufwerfen, ob ein „Wetterbureau", welches
solche Fehlprognosen producirt, die Kosten seiner Unterhaltung werth ist?" Diesem Briefe folgte bald eine ganze
Anzahl Zuschriften anderer Personen, die alle darin übereinstimmen, daß die Wettervoraussagungen des Signal
Service werthlos seien und vom Publikum auch nur für
werthlos gehalten würden. Auf die nach irgend einer
willkürlichen Methode herausgerechneten Trefferprocente
giebt das Publikum durchaus nichts, sondern fragt nur,
wie viel besser die officiellen Prognosen sind als die
Wetterprophezeihungen, die Jedermann ohne Instrumente
sich selbst machen kann. Um diese Frage zu beantworten,
hat der Meteorologe H. Helm Clayton vom Blue Hill-
Observatorium den Kastellan dieses Observatoriums,
Fr. Brown, einen intelligenten Mann, ersucht, in den
Monaten März bis Juni 1886 täglich bei Sonnenuntergang eine Wetterprognose für die kommenden 24 Stunden
aufzustellen. Diese Prognosen werden registrirt und
sorgsam mit dem wirklich eintretenden Wetter verglichen. Das Resultat war, daß die Prognose des

Mannes, der ohne meteorologische Kenntnis und ohne
Instrumente urtheilte, jeden Monat um 3 bis 10 Proc.
mehr Treffer hatte, als die des staatlichen Signal Service!
Um jedoch nicht auf eine einzige Person allein beschränkt
zu sein, hat Herr Helm Clayton einen Herrn und Frau
Davenport, intelligente Leute, die nahe bei Blue Hill
wohnen und absolut nichts von einer Wissenschaft der
Meteorologie kennen, gebeten, während des Juni 1886
Wetterprophezeihungen Abends bei Sonnenuntergang auf=
zustellen und zwar für die 24 Stunden, welche der kom=
menden Mitternacht folgen. Diese Wetterprophezeihungen
wurden gleich nachdem sie gegeben, notirt und mit dem
eintreffenden Wetter verglichen. Das Resultat — nach
der oben erwähnten Prüfungsmethode — war, daß die
unwissenden Landleute 80 Proc. Treffer hatten, während
die Prophezeihungen des Signal Service nur 77 Proc.
Treffer aufwiesen. „Diese Ergebnisse", sagt Helm Clayton,
„zeigen klar, weshalb das Publikum die Wetterprognosen
des Signal Service für werthlos hält. Es würde zu
viel Raum einnehmen", fährt er fort, „zu zeigen, weshalb
die Prüfungsmethode des Signal Service zu hohe Treffer=
procente ergiebt, es genügt zu sagen, daß manche Fälle,
die nach den dortigen Regeln als Treffer aufgeführt
werden, die glänzendsten Nichttreffer waren." Hr. Lawrence
Rotch hat ebenfalls (im American Meteorological Journal
1887, Febr.) nachgewiesen, daß die allgemeinen Prognosen
des Signal Service weit hinter den lokalen Wettervoraus=
sagen zurückstehen, also dasselbe Resultat erhalten, welches
ich zuerst für hier konstatirte. Dazu kommt, daß gerade
große und einflußreiche Witterungsumschläge z. B. Schnee=
stürme („Blizzards") niemals dem Publikum signalisirt
werden, ja in einigen jüngsten Fällen gerade die ent=
gegengesetzte Witterung prognosticirt wurde. Der Unwille

des amerikanischen Publikums ist daher ebenso begreiflich, als begründet.

Die auf Mondbewegung gegründeten Sturm- warnungen oder vielmehr Prophezeihungen, die unter dem Namen von Wiggins in letzterer Zeit in den öffent- lichen Blättern hervorgehoben wurden, sind von der Direktion der deutschen Seewarte, an der Hand der wirklich beobachteten Witterungsverhältnisse einer Kritik unterzogen worden und wurde dadurch ihre, übrigens längst bekannte, Unrichtigkeit nochmals nachgewiesen.[1] Wegen der Details muß auf die Abhandlung selbst verwiesen werden. Man kann die Frage aufwerfen, wie es denn kommt, daß die albernen Sturmprophe- zeihungen von Leuten, die durch keinerlei wissen- schaftliche Arbeiten bekannt sind, vom großen Publikum immer wieder gläubig, ja begeistert aufgenommen werden? Uns scheint, daß hieran zum großen Theil die unge- nügenden Leistungen der sogenannten wissenschaftlichen Sturmwarnungen mit Schuld sind. Es ist wahr, die Meteorologie ist weit fortgeschritten, allein die praktische Anwendung derselben, besonders in Gestalt von sogenannten „Warnungen vor Sturm", liefert doch bis heute nur recht klägliche Ergebnisse. Bald tritt ein Sturm ein, vor dem nicht „gewarnt" wurde — und leider sind gerade solche Stürme oft sehr heftig und verderblich, wovon noch jüngst der Monat November ein trauriges Beispiel ge- liefert hat; bald wird vor einem Sturm „gewarnt", aber der Sturm kommt nicht, bald kommt die „Warnung" zu spät u. s. w.

Daß nach allem Vorhergehenden von Wetterprognosen

---

[1] Monatsber. der deutschen Seewarte 1887 Juli, Anhang S. 17 u. ff.

oder Sturmwarnungen auf mehrere Tage voraus keine
Rede sein kann, und daß die Erregung von bezüglichen
Hoffnungen, die an telegraphische Verbindung mit Island oder Grönland oder an eine intensivere Benutzung
der bestehenden telegraphischen Verbindungen geknüpft
werden, auf den Eingeweihten einen eigenthümlichen Eindruck machen, versteht sich von selbst.

Chemie.

Anorganische Chemie.

Allgemeines, Physikalisches und Technisches.

Über die Natur der chemischen Verwandt=
schaft. Für die Annahme, daß die Affinitätswirkungen
der Atome nicht nur von ihrer Natur und relativen Ent=
fernung allein abhängen, sondern auch von der Richtung
beeinflußt werden, wie dieses von W. Oswald und
A. von Baeyer ausgesprochen worden ist, hat der
erstere Verfasser neues Beweismaterial geliefert. Traube
erscheint es aber fraglich, ob die verschiedene Entfernung
der Nitryl= und Hydroxylgruppe in den vom Verfasser
angeführten beiden Säuren vollständig zu vernachlässi=
gen ist. [1]

Mathematische Spektralanalyse des Magne=
siums und der Kohle. Die mathematische Spektral=
analyse der Magnesiumstrahlen führten A. Grünwald
zu folgenden höchst interessanten Theorien:

---

[1] Ztschr. f. phys. Chem. 1. 61—62 Riga; Chem. Centralbl.
1887. 398—399.

„Das Magnesium ist eine zusammengesetzte Substanz, welche bei den uns bis jetzt bekannten chemischen Processen die Rolle eines sekundären Elementes oder Radikals spielt. Dasselbe enthält auf Grund der mathematischen Analyse der Magnesiumstrahlen:

1. Das „Helium" ohne Kondensation oder Dilation, welches innerhalb des Magnesiums blos die Strahlengruppe I (vergl. Originalarbeit) mit merklicher Stärke ausstrahlt, während alle übrigen Strahlen derselben, darunter auch D_3, durch den Einfluß der ubrigen Bestandtheile bis zum Verschwinden abgeschwächt werden;

2. den primären Stoff „c" in demselben Zustande, in welchem er im Oxygen und im Kohlenstoffe vorkommt; derselbe emittirt innerhalb des Magnesiums blos die Strahlengruppe II (vergl. Originalarbeit);

3. den primären Stoff „b" in dem Zustande, in welchem er auch im freien Hydrogen vorkommt, und welchem innerhalb des Magnesiums die Strahlen der Gruppe III (vergl. die Originalarbeit) ihr Dasein verdanken; enblich

4. denselben primären Stoff „b", aber in dem chemisch mehr kondensirten Zustande, in welchem er sich im Hydrogen innerhalb des Wasserdampfes befindet und unter dem Einflusse der übrigen Bestandtheile die Partialgruppe IV (vergl. die Originalarbeit) mit mehr oder weniger merklicher Intensität ausstrahlt."

Für den Kohlenstoff gelangte der Verf. auf chemischem Wege zu folgenden wichtigen Theorien:

„Der Kohlenstoff ist (wie das Magnesium) eine zusammengesetzte Substanz, welche bei den uns bis jetzt bekannten chemischen Processen die Rolle eines sekundären Elementes oder Radikals spielt. Derselbe enthält auf Grund der mathematischen Analyse der Strahlen des elementaren Linienspektrums außer dem primären Stoff „c" den primären Stoff „b" in vier verschiedenen chemischen Zuständen, und zwar:

1. Den primären Stoff „b" in einem besonderen, gegen seinen Zustand im Hydrogen im Verhältnisse 5:3 dilatirten chemischen Zustande, in welchem er die Strahlengruppe I emittirt;

2. den primären Stoff „c" in demselben Zustande wie im Oxygen und im Magnesium, in welchem er hier im Kohlenstoffe die Gruppe II ausstrahlt;

3. den primären Stoff „b" in demselben Zustande wie im Hydrogen, in welchem er auch im Magnesium vorkommt und in welchem er die III. Gruppe der Kohlenstoffstrahlen erzeugt;

4. den primären Stoff „b" in dem Zustande, in welchem er sich im Hydrogen innerhalb des Wasserdampfes befindet und auch im Magnesium vorhanden ist; er ist in diesem Zustande gegen seinen Zustand im freien Hydrogen im Verhältnisse von $4:5$ kondensirt und emittirt die Gruppe IV der Kohlenstoff= strahlen; endlich

5. denselben primären Stoff „b" in einer besonders stark kondensirten Form, in welcher er gegen seinen Zustand im freien Hydrogen im Verhältnisse von $4^2:5^2 = 16:25$ chemisch ver= dichtet ist und die Gruppe V der Kohlenstoffstrahlen aussendet" (vergl. Gruppe I bis V in der Originalarbeit). [1]

Über thermochemische Untersuchungen. Berthelot hat thermochemische Untersuchungen über die Phosphate ver= öffentlicht. De Focrand berichtet über die Bildungswärme des Kaliummethylats und Kaliumäthylats sowie einiger anderer Kaliumalkoholate. Derselbe Verf. hat auch Untersuchungen über das Kaliumglycerinat und über die Verbindungen desselben mit den einatomigen Alkoholen, sowie über die Einwirkung von Äthylenbromid auf die alkalischen Alkoholate angestellt. Ferner sind von demselben einige Natriumalkoholate und die Verbin= dungen des Natriumglycerinats mit einatomigen Alkoholen studirt. H. W. Bakhuis Roozeboom hat eine thermische Arbeit über die Lösungen der Bromwasserstoffsäure und des Hydrates $HBr.2H^2O$, sowie über ein neues Hydrat derselben $H.Br.H^2O$ ge= liefert. Auch die Verbindungen des Bromammoniums mit dem Ammoniak sind weiter von demselben Verf. studirt und noch andere thermochemische Arbeiten geliefert. Seine dabei gewon= nene Theorie umfaßt alle Gleichgewichte, welche zwischen den differenten Körpern möglich sind, die sich aus einem System zweier Materien zu bilden vermögen. Die thermischen Erschei= nungen bei der Fällung der Dimetallphosphate sind von A. Joly einem Studium unterworfen. Durch F. Stohmann, P. Ro= datz und W. Herzberg sind die Resultate von Versuchen über

---

[1] Sitzungsb. der kais. Akad. der Wissensch.; math.=natur= wissensch. Kl. Wien 1887 (1. December). 1154—1200.

den Wärmewerth der Äther der Phenolreihe veröffentlicht. Die=
selben Verf. berichten auch über den Wärmewerth der Homologen
des Benzols. Berthelot und Vieille berichten über die Ver=
brennungs= und Bildungswärme fester Kohlenwasserstoffe, der
Zuckerarten (Kohlenhybrate) und mehratomigen Alkohole. Über
das Selen und Tellur hat Ch. Faber Untersuchungen angestellt.
Berthelot und Louguinine haben die Verbrennungswärmen
zahlreicher Körper bestimmt. Über thermische Erscheinungen bei
der Neutralisation berichtet S. U. Pickering. Über die Bil=
dungswärme des Brechweinsteins macht Günz Mittheilungen.
Außerdem liegen noch zahlreiche Arbeiten, wie von Ludwig
Boltzmann, P. J. Hartog, William Ramsay und Sid=
ney Young, Berthelot und Recoura, Hans von Jüptner
und A. vor. Wir müssen auf die Originalarbeiten der Verf.
verweisen.

Über die Verdampfungswärmen homologer Kohlen=
stoffverbindungen. Robert Schiff fand, wie dieses bereits
von C. Schall geschehen, mittels eines von ihm selbst ange=
gebenen Apparates, daß die Verdampfungswärme homologer
Kohlenstoffverbindungen eine Abnahme mit zunehmendem Mole=
kulargewichte erfährt, aber ferner auch, daß in jeder Gruppe
von Isomeren dem Gliede mit niedrigstem Siedpunkte die
niedrigste Verdampfungswärme zukommt. [1]

Über die Identität der Gesetze des Gleichgewichtes
bei physikalischen, chemischen und mechanischen Er=
scheinungen. Bekanntlich hat St. Claire Deville die
früher gezogene scharfe Grenze zwischen chemischen und physika=
lischen Erscheinungen durch die Resultate von hierauf bezüglichen
Arbeiten beseitigt. H. le Chatelier zeigt nun, daß auch die
mechanischen Erscheinungen sich mit dem physikalisch=chemischen
denselben Gesetzen unterordnen. Der Verf. stellt dabei folgenden
neuen Satz auf:

„Zwei äquivalente Elemente eines im Gleichgewicht befind=
lichen Systems, d. h. zwei Elemente, welche einander ersetzen
können, ohne den Gleichgewichtszustand zu stören, sind gleich=
falls äquivalent in jedem andern System, wo sie einander er=

---

[1] Lieb. Ann. 234. 338—350; Chem. Centralbl. 1887 2—3.

seßen können, und werden sich außerdem gegenseitig im Gleich=
gewicht halten, wenn sie einander entgegengeseßt werden können.[1]

Über korrespondirende Lösungen. G. Benber
nennt korrespondirende Lösungen solche, die in ihren
Mischungen in Bezug auf Dichte, Ausdehnungskoëfficient
und elektrisches Leitungsvermögen indifferent nebeneinan=
der bestehen; diese Lösungen bestehen in einem einfachen
Molekülzahlverhältnis.

Der Verf. hatte bereits früher Lösungen von NaCl und KCl
nach dieser Richtung hin untersucht und jeßt noch Chlorammonium
Chlorlithium und Chlorbaryum in den Bereich seiner Messungen
gezogen. Dabei fand sich, daß Lösungen, die in der Volumeinheit
n Gramm=Moleküle Chlornatrium, n Gramm=Moleküle Chlor=
lithium, 1/2 n Gramm=Moleküle Chlorbarium, 3/4 n Gramm=
Moleküle Chlorkalium und 3/4 n Gramm=Moleküle Chlorammo=
nium enthalten, in Bezug auf das elektrische Leitungsvermögen
korrespondiren, womit gesagt ist, daß das Leitungsvermögen von
Mischungen aus solchen Losungen aus dem der Bestandtheile
arithmetisch einfach berechnet werden kann.[2]

**Über die Rolle des osmotischen Druckes in
der Analogie zwischen Lösungen und Gasen.**
J. H. van't Hoff ist durch seine Studien allmählich
zu der Erkenntnis gekommen, daß bei den Lösungen eine
tiefgehende Analogie, ja fast Identität mit den Gasen,
speciell auch in physikalischer Hinsicht vorliegt, falls nur
bei Lösungen da der „osmotische" Druck eingeführt wird,
wo es sich bei den Gasen um den gewöhnlichen Spann=
kraftsdruck handelt. Zur Erklärung des Ausdrucks „os=
motischer Druck" denkt sich der Verf. ein z. B. mit
wässeriger Zuckerlösung vollkommen angefülltes Gefäß A,
welches selbst in Wasser B befindlich ist. Man kann nun

---

[1] Ztschr. f. phys. Chem. 1. 565—72. Nov. Paris; Chem.
Centralbl. 1887. 1534.
[2] Wied. Annal. 31. 872; Fortschr. b. Elektrot. 1887. 580.

die vollkommen feste Wand des Gefäßes, wie Pfeffer
bewiesen hat, so herstellen, daß sie durchlässig für Wasser,
undurchlässig für den gelösten Zucker ist. Die wasser-
anziehende Wirkung der Lösung veranlaßt den Eintritt
von Wasser in A, das jedoch bald durch den Druck,
welchen das in sehr geringer Menge eintretende Wasser
zur Folge hat, seine Grenze erreicht. Der Verf. bezeichnet nun den in diesem Falle, wo Gleichgewicht besteht,
auf die Wand ausgeübten Druck, den man auch experimentell mit Hilfe eines Manometers messen kann, als
den „osmotischen Druck". Man ist im Stande durch
Steigerung oder Minderung dieses Kolbendruckes, will-
kürliche Koncentrationsveränderungen in der Lösung zu
bewirken, die unter Bewegung des Wassers durch die
Gefäßwand in der einen oder andern Richtung erfolgen.
Hierdurch ist dem Verf. der Nachweis gelungen, daß die
wichtigsten Gesetze, so dasjenige von Boyle, Gay-Lussac
und Avogadro in gleicher Weise für Lösungen gelten,
wobei er sich nicht mit einer nur theoretischen Beweis-
führung begnügt, sondern auch in allen Fällen in der
Lage ist, auf Grund des vorliegenden Beobachtungsmaterials auch mehrere experimentelle Beweise zu er-
bringen. Auch die Resultate, welche Pfeffers Versuche
herbeiführten, ferner die Gesetze von Rüdorff und
Raoult und der für Lösungen gültige Guldberg-Wa-
ge'sche Satz zieht der Verf. in das Bereich seiner Betrachtung. [1]

Über das Festwerden von Flüssigkeiten durch
Druck. Die von J. Thomson entwickelte Formel über
das Festwerden von Flüssigkeiten durch Druck veranlaßte

---

[1] Zeitschr. f. physik. Chem. I. 481—508. Okt. Amsterdam;
J. Traube: Chem. Centralbl. 1887. 1453—1454.

E. H. Amagate diese Formel, welche durch Unterfuchun=
gen an feften Körpern Beſtätigung gefunden, auch für
eigentliche Flüſfigkeiten auf ihre Richtigkeit zu prüfen.
Es gelang dem Verfaſſer nur vom Äthylenchlorid bei
einer Temperatur von —19·5⁰C und bei einem Drucke
von 210 Atmofphären, ſowie bei +19·5 ⁰ C. bei einem
Drucke von 1160 Atmofphären, und vom Benzol bei
22⁰ unter Anwendung eines Druckes von 700 Atmo=
ſphären gut ausgebildete Kryſtalle zu erhalten. ¹)

Ueber eine durch Druck bewirkte chemiſche
Zerſetzung. W. Spring und J. H. van’t Hoff
gelang es, in einer Schraubenpreſſe bei 40⁰ und einem
Drucke von 6000 Atmofphären fein gepulvertes Calcium=
kupferacetat = Ca (C²H³O²)²+Cu (C²H²O²)²+6H²O,
welches zuerſt von Ekling dargeſtellt iſt und von Fr. Rü=
dorff analyſirt wurde, zu zerſetzen.

Über die Natur von Flüſfigkeiten, gefolgert
aus den thermiſchen Eigenſchaften beſtändiger
und diſſocierbarer Körper. Zahlreiche Meſſungen
der Dampfſpannung verſchiedener Flüſfigkeiten führten
W. Ramſay und S. Young zu nachſtehenden Sätzen:

„I. Für beſtändige Körper, wie Alkohol und Äther, wächſt
die Dichte der geſättigten Dämpfe mit wachſender Temperatur,
während für Körper, wie Eſſigſäure und Stickſtoffdioxyd, die
Dampfſpannung bei einer beſtimmten Temperatur ein Minimum
erreicht, demnach oberhalb und unterhalb deſſelben zunimmt.“

„II. Die Verdampfungswärme des Alkohols nimmt ab mit
wachſender Temperatur, während die der Eſſigſäure bei ungefähr
110⁰ C. ein Maximum erreicht und bei ſteigender und fallender
Temperatur abnimmt.“

---

¹) C. r. 105. 165—67. 18. Juli; Chem. Centralbl. 1887.
1067. 1.

²) Ztſchr. f. phyſik. Chem. 1. 227—30. Ende Mai; · Chem.
Centralbl. 1887. 709.

Pickering bekämpft die von dem Verf. aus diesen Sätzen gezogene Folgerung, wonach der Unterschied zwischen den stabilen Flüssigkeiten, wie Alkohol und Äther, und deren Dämpfe nur auf der verschiedenen Nähe der Moleküle beruhen, und daß die Moleküle jener Stoffe in beiden Aggregatzuständen dieselbe Größe haben, indem derselbe die Ansicht ausspricht, daß die Moleküle aller Flüssigkeiten komplexere Aggregate der Gasmoleküle sind.[1]

Über den höchsten Siedepunkt der Flüssig-keiten. Es gibt nach C. Puschl eine Temperatur unter-halb der kritischen, bei deren Überschreitung die Flüssigkeit mit sinkender Temperatur beständfähig wird und plötzlich zum Vorschein kommt, und wo dieselbe beim Erwärmen umgekehrt vollständig in Dampf übergeht. Diese Tem-peratur ist der höchste Siedepunkt der Flüssigkeit, die dabei noch eine ansehnliche größere Dichte als ihr Dampf besitzt und noch einer bestimmten Wärmezufuhr bedarf, um die Dampfform anzunehmen.[2]

Allgemeines Gesetz über die Dampfspannung von Lösungen. F. M. Raoult stellt folgendes all-gemeines Gesetz für die Dampfspannung von Lösungen auf:

„1 Molekül einer festen, nicht salinischen Substanz, welches in 100 Mol. irgend welchen flüchtigen Lösungsmittels gelöst ist, vermindert die Dampfspannung dieser Flüssigkeit um einen nahezu konstanten Theil ihres Werthes, welcher etwa bei 0·0105 gelegen ist."[3]

Über die Natur der Lösungen. In einer län-gern Arbeit entwickelt Spencer U. Pickering die mannigfachen Gründe, welche die Annahme berechtigen, daß viele Salze bei ihrer Lösung in Wasser Krystallwasser

---

[1] Chem. N. 54. 305; Chem. Centralbl. 1887. 77.

[2] Monatsh. f. Chem. 8. 238—41. (20. Mai) 30. Juli; Chem. Centralbl. 1887. 1127.

[3] C. r. 104. 1430—33. (23.) Mai; Chem. Centralbl. 1887. 739—740.

aufnehmen, auch zeigt der Verf., daß die gelösten Salze oft mehr Kryſtallwaſſer enthalten, als im feſten Zuſtande, wodurch die von Nicol[1]) gegen die Annahme des Kryſtallwaſſers geltend gemachten Gründe hinfällig geworden ſind. Auch ſpricht der Verf. die Anſicht aus, daß allmähliche Annahme eine Hydration beim Löſungsproceſſe nicht ansreicht, um alle Löſungserſcheinungen zu erklären. Eine ſolche Erklärung kann aber erreicht werden, wenn man ſich der auf Grund an verſchiedenen Beobachtungen wahrſcheinlich gemachten Anſicht anſchließt, daß die wirk= lichen Moleküle der meiſten feſten Stoffe aus einer grö= ßeren Anzahl einzelner Moleküle beſtehen, und dieſe Molekülaggregate bei dem Proceſſe der Löſung eine theil= weiſe Diſſociation zu einfacheren Molekülen erfahren, wobei der Verf. auch eingehende Beobachtungen über die Anziehung, welche zwiſchen den nicht im engern Sinne chemiſch gebundenen Beſtandtheilen des Löſungsmittels zu der gelöſten Subſtanz beſtehen muß, mittheilt und auf analoge Verhältniſſe bei Mineralien und Legirungen hin= weiſt.[2])

Derſelbe Verf. weiſt nach, daß der von Durham aufgeſtellte Satz: „daß die Löſungswärme in direktem Verhältniſſe ſteht zu der Verbindungswärme des poſitiven Salzelementes mit Sauerſtoff und des negativen Salz= elementes mit Waſſerſtoff, und im umgekehrten Verhält= niſſe zu der Verbindungswärme des negativen und poſi= tiven Salzelementes zu einander" aus Trugſchlüſſen auf= geſtellt iſt.[3])

---

[1]) Chem. N. 54. 53 u. 191—93.
[2]) British Association, Birmingham Meeting, Sect. 13; Chem. N. 54. 215—218; Chem. Centralbl. 1887. 3.
[3]) Chem. N. 56. 181—82. Okt.; J. Traube: Chem. Centralbl. 1887. 1453.

Über die Fortführung gelöster Körper bei der Verdampfung ihres Lösungsmittels. Versuche, welche P. Marguente=Delacharlonny über die Fortführung gelöster Körper bei der Verdampfung ihrer Lösungsmittel angestellt hat, haben das Resultat ergeben, daß nicht nur eine solche Fortführung beim tumultuarischen Sieden der Lösungen stattfindet, sondern auch bei der Verdunstung bei gewöhnlicher Temperatur nachgewiesen werden kann. [1]

Über die Beziehungen der Verwitterung und Zerfließlichkeit der Salze zur Maximalspannung der gesättigten Lösungen. Wie Debray gefunden, hängen die Bedingungen der Verwitterung und der Zerfließlichkeit der Salze mit der Maximalspannung ihrer gesättigten Lösungen zusammen. Daraus folgt, daß wenn eine Substanz zerfließen soll, so ist es nöthig und ausreichend, daß ihre gesättigte Lösung eine Maximalspannung besitzt, die kleiner ist, als die elastische Kraft der atmosphärischen Feuchtigkeit, und umgekehrt kann eine Verwitterung eintreten, wenn die Maximalspannung eines trocknen Hydrates größer ist, als die Dampfspannung der Luft. H. Lesceur hat hierüber Versuche angestellt, wobei er die Spannungen von Salzlösungen, respektive von festen wasserhaltigen Salzen bestimmte und dadurch folgende Skalen erhielt:

I.

Zerfließlichkeitsskala bei + 20°

Kaliumnitrat	15
Kaliumchlorid	13·55
Natriumacetat	12·4
Jodsäure	11·6
Strontiumchlorid	11·5

[1] C. r. 103. 1128—29. (6.) Dec. 1886; Chem. Centralbl. 1887. 51.

Natriumnitrat . . . . . 11·15
Natriumchromat . . . . 10·6
Calciumnitrat . . . . . 9·3
Ammoniumnitrat . . . 9·1
Strontiumbromid . . . 9·1
Kaliumkarbonat . . . . 6·9
Magnesiumchlorid . . . 5·75
Calciumchlorid, kryſtall. . . 5·6
Kaliumacetat . . . . . 3·9
Arſenſäure . . . . . . 2·3
Natriumhydrat, ungefähr . . 1·0
Kaliumhydrat, ungefähr . . 0·8.

II.
Verwitterungsſkala bei + 20⁰

Natriumarſenat mit 25 aqu. ungefähr . . . 16·0
Natriumſulfat mit 10 aqu. . . . . . 10·9
Natriumphosphat mit 25 aqu. . . . . 13·5
Natriumacetat mit 6 aqu. . . . . . 12·4
Natriumkarbonat mit 10 aqu. . . . . 12·1
Natriumphosphat mit 15 aqu. . . . . 9·
Kupferſulfat mit 5 aqu. . . . . . . 6·
Strontiumhydrat mit 9 aqu. . . . . . 5·6
Strontiumchlorid mit 6 aqu. . . . . . 5·6
Nickelchlorür mit 6 aqu. . . . . . 4·6
Natriumarſenat mit 15 aqu. . . . . . 4·6
Bariumhydrat mit 9 aqu. . . . . . 4·2
Borſäurehydrat mit 3 aqu. ungefähr . . . 2·0
Strontiumbromid mit 6 aqu. ungefähr . . 1·8
Oxalſäure mit 4 aqu. ungefähr . . . . 1·3

In dieſen beiden Skalen bedeuten die Zahlen die Spannungen in Millimetern.[1]

Über den todten Raum bei chemiſchen Reaktionen. Vermiſcht man nach Oskar Liebreich eine Löſung von Chloral- hydrat und Natriumcarbonat, ſo ſcheidet ſich das entſtehende Chloroform nicht in allen Punkten der Miſchung gleichmäßig und gleichzeitig ab. In einem dünnen Glaſe iſt in den obern

C. r. 103. 1260—61; Chem. Centralbl. 1887. 79.

Schichten deutlich ein Raum zu erkennen, in welchem keine Ausscheidung von Chloroformtropfen stattfindet; dasselbe ist nach unten durch eine dem Mechanismus entgegengesetzten Fläche abgegrenzt. Nimmt man aus diesem sogenannten „todten Raum" etwas von der Flüssigkeit heraus und erwärmt, so findet sofort eine Abscheidung von Chloroform statt. Diese Erscheinung kann man auch bei Mischungen von Jodsäure und schwefliger Säure beobachten.[1]

Über das Krystallwasser. Nach Fr. Provenzali ist die Theorie der Bildung der Doppelsalze, auch auf die Salzhydrate und auf alle übrigen chemischen Verbindungen auszudehnen, in welchen die physikalischen Eigenschaften der sich verbindenden Körper beträchtlich geändert werden.[2]

Über die Krystallform der Körper. Nach einer von W. H. Perlin ausgesprochenen Ansicht ist die Aufnahme von Krystallwasser kein chemischer Vorgang. Die Erscheinung, daß manche Körper mit und manche ohne Krystallwasser krystallisiren, liegt nach demselben Verf. lediglich in der Tendenz, diejenige Krystallform anzunehmen, welche sich am leichtesten bildet.[3]

Über ein neues Krystallisationsverfahren. Man kühlt die Lösungen nach einem von L. Wulff veröffentlichten Verfahren bis zur Krystallisationstemperatur ab und mischt dieselben dann mit angewärmten kleinen Krystallen oder Krystallstückchen. Das so gewonnene Gemenge läßt man in eigens hierzu konstruirten Cylindern rotiren, wobei man, wenn nöthig, abkühlt. Man bemerkt bald das gleichmäßige Wachsen der Krystalle, die regel-

---

[1] Math. u. Naturw. Mitth. 1886. 699—702. (4.) Nov. 1886. Berlin; Chem. Centralbl. 1887. 108.

[2] Mondes (3.) II. 187. Fortschr. d. Phys. Berlin 1887. 135.

[3] Chem. N. 54. 203; Chem. Centralbl. 1887. 53.

mäßig ausgebildete Individuen nach geschehener Arbeit darstellen. [1]

Über die Wirkung der Bewegung auf die Krystallisation. L. Wulff zieht aus den Beobachtungen von O. Lehmann, nach welchen sich um einen, in einer koncentrirten Lösung wachsenden Krystall eine minder koncentrirte Schicht bildet, den Schluß, daß, der herrschenden Ansicht entgegen, Bewegung der Lösung und der Krystalle die Bildung großer Krystalle befördere, was durch Beobachtungen mit Zucker und Salzen Bestätigung findet. Wird nach dem Verf. ein Gemisch verschieden koncentrirter Lösungen, wie es in einem Krystallisationsgefäß gebildet wird und worin die einzelnen Schichten eine verschiedene Temperatur haben, in Bewegung gesetzt, so tritt eine gestörte Krystallisation ein. [2]

Über das Princip der größten Arbeit und die Gesetze des chemischen Gleichgewichts. Nach H. L. Chatelier ist bei den Erscheinungen der einfachen Dissociation der Quotient aus der bei der Dissociationstemperatur gemessenen latenten Zersetzungswärme und der bei Atmosphärendruck gemessenen absoluten Dissociationstemperatur, für je ein Molekulargewicht der gasförmig werdenden Körper, eine konstante Größe. Dieser Quotient hat Werthe, welche nach den Versuchen des Verf. zwischen 0·023 und 0·026 schwanken. [3]

Über die Dissociation des Jod- und Brombampfes. Nach Thomson wird Joddampf bei 200 bis 230° durch den Funkenstrom eines Induktionsapparates dissociirt und zwar beträgt diese Dissociation nach der

---

[1] Pharmac. Ztg. 32. 70.
[2] Chem. Zeitg. 11. Nr. 49. 739; Ch. Centralbl. 1887. 1130.
[3] C. r. 104. 356—57; Chem. Centralbl. 1887. 448.

Dampfdichte bei 214⁰ so viel wie bei einfachem Erhitzen auf 1570⁰ nach den von Victor Meyer gemachten Beobachtungen. Die Dampfdichtebestimmungen des Broms ergaben, daß die Dissociation unter Drucken von 200 bis 300 mm schon bei 100⁰ stattfindet. [1]

Über die Atomgewichtsbestimmung aus der specifischen Wärme. Die Giltigkeit des bekannten Dulong-Petit'schen Gesetzes negirt G. Janeček aus theoretischen und Erfahrungsgründen unter Heranziehung von Weber's Untersuchungen über den Einfluß der Temperatur auf die specifische Wärme starrer Elemente. [2]

Über den Einfluß der doppelten und ringförmigen Bindung auf das Molekularvolum. A. Horstmann beleuchtet eine Reihe von Thatsachen, aus denen geschlossen werden kann, daß allgemein die ungesättigten Verbindungen mit ringförmiger Atomkette ein ansehnlich kleineres Molekularvolum haben, als diejenigen mit offener Kette und mehrfacher Bindung der Atome. Der Verf. betrachtet es als höchst wahrscheinlich, daß die Volumdifferenzen, die bei verschiedener Zusammensetzung bemerkt werden, weit mehr von der Konfiguration der Atome und Moleküle abhängen als von dem ungleich großen Volum, welches die Masse der Moleküle selbst ausfüllt. [3]

Über elektrolytisches Niederschlagen von Legirungen aus Lösungsgemischen. Watt kommt auf Grund seiner Versuche, wie Thomson, zu der Behauptung, daß das Berzelius'sche Gesetz, wonach aus einem Lösungsgemische das am wenigsten elektropositive Metall gefällt wird, nicht mehr aufrecht erhalten werden

---

[1] Chem. N. 55. 252; Ber. b. d. ch. G. 1887. 411; Fortschr. b. Elektrotechn. 1887. 583.

[2] Rad. jugosl. akad. 72. 66—142. Agram; Chem. Centralbl. 1887. 3—4.

[3] Ber. b. deutsch. chem. Ges. 1887. 20. 766; Chem.-Rep. b. Ch.-Ztg. 89.

könne. Bei der Fällung von Messing aus dem Lösungs-
gemisch der Citrate und Acetate von Kupfer und Zink
konstatirt Watt die Thatsache, daß bei gleichen Strom-
stärken mit kleinen Anoden-Oberflächen nur Kupfer, mit
großen nur Zink und mit mittleren die Legirungen beider gefällt werden. Selbst sehr verdünnte Lösungen der
Sulfate und Chloride der beiden Metalle lieferten dem
Verf. bei geringen Stromdichten Niederschläge von Messing.
Hierzu bemerkt der Ref. über d. F. d. E., daß diese Thatsachen längst bekannt seien.[1]

Über eine magnetische Scheidung von Edel-
metallen. Noad bringt die Erze in eine Eisensalz-
lösung, verbindet dieselben mit dem negativen Pol einer
Elektricitätsquelle und stellt derselben als Anode eine
Eisenplatte gegenüber. Auf den Metalltheilchen bildet
sich ein Überzug von Eisen und können dieselben dann
mittels einer Magnetmaschine vom tauben Gestein getrennt
werden. Wenn auf diese Weise das Quecksilber beim
Ausbringen edler Metalle wirklich verdrängt werden könnte,
so wäre damit sehr viel gewonnen, nur fragt es sich, ob
wirklich alle Edelmetalltheilchen mit der Kathode in Berührung kommen können, und ob die Zeitdauer der
Stromeswirkung keine Rolle dabei spielt.[2]

Elektrolytische Metallabscheidung an der
freien Oberfläche einer Salzlösung. Tritt ein
elektrischer Strom aus einer Salzlösung in eine Dampf-
oder Gasatmosphäre, so muß an der Oberfläche der
Flüssigkeit Metall elektrolytisch abgeschieden werden, worüber

---

[1] Watt, Experimental researches on the electrodeposition
of alloys; Fortschr. der Elektrotechn. 1887. 585.

[2] E. P. Nr. 6810, 8130. Chem. Ztg. 1887, 1266, 1396;
Fortschr. der Elektrotechnik 1887. 508.

J. Gublin, sowohl im dampferfüllten Vakuum, als auch an freier Luft Versuche gemacht hat, die diese Abscheidung bestätigen. Bei der Anwendung von Zinnchlorid schied sich kein Metall, sondern Zinkoxyd ab, es hatte sich also das zuerst abgeschiedene Metall sofort wieder oxydirt.[1]

Elektrolyse von Dämpfen. J. Gublin erzeugte an der Trennungsfläche von einer kochenden Silbernitrat-lösung und einer gleichfalls siedenden Platinchloridlösung und des darüber befindlichen, nur mit dem Dampfe der Flüssigkeit angefüllten, sonst luftleeren Raum metallische Niederschläge von Silber und Platin. Die Stromquelle war eine 1000gliedrige Planté'sche Accumulatorenbatterie und endigte die eine Elektrode in einer Spitze von Platin 4—5 mm oberhalb der Flüssigkeit, die andere in letzterer.[2]

Metallisirung von organischen Substanzen. Bouet metallisirt organische Substanzen, indem er dieselben zuerst in eine Lösung von Eiweiß und 30procentige Silbernitratlösung und dann in eine 20procentige Silber-nitratlösung taucht.[3]

Über die Schmelzbarkeit der Minerale. Georgis Specia macht darauf aufmerksam, daß sich die Mineralogen bei dem jetzigen Stande der Wissenschaft mit der höchsten Temperatur, die durch das Löthrohr bisher zu erzielen war, nicht mehr begnügen dürfen, indem viele Gesteine, die als unschmelzbar gelten, brauchbare Charakter-unterschiede zeigen, wenn man ihre Schmelzbarkeit bei höherer Temperatur mißt. Der Verf. schlägt deshalb vor,

---

[1] Wied. Ann. 32. 114—115. Anf. Aug. Freiburg i. B.; Chem. Centralbl. 1887. 1128.

[2] Ebenda; Fortschr. d. Elektrotechn. 1887. 580.

[3] Engl. Patent (1887) Nr. 15403. Engin. 44. 240; Fortschr. der Elektrotechnik 1887. 503.

die Löthrohrflamme mit warmer Luft oder mit Sauerstoff zu speisen und bringt für seine Ansicht einige durchschlagende Beispiele.[1])

Die Luft aus Abzugskanälen. Cornelley und J. S. Haldane haben die Luft aus den unter dem Parlamentsgebäude durchgehenden Abzugskanälen, und auch von einer großen Anzahl Kanäle in Dundee untersucht, und dabei folgende Resultate erhalten:

a) Die Luft in den Abzugskanälen war im Allgemeinen besser als a priori zu erwarten war.

b) Die Quantität der Kohlensäure war ungefähr 2 Mal und die der organischen Stoffe 3 Mal so groß als gleichzeitig in der äußern Luft, wogegen die Anzahl der Mikroorganismen geringer war (9 : 16).

c) Bezüglich der Quantität der drei genannten Bestandtheile war die Luft in den Abzugskanälen von weit besserer Beschaffenheit als die in den natürlich ventilirten Schulen.

d) Die Kanalluft enthielt eine weit geringere Anzahl von Mikroorganismen als die Luft in den Häusern, und der Kohlensäuregehalt der Kanalluft war größer als in der Luft von Häusern mit 6 und mehr Räumlichkeiten, aber geringer in solchen mit 1 oder 2 Räumen. Bezüglich der organischen Stoffe war die Kanalluft nur wenig besser als diejenige eines Hauses mit 1 Zimmer und weit schlechter als die größerer Häuser. Die Angaben für alle Häuserklassen beziehen sich hierbei auf Schlafräume, welche während der Nacht benutzt werden.

e) Eine große Anzahl Analysen ergab, daß die Quantität von organischen Stoffen in der Kanalluft mit dem

---

[1]) Atti della R. Acad. di Torino 1887. 22. 419; Naturw. Rundsch. 1887. 2. 227; Ch. Rep. d. Ch.=Ztg. 1887. 191.

Kohlensäuregehalt wuchs, wogegen die Mikroorganismen mit dem Wachsen der übrigen Bestandtheile abnehmen.[1]

Reinigung von Abwässern. Carl Liesenberg versetzt die Abwässer mit einem Chlorid oder Hydrat der alkalischen Erden und dann mit Alkaliferrialuminat, wobei das sich abscheidende Ferrihydrat die organische Verbindung mit niederreißt und die Bildung von Schwefelwasserstoff ꝛc. verhindert.[2]

Über die Klärung städtischer Abfallwässer mit Hilfe chemischer Fällung der suspendirten organischen Bestandtheile. A. Pfeiffer spricht sich gegen die chemische Klärung städtischer Abfallwässer aus, weil dadurch der Zweck keineswegs erreicht werde, auch der ökonomische Werth derselben beeinträchtigt werde. Der Verf. empfiehlt, wo es irgend thunlich ist, die Einleitung der Abfallwässer im ungereinigten Zustande in die Flüsse.[3]

Über eine Vorrichtung zum automatischen Filtriren. O. Billeter bringt die zu filtrirende Flüssigkeit in eine Flasche, welche mit einem doppelt durchbohrten Kork versehen ist. Durch die eine Korköffnung reicht eine Glasröhre bis zum Boden der Flasche, durch die andere ebenso tief eine heberförmige gebogene Glasröhre, deren äußeres Ende in den Trichter taucht. Durch Anblasen des Hebers wird die Filtration in Gang gebracht, die dann ruhig bis zu Ende geht.[4]

---

[1] Chem. News 55. 288; Chem. Rep. b. Chem.=Ztg. 1887. 166—167.

[2] D. R.=P. 37882. 11. Febr. 1886; Chem. Centralbl. 1887. 102.

[3] 60. Naturf.=Vers. z. Wiesbaden; Sekt. f. Hyg. 20. Sept. Tagebl. 348.

[4] Chem.=Ztg. 11. 509; Chem. Centralbl. 1887. 589.

Über eine Verbesserung des gewöhnlichen Trichters. Damit die Luft aus den Flaschen während des Filtrirens entweichen kann, schlägt Franz Ribeli Trichter mit gerippten Trichterröhren vor.[1)]

Löthen von Gußeisen mittels des elektrischen Lichtbogens. Nicolas de Bonardus hat folgendes Verfahren sich patentiren lassen:

Als Löth- bezw. Flußmittel dienen schmiedbares oder Gußeisen bez. ein Thon, ein Thonerde haltiger Sand. Dieselben werden zwischen die zu löthenden Werkstücke oder in die auszufüllende Öffnung gelegt und durch den elektrischen Lichtbogen mit den Werkstücken verschmolzen. Die reducirende Wirkung des Lichtbogens soll eine chemische Veränderung des Gußeisens nicht bewirken, so daß dasselbe weder hart, weiß, noch brüchig wird.[2)]

Über Ätzwässer. H. Krätzer empfiehlt folgende früher von Herburger angegebenen Vorschriften:

1) Für Kupfer: 100 g rauchende Salzsäure, verdünnt mit 1050 g Wasser und versetzt mit einer siedenden Lösung von 50 g Kaliumchlorat in 300 g Wasser. Für schwächere Gegenstände verdünnt man mit 1000—2000 g Wasser.

2) Für Zink: 600 g Wasser kocht man mit 45 g fein zerstoßener Galläpfel bis auf ein Drittel ein, filtrirt durch Filz oder Leinwand und setzt zum Filtrat drei Tropfen koncentrirte Salpetersäure und 4—5 Tropfen Chlorwasserstoffsäure. Die Flüssigkeit ist besonders für die Zinkographie geeignet.

3) Für Stahl: Man nimmt 45 g Eisessig, 11·5 g absoluten Alkohol, 11·5 g koncentrirte Salpetersäure (15 g

---

[1)] D. Ztschr. f. Mineralwasserf.; Ind.-Bl. 24. 14.
[2)] D. R.-P. Nr. 43174. 23. Sept. 1887; Stahl u. Eisen 8. 395.

rauchende und 75 g Essigsäure), oder 125 g 80grädigen Weingeist, 9·5 g koncentrirte Salpetersäure und 1·5 Silbernitrat. Zum Deckgrund nimmt man eine Lösung von 1 Th. Mastix und 6 Th. Asphalt in Terpentinöl.[1]

Über Goldfarbe auf Messing. Nach der D. Jnd.-Ztg. werden 40 g Milchzucker und 50 g Ätznatron in 1 l Wasser eine Viertelstunde lang gekocht und die vom Feuer entfernte Lösung mit 40 g einer kalt gesättigten Lösung von Kupfervitriol vermischt, wonach sich sehr bald das gebildete Kupferoxydul zu Boden setzt. In die so erhaltene Flüssigkeit legt man ein Holzsieb, auf welchem sich die polirten Gegenstände befinden. Diese letztern dürfen höchstens 1—2 Minuten darin liegen bleiben, wobei man sich durch Herausnehmen überzeugt, ob sie richtige Farbe erhalten haben. Zum Schluß wäscht man dieselben und trocknet sie in Sägespänen. Bei 56—57° C. erhält man auf diese Weise sehr gleichmäßige Farben.[2]

Kleister für Papieretiquetten auf Zinn oder Eisen. Man befestigt die Etiquetten mittels eines Kleisters aus 5 Theilen Roggenmehl, 1 Theil venetianischen Terpentin und einer hinreichenden Menge Leimwasser.[3]

Über eine Imprägnirungsflüssigkeit für Zündhölzchen. August Tennermann analysirte eine solche im Handel befindliche Flüssigkeit. Dieselbe erwies sich als eine mit Natronlauge versetzte Lösung von Phosphorsäure.[4]

---

[1] Württemberg. Gewerbebl. 1886. 308; Chem. Centralbl. 1887. 131.

[2] D. Jnd.-Ztg. 27. 158; Chem. Centralbl. 1887. 131.

[3] Mitth. d. Bayersch. Gew.-Ver.; Jnd.-Bl. 24. 63; Chem. Centralbl. (3.) 18. 444.

[4] Pharmac. Zeitschr. f. Rußl. 26. 5.

Metalloide.

Wasserstoffgas.

Darstellung von Wasserstoffgas. A. Cavazzi
erhielt aus einer Lösung von Arsendisulfür in Kalilauge
mit Aluminium ein völlig arsen- und schwefelfreies Wasserstoffgas.[1]

Zur Kenntnis des Wasserstoffs. A. Grünwald folgert aus seinen Studien, daß der Wasserstoff
aus zwei einfacheren Elementen besteht und eine Verbindung dieser Elemente nach dem Typus Ammonium = NH[4]
bildet. Wir verweisen auf die Originalarbeit des
Verf.[2]

Einfluß des Druckes auf die elektrolytische
Wasserzersetzung. Bezüglich der Elektrolyse des Wassers
zeigt von Helmholtz, daß bei Verminderung des Druckes
die Gasentwickelung viel lebhafter erfolgt, als unter ge-
wöhnlichen Umständen und stellt eine Formel auf für die
Beziehung zwischen Druck und elektromotorischer Kraft.
Die unterste Grenze der letztern liegt bei 1·64 Volt.
Werner Siemens zeigte schon früher, daß bei höchstem
Drucke die Wiedervereinigung der Gase stattfindet.[3]

Über die Zusammensetzung des Wassers. Erneute Versuche, die Alexander Scott ausführte, ergaben

---

[1] Rend. R. Accad. Sc. d. Ist. Bologna 1886/87. 85—86.
24. April) 1887; Chem. Centralbl. 1887. 1097.

[2] Chem. N. 56. 186—88. Okt.; Chem. Centralbl. 1887.
1532—33.

[3] Berl. Akad. Ber. 1887. 749. — Vortrag der British Association in Manchester Engin. 44. 312; Fortschr. d. Elektrotechn.
1887. 582.

unter Anbringung aller Korrektionen beim Verbrennen von Wasserstoff in Sauerstoff als wahrscheinlichen Werth: 1 Vol. Sauerstoff: 1·994 Vol. Wasserstoff. Bei der Annahme des specifischen Gewichts des Sauerstoffes, bezogen auf Wasserstoff, zu = 15·9627, ergibt sich als Atomgewicht des Sauerstoffs die Zahl 10·01.[1])

Über die Beurtheilung der hygienischen Beschaffenheit des Trink- und Nutzwassers nach dem heutigen Stande der Wissenschaft. A. Gärtner stellt dafür folgende Sätze auf:

1. Trink- und Nutzwasser darf weder toxische Substanzen, noch Krankheitskeime enthalten.

2. Die Möglichkeit, daß in ein Trink- und Nutzwasser toxische Stoffe oder Infektionserreger hineingelangen, muß entweder völlig ausgeschlossen sein, oder es müssen Vorkehrungen getroffen sein, welche geeignet sind, die genannten Schädlichkeiten zu entfernen.

3. Trink- und Nutzwasser soll so beschaffen sein, daß es zum Genuß und Gebrauch anregt.

4. Der Nachweis der Giftstoffe wird durch die chemische, der Nachweis der Krankheitskeime durch die mikroskopische und bakteriologische Untersuchung erbracht.

5. Die Möglichkeit einer Intoxikation und Infektion liegt hauptsächlich dann nahe, wenn sich das Wasser durch die Abgänge der menschlichen Ökonomie verunreinigt erweist.

6. Der Nachweis dieser Verunreinigung wird erbracht in erster Linie durch die chemische Analyse, sodann durch die mikroskopische und bakteriologische Untersuchung. Bei der Abschätzung der Befunde ist auch auf die lokalen Verhältnisse die gebührende Rücksicht zu nehmen.

7. Soll ein Wasser zum Genuß und Gebrauch anregen, so dürfen seine physikalischen Eigenschaften nicht zu beanstanden sein, und dürfen ferner die gelösten chemischen Stoffe nach Art und

[1]) Royal Soc.; Chem. N. 56. 173—75. 21. Okt. (16. Juni). London Chem. Soc.; Chem. Centralbl. 1887. 1483.

Menge von denen der lokal als gut bekannten Wässer nicht wesentlich abweichen und dürfen endlich organisirte Wesen — oder deren Reste — in irgend erheblicher Menge nicht vorkommen; auch muß jede Verunreinigung durch den menschlichen Haushalt ausgeschlossen sein.

8. Für die Beurtheilung eines Wassers sind vergleichende Untersuchungen mehrerer Wässer gleicher Art aus ein und derselben Gegend erforderlich.

Der Verf. spricht ferner andeutungsweise die Ansicht aus, daß eine Verunreinigung eines Wassers daran zu erkennen sei, daß sich in demselben differente Arten von Bakterien vorfinden, während eine große Anzahl gleicher Arten auf eine Vermehrung im Brunnen hinweise. [1]

Über den Zusammenhang der Wasserversorgung mit der Entstehung und Ausbreitung von Infektionskrankheiten und die hieraus in hygienischen Beziehungen abzuleitenden Folgerungen. F. Haeppe stellt folgende Sätze auf:

1. Der Vergleich der Höhe der Typhus- (und Cholera-) Morbilität und Mortalität in Städten mit und ohne Wasserversorgung und Kanalisation, vor und nach der Einrichtung derselben, giebt keine entscheidende Antwort auf die gestellte Frage.

2. In manchen Epidemien deckt sich das Gebiet einer bestimmten Wasserversorgung mit dem Gebiet der epidemischen Ausbreitung von Typhus und Cholera.

3. Endgültige Beweiskraft hätten aber derartige Beobachtungen nur dann, wenn die Thatsache und der Vorgang der Infektion des Wassers sicher erwiesen wäre, wenn das Auftreten der Krankheit nach Genuß oder Gebrauch des inficirten Wassers und ebenso das Erlöschen der Epidemie nach Absperrung des verdächtigen Wasserbezuges innerhalb des Rahmens der bekannten Inkubationszeit erfolgt wären. Diese Forderungen zusammen sind bis jetzt jedoch in keinem einzigen Falle erfüllt.

---

[1] Arbeiten d. hygien. Sektionen f. d. VI. Internat. Kongreß Wien 1887; Vierteljahrschr. f. d. Ch. d. Nahrungs- u. Genußm. 1887. 601—602.

4. Die Verbreitung von Cholera und Typhus durch Nahrungsmittel, insbesondere die der letzten Krankheit durch Milch, ist sicher erwiesen. Das macht auch die Möglichkeit der Infektion durch Genuß inficirten Wassers wahrscheinlich.

5. Aus den experimentellen Untersuchungen über die Lebensfähigkeit der Typhus-Cholerabakterien in sterilisirtem und nicht sterilisirtem Trinkwasser ergiebt sich, daß hier die Bedingungen für ihre Vermehrung im Ganzen recht ungünstig sind; daß aber bisweilen, trotz der Konkurrenz der Saprophyten, einzelne Keime längere Zeit hindurch konservirt werden können.

6. Der Nachweis der betreffenden Organismen im Wasser ist zwar in einzelnen Fällen von Epidemien gelungen, jedoch ist dadurch bisher — mit Ausnahme der Koch'schen Beobachtung über das Auftreten der Choleraspirochäten in einem der Tanks von Calcutta — nirgends die Abhängigkeit des Auftretens und des Verlaufes der Epidemie vom Genuß oder Gebrauch des betreffenden Wassers klar gestellt worden. Diese Fälle seien trotz des Bakterienbefundes epidemiologisch nur so zu verwerthen, wie früher analoge Beobachtungen ohne den Nachweis von Bakterien.

7. Auch ein indirekter Zusammenhang zwischen der Wasserversorgung und der Ausbreitung der beiden Krankheiten durch Erzeugung prädisponirender Verdauungsstörungen ist im Auge zu behalten. Es ist jedoch schwierig, darüber Sicheres zu ermitteln.

8. Trotzdem definitive Beweise der Bedeutung der Wasserversorgung für die epidemische Ausbreitung von Typhus und Cholera somit nicht vorliegen, lassen doch die vorhandenen Erfahrungen und allgemeinen Überlegungen die kausale Betheiligung dieses Faktums als möglich und für einzelne Fälle als wahrscheinlich erkennen. Daraus erwächst die praktische Aufgabe, die hier drohende Infektionsgefahr zu beseitigen.

9. Zur Erfüllung dieser Aufgabe empfehlen sich folgende Maßregeln:

a) Schutz der Brunnen gegen Tagwässer und verunreinigte Bodenwässer durch Herstellung wasserdichter, bis ins Grundwasser hinabreichender, das Bodenniveau überragender Wände; durch Anlage der Brunnen in größtmöglichster Entfernung von Aborten u. s. w.

b) Ersatz der Brunnen durch centrale Wasserversorgung.

c) Centrale Wasserversorgung, mit durch die natürliche Bodenfiltration und Absorption gereinigtem, als Quelle zu Tage tretendem oder durch Tiefbohrung erschlossenem Grundwasser.

d) Anwendung von Sandfiltration bei jeder anderen Art centralen Wasserbezuges (event. nach Thiem's Vorschlag, Berieselung natürlichen Bodens und Sammlung des Filtrationswassers).

e) Ununterbrochene und möglichst intensiver Betrieb der Wasserwerke. So weit möglich, Vermeidung der Ansammlung von stagnirenden Wasservorräthen. [1]

Über die festen Bestandtheile des ausgeathmeten Wassers. Überläßt man nach Speck das ausgeathmete Wasser der freiwilligen Verdunstung, so hinterbleibt ein krystallinischer Rückstand, in welchem man Kohlensäure, Kalium und Natrium nachweisen kann. Ein gleiches Verhalten zeigt destillirtes Wasser. [2]

Zur Kenntnis der Entstehungsweise von Wasserstoffsuperoxyd an der Anode bei der Elektrolyse verdünnter Schwefelsäure. Franz Richarz weist durch erneute Versuche nach, daß das sich bei der Elektrolyse von Schwefelsäure bildende Wasserstoffsuperoxyd sich nur an der Anode vorfindet, was mit M. Traube's Annahme nicht übereinstimmt. Die Beobachtungen Berthelot's, daß bei der Elektrolyse verdünnterer Schwefelsäure nur die sogenannte Überschwefelsäure, deren Anhydrid die Formel $= S^2O^7$ besitzt, gebildet wird, hat der Verf. wiederum bestätigt gefunden. Bei den Koncentrationen der Säure über 60 Proc. entsteht dagegen auch Wasserstoffsuperoxyd. Der Verf. glaubt den Beweis geliefert zu haben, daß das Wasserstoffsuperoxyd,

---

[1] Arbeiten d. hyg. Sekt. f. d. VI. Intern. Kongreß. Wien 1887; Vierteljahresschr. d. Ch. d. Nahrungs-Genußm. 1887. 603—4.

[2] 60. Naturf.-Vers. zu Wiesbaden, Sekt. f. Physiol. 21. Sept.; Tagebl. 269; Chem. Centralbl. 1887. 1514.

wie auch Berthelot annimmt, aus der Überschwefelsäure entsteht, also eine birekte Bildung besselben an der Anode nicht erfolgt. Die von Traube für das Wasserstoff= superoxyd vertheidigte Formel H—O—O—H hält der Verf. für wenig wahrscheinlich. [1])

Prüfung des Wasserstoffsuperoxyds auf Salpeter= säure. Nach L. Scholvien prüft man das Wasserstoffsuper= oxyd auf Salpetersäure, indem man basselbe mit Natriumkarbo= nat zur Trockne bringt und mit dem in verbünnter Schwefelsäure gelösten Rückstand die Diphenylamin= oder Brucinprobe vor= nimmt. [2])

Chlor.

Über die Bildung von Chlor bei der Dar= stellung von Sauerstoff durch Kaliumchlorat. Bei der Darstellung von Sauerstoff aus Kaliumchlorat und einer aktiv wirkenden Substanz entwickelt sich nach F. Bellamy anfangs stets Chlor, indem je die Zer= setzung erleichternben Stoffe als Säuren wirken. Dabei wirken manche, z. B. Eisensulfat, an sich sauer, während andere, z. B. die Oxyde des Mangans und Eisens über= oxydirt werden und bann als Säuren arbeiten. Diese Überoxyde werden unter Austritt von Sauerstoff wieder zersetzt, um von neuem auf Kosten des Chlorats über= oxydirt zu werden. Die dabei bedingte Bildung von Permanganat, Chromat u. s. w. veranlaßt das Austreten von Chlor, was durch Zusatz von basischen Oxyden, z. B. von Kalk, verhindert wird. Die einzelnen Vorgänge können folgende Gleichungen veranschaulichen:

1. $KClO^3 + MnO^2 = KMnO^4 + O + Cl$
2. $2 KMnO^4 = K^2MnO^4 + MnO^2 + O^2$
3. $K^2MnO^4 + MnO^2 + KClO^3 = 2 KMnO^4 + KCl + O.$

---

[1]) Wied. Ann. 31. 912—924. Berlin; Chem. Centralblatt 1887. 1104.

[2]) Ph. C.=H. 32. 687; Chem. Centralbl. 1572.

Die beiden letzten Phasen der Reaktion wiederholen sich bis zur gänzlichen Zersetzung des Kaliumchlorats 2c. [1]

Darstellung von Chlor. L. Mond läßt Nickel=protoxyd u. s. w. sich mit Chlorwasserstoffsäure bei hoher Temperatur verbinden und leitet dann erhitzten Sauer=stoff oder heiße trockne Luft darüber, wodurch das Oxyd regenerirt und reines Chlor frei gemacht wird. Die benutzten Oxyde können Oxyde und Salze von Metallen sein, welche nur ein Oxyd haben, wie Mg, Zn, Al u. s. w., oder von Metallen, welche bei der angewandten Tempe=ratur ihr Monoxyd bilden, wie Nickel, Kobalt u. s. w.; diese letztern eignen sich zu dem Verfahren am besten. [2]

Über die Einwirkung der Chlorwasserstoff=säure auf die Löslichkeit der Chloride. Nach einer früheren Arbeit von R. Engel nimmt die Löslichkeit der Chloride, welche durch Chlorwasserstoffsäure aus ihrer wässerigen Lösung gefällt werden, für jedes Äquivalent zugesetzter Chlorwasserstoffsäure um ungefähr 1 Äqu. Chlorid ab. Nach neuern Untersuchungen des Verf. hat dieses Gesetz eine sehr allgemeine Giltigkeit. So gilt es für die wasserfreien als auch Krystallwasser enthaltenden Chloride der verschiedenen Metallgruppen und auch sowohl für die leichtest löslichen, als auch für die von geringerer Löslichkeit, allerdings aber nur im Beginn der Fällung. [3]

Über die Reinigung der Salzsäure vom Arsen. H. Beckurts hält die Zweckmäßigkeit der Reinigung der Salzsäure des Handels mittels einer Destillation mit

---

[1] Chem. Ztg. 11; Chem. Rep. 247; Chem. Centralbl. 1887. 1483.

[2] L. Mond, 20, Avenue Road St. John's. Wood, London; E. P. 8308. 23. Juni 1886; Ch. Ztg. 1432.

[3] C. r. 104. 433—35. (14) Febr.; Chem. Centralbl. 1887. 326.

Eisenchlorür, trotz gegentheiliger Behauptung aufrecht. Die bei dieser Destillation zuerst übergehenden 30 Proc. der Säure sind arsenhaltig, die letzten 60 Proc. aber arsenfrei. Die von Hager empfohlene Methode der Entfernung des Arsens mit Kupferspänen nach Reinsch liefert nach dem Verf. keine völlig arsenfreie Säure. [1]

Oxydation der Chlorwasserstoffsäure unter dem Einfluß des Lichtes. L. Backelandt beobachtete eine kräftige Oxydation des gasförmigen und auch des in Wasser gelösten Chlorwasserstoffs bei Gegenwart von Luft oder Sauerstoff durch das Licht, wobei eine Abscheidung von Chlor stattfindet. Ohne Anwesenheit der Luft findet diese Oxydation nicht statt! [2]

Über das Tropäolin als Reagens auf Chlorwasserstoffsäure im Magensaft. J. Boas empfiehlt das Tropäolin (Oxynaphtylazophenylsulfonsäure) als einen sehr zuverlässigen Indikator für freie Chlorwasserstoffsäure im Magensaft. Um einen Magensaft damit auf diese Säure zu prüfen, nimmt der Verf. 4—5 Tropfen einer gesättigten alkoholischen oder alkoholisch=ätherischen Tropäolinlösung, vertheilt sie durch lebhaftes Schwenken am Rande eines Porzellanschälchens und läßt den Mageninhalt tropfenweise herabfließen. Nach vorsichtigem Erwärmen bei vorherigem Abgießen des Überschusses zeigen sich im Reste der Schale violette bis lebhafte lilarothe Spiegel und zwar einzig und allein nur bei Anwesenheit freier Chlorwasserstoffsäure; Buttersäure und Milchsäure zeigen keine Lilafärbung. Der Verf. theilt auch seine Versuche mit, die er mit Tropäolinpapier nach dieser Richtung anstellte. [3]

Methode zum Nachweis freier Chlorwasserstoffsäure im Magensaft. Einige Tropfen des filtrirten Magensaftes werden nach Alfred Günzburg mit gleichviel Tropfen

---

[1] 60. Naturf.=Vers. zu Wiesbaden, Sekt. f. Ph.; Chem. Centralbl. 1887. 1367.

[2] Bull. Acad. Belg. 11. 194; Chem. Centralbl. 1887. 1216.

[3] D. med. W. 13. 852—854. Sept. Berlin; Chem. Centralbl. 1887. 1448.

einer Flüssigkeit aus 2 Thln. Phloroglucin, 1 Thl. Vanillin und 30 Thln. rektificirtem Spiritus (Reagens von Wiesner und Singer) bestehend in einem Schälchen vorsichtig eingedampft. Es bilden sich schon bei 0·1 p. m. Chlorwasserstoffgehalt rothe Krystalle, doch kann unter 1/20 p. m. Gehalt Säure diese Reaktion nicht erkannt werden. Die Anwesenheit von vielen organischen Substanzen (namentlich von Pepton) verhindert die Krystallbildung, es entsteht vielmehr eine gleichmäßige rothe Paste, aber auch in manchen Fällen, vielleicht in Folge von Chlorwasserstoff-Albuminverbindungen, keinerlei Einwirkung. [1]

Zur Kenntnis des Unterchlorigsäureanhydrids. A. Mermet beobachtete beim Überleiten von Chlor über trockues Quecksilberoxyd unter Abkühlung des Kondensationsgefäßes durch Methylchlorid anfangs das Auftreten von Unterchlorigsäureanhydrid, welches aber später heftig explodirte. Der Verf. erklärt sich diese Explosion durch eine Einwirkung von Dämpfen des Methylchlorids auf das Unterchlorigsäureanhydrid. [2]

Brom.

Über die Überbromsäure. R. W. Emerson Maivor hat seine früheren Untersuchungen über die Darstellung der Überbromsäure nach der Methode von Stämmerer und Maio wiederholt und auch diesmal ein negatives Resultat erhalten. Brom wirkt weder auf wässerige, noch auf wasserfreie Überchlorsäure, und gleichwenig auf Silberhyperbromat, selbst im geschlossenen Rohr. [3]

Jod.

Über freies Jod in einem Mineralwasser. Das an Jodiden und Bromiden reiche Wasser von Woodhau Spa, bei Lincoln, enthält nach J. Alfred

---

[1] Med. Centralbl. 40; D. M.-Ztg. 8. 931. Frankfurt a. M.
[2] Bull. Paris 46. 306—310. 5. März; Chem. Centralbl. 1887. 381.
[3] Chem. News 55. 203.

Wanklyn so viel freies Jod, daß dasselbe tiefbraun gefärbt erscheint. [1]

Über Perjodate. G. W. Kimmins stellte auf
Veranlassung von Pattison Maio folgende Perjodate dar:

1. $Na^3H^2JO^6$;
2. $K^3HJ^2O^6$;
3. $Ag^2H^3JO^6$, dunkelroth;
4. $Ag^3H^2JO^6$, schiefergrau;
5. $AgJO^4.OH^2$, orange;
6. $AgJ.O^4$, hellgelb;
7. $Ag^4.J^2O^9.OH^2$, weinroth;
8. $Ag^4J^2O^9$, chokoladenfarbig;
9. Ag^2HJO^5, dunkelbraun. [2]

Fluor.

Über das Atomgewicht des Fluors. O. T. Chri-
stensen hat mittels von ihm selbst dargestellten Manga-
nidfluorammonium das Atomgewicht des Fluors für
Wasserstoff = 1 zu 18·96 und für Sauerstoff = 16 zu
18·99 im Mittel aus vier Versuchen bestimmt. Das
Atomgewicht des Fluors ist daher jedenfalls = 19. [3]

Über die Darstellung des Fluors. Moissan
beschreibt in der Sitzung der chemischen Gesellschaft vom
11. Nov. 1887 den Apparat, welchen er zur Darstellung
des Fluors benutzte. Bei der elektrolytischen Zersetzung
der Fluorwasserstoffsäure vereinigen sich die frei gemachten
Körper, Fluor und Wasserstoff, sofort wieder, wodurch die
geringe Ausbeute ihre Erklärung findet. Fluor greift
das Platin bei 200—250⁰ unter Bildung eines Fluorids
an, welches ein kastanienrothes Pulver bildet, das

---

[1] Chem. N. 54. 300; Chem. Centralbl. 94.
[2] Chem. N. 55. 91. 25. (17.) Febr. London, Chem. Soc.;
Chem. Centralbl. 329.
[3] Journ. f. prakt. Chem. 35. 541—59.

sich bei Rothgluth in Fluor und krystallisirtes Platin zersetzt. Da sich das Platinfluorid mit Wasser in Fluorwasserstoff und ein Platinoxydhydrat zersetzt, so erhellt hieraus, warum man diese Verbindung nicht auf nassem Wege erhalten kann. [1])

Über Fluorstickstoff. H. N. Warren erhielt beim Leiten eines elektrischen Stromes von sieben Eisenchlorid-Elementen durch eine koncentrirte Lösung von Ammoniumfluorid nach kurzer Zeit am negativen Pole einige ölige Tropfen, die sich in Berührung mit Glas, Kieselsäure oder organischen Stoffen oder auch freiwillig mit größerer Heftigkeit als Chlorstickstoff zersetzten. Der Verf. hält diesen Körper für Fluorstickstoff. [2])

Über antiseptische Eigenschaften der Fluorverbindungen. William Thomson hat die antiseptischen Eigenschaften von Fluorwasserstoffsäure, Fluorkalium, Fluornatrium, Fluorammonium und Kieselfluornatrium untersucht und empfiehlt auf Grund derselben das letztere namentlich wegen seiner Nichtgiftigkeit und wegen seines schwachen Geschmacks. Dasselbe wirkt in gesättigter Lösung, d. h. 0·61 procentige, kräftiger antiseptisch, als eine Lösung von 1 Thl. Sublimat in 1000 Thln. Wasser. [3])

Sauerstoff.

Über das Atomgewicht des Sauerstoffs. E. H. Kaiser hat durch Verbrennen des aus Palladiumwasserstoff erhaltenen Wasserstoffs mittels glühenden Cuprioxyds das Atomgewicht des Sauerstoffs bestimmt und = 15·872 gefunden. [4])

---

1) Chemiker-Zeitg. 1887. 1585.
2) Chem. Repert. d. Ch.-Ztg. 1887. 161.
3) Chem. N. 56. 132. 23. Sept.; Chem. Centralbl. 1887. 1435.
4) Ber. d. d. ch G. 20. 2333—35. 12. Sept. (25. Juli).

Darstellung von Sauerstoff. Man beschickt nach G. Neumann den Kipp'schen Apparat mit Würfeln, welche aus einem Gemisch aus 2 Thln. Bariumdioxyd, 1 Thl. Braunstein und 1 Thl. Gips bereitet worden sind, und verwendet als Entwickelungsflüssigkeit Chlorwasserstoffsäure von 1·12 spec. Gew., verdünnt mit dem gleichen Volum Wasser. Die geringen Mengen Chlor, die dem Gase beigemischt sind, entfernt man durch Waschen mit Alkalilauge. [1]

Zur Kenntnis des Sauerstoffs. Richardson will beobachtet haben, daß reiner Sauerstoff im frischen Zustande die thierischen Wesen je nach der individuellen Beanlagung, besonders je nachdem es warme oder kaltblütige sind, theils garnicht afficirt, theils fieberisch erregt, daß derselbe aber, einmal ein- und wieder ausgeathmet alle Thiere gleichmäßig schläfrig macht und bei Wiederholung sogar töbtlich wirkt, obgleich chemisch keine Veränderung des Gases nachweisbar sein soll. Dieser töbtliche Sauerstoff soll mit der Influenzmaschine wieder belebend gemacht werden können, womit der Verf. die belebende Wirkung der Gewitter erklären will. [2]

Ozon.

Bildung von Ozon aus reinem Sauerstoff. W. A. Shonstone und J. Tudor Cundall beschreiben einen Apparat mit welchem sie Sauerstoff ohne irgend einen Luftzutritt darstellen können. Solchen Sauerstoff ließen die Verf. acht Wochen lang mit Phosphorsäureanhydrid in Röhren eingeschlossen und setzten ihn dann der Einwirkung des elektrischen Stromes aus, wobei bei 10⁰ nicht weniger als 11·7 Proc. des Sauerstoffs in Ozon verwandelt wurden. [3]

Dieselben Verf. beschreiben ferner einen Apparat, durch welchen man leicht zeigen kann, daß drei Maß Sauerstoff bei der Umwandlung in Ozon auf zwei Maß reducirt werden. [4]

---

[1] Ber. d. d. chem. Ges. 20. 1584—85. 13. Juni (23. Mai), Aachen. Techn. Hochschule.

[2] Richardson, „belebender und töbtender Sauerstoff." El., Wien 6. 167; Fortschr. d. Elektrotechn. 1887. 586.

[3] Chem. N. 51. 610—25. 625—26. 55. 244. 27. (19.) Mai. London, Chem. Soc.; Chem. Centralbl. 1887. 774. 1131.

[4] Ebenda.

Zur Kenntnis des Ozons. Wie K. Olszewski mittheilt, hat das Ozon seinen Siedepunkt, mittels des Schwefelkohlenstoff=Thermometers gemessen, bei — 109°, welche annähernd — 106° des Wasserstoff=Thermometers entsprechen. Bei der Siedetemperatur des Sauerstoffs (— 181·4°) bildet das Ozon eine dunkelblaue Flüssigkeit. Die Versuche mit flüssigem Ozon sind wegen der leichten Explodirbarkeit sehr gefährlich und muß man namentlich bei seiner Verflüssigung mit dem dabei als Kälteerzeuger gebrauchten Äthylen sehr vorsichtig umgehen; flüssiges Ozon explodirt nämlich mit Äthylengas in Berührung augenblicklich und äußerst heftig. Im geschlossenen Rohr verwandelt sich ein Tröpfchen des Ozons in ein bläuliches Gas, das durch Abkühlen des Rohrs mittels flüssigen Äthylens wieder in eine dunkelblaue Flüssigkeit verwandelt wird. [1]

Bestimmung minimaler Mengen aktiven Sauerstoffs. C. Wurster hat mit dem Tetramethylparaphenylendiamin ein Reagenspapier hergestellt, mittels dessen die Anwesenheit aktiven Sauerstoffs in der Luft, in der Nähe der Flammen, in den Pflanzensäften, sogar auf der menschlichen Haut nachgewiesen werden kann. Das Papier wird entweder bis tiefviolett gefärbt oder durch weiter gehende Oxydation wieder entfärbt. Wir verweisen auf den übrigen Inhalt der höchst interessanten Arbeit des Verf. [2]

Die Empfindlichkeit dieses Reagenspapiers und des mit Dimethylparaphenylendiamin bereiteten läßt sich nach demselben Verf. am besten mit den gewöhnlichen Schreibpapieren demonstriren, wie derselbe weiter ausführt. [3]

----

[1] Monatsh. f. Chem. 8. 69; Arch. f. Pharm. 225. 454.

[2] Ber. d. d. chem. Ges. 19. 3195; Chem. Repert. d. Ch.=Z. 1887. 22.

[3] Ber. d. d. chem. Ges. 19. 3217; Chem. Repert. d. Ch.=Z. 1887. 22.

Schwefel.

Zur Kenntnis des Schwefels. Nach J. B. Senderens färbt sich wässeriges Ammoniak mit Schwefel in Berührung bei einer Temperatur von etwa 12° nach Ablauf von 3 Wochen gelb und nach einem Zeitraum von drei Jahren roth, indem sich ein Ammoniakpolysulfür und Ammoniumhyposulfid bildet, womit die Angabe Brünner's, daß eine wässerige Ammoniaklösung bei einer Temperatur von 75° nicht auf Schwefel einwirke, nicht übereinstimmt. Der Verf. fand bei den Erdalkalibasen ein gleiches Verhalten. Auch das Verhalten der Schwermetalloxyde stimmt nicht mit den bisherigen Annahmen überein. Bleioxyd und Silberoxyd geben beim Erhitzen mit Schwefel im geschlossenen Rohr Schwefelmetall und Sulfat.

$$4\,PbO + 4S = 3\,PbS + PbS\,SO4.$$

Ein gleiches Verhalten zeigen Mennige, Quecksilberoxyd und Kupferoxyd. Garnicht zersetzt wurden dagegen Eisenoxyd und Zinkoxyd. Bei diesen Arbeiten verrieb der Verf. das Oxyd und den Schwefel zuvor mit wenig Wasser. [1]

Über Gewinnung des Schwefels aus Sulfaten. Nach Julius Weeren und Franz Weeren werden die Sulfate mit Kieselsäure gemischt und in einen Ofen mit Schmelzkoks eingetragen, durch dessen Verbrennung das Sulfat eine Zersetzung erleidet. Die dabei frei werdende Schwefelsäure zerfällt bei der hohen Temperatur in schweflige Säure und Sauerstoff. Letzterer unterstützt die Verbrennung, während erstere in einen andern Theil des Ofens tritt, der mit glühendem Koks gefüllt ist; in diesem findet die Reduktion zu Schwefel statt und die

---

[1] C. r. 1887. 104. 58—60. (3.) Jan.

dabei entstehenden Schwefeldämpfe werden in Kondensa-
tionskammern verdichtet. [1]

Anwendung des Schwefels. Nach Oskar
Rößler sind die in den Schwefelblumen enthaltene
schweflige Säure und Schwefelsäure die Ursache der Zer-
störung der Pilze (Traubenpilze). Die Schwefelmilch,
welche viel unterschweflige Säure enthält, und der Stan-
genschwefel, welcher fast frei von Säuren ist, eignen sich
weniger dazu. [2]

Reinigen des Schwefelwasserstoffs. Um Schwefelwasserstoff von Arsenwasserstoff zu reinigen leitet Oskar Jacobson
den Schwefelwasserstoff in einigermaßen trocknem Zustande über
etwas festes Jod, wobei sich der etwa vorhandene Arsenwasserstoff zu Arsenjodür und Jodwasserstoff mit dem Jod umsetzt. [3]

**Darstellung von reinem arsenfreien Schwe-
felwasserstoff.** Das aus dem Gyps durch Glühen
mit Kohle, mit oder ohne Zusatz von Roggenmehl [4] bereitete und in Würfel geschnittene Calciummonosulfat
empfiehlt R. Fresenius zur Darstellung eines arsenfreien Wasserstoffs. [5]

Darstellung von Schwefeldioxyd. Man beschickt nach
A. Neumann nach Winkler's für die Entwickelung von Chlor
eingeführtem Princip den Kipp'schen Apparat mit Würfeln, die
aus einem Gemisch aus 3 Theilen Calciumsulfid und 1 Theil
Gips geformt sind. Als Entwicklungsflüssigkeit dient rohe koncentrirte Schwefelsäure. [6]

---

[1] D. R.-P. 38014; Chem. Centralbl. 1887. 472.

[2] Arch. d. Pharm. 3. 25. 845—58.

[3] Ber. d. d. chem. Ges. 20. 1999; Arch. d. Pharm. Bd.
225. 823.

[4] Vergl. Otto, Ausmittl. der Gifte ꝛc.

[5] Chem. Industrie 1887 Nr. 10. 433—34.

[6] Ber. d. d. chem. Ges. 20. 1584—85. 13. Juni (23. Mai)
Aachen. Techn. Hochschule.

Über schwefelige Säure und Jodometrie. Als Hauptergebnisse seiner Arbeit über schwefelige Säure und Jodometrie erhielt J. Volhard unter Mithilfe von R. Tampach folgendes Resultat:

Schwefelige Säure wird durch Jodwasserstoff zersetzt unter Bildung von Jod, Wasser und Schwefel (etwas Schwefelwasserstoff). Auf gleiche Weise wird die schwefelige Säure in gesättigter wässeriger Lösung durch koncentrirte Jodwasserstoffsäure reducirt, wobei jedoch das Jod nicht frei, sondern unter Bildung von Schwefelsäure wieder in Jodwasserstoffsäure zurückverwandelt wird, so daß das Gesammtresultat der Reaktion in einer Katalyse der schwefeligen Säure und Schwefelsäure besteht.

Eine gleiche Umsetzung erleidet in verdünnter Lösung bei allmählicher Einwirkung von Jod ein mit Koncentration der Lösung wachsender Antheil der schwefeligen Säure, und diese Umsetzung ist die Ursache der unvollständigen Oxydation der schwefeligen Säure. Man vermeidet diese Reduktionswirkung des Jodwasserstoffs, wenn die nicht allzu koncentrirte Lösung der schwefeligen Säure in die Jodlösung eingegossen wird. Diese Modifikation der Bunsen'schen jodometrischen Methode macht dieselbe zur genauesten der bekannten Methoden.

. Eine gleiche Spaltung in Schwefel und Schwefelsäure unter vorübergehender Bildung von hydroschwefeliger Säure erfährt die schwefelige Säure bei andauernder Einwirkung der letzteren auf Alkalisulfite.[1]

Über die Einwirkung der Schwefelsäure auf die Löslichkeit der Sulfate. R. Engel hat durch Versuche mit Kupfersulfat und Kadmiumsulfat nachgewiesen, daß die Schwefelsäure die Löslichkeit der Sulfate in der Weise vermindert, als wenn jedes Äquivalent Säure 12 Äquivalente Wasser fixirte und diese dadurch verhinderte als Lösungsmittel zu wirken.[2]

Zur Kenntnis des Bleikammerprocesses. G. Lunge's Studien haben ergeben, daß der Bleikammerproceß bei Erzeugung der englischen Schwefelsäure in einer Kondensation der

---

[1] Liebigs Ann. 242. 93—113; Chem. Just. d. Univ. Halle.
[2] C. r. 104. 506—8. (21.) Febr.; Ch. Centralbl. 1887. 352.

salpeterigen Säure mit schwefeliger Säure und Sauerstoff zu Nitroxylschwefelsäure und eine Wiederabspaltung der salpetrigen Säure aus der letztern durch Einwirkung von Wasser besteht, wie folgende Gleichungen zeigen:

$$2\,SO^2 + 2\,HNO^2 + O^2 = 2\,SO^2(OH)(ONO);$$
$$2\,SO^2(OH)(ONO) + H^2O = 2\,SO^2(OH)^2 + N^2O^3$$
$$N^2O^3 + H^2O = 2\,HNO^2.$$

Dieses ist der Hauptproceß. Die bisherige Annahme, daß eine direkte Bildung von Schwefelsäure aus schwefliger Säure durch Reduktion von NO^2 und N^2O^3 nach folgenden Gleichungen:

$$SO^2 + NO^2 + H^2O = H^2SO^4 + NO$$
$$SO^2 + N^2O^3 + H^2O = H^2SO^4 + 2\,NO.$$

als Hauptproceß stattfinde, hat nach dem Verf. keine Berechtigung. Untersalpetersäure tritt bei einem normalen Kammerbetriebe nicht auf.[1]

Über den Nachweis von Stickstoffverbindungen in selenhaltiger Schwefelsäure. Nach G. Lunge giebt selenhaltige, salpetersäurefreie Schwefelsäure mit Diphenylaminlösung eine gleiche kornblumenblaue Färbung, wie sie mit einer, Stickstoffsäuren enthaltende Schwefelsäure entsteht. Überschichtet man ferner eine selenhaltige Säure mit Eisenvitriollösung, so entsteht an der Berührungsstelle ein braungelber oder gelbrother Ring, der aber beim Erwärmen nicht verschwindet, sondern dunkler wird und die Flüssigkeit bald mit rothem reducirten Selen erfüllt. Nimmt man an Stelle des Vitrioles Eisenchlorür, so ruft das niederfallende Selen die Täuschung einer schönen Fluorescenz hervor. Auch die Indigoreaktion ist bei selenhaltiger Schwefelsäure nach dem Verf. unbrauchbar und man wendet deshalb bei selenhaltiger Säure zum Nachweis von Stickstoffverbindungen gleich das Brucin an.[2]

Zur Kenntnis der pyroschwefligsauren Salze. W. Meystowicz gelang es nicht, ein Salz der pyroschwefligen Säure = $H^2S^2O^5$ mit einem mehrwerthigen Metall darzustellen.[3]

---

[1] Ber. d. d. chem. Ges. 21. 67.

[2] Ber. d. d. chem. Ges. 20. 2031; Chem. Rep. b. Ch.-Ztg. 1887. 184.

[3] Ztschr. f. phys. Chem. I. 73. Riga; Ch. Centralbl. 1887. 491.

Selen.

Über die Konstitution der selenigen Säure. Studien, welche A. Michaelis und B. Landmann über die Konstitution der selenigen Säure im Vergleich mit der schwefligen Säure anstellten, führten zu der Ansicht, daß die selenige Säure nicht wie die letztere als eine unsymmetrische Säure = $HSeO^2.OH$ angesehen werden kann, sondern als eine wahre Dihydroxylsäure = $SeO.(OH)^2$ konstituirt betrachtet werden muß.[1]

Tellur.

Zur Kenntnis des Tellur's. Durch thermische Untersuchungen stellten Berthelot und Ch. Faber die Existenz zweier verschiedener allotropischer Zustände für das Tellur fest.[2]

Über das Tellurdichlorid. Das durch Destillation von Tellurtetrachlorid mit Tellur erhaltene Tellurdichlorid zeigt nach A. Michaelis einen Siedepunkt von 324⁰ und einen Schmelzpunkt von 175⁰; es ist ein schwarzer, nicht deutlich krystallinischer, durch Wasser leicht zersetzbarer Körper, dessen Dampf eine ziemlich intensive, schmutzig rothe Farbe hat und auch ein charakteristisches Absorptionsspektrum zeigt. Im offenen Rohre erhitzt, nimmt der Dampf desselben unter Bildung von Tellurtetrachlorid, Tellurorxyd, und schließlich wahrscheinlich Tellurorxychlorid, eine rein gelbe Farbe an, wonach sich kein Asorptionsspektrum mehr zeigt.[3]

Über das Tellurtetrachlorid. Nach A. Michaelis liegt der Siedepunkt dieser Verbindung konstant bei 380⁰; dieselbe ist bei 448⁰ noch garnicht, bei 530⁰ nur wenig zersetzt. Seine Dampfdichte, für TeCl⁴ berechnet, ist nach dem B. = 9·32, gefunden bei 448⁰ = 9·028 und 9·224, bei 530⁰ = 8·859 und 8·468.[4]

Der Dampf des Tellurtetrachlorids ist reingelb und zeigt nach Wüllner keine Spur von Absorption. Die beiden Verbindungen, Tellurdichlorid und Tellurtetrachlorid, sind nach

[1] Liebig's Ann. 241. 150—60. 6. Aug. (6. Juli). Aachen.
[2] C. r. 104. 1405—8. (23.) Mai 1887.
[3] Ber. d. d. chem. Ges. 20. 2488—92. 12. Sept. (13. Aug.) Aachen. Techn. Hochschule.
[4] Ber. d. d. chem. Ges. 1780—1784. 13. (3.) Juni. Aachen.

A. Michaelis ein durchschlagendes Beispiel für den Wechsel eines Elementes mit demselben andern Elemente.[1]

Stickstoff.

Über die Dichte des verflüssigten Stickstoffs. Die Dichte des verflüssigten Stickstoffs hat K. Olszewski unter Atmosphärendruck im Mittel bis zu 0·885 gefunden und zwar bei einer Siedetemperatur von —194·4⁰.[2]

Über die Dichte des Stickoxydes. Die Dichte des Stickoxydes wurde von G. Deacome und V. Meyer bei —70⁰ bestimmt. Es zeigte sich, daß bei dieser Temperatur die Dichte desselben die gleiche, wie bei gewöhnlicher Temperatur ist. Daraus geht hervor, daß das Stickoxyd kein Produkt der Dissociation einer unbekannten Verbindung N^2O^2 sein kann.[3]

Über die Bildung von Nitriten. S. Kappel hat die Nitrifikation, welche in Berührung des Cu, Fe und Zn mit wässrigem Ammoniak beim Hindurchleiten von gereinigter atmosphärischer Luft nach seinen Untersuchungen bewirkt wird, auch bei gleichen Verhältnissen beim Magnesium, Aluminium und Zinn gefunden.[4]

Reaktion auf Salpetersäure. Otto Binder empfiehlt, die Prüfung auf Salpetersäure mit Zink, Schwefelsäure und Jodkaliumstärkekleister auf folgende Weise auszuführen, um ein sicheres Resultat zu erhalten:

Zu etwa 30 kcm Wasser giebt man eine sehr geringe Menge Zinkstaub, die man mit einer Stahlfederspitze dem Vorrathsglase entnimmt und schüttelt dann gut um. Nach Zusatz von einigen Tropfen Schwefelsäure und nochmaligem Umschütteln setzt man dann Jodkaliumstärkekleister hinzu, worauf die Reaktion bei einem Gehalt von 20 mg

---

[1] Ber. d. d. chem. Ges. 20. 2488—92. 12. Sept. (13. Aug.). Aachen Techn. Hochsch.

[2] Wiedem. Ann. 31. 58—74.

[3] Liebig's Ann. d. Chem. 240. 326.

[4] Arch. der Pharm. (3.) 20. u. (3.) 24. 897—900; Ch. Centbl. 32.

im 1 sofort ober bei einem Gehalt von 2 mg N^2O^5 im 1 nach 8 Minuten eintritt. [1]

Über die Einwirkung der Salpetersäure auf die Löslichkeit der alkalischen Nitrate. Nach R. Eugel fällt jedes Äquivalent Salpetersäure, bis zu einer gewissen Anzahl, 1 Äquivalent des alkalischen Nitrats. Hierzu bemerkt der Verf., daß van t'Hopp dieses Verhalten ihm brieflich vorausgesagt. Nach diesem hängt das Gleichgewicht von der Gleichheit der osmotischen Kräfte zweier Lösungen ab. Man kann sich als erste Annäherung des Werthes i bedienen, der für verdünnte Lösungen die molekulare osmotische Kraft bezeichnet. Darnach läßt sich voraussehen, daß 1 Mol. Salpetersäure (i = 1·94) Natriumnitrat (i = 1·82) in dem Verhältnis von $\frac{1\cdot94}{1\cdot82}$ = 1·07 verdrängen würde, womit die Resultate der Untersuchungen des Verf. übereinstimmen. [2]

Reduktion der Salpetersäure durch Mikroorganismen. Perci F. Frankland hat die Reduktionsfähigkeit einiger Mikroorganismen für Salpetersäure untersucht und dabei festgestellt, daß die als Nitrat in der Nährflüssigkeit anwesende Salpetersäure von manchen Mikroorganismen theilweise oder ganz reducirt wird, während andere Mikroorganismen keine Reduktionsfähigkeit zeigen. In fast allen untersuchten Fällen, in welchen eine ganze oder theilweise Reduktion der Salpetersäure eintrat, fand es sich, daß die nach der Einwirkung in Nitrat und Nitrit vorhandene Stickstoffmenge identisch mit der vorher im Nitrat vorhanden gewesenen Stickstoffmenge war. Der Verf. glaubt deshalb, daß diese verschieden große Reduktionsfähigkeit in manchen Fällen als ein willkommenes Unterscheidungsmerkmal zwischen morphologisch sehr ähnlichen Mikroorganismen verwerthet werden konne. [3]

Über eine Ammoniakentwickelung bei der Eisenbearbeitung. C. W. Götz beobachtete beim frischen Bruche einer Gußstahlwalze einen die Arbeiter stark belästigenden Geruch

---

[1] Zeitschr. f. anal. Chem. 1887. 605.
[2] C. r. 104. 912—13; Chem. Centralbl. 1888. 450—51.
[3] Pharm. Journ. Transact. III. Ser. Nr. 923. 756; Arch. d. Ph. 226. 463—464.

nach freiem Ammoniak. Derselbe Geruch tritt auf, wenn von einer größeren Flußeisenwalze der verlorene Kopf abgeschlagen wird. Nur große Stücke zeigen diese Gasentwickelung und zwar am stärksten, wenn das Gußeisen 9·30 Proc. C, 0·3 Proc. Si und 0·9—1 Proc. Mangan enthält.[1])

Über das Diamid (Hydrazin). Behandelt man nach Th. Curtins Diazoessigäther mit heißer konzentrirter Kalilauge, so entsteht das in großen gelben Prismen krystallisirende Kalisalz einer neuen Diazofettsäure, welches sich dadurch auszeichnet, daß beim Versetzen seiner Lösung mit Mineralsäuren die frei gewordene Diazosäure sich nicht unter Stickstoffentwickelung zersetzt, sondern sich in goldgelben, flimmernden Täfelchen ausscheidet. Behandelt man die wässerige Lösung der Säure mit sehr verdünnter Schwefelsäure, so wird die gelbe Farbe derselben zum Verschwinden gebracht und beim Erkalten scheidet sich das Sulfat des Diamids oder Hydrazins $= H^2N . NH^2$ in prächtigen Krystallen von der Formel $= N^2H^4 . H^2SO^4$ aus. Dasselbe bildet wasserfreie, glasglänzende, klinobasische Tafeln, löst sich schwer in kaltem, leicht in heißem Wasser und ist unlöslich in Alkohol. In einer Glasröhre erhitzt, schmilzt es unter explosionsartiger Gasentwickelung, wobei eine theilweise Reduktion der Schwefelsäure zu Schwefel stattfindet. Mit Chlorbarium bildet das Sulfat das Hydrazinchlorhydrat $N^2H^2 (HCl)^2$. Das letztere wird in großen, regulären, in kaltem Wasser leicht, in heißem Alkohol wenig löslichen Krystallen erhalten, die gegen 200° unter Gasentwickelung schmelzen.

Das freie Hydrazin wird erhalten, indem man seine Salze mit den Lösungen der Alkalien erwärmt. Es ist

[1]) Stahl u. Eisen 1887. 7. 513; Ch. Rep. d. Ch.-Ztg. 1887. 201.

ein vollkommen beständiges Gas, das im koncentrirten
Zustande kaum ammoniakähnlich, eigenthümlich riecht und
Nase und Rachen beim Einathmen stark angreift. Seine
Lösung im Wasser, in welchem es sich leicht löst, bläut
rothes Lackmuspapier und giebt mit Chlorwasserstoffsäure,
wie Ammoniak, weiße Nebel. Es reducirt Fehling's Lö=
sung und ammoniakalische Silberlösung schon in der
Kälte, in der Wärme erhält man bei ersterer einen
Kupferspiegel. Aus einer Kupfersulfatlösung wird Kupfer=
oxydul, aus den Lösungen der Alumiumsalze Thonerde,
aus Sublimatlösung ein weißer Niederschlag gefällt.
Aromatische Aldehyde und Ketone geben mit dem Hyd=
razin schwer lösliche, krystallinische Verbindungen. [1]

Phosphor, Antimon, Arsen.

Über die Molekulargewichte des Phosphors, Ar=
sens und Antimons. Nach J. Mensching und Victor
Meyer verringern Phosphor und Arsen P^4 und As^4 bei Glüh=
hitze ihr Molekulargewicht bedeutend; bei Weißglühhitze nähert
sich dasselbe den Werthen P^4 und As^2. Anders ist das Verhalten
des Antimons. Die bisher angenommene Molekulargröße Sb^4
existirt für dasselbe überhaupt nicht, indem dasselbe beim Ver=
dampfen sofort in einen Molekularzustand übergeht, der einer
kleinern Formel entspricht, selbst kleiner als Sb^3, so daß also die
wirkliche Molekulargröße des Antimons = Sb^2 oder Sb^1 ist.
Diese letztere Frage zu entscheiden, ist den Verf. noch nicht ge=
lungen, da das von ihnen angewandte Antimongas noch keinen
unveränderlichen Ausdehnungskoéfficienten zeigte. [2]

Selbst bei einer Temperatur von 1437° konnten die Verf.
eine normale Vergasung des Antimon nicht erzielen. Zwei Ver=
suche ergaben für die Dichte 12·31 und 12·48, während dieselbe

---

[1] Ber. d. d. chem. Ges. 20. 1632; Ch. Repert. d. Ch.=Ztg.
1887. 164.
[2] Ber. d. d. chem. Ges. 20. 1833; Arch. d. Pharm. Bd. 225.
822—823.

für Sb⁴ berechnet = 16·50, für Sb³ = 12·37 und für Sb² = 8·25 ist. Daraus ergiebt sich unzweifelhaft, daß das Molekül Antimon nicht aus 4 Atomen besteht, indem schon bei unvollkommener Vergasung die Dichte geringer ist, als Sb⁴ entspricht. Die Frage läßt sich nur entscheiden, wenn es gelingt das Antimon bei noch höherer Temperatur in ein normales Gas zu verwandeln.

Aber auch die Moleküle des Phosphors und des Arsens erleiden bei Weißglühhitze, wie schon oben bemerkt, eine sehr bedeutende Dissociation. Beim Phosphor sinkt die Dichte von 4·29 auf 3·03, beim Arsen von 10·36 auf 6·53, ohne daß damit eine Konstanz erreicht wird. Auch läßt sich die Frage erst bei noch höhergesteigerter Temperatur entscheiden.[1]

Phosphor.

Über hydroxylirten festen Phosphorwasserstoff. Man erhält, wie B. Franke mittheilt, durch Zersetzung von Zweifachjodsphosphor mit Wasser einen gelben Körper, welcher nach Rüdorff fester Phosphorwasserstoff ist. Diese Zersetzung erfolgt ohne Abscheidung von Phosphor. Nach dem Verf. geht dieselbe nach folgender Gleichung vor sich:

$$2\,P^4J^2 + 9\,H^2O = P^4OH.HJ + 4\,H^3PO^2 + 3\,HJ.$$
$$H$$

Das Salz $P^4OH.JH$ giebt beim Erwarmen seiner wässerigen
$$H$$
Lösung Jodwasserstoff und hydroxylisirten festen Phosphorwasserstoff = $P^4(OH)H$ (Oxyphosphorwasserstoff), welcher letztere sich mit Wasser und an feuchter Luft unter Bildung von Phosphorwasserstoff, Phosphor und Phosphorsäure zersetzt. Hierbei wird aber wahrscheinlich zuerst unterphosphorige Säure, die dann unter Aufnahme von Sauerstoff in Phosphorsäure übergeht, gebildet. Der Wasserstoff des Hydroxyls kann im Oxyphosphorwasserstoff auch durch K ersetzt werden. Diese Verbindung = $P^4(OK)H$ spielt eine Rolle bei der gewöhnlichen Darstellungsweise des Phosphorwasserstoffgases.[2]

---

[1] Liebig's Annalen d. Chem. 240. 317; Arch. d. Pharm. 225. 928.

[2] Journ. f. prakt. Chem. 35. 341—49. 21. März (Januar). Berlin; Chem. Centralbl. 1887. 561—62.

Über die Bestimmung der Phosphorsäure in der Thomasschlacke. Müller bestimmt die Phosphorsäure in der Thomasschlacke nach folgendem Verfahren:

„Man durchfeuchtet 10 g gemahlene Thomasschlacke mit ein wenig Alkohol und bringt dieselben in einen Kolben von 500 ccm Inhalt; in demselben werden sie mit koncentrirter Chlorwasserstoffsäure 1½ bis 2 Stunden im Wasserbade erhitzt und nach der Abkühlung bis zur Marke aufgefüllt. 50 cc des Filtrates werden dann mit 20 ccm Citronensäurelösung (50 g : 100 ccm) vermischt, mit Ammoniak genau neutralisirt, abgekühlt und dann mit 25 ccm Chlormagnesiummischung versetzt. Hierauf wird der entstandene Niederschlag 4—5 Minuten lang gut umgerührt, ein Drittel des Volums zehnprocentiges Ammoniak hinzugefügt, nochmals einige Minuten umgerührt, nach Ablauf von zwei Stunden filtrirt, und mit dem gewonnenen Ammoniummagnesiumphosphat auf bekannte Weise verfahren."[1]

Antimon.

Zur Kenntnis des Antimons. Das Antimon verdampft nach Victor Meyer über 1300⁰ nicht schnell genug, um eine Dampfdichtebestimmung vornehmen zu können.[2]

Zur Kenntnis der Antimonverbindungen. Richard Anschütz und Normann P. Evans stellten folgende Antimonverbindungen dar und beschreiben die Eigenschaften derselben:

1 Antimonpentachloridmonohydrat $= SbCl_5 . H_2O$; es zerfließt an der Luft zu einer klaren Flüssigkeit, die über Schwefelsäure in breiten Nadeln krystallinisch erstarrt. Sein Schmelzpunkt liegt zwischen 87—92⁰.

2. Antimonpentachloridtetrahydrat $= SbCl_5 . 4H_2O$; es bildet eine harte krystallinische Masse, die in Chloroform ganz unlöslich ist.[3]

---

[1] Tagebl. d. 60. Naturf.-Vers. in Wiesbaden. Sekt. f. landwirthschaftl. V.-W. 21. Sept. 365.

[2] Ber. d. d. chem. Ges. 20. 497—500. 14. März (18. Febr.). Göttingen.

[3] Liebig's Ann. 239. 285—97. 16. Mai (27.) März, Bonn. Chem. Univ.-Labor.; Chem. Centralbl. 1887. 1015.

B. Roßmann knüpft an vorstehende Arbeit einige Bemerkungen, um daran die Bewahrheitung seiner Hydrationstheorie zu erörtern. Das von obigen Autoren beschriebene Tetrahydrat ist nach dieser Theorie Antimonpentoxychloridhydrat $= Sb^2O^2 (OH)^6(HCl)^{10}$ und das Monohydrat Tetrachlorsemioxydhydrochlorid $= Sb^2 \begin{Bmatrix} (OH)^2 \\ (HCl)^2 \end{Bmatrix} Cl^9$ sein.[1]

Über Doppelantimonfluorid. Bekanntlich findet der Brechweinstein in der Färberei und Druckerei Verwendung. Nach G. Stein hat die Firma Rudolph Koepp u. Co. in Österreich im Rheingau das Doppelsalz $SbFl^3 + NaT$ unter obigen Namen als Ersatzmittel für denselben in den Handel gebracht. Die Verbindung zeichnet sich durch einen höhern Antimongehalt vor dem Brechweinstein aus und seine triklinen Prismen lösen sich im Verhältnis von 63·4 Theilen zu 100 Theilen kalten und 160 Theilen zu 100 Theilen heißen Wassers. Das Salz greift thierische und pflanzliche Farben nicht an und bildet mit Tannin und den Farbstoffen ebenso echte und schöne Farblacke wie der Brechweinstein. Man gebraucht zum Bade statt 1 kg des letztern nur 658 g des Doppelsalzes. Nur Holz- oder Kupferkufen, nicht aber solche von Eisen oder Glas dürfen dabei Verwendung finden, auch muß das Präparat schwefelsäurefrei sein.[2]

Arsen.

Über das Vorkommen von Arsenik in den Leichen. Nach P. Jeserich kann Arsenik auch ohne Arsenvergiftung und ohne aus den Reagentien zu stammen, in Leichen in Spuren sich finden, wodurch der Fall Speichert-Sonnenschein eine Aufklärung erhält, indem auch hier der erhaltene Arsenspiegel nur äußerst gering ist. Die Frage aber, wie selbst die Leichen neugeborener Kinder zu einem Arsengehalt kommen können, war noch aufzuklären und macht hierüber C. Heydrich eine Mittheilung. Dr. Röhrig schreibt ihm nämlich:

„In Gegenden, wo von den Bewohnern Arsenik gegessen wird, sind die Neugeborenen der Arsenikesserinnen erheblich größer

---

[1] Chem. Ztg. 11. 1058; Chem. Centralbl. 1887. 1219.

[2] Österr. Wollen- und Leinen-Ind. 1887. Nr. 18; Chem. Rep. d. Ch.-Ztg. 1887. 235.

als die Kinder, deren Mütter dieser Angewohnheit nicht fröhnen.
Recht charakteristisch ist die folgende Beobachtung: Wenn eine
Frau schon geboren hat, ohne Arsenik zu essen und sich dies
später erst angewöhnt, so sind die nun geborenen Kinder bedeutend größer als die erstgeborenen, und das Wachsthum dieser
Kinder in den ersten Lebensmonaten ist erheblich rascher, als
das der anderen war. Beachten wir nun, daß wenn Kinder,
deren Knochenwachsthum noch nicht aufgehört hat, bei kleinen,
aber oft wiederholten Gaben von Arsenik unverhältnismäßig
schnell wachsen und gewöhnlich eine außerordentliche Größe erlangen, so liegt es auf der Hand den Rückschluß zu ziehen, daß
auch das schnelle Wachsthum der Kinder der Arsenikesserinnen
durch kleine Dosen Arsenik herbeigeführt wird. Nun kann aber
hier das Arsenik nur aus dem Blut der Mutter stammen und im
ersten Fall durch die Placenta, im andern durch die Milch übertragen worden sein."[1]

Über die Bestimmung des Arsens als Pentasulfid.
Nach L. W. Mc. Cay führt man die Bestimmung des Arsens
als Pentasulfid (Bunsen) am besten so aus, daß man die stark
mit Chlorwasserstoffsäure angesäuerte und mit Schwefelwasserstoff
gesättigte Flüssigkeit eine Stunde lang in verschlossener Flasche
im siedenden Wasserbade erhitzt, wobei das Arsen völlig als
Pentasulfid abgeschieden wird. Bei 0·1—0·3 g Substanz benutzte
der Verf. stets eine Flasche von 200 ccm Inhalt.[2]

Über die Methoden zur Darstellung des Arsen-
wasserstoffgases. Zink und saure Lösungen von arseniger
Säure liefern nach A. Cavazzi ein Gas mit über 70 Volumprocenten an Arsenwasserstoff. Bei der Einwirkung einer stark
überschüssig gesättigten Lösung von arseniger Säure auf Natriumamalgam mit nicht mehr als 4 g Natrium auf 50 ccm Quecksilber bei gewöhnlicher Temperatur enthalten die ersten Antheile
des entweichenden Gases bis zu 80 Volumprocenten an Arsenwasserstoff. Stark arsenhaltigen Wasserstoff erhält man ferner
durch Behandeln von Aluminium mit einer etwas verdünnten

---

[1] Chem.-Ztg. 1887. 1620.
[2] Am. Ch. Journ. 9. 174; Chem. Rep. d. Chem.-Ztg. 1887.
185.

Lösung von Ätzkali und arseniger Säure in dem Verhältnisse, in welchem sie das zweibasische Salz bilden.[1])

Wirkung des Arsenwasserstoffs auf in Chlorwasserstoffsäure oder Schwefelsäure gelöstes Arsenigsäureanhydrid. Läßt man Arsenwasserstoff auf in Chlorwasserstoffsäure oder Schwefelsäure gelöstes Arsenigsäureanhydrid einwirken, so erfolgt nach D. Tivoli eine Ausscheidung von Arsen nach folgenden Gleichungen:

1. $2AsH^3 + 2AsCl^3 = 6HCl + As^4.$
2. $6AsH^3 + 3(As^2O^2)SO^4 + H^2SO^4 = 4H^2SO^4 + 6H^2O + 3As^4.$

In einer reinwässerigen Lösung des Arsenigsäureanhydrids findet diese Ausscheidung des Arsens nicht statt; in der Lösung in überschüssiger Chlorwasserstoffsäure ist sie vollständig, in der in Schwefelsäure nahezu vollständig.[2])

Bor.

Zur Konservirung durch Borsäure. Liebreich hat die konservirende Wirkung der Borsäure bezüglich der Konservirung von Fischen studirt und ist dabei zu dem Resultat gelangt, daß dieselbe keinen nachtheiligen Einfluß auf die Gesundheit des Menschen beim Genuß damit konservirter Fische ausübt.[3])

C. Besana hält die Anwendung derselben für die Konservirung von Kunstbutter für gesundheitsschädlich.[4])

---

[1]) Rend. R. Acc. Sc. d. Ist. Bologna 1886/1887. 85—86. (24. April) 1887; Chem. Centralbl. 1887. 1096.

[2]) Rend. R. Acc. d. St. Bologna 1887. 98; Chem. Centralbl. 1887. 18. 1097; Chem. Rep. d. Ch.-Ztg. 1887. 217.

[3]) Vortrag a. b. Berlin. medic. Gesellsch.; D. med. Wochenschrift 13. 756.

[4]) L'Orosi 10. 189—92. Juni (1. Juni) Forli; Chem. Centralbl. 1887. 1232.

Silicium.

Atomgewicht des Siliciums. Versuche, welche T. E. Thorpe und J. W. Young anstellten, haben für das Atomgewicht des Siliciums die Zahl 28·332 (H = 1) ergeben.[1]

Kohlenstoff.

Über den Kohlensäuregehalt der Luft in der Ebene und im Gebirge. Hierüber haben M. Marcet und A. Laubrist ihre Untersuchungen veröffentlicht. Wir verweisen auf den Originalbericht.[2]

Über die in der Eifel, dem Brohl- und Ahrthal vorkommende natürliche Kohlensäure und ihre chemische Verwendung. C. Leuken theilte der fünfzehnten Generalversammlung des deutschen Apothekervereins darüber Folgendes mit:

„Das größte Etablissement zur Erzeugung von flüssiger Kohlensäure liegt in dem eine Stunde von der Bahnstation Brohl thaleinwärts gelegenen Flecken Burgbrohl. Dort wurde seit einer Reihe von Jahren die einer Moffette entspringende Kohlensäure zur Bleiweißfabrikation verwendet. Vor ungefähr drei Jahren versuchte man durch Herstellung eines Bohrloches die Ausbeute zu vergrößern. Als man ungefähr 50 m tief und in die Coblenzschichten des Devons gekommen war, sprudelte plötzlich in einem 30 m hohen Strahl die Kohlensäure gemischt mit Wasser heraus. Wiederholte Messungen ergaben die Konstanz sowohl der Wasser- wie Kohlensäuremengen, und zwar entwickelten sich von ersteren 500 l, von letztern 1500 l in einer Minute. Bei einer so reichlichen Entwickelung natürlicher Kohlensäure lag es nahe, dieselbe zu verflüssigen. Die Inhaber der Quelle, Gebrüder Lohdius in Linz am Rhein, ließen deshalb dieselbe in der Weise ummauern, daß das Wasser seitlichen Abfluß findet, während die Kohlensäure durch eiserne Röhren theilweise der Bleiweißfabrik, theilweise der Kompressionsanstalt zugeführt wird; der größere Theil steigt aus einem Steigrohr unbenutzt in die Atmosphäre. Die zur Verflüssigung bestimmte Kohlensäure kommt in fast wasserfreien Zustande in der Kompressionsanstalt an, wird

---

[1] Chem. News 55. 199.

[2] Forsch. a. d. Geb. d. Arik.-Phys. 10. 248—49. S. C.-Bl. 87. 137; Chem. Centralbl. 1887. 1483.

inbeſſen, bevor ſie in den erſten Verdichtungscylinder gelangt, noch durch mit Chlorcalcium und Watte gefüllte Behälter geleitet. Nachdem ſie im erſten Cylinder komprimirt worden, wird ſie durch Schlangenrohre gedrückt, welche fortwährend durch das der Quelle entnommene, eine gleichbleibende Temperatur von 12⁰ zeigende Waſſer gekühlt werden. Auch nachdem die Säure im zweiten Cylinder ſtärker komprimirt wurde, paſſirt ſie ein Kühl= rohr, dieſes mündet in einen mit Manometer verſehenen Cylinder, an welchen die zur Aufnahme der flüſſigen Kohlenſäure beſtimm= ten Flaſchen angeſchraubt ſind. In dieſem Cylinder findet die eigentliche Verflüſſigung ſtatt, und tritt hierbei keine beſondere Wärmeentwickelung ein. In Brohl geſchieht die Verflüſſigung gewöhnlich bei 70 Atmoſphären. Die Flaſchen werden aus beſtem Schmiedeeiſen fabricirt und amtlich auf einen Druck von 250 At= moſphären gepruft, vermögen alſo ſelbſt für den Verſandt nach den Tropen einen drei= bis vierfachen Druck auszuhalten. Auch auf der rechten Rheinſeite bei dem Dorfe Höningen wird Kohlen= ſäure verflüſſigt; das Gas entſpringt auch hier einer Moffette. In Brohl wie in Gerolſtein in der Eifel findet die natürliche Kohlen= ſäure auch noch vielfache Verwendung in der chemiſchen Induſtrie, ſo zur Darſtellung des Natrium= und Kaliumbicarbonates, des Kaliumkarbonates, der weißen Magneſia (Magnesia carbonica), der gebrannten Magneſia u. ſ. w."[1]

Über eine Phosgenbildung. Nach Richard An= ſchütz und Norman P. Evans werden Chloroform und Tetra= chlorkohlenſtoff durch Antimonpentachloridmonohydrat beim Er= hitzen im geſchloſſenen Rohr auf 100⁰ unter Bildung von Phosgen zerlegt, wobei ſich Antimontri= und Antimonpentachlorid bilden.[2]

Über das Thiophosgen. Das Thiophosgen = $CSCl^2$ bildet nach H. Bergreen eine rothe, leicht bewegliche Flüſſig= keit, welche, da ſie durch die Feuchtigkeit der atmoſphäriſchen Luft leicht zerſetzt wird, ſtark raucht. Gegen kaltes Waſſer iſt dasſelbe ſehr beſtändig, während es beim Kochen mit demſelben nach

---

[1] Chem.=Ztg.; Ind.=Bl. 23. 309; Chem. Centralbl. 1887. 178.
[2] Liebig's Ann. 239. 285—97. 16. Mai (27.) März. Bonn Chem. Univ.=Labor.; Chem. Centralbl. 1014—15.

einigen Stunden vollständig in Kohlensäure, Chlorwasserstoffsäure und Schwefelwasserstoff nach folgender Gleichung:

$$CSCl^2 + 2H^2O = CO^2 + HCl + H^2S$$

zerfällt. Leitet man nach dem Verf. in eine Lösung des Thiophosgens in absolutem Äther trocknes Ammoniakgas, so bildet sich Rhodanammonium und Salmiak:

$$CSCl^2 + H^3N = 2HCl + CSNH.$$
$$2HCl + 2H^3N = 2H^4NCl.$$
$$CSNH + NH^3 = CSN^2H^4. \text{ [1]}$$

Metalle.

Leichtmetalle.

Alkalimetalle.

Über eine Darstellung von Alkaliphosphaten aus Thomasschlacken. Nach Lnigi Imperatori schmilzt man die Schlacken mit Alkalisulfaten und Kohle und behandelt die Schmelze vor dem Auslaugen mit Kohlensäure.[2]

Kalium.

Über die Zersetzung des Kaliumchlorats und Kaliumperchlorats. Percy Frankland und John Dingwall haben die Angaben Teed's über die Zersetzung dieser Salze geprüft und scheint aus ihren Versuchen hervorzugehen, daß die theilweise Zersetzung durch die Gleichung:

$$8KClO^3 = 2O^2 + 5KClO^4 + 3KCl$$

vor sich geht, und daß die Zersetzung, je mehr sie sich ihrem Ende nähert, um so mehr der Gleichung:

$$2KClO^3 = KClO^4 + O^2$$

entspricht.[3]

Addirt man nach einer hierzu von Frank L. Teed gemach-

---

[1] Ber. d. d. chem. Ges. 21. 337.

[2] D. R.=P. 35666; Chem. Centralbl. 1887. 48.

[3] Chem. N. 55. 67. 11. (3.) Febr. London, Chem. Soc.; Chem. Centralbl. 1887. 327—28.

ten Bemerkung die beiden obigen Gleichungen, so gelangt man zur Gleichung:

$$10 \, KClO^3 = 6 \, KClO^4 + 4 \, KCl + 3 \, O^2$$

welche früher von ihm als Bild der Zersetzung des Kaliumchlorats angegeben ist. Gewisse Chemiker scheinen anzunehmen, daß die Bestimmung des entwickelten Sauerstoffs und des zurückbleibenden Kaliumchlorids ungenügend ist, sagt F. L. X., um daraus die Zersetzungsgleichung abzuleiten, daß man vielmehr das gebildete Kaliumperchlorat direkt bestimmen müsse. Diese Ansicht ist irrig, weil es feststeht, daß für je 74·5 Theile Chlorkalium 122·5 Theile Kaliumchlorat zersetzt sein müssen, und daß diejenige Sauerstoffmenge, welche an 48 Theilen O^2 fehlt, nothwendig zur Bildung von Kaliumperchlorat gedient haben muß, worauf der Verf. näher eingeht und bei seinen Ansichten stehen bleibt.[1]

Über Kaliumgermaniumfluorid. Nach Gerhard Krüsse und L. F. Nilson besitzt das von ihnen dargestellte Kaliumgermaniumfluorid die dem Kaliumsiliciumfluorid analoge Formel K^2GeFl^6. Die Krystalle sind mit Ammoniumsiliciumfluorid isomorph. Die Löslichkeit steht zwischen den analogen Si= und Sn=Verbindungen.[2]

Über die Darstellung des reinen Kaliummanganats. A. Joller befolgt behufs der Darstellung des reinen Kaliummanganats für analytische Zwecke folgende Methode:

Man bringt die berechnete Menge von gereinigtem pulverförmigem Kaliumhydrat in einen Tiegel, fügt etwas destillirtes Wasser hinzu und mischt dann unter allmähligem Erhitzen und Umrühren das Kaliumpermanganat in Form eines feinen Pulvers bei. Das Ganze wird dann zwei Stunden rothglühend gehalten und nach dem Erkalten das so gewonnene Kaliummanganat in einer fest verschlossenen Flasche aufbewahrt. Die Bildung des Manganats geht nach folgender Gleichung vor sich:

$$2 (KMnO^4) + 2 \, KHO = 2 (K^2MnO^4) + O + H^2O.$$

Natrium.

Analyse des Halleiner Kochsalzes. Das Halleiner Kochsalz besitzt nach Fr. Stolba folgende Zusammensetzung:

---

[1] Ch. N. 55. 92. 25. (17.) Febr. London, Chem. Soc.; Chem. Centralbl. 1887. 328.

[2] Ber. d. d. chem. G. 20. 1696—1700. 12. Mai (13. Juni).

Chlornatrium . . .	98·24 Proc.	
Chlorkalium . . .	0·15	„
Kalciumsulfat . . .	0·87	„
Magnesiumcarbonat .	Spuren	

Summa 99·26.

Die maximale Feuchtigkeit betrug 4 Proc.[1]

Ein neues Hydrat des Ätznatrons. Christian Göttig erhielt ein Hydrat des Ätznatrons von der Formel = NaHO + 2 H²O aus einer Lösung von Natriumhydrat in hochprozentigem Äthylalkohol.[2]

Zum Ammoniaksodaproceß. Nach Theophile Schlösing wird gesättigte Chlornatriumlösung durch eine Schicht Ammoniumbikarbonatkrystalle, welche in einer Höhe von etwa 1 m auf einem mit Filz oder Leinwand überzogenen Rost aufgeschüttet ist, hindurchgeleitet. Ist sämmtliches Ammoniumbikarbonat in Natriumbikarbonat übergeführt, so wäscht man mit reinem Wasser nach, wodurch ein sehr kompaktes Natriumbikarbonat erhalten wird, das sich besonders gut kalciniren läßt.[2]

Darstellung von Natriumbikarbonat. Nach Monbésir wird bei der fabrikmäßigen Herstellung von Natriumbikarbonat eine Beschleunigung herbeigeführt, wenn man dem dazu verwendeten kalcinirten und dann wieder mit 1 Äqu. Wasser versetzten Natriumkarbonat vor Anfang der Zufuhr von Kohlensäure wenige Prozente Natriumbikarbonat beimischt.[4]

Über die Lösung von unterchlorigsaurem Natrium mit Überschuß an Chlor und ihre bleichenden Eigenschaften. Man erhält diese Lösung nach G. B. Caccio und G. Campari, wenn man 8 Theile Ätznatron in 100 Theilen Wasser löst und unter Abkühlen mit Eis und Chlornatrium Chlor einleitet, bis dieses letztere von der Lösung nicht mehr auf-

---

[1] Listy chem. II. 5. Prag, Techn. Labor. d. böhm. Technik.; Chem. Centralbl. 1887. 93.

[2] Ber. b. d. chem. Ges. 543—44. 14. März (24. Febr.) Berlin ; Chem. Centralbl. 1887. 475.

[3] D. R.-P. 37317; Chem. Centralbl. 1887. 159.

[4] As. de sc. p. Journ. de Pharm. et de Chim. 1887. T. XVI. 81; Arch. der Pharm. 225. 836.

genommen wird. Die bleichenden Eigenschaften sind sehr bedeutend, indem das Hypochlorit neben freiem Chlor wirkt.[1]

Lithium.

Über die Dichte des Lithiumfluorides. Fr. Stolba fand dieselbe im Mittel von drei gut übereinstimmenden Bestimmungen bei $19^0 = 2\cdot5364$.[2]

Über das Vorkommen des Lithiums in den Pflanzen. Nach Untersuchungen von Joh. Gaunersdörfer ist das Lithium für einige Pflanzen ein ziemlich konstanter, aber nicht ihr Leben bedingender Begleiter, für die meisten Pflanzen aber ein schon in relativ geringen Mengen wirkendes Gift, indem es mannigfache Störungen im Leben derselben hervorbringt.[3]

Alkalisch-Erdmetalle.

Calcium.

Über ein Calciumaluminiumsilikat. Alex. Geargeu hat zwei Verbindungen, welche folgenden Formeln entsprechen, dargestellt:

1. $6 Al^2O^3 . 10 CaO . CaCl$;
2. $3 SiO^2 . 3 Al^2O^3 . 6 CaO . 2 CaCl$.[4]

Barium.

Darstellung von Bariummanganat. Man erzeugt sich nach Ed. Donath zuerst Mangankarbonat durch Fällen von Mangansulfatlösung mit Natriumkarbonat und Trocknen des Niederschlages und glüht dasselbe mit der zwei- bis zweieinhalbfachen Menge von

---

[1] Memori. R. Acc. Sc. d. Istit. Bologna. (4.) 7. Sez. Sc. Naturali 329—330; Chem. Centralbl. 1887. 886.

[2] Listy chem. 11. 227. Juni. Prag. Lab. d. böhm.-techn. Hochschule; Chem. Centralbl. 1887. 1219.

[3] Landwirthsch. Versuchs-Stat. 34. 171—206.

[4] Bull. Paris 48. 51—52. Paris Soc. Chim.; Chem. Centralbl. 1887. 998.

technischem Bariumoxyd im Porzellantiegel. Statt des Mangankarbonats kann man auch den höchstprocentigen Braunstein (91 Proc. MnO^2) in sehr fein vertheiltem Zustande anwenden. Die im Tiegel schwach zusammengesickerte Masse gibt beim Zerreiben ein smaragdgrünes Pulver von Mangangrün.[1]

Strontium.

Gewinnung von Strontiumkarbonat. A. Wendtland hat sich ein Verfahren zur Gewinnung von Strontiumkarbonat aus den Rückständen der Strontianverarbeitung in Zuckerfabriken patentiren lassen. Dasselbe besteht in der Abänderung des früheren Verfahrens, daß man nach vorheriger Entfernung der Kieselsäure, des Eisens und der Thonerde durch Zusatz von Kalciumhydroxyd die Lösung von Chlorstrontium und Chlorkalcium bis zum Siedepunkt (110—119° C) eindampft und dann abkühlt, wobei das Chlorstrontium durch Auskrystallisiren vom Chlorkalcium geschieden wird.[2]

Magnesium.

Zur Kenntniß des Magnesiums. Nach einer Mittheilung von Victor Meyer liegt der Schmelzpunkt des Magnesiums zwischen 700° und 800° und wahrscheinlich unter 800°. Beim Beginn der Weißglühhitze zeigt sich bei diesem Metall keine nennenswerthe Verflüchtigung.[3]

Darstellung von Schwefelmagnesium. Läßt man nach A. Cavazzi auf dünnes Magnesiumblech Schwefelkohlenstoffdampf bei sehr hoher Temperatur einwirken, so bildet sich unter Abscheidung graphitartiger Kohle Schwefelmagnesium.[4]

---

[1] Polyt. Journ. 263. 246—48.

[2] D. R.-P. 38013.

[3] Ber. d. d. chem. Ges. 20. 497—500. 14. März (18. Febr. Göttingen.

[4] Memorie R. Accad. Sc. d. Istit. Bologna 1887. 27—33; Chem. Centralbl. 1887. 888.

Eigentliche Erdmetalle.

Aluminium.

Über das Vorkommen von Aluminium in Pflanzen. Das seltene Vorkommen von Aluminium in Pflanzen ist von Church erweitert. Nach den Untersuchungen desselben kommt dasselbe außer in der Familie der Lycopodiaceen und Rhus vernix auch im Kirschgummi, Gummi arabicum, Tragant und andern vegetabilischen Erzeugnissen vor. Wie im Analyst (Jan.) mitgetheilt wird, findet sich dasselbe auch im Weizenkleber an Phosphorsäure gebunden vor. Der Verf. giebt diesem Vorkommen keine pflanzenphysiologische Bedeutung.[1]

Hikorokuro Yoshida hat das Vorkommen von Aluminium in einer größeren Anzahl blühender phanerogamischer Pflanzen festgestellt.[2]

Darstellung von Aluminium. Die Abscheidung des Aluminiums erfolgt nach Friedr. Lauterborn aus dem Cyandoppelsalz durch Schmelzen und Glühen desselben mit Zink oder einem chemisch analog wirkenden Metalle, wobei je zwei Theile Cyanaluminiumcyannatrium und 1 Theil Zink verwendet werden. Es bildet sich dann ein Regulus von Aluminium unter einer Schmelze von Cyanzinkcyannatrium.[3]

Verwendung der Aluminiumbronze. Nach Cowles eignet sich die Aluminiumbronze zur Anfertigung von Kanonen. Dieselben sollen in Bezug auf Billigkeit, Festigkeit und Zähigkeit den Vorzug vor Stahlkanonen verdienen.[4]

Darstellung von Aluminiumlegirungen. Das John Clark patentirte Verfahren zur Darstellung von Aluminiumlegirungen ist wesentlich folgendes: Die Thonerde wird zunächst mit Hilfe von Königswasser oder von Chlorwasserstoffsäure allein in Chloraluminiumhydrat = $(AlCl)[OH]^2$ übergeführt und letzteres mit einem reducirenden Stoff (Zinkpulver

---

[1] Pharm. Journ. Transact. Ser. III. Nr. 918. 625; Arch. d. Ph. 226. 369—70.

[2] Jorn. Chem. Soc. 249. 748—50. Oct. Tokio; Chem. Centralbl. 1887. 1555.

[3] D. R.-P. 39915.

[4] El. Anz. 1887. 347; Fortschr. d. Elektrotechn. 1887. 506.

ober Eisenfeilspäne), der es mit dem Chlor des Hydrats zu einem flüchtigen Chlorid verbindet, zusammengebracht. Das Ganze wird sodann in Gegenwart des Metalles, mit welchem das Aluminium legirt werden soll, bis zum Schmelzen erhitzt, wobei eine Verflüchtigung des Chlorids und die Bildung der Legirung stattfindet. Sämmtliche natürliche Thonerden können bei diesem Verfahren als Ausgangsprodukt Anwendung finden. J. Clark benutzt besonders gern den gewöhnlichen braunen Thon.[1]

Laubanit, ein neuer Zeolith. Im Wingerdorfer Steinberg bei Lauban in Schlesien wird nach einer Mittheilung von H. Traube ein neuer Zeolith, Laubanit genannt, gefunden, der vermuthlich dem monoklinen System angehört. Seine chemische Zusammensetzung entspricht nach einer damit vorgenommenen Analyse der Formel $= Ca^2Al^2SiSO^{15}, 6H^2O$.[2]

Über Ptilotit, ein neues Mineral. Whitman Cross und L. G. Eakins beschreiben ein neues Mineral, welches sie Ptilotit (v. πτιλον, Daune) nennen. Es findet sich in den Hohlräumen einer blasigen, ausschließlich aus Augit und Plagioklas bestehenden Andesites, der als Gerölle eines tertiären Konglomerates der Green und Table mts (Jefferson City, Colorado) erscheint. Seine Zusammensetzung entspricht nach einer von Eakins durchgeführten Analyse der Formel $= RO (R = Ca, K^2, Na^2$ $Al^2O^3 . 10 SiO + 5 H^2O$.[3]

Über krystallisirten Kaolin. H. Reusch beschreibt einen in unter dem Mikroskope erkennbaren, in sechsseitigen Tafeln krystallisirten Kaolin von der National Belle Grube auf Rod Mountain bei Silverton, San Juan County, Colorado. Derselbe besitzt nach einer von Th. Hjortdahl ausgeführten Analyse folgende Zusammensetzung:

$$SiO^2 \quad . \quad . \quad . \quad . \quad 45\cdot57$$
$$Al^2O^3 \quad . \quad . \quad . \quad . \quad 41\cdot52$$
$$H^2O \quad . \quad . \quad . \quad . \quad 13\cdot58$$
$$\text{In Summa: } 100\cdot67.[4]$$

[1] D. P. 40205 vom 18. Juli 1886; Chem. Industrie 1887; Nr. 10. 435.

[2] Jahrb. f. Miner. 2. 64—70. Juni (Jan.) Kiel.

[3] Amer. Journ. of Sc. 32. Aug. 1886; Ch. Ctrbl. 1887. 92.

[4] Jahrb. f. Min. 1887. 2. 70—72. Juni (26. Febr.). Christiania; Chem. Centralbl. 1887. 1439.

Über künstlichen Spinell. Meunier hat künstlichen rosafarbenen Spinell mit allen seinen physikalischen, besonders optischen, wie auch chemischen Eigenschaften dargestellt. Derselbe bildet reguläre Oktaeder ohne jede Kombination.[1]

Beryllium.

Analyse des Berylls von Ifinger. R. Přibram erhielt aus drei Analysen im Mittel:

Kieselerde . . .	66·50
Thonerde . . .	23·01
Beryllerde . . .	9·30
Calciumoxyd .	0·54
Magnesiumoxyd	0·54
Wasser	0·04
Summa	99·93.[2]

Zirkonium.

Zur Kenntnis der Zirkoniumverbindungen. Mats Weilbull stellte folgende Verbindungen dar und beschrieb dieselben:

1. Zirkonylchlorid = $ZrOCl^2 + 8H^2O$ (tetragonal);
2. Zirkonylbromid = $ZrOBr,^2 + 8H^2O$ (tetragonal);
3. Zirkoniumsulfat = $Zr(SO^4)^2 + 2H^2O$ (rhombisch).[3]

D. Hinsberg erhielt bei seinen Studien über das Zirkonium eine Verbindung in Form eines farblosen, amorphen, sich leicht zersetzenden Pulvers, die er für ein Oxyjodid = $Zr^2J^2O^3$ oder für ein Hydroxyjodid = $ZrJ(OH)^3$ hält.[4]

L. Trost und Ouvrard stellten dar und beschrieben folgende beiden Phosphate:

1. $6NaO.3ZrO^2.4PO^5$
2. $4NaO.ZrO^2.2PO^5$.[5]

---

[1] Ac. de sc. p. Journ. de Pharm. et de Chim. 1887. T. XVI. 32; Arch. der Pharm. 225. 830.

[2] Tschermaks Mineralog. u. petrogr. Mitth. 8. 190.

[3] Ber. d. d. chem. Ges. 20. 1394—96. Lund. Univ. Labor.

[4] Liebig's Ann. 239. 253—256. Aachen. Techn. Hochsch.

[5] C. r. 105. 30—54; Chem. Centralbl. 1887. 1015.

Yttrium.

Über das Atomgewicht der Yttriummetalle in ihren natürlichen Verbindungen. C. Rammelsberg fand bei 15 von ihm selbst und 14 von Andern angestellten Bestimmungen des Atomgewichts der natürlichen Gemenge von Yttriummetallen zwischen 95·5 und 132·5 schwankt, womit die Behauptung A. v. Nordenskiöld's, daß das Atomgewicht der Gemenge der Yttriummetalle in ihren natürlichen Verbindungen stets nahezu dasselbe sei, hinfällig ist. [1]

Yttrium und Lanthan.

Zur Kenntnis der Yttererde und des Lanthanoxyds. William Crookes veröffentlicht eine Arbeit über scharflinige Phosphorescenzspektren der Yttererde und des Lanthanoxyds. [2]

Analyse von Gadoliniten. C. Rammelsberg berichtet über folgende Analysen:

Gadolinit von Hitteroi:

SiO^2	Yttererden	Ceroxyde	Fe^2O^3	FeO	BeO	CaO	Glühverlust
24·36	45·51	7·01	2·85	11·50	8·58	0·36	0·50 = 100·67

Gadolinit von Ytterby:

| 25·35 | 38·13 | 13·55 | 4·05 | 7·47 | 10·03 | 0·57 | 0·34 = 99·49 |

Der Verfasser stellt für beide Gadolinite nachstehende Formel auf:

$$\begin{cases} 5\,R^2SiO^4 \\ 2\,R^2Si^3O^{12} \end{cases} + 3 \begin{cases} 5\,R^3SiO^5 \\ 6\,RSiO^5 \end{cases} [3]$$

Thorium.

Atomgewicht des Thoriums. Das Atomgewicht des Thoriums bestimmten Gerhard Krüß und L. F. Nilson zu 231·87. [4]

Über das Thoriumchlorid. Die Dampfdichtebestim-

---

[1] Math. u. naturwissensch. Mitth. a. d. Sitzungsber. d. k. preuß. Ak. d. Wissensch. zu Berlin 1887. 253; Chem. Rep. der Ch.-Ztg. 1887. 201.

[2] Chem. News 56. 62.

[3] K. preuß. Akad. d. W. Math. Naturw. Kl. 253—60. 16.) Juni 1887.

[4] Ber. d. d. chem. Ges. 20. 1665—76. Stockholm.

mungen, welche Gerhard Krüß und L. F. Nilson, mit dem Thoriumchlorid vornahmen, sprechen für die Formel ThCl⁴. [1] Dasselbe wurde von dem Verf. durch Einwirkung von trocknem Chlorwasserstoffgas auf Thoriummetall erhalten. Es läßt sich bei heftiger Rothglühhitze sublimiren und bildet dann schöne weiße Nadeln, die erst nach mehreren Stunden an der Luft feucht werden. Die Dampfdichte (Theor. f. ThCl⁴12·232) fanden die Verf. bei 1057⁰ = 12·424, bei 1102⁰ = 12·410, bei 1140⁰ = 11·556, bei 1270⁰ = 11·232, bei 1400⁰ = 9·835. Diese Resultate über die Dampfdichte des Thoriumchlorids stimmen nicht überein mit den Angaben von Troost, welcher wahrscheinlich mit unreinem Material arbeitete. Das Thorium ist mithin vierwerthig, und sein Chlorid scheint sich bei höheren Temperaturen zu bisoziiren. [2]

Über Thoriumsulfat. Gerhard Krüß und L. F. Nilson erhielten das Thoriumsulfat von der Zusammensetzung = Th(SO⁴)²+8H²O. [3]

Folgende Natriumthoriumphosphate sind von L. Troost und Ouvrard dargestellt und beschrieben:

1. 5NaO.2ThSO².3PO⁵;
2. NaO.ThO².PO⁵;
3. NaO4ThO²3PO³. [4]

Didym.

Spektrum des Didyms. Über das Spektrum des Didyms haben Claud M. Thompson [5] und Eugen Demarçay [6] berichtet.

Nach A. Cossa ist das Didymmolybbat isomorph mit dem Scheelit. [7]

---

[1] Zeitschr. f. phys. Chem. 1. 301—6. Stockholm.
[2] Ber. b. d. chem. Ges. 1665—76. Stockholm.
[3] Ber. b. d. chem. Ges. 20. 1665—76.
[4] C. r. 105. 30—34. (4.) Juli; Chem. Centralbl. 1887. 1015.
[5] Chem. News 55. 223.
[6] C. r. 105. 276—77. (1.) Aug.; Ch. Centralbl. 1887. 1303.
[7] Aus R. Accad. d. Lincei Rend. 1886. 2. 1. Sem. 320; Ztschr. f. Kryst. 13. 299. (Ref. A. Cathrein) Leipzig (Turin) 30. Aug.; Chem. Centralbl. 1887. 1371.

Samarium.

Spektrum des Samariums. Von Eugen Demarçay sind Untersuchungen über das Spektrum des Samariums veröffentlicht. [1]

Zur Kenntnis des Ceriums. Cerwalframiat und Cermolybbat sind nach A. Cossa isomorph mit Didymmolybbat und Scheelit. [2]

Gallium.

Zur Bestimmung des Galliums. Nach Lecoq de Boisboudran findet beim Eintrocknen chlorwasserstoffsaurer Lösungen des Galliums bei 100—125° eine, wenn auch sehr geringe Verflüchtigung des Ga^2Cl^6 statt. Man muß dieserhalb das Trocknen der Chlorverbindung in einem Apparate bewirken, welcher ein Auffangen der Dämpfe derselben in Kalilauge gestattet. [3]

Schwermetalle.
Unedle Schwermetalle.
Eisen.

Über eine neue Reaktion auf Eisen. Versetzt man eine Kobaltnitratlösung mit starker Chlorwasserstoffsäure, so wird dieselbe blau, ist aber in der letzteren eine geringe Menge Ferrisalz enthalten, so wird dieselbe grün. Fügt man nach F. P. Venable nur $\frac{3}{1000000}$ g eines Ferrisalzes zu der blauen, starksauren Lösung, so tritt sofort die grüne Färbung ein, wird aber zuviel des Eisensalzes zugesetzt, so zeigt sich beim Verdünnen mit Wasser eine rosenrothe Farbe. Ferrosalze geben diese Reaktionen nicht, auch wird die letztere bei Anwesenheit derselben nicht beeinträchtigt. [4]

---

[1] C. r. 105. 276—77. (1.) Aug.; Ch. Centralbl. 1887. 1304.

[2] Aus R. Accab. b. Lincei Rend. 1886. 2. 1. Sem. 320; Ztschr. f. Kryst. 13. 299. (Ref. A. Cathrein.) Leipzig. (Turin.) 30. Aug.; Chem. Centr.-Bl. 1371.

[3] Ann. Chim. Phys. 6. 11. 429; Chem. Rep. b. Ch.-Ztg. 1887. 186.

[4] The Journ. of anal. Chem. 1887. 1. 312; Chem. Rep. b. Ch.-Ztg. 1887. 202.

Einwirkung von Eisensulfat auf metallisches Eisen. Albert E. Menke fand bei der Untersuchung des Angegriffenwerdens von Kesselblech durch anhaltendes Kochen mit eisensulfathaltigem Wasser, daß die hierbei zu beobachtende Rostbildung desto größer und rascher ist, je länger die Einwirkung, je höher Temperatur und Druck, und je größer Konzentration und Oberflächen sind. Als Gegenmittel empfiehlt der Verf. Pottasche, da Soda auch in größerer Menge angewandt, nicht die gleiche Wirkung ausübt. [1]

Über den Einfluß des Siliciums auf die Eigenschaften des Stahls. Nach gemeinschaftlichen Arbeiten von Tilden, W. Chondler, Roberts-Austen und T. Turner übt das Silicium auf die Eigenschaften des Stahls folgende Wirkungen aus:

1. Durch Zusatz von Silicium in Form von siliciumhaltigem Roheisen zu reinstem Bessemer Stahl wird derselbe besonders bei schwacher Rothgluth rothbrüchig, läßt sich aber bei Weißgluth gut bearbeiten.

2. In allen untersuchten Fällen war das Metall zähe und gut schweißbar. In dieser Beziehung übt das Silicium wenig oder gar keinen Einfluß aus.

3. Das Silicium erhöht die Elasticitätsgrenze und Zugfertigkeit, verringert aber die Flächenausdehnbarkeit und Zusammendrückbarkeit, wenige hunderte Procente üben hier schon einen bedeutenden Einfluß aus.

4. Das Aussehen der Bruchflächen bei Zerreißungen wechselt von feiner, seidenartiger Struktur bis zu krystallinischem Gefüge, während bei einem (rasch erfolgten) Bruch die Bruchfläche der von Werkzeugstahl um so ähnlicher sieht, je mehr Silicium vorhanden ist.

5. Die Härte des Stahls wächst mit seinem Siliciumgehalt, derselbe scheint aber auch die Zähigkeit sehr zu

---

[1] Amerik. Chem. Journ. 9. 90—93. April; Chem. Centralbl. 1887. 1016.

beeinfluffen. Mit 0·4 Proc. Silicium und 0·2 Proc. Kohlenstoff wurde ein bei höheren Temperaturen schwer zu bearbeitender, aber in der Kälte zäher Stahl erhalten, der in Wasser gehärtet werden konnte und dann eine sehr widerstandsfähige Schneide gab.

6. Ist das Silicium als Oxyd vorhanden, so ist die Wirkung eine sehr verschiedene und gleichen die mechanischen Eigenschaften des betreffenden Stahls dann mehr denjenigen des ursprünglichen Bessemerstahles.

7. Das Mangan hebt die Wirkungen des Siliciums hinsichtlich der Erzeugung von Rothbrüchigkeit zum großen Theile auf. [1]

Über Mangan im Stahl. Osmond fand, daß ein schwacher Mangangehalt des Stahles die beim Abkühlen stattfindende molekulare Veränderung des Eisens verzögert und den Kohlenstoff dabei länger im gelösten Zustand erhält. Es bewegt sich also die Wirkung des Mangangehaltes in gleichem Sinne, wie diejenige einer schnellen Abkühlung und ersetzt dieselbe daher bis zu einem gewissen Grade die Härtung auf letzterem Wege. Überschreitet aber der Mangangehalt 20 Proc., so findet keine molekulare Änderung im Stahl während des Abkühlens von dunkler Rothgluth bis zur gewöhnlichen Temperatur mehr statt; bei letzterer ist also auch der Kohlenstoff im gelösten Zustand, das Eisen in der β-Modifikation vorhanden. [2]

Über Wolfram im Stahl. Nach Osmond's Beobachtungen wirkt Wolfram im Stahl in gleicher Weise wie Mangan (vergl. dieses). Die Wirkung scheint aber hier von der Anfangstemperatur beim Abkühlen abhängig zu sein und ist stärker. [3]

Über Chrom im Stahl. Ein Gehalt von Chrom im Stahl läßt nach demselben Verf. die molekulare Umlagerung des

---

[1] Bericht in der „British Assosation" b. d. Chem.-Industrie 1887. Nr. 10. 435.

[2] Ac. de sc. p. Journ. et de Chim. 1887. T. XVI 79; Arch. d. Pharm. 225. 836.

[3] Ac. de sc. p. Journ. de Pharm. et de Chim. 1887. T. XVI. 79; Arch. der Pharm. 225. 836.

fich abkühlenden Kohleneisens bei einer über der Norm liegenden Temperatur erfolgen. Chromhaltige Stahlsorten sind weniger brüchig, aber auch weniger hart als andere bei gleicher Behandlung. Die Gegenwart von Silicium übt nach dieser Richtung keinen Einfluß aus.[1]

Über Chromeisen und Chromstahl. Brustlein stellt Chromeisen von 12—80 Proc. Chrom und 2·7—11 Proc. Kohlenstoff auf etwa 2 Proc. Silicium dar. Der Verf. beschreibt die Eigenschaften desselben, sowie die des Chromstahles.[2]

Eigenschaften des Stahls bei einem Gehalt von Silicium. Nach den Untersuchungen, welche das „Committee of the British Assosiation" hierüber angestellt hat, hat sich Folgendes ergeben:

1. Im Stabeisen erhöht Silicium Tenacität und Härte, sollte aber, wenn das Eisen gerollt wird, 0·15 Proc. nicht übersteigen; in manchen Fällen bewirkt das Silicium Kaltbrüchigkeit.

2. Ein Übermaß von Silicium im Gußstahl bewirkt ebenfalls Brüchigkeit und geringe Extension. Ein Gehalt von gegen 0·3 Proc. ist zu empfehlen.

3. Im Tiegelstahle ist seine Wirkung weniger nachtheilig.

4. Das Mangan scheint den nachtheiligen Einfluß des Siliciums zu neutralisiren.[3]

Bestimmung von Silicium im Eisen und Stahl. Man nimmt nach J. Jas. Morgan von Eisen oder Stahl, welches 1 Proc. und mehr Si enthält, 1 g, und von siliciumärmeren Eisen 4 g; die fein zertheilte Probe wird 20 Minuten lang in einer Muffel der Hellrothgluth ausgesetzt, wobei das Silicium in Kieselsäure übergeht und aller Graphit verbrannt wird. Der erkaltete Rückstand wird dann mit 100 kcm Chlorwasserstoffsäure erwärmt, wobei nur Kieselsäure und etwa unverbrannt gebliebene Graphittheilchen ungelöst bleiben. Dieser unlösliche Rückstand wird dann auf ein Filter gebracht, gut ausgewaschen, geglüht und gewogen.[4]

---

[1] Ac. de sc. p. Journ. de Pharm. et de Chim. 1887. T. XVI. 79; Arch. der Pharm. 225. 830.

[2] Rev. univ. des mines 1887. 21. 440; B. H.-Z. 419—20.

[3] Chem. N. 56. 215—18. (18.) Nov.; Ch. Centralbl. 1887. 1573.

[4] Chem. News 1857. 82; Ch. Rep. b. Ch.-Ztg. 1887. 219.

Über die moderne Stahlerzeugung. Henry M. Howe macht darüber folgende Mittheilungen:

„1. Klassifikation des Stahles. Ursprünglich und auch heute noch in den deutschen und skandinavischen Ländern versteht man unter „Stahl" eine Verbindung des Eisens mit 0·3—2 Proc. Kohlenstoff, welche die Eigenschaft besitzt, härtbar zu sein, oder — in zweiter Linie — Verbindungen des Eisens mit Chrom, Wolfram, Mangan, Titan 2c., die sich ebenfalls durch große Härte und eine gewisse Zähigkeit auszeichnen. Von diesem Gesichtspunkte aus hat das internationale Commitee des Amerikan Institute of Mining Engineers 1876 nachfolgende Klassifikation des Eisens aufgestellt:

	Schmiedbar		Nicht schmiedbar.
	Nicht härtbar: Eisen	Härtbar: Stahl	
Geschmolzen und zu einer schmiedbaren Masse gegossen	Flußeisen Ingot iron Fer fondu	Flußstahl Ingot steel Acier fondu	Roheisen.
Aus teigigen Theilchen zusammengesetzt, ohne vorherige Schmelzung	Schweißeisen Weld iron Fer soudé	Schweißstahl Weld steel Acier soudé	

In den englisch sprechenden Ländern und in Frankreich versteht man jedoch unter „Stahl" nicht blos das oben definirte Produkt, sondern auch „Flußeisen", so daß eine völlige Begriffsverwirrung einzureißen droht. Die gegenwärtig in Amerika und England übliche Klassifikation des Eisens ist etwa folgende: (Siehe S. 565).

„2. Über die Konstitution des Stahles vermuthet der Verf., daß derselbe aus einer Grundmasse von Eisen, die manchmal (wie im Flußeisen und ausgeglühtem Stahl) ganz oder fast reines Eisen ist, manchmal (wie in gehärtetem Stahl, Manganstahl 2c.) eine Verbindung desselben mit einem Theile oder der Gesammtsumme der vorhandenen Elemente darstellt, und aus einer Anzahl unabhängiger in der Grundmasse ausgeschiedener Krystall-

	Schmiedbar		Nicht schmiedbar.
	Durch Abkühlung nichthärtbar und enthaltend beigemengte Schlacken oder ähnliche Substanzen.	Durch Abkühlung härtbar, oder schmiedbar und hart, oder frei von beigemengten Schlacken 2c.	
	Eisen	Stahl	
Frei von Schlacken 2c.		Flußstahl und Flußeisen	
Enthält Schlacken und ähnliche Bestandtheile.	Schmied= oder Schweißeisen	Schweißstahl	Roheisen Eisen

individuen besteht, die der Verf. der Kürze halber als „Mineralien" bezeichnet. Beide Bestandtheile wirken auf die mechanischen Eigenschaften des Stahles ein, doch erstere wahrscheinlich mehr als letztere."

„Da bei einem geschmolzenen Silikatgesteine beispielsweise im Voraus nicht angegeben werden kann, welche Eigenschaften und nähere Zusammensetzung dasselbe nach dem Erstarren besitzen wird, indem diese nicht nur von der chemischen Elementarzusammensetzung der geschmolzenen Masse, sondern auch von manchen anderen Umständen (wie z. B. der Art der Erstarrung 2c.) abhängen, so ist es klar, daß auch aus der chemischen Elementarzusammensetzung des Stahles nicht auf seine physikalische Eigenschaften geschlossen werden kann. Hängen letztere doch von der Natur der Einzelbestandtheile des Stahles, sowie von ihrer Größe, Form und der Art ihrer Aneinanderlagerung ab."

„Unter diesen Umständen ist mit der Ermittelung der Elementarzusammensetzung des Stahles wenig gedient; es ist viel wichtiger, seine nähere Zusammensetzung zu ermitteln. Zu diesem Zwecke empfiehlt der Verf. die Benutzung des Unterschiedes im spec. Gewicht, in der Löslichkeit unter bestimmten Bedingungen, des magnetischen Verhaltens, in der Spaltbarkeit, im Glanz und in der Krystallform (mikroskopischer Untersuchung)."[1]

Über Griqualandit. Dieses Mineral findet sich nach G. Grant Hepburn in Griqualand West, Südafrika, und scheint eine Pseudomorphose des Krokyboliths zu sein. Nach der Analyse ist die wahrscheinliche Formel $= 6SiO^2.4Fe^2O^3.5H^2O$. [2]

Mangan.

Über Mangantetroxyd. Beim Überleiten von mit Wasserdampf gesättigter Luft über die Verbindung $= (MnO^3)^2SO^4$ erhielt B. Franke ein blaues, dem Ozon sehr ähnliches Gas, das sich aber durch seine Löslichkeit in koncentrirter Schwefelsäure vom Ozon schon unterscheidet. Der Verf. hält dieses Gas für Mangantetroxyd $= MnO^4$. Dasselbe läßt sich unter Wasser auffangen, da es erst nach längerem Schütteln mit demselben in Mangansäure und Sauerstoff zerfällt. Die Bildung dieses Oxydes geht wahrscheinlich nach der Gleichung —

$$\begin{matrix} MnO^3 \\ MnO^3 \end{matrix} > SO^4 + H^2O = MnO^4 + MnO^3 + H^2SO^4 \, [3]$$

vor sich.

Über Manganselinite. P. Laugier stellte folgende Manganselenite dar:

1. $Mn^2O^3.4SeO^2 =$ saures Manganiselenit.
2. $Mn^2O^3.2SeO^2 =$ basisches Manganiselenit.
3. $Mn^2O^3.3SeO^2.5HO =$ neutrales Manganiselenit. [4]

Chrom.

Über die Chromojobsäure. Man erhält nach A. Berg die freie Chromojobsäure, indem man 1 Mol. Chromsäure und 1 Mol. Jobsäure in sehr wenig Wasser löst und über Schwefelsäure koncentrirt, wobei eine rubinrothe krystallinische Masse hinterbleibt, die über Schwefelsäure auf einem Stück Bimstein getrocknet wird. Dieselbe besitzt die Formel =

---

[1] Engineering and Mining Journ. 1887. 43. 168—186; Chem. Rep. d. Ch.-Ztg. 1887. 159.

[2] Chem. News 1887. 55. 240.

[3] Journ. f. prakt. Chem. 36. 166; Arch. der Pharm. 225. 926.

[4] C. r. 104. 1508—11. (31.) Mai; Bull. Paris 47. 915—17. Chem. Centralbl. 1887. 774.

$$\text{Cr.O}^2 < {}^{O\,.\,JO^2}_{OH} + 2\,H^2O.$$

Ihre rubinrothen Krystalle sind sehr hygroskopisch. Die Salze, welche dieselbe mit den Alkalien bildet, sind roth gefärbt. [1]

Nickel.

Über Laboratoriumsgeräthe aus Nickel. Thomas T. P. Bruce Warren theilt seine Erfahrung über die Laboratoriumsgeräthe aus Nickel mit. [2] Eben solche Mittheilungen macht Thomas Farrington. [3]

Auch John H. J. Dagger giebt daraufbezügliche Notizen. [4]

Zink.

Über eine Verbindung von Zinkchlorid mit Amoniak. H. Thoms fand in einem Leclanché=Element, welches bekanntlich aus Kohle und Zink besteht, farblose, luftbeständige rhombische Krystalle von der Zusammensetzung $ZnCl^2 + 2NH^3$. Diese Verbindung kann man auch durch Lösen von frischgefälltem Zinkhydroxyd in koncentrirter Salmiaklösung und Eindampfen der Flüssigkeit auf dem Wasserbade bis zum Beginn der Krystallisation erhalten. [5]

Kadmium.

Über einige Ammoniakverbindungen des Chlorkadmiums. G. André stellte folgende Ammoniakverbindungen des Chlorkadmiums dar und beschreibt dieselben:

1. $CdCl^2 + 5NH^3$.
2. $CdCl^2 + 4NH^3 + \frac{1}{2}H^2O$.
3. $CdCl^2 + 3NH^3 + \frac{1}{4}H^2O$. [6]

---

[1] Compt. r. 104. 1514—15.

[2] Chem. N. 55. 16. 14. Jan.

[3] Chem. N. 55. 35. Jan.; Chem. Centralbl. 1887. 209.

[4] Chem. N. 55. 38. 28. Jan.; Chem. Centralblatt 1887. 209—210.

[5] Pharm. Ztg. 1887. 32. 171; Ch. Rep. d. Ch.=Ztg. 1887. 73.

[6] C. r. 104. 908.

Wismuth.

Über eine Wismuthreaktion. Die hellgelbe Färbung, welche in einer sehr verdünnten, nur wenig freie Säure enthaltenden Wismuthsulfatlösung durch eine starke Jodkaliumlösung entsteht, empfiehlt F. B. Stone zum Nachweis von Wismuth. Dieselbe ist so empfindlich, daß 0·00001 g Wismuth in 10 kcm mit einem Tropfen der Jodkaliumlösung die gelbe Färbung noch deutlich zeigt.[1]

Zinn.

Über Zinnchlorwasserstoffsäure. Diese von R. Engel zuerst beschriebene Verbindung erhält man nach K. Seubert, wenn man zu Zinnchlorid die nach dem Verhältnis $SnCl^4 : 6H^2O$ berechnete Menge Wasser in Form von starker reiner Chlorwasserstoffsäure zugiebt (auf 100 Thle. $SnCl^4$ 62·15 Thle. Chlorwasserstoffsäure vom spec. Gew. 1·166), dann unter sanftem Umschwenken getrocknetes Chlorwasserstoffgas einleitet, so lange noch eine Aufnahme desselben stattfindet. Beim Abkühlen der so erhaltenen Flüssigkeit in kaltem Wasser scheiden sich farblose blätterige Krystalle der Verbindung von der Formel $H^2SnCl^6 + 6H^2O$ aus. Bei dieser Ausscheidung erhält man keine Mutterlauge.[2]

Über Zinnbromwasserstoffsäure. Die auf analoge Weise, wie die vorige Säure, erhaltene Zinnbromwasserstoffsäure, bildet nach K. Seubert bernsteingelbe Nadeln oder Tafeln von der Formel $= H^2SnBr^6 . 9H^2O$. Sie sind sehr hygroskopisch und rauchen an der Luft unter Abgabe von Bromwasserstoff.[3]

Über die Trennung des Zinnoxydes von der Wolframsäure. Die von Eduard Donath und Franz Müllner beschriebene Methode der Trennung des Zinnoxydes von der Wolframsäure beruht darauf, daß Zinnoxyd beim Glühen mit feinst vertheiltem Zink zu einem Schwamme von metallischem Zinn reducirt wird, der sich später leicht in heißer verdünnter

[1] Journ. Soc. Chem. Ind. 1887. 6. 416; Ch. Rep. d. Ch.-Ztg. 1887. 185—186.

[2] Ber. d. d. chem. Ges. 1887. 20. 793; Chem. Repert. d. Ch.-Ztg. 90.

[3] Ber. d. d. chem. Ges. 1887. 20. 794; Ch. Rep. d. Ch.-Ztg. 1887. 90.

Salzsäure löst, während Wolframsäure blos zu blauem Wolfram=
oxyd reducirt wird, welches leicht durch Oxydation in die in
Salzsäure unlösliche Wolframsäure übergeht. Die Verf. be=
schreiben die Ausführung dieser Methode. [1]

Germanium.

Über ein neues Vorkommen des Germaniums.
Das Germaniumoxyd ist von Gerh. Krüß als Bestandtheil
von Euxeniten aufgefunden. Dasselbe vertritt die Titansäure
in diesem Mineral. [2]

Zur Kenntnis der Dampfdichte des Germaniums.
Victor Meyer konnte selbst bei einer Temperatur von etwa
1350°, wo nur eine geringe Menge des Germaniums sich ver=
flüchtigt, die Dampfdichte dieses Metalles nicht bestimmen. [3]

Über die mikroskopischen Formen des Germa=
niumsulfats und des Germaniumoxydes. Wenn man
nach K. Haushofer Argyrodit in einem Glaskölbchen, am besten
in einer Atmosphäre von Wasserstoffgas oder Leuchtgas, erhitzt,
bildet sich ein in seinem Ansehen dem sublimirten Schwefel=
antimon sehr ähnliches Sublimat von Germaniumsulfür = GeS,
welches, wie schon Winkler fand, krystallinisch ist und unter dem
Mikroskop (oft schon unter der Lupe) meist sehr charakteristische
Formen zeigt, die der Verf. abbildet. Dickere Krystalle des
Germaniumsulfürs sind undurchsichtig und von metallischem
Glanze, in dünnern Schichten zeigt das Sublimat eine braun=
rothe bis granatrothe Farbe. Koncentrirte Salpetersäure ver=
wandelt das Sublimat in der Wärme sehr langsam in ein weißes
krystallinisches Pulver von Germaniumoxyd = GeO^2, das sich
im Überschuß der Säure wenig, leichter in verdünnter Salpeter=
säure und Wasser löst. Beim langsamen Verdunsten der Lösung
im Exsiccator über Schwefelsäure bis zur Trockne, erhält man
kleine dichte Krystallkörner, die meist kugelig oder elliptisch ge=
staltet sind; einzelne größere Krystallkörner zeigen anscheinend

[1] Sitzungsb. d. k. Akad. d. Wissensch. Mathem.=naturwissensch.
Kl. Wien 1887. 1148—50; Chem. Labor. d. Bergak. i. Leoben.

[2] Ber. d. b. chem. Ges. 21. 512.

[3] Ber. d. b. chem. Ges. 20. 497—500. 14. März (18. Febr.).
Göttingen.

rhombische Formen mit symmetrisch orientirten Auslöschungs=
richtungen. Das weiße Sublimat, welches man beim Rösten von
Argyrodit erhält, unterscheidet sich von dem ihm ähnlich aus=
sehenden Antimonoxyde dadurch, daß es beim Erhitzen zu
kleinen wasserhellen Kügelchen zusammenschmilzt, ähnlich wie das
Tellurdioxyd, welches sich aber durch das Verhalten gegen kon=
centrirte Schwefelsäure unterscheidet. [1]

Zur Kenntnis des Germaniums. Cl. Winkler
macht auf den Mangel an Argyrodit, dem Material, aus welchem
das Germanium dargestellt wird, aufmerksam. Der auf „Himmel=
fürst Fundgrube" vorübergehend gefundene Argyrodit ist über=
haupt nur in Form eines dünnen Überzuges auf Erzen bekannt
geworden. Der Verf. beschreibt die Darstellung des Germaniums
und außerdem folgende Verbindungen:

1. Germaniumchlorür = $GeCl^2$. Es gelang die Darstellung
im reinen Zustande noch nicht. Wahrscheinlich ist das Gelingen
derselben durch Einwirkung von Chlorwasserstoff auf erhitztes
Germaniumsulfür.

2. Germaniumchlorid = $GeCl^4$. Man erhält dasselbe auch
durch gelindes Erhitzen von Germaniumsulfid und Quecksilber=
chlorid. Es wird bei etwa —100° noch nicht fest.

3. Germaniumbromid = $GeBr^4$ bildet sich beim Verbrennen
von Germanium in Bromgas und beim Erhitzen von gepulvertem
Germanium mit Quecksilberbromid. Es ist eine leicht bewegliche,
stark rauchende Flüssigkeit, die bei 0° zu einer weißen krystalli=
nischen Masse erstarrt.

4. Germaniumflorür = $GeFl^2$ konnte noch nicht rein er=
halten werden.

5. Germaniumfluorid = $GeFl^4$ wird erhalten durch Auf=
lösen von Germaniumoxyd = GeO^2 (Germaniumsäure) in Fluor=
wasserstoffsäure. Die Flüssigkeit, welche man erhält, erstarrt im
Exsiccator zu einer weißen, sehr leicht zerfließlichen Krystallmasse,
deren Formel der analogen Zirkoniumverbindung entspricht,
also = $GeFl^4 + 3H^2O$ ist.

6. Wasserstoffgermaniumfluorid = H^2GeFl^6. Man erhält
diese Verbindung durch Einleiten der Dämpfe von Germanium=

---

[1] Sitzungsb. der mathem.=physik. Klasse d. k. b. Akademie
der Wissensch. München. 7. Mai 1887.

fluorid in Waſſer. Das Kaliumſalz, dem Kieſelfluorkalium ent-
ſprechend, hat die Formel = K^2GeFl^6, woraus hervorgeht, daß
Medelejeff Recht hatte, wenn er vorausſagte, daß es keinem
Zweifel unterliege, daß Ekaſilicium eine Reihe mit entſprechen-
dem von Silicium, Titan, Zirkonium und Zinn iſomorphen
Fluordoppelſalze liefern und daß das Kaliumſalz eine größere
Löslichkeit als das entſprechende Siliciumſalz beſitzen wird.
Kaliumgermaniumfluorid und Kaliumſiliciumflorid ſind waſſerfrei,
während die Doppelfluoride des Ti, Zr und Sn 1 Mol. H^2O
enthalten. Das Kaliumgermaniumfluorid löſt ſich reichlich in
kochendem, wenig in kaltem Waſſer und kryſtalliſirt im hexago-
nalen Syſteme.[1]

Titan.

Über Titankarbid. P. U. Schirmer erhielt beim
Filtriren einer Löſung von Roheiſen in Chlorwaſſerſtoffſäure einen ſehr geringen, ſtahlgrauen, metallglänzenden
Rückſtand (der Verf. fand denſelben in noch fünf Sorten
von Eiſen), welcher aus kubiſchen mikroſkopiſchen Kryſtallen beſtand, die ſehr hart waren und das Ausſehen
von Pyritkryſtallen beſaßen. Derſelbe iſolirte aus einer
größeren Menge von Eiſen 1 g dieſes Körpers, deſſen
ſpec. Gewicht zu = 5·10 gefunden wurde, und löſte dieſes
Gewicht in Salpeterſäure. Die Analyſe ergab folgendes
Reſultat:

Titan	71·58 Proc.	Unlöslicher kieſel-	Proc.
Kohlenſtoff .	16·94 „	ſäurehaltiger Rück-	
Eiſen	3·77 „	ſtand	1·09 „
Phosphor . .	0·69 „	Unbeſtimmbar .	4·20 „
Mangan . .	0·16 „	Kupfer	Spuren „
Schwefel . .	1·57 „	Vanadin . .	Spuren „
Silicium	Stickſtoff } . . 0·00 „	Summa: 100·00	

Es beſteht dieſer Körper demnach aus 88 Proc. eines

---

[1] Journ. f. prakt. Chem. 36. 177.

Titankarbit = Ti C und der geringe Überschuß gehört wahrscheinlich einer anderen Verbindung darin an. [1]

Zur Bestimmung von Titansäure. Will man die Titansäure in Gegenwart eines Alkalis oder der Oxyde des Magnesiums, Zinks, Alumiums oder Kupfers genau bestimmen, so kann man nach L. Lévy die Substanz mit Kaliumbisulfat schmelzen (auf 0·2—0·3 Substanz 1—1·5 g Bisulfat), die Schmelze lösen (wenn nöthig unter Ansäuern mit Schwefelsäure), die Flüssigkeit mit Kali oder Ammoniak neutralisiren, 0·5 Proc. ihres Volums an Schwefelsäure zufügen und 6 Stunden unter fortwährendem Ersatz des verdampfenden Wassers kochen, worauf man die dadurch gefällte Säure kalcinirt und wägt. [2]

Niobium.

Über die specifische Wärme des Niobwasserstoffs und der Niobsäure. Ein tief eingehendes, weiteres Studium bestätigt Robert Schiff den von ihm aufgestellten Satz:

„Der Gang der specifischen Wärmen in einer jeden homologen Reihe läßt sich durch eine einzige gerade Linie oder durch eine geringe Anzahl paralleler gerader Linien darstellen."

Es bezeichne $Ct-t'$ die mittlere, Kt die wahre specifische Wärme, a die specifische Wärme bei 0^0 und b den Änderungskoëfficienten mit der Temperatur, so läßt sich dieser Satz darstellen durch die Gleichungen:

$$Ct-t'=a+b(t+t') \text{ und } Kt=a+2bt;$$

b soll nach obigem Satze für sämmtliche Glieder einer homologen Reihe konstant sein, a aber entweder für alle oder mehrere Glieder der Reihe denselben Werth haben oder mit wachsendem Molekulargewicht sich sprungweise ändern. [3]

Über die Erden und die Niobsäure des Fergusonits. Nach Gerhard Krüß und A. F. Nilson enthält der Fergusonit von seltenen Erden: die des Cers, Yttriums, Erbiums, Samariums, Thuliums, der Didymkomponenten, des

---

[1] Ch. News 1887. 55. 156—158. (7.) April; Chem. Repert. b. Ch.-Ztg. 1887. 89.

[2] Journ. Pharm. Chim. 1887. 5. Sér. 16. 56; Chem. Rep. b. Ch.-Ztg. 1887. 186.

[3] Ztschr. f. physik. Chem. 1. 376—90. Modena; Chem. Centralbl. 1887. 1157.

Ytterbiums, sowie Soret's X-Erde; Skandium ist nicht darin enthalten. Von Metallsäuren konnten die Verf. folgende nachweisen: Tantalsäure (etwas), Titansäure (viel) und Niobsäure (Hauptmenge). Nach Thalén besitzt das Niobchlorid ein charakteristisches Funkenspektrum, von dem die Verf. etwa 20 Linien nachweisen konnten. Beim Erhitzen einer wässerigen Lösung von Kaliumnioboxyfluorid entsteht nach einiger Zeit eine Trübung und es scheidet sich ein mikrokrystallinischer Niederschlag ab, aus welchem das normale Nioboxyfluorid selbst dargestellt wurde, dem im getrockneten Zustande die Formel = 2KFl·NbOFl³ zukommt. Auf diese Weise kann man nach den Verf. zur Reindarstellung des Niobs und zur Trennung derselben vom Tantal gelangen. Die Bestimmung des Atomgewichts des Niobs in dieser Verbindung ergab die Zahl 93·96, welche der von Marignak angegebenen = 94 ziemlich nahe kommt. Die durch Kochen der Nioboxyfluorkaliumlösung ausgeschiedene Verbindung ist ein weißes, zartes, luftbeständiges und krystallinisches Pulver, dessen Zusammensetzung die Formel = 2KFl3NbO²Fl entspricht. Vielleicht ist danach auch Marignak's Tantalsalz ein homogenes Oxyfluorid = KFl.TaOFl³. [1]

Neue Metalle.

Gerh. Krüß und L. F. Nilson schließen aus ihren Arbeiten über die Komponenten der Absorptionsspektra erzeugenden seltenen Erden, daß an Stelle des Erbiums, Holmiums, Thuliums, Didyms und Samariums die Existenz von mehr als zwanzig Elementen anzunehmen sei. [2]

Über das Russium. K. v. Chroustschoff beobachtete bei der spektroskopischen Untersuchung gewisser Schlämmrückstände von Gesteinen theils dem Thorium, theils dem Zinn nahestehende, aber von beiden abweichende Linien, die sich auch bei manchen Thonerdepräparaten, die der Verf. zum vergleichsweisen Studium aus amerikanischen Monaciten hergestellt hatte, vorfanden. K. v. Chroustschoff schreibt diese Linien einem neuen Elemente zu, das er Russium nennt. Den festen Beweis für die Existenz dieses neuen Elementes hat der Verf. noch zu liefern. [3]

---

[1] Ber. d. chem. Ges. 20. 1676—91. 23. Mai (13. Juni). Stockholm; Chem. Centralbl. 1887. 1018.

[2] Ber. d. d. chem. Ges. 20. 2134.

[3] B.- u. H.-Z. 46. 329. (2.) Sept.; Ch. Centralbl. 1277—78.

Edle Metalle.

Quecksilber.

Zur Kenntnis des Quecksilbers. Nach Versuchen von Victor Meyer ist die Angabe, daß das Quecksilber durch bloße Destillation sich nicht reinigen lasse, eine nicht ganz richtige. Aus absichtlich verunreinigtem Quecksilber erhielt nämlich der Verf. durch zwölfmalige Destillation, die Anfangs aus Porzellan-, später aus Glasretorten bewirkt wurde, vollkommen reines Quecksilber. [1]

Nachweis von Quecksilber im Harn und anderen Flüssigkeiten. Von K. Alt ist das künstliche Rauschgold, eine Legirung von Kupfer und Zink, zum Nachweis von Quecksilber in Flüssigkeiten, besonders im Harn vorgeschlagen. Es können nach der vom Verf. beschriebenen Methode noch 0·016 g Merkurichlorid nachgewiesen werden. [2]

Über krystallisirtes Quecksilberjodür und Quecksilberbromür. A. Stroman erhielt beim Erhitzen von schwach salpetersaurer, gesättigter Merkuronitratlösung mit überschüssigem Jod zum Sieden im Dunkeln krystallisirtes Quecksilberjodür in gelben tetragonalen Blättchen, welche beim Erhitzen roth werden. Dieselbe Verbindung entsteht auch in der Kälte aus durch Schütteln gesättigter Merkuronitratlösung mit mäßig koncentrirter alkoholischer Jodlösung:

$$2Hg^2(NO^3)^2 + J^2 = Hg^2J^2 + 2Hg(NO^3)^2.$$

Auf ähnliche Weise dargestelltes Quecksilberbromür bildet weiße, sich physikalisch und chemisch sehr ähnlich verhaltende tetragonale Blättchen. [3]

Silber.

Über die Leitungsfähigkeit von Brom- und Chlorsilber bei Belichtung. S. Arrhenius fand bei Versuchen

---

[1] Ber. d. d. chem. Ges. 20. 497—500. 14. März (18. Febr.). Göttingen.

[2] Centralbl. f. med. Wissensch.; Pharm. Centralh.; Arch. d. Pharm. 225. 670.

[3] Ber. d. d. chem. Ges. 20. 2818—23. 4. Nov. (17.) Okt. Gießen. Naumann's Univ. Labor.; Chem. Centralbl. 1887. 1488.

über die Änderungen des Leitungsvermögens von Brom= und Chlorsilber während der Belichtung bei Einwirkung der brech=baren Strahlen des Spektrums eine merkliche Zunahme derselben und zwar proportional der Lichtintensität und der photochemi=schen Reaktion. [1]

Über die direkte Oxydation des Silbers. H. le Chatelier ist die direkte Oxydation des Silbers bei einer Temperatur von 300° und einem Druck von 15 Atmosphären gelungen. Für die daran geknüpften theoretischen Betrachtungen verweisen wir auf die Originalarbeit. [2]

Über das Silberoxydul. Otto von der Pforbten erhielt das Silberoxydul Ag^{4}O auf zweierlei Weise:

1. durch allmählichen Zusatz kleiner Mengen von Kali zu einer mit Silbernitrat versetzten, verdünnten Lösung von neu=tralem Natriumtartrat, wobei sich die Flüssigkeit erst gelb, dann röthlich, dann tiefroth färbt und unter allmählicher Entfärbung einen tiefschwarzen Niederschlag abscheidet. Dieser ist das Salz des Silberoxyduls mit einer aus der Weinsteinsäure gebildeten organischen Säure.

2. Auf ähnlichem Wege mittels einer verdünnten ammoniaka=lischen Lösung von Silbernitrat und einer Lösung von phos=phoriger Säure im Verhältnis von 1 Thl. PO^{3}H^3 : 2 Thln. H^{2}O; der entstandene Niederschlag ist gleichfalls schwarz.

Aus beiden Niederschlägen kann man das Silberoxydul durch Versetzen mit Alkalilauge und Wasser im freien Zustande ausscheiden, jedoch muß es feucht in verdünnter Kalilauge auf=bewahrt werden. [3]

E. Drechsel bemerkt, daß mit Pepton versetzte ammoniaka=lische Silberlösungen nach längerem Stehen sich tief dunkelroth färben und ist gewiß dieses Verhalten dem in der Lösung vor=

[1] Sitzg. d. math.=naturw. Kl. d. Akad. d. Wissensch. Wien. 21. Juli 1887; Chem.=Ztg. 1887. 990; Fortschr. d. Elektrotechnik 1887. 580.

[2] Bull. Paris 48. 342—45. 5. Okt. Soc. Chim.; Chem. Cen=tralbl. 1336—37.

[3] Ber. d. b. chem. Ges. 20. 1458—74. 10. Mai (30. April). München; Chem. Centralbl. 1887. 1017.

handenen Silberorydul zuzuschreiben, was mit Otto v. Pfordtens Beobachtungen übereinstimmt.[1])

Über Chlor-, Brom- und Jodsilber. Nach Carey Lea geht das Silber mit Chlor, Brom und Jod Verbindungen von verschiedenartiger und schöner Farbe ein, die, vom Einflusse des Lichts abgesehen, große Beständigkeit zeigen und allein nur durch chemische Einwirkung, also nicht auf photochemischem Wege, gebildet werden. Darunter befindet sich auch ein rothes Silberchlorid, das sich zur Wiedergabe der natürlichen Farben benutzen läßt, wie dieses bereits von namhaften Photochemikern gezeigt wurde. Diese Silberverbindungen sind es zugleich, aus denen das latente, unsichtbare photographische Bild besteht, oder die beim direkten Kopirproceß ohne Entwickelung sich bilden. Es wird sich dadurch das solange räthselhaft gebliebene Wesen des unsichtbaren Bildes entschleiern.[2])

Wirkung von Salpetersäure auf Silbersubchlorid und über Silber-Photochlorid. Wird nach Carey Lea frisch gefälltes, feuchtes Silbersubchlorid mit Salpetersäure behandelt, so entwickeln sich unter heftigem Aufbrausen rothe Dämpfe, wobei der Rückstand die rothe Farbe des unten beschriebenen Photochlorids angenommen hat. Zur Bildung dieser Verbindung läßt sich auch Natriumhyposulfit verwenden.[3]) — Derselbe Verf. erhält Silber-Photochlorid mit einem Gehalte von 1·77—3·53 Proc. Subchlorid durch Übergießen von frisch gefälltem reinem Chlorsilber mit einer starken Lösung von unterphosphorigsaurem Natron und Erhitzen bis zum Sieden. Das Chlorsilber nimmt dabei zuerst eine schwarze, später eine Chokolade-Farbe an. Nach dem Auswaschen des Niederschlags mit verdünnter Salpetersäure erhält man ein Produkt von verschieden brauner oder rother Farbe. Der Verf. hält die sogenannten Photosalze des Silbers für identisch mit den durch das Licht erzeugten Reduktions-

---

[1]) Ber. d. d. chem. Ges. 20. 1455. 23. (4.) Mai. Leipzig; Chem. Centralbl. 1887. 1017.

[2]) American Journ. of Science; Phot. Wochenbl. 1887. 13. 198; Chem. Rep. d. Ch.-Ztg. 1887. 168.

[3]) Photogr. Wochenbl. 1887. 13. 206; Chem. Rep. d. Ch.-Ztg. 1887. 199.

produkten des Chlor=, Brom= und Jodſilbers. Hierzu bemerkt d. Ref. d. R. d. Chmztg., daß bei der Zerſetzung des Chlorſilbers durch das Licht vermuthlich deſſen Waſſergehalt eine Rolle ſpielt, denn mit abſolut trockenem Chlorſilber ſind bisher noch keine photochemiſchen Verſuche angeſtellt worden.[1]

Über Silber=Photobromid. Man erhält dieſe Verbin=dung nach Carey Lea leicht und ſchön durch Eingießen von einer Silbernitratlöſung in Ammoniak in Eiſenvitriollöſung, welcher Sodalöſung zugefügt war, und nachheriges Hinzufügen einer ſtark ſauren Löſung von Bromkalium in verdünnter Schwefel=ſäure. Nach dem ſorgfältigen Auswaſchen wird der Niederſchlag mit verdünnter Salpeterſäure digerirt.[2]

Über Silber=Photojodid. Man erhält nach demſelben Verf. Silber=Photojodid, wenn man auf ſein vertheiltes reducirtes Silber eine ſtarke Löſung von Jod in Jodkalium unter Um=rühren gießt, bis die Maſſe eine helle Purpurfarbe angenommen hat. Iſt hierbei ein Überſchuß von metalliſchem Silber vor=handen, ſo wird derſelbe durch vorſichtiges Behandeln mit ſtark verdünnter Salpeterſäure entfernt, indem nämlich durch zu langes Kochen das Photojodid wieder in gelbes Jodid verwandelt wird. Daſſelbe enthält 0.64—4.03 Proc. Subjodid.[3]

Erkennung von Silber in dünnen Schichten auf Metall. Ein in eine Bunsenſche=Flamme gehaltener mit Silber überzogener Gegenſtand zeigt nach Loviton kleine violette und weiße Punkte, einen plötzlichen Übergang in Grau mit weißen Punkten und endlich eine gelbgraue rauhe Oberfläche.[4]

Gold.

Über das Atomgewicht des Goldes. Durch Unter=ſuchung der Zuſammenſetzung des Kaliumaurobromides gelangten Thorpe und Laurie[5] zu der Atomgewichtszahl 196·852 — Au:

---

[1] Photogr. Wochenbl. 1887. 13. 207; Chem. Rep. d. Ch.=Ztg. 1887. 199. Vergl. auch Photogr. Wochenbl. 13. 207.

[2] Photograph. Wochenbl. 1887. 13. 231; Chem. Rep. der Ch.=Ztg. 1887. 199.

[3] Ebenda.

[4] Génie civil 10. 198; Polyt. Journ. 264. 48.

[5] Chem.=Ztg. 1887. 11. 599.

Das durch direktes Zusammenbringen von Gold, Brom und Bromkalium dargestellte Kaliumauribromid enthält nach G. Krüß stets Minimalspuren von metallischem Golde (0·0499 Proc. im Durchschnitt). Wird diesem Goldgehalt Rechnung getragen, so erhält man nach von dem letztern Verf. vorgenommenen Bestimmungen des Atomgewichtes des Goldes unter Berücksichtigung der Bestimmungen von Th. u. L. die Zahl 196·637 = Au. Die früher von G. Krüß aufgefundene Zahl 196·64 = Au ist demnach wohl die richtigste.[1]

Zum Nachweis des Goldes. Mayencon konnte durch elektrolytische Abscheidung an einem Draht noch $^1/_{1000000}$ Gold in einer Lösung von 0·005 g Au in Königswasser, die mit schwachschwefelsaurem Wasser auf 5 l verdünnt war, in weniger als eine Minute nachweisen.[2]

Über die Sulfide des Goldes. Während früher schon Krüß die Löslichkeit des reinen Auroxyds = Au^2O in Wasser zeigte, haben jetzt L. Hoffmann und Gerh. Krüß die leichte Löslichkeit des Aurosulfids = Au^2S in derselben Flüssigkeit nachgewiesen. Die von ihnen dargestellte frisch gefällte Schwefelverbindung bildet in wässeriger Lösung eine braune Flüssigkeit, die im durchscheinenden Lichte völlig klar ist. Die beiden Verbindungen Au^2O und Au^2S entsprechen also dem Na^2O und Na^2S.[3]

Über eine Vergoldungsmethode. I. Man löst 100 g Gold in Königswasser, dampft die überschüssige Säure ab und verdünnt die Lösung auf 1 l. Ferner löst man 300 g Ferrocyankalium, 100 g Kaliumkarbonat und 50 g Chlorammonium in etwa 3 l Wasser. Man erwärmt die letztere Lösung auf 30 bis 40°, fügt allmählig 200 cc der Goldlösung hinzu und kocht 20 bis 30 Minuten. Das ausgeschiedene Eisenoxyd wird abfiltrirt, das Filtrat auf 5 l verdünnt und mit etwas Cyankalium versetzt. Ist das Bad gebraucht, so setzt man abermals 200 ccm Goldlösung hinzu u. s. w.

---

[1] Ber. b. d. chem. Ges. 1887. 20. 2365; Chem. Rep. der Ch.-Ztg. 1887. 229.

[2] Journ. de phys. élement. 1887. 2. 172; Beibl. Wiedem. Ann. Phys. 1887. 11. 595; Chem. Rep. b. Ch.-Ztg. 1887. 219.

[3] Ber. b. d. chem. Ges. 20. 2369.

II. Man löſt 30 g Natriumphoſphat in 700 ccm Waſſer, 2·5 g Goldchlorid in 150 ccm Waſſer, 10 g Natriumbiſulfit und 1 g Cyankalium in 140 ccm Waſſer. Die beiden erſten Lö= ſungen werden allmählig mit einander vermiſcht und dann die dritte hinzugefügt. Dieſe Operation muß bei 50—70⁰ geſchehen.[1]

Platin.

Über Platinirung. Zur Bereitung einer Platinirungs= flüſſigkeit ſetzt Thoms zu einer Platinlöſung eine ſolche von Natrium= und Ammoniumphospat, kocht und fügt während der Operation Chlornatrium hinzu.[2])

Platin oder Palladium in ammoniakhaltigem Sauerſtoff. K. Kraut empfiehlt, um die Bildung von Sal= peterſäure reſp. Unterſalpeterſäure zu zeigen, an Stelle der Platin= ſpirale ein Platin= oder Palladiumblech von 0·2 mm Dicke, 1 cm Breite und 5—6 cm Länge anzuwenden, das mittels eines daran befeſtigten Platindrahtes in den für den Verſuch beſtimmten Kolben von 800—900 ccm Inhalt eingehängt werden kann.[3])

Iridium.

Zur Kenntnis des Iridiums. Behufs der galvaniſchen Abſcheidung des Iridiums wendet William Dudley Chlor= doppelſalze von Iridium und Natrium oder von Iridium und Ammonium als Bad an. Die Bäder können neutral ſein, doch ſind ſaure Löſungen vorzuziehen. Als Anode wird dabei eine Platte von Iridium oder Phosphoriridium benutzt, die ſich durch die Wirkung des Stromes in den Löſungen auflöſt. Der Strom muß eine geringe Intenſität haben, um einen glänzenden, me= talliſchen Niederſchlag des Iridiums zu erreichen, im andern Falle wird derſelbe pulverig und ſchwarz. Um dieſe Niederſchläge zu

---

[1]) Techniker; Journ. f. Goldſchmiedekunſt. Pol. Notizbl. 42. 318; Chem. Centralbl. 1887. 178.

[2]) Engl. P. Nr. 10477; El. Rev. 21. 126; Ch.=Ztg. 1887. 1026; Fortſchr. d. Elektrotechn. 1887. 503.

[3]) Liebig's Ann. 136. 69; Ber. d. b. chem. Geſ. 20. 1113 bis 1114 (21.) 25. Apr. Hannover; Ch. Centralbl. 1887. 838—39.

erhalten, muß man, wenn der Niederschlag schwarz werden sollte, ihn von Zeit zu Zeit heraus nehmen und abwischen.[1]

Organische Chemie.

Allgemeines, Physikalisches, Technisches.

Über die sogen. Theorie der Bildungswärme organischer Körper von J. Thomsen. J. W. Brühl kritisirt diese Theorie und macht auf zahlreiche Ungenauigkeiten in Thomsen's Bestimmungen und auf die vielfach kühnen Schlußfolgerungen desselben aufmerksam und zeigt, daß diese sogenannte Theorie der Bildungswärme zur Erforschung der atomistischen Zusammensetzung der Körper nicht geeignet ist. Den aus derselben geschöpften Argumenten gegen Kekulé's Benzolformel, sowie überhaupt für oder gegen irgend welche Anschauungen betreffs der chemischen Konstitution organischer Verbindungen ist keine Bedeutung beizulegen.[2]

Julius Thomsen wendet sich gegen die Einwürfe, welche in neuerer Zeit von verschiedenen Forschern gegen seine Theorie gemacht sind in durchaus sachlich gehaltener Sprache. Wir verweisen auf die Originalarbeit.[3]

Über die Dampfspannungen ätherischer Lösungen. Durch Studien über die Dampfspannungen ätherischer Lösungen erhielt Em. Raoult eine Reihe von Resultaten, von denen die wichtigsten folgende sind:

„1. Einfluß der Temperatur. Zwischen 0^0 und 25^0 ist die Differenz zwischen der Dampfspannung einer ätherischen Lösung und der des Äthers proportional der Dampfspannung des reinen Äthers, so daß, wenn man mit f die Dampfspannung des Äthers und mit f_1 die Dampfspannung einer ätherischen Lösung von

------

[1] Electr. Review 1887. 20. 604. Covington, Ky, U. S. A; Chem. Rep. b. Ch.-Z. 199.

[2] Journ. f. prakt. Chem. 1887. 35. 181—204. 209—236. Freiburg.

[3] Ztschr. phys. Chem. 1. 369—75. Kopenhagen. Aug.; Ch. Centralbl. 1887. 1194.

gleicher Temperatur bezeichnet, das Verhältnis $\frac{f-f_1}{f}$ unabhängig von der Temperatur und für die Lösung charakteristisch ist."

„2. Einfluß der Koncentration. Für Lösungen von mittlerer Koncentration, welche z. B. 1—5 Moleküle der Substanz in 500 g Äther enthalten, ist die Differenz zwischen ihrer Dampfspannung und der des Äthers nahezu proportional dem Gewicht der in einem konstanten Gewicht des Lösungsmittels gelösten Substanz. Bezeichnet man demnach mit M das Molekulargewicht und mit P das Gewicht derselben in 100 g Äther, so hat man:

$$\frac{f-f_1}{f} \times \frac{M}{P} = K$$

Diese Größe K bezeichnet die relative Größe der Dampfspannung, welche ein Molekül der Substanz bei seiner Auflösung in 100 g Äther bewirkt; sie ist für jede Substanz konstant und entspricht dem, was der Verf. molekulare Spannungsverminderung nennt."

„3. Einfluß der Natur des gelösten Körpers. Jeder Körper vermindert bei seiner Auflösung in Äther die Dampfspannung des Letzteren. Die relative Spannungsverminderung, welche durch 1 g Substanz in 100 g Äther hervorgebracht wird, kann je nach der Natur der gelösten Substanz außerordentlich schwanken; die molekulare Spannungsverminderung K, welche nach der obigen Formel berechnet ist, hängt aber davon nicht ab und bleibt für alle Körper gleich." Dieses veranschaulicht nachstehende Tabelle:

Gelöste Substanz	Formel	Molekulargewicht	Molekulare Spannungsverminderung K
Perchloräthylen . .	C^2Cl^6	237	0·71
Terpentinöl . . .	$C^{10}H^{16}$	136	0·71
Methylsalicylat . .	$C^8H^8O^3$	152	0·71
Methylazocuminat .	$C^{22}H^{26}N^2O^4$	382	0·68
Cyansäure	CNOH	43	0·70
Benzoësäure . . .	$C^7H^6O^3$	122	0·71
Trichloressigsäure .	$C^2Cl^3HO^2$	163·5	0·71
Benzoylaldehyd .	C^7H^6O	106	0·72
Kaprylalkohol . . .	$C^8H^{18}O$	130	0·73
Cyanamid	CN^2H^2	42	0·74
Anilin	C^6H^7N	93	0·71
Merkuräthyl . . .	$C^4H^{10}Hg$	258	0·69
Antimonchlorür . .	$SbCl^3$	228·5	0·67.

Man erſieht hieraus, daß die molekularen Spannungsvermin=
derungen des Dampfes zwiſchen 0·67 und 0·74 betragen und im
Allgemeinen dem Mittelwerth 0·71 nahe liegen, unabhängig von
der Zuſammenſetzung, von der chemiſchen Natur und vom Mole=
kulargewicht des gelöſten Körpers. Wenn man alſo ein Molekül
irgend einer Verbindung in 100 g Äther löſt, ſo vermindert man
die Dampfſpannung dieſer Flüſſigkeit um einen konſtanten Bruch=
theil der urſprünglichen Spannung. Derſelbe iſt für alle Tem=
peraturen zwiſchen 0⁰ und 25⁰ = 0·71.[1]

Über die ſpecifiſche Wärme homologer Reihen
flüſſiger Kohlenwaſſerſtoffverbindungen. Robert
Schiff hat mittels der Miſchungsmethode und eines von
ihm ſelbſt beſchriebenen Apparates, ſowie unter Anwendung
mit größter Sorgfalt gereinigter Subſtanzen die ſpecifiſche
Wärme zahlreicher Eſter, aromatiſcher Kohlenwaſſerſtoffe
und Fettſäuren bei verſchiedenen Temperaturen beſtimmt
und dabei gefunden, daß der Gang der ſpecifiſchen Wär=
men in einer jeden dieſer homologen Reihen ſich durch
eine einzige gerade Linie oder durch eine geringe Anzahl
paralleler gerader Linien darſtellen läßt. Die von
E. Wiedemann ausgeſprochene Anſicht, daß für dieſelbe
Subſtanz der Änderungskoëfficient der mittleren ſpecifiſchen
Wärmen im Dampf= und Flüſſigkeitszuſtande derſelbe ſei,
kann der Verf. auf Grund ſeiner Verſuche beſtätigen,
während die von De Heen ausgeſprochene Anſicht, daß
die innere molekulare Arbeit für alle Glieder konſtant
ſei, bei dieſen Verſuchen keinerlei Unterſtützung finden
konnte.[2] Auch für die Verdampfungswärmen homologer
Kohlenſtoffverbindungen konnte der Verf. die Folgerungen
der De Heen'ſchen Verſuche in Bezug auf dieſe innere
molekulare Arbeit nicht beſtätigen.

---

[1] C. r. 103. 1125—1128. (6.) Dec. 1886; Chem. Centralbl.
1887. 50—51.

[2] Liebig's Ann. 234. 300—37; Ch. Centralbl. 1887. 2—3.

Zur Kenntniß der cirkularen Dispersion. Studien, welche L. Grimbert über die cirkulare Dispersion von Alkaloiden, beim Kampher, bei dem Cholesterin, dem Terpentinöl und bei den Zuckerarten angestellt hat, führten denselben unter andern zu folgenden Schlüssen:

„a) Für die untersuchten Körper, bleibt der Dispersionswerth konstant unabhängig von der Koncentration der Lösung.

b) Die Dispersionskraft derjenigen Stoffe, deren Rotation sich mit der Zeit ändert, bleibt konstant während der Gesammtdauer der Veränderung.

c) Für ein und denselben Körper variirt die Dispersion kaum mit der Natur des Lösungsmittels.

d) Jede Substanz besitzt einen eigenen Dispersionswerth, doch scheint keine Beziehung zwischen der chemischen Konstitution und der Dispersion zu bestehen. Die Zuckerarten besitzen jedoch alle dieselbe Dispersion."

Außerdem zieht der Verf. aus dem Verhalten des Kamphers noch folgende Schlüsse:

„1. Die specifische Rotation des Kamphers ändert sich mit der Koncentration des angewandten Alkohols.

2. Dieselbe ist konstant und unabhängig von der Koncentration ätherischer Lösungen."[1]

Zur Kenntniß der reducirenden Substanzen in diabetischen Harnen. Die durch Polarisation gefundenen Werthe für den Gehalt diabetischer Harne an Traubenzucker mit den durch Titrirung gewonnenen zeigen wie bekannt, nur ungenügende Übereinstimmung. Andrerseits finden sich auch im normalen Harn Substanzen, wie Harnsäure, Kreatinin, Glykusonsäure u. s. w., welche die alkalische Kupferlösung reduciren. H. Leo hat nun bemerkt, daß man durch Titrirung ausnahmslos höhere Werthe erhält als durch Gährung bezw. Polarisation, und zwar wurde das + besten Falls zu 1·8 Proc. gefunden. Der Verf. konnte in 3 Fällen unter 21 diabetischen Harnen eine Kupferlösung reducirende linksdrehende Substanz isoliren, die weder durch Bleizucker, noch durch Bleiessig, sondern erst durch Bleiessig und Ammoniak gefällt wird. Dieselbe löst sich zwar wie Trauben-

---

[1] Journ. Pharm. Chim. (5.) 16. 295—300 u. 345—50. Okt.; Chem. Centralbl. 1887. 1531—32.

zucker in Methylalkohol, läßt sich aber von diesem durch methyl=alkoholische Barytlösung trennen. Die nun syrupförmig gewonnene Substanz hat nach dem Trocknen bei 100° die Formel $= C^6 H^{12} O^6$; sie ist nicht gährungsfähig und hat eine specifische Drehung zu — 26°. Durch die Gährung des Harns wird die Linksdrehung der Substanz aufgehoben. Man muß daher, um eine genaue Untersuchung diabetischer Harne vorzunehmen, gleichzeitig die optische Aktivität, die Gährungs= und die Reduktionsfähigkeit feststellen.[1]

Über Basen im Blute. Wurtz hat im Blute flüchtige und auch fixe Basen aufgefunden. Die ersteren verlassen den Körper zu einem Theile auf dem Wege der Athmung, während die fixen Basen durch die Nieren entfernt werden.[2]

Über die Giftigkeit des Harns. Nach Studien, welche Charrin über die relative Giftigkeit des Harns (die Art des giftigen Stoffes ist vom Verf. nicht ermittelt) des Menschen und verschiedener Thiere angestellt hat, sondert der Mensch auf 1 kg eigenen Körpergewichts in 24 Stunden so viel Harngift aus, als zur Tödtung von 464 g lebenden Thierkörpers im Falle sub=kutaner Applikation genügt, während beim Hunde die letztere Zahl den Werth von 3000 g, beim Kaninchen sogar einen solchen von 4184 g besitzt.[3]

Über eine neue Darstellungsweise primärer Amine. Mittels Phtalimidkalium $= C^6 H^4 (CO)^2 NK$ hat, wie A. W. von Hofmann mittheilt, S. Gabriel durch Einwir=kung desselben auf die Haloidderivate der Kohlenwasserstoffe pri=märer Amine nach folgenden Reaktionen erhalten:

$$1.\ C^6 H^4 \!<^{CO}_{CO}\!> NK + RCl = KCl + C^6 H^4 \!<^{CO}_{CO}\!> NR.$$

$$2.\ C^6 H^4 \!<^{CO}_{CO}\!> NR + 2H^2 + HCl = C^6 H^4 (CO^2 H)^2 + NH^2 R.HCl.$$

---

[1] Virchow's Arch. 1887. 107. 99; Centralbl. für die med. Wissensch. 1887. 25. 707; Chem. Rep. d. Ch.=Ztg. 1887. 234.

[2] Journ. de Pharm. et de Chim. T. XVII. 164; Arch. der Ph. 226. 325.

[3] Journ. de Pharm. et de Chim. 1887. T. XV. 609; Arch. der Pharm. 225. 832.

Dieses Verfahren, welches obige Gleichungen skizziren, hat sich nicht nur zur Darstellung primärer Monamine aus Mono=halogenverbindungen verwenden lassen, sondern eignet sich auch zur Darstellung primärer Diamine aus Dihalogenverbindungen. S. Gabriel hat seine Darstellungsversuche sowohl auf organische Monohalogen=, wie auf Dihalogenverbindungen ausgedehnt und eine ganze Reihe von Aminen erhalten und beschrieben. Bei den Dihalogenverbindungen machte derselbe die interessante Beobach=tung, daß man in demselben, nicht blos beide Halogenatome, sondern unter geeigneten Bedingungen auch nur eines derselben durch den Rest $[C^6H^4(CO)^2N]$ zu ersetzen vermag, während das andere unbenützt bleibt. Auf diese Weise erhält man also Alkyl=phtalimide, welche im Alkylrest 1 Atom Halogen enthalten (z. B. $C^6H^4(CO)^2 : NC^2H^4Br$) und bei der Spaltung durch starke Säuren in halogenisirte Basen der Fettreihe (z. B. $C^2H^4Br.NH^2$) über=gehen.[1]

Allgemeine Synthese von a-Alkylcinchoninsäuren und a-Alkylchinolinen. Nach O. Döbner erhält man beim Erwärmen eines Gemisches von Brenztraubensäure, Anilin und einem beliebigen Aldehyd in alkoholischer Lösung allgemein a-Alkylcinchoninsäuren nach folgender Gleichung:

$$R. CHO + CH^3CO. COOH + C^6H^5NH^2 =$$

$$C^3H^4 < \begin{matrix} N = C.R \\ C(COOH) = CH. \end{matrix} + 2H^2O + H^2$$

Durch Erhitzen mit Kalk findet eine Spaltung dieser gut krystallisirenden Säuren in Kohlensäure und a-Alkylchinoline

$$= C^4H^4 < \begin{matrix} N = CR \\ CH = CH \end{matrix} \text{ statt.}[2]$$

Über eine neue Darstellung von Karbonnaphtol=säuren. Durch Einwirkung von Kohlensäure auf die Alkalisalze des α- und β-Naphtols unter Anwendung von Druck bis 120—145° werden von F. von Heyden's Nachf. direkt karbonaphtolsaure Alkalisalze dargestellt.[3]

---

[1] Sitzungsb. d. Königl. Preuß. Akad. d. Wissensch. Berlin XXVI. 631—645. I. chem. Labor. d. Univ. 1888.

[2] Chem. Ztg. 1887. 1264.

[3] D. R.=P. 38052. 8. Juni 1886; Ch. Centralbl. 1887. 132.

Synthese aromatischer Alkylpolysulfurete. R. Otto erhielt diese Alkylpolysulfurete durch Reduktion aromatischer Sulfinsäuren mittels Schwefelwasserstoff. Leitet man durch eine gelind erwärmte alkoholische Lösung von Benzolsulfinsäure Schwefelwasserstoff, so scheidet sich ein höchst unangenehm riechendes Öl ab, welches der Hauptmasse nach aus Phenyltetrasulfid besteht und welches leicht zu Disulfid reducirt wird. Mittels Schwefelwasserstoff erhielt der Verf. aus der p-Toluolsulfinsäure das viel beständigere Phenyltetrasulfid, das bei 75⁰ schmilzt.¹)

Über die Farbstoffbildung durch Wasserstoffsuperoxyd. Wasserstoffsuperoxyd bildet sich, wie bekannt, bei der Lebensthätigkeit des Protoplasmas und ist auch in den Milchsäften, vielen Blüthen, den Samenprodukten zu gewisser Zeit und auch bei Mikroorganismen nachgewiesen. Dasselbe bildet nach C. Wurster mit Phenol und Ammoniak eine blaugefärbte Flüssigkeit, die später in Grün und Gelb übergeht und endlich durch Wasserstoffsuperoxyd wieder entfärbt wird. Aus der blauen Lösung hat der Verf. das zuerst von Hirsch beschriebene Phenolchinonimid erhalten. Viele der vergänglichen Blüthenfarbstoffe zeigen die allgemeinen Eigenschaften der Chinonimide, sich durch Säuren roth, durch Ammoniak blau zu färben und man darf wohl annehmen, daß die Bildung des Farbstoffs in den Pflanzen mit dem oben erwähnten Auftreten des schwach oxydirenden Wasserstoffsuperoxyds in Verbindung steht, da ja bekanntlich außerdem Ammoniak und Phenole als Zersetzungsprodukte des Pflanzeneiweißes nachgewiesen sind.

Unter den vom Verf. dargestellten Farbstoffen befindet sich auch das Resorcinblau (Lakmoid), welches man durch Erwärmen einer ammoniakalischen Lösung von Resorcin mit einer geringen Menge von Wasserstoffsuperoxyd erhält.²)

----

¹) Ber. d. d. chem. Ges. 20. 2089; Chem. Rep. d. Ch.-Ztg. 1887. 180.

²) Ber. d. d. chem. Ges. 20. 2934—40. 14. Nov. (13. Aug.). Berlin, Gad's Abth. Physiol. Inst.; Chem. Centralbl. 1887. 1493.

Über das Verhalten der in Nahrungs= und Futter=
mitteln enthaltenen Kohlenhydrate zu den Ver=
dauungsfermenten. A. Stutzer und A. Isbert haben
eine Reihe wichtiger Untersuchungen angestellt, um die Frage zu
entscheiden, ob sich durch successive Einwirkung diastatischer Fer=
mente auf Nahrungs= und Futtermittel die stickstofffreien Stoffe
(exkl. Fett) in einen verdaulichen und unverdaulichen Theil in der
Weise zerlegen, daß dies Verfahren zu einer quantitativen Be=
stimmung der verdaulichen stickstofffreien Stoffe dienen kann.
Die Arbeit der Verf. führte zu folgenden Antworten und Re=
sultaten:

„Die in Nahrungs= und Futtermitteln enthaltenen organi=
schen stickstofffreien Stoffe (exkl. Fett) lassen sich durch Einwirkung
von Fermenten außerhalb des lebenden Organismus in lösliche
und unlösliche (verdauliche und unverdauliche) Bestandtheile
trennen. — Die Erreichung des Optimums der Wirkung geschieht
durch successive Einwirkung von Ptyalin, Pepsin und Pankreas
auf die zu untersuchende Substanz. An Stelle von Ptyalin kann
Malzdiastase verwendet werden und empfiehlt sich im Allgemeinen
die Benutzung von Malzdiastase, weil diese überall leicht zu be=
schaffen ist, während größere Mengen von Ptyalin in guter Qua=
lität oft schwer zu erhalten sind. — Die Resultate der künstlichen
Verdauung der Kohlenhydrate können mit denjenigen der natür=
lichen Verdauung im lebenden Organismus nicht übereinstimmen,
weil bei dem künstlichen Versuch nur die sogenannten ungeformt=
ten Fermente das Maximum ihrer Wirkung entfalten, während
bei der „natürlichen" Verdauung außerdem die im Darm ent=
haltenen Bakterien und sonstigen Mikroorganismen eine Lösung
solcher Kohlenhydrate bewirken, welche durch Einwirkung un=
geformter Fermente unlöslich bleiben." —

„Nachdem erwiesen ist, daß die im lebenden Körper verdaute
Holzfaser (Cellulose u. s. w.) einen erheblich geringern Werth als
Nährstoff hat, wie andere Kohlenhydrate, vielleicht sogar völlig
werthlos ist, dürften durch die „künstliche" Verdauung des Kohlen=
hydrats wichtige Anhaltspunkte zur Werthschätzung der Nahrungs=
und Futtermittel zu erhalten sein und jedenfalls viel bessere, wie
durch die bis jetzt übliche Bestimmung der Holzfaser."

Die Verf. machen deshalb den Vorschlag, in Zukunft bei
Untersuchungen von Nahrungs= und Futtermitteln die Holzfaser

(Rohfaser, Cellulose) nicht mehr zu bestimmen, sondern statt dessen die künstliche Verdauung des Kohlenhydrats vorzunehmen.[1]

Über den in den Nahrungsmitteln vorkommenden Stickstoff. A. Stutzer unterscheidet folgende Formen des in den Nahrungsmitteln vorkommenden Stickstoffs:

1. Nicht-Protein-Stickstoffverbindungen (Amide): löslich in Gegenwart von Kupferoxydhydrat in neutralen oder sehr schwach sauren Flüssigkeiten.

2. Protein-Stickstoffverbindungen: unlöslich oder in Gegenwart von Kupferoxydhydrat in neutralen und sehr schwachsauren Flüssigkeiten unlöslich werdend.

A) Eiweiß-Stickstoffverbindungen.

α) Pepsin-Eiweiß: löslich im sauren Magensaft.

β) Pankreaseiweiß: unlöslich im sauren Magensaft.

B) Unverdauliche Stickstoffverbindungen.[2]

Über die Wurzelausscheidungen und deren Einwirkung auf organische Substanzen. Haus Molisch ist durch seine hierauf bezüglichen Arbeiten zu Resultaten gelangt, von denen er die wichtigsten in folgenden Sätzen zusammenfaßt:

1. Das Wurzelsekret wirkt reducirend und oxydirend.

2. Das Wurzelsekret bläut Guajak. Diejenige Substanz oder die Substanzen, welchen das Bläuungsvermögen zukommt, verhalten sich in vielen Punkten genau so, wie die autoxydablen Körper der Pflanzenzelle und sind vielleicht mit diesen identisch. Auch das Wurzelsekret kann als ein Autoxydator betrachtet werden, der durch passiven, molekularen Sauerstoff oxydirt wird, hierbei Sauerstoff aktivirt und damit die Verbrennung leicht oxydabler Körper veranlaßt.

3. Das Wurzelsekret oxydirt verschiedene organische Substanzen, z. B. Guajakonsäure, Pyrogallussäure, Gallussäure und — was von besonderer Wichtigkeit ist — auch Humussubstanzen. Mithin muß durch die Wurzelausscheidungen die Verwesung der organischen Substanz der Ackererde und des Waldbodens im hohen Grade begünstigt werden.

4. Elfenbeinplatten werden nach längerer Zeit von Wurzeln corrobirt.

---

[1] Zeitschr. f. physiol. Chem. XII. 72—94.
[2] Z. phys. Chem. 1887. XI. Heft 6. 529; Vierteljahresschr. b. Ch. b. Nahr. und Genußm. Berlin 1887. 346.

5. Das Wurzelsekret führt Rohrzucker in reducirenden Zucker über und wirkt schwach diastatisch (Keimlinge, Neottia nidus avis).

6. Das Secret durchtränkt nicht blos die Membranen der Epidermiszellen beziehungsweise der Wurzelhaare, sondern tritt über dieselben oft in Form von deutlichen Tröpfchen heraus.[1]

Über die Bindung des atmosphärischen Stickstoffs durch die Ackererde. Die Ackererde bindet nach Berthelot ohne Vegetation eine bedeutend größere Menge an Stickstoff, als wenn dieselbe mit Pflanzen bedeckt ist. Vergleichende Versuche ergaben nach einer gewissen Zeit für eine bestimmte Bodenmenge die Zahlen 4·64 g und 7·58 g an aus der Luft aufgenommenen Stickstoff, wenn dieselbe mit Pflanzen bedeckt war, und 12·7 bis 23·15 g bei kahler Bodenerde. Daraus ist ersichtlich, welche Aufgabe die künstliche Düngung zu lösen hat. Sie besteht darin, jene Differenzen, welche sich mit steigender Bodenkultur erhöhen, zu beseitigen und unschädlich zu machen.[2]

Über den Bezug des Stickstoffs, welchen die Gewächse aufnehmen. Untersuchungen, welche diese Frage lösen sollen, hat Otto Pitsch begonnen und ist dabei bereits zu der Ansicht gelangt, daß die Annahme, daß wahrscheinlich salpetersaure Salze die einzig mögliche Stickstoffnahrung der Pflanzen bilden, eine irrige ist.[3]

Über einige Beziehungen zwischen anorganischen Stickstoffsalzen und der Pflanze. Über seine Arbeiten über die Beziehungen zwischen anorganischen Stickstoffsalzen und der Pflanze berichtet Hans Molisch folgende hauptsächlichste Resultate:

a) Nitrate sind in den Pflanzen von allgemeiner Verbreitung. Krautige Gewächse enthalten davon meist mehr als Holzgewächse.

b) Nitrite werden in der Pflanze schnell reducirt; es konnte kein Nitrit in etwa 100 Pflanzen aufgefunden werden.

----

[1] Sitzungsb. d. k. Akad. d. W. Matth.-naturw. Kl. Wien 1887. 84—109.

[2] Ac. de sc. p. Journ. Pharm. Chim. 1887. T. XV. 386; Arch. d. Pharm. 225. 697—698.

[3] Die landw. Versuchsstation 1887. 217; Chem. Repert. b. Ch.-Ztg. 1887. 175.

c) Im Gegensatz zu den Nitraten wirken Nitrite schon in verhältnismäßig verdünnten Lösungen (0·1—0·01 Proc. auf verschiedene Gewächse schädlich.

d) Pflanzen, denen der Stickstoff in Form von Nitriten oder Ammoniak zugeführt wird, enthalten niemals Nitrate, woraus geschlossen werden darf, daß weder die salpetrige Säure noch das Ammoniak in der Pflanze oxydirt werden.[1]

Wirkung der Phosphorsäure in verschiedenen Formen. In Bezug auf die Frage, in welcher Form die Phosphorsäure dem Ackerboden zuzuführen sei, ist Pommer der Ansicht, man möge, so lange über die Wirkung der Phosphorsäure in der Thomasschlacke noch kein endgiltiges Urtheil zu geben sei, im Großen und Ganzen bei der üblichen Superphosphatdüngung verbleiben, aber immerhin umfassende Versuche mit der Thomasschlacke anstellen, weil es sehr wahrscheinlich sei, daß die Phosphorsäure in besseren Jahrgängen besser wirken und eine höhere Rente ergeben wird, als die Phosphorsäure bei reiner Superphosphatdüngung. Dabei giebt der Verf. zu bedenken, daß die Phosphorsäure der Thomasschlacke größere Nachwirkung für spätere Jahre habe, über deren Betrag allerdings vorerst nichts genaues anzugeben sei. Die Thomasschlacke darf nur in feinster Mahlung angewandt und so zeitig wie möglich (am besten im Herbst) untergepflügt werden; auch muß man für eine sehr gleichmäßige Vertheilung sorgen. Der Verf. beobachtete besonders günstige Wirkungen der Thomasschlacke auf humösen Boden, z. B. auf Moorboden, wo sie dem Superphosphat nichts nachgab.[2]

Über Thomasschlacken. Hoyermann macht darauf aufmerksam, daß es sehr wichtig ist, daß das Thomasschlackenmehl alle Theile der Thomasschlacke in gleichmäßiger Mischung enthält.[3]

M. A. v. Reis schließt aus seinen Untersuchungen über das Verhalten der Thomasschlacke zu kohlensäurehaltigem Wasser Fol-

---

[1] Monatsh. f. Chem. 8. 237; Arch. der Pharm. Bd. 225. 825.

[2] Zeitschr. f. Zucker-Ind. 1887. 37. 547; Chem. Repert. d. Ch.-Ztg. 1887. 189.

[3] Stahl und Eisen 7. 669—70. Sept.; Chem. Centralbl. 1887. 1432—33.

gentes: 1. Magnesia geht so gut wie nicht in Lösung. 2. CaO P^2O^5, SiO^2 mehr oder minder ersichtlich im Verhältnisse der Verbindungen des Tetrakalciumphosphates und des Silikates Ca^2SiO^4. 3. Tetrakalciumphosphat zeigt eine relativ zwei- bis dreifach größere Löslichkeit, als die Pracipitate von Di- und Triphosphat, die 7·5fache der Knochenasche, die vierzehnfache des Phosphorites. 4. Die beträchtlichen Schwankungen der Löslichkeit der Phosphorsäure in den verschiedenen Schlackenmehlen ist wahrscheinlich auf eine verschiedene Beimischung von schwer löslichem, an Metalloxyde gebundenem Triphosphat zurückzuführen.[1]

Über die gleichzeitige Anwendung von Superphosphaten und Nitraten als Düngemittel. Andouard macht auf die Nachtheile aufmerksam, welche bei gleichzeitiger Anwendung von Superphosphaten und Nitraten als Düngemittel herbeigeführt werden. Setzt man nämlich ein Gemenge dieser Körper nur einer Temperatur von 25° aus, so tritt eine Zersetzung des Nitrats ein, die, einmal im Gange, auch bei Temperaturen von 12° und darunter weiter schreitet. Die Superphosphate und die in diesen noch enthaltene freie Schwefelsäure treiben die Salpetersäure aus den Nitraten aus, die dann als solche oder durch anwesende organische Stoffe als Stickoxyd oder salpetrige Säure entfernt wird. Hierdurch entsteht ein sehr ansehnlicher Verlust für den Werth dieser Düngemittel.[2]

Über ein kolchicinähnliches Fäulnisprodukt. In der Leiche eines Mannes, welcher angeblich von seiner Frau durch Kaffee vergiftet sein sollte, fand Georg Baumert ein kolchicinähnliches Fäulnispepton, welches sich vom Kolchicin durch seine Fällbarkeit mittels Pikrinsäure und Platichlorid im Verhalten gegen Millon'sches Reagens, wie auch durch eine vom Verf. mitgetheilten Eisenchloridlösung unterscheidet, welche letztere eigentlich dem Kolchiceïn und andern Produkten der Einwirkung von Chlorwasserstoff auf Kolchicin zukommt und zuerst von Zeisel[3] angegeben ist.[4]

---

[1] Chem. Z. 11. 933—34. (3.) 981—82. (14.) Aug.; Chem. Centralbl. 1887. 1433.

[2] Journ. Pharm. Chim. 1887. XV. 353.

[3] Monatsheft f. Chem. 1886. VII. 582.

[4] Arch. der Pharm. 225. 911—18, Chem. Inst. d. Univ. Halle.

Zur Kenntnis des Kohlenoxyds und der Oxal=
säure im thierischen Organismus. G. Gaglio konnte
durch Versuche die Unveränderlichkeit des Kohlenoxydes und der
Oxalsäure im thierischen Organismus feststellen.[1)]

Über die Wirkung der Mikroorganismen des
Mundes und der Fäcalstoffe auf einige Nahrungs=
mittel. W. Vignal isolirte aus dem Munde 19 verschiedene
Mikroorganismen, von denen 7 Albumin löſten, 5 daſſelbe quellen
oder durchſichtig machen, 9 Glutin löſen. 3 löſen Fibrin, 4
machen es undurchſichtig oder quellen es, ſieben coaguliren Milch,
6 löſen Caseïn, 3 verwandeln Stärke, 9 verwandeln Lactose in
Milchſäure, 7 invertiren Rohrzucker, 6 vergähren Glycose, indem
ſie dieſe in Alkohol verwandeln. Die Zeit, welche dieſe Klein=
weſen zu dieſen Arbeiten gebrauchen ist eine verschiedene. Der
Wirkung des auf 30 bis 37° erwärmten Magenſaftes widerſtehen
dieſelben verschieden lang (½ Stunde bis 24 Stunden). Von
künſtlich bereiteten Pankreasſaft und Galle werden dieſelben nicht
zerſtört.

In den Fäcalstoffen fand der Verf. 6 Mikroorganismen des
Mundes und noch vier andere. Von dieſen letzten löſt einer
Eiweiß, zwei machen Fibrin durchſichtig, drei löſen Glutin, zwei
koaguliren Milch, einer löſt Caseïn theilweiſe und koagulirt den
Reſt, drei verwandeln Lactoſe in Milchſäure, drei invertiren
Rohrzucker und zwei verwandeln Glycoſe in Alkohol. W. Vignal
fand in 1 dg Fäcalstoffe mehr als 20,000,000 Mikroorganismen
und ſchließt daraus, daß die Wirkung derſelben auf die Nahrungs=
mittel eine enorme ſein muß. Um ſich von den Vorgängen in
den Verdauungsorganen ein Bild zu machen, brachte derſelbe
in Ballons einerſeits ſogenannten Zahnweinſtein und Zungen=
ſchleim, andererſeits Fäcalstoffe, in wenig Waſſer angerührt.
Die Einwirkung auf die in den Ballons vorhandenen Stoffe,
welche anfangs ſehr energiſch war, kam am dritten, oft aber ſchon
am zweiten Tage zum Stillſtande, augenſcheinlich, weil die Glas=
wandung nicht analog den Eingeweiden die erzeugten Produkte
in dem Maaße, wie ſie gebildet werden, abſorbiren können.
Paſteur's Anſichten über die Bedeutung der Mikroorganismen

[1)] Arch. f. exp. Path. 22. 235; Med. Centralbl. 25. 804 bis
522. Ott. Schmiedeb. Labor.; Chem. Centralbl. 1887. 1514.

für den Verdauungsproceß finden in dieser Arbeit des Verf. eine Stütze.[1]

Nährboden für Rotzbacillen und Tuberkelbacillen. D. Kranzfeld empfiehlt als Nährboden für Rotzbacillen und Tuberkelbacillen Fleischpepton=Agar=Agar mit 5—7 Proc. Glycerin.[2]

Analyse der wilden Kartoffel. Die wallnußgroßen, nicht genießbaren, durch Kneten von E. Robbe erhaltenen Knollen der wilden Kartoffel (von einem Durchschnittsgew. = 8·34 g) gaben nach dem Verf. auf 1100·3 g frischer Substanz 259·671 g Trockensubstanz. Dieselben enthielten:

	frisch	trocken	Mittel der Kartoffel=knollen nach König frisch
Wasser	76·40	—	75·48
Pottasche	1·03	4·37	0·98
Stärke	16·48	69·85	20·96
Dextrin	0·64	2·73	—
Fett	0·24	1·04	0·15
Rohfaser	1·02	4·34	0·75
Stickstoffsubstanz . .	1·06	4·51	1·95
Solanin	0·32	1·35	0·032— 0·068
Sonstige Bestandtheile	2·81	11·81	—
Summa:	100·00	100·00	100·302—100·36S. [3]

Über die Empfindlichkeit von Reagenspapieren und über Indikatoren. Eugen Dieterich veröffentlicht eine Tabelle über die äußerste Empfindlichkeit verschiedener Reagenspapiere, wie blaues und rothes Lackmuspapier, Kurkumapapier, rothes Alkannapapier, Blauholzpapier, Kochenillepapier, Phenolphataleïnpapier, Tropäolinpapier, Rosolsäurepapier und Kongorothpapier, auf welche wir verweisen. Nach dem Verf. kann man Kurkuma= und Lackmuspapier auf die doppelte Empfindlichkeit bringen, wenn man die Pigmentlösungen verdünnt, oder

---

[1] C. r. 105. 311; Chem. Rep. b. Ch.=Ztg. 1887. 206.
[2] Centralbl. f. Bakter. 2. 274—76. Odessa.
[3] Landw. Vers.=St. 1887. 33. 447; Bot. Centralbl. 1887. 31. 376; Chem. Rep. b. Ch.=Ztg. 1887. 232.

auch durch vorheriges Neutralisiren der mehr oder weniger im Papier vorhandenen Säure. Bei der Aufstellung der Ziffern für die äußerste Empfindlichkeit tritt die Erscheinung auf, daß dieselbe immer größer gegen Ammoniak, wie gegen Ätzkali, und bedeutender gegen Chlorwasserstoffsäure, als gegen Schwefelsäure ist. Das Alkannapapier, welches sehr empfindlich ist, verliert diese Eigenschaft schon nach einigen Tagen; ein gleiches Verhalten zeigt das Blauholzpapier. An der Spitze aller Reagenspapiere stehen hinsichtlich ihrer Empfindlichkeit und Haltbarkeit Lackmuspapier und Kurkumapapier. Um neutrale Papiere darzustellen, legt man nach dem Verf. dieselben 24 Stunden in zehnfach verdünnten Salmiakgeist und trocknet sie nach dem Auspressen durch Aufhängen in ungeheizten Räumen; das Postpapier eignet sich hierzu sehr gut, und besonders gut zum Tüpfeln.

Die spirituösen Tinkturen von Blauholz, Rothholz und Malvenblüthen eignen sich besonders gut als Indikatoren. Das Tropäolin ist der beste Indikator bei der Titration der Alkalikarbonate. Zu Indikatoren eignen sich die Theerfarben in höherer Zahl als die Pflanzenfarbstoffe. Mittheilungen über die nutzbaren Eigenthümlichkeiten jedes Indikators für bestimmte Fälle und Sammeln derselben hält der Verf. für sehr wünschenswerth. [1]

Über die Verwendung giftiger Stoffe bei der Zuckerfabrikation. C. Scheibler tadelt die Patentirung der Anwendung giftiger Stoffe, wie Baryum-, Zink- und Bleiverbindungen in der Zuckerfabrikation. Der Verf. theilt Vergiftungsfälle mit, die durch Verwendung von Baryumverbindungen herbeigeführt worden sind. [2]

Über die Gesundheitsschädlichkeit mehrerer hygienisch und technisch wichtiger Gase und Dämpfe. M. v. Pettenkofer berichtet über die Versuche, welche K. B. Lehmann über die Gesundheitsschädlichkeit mehrerer hygienisch und technisch wichtigen Gase und Dämpfe ausgeführt hat. Der letztere hat über Chlorwasserstoff, Ammoniak, Chlor,

---

[1] 60. Vers. d. Naturf. u. Ärzte Wiesbaden, Sekt. f. Pharm.; Parm. C.-H. 28. 498—501. Okt.; Chem. Centralbl. 1887. 1446.

[2] Chem. Ztg. XI. Nr. 82 u. 94. 1263 u. 1463; Vierteljahresschr. d. Ch. der Nahr.- u. Genußm. Berlin 1887. 549.

Brom, Schwefelwasserstoff, Anilin und Nitrobenzol seine Untersuchungen ausgebreitet. Wir können hier nur auf diese vorzügliche Arbeit hinweisen. [1]

**Ersatz des Gypses durch Kalciumphosphat zum
Klären und Konserviren des Weines.** Hugounenq
empfiehlt die Anwendung des Kalciumphosphates an Stelle des
Gypses zum Klären und Konserviren von Wein. Es bildet sich
dabei anstatt des Kaliumsulfats Kaliumphosphat. Dadurch wächst
nach dem Verf. der Nährwerth des Weines, während er beim
Gypsen abnimmt. Der Verf. empfiehlt für diesen Zweck die
Anwendung des bei der Leimfabrikation gewonnenen zweibasi-
schen Kalciumphosphats; 350 g davon dürften für 1 hl Wein
hinreichen. [2]

Über giftige Milch. In der Stadt New York beobachtete
man mehrere Fälle von Vergiftung durch Milch. Die Ursache
wurde bei der angestellten Nachforschung auf die Milch einer
Kuh, die mit Klauenseuche behaftet war, zurückgeführt. Die
Milch dieser Kuh besaß einen üblen Geruch und ließ bei mikro-
stopischer Prüfung Blut, Eiter und Epitheliumzellen wahrnehmen. [3]

Über Palm's Fleischkonserve. Die Fleischkonserve
von Palm in Dorpat enthält außer allen Bestandtheilen des
Liebig'schen Fleischextrakts auch Muskelfasersubstanz in Gestalt
von Syntonin und ist daher im vollsten Sinne des Wortes ein
Nahrungsmittel. Aus 2½ kg magern Fleisches wird ½ kg des
trocknen Präparates erhalten. Es bildet eine dunkelbraune,
trockne, leicht zerreibliche Substanz von angenehmem Geruch und
dem Geschmack des gebratenen Rindfleisches. [4]

Über Gymneminsäure. Kaut man nach Heoper die

---

[1] Sitzungsber. der math.-physik. Kl. d. k. b. Akad. d. Wissenschaften München. 2. Juli 1887.

[2] Bull. Soc. Chim. 1887. 48. 100; Ch. Rep. b. Ch.-Ztg.
1887. 188.

[3] Molkerei-Z. I. 247; N. l'Ind. lait., n. Mercant and Exch.
Adv.; Vierteljahresschr. d. Ch. d. Nahrungs- u. Genußm. Berlin
1887. 362.

[4] 30 Gesundh. 1887. XII. Nr. 3. 38; Vierteljahrschr. d. Ch.
der Nahrungs- u. Genußm. Berlin 1887. 347.

Blätter von Gymnoma sylvestris, einer Asklepiadee aus Deccan, so verliert man die Fähigkeit zwischen süß und bitter zu unterscheiden. Heoper hat aus diesen Blättern eine Säure, die er Gymneminsäure nennt, dargestellt. [1]

Über Ingluvin. Nach Untersuchungen von Julius Müller ist das angeblich aus Hühnermagen bereitete Ingluvin ein „Schwindel" und in seinen Eiweiß lösenden Eigenschaften gleich Null. [2]

Über die Widerstandsfähigkeit der Wolle beim Erhitzen. Nach einer Mittheilung von J. Persoz läßt sich Wolle auf 130° erhitzen, ohne bei dieser Temperatur gelb zu werden oder an Festigkeit zu verlieren, wenn man sie vorher bei 40° C. mit einer 10 procentigen Glycerinlösung tränkt, aus= windet und trocknet. [3]

Über Photoxylin. Das Photoxylin ist eine Art Schieß= baumwolle, die in Rußland hergestellt und zur Kollobiumbar= stellung für photographische Zwecke benutzt wird. Sie soll sich von der gewöhnlichen Kollobiumwolle durch eine größere Löslich= keit in alkoholischer Äther=Alkoholmischung unterscheiden. Wahl empfiehlt für operative Zwecke eine 5 proc. Lösung in gleichen Theilen Äther und Alkohol. Die Kollobiumgelatine in Tafeln dürfte wohl denselben Zweck erfüllen. [4]

Sprengstoffe. D. Johnson nimmt Dinitrocellulose allein oder gemischt mit Nitraten, Kohle und dergleichen, körnt und trocknet sie. Um das Sprengmittel härter zu machen, wird es mit einer Lösung von Kampher in Benzin getränkt, dann ge= trocknet und der Kampher bei gelinder Wärme absublimirt. [5]

Wendin's Doppeltammoniakpulver. Dasselbe be= steht nach Conquist aus 60 Thln. Nitroglycerin, 5 Thln. nitrir= tes Cellulose und 25 Thln. Ammoniumnitrat. Es enthält außer= dem Pikrat.

---

[1] Nature 1887. v. 14. April; Rev. scientif. 1887. Ber. d. D. m. Z. 1887. 54; Arch. der Pharm. 25. 828—829.

[2] Pharmac. Ztg. 1887. 32. 355; Chem. Repert. d. Ch.=Ztg. 1887. 167.

[3] Monit. scient. 1887. 878; Chem. Centralbl. 1887. 1214.

[4] Handelsber. v. Gehe & Co. Dresden. Sept. 1887.

[5] E. P. 8951; Chem. Centralbl. 1887. 587.

Über Mellinit. Das Mellinit (Benzinammoniakpulver) ist nach demselben Verf. gleichartig mit dem Ammoniakpulver (4 Thle. Nitroglycerin, 2 Thle. Kohle, 12 Thle. Ammoniumnitrat), aber mit einem Zusatze von Nitrobenzin und enthält außerdem bei graugelber Farbe noch Pikrat. [1]

Kreolin, ein neues Desinfektionsmittel. Unter dem Namen Kreolin wird ein neues Desinfektions- und Desodorirungsmittel durch die Firma William Peasson & Co. in Hamburg, das in England patentirt ist, in Deutschland eingeführt. Dasselbe wird durch fraktionirte Destillation unter Zusatz von Alkali dargestellt und ist nach Fröhner (Berlin) eines der besten Desinfektionsmittel, welches sogar der Karbolsäure im Allgemeinen vorzuziehen ist; es ist nicht giftig und sehr billig. Es kommt flüssig, in Form eines Kreolin-Desinfektionspulvers und in den Kreolinseifen zur Anwendung. Das Kreolin mischt sich mit Wasser sehr leicht unter Bildung einer milchähnlichen Emulsion und wird besonders empfohlen als Antiseptikum bei Krankheiten, zur Desodorirung von Haus- und Stallräumen, Aborten u. s. w., als Antiparasitikum gegen Milben und andere thierische Schmarotzer, wie auch als Imprägnationsmittel der Bauhölzer gegen den Hausschwamm. [2]

Verwandlung blauer Eisendrucke in braune. Sollen die bekannten Lichtpausen von blauer Farbe, die durch Präparation des Papiers mit citronensaurem Eisen und Ferridcyankalium erhalten werden, in braune Bilder verwandelt werden, so legt man sie in verdünnte Ätzkali- und Ätznatronlösung, wodurch ihre Farbe in orangegelb übergeht. Nach dem Auswaschen giebt man denselben den braunen Ton durch Tanninlösung. Beim Kopiren muß man für diese Procedur stets für überkräftige Abdrücke sorgen. [3]

Imprägnirungsmasse für einen Ersatz für Holzmosaikarbeiten. Dieselbe besteht nach einem Simon Drey-

[1] Ztschr. d. Oberschl. Berg- u. Hüttenw. V. n. Cronquist de häftig sprängämnena; B.- u. Hüttenm.-Ztg. 46. 293—94; Chem. Centralbl. 1244. 1272.
[2] Ch. Repert. d. Ch.-Ztg. 1887. 216.
[3] Scientif. Amerik.; Phot. Mitth. 1887. 24. 60; Ch. Rep. d. Ch.-Ztg. 1887. 160.

fuß in Hagenau patentirten Verfahren aus 60 Thln. Kienruß, 100 Thln. Kupfervitriol und 30 Thln. Spiritus. [1]

Ein guter wässeriger Lack für Glasnegative. 500 Thle. Wasser, 100 Thle. gebleichter zerkleinerter Schellack, 25 Thle. Borax und 625 Thle. Natriumkarbonat werden zusammen solange gekocht, bis alles gelöst ist. Der erkalteten, filtrirten Lösung setzt man dann noch 3—6 Thle. Glycerin und soviel Wasser hinzu, daß es 1000 Thle. sind. Durch eine nochmalige Filtration trennt man nach einigen Tagen die klare Lösung vom Bodensatz.

Dieser Lack eignet sich sehr gut für Gelatinenegative. Die Schicht wird auf benselben, bie man ganz in ben Lack eintauchen kann, sehr hart und glasglänzend, ist nicht löslich in Wasser, sondern darin nur aufquellend; nach dem Trocknen wird sie wieder fest. [2]

Über ein neues photographisches Druckverfahren. Man löst 5 g einer Mischung aus 1 Th. Quecksilberchlorid und 2 Thln. Kaliumbichromat in 50 kcm destillirtem Wasser und läßt das Papier, welches auf beiden Seiten mit Stärkekleister überzogen ist, schwimmen, oder taucht es vielmehr ganz unter. Nachdem dasselbe im Finstern getrocknet ist, kopirt man ein Negativ auf bem Papiere, wäscht dasselbe aus und entwickelt es mit einer Lösung von 2 Thln. Pyrogallol, 8 Thln. Gallussäure, 10 Thln. Ferrosulfat und 80 Thln. Natriumhyposulfat (10 Thle. dieser gemischten Salze in 100 Thln. Wasser gelöst). [3]

Weiß auf Wolle. Hermann Hofmann empfiehlt, um Wolle weiß zu färben, die Imprägnirung derselben mit Cellulose, indem man Baumwolle in Kupferoxydammoniak löst, die Wolle in diese Lösung eintaucht und dann in verdünnte Säure oder Zuckerlösung bringt, wodurch die Cellulose niedergeschlagen wird. Durch Eintauchen in Asche wird dann der Cellulose eine undurchsichtige Beschaffenheit und eine blendende weiße Farbe

---

[1] Mittheil. des techn. Gewerbe-Museums in Wien 1887. 90. Sekt. f. Holzind.

[2] Brit. Journ.; Phot. Wochenbl. 1887. 13. 185; Ch. Rep. d. Ch.-Ztg. 1887. 168.

[3] Photogr. Arch. 1887. 28. 215; Chem. Rep. d. Ch.-Ztg. 1887. 200.

ertheilt. [1]) H. Leonhardt wirft diesem Verfahren mit Recht vor, daß man durch dasselbe die Wolle minderwerthig macht und ihr hervorragende Eigenschaften raubt. Auch macht derselbe darauf aufmerksam, daß die Frage der Wollbleicherei für feinere Artikel durch die Anwendung des Wasserstoffsuperoxyds bereits gelöst ist. [2])

Verfahren zum Färben von Haaren. Man wäscht das Haar zuerst mit warmem Wasser, das etwas Soda gelöst enthält, darauf mit einer Lösung von Kaliumpermanganat, deren Stärke von der gewünschten Farbentiefe abhängig ist, und endlich nach Ablauf von 3—4 Stunden mit Seife und Wasser. [3])

Wasserstoffsuperoxyd als Bleichmittel für Holz. P. Ebell verwendete zum Bleichen des Holzes eine 3procentige Lösung von Wasserstoffsuperoxyd, welchem 1 l 20 g Salmiakgeist (0·910 sp. Gew.) zugesetzt worden waren. Der Verf. machte seine Versuche theils bei gewöhnlicher Temperatur, theils bei ca. 34° C.; die Bleichung des Holzes schritt bei niederer Temperatur zwar langsamer vorwärts, war aber doch vollkommen (in ca. 10 Tagen). Die Holztafeln, welche trocken in Anwendung gebracht werden, erscheinen völlig weiß und durchscheinend. 1·2 m Holz gebraucht zur Bleichung 1 kg Wasserstoffsuperoxyd, entsprechend einem Werthe von 0·6 M. Der Verf. weist darauf hin, daß das Verfahren bei der Herstellung von Musikinstrumenten zu benutzen sei. [4])

Paraffinlösung als Anstrich für Häuser. Im Paint Oil and Drugg. wird als Anstrichmasse für Häuser eine Lösung von 1 Thl. Paraffin in 2—3 Thln. Steinkohlentheer, welche bei mäßiger Hitze bereitet wurde, als Anstrich für Häuser empfohlen. [5])

Zuckerkalk als Klebemittel für Etiquetten. Man löst 400 g Zucker in 120 kcm Wasser, kocht und trägt 100 g gelöschten Kalk unter Umrühren ein. Die so gewonnene klare

---

[1]) Chem. Ztg. 11. 1224. 11. Okt.
[2]) Chem. Ztg. 11. 1328; Chem. Centralbl. 1887. 1451.
[3]) Engl. Pat. 10002. v. 4. Aug. 1886. H. de la Place, 20. Upper Baker, Street, Middlesex; Chem.-Ztg. 1887. 1568.
[4]) Chem.-Ztg. XI. 1529. 30; Techn. Bl. Prag XX. 61.
[5]) Bayr. Gew.-Mus. 1887. 21; Techn. Bl. Prag 1887. 246.

Zuckerkalklösung hebt man vom Bodensatz ab und versetzt sie zur Haltbarmachung mit ein wenig Salizylsäure. Dieselbe dient als Ersatz für Gummi arabicum. [1]

Platinpapier zu restauriren. Um altes verdorbenes Platinpapier, welches keine guten Kopien mehr liefert, zu restauriren, behandelt man nach Bory dasselbe mit einer Mischung von 10 g Eisenchlorat, 10 g Kaliumchlorat (beide im Verhältnis von 1—1·5 Theil Salz zu 1000 Thln. Wasser), indem man es damit bestreicht oder auf der Lösung schwimmen läßt und dann schnell zum Trocknen bringt. [2]

Verbindungen des Kohlenstoffs mit Wasserstoff.

Methan.

Über die Dichte des flüssigen Methans. Nach K. Olszewski ist die Dichte des flüssigen Methans bei gewöhnlichem atmosphärischen Druck und den diesen Drucken entsprechenden Siedetemperaturen im Mittel 0·415 (Siedep. —164). [3]

Zur Bestimmung des Methans in Grubenwässern. F. v. Mertens hat ein neues Grisometer zur Bestimmung des Methans, welches Robert Müncke in Berlin anfertigt, angegeben, das sich durch Vorzüge gegenüber dem Roquillon-Schondorff'schen auszeichnet. [4]

August Brunlechner hat sich einen selbstthätig wirkenden Apparat zur quantitativen Bestimmung des Grubengases patentiren lassen. [5]

Über die Methangährung der Essigsäure. Calciumacetat, in wässeriger Lösung mit Flußschlamm versetzt und im verschlossenen Gefäß der Gährung bei Zimmertemperatur unterworfen, liefert nach F. Hoppe-Seyler Grubengas nach folgender Gleichung:

$$Ca(C^2H^3O^2)^2 + H^2O = CaCO^3 + CO^2 + 2CH^4.$$

Die Entwickelung von Methan aus Sümpfen und im Darm

---

[1] D.-amerik. Apothek.-Ztg. 1887. VIII. Nr. 14. 195.

[2] Phot. Rundsch.; Photgr. Wochenbl. 1887. 13. 298. Chem. Rep. der Ch.-Ztg. 1887. 236.

[3] Wiedem. Ann. 31. 58—74.

[4] Zeitschr. f. analyt. Chem. 26. 42—44.

[5] D. R.-P. 37546; Ch. Centralbl. 1887. 159.

ist nach dem Verf. vielfach darauf zurückzuführen, daß bei den darin stattfindenden Fäulnisvorgängen zuerst Acetat, dann aus diesem Methan gebildet wird.[1]

Über eine Bildung von Dimethylamidotriphenyl=methan. Durch Einwirkung von Benzophenon auf Dimethyl=anilin erhielten O. Döbner und G. Petschow das zuerst von Pauly aus Benzophenonchlorid und Dimethylanilin erhaltene Dimethylamidotriphenylmethan nach folgender Gleichung:

$$\frac{C^6H^5}{C^6H^5}{>}CO + C^6H^4N(CH^3)^2 = \frac{C^6H^5}{C^6H^5}{>}CH - C^6H^4N(CH^3)^2 + H^2O.$$

Dasselbe bildet farblose, nadelförmige Krystalle vom Schmelz=punkt 132°.[2]

Zur Kenntnis des Tetramethyldiamidodiphenyl=methans. Läßt man nach O. Döbner und G. Petschow Methylhexylketon auf Dimethylanilin einwirken, so entsteht als Hauptprodukt das Tetramethylbiamidodiphenylmethan $= CH^2{<}\frac{C^6H^4N(CH^3)^2}{C^6H^4N(CH^3)^2}$ neben einer geringen Menge einer öligen Base, die ein Hexyldimethylanilin zu sein scheint (Hexyldimethyl=anilin?). Das Tetramethylbiamidodiphenylmethan erhielten die Verf. als Hauptprodukt auch bei der Wechselwirkung von Dime=thylanilin und Diaethylketon neben einer öligen Base von nicht bestimmbarer Zusammensetzung.[3]

Über Sulfonal. Das zuerst von Braumann dargestellte Diäthylsulfondimethylmethan wird von Kaß in der „Berliner klinischen Wochenschrift" unter dem Namen „Sulfonal" als Schlafmittel empfohlen. Es gehört nach demselben Autor zu der Gruppe von Schlafmitteln, welche das periodische Schlafbe=dürfnis unterstützen und dort, wo es fehlt, hervorrufen. Man erhält dasselbe, indem man in eine Mischung von 2 Thln. Mercaptan $= C^2H^5SH$ und 1 Thl. Aceton $= (CH^3)^2CO$ trocknes Chlorwasserstoffgas einleitet, wobei sich unter Wasserabscheidung Dithioäthyldimethylmethan $= [(CH^3)^2C(SC^2H^5)^2]$ bildet. Man wäscht dasselbe mit Wasser und Natronlauge ab, destillirt es und erhält dadurch eine stark lichtbrechende, in Wasser unlösliche

---

[1] Zeitschr. f. physiol. Chem. 11. 561—68; Chem. Centralbl. 1887. 1166.

[2] Liebig's Ann. b. Chem. 242. 340—342.

[3] Liebig's Ann. b. Chem. 242. 342—348.

Flüssigkeit vom Siedepunkt 190—191°. Diese wird mit 5procentiger Kaliumpermanganatlösung unter Zutröpfeln von einigen Tropfen Essigsäure oder Schwefelsäure bis zur Rothfärbung versetzt, das Ganze tüchtig durchschüttelt und auf dem Wasserbade erwärmt. Nun wird die Flüssigkeit heiß filtrirt, worauf sich das „Sulfonal" abscheidet. Durch Umkrystallisiren aus heißem Alkohol oder Wasser wird es gereinigt. Durch die Behandlung mit der sauren Kaliumpermanganatlösung wird der S im Dithioäthylmethylmethan oxydirt und das gebildete Sulfonal hat die Formel = $(CH^3)^2C(SO^2C^2H^5)^2$. Es bildet schwere, farblose Tafeln oder Plättchen, besitzt weder Geruch noch Geschmack, schmilzt bei 130—131° und siedet bei 300° fast ohne Zersetzung. Es ist in 18—20 Thln. heißem Wasser, in gegen 100 Thln. Wasser von mittlerer Temperatur, leicht in Alkohol und Alkoholäthermischung löslich.

Wie G. Vulpius fand, giebt das Sulfonal mit dem gleichen Gewicht (0·1 g) Cyankalium zerrieben und die Mischung in einem trocknen Cylinder erhitzt einen eigenthümlichen unausstehlichen Mercaptangeruch. Im Rückstand läßt sich der Schwefelgehalt des Sulfonals durch die bekannte Reaktion mittels Ferrichlorid leicht nachweisen. Man giebt nach Kaß das Sulfonal erwachsenen Personen in Dosen von 1—3 g (durchschnittlich 2 g). [1]

Äthan.

Über eine Bildung von Tetramethylbiamidotriphenyläthan. O. Döbner und G. Petschow erhielten beim Erhitzen von Acetophenon und Dimethylanilin und Chlorzink als Hauptprodukt das Tetramethylbiamidotriphenyläthan. Die Reaktion erfolgt nach der Gleichung:

$$\frac{C^6H^5}{CH^3}{>}CO + 2C^6H^5N(CH^3)^2 = \frac{C^6H^5}{CH^3}{>}C{<}\frac{C^6H^4N(CH^3)^2}{C^6H^4N(CH^3)^2} + H^2O$$

Hierbei treten in geringer Menge auch Tetramethylbiamidodiphenylmethan = $CH^2[C^6H^4N(CH^3)^2]^2$ und Triphenylbenzol = $(C^6H^5)^3 C^6H^3$ auf.

Das Tetramethylbiamidotriphenyläthan bildet ein hellgelbes Öl, welches sich an der Luft allmählich dunkler färbt. Sein Siedepunkt liegt über 360° (760 mm). Bei dieser Temperatur

---

[1] Pharmac. Zeit.; Pharm. Centralh.; Arch. d. Pharm. 226. 512.

zerſetzt es ſich an der Luft theilweiſe, im Vakuum ſiedet es aber ohne Zerſetzung. Bei der Deſtillation mit Waſſerdämpfen zeigt ſich die Baſe als nicht flüchtig. Äther, Benzol, Petroleumäther, warmer Alkohol löſen ſie leicht, Waſſer löſt ſie dagegen nicht. Die Salze derſelben ſind nicht kryſtalliſirbar, leicht in Waſſer löslich und wird aus dieſen Löſungen die Baſe durch Alkalien wieder als Öl gefällt. [1]

Darſtellung des Diphenyläthans. Aus der öligen Flüſſigkeit, welche Baret und Vienne bei der Syntheſe des Styrolens (ſiehe d.) erhielten, wird nach denſelben Verf. als zweites Produkt der fraktionirten Deſtillation bei 265—270° das Diphenyläthan = $(C^6H^5)^2CH.CH^3$ erhalten. [2]

Propan.

Über einige Derivate des Propans. C. Winſinger beſchreibt das Hydrat des Orthopropylalkohols = $C^3H^8O+H^2O$ (Siedp. 87.5°), das Orthopropylmercaptan, das Orthopropylſulfür, die Orthopropylſulfonſäure, das Orthopropyloxyſulfür (auch eine Verbindung desſelben mit Kalciumnitrat), Diorthopropylſulfon, Propylphosphorſäure und deren Äther. [3]

Über ein Tetraäthylbiamidodiphenylpropan. Durch Einwirkung von Aceton und Diäthylanilin erhielten D. Döbner und G. Petſchow eine Baſe, die ſie als Tetraäthylbiamidophenylpropan bezeichnen. Die Bildung dieſer Baſe erfolgt nach folgender Gleichung:

$$\frac{CH^3}{CH^3}{>}CO+2C^6H^5N(C^2H^5)^2=\frac{CH^3}{CH^3}{>}C{<}\frac{C^6H^4N(C^2H^5)^2}{C^6H^4N(C^2H^5)^2}+H^2O.$$

Dieſelbe läßt ſich faſt ohne Zerſetzung deſtilliren, löſt ſich in Äther, Schwefelkohlenſtoff, Petroleumäther, Benzol und iſt in Waſſer unlöslich; kalter Alkohol löſt ſie ſchwer, heißer leicht. Von den Salzen, die nur ſchwer kryſtalliſirbar zu erhalten ſind, kryſtalliſirt am beſten das jodwaſſerſtoffſaure Salz = $C^{23}H^{34}N^2$, $2HJ$. [4]

---

[1] Liebig's Ann. d. Chem. 242. 336—340.
[2] The Chimist and Drugg. 388. 337; Arch. d. Pharm. 225. 981.
[3] Bull. Paris 48. 108—112. 20. Juli. Paris Soc. Chim.; Chem. Centralbl. 1887. 1020.
[4] Liebig's Ann. d. Chem. 242. 333—336.

Methylen.

Eine neue Darstellung des Trimethylens. Erhitzt man nach G. Gustavson Trimethylenbromid mit Zinkstaub und 75 procent. Alkohol auf 50—60°, so tritt eine sehr lebhafte und regelmäßige Entwickelung von reinem Trimethylen ein; es liefern 10 g des Bromides etwa 1 l Trimethylengas. [1]

Über die Umlagerung von Trimethylenbromid in Propylenbromid. G. Gustavson gelang diese Umlagerung, indem er Trimethylenbromid mit Bromaluminium über Nacht bei Zimmertemperatur im zugeschmolzen Glasrohre stehen ließ, wobei sich Bromaluminiumkohlenwasserstoff und Bromwasserstoff bildeten. [2]

Äthylen.

Bestimmung des Erstarrungspunktes des Äthylens. K. Olszewski brachte unter Anwendung von flüssigem Sauerstoff als Kältemittel das Äthylen zum Erstarren. Der Schmelzpunkt des festen Äthylens liegt ungefähr bei —169°. [3]

---

[1] Journ. f. pr. Chem. 36. 300—303. Moskau. Landw. Akad.
[2] Journ. f. pr. Chem. 36. 303—304. Moskau. Landw. Akad.
[3] Monatsh. f. Ch. 8. 69—72. 20. Jan. (12. März). Krakau.

Amylen.

Prüfung des Amylenhydrats. Das als Hypnotikum empfohlene Amylenhydrat oder Dimethyl-Äthylkarbinol prüft man nach B. Fischer auf folgende Weise:

1. 1 g Amylenhydrat wird in 15 kcm Wasser gelöst und die Lösung mit Kaliumhypermanganat schwach geröthet; eine Verfärbung innerhalb von 15⁰ zeigt Äthyl- und Amylalkohol an.

2. Eine gleich bereitete Lösung mit Kaliumchromat und verdünnter Schwefelsäure versetzt und schwach erwärmt, darf nach einer halben Stunde keine Grünfärbung zeigen. (Äthyl- und Amylalkohol.)

3. Die auf gleiche Weise bereitete Lösung, mit einigen Tropfen Silbernitratlösung und einer Spur Ammoniak versetzt und erwärmt, darf keinen Silberspiegel geben oder Silber abscheiden (Aldehyde). [1]

Über Anwendung des Amylenhydrats. Das Amylenhydrat wird als Schlafmittel in Dosen von 3·5 bis 5 g empfohlen. [2]

Oktylen.

Vorkommen von Oktylen. Das Oktylen ist von A. K. Miller und T. Baker im Schieferöl aufgefunden. [3]

Nonylen.

Vorkommen von Nonylen. A. K. Miller und T. Baker haben die Anwesenheit des Nonylens im Schieferöl festgestellt. [4]

Paraffin.

Anwendung des Paraffins als Schaumbrecher bei der Destillation. Hermann Kunz empfiehlt das Paraffin

---

[1] Pharm. Ztg. 1887. 32. 393; Chem. Rep. d. Ch.-Ztg. 1887. 190.
[2] Handelsbericht von Gehe u. Co., Dresden, Sept. 1887. 33.
[3] Chem. News 58. 20—21.
[4] Chem. News 58. 20—21.

39

als Schaumbrecher, um das Schäumen der Flüssigkeit bei der Bestimmung des Ammoniaks durch Magnesia zu verhüten.[1]

Die A. Riebeck'schen Montanwerke destilliren schwere Braunkohlentheer-, Schiefer- und Erdöle, welche als Rückstand bei der Raffinirung übrig bleiben, wie auch die bei der Bereitung des Ölgases aus Paraffinöl u. s. w. erhaltenen Theere bei hohem Druck (zwischen 2 und 6 Atmosphären), wobei Benzin, Leuchtöle, dickflüssige Schmieröle oder asphaltartige Öle erhalten werden.[2]

Über Franzeïn. „Franzeïn" nennt Istrati ein bei der Einwirkung von rauchender Schwefelsäure auf Pentachlorbenzol = C^6HCl^5 durch mehrwöchentliches Erhitzen erhaltenes Produkt.[3]

Darstellung von Dibenzyl. Das Dibenzyl = C^6H^5. $CH^2.C^6H^5$, einen dem Diphenyläthan isomeren Körper, erhielten Baret und Bienne aus der bei der Synthese des Styrolens (S. S. 607) erhaltenen öligen Flüssigkeit durch fraktionirte Destillation als letztes Produkt.[4]

Darstellung von p-Dinitrobenzyl. Durch Einwirkung einer alkalischen Zinnoxydullösung auf p-Nitrobenzylchlorid bei 80—90° erhielt W. Roeser p-Dinitrodibenzyl nach folgender Gleichung:

$$2C^6H^4(NO^2)CH^2Cl - Cl^2 = C^6H^4.NO^2.CH^2 - CH^2NO^2.C^6H^4$$

Diese Verbindung bildet gelbe kleine Prismen oder lange Nadeln, die bei 179° schmelzen.[5]

Über ein Tetramethylanthracen. Durch Einwirkung von Methylenchlorid bei Gegenwart von Chloraluminium auf m-Xylol erhielten C. Friedel und J. M. Krafts ein Tetramethylanthracen = $C^{14}H^6(CH^3)^4$, das die Verf. entweder für

---

[1] Arch. d. Pharm. (3) 25. 632—635. Zürich.

[2] D. R. P. 37. 728.

[3] Bull. Paris. 48. 35—41. 5. Juli. Bukarest. Paris, Soc. Chim.; Chem. Centralbl. 1887. 984—985.

[4] The Chimist and Drugg. 388. 397; Archiv. d. Pharm. 225. 981.

[5] Liebig's Annal. 238. 363—366. 20. März (10. Feb.) Marburg. Chem. Labor. d. Univ.; Chem. Centralbl. (3) 18. 994.

$$C^6H^2(CH^3)^2 1\cdot3 <\genfrac{}{}{0pt}{}{CH}{CH}> CH^2(CH^3)^2 1.3 \ \text{oder}$$

$$C^6H^2(CH^3)^2 1\cdot3 <\genfrac{}{}{0pt}{}{CH}{CH}> CH^2(CH^3)^2 2\cdot4$$

halten.[1])

Über ein Diterebentyl. Aus den Ölen von der Destillation des Kolophoniums hat Adolphe Renard einen Kohlenwasserstoff von der Zusammensetzung = $C^{20}H^{30}$ abgeschieden, dessen Siedepunkt zwischen 343⁰ und 346⁰ liegt. Das spec. Gew. ist = 0·9688 bei 18⁰, die Dampfdichte = 9·6 (ber. 9·56). Bei einer Flüssigkeitslänge von 10 cm für Natriumlicht zeigt derselbe ein Rotationsvermögen = + 59⁰; der Brechungsindex ist gleich 1·53. Der Verf. glaubt ihn als ein Diterebentyl = $C^{10}H^{15}$—$C^{10}H^{15}$ ansehen zu dürfen.[2])

Zur Kenntnis des Retens. Das Reten = $C^{18}H^{18}$, nach Bamberger und Hooker Methylpropylanthren, erhält man nach Werner Kolbe, der sein Verfahren patentiren lassen will, durch Erhitzen des Harzöles mit Schwefel unter Entwickelung von Schwefelwasserstoff und nachfolgender Destillation und geeigneter Behandlung des Destillats.[3])

Reinigung und Karburirung von Gas. Nach G. Symes sollen die Schwefelverbindungen durch innige Berührung mit oxydirten Eisenplatten, das Ammoniak u. s. w. mittels Durchströmen einer Baumwollschicht entfernt werden. Mittels Kampherdampf wird die Karburirung durchgeführt.[4])

Über synthetisches Styrolen. Durch Erhitzen von 200 g Benzol mit 50 g Aluminumchlorid und durch dreißigstündiges Hindurchleiten von Acetylengas durch dieses Gemisch erhielten Baret und Vienne, nach Entfernung des unveränderten Aluminiumchlorids durch Auswaschen, eine ölige Flüssig-

---

[1]) Annal. d. Chim. et d. Phys. (6) 11. 263—271; Chem. Centralbl. 1887. 990—991.

[2]) C. rend. 104. 665—668; Chem. Centralbl. 1887. 1500 bis 1501.

[3]) 60. Naturf.-Versammlung. Wiesbaden. Seite f. Chemie. 23. Sept.; Tagebl. 242; Chem. Centralbl. 1887. 1504.

[4]) E. P. 8. 484; Chem. Centralbl. 1887. 1214.

leit, aus der zwischen 143⁰—145⁰ bei der fraktionirten Destillation 80% des Ganzen an reinem Styrolen gewonnen wurde. Das Styrolen $= C^6H^5.CH.CH^2$ ist übrigens schon früher von Berthelot durch Hindurchleiten von Acetylen- und Benzoldampf durch eine rothglühende Röhre dargestellt.[1]

Über Thiobenzophenon. H. Bergreen erhielt durch Einwirkung von Thiophosgen, welches seit Kurzem fabrikmäßig dargestellt wird, bei Gegenwart von Aluminium das Tiobenzophenon $= {C^6H^5 \atop C^6H^5}{>}CS$, ein Keton, in welchem der Schwefel den Sauerstoff ersetzt.[2]

Über die Reinigung des Naphtalins. Zur Reinigung des Naphtalins empfiehlt Schulz eine Behandlung desselben mit Schwefelsäure und darauf folgendes Kochen mit alkoholischer Natronlösung. Das erhaltene Produkt wird dann sublimirt; die so erhaltenen Krystallschuppen schmelzen bei 79·5⁰ und eignen sich zu therapeutischem Gebrauch.[3]

Verbindungen des Kohlenstoffs mit Sauerstoff.

Bildung von Thiokarbonylchlorid. Bei der Darstellung von Cyanurchlorid durch Chlor auf Schwefelcyanmethyl erhielt J. W. James aus der von dem Chloride abgegossenen Flüssigkeit durch Destillation bei 70⁰—75⁰ ein Gemenge von Thiokarbonylchlorid $= CSCl^2$ und CCl^4. Das erstere polymerisirte sich beim Stehen in schönen Krystallen vom Schmelzpunkt $= 115⁰$.

Bildung von Thiokarbonyltetrachlorid. Aus derselben Flüssigkeit erhielt J. W. James bei 148⁰—150⁰ das früher schon durch Rathke bekannte Perchlormethylmerkaptan, für das der Verf. den Namen „Thiokarbonyltetrachlorid" vorschlägt. Die Reaktion des Chlors auf Schwefelcyanmethyl veranschaulicht folgende Gleichung:

---

[1] The Chimist and Drugg. 388, 397; Archiv der Pharm. 225. 981.

[2] Ber. d. d. chem. Ges. 21. 337.

[3] Journ. Pharm. d'Alsace-Lorraine; Journ. Pharm. Chim. (5) 15. 273—274; Chem. Centralbl. 1887. 414.

$$3\,CH^3SCN + 11Cl^2 = (CN)^3Cl^3 + 2\,CSCl^4 + CSCl^2 + 9HCl.$$

Schwefelcyan-   Cyanur-   Thio-   Thio-
methyl.   chlorid.   karbonyl- karbonyl-
                         tetrachlorid. chlorid.

Das Thiokarbonyltetrachlorid resultirt auch bei der Einwirkung von Chlor auf Kohlensulfochlorid. Bei weiterer Einwirkung von Chlor auf das erstere in der Wärme findet folgender
Proceß statt:

$$CSCl^4 + Cl^2 = CCl^4 + SCl^2. \;^1)$$

Über neue Isopropyl-Urethane. Behandelt man nach
Spica Isopropylchlorokarbonat mit α- und β-Naphtylamin in
alkoholischer Lösung, so erhält man eine massenhafte Ausscheidung
von chlorwasserstoffsaurem Naphtylamin; durch Einengen des
Filtrats wird dann das α- oder β-Isopropylnaphtylkarbaminat
krystallisirt erhalten.

Das α-Isopropylnaphtylaminkarbaminat, mehrmals
aus Alkohol umkrystallisirt, stellt sternförmig gruppirte, weiße,
bläulich schimmernde Nadeln bar, welche sich am Lichte zersetzen,
bei 78° schmelzen, einen aromatischen stechenden Geschmack besitzen und nicht in Wasser, wohl aber in Weingeist, Äther,
Chloroform und Schwefelkohlenstoff leicht löslich sind.

Das β-Isopropylnaphtylaminkarbaminat unterscheidet sich von der vorigen Verbindung durch einen röthlichen
Schimmer und durch den Schmelzpunkt, der bei 70° liegt.[2]

Harnstoff. Méha hat eine Verbesserung der Bestimmung
des Harnstoffs mittels Alkalihypobromiten eingeführt.[3]

Von Campari ist eine neue volumetrische Methode der
Harnstoffbestimmung beschrieben. Zu ihrer Ausführung bringt
man in einen, etwa 150 kcm fassenden Entwickelungskolben
20 kcm einer zehnprocentigen wässerigen Lösung von Kalium-
nitrit, 2 kcm des zu untersuchenden Harns oder einer beliebigen
Harnstoff enthaltenden Flüssigkeit und endlich 2 kcm fünfpro-
centige verdünnte Schwefelsäure, worauf man sofort den Gummi-

---

[1] Journ. f. pr. Chem. 35. 359—364. Februar (30. April);
Cardiff, University College; Chem. Centralbl. 1887. 651.

[2] Ann. di Chim. e Farmacol. 1887, Giugn. 366; Arch. d.
Pharm. 225. 978.

[3] Journ. de Pharm. et de Chim. 1887. T. XV. 607.

stöpsel aufsetzt, in welchem sich ein erst schiefaufsteigendes, dann im spitzen Winkel senkrecht nach unten gebogenes und mit seinem Ende in einen graduirten, mit 110 kcm gesättigtem Kalkwasser beschickten Cylinder tauchendes Glasrohr sitzt. Man erwärmt nun sehr langsam, so daß bis zur vollständigen Austreibung der entwickelten Kohlensäure und beginnenden Erwärmung des absteigenden Rohrschenkels 15 Minuten verbraucht werden, worauf man von dem durch Bildung von Calciumkarbonat getrübten Kalkwasser nach der Filtration 10 kcm mit einem Tropfen Phenolphtaleïnlösung roth färbt und die Anzahl von Kubikcentimetern einer Zehntel-Normaloxalsäurelösung bestimmt, welche bis zur Herstellung der Neutralität und Entfärbung der Flüssigkeit verbraucht werden. Dieses Volumen wird mit 0·0165 multiplicirt und das Produkt von der Zahl 0·15 subtrahirt. Die Differenz giebt dann die Menge des in 2 kcm der untersuchten Flüssigkeit enthaltenen Harnstoffs an. Diese Methode beruht also auf der Bestimmung der Menge Kohlensäure, welche sich unter dem Einflusse von Salpetrigersäure aus Harnstoff bildet. [1])

Harnstoff giebt, wie bekanut, beim Erhitzen mit einem großen Überschuß Wasser in einem geschlossenen Gefäße auf hinreichende hohe Temperatur Ammoniumkarbonat. Um diese Reaktion für eine einfache Titration zu benutzen, bedienen sich P. Cazeneuve und Hugouneng eines kupfernen, cylinderförmigen Behälters, in dessen oberen Theile sich ein kupfernes Ölbad befindet, welches durch einen in den Behälter durch eine seitliche Öffnung einzuschiebenden Bunsenbrenner erhitzt wird. Die Temperatur dieses Bades wird durch ein durch den Deckel des Behälters resp. des Ölbades gehendes Thermometer gemessen und durch einen Thermoregulator konstant erhalten. In das Ölbad tauchen zwei durch den Deckel gehende, auf 60 Atmosphären geprüfte Bronzeröhren, die im Innern elektrolytisch mit Platin überzogen sind und oben zum Aufschrauben des Deckels ein Schraubengewinde tragen. In dem letzteren ist eine Bleischeibe eingelegt, welche einen hermetischen Schluß erlaubt. Ein Schraubenschlüssel dient zur Befestigung und Lösung des Deckels.

---

[1]) L'Orosi 1887, Magg. 145; Archiv der Pharm. 225. 830 bis 831.

Um eine Harnstoffbestimmung auszuführen schüttelt man 25—30 kcm der Flüssigkeit mit nicht gewaschener Knochenkohle, filtrirt, erhitzt genau 10 kcm mit 20 kcm Wasser eine halbe Stunde lang auf 180°, läßt erkalten und titrirt mit eingestellter Schwefelsäure unter Anwendung von Orange 3 oder Phenolphtaleïn als Indikator. Man kann Urin mittels dieser Methode ebenfalls untersuchen. Gefärbter und sauer reagirender Urin wird durch Thierkohle fast ganz entfärbt und zugleich neutralisirt. Die salzigen Bestandtheile des Urins beeinflussen das Resultat durchaus nicht. Alle übrigen vorhandenen Körper, wie Leucin, Tyrosin, die Peptone, Harnsäure, Hippursäure und Xanthin geben mit Wasser bei 180—190° im geschlossenen Raum erhitzt kein Ammoniumkarbonat, nur Kreatinin thut dieses. Dieses letztere findet sich aber in so geringer Menge im Harn vor, daß die Genauigkeit des Verfahrens dadurch nicht beeinträchtigt wird.[1]

Darstellung von Anthranol und Dianthryl mittels Anthrachinon. C. Liebermann und A. Gimbel haben gefunden, daß sich gleichzeitig bei der Reduktion von Anthrachinon in Eisessig mit Zinn und Chlorwasserstoffsäure Anthranol und Dianthryl bilden lassen. Man hat es in der Hand, je nach der Leitung des Processes den einen oder den andern Körper als fast ausschließliches Reaktionsprodukt in beliebiger Menge zu gewinnen. Um das Anthranol zu erhalten, muß man bei der Reaktion stärker verdünnen. So bringt man z. B. 10 g Anthrachinon mit 400—500 g Eisessig ins Sieden, trägt 25 g Zinngranalien ein und setzt wiederholt kleine Mengen rauchender Chlorwasserstoffsäure hinzu, damit eine dauernde Wasserstoffgasentwickelung stattfindet. Auf diese Weise erhält man leicht über 80 Procent der theoretischen Menge an Anthranol. Läßt man die Reduktion einen weiteren Verlauf nehmen, so geht das Anthranol in Dianthryl über, wie folgende Gleichung zeigt:

$$2\,C^{14}H^{10}O + H^2 = 2\,H^2O + C^{28}H^{18}$$

Anthranol.   Dianthryl.

Das Dianthryl läßt sich am besten darstellen, indem man An-

---

[1] Bull. Soc. Chim. 1887. 48. 82; Chem. Rep. d. Ch.-Ztg. 1887. 186—187.

thrachinon mit Eisessig zum dünnflüssigen Brei ausschlämmt und zum Sieden erhitzt. 10 g Anthrachinon gebrauchen in 2—3 Portionen etwa 40 g Zinn und in 2 Antheilen im Ganzen etwa die Hälfte des angewandten Eisessigs an Chlorwasserstoffsäure. Man erhält durch die Reaktion 60 Procent Dianthryl vom angewandten Anthrachinon. [1]

Verbindungen des Kohlenstoffs mit Schwefel.

Zur Kenntniß der Zersetzung des Schwefelkohlenstoffs durch Chlor. Nach J. W. James Versuchen findet die Einwirkung des Chlors auf Schwefelkohlenstoff in folgender Weise statt:

1. $CS^2 + Cl^2 = CSCl^2 + S$
2. $CSCl^2 + Cl^2 = CSCl^4$
3. $CSCl^4 + Cl^2 = CCl^4 + SCl^2.$ [2]

Verbindungen des Kohlenstoffs mit Stickstoff.

Über die Einwirkung von Säuren auf Rhodanwasserstoff. Läßt man nach Peter Klason wasserfreies Chlorwasserstoffgas auf trocknes Kaliumsulfocyanat einwirken, so findet fast keine Einwirkung auf das letztere statt. Ist das Chlorwasserstoffgas aber feucht, so bildet sich eine Verbindung gleicher Moleküle von Sulfocyansäure und Chlorwasserstoff. Man erhält dieselbe beim Überleiten von Chlorwasserstoff über das in einer Röhre befindliche Rhodankalium in Form einer schneeähnlichen Masse, welche nach dem Verf. wahrscheinlich Thioharnstoffchlorid NH^2CSCl ist. Bringt man Rhodanwasserstoff mit einer großen Menge Mineralsäure und einer verhältnißmäßig kleinen Menge von Wasser in Berührung, so findet je nach der Menge des anwesenden Wassers ein Übergang der Rhodanwasserstoffsäure in Kohlenoxysulfid und Ammoniak, oder es wird Dithiokarbaminsäure gebildet und besonders das Sulfid und Bisulfid dieser letzteren Säure. [3]

---

[1] Ber. d. d. ch. Ges. 20. 1854; Ch. Rep. b. Ch.-Z. 1887. 182.

[2] Journ. f. pr. Chem. 35. 359—364. Februar (30. April); Cardiff, University College.

[3] Journ. f. pr. Ch. 30. 57; Arch. d. Pharm. Bd. 225. 825.

Bildung von Cyanurchlorid. Durch Einleiten von Chlorgas in Schwefelcyanmethyl bis keine Chlorwasserstoffsäure mehr entwich, erhielt aus der resultirenden Flüssigkeit J. W. James sich absetzende Krystalle von Cyanurchlorid.[1]

Über die Konstitution der Cyanursäure. J. M. Ponomarev gelangte unter Berücksichtigung umfassender Versuche, die von ihm zur Entscheidung der Frage über die Konstitution der Cyanursäure angestellt sind, zu dem Schlusse, daß in den Cyanursäureäthern die Kohlenwasserstoffreste direkt an den Sauerstoff, nicht aber an den Stickstoff gebunden sind. Die Resultate, welche der Verf. erzielte, scheinen die Ansicht zu bestätigen, wonach im Momente der Ätherifikation eine Umlagerung der Cyanursäure erfolgt. Dieselben ergeben auch, daß die Konstitution der Cyanursäure jener der normalen Äther entspricht.[2]

Über Verbindung des Kaliumplatincyanürs. Th. W. Wilm beschreibt folgende von ihm dargestellte Verbindungen:

1. $(2KCy . PtCy^2 + 3H^2O)^3 . HNO^3$;
2. $(2KCy . PtCy^2 + 3H^2O)^3 . H^2O^2$;
3. $(2KCy . PtCy^2 + 3H^2O)^6 . O.$[3]

Darstellung von alkalischen Cyanaten und Cyaniden. Nach einem von W. Siepermann angegebenen Verfahren gewinnt man Cyanate, indem man Alkalikarbonat zur Vergrößerung der Oberfläche mit Bariumkarbonat und dergleichen mischt, bis über Dunkelrothgluth erhitzt, und Ammoniak darüberleitet. Durch Glühen einer Mischung von Alkalikarbonaten mit Kohlenpulver und Darüberleiten von Ammoniak erhält man Cyanid.[4]

Über Jodcyan. Setzt man nach E. v. Meyer zu Jodsäure eine kleine Menge von Cyanwasserstoffsäure, so wird dadurch die Reduktion derselben durch Ameisensäure verhindert. Auf die Reduktion der Jodsäure durch Jodwasserstoff und

[1] Journ. f. prakt. Chem. 35. 359—364.

[2] Žurn. russk. fiz. Chim. obšč. 18. 1. 435—476; Chem. Centralbl. 1887. 181. 220. 240. 271.

[3] Žurn. russk. fiz. Chim. obšč. 19. 1. 243. St. Petersburg (14.) 26. März; Chem. Centralbl. 1887. 689.

[4] D. R.-P. 38012.

ſchweflige Säure hat die Anweſenheit von Cyanwaſſerſtoffſäure keinen hindernben und nur bei der leßteren Säure einen hem=menben Einfluß. Durch Einwirkung von Cyanwaſſerſtoffſäure auf Job bilben ſich zwar Jobcyan und Jobwaſſerſtoff, indeſſen zerſeßen ſich dieſe leßteren bei Abweſenheit eines Überſchuſſes von Cyanwaſſerſtoffſäure ſofort wieder in Job und Cyanwaſſerſtoff. [1]

Abkömmlinge der fetten Kohlenwaſſerſtoffe.

Über das ſogenannte Bromojoboform. Die Unter=ſuchung, welche K. Löſcher mit dem Bromojoboform von Bou=charbat angeſtellt hat, hat ergeben, daß dasſelbe eine Auflöſung von Joboform in Bromoform iſt. [2]

Über Germaniumchloroform. Germaniumchloroform = GeHCl[3] erhält man nach A. Winkler durch Erhißen von Germanium im trocknen Chlorwaſſerſtoffſtrome nach der Glei=chung:

$$Ge + 3HCl = GeHCl^3 + H^2.$$

Die Verflüſſigung besſelben und die Reinbarſtellung ſind ſchwierig. In höherer Temperatur wird es wieder zerſeßt. [3]

Zur Kenntnis der gechlorten Schwefeläthyle. Nach B. Meyer iſt die phyſiologiſche Wirkung der gechlorten Schwefeläthyle:

$$S<^{C^2H^5}_{C^2H^5} \qquad S<^{C^2H^5}_{C^2H^4Cl} \qquad S<^{C^2H^4Cl}_{C^2H^4Cl}$$

Schwefeläthyl   Einfachchlor=   Zweifachchlor=
                 ſchweläthyl   ſchweläthyl

allein vom Chlorgehalt abhängig. Beides ſind heftige Gifte, die auf der menſchlichen Haut ſehr ſtarke und langwierige Ent=zünbungen hervorrufen, nur iſt das Monochlorid anſehnlich ge=ringer in ſeinen Wirkungen, während das Schweferäthyl ganz indifferent iſt. [4]

Über Germaniumäthyl. Das Germaniumäthyl, wie auch andere Verbinbungen des Germaniums mit ben Alkohol=rabikalen, ſind von A. Winkler bargeſtellt. Die Äthylverbin=

---

[1] Journ. f. prakt. Chem. 36. 292—299.
[2] Ber. b. b. ch. Geſ. 21. 131.
[3] Journ. f. prakt. Chem. 36. 177.
[4] Ber. b. b. ch. Geſ. 20. 1729.

bung = Ge(C⁴H⁵)⁴ bildet eine farblose, schwach lauchartig riechende, mit Wasser nicht mischbare Flüssigkeit, die bei nahe an 160° siedet und annähernd ein spec. Gew. = 0·96 hat.[1]

Über die Butenyltrikarbonsäure. Die Butenyltri= karbonsäure (Äthyläthenylkarbonsäure) ist auf Veranlassung von J. Volhard und Georg Polko aus dem Butenyltrikarbon= säureester = CH³CH²CH(COOC²H⁵)CH(COOC²H⁵)² resp. dem aus diesem dargestellten Kaliumsalze vermittels Chlorwasserstoff= säure abgeschieden und durch Äther ausgeschüttelt. Die auf diese Weise dargestellte Säure enthält aber etwas Äthylbernsteinsäure. Aus dem Baryumsalz konnte der Verf. die Säure rein erhalten. Die Butenyltrikarbonsäure besitzt eine rein weiße Farbe, löst sich sehr leicht in Wasser, Alkohol, Äther und Aceton, schwieriger in Chloroform. Aus einer kalt bereiteten Lösung der Säure in Aceton erhält man durch Abdunsten wohlausgebildete, glänzende, aber leicht zerfallende Kryſtalle der Säure, die sich auch aus der wässerigen Lösung bilden lassen. Sie schmilzt bei 119°. Der Verf. hat mehrere Salze dieser Säure dargestellt.[2]

Zur Kenntnis der Ätherschwefelsäuren im Urin bei Krankheiten. Aus einer Anzahl von Bestimmungen der Ätherschwefelsäuremenge im Urin von Kranken zieht Georg Hoppe-Seyler folgende Schlüsse:

„1. Mangelnde oder aufgehobene Resorption der normalen Verdauungsprodukte, wie sie bei Peritonitis, tuberkuloser Darm= erkrankung u. s. w. auftritt, führt zu Vermehrung der Äther= schwefelsäuren in Folge weiter gehender Zersetzung der Verdau= ungsprodukte durch Fäulnis und Resorption der so entstandenen Substanzen.

2. Bei Typhus abdominalis ist keine Vermehrung zu kon= ſtatiren, außer etwa, wenn der Darminhalt ſtagnirt.

3. Bei Magenerkrankungen, auch wenn die Ernährung dar= niederliegt und gährende Massen im Magen reichlich vorhanden sind, tritt nicht immer Vermehrung der Ätherschwefelsäure auf.

4. Einfache Koprostaſe hat keine Vermehrung der gebundenen Schwefelsäure zur Folge.

5. Fäulnisvorgänge im Organismus außerhalb des Darm=

---

[1] Journ. f. prakt. Chem. 36, 177.
[2] Inauguraldiss. Halle; Liebig's Annal. 242. 113—121.

kanals haben eine vermehrte Ausscheidung zur Folge und die=
selbe ist ungefähr proportional der Stärke der Fäulnisvorgänge,
nimmt zu bei der Retention faulender Stoffe, ab nach Entleerung
derselben.

6. Die Menge der gepaarten Schwefelsäure bleibt oft unge=
ändert, wenn auch andere Fäulnisprodukte als Paarlinge auf=
treten, d. h. unter veränderten Bedingungen der Fäulnis scheint
ein Fäulnisprodukt für das andere eintreten zu können. Be=
sonders gut läßt sich dieses bei Indoxyl und Skatoxyl verfolgen.

7. Statt des gewöhnlich in überwiegender Menge im nor=
malen Menschenurin enthaltenen Skatoxyls tritt bei Peritonitis
Indoxyl auf. Nach dem Ablauf desselben erscheint dafür aber
wieder das Skatoxyl." [1]

Über das Trimethylpropylammoniumjodid und
Trimethylpropylammoniumhydrat. Das Trimethyl=
propylammoniumjodid erhielt T. Langels durch Einwirkung
von Propylamin auf 3 Theile Jodmethyl in methylalkoholischer
Lösung unter anfänglichem Kühlen durch fließendes Wasser und
späterem Erhitzen auf dem Wasserbade. Es wird aus Alkohol
in langen, bei 190⁰ schmelzenden Nadeln erhalten. Das mittels
Silberoxyd aus dem Jodide erhaltene Hydrat reagirt stark alka=
lisch und zerfällt nach dem Eindampfen bis zur Syrupkonsistenz
bei der Destillation in Propylen und Trimethylamin. [2]

Synthese des Diäthylmethylkarbinols. Das Diä=
thylmethylkarbinol erhielt A. Reformatzky durch Einwirkung
von Jodmethyl und Zink auf Diäthylketon im Sinne folgender
Gleichungen:

a) $C_2H_5.CO.C_2H_5 + CH_3ZnJ = (C_2H_5)_2 C(CH_3)(OZnJ).$

b) $(C_2H_5)_2 C(CH_3)(OZnJ) + H_2O = (C_2H_5)_2 . C.(CH_3)(OH) +$
$$ZnJ(OH).$$

Dasselbe bildet eine farblose Flüssigkeit vom Siedepunkte
122⁰—123⁰ und ist mit der von A. Butlerow dargestellten
Flüssigkeit identisch. [3]

[1] Zeitschr. f. physiol. Chem. XII. 1—32; Medic. Klinik d.
Prof. Quincke in Kiel. 21. Juli 1887.

[2] Gazz. chim. ital. 16. 385—389. 26. Okt. (16. Juni) 1886;
Chem. Centralbl. 1887. 37.

[3] Journ. f. pr. Chem. 36. 340—347. Kasan; Chem. Labor.
v. A. Saytzeff; Chem. Centralbl. 1887. 1490—1491.

Über die Ausbeute an Spiritus aus Bataten.
In den Kolonien werden die Bataten vielfach zur Verarbeitung
auf Alkohol benutzt. Die Firma Savalle macht darüber folgende Angaben:

100 kg geben an 100procentigen Alkohol:

1. Bataten von Algier: 13,400 l.
2. Bataten von Martinique (roses): 15,000 l.
3. Bataten von Martinique (blanches): 14,210 l.
4. Malagabataten: 11,600 l.
5. Congobataten: 14,100 l.
6. Azorenbataten (roses): 13,000 l.
7. Azorenbataten (blanches): 14,210 l.

Die meiste Ausbeute liefern die Bataten der heißeren Länder.[1]

Der Alkohol in der Schweiz. Die staatliche Alkohol-
verwaltung der Schweiz wird drei Qualitäten Sprit liefern:

1. Weinsprit von 94—95 % (extrafeiner Primasprit) absolut
neutral, in der Qualität den feinsten Berliner Weinspriten entsprechend (als Zusatz zum Alkoholisiren der Weine geeignet).

2. Primasprit von 94—95 % in Qualität den feineren filtrirten Kartoffelspriten Leipzigs entsprechend.

3. Feinsprit von 94—95 %, in Qualität den guten einhei-
mischen Marken oder den Marken Breslau's oder Prag's entsprechend.[2]

Über die Alkohole im Cognak. Claudon und
Morin haben in einem aus nachweislich echtem Cognak erhaltenen Fuselöle folgende, in Procenten ausgedrückte Bestandtheile
gefunden:

Wasser	18·5
Äthylalkohol	10·5
Propylalkohole	8·3
Isobutylalkohol	3·2
Normalen Butylalkohol . . .	34·5
Amylalkohol	24·1
Ätherische Öle	0·9
Summa:	100·0

---

[1] Rev. univers. de la destill. 1887. 14. 706; Ch. Rep. d.
Ch.-Ztg. 1887. 158.

[2] Z. Spritind. 1887. X. 313; Vierteljahresschr. f. d. Ch.
der Nahr.- u. Genußm. 1887. 594.

Die Anwesenheit des normalen Butylalkohols erklären die
Verf. auf die Weise, daß derselbe aus dem im Weine vorhan=
benen Restzucker, sowie aus vorhandenem Glycerin durch den
Bacillus butylicus gebildet werden soll.[1]

Zur Untersuchung der Biere. E. Reichardt macht
wiederholt darauf aufmerksam, wie wichtig es ist bei der Unter=
suchung von Bieren die mikroskopische Prüfung der Hefe voran=
zustellen, indem die Fehler der Hefe es sind, welche oft die Er=
zeugung verdächtiger Biere veranlassen. Der Brauer sollte nach
dem Verf. seine Hefe vor dem Verbrauch auf ihre Beschaffenheit
selbst prüfen oder prüfen lassen.[2]

Wein.

Zur Prüfung des Weins. Unter 25 Naturweinen hat
E. Pollack mittels Diphenylaminlösung [0·01 Diphenylamin
in 10 kcm verdünnter Schwefelsäure (1 : 3) gelöst und diese
Lösung mit konzentrirter Schwefelsäure auf 50 kem gebracht]
nur 2 Weine mit einem äußerst geringen Salpetersäuregehalt
gefunden. Der Verf. glaubt deshalb, daß die Brauchbarkeit des
Nachweises von Salpetersäure zum Zwecke der Begutachtung bei
einer Weinanalyse kaum in Frage zu stellen sei, weil die Inten=
sität und die Schnelligkeit der auftretenden Blaufärbung doch
von Werth sein müsse.[3]

Weinanalysen. Von Carl Amthor sind eine Reihe
von Analysen reiner 1885er Weine aus Elsaß=Lothringen ver=
öffentlicht, bei denen sich folgende Verhältnisse herausstellten:

1. Alkohol zu Glycerin = $100 : 13·2$ bis $100 : 7·3$;
2. Nach Abzug der Gesammtsäure vom Extrakt bleibt im
   Maximum $1·8626$, im Minimum $0·9685$, nach Abzug der
   fixen Säure $1·9826$ und $1·0621$;
3. Asche zu Extrakt = $1 : 8·38$ bis $1 : 12·63$;
4. Phosphorsäure (P_2O_5) zur Asche = $1 : 5·33$ bis $1 : 9·81$.[4]

Über die Schädlichkeit gegypsten Weines. Marty
hält nach Versuchen, die derselbe mit gegypsten Weinen an seinem

[1] Ac. de sc. p. Journ. d. Pharm. et de Chim. 1887. T. XV.
631; Arch. d. Pharm. 225. 834.

[2] Arch. d. Pharm. 225. 1012—1014.

[3] Chem.=Ztg. 1887. 1465; Arch. d. Pharm. 226. 371—372.

[4] Zeitschr. f. analyt. Chem. 1887. 611; Arch. d. Ph. 226. 373.

eigenen Körper anstellte, 2 g Kaliumsulfat im Liter für das höchstmöglichste Zugeständnis. [1]

Über Verhinderung der Essigsäuregährung im Äpfelwein. Um die Umwandelung des Alkohols im ausgegohrenen Äpfelweine in Essigsäure zu verhindern, empfiehlt G. Lechartier eine Erhitzung, wozu 60° bei allen Äpfelweinen ausreichen, die zwischen 3—6 Procent Alkohol enthalten. Den eigenthümlichen Geschmack nach gekochten Früchten, den die Äpfelweine dadurch enthalten, schafft man weg durch Zusatz einer kleinen Menge nicht erhitzten Weines, wodurch von neuem eine regelmäßige Alkoholgährung eintritt, nach deren Beendigung dieser Geschmack verschwunden ist. [2]

Über das Gefrieren der Äpfelweine. Nach G. Lechartier lassen sich durch Gefrierenlassen bei — 18—20° koncentrirte Äpfelweine von vorzüglichem Geruch und Geschmack darstellen, wobei zu bemerken ist, daß diese Koncentration nicht um einen gewissen Grad überschritten und nur gute Weine dazu verwendet werden dürfen. Eine Sterilisation der Fermente des Äpfelweins findet hierbei nicht statt. [3]

Über Apfelsinenwein. Nach einem in der deutschen Kolonie Blumenau in Brasilien gebräuchlichen Verfahren gehören zu einem Fasse von ca. 144 Flaschen Apfelsinenwein 30 lg Zucker und 800—1000 Apfelsinen. Diese letzteren werden gepreßt, der Zucker in Wasser gelöst. Die Lösung des Zuckers wird gekocht, abgeschäumt, und nach dem Abkühlen zum Apfelsinensaft gesetzt. Nach der Gährung wird derselbe aufgefüllt und nach der Klärung abgezogen. [4]

Quittenäpfelwein. Nach dem Chem. and Drugg. erhält man den sehr erfrischenden Quittenwein auf folgende Art: Eine beliebige Menge reifer, in Stücke zerschnittener, ge-

---

[1] Journ. de Pharm. et de Chim. 1887. T. XV. 595; Arch. d. Pharm. 225. 834.

[2] C. r. 105. 653—655. (17.) Oktober; Chem. Centralbl. 1887. 1578.

[3] C. r. 105. 723—726. (24.) Okt.; Chem. Centralbl. 1887. 1522.

[4] Allg. W. Z. 1887. Nr. 50; Vierteljahresschr. d. Ch. der Nahrungs- u. Genußm. 1887. 568.

schälter und entkernter Quitten wird in einem Kupferkessel mit dem doppelten Gewicht Wasser ausgekocht und nach dem vollkommenen Erweichen auf die Presse gebracht. Auf etwa 29 l Most nimmt man nun 746 g Zucker und 146 g mit Wasser angemachte Hefe und überläßt das Ganze der Gährung. Man klärt nach Vollendung derselben den Wein und zieht ihn auf Flaschen.[1]

Limonenwein. Ein Syrup, aus 1120 g Zuckerpulver und 4·6 l Wasser bereitet, wird nach dem Chem. and Drugg. auf die sehr dünngeschälten Schalen von 4 Limonen gegossen. Der aus den Früchten gepreßte Saft wird mit 186 g Zuckerpulver zu einem dicken Syrup eingekocht und dieser lauwarm mit der ebenfalls lauwarmen obigen Flüssigkeit zusammengemischt. In die vereinigten Flüssigkeiten giebt man dann eine geröstete Schnitte Brot, welches mit einem Löffel voll frischer Hefe übergossen wurde und läßt das Ganze zwei Tage stehen. Man bringt dann den gewonnenen Limonenwein in ein passendes kleines Faß, verschließt dasselbe dicht, und zieht ihn nach Ablauf von 3 Monaten auf Flaschen.[2]

Über Galazym, ein neuer Milchwein. Man erhält denselben nach Dujardin, indem man in 1 l Milch 10 g Zucker löst, mit 4 g Hefe versetzt, in einer Flasche verkorkt und kühl stellt. Die Flüssigkeit soll nach der Gährung 1—2 Proc. Alkohol enthalten.[3]

Über Omeire. Nach einer Mittheilung von R. Marloth bereiten die Hereros in dem deutschen südwestafrikanischen Schutzgebiete, indem sie die Milch in Kürbisflaschen füllen, die noch Reste vergohrener Milch enthalten, und dann die Gefäße 1—3 Stunden lang ununterbrochen schütteln. Sie bildet eine dickliche, halbgeronnene Flüssigkeit von angenehm weinartigem Geruche, schwach säuerlichem, etwas prickelndem Geschmacke und enthält geringe Mengen Alkohol.[4]

---

[1] Zeitschr. d. allg. österr. Apotheker-Vereins. 15. 114.

[2] Ebenda.

[3] Milchztg. XVI. 496; n. Landb. Cour. vom 9. Juni; n. Luxemb. Ann.; Vierteljahrsschr. d. Chem. d. Nahr.- u. Genußm. Berlin. 1887. 364.

[4] Chem. Rep. d. Ch.-Ztg. 1887. 232; Arch. d. Ph. 1887. 774; Vierteljahrsschr. d. Ch. d. Nahr.- u. Genußm. Berlin. 1887. 364—365.

Bereitung von Meth (Honigwein). 10 l Honig werden mit 40—50 l Wasser versetzt, 1½ Stunde gekocht und das erkaltete Gemenge in ein offenes Faß behufs der Gährung gebracht. Nach 14 Tagen zieht man die Flüssigkeit ab, entfernt die Hefe, läßt noch einmal gähren und füllt auf Flaschen ab. Eine Zugabe von Honig ins Faß erhöht das Aroma; durch Zusatz von etwas Mutterhefe kann die Gährung beschleunigt werden. [1]

Branntwein der Marokkaner. Nach M. Quedenfeldt stellen die Marokkaner einen sehr scharfen Branntwein her, indem Traubensaft in einen porösen Thonkrug gepreßt, dieser verklebt und 10—15 Tage in einen Düngerhaufen eingegraben wird. [2]

Bildung von Amylalkohol. Nach Ed. Charles Morin bilden sich unter den von Fitz genauer festgestellten Bedingungen aus dem Glycerin durch Gährung mittels des Bacillus butylicus neben Äthylalkohol, Propyl- und Butylalkohol, Glycole und Säuren, auch noch normaler Amylalkohol. [3]

Anwendung des Amylacetats. Nach Mittheilungen von H. Trimble wird das Amylacetat als Lösungsmittel für Schießbaumwolle bei der Fabrikation des Celluloids und zur Bereitung gewisser Arten von Firnis für Messing und Kupfer verwandt. Der Firnis, durch Behandlung von 200 Theilen Nitrocellulose mit 60 Theilen Amylacetat bereitet, giebt mit Ricinusöl, Kaolin und kleinen Mengen eines ätherischen Öles eine Art von künstlichem Leder. [4]

Zur Kenntniß des Diallyls. Béhal hat bei der Hydration von Diallyl durch Schwefelsäure in Übereinstimmung mit Jekyll gefunden, daß sich das Anhydrid eines Glycols

---

[1] Drog.-Ztg. 1887. XIII. 46. 619; Vierteljahresschr. d. Ch. b. Nahr.- u. Genußm. 1887. 559.

[2] Z. f. Ethnologie 1887. XIX. 241; Chem. Ztg. XI. Rep. 291; Vierteljahresschr. d. Ch. d. Nahrungs- u. Genußm. Berlin. 1887. 593.

[3] C. r. 105. 816—818. (31.) Oktober; R. Sachse: Chem. Centralbl. 1887. 1506—1507.

[4] Amer. Journ. of. Pharm. 1887. 275; Schweiz. Wochenschrift f. Pharm. 25. 344—345; Chem. Centralbl. 1456.

(Würtz's Hexylenpseudoxyd) neben Sulfosäuren des Diallyls bilden.[1]

Über ein Vorkommen des Cholins. E. Jahns beschreibt das von ihm aufgefundene Vorkommen des Cholins im Bockshornsamen (von **Trigonella foenum graecum** abstammend).[2]

Über das specifische Gewicht wässeriger Glycerinlösungen. W. W. J. Nicol veröffentlicht darüber folgende Tabelle:

Procente Glycerin.	Spec. Gew.
100	1·26348
90	1·23720
80	1·21010
70	1·18293
60	1·15561
50	1·12831
40	1·10118
30	1·07469
20	1·04884
10	1·02391
Wasser bei 20⁰	1·00000.[3]

Über eine Bildung von Erythrit. Bei der Einwirkung von Hydroxylamin auf Erythrenbioxyd = $C^4H^6O^2$ erhielt S. A. Pribytek eine stickstoffhaltige Verbindung, welche beim Kochen mit Chlorwasserstoffsäure Hydroxylaminhydrat und Erythrit liefert.[4]

Zur Kenntnis des Glycerinaldehyds. Grimaux hat wiederholt eine Gährung des rohen Glycerinaldehyds = $C^3H^6O^3$, dem Isomer der Glycose beobachtet.[5]

----

1) Ch.-Ztg. 1887. 874.

2) Arch. d. Pharm. 225. 988—989.

3) Pharm. Journ. and Trans. 1887. 8. 297; Chem.-Ztg. 11; Rep. 246; Chem. Centralbl. 1887. 1455.

4) Žurn. russk. fiz. chim. obšč. 19. 551. (Novbr.) 7. Okt. St. Petersburg; Chem. Centralbl. 1539.

5) Ac. de sc. p. Journ. de Pharm. et de Chim. 1887. T. XVI, 35; Arch. d. Pharm. 225. 833.

Einwirkung des Schwefels auf Aldehyde. Bei acht-
stündigem Erhitzen von 25 g Schwefel mit 10 g Valeraldehyd
auf 250° bildet sich nach G. A. Barbaglia Sulfovaleraldehyd
und Valbriansäure, wie folgende Gleichung zeigt:

$$4\,C^5H^{10}O + S^2 = 2\,C^5H^{10}S + 2\,C^5H^{10}O^2.$$

Unter andern Produkten wird aber auch unter Schwefelwasserstoff-
entwickelung Trisulfovaleraldehyd $= CH^2{-}CH{-}CH{-}CH{-}CHS$

gebildet. [1)]

Zur Kenntniß des Paraldehydes. Nach Eugen
Fröhner ist das Paraldehyd, weil es eine Reduktion des
Blutes bewirkt, in der Thierheilkunde gar nicht, und in der
Menschenheilkunde nur mit der größten Vorsicht anzuwenden. [2)]

Über Acetonitril und Essigsäure durch Synthese.
L. Henry ist durch seine Untersuchungen zu folgenden Sätzen
gelangt:

1. Die Einwirkung von Jodmethyl auf Cyankalium in
Gegenwart von Methyl- oder Äthylalkohol bildet das vortheil-
hafteste Verfahren zur synthetischen Darstellung von Acetonitril.

2. Die Hydration des Acetonitrils und seine Umwandlung
in Essigsäure erfolgt am bequemsten mit Hülfe von koncentrirter
und rauchender Salzsäure.

3. Die Zersetzung von geschmolzenem und gepulvertem, reinem
Natriumacetat durch trockenes Chlorwasserstoffgas gestattet leicht
die Darstellung von Eisessig.

4. Die synthetisch erhaltene Essigsäure ist identisch mit der
aus Alkohol oder Holz darstellbaren Essigsäure.

5. Diese Identität gilt auch für ihre korrespondirenden
Derivate. So existirt beispielsweise nur eine Monochloressigsäure
und nur eine Malonsäure. [3)]

Über einige Salze der Phtalylamidoessigsäure.

[1)] Gazz. chim. 16. 426—430. 10. Decbr.; Chem. Rep. der
Ch.-Ztg. 1887. 44.

[2)] Berl. Klin. W. 24. 685—686. Sept. Berl. Pharmakolog.
Inst. d. K. Thierarzneischule; Chem. Centralbl. 1887. 1436.

[3)] Mitth. in. d. Sitz. b. Acad. royale de Belge am 5. Febr.;
2⁰ Monit. Belge 1887. 57. 487; Chem. Rep. b. Ch.-Ztg. 1887. 44.

Ludwig Reese hat folgende Salze der Phtalylamidoessigsäure $= C^6H^4.C^2H^2.N.CH^2.CO^2H$ dargestellt.

1. Phtalylamidoessigsaures Natrium $= C^{10}H^6NO^4Na+H^2O$;
2. Phtalylamidoessigsaures Ammoniak $= C^{10}H^6NO^4NH^4$;
3. Phtalylamidoessigsaures Kupfer $= (C^{10}H^6NO^4)^2Cu+3H^2O$;
4. Phtalylamidoessigsaures Silber $= C^{10}H^6NO^4Ag$;
5. Phtalylamidoessigsaures Äthyl $= C^{10}H^6.NO^4.C^2H^5$. [1]

Über die Cyanessigsäure. Die Cyanessigsäure $= CN$ $— CH^2 — COOH$ kann nach L. Henry in vollkommen weißen, gut ausgebildeten Krystallen erhalten werden, die bei 65—66° schmelzen (entgegen der Angabe des Schmelzpunktes von 55° von van t'Hoff). [2]

Über Homologe des Acetylacetons. Untersuchungen von Alphonse Combes haben ergeben, daß die dem Acetyl= aceton homologen Diacetone durch Zersetzung mit Kali alle Ketone der fetten Reihe von der Formel $CH^3 — CO — C_nH_{2n}+1$ liefern. [3]

Über β-Dichlorpropionsäure. G. Fromme hat auf Veranlassung von R. Otto die Darstellung der β-Dichlorpropion= säure $= CHCl^2 — CH^3 — COOH$ durch Erhitzen von β-Mono= chloracrylsäure ($CHCl = CH = COOH$) mit Chlorwasserstoffsäure durchgeführt. Es wurden dabei 2 g der ersteren mit 10 kcm 40procentiger Chlorwasserstoffsäure im geschlossenen Rohr 35—40 Stunden auf 80°—85° erhitzt. [4]

Über Phtalamidocapronsäure. Nach Ludwig Reese entsteht beim Zusammenschmelzen von Phtalsäureanhydrid mit mit Leucin Phtalylamidocapronsäure, Phtalylleucin, in folgender Weise:

$$C^6H^4{<}^{CO}_{CO}{>}O + NH^2.CH{<}^{(CH^2)^3.CH^3}_{CO^2H} =$$

$$C^6H^4.C^2O^2N.CH{<}^{(CH^2)^3.CH^3}_{CO^2H} + H^2O.$$

---

[1] Liebig's Annal. d. Chem. 242. 1—6.
[2] C. r. 104. 1618—21. (6.) Juni; Chem. Rep. d. Ch.-Ztg. 1887. 164.
[3] C. r. 104. 920. 21. (28.) März; Ch. Centralbl. (3.) 18. 460.
[4] Liebig's Ann. d. Chem. 239. 257; Ch. Rep. d. Ch.-Ztg. 1887. 164.

Die Verbindung löst sich nicht in kaltem Waſſer, ſchmilzt unter ſiedendem Waſſer zu einem dicken Öl, das beim Erkalten ſehr langſam kryſtalliniſch erſtarrt, während aus der Flüſſigkeit in geringer Menge zarte weiße Täfelchen abgeſchieden werden. In Alkohol iſt ſie leicht löslich; aus dieſer Löſung fällt Waſſer ſie als Öl, welches allmählich kryſtalliſirt und dann Büſchel von glänzenden Nadeln bildet. Äther löſt ſie leicht, Chloroform nicht. Der Schmelzpunkt liegt zwiſchen 115—116°. Der Verf. hatte bei der Darſtellung der Phtalamidocapronſäure optiſch aktives Leucin verwendet und erwies ſich die erhaltene Säure ebenfalls optiſch aktiv. Unterwirft man dieſe aktive Säure der trockenen Deſtillation, ſo deſtillirt inaktive Phtalylamidocapronſäure über, welche ſich beim Erkalten des Deſtillates in dicken, prismatiſchen, in kaltem Waſſer unlöslichen Kryſtallen ausſcheidet. Sie ſchmelzen bei 142° (unkorr.). Der Verf. bezeichnet die beiden Säuren mit a- und i-Phtalylamidocapronſäure, von denen er mehrere Salze beſchreibt. [1]

Zur Kenntnis der Caprinſäure. A. und B. Buiſine haben die Caprinſäure iu den Schweißwäſſern der Wolle in reichlicher Menge aufgefunden. Sie bildet eine butterartige kryſtalliniſche Maſſe, die bei 31° ſchmilzt und ſtark nach ranziger Butter riecht. Sie löſt ſich etwas in ſiedendem Waſſer und ſcheidet ſich aus dieſer Löſung beim Erkalten derſelben in ſchönen weißen Nadeln ab. In Äther und Alkohol iſt die Säure löslich. [2]

Über den Nachweis von Stearinſäure im Wallrat. Nach der Chemiker-Zeitung ſchmilzt man, um eine jetzt häufig vorkommende Verfälſchung desſelben mit Stearinſäure nachzuweiſen, eine beſtimmte Menge des Wallrats in einer Porcellanſchale, fügt Ammoniak hinzu und rührt kurze Zeit um, worauf man erkalten läßt. Das Wallrat wird nach dem Erkalten abgehoben und die Ammonſeife mit Chlorwaſſerſtoffſäure zur Abſcheidung der Stearinſäure verſetzt. [3]

Darſtellung von Milchſäure. Ch. R. Waite ſetzt bei der Darſtellung der Milchſäure aus gährungsfähigem Zucker

---

[1] Liebig's Ann. b. Chem. 242. 9—15.
[2] C. r. 1887. 105. 614.
[3] Arch. b. Pharm. 225. 584.

unter dem Einfluß des Milchsäurefermentes und in Gegenwart eines Neutralisationsmittels der Masse noch Leim hinzu.[1]

Über die Bildung der Oxalsäure in den Gewächsen. Arbeiten von Berthelot und André machen es wahrscheinlich, daß die Eiweißkörper zur Bildung der Oxalsäure in den Pflanzen in naher Beziehung stehen.[2]

Über das Ditetrachlorstiboniumoxalat. Das Ditetrachlorstiboniumoxalat = $Cl^4Sb — CO^2 — CO^2 — SbCl^4$ entsteht nach Richard Anschütz und Norman P. Evani nach der Gleichung:

$$(CO^2H)^2 + 2\,SbCl^5 = C^2O^4Sb^2Cl^8 + HCl,$$

wenn man 2 Mol. Antimonpentachlorid auf 1 Mol. Oxalsäure einwirken läßt. Man erhält die Verbindung aus Chloroform in durchsichtigen, farblosen, tafelförmigen Krystallen; sie schmilzt bei 148·5—149°.[3]

Über den Diallylmalonsäureäther. B. Matvégew und S. Zukowsky haben wie früher Daimler bei der Einwirkung von Jodäthyl und Zink auf den Malonsäureäther den Diäthyl-, und bei Anwendung von Allyljodür und Zink den Diallylmalonsäureäther erhalten. Nach dem Verf. verläuft diese Reaktion nach folgenden Gleichungen:

$$1.\quad C{<}^{COOR}_{COOR}H^2 + R^1ZnJ = C{<}^{COOR}_{COOR}H(ZnJ) + R^1H.$$

$$2.\quad C{<}^{COOR}_{COOR}H(ZnJ) + R^1J = C{<}^{COOR}_{COOR}H(R^1) + ZnJ^2.$$

$$3.\quad C{<}^{COOR}_{COOR}H(R^1) + R^1ZnJ = C{<}^{COOR}_{COOR}(ZnJ)(R^1) + R^1H.$$

$$4.\quad C{<}^{COOR}_{COOR}(ZnJ)(R^1) + R^1J = C{<}^{COOR}_{COOR.}(R^1)(R^1) + ZnJ^2.[4]$$

---

[1] Amer. P. 365 655. 28. Juni 1887. Medford. Maff.; Chem. Rep. d. Ch.-Ztg. 1887. 875.

[2] Bullet. Par. 47. 28—30; Chem. Centralbl. (3.) 18. 246.

[3] Liebig's Ann. 239. 285—297. 16. Mai. (27. März) Bonn. Chem. Univ.-Labor.; Chem. Centralbl. 1887. 1015.

[4] Žurn. russk. fiz. chim. obšč. 19. 297—298. Mai. Zajcev; Univ.-Labor. Kasan; Chem. Centralbl. (3.) 18. 1250—51.

Über die Äthylbernsteinsäure. Georg Polko hat auf Veranlassung von J. Volhard die Äthylbernsteinsäure — $C^9H^{10}O^4$ und einige Salze derselben dargestellt. Der Schmelzpunkt der Säure liegt bei 97^0.[1]

Über a-Chloralocrotonsäure. Arthur Michael und C. M. Browne haben aus α-β-Dichlorbuttersäure ein a-Dirivat der Chloralocrotonsäure dargestellt.[2]

Über die Dibromsebacinsäure. Ad. Claus und Th. Steinkauer haben die Dibromsebacinsäure — $C^{10}H^{10}Br^2O^4$ (Schmelzpunkt 115^0 — Erstarrungspunkt 95^0) und einige Salze und Äther derselben beschrieben.[3]

Über die Neutralisationswärmen der Äpfelsäure und ihrer pyrogenen Derivate. H. Gal und E. Werner haben über diesen Gegenstand Untersuchungen veröffentlicht, die das Ergebnis enthalten, daß die totale Neutralisationswärme der pyrogenen Säuren, ausgenommen der Itaconsäure, um etwa 2 Cal. größer ist, als die der ursprünglichen Säuren.[4]

Über die Destillation der Citronensäure mit Glycerin. Durch Destillation von 500 g Citronensäure mit 750 g Glycerin von 28^0 erhielten Ph. de Clermont und P. Chautard neben andern Körpern eine zwischen 220 und 275^0 siedende Fraktion, aus der sich bei mehrtägigem Stehen im luftleeren Raume und dann folgendem Abkühlen auf — 15^0 ein fester Körper ausscheidet, der mit dem Brenztraubensäureglycibäther oder Pyravin —

$$CH^3.CO.CO.O.CH^2.CH.CH^2$$

identisch ist.[5]

---

[1] Inauguraldiss. Halle; Liebig's Ann. 242. 121—126.

[2] Ber. d. d. Ch. Ges. 19. 1378. 1386. 20. 530; Journ. f. prakt. Chem. 35. 257. 36. 174—176; Chem. Centralbl. 1887. 1281 u. 1455.

[3] Ber. d. d. chem. Ges. 20. 2882—89. Nov. (26. Okt). Freiburg i. B.

[4] C. r. 103. 1019—22 [(22.) Nov. 1886]; Chem. Centralbl. 1887. 31—32.

[5] C. r. 105. 520; Chem. Rep. d. Ch.-Ztg. 1887. 262.

Über die Umwandlung von Maleïn- und Fumar-säure in Asparaginsäure. Engel erhielt durch direkte Bindung der Elemente des Ammoniaks aus der Maleïn- und Fumarsäure eine Asparaginsäure, indem er dieselben mit einem Überschuß von alkoholischem oder wässerigem Ammoniak 20 Stunden lang auf 140°—150° erhitzte, das überschüssige Ammoniak durch Verdampfen auf dem Wasserbade vertrieb, den Rückstand in wenig Wasser löste und ein wenig Chlorwasserstoffsäure zufügte, worauf sich nach einigen Stunden die Krystalle ausschieden. Die Mutterlauge wurde dann so oft mit etwas Chlorwasserstoffsäure versetzt, als noch eine Abscheidung von Krystallen stattfand. Die erhaltene Asparaginsäure ist identisch mit der von Dessaignes dargestellten inaktiven Asparaginsäure. [1]

Über Fumarsäureamid. Wird nach G. Körner und A. Monozzi Brombernsteinsäureäther mit 4 Vol. koncentrirten, wässerigen Ammoniak bei gewöhnlicher Temperatur in geschlossenen Gefäßen längere Zeit behandelt, so erhält man Fumarsäure-amid = $C^4H^6N^2O^2$. Unter denselben Verhältnissen entsteht dieser letztere Körper auch, wenn man 4 Theile alkoholisches zwölfprocentiges Ammoniak anwendet; bei vier- bis fünfstündigem Erhitzen auf 105°—110° erhält man aber ein Isomer des Fumar-amids, welches die Verfasser für das bisher noch unbenannte Asparaginsäureamid =

$$CO — CH(NH^2) — CH^2 — CO — NH$$

halten. [2]

Derivate der Pyrotritartarsäure. Mittels Brombampf erhielten F. Dietrich und C. Paal aus der Pyrotritartarsäure Tetrabromtritartarsäure = $C^7H^4Br^8O^3$, deren Schmelzpunkt bei 161—163° liegt. Bei der Destillation der Pyrotritartarsäure entsteht nach den Verf. Kohlensäure, Dimethylfurfuron und Uvinon, deren Bildungsweise, resp. Konstitution folgende Formeln zum Ausdruck bringen:

---

[1] C. r. 104. 1805; Chem. Rep. d. Ch.-Ztg. 1887. 170.
[2] Rend. R. Acc. Lincei 3. 365—368 (1. Mai) Ch. Ctr.-Bl. (3.) 18. 714.

$$\text{CH}^3\text{C} \overset{\text{O}}{\diagdown} \text{CCH}^3 \\ \overset{\|}{\text{HC}} \text{——} \overset{\|}{\text{CCOOH}} \quad = \quad \text{CH}^3\text{C} \overset{\text{O}}{\diagdown} \text{C.CH}^3 \\ \overset{\|}{\text{HC}} \text{——} \overset{\|}{\text{CH.}} \quad + \text{CO}^2$$

Dimethylfurfuron.

$$2\text{O} \underset{\text{CH}^3 \quad \text{COOH}}{\overset{\text{CH}^3 \quad \text{H}}{<\overset{\text{C}==\text{C}}{\underset{\text{C}==\text{C}}{}}>}} = 2\text{H}^2\text{O} + \text{O} \underset{\text{CO}}{\overset{\text{CO}}{<\overset{\text{C}=\text{C}\wedge\text{C}=\text{C.CH}^3}{\underset{\text{C}=\text{C}\vee\text{C}=\text{C.CH}^3}{}}>\text{O}}}$$

Uvinon.

Vom Uvinon erhielten die Verfasser ein Octobromuvinon $= \text{C}^{14}\text{H}^4\text{Br}^8\text{O}^4$ in großen goldgelben Prismen mit Pyramiden.[1]

Zur Kenntnis des Jodols. Nach D. Robinsohn's physiologischen Untersuchungen erfolgt die Resorption des Jodols sehr langsam und allmählich, und offenbar nur nach Maßgabe der allmählichen Jodabspaltung; an Substanz wird das äußerst schwer lösliche Jodol, wie es scheint nicht absorbirt. Es ist nach den Versuchen in größeren Dosen unzweifelhaft giftig, doch scheint seine toxische Wirkung geringer zu sein, als die des Jodoforms. Seine antiseptischen Eigenschaften sind gering und stehen jedenfalls denen des Jodoforms nach, wobei aber noch festzustellen ist, ob das Jodol auf Wunden und Geschwüren günstigere Bedingungen für die Abspaltung von freiem Jod und somit für eine energischere Antisepsis findet. Die künstliche Verdauung der Eiweißstoffe wird durch das Jodol nicht beeinflußt.[2]

Anacarbsäure. Über die durch Städeler bekannt gewordene Anacarbsäure (aus Anacardium occidentale) stellten S. Ruhemann und S. Skinner neue Untersuchungen an, welche ergaben, daß dieselbe eine einbasische Oxylkarbonsäure von der Formel $= \text{C}^{22}\text{H}^{32}\text{O}^3$ ist.[3]

Zur Kenntnis der Agaricinsäure. Schmieder giebt

---

[1] Ber. d. d. chem. Ges. 20. 1077—88. 25. April (29. März). Erlangen. Univers.-Laborator.

[2] Inaug.-Dissert. d. Univ. z. Königsberg 1887; Chem. Rep. d. Ch.-Ztg. 1887. 222.

[3] Ber. d. d. chem. Ges. 20. 1861; Archiv der Pharm. Bd. 225. 823.

als Schmelzpunkt der Agaricinsäure 128—129⁰ an. P. Jahns hat seine frühere Angabe, daß der Schmelzpunkt dieser Säure bei 138—139⁰ liege, nochmals geprüft und für richtig befunden, so daß er annimmt, daß nur ein Druckfehler in der Angabe Schmieder's vorliegt. [1]

Die natürlich vorkommenden Fette.

Über die Zusammensetzung von Butter verschiedener Herkunft. E. Duclaux hat neuerdings Buttersorten analysirt nnd folgende Verhältnisse in Bezug auf das Vorkommen von Buttersäure und Capronsäure festgestellt:

Butter von:	Buttersäure.	Capronsäure.
Isigni	4·76—5·09	2·52—2·83
Bretagne	3·74—5·06	2·58—3·18
Cantac	3·72—4·86	2·05—2·68. [2]

Zur Prüfung der Butter auf Margarin. Schmilzt man nach Eug. Collin 15—20 g Margarin bei mäßiger Wärme in einer Porzellanschale, so erscheinen bald beträchtliche Mengen oft ziemlich langer und voluminöser Fasern, die sich von der aus verflüssigter Naturbutter abgeschiedenen Caseïnsubstanz sehr unterscheiden. Dieselben lassen sich mit einer Nadel leicht sammeln und zeigen unter dem Mikroskop eine vollkommen organisirte Struktur; sie bestehen aus einem ziemlich dichten Gewebe, das durch sehr kleine Zellen gebildet wird, zwischen denen man viel beträchtlichere kleine Schläuche bemerkt. Es sind dieses Überreste des Zellengewebes, das die fetthaltigen Zellen einschließt, die sehr leicht von dem pulverigen und amorphen Niederschlag aus der geschmolzenen Naturbutter zu unterscheiden sind. Auf diese Weise lassen sich also Naturbutter und Margarine leicht erkennen und eine Verfälschung der erstern mit der letztern ebenso leicht nachweisen. Die Anwesenheit von Talg vom Hammel oder Kalb in der Naturbutter kann auf demselben Wege aufgefunden werden. [3]

---

[1] Arch. d. Pharm. 225. 997—998.

[2] C. r. 1887. 104. 1727, nach Chem. Ind. 1887. 13. 28; Vierteljahresschr. d. Chem. d. Nahrungs- u. Genußm. Berlin. 1887. 375.

[3] Journ. Pharm. Chim. 1887. 5. Sér. 16. 149; Chem. Rep. d. Ch.-Ztg. 1887. 211.

Zur Butterverfälschung. G. Billitz theilt mit, daß in Amerika aus Milch, billiger Kuhbutter und etwas Alaun 6, 8 bis 12 mal soviel Butter producirt wird, als nach dem bisher gebräuchlichen Verfahren. Nach der von ihm unten mitgetheilten Analyse ist diese Butter allerdings nichts weniger als markt= fähig:

Wasser	35·32	Proc.
Fett	62·00	„
Caseïn	2·00	„
Asche	0·20	„
Milchzucker	0·48	„ [1]

Konservirung von Butter. Pierre Grosfils empfiehlt hierzu eine Flüssigkeit von 98 Theilen Wasser, 2 Theilen Milch= säure und 0·0002 Salicylsäure, welche hinreicht, um 1 kg Butter selbst in heißen Gegenden oder bei großer Hitze auf beliebige Zeit aufzubewahren. Milch= und Salicylsäure können vor dem Gebrauch mit sodahaltigem Wasser oder solcher Milch durch Aus= kneten entfernt werden. [2]

Zur Kunstbutterfrage. Nach Th. T. F. Bruce= Warren wird in neuester Zeit das aus Guatemala stammende Fett von Myristica sebifera und auch Sesamöl zur Bereitung von Kunstbutter empfohlen. [3]

Über Fette und fette Öle, welche zu Seifen Ver= wendung finden. M. Villon macht Mittheilungen über das in Japan durch Auskochen oder Auspressen der Sardinen gewonnene Fett, sowie über Alligatoröl, Krokodilöl und Haifisch= fett, welche sämmtlich in der Seifen= und Kerzenfabrikation Ver= wendung finden. [4]

Zur Bestimmung der Trockensubstanz des Fettes in der Milch. Nach F. Gantter eignet sich für die Bestim= mung der Trockensubstanz der Milch (Butter) der Holzstoff (Sulfat=

---

[1] Milchz. 1887. XVI. 810; Vierteljahresschr. d. Chem. der Nahrungs= u. Genußm. Berlin 1887. 526.

[2] I. Ch. Soc. Ind. 6. 670; Chem. Centralbl. 1887. 1578.

[3] Chem. N. 56. 133. 23. Sept.; Centralbl. 1887. 1451.

[4] Corps gras XIII 178. 196 u. 290; Chem. Jnb. 1887. II. 321; Vierteljahresschr. d. Chem. der Nahrungs= und Genußm. 1887. 535.

ſtoff), den man zuvor getrocknet und durch Ausziehen mit Petro=
leumäther von allen Harzbeſtandtheilen befreit hat. Es genügen
2 g desſelben für 5 bis 6 g Milch, 3 g für 5 g Butter.[1]

Zur Kenntnis des Wollfetts. F. Kleinſchmidt
hat folgende drei Handelsſorten Wollfett unterſucht und die
Reſultate der Unterſuchung wie folgt mitgetheilt.

	I. Agnine der Firma Th. Matcalf & Co.	II. Lanolinum puissimum. Liebreich von der Firma Benno Jaffée und Darmſtädter.	III. Lanolin. Liebreich von der Firma Benno Jaffée und Darmſtädter.
Spec. Gew.	0·94	0·85	0·86
Waſſer	0	19·26	23·74
Freie Fettſäuren, bez. auf Stearinſäure .	22·12 (?)	7·75	1·254
Mineraliſche Beſtand= theile	0·08	0·17	Spuren
Ätheriſcher Rückſtand: feſte Alkohole . .	73·46	41·9	53·7
Flüchtige Fettſäuren, bezogen auf $C^6 H^{12} O^2$ . . .	0·44	1·6	1·48
Nicht flüchtige, un= lösliche Fettſäuren	27·6	36·12	23·7.[2]

Unterſcheidung von Leinöl und Leinölfirniß.
Leinöl und Kalkwaſſer geben zu gleichen Theilen vermiſcht eine
bleibende Emulſion; bei Kalkwaſſer und Leinölfirniß zeigt ſich
nach Ed. Hahn dieſe Eigenſchaft nicht. Weißer Leinölfirniß
oder gebleichter Leinölfirniß veranlaßt mit dem Reagens eine
rein weiße bleibende Emulſion.[3]

---

[1] Zeitſchr. f. analyt. Chem. 1887. 677—680.
[2] Ph. Rundſch. 1887. 150; Ztſchr. f. Chem. Ind. 2, 109—10;
Chem. Centralbl. 1887. 1214.
[3] Pharm. Ztg. 1887. 32. 449; Rep. d. Ch.=Ztg. 203.

Über Linusinsäure. K. Hazura erhielt durch Oxydation von Leinölsäure in alkalischer Lösung mit $KMnO^4$ eine neue Säure, die er „Linusinsäure" nennt. Dieselbe bildet seidenglänzende, in Wasser schwer lösliche Nadeln, schmilzt bei 188° und besitzt eine Zusammensetzung von der Formel $= C^{18}H^{36}O7$.[1]

Senföl als Schmiermittel. Die Schmierfähigkeit des Senföles soll sich zu der des Olivenöles wie 263 : 168 und zu der des Mineralöles wie 263 : 125 verhalten. Ein weiterer Vortheil des Senföles wäre der, daß es erst bei 7—8° R. gerinnt. Es läßt sich auch lange aufbewahren, ohne ranzig zu werden, und bildet mit der Luft in Berührung nicht so leicht Fettsäuren, welche die Metalle angreifen. Das Öl wird nach einem erprobten Verfahren von Gebrüder Born in Ilversgehofen bei Erfurt dargestellt.[2]

Über das fette Öl von Strophantussamen. D. W. Fischer hat das von Chlorophyll grüngefärbte Öl des Strophantussamen näher untersucht. Der Gesammtfettsäuregehalt derselben beträgt 92 Proc., der Schmelzpunkt der Fettsäuren liegt bei 44°; sein spec. Gew. ist bei + 21° C. $= 0·9247$.[3]

Über Lipanin. B. Mering glaubt im Olivenöl, welches einen partiellen Verseifungsproceß durchgemacht hat und danach 6 Proc. freie Ölsäure enthält, ein vollständiges Ersatzmittel für Leberthran gefunden zu haben. Sein Name „Lipanin" ist abgeleitet von λιπαίνειν, fettmachen, mästen. Dasselbe, wie es Kahlbaum in Berlin in den Handel bringt, besitzt das Ansehen eines guten Olivenöls, zeigt den Geschmack desselben, wird leicht vertragen und wegen seiner Emulsionsfähigkeit leicht resorbirt.[4]

Rüböl, mit Mineralöl verfälscht. C. Focke hat zweimal Rüböl im Handel gefunden, welches mit Mineralöl verfälscht war.[5]

Eine neue Ölpflanze. Die Samen von Lallemantia

---

[1] Monatsh. f. Chem. 7. 637.

[2] Mittheil. d. technol. Gewerbe-Museums in Wien. Sect. f. Metall-Ind. und Elektrotechn. 1887. 187.

[3] Pharm. Post 1887. Nr. 30; Pharm. Ztg. 32. 489.

[4] Therap. Monatsh. durch Med. Centr.-Zeit.; Chem. Centralbl. 226. 321.

[5] Repert. d. analyt. Chem. 1887. 286.

iberica Fisch et Mey (der Familie der Labiaten angehörend), welche in Taurien und dem Kaukasus einheimisch ist, sind von L. Richter als Ölfrucht empfohlen. Dieselben enthalten im trockenen Zustande folgende Bestandtheile:

Stickstoffhaltige Substanz . . 23·79 Proc.
Fett (Öl) . . . . 33·52 „
Rohfaser . . . . 21·37 „
Stickstofffreie Extraktivstoffe . 17·36 „
Asche . . . . 3·96 „
Summa: 100·00 Proc.

Der Erstarrungspunkt des Öles liegt zwischen 34⁰ und 35⁰; es besitzt bei 20⁰—21⁰ ein spec. Gew. von 0·9336.[1]

Über Mollin. Ist eine überfettete Seife, welche in der Heilkunde Anwendung findet.[2]

Untersuchung der Handelsseifen. Die Untersuchung der Handelsseifen kann auf folgendem Wege geschehen:

1. 5 g der feingeschabten Seife werden bei 100⁰ C. getrocknet: Der Gewichtsverlust ergiebt den Wassergehalt. Der Rückstand mit einer hinreichenden Menge Schwefelkohlenstoff ausgezogen und an der Luft getrocknet giebt durch den neuen Gewichtsverlust die nicht verseifte Fettmenge an. Diesen so behandelten Rückstand nimmt man in 80 kcm Weingeist von 0·825 spec. Gew. auf und ergänzt das Ganze durch Wasser bis auf 500 kcm. Von der erhaltenen Flüssigkeit kommen so lange kleine Mengen zu titrirter Barytlösung bis der Schüttelschaum zum Stehen kommt. Der Verbrauch zeigt die Menge der fetten und Harzsäure an. Derjenige Theil, welcher sich in Weingeist nicht löst, giebt im getrockneten Zustande bei der Wägung den Gehalt der Seife an fremden Stoffen an. Durch Auslaugen derselben mit heißem Wasser und Wägen des wieder getrockneten neuen Rückstandes erfährt man die Menge vorhandener löslicher Mineralsalze und unlöslicher Substanzen.

2. 10 g der nicht getrockneten Seife werden in 90 kcm Wasser gelöst, dann 10 kcm dieser Lösung mit 20 kcm heißem Wasser verdünnt und 10 kcm einer Normalsäure zugesetzt. Sind

---

[1] Landwirthsch. Versuchs-Stat. 1887. 33. 455; Bot. Centr.-Bl. 1887. 31. 377; Chem. Rep. d. Ch.-Ztg. 1887. 234.

[2] Handels-Ber. v. Gehe u. Co. Dresden. Sept. 1887.

die hierdurch abgeschiedenen Fettsäuren entfernt, so wird der Säureüberschuß mit Alkali titrirt und hieraus das Gesammtalkali der Seife berechnet. 20 lcm von derselben Lösung werden dann mit gekochtem destillirten Wasser verdünnt, mit einem kleinen Überschuß von Bariumnitrat versetzt, die Mischung auf 200 lcm gebracht und in 100 lcm die Alkalicität mit Zehntelnormalsäure bestimmt. Hierdurch findet man die vorhanden gewesenen freien Alkalien. Alsdann mischt man 20 lcm der nämlichen Lösung mit 80 lcm gesättigter Kochsalzlösung. Die dadurch ausgeschiedene Fettseife wird mit Salzwasser (Kochsalz) gewaschen, gepreßt, in warmem Wasser und 40 lcm Alkohol gelöst, die Lösung auf 200 lcm verdünnt und die Fettsäure mit titrirter Bariumnitratlösung wie unter „1" bestimmt. Die Differenz ergiebt die Menge des vorhandenen Harzes. Anderweit zersetzt man 10 lcm der ursprünglichen Seifenlösung heiß durch Schwefelsäure, scheidet nach dem Erkalten die dadurch abgeschiedenen Fett- und Harzsäuren durch Filtration ab und bestimmt im Filtrat durch Kaliumpermanganat das Glycerin. Hierbei wird der Überschuß des Permanganates durch Oxalsäure zurücktitrirt. Bei der Berechnung berücksichtigt man, daß 1 g Glycerin gleichwerthig ist 9·59 g Oxalsäure.

3. Man äschert 5 g der Seife nach dem Trocknen ein, verwandelt den Rückstand in ein feines Pulver und neutralisirt ihn genau und heiß mit einer 10procentigen Lösung von Weinsäure. Dann setzt man zum Ganzen eine der verbrauchten gleiche Menge Weinsäure als Pulver hinzu, mengt bis zur Breikonsistenz ein und wäscht mit einer gesättigten Kaliumbitratlösung das Natriumbitartrat heraus. Aus der warmen Lösung des Kaliumbitrats bestimmt man durch Titration mit Normalalkali den Kaligehalt.[1]

Zur Kenntnis des Bienenwachses. Das Bienenwachs enthält nach Fr. Schwall außer höheren Fettsäuren und Alkoholen auch noch Kohlenwasserstoffe, von denen es dem Verf. gelang zwei mit den Schmelzpunkten 60·5° und 68° zu isoliren. Es ist sehr wahrscheinlich, daß dieselben mit den von Krafft dargestellten Normalheptacosan = $C^{27}H^{56}$ und Normalhentricontan

---

[1] Journ. de Ph. d'Anvers, 1887. 320; Arch. d. Pharm. 225. 837.

= $C^{31}H^{64}$ identisch sind. Der höchst schmelzende Alkohol des Bienenwachses vielleicht die Formel = $C^{31}H^{64}O$ ($C^{30}H^{62}O$, Brodie) zu. Die Brodie'sche Formel soll nach dem Verf. dem Alkohol im Carnaubawachse gehören. Es wäre also zwischen dem Myricylalkohol des Carnaubawachses und dem Alkohol des Bienenwachses zu unterscheiden. Außer dem Myricylalkohol findet sich in dem Bienenwachse noch Cerylalkohol von der Formel gleich $C^{27}H^{56}O$ oder vielleicht auch $C^{26}H^{54}O$ und ein dritter Alkohol von der Formel = $C^{25}H^{52}O$ oder $C^{24}H^{50}O$. [1]

Über das Schicksal des Lecithins im Körper, und eine Beziehung desselben zum Sumpfgas im Darmkanal. Nach A. Bokay [2] zerfällt das Lecithin durch das Fette zerlegende Ferment der Bauchspeicheldrüse sehr schnell und leicht in fette Säuren (Olein-, Palmitin- oder Stearinsäure), Cholin und Glycerinphosphorsäure. Carl Hasebrock hat dahin bezügliche eigene Arbeiten mit Bokay's Angaben über das Verhalten des Lecithins im Verdauungstraktus in Verbindung gebracht, und glaubt darüber Folgendes annehmen zu dürfen:

1. Das Lecithin zerfällt in den oberen Verdauungswegen in
    a) Fettsäuren,
    b) Cholin,
    c) Glycerinphosphorsäure.

2. Die fetten Säuren werden theilweise verseift und ausgeschieden, theilweise resorbirt.

3. Das Cholin zerfällt weiter unter Bildung von Kohlensäure, Sumpfgas und Ammoniak.

4. Die Glycerinphosphorsäure wird zum größten Theil unverändert resorbirt. [3]

Abkömmlinge der aromatischen Kohlenwasserstoffe.

Über Sozojodol. Die Firma H. Trommsdorff in Erfurt bringt unter dem Namen „Sozojodol" eine Anzahl Präparate in den Handel, die einen geruchlosen und nicht giftigen Ersatz für das Jodoform bilden sollen. Die Sozojodole werden

---

[1] Liebig's Ann. 235. 106—49; Chem. Centralbl. 1887. 35.
[2] Zeitschr. für physiol. Chem. L. 157.
[3] Ebenda XII. 148—162. Rostock. Sept. 1887.

aus der Dijodparaphenolsulfosäure, welche durch Jodirung der Paraphenolsulfosäure erhalten wird, dargestellt.

Die Dijodparaphenolsulfosäure =

$$C^6H^2J^2 < \frac{OH^{(1)}}{SO^3H^{(4)}}$$

bildet mit verschiedenen Basen Salze, von denen folgende zur medicinischen Verwendung empfohlen werden:

1. Sozojodol in Form des leichtlöslichen sauren Dijodparaphenolsulfosauren Natriums = $C^6H^2J^2(OH) . SO^3Na + H^2O$; es löst sich in etwa 12—13 Thln. Wasser von gewöhnlicher Temperatur und auch in Glycerin.

2. Sozojodol in Form des schwer löslichen sauren Dijodparaphenolsulfosauren Kaliums = $C^6H^2J^2(OH)SO^3K$; es ist in Wasser und Glycerin nur etwa im Verhältnis von 1 : 50 löslich.

Sozojodol-Quecksilber, Sozojodolsilber, Sozojodol-Ammonium, Sozojodol-Zink, Sozojodol-Blei und Sozojodol-Aluminium, über welche ebenfalls bereits günstige Resultate bei der medicinischen Anwendung gemacht sind, will die Firma H. Trommsdorff nächstens in den Handel gelangen lassen.[1]

Über Naphtolkarbonsäuren. Durch Einwirkung von flüssiger Kohlensäure auf α- und β-Naphtol-Natrium erhielten R. Schmitt und E. Burkhard die entsprechenden Naphtolkarbonsäuren. Von der α-Naphtolkarbonsäure, die mit der von Ellor und Schäffer dargestellten α-Oxynaphtoësäure identisch ist, sind von den Verf. folgende Verbindungen dargestellt und untersucht:

1. $C^{10}H^6 . OH . CO . ONa + 3H^2O$; bildet rhombische Blättchen,

2. $C^{10}H^6 . OH . CO . ONH^4$; krystallisirt in Nadeln,

3. $(C^{10}H^6 . OH \ CO . O)^2Ca$; bildet ebenfalls Nadeln,

4. $(C^{10}H^6 . OH . CO . O)^2Ba$; krystallisirt gleichfalls in Nadeln,

5. $C^{10}H^6 . OH . CO . OCH^3$; schmilzt bei 78°,

6. $C^{10}H^6 . OH . CO . OC^2H^5$; schmilzt bei 49°,

7. $C^{10}H^6OH . CO . OC^6H^5$; schmilzt bei 96°.

---

[1] Pharm. Ztg. 33. 257; Arch. d. Pharm. 226. 511.

Es sind ferner untersucht:

a) Acetyl-α-Naphtolkarbonsäure = $C^{10}H^6(OC^2H^3O)COOH$ (Schmelzp. 158°),

b) Monobrom-α-Naphtolkarbonsäure = $C^{10}H^5Br(OH)COOH$ (Schmelzp. 238°),

c) m-Nitro-α-Naphtolkarbonsäure = $C^{10}H^5(NO^2)(OH)COOH$ (Schmelzp. 202°),

d) m-Amido-α-Naphtolkarbonsäure = $C^{10}H^5(NH^2)(OH)CO.OH$.

e) m-Diazo-α-Naphtolkarbonsäure = $C^{10}H^5{<}\begin{smallmatrix}OH\\ CO\\ N.N\end{smallmatrix}$.

f) p-Azosulfurylbenzol-α-Naphtolkarbonsäure

$$= C^6H^4N.NC^{10}H^5{<}\begin{smallmatrix}SO^3H\quad\ OH\\ COOH\end{smallmatrix}.$$

Aus ‚der letzteren Säure erhielten die Verf. eine zweite Amido-α-Naphtolkarbonsäure. Die β-Naphtolkarbonsäure ist identisch der von G. Kaufmann durch Oxydation des β-Naphtolaldehyds erhaltenen Säure. Es sind dargestellt und untersucht die Silber-, Barium-, Calcium-, Methyl- und Aethylverbindung. Außerdem erhielten die Verf. eine noch näher zu untersuchende β-Oxynaphtoësäure durch Einwirkung von flüssiger Kohlensäure auf β-Phenolnatrium. Sie bildet gelbgefärbte rhombische Blättchen, die bei 216° schmelzen.[1]

Über die p-Diphenolbikarbonsäure. R. Schmitt und Curt Kretschmar haben aus Natriumdiphenolat und Kohlensäure die p-Diphenolbikarbonsäure dargestellt. Sie schmilzt und zersetzt sich bei 131°.[2]

Über Neosot. Wie Allen mittheilt, wird unter dem Namen „Neosot" ein aus bituminöser Kohle gewonnenes Karbolpräparat, das mehr dem Holzkreosot ähnelt, verkauft.[3]

---

[1] Ber. d. d. chem. Ges. 20. 2699—2702. 24. (4.) Ott. Dresden, Org. Labor. d. Polyt.; Chem. Centralbl. 1887. 1503.

[2] Ber. d. d. chem. Ges. 20. 2703—4. 24. (4.) Ott. Dresden; Org. Labor. d. Polyt.; Chem. Centralbl. 1887. 1500.

[3] British. Pharm. Conf. Manchester; Chem. Centralbl. 1887. 1451.

Über Mono- und Dibromresorcin. J. Zehenter erhielt durch einstündiges Kochen von Monobrom-α-Dioxybenzoë- säure mit der fünfzigfachen Wassermenge am Rückflußkühler unter Abspaltung von Kohlensäure ein Monobromresorcin = $C^6H^3Br(OH)^2$, welches in Wasser und Äther leicht, schwerer in Alkohol, Chloroform, Schwefelkohlenstoff und Benzol löslich ist und bei 91° schmilzt.

Ein von den bereits bekannten Dibromresorcinen verschiedenes Dibromresorcin = $C^6H^2Br^2(OH)^2 + H^2O$ erhielt der Verf. durch so langes Eintragen von einer Lösung von Brom in Schwefel- kohlenstoff suspendirtes Resorcin als noch Entfärbung eintrat. Dasselbe enthält im lufttrocknen Zustande 1 Mol. H^2O, welches durch Trocknen über Schwefelsäure entfernt wird. Es löst sich ziemlich schwer in kaltem, leicht in heißem Wasser, ist auch löslich in Alkohol und Äther, und färbt sich in wässeriger Lösung rein blau. Im Kohlensäurestrom sublimirt es bei 120°—130° fast ohne Zersetzung. Sein Schmelzpunkt liegt bei 110°—112°.[1]

Über Pterocarpin und Homopterocarpin. Caze- neuve und Hugouneng haben das von Cazeneuve früher abgeschiedene Pterocarpin mit dem Namen „Homopterocarpin" belegt, während sie den Namen Pterocarpin für einen zweiten aus dem Sandelholz, von Pterocarpus santalinus abstammend, beibehalten.

Das neue Pterocarpin krystallisirt aus Chloroform in präch- tigen klinorhombischen Prismen, die bei 152° schmelzen. Dasselbe ist in Schwefelkohlenstoff fast unlöslich und kann damit vom Homopterocarpin, welches in kaltem Schwefelkohlenstoff sehr leicht löslich ist, getrennt werden.[2]

Über Sulfonfluorescein. Ira Remsen hat mitgetheilt, daß beim Erhitzen von Resorcin mit Orthosulfobenzoësäure ein stark fluorescirender Körper entsteht. Es ist nun demselben mit C. W. Hayes gelungen, die Verbindung zu isoliren. Sie ist der erste Repräsentant einer Gruppe von Körpern, Sulfon-

---

[1] Monatsh. f. Chem. 1887. 8. 293; Chem. Rep. d. Ch.-Ztg. 1887. 181.

[2] C. r. 104. 1722; Chem. Rep. d. Ch.-Ztg. 1887. 171.

Phtaleïne genannt, welche von den gewöhnlichen Phtaleïnen dadurch unterschieden sind, daß sie an Stelle von CO SO² enthalten. Diese Sulfon-Phtaleïne leiten sich aller Wahrscheinlichkeit nach von einer Substanz ab, welche folgende Formel besitzt:

$$\begin{matrix} C^6H^5 \\ C^6H^5 \end{matrix} > C < \begin{matrix} C^6H^4 . SO^2 \\ O \end{matrix}$$

Das Sulfon-Fluorescin =

$$\begin{matrix} HO \\ O \end{matrix} > C^6H^3 \\ \begin{matrix} O \\ HO \end{matrix} > C^6H^3 \end{matrix} > C < \begin{matrix} C^6H^4 . SO^2 \\ O \end{matrix}$$

erhielten die Verf. durch Erhitzen von Resorcin und o-Sulfobenzoësäure. In seinem chemischen Verhalten und seinen physikalischen Eigenschaften steht es dem Fluoresceïn sehr nahe, weicht aber doch von demselben in gewissen Eigenschaften wieder ab.[1)

Medicinische Verwendung des Guajakols für Buchenholztheerkreosot. Da das Buchenholztheerkreosot in der Zusammensetzung, sowie im Geschmack und Geruch verschieden ist, so muß auch seine medicinische Wirkung eine verschiedene sein. Aus diesem Grunde empfiehlt H. Sahli die therapeutische Anwendung des Guajakols an Stelle des Buchenholztheerkreosots bei Behandlung der Lungenschwindsucht.[2)

Über die drei Pyrokresole. W. Bott beschreibt die von ihm und H. Schwarz in Graz entdeckten drei Pyrokresole, nämlich:

1. α-Pyrokresol = $C^{15}H^{14}O$; schmilzt bei 196°;
2. β-Pyrokresol, schmilzt bei 124°;
3. γ-Pyrokresol, schmilzt bei 104°.[3)

Über Antipyrin. Umbach machte die Beobachtung, daß der Antipyringenuß beim Menschen die gebundene Schwefelsäure nur sehr wenig, allein beim Hunde sehr stark steigert. Der Verf.

[1) Amer. Chem. Journ. 1887. 9. 372; Chem. Rep. d. Ch.-Ztg. 1887. 264.

[2) Schweiz. W. f. Pharm. 25. 353—54. 28. Okt. Bern.

[3) Journ. Soc. Chem. Ind. 6. 646—649. Manchester; v. Lippmann: Chem. Centralbl. 1887. 1493—1494.

untersuchte die Stickstoffausscheidung an sich selbst und fand sie ganz bedeutend. [1]

Julius Herse beschreibt in seiner Jnauguraldissertation die Beobachtungen über die Wirkung des Antipyrins bei akutem Gelenkrheumatismus. [2]

P. Guttmann beobachtete als Nebenwirkungen desselben in zwei Fällen bedenkliche Jdiosynkrasien und giebt deshalb den Rath, die Dosis als Anfangsdosis auf 0·5 g zu setzen. [3]

Mendel theilt Erfahrungen über die Wirkung desselben bei Nervenkrankheiten mit. [4]

Die Farbwerke, vormals Meister, Lucius und Brüning haben sich folgendes Verfahren zur Darstellung des Antipyrins oder Dimethylphenyloxypyrazols patentiren lassen: Man läßt sekundäre, symmetrische, aromatische Hydracine, wie z. B. symmetrisches Methylphenylhydracin, auf Acetessigester ein- wirken, wie nachstehende Gleichung zeigt:

$$C^6H^5.(NH)^2.CH^3 + CH^3.CO.CH^2.C^2H^5 =$$

$$C^6H^5 \diagdown \quad \overset{N-N-CH^3}{\diagup} \quad + H^2O$$

$$CO - \overset{C}{\underset{H}{C}} = C - CH^3 + C^2H^5.OH.$$

Das erhaltene Produkt löst sich leicht in Wasser und hat den Schmelzpunkt bei 113°. [5]

Germain Sée sagt über die Wirksamkeit des Antipyrins als schmerzstillendes Mittel folgendes: „Bei rheumatischen und gichtischen Affektionen, die nur durch den Gelenkschmerz sich doku- mentiren, bei nervösen Zuständen, Kopfschmerz, Gesichtsneural- gien, alten und recidivirenden Migränen, Muskelschmerzen, Jschias, überhaupt bei allen Krankheitsgattungen, deren ver- einigendes Band der Schmerz ist, leistet das Antipyrin außer- ordentlich gute Dienste, und kann als Ersatz für das Morphium

---

[1] Arch. f. experim. Pathol. u. Pharmak. 21. 161—69; Chem. Centralbl. 1887. 358—59.

[2] Chem. Centralbl. 1887. 974.

[3] Therap. Monh. 1887. April; Fortschr. Med. 5. 601. Sept.; Chem. Centralbl. 1887. 1400.

[4] Therap. Monh. Nr. 7; Fortschr. Med. 5. 630—31; Chem. Centralbl. 1502.

[5] D. R. P. 40. 377.

gelten. Bei subkutanen Injektionen werden 0·5 g, innerlich 2 g pro dosi verwendet.[1]

Über Tetrachlorbenzoësäure. Die von P. Tust dargestellte Tetrachlorbenzoësäure $= C^6Cl^4H, CO^2H$ krystallisirt in langen, farblosen Nadeln, die bei 186⁰ schmelzen. Sie ist in Wasser sehr schwer, leicht aber in Alkohol und Äther löslich. Der Verf. beschreibt einige Salze dieser Säure.[2]

Über Polykumarine. Untersuchungen von A. Hantzsch und H. Zürcher haben erwiesen, daß ebenso wie aus Chloacetessigäther und polyvalenten Phenolen, nicht nur Oxykumarone, sondern auch Polykumarone gebildet werden, aus Acetessigäther und mehrwerthigen Phenolen sowohl methylirte Oxykumarine, als auch Polykumarine sich bilden.[3]

Über das Saccharin. Nach einer Mittheilung von Ira Remsen ist das Saccharin bei einer durch Fahlberg auf Remsen's Veranlassung gemachten Untersuchung entdeckt und ist das Sulfinid zuerst von ihm beschrieben.[4] Der Name „Fahlberg's Saccharin" habe durchaus keine Berechtigung, sondern Fahlberg habe sich einfach diesen Körper, ohne vorher R. davon in Kenntniß zu setzen, patentiren lassen.[5]

C. Fahlberg theilt dagegen mit, daß nicht Ira Remsen, sondern er selbst der Entdecker des Saccharins ist.[6]

Das Saccharin oder Benzoësäuresulfimid (Anhydroorthosulfaminbenzoësäure) wird nach einem Konstantin Fahlberg und Adolph List's Erben patentirten Verfahren in folgender Weise dargestellt:

„Toluol wird mit gewöhnlicher koncentrirter Schwefelsäure bei einer Temperatur, welche 100⁰ nicht übersteigen darf, sulfurirt. Die Sulfosäuren werden über das Kalciumsalz in das Natriumsalz übergeführt. Das trockene Natriumsalz wird mit Phosphortrichlorid gemischt und ein Chlorstrom unter beständigem

---

[1] Handelsber. von Gehe & Co. Dresden. Sept. 1887. 34.
[2] Ber. d. d. chem. Ges. 20. 2439; Arch. d. Pharm. 225. 925.
[3] Ber. d. d. chem. Ges. 20. 1328—32. 9. Mai (25. April).
[4] Ber. d. d. chem. Ges. 12. 469.
[5] Ber. d. d. chem. Ges. 20. 2274; Arch. d. Pharm. 225. 924.
[6] Ber. d. d. chem. Ges. 20. 2928—30. 14. Nov. (4. Okt.)
Salze-Westerhüsen a. d. E.; Chem. Centralbl. 1887. 1499.

Umrühren über das Gemisch geleitet. Nach Beendigung der Umsetzung wird das gebildete Phosphoroxychlorid abdestillirt und das Gemisch der entstandenen Chloride stark abgekühlt. Das Paratoluolsulfochlorid kristallisirt aus, das Orthochlorid bleibt flüssig und wird durch Centrifugen 2c. abgesondert. Durch Überleiten von trocknem Ammoniakgas oder durch Mischen mit Ammoniumkarbonat oder Ammoniumbikarbonat wird das Orthochlorid in das Orthotoluolsulfamid übergeführt, welches im Wasser schwer löslich, vom Chlorammonium durch Auswaschen befreit wird. Durch Oxydation, indem man das Amid in eine stark verdünnte Kaliumpermanganatlösung einträgt, und in dem Grade wie freies Alkali und Alkalikarbonat entsteht, letzteres durch vorsichtigen Zusatz von Säuren abstumpft, wird das Amid in das Benzoësäureimid übergeführt. Es resultirt zunächst eine Lösung des orthobenzoësulfaminsauren Kaliums, welche von Manganbioxydhydrat getrennt wird. Auf Zusatz von Säure scheiden sich aus der Lösung Krystalle des Benzoësäuresulfimids oder Anhydroorthobenzoësulfaminsäure (Saccharin) ab.[1]

B. Abucco und U. Mosso berichten über die gährungshemmende Wirkung des Saccharins. Nach d. Verf. setzt dasselbe in 0·16procentiger Lösung die Thätigkeit der Bierhefe bedeutend herunter, hemmt die alkalische Gährung des Harns und verlangsamt den Fäulnisproceß, indem es die Entwickelung der Fäulnisbakterien unmöglich macht, welcher letztere Versuch mit Pankreasaufguß durchgeführt ist. Man kann das Saccharin zur Konservirung der Milch benutzen. Es übt in neutraler Lösung keinen Einfluß auf die verdauende Wirkung des Speichels und des Magensaftes und ist in Dosen von 5 g nicht schädlich für den Organismus.[2]

Das Fahlberg und Adolph Lifts Erben patentirte Saccharin ist nach E. Maumené keine einheitliche Substanz, sondern wenigstens aus zwei Körpern von verschiedener Zusammensetzung bestehend. Nach der von Fahlberg angegebenen Formel muß der Schwefelgehalt 17·49 Proc. betragen, während der Verf. 14·29 Proc. nur auffand. Fahlberg giebt ferner für die Löslich-

---

[1] D. P.; Chem. Centralbl. 1887. 104.

[2] Gazz. della Chimiche di Torino 1886; Virchow's Archiv 105. 46; Chem. Centralbl. 1887. 163.

leit andere Angaben (4 g lösen sich in 1 l Wasser bei 15—16⁰) als Naumene's Versuche ergeben; nach dem letztern hinterläßt eine auf + 25·4⁰ erkaltete Lösung, im Wasserbade verdunstet, auf 1 l 8·25 g.[1])

Nach E. Salkowski stört das Saccharin die Einwirkung des Speichels und des diastatischen Pankreasfermentes auf Amylum nur in Folge der sauren Reaktion der Mischung; bei Neutralisation der letztern mit Natriumkarbonat ist von einer hemmenden Wirkung keine Rede. Es hat dasselbe auf die Magenverdauung und die Wirkung des Trypsins auf Eiweiß keinerlei Einfluß. Seine antiseptischen Eigenschaften sind nur schwache und auch diese basiren nur auf der sauren Reaktion. Hunde und Kaninchen können relativ große Mengen davon längere Zeit bekommen, ohne irgend welchen Nachtheil zu erleiden. Auch an eine schädliche Einwirkung beim Menschen ist nicht zu denken, wie der Verf. ausführt. Die Ausscheidung des Saccharins erfolgt zum Theil unverändert, zum Theil als freie Sulfaminbenzoësäure.[2])

F. Witting will im Jahre 1879 einen ähnlichen Körper wie das Saccharin unter den Händen gehabt haben. Seine Versuche durch Oxydation von p-Toulolsulfamid mittels Kaliumbichromat und Schwefelsäure p-Sulfamidobenzoësäure darzustellen, führten zu einem intensiv süß schmeckenden Körper, der aus seinen Lösungen in kleinen weißen unansehnlichen Krystallen erhalten wurde; er gab mit Natriumbisulfit bittere in Äther unlösliche Nadeln, die sich durch Chlorwasserstoff wieder in die süße Verbindung zurückverwandeln ließen. Deshalb vermuthet der Verf., das p-Sulfamidobenzaldehyd unter den Händen gehabt zu haben, während Fahlberg's Saccharin Anhydroorthosulfaminbenzoësäure sein soll.[3])

Nach Pollotscher wird das in Wasser wenig lösliche Saccharin durch einen Zusatz von Natriumkarbonat bedeutend löslicher. Eine solche Lösung empfiehlt der Verf. als Geschmackskorrigens für übelschmeckende Arzneimittel, so wie als Versüßungsmittel der Speisen und Getränke für Diabetiker.[4])

---

[1]) Bull. Par. 47. 92—94. 20. Jan.; Chem. Centralbl. 1887. 190.

[2]) Virchow's Archiv 5. 54; Med. C.-Bl. 25. 307—308.

[3]) Ph. Zeitschr. f. Rußl. 26. 235—36. 12. April.

[4]) Zeit. f. Therap.; Pharm. C.-Halle 28. 253. 19. Mai 1887.

Es gelang C. Fahlberg und B. List sowohl den Äther des Benzoësäuresulfinids als auch der o-Sulfamidobenzoësäure darzustellen.[1]

Nach demselben Verf. lösen 1000 Thle. Wasser 3·33 Thle. Saccharin; in 1000 Thln. Alkohol

von 10, 20, 30, 40, 50, 60, 70, 80, 90, 100 pCt.

lösen sich

5·41, 7·39, 11·47, 19·88, 27·63, 28·90, 30·70, 32·15, 31·20, 30·27 Thle. Saccharin.[2]

Nach B. Abucco und U. Mosso schwächen 6·16 g Saccharin die alkoholische Gährung des Traubenzuckers beträchtlich und zwar sowohl bei 16⁰ als bei 30⁰ auf lange Zeit. Die Verf. vergleichen noch die Wirkungen desselben mit denen der Salicylsäure und Benzoësäure und bemerken, daß' der Geschmack der Lösungen des Saccharins durch Neutralisiren mit Alkali und Verdünnen angenehmer wird. Sie empfehlen die Anwendung des Saccharins in allen den Fällen, wo beunruhigende Gährungen im Magen vorkommen, sowie auch bei Entzündungen der Harnblase und zur Desinfektion der Eingeweide. Vergl. S. 643.[3]

Nach Kohlschütter und Elsasser erzeugt das Saccharin bei Diabetikern, wie schon von anderen gefunden, keine Vermehrung des Zuckers.[4]

Pinette und Röse haben in Schmitt's Laboratorium folgende Methode zum Nachweis des Saccharins im Wein ausgebildet. Zur Ausführung wird der Wein mit einem Gemisch von gleichen Theilen Äther und Petroleumäther ausgeschüttelt, die Auszüge mit etwas Natronlauge eingedampft und der Rückstand eine halbe Stunde auf 250⁰ erhitzt. Der gelöste und mit Schwefelsäure angesäuerte Rückstand und dann mit Äther ausgezogen, der Ätherauszug verdampft, in Wasser wieder gelöst

---

[1] Ber. d. b. Ch. G. 1596—1604 27. Juni (20. Mai) Salbke-Westerhüsen a. d. E.

[2] Handelsber. von Gehe & Co.; Schweiz. Wochenschrift f. Pharm. 25. 198; Chem. Centr.-Bl. 996.

[3] Archives Italiennes de Biologie 8. 22—36. 18. Jan. Torino, Labor. d. Fisiologia; Chem. Centr.-Bl. 1887. 114. 8—49.

[4] D. Arch. Klin. Med. 41. 178; D. Med. W. 13. 863. Sept.; Chem. Centr.-Bl. 1437.

und mit Ferrichlorid auf Salicylſäure geprüft. Die Methode beruht alſo darauf, daß Saccharin beim Schmelzen mit Alkalien neben Sulfat (von Herzfeld und Reiſchauer zum Nachweis des Saccharins benutzt[1]) auch ſalicylſaures Alkali liefert, weshalb der Wein ſtets zuvor auch auf dieſe Säure zu prüfen iſt.[2]

Ira Remſen beanſprucht für ſich nochmals die Entdeckung des Saccharins, Fahlberg habe ſich nur die Patentirung angeeignet. Der Verf. verweiſt dabei auf ſeine darauf bezüglichen Arbeiten (Amer. Chem. J. 1. 426. 5. 106. 6. 260. 8. 223. 227. 229).[3]

C. Fahlberg erwidert darauf, daß er die betreffende Arbeit, worin von ſeiner Entdeckung des Saccharins Mittheilung gemacht wird, mit Ira Remſen, deſſen Schüler er nicht war, gemeinſam veröffentlichte. Auch die patentirte Darſtellungsweiſe ſei ſeine ſelbſtändige Arbeit.[4]

Derſelbe Verf. hat neuerdings gefunden, daß das Saccharin Benzoyl-o-ſulfonimid iſt und Salze und Äther von der Formel =

$$C^6H^4{<}{{CO}\atop{SO^2}}{>}NR$$

liefert, die ſich von denen der o-Sulfaminbenzoëſäure ſehr unterſcheiden. Nach dem Verf. giebt o-Sulfaminbenzoëſäure beim Erhitzen unter Waſſerabſpaltung Saccharin, welches in alkoholi=ſcher Löſung mit Chlorwaſſerſtoffgas behandelt den Äther der o-Sulfaminbenzoëſäure liefert, dieſer zerfällt beim Erhitzen wieder in Alkohol und Saccharin. Der Äther des Saccharins giebt beim Verſeifen mit alkoholiſcher Kalilauge ein Kaliumſalz von der Formel = $CO.OK.C^6H^4.SO^2N.K^4C^2H^5$. Säuren fällen aus dieſem Salze den Äther der Äthylſulfaminbenzoëſäure, eine mit dem o-Sulfoaminbenzoëſäureäther iſomere Verbindung.[5]

---

[1]) Deutſche Zucker=Jnb. 1886. 123.

[2]) Annal. b. Chem. 7. 437—41. Pharm. Centralh. 28. 466; Chem. Centr.=Bl. 1887. 1270.

[3]) Ber. d. d. chem. Geſ. 20. 2274—75. 12. Sept. (13. Juli). Baltimore, John Hopkin's Univ.; Chem. Centr.=Bl. 1290—1291.

[4]) Ber. d. d. ch. Geſ. 20. 2928—30. 14. Nov. (4. Okt.) Salbke=Weſterhüſen a. d. E.

[5]) J. Soc. Chem. Ind. 587—89. 30. Sept.; Chem. Centr.= Bl. 1887. 1396—97.

H. Vulpius bespricht den in dem Handel vorkommenden „Schaumwein für Diabetiker". Es darf ein solcher Schaumwein, der durch Erwärmen vom Weingeist befreit und durch Wasserzusatz wie der auf das frühere Volumen gebracht ist, bei der Prüfung mit Fehling'scher Lösung sowohl vor, wie nach dem Invertiren mit Chlorwasserstoffsäure höchstens einen Gehalt von 1% Zucker zeigen. Vulpius fand davon in einem solchen Sekt nur 0·65 Traubenzucker.[1]

Zur Synthese der Monochlorsalicylsäuren. L. Barnholt hat durch Einwirkung von Kohlensäure auf Para-, Ortho- und Metachlorphenolnatrium und nachheriger Erhitzung im geschlossenen Raum die isomeren Monochlorsalicylsäuren dargestellt. Der Proceß vollzieht sich nach folgenden Gleichungen:

I.

$$C^6{}^{H^4}_{Cl}ONa + CO^2 = C^6{}^{H^4}_{Cl}OCO^2Na.$$

II.

$$C^6{}^{H^4}_{Cl}OCO^2Na = C^6Cl{}^{H^3}_{\substack{OH\\CO^2Na.}}[2]$$

Zur Kenntnis der Salole. Außer dem salicylsauren Phenyläther fängt man auch an, die Naphtol- und Resorcin-Salole in der Prüfung ihrer Heilwirkung Beachtung zu schenken. Robert empfiehlt das β-Naphtolsalol (Betol), welches vor dem Salol einige Vorzüge besitzt, die auf der relativen Unschädlichkeit desselben gegenüber dem Phenolsalol beruhen.[3]

Über Magnesiumsalicylat. Das Magnesiumsalicylat von F. von Heyden Nachfolger bildet lange, farblose, in Wasser und Alkohol leicht lösliche, sauer reagirende, etwas bitter schmeckende Nadeln von der Formel =

$$(C^6H^4{}^{OOO}_{OH})^2Mg + 4H^2O.$$

Dasselbe wird als Mittel gegen Abbominaltyphus in täglichen Dosen von 6 bis 8 g empfohlen.[4]

---

[1] Apoth.-Ztg. 1887. 418; Chem. Ztg. 1887. 95; Viertel-jahrschr. d. Ch. d. Nahrungs- u. Genußm. 1887. 567.

[2] Journ. f. prakt. Chem. 36. 16; Arch. d. Pharm. Bd. 225. 825.

[3] Handels-Bericht v. Gehe & Co., Dresden, Sept. 1887. 46.

[4] Arch. d. Pharm. 226. 321.

Darstellung von Mandelsäure und ihrer Derivate.
Zur Darstellung der Mandelsäure lösen C. Engler und
C. Wöhrle gepulvertes Acetophenondibromid durch schwaches
Erwärmen in verdünnter Kalilauge, entfärben mit Thierkohle,
und extrahiren nach dem Ansäuern mit Chlorwasserstoffsäure die
Mandelsäure mittels Äther. Die Reaktion verläuft nach folgen-
der Gleichung:

$$C^6H^5.CO.CHBr^2 + KOH = C^6H^5.CH(OH).COOH + KBr.$$

Die schon von C. Beyer erhaltene, bei 120° schmelzende Meta-
nitromandelsäure = $NO^2.C^6H^4.CH(OH).COOH$, erhält man nach
dem Verf. seiner durch Einwirkung von Kalilauge auf das Meta-
nitroacetophenondibromid, Orthenitromandelsäure auf dieselbe
Weise aus dem Orthonitroacetophenondibromid.[1]

Über eine neue Reaktion auf Pikrinsäure und auf
Dinitrokresol. Wird nach H. Fleck eine Auflösung von
einigen Milligrammen beider Farbstoffe, jedes für sich in einer
kleinen Porzellanschale eingedampft und der Rückstand mit etwas
10 procentiger Chlorwasserstoffsäure übergossen, so wird sich die
Pikrinsäure sofort entfärben, das Dinitrokresol aber erst nach
einigen Minuten. Ein Stück reines Zink ruft, bei gewöhnlicher
Temperatur mit den Rückständen stehen gelassen, bei Pikrinsäure eine schön blaue Färbung, das Dinitrokresol (Victoriagelb)
eine hellblutrothe hervor.[2]

Salze der Pikraminsäure. A. Smolka hat folgende
Salze der Pikraminsäure dargestellt und beschrieben:

1. Natriumpikraminat = $NaC^6H^4O^5 + H^2O$. Es wird erhalten durch Eintragen der berechneten Menge von Natriumkarbonat in eine wässerige Pikraminsäurelösung und bildet dunkel-
rothe krystallinische Krusten.

2. Magnesiumpikraminat = $Mg(C^6H^4O^5)^2 + 3H^2O$. Man erhält dasselbe durch Kochen von Magnesiumhydrokarbonat mit
Pikraminsäure und Wasser in dunkelrothen kleinen Blättchen.

3. Cadmiumpikraminat = $Cd(C^6H^4O^5)^2 + H^2O$ erhält auf
ähnliche Weise in grüngelben Nadeln.

---

[1] Ber. d. d. Ch. G. 1887. 20. 2201; Chem. Rep. d. Ch.-
Ztg. 1887. 195.

[2] Rep. f. analyt. Chem. 6. 649—50. 27. Nov. 1886 Dresden.

4. Das wasserfreie Bleipikraminat bildet feine, rothbraune Nadeln.

5. Manganpikraminat $= Mn(C^6H^4O^5)^2 + 2H^2O$ stellt dunkel-stahlgrüne, glänzende Nadeln dar.

Diese Salze liefern je nach ihrer Löslichkeit in Wasser dunkelblutrothe bis hellorange gefärbte Lösungen. Sie zersetzen sich bei langsamem Erhitzen bei etwa 150° ruhig und verlieren dabei stetig an Gewicht; beim raschen Erhitzen tritt aber heftige Explosion ein, die sich am stärksten bei dem Natrium- und Blei-salz zeigt, aber durch Schlag der ungelösten Verbindungen nicht bewirkt werden kann.[1]

Über einige Anilinsalze. A. Ditte hat folgende Anilin-salze dargestellt und beschrieben:

1. $4WO^3C^{12}H^4(NH^3).3HO$;
2. $2VO^5.C^{12}H^4(NH^3).8HO$;
3. $2VO^5.C^{12}H^4(NH^3)2HO$;
4. $3VO^5.2C^{12}H^4(NH^3).18HO$;
5. $VO^5C^{12}H^4(NH^3).2HO$;
6. $J.O^5.C^{12}H^4(NH^3)$;
7. $ClO^5.C^{12}H^4(NH^3)$;
8. $4BoO^3.C^{12}H^4(NH^3).4HO.$[2]

Über das Antifebrin. Das Antifebrin ist eine unter den Namen Acetanilid und Phenylacetamid $= C^0H^5.NHO^2H^3O$ längst bekannte chemische Verbindung, die neuerdings A. Cahn und P. Hepp in der Klinik von Kußmaul in Straßburg physiologisch und therapeutisch untersuchten und als ein aus-gezeichnetes Antipyretikum erkannten. Die Verf. gaben diesem Körper den Namen „Antifebrin''. Dasselbe bildet ein weißes, krystallinisches, geruchloses, auf der Zunge leicht brennendes Pulver, welches in kaltem Wasser fast unlöslich, in heißem leichtlöslich ist. Von Alkohol und alkoholhaltigen Flüssigkeiten, z. B. Wein, wird es reichlich gelöst. Der Schmelzpunkt liegt bei 113°, der Siedepunkt bei 292°. Es zeigt weder basische noch saure Eigenschaften, ist aber sehr widerstandsfähig gegen die meisten Reagenzien. Durch wiederholte, vielfach variirte Versuche

---

[1] Monatsh. f. Chem. 8. 459; Arch. f. Pharm. 225. 920.
[2] C. r. 105. 813—16. (31) Ott.; Chem. Centralbl. 1887. 1496.

an Hunden und Kaninchen wurden die Verf. überzeugt, daß es in großem Gegensatze zu dem ihm chemisch so nahe stehenden Anilin C⁶H⁵.NH² selbst in relativ hohen Dosen einverleibt werden kann, ohne giftige Wirkungen zu zeigen. Normale Thiere werden in ihrer Temperatur dadurch nicht beeinflußt. Das Mittel wurde in Einzeldosen von 0,25—1 g in Wasser oder in Oblaten oder in Wein gelöst verabreicht und 2 g in 24 Stunden als höchste Dosis gegeben. Diese letztere läßt sich von vorn= herein nicht bemessen, sie hängt wie bei andern Fiebermitteln, von Art, Schwere und Stadium der Krankheit und auch von individuellen Einflüssen ab. 0·25 g Antifebrin wirken wie 1 g Antipyrin d. h. bezüglich der Zeit des Eintritts, der Dauer und Größe der Wirkung. Die Verf. sagen, daß dasselbe bis jetzt nie versagte und daß einschneidende Apyrexien leichter durch vereinte größere, als durch verzettelte kleine Dosen erreicht werden. Die Verf. zeigen in Beispielen, wie die Wirkung bereits in einer Stunde beginnt, nach vier Stunden ihr Maximum erreicht und je nach der Größe der Dose nach 3—10 Stunden zu Ende geht. Neben andern Vortheilen hat das Mittel den der größten Billig= keit. Wichtig ist es nach dem Verf. auch, daß es ein indifferenter Körper ist.[1]

In einer spätern Arbeit machen die Verf. den großen Vorzug geltend, daß es selbst in großen Dosen, direkt in die Venen ein= geführt, bei normalen Thieren nicht das geringste Sinken des Blutdruckes hervorruft. Es wird als ein sicheres, starkes, von unangenehmen Nebenwirkungen relativ freies, schon in kleinen Dosen wirksames Febrifugum bezeichnet.[2]

G. Vulpius giebt ein Verfahren zum Nachweis des Anti= febrins an.[3]

Wie Wendriner fand, geht das Antifebrin nicht unzersetzt durch den Körper.[4]

---

[1] C.=Bl. f. Klin. Med. 1886. Nr. 33; Rep. C.=H. 27. 415 bis 16; Chem. C.=Bl. 1887. 102.

[2] Berlin. Klin. Wochenschr. 24. 4—8. 26. 30. Med. Klin. v. Prof. Kußmaul, Straßburg i. E.; Chem. Centr.=Bl. 1887. 249.

[3] Apoth.=Ztg. 1887. 153.

[4] Allgemeine Med. Zeitschr. Nr. 1. 1887.

Versetzt man nach C. A. Kahn eine siebende Lösung derselben mit Kaliumhydrat, so läßt sich darin Anilin nachweisen und im Rückstand nach der Abbestillation des letztern findet sich Kaliumacetat.[1]

V. Dello Cella berichtet über einige seiner Reaktionen und über den Nachweis besselben im Harn.[2]

Yvon veröffentlicht eine Darstellung des Antifebrins und giebt einige seiner Reaktionen an.[3]

Nach A. Bokai lähmt eine mit 0·6 procentigem Kochsalzwasser bereitete 0·5 procentige Antifebrinlösung die motorischen Nervenendigungen des Froschmuskels gerade so wie Curarin. Seine Wärme herabsetzende Wirkung nicht tödtlicher Dosen beruht nach dem Verf. auf der die Wärmeproduktion verringernden Wirkung berselben. Auch fand derselbe, daß das Antifebrin den Stickstoffgehalt sehr stark herabsetzt.[4]

Paraacetphenetibin. Das von O. Hinsberg zuerst erhaltene Acetphenetibin ist dem sogenannten Antifebrin dem Acetanilid, analog zusammengesetzt; es hat die Formel:

$$CH^6H^4 {<}^{O.C^2H^3O}_{NH.C^2H^3O}.$$

Es ist, wie E. Ghilbany mittheilt, ein Antipyreticum; der durch dasselbe erzeugte Temperaturabfall erfolgt allmählich, bis nach 4 bis 6 Stunden das Maximum von 2° eintritt.[5] Die Dosis beträgt 0·3—0·5 g.[6]

Über das Antithermium. Das als Antipyreticum empfohlene Antithermium (Phenylhydrazin-Lävulinsäure) = CH³C (C⁶H⁵N.NH)CH².CH²CO.OH bildet farb-, geruch- und geschmacklose schuppige Krystalle, deren Schmelzpunkt bei 98 bis 99° C.

---

[1] Journ. Pharm. Chim. (5) 15. 366—67; Chem. Centr.-Bl. 1887. 581.

[2] Journ. Pharm. Chim. (5) 15. 462—64.

[3] Journ. Pharm. Chim. (5) 15. 20—23. Jan.; Centr.-Bl. 1887. 147.

[4] O. Med. W. 13. 905—6 Ott. Klausenburg. Pharmakologisches Institut; Chem. Centr.-Bl. 1887. 1437.

[5] Zeitschr. d. Österr. Apoth.-Ver. 1887. 25. 339; Ch. Rep. b. Ch.-Ztg. 1887.

[6] Handelsber. von Gehe & Co. Dresden, Sept. 1887. 83.

liegt; sie sind sehr wenig in kaltem Wasser, leichter in heißem mit neutraler Reaktion löslich, scheiden sich aber aus der letzteren Lösung beim Erkalten zum größten Theil wieder ab. Alkohol, Äther und verdünnte Säuren lösen die Verbindung leicht, auch wird sie von Alkalien zerlegt. Eine solche Zerlegung in die beiden Komponenten findet im Organismus muthmaßlich auch statt, so daß das Phenylhydrazin als das wirksame Princip auf= zufassen wäre. Wie aus den Untersuchungen Hoppe-Seyler's und Löw's hervorgeht, ist das Antithermium durchaus kein harmloser Körper, weshalb eine gewisse Vorsicht in der Dosirung, deren Höhe noch der Bestimmung harrt, geboten erscheint.[1]

Kohlehydrate.

Eintheilung der Zuckerarten. O. Löw theilt die ein= fachen Zuckerarten ein in:

A. mit 5 Kohlenstoffatomen (Arabinose);

B. mit 6 Kohlenstoffatomen,

    1. solche mit 4 Hydroxylgruppen (Isobulcit),

    2. solche mit 5 Hydroxylgruppen (die übrigen Zucker= arten).

Als Hauptcharaktere der Zuckerarten betrachtet der Verf. folgende:

1. Süßer Geschmack; 2. starke Reaktionsfähigkeit; 3. leichte Veränderlichkeit durch verdünnte Alkalien; 4. Bildung einer zugehörigen Saccharinsäure bezw. des Laktons derselben durch Einwirkung von Ätzkalk; 5. Verbindungsfähigkeit mit Blausäure und Wasserstoff und Bildung eines Osazons; 6. Bildung von Huminsubstanzen durch Säuren. Ferner in zweiter Linie kommen in Betracht: a. Bildung von Lävulinsäure bezw. Furfurol durch verdünnte Säuren; b. Gährfähigkeit; c. Zusammensetzung des Osazon. (Über den Namen „Osazon" vergleiche Emil Fischer und Julius Tafa: Oxydation der mehrwerthigen Alkohole: Ber. d. d. ch. G. 20. 1088—94).[2]

---

[1] Handels=Bericht v. Gehe & Co. Dresden, Sept. 1887. 34.

[2] Ber. d. d. ch. G. 20. 3041; Vierteljahrsb. d. Ch. d. Nahr.= u. Genußmittel Berlin. 1887. 552.

Über synthetische Versuche der Zuckergruppe. Durch Einwirkung von Barytwasser auf Akroleïnbromid wird ein Körper erhalten, welcher von Emil Fischer und Julius Tafel „α-Akrose" genannt wird. „β-Akrose" nennen dieselben Verfasser die gleichzeitig entstehende isomere Substanz, deren Phenylosazon bei 148° schmilzt. Das α-Phenylakrosazon liefert durch Reaktion mit Zinkstaub α-Akrosamin = $C^6H^{13}NO^5$ und Essigsäure; ersteres giebt mit salpetriger Säure einen sirupösen, inaktiven Zucker, welche Bildung unter Annahme eines intermediären Entstehens von Glycerinaldehyd seine Erklärung findet. Die α-Akrose ist unzweifelhaft das Osazon eines Zuckers von der Zusammensetzung = $C^6H^{12}O^6$. Die sämmtlich erhaltenen Osazone unterscheiden sich von den Osazonen der natürlichen Zuckerarten durch die Zirkularpolarisation, welche den letztern zukommt. Dieselbe ist in der Regel umgekehrt wie des betreffenden Zuckers. Die Verf. erhielten auch aus Isoglykosamin durch salpetrige Säure Lävulose.[1]

Zur Bestimmung des Traubenzuckers im Harn. H. Will erhielt bei vergleichsweisen Versuchen mit einer Zuckerlösung von 2·5 Proc., bei Versuchen mit diabetischen Harnen und bei der Ermittelung des Gehaltes unbekannter Zuckerlösungen folgende Resultate:

„1. Traubenzucker in wässeriger Lösung läßt sich sehr genau nach der Barytmethode und zwar sowohl durch Titriren des Barytes als auch durch Wägung des ausgeschiedenen Zuckers bestimmen.

2. Die in wässeriger Lösung befindliche Barytzuckerverbindung wird, wenn ihr noch genügend überschüssiger Baryt zur Verfügung steht, durch so viel hinzugesetzten Weingeist, daß das ganze Gewicht 81—86 Volumprocente Alkohol enthält, als basische Barytzuckerverbindung = $BaO(C^6H^{12}O^6)^2 + BaO$ gefällt.

3. Beim Verwenden von einer solchen Menge Weingeist, daß der Gehalt der Mischung an letzterm 68—70 Volumprocente beträgt, findet eine Fällung des Barumsaccharats = $BaO(C^6H^{12}O^6)^2BaO$ statt.

---

[1] Ber. d. b. ch. G. 20, 2566—75. Würzburg, Universitäts-Laboratorium.

4. In diabetischen Harnen stimmen die Resultate der Titration des Zuckers nach Fehling=Soxhlet sehr genau mit den Resultaten der Barytmethode überein.[1]

Über Denoglukose. Nach Ladislaus von Wagner ist die im Handel vorkommende „Denoglukose" ein ganz besonders reiner Traubenzucker, welcher an Stelle des Rohrzuckers zum Gallisiren und Petiotisiren und zu Tresterweinen Verwendung findet. Derselbe besteht aus:

$$\begin{aligned} &\text{Traubenzucker} \ldots \ldots 85\cdot75 \text{ Proc.} \\ &\text{Wasser} \ldots \ldots \ldots 11\cdot60 \text{ „} \\ &\text{Dextrinartige Substanzen } 2\cdot65 \text{ „} \\ &\hline \\ &\qquad\text{Summa: } 100\cdot00 \text{ Proc.}[2] \end{aligned}$$

Über Nylanders Reagens. Das Reagens Nylanders auf Zucker im Harn besteht aus 2 g Magisterium Bismuthi, 4 g Seignettesalz und 100 g 8procentiger Natronlauge. Es können mit demselben noch $0\cdot025$ Proc. Zucker nachgewiesen werden.[3]

Neues Reagens auf Zucker im Harn. Es werden nach M. Maason zu 5 kcm Urin $0\cdot1$ g Eisensulfat gesetzt, dann erhitzt, $0\cdot25$ g kaustisches Kali hinzugefügt und mehrere Minuten gekocht; es entsteht bei Anwesenheit von Zucker ein dunkelgrüner, allmählich schwarz werdender Niederschlag, während die über diesem Niederschlag befindliche Flüssigkeit rothbraun oder schwarz, mindestens aber etwas gefärbt erscheint. Normaler Harn giebt einen braunen Niederschlag und eine farblose Flüssigkeit.[4]

Ein Goldkalireagens zum Nachweise des Traubenzuckers. C. Agostini benutzt zum Nachweis des Traubenzuckers eine Lösung von Goldchlorid (1:1000) und eine Lösung von Kaliumhydrat (1:20). Versetzt man die zu prüfende Flüssig=

---

[1] Arch. d. Pharm. Bd. 225. 812—822.

[2] Dingl. polyt. Journ. 1887. CCLXVI Heft 10. 474; Vierteljahresschr. d. Ch. d. Nahr= u. Gen. Berlin 1888. 547.

[3] Centralbl. med. Wiss. 1887. XXV 678; Vierteljahresschr. d. Ch. d. Nahr= u. Genußm. Berlin 1887. 546.

[4] Schweiz. W. Pharm. 1887 XXV Nr. 42. 343; Vierteljahresschrift für d. Ch. d. Nahrungs= u. Genußmittel. Berlin 1887. 546.

keit mit 5 Tropfen der Gold= und zwei Tropfen der Kalilöfung, erhitzt zum Sieden und kühlt dann ab, so wird sich bei An=wesenheit von Glykose eine von der Menge derselben abhängige prächtige violettte mehr oder weniger intensive Färbung gebildet haben. Will man Harn mit dem Reagens auf Traubenzucker prüfen, so entfernt man zuerst einen etwaigen Gehalt desselben an Eiweiß durch Kochen und Filtriren und stellt dann mit dem Filtrat die Probe an; bei einem Zuckergehalt entsteht eine wein=rothe Färbung. Der Verf. konnte noch $\frac{1}{100000}$ Zucker durch diese Reaktion nachweisen.[1]

Über die Zymoglukonsäure. Der von L. Boutroux „Zymoglukonsäure" genannte Körper ist nach demselben Verf. mit der Glukonsäure vollkommen identisch.[2]

Zur Gewinnung des Zuckers aus Zuckerrohr. Fon=taine und Colette empfehlen folgendes Verfahren:

Das ausgepreßte Zuckerrohr wird in Fasern zerrissen und mittels wiederholter Pressungen und Einmaischungen mit kleinen Mengen siedenden Wassers entsaftet. Die Bogaße läßt sich leicht trocknen (Verwerthung derselben nach Sobal: Journ. fabr. sucre 1887. 28. 25). Man scheidet nun den Saft mit Kalk, saturirt ihn, reinigt ihn mit Kalciumbisulfit, filtrirt ihn wiederholt mechanisch und dickt ihn dann ein.[3]

Über ein Bleisaccharat. W. Wernekinck erhielt durch Digeriren von Bleiglätte mit einer Rohrzuckerlösung weiße Nadeln eines Bleisaccharats von der Formel $= C^{12}H^{22}O^{11}.PbO+H^2O.$[4]

Über Gährung des Zuckers mit elliptischer Hefe. Claudon und Morin erhielten vermittels elliptischer Hefe, die aus einem 1885er Wein stammte und durch verschiedene Kulturen gereinigt war, durch Vergährung von 100 Kilogramm Rohr=zucker ein Produkt, welches folgende Bestandtheile enthielt:

---

[1] Ann. di Chim. Farm.; Journ. Pharm. Chim. (5). 14. 464.
[2] C. r. 104. 369—70 (7.) Febr. u. 511 (21.) Febr.; Ch. Centr.-Bl. 1887. 336.
[3] Journ. fabr. sucre 1887. 28. 25; Chem. Repert. der Ch.-Ztg. 167—168.
[4] D. Zuckerinb. 1887. XII. Nr. 50. 1565; Vierteljahrsschr. b. Ch. der Nahr.= und Genußm. Berlin 1887. 550.

Aldehyd . . . . Spuren
Äthylalkohol . . . . . . 50615·0 g
Normaler Propylalkohol   2·0 „
Isobutylalkohol . . . . .   1·5 „
Amylalkohol . . . .   51·0 „
Oenanthäther . . . . . .   2·0 „
Isobutylenglykol . . . . . 158·0 „
Glycerin . . . . 2120·0 „
Bernsteinsäure . . . . .   452·0 „[1]

Zur Kenntnis des Invertzuckers. Der Invertzucker
ist, wie die Untersuchungen von A. Herzfeld und Winter
ergeben, wahrscheinlich kein Gemisch gleicher Theile Lävulose und
Dextrose, indem das optische Verhalten eines solchen Gemisches
ein anderes ist. Dagegen zeigt ein Gemisch von 4 Thln.
Lävulose und 3 Thln. Dextrose das optische Verhalten des
Invertzuckers.[2]

Über Milchzucker. Die Kuhmilch enthält nach Klinger[3]
im l im Minimum 26·7 g, im Maximum 56·7 g Milchzucker.
In der Frauenmilch fand Raspe 8·3 Proc., Palm im Mittel
von 20 Analysen 5·25 Proc. Milchzucker. Nach Daftse[4] vermag
Invertin nicht aber Ptyalin den Milchzucker zu invertiren.[5]

Über die Polarisation des Milchzuckers. Um durch
Polarisation den Milchzucker in der Milch zu bestimmen, muß
man nach H. W. Wiley zunächst die Albuminate, am besten durch
saures salpetersaures Quecksilber entfernen. Das Drehungs=
vermögen des Milchzuckers beträgt [α]D = 52·5°.[6]

---

[1] Ac. de sc. p. Journ. de Pharm. et de Chim. 1887.
T. XV. Arch. d. Pharm. 225. 834.

[2] Z. f. Zuckerind. 1887. XXXVII. 796; Vierteljahresschr.
f. d. Ch. der Nahrungs= u. Genußm. Berlin 1887. 552.

[3] Ber. z. Zuckerind. 1887. XII. Nr. 36. 1125.

[4] Ebenda.

[5] Vierteljahresschr. f. d. Ch. der Nahrungs= u. Genußm.
1887. 400.

[6] Anal. XIII. 174. d. Ph. Z. Rußl. 1887. XXVI. Nr. 51.
814; Vierteljahresschr. f. d. Ch. d. Nahrungs= u. Genußm.
Berlin 1887. 553.

Über Galactose. Nach Koch erhält man die Galactose aus Agar-Agar auf folgende Weise:

Man digerirt 125 g Agar-Agar mit 1500 ccm Wasser und 30 g Schwefelsäure 12 Stunden auf dem Wasserbad, neutralisirt mit Baryumkarbonat, koncentrirt im Vacuum, kocht den Syrup mehrmals am Rückflußkühler mit Alkohol aus und läßt erkalten; die erhaltenen Krystalle löst man in Wasser, entfärbt die Lösung mit Knochenkohle und krystallisirt mehrmals aus starkem Alkohol um. [1]

Zur Kenntnis der Arabinose. B. Tollens konnte durch Kochen von Arabinose mit verdünnten Säuren keine Lävulinsäure erhalten, dagegen entsteht beim Erwärmen mit Schwefelsäure viel Furfurol. Die Arabinose ist ferner nach dem Verf. auch einer langsamen Gährung fähig. Die Angaben von Omrad und Gutzeith über die Arabinose stimmen hiermit nicht überein. [2]

Heinrich Kiliani ist durch seine Arbeiten dazugekommen für die Arabinose die Formel $= C^5H^{10}O^5$ anzunehmen und sie als den Aldehyd des normalen Pentoxypentans d. h. als $CH^2OH.(CHOOH)^3—COH$ zu bezeichnen; sie erscheint als das natürliche Zwischenglied zwischen Erythrit und Dextrose. [3]

Über Melitriose. Bekanntlich wies Tollens die Identität der Raffinose, Melitose und Gossypose nach, und gab dem einheitlichen Körper die Formel $= C^{12}H^{22}O^{11}+3H^2O$. C. Scheibler's Untersuchungen haben nun ergeben, daß die von Loiseau für die Raffinose aufgestellte Formel $= C^{18}H^{32}O^{16}+5H^2O$ die richtigere ist. Der Verf. macht den Vorschlag, die obigen drei Namen aufzugeben und dafür den Namen „Melitriose" nach seinem Nomenklaturprinzip anzunehmen. Derselbe fand die Melitriose in ziemlich erheblichen Mengen in den Produkten der Rübensaftverarbeitung, namentlich in der Melasse. [4]

---

[1] 15. Journ. f. pr. Chem. N. F. XXX. 367; Ztschr. f. analyt. Chem. 1887. XXXL H. 3. 368; Vierteljahrsschr. d. Ch. d. Natur- u. Genußm. 1887. 401.

[2] Z. Zuckerind. 1887. XII. Nr. 36. 1121; Vierteljahrschr. b. Ch. d. Genuß- u. Nahrungsm. 1887. 402.

[3] Ber. d. d. chem. Ges. 339—46. 28 (8.) Febr. München; Chem. Centr.-Bl. (3.) 18. 461.

[4] Ber. d. d. chem. Ges. 19. 2868—74; Chem. Centr.-Bl. 1887. 5—6.

Jnactoſe. Maumené beſchreibt die Darſtellung der „Jn=
actoſe". Man erhält dieſen Körper, wenn man 40 g Zucker (muß
0·6—1·0 Proc. Alkaliaſche haben) und 40 g Silbernitrat in
100 kcm Waſſer löſt und die Löſung erhitzt. Es bildet ſich eine
farbloſe, glaſige, inaktive Maſſe = $C^{12}H^{29}O^{14}AgNO^3$, welche mit
Natrium= oder Calciumchlorid Jnactoſe in Form eines farbloſen
Gummis liefert. Dieſelbe iſt optiſch inaktiv, geht mit Ätzkalk
eine Verbindung ein, reducirt die Fehling'ſche Löſung direkt
nicht, dagegen nach dem Kochen mit etwas Säure ſehr ſtark.[1]

Über Formoſe. Während C. Wehmer[2] der Formoſe
die Kohlenhydratnatur abſpricht, bringt O. Löw[3] einen neuen
Beweis für dieſelbe, indem er anführt, daß die Formoſe, wie
alle Zuckerarten Furfurol liefert.[4]

Zur Kenntniß der Lävuloſe. Aus Jnulin dargeſtellte,
aus Alkohol kryſtalliſirte Lävuloſe hat nach der von M. Hönig
und St. Schubert ausgeführten Analyſe die Formel = $C^6H^{12}O^6$.
Ihre rhombiſchen Kryſtalle ſind hart und wenig hygroſcopiſch.[5]

Zur Darſtellung der Lävulinſäure. P. Prišech=
birth theilt eine Darſtellungsmethode für Lävulinſäure mit.
Es werden darnach 3 kg Kartoffelſtärke in einem geräumigen mit
einem Steigrohr verſehenen Kolben mit 3 l Chlorwaſſerſtoffſäure
von 1·1 ſpec. Gew. etwa 20 Stunden lang der Wärme aus=
geſetzt, dann mittels einer kräftigen Preſſe abgepreßt und aus
der braunen Flüſſigkeit in Chlorwaſſerſtoffſäure im Vakuum einer
Waſſerſtrahlpumpe im Waſſerbade abdeſtillirt. Der Rückſtand
wird dann der Vakuumdeſtillation im Ölbade unterworfen, wobei
bei etwa 60 mm Druck zwiſchen 135—150⁰ eine gelbbraune Flüſſig=
keit übergeht, die nach dem Erkalten erſtarrt und faſt aus reiner
Lävulinſäure beſteht. Durch wiederholte Deſtillation im Vakuum
erhält man eine weißgelbe, reine Säure.[6]

---

[1] Journ. fabr. sucre 1887. XXVIII. 48; Vierteljahrsſchr.
b. Ch. d. Nahr.= u. Genußm. Berlin 1888. 555.

[2] Ber. d. d. chem. Geſ. 1887. 20. 2614.

[3] Ebenda. 20. 3039.

[4] Vierteljahrsſchr. f. d. Ch. d. Nahr.= u. Genußm. Berlin.
1887. 554—55.

[5] Monatsh. f. Chem. Wien 1887. 529.

[6] D. chem. G. 20. 1773; Chem. Rep. d. Ch.=Z. 1887. 165.

Über Phlorose. Rennie, in Übereinstimmung mit Stas und Schmidt, erklärt die Phlorose, welche Hesse für eine neue Zuckerart hält, für identisch mit dem Traubenzucker. Sie entsteht bei der Zersetzung des Phloretins. [1]

Über Trehalose. Die aus der Trehala-Manna gewonnene Zuckerart, die „Trehalose", wird nach Dragendorff nur langsam invertirt; das Inversionsprodukt steht in Bezug auf Schmelzpunkt und Polarisation der Dextrose zwar nahe, ist aber durch die Hydrazinverbindung von derselben verschieden. [2]

Über Quercin. Das Quercin, einen neuen Körper von der Zusammensetzung $C^6 H^{12} O^6$ fanden Delochanal und Vincent in den Mutterlaugen der Quercits auf. Sein Schmelzpunkt liegt bei 342°; es liefert ein bei 301° schmelzendes Hexacetat und dürfte ein sechsatomiger Alkohol sein. Seine Lösungen zeigen keine Rotation und sind nicht gährungsfähig. [3]

Zur Kenntnis der Stärkecellulose Nägeli's und der Granulose. Nach den Ausführungen von Arthur Meyer müssen die Begriffe Stärkecellulose und Granulose aus der Wissenschaft entfernt, und die homogene Substanz des Stärkekornes einfach als Stärkesubstanz bezeichnet werden. [4]

L. Sostegni hält die Stärkecellulose für ein Gemisch von Cellulose mit Derivaten der letztern oder mit einer Modifikation der Granulose, welche sich im Hinblick auf ihr anscheinendes Vermögen, Fett zu bilden, sehr dem Cutin von Fremy nähert. [5]

Über eine künstliche seidenartige Textilfaser. Man soll dieselbe nach folgender von Dr. Chardonner gegebenen Vorschrift erhalten:

---

[1] Vierteljahrsschr. f. d. Ch. d. Nahrungs- und Genußm. Berlin 1888. 402.

[2] 60. Vers. d. Nat. u. Ärzte. Wiesbaden; D.-amerik.-Apothekerztg. 1887. VIII. 16. 219; Vierteljahrsschr. d. Ch. d. Nahr.- u. Genußm. Berlin 1887. 555.

[3] Ber. z. Zuckerind. 1887. XII. Nr. 36. 1123; Vierteljahrsschr. d. Ch. d. Nahrungs- u. Genußm. 1887. 403.

[4] Bot. Ztg. 1886. 697—703 u. 713—719; Chem. Centr.-Bl. 1887. 6.

[5] Studi e riverche itist. nel Laborat. di chemie. agror. di Pisa 6. 48—68; Chem. Centralbl. (3) 18. S. 96.

„3 g Nitrocellulose werden in 100 bis 150 kcm Alkohol-
äther (1 : 1) gelöst, die Lösung mit 2·5 kcm einer filtrirten zehnprocentigen Lösung von käuflichem Eisenchlorür (oder Zinnchlorür)
in Alkohol versetzt und dann 1·5 kcm einer alkoholischen Gerb-
säurelösung hinzugefügt. Diese Mischung wird in ein Gefäß gebracht, welches mit einer horizontalen Ausflußspitze von 0·1 bis
0·2 mm Öffnung versehen ist. Letztere mündet in ein Gefäß,
das mit verdünnter Salpetersäure (0.5HNO³ : 100H²O) gefüllt ist. Der ausströmende dünne Flüssigkeitsstrahl erhärtet sofort zu einem Faden, welcher rasch an der Luft getrocknet werden
muß. Dieser besitzt eine graue oder schwarze Farbe, läßt sich
aber durch Einführung anderer löslicher Substanzen beliebig
anders färben. Der Faden ist weich, seidenartig glänzend, von
12—20 mm Durchmesser, besitzt eine Festigkeit von 20—25 kg
für den Quadratmillimeter, brennt, ohne daß sich das Feuer
fortpflanzt, und zersetzt sich, in geschlossenen Gefäßen erhitzt,
langsam, wird von Säuren und Alkalien in mäßiger Koncentration, sowie von kaltem oder warmem Wasser nicht angegriffen,
ist unlöslich in Alkohol und Äther, löst sich aber in Ätheralkohol und Essigäther. Die Fäden lassen sich filiren und
zwirnen wie Seide". [1]

**Zur Bestimmung des Stärkemehlgehaltes in Kar-
toffeln.** Girard theilt folgende Methode mit: In einem bestimmten Gewichte geschabter Kartoffeln wird zunächst die Cellulose durch dreistündige Digestion mit dem doppelten Gewichte
0·2 procentiger Chlorwasserstoffsäure aufgeschlossen und dann mit
dem vierfachen Gewichte (der Kartoffeln) einer Lösung von Kupferoxyd in Ammoniakflüssigkeit versetzt und das Ganze 12 Stunden
bei Seite gestellt. Nun wird die aufgeschlossene Masse mit Essigsäure übersättigt und die Bestimmung des Stärkemehls mit einer
Normallösung von 3·05 g Jod und 4 g Jod-Kalium auf 1 Liter
Wasser vorgenommen; 10 kcm Normallösung entsprechen 0·25 g
Stärke oder 1 Proc. Stärkemehlgehalt der untersuchten Kartoffeln.
Weil aber die gleichfalls vorhandenen Proteïnkörper ebenfalls
Jod verbrauchen, so muß man 0·5 Proc. von dem gefundenen

---

[1] C. r. 104. 899—900; Chem. Centralbl. 1887. 1580.

Procentgehalt abziehen, um den wahren Stärkemehlgehalt der Kartoffeln zu erhalten. [1]

Einwirkung von Wasserstoffsuperoxyd auf Stärke und Cellulose. Rohe Stärke und Cellulose werden nach O. Wuster beim Kochen in saurer oder alkoholischer Lösung verändert, indem dabei sowohl Erythrodextrin als auch Dextrin und Traubenzucker entstehen. [2]

Über die Kohlenhydrate des Lichenin. M. Hönig und St. Schubert haben aus den heißen wässerigen Auszügen der Cetraria islandica zwei Kohlenhydrate dargestellt. Für das in der Hauptmenge vorhandene Kohlenhydrat behalten die Verf. den Namen „Lichenin" bei. Dieses bildet eine in kaltem Wasser schwerlösliche Gallerte; heißes Wasser löst sie zu einer opalisirenden Flüssigkeit. Sie besitzt weder Rotationsvermögen, noch bläut sie sich. Mit verdünnten Säuren gekocht liefert das Lichenin neben nicht rotirenden Dextrinen leicht krystallisirbaren Traubenzucker. Die Verzuckerung findet ungleich leichter als bei der Cellulose, fast gleich schnell wie bei der Stärke statt. Für das zweite Kohlenhydrat schlägt der Verf. die Namen „Licheninstärke" oder „Flechtenstärke" vor. Die Eigenschaften dieses Kohlenhydrats gleichen denen einer löslichen Modifikation der Stärke. [3]

Über dextrinartige Umwandlungs-Produkte aus Inulin. M. Hönig's und St. Schubert's Untersuchungen zeigen, daß Inulin beim Erhitzen in Glycerin oder für sich, sowie beim Behandeln mit verdünnten kochenden Säuren, ebenso wie die Stärke, dextrinartige Umwandlungsprodukte, die denjenigen durch Erhitzen entstandenen gleich sind, liefert. Niedere Temperaturen geben in Wasser und Alkohol schwer lösliche, dem Inulin ähnliche Abkömmlinge, bei steigender Temperatur aber findet zunächst die Bildung von den in Wasser leicht löslichen Metinulin und Inuloid, später die Bildung von sich nach links drehenden, oder optisch inaktiven Verbindungen statt. Die

---

[1] As. de sc. p. Journ. Pharm. Chim. 1887; T. XVI. 224; Arch. der Pharm. 225. 982.

[2] Centralbl. f. Physiol. 1887. Nr. 2; D. Med.-Ztg. VIII. 620; Vierteljahrsschr. b. Ch. b. Nahr.- u. Genußmittel. Berlin 1887. 541.

[3] Monatsh. f. Chem. 8, 452; Arch. b. Pharm. 225. 929.

höchsten, noch einhaltbaren Temperaturen veranlassen nach den Verf. die Entstehung von nach rechts drehenden, in Alkohol löslichen Abkömmlingen.[1]

Glycoside.

Über Naringin. Nach W. Will hat das Naringin, ein Glycosid aus den Blüthen von Citrus decumana, die Formel $C^{21}H^{26}O^{11}$. Es enthält, aus Wasser erhalten, 4 Mol. H^2O, von denen 3 Mol. im Exsiccator über Schwefelsäure entfernt werden. Verdünnte Säuren zerspalten das Naringin in Isobulcit und einen vom Verf. Naringenin genannten Körper von der Formel $= C^{15}H^{12}O^5$ (Schmelzp. 248), das beim Kochen mit koncentrirter Natronlauge in Phloroglucin und eine Säure, die Naringinsäure genannt wird, zerfällt. Diese letztere ist identisch mit der Paracumarsäure. Ihre Bildung erfolgt nach der Gleichung:

$$C^{15}H^{12}O^5 + H^2O = C^9H^9O^3 + C^6H^6O^3$$
$$\text{Naringenin} \qquad \text{Naringeninsäure.}$$

Das Naringenin betrachtet der Verf. als den Phloroglucinester der Paracumarsäure:

$$C^6H^4 {<}{{\overset{1}{CH} = \overset{1}{CH}.CO.O}\atop{OH(4) \quad (3)HO}}{\overset{}{\underset{(5)HO}{}}} C^6H^3$$

Das Naringin zerfällt in Naringenin und Isobulcit nach der Gleichung:

$$C^{21}H^{26}O^{11} = C^{15}H^{12}O^5 + C^6H^{14}O^6$$
$$\text{Naringin} \quad \text{Naringenin} \quad \text{Isobulcit.}[2]$$

Über Wistarin. Wistarin nennt Otto w ein giftig wirkendes Glycosid aus Wistaria chinensis, einer Zierpflanze Nordamerikas, die zu den Leguminosen gehört.[3]

Über das Rutin. Die von einigen Autoren ausgesprochene Ansicht, daß das Rutin mit dem Quercitrin identisch sei, hat

---

[1] Centralbl. f. Agrikulturch. 1887. XVI. 716; Nr. 9. Sitz.-Berichte d. G. naturf. Freunde in Berlin. 1886. 135; Vierteljahrschr. b. Ch. b. Nahr- u. Genußm. 1887. 542.

[2] Ber. b. b. chem. Ges. 1887. 20. 294; Chem. Rep. b. Ch.-Ztg. 1887. 76.

[3] Pharm. Journ. and Trans. 1886. Oct.; Arch. b. Ph. 225. 455.

E. Schnck widerlegt, obwohl auch er fand, daß das Rutin und Quercetin bei der Behandlung mit verdünnten Säuren Quercetin und Isodulcit liefern. Die Gewichtsverhältnisse sind aber bei diesen Zersetzungen nicht gleich. Die Formel des Rutins fand der Verf. $= C^{42}H^{50}O^{25}$. Es spaltet sich unter Wasseraufnahme nach der Gleichung:

$$C^{40}H^{50}O^{25} + 4H^2O = C^{21}H^{16}O^{11} + 3C^6H^{14}O^6$$

Rutin . Quercetin Isodulcit.

Das Quercetrin $= C^{36}H^{38}O^{20}$ spaltet sich nach der Gleichung:

$$C^{36}H^{38}O^{20} + 3H^2O = C^{24}H^{16}O^{11} + 2C^6H^{14}O^6$$

Quercitrin Quercetin Isodulcit. [1]

Zur Kenntnis des Arbutins. Nach W. Stöber wird das Arbutin durch gelindes Erwärmen mit verdünnter Schwefelsäure in Zucker, Hydrochinon und Methylhydrochinon gespalten; Äther löst diese letzteren beiden Körper, wodurch man sie vom Arbutin trennen kann. Diese Spaltung wird ausgedrückt durch Gleichung:

$$C^{25}H^{34}O^{14} + 2H^2O = 2C^6H^{12}O^6 + C^6H^6O^2 + C^7H^8O^2$$

Arbutin Zucker Hydro- Methylhydrochinon chinon. [2]

Zur Kenntnis der Ruberythrinsäure. C. Liebermann und O. Bergami ziehen zur Gewinnung der Ruberythrinsäure frische kaukasische Krappwurzeln mit kochendem absoluten Alkohol aus. Beim koncentriren des Auszuges scheidet sich nach dem Erkalten die Säure aus, während die mitgelösten nicht glyceridischen Farbstoffe gelöst bleiben. Man erhält etwa $1/10$ Proc. an Säure vom Gewicht der Wurzel. Sie ist mit der Schunk'schen Rubiansäure identisch. Die Formel derselben ist $= C^{26}H^{28}O^{14}$ $C^{20}H^{22}O^{11}$, Rochleder). Die Konstitution der Säure wird meist durch folgende Formel ausgedrückt:

$$C^{14}H^6O^2 <{}^{O\,.\,C^6H^7O(OH)^4}_{O\,.\,C^6H^7O(OH)^4}$$

Nimmt man an, daß der Zuckerrest eine Diose $= C^{12}$ ist, so kann man der Säure auch folgende Formel geben:

[1] Pharm. Journ. Transact. Ser. III. Nr. 920. 672; Arch. d. Ph. 226. 326—27.

[2] Nicus Tijdsch. Pharm. Nederl. 1887. 176; Ch. Rep. d. Ch.-Ztg. 1887. 183.

$$C^{14}H^6O^2 \begin{cases} O \cdot C^{12}H^{11}O^3(OH)^7 \\ OH. \end{cases}$$

Hierüber muß das Experiment entscheiden.[1]

Gerbstoffe.

Zur Untersuchung von Gerbmitteln. F. Simond hat gefunden, daß kaltbereitete Auszüge von Gerbmitteln größere Mengen von Nichtgerbstoffen enthalten, als heiß bereitete. Die Angabe v. Schröders[2] über die Leichtlöslichkeit des Fichtenrindengerbstoffes ist nach dem Verf. falsch.[3]

Einfluß des Regens auf den Gerbstoffgehalt der Eichenrinde. Von der ganzen Menge des in der Eichenrinde überhaupt vorhandenen Gerbstoffs können nach den Untersuchungen von Fr. Gautter bis zu 71 Proc. durch den Einfluß des Regens verloren gehen.[4]

Zur Kenntniß der Eichenrindegerbsäure. Wie E. Böltinger mittheilt, kommt der Eichenrindegerbsäure die empirische Formel = $C^{19}H^{16}O^{10}$ zu. Es lassen sich zwei Atome Wasserstoff durch Brom substituiren und in diesem Bromderivat kann man wiederum 5 Wasserstoffatome durch Acetylgruppen ersetzen. Der Verf. vergleicht die Formel der Eichenrindengerbsäure mit der Formel der Eichenholzgerbsäure:

Eichenrindengerbsäure $= C^{19}H^{16}O^{10}$

Eichenholzgerbsäure $= C^{15}H^{12}O^9$.[5]

Über animalisches Tannin. Penaut entdeckte schon im Jahre 1810 in dem Kornwurm (Calandra granaria), welcher in Deutschland häufiger Wibel genannt wird, die Gallussäure. Bilon, auf diese Entdeckung fußend, hat daraus das Tannin nach einer von ihm angegebenen Methode dargestellt und dabei

---

[1] Ber. d. d. chem. G. 1887. 20. 2241; Chem. Rep. d. Ch.-Ztg. 1887. 195.

[2] Deutsche Gerberzeitung 1887. Nr. 31.

[3] Gerber 1887. 161 u. 171; Ztschr. f. chem. Ind. 2. 231 bis 232; Chem. Centr.-Bl. 1887. 1449.

[4] Gewerbl. a. Württemberg. 1887. 39. 276; Chem. Rep. d. Ch.-Ztg. 1887. 198.

[5] Liebig's Annal. Chem. 240. 330; Arch. d. Pharm. 225. 928.

aus 500 Thln. Kornwürmern 15 Thle. Tannin erhalten. Die Analyse führte zu der Formel $= C^{28}H^{16}O^{16}$.[1]

Farbstoffe.

Über neue Farbstoffe. C. Bötsch macht Mittheilungen über folgende neue Stoffe:

1. Rosazurin der Farbenfabriken vormals Friedrich Bayer & Co., ein rother Farbstoff, wird gebildet durch Einwirkung von Tetrazobiphenoläther auf β-Naphtylaminsulfosäure:

$$[- C^6H^3(OC^2H^5)N = N - C^{10}H^5(NH^2)\beta - SO^3Na]^2.$$

2. Anthracenbraun der Badischen Anilin- und Sodafabrik; bildet eine dunkelbraune Paste, färbt mit Thonerdebeizen rothbraun, mit Thonerde-, Eisen- und Dichromatbeize dunkelbraun.

3. Geranium der Farbenfabriken vorm. Friedr. Bayer & Co. bildet einen Ersatz für Erythrosin, Magdalaroth u. s. w. und färbt auf Seide schön rosa.

4. Deltapurpurin G und Deltapurpurin SB derselben Fabrik, es sind Benzidinfarbstoffe. Das erste $=$.

$$[- C^6H^4 - N = N - C^{10}H^5(NH^2)\beta - SO^2Na]^2$$

bildet sich durch Einwirkung von Tetrazobiphenyl auf die sogenannte β-Naphtylamindeltamonosulfosäure (D. R. P. 39 925).

Die zweite Verbindung entsteht, wenn man statt Tetrazobiphenyl Tetrazobitoluyl anwendet:

$$[- C^6H^3(CH^3)N = N - C^{10}H^5(NH^2)\beta - SO^3Na]^2.$$

5. Congocorinth und Congocorinth B; neue ungebeizte Baumwolle färbend. Es sind Benzidinazofarbstoffe von noch unbekannter Zusammensetzung.

6. Granat flüssig und Naphtorubin der Farbwerke vorm. Bayer & Co.; Wollenfarbstoffe aus einer neuen Naphtoldisulfosäure. Das letztere färbt fast wie Carmoisin.[2]

Unschädliche Theerfarbstoffe. Nach P. Cazeneuve sind die sulfosauren Natronsalze nicht giftig, während die Nitroderivate, z. B. das Dinitronaphtol, giftige Eigenschaften besitzen. Als unschädliche Farbstoffe betrachtet der Verf. folgende:

---

[1] Moniteur des produits chimiques; Arch. d. Pharm. 225. 979—80.

[2] Leipzig. Monatsschr. f. Textil-Ind. 1887. 73. 124 u. 183; Chem. Ind. 10. 309; Chem. Centr.-Bl. 1887. 1212—1213.

1. Das lösliche Roth, welches aus der Sulfoverbindung des Roccellins besteht.

2. Das rosanilinsulfosaure Natrium.

3. Das Purpurroth, welches durch Einwirkung der Diazo=verbindung des monosulfosauren α-Naphtylamins auf das α-bi=sulfosaure β-Naphtol entsteht.

4. Das Bordeauxroth B, welches aus der Diazoverbindung der α-Naphtylamins und der β-Naphtol-α-Disulfosäure sich bildet.

5. Das Ponceau R, dargestellt aus dem Diazoxylibin und der Naphtol-β-Disulfosäure.

6. Das Orange I aus dem Diazoderivat der Sulfanilsäure und α-Naphtol.

7. Das Gelb Nr. 5, das dinitronaphtolsulfosaure Natrium.

8. Das lösliche Gelb, das amidoazoorthotoluolsulfosaure Natrium.

9. Das gewöhnliche Jubulin, welches das sulfosaure Natrium=salz des bei der Einwirkung von Amidoazobenzol auf Anilin entstehenden Produktes vorstellt.

10. Das Coupir=Blau, das Natriumsalz eines Sulfosäure=derivates vom Violanilin.

11. Das Säure=Grün, welches das Natriumsalz der Mono=sulfosäure=Tetramethyl bi-p-amidotriphenylcarbinols vorstellt.

Der Verf. erklärt das Methylenblau für schädlich und bringt folgenden Gesetzentwurf in Vorschlag:

§ 1. Künstliche Farbstoffe, welche zum Färben von Nahrungs=mitteln dienen sollen, müssen mit dem Siegel des Fabrikanten versehen sein, welcher für die Qualität und für die Natur seiner im Handel verbreiteten Färbstoffe verantwortlich ist.

§ 2. Die Farbstoffe müssen stets rein und frei von Natrium=sulfat und anderen fremden schädlichen oder nicht schädlichen Substanzen sein.

§ 3. Wein, Essig, Bier und Butter dürfen niemals künstlich gefärbt sein.

§ 4. Es sind strenge Strafen für den Verstoß gegen diese Vorschriften zu erlassen.[1]

Zur Kenntniß des Carbonylcarbazols (Carbazol=blau). Das von W. Suida dargestellte Carbazolblau oder

---

[1] Ann. d'Hyg. publ. 1887. 18. 1; Chem. Centr.=Bl. 1887. 18. 1050; Chem. Rep. d. Ch.=Ztg. 1887. 220.

nach Beilstein Carbonylcarbazol ist nach E. Bamberger und R. Müller der Klasse der Triphenylmethanfarbstoffe einzufügen. Es entsteht in gleicher Weise aus Oxalsäure und Carbazol, wie sich Diphenylblau aus Oxalsäure und Diphenylamin bildet, nämlich nach folgender Gleichung:

$$3C^{12}H^9N + C^2H^2O^4 = C^{37}H^{25}N^3O + CO + 2H^2O$$
Carbazol Oxalsäure Carbonylcarbazol

$$HO.C \begin{array}{c} C^6H^3.NH.C^6H^4 \\ C^6H^3.NH.C^6H^4 \\ C^6H^3.NH.C^6H^4 \end{array} \qquad HO.C \begin{array}{c} C^6H^4.NH.C^6H^5 \\ C^6H^4.NH.C^6H^5 \\ C^6H^4.NH.C^6H^5 \end{array}$$

Carbonylcarbazol Base des Diphenylaminblaus.

Um die Analogie mit dem Diphenylblau auszudrücken, schlägt der Verf. für den Namen Carbonylcarbazol den Namen „Carbazolblau“ vor. [1]

Über grüne Farbstoffe aus Methylenblau und Äthylenblau. Die Farbwerke, vorm. Meister, Lucius und Brüning stellen grüne Farbstoffe her, indem eine saure Lösung von Methylen- oder Äthylenblau mit einer Lösung von Natriumnitrat (eventuell auch noch mit Salpetersäure) versetzt wird. Der grüne Farbstoff, der sich gebildet hat, wird durch Chlornatrium ausgefällt. [2]

Azolitmin. Dasselbe wird zur Herstellung empfindlicher Lacmustinktur empfohlen. Man löst dasselbe zu diesem Zwecke am besten in dünner Natriumcarbonatlösung und stellt es durch allmählichen Zusatz von Oxalsäurelösung auf den empfindlichen Farbton ein. [3]

Über künstliche Baumwollenfarbstoffe. E. Erdmann bespricht beifolgende Baumwollenfarbstoffe:

I. Benzidinfarbstoffe.

a. Einfache Benzidinfarbstoffe.

1. Congo, ein Farbstoff aus

$$\text{Benzidin} < \begin{array}{l} \text{Naphtylaminsulfosäure} \\ \alpha\text{-Nahptylaminsulfosäure.} \end{array}$$

---

[1] Ber. d. d. chem. Ges. 20. 1903; Chem. Rep. b. Ch.-Ztg. 1887. 1881.

[2] D. R. P. 38. 979.

[3] Handels-Ber. v. Gehe & Co. Dresden. Sept. 1887. 35.

2. Chrysamin, Farbstoff aus Benzidin $<$ Salicylsäure / Salicylsäure.

3. Azoorseillin, Farbstoff aus Benzidin $<$ Naphtolsulfosäure / Naphtolsulfosäure.

4. Benzidinblau, Farbstoff aus
Benzidin $<$ Naphtolbisulfosäure R. / Naphtolbisulfosäure R.

5. Deltapurpurin G, ein Farbstoff aus Benzidin und einer neuen β-Naphtylamin-δ-Monosulfosäure.

b. Gemischte Benzidinfarbstoffe.

1. Gelbpâte, Farbstoff in Teigfarbe aus
Benzidin $<$ Sulfonilsäure / Phenol.

2. Congo G R. Farbstoff aus Benzidin $<$ Metanilsäure. / Naphthionsäure.

3. Congo Corinth, Farbstoff aus
Benzidin $<$ α-Naphthylaminsulfosäure / α-Naphtolsulfosäure.

4. Brillantcongo G, Farbstoff aus
Benzidin $<$ β-Naphtylaminbisulfosäure / Brömmer's β-Naphtylaminmonosulfosäure.

II. Toluidinfarbstoffe.

a. Einfache Toluidinfarbstoffe.

1. Benzopurpurin B, Farbstoff aus
Toluidin $<$ β-Naphtylaminmonosulfosäure / β-Naphtylaminmonosulfosäure.

2. Benzopurpurin 4 B, Farbstoff aus
Toluidin $<$ α-Naphtylaminsulfosäure / α-Naphtylaminsulfosäure.

3. Deltapurpurin 5 B, Farbstoff aus Toluidin und derselben β-Naphtylamin-δ-Monosulfosäure, aus der das Deltapurpurin G dargestellt wird.

4. Azoblau, Farbstoff aus
Toluidin $<$ α-Naphtolsulfosäure / α-Naphtolsulfosäure.

5. u. 6. Rosazurin G und Rosazurin B, zwei Farbstoffe aus alkylirten β-Naphtylaminsulfosäuren.

b. Gemischte Toluidinfarbstoffe.

1. **Congo Corinth B**, Farbstoff aus

Toluidin $<$ Naphtionsäure
α-Naphtolsulfosäure.

2. **Congo 4 R**, Farbstoff aus Toluidin $<$ Naphthionsäure
Resorcin.

3. **Brillantcongo R**, Farbstoff aus

Toluidin $<$ β-Naphtylaminsulfosäure
Brönner's β-Naphtylaminmonosulfosäure.

III. Farbstoffe aus Orthobiamibobiphenol (Dianisidin).

Benzoazurin, Farbstoff aus Dianisidin $<$ α-Naphtolsulfosäure
α-Naphtolsulfosäure.

IV. Farbstoffe aus Diamidostilbenbisulfosäure.

1. **Hessisch Purpur N**, Farbstoff aus

Diamidostilbenbisulfosäure $<$ β-Naphtylamin
β-Naphtylamin.

2. **Hessisch Purpur B, P und D**, Farbstoffe aus Diamido-stilbenbisulfosäure und den verschiedenen Naphtylaminsulfosäuren.

3. **Hessisch Gelb**, Farbstoff aus

Diamidostilbenbisulfosäure $<$ Salicylsäure
Salicylsäure.

4. **Brillantgelb**, Farbstoff aus

Diamidostilbenbisulfosäure $<$ Phenol
Phenol.[1]

Über Rhodamin. Von der „Badischen Anilin- und Soda-fabrik" ist, wie C. Weingärtner mittheilt, ein neuer Farbstoff unter dem Namen „Rhodamin" eingeführt, welcher in der Druckerei und Färberei zur Erzeugung von hellen Rosas Bedeutung be-kommen kann. Er scheint das erste Glied einer neuen Farbstoff-gruppe zu sein, da er sich seinem Verhalten nach in keine der bis jetzt bekannten Gruppen von basischen Farbstoffen einreihen läßt.[2]

Zur Kenntnis des Roccellinroths und Bordeaux-roths B. Arloing und Cazeneuve theilen mit, daß die Mengen dieser beiden Farbstoffe, wie sie zum Färben von Nah-

---

[1] Chem. Industrie. 1887. Nr. 10. 427—433.
[2] Chem. Ztg. 1887. 1620.

rungsmitteln, sowie in der Konditorei und Liqueurfabrikation verwendet werden, der Gesundheit nicht schädlich sind.[1])

Zur Kenntnis des Saffransurrogats. Th. Weyl hat konstatirt, daß das Saffransurrogat, welches zum Färben von Nahrungsmitteln empfohlen wurde, sehr giftig ist. Das Handelsprodukt ist entweder Dinitrokresolkalium oder Dinitrokresolammonium.[2])

Über eine neue Bildungsweise der Saffranine. Ph. Barbier und Leo Vignon haben bewiesen, daß das Phenolsaffranin und seine Homologen durch Einwirkung der p-Amidoazoderivate (Amidoazobenzol, Amidoazotoluol) auf einfach nitrirte Benzolkohlenwasserstoffe bei Gegenwart von Reduktionsmitteln erhalten werden können, wie folgende Gleichung zeigt:

$$C^{12}H^{11}N^3 + C^6H^5NO^2 + HCl + H^2 = C^{19}H^{15}N^4Cl + 2H^2O.[3])$$

Nachweis von Anilinfarbstoffen im Rothwein. Von der Thatsache, daß das Önocyanin, der natürliche Farbstoff des Rothweins, Fermentzellen nicht zu färben vermag, sammelt Carpenne zum Nachweis von Anilinfarbstoffen im Rothwein die aus Weißwein entstandenen Hefeabsätze, wäscht sie auf einem Filter bis zur völligen Neutralität des ablaufenden Waschwassers aus und bewahrt dieses Reagensferment in gut verschlossenem Glase als feuchte Masse auf. Bei der Untersuchung bringt der Verf. von dieser Masse eine kleine Menge zu einigen Kubikcentimetern des verdächtigen Weines und betrachtet verschiedene Tropfen dieser Mischung unter dem Mikroskop, wobei er nur diffuses Licht unter den Objektträger gelangen läßt. Sind die Saccharimyceten gefärbt, so sind Theerfarbstoffe die Ursache. Um die geringste Menge dieser letztern nachzuweisen, verschärft man die Probe durch vorheriges Einengen des Rothweins, Ausfällen der Tartrate mit Alkohol, abermaliges Einengen und Aufnahme des Rückstands in sehr geringer Menge Wasser. Bleibt die der erhaltenen Flüssigkeit zugesetzte Fermentzelle auch jetzt farblos,

---

[1]) Journ. Chim. 1887. 5. Sér. 15. 609; Chem. Rep. d. Ch.-Ztg. 1887. 155.

[2]) Ber. d. d. chem. Ges. 21. 512.

[3]) C. r. 105. 939—41. (14.) Nov.; Chem. Centralbl. 1887. 1548.

so kann man nach dem Verf. die Abwesenheit von Theerfarbstoffen als bestimmt annehmen.[1]

Ein neues Weinfärbemittel. In Frankreich werden in neuester Zeit die Beeren von Aristotelia Magni, einem zur Familie der Linden gehörigen Strauch in Chile, welche Gerbsäure enthalten, zum Färben des Weines benutzt.[2]

Über ein Verfahren zur Abscheidung von Farbstoffen aus Butter, Kunstbutter und sogenannten Butterfarben. A. R. Leeds verwendet folgendes Verfahren: 100 g der Substanz werden in 300 kcm reinem Petroleumäther vom spec. Gew. 0·638 gelöst, die Lösung mittels eines Scheidetrichters von Wasser und Salzen getrennt und in demselben wiederholt mit Wasser, im Ganzen mit 100 kcm, gewaschen. Man überläßt die Fettlösung sich selbst (im Winter in der Kälte, im Sommer in eiskaltem Wasser) 15 bis 20 Stunden, wobei eine Menge Stearin auskrystallisirt. Die vom letztern abgegossene klare Lösung wird mit 50 kcm $^1/_{10}$-Normalkalilösung geschüttelt, wobei die Farbstoffe dem Petroleumäther entzogen werden. Die wässerige Farbstofflösung wird dann von der Fettlösung getrennt und mit verdünnter Chlorwasserstoffsäure sehr sorgfältig angesäuert, bis die Lösung, mit Lackmuspapier geprüft, eben eine saure Reaktion zeigt. Den dadurch, zugleich mit sehr wenig Fettsäure, abgeschiedenen Farbstoff filtrirt man durch ein tarirtes Filter ab und wäscht ihn mit kaltem Wasser aus. Hierbei ist noch zu bemerken, daß die Lösung der Fette in Petroleumäther stets eine hellgelbe Farbe besitzt, die von den Fetten und Ölen selbst herrührt.

Von Butterfarben löst man nur 5 g in 20—25 kcm Petroleumäther, und entzieht der Lösung derselben die Farbstoffe durch 10 kcm einer 4procentigen Kalilösung.

Der Verf. untersuchte nun diese Farbstoffe zu 2 oder 3 Tropfen in alkoholischer Lösung in ihrem Verhalten gegen Reagentien und giebt darüber folgende Tabelle:

---

[1] Ac. de sc. p. Journ. de Pharm. et de Chim. 1887. T. XVI. 39; Archiv d. Pharm. 225. 832—833.

[2] Ztschr. f. Nahrungsmittel-Unters. u. Hyg. 1887. 141; Chem. Rep. d. Ch.-Ztg. 1887. 232.

Farbſtoff.	Konzentrirte Schwefelſäure.	Konzentrirte Salpeterſäure.	Konzentrirte Schwefelſäure und Salpeterſäure.	Konzentrirte Chlorwaſſerſtoffſäure.
Anatto	Indigoblau, geht nicht in Violett über	blau, wird beim Stehen farblos	ebenſo	keine Veränderung, nur leicht ſchmutzig oder braun
Anatto und entfärbte Butter.	blau, wird grün und allmählich violett	blau, durch grün und gebleicht	entfärbt	keine Veränderung nur leicht, ſchmutzig gelb
Curcuma	rein violett	violett	violett	violett, beim Verdampfen des Chlorwaſſerſtoffs kehrt die urſprüngliche Farbe wieder
Curcuma und entfärbte Butter	Violett bis purpur	violett bis röthlich-violett	ebenſo	ſehr ſchön violett
Saffran	Violett bis kobaltblau, wird röthlich-braun	hellblau, wird röthlich-braun	ebenſo	gelb, wird ſchmutzig gelb
Saffran und entfärbte Butter	dunkelblau wird ſchnell röthlich-braun	blau, durch grün in braun	Blau, wird ſchnell purpur	gelb, wird ſchmutzig gelb
Mohrrübe	umbrabraun	entfärbt	giebt mit NO² Dämpfe und Geruch nach verbranntem Zucker	nicht verändert

Mohrrübe und entfärbte Butter	röthlich-braun bis purpur, ähnlich Curcuma	gelb und entfärbt	ebenso	leicht braun
Ringelblume	dunkelviolett grün, bleibend	blau, geht augenblicklich in schmutzig gelb-grün über	grün	grün, bis gelblich-grün
Safflorgelb	hellbraun	theilweise entfärbt	entfärbt	keine Veränderung
Anilingelb	gelb	gelb	gelb	gelb
Martiusgelb	blaßgelb	gelb, röthliche Fällung	gelb	gelbe Fällung; verpufft beim Behandeln mit Ammoniak und Glühen
Viktoriagelb	theilweise entfärbt	ebenso	ebenso	die Farbe kehrt wieder beim Neutralisiren mit Ammoniak. Curcuma giebt mit Ammoniak eine röthlich-braune Färbung, die nach der Austreibung des Ammoniaks der ursprünglichen Färbung-Platz macht.[1]

[1] The Analyst 1887. 12. 150; Chem. Rep. d. Ch.-Ztg. 1887. 188.

Über einen rothen Farbstoff aus den Knollen von Drosera Whittakeri. C. H. Rennie hat aus den Knollen von Drosera Whittakeri mittels Schwefelkohlenstoff einen flüchtigen rothen Farbstoff dargestellt. Das Sublimat desselben läßt sich durch wiederholtes Umkrystallisiren mittels Alkohol oder Essigsäure in zwei verschiedene Verbindungen trennen, die beide mit größter Wahrscheinlichkeit Derivate des Methylnaphtachinons sind. Die eine Verbindung besitzt die Zusammensetzung $= C^{11}H^9O^5$ und bildet rubinrothe prismatische Blättchen; die orangenrothen Nadeln der andern Verbindung entsprechen in ihrer Zusammensetzung der Formel $= C^{11}H^9O^4$.[1]

Über den Heidelbeerfarbstoff im Wein. Die blauröthliche Farbe, welche ein mit Heidelbeerfarbstoff versehener Rothwein durch Brechweinsteinlösung unter Umständen annimmt, kann nach T. Nakahama nicht als ein Mittel zum Nachweis eines sehr geringen Heidelbeersaftzusatzes dienen, obwohl diese Reaktion unter allen bisher vorgeschlagenen als die einzige zu bezeichnen ist, mit welcher man gröbere Verfälschungen leicht und sicher entdecken kann.[2]

Über den Einfluß der Bereitung und Pflege auf die Farbe des Rothweines. Ist es die Aufgabe, einen möglichst dunkelrothen Wein darzustellen, so soll man nach J. Neßler die faulen Trauben entfernen und den Wärmegrad der Maische auf 16—20° erhalten, wobei die Trester durch einen Senkboden in der Flüssigkeit gehalten werden. Nach acht bis zehn Tagen preßt man dann den Wein ab und läßt ihm im Fasse nicht zu lange auf der Hefe liegen. Wird der junge Wein durch wiederholtes Schütteln mit Luft braun und trübe, so ist er in ein schwach eingebranntes Faß überzufüllen.[3]

Anwendung von Chlorophyll in der Färberei. Nach E. Schunk färben Chlorophyllösungen bei Gegenwart kleiner Mengen von Kupfer- und Zinkoxyd Baumwolle, Wolle und Seide wenig, dagegen stark Leim, koagulirtes Eiweiß und ähnliche thie-

---

[1] Americ. Journ. Pharm. 59. 445; Arch. d. Pharm. 225. 980.

[2] Arch. f. Hygiene VII. 405—419; Arch. d. Pharm. 226. 372—73.

[3] Weinlaube 1886. 519; Chem. Centralbl. 1887. 131.

rische Stoffe. Am Tageslicht sehen die gefärbten Stoffe sehr schön, bei künstlicher Beleuchtung jedoch matt aus. Eine technische Verwendung dieser Eigenschaft des Chlorophylls hält der Verf. vorläufig für ausgeschlossen.[1]

Karminlösung. Man erhält dieselbe von sehr beständiger Beschaffenheit nach einer von Joseph W. England angegebenen Vorschrift. Es werden nach derselben 15 g feingepulverter Karmin mit etwas Wasser zu einer Paste angestoßen und in 90 kcm Ammoniakflüssigkeit gelöst. Unter beständigem Umrühren werden sodann 90 kcm Glycerin und soviel Wasser hinzugefügt, daß das Ganze 240 kcm beträgt, nachdem zuvor das Ammoniak durch Erwärmen in einer Porzellanschale entfernt war, welche letztere Operation ziemlich lange Zeit beansprucht und unter Umrühren mit einem Glasstabe geschieht. Die erhaltene Lösung ist vollkommen klar, tief rubinroth gefärbt und ohne Trübung mit allen wässerigen Flüssigkeiten mischbar. Freies Ammoniak soll nicht mehr darin sein, Quecksilberchlorid darf also darin keinen Niederschlag erzeugen.[2]

Ätherische Öle und Kampherarten.

Über die antiseptische Wirkung der ätherischen Öle. Chamberland hat die antiseptische Wirkung der ätherischen Öle auf den Anthraxbacillus untersucht und dabei gefunden, daß das Ceylon. Zimmtöl, das Kassiaöl und das Dostöl (Origanum) im frisch bereiteten Zustande als sehr starke und ausgesprochene Antiseptika gelten können. Beim Altwerden und durch Berührung mit der atmosphärischen Luft nehmen die antiseptischen Eigenschaften dieser Öle ab. Ihre Wirkungsfähigkeit ist bei gleicher Verdünnung stärker als die von Karbolsäure, Alaun oder Zinksulfat, schwächer aber als die vom Sublimat.[3]

Über den Gehalt einiger Drogen und Pflanzentheile an ätherischem Öl. Die Firma Schimmel & Co. in Leipzig hat folgende interessante Tabelle veröffentlicht:

---

[1] Journ. Soc. Chem. Ind. 6. 413. Manchester Sektion. 6. Mai (13. Juni); Chem. Centralbl. 1887. 1213.

[2] Amer. Journ. of Pharm. 1887. 59. 331; Chem. Rep. d. Ch.-Ztg. 1887. 207.

[3] Ann. de Pasteur, p. Journ. de Pharm. et de Chim. T. XVI. 126; Arch. d. Pharm. 225. 931.

Artikel.	Name der Pflanze.	Mittlere Ausbeute an ätherischem Öl von 100 kg kg
Ajowan-Samen	Ptychotis Ajowan	3·000
Alantwurzel	Inula Helenium	0·600
Angelikasamen	Arangelica officinalis	1·150
Angelikawurzel, thüringische	„	0·750
„ sächsische	„	1·000
Anissamen russischer	Pimpinella Anisum	2·800
„ thüringer	„	2·400
„ mährischer		2·600
„ Chili		2·400
„ spanischer	„	3·000
„ levantiner	„	1·300
Arnikablüthen	Arnica montana	0·040
Arnikawurzel	„	1·100
Asa foetida	Ferula asafoetida	3·250
Bärentraube	Uva ursi	0·010
Baldrianwurzel, deutsche	Valeriana officinalis	0·950
„ holländische	„	1·000
„ japanische	Patrinia scabiosaefolia	—
Basilikumkraut, frisches	Ocimum Basilicum	0·040
Bay-Blätter	Pimenta acris	2·300 — 2·600
Beifuß-Kraut	Artemisia Abrotanum	0·040
Betel-Blätter	Piper Betle	0·550
Birken-Theer	Betula alba	20·000
Bukko-Blätter	Barosma crenulata	2·600
Calmus-Wurzel	Acorus Calamus	2·800
Cardamomen, Ceylon	Elettaria Cardamomum	4·000-6·000
„ Madras	„	5·000
„ Malabar	„	4.250
„ Siam	„	4·300
Caskarill-Rinde	Croton Eluteria	1·750
Cassia-Blüthen	Cinnamomum Cassia	1·350
Cassia lignea	„	1·500
Cedernholz	Juniperus Virginiana	3·500
Chamillen, deutsche	Matricaria Chamomilla	0·285
„ römische	Anthemis nobilis	0·700 — 1·000
Cheken-Blätter	Myrthus Cheken	1·000

Artikel.	Name der Pflanze.	Mittlere Ausbeute an ätherischem Öl von 100 ℔
		℔
Copaiva=Balsam, Para	Copaifera officinalis	45·000
„ ostindischer	Dipthocarpus turbinatus	65·000
Coriander=Samen, thüring.	Coriandrum sativum	0·800
„ russischer	„	0·900
„ holländischer	„	0·600
„ ostindischer		0·150
„ italienischer	„	0·700
„ Mogabor	„	0·600
Cubeben	Piper Cubeba 12·000 — 16.000	
Culilabanarinde	Laurus Culilawan	3·400
Cumin=Samen, Mogabor	Cuminum Cyminum	3·000
„ Malteser	„	3·900
„ syrischer	„	4·200
„ ostindischer	„	2·250
Curcuma=Wurzel	Curcuma longa	5·200
Dill=Samen, deutscher	Anethum graveolens	3·800
„ russischer	„	4·000
„ ostindischer	Anethum Sowa	2·000
Elemi=Harz	Icica Abilo	17·000
Eucalyptus=Blätter, getrocknet	Eucalyptus Globulus	3·000
Feldthymian	Thymus Serpyllum	0·200
Fenchel=Samen, sächsischer	Anethum Foeniculum 5·000 — 5·000	
„ galizischer	„	6·000
„ ostindischer	Foeniculum Panonicum	2·200
Flieder=Blumen	Sambucus nigra	0·025
Galbanum=Harz	Galbanum officinale	0·500
Galgantwurzel	Alpinia Galanga	0·750
Haselwurzel	Asarum Europaeum	1·100
Herakleum=Samen	Heracleum Sphondylium	1·000
Hopfen=Blüthe	Humulus Lupulus	0·700
Hopfen=Mehl, Lupulin	„	2·250
Ingber=Wurzel, afrikanische	Zingiber officinalis	2·600
„ bengalische	„	2·600
„ japanische	„	1·800
„ Cochinchina	„	0·900

Artikel.	Name der Pflanze.	Mittlere Ausbeute an ätherischem Öl von 100 tg
		tg
Iris-Wurzel	Iris Florentina	0·100
Isop-Kraut	Hyssopus officinalis	0·400
Iva-Kraut	Iva moschata	0·400
Krausemünz-Kraut	Mentha crispa	1·000
Kümmelsamen, kult. deutscher	Carum Carvi	4·000
„ holländ.	„	5·500
„ ostpreuß.		5·000
„ mährisch.		5·000
„ wilder, deutsch.		6·000 — 7·000
„ norweg.	„	6·000 — 6·500
„ russisch.	„	3·000
Lavendel-Blüthen, deutsche	Lavandula vera	2·900
Liebstock-Wurzel	Levisticum officinale	0·600
Linaloe-Holz	Elaphrium graveolens	5·000
Lorbeeren	Laurus nobilis	1·000
Lorbeer-Blätter	„	2·400
Lorbeer, californische	Oreodaphne Californica	7·600
Mais-Blüthen	Myristica moschata	11·000—16·000
Majoran-Kraut, frische	Origanum majorana	0·350
„ trockne	„	0·900
Mandeln, bittere	Amygdalus amara	0·400 — 0·700
Massoy-Rinde	Massoia aromatica	—
Matricaria-Kraut	Matricaria Parthenium	0·030
Matico-Blätter	Piper angustifolium	2·400
Meister-Wurzel	Imperatoria Ortruthium	0·800
Melissenkraut	Melissa officinalis	0·100
Michelia-Rinde	Michelia nilagirica	0·300
Möhren-Samen	Daucus Carota	1·650
Moschus-Samen	Hibiscus Abelmoschus	0·200
Moschus-Wurzel	Ferula Sumbul	0.300
Muskat-Nüsse	Myristica moschata	8·00 — 10·000
Myrrhen	Balsamodendron Myrrha	2·500-6·500
Nelken, Amboina	Caryophyllus aromaticus	1·900
„ Bourbon	„	18·000
„ Zanzibar		17·500
Nelken-Stiele		6·000

Artikel.	Name der Pflanze.	Mittlere Ausbeute an ätherischem Öl von 100 ℔
		℔
Nelken-Wurzel	Geum urbanum	0·400
Olibanum-Harz	Olibanus thurifera	0·300
Opoponax-Harz	Pastinaca Opponax	0·500
Pappel-Sprossen	Populus nigra	0·500
Pastinak-Samen	Pastinaca sativa	2·400
Patchouli-Kraut	Pogostemcn Patschouli	1·500-4·000
Peru-Balsam	Myroxylon Pereirae	0·400
Pestwurzel-Öl	Tussilago Petasites	0·056
Peterfilien-Kraut	Apium Petroselinum	0·300
Peterfilien-Samen	„	3·000
Pfeffer, schwarzer	Piper nigrum	2·200
Pfeffermünze, frische	Mentha piperita	0·300
„ trocken	„	1·000 — 1·250.
Pfirfich-Kerne	Amygdalus Persica	0·800 — 1·000
Piment	Myrtus Pimenta	3·500
Pimpinell-Wurzel	Pimpinella Saxifraga	0·025
Porfch-Öl	Ledum palustre	0·350
Rainfarn-Kraut	Tanacetum vulgare	0·150
Rauten-Kraut	Ruta graveolens	0·180
Rofen-Holz	Convolvulus scoparius	0·040
Rofen-Blüthen, frische	Rosa centifolia	0·050
Sabebaum-Kraut	Juniperus Sabina	3·750
Salbei-Kraut, deutsches	Salvia officinalis	1·400
„ italienisches	„	1·700
Sandel-Holz, oftindisches	Santalum album	4·500
= Makaffar	„	2·500
„ westindisches	unbekannt	2·700
Saffafras-Holz	Laurus Sassafras	2·600
Schafgarben-Kraut	Achillea millefolium	0·080
Schlangenwurzel, kanabische	Asarum canadense	2·800 — 3·250
„ virginifche	Asistologia Serpentaria	2·000
Schwarzkümmel-Samen	Nigella sativa	0·300
Sellerie-Kraut	Apium graveolens	0·200
Sellerie-Samen	„	3·000
Senf-Samen, holländischer	Sinapis nigra	0·850
„ deutscher	„	0·750

Artikel.	Name der Pflanze.	Mittlere Ausbeute an ätherischem Öl von 100 kg
		kg
Senf-Samen, ostindischer	Sinapis nigra	0·590
„ puglieser	„	0·750
„ russischer	Sinapis Juncea	0·500
Spanisch-Hopfen-Kraut	Origanum creticum	3·500
Speik-Wurzel	Valeriana celtica	1·000
Sternanis, chinesischer	Ilicium anisatum	5·000
„ japanischer	Ilicium religiosum	1·000
Storax	Liquidambar orientalis	1·000
Vetiver-Wurzel	Andropagon muricatus	0·200—0·350
Wachholder-Beeren, deutsche	Juniperus communis	0·500—0·700
„ italienische	„	1·100—1·200
„ ungarische	„	1·000—1·100
Wasserfenchel-Samen	Phellandrium aquaticum	1·300
Wermuth-Kraut	Arthemisia absynthium	0·300-0·400
Zimmt, Ceylon	Cinnamomomum ceylanicum	0·900-0·250
Zimmt-Blüthen (siehe Cassia-Blüthen).		
Zimmt, weißer	Canella alba	1·000
Zittwer-Samen	Artemisia maritima	2·000
Zittwer-Wurzel	Curcuma zedoariae	1·300 [1]

Über Betelöl. Dasselbe soll ein vorzügliches Mittel bei Krankheiten der Rachen- und Kehlkopfschleimhäute sein. Schmitz in Samorang, der Darsteller desselben, betrachtet es als einen aldehydartigen Körper, während es Eykmann als ein Phenol — wahrscheinlich Karvakrol — anspricht.[2]

Über das ätherische Öl von Allium ursinum. Aus dem Rohöl von Allium ursinum hat Fr. W. Semmler ein stickstofffreies ätherisches Öl erhalten, welches Vinylsulfid = $(C^2H^3)^2S$ ist. Außerdem enthält dasselbe noch ein Polysulfid des Vinyls und ganz geringe Mengen eines Merkaptans und

---

[1] Handels-Bericht von Schimmel & Co. Leipzig 1887.
[2] Handels-Bericht von Gehe & Co. Dresen. Sept. 1887. 7.

einen Aldehyd. Durch Einwirkung von metallischem Kalium auf das Rohöl erhält man das Vinylsulfid rein.

Das Vinylsulfid ist ein bei 101° siedendes, sich leicht verflüchtigendes Öl vom spec. Gewicht 0·9125 und zeichnet sich durch einen eigenthümlichen Geruch aus. Es geht durch Behandlung mit trocknem Silberoxyd in Vinyloxyd $= (C^2H^3)^2O$ über, dessen Siedepunkt bei etwa 39° liegt. Bei der Oxydation mittels Salpetersäure, Kaliumpermanganat und Chromsäure giebt das Vinylsulfid keine Sulfone, sondern man erhält durch dieselbe Kohlensäure, Oxalsäure und Schwefelsäure. Analog dem Allylsulfid giebt es mit Quecksilberchlorid, Platinchlorid und Silbernitrat Niederschläge von zum Theil krystallinischer Natur.[1]

Über die Oxydation des Kopaivabalsamöles. S. Levy und P. Engländer erhielten bei der Oxydation des Kopaivabalsams (Para-) neben Essigsäure und Dimethylbernsteinsäure eine dritte Säure, der wahrscheinlich die Formel $C^{12}H^{18}O^6$ zukommt. Diese letztere, noch ihre Salze konnten von den Verf. krystallisirt erhalten werden.[2]

Über das Erigeronöl. F. Power macht Mittheilungen über das rektificirte ätherische Öl von Erigeron canadense; es ist farblos, neutral gegen Lackmus, hat einen angenehmen Geruch und bei 15° ein spec. Gewicht von 0·8498. Das Öl geht bei der Destillation bis auf einen kleinen Harzrückstand bei 175° bis 180° über. Das wiederholt destillirte Öl siedet konstant bei 176°. Seine Formel ist die der Terpene $= C^{10}H^{16}$.[3]

Über das Erechthitesöl. Das ätherische Öl von Erechthites hieracifolia ist nach F. Power im rektificirten Zustande eine völlig farblose, stark lichtbrechende Flüssigkeit von einem bei 185°—190° liegenden Siedepunkt. Dem letztern nach gehört es wahrscheinlich zu den Sesquiterpenen $= C^{15}H^{24}$.[4]

Über das Öl von Erechthites hieracifolia und Erigeron canadense. Albert Todd faßt die Resultate

---

[1] Liebigs Annal. d. Chem. 241. 90.

[2] Liebigs Annal. 242. 189—214. 24. Juli 1887.

[3] Pharm. Rundsch. 1887. 5. 201; Chem. Rep. d. Ch.-Ztg. 1887. 218.

[4] Ph. Rundschau 1887. 5. 201; Ch. Rep. d. Ch.-Ztg. 1887. 218.

seiner Untersuchungen über das Öl des ächten Feuerkrautes und der kanadischen Dürrwurzel in folgenden Sätzen zusammen:

1. Polarisation: Reines Öl von Erigeron im natürlichen Zustande zeigt eine Ablenkung von wenigstens — 26 und nicht über — 60°. Rektificirtes Öl, frei von resinoiden Bestandtheilen, nähert sich mehr dem Nullpunkte als angegeben und die ersten Fraktionen sind rechtsdrehend. Reines Erechthitisöl zeigt sowohl eine Linksdrehung, nicht über — 4 und auch eine Rechtsdrehung bis zu + 4.

2. Spec. Gewicht: Reines natürliches Feuerkrautöl, wenn nicht harzhaltig, besitzt ein specifisches Gewicht nicht über 0·855 und nicht unter 0·845; Erigeronöl unter gleichen Bedingungen ein spec. Gewicht nicht über 0·865 und nicht unter 0·855.

3. Siedepunkt: Die Temperatur, bei welcher sich das Erechthitisöl in Dämpfe verwandelt, liegt nicht unter 178·5° C. und dieselbe soll, bis 5 Proc. des Öles übergegangen sind, um nicht mehr als 5° C. wachsen, Erigeronöl siedet nicht unter 172·5° C. und die Temperatur steigt nicht über 175° C., bevor 5 Proc. des Öles sich verflüchtigt haben.

4. Harzige Bestandtheile: Destillirt man Erigeronöl im Dampfstrome ab, so ist das zurückbleibende Harz dunkel röthlich-braun; Erechthitisöl liefern unter gleichen Umständen ein Harz von lichter Strohfarbe. In beiden Fällen wird ein prächtiges farbloses Öl erhalten. Jedes der beiden Öle besitzt einen charakteristischen Geruch.[1]

Über eine Farbenreaktion von Chloralkamphor. Fügt man nach van der Haarst zu Chloralkamphor eine Spur Chloralwasserstoffsäure und einige Tropfen Pfefferminzöl, so färbt sich das Ganze roth, beim Erwärmen in eine blauviolette Färbung übergehend. Verdünnt man dann mit Alkohol oder Äther, so erscheint die Flüssigkeit anfangs dunkelblau, nach einiger Zeit blaugrün, dann chlorophyll-grün mit blutrother Fluorescenz.[2]

---

[1] Amer. Journ. Pharm. 1887. 17. 302; Chem. Rep. d. Ch.-Ztg. 191.

[2] Nieuw. Tijdsch. Pharm. Nederl. 1887. 179; Ch. Rep. d. Ch.-Ztg. 1887. 157.

Über Anilinkamphorat. Nach G. Vulpius löst sich das medicinische Verwendung findende Anilinkamphorat = $(C^6H^7N)^2C^{10}H^{16}O^4$ in etwa 30 Thln. Wasser auf, während das Glycerin schon den zehnten Theil seines Gewichtes davon aufnimmt. Von 50 Proc. Spiritus bedarf das Salz nur 3 Thle., von 25 Proc. dagegen etwa doppelt so viel zur Lösung. Auch im Äther ist die Verbindung leicht löslich.[1])

Über die Darstellung von Menthol und Borneol. Die beim Auskrystallisiren des Menthols aus Pfeffermünzöl hinterbleibenden flüssigen Produkte, welche fälschlich als Menthon angesehen oder als Isomere des Menthols bezeichnet werden, enthalten nach Ernst Beckmann nicht nur noch viel Menthol, sondern auch als Lösungsmittel desselben eine Substanz, die sich leicht in Menthol umwandeln läßt, es ist das bereits von Moriga und Atkinson durch Oxydation des Menthols gewonnene Menthon = $C^{10}H^{18}O$. Dasselbe steht in der gleichen chemischen Beziehung zum Menthol = $C^{10}H^{20}O$ wie der Kamphor = $C^{10}H^{16}O$ zum Borneol = $C^{10}H^{18}O$. Man kann nach dem Verf. aus dem Menthon das Menthol leicht durch folgende beiden Reaktionen erhalten:

$$1.\ 2\,C^{10}H^{18}O + Na^2 = C^{10}H^{17}NaO + C^{10}H^{19}NaO$$
Menthon   Menthonnatrium Menptholnatrium

$$2.\ C^{10}H^{17}NaO + 2\,C^{10}H^{20}O + Na^2 = 3\,C^{10}H^{19}NaO$$
Menthonnatrium   Menthol   Mentholnatrium

Mittels Wasser scheidet man aus dem erhaltenen Mentholnatrium das Menthol ab.

Nach demselben Reduktionsverfahren kann man auch den Laurineen=Kamphor in Borneol oder Borneo=Kamphor umwandeln, wodurch die Möglichkeit geboten ist, den letztern, welcher viele Vorzüge im Geruch und Geschmack vor dem gewöhnlichen Kamphor besitzt, billig herzustellen.[2])

Zur Kenntnis des Helenins. Das Helenin ist als Antisepticum bei tuberkulösen Krankheiten als Linderungsmittel empfohlen.[3])

----

1) Pharm. Centralh. 28. 283.
2) Chem.=Ztg. 1887. 1265.
3) Mitth. v. Marpmann aus Bresl. ärzt. Zeitschr. 5. 1857; Arch. d. Pharm. 225. 827.

Zur Kenntnis der Alantsäure. Durch Destillation der
Wurzel von Inula Helenium mit Wasser erhält man ein Gemenge
Helenin = $C^{12}H^{16}O^2$, Alantsäure-Anhydrid = $C^{15}H^{20}O^2$ und
Alantol = $C^{20}H^{32}O$. Die Alantsäure läßt sich aus ihrer Lösung
in Alkohol krystallisirt erhalten; sie schmilzt bei 91° C. und
sublimirt unter Verlust von 1 Mol. Wasser als Anhydrid. Weder
die Alantsäure noch ihr Anhydrid lösen sich in Wasser, beide
bilden aber mit Alkalien in Wasser lösliche Salze. Die Alant=
säure wird als ein Antiseptikum bei tuberkulösen Krankheiten
empfohlen. [1]

Zur Kenntnis des Alantols. Das Alantol = $C^{20}H^{32}O$
bildet eine aromatische Flüssigkeit, die bei 200° C. siedet. Sie
ist linksdrehend für das polarisirte Licht und besitzt, wie das
Terpentinöl, ozonisirende Eigenschaften. Es wird neuerdings
bei Lungenaffektionen zum Einathmen und innerlich in Gebrauch,
wie als Antiseptikum bei tuberkulösen Krankheiten empfohlen. [2]

Über das Vanillin im Weingeist. Das von Th. Sulzer
beobachtete Vorkommen von Vanillin im Weingeist (1·5 g im
Hektoliter) wird von Dieterich, Beckurts, Schmidt und Tromms=
dorff auf das Vorkommen des Vanillins in den Kartoffeln als
auch in den Gährungsprodukten zurückgeführt. Das Vorkommen
wäre also nicht durch einen absichtlichen Zusatz herbeigeführt, wie
Th. S. annimmt. [3]

Harze.

Über die Darstellung einer dem Terpentin ähn=
lichen Harzmasse. Nach Eugen Schaal erhält man eine
dem venetianischen Terpentin ähnliche Harzmasse, wenn man
Koniferenharze, z. B. Fichtenharze oder Kolophonium zunächst
bis 270° im Vacuum abdestillirt und die zwischen 270—310° C.
in luftverdünntem Raume siedenden Bestandtheile durch Einleiten
von Kohlensäure, sauerstofffreien Verbrennungsgasen, von Methyl=

[1] Mittheil. v. Marpmann aus Bresl. ärztl. Zeitschr. 5.
1887; Arch. d. Ph. 225. 826—827.

[2] Mittheil. v. Marpmann aus Bresl. ärztl. Zeitschr. 5.
1887; Arch. d. Pharm. 222. 826—827.

[3] Tagebl. d. 60. Vers. d. Naturf. und Ärzte in Wiesbaden.
Sektion f. Pharm.; Chem. Centr.=Bl. 1450.

Äthyl-, Butyl-, Amylalkohol, von leichtem Harzöle, Aceton, Terpentinöl, Kienöl, Kampheröl und von Petroleum-, Stein- und Braunkohlenbenzin übertreibt. Besonders eignet sich das Terpentinöl dazu. Das Produkt ist jedoch noch in mancher Hinsicht von dem Terpentin verschieden. Man erhält aber einen wirklichen Ersatz für den venetianischen Terpentin, sowohl aus den oben angegebenen Produkten, als auch aus den hochsiedenden, terpentinartigen Destillaten, die man mit Hilfe des luftverdünnten Raumes oder mittels eines überhitzten Stromes von Wasserdampf, Kohlensäure oder von Verbrennungsgasen gewinnt, dadurch, daß man die rohen Terpentine mit ungefähr 2 Thln. Weingeist behandelt, die geklärte, obenstehende alkalische Terpentinlösung abtrennt und durch Destillation vom Weingeist befreit. [1]

Zur Prüfung des Perubalsams. Um Perubalsam auf Gurjunbalsam zu prüfen, soll man nach Th. Weigel gleiche Gewichtstheile Balsam und Kalkhydrat mengen. Gurjunbalsam giebt eine gleichförmige salbenartige Mischung, während der reine Perubalsam eine krümliche Masse giebt, die man nach einer Viertelstunde zerreiben kann. Diese Erhärtung wird bei einem mit Gurjunbalsam versetzten Perubalsam lange Zeit aufgehalten. Der Prüfung muß aber eine Prüfung auf Benzoë, Storax u. s. w. vorausgehen. [2]

Die nach C. Denner's Untersuchungen in der Sumatrabenzoë vorkommenden Benzoresine, die sich im Perubalsam nicht vorfinden, eignen sich zur Erkennung eines mit Benzoëharz verfälschten Perubalsams. Zur Prüfung benutzte C. D. die Unlöslichkeit der Erdalkalisalze in Wasser, ihre Löslichkeit in Alkohol und gewisse, dem Cholesterin zukommende, ähnliche Reactionen. [3]

Über Sumatrabenzoë. In der Sumatrabenzoë hat C. Denner folgende Bestandtheile (außer drei den Storesinen des Storax nahestehenden Körpern, die derselbe „Benzoresine" genannt hat) gefunden:

1. Freie Zimmtsäure;
2. „ Benzoësäure;

---

[1] D. R. P. 36 940; Chem. Centr.-Bl. 1887. 1186.
[2] Ber. d. 5. Vers. d. freien Ver. bayrischer Vertr. d. angew. Chemie zu Würzburg 86—87.
[3] 60. Ntf.-Vers. z. Wiesbaden, Sekt. f. Pharm.; Ch.-Central-Bl. 1887. 1419.

44

3. Zimmtsäurebenzyläther;

4. Styracin;

5. Styrol;

6. Vanillin.

7. Benzaldehyd. [1]

Zum Nachweis von Kolophonium im Dammar. Otto Schweißinger benützte zum Nachweis des Kolophoniums bei einer damit vorgenommenen Verfälschung des Dammars die von Kremel vorgeschlagene Bestimmung der Säurezahl, welche für Kolophonium = 163·2, für Dammar = 31 ist. [2]

Guajakharz als Reagens auf Eiter. D. Vitali filtrirt, um Eiter im Urin nachzuweisen, denselben und übergießt den Rückstand im Filter mit einigen Tropfen Guajaktinktur, wo dann bei Anwesenheit von Eiter eine Blaufärbung eintritt. [3]

Alkaloide.

Über Fäulnisalkaloide oder Fäulnisgifte, Ptomaine. Nachdem, wie E. Zschocke mittheilt, schon Andere aus Leichen und faulem Fleisch Alkaloide dargestellt hatten, die ähnliche Reaktionen wie Atropin, Digitalin, Coniin, Nikotin, Strychnin, Delphinin u. s. w. gaben, so z. B. das Chinioïdin, das Sepsin und das Septicin, deren chemische Zusammensetzung unbekannt war, gewann zuerst Nencki aus faulender Gelatine das

1. Collidin = $C^8H^{11}N$.

Brieger gewann bei der Fibrinverdauung das giftige

2. Peptotoxin.

Derselbe Autor stellt dar aus faulem Pferdefleisch das nicht giftige

3. Neuridin = $C^5H^{14}O^2$ und das nicht giftige

4. Neurin = $C^{15}H^{13}NO$.

Aus faulem Fischfleischextrakt erhielt ferner derselbe die Alkaloide:

5. Äthylendiamin (giftig) = $C^2H^8N^2$,

6. Gadinin (ungiftig) = $C^7H^{17}NO^2$,

[1] 60. Vers. d. Naturf. u. Ärzte zu Wiesbaden. Sekt. f. Ph.; Chem. Centr.-Bl. 1887. 1419.

[2] Pharm. Centralhalle 28. 459.

[3] L'Oросi 10. 325—30. d. Chem. Centr.-Bl. 1887.

7. Neuridin (ungiftig) und

8. eine dem Muskarin ähnliche Base = $C^5H^{13}NO^2$.

In faulenden menschlichen Leichen bildet sich nach B. zuerst Lecithin, dann Cholin, nach 3 Tagen Neuridin, nach 7 Tagen Trimethylamin. Das Cholin verschwindet nach sieben, das Neuridin nach vierzehn Tagen. Aus faulendem Käse erhielt derselbe Neuridin und Trimethylamin.

Ferner fand Brieger:

9. Cadaverin = $C^5H^{16}N^2$,

10. Pectrescin = $C^4H^{12}N^2$,

11. Saprin = $C^5H^{16}N^2$ (alle drei ungiftig),

12. Mydalein (sehr giftig),

13. Mydin = $C^8H^{11}NO$ nicht giftig,

14. Midotoxin = $C^6H^{13}NO^2$,

15. Methylguanidin = $C^2H^7N^3$ und eine giftige Säure von der Zusammensetzung = $C^7H^{17}NO^2$.

In der giftigen Mießmuschel fand derselbe:

16. Mytilotoxin = $C^6H^{16}NO^2$ und

17. Betain = $C^5H^{11}NO^2$, in den Typhusbacillenkulturen

18. Typhotoxin = $C^7H^{17}NO^2$ und in den Tetanusbakterienkulturen.

19. Tetanin = $C^{13}H^{30}N^2O^4$.[1])

Zur Kenntnis des Cadaverins. Wie A. Ladenburg nachgewiesen hat, ist das Cadaverin mit dem Pentamethyldiamin identisch.[2])

Vorkommen von Tyrotoxin in der Milch. In einer Milch, welche nach dem Genusse bei 40 Personen Vergiftungserscheinungen hervorgerufen hatte, konnten Newton und Wallace Tyrotoxin, welches schon früher von Vaughan im Käse aufgefunden wurde, nachweisen.[3])

Über die Prüfung der narkotischen Extrakte auf ihren Alkaloidgehalt. E. Dieterich hat sein Verfahren für den Nachweis des Alkaloidgehaltes in narkotischen Extrakten[4]) in folgender Weise umgeändert: Man vertheilt 2 g Extrakt (vom

---

1) Schweiz. Arch. Thierhk. 1887. XXIV. H. 2. 76: Vierteljahrsschr. d. b. Ch. Nahr.- u. Genußm. Berlin 1887. 337—38.

2) Ber. d. d. chem. Ges. 20. 2216.

3) Med. N.; Med. Centr.-Bl. 185—186; Ch.-S.-Bl. 413.

4) Arch. d. Ph. 225. 218.

Strichninextrakt nur 1 g) in 3 g Waſſer und giebt dann 10 g
gröblich gepulverten Ätzkalk hinzu. Hierauf bringt man die er=
haltene krümliche Maſſe ſofort in den Extraktionsapparat, zieht
ſie hier mit abſolut ſäurefreiem Äther aus und verfährt damit
wie früher.[1]

Über das Hydrochinin. Das Hydrochinin iſt von
O. Heſſe zuerſt in der Mutterlauge vom Chininſulfat und
ſpäter auch in dem Handelschinin aufgefunden. Daſſelbe,
durch Fällung aus kalter Löſung mittels Ätznatron erhalten, iſt
anfangs amorph und wird erſt nach und nach kryſtalliniſch.
Seine Formel iſt $= C^{20}H^{26}N^2O^2 + 2H^2O$ (9·941 Proc.). Es
verliert bei 15⁰ ſein Waſſer und verwittert. Aus Äther
und Chloroform erhält man es in koncentriſchen nabel=
förmigen Gruppen, die bei 115⁰ noch nicht ſchmelzen. Es löſt
ſich leicht in Alkohol, Chloroform, Äther, Benzol, Schwefelkohlen=
ſtoff, Aceton und Ammoniak, iſt aber nicht löslich in Kalium=
und Natriumhydratlöſung und nur wenig in Waſſer. Aus Aceton
erhält man es in länglichen Schuppen, die bei 168⁰ C. unter
Braunfärbung ſchmelzen. Es reagirt alkaliſch, Phenolphtaleïn
wird aber davon nicht verändert. Die Löſung iſt bitter und
dreht den polariſirten Lichtſtrahl nach links. Eine Löſung
p = 2 : 4, in 95 proc. Alkohol giebt t = 20 $(a)_D = 142·2⁰$ und
eine Löſung von derſelben Stärke in Waſſer, das 40 Proc.
Normal=Chlorwaſſerſtoffſäure enthält, giebt $(a)_D = -227·1⁰$. Die
Löſung des Alkaloids mit vorwaltend verdünnter Schwefelſäure
zeigt dieſelbe bläuliche Fluorescenz wie das Chinin und giebt
auch mit Chlor= oder Brom=Waſſergemiſch beim Hinzufügen von
einem Überſchuß von Ammoniak die nämliche grüne Färbung
wie Chinin; Permanganat entfärbt aber nur langſam. Der
Verf. hat folgende Verbindungen des Hydrochinins dargeſtellt:

1. Hydrochinin=Cupreïn $= C^{20}H^{26}N^2O^2 . C^{19}H^{22}N^2O^2 + 2H^2O.$

2. Hydrochinin=Chinidin $= C^{20}H^{26}N^2O^2 . C^{20}H^{24}O^2N^2$
$+ 25 H^2O.$

3. Hydrochinin=Hydrocinchonidin.

4. Hydrochinin=Hämocinchonidin.

5. Hydrochinin=Anethol $= (C^{20}H^{26}N^2O^2)^2 . C^{10}H^{12}O + 2H^2O.$

6. Neutrales Hydrochininſulfat $= (C^{20}H^{26}N^2O^2)^2 SO^4H^2$
$+ 6H^2O.$

[1] Helfenberger Annalen 1887; Arch. d. Ph. 226. 419.

7. Saures Hydrochininsulfat = $C^{20}H^{26}N^2O^2 . SO^4H^2 + 3H^2O$.

8. Hydrochinin-Hyposulfit = $(C^{20}H^{26}N^2O^2)^1 . S^2O^2H^2 + 2H^2O$.

9. Hydrochinintartat = $(C^{20}H^{26}N^2O^2)^2 . C^4H^6O^6 + 2H^2O$.

10. Hydrochinibichromat = $(C^{20}H^{21}N^2O^2)^2 . CrO^4H^2 + 6H^2O$. [1]

Das Hydrochinin bildet mit der Schwefelsäure ein zweifach saures Salz, auch hierin ist es also dem Chinin ähnlich.

Über den Krystallwassergehalt des Morphins. Die Formel des Morphins wurde bisher zu = $C^{17}H^{19}NO^3 + H^2O$ angenommen und angegeben, daß diese Verbindung das Krystallwasser bei einer über 100° C. liegenden Temperatur, nämlich meist bei 120° sein Wasser verliere. D. B. Dott's Untersuchungen haben aber ergeben, daß die Formel des Morphins = $8C^{17}H^{19}NO^3 + 9H^2O$ geschrieben werden muß, und das Krystallwasser desselben schon bei 90° C. entweicht. Die chemische Formel stimmt also mit den von Mathiessen und Weight erhaltenen Resultaten überein. [2]

Bestimmung des Morphins im Opium. A. Kremel hat zur Bestimmung des Morphins im Opium folgende Methode angegeben:

„3 g Opiumpulver werden mit 75 kcm Kalkwasser 12 Stunden lang unter häufigem Umschütteln macerirt, dann filtrirt, wobei das Filtrat keine alkalische Reaktion zeigen darf. 60 kcm desselben (49 Opium entsprechend) werden in ein kleines gewogenes Kölbchen mit 15 kcm Äther und 4 kcm Normalammoniak gemischt, das Kölbchen verkorkt und der Inhalt durch sanftes Schütteln gleichmäßig vertheilt. Nach 6—8 stündiger Ruhe bei 10—15° wird die Ätherschicht abgegossen, dafür von neuem 5 kcm Äther zugesetzt und dieser nach gelindem Schütteln abermals entfernt. Die darin ausgeschiedenen Morphinkrystalle werden auf einem kleinen Filter gesammelt und die im Kölbchen zurückbleibenden mit 5 kcm destillirtem Wasser gewaschen. Schließlich werden Kolben- und Filterinhalt bei 100° getrocknet." [3]

---

[1] The Pharm. Journ. Transact. 1887. 18. 253; Chem. Rep. d. Ch.-Ztg. 1887. 265.

[2] Pharm. Journ. Transact. III. N. 922. 701; Arch. d. Pharm. 226. 326—27.

[3] Pharm. Post. 20. 661; Chem. Centr.-Bl. 1887. 1530.

Zur Kenntnis der wichtigsten Opiumalkaloide. P. C. Plugge hat das Verhalten der Salze der Opiumalkaloide gegenüber den Alkalisalzen mit anorganischen Säuren, wie er es früher gegenüber den Alkalisalzen mit organischen Säuren gethan hat, einem Stubium unterworfen und namentlich seine Untersuchungen auf das Verhalten gegen Kaliumchromat, Kalium=bichromat Ferro= und Ferricyankalium ausgedehnt. Aus den Untersuchungen über das Verhalten gegen das Kaliumchromat ergiebt sich, daß das Morphin sich einigermaßen anders verhält als Thebain und Codeïn. Das Morphin schließt sich in dieser Beziehung, da es eine Mischung von freiem Morphin und Mor=phiumchromat bildet, vielmehr dem Narceïn an. Als Haupt=reaktionen der beiden Chromate gegenüber den sechs bedeutendsten Opiumalkaloïden führt der Verf. folgende an:

I. **Verhalten der Alkaloide gegen Kaliumchromat.**

1. Narkotin. Sowohl bei kalten als warmen Flüssigkeiten präcipitirt freies Narkotin.

2. Papaverin. In der Kälte resultirt ein Gemisch von Chromat und freiem Papaverin, in der Wärme blos freies Papaverin.

3. Narceïn. Die kalt gesättigte Lösung giebt kein Präcipitat, in der Wärme Narceïnchromat und freies Narceïn.

4. Thebaïn. Es wird Thebaïnchromat $= (C^{19}H^{21}NO^3)^2 . H^2CrO^4$ gebildet.

5. Codeïn. Es bildet sich Codeïnchromat $= (C^{18}H^{21}NO^3)^2 . H^2CrO^4$.

6. Morphin. Es resultirt Morphinchromat $= (C^{17}H^{19}NO^3)^2 . H^2CrO^4$.

II. **Verhalten der Alkaloide gegen Kaliumbichromat.**

1. Narkotin. Man erhält Narkotinbichromat $= (C^{22}H^{23}NO^7)^2 . H^2Cr^2O^7$.

2. Papaverin. Das Resultat ist Papaverinbichromat $= (C^{21}H^{21}HO^1)^2 . H^2Cr^2O^7$.

3. Narceïn. Es findet die Bildung von Narceïnbichromat $= (C^{23}H^{29}NO^9)^2 . H^2Cr^2O^7$, wahrscheinlich mit einer kleinen Menge Narceïn statt.

4. Thebaïn. Es wird Thebaïnbichromat $= (C^{19}H^{21}NO^3)^2 . H^2Cr^2O^7$ erhalten.

5. Codeïn. Mischt man eine stark verdünnte Lösung des Codeïnhydrochlorides mit Kaliumbichromatlösung, so erhält man lange, nadelförmige gelbe Kryftalle von Codeïnbichromat =

$$(C^{18}H^{21}NO^3)^2 . H^2Cr^2O^7.$$

6. Morphin. Man erhält einen schmutzigbraunen Niederschlag von verschiedener Zusammensetzung.

III. Verhalten der Alkaloïde gegen Ferrocyankalium.

1. Narkotinhydrochlorid. Giebt freies Narkotin oder Gemische von wechselnder Zusammensetzung.

2. Papaverinhydrochlorid. Liefert Papaverinhydroferrocyanid = $(C^{20}H^{21}NO^4)^4 . H^4Fe(CN)^6.$

3. Narceïnhydrochlorid. Man erhält freies Narceïn und freie Cyanwasserstoffsäure.

4. Thebaïnhydrochlorid. Die Lösung giebt Thebaïnhydroferrocyanid = $(C^{19}H^{21}NO^3)^4 . H^4Fe(CN)^6.$

5. Codeïnhydrochlorid. Die Lösung (1:70) erleidet keine Fällung.

6. Morphinhydrochlorid. Es findet in der Lösung (1:60) keine Fällung statt.

IV. Verhalten der Alkaloïde gegen Ferricyankalium.

1. Narkotinhydrochlorid. Es wird Narkotinhydroferricyanid = $(C^{22}H^{23}NO^7)^6 . H^6Fe^2(CN)^{12}$ erhalten.

2. Papaverinhydrochlorid. Man erhält Papaverinhydroferrocyanid = $(C^{20}H^{21}NO^4)^6 . H^6Fe^2(CN)^{12}.$

3. Narceïnhydrochlorid. Freies Narceïn neben freier Ferricyanwasserstoffsäure.

4. Thebaïnhydrochlorid. Es resultirt Thebaïnhydroferricyanid = $(C^{19}H^{21}NO^3)^6 . H^6Fe^2(CN)^{12}.$

5. Codeïnhydrochlorid. Es findet in der Lösung (1:70) keine Fällung statt.

6. Morphinhydrochlorid. Die Lösung (1:60) wird dunkel gefärbt und nach geraumer Zeit findet die Bildung eines trüben braunen Satzes statt.[1]

Über Somniferin. Das Somniferin ift nach E. Bombelon ein neuer Morphinäther, welcher angeblich gewisse Vor-

---

[1] Arch. d. Pharm. Bd. 225. 793—811.

züge in seinen physiologischen Wirkungen vor dem Morphium haben soll.[1]

Über Isomere des Cinchonins. Jungfleisch und Léger haben eine größere Anzahl von optisch verschiedenen Isomeren des Cinchonins dadurch erhalten, daß sie eine Lösung von Cinchonin in seinem vierfachen Gewicht einer Mischung aus gleichen Theilen Schwefelsäure und Wasser 48 Stunden lang am Rückflußkühler bei 120° im Sieden erhielten und aus der stark verdünnten Flüssigkeit die Basen mit Natron fällten. Der dadurch erhaltene käsige Niederschlag, welcher beinahe ganz aus folgenden sechs Basen besteht, geht bald in eine harzige Masse über. Diese Basen heißen:

1. Cinchonibin. Dasselbe löst sich nicht in Äther, giebt mit kaltem Wasser ein wenig lösliches Succinat und ist rechtsdrehend ($a_D = +185\cdot8°$) in $0\cdot75$ Proc. alkoholischer Lösung.

2. Cinchonifin. Löst sich nicht in Äther, giebt ein leichtlösliches Succinat und ist in einer gleichen Lösung wie das vorige rechtsdrehend ($a_D = +195°$).

3. Cinchonigin. Es ist löslich in Äther, liefert ein leicht lösliches Chlorhydrat und ist linksdrehend ($a_D = -60\cdot1°$ in 1 procentiger Lösung).

4. Cinchonilin. Löst sich in Äther, liefert ein unlösliches Dijodhydrat und ist rechtsdrehend ($a_D = +53\cdot2°$ in 1 procentiger weingeistiger Lösung).

5. α-Oxycinchonin. In Äther unlöslich und bildet schwerlösliche Haloidsalze. Es dreht die Polarisationsebene nach rechts $a_D = +182\cdot56°$ in 1 procentiger Lösung).

6. β-Oxycinchonin. Ist ebenfalls unlöslich in Äther, bildet aber leichtlösliche Haloidsalze; es ist rechtsdrehend ($a_D +187\cdot14°$ in 1 procentiger Lösung).

Die Formel dieser Basen ist die des Cinchonins = $C^{19}H^{22}N^2O$.[2]

Zur Kenntnis des Brucins. Nach A. Hausen ist im Brucin außer dem Chinolin wahrscheinlich noch ein Dioxymethylphenylpyridin, und folglich im Strychnin ein Phenylpyridin enthalten.[3]

[1] Pharm. Ztg. 1887. 32. 522.

[2] Journ. de Pharm. et de Chim. T. VXII, 177; Arch. d. Ph. 226. 323.

[3] Ber. d. d. ch. G. 40. 451—60 Erlangen. 28 (14.) Febr.

Über das Duboisin. Nach Ladenburg war das früher
von ihm untersuchte Duboisin als unreines Hyoscyamin erkannt,
während Harnack angiebt, daß das im Handel vorkommende
Duboisin viel stärker als Hyoscyamin wirke. Eine von E. Merck
in Darmstadt bezogene Probe ward deshalb von Ladenburg
und F. Petersen neuerdings untersucht und dabei festgestellt,
daß dieses Hyosein ist, vielleicht auf einem andern Wege erhalten
als früher.[1]

Über die Konstitution des Tropins. Versuche, die
A. Ladenburg anstellte, um die Konstitution des Tropins zu
ermitteln, führten zu dem Schluß, daß das Tropin ein α-Oxäthylen-
tetrahydro-υ-Methylpyridin = $C^6H^7(C^2H^4OH)NCH^3$ ist.[2]

Über das Arginin. E. Schulze und E. Steiger bezeichnen mit dem Namen „Arginin" eine dem Kreatinin ähnlichen
Base, welche dieselben in den Cotylodonen der Lupinenkeim-
linge und in andern Keimpflanzen vorgefunden haben. Aus der
Analyse der Salze dieser Base, die vielleicht den von A. Gauttier
aus den thierischen Muskeln abgeschiedenen Leukomaïnen nahe steht,
leiten die Verf. für dieselbe die Formel = $C^6H^{14}N^4O^2$ ab.[3]

Über die Alkaloide der gelben Lupine. Nach Georg
Baumert enthält die gelbe Lupine das krystallisirende Lupinin =
$C^{21}H^{15}N^2O^2$ und das flüssige Lupinidin = $C^8H^{15}N$.[4]

Cocaïn.

Über höhere Homologe des Cocaïns. Hierüber macht
F. Nery folgende Mittheilungen: Das Cocaïn ist der Methylester
des Benzoylecgonins, das durch Verseifung des Cocaïns leicht
erhalten wird, wie folgende Gleichung zeigt:

$$C^{17}H^{21}NO^4 + H^2O = C^{16}H^{19}NO^4 + CH^3OH.$$
Cocaïn   Benzoylecgonins.

Behandelt man das Benzoylecgonin mit Methyljodid und
Methylalkohol, so erhält man wieder Cocaïn. Bei der Behandlung mit höheren Alkyljodiden entstehen Homologe des Cocaïns.

---

[1] Ber. d. d. ch. G. 20. 1661. 13. Juni (25. Mai). Kiel.

[2] Ber. d. d. chem. G. 1887. 20. 1647.

[3] Ztschr. f. physiol. Chem. 11. 43—65; Chem. Centralbl.
187. 14.

[4] Arch. d. Ph. 826. 437.

Der Äthylester des Benzoylecgonins, das Äthylbenzoylec=
gonin = C¹⁶H¹⁸(C²H⁵)NO⁴, zeigt dieselben dem Cocaïn zukommen=
den physiologischen Eigenschaften.

Das Monobromäthylbenzoylecgonin = C¹⁶H¹⁸(C²H⁴Br)
NO⁴ erhielt der Verf. durch Erwärmen von Benzoylecgonin mit
Äthylenbromid und Alkohol während 5 Stunden bei 95⁰ im
geschlossenen Rohre. Dasselbe erstarrt im Exfikkator über Schwefel=
säure zu einer glasähnlichen amorphen Masse, die sich nicht in
Äther, leicht aber in Wasser und Alkohol löst.

Das Propylbenzoylecgonin = C¹⁶H¹⁸(C³H⁷)NO⁴ mittels
Propyljodid und Propylalkohol erhalten, krystallisirt aus Äther
in farblosen Prismen oder seidenartigen Nadeln, aus Alkohol in
größeren abgeflachten Prismen; es schmeckt bitter und wirkt stark
anästhesirend.

Das Isobutylecgonin = C¹⁶H¹⁸(C⁴H⁹)NO⁴ mittels Iso=
butyljodid und Isobutylalkohol auf gleiche Weise erhalten, krystallisirt
aus Alkohol in kurzen, farblosen Prismen von intensiv bitterm
Geschmack und stark anästhesirender Wirkung; ihr Schmelzpunkt
liegt bei 62—62⁰.[1]

Zur Kenntnis des Cocaïns. B. H. Paul empfiehlt
behufs der Prüfung die Ausfällung des reinen Alkaloids aus
den Salzen vermitels Ammoniak, wobei derselbe bemerkt, daß
die Angabe, daß das ausgefällte Alkaloid in einem Überschuß
von Ammoniak wieder gelöst werde, unrichtig sei. Nur ein in
Zersetzung begriffenes Cocaïn ist im überschüssigen Ammoniak
löslich. Theoretisch muß das chemisch reine Cocaïnhydrochlorat,
entsprechend der Formel = C¹⁷H²¹NO⁴.HCl 89·25 Pro. reines
Cocaïn bei der Ausfällung liefern. Diese letztere Zahl kann also
als Anhaltepunkt bei der Beurtheilung des Cocaïns und seiner
Salze sehr wohl dienen.[2]

Über eine neue Reaktion des Cocaïns. Löst man
nach F. Giesel 1 Ig chlorwasserstoffsaures Cocaïn in einem bis
zwei Tropfen Wasser und versetzt die so erhaltene Lösung mit
1 Icm einer dreiprocentigen Lösung von Kaliumpermanganat bei

---

[1] Pharmaz. Rundsch. 1887. S. 208; Chem. Rep. b. Ch.=
Ztg. 1887. 218.

[2] Pharm. Journ. Transact. III. Nr. 925. 785 u. f.; Arch.
b. Ph. 226. 462—63.

gewöhnlicher Temperatur, so entsteht sehr bald ein violetter Niederschlag von Cocaïnpermanganat, der eine Spur von Mangandioryd enthält.[1]

Über das Hygrin. Ralph Stockmann nimmt an, daß das flüssige und flüchtige Hygrin sich beim Trocknen der Kokablätter verflüchtigt. Derselbe hat das Hygrin deshalb aus einem weingeistigen Extrakte der frischen Blätter dargestellt und eine relativ große Menge davon erhalten. Dasselbe bildet einen braunen ölartigen Körper von brennend bitterm Geschmack und äußerst irritirenden Wirkungen. Es wirkt ähnlich auf die Schleimhäute wie die bei der Zersetzung des Cocaïns entstehenden Benzoësäureäther, weshalb das medicinisch angewendete Cocaïn auch auf das sorgfältigste vom Hygrin befreit sein muß.[2]

Nach Stockmann's Annahme ist das von Lossen im Jahre 1865 aus den Kokablättern neben Cocaïn isolirte Alkaloid, welches Wöhler „Hygrin" nannte, eine Lösung von Cocaïn in dem zweiten Alkaloid Hygrin. Der Name Hygrin ist, wie Fred. G. Novy mittheilt, bisher jedem amorphen Nebenprodukt des Cocaïns gegeben. Es hat z. B. Bignon eine aus den Kokablättern nach der Abscheidung des Cocaïns durch Destillation mit Natrium- oder Kalciumhydrat erhaltene Base, die nach Ammoniak und Trimethylamin riecht, Hygrin genannt. Der von Calmels und Gossin aus dem Bariumecgonat erhaltene Körper ist in seinen Reaktionen diesem Hygrin ähnlich, seiner Zusammensetzung nach aber Tropin. Zwischen dem Hygrin und dem Tropin scheint nach Fred. G. Novy eine gewisse Analogie zu bestehen.[3]

Nach C. Howard kann die Abscheidung des Hygrins vom Cocaïn mittels des Platindoppelchlorides bewirkt werden, indem man die gemischte Lösung des Platindoppelchlorides mit Chlorwasserstoff neutralisirt und mit Platinchlorid versetzt. Das Cocaïn befindet sich in dem löslichen Antheile des Salzes und kann daraus mittels Schwefelwasserstoff u. s. w. in bekannter Weise erhalten werden. Aus dem unlöslichen Theil der Platinverbindung erhält

---

[1] Repert. d. Ph. Journ. Pharm. Chim. (5.) 16. 355; Chem. Centralbl. 1887. 1448.

[2] Pharm. Journ. Transact. III. Nr. 922. 701; Arch. d. Ph. 226. 326.

[3] Schweizer Wochenschr. f. Pharm. 25. 336—38.

man auf die gleiche Weise eine dickflüssige Masse, die selbst nach wochenlangem Stehen keine Krystallisation zeigt.[1])

Synthese des Pilokarpins. Nach Harby und Calmels erfolgt die Synthese des Pilokarpins durch Umwandlung der β-Pyridin-α-Milchsäure in Pilokarpidin und durch Überführung des letztern in Pilokarpin. Zu dem Ende wird 1 g β-Pyridin-α-Milchsäure mit 100 g Schwefelkohlenstoff, welche 10 g Phosphortribromid enthalten, einer Destillation unterworfen. Den Rückstand behandelt man dann mit Wasser, sättigt die erhaltene Flüssigkeit mit Baryt, dessen Überschuß durch Kohlensäure entfernt wird, und bringt das Ganze bei einer 60° nicht übersteigenden Temperatur zur Trockne. Das wiederholt mit Alkohol behandelte Zurückgebliebene liefert mit Bromwasserstoffsäure und Goldchlorid eine rothe Flüssigkeit, die das normale Bromaurat der β-Pyridin-α-Brompropionsäure $= AuBr^4 H . C^5 H^8 BrNO^2$ gelöst enthält, welches beim Eintrocknen als Krystallmasse zurückbleibt und durch Auswaschen mit Wasser vollkommen bariumfrei gewonnen werden kann. Nun wird dieses Goldsalz bei Gegenwart von Alkohol mit Schwefelwasserstoff behandelt, wobei die freie Säure als syrupöser Rückstand gewonnen wird, die man in einer Lösung von Trimethylamin löst und im geschlossenen Rohr im Ölbade einige Stunden auf 150° erhitzt. Den Röhreninhalt bringt man dann zur Trockne und nimmt den Rückstand mit wässeriger Kaliumkarbonatlösung auf, wobei sich einige ölige Tropfen eines Alkaloides abscheiden, das sich, in Ätheralkohol gelöst und mit Kohle gereinigt, als Pilokarpidin erweist. Durch Oxydation des Jodmethylats des Pilokarpidins mittels AgMnO[4] wird die Umwandlung des Pilokarpidins in Pilokarpin bewirkt. Diese Oxydation erfolgt augenblicklich; man erhält das Pilokarpin $= C^{11} H^{16} N^2 O^2$ mit allen seinen Eigenschaften.[2])

Zur Kenntnis des Strophanthin. Pins schreibt, daß das Strophanthin besonders den Blutdruck erhöht, ohne durch Verengung der Gefäße den Widerstand daselbst zu vermehren,

---

[1]) The Pharm. Journ. and Trans. 18. 17; Chem. Centr.-Bl. 1887. 1204.
[2]) C. r. 1887. 105. 68; Ch. Rep. d. Ch.-Ztg. 1887. 182—183.

durch welche letztere Eigenschaft es sich vom Digitalin unterscheidet.[1])

T. B. Fraser fand in dem Samen von Strophanthus
hispidus außer einem überaus wirksamen Glycoside noch eine
Säure, für die er den Namen Kombé-Säure vorschlägt. Das
früher beschriebene Strophanthin war demnach keine einheitliche
Substanz. Um dasselbe rein zu erhalten, löst der Verf. das nach
der früheren Vorschrift erhaltene Produkt in Wasser, fügt Gerbsäure hinzu und digerirt das erhaltene Tannat mit frisch gefälltem
Bleioxyd. Dann wird das Gemisch mit starkem und schwachem
Weingeist ausgezogen und der Auszug mit Äther gefällt. Der
erhaltene und in schwachem Alkohol gelöste Niederschlag wird durch
einen Strom Kohlensäuregas, zur vollständigen Entfernung des
Bleies, behandelt, das Filtrat abgedampft und bei gelinder
Temperatur im Vakuum getrocknet. Das so erhaltene Strophanthin zeigt keine vollkommene Krystallisation, reagirt neutral,
schmeckt intensiv bitter, löst sich gut in Wasser, weniger in rektificirten Weingeist und ist beinahe unlöslich in Äther und Chloroform. Seine Zusammensetzung entspricht der Formel $= C^{20}H^{24}O^{10}$.
Starke Schwefelsäure färbt dasselbe erst hellgrün, dann grünlich-
gelb und schließlich braun. Alle mineralischen und viele organischen Säuren (ausgenommen CO^2) verwandeln das Strophanthin
schon in der Kälte in eine vom Verf. Strophanthidin
benannte Substanz und Glykose um, wodurch das Strophanthin
als Glukosid genügend charakterisirt ist.[2])

Über das Spartëin. Durch Behandlung von Spartëin
mit koncentrirter Chlorwasserstoffsäure und Zinn erhält man nach
Felix Ahrens ein Zinndoppelsalz in schönen Krystallen. Entfernt
man daraus das Zinn durch Schwefelwasserstoff, macht die Base
durch Kalilauge frei, destillirt dieselbe mit Wasserdämpfen über
und schüttelt das Destillat mit alkoholfreiem Äther aus, so
bekommt man beim Abdunsten des Äthers Dihydrospartëin =
$C^{15}H^{28}N^2$ in Form eines farblosen, bei 281—284° siedenden
Öles. Unterwirft man nach dem Verf. das Spartëin einer Oxy-

---

[1]) Ther. Monatsh. 1887. Nr. 6 u. 7; Fortschr. d. Med. 5.
629—30. Okt.; Chem. Centralbl. 1436.

[2]) The Pharm. Journ. and Transact. 1887. 18. 69; Chem.
Rep. d. Ch.-Ztg. 1887. 190.

dation mit Wafferstoffsuperoxyd, so erhält man eine fast farblose, syrupartige Base von stark alkalischer Reaktion. Dieselbe ist in Äther unlöslich, in Waffer und Alkohol aber sehr leicht löslich und besitzt die empirische Formel = $C^{15}H^{26}N^2O^2$.[1]

Über Kalykanthin. Eccles hat in der aromatischen Rinde von Calycanthus glaucus Willd. ein Alkaloid (bis zu 2 Proc.) aufgefunden, dem er den Namen Kalykanthin gegeben hat. Auch Pyridin und einen dritten basischen noch nicht isolirten Körper konnte der Verf. in der Rinde nachweisen.[2]

Über Lobelin und Inflatin. Diese beiden Alkaloide aus der Lobelia inflata hat Lloyd dargestellt und beschrieben.

Das Lobelin ist farblos und geruchlos, löslich in Alkohol, Chloroform, Äther, Benzol und Schwefelkohlenstoff, aber wenig mit schwach alkalischer Reaktion in Waffer löslich. Seine Lösung, mit Ammoniak eingedampft, wird gelb. Der Rückstand wirkt wie das Alkaloid selbst Brechen erregend. Die Salze des Lobelins sind leicht in Waffer, Alkohol und Äther löslich. Schwefelkohlenstoff löst davon wenig, jedoch macht das Acetat eine Ausnahme.

Das Inflatin bildet farb- und geruchlose Krystallblättchen, die sich weder mit Säuren, noch mit Alkalien verbinden, in Waffer und Glycerin unlöslich sind, sich aber in Schwefelkohlenstoff, Benzol, Chloroform, Äther und Alkohol (in der angegebenen Ordnung) lösen. Die Verbindung schmilzt bei 107° und erstarrt bei etwas niedriger Temperatur zu einer Krystallmaffe.[3]

Über Ustilagin. C. J. Rademaker und J. L. Fischer haben aus Ustilago Maïdis ein Alkaloid dargestellt, daß sie „Ustilagin" nennen.[4]

---

[1] Ber. d. b. chem. Gef. 20. 2218.

[2] Pharm. Record. Teb. 15. 55; Pharm. Journ. Transact. III. Ser. Nr. 927. 822; Arch. d. Ph. 226. 463.

[3] Pharmeutis Journ. 1887. 135; Journ. Pharm. Chim. (5.) 16. 374—375; Chem. Centralbl. 1887. 1460.

[4] National Druggist; Pharm. Journ. Trans., Zeitschr. d. allgem. österr. Apoth.-Ver. 41. 419—21; Chem. Centralbl. 1887. 1257.

Über Trigonellin. E. Jahns hat nach dem Schmiede-
berg'schen Verfahren ein Alkaloid, Trigonellin $= C^7H^7NO^2 + H^2O$
genannt, neben Cholin aus den Samen von Trigonella foenum
graecum abgeschieden. Dasselbe bildet farblose, flache Prismen
von schwach salzigem Geschmack, die an feuchter Luft allmählich
zerfließen, sich sehr leicht in Wasser, schwer in kaltem, leicht in
heißem Alkohol lösen, aber unlöslich in Äther, Chloroform und
Benzol sind. Die Lösungen sind neutral. Das Alkaloid ist nicht
ohne Zersetzung schmelzbar, verliert beim Erhitzen zuerst Wasser,
bläht sich dann auf, färbt sich dabei braun, und hinterläßt eine
voluminöse, schwer verbrennliche Kohle. Kalium-Wismuthjodid
und verdünnte Schwefelsäure erzeugen in der wässerigen Lösung
einen ziegelrothen, krystallinischen Niederschlag, Phosphor-
molybdänsäure eine reichliche Fällung, und Gerbsäure eine
schwache Trübung; Goldchlorid erzeugt nur in nicht zu sehr verdünnten Lösungen eine Fällung. Nur eine konzentrirte Lösung
der freien Base oder ihrer Salze wird durch Bromwasser gefällt, der orangefarbene Niederschlag verschwindet aber bald
wieder. Pikrinsäure und Platinchlorid fällen die Lösung nicht.
Kaliumquecksilberjodid scheidet aus sauren Lösungen ölige Tropfen,
die bald zu Nadeln erstarren. Gegen Alkali verhält sich die
Lösung des Trigonellins, wie die des Cholins; sie wird beim
Erwärmen gelb, dann braun gefärbt. Eine Spur Eisenchlorid
färbt die Lösung röthlich.

Folgende Verbindungen des Trigonellins sind vom Verf.
dargestellt:

1. Trigonellinhydrochlorat $= C^7H^7NO^2 . HCl$.
2. Trigonellinnitrat.
3. Trigonellinsulfat.
4. Trigonellinplatinchlorid $= (C^7H^8NO^2Cl)^2PtCl^4$.
5. Goldverbindungen: $C^7H^7NO^2 . HCl + AuCl^3$ und
6. $C^7H^7NO^2 . 3HCl + 3AuCl^3$.

Bei der Spaltung des Trigonellins durch Chlorwasserstoffsäure erhielt der Verf. Nicotinsäure und Methylchlorid nach
folgender Gleichung:

$$C^7H^7NO^2 + HCl = C^6H^5NO^2 + CH^3Cl$$
$$\text{Trigonellin} \qquad \text{Nicotinsäure} \quad \text{Methylchlorid.}$$

Danach sieht der Verf. das Trigonellin als das Methybetaïn
der Nicotinsäure an und giebt demselben folgende Konstitutions-
formel:

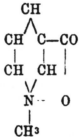

Nun ist aber dieser Körper bereits von Hantzsch dargestellt und zwar auf synthetischem Wege, indem er nicotinsaures Kalium mit Methyljodid bei 150° digerirte, die erhaltene Flüssigkeit mit Chlorsilber behandelte und nach Fortschaffung des Kaliums mit Silberoxyd verseifte. Der Verf. spricht die vollkommene Identität beider Körper aus.

Mit dem Trigonellïn sind das Pyridinbetaïn und Picolin-säurebetaïn isomer. Die Konstitutionen derselben lauten:

$$\text{Pyridinbetaïn.} \qquad \text{Picolinsäurebetaïn.}$$

Eine auffallende physiologische Wirkung scheint dem Trigo-nellïn nicht zuzukommen.[1]

Über die Alkaloide der Scopoliawurzel. Nach Untersuchungen von Hermann Henschke enthält die Wurzel von Scopolia japonica keine ihr eigenthümlichen Alkaloide, sondern in wechselnden Mengen die drei bereits bekannten Atropin, Hyoscyamin und Hyoscin. Das im Handel befindliche Betaïn ist ein Gemisch der Natriumsalze mehrerer kohlenstoffreichen Fettsäuren. Das Scopolatin Eykman's ist identisch mit dem Schillerstoff der Atropa Belladonna, das von Kunz den Namen Chrysotropasäure bekommen hat.[2]

[1] Arch. d. Pharm. 225. 985—997.
[2] Zeitschr. f. Naturw. 60. 103—40. Aug. Frankfurt a. d. O. Ch. Central-Bl. (3.) 18. 1087—88.

Zur Kenntnis des Chelidonins. Nach zahlreichen Analysen von Chelidoninverbindungen, die Alfred Henschke ausführte, ist die Formel des Chelidonins = $C^{20}H^{19}NO^3 + H^2O$.[1]

Zur Kenntnis des Sanguinarins. Nach Alfred Henschke ist die Jdentität für Chelerythrin und Sanguinarin noch durchaus nicht sicher festgestellt. Dem Sanguinarin kommt die von Rascholb aufgestellte Formel = $C^{17}H^{15}NO^4$ zu.[2]

Darstellung des Akonitins. Die getrockneten Knollen von Aconitum Napellus werden nach John Williams zerkleinert und mit alkoholfreiem Amylalkohol ohne Säurezusatz ausgezogen, der Auszug mit angesäuertem Wasser ($1H^2SO^4$: $600H^2O$) ausgeschüttelt, die wässerige Lösung mit Natron gefällt und das so erhaltene Akonitin bei gewöhnlicher Temperatur getrocknet. Man löst in siedendem Äther und krystallisirt es aus dieser Lösung.[3]

Über Lewinin. Lewinin, nach Lewin benannt, ist nach John Reid ein Bestandtheil des Cavaharzes, welches lange andauernde Gefühllosigkeit schon in geringen Dosen, wie Lewin gefunden hat, hervorbringt. Bringt man nur eine Spur des Harzes auf die Zunge, so verliert die bitterste Arznei auf derselben ihren Geschmack.[4]

Über ein neues Alkaloid. Das Handlungshaus „Gehe u. Co." hat von Beckolt in Rio de Janeiro eine Rinde bemustert bekommen, die ein chininähnliches Alkaloid enthält und „Cordon peroba Lucama" genannt wird.[5]

Über Drumin. Die physiologischen Untersuchungen, welche mit dem im Handel vereinzelt erschienenen Alkaloid von Euphorbia Drummondi, dem sogenannten Drumin, angestellt sind, haben ein negatives Resultat ergeben.[6]

---

[1] Zeitschrift f. Naturwissenschaft (4) 5. 334—78. Marburg. Ph.-Chem. Inst.

[2] Daselbst.

[3] British. Pharm. Conference, Manchester; Chem. Central-Bl. (3) 18. 1377.

[4] Pharm. Journ. Trans. Dez. 1886; Ph. Zeitschrift f. Rußland. 26. 70.

[5] Handels-Bericht von Gehe & Co. Sept. 1887. 6.

[6] Daselbst.

Nach einer Mittheilung von A. E. Tanner besteht das als Ersatzmittel für Cocaïn angepriesene „Drumin" zum größten Theile aus Calciumoxalat; seine Lösung giebt mit den üblichen Alkaloïdreagentien keinen Niederschlag. [1])

Über Ineïn. In den Haarschöpfen des Samens von Strophanthus hispidus hat J. Léon Soubeiran durch Ausziehen mit angesäuertem Alkohol einen krystallisirten Körper aufgefunden, der basische Eigenschaften besitzt, und welcher auch bereits von Hardy und Gallois darin nachgewiesen und „Ineïn" genannt wurde. Der Verf. sagt, daß dieses Alkaloïd nicht die physiologischen Eigenschaften des Strophanthins besitzt. [2])

Über Curin. R. Böhm hat aus dem Curare außer Curarin noch eine zweite Base von nicht giftigen Eigenschaften, welche von ihm „Curin" genannt wird, dargestellt. Dieselbe bildet eine blendend weiße, mikrokrystallinische Masse, welche wenig in kaltem, etwas mehr in heißem Wasser, leicht in Weingeist und Chloroform, sowie in verdünnten Säuren löslich ist; in Äther löst sich das Curin verhältnismäßig schwer. Die Lösung desselben giebt mit Metaphosphorsäure schneeweiße, dicke Niederschläge. [3])

Über Curarin. Derselbe Verf. erhielt das Curarin aus der Platinverbindung. Dasselbe ist gelb, in dicker Schicht orangegelb, und die wässerige Lösung fluorescirt ins Grüne; es ist enorm giftig. [4])

Über Asiminin. L. Lloyd [5]) beschreibt ein in den Samen von Asimina triloba enthaltenes Alkaloïd das „Asiminin" und einige seiner Salze. Es bildet ein weißes, amorphes, farbloses geschmackloses Pulver, das sich in Wasser fast gar nicht, leicht in Äther und Alkohol, weniger leicht in Chloroform und Benzol

---

[1]) The Pharm. Journ. and Transact. 1887. 12. 1047; Chem. Rep. d. Ch.-Ztg. 1887. 207. Vergl. auch Gehe & C. Handels-Bericht. Sept. 1887. 37.

[2]) Journ. de Pharm. et Chim. 1887. 25. 593; Chem. Rep. b. Ch.-Ztg. 1887. 172.

[3]) Chem. Stud. über d. Curari; aus Beiträge f. Physiol.; Rtf. 20. 139—40; Chem. Centr.-Bl. 1887. 520.

[4]) Ebenda.

[5]) Journ. Pharm. Chim. (5) 15. 217—18. 15. Febr.; Chem. Centr.-Bl. 1887. 357.

löst. Die löslichen Salze haben einen bittern Geschmack. Das Chlorhydrat krystallisirt aus Alkohol in quadratischen Tafeln. Nach R. Bartholow[1]) wirkt das Alkaloid speciell auf das Gehirn; es bewirkt zuerst eine Erregung, dann Schläfrigkeit und später Bewußtlosigkeit und Gefühllosigkeit.

Mallotoxin. Eine in schmalen fleischfarbenen Nadeln krystallisirende Verbindung, Mallotoxin genannt, sollen A. G. und W. H. Perkin aus der Kamala dargestellt haben.[2])

Über das Colchicin. S. Zeisel[3]), dem es früher gelang, das Colchicin in reinem Zustande darzustellen, seine chemische Zusammensetzung $= C^{22}H^5NO^6$ zu ermitteln und festzustellen, daß dasselbe der Methyläther des Colchiceïns sei, hat neuerdings gefunden, daß im Colchicin vier, im Colchiceïn aber nur drei Methoxylgruppen vorhanden sind, wofür die Beweise vom Verf. geführt werden. Wir wollen hier nur die in der Abhandlung aufgestellten Formeln der vom Verf. dargestellten Abkömmlinge in Verbindung mit dem Colchicin wiedergeben, müssen aber im Übrigen auf die Originalarbeit selbst verweisen.

1. $C^{16}H^{15}NO^5 = C^{15}H^9 \begin{cases} (OH)^3 \\ NH^2 \\ COOH \end{cases} =$ Colchicinsäure,

2. $C^{18}H^{19}NO^5 = C^{15}H^9 \begin{cases} (OCH^3)^2 \\ OH \\ NH^2 \\ COOH \end{cases} =$ Dimethylcolchicinsäure,

3. $C^{19}H^{21}NO^5 = C^{15}H^9 \begin{cases} (OCH^3)^3 \\ NH^2 \\ COOH \end{cases} =$ Trimethylcolchicinsäure,

4. $C^{21}H^{23}NO^6 = C^{15}H^9 \begin{cases} (OCH^3)^3 \\ NH.COCH^3 \\ COOH \end{cases} =$ Colchiceïn ob.Aceto-[trimethylcolchicinsäure.

5. $C^{21}H^{24}N^2O^5 = C^{15}H^9 \begin{cases} (OCH^3)^3 \\ NH.COCH^3 \\ CO.NH \end{cases} =$ Acetotrimethylcol-[chicinsäureamid oder [Colchicamid,

---

1) D.-A. Apoth. Ztg.; Ztschr. d. allg. österr. Apotheker-Vereins. 25. 111.

2) Aus the Med. Record. d. D. M. Z. 1887. 58; Arch. d. Pharm. 225. 829.

3) Monatsh. f. Chemie. 1886. 557.

6. $C^{22}H^{25}NO^6 = C^{15}H^9 \begin{cases} (OCH^3)^3 \\ NH.COCH^3 \\ COOCH^3. \end{cases}$[1] = Colchicin,

Über das Anemonin. Nach P. Bigier erhält man das Anemonin = $C^{15}H^{12}O^6$ durch Destillation der Wurzel und Blätter von Anemone pulsatilla. Beim Aufbewahren des herben Destillats in Flaschen trübt sich dasselbe nach einiger Zeit, verliert Geschmack und Geruch und läßt das Anemonin in weißen Blättchen fallen, die durch wiederholte Krystallisation aus Alkohol gereinigt werden. Von Chlorwasserstoffsäure wird das Anemonin ohne Veränderung gelöst, Schwefelsäure und Salpetersäure zersetzen es sehr bald. 10 cg des Anemonins, vom Verf. auf einmal genommen, brachten keinen Nachtheil. 2—4 cg sollen genügen, um eine antikatarrhalische Wirkung, sowie eine Wirkung auf das Nervensystem und wahrscheinlich auch auf das Herz auszuüben.[2]

Über Stenokarpin. Stenokarpin soll ein neues lokales Anästhetium sein, welches aus den Blättern eines noch unbekannten, der Akazie ähnlichen Baumes gewonnen wird. Dasselbe soll, in einer zweiprocentigen Lösung angewendet, nach Einträufelung von 2 bis 4 Tropfen die vollständige, 20 Minuten anhaltende Unempfindlichkeit des Chorea und Conjunctiva bewirken, daneben sich auch durch seine mydriatische und Druck herabsetzende Wirkung im Auge besonders auszeichnen.[3]

Über Cannabinin u. Tetano-Cannabinin. L. Jahns ist durch seine Versuche zu dem Resultat gelangt, daß das im indischen Hanfe vorkommende Alkaloid, welches erst für Nikotin gehalten, aber später als Cannabinin und Tetano-Cannabinin bezeichnet wurde, Cholin ist.[4]

Zur Kenntnis des Andromedotoxins. Wie P. C. Plugge mittheilt, hat H. G. de Zaayer aus dem Rhododendron ponticum eine größere Menge des Andromedotoxins dargestellt und seine Eigenschaften genauer studirt. Seine Zusammensetzung entspricht der Formel $C^{31}H^{51}O^{10}$. Unter seinem Verhalten

---

[1] Sitzungsber. d. Kais. Akad. d. Wissensch. Math.-Naturw. in Wien 1887. 1338—1367.

[2] Journ. Pharm. Chim. 1887. 5. Sér. 1699; Chem. Rep. d. Ch.-Ztg. 1887. 197.

[3] Handels-Ber. von Gehe & Co. Dresden. Sept. 1887. 37.

[4] Arch. d. Ph. 1887. 25. 479; Ch. Rep. d. Ch.-Ztg. 1887. 183.

ist das das merkwürdigste, daß es in Wasser, Alkohol und Amyl=
alkohol gelöst, die Polarisationsebene nach links, in Chloroform
gelöst hingegen nach rechts dreht. [1]

Zur Kenntnis des Cubebins. Bei der Oxydation des
Cubebins mit Kaliumpermanganat = $C^{10}H^{10}O^3$ erhielt C. Po=
meranz Piperinylsäure = C^8HO^4. Durch Behandeln des
Cubebins mit wasserfreiem Natriumacetat und Essigsäureanhydrid
erhielt der Verf. statt des von ihm erwarteten Acetylderivates
kleine in Drusen zusammenhängende, bei 78° schmelzende
Krystalle von der Formel = $C^{20}H^{18}O^3$. [2]

Basen der Chinolin= und Pyridinreihe.

Über einige gebromte Chinoline. Von Ad. Claus
und B. Tornier sind folgende gebromte Chinoline dargestellt
und untersucht:

1. j-Bromchinolin;
2. p-Bromchinolin;
3. o-Bromchinolin;
4. m-Bromchinolin;
5. ana-Bromchinolin. [3]

Über Py-3-Phenylchinolin und Py-3-B-Dichino=
line. Die von Wilhelm Königs und J. U. Ref ausgeführten
Untersuchungen des Py-3-Phenylchinolins sind von dem Verf.
deshalb angestellt, weil dasselbe höchstwahrscheinlich die Mutter=
substanz der Chinaalkaloide ist. Die Resultate ihrer Arbeit
haben die Verf. in einer Tabelle zusammengestellt, auf welche wir
verweisen. [4]

Über die Einwirkung von Schwefelsäure auf
Chinolin. Die von G. v. Georgievics angestellten Versuche
über die Einwirkung von Schwefelsäure auf Chinolin haben zu
folgenden Resultaten geführt:

---

[1] Arch. f. Physiolog. 1887. 40. 480; Chem. Rep. d. Chem.=
Ztg. 1887. 1880.

[2] Monatsh. f. Chem. 8. 466; Arch. d. Pharm. 225. 929.

[3] Ber. d. d. chem. Ges. 20. 2872—82. 14. Nov. (26. Okt.)
Freiburg i. Br.

[4] Ber. d. d. chem. Ges. 20. 622; Zeitschr. f. Chem. Ind.
1. 198; Chem. Centr.=Bl. 1887. 519.

· 1. Orthochinolinsulfosäure geht beim Erhitzen mit englischer Schwefelsäure bei 240°—300° glatt in die Parasäure über.

2. Es wird bei seiner Umwandlung intermediär Chinolin abgespalten.

3. Durch Einwirkung von englischer Schwefelsäure auf Chinolin wird zuerst bei 220° Ortho-, dann bei 240°—300° Parachinolinsulfosäure und zwar nur diese beiden gebildet.

4. Auch aus Cinchoninsäure erhält man durch Einwirkung von englischer Schwefelsäure bei höherer Temperatur die entsprechende Parasäure. [1]

Zur Kenntnis der Chinoline und Hydrochinoline. Beim Studium der Verwandlung der Indole in Hydrochinolin gelangten Emil Fischer und Albert Steche zu folgendem vergleichenden Resultat:

a) Die Jodmethylate der Chinoline und der tertiären Dihydrochinoline werden durch verdünnte Alkalien leicht zersetzt und in Basen verwandelt, welche in Äther löslich sind. Dagegen sind die Jodmethylate der tertiären Tetrahydrochinoline gegen Alkalien beständig, verhalten sich also wie die gewöhnlichen quaternären Ammoniumverbindungen.

b) Die Dihydrochinoline, welche im Indolring Methylen enthalten, färben sich an der Luft sehr rasch durch Oxydation fuchsinroth. Sie sind überhaupt gegen oxydirende Agentien empfindlicher, als die vollständig hydrirten Basen. [2]

Über α-Styryl-Pyridin. Aus Benzaldehyd, Picolin und wenig Chlorzink erhält man nach H. Baurath α-Styryl-Pyridin nach folgender Gleichung:

$$C^5H^4NCH^3 + CHO.CH^5 =$$
$$C^5H^4N.CH.CH.CH.C^6N^5 + H^2O$$
α-Styryl-Pyridin. [3]

Über Vinylpyridin. Beim Durchleiten von Pyridin und Äthylen durch glühende Röhren erhält man nach A. Ladenburg

---

[1] Sitzungsb. d. K. Akad. der Wissensch. Mathem.-Naturwissensch. Kl. Wien. 1887. 1140—1147.

[2] Ber. d. d. chem. Ges. 20. 818 u. 2199; Liebig's Annal. d. Chem. 242. 348—366. Chem. Labor. der Univ. Würzburg.

[3] Ber. d. d. chem. Ges. 2719—20. 24. (1. Okt.) Kiel. Universitäts-Laboratorium.

geringe Mengen von Vinylpyridin, welches eine farblose, süßlich riechende, gegen 160° siedende Flüssigkeit bildet. [1]

Über alkaloidartige Basen im Paraffinöle. A. Weller hat in dem bei der sächsischen Paraffingewinnung abfallenden, sogenanntem gelben Paraffinöle von 0·85—0·86 spec. Gew., das bei der Chininfabrikation Verwendung findet, sauerstoff- und schwefelfreie pyridinartige Basen aufgefunden, die schon in der Kälte mit flüchtigen Säuren starke Nebel geben. [2]

Eiweißkörper oder Albuminate.

Über Milchuntersuchungen. N. Frühling berichtet über die Kindermilch-Station in Braunschweig Folgendes: Diese Station bezweckt keine besonders fettreiche, sondern eine wenn möglich das ganze Jahr hindurch gleichmäßig zusammengesetzte Milch zu erzielen. Dieselbe steht unter chemischer und ärztlicher Kontrole. Die Anstalt erzielte im Jahre 1886 von jeder Kuh täglich im Durchschnitt 12·5 l. Die Kühe, welche frischmilchend bei der Trockenfütterung aufgestellt wurden, sind nach 5 Monaten entfernt, um als Fettvieh auf den Markt gebracht zu werden.

Behufs der Kontrole der Marktmilch sendet das Laboratorium Abends 40 reine und trockene numerirte Flaschen an die Polizeistation. Gegen ½ 11 Uhr Morgens kommen sämmtliche Proben (à ¼ l) im Laboratorium an, wo bereits 40 Porcellanschälchen mit Sand und Glasstäbchen oberflächlich auf 40 g tarirt und numerirt bereit stehen. Diese werden nun genau gewogen, dann 5—6 g Milch zugesetzt unter Umrühren auf einem großen gemeinsamen Wasserbade verdunstet und in einem Trockenschranke bei 100° getrocknet, endlich im Exsiccator abgekühlt und gewogen. Um 5 Uhr ist die Trockensubstanzbestimmung beendet und die Schälchen gelangen, mit Petroleumäther übergossen, in einen Blechkasten mit dichtschließendem Deckel mit Filzdichtung. Der Petroleumäther wird mehrmals (etwa 8 Mal) abgegossen, endlich, nachdem er über Nacht im Schälchen stand, abgedunstet, das rückbleibende Fett bei 100° getrocknet und gewogen. Der Milchzucker wird durch Polarisation, die Asche in einer schwach rothglühenden Platinmuffel, der Stickstoff nach Kjeldahl,

---

[1] Ber. d. d. chem. Ges. 20. 1643.
[2] Ber. d. d. chem. Ges. 20. 2097.

Abendmilch.

1886	Januar	Februar	März	April	Mai	Juni	Juli	August	September	Oktober	November	December	Mittel
Fett . . .	3·43	3·36	2·92	3·02	2·61	3·01	2·70	3·30	2·53	2·98	3·33	2·76	3·00
Proteïnstoffe .	3·37	4·18	4·31	4·18	4·09	3·80	3·71	3·50	3·59	3·73	4·36	4·70	3·96
Salze . . .	0·70	0·70	0·77	0·69	0·69	0·71	0·73	0·72	0·74	0·73	0·72	0·71	0·72
Milchzucker .	4·87	4·25	4·27	4·17	4·19	4·51	4·50	4·62	4·68	4·74	4·30	4·06	4·43
Wasser . .	87·63	87·51	87·37	87·94	88·42	88·07	88·36	87·86	87·46	87·82	87·29	87·77	87·89
Spec. Gew. b. 17·5° C. .	1·0325	1·0325	1·0325	1·0330	1·0315	1·0330	1·0325	1·0315	1·0325	1·0330	1·0325	1·0325	1·0325

Morgenmilch.

1886	Januar	Februar	März	April	Mai	Juni	Juli	August	September	Oktober	November	December	Mittel
Fett . . .	3·03	3·35	3·07	2·79	2·67	2·81	2·62	2·90	2·60	3·00	2·70	2·57	2·84
Proteïnstoffe .	3·57	4·05	4·14	4·11	4·29	3·64	3·36	3·42	3·36	3·73	4·31	4·80	3·92
Salze . . .	0·68	0·69	0·79	0·69	0·70	0·71	0·72	0·71	0·73	0·73	0·73	0·71	0·72
Milchzucker .	4·87	4·24	4·18	4·25	4·19	4·37	4·50	4·69	4·62	4·64	4·14	4·00	4·39
Wasser . .	87·85	87·67	87·82	86·16	88·15	88·47	88·80	88·28	88·42	87·90	88·09	87·92	88·13
Spec. Gew. b. 17·5° C. .	1·0330	1·0325	1·0320	1·0310	1·0315	1·0305	1·0318	1·0310	1·0310	1·0320	1·0315	1·0331	1·0307[1]

1) Rep. b. anal. Chem. 1887. 7. 517; Chem. Rep. b. Ch.-Ztg. 1887. 239.

das spec. Gew. b. 17·5 ⁰ C. bestimmt. Diese Bestimmungen sind aber für die Markt-Milch nicht alle nothwendig und es können deshalb nach 24 Stunden die Resultate sämmtlicher Proben in Händen der Behörden sein. Diese werden von derselben bekannt gemacht, von einer direkten Bestrafung aber einstweilen abgesehen, was das Vorkommen von verfälschter Milch sehr abgeschwächt hat. Vorstehende Tabelle wird noch vom Verf. veröffentlicht:

Zur Kenntniß der Milch. Von M. A. Mendes be Leon ist der Gehalt der Milch an Eisen auf kolorimetrischem Wege (mittels der Rhobanreaktion) bestimmt. Der Verf. fand folgende Mittelwerthe:

	1000 g Milch.	100 g fettfreie Trockensubstanz.	Anzahl der	
			Bestimmungen.	Individuen.
Frauenmilch .	2·54 mg Fe.	3·22 mg Fe.	16	9
Eselinnenmilch	1·50 „	1·76 „	1	1
Kuhmilch . . .	4·04 „	4·35 „	8	8 [1]

Käse-Zusammensetzung. Mr. Brown hat folgende Käseanalysen veröffentlicht:

	57 Käse mit Staatsbrand			22 Käse ohne Staatsbrand
	mindest	höchst	mittel	mittel
Wasser	4·42	40·64	25·93	23·34 Proc.
Fett	23·59	52·63	31·55	35·38 „
Käsestoff	27·67	55·27	38·12	37·74 „
Asche	2·11	7·16	4·38	4·52 „
Fett in der Trockenmasse	28·10	55·00	42·59	44·66 „

Von den mit Staatsbrand [2] versehenen Käse wurden lim Fett derselben die unlöslichen und löslichen Fettsäuren bestimmt. Dasselbe enthielt:

1) Arch. f. Hygiene VII. 286—308; Arch. d. Pharm. 226· 370—71.

2) Über die Bedeutung dieses Wortes s. Molkerei-Ztg. I. 50.

1. unlösliche Fettsäuren 85·90—89·30, im Mittel 87·64 Proc.
2. lösliche   „   4·80— 6·37, „   „   5·32 „ [1]

Analyse der Quarchasche. Eine von B. Storch ausgeführte Analyse der Quarchasche gab folgendes Resultat:

Kali . . . . 14·34 Proc.

Natron . . . . 6·76   „

Kalkerbe . . . . 19·07   „

Magnesia . . . . 2·44   „

Eisenoxyd . . . . —   „

Phosphorsäure. . . . . 57·14   „

Schwefelsäure . . . . . 0·10   „

Kieselsäure . . . . . . 0·15   „

Summa: 100·00 Proc. [2]

Zum Blauwerden des Käses. In Holland soll die
Beobachtung gemacht sein, daß faules übelriechendes Wasser, von
den Kühen getrunken, Blauwerden des Käses zur Folge hat.[3]

Technische Verwendung des Käsestoffs. Für die
Bereitung arzneilicher Emulsionen stellt E. Léger aus Milch
ein Gemisch von Käsestoff und Zucker, „Saccharure de Caséine"
genannt, in nachstehender Weise her: 4 l Milch werden bei 40° C.
mit 60 g Ammoniak versetzt und in einen Trichter mit verschließ-
barem Abschlusse gebracht. Fast das ganze Fett hat sich nach
24 Stunden als Rahmschicht auf der Oberfläche angesammelt.
Die unter dieser Schicht befindliche Flüssigkeit (Quesnevilles Lak-
toserum), wird vorsichtig abgezogen und mit Essigsäure versetzt.
Das dadurch entstandene Gerinsel wird in 35—40° warmem
Wasser gewaschen, auf feuchter Leinwand gesammelt und aus-
gepreßt. Den erhaltenen Kaseïnkuchen verreibt man mit 100 g
staubfreiem Zucker und mit Natriumkarbonat im Verhältnis von
8 g : 100 g wasserfreiem Kaseïn und fügt dieser Verreibung all-

[1] Third Annual Report of the N. Y. State Dairy Com-
miss. S. 1886. 62; Vierteljahrsschr. b. Ch. b. Nahrungs- u. Genußm. Berlin. 1887. 369.

[2]) Kemiske og Mikroskop. Undersögels. af et esendomme-
ligt Stoff pp. af V. Storch. Kopenhagen 1887. 17; Vierteljahrsschr. b. Ch. b. Nahr.- u. Genußm. Berlin. 1887. 809.

[3]) Milchz. XVI. 498; N. Landb. Cour.; Vierteljahrssch. b.
Ch. der Nahr.- u. Genußm. Berlin. 1887. 307.

mählig noch so viel Zucker hinzu, bis davon 9 Theile auf 1 Theil wasserfreies Kaseïn kommen. Man zerschneidet schließlich die Masse in kleine Stücke, trocknet sie bei 25—30°. Das dann dargestellte feinste Pulver, die „Saccharure de Caséine", bewahrt man trocken auf und ist sehr haltbar.[1])

Über die Fähigkeit des Blutes Bakterien zu vernichten. Joseph Fodór verimpfte Milzbrandbacillen in frisches Blut und nahm dabei wahr, daß die Anzahl derselben sehr schnell abnahm. Andere Bakterien schienen bei dieser Procedur noch schneller zu Grunde zu gehen, als der Milzbrandbacillus.[2])

Nach einer frühern Arbeit von N. Kowalewsky verwandelt sich das Oxyhämoglobin im Blute unter dem Einfluß des Alloxantins in Methämaglobin. Jetzt zeigt nun derselbe Verf., daß die Bildung von Methämoglobin im Blute unter dem Einfluß des Alloxantins in der Weise vor sich geht, daß das letztere das Oxyhämoglobin zu Hämoglobin reducirt und sich dabei zu solchen Produkten oxybirt, die im Staube sind, das gebildete Hämoglobin in Methämoglobin umzuwandeln.[3])

Zur Kenntnis des Blutes. Frisches Blut zersetzt nach C. Wurster Wasserstoffsuperoxyd nicht mehr spontan, wenn das Blut zuvor mit Essigsäure oder Milchsäure angesäuert war. Der Blutfarbstoff geht hierbei in einen braunschwarzen Körper über, welcher, vom Wasserstoffsuperoxyd beeinflußt, alle Schattirungen durchmacht, die man vom braunen bis blonden Haare zu sehen gewohnt ist, bis bei Anwendung von hinreichenden Mengen des Wasserstoffsuperoxyds eine weißliche Masse zurückbleibt.[4])

Über das Verhalten des fötalen Blutes im Momente der Geburt. Die Untersuchung des Blutes der Vena

---

[1]) J. pharm. et chim. XVI. 1887. 49; Vierteljahrsschr. d. Ch. d. Nahrungs- u. Genußm. Berlin. 1887. 369.

[2]) Vortrag, geh. in der III. Kl. d. Akad. d. Wissensch. Budapest, 20. Juni; D. med. Wochenschr. 13. 745—47; Chem. Centralbl. 1887. 1259.

[3]) Med. C.-Bl. 658—59. 676—78. 3. u. 10. Sept. Kasan; Chem. Centralbl. 1887. 1296.

[4]) Verhandl. d. Berl. Physiol. Gesellsch. 1887. Nr. 9; Du Bois-Reymond's Arch. Physiol. 1887. 354—57 (12. Aug.); D. Med. Z. 8. 620; Chem. Centralbl. 1204.

umbilica von zehn gesunden, ausgetragenen Kindern, ergab Friedr. Krüger folgende Resultate:

1. Das Fötalblut enthält nicht mehr feste Bestandtheile als das Blut schwangerer (im Mittel wurden 21·068 Proc. Trocken-rückstand gefunden).

2. Im Vergleiche zum mütterlichen Blute zeigt das Fötal-blut beträchtlich verminderten Fibringehalt.

3. Der Hämoglobingehalt ist beim Kinde und der Mutter im Momente der Geburt gleich, einige Zeit nach der Geburt im Blute des erstern höher.

4. Das Geschlecht des Fötus steht in keinerlei Beziehung zur Zusammensetzung des Blutes.

5. Letztere ist auch vom Gewicht des Kindes nicht wesentlich beeinflußt.

6. Im Momente der Geburt besitzt das kindliche Blut eine große Gerinnungstendenz.[1]

Verhalten des Pankreatins zu Pepsin. Die hierüber von Kühne und Roberts angestellten, aus Verdauungsversuchen gezogenen Schlüsse, konnte Dufresne nicht bestätigen. Er fand, daß, während reiner Magensaft, der freie Chlorwasserstoffsäure enthält, die Wirkung des Pankreatins verzögert oder zerstört, ein saurer Mageninhalt, in dem die Chlorwasserstoffsäure durch organische Säuren ersetzt ist, diese Wirkung nicht äußert. Be-zweckt man eine Vermehrung der pankreatischen und Speichel-sonderung, so empfiehlt D. Pankreatin in Pulverform bei Beginn der Mahlzeit, beabsichtigt man dagegen nur eine Förderung der Verdauung, so soll man dasselbe in Pillenform nach der Mahlzeit nehmen.[2]

Zur Kenntnis des Trypsins. Aus von S. Sitsche-new angestellten Versuchen geht hervor:

a) daß der Unterschied in der Wirkung von Pepsin und Trypsin auf das Fibrin und koagulirtes Hühnereiweiß nicht in der Verschiedenheit der physikalischen Konsistenz beider Objekte, sondern in der Verschiedenheit ihrer chemischen Natur liegen, und

---

1) Virch. Arch. f. pathol. Anatom. u. Physiol. 106. 1. Hft. Dorpat; D. med. Z. 8. 646; Chem. Centralbl. 1887. 1225.

2) D. amerik. Apothk.=Ztg. 1887. VIII. Nr. 3, 41; Viertel-jahrsschr. d. Ch. d. Nahr.= und Genußm. Berlin. 1888. 344.

b) daß Pepsin und Trypsin, als Verdauungsfermente, entsprechend der verschiedenen chemischen Natur von Eiweißstoffen in der Nahrung, funktionell verschieden sind, indem die dem einen zugänglichen Stoffe für den andern viel weniger zugänglich sind.[1])

Über die Diastase. Durch seine Untersuchungen über die Diastase ist C. J. Lintner zu folgenden Resultaten gelangt:

1. Die Diastase des Weizenmalzes besitzt den gleichen Stickstoffgehalt, wie die Gerstenmalzdiastase, mit welcher sie auch bezüglich ihrer fermentativen Eigenschaften übereinstimmt.

2. Zur Reindarstellung der vegetabilischen Diastase ist die Anwendung von Bleiessig ungeeignet.

3. Chlornatrium und Chlorkalium sind in geringer Koncentration ohne Einfluß auf das Fermentativvermögen der Diastase, in höherer Koncentration wirken sie günstig. Chlorkalium ist in geringer Koncentration gleichfalls ohne Einfluß.

4. Kupfervitriol und wahrscheinlich die meisten Salze der Schwermetalle setzen das Fermentativvermögen herab oder heben es ganz auf.

5. Das Gleiche gilt von einer sauren oder alkalischen Beschaffenheit der Flüssigkeit, in welcher die Diastase wirken soll.

6. Durch Erwärmen wässeriger Diastaselösungen wird das Fermentativvermögen je nach der Temperatur mehr oder weniger herabgedrückt; weniger stark ist jene Verminderung des Fermentativvermögens bei Gegenwart von Stärke, wenn die Diastase also zugleich Gelegenheit zu wirken hat.

7. Wirkt die Diastase bei gewöhnlicher Temperatur auf Stärke, so büßt sie dadurch nicht an Fermentativvermögen ein.

8. Es ließ sich keine Thatsache auffinden, welche dafür sprechen würde, daß zwei Fermente im Malze existiren, ein stärkelösendes und ein stärkeverzuckerndes. Wir müssen vorläufig daran festhalten, daß beide Eigenschaften einem Fermente, eben der Diastase zukommen.

9. Dagegen ist es nicht unwahrscheinlich, daß in der Gerste ein Ferment vorkommt, welches die Stärke zwar nicht lösen, aber zu verzuckern vermag.

---

[1]) Centralbl. f. d. med. Wissensch. 1887. 25. 497; Chem. Rep. d. Ch.-Ztg. 189.

10. Bei 50⁰ können mit den kleinsten Diastasemengen die größten Mengen von Stärke verflüssigt werden.

11. Bis zu 70⁰ erfolgt die Verflüssigung um so rascher, je höher die Temperatur ist. Je höher die Temperatur, desto mehr Diastase muß zur Verflüssigung angewandt werden.

12. Mittels gefällter Diastase läßt sich auch bei gewöhnlicher Temperatur leicht Maltose gewinnen.[1]

Über die Verdauung des Fibrins durch Trypsin. August Hermann hat Fibrin, wie Otto und Hasebrock schon früher, nochmals der Trypsinverdauung unterworfen und die ersten Verdauungsprodukte untersucht. Der Verf. fand, daß bei der Trypsinverdauung außer dem von Otto schon aufgefundenen Paraglobin noch eine zweite Substanz gebildet wird, die nach ihrer Fällbarkeit durch Magnesiumsulfat, ihrer Löslichkeit in Neutralsalzlösung, ihrer Unlöslichkeit in reinem Wasser und nach ihrem Verhalten beim Erhitzen gleichfalls den Globulinen beigezählt werden könnte. Dieselbe besitzt außerdem denselben Koagulationspunkt (55⁰) wie das Fibrinogen und das Myosin. Die Bildung desselben aus dem Fibrin ist nach dem Verf. einem wirklichen Verdauungsvorgang zuzuschreiben und als die Erstwirkung des Verdauungsfermentes aufzufassen, eine Erstwirkung wie etwa die, welche bei der Pepsinverdauung das Acidalbumin mit weit größerer Schnelligkeit in Lösung bringt, wie die Chlorwasserstoffsäure allein.[2]

Albuminoide.

Über das Mucin der Submaxillardrüse. Olof Hammerstein hat das zuerst von Obolensky untersuchte Mucin der Submaxillardrüse einer neuen Untersuchung unterworfen, die demselben zu dem Schluß führte, daß diese Mucin mit keinem bisher in reinem Zustande isolirten und genau studirten Mucin identisch sein kann.[3]

---

[1] Journ. f. prakt. Chemie. N. F. XXXVI. 481.

[2] Ztschr. f. physl. Chem. 1887. 11. 508; Chem.-Rep. b. Ch.-Ztg. 1887. 205.

[3] Zeitschr. f. physl. Chem. XII. 163—195. 29. Sept. 1887.

Zur Kenntniß des Spongins. Spongin wird nach C. Fr. Krukenberg durch überhitztes Wasser oder durch längere Maceration mit gesättigtem Barytwasser zum größten Theil gelöst, wobei ein leicht löslicher, nicht diffusibler Körper, die „Sponginose" und später „Sponginpepton", entsteht und sich Ammoniak reichlich entwickelt. Auch Leucin, Brenzkatechin und ein zuckerartiger Stoff bilden sich bei dieser Reaktion.[1]

Entferntere stickstoffhaltige Abkömmlinge der thierischen Eiweißstoffe.

Über die Pettenkofersche Gallensäurereaktion. Nach F. Mylius beruht die Pettenkofersche Gallensäurereaktion (Cholsäure färbt sich beim Erwärmen mit Schwefelsäure und Rohrzucker blutroth) auf der Einwirkung des Furfurols, welches, wie Emmet zuerst nachgewiesen hat, aus dem Zucker und verdünnter Schwefelsäure gebildet wird. Außer der Cholsäure giebt es noch einige Körper, die die Eigenschaft besitzen, sich mit Furfurol und Schwefelsäure roth zu färben. Solche Körper sind folgende:

1. Isopropylalkohol (wenig),
2. Isobutylalkohol,
3. Allylalkohol,
4. Trimethylkarbinol,
5. Dimethylkarbinol,
6. Amylalkohol,
7. Ölsäure,
8. Petroleum.

Bei allen diesen Stoffen tritt die Färbung aber nicht in der Intensität auf, als bei Anwendung von Cholsäure; am intensivsten zeigt sie sich beim Isobutylalkohol.[2]

Über β-Hyochlykocholsäure. Severin Jolin fand in der Galle des Schweines außer der längstbekannten Hyochlykocholsäure eine zweite Säure, die er β-Hyochlykocholsäure nennt. Sie unterscheidet sich von der ersten (α-Hyochlykocholsäure) durch

---

[1] Jenaische Z. f. Naturw. 20. Suppl.-H. 1. 39; Med. C.-Bl. 25. 436—37; Chem. Centralbl. 1887. 1085.

[2] Zeitschr. f. physiol. Chem. XI. 492—496. Laborat. des Prof. Baumann. Freiburg i. B., d. 26. Mai 1887.

ihr Verhalten gegen gesättigte Natriumsulfatlösung. Diese scheidet nämlich das Natriumsalz der α-Säure so gut wie vollständig als eine flockige Fällung aus, während sie dasjenige der β-Säure nur unvollständig als ein anfangs farbiges, in Wasser leicht lösliches Öl fällt.[1]

Über die Schleimsubstanz der Galle. Eine hierauf bezügliche Arbeit von Linkoln Paijkull hat ergeben, daß die Schleimsubstanz der Galle weder echtes Mucin, noch Globulin ist, sondern daß sie wahrscheinlich eine der Nucleoalbumingruppe angehörende Substanz darstellt. Indessen glaubt der Verf. auch minimale Mengen von echtem Mucin in der Galle gefunden zu haben.[2]

Über die Kreatininreaktion von Weyl. Nach Versuchen, welche Gnareschi angestellt hat, zeigen auch Hydantoin und Methylhydantoin die Kreatininreaktion von Weyl in sehr empfindlicher Weise; ferner giebt jedes Schmelzungsprodukt von Harnstoff oder Sulfoharnstoff mit einem sauren Amidokörper, welcher Hydantoin liefern kann, dieselbe Färbung mit Nitroprussidnatrium und Natriumkarbonat oder Natriumhydrat. Die eintretende schöne rothe Färbung geht auch hier nach dem Kochen in ein prachtvolles Blaugrün über. Es lassen sich also Amidokörper, wie Sarkosin, Alanin oder Glycokoll und auch der Harnstoff auf diese Weise leicht nachweisen.[3]

Über das Verhalten des Tyrosins zur Hippursäurebildung. K. Baas hat aus seinen Studien über das Verhalten des Tyrosins zur Hippursäurebildung folgendes Ergebnis erhalten:

1. Das Tyrosin erleidet nicht immer im Darm vom Menschen diejenige Fäulniszersetzung, welche, wie Brieger und Blendermann gefunden haben, zur Vermehrung der Phenol-Kresolausscheidung, sowie der Oxysäuren führt, sondern daß trotz reichlicher Gegenwart von Spaltpilzen im Darm die völlige Resorption des Tyrosins stattfinden kann.

---

[1] Zeitschr. f. physiol. Chem. 1887. 11. 417; Chem. Rep. d. Ch.-Ztg. 1887. 154.

[2] Zeitschr. f. physiol. Chem. XII. 196—210. Laborat. f. physiol. Chem. in Upsala, 29. Sept. 1887.

[3] Annali di Chim. e di Farmacol., 1887. Nr. 4. 695; Arch. b. Pharm. 225. 697.

2. Die normale Hippurfäureprobuktion, bie während ber ganzen Dauer ber hierauf bezüglichen Verfuche konftant blieb, erfolgt unabhängig von bem im Darm vorhanbenen Tyrofin. Die Verfuche weifen ferner barauf hin, baß bie Fäulniß ber Phenylamibopropionfäure unter anbern Bebingungen erfolgen kann, als bie Fäulniß bes Tyrofins.[1]

Zum Nachweis bes Tyrofins. Fügt man zu einer wäfferigen Tyrofinlöfung 1 procentige Effigfäure unb bann bei fortgefeßtem Kochen vorfichtig tropfenweife 1 procentige Natriumnitritlöfung, fo erhält man nach C. Wurfter eine rothe Löfung mit etwas violettem Stich. Der barin enthaltene Farbftoff geht in Amylalkohol über, bas Ammoniakfalz ift gelb gefärbt unb wirb wieber roth burch Zufaß von Chlorwafferftofffäure ober Schwefelfäure, auch, aber langfamer, burch Effigfäure. Giebt man zu einer Spur Tyrofin, bas in ein wenig kochenbem Waffer gelöft ift, etwas trockenes Chinon, fo bemerkt man bas fchnelle Entftehen einer tief rubinrothen Löfung. Diefe ift einen Tag über haltbar, geht bann aber in eine braune über. Der Farbftoff wirb von Amylalkohol ober Äther nicht aufgenommen. Eine mit Chinon verfeßte Löfung bes Tyrofins in Eifeffig zeigt bie rothe Farbe anhaltenb. In verbünnter Effigfäure gelöft, wirb auch bas Tyrofin burch Chinon nur gelb gefärbt; bie Rothfärbung zeigt fich jeboch fogleich in prachtvoller Weife beim Neutralifiren mit Natriumkarbonat. Ein Überfchuß von biefem Salze veranlaßt vorübergehenb eine gelbrothe Färbung, welche fpäter einer fchönen rothen ober blauvioletten weicht. Diefe ChinonTyrofinreaktion ift nur bann genau, wenn vorher bas Tyrofin als freie Säure ifolirt worben ift, ober wenn bie Rofafärbung in Gemifchen fchon beim Erwärmen mit Chinon auftritt, aber nicht erft nach längerem Kochen fich zeigt.[2]

Zur Kenntniß bes Hypoxanthins. Nach G. Salomon ift bas Hypoxanthin ein normaler Beftanbtheil bes menfchlichen Harns.[3]

Derfelbe Verf. hat im Hunbeharn bas bisher nur im menfch-

[1] Zeitfchr. f. phyfiol. Chem. XI. 485—491. 8. Mai 1887.
[2] Centralh. f. Phyfiol. 1887. 1. 193; Chem. Rep. b. Ch.-Ztg. 1887. 187.
[3] Zeitfchr. f. phyfiol. Chem. 1887. 11. 410.

lichen Harn aufgefundene Heteroxanthin nachgewiesen und die Kryſtalliſationsfähigkeit deſſelben beobachtet.[1]

Zur Kenntnis des Pepſins. Nach Otto Schweiſſinger iſt das unter dem Namen „Pepsinum Ph. Germ. II. Byk.“ im Handel vorkommende Präparat ein faſt rein weißes, trocknes, nicht hygroſkopiſches Pulver von ſehr ſchwachem angenehmen Geruch und vollkommen reinem Geſchmack. Es verbrennt faſt ohne Rückſtand und löſt ſich leicht in Waſſer. Seine eiweißloſende Kraft übertrifft die Forderung der Pharmakopöe und gehört mithin zu den beſten Handelspräparaten.[2]

Über die Peptone des Handels. Nach Gerlach beſtehen die Peptone des Handels aus Albumoſen und enthalten Peptone gar nicht oder nur ſpurweiſe.[3]

Der Handel kann nach A. Pohl überhaupt kein Pepton liefern, welches den phyſiologiſch-chemiſchen Anforderungen entſpricht, auch erklärt derſelbe mit Recht es für eine Utopie, im Pepton ein billiges und zweckmäßiges Ernährungsmittel zu ſehen. Die Handelsprodukte enthalten nach P. Albumoſe und Leimpepton, ſowie antiſeptiſche Beimiſchungen, durch welche letztern ſie einen ſchlechten Nährboden für Bakterien abgeben.[4]

Über die Peptonpräparate des Handels. J. König[5] und B. Gerlach[6] theilen die Handelspeptone in drei Klaſſen:

1. Pepſin-Peptone;
2. Pankreas-Peptone;
3. Mit Hülfe von Pflanzenfermenten dargeſtellte Peptone.[7]

---

[1] Zeitſchr. f. phyſiol. Chem. 1887. 11. 410.

[2] Ph. C.-H. N. F. 1887. 8. 458; Chem. Rep. d. Ch.-Ztg. 1887. 226.

[3] Tagebl. d. 60. Verſ. d. Naturf. u. Ärzte. Sektion f. Hygiene. 21. Sept. 346.

[4] Tagebl. wie oben 346—347.

[5] Rev. intern. scient. et popul. des falsif. des denrées alimentaires 1887. I. 1. 2.

[6] Rep. d. analyt. Chem. 1887. VII. 617; 60. Verſ. d. Naturf. u. Ärzte. Wiesbaden. 1887.

[7] Vierteljahrsſchr. d. Ch. d. Nahr.- u. Genußm. Berlin 1887. 341 u. 42.

Über Eisenpeptonat. Man erhält dasselbe nach Jaillet, wenn man 5 g trocknes Pepton in 50 g destillirtem Wasser löst und in die Lösung 12 g officinelle Eisenchloridlösung einträgt. Der entstandene Niederschlag wird gesammelt, in einer Lösung von 5 g Chlorammonium in 50 g Wasser gelöst, 75 g Glycerin und einige Tropfen verdünnten Ammoniaks zugesetzt und mit Wasser auf 200 kcm aufgefüllt. 1 kcm dieser Lösung enthält 0·005 g metallisches Eisen.[1]

Über ein neues Pepton. M. A. Raynoud beschreibt ein neues Pepton, das Blutalbumin=Pepton, wozu er auch die Darstellungsmethode angiebt.[2]

Ein Reagens auf Hemialbuminose. Agenfeld empfiehlt als Reagens auf Hemialbuminose (Propepton) die Pyrogallussäure.[3]

Über Huminsubstanzen.

Wie Ladislaus v. Udranszky mittheilt, zeigen nach vorläufigem Ausspruche von Hoppe=Seyler, die Huminsubstanzen folgendes allgemeine Verhalten:

„Die Huminsubstanzen haben zusammengehörig mit den Phlobaphenen, soweit bis jetzt die Untersuchungen reichen, das übereinstimmende Verhalten ergeben, daß sie beim Schmelzen mit Ätzkali bis über 200° C. Protokatechusäure liefern, neben fetten flüssigen Säuren und einer stickstofffreien Säure, die nicht flüchtig ist, deren Salze beim Erhitzen bereits unter der Glühhitze in sehr charakteristischer Weise unter Bildung hauptsächlich gasförmiger Produkte zerfallen, und deren Untersuchung noch weiter geführt werden soll."

Hierauf gestützt hat L. v. Udranszky eine Reihe von Untersuchungen ausgeführt, aus welchen derselbe folgende Schlüsse zieht:

---

[1] Ferm. des nouv. remèdes; Pharm. Ztg. 1887. XXXII. Nr. 79. 563; Vierteljahrsschr. d. Ch. d. Nahr.= u. Genußm. Berlin. 1887. 341.

[2] Bull. de thérap. 1887 (30. Juli); Schweiz. W. Pharm. XXV. Nr. 39. 319; Vierteljahrsschr. d. Ch. d. Nahr.= u. Genußm. 1887. 340.

[3] Ann. d. Chim. e di Farmac. 1887. 193—95. April; Chem. Centralbl. 1887. 580.

1. In Harnen, welche mit Mineralsäuren gekocht werden, tritt mit der Dunkelfärbung derselben eine Ausscheidung von Huminsubstanzen auf.

2. Diese Huminsubstanzen entstehen durch die Zersetzung der reducirenden Substanz des normalen Urins, und ihre Quantität steht in konstantem Verhältnis zu dem Reduktionsvermögens des Harns.

3. Durch wenigstens 18stündiges Kochen des Harns mit Chlorwasserstoffsäure ist es möglich, die Huminsubstanzen vollkommen zur Ausscheidung zu bringen. In diesem Falle verliert der Harn seine Reduktionsfähigkeit.

4. Die Indoxylverbindungen haben wahrscheinlich einen nur sehr geringen Einfluß auf die Bildung dieser Huminsubstanzen.

5. Aus Kohlenhydraten können bei Gegenwart von Ammoniak in statu nascendi stickstoffhaltige Huminsubstanzen entstehen.

Nach weitern Untersuchungen des Verf. spielen die Huminsubstanzen auch im thierischen Organismus eine Rolle.

Vielleicht wird durch diese Untersuchungen manchem Mißverständnis in der Lehre von den Harnfarbstoffen künftig vorgebeugt.[1]

---

[1] Zeitschr. f. physiol. Chem. XII. 33—63. — Physiol.-chem. Labor. i. Straßburg i. E. 1. Aug. 1887.

Urgeſchichte.

Auf dem Gebiete der Urgeſchichte wird fortwährend und mit großem Erfolg gearbeitet, obgleich die Zeit der überraſchenden Entdeckungen, hier wie auf anderen Gebieten der Wiſſenſchaft, vorläufig vorüber iſt. Es gilt nunmehr, die gewonnenen Daten kritiſch zu verarbeiten, die aufgeſtellten Hypotheſen und kühnen Theorieen mit richtigem Blick zu prüfen und aus der wahrhaft überwältigenden Menge der Thatſachen, nachdem dieſe wiſſenſchaftlich geordnet und geſichtet ſind, den Faden herzuleiten, der zum Verſtändnis der Vergangenheit führt. Nach dieſer Richtung hin ſind gegenwärtig zahlreiche Kräfte thätig und wenn nicht alle Anzeichen trügen, ſo dürfte bald auch die Urgeſchichte des Menſchen als wohlgegründetes Gebäude im Reiche der exakten Wiſſenſchaften daſtehen.

Wie aber kaum bei einer anderen naturwiſſenſchaftlichen Disziplin ſo iſt bei urgeſchichtlichen Forſchungen die Mitwirkung der Laien, der freiwilligen Arbeiter, von größter Bedeutung. „Gerade die urgeſchichtliche Forſchung," bemerkt ſehr gut W. Osborne [1]), „iſt derjenige Theil der Anthropologie, der von Laien am meiſten bevorzugt wird, mit dem ſich die-

---

[1]) Sitzber. d. Iſis, 1887, S. 56 u. ff.

selben am öftersten beschäftigen. Es ist nicht Jedermanns
Sache, Schädelmessungen zu machen oder statistische Aufnahmen über die sommatischen Eigenschaften der Bevölkerung verschiedener Länder, also über ihre Körpergröße,
Farbe der Augen und Haare u. s. w. Dazu bedarf es eines-
theils ausgedehnter wissenschaftlicher Kenntnisse, andern-
theils eines bedeutenden Aufwandes an Zeit und Geduld,
aber das Sammeln und noch mehr das Ausgraben und
Finden von prähistorischen Gegenständen, wenn man
dazu Gelegenheit hat, das macht den meisten Menschen
Vergnügen, und sie haben noch dazu die Befriedigung,
daß sie der Wissenschaft einen Dienst geleistet haben durch
Vermehrung des Fundmaterials. Die meisten Wissenschaften verzichten gerne auf die Mitwirkung der Laien
bei ihren Forschungen, sie trachten, sich dieselben möglichst
ferne zu halten. Nicht so die prähistorische Forschung. Sie
bedarf, so zu sagen, der Mitwirkung des Laien, denn wie
viele werthvolle und wichtige prähistorische Funde wurden
nicht von Laien gemacht, sei es zufällig oder durch beab-
sichtigte Grabungen, ja man kann sagen, daß wenigstens
bis vor Kurzem das Hauptmaterial zur Prähistorie von
Laien geliefert worden ist. Auch durch Wort und Schrift
haben sich Nichtfachleute an der Entwicklung der Prähistorie betheiligt. Nicht zum geringsten Theile ist dies
dem Umstande zuzuschreiben, daß die Prähistorie bei ihren
Forschungen der Phantasie und Kombination etwas freieren
Spielraum gönnt als manche andere Wissenschaft, daß
also der Laie „auch einmal mitreden darf," wie man zu
sagen pflegt, ohne fürchten zu müssen, von den Männern
der Wissenschaft gleich auf den Mund geschlagen zu
werden.

Damit aber die Mitwirkung des Laien der Wissenschaft auch in der That zu Gute kommen möge, muß er

bei seinem Sammeln und seinen Ausgrabungen wenigstens den einfachsten Anforderungen der Wissenschaft Genüge zu leisten trachten. Wie oft findet man nicht ganz
schöne prähistorische Gegenstände in Privatsammlungen,
aber leider sind in den seltensten Fällen die Verhälnisse
angegeben, unter denen die Gegenstände gefunden worden
sind — ob es ein Grabhügel, ein Massenfund oder ein
Einzelfund u. s. w. war — ja meistens ist nicht ein Mal
der Fundort der Gegenstände verzeichnet. Solche Sammlungen kann man wohl „Raritätensammlungen" nennen,
für die wissenschaftliche Forschung sind dieselben aber beinahe vollkommen werthlos, denn es kommt weniger darauf
an zu wissen, ob ein Artefakt in prähistorischen Zeiten
diese oder jene Form hatte, es ist von viel größerer
Wichtigkeit zu wissen, in welchen Gegenden gerade diese
oder jene Form vorkommt, über welches Ländergebiet diese
oder jene Form Verbreitung gefunden hat, um daraus
auf die Nationalität der betreffenden Bevölkerung und
ihre Handelsbeziehungen zu anderen Völkern Schlüsse
ziehen zu können. Wenn der Laie Gelegenheit hat Ausgrabungen zu machen, so soll er nicht nur die ihm interessant erscheinenden Gegenstände, die er im Erdboden
findet, also zunächst etwa nur Metallgegenstände, Emaille,
Glasperlen u. s. w. an sich nehmen, sondern jeden auch
noch so unscheinbaren Gegenstand der sich als Gebilde von
Menschenhand erweist, aufheben, denn für den Forscher
ist manchmal ein Gefäßscherben mit Ornament für die
wissenschaftliche Beurtheilung des Fundes viel wichtiger
als mancher werthvolle Metallgegenstand. Wenn der Laie
so sammelt und so Ausgrabungen vornimmt, so kann er
des Dankes der Wissenschaft sicher sein, während er im
anderen Falle einen Raub an der Wissenschaft begeht, und
es viel besser gewesen wäre, wenn er die im Schoße des

Erdbodens verborgenen Gegenstände ruhig dort hätte liegen laffen, bis sie von kundiger Hand gehoben worden wären.

Diese zwecklose und schädliche Manie des Ausgrabens von prähistorischen Alterthümern, die zugleich mit den eifrigeren Bestrebungen auf anthropologischem Gebiete Mode geworden ist, war Veranlassung, daß die Regierung in manchen Gegenden, wo zahlreichere prähistorische Grabhügel und Denkmale vorkommen, (so z. B. in Schleswig-Holstein und auf den Friesischen Inseln), alle Ausgrabungen durch Private verboten hat. So unangenehm nun dieses Verbot für den einzelnen Forscher ist, so ist es doch im Interesse der Erhaltung der prähistorischen Hinterlassenschaft zu Gunsten der Wissenschaft mit Dank zu begrüßen."

Gegenüber der großen und noch immer in wachsenden Progressionen anschwellenden Menge von Fundberichten und Einzel-Untersuchungen kann es nicht beabsichtigt werden an dieser Stelle alles Interessante mit einer gewissen Vollständigung| zusammenzustellen. Nnr von den wichtigeren oder allgemeiner interessanten Arbeiten können Auszüge gebracht werben. Die Zeit, wo einzelne Ausgrabungen geradezu Ereignisse waren, liegt, wie schon erwähnt, hinter uns. Es mag aber gestattet sein hier zunächst eine kurze Zusammenstellung der wichtigsten Fundorte und Entdeckungen prähistorischer Gegenstände, die in der vorgeschichtlichen Forschung hauptsächlich berühmt geworden sind, anzuführen. Osborne gibt an oben genanntem Ort das nachstehende Verzeichnis:

1. Das Grabfeld von Hallstatt, im Jahre 1846 entdeckt und 1867 von von Sacken ausführlich beschrieben. Die daselbst gemachten Funde haben einer bestimmten Kultur den Namen gegeben, man spricht in der Prähistorie von einer Hallstätter Periode und Hallstatt-Kultur.

2. Die Kjökkenmöddinger an den Küsten Dänemaiks

und der dänischen Inseln, 1847 von Steenstrupp und Worsaae beschrieben.

3. Die Schweizer Pfahlbauten, 1854 von Ferdinand Keller zuerst untersucht und ausgebeutet.

4. Der Neanderthal-Schädel, 1846 im Neanderthale bei Düsseldorf gefunden. Er wird als der älteste bekannte Menschenschädel angesehen.

5. Die Höhlenfunde in der Höhle von La Madelaine in Frankreich, von Lartet untersucht. Wichtig als bedeutendste Ansiedlung des Renthiermenschen, d. h. des Menschen, der zur Renthierzeit lebte. Fundstelle zahlreicher Knochenartefakte mit Zeichnungen diluvialer Thiere.

6. Die Stationen von La Tène bei Marin im Neuchâteller See, von Desor untersucht und beschrieben. Die charakteristischen Fundstücke haben so wie Hallstatt einer ganzen Kulturperiode den Namen gegeben, der sogenannten La Tène-Kultur.

7. Funde bei Schussenrieth in Württemberg, aus der Renthierzeit, 1869 aufgedeckt, als Beweis, daß der Renthiermensch auch in Deutschland gelebt hat.

8. Der prähistorische Wohnsitz am Hradischt bei Stradonic in Böhmen, 1877 aufgefunden. Stammt aus dem Ende der La Tène-Zeit.

9. Die Grabfelder bei Bologna und Este, speciell die Grabfelder von Villanova, Gollasecca, Marzabotto und La Certosa, durch den Grafen Gozzadini aufgedeckt und beschrieben. Wichtig für das Studium der Etruskischen Kultur.

10. Die Grabfelder von Watsch und St. Margarethen in Krain, 1877 von von Hochstetter untersucht.

11. Die fränkischen Reihengräber in der Champagne, vom Abbé Cochet ausgebeutet und beschrieben. Dann die Reihengräber bei Selzen in Rheinhessen aus der merovingischen Zeit.

12. Die Moorfunde von Nydam in Schleswig und von Vimose auf der Insel Fühnen, von Prof. Engel=
hardt beschrieben. Die daselbst gefundenen Schiffe mit massenhaften Waffen und Geräthen werden cimbrischen Kriegern zugeschrieben.

13. Die Ausgrabungen auf Hissarlik in Kleinasien durch Schliemann.

Das Zurückreichen der europäischen Menschheit bis vor die Eiszeit ist heute als vollständig erwiesen zu betrachten, auch über den Kulturzustand oder vielmehr über den Grad der Unkultur dieser frühesten Menschenhorden haben wir einige richtige Vorstellungen. Schwieriger zu beant=
worten ist die Frage nach dem Beginn der Kunstthätigkeit des vorgeschichtlichen Menschen. „Die Archäologie der Naturvölker“, sagte Virchow auf der Anthropologenversamm=
lung zu Nürnberg 1887, „hat ihre Parallele in der Vor=
geschichte. Die Leute der Steinzeit kamen zu einer ge=
wissen Höhe der künstlerischen Zeichnung wie die Ren=
thierperiode zeigt. Anfangs wollte man alle diese Dinge für Fälschungen halten, allein die Betrügereien beginnen erst dann, wenn die ächten Funde seltener werden. In alten Beständen des britischen Museums hat man jetzt ähnliche französische Höhlenfunde entdeckt aus einer Zeit, in welcher man diese Dinge gar nicht schätzte.“ In der Frage nach den Umständen, unter welchen bei gewissen prähistorischen Stämmen dieser Kunsttrieb zur Geltung gelangt, ist es von Wichtigkeit die heutigen Naturvölker zum Vergleich herbeiziehen zu können. Aus diesem Grunde muß hier auf eine Abhandlung von Richard Andree über das Zeichnen bei den Naturvölkern[1]) Bezug genommen werden.

---

[1]) Mittheilungen der anthropologischen Gesellschaft zu Wien, XVII. Bd., 2. Heft.

„Das Talent, schnell charakteristische Zeichnungen zu entwerfen, ist unter den Naturvölkern viel weiter verbreitet, als man gewöhnlich annimmt; Reisende älteren und jüngeren Datums hatten Gelegenheit dies zu erfahren und konnten ihr Erstaunen nicht unterdrücken, beginnenden Kunstsinn mit niedriger Stufe der Civilisation zusammengehen zu sehen. Richtig also ist allerdings die verschiedene Rassenbegabung in Bezug auf die bildenden Künste, allein diese Begabung erscheint unabhängig von der sonstigen geistigen Kultur und Civilisation eines Volkes. In Manchem erinnert das Zeichnen der Naturvölker an die ersten Zeichenversuche unserer Kinder. Das Ornament und das Figürliche steht in erster Linie, während das Verständnis einer Landschaft ihnen noch lange verschlossen sein kann. Unter dem Figürlichen spielt selten die Pflanze eine Rolle; das lebendige, bewegliche Thier fesselt eher die Aufmerksamkeit, ist auch in seiner ganzen Figur schneller zu erfassen als die aus zahlreichen Blättern und Blüthen bestehende Pflanze.

Öfters finden sich Ornament und Figürliches zusammen, aber die Kraft, beides gleichmäßig zu beherrschen, ist durchaus nicht immer vorhanden; im Gegentheil überwiegt gewöhnlich die eine Richtung die andere bedeutend. So sehen wir z. B. die Maoris und die Fidschi-Insulaner fast ganz im Ornament aufgehen, selten eine Figur entwerfen. Bei den Australiern ist die Ornamentirung auf einer gewissen Stufe stehen geblieben; durch Geschlechter und Zeiten hindurch werden Sparren, Kreuze und Fischgratornament stereotyp beibehalten, während sie, obwohl auch mit einer konventionellen Behandlung der Figuren, Scenen aus ihrem Leben mit großer Naturwahrheit, oft farbig mittels Pfeifenthon, Ocker und Holzkohle darzustellen wissen. Ein Beispiel des Talentes, Scenen des täglichen Lebens, Jagden, Überfälle u. dgl. wenn auch ohne Perspektive, so doch mit ungemein sicherer Hand, scharf beobachtendem Auge und in treffender Charakteristik zu zeichnen, bieten auch die Buschmänner, welche sich hierdurch unter den künstlerisch beanlagten Naturvölkern als zu den ersten gehörig erweisen.

Da die Darstellung des Figürlichen naturgemäß einen größeren Spielraum bietet als das Ornament, so läßt sich auch hier leicht eine verschiedene Entwicklung des Talentes unter den Naturvölkern nachweisen. Die alten Peruaner liebten es, gleich unserem Mittelalter, die Thiere zu stylisiren und die geschmackvollen, gobelinartig gewebten und schönen farbigen Wollstoffe, mit denen die Mumien der Wohlhabenden eingehüllt wurden, sind ausgezeichnet durch die lebendige Zeichnung der durchaus stylisirten und in Schnörkel aufgelösten Thiere. In gleicher Weise zeigen bei den Koljuschen, den südlich an die Eskimo grenzenden, nordwestamerikanischen Eingeborenen die Thierfiguren strenge Stylisirung und haben völlig heraldischen Werth. Als Beweis der Möglichkeit einer gleichen künstlerischen Entwicklung bei völlig verschiedenen Völkern bienen die Bewohner des Bismarckarchipels, welche den Nashornvogel dermaßen in Ornament auflösen, daß manchmal nur Schnabel und Augen noch deutlich zu unterscheiden sind.

Im Gegensatz zu dieser Richtung lieben andere Völker, und hier stehen die Polarvölker obenan, eine möglichst naturgetreue Darstellung des Figürlichen. Das Ornament tritt hier ganz zurück, Darstellungen von Fischfang, Schlittenfahrten sind ihre Vorwürfe; die Wiedergabe der menschlichen Gestalt gelingt ihnen nicht immer, aber die Zeichnungen und Schnitzereien, welche die Eskimos vom Ren und besonders von den Cetaceen, den Thieren, auf denen ihre Existenz beruht, anfertigen, sind so naturgetreu und mit solch trefflicher Hervorhebung des Charakteristischen gearbeitet, daß sie eine genaue zoologische Bestimmung zulassen.

Auch Zeichnungen, denen ein gewisser humoristischer Zug anhaftet, begegnen wir unter den Naturvölkern; ihre Verfertiger sind die überhaupt humorbegabten Neger. Karikirende Hervorhebung und Übertreibung von Einzelheiten und kleinen Zügen kennzeichnet diese Bilder; alles Mögliche stellen sie dar und die Elfenbeinskulpturen der Loangoküste, die spiralförmig mit reichem Figurenrelief versehenen Elephantenzähne zeigen einen tollen Zug karnevalistischer Gestalten: Matrosen, Seeofficiere, brillentragende und schmetterlingfangende Gelehrte haben ebenso gut wie Thiere und aufgeputzte Häuptlinge die Darstellungslust der schwarzen Künstler gereizt.

Des Materials, dem die Künstler unter den Naturvölkern ihre Leistungen anvertrauen, wurde zum kleinen Theil schon vorübergehend gedacht; die einen bemalen und beschnitzen ihre Geräthschaften, die künstlerischen Leistungen der Peruaner finden sich in Stoffen, Australier zeichnen auf geschwärzter Baumrinde und die Afrikaner schnitzen im dauerhaften Elfenbein, allein hervorhebenswerth ist noch besonders die Anbringung von Gemälden an Steinen und Felsen. Die Nachahmungssucht, das überall giltige „Narrenhände beschmieren Tisch und Wände" hat zu eigenthümlichen „Gemäldegallerien" geführt. Auf der an der Nordwestküste Australiens gelegenen Insel Depuch finden sich an geglätteter Felswand in ungeheurer Zahl Menschen, Vögel, Fische, Krabben, Käfer u. s. w. in den Farben schwarz, weiß, roth, gelb und selten blau dargestellt. Durch Generationen hindurch müssen hier die zeitweise zu Fischereizwecken die Inseln besuchenden

Australier ihre Freizeit zu Vervollständigung dieser Gallerie
benützt haben. In gleicher Weise finden sich im Ver=
breitungsbezirk der zeichenlustigen Buschmänner ganze
Felsen mit Hunderten · von Figuren bedeckt, theilweise
vertieft aus dem Steine herausgekratzt.

An dem Vorhandensein von Begabung und Sinn
für Kunst bei Naturvölkern ist somit nicht zu zweifeln;
verschieden wird natürlich die Kraft sein, die vorhandene
Anlage weiter zu entwickeln. Während sich bei manchen
Naturvölkern beobachten läßt, daß ein einmal gewonnener
und bis zu einer gewissen Stufe weitergeführter Styl fest=
stehend wird, um von da durch Generationen hindurch
traditionell beibehalten zu werden, haben andere (auch hier
sind wieder die Eskimo zu nennen) die Zeichenkunst bis
zu piktographischen Berichten weiter entwickelt, und es
finden sich unter ihnen künstlerisch veranlagte Naturen,
welche, in gute Schule gerathend, einer höheren Aus=
bildung fähig wären."

Hier ist gleich der Ort einer zweiten wichtigen Arbeit
von Richard Andree zu gedenken, die ihre Bedeutung
auch für die Urgeschichte hat.

Die Anthropophagie reicht bis in die Urgeschichte
hinein, ja bei nüchterner Betrachtung der Sachlage darf
man annehmen, daß der Kannibalismus bei den Urmenschen
vielleicht ganz allgemein gewesen ist. Eine sehr eingehende
ethnographische Studie von Richard Andree[1] behandelt
nun den Gegenstand mit großer Beherrschung des Stoffes.

Die Anthropophagie ·scheint eine der Kinderkrankheiten
des Menschengeschlechtes zu sein; heute ist sie nur noch
bei einem verhältnismäßig geringen Bruchtheil und im
Abnehmen begriffen, denn auch ohne äußere Einflüsse ist

---

[1] Andree, Die Anthropophagie. Leipzig 1887.

diese grause Sitte bei vielen Völkerschaften verschwunden
oder sehr reducirt, wo sie nachweisbar einst in voller
Blüthe stand. Kein Volk, kein Erdtheil ist aber von
Kannibalismus freizusprechen, überall lassen sich seine
Spuren nachweisen und da, wo wir den Kannibalismus
in historischer Zeit völlig verschwunden sehen, wie in
Europa, weisen die in Mythen, Sagen, Märchen und
Volksüberlieferungen bewahrten Anklänge an Anthropophagie im Verein mit den Notizen griechischer und römischer Schriftsteller darauf hin, daß auch hier einst dieser
Gebrauch geherrscht. Zugleich machen prähistorische Funde
an und für sich schon die Anthropophagie in vorgeschichtlicher Zeit zum mindesten wahrscheinlich, eine Annahme,
die durch die Thatsache der Verbreitung des Kannibalismus bei den niedrigstehenden Naturvölkern der Gegenwart als erwiesen angesehen werden darf.

Die Frage der prähistorischen Anthropophagie wurde
vor vierzig Jahren durch Prof. Spring in Lüttich angeregt, welcher in den Höhlen von Chauvaux bei Namur
im Verein mit Asche und Thierknochen in großer Masse
Menschenknochen fand, von denen die Röhrenknochen in
der gleichen Weise zerschlagen waren, wie dies, um zum
Mark zu gelangen, von Thierknochen bekannt ist. Bald
bestätigten neue Funde die Anfangs mit heftigem Widerspruch aufgenommene Hypothese Spring's von der prähistorischen Anthropophagie und speciell in Frankreich
fanden sich viele Anzeichen hierfür. In den Höhlen von
Aveyron kamen Ketten von durchbohrten Menschenzähnen
zum Vorschein, in der Höhle Cuzoul de Mousset deuteten
zerschlagene und kalcinirte Menschenknochen auf Kannibalismus hin, in der Grotte von Gourdan zeigten zahlreiche menschliche Schädelfragmente sehr deutliche Spuren
von Schnitten, als ob die Schädelhaut mit Feuerstein-

geräthen abgezogen worden wäre. Da man in dieser Grotte keine anderen Menschenreste fand, so glaubte der Entdecker Piette in diesen prähistorischen Menschen eine Art Kopfschneller sehen zu dürfen, welche nur die Häupter ihrer Feinde als Siegestrophäen verzehrten. Diese Ansicht erhielt später eine bedeutende Stütze durch die Entdeckung des Stammes der Gaddanen auf Luzon, der heute noch existirt und der die Köpfe der erschlagenen Feinde, besonders deren Hirn verzehrt. In Deutschland fanden sich in einer der Bronzezeit zugerechneten Höhle unweit Eschershausen an den Herdstellen Anhäufungen von Menschenknochen, von welchen die Röhrenknochen sämmtlich aufgeschlagen und angebrannt waren. In Amerika lieferten die Shell mounds von St. Johns River, welche bekanntlich als „Küchenabfälle" anzusehen sind, den sicheren Beweis prähistorischer Anthropophagie, indem auch hier die Behandlung der Menschenknochen auf diese Sitte hindeutet.

Unbewußte Erinnerungen an diesen Gebrauch finden sich heute noch wie· erwähnt in der Literatur und den Märchen und Sagen der verschiedenen Völker. Polyphem schlachtet die Gefährten des Odysseus, in russischen und deutschen Märchen mästet die Hexe die Kinder, um sie später zu fressen. Die Stiefmutter Schneewittchens verzehrt Leber und Lunge eines Frischlings im Wahn, es seien Leber und Lunge des von ihr gehaßten Schneewittchens, und an den Genuß bestimmter Körpertheile wie z. B. des Herzens knüpfen sich bei vielen Völkern abergläubische Vorstellungen, die heute noch zu Grabschändung und grauenhaften Verbrechen führen.

Wie läßt sich nun diese allgemein verbreitet gewesene Sitte der Menschenfresserei erklären? Menschenfleisch ist an und für sich nicht ungesund und die meisten Urtheile stimmen darin überein, daß es sogar wohlschmeckend sei, wobei zu erwähnen ist, daß viele Kannibalen für das Fleisch der Weißen nicht eingenommen sind, welches sie als „salzig" bezeichnen, dennoch scheint uns der Gedanke, dasselbe als bloße Waare zu gebrauchen, im höchsten Grad abstoßend und in der That finden wir auch nur bei einem kleineren Bruchtheil der Anthropophagen diesen, wir möchten sagen niedrigsten Grad der Anthropophagie, öfter schon kann der Hunger, der in Ausnahmefällen ja auch Glieder von Kulturvölkern zum Menschenfleisch greifen läßt, ein Motiv für Anthropophagie gewesen sein und diese mag in Gegenden und bei Völkern, wo bedingt durch physikalische Verhältnisse Noth und Hunger sich oft, ja regelmäßig wieder einstellten, allmählich zur Sitte und Gewohnheit geworden sein. Außerdem aber finden sich, was, wie wir sahen, auch in den Märchen und Sagen seinen Ausdruck findet, als Motive und zwar als wesentliche Beweggründe zur Anthropophagie Rachsucht und Aberglaube. Der Wunsch, den Feind völlig zu vernichten, oder der Glaube, der Genuß menschlichen Fleisches oder Theile des menschlichen Körpers bringe Vortheile mit sich, erniedrigen viele Völker zu Kannibalen und machen es erklärlich, wie bei Völkern, die die tiefste Kulturstufe schon weit überschritten haben, die Anthropophagie sogar im Rahmen des Gesetzbuches einen Platz finden oder ein Bestandtheil des Kultus werden konnte.

Alle diese verschiedenen Arten des Kannibalismus lernen wir heute noch kennen bei einem kurzen Überblick über die Erbe, wobei jedoch nur der Völkerschaften Erwähnung geschehen soll, bei denen sich heute noch Anthropophagie findet.

Beginnen wir mit Asien, so sehen wir auf dem Festland, alte, gelegenheitliche Nachklänge früherer Zeiten ausgenommen, keine gewohnheitsmäßige Anthropophagie. Im Malayischen Archipel dagegen findet sich mehrfach Kannibalismus als ständiger Gebrauch, besonders merk= würdig bei den die Hochebenen im Inneren Sumatras bewohnenden Batta, einem vergleichsweise hochstehenden malayischen Volk mit eigenthümlicher Schrift und Literatur. Hier ist die Anthropophagie ein integrirender Bestandtheil der Gesetzgebung geworden, indem bei schweren Verbrechen, Landesverrath, Spionage, Desertation zum Feinde oder Ehebruch eines niedrigstehenden Mannes mit der Frau eines Radscha, das Auffressen des Uebelthäters als ab= schreckendes Beispiel vorgeschrieben ist. Desgleichen wird der überwundene Feind verzehrt, wie auch sporadisch noch auf der einen oder andern Insel des malayischen Archipels und der Philippinen; doch hat der Mohamedanismus hier im Ganzen die Anthropophagie verschwinden gemacht.

Ein ergiebigeres Feld für anthropophagische Studien bietet Afrika. Im mohamedanischen Afrika ist die An= thropophagie so ziemlich verschwunden und der Sudan kennt sie kaum. Sie tritt dagegen gleich in dem noch dem Fetischdienste ergebenen Küstensaume auf und reicht mit geringen Unterbrechungen von Sierra Leone bis an den Gabon und darüber hinaus und zwar handelt es sich bei den Westafrikanern um reine Gefräßigkeit und nicht oder wenigstens nicht nur um religiöse und andere Beweggründe; besonders die Völker des Nigerdeltas sind Kannibalen in des Wortes weitester Bedeutung, indem bei ihnen wie bei Stämmen des äquatorialen Westafrikas sich die einzelnen Familien ihre Todten und die Körper der Sklaven abkaufen, wobei z. B. bei den Fans nach Angabe Du Chaillu's für einen Leichnam ein kleiner Elephantenstoßzahn gegeben wird. Die Anthropophagie geht hinab bis zu südafrikanischen Stämmen, wo sich zwar auch noch Menschenfresserei, zum Theil übrigens auf abergläubischen Vorstellungen beruhend, vorfindet, aber mehr sporadisch, nicht genügend, um hier von einem gewohnheitsmäßigen Kannibalismus sprechen zu können. Anders in Centralafrika. Hier liegen über die Niam-Niam Berichte von Schweinfurth vor, die alles derartige über- treffen. Das Fett eines Negerstammes, der vorzugsweise den Niam-Niam Fleisch liefert, dient allgemein als Speiseöl und der Reisende mußte seine Lampe damit speisen, da anderes Öl nicht aufzutreiben war. In gleicher Weise ist bei andern centralafrikanischen Stämmen, den Monbuttus, Abangas, Mambangas u. a., welche sich zum Theil durch geordnete staatliche Verhältnisse, Lebensweise, Sitten und Kunstleistungen weit über be- nachbarte Negerstämme erheben, die Anthropophagie in ihrer gräßlichsten Erscheinungsform verbreitet. Interessanter Weise sei noch hier erwähnt, daß auch die nach Hayti ausgewanderten Neger in ihrer neuen Heimat, die be- kanntlich ein gänzlich nach europäischen Mustern einge- richtetes Staatswesen vorstellt, dem Kannibalismus noch manchmal huldigen.

Wenden wir uns nach Australien, so sind die den Kontinent bewohnenden höchstens noch 50 000 Mann starken Einwohner, soweit sie sich dem Einfluß der Euro- päer entziehen, Anthropophagen, aber es spielen hier stark religiöse Anschauungen mit. So frißt der ältere Bruder den jüngeren, weil er glaubt, daß er hierdurch sofort auch die Körperkraft desselben sich aneignen könne; am Peakfluß verzehren die Eingeborenen die todten Kinder und geben als Grund an, sie müßten sich fortwährend grämen, wenn sie dies nicht thäten, in Neu-Südwales schreibt man dem Nierenfett der Gefallenen übernatür- liche Kräfte zu und in Queensland werden besonders die tobten Häuptlinge verzehrt, um sie hierdurch zu ehren.

Ein klassischer Boden für Menschenfresserei ist die Südsee, wo sie vielfachen und unanfechtbaren Mittheilungen nach heute noch auf den verschiedensten Inselgruppen vorkommt, besonders in Melanesien und sich auch alle uns bekannten Motive dafür vorfinden. Aus den zahlreichen Angaben greifen wir nur einzelne Beispiele heraus; so strandete 1858 auf der Insel Rossel des Louisiade-Archipels ein Schiff mit 317 chinesischen Kuli, die sich auf eine Nebeninsel retteten; bis die von Neu Caledonien abgesandte Hilfe erschien, waren nur noch 4 Kuli übrig, die Übrigen waren von den Eingeborenen ermordet und gefressen, ein Beispiel von Anthropophagie, wie es sich nach den durch die Tagesblätter gegangenen Nachrichten jüngst in ähnlicher Weise in der Südsee wiederholt hat. Auf den Fidschi-Inseln ist der Kannibalismus eine sociale Einrichtung. Der gewohnheitsmäßige Menschenfleischgenuß ist hier aus religiösen Beweggründen hervorgegangen, indem bei Tempelbauten oder dem Stapellauf der Kähne, bei dem ersten Niederholen des Mastes neuer Kähne und ähnlichen festlichen Momenten Menschen den Göttern geweiht, geschlachtet und gefressen wurden und auch noch werden. Interessant ist hierbei, daß die Fidschi-Insulaner bei der Ankunft der Europäer schon Töpfe besaßen, in denen sie ihre Speisen, namentlich auch Menschenfleisch kochten und sich schon der Gabel, dieses selbst bei uns erst ziemlich spät in Gebrauch gekommenen Kulturinstrumentes, bedienten.

Wenden wir uns zum Schluß nach Amerika, so sei hier zuerst ein kurzer Rückblick gestattet; von den menschenfressenden Cariben, die früher auf den Antillen wohnten, stammt nämlich der Name „Kannibale", indem Kolumbus den Cariben als Caniba verstand, so daß durch ihn der Ausdruck Caniba oder Canibale für die anthropophagen Stämme Amerikas Verwendung fand und schon 28 Jahre nach Entdeckung der neuen Welt im Gebrauch war[1]). Ferner ist in Amerika ein Zurückgreifen in die Geschichte besonders berechtigt, indem uns die alten Mexikaner den Beweis liefern, wie sich hohe Kultur und Anthropophagie zusammen vertragen kann.\ Zur Zeit der spanischen Eroberung waren die Tempel in Mexiko überaus zahlreich und bei jeder der häufigen Festlichkeiten wurden Menschenopfer dargebracht, so daß Joundante die Zahl der in einem Jahr geopferten Menschen auf 20 000 schätzt. Die Leichname der Geopferten wurden auf bestimmte Weise zertheilt und verzehrt; außerdem war aber das Verzehren von Menschenfleisch bei ihnen auch Sache der Leckerei und durfte bei großen Tafeln nicht fehlen, wozu Sklaven gut genährt und dann abgeschlachtet wurden.

Heute findet sich gewohnheitsmäßige Anthropophagie in Südamerika, besonders noch bei den im Gebiet des Amazonas und seiner Nebenflüsse umherstreifenden Horden und bei den Botokuden in der Provinz Minas Geraes. In Nordamerika ist nur wenig mehr von Anthropophagie zu spüren und die vereinzelten Fälle bei den Indianern, Nachklänge früherer allgemeiner Verbreitung, sind auf furchtbare Rachsucht zurückzuführen oder auf abergläubische Motive.

Eine ganz eigenthümliche Art der Anthropophagie findet sich endlich noch in Nordwestamerika auf der Vancouverinsel und dem Küstengebiet von Britisch-Columbia mit seinen Fjorden bei Indianern, welche in ethnologischer

---

[1]) Demnach würde richtiger ein n in Kannibale gestrichen werden.

Beziehung hoch stehen und durch ihre künstlerischen Leistungen hervorragen. Hier ist die Anthropophagie mit sozialen Rangstufen verknüpft; die höchste ist die der „Hametzen"; nur hervorragende Leute und Söhne von Häuptlingen gelangen nach langen, vier Jahre dauernden Vorbereitungen und vielen Kasteiungen zu dieser Würde, die ihnen ein hohes Ansehen verleiht und sie zu Wesen höherer Art stempelt, aber nur durch Anthropophagie zu erlangen ist. Anderen Leuten ist Menschenfleisch verboten, für den „Hametzen" aber ist es conditio sine qua non und da die englische Regierung das Schlachten und Verzehren der Kriegsgefangenen hindert und ahndet, so entschädigen sich die Hametzen auf weit gräßlichere Art, indem sie bei ihren Festen Leichen verzehren, die kürzere oder längere Zeit schon, oft Jahre lang, begraben waren."

Die Technik der prähistorischen Thongefäße ist Gegenstand einer Abhandlung von Szombathy gewesen[1]). Die ältesten, uns bekannten Thongefäße stammen aus der neolithischen Periode. Sie sind durchweg aus ungeschlämmtem Thon erzeugt, lassen aber manchmal erkennen, daß diesem als Mittel gegen das Verziehen Sand von ausgewählter Korngröße absichtlich beigeknetet wurde. Die Formung dieser einfachen, ungegliederten Gefäße, welche schlankbauchige bis bombenförmige Töpfe, konische oder bauchige Becher und flache Schüsseln darstellen, geschah mit freier Hand auf ruhender Unterlage; die Glättung wurde im feuchten, plastischen Zustande, meist mit der Hand, manchmal auch mit spatelförmigen Instrumenten vorgenommen. Als Verzierungen finden sich Eindrücke der Fingerspitzen und Fingernägel, punkt- oder linien-

---

[1]) Mittheilungen der anthropologischen Gesellschaft in Wien. XV. Band.

förmige Vertiefungen, geradlinig angeordnet, alles auf dem noch plastischen Gefäße angebracht. Alle diese Gefäße sind schwach und ungleichmäßig, also sehr schlecht gebrannt, wie es sich eben in offener Feuergrube oder bei geschütztem Herdfeuer leicht erreichen läßt. Völlig ungebrannte, blos getrocknete Topfscherben finden sich nicht und es wäre der in der Literatur gebräuchliche Ausdruck „ungebrannt" besser durch „schwach gebrannt" zu ersetzen.

Die Bronzezeit und erste Eisenzeit zeigt bedeutende Fortschritte in der keramischen Technik, die sich schon in einer Auswahl des Materials dokumentirt; die kleinen, dünnwandigen Gefäße sind aus einem fein geschlämmten, die größeren Gefäße aus gröberem, oft mit kleineren oder größeren Sandkörnern vermengtem Thon erzeugt; die Schmelztigel bestehen aus graphitreichem Thon. Die hochgradige Porösität mancher Gefäße beruht wahrscheinlich auf Beimengung von Holzkohlenpulver zum Thon, welches beim Brennen verglimmte und Hohlräume zurückließ.

Die Formung der Gefäße, welche bei Ziergefäßen und Urnen schon zu einer Gliederung des Gefäßes in Fuß, Bauch, Hals- und Mundsaum sich entwickelte, geschah größtentheils aus freier Hand auf fester Unterlage; bei größeren Gefäßen mag die langsam drehbare „Blockscheibe" in Gebrauch gewesen sein, wie sie heute z. B. noch bei der Anfertigung großer Glasballons in Anwendung kommt. Bei solchen großen Gefäßen wurde die natürliche Rauhigkeit der Außenseite oft noch durch Furchung der plastischen Masse vermehrt, andererseits finden sich bei den Gefäßen dieser Zeit alle Abstufungen der Glättung; als höchster Grad derselben erscheint das Poliren der Gefäße mit eigenen Glättesteinen, eine Procedur, die erst nach dem Trocknen ausgeführt wurde und den Gefäßen einen angenehmen Glanz verlieh. Beim Brennen dieser Gefäße ging die Hitze nicht weiter als bis zur gewöhnlichen Ziegelofenhitze, zu deren Erzeugung bedeckte Brandgruben oder geschlossene Herde genügen. Die Gefäße erhielten hierdurch eine rothe Farbe, die aber meist durch Behandlung mit „Rauchfeuer" in braun oder schwarz übergeführt wurde. Diese heute noch in vielen europäischen und außereuropäischen Gebieten übliche Methode hat den Zweck, unglasirte Gefäße bis zu einem gewissen Grad wasserdicht und wetterfest zu machen und man sucht dies dadurch zu erreichen, daß man die Objekte nach dem Brand unter Abschluß der Luftzufuhr einem stark rauchenden Feuer aussetzt, wobei der Rauch bei schwachgebrannten Gefäßen den heißen, porösen Thon mit schwarzer Substanz erfüllt. Werden vor dem Brennungs- und Schwärzungsproceß die Gefäße mit Glättsteinen gut geglättet, so entsteht, wenn die Hitze beim Schwärzen bis zur Verkokung der aufgesogenen Rauchsubstanz geht, ein graphitähnlicher Glanz. Diese bei der Fabrikation recenter Gefäße konstatirte Thatsache ist für die Beurtheilung prähistorischer Scherben der in Rede stehenden Periode wichtig, denn wenn es hier auch nicht zu einer Verkokung des verschluckten Rauches kam, so zeigen doch manche gut geglätteten Urnen den erwähnten graphitähnlichen Glanz und werden für graphitirte Gefäße ausgesprochen, ohne eine Spur Graphit zu besitzen.

Die Verzierungsmethoden in der Bronze- und ersten Eisenzeit lassen einen bedeutenden Aufschwung und Kulturfortschritt erkennen; zu den erwähnten einfachen Ornamenten der neolithischen Periode treten mit großer Mannigfaltigkeit Ornamente hinzu, welche in schmalen oder breiteren Linien ausgeführt sind, ferner Ansätze, welche eine

mannigfaltige Reihe von den einfachsten Warzenformen
bis zu Thierköpfen und menschlichen Figuren aufweisen,
verschiedenartige Henkel, aufgelegte plastische Ornamente
aus Thon, ein- oder aufgedrückte Bronzenägel und Bronze-
blättchen, mit Harz aufgekittete Ornamente und Figürchen aus
Bronze und Blei und schließlich Buckel, Gliedmaßen- und
thierkopfähnliche Ansätze u. dgl., welche aus dem Innern
des noch plastischen Gefäßes herausmodellirt wurden.

Bei der Verzierung mit Bemalung und Färbung ist
zu unterscheiden, ob diese Procedur vor oder nach dem
Brennen vorgenommen wurde. Meistens ist das erstere
der Fall und am häufigsten wurde eine dünne Farben-
schicht aufgetragen, die beim Brand intensiv roth wurde
oder es wurde thonhaltiger Graphit zum Anstrich verwandt, der durch den Brand auf die Gefäßoberfläche
förmlich aufgebrannt wurde, so daß solche Gefäße kaum
abfärben. Entweder wurde das ganze Gefäß gleichförmig
gefärbt, oder die Farben in geometrischen Ornamenten
aufgetragen. Gefäße, die allem Anschein nach erst nach
dem Brennen bemalt wurden, sind aus den Tumulis
von Roßeg und Wies bekannt, sowie von einigen kraini-
schen Fundorten, speciell von Watsch, wo, ganz wie in
Este, konische, rothe Vasen vorkommen, auf welchen
schwarze Ränder mit einer eigenen, tiefschwarzen Deck-
farbe aufgetragen sind. Glasur kommt auf den hierher
gerechneten Gefäßen nicht vor.

Eine dritte Gruppe keramischer Erzeugnisse bilden die
Thongefäße aus der Zeit der Römerherrschaft in den
Alpen. Diese Gefäße sind bereits so wie unsere heutigen
Töpfe auf der schnell rotirenden Drehscheibe gemacht und
kommen auch in Bezug auf die andern technischen Momente
(Material, Verzierung, Brand) unseren heutigen Produkten
sehr nahe.

Die Metalle nach persischen Quellen hat Dr.
J. E. Polak in einem Vortrag vor der Anthropologischen
Gesellschaft in Wien geschildert[1]). Schon früher hat derselbe ausgesprochen, „daß der Schlüssel für die Kenntnis
der Metalle in der Vorzeit nur dann zu finden sein
wird, wenn die asiatischen prähistorischen Funde gegeben,
verglichen und analysirt sein werden. Dazu bieten sich
leicht und von selbst die zahlreichen Tumuli (Tappeh,
Kurgān) vom Suliman-Gebirge durch Afghanistan, Persien und Syrien einerseits, andererseits jene nördlich bis
Sibirien. Es ist auffallend, daß während die europäischen Tumuli früher kaum die Aufmerksamkeit eines Forschers auf sich gezogen, selbe schon in Syrien von Volnay
erwähnt und beschrieben wurden. Der Grund ist einleuchtend; denn während die europäischen kleine Erdanhäufungen bilden, die zuletzt dem Zufall zugeschrieben
werden, sind die asiatischen kunstgerechte Hügel in Form
einer abgestumpften Pyramide oder eines stylrunden
Cylinders in Höhe von 20—30 m, im Umfange von
20—25 Minuten Weges. Später wurden Verschanzungen,
Ansiedlungen und Kirchhöfe darauf angelegt. Manchmal
findet man einzelne Tumuli abgegraben, theils zum Zweck
der Salpeterbereitung, theils der Düngung. Bei der
Abgrabung bemerkt man parallele Schichten von Erde
und Knochenasche, am Grunde oder anderer Stelle eine
Kiste mit Bronzen und Schlacken.

„Über ihr Alter geschieht in Schriften keine Erwähnung; nur soviel steht fest, daß ihr Bau in die vor-
zoroastrinische Periode — also ad minimum 2500 Jahre
— fällt, weil seit jener Zeit eine Leichenverbrennung nach
Gesetz nicht statthaft war.

---

[1]) Mittheilungen d. anthropol. Ges. in Wien 1888. Nr. 1.

Trotz Mangel der Nachrichten ergibt sich doch, daß
bereits zur Zeit ihres Baues eine dichte Population und
eine Art Staatswesen, d. h. Unterordnung unter einem
Befehlshaber existirt haben müssen. Darauf weisen hin:
1. Verlangen solche mächtige schichtenweise Erdanhäufungen
ein Zusammenwirken von großen Kräften unter Leitung
eines Chefs. 2. Finden sich die Tumuli häufig in un=
fruchtbaren wasserlosen Steppen. Dies setzt voraus, daß
entweder die noch musterhaften heutigen Leitungen schon
damals bestanden haben, oder daß Wasser und Nahrung
von der Ferne gebracht wurden. 3. Findet man fast nie
die Stelle, wo die Erde ausgehoben wurde, sie wurde
von der Ferne geholt mit großem Aufwand von Kraft.

Demnach wäre es Aufgabe eines jeden Asiareisenden,
die Tumuli genau aufzuzeichnen, um mit einem Worte
eine Tumulus=Karte zu erhalten. — Zur Kenntnis der
Metalle, ihrer Gewinnung und Verbreitung durch Migra=
tion der verschiedenen Völker füge ich noch bei die Auf=
merksamkeit, welche Reisende auf alte Schachten, Stollen,
Schlacken und Schutthalde verwenden und Einzeichnungen
machen sollen. Sind einmal diese und jene in Karten
verzeichnet, so wird Vieles für unsere Disciplin ge=
wonnen sein."

„Der Begriff Metall (felez) ist bei den Griechen und
Römern, also auch bei den Orientalen viel später ent=
standen, nachdem schon bereits viele in Anwendung waren.
Daß die Alchymie und die Vorstellung der Transmutation
der Metalle viel beigetragen haben, ist ersichtlich. Als
der Begriff fertig war, suchte man die Definition. Diese
lautet: Metall ist ein mineralischer (maaden) Körper
mit bestimmten, ihm allein zukommenden Eigenschaften,
mit besonderer Schwere, Schmelzbarkeit, Dehnbarkeit und
Hämmerbarkeit. Hieraus ergab sich, daß Quecksilber, das

Hauptagens der Alchymisten, nicht unter die Metalle auf=
genommen werden konnte.

Von Metallen werden aufgezählt: Gold, Silber, Zinn,
Blei, Eisen und Kupfer. Das Kupfer habe zwei Modifika=
tionen: a) das eigentliche Kupfer und b) das Gelbkupfer,
entsprechend dem Oreichalkos der Griechen, nämlich Messing
oder Prägmetall. Hierzu tritt noch das eigenthümliche
Bewandtnis ein, daß während die alten Völker genau
Gold, Silber und Eisen kannten, tritt schon bei Kupfer
eine Verwirrung mit Messing ein, ebenso werden Zinn
und Blei nicht genau unterschieden, sondern nur als Weiß=
und Schwarzerz (risas el abied, resas al asved) be=
zeichnet. Das Merkwürdige dabei ist, daß keine dieser
Nationen das Zink als Metall erkannte und doch dessen
Legirungen erzeugte. Sie brauchten nämlich statt des
Zinks dessen Oxyd (tutia), welches auch im ganzen
Mittelalter in der Medicin eine große Rolle spielte. Ein
Analogon dazu ist auch folgendes: Seit uralter Zeit ver=
wendeten die Perser zu ihren schönen Glasuren das Kobalt,
ja sie exportirten viel davon nach China, ohne das Metall
zu kennen. Sie bildeten aus der geschlemmten Gangart
Pyramiden für den Brauch der Töpfer und Porzellan=
arbeiter. (Eine solche Pyramide wurde vom Verf. der
geologischen Reichsanstalt in Wien überreicht.)

Wenn wir nun speciell die einzelnen Metalle be=
handeln, so bietet uns die Nomenklatur in den verschie=
denen Sprachen, die Fundorte mancher Metalle und die
Namen der Völker, welche sie vorzugsweise bearbeiteten
oder ihre Verbreitung durch Handel besorgten, mehrfache
Anhaltspunkte.

Vorweg ist zu bemerken, daß in Bezug auf Benennung
die indogermanischen mit den semitischen Sprachen viele

gleiche Worte aufweisen, während die uraltaischen Idiome meist abseits stehen.

Gold, hebräisch und arabisch dahab, persisch zær (gelb), altassyrisch ḫurasu (daher das griechische Chrisos), armenisch voski, Sanscrit Suvarna.

Persien scheint seit jeher goldarm gewesen zu sein, dahin deutet die minimale Ausbeute in jetziger Zeit, außerdem die geringe Anzahl der Gold= gegenüber den Silbermünzen; ja es gab Dynastien, z. B. die der glorreichen Parther, welche nie eine Goldmünze geprägt haben. Wenn es jedoch historisch festgestellt ist, daß Alexander magnus bei Plünderung von Susa und Ekbatana kolossale Goldschätze erbeutete, so fragt es sich, auf welchem Wege das Gold dahin kam? Die Annahme Herodot's daß das Gold von Indien dahin gelangte, ist aus vielen Gründen nicht stichhaltig.

Bekanntlich wird in dem von Elwend bei Hamadan (Ekbatana) aufgeschwemmten Sand viel Gold gewaschen.

Als ich im Jahre 1882 dort verweilte, drängte sich mir die Frage auf, ob dieses bearbeitetes Werk= oder natives Gold sei? Letzteres schien um so wahrscheinlicher, als in den dortigen zwischen Granit befindlichen Quarzbänken hier und da eine Goldspur gefunden wird. Ich kaufte daher reines geschwemmtes Gold, einiges halbgeschwemmt mit verschiedenen Mineraltheilen gemengt, endlich brachte ich auch einige Kilo Erbe mit. Herr Prof. Schrauf ließ gütigst im Laboratorium die Untersuchung anstellen und gelangte zum Resultate: 1. Daß alle Goldtheilchen die Kennzeichen der Bearbeitung an sich tragen. 2. Daß die Beimengung des nur im Ural vorkommenden Demantoids, ferner die chemische Analyse auf Feingehalt darauf hinweisen, daß das Gold vom Ural dahin gelangte (vide Annalen des k. k. Hofmuseums, B. I, S. 233).

2. Silber, hebräisch kesef, altass. Kaspi, arab. fada
und nuqreh. Sanscrit arjuna, armen. arzard, latein.
argentum, griech. argyros, pers. sīm.

Das Silbervorkommen ist in Persien ziemlich häufig,
es ist meist in Bleierz. Bekannt und in alter Zeit aus=
gebeutet sind die Bergwerke bei Rhages nahe Teheran.
Ich brachte im Jahre 1882 einige Stücke Erz nebst Gangart
mit. Herr Dr. Robler ließ Einiges an der technischen
Hochschule analysiren; es fand sich silberreich. Die Analyse
wird bald in den Schriften der k. k. Reichsanstalt ver=
öffentlicht werden. Interessant ist es, daß in den Hama=
daner Funden wohl viele Silbermünzen, doch keine Silber=
theilchen gefunden werden. Dieses entspricht auch der
Thatsache, daß z. B. in Hamadan ziemlich viele Figürchen
und Schmucksachen aus Bronze und Gold, fast keine
jedoch aus Silber gefunden werden.

3. Kupfer, arab. und hebr. næhas, altassyrisch kipur,
armenisch birinz (übertragen vom persischen birindsch
Bronze), persisch mis.

Kupfer ist eines der häufigsten Metalle in Persien,
besonders berühmt sind die Bergwerke in Chorassan und
im Karabagh nördlich vom Tabris. Ob der Name
Cuprum von Cypern herzuleiten sei, oder im Gegen=
theil ob der Name der Insel wegen ihres Kupferreich=
thums zugetheilt wurde, ist nicht entschieden.

Hier ist der Ort, daß wir von der Kupferlegirung,
nämlich von Messing, altdeutsch auch Mossing, sprechen.
Dieses wurde früher sowohl von den Griechen (unter
dem Namen Oreichalkos) als von den Römern, Arabern
(unter dem Namen asfer, Gelbmetall) und Persern als
natives Metall und Modifikation des Kupfers gehalten.
Bei den Persern hieß es ru (von rusten wachsen[1]) i. e.

---

[1] Synonym mit dem slavischen rodit und roda.

natives Kupfer. Nach griechischen Autoren wurde das
Volk der Mossynoiken am Poutns mit der Gewinnung
und Bearbeitung des Messings in Verbindung gebracht. Übereinstimmender Weise erwähnt auch die Bibel
(Genesis X. 2) als Kinder Japet's — also Arier an-
grenzend an die Junonen die Mesek's und Tubals. Noch
heutigen Tages heißt Kupferhammerschlag arabisch tubal,
persisch tufal. Außerdem erwähnt die Bibel den Tubal-
kain (Bulkan) als ersten Meister der Kupferschmiederei.

Es scheint mir daher außer Zweifel, daß die persische
Benennung mis·, Messing oder Mossing, die Metall-
legirung misy der Griechen, missios des Plinins, die
Mossynoiken und die Meseks zu einander Beziehung
haben. Ich gehe noch weiter, die Massagneten, von
denen Herodot erzählt, daß sie wohl viel Kupfer, aber
kein Eisen hatten, als Kupfer-Geten zu bezeichnen.
Russische Reisende, in deren Forschungsplänen dies Gebiet liegt, dürften durch Funde uns darüber bald Aufklärung geben.

Ob das Messing als solches in der Natur vorkommt
(welches unsere Mineralogen in Abrede stellen), wie es
die Griechen annahmen, oder bei zufällig zusammen-
lagernden Kupfer- und Zinkerzen durch Schmelzung entstand, ist zu entscheiden. Als Curiosum will ich erwähnen, daß in allerneuester Zeit in den Abflüssen des
Kilimandjaro native Messingkörner gefunden sein sollen.

4. Es wurde früher erwähnt, daß Zink als Metall
ungekannt, als Oxyd unter dem Namen Tutia verwendet war. Eigentlich, wird berichtet, hieß es düdiä
(von düd Rauch oder Sublimat), es ist hiermit mit
Zinkwolle identisch. Das nun in neuester Zeit aus
Europa eingeführte Zink wird fälschlich mit rü bezeichnet,
welches früher Messing bedeutete.

48

5. Blei und Zinn. Beim Mangel an Chemie konnten die Alten diese Metalle nicht genau unterscheiden; so nannte man das Zinn plumbum album, ebenso wie die Araber und Perser beide mit ræsas ærziz p. bezeichneten, mit Zusatz von abied weiß für Zinn und asfad schwarz für Blei. Später werden Blei pers. surb, arabisch ābār und Zinn qal' nach dem Exporthafen in Hinterindien benannt.

Die Synonyme in anderen Sprachen sind hebräisch ôfer, altassyrisch abar (dem Arabischen entsprechend) armenisch arčič (vom pers. arziz), sanskr. sisa. — Für Zinn hebräisch bedīl, sanskr. kastira, armen. Klajek.

Die Vorkommnisse von Blei sind sehr zahlreich in Persien, selbst in der Nähe der Hauptstadt sind zwei bedeutende Fundorte. Das Vorkommen von Zinnminen in Persien war bis auf neueste Zeit in Europa nur geahnt, zumal das meiste von Indien dahin gelangte. Und doch weisen die vielen Bronze-Utensilien und auch ein Bronzekuchen, den ich mit Schlacken am Schmelzort von einem Tumulus bei Chanābād erlangte, auf den ausgedehnten Gebrauch von Zinn in alter Zeit hin. Erst in den letzten Jahren stieß ein russischer Forscher auf Zinngeräthe in Meschhed, welche aus einheimischem Metall aus dem nahen Gebirge von Buschnurd gefertigt auf den Markt gebracht wurden. Ebenso zeigte mir der Geologe Czarnotta im Jahre 1852 einen Zinnstein, ganz dem böhmischen ähnlich, den er im Karabagh gefunden haben will. Übrigens machte schon Roberston darauf aufmerksam (s. Cop. Rich. Wilbraham, Travels in Transcaucasian provinces. London 1839, S. 75).

Die Lösung der Frage, ob Antimon in Persien vorkomme, war um so wichtiger, als im Kaukasus prähistorische Gegenstände von diesem Metall gefunden werden.

Im Jahre 1885 wurden mir von Schiraz einige Metall-
streifen zur Prüfung eingeschickt. Herr Dr. Plohn hatte
sie im Laboratorium des Herrn Prof. Ludwig untersucht
und sie als reines Antimon erklärt. Zu erwähnen wäre
noch, daß das sogenannte Ithmid zur Augenschminke verwendet, gewöhnlich für Schwefelantimon gehalten wird,
während es nur schuppiger Eisenglanz ist; berühmt ist
jenes von Kupa westlich von Issahan.

Wenn wir nun das Eisen übergehen, über welches
mir unbedeutende Daten zur Verfügung stehen, bleibt
noch die wichtige Legirung, die Bronze übrig. Das Wort
stammt von dem persischen Birindz. Im Sanskrit heißt
sie Ajas, armenisch eruiz, altassyrisch êrê, Worte, die mit
æs æris, Erz, zusammenhängen. Die jetzigen Perser sind
noch Meister der Bronze, sowohl in Farbe wie besonders
im Klang. Über den Vorgang der jetzigen Mischung und
Schmelzung konnte ich in Issahan bei den wenigen
Meistern, die ein Geheimnis daraus machen, wenig erfahren. Meine Tumulus-Gegenstände sind leider noch
nicht geprüft. Das älteste Recept für Bronzebereitung
findet sich im Buche Hesekiel XX. 20. „Wie man Silber,
Kupfer, Blei und Zinn zusammenthut im Ofen (kür
Schmelzofen heißt noch heutigen Tages kuré), daß man
Fener darunter anblase" . . . . . Daß Silber als Bestandtheil angeführt wird, ist ein überall verbreitetes Vor-
urtheil. Eisen findet sich wohl in allen antiken Bronzen,
doch nur in kleinem Procentsatz von kaum 0·75 : 100 und
scheint eine zufällige Beimengung."

Über die Anfänge der Eisenkultur hat Atsberg [1]
eine sehr interessante Zusammenstellung gegeben. Er findet

---

[1] Die Anfänge der Eisenkultur von M. Artsberg. Berlin
1883.

es für höchst wahrscheinlich, daß von allen Metallen das gediegen vorkommende Gold zuerst die Aufmerksamkeit des vorgeschichtlichen Menschen auf sich lenkte. Was die Frage der Anciennität von Kupfer, Bronze und Eisen betrifft, so nehmen skandinavische Forscher an, daß der Gebrauch der Bronze dem des Eisens vorangegangen sei, und unterscheiden von den ersten Kulturanfängen des Menschengeschlechts zur geschichtlichen Epoche vorwärtsschreitend Stein-, Bronze- und Eisenzeit. Aber in der Streitfrage, ob die Darstellung des Kupfers älter sei, als diejenige des Eisens, läßt sich für die Priorität des letzteren anführen, daß Kupfererze weniger verbreitet sind, als Eisenerze, die Gewinnung des Kupfers (schmelzbar bei 1100° C.) schwieriger ist, als die des Eisens (schon bei ca. 700° C. zu schwammiger Masse reducirbar und schmiedbar) und die Zinnerzlagerstätten an schwierig zu erreichenden Orten angetroffen wurden. Die Kunst des Schmiedens ist bei allen Metallen als der einfachere Proceß der des Gießens vorausgegangen. Man nimmt auch wohl an, daß die Eisenindustrie in vor- und frühgeschichtlicher Zeit von der Verarbeitung des Meteoreisens ihren Ausgang genommen habe, indeß bei der Seltenheit des Meteoreisens und seiner schwierigen Verarbeitung ist dieses zweifelhaft. Die Eisenindustrie der Negerstämme Afrikas, die auf einer sehr niedrigen Kulturstufe stehen und in ihren technischen Hilfsmitteln äußerst beschränkt sind, verstehen das Nutzen spendende Metall aus seinen Erzen zu gewinnen. Während nach Virchow keine Beobachtung bekannt ist, daß die amerikanischen Völker zur Zeit der Entdeckung ihres Landes Eisen verarbeitet hätten, so hat Hostmann aus einer Anzahl Quellen das Gegentheil nachgewiesen. Was Egypten betrifft, so erwähnt Herodot schon der Verwendung des Eisens bei der Erbauung der Pyramiden und der sechste König nach Menes, dessen Regierungsantritt in's Jahr 3892 v. Chr. fällt, führte den Namen Mybempes, d. h. Eisenfreund. Dagegen ist Bronze allem Anschein nach damals unbekannt gewesen, sondern erst unter der 12. oder gar erst unter der 18. Dynastie durch den Handel dort eingeführt worden. Was Asien betrifft, so bezeugen die uns erhaltenen Keilschriften aus dem baby=lonisch=assyrischen Reiche, daß Eisen unter der assyrischen Herrschaft allgemein im Gebrauche war. Auch waren Völker Westasiens (Israeliten, Phönicier und Hethiter) schon in sehr früher Zeit mit dem Gebrauche des Eisens bekannt. (In den 5 Büchern Mosis kommt Eisen 13 Mal, Bronze 44 Mal vor; eiserne Geräthe in Josua 6, 19 und 24.) Auch erscheint die Annahme einer der Eisen=kultnr Indiens vorangehenden Kupfer= oder gar Bronze=periode im höchsten Grade unwahrscheinlich. Hinsichtlich der vor= und frühgeschichtlichen Eisenkultur Europa's ist nach Schliemann's Ausgrabungen in Griechenland an=zunehmen, daß die uncivilisirten griechischen Stämme von Anfang an aus der Steinzeit in eine Metallzeit eintraten, die sowohl Bronze (Kupfer), als Eisen kannte, und der Proceß des Metallschmiedens demjenigen des Metallgießens vorangegangen ist. Zu Homers Zeit war das Eisen das hinsichtlich seines Werthes hinter Kupfer und Bronze weit zurückstehend gemeinste und verbreitetste Metall für Acker=geräthe, auch kannten die Griechen des Homerschen Zeit=alters den Stahl nicht allein, sondern sahen ihn auch als ein Produkt einheimischer Industrie an. Nach Theophrast kannten die Griechen bereits die Steinkohlen (anthrakes) und benutzten dieselben nicht nur bei der Schmiedearbeit, sondern verstanden sie sogar zu verkoken; auch stellten schon athenische Eisenschmiede verzinntes Eisen dar. In Italien waren es vorwiegend die auf der Insel Elba be=

findlichen Eisenbergwerke, deren hohes Alter von Diodor und Aristoteles hervorgehoben wird. Was die Verwendung des Eisens in Nord- und Mitteleuropa betrifft, so sind auch hier Eisenfunde bekannt aus Zeiten, welche der angeblichen Bronzeperiode vorangehen, insbesondere im vor- und frühgeschichtlichen Skandinavien. Ein Gleiches gilt von der Schweiz, deren Eisenindustrie bis in einen frühen Abschnitt der Prähistorie zurückreicht. Auch ist wahrscheinlich, daß Eisenwerke schon zur Zeit der Pfahlbautenansiedelungen im Betriebe waren und das Eisen den Bewohnern der letzteren schon vor der Einführung der Bronze durch fremde Händler bekannt war. Was die östlichen Alpengebiete betrifft, so ist das berühmte Grabfeld von Hallstadt im Salzkammergut ebenfalls bis zu gewissem Grade geeignet, die Theorie von einer zeitlich streng geschiedenen Bronze- und Eisenzeit, wie solche von den nordischen Forschern noch immer vertheidigt wird, zu widerlegen, da unter den klassischen Funden sowohl Bronze als Eisen sehr reichhaltig vorkamen. Unseres Erachtens nach kann die Annahme einer besonders streng von der Eisenperiode geschiedenen Bronzezeit heute nicht mehr aufrecht erhalten werden.

Die neueren Funde aus schweizerischen Pfahlbauten schilderte Heierli.[1]) Er behandelt hauptsächlich die aufgefundenen Ansiedlungen am Bodensee, den Pfäffikon- und Zürichersee, dann diejenigen an den Seen der Westschweiz, am Genfersee und die gelegentlich in der Nachbarschaft der Juragewässer gemachten Funde.

Über die prähistorischen Höhlen Württembergs und ihre Bedeutung für die urgeschichtliche Forschung

---

[1]) Mitth. der antiquar. Ges. in Zürich. 22. Bd. 1888.

hat sich Fraas verbreitet. [1]) Alle hier in Frage kommenden Höhlen befinden sich einzig innerhalb der schwäbischen
Alb, dem großen jurasischen Kalkstein-Massiv des schwäbischen Jura; doch auch von diesen zahlreichen Höhlungen
(das statistische Amt zählt über 80 mit Namen auf, wie
viele aber mögen, nur wenigen Menschen bekannt, noch
existiren!) lohnt nur ein Theil die Mühe der Erforschung
mit interessanten prähistorischen Funden. Es sind dies
diejenigen Höhlen, in welchen niederträufelnde Tagewasser
die Gegenstände mit einer Hülle von Kalktuff oder Lehm
umgeben und so durch Luftabschluß konservirt haben. Je
leichter der atmosphärischen Luft der Zutritt ermöglicht ist
und je trockener die Lokalität sich erweist, um so rascher
gehen Zahnmasse, Knochen und Horn ihrem Verfall entgegen. Das verwunderlichste Beispiel von Einfluß des
Bodens auf die Leichen traf Prof. Fraas seiner Zeit auf
dem Reihengräberfeld bei Göppingen, auf welchem die
Leichen in eichenen Einbäumen eingesargt waren. Quer
durch das auf Lias Alpha-Thonen liegende Gräberfeld
zieht sich ein feuchtes Steinmergelbänkchen; über demselben
sind die Thone entwässert und trocken, unter demselben
durchfeuchtet und mit Wasser vollgetränkt. Da fand sich
nun einer der Todtenbäume schief gegen das Mergel-
bänkchen gebettet, so daß er halb in die trockenen, halb
in die feuchten Thone zu liegen kam. So weit der Sarg
von ersteren umgeben war, waren nicht nur das Holz
desselben, sondern auch sein Inhalt, selbst das Eisen eines
Schwertes zerbröckelt, vergangen und zu Staub verwandelt;
der in der feuchten Erde liegende Theil aber war trefflich
erhalten; das Eichenholz hart und fest, wie schwarz ge-

---

[1]) Württemb. Landeszeitg. 1886. S. 97.; Naturforscher
1886. S. 30.

beiztes Möbelholz, die im Einbaum befindlichen Knochen und Beigaben aus Bronze und Eisen auf das Beste konservirt. Die gleiche Wahrnehmung war bei den verschiedenen Ausgrabungen der Alb-Höhlen zu machen.

Folgen wir behufs einer Übersicht über die wichtigsten Höhlen der schwäbischen Alb diesem Höhenzug von Ost nach West, so finden wir zuerst hart an der bayerisch-württembergischen Grenze in der Nähe des Dorfes Utzmemmingen bei Nördlingen am Rande des fruchtbaren Ries eine (unter dem Namen die Ofnet bekannte) 12 m tiefe und ebenso breite Höhle, 1—2 m hoch mit gelbem, fettem Lehm angefüllt, voll von prähistorischen Überresten, Artefakten, Thier- und Menschenknochen, letztere bildeten leider weitaus den geringsten Theil der Höhlenfunde, doch ließen die Überreste erkennen, daß wir es mit Menschen zu thun haben von ähnlicher Gestaltung, wie wir sie auch später in der Zeit der Pfahlbauten und der germanischen Grabhügel finden. Anthropoide Schädelformen, die auf eine inferiore Stellung der ältesten Bewohner Schwabens schließen ließen, sind bis jetzt nirgends nachgewiesen worden. Feuersteinlamellen zum Zuschärfen von Horn und Knochen, Quarzreiche Scherben von Schüsseln und Tellern, durchbohrte, als Schmuck dienende Bärenzähne und Parthien von Röthel zur Schminke geben uns Kunde von dem Thun und Treiben der Ofnet-Bewohner. Zu den Thier-überresten in der Ofnet-Höhle hat das Pferd den größten Beitrag geliefert, von dem sich allein anderthalb Tausend Zähne fanden. Außerdem sind vertreten Elephant, Nashorn, Schwein, Hyäne, Höhlenbär, Wolf, Fuchs, Dachs Ochse, Wisent, Riesenhirsch, Esel, Renthier und Hase, das Geflügel wird durch Gans, Eute und Schwan repräsentirt.

An die Ofnet schließt sich an der Hohlefels bei

Schelkingen im Niveau des Achthales. Hier überwogen die Skelettheile des Bären die anderer Thiere. Viele Bären- und Wiederkäuerknochen zeigten sich zum Zweck der Gewinnung des Markes mit dem als primitives Haubeil dienenden Unterkieferast des Höhlenbären geöffnet. Hunderte von Renthiergeweihstücken waren zu Spitzen und scharfen Instrumenten verarbeitet. Zu den von der Ofnet her bekannten Thieren gesellt sich Löwe, Luchs, Kater, Marder, Iltis, Fischotter, von Vögeln die Moorente und der Fischreiher.

Als noch ausgesprochenere „Bärenhöhle" erwies sich der „Höhlenstein" im Lonethal; auf vierspännigem Fracht= wagen wurden die im Lauf von 4 Wochen gesammelten Knochen abgeführt, unter denen sich allein 88 Schädel befanden. Künstlich durchbohrte Zähne, Pfriemen und Nadeln aus Bein und Steinsplitter erwiesen auch den Höhlestein als Wohnort prähistorischer Menschen. Die Handhabe zur richtigen Beurtheilung dieser Funde aber wurde erst durch die völlig analoge Ausgrabung des Moor= grundes an der Schussenquelle gegeben, deren Resultate zusammengenommen mit den erwähnten Ausgrabungen die Gleichalterigkeit der sogen. antediluvialen Thiere mit dem Menschen zur Gewißheit erhoben.

Die letztmals ausgegrabene Höhle Württembergs ist der Bockstein in der Nähe des Hohlesteins, dessen Räumung vom Ulmer Alterthumsverein besorgt wurde. Die Auf= findung von Knochen einer Frau und eines Kindes in dieser echten, alten Bärenhöhle mit Nashorn= und Elephanten= resten machte diese Höhle besonders bekannt, indem Ober= medicinalrath von Hölder in Stuttgart die Knochenreste als Zeugen eines sehr außerhalb der Prähistorie stehen= den Gerichtsfalles reklamirte, während sie von anderer

Seite als gleichaltrig mit den gefundenen Thierknochen betrachtet werden.

Manch werthvolles, prähistorisches, in württembergischen Höhlen vergraben gewesenes Stück mag verschleudert worden sein in einer Zeit, die noch keinen Sinn hatte für die Zeugnisse einer weit hinter uns liegenden Vergangenheit; dies gilt vor Allem von dem Inhalt der berühmten Nebelhöhle und der Erfinger Höhle; von beiden liegen nur wenige Funde in unseren Sammlungen.

Was den schwäbischen Höhlen allein noch fehlte, künstlerische Arbeiten, fand sich auf benachbartem schweizerischem Gebiet.

Ein interessantes Fundgebiet prähistorischen Gesteins findet sich im südwestlichen Theile Böhmens nahe bei Pilsen. Schon früher hat man dort zufällig prähistorische Gegenstände gefunden. Neuerdings hat J. Szombathy Versuchsgrabungen dort bei Kron-Poritschen aufstellen lassen.[1] Die aufgefundenen Gegenstände liefern das typische Bild eines Depotfundes mit fertiger Handelswaare und mit Brucherz. Derselbe enthält durchwegs Stücke, welche der eigentlichen Bronzezeit, und zwar der jüngeren Bronzeperiode zngehören. Bemerkenswerth ist, daß die beiden Beilformen zu jenen Typen gehören, welche in den österreichisch-ungarischen Bronzefunden nur als besondere Seltenheiten vorkommen. Die Palstäbe mit Öhr und großen gerundeten Schaftlappen sind ziemlich häufig in den Pfahlbauten der Westschweiz und finden sich auch in Frankreich, am Rhein, im Lüneburgischen und in Dänemark. Die Hohlcelte mit quadratischem Querschnitt und einfachem Mundsaum finden

---

[1] Annalen des k. k. naturhistorischen Hofmuseums III. No. 3. S. 39 u. ff.

sich ebenfalls im westlichen Deutschland und in Frankreich und kommen in großer Menge in England und Irland vor. Es sind also west- und nordwesteuropäische Typen, welche bei Kron-Poritschen gefunden, und wir sind bei diesem Funde wohl berechtigt, von einen aus Westen her kommenden Importe zu sprechen. Auch Schlackenwälle wurden dort erkannt, sowie mehrere Tumuli von H. Leger untersucht.

Die Hügelgräber zwischen Ammer- und Staffelsee sind von Julius Naue untersucht und beschrieben worden [1] und zwar in einer wahrhaft mustergültigen Weise. Die von ihm eröffneten Grabstätten waren durchweg Hügelgräber; Flachgräber, wie in Hallstadt und Watsch und Urnenfriedhöfe, wie in andern Gegenden Deutschlands sind bis jetzt nicht auf dem von Naue untersuchten Gebiete gefunden worden. Die Grabhügel, deren Höhe zwischen 0·25 und 3·75 m differirt, liegen in Grabfeldern zusammen, welche entweder als langgestrecktes Viereck oder als stark gezogenes Oval angelegt sind. Fast sämmtliche Gräber gehören der Hallstattperiode an, nur ein Fund, bei Huglfing, führt in die neolithische Zeit. Etliche Gräber, die Verfasser als Bronzegräber bezeichnet, sind noch vor die Hallstattperiode zu setzen. Von dieser Bronzeperiode läßt sich ein Übergang zur älteren Hallstattperiode konstatiren; am häufigsten sind Gräber aus der jüngeren Hallstattperiode, zu ihr gehören 121 bei einer Gesammtzahl von ca. 250; ihr schließt sich mit 43 Hügelgräbern eine von Naue als „Übergangsperiode" mit reinem Eisen bezeichnete Zeit an, die nur zur La Tène Zeit führt. Letztere selbst ist gar nicht vertreten. Das zur Zeit der jüngeren Hallstattperiode zahlreich besiedelte Gebiet scheint,

---

[1] Stuttgart 1887.

wie Virchow in der Besprechung der Arbeit Naue's hervorhebt, nach Schluß der Hallstattperiode gänzlich wüst, ein desertum geworden und dies während der ganzen La Tène-Periode geblieben zu sein. Auch Römerspuren finden sich wenig; Naue fand nur ein Römergrab und in 22 Gräbern römische Nachbestattungen, speciell im nördlichen Theile des untersuchten Gebietes, während sie in dessen Süden gar nicht vorkommen.

Was den Bau der Grabhügel und die Bestattungsart betrifft, so finden sich von der Bronzeperiode bis vereinzelt hinein in die jüngere Hallstattperiode kunstvoll gefügte Steinbauten mit und ohne Steingewölbe, um in der Übergangszeit mit reinem Eisen ganz zu verschwinden. In Anbetracht des Aufwandes von Zeit und Material, welchen die Herstellung der oft großen und künstlich ausgeführten Grabhügel erforderte, ist Naue der Ansicht, daß nur denjenigen, welche eine besonders hervorragende Stelle einnahmen, solche Grabhügel errichtet wurden. In den Grabhügeln der Bronzezeit findet sich in deren älterem Theil meist Leichenbestattung; die ganze Hallstattperiode zeigt Leichenbestattung und Leichenbrand, letzterer herrscht jedoch vor, um in der Übergangszeit mit reinem Eisen zur ausnahmslosen Regel zu werden.

Von den Beigaben seien zuerst die merkwürdigen Eberreste erwähnt, die 18 Mal in Begleitung menschlicher Knochen sich fanden, während sich auffallender Weise 1 Mal eine alleinige Eberbestattung nachweisen ließ. Jedenfalls handelt es sich hier um religiöse Vorstellungen, wie denn der Eber bei den Kelten sowohl wie bei den Germanen als heiliges Thier galt. Reste anderer Thiere wurden mit Ausnahme zweier Schädelfragmente vom Pferd nicht gefunden. Merkwürdig erscheint die Mitgabe menschlicher Milchzähne. Daß auch gemischte Getränke den Verstorbenen mitgegeben wurden, konnte Naue durch die Untersuchung eines in einer kleinen Holzschale befindlichen Rückstandes nachweisen; es war eine Art Mus, aus Meth und Käse bereitet. Die werthvollsten Beigaben umwickelte man mit Leinen oder Wollenzeug, oder bedeckte sie mit Birkenrinde.

Die Beigaben lassen sich folgendermaßen klassificiren: Waffen, Messer und Werkzeuge; Zier- und Schmuckgegenstände, wie Zierplatten, Diademe, Halsketten, Halsringe und Toilettengegenstände, Nadeln, Fibeln, welche in diesem Fall nur zum weiblichen Grabinventar gehören, Finger- und Fußringe, Gürtel und Gürtelbleche und Gürtelschließen, Ketten und Ringe von Bronze und Eisen, Perlen und Ringe von Bernstein, Glas, Horn; Bronze- und Holzgefäße; Wagenbestandtheile und Pferdegeschirre, sehr interessante Funde, die in ihrer reichen Ausstattung beweisen, welchen Werth die Anführer, denen solche Wagen zweifellos zukamen, auf schöne Ausschmückung von Geschirr und Wägen legten; endlich eine reiche Fülle zum Theil prächtig ornamentirter Thongefäße. Betrachten wir die Funde nach den Perioden und sehen zunächst von den Thongefäßen ab, so kommen natürlich den Gräbern der Bronzeperiode Schmuckgegenstände, Messer und Waffen von Bronze zu; Bernstein wurde hier nicht gefunden, Gold ist sehr selten. In der älteren Hallstattperiode erscheint das Eisen zuerst verarbeitet als Messer, Schwerter und Lanzenspitzen, selten als Nadeln von einfachster Form; selbst in der jüngeren Hallstattperiode sind nur wenige Schmucksachen aus Eisen gefertigt, dagegen finden sich jetzt kunstvoll geschmiedete Dolche in Eisenscheiden, lange schmale Lanzenspitzen mit verzierten Schafthüllen und große, stark geschwungene Messer, deren Griffzunge mit Eisenplatten belegt ist. Bernsteinringe und Perlen werden häufiger, ebenso kleine Holz- und Hornringe; Gold ist sehr selten, Zinn, Blei, Nickel und Silber fehlen gänzlich.

Die Technik zeigt sich, wie wir dies ja von Hallstatt her kennen, sehr ausgebildet. In der Bronzezeit und älteren Hallstattperiode herrscht der Guß vor, während die in der jüngeren Zeit auftretenden, ziemlich starken Bronzegürtel gehämmert erscheinen; für die hohe Ausbildung der Gußtechnik sprechen u. a. außerordentlich dünn gegossene Tonnenarmringe von Bronze, für eine bewunderungswürdige Kunst des Treibens und Hämmerns der Bronze liefern Tonnenarmwülste, Gürtelbleche, Gürtel, kleine Vasen und Beschläge der Radnaben endgültige Beweise. Das Löthen war unbekannt. Das Eisen verstand man auch zu ätzen und darnach zu schneiden, ebenso wurden in vortrefflicher Weise Bronzetauschirungen hergestellt. Daß die Kunst des Drechselns geübt wurde, beweist eine in einer Bronzesitula gefundene kylixartige Holzschale und vergleichende Untersuchungen der verschiedensten Fundstücke führen alle zu dem Resultat, daß die Technik ganz bedeutend ausgebildet war. In Form und Ornamentik schließen sich die Funde der Zeit ihres Entstehens gemäß den Hallstattfunden an, jedoch mit lokalen Abänderungen; so fehlen z. B. hier die stark überladenen Hängezierrathen, wie sie aus Hallstatt bekannt sind, wofür andere, lokal beliebte Schmuckgegenstände auftreten, wie gebogene Fußringe, gehämmerte und gepunzte Tonnenarmwülste, stabförmige Armringe, Ledergürtel mit großen Eisenschließen, kahnförmig geknickte Fibeln u. s. w.

Übereinstimmend in der Grundlage mit den Bronzen zeigen sich die Thongefäße mit ihren Formen und Dekorationsreichthum. In der Bronzezeit kommt die große, mehr oder weniger topfartige Urne mit dem unter dem

Hals liegenden, mit Fingereindrücken verzierten Wulst recht häufig vor; mit den Urnen und urnenartigen großen Gefäßen erscheint in der älteren und jüngeren Hallstatt- periode eine Reihe neuer, den vorhergehenden Perioden unbekannter Gefäße: Schüsseln, Schalen und kleine Vasen, deren Mehrzahl oft sehr reich und geschmackvoll dekorirt ist, und deren Form in der mannigfaltigsten Weise variirt wird, bis in der Übergangsperiode mit reinem Eisen ein schnelles Herabsteigen von der Höhe Platz greift. Form und Bemalung dieser Gefäße sind einer lokalisirten, ein- heimischen Entwickelung zuzuschreiben. In der Bronzezeit finden sich als Ornamente der Thongefäße Fingereindrücke, halbkugelige Vertiefungen, schnurartige Bänder oder Wülste u. dgl.; in der älteren und jüngeren Hallstatt- periode erweitert sich der Kreis der Motive in mannig- faltigster Weise, doch treten niemals erhabene Ornamente auf; an deren Stelle finden wir die Bemalung der Ge- fäße mit Roth und Schwarz, wozu sich das Weiß der vertieften Linien, Kreise, Dreiecke u. s. w. gesellt und so eine überaus reiche Gesammtwirkung erzielt wird.

Schließen wir mit unserem Gewährsmann aus den Funden, die er gemacht hat, auf das Volk, seine Sitten und Gebräuche, so kommen wir zu dem Resultat, daß der auf den oberbayrischen Hochebenen zwischen Staffel-, Rieg- und Ammersee von der Bronzezeit an und besonders zahlreich während der Hallstattperiode angesiedelte Stamm einen wirklich hohen Grad von Kultur besaß, begabt war mit vielem Talent, reicher Erfahrung, großer technischer Geschicklichkeit, ausgebildetem Schönheitssinn und feinem Geschmack. Wenn die Siedler, die in den von Naue ge- öffneten Gräbern ihre Todten bestatteten, auch nicht so reich waren, wie die Jahrhunderte lang einen ausgedehnten Salzhandel betreibenden prunk- und putzliebenden Hall-

stätter, so waren sie doch sicher, wie die Gräberfunde be=
weisen, wohlhabend; daß sich die überladenen Hallstätter
Schmucksachen, wie erwähnt bei ihnen nicht finden, spricht
nur für den guten Geschmack der Bewohner.

Über Gestalt und Größe der Bevölkerung geben uns
die Skelette genügende Auskunft: die männlichen Skelette
haben eine Durchschnittsgröße von 1·70—1·80, die weib=
lichen von 1·55—1·65; alle aber sind feinknochig und
zartgliederig, was auch die Bronzearmringe der Frauen
bestätigen, deren Innendurchmesser durchschnittlich 6 cm
ist. Der einzige gut erhaltene Schädel aus einem der
Hügelgräber weist vielleicht auf einen illyrischen oder
keltischen Stamm hin. Jedenfalls haben sie nichts mit
den späteren Bajuvaren zu thun, die eine ganz andere
Bestattungsart, ganz andere Waffen und Schmucksachen
hatten.

Schließlich sei noch hervorgehoben, daß Naue außer
den Grabhügeln sein besonderes Augenmerk auch auf die
auf dem erwähnten Plateau zahlreich vorhandenen Hoch=
äcker richtete und den seinen Forschungen noch ein be=
sonderes Interesse verleihenden Nachweis führen konnte,
daß Hochäcker und Hügelgräber demselben Volksstamm
ihre Entstehung verdanken. Die Breite der Hochäcker be=
trägt durchschnittlich 3—5 m, die Höhe variirt zwischen
ca. ½ und 1 m; tiefe Furchen hatten den Zweck, das
Wasser abzuleiten; der Pflug hat bei der Bebauung der
Hochäcker nach der Ansicht der Landleute, die Naue hier=
über befragte, nicht zur Anwendung kommen können.
Überreste und Spuren uralter, vertieft angelegter Fahr=
straßen und Fußwege haben sich in der Nähe der Hoch=
äcker oder dieselben durchschneidend, zahlreich gefunden.
Durch Verfolgung solcher Wege konnte Naue sogar auch
Anlagen entdecken, die er als Wohnplätze der damaligen

Bewohner auffaßt und von denen er Aufzeichnungen und
Riſſe gibt, ſoweit ſeine bis jetzt durchweg mit eigenen
Mitteln geführten Ausgrabungen hierüber Aufſchluß ge-
geben haben. Doch müſſen noch weitere Unterſuchungen
genaueres Licht verbreiten. Die von Naue verſprochenen
Fortſetzungen ſeiner Studien werden bei ſeinem Eifer und
Geſchick zweifelsohne das ſchon jetzt in einer ſeltenen
Weiſe vollſtändige Bild von dem Wohnen und Wirken
eines längſt entſchwundenen Stammes immer mehr ver-
vollkommnen und in den Details ausführen.

Eine ethnographiſche Unterſuchung über die
Menſchenknochen aus der Grotte in Spy haben
Fraiport und Lohest ausgeführt.[1]) Jene Reſte wurden
von den genannten Forſchern im Sommer 1886 in Ab-
lagerungen des unteren Quaternärs am Abhange eines
Berges in der Gemeinde Spy der Provinz Namur, auf-
gefunden. Es waren hauptſächlich zwei Skelette. Von
dem einen waren vorhanden ein faſt vollſtändiger Schädel,
ein Theil des Oberkiefers, der Unterkiefer mit Zähnen,
Schlüſſelbein und Bruchſtücke der oberen und der unteren
Extremität; vom zweiten Skelett ein weniger vollkommener
Schädel, Bruchſtücke vom Oberkiefer, des Unterkiefers,
Schulterblattes, Schlüſſelbeines und beider Extremitäten.
Ferner ſind Wirbelknochen, Bruchſtücke von Rippen,
Zwiſchenhand- und Fußknochen aufgefunden.

Zur Beſtimmung des geologiſchen Alters der Menſchen
von Spy gehen die Verfaſſer von der Eintheilung aus,
welche de Mortillet auf Grund der Änderungen der Fauna
und der menſchlichen Induſtrie für die paläolithiſchen Zeiten
aufgeſtellt hat; er unterſcheidet die Epochen: 1) Chellèenne,

---

[1]) Bull. de l'acad. roy. d. Belgiuqe. 1886. Ser. 3. T. XII.
p. 471.

49

2) Moustierienne, 3) Solutréenne und 4) Magdalenienne, und glaubt, daß die Menschen der Neanderthal-Rasse zur Zeit der ältesten Epoche 1) Europa bewohnt haben. Es muß jedoch bemerkt werden, daß man bisher keine charakteristischen Stein-Instrumente neben den Neanderthalresten gefunden, und daß auch die Kenntnis der gleichalterigen Fauna sehr mangelhaft ist. Hingegen sind in Spy neben den Skeletten Thierreste gefunden, welche zur Epoche 2) gehören, und auch die im gleichen Niveau gefundenen Feuersteine müssen derselben Epoche zugezählt werden, während Feuersteine, die an die Industrie der Epoche 1) erinnern, in der Terrasse der Spy-Grotte nirgends gefunden worden. Daraus ergiebt sich der Schluß, daß die Menschen von Spy, und wahrscheinlich die der Neanderthal-Rasse überhaupt, der zweiten Epoche angehört haben, und daß man die Menschen der ersten Epoche, welche Genossen des Elephas antiquus gewesen, noch nicht kennt, da man keine Reste von ihnen hat. Ihre Existenz ist darum nicht minder sicher gestellt durch die Reste ihrer Industrie, ihre Skelette müssen jedoch noch aufgefunden werden.

Man hat zur Beurtheilung des Alters von Menschenresten die Höhe der Schichten über dem Bette der benachbarten Flüsse herbeigezogen und diejenigen, welche am höchsten gelegen, für die ältesten gehalten, weil seit ihrer Existenz der Fluß sein Bett tiefer ausgegraben. Die Verfasser weisen jedoch darauf hin, daß die Grottenbewohner in diese Berechnung nicht hineingezogen werden dürfen. Allgemein wird angenommen, daß in der Quaternärzeit einem vorangegangenen, wärmeren Klima eine starke Abkühlung gefolgt ist; man darf daher vermuthen, daß die ältesten Menschen während der wärmeren Zeit im Freien gelebt, und erst, als das Klima kälter geworden, die Grotten zu

ihrem Aufenthalt gewählt haben. Die ältesten Grotten=
bewohner werden dementsprechend in den tiefsten Schichten
derselben gefunden, und sie lebten zur Zeit, als das
Klima rauher geworden, während ihre Vorfahren im Freien
gelebt und sowohl in höheren als in tieferen Niveaus
angetroffen werden können. Zu jenen ersten Grotten=
bewohnern gehören nun die Menschen von Spy und
der Neanderthalmensch, der ebenso wie sein noch unbe=
kannter Vorgänger ein Genosse des Mammuth und Rhino=
ceros gewesen.

Die Verfasser haben, wie bereits oben angeführt, aus
der Untersuchung der Knochen der Spy=Menschen die Über=
zeugung gewonnen, daß diese der Neanderthal= oder Can=
stadt=Rasse angehören. „Ja diese Schädel füllen sogar eine
Lücke aus, welche bisher noch zwischen dem Neanderthal=
schädel und den übrigen zu derselben Rasse gezählten
existirt hat. Sie liefern den Beweis, daß die Charaktere
des ersteren nicht die eines Idioten (Pruner), noch extreme,
individuelle oder pathologische (Virchow) Eigenthümlich=
keiten sind, sondern die ethnologischen Charaktere einer
Rasse, wie dies bereits Schaaffhausen, Huxley, de Quatre=
fages und Hamy behauptet haben.

Die Menschen von Spy waren klein, von einem
Wuchse ähnlich den modernen Lappen, untersetzt, kräftig,
mit nach den Beinen geneigtem Becken gehend. Sie waren
platydolichocephal oder platysubdolichocephal. Sie hatten
einen länglichen, niedrigen und schmalen Schädel, sehr
hervorragende Augenbrauenbogen, enorme Augenhöhlen,
niedrige, fliehende Stirn, nach dem Scheitel abgeplattete
Scheitelbeine. Das von oben nach unten und von vorn
nach hinten abgeplattete Hinterhauptsbein bildete einen
Theil der Wölbung des von hinten nach vorn und von
oben nach unten in der Gegend des stark entwickelten

kleinen Gehirns deprimirten Schädels. Am Hinterhaupte
befindet sich ein langer, breiter, geradliniger Vorsprung
ohne mittleren Höcker, zusammenfallend mit den oberen
halbkreisförmigen Linien. Die Stirngruben sind ein-
gedrückt, die Jochbogen kräftig; der Oberkiefer charakterisirt
sich durch seine große Höhe über der Mittellinie. Der
Unterkiefer ist sehr kräftig, sehr hoch, sehr dick, rücklaufend
ohne Kinnhervorragung und mit einer unteren Fläche
statt eines Randes; er besitzt einen geringeren Prognathismus des Zahnrandes in der Gegend der Schneidezähne.
Die Zähne des Unterkiefers, besonders die Schneide- und
Eckzähne, zeigen nach außen schräge Abnutzung. Die um-
fangreichen Molares sind ziemlich gleich; die Prämolares
gleich, die Eckzähne klein.

Die Arme der Spy-Menschen sind verhältnismäßig
kurz, besonders die Knochen des Vorderarmes; der Körper
der Speiche und der des Ellenbogenbeins sind nach außen
gewölbt; die Oberarme kräftig, untersetzt und schwer. Das
Becken fest und dick. Die Oberschenkel stämmig, dick, mit
rundem Körper und sehr starker Krümmung nach vorn.
Die Gelenkhöcker sind sehr entwickelt und zeigen sehr ausgedehnte Gelenkflächen, namentlich hinten. Das Schien-
bein ist kräftig, schwer, aber sehr kurz, am Körper rund.

Vergleicht man die Neanderthal-Rasse und namentlich
die Spy-Menschen mit jetzt lebenden Rassen, so findet
man die größte Annäherung an dieselben durch die Dicke
der Augenbrauenbogen, die niedrige, fliehende Stirn, die
Abplattung des Seiten- und Hinterhauptbeines, den
Prognathismus der Alveole des rücklaufenden Unterkiefers
bei den Papuas und einigen afrikanischen Negern. Auch
einige Rassen von Mittel- und Westafrika, wie die Mon-
battus und Haussas, zeigen in geringerem Grade diese
Charaktere, obwohl sie viel höher stehen als die Papuas

und Neu-Caledonier. In originaler Reinheit findet man aber diesen Typus in Europa, Afrika oder Australien niemals bei einer Rasse vertreten, sondern nur vereinzelt, bei einzelnen Individuen. Daraus schließen die Verfasser: „Die älteste, fossile Menschenrasse, die gegenwärtig in authentischen Resten in Europa und namentlich in Belgien bekannt ist, besaß ethnologische Eigenschaften, die man heute theilweise repräsentirt, und oft sehr gemildert wieder- findet bei den Papuas, den Neu-Caledoniern, gewissen Negern Afrikas u. a. m., ausnahmsweise auch bei höheren Rassen, wie den Bakalays, niemals aber in einer modernen europäischen Rasse, es sei denn bei einem einzelnen Individuum."

Sehr interessant ist die Vergleichung der Skelette der Spy-Menschen mit denen der anthropoiden Affen. Es finden sich zwischen ihnen folgende Ähnlichkeiten: 1) Keine Menschenrasse besitzt so hervorragende Augenbrauenbogen wie die Spy-Menschen; analoge Verhältnisse finden sich beim erwachsenen weiblichen Orang, jungen männlichen Gorilla und erwachsenen weiblichen Chimpanse; bei letzteren tritt sogar die Entwickelung der Augenbrauen- bogen hinter die der Spy-Menschen zurück. 2) Die niedrige, fliehende Stirn und 3) der lange Vorsprung des Hinterhauptes an der Stelle der halbzirkelförmigen Linien, der oben beschrieben, findet sich gleichfalls nicht oder nicht so durchgehend bei anderen Menschenrassen, während er für die höheren Affen charakteristisch ist. 4) Der stark zurücklaufende, kinnlose Unterkiefer und 5) die nach vorn gerichtete Krümmung des Oberschenkel- Körpers, die so ausgesprochen beim Spy- und Neander- thal-Menschen sind, fehlen ebenso den anderen Menschen- rassen, wie sie für die anthropomorphen Affen bezeichnend sind. Weniger sicher ist der 6. Affencharakter der Spy-

Menschen, die geringe Höhe des Schienbeins. „Hingegen
scheinen alle anderen Eigenschaften des Schädels, des
Stammes und der Gliedmaaßen der Spy=Menschen und
folglich der Neanderthal=Rasse menschliche Charaktere
zu sein."

Über altägyptische Schädel verbreitete sich Emil
Schmidt[1]) und zwar mit Rücksicht auf die Frage, wie
sich diese Schädel zu denjenigen des neueren Ägyptens
verhalten und ob sich im Laufe der Jahrtausende Ver=
änderungen der Schädelform eingestellt haben. Zu der
Untersuchung konnten 294 alte, von Mumienköpfen
stammende Schädel und 86 neue, aus verschiedenen
Gegenden gesammelte Schädel verwendet werden. Unter
den modernen ägyptischen Schädeln unterscheiden sich:
eine rein ägyptische Form, eine rein nubische Form und
eine rein brachycephale Form, sowie Mischformen der drei
Typen, von denen jedoch nur die ägyptisch=nubische Misch=
form eine durch ihre Häufigkeit beachtungswerthe Be=
deutung erlangt. Unter den altägyptischen Schädeln
konnten dieselben Typen unterschieden werden, und zwar
wurden unter den 294 Mumienschädeln 138 rein ägyp=
tische und 142 ägyptisch=nubische Schädel gefunden,
während rein nubische Formen, brachycephale und Misch=
formen dieser nur sehr spärlich vertreten waren.

Die Kapacität der Schädel zeigt, wenn man die
Durchschnittswerthe mit einander vergleicht, ein beträcht=
liches Minus auf Seiten der modernen Bevölkerung,
indem der männliche Schädel in den beiden letzten tausend
Jahren 31·4, der weibliche 54·5, der Schädel im All=
gemeinen 44·5 kcm Raum für das Gehirn eingebüßt hat.
Diese Verkleinerung der Schädel glaubt Herr Schmidt

---

[1]) Archiv f. Anthropologie 1887. Bd. 17. S. 189 ff.

nicht auf eine Veränderung der Raſſe, für welche jede
anderweitigen Daten fehlen, zurückführen zu dürfen.
Vielmehr bringt er dieſelbe mit dem Rückgang der Kultur
und Intelligenz der Bevölkerung in Zuſammenhang, an=
ſchließend an die Wahrnehmung Brocas, daß die
Kapacität der Schädel aus den Pariſer Gräbern in den
letzten Jahrhunderten mit der zunehmenden Kultur der
Bevölkerung um 35·55 kcm zugenommen.

Die Formen der alten und neuen Schädel gleichen
ſich ſowohl in ihrem ganzen Bau, wie in ihren Detail=
merkmalen. Wenn ſich eine geringe Abweichung in den
Zahlen bemerkbar macht, ſo beutet dieſelbe auf eine
geringe Zunahme des nubiſchen Elementes in der ägyp=
tiſchen Bevölkerung; b. h. „unter einer gleichen Anzahl
von Bewohnern des Nilthales der modernen Zeit kommen
etwas mehr Individuen vor, bei denen ſich nubiſche Züge
bemerkbar machen; daneben beſtehen aber die reinen
Typen unverändert fort; wir können den rein ägyptiſchen,
den rein nubiſchen (und in den Miſchformen ſelbſt noch
den brachycephalen) Typus, ſo wie ſie heute vor uns
treten, zurückverfolgen bis zu den früheſten Zeiten, aus
welchen uns Schädel der alten Ägypter vorhanden ſind.”

Die Sambaquis ſind gelegentlich der Xingu=
Expedition burch von den Steinen unterſucht worden.[1]
Die Muſchelhügel der braſilianiſchen Provinz St. Katharina
ſind aus den Küchenabfällen einer vorgeſchichtlichen Be=
völkerung zuſammengeſetzt. „Es wird aber”, ſagt von
den Steinen, „mit dem Begriff der Sambaquis mehrfach
ein Mißbrauch getrieben, inſofern als man dieſelben als
Reſte eines beſtimmten Volkes anſieht. Ihre kritiſche

---

[1] Sitzungsber. d. Kgl. Preuß. Akad. d. Wiſſenſchaften 1888.
S. 1035.

Durchforschung steht aber noch bei ihrem ersten Anfang;
wir werden nicht eher zu klarem Einblick kommen, als
jede Gruppe von Sambaquis entlang der ganzen Küste zu
dem von dem Urwald und den Kampos gelieferten Fundstücken in richtige Beziehung gesetzt worden ist. Dies
ist bisher in keiner der von mir durchgesehenen Sammlungen geschehen; alte und neue Küchenabfälle, die Muschelhaufen und ihre Nachbarschaft werden als gleichwerthig
behandelt und auf eine nicht vorhandene ethnologische
Einheit zurückgeführt. Selbstverständlich aber und nachweisbar haben sehr verschiedene Stämme am Meeres-
strande Muscheln gegessen, und während einigen Sambaquis
zweifellos ein hohes Alter zuzuschreiben ist, haben wir
andere durchwühlt, welche wahrscheinlich bis dicht an die
Epoche der europäischen Einwanderung heranreichen. Man
diskutirt darüber, ob die „Sambaquileute" Töpfe gehabt
haben oder nicht — eine verfehlte Fragestellung. Die
Muschelesser von Estreito bei Desterro haben eine Menge
zerbrochener Töpfe hinterlassen; in einigen der ungeheuren
Schalenhügel bei Laguna dagegen ist es trotz peinlichen
Suchens nicht gelungen, auch nur eine Scherbe zu finden.
Mögen die Sambaquis als Überreste einer verschiedenartig zusammengesetzten, nach Herkunft und Kultur nicht
homogenen Bevölkerung oder, angenommen, daß die Übereinstimmung der Schädel und Skelette auf ein einziges
Urvolk hinweist, nur die Etappen einer fortschreitenden
Entwickelung darstellen, in jedem Falle müssen wir uns
vor der Hand hüten, einen „Sambaquimenschen" statuiren
zu wollen. Daß wir allen Grund haben, die vorhandenen Sammlungen, welche vielleicht mehr verwirren,
als fördern, mit großem Argwohn zu betrachten, dafür
stehen wir, wie ich auch an unserer Sammlung durch
den Vergleich von Fundstücken aus den Sambaquis selbst

und denen aus ihrer unmittelbaren Umgebung oder aus ihren oberen Schichten leicht zeigen kann, sehr zahlreiche Beweise zu Gebote."

Auch Carl Friedrich Hartt behandelt die Sambaquis, von denen er am Amazonenstrom ausgedehnte Haufen untersucht hat.[1]) Diejenigen von Engenho de Taperinha bestehen aus unzähligen Schalen von Flußmuscheln, die eine Fläche von vielen tausend Quadratmetern in beträchtlicher Mächtigkeit bedecken. Die Muscheln gehören den Gattungen Hyria, Castalia und Unio an, zwischen den Schalen finden sich sehr spärlich kleine Thonscherben, Knochen vom Manati, von einem kleinen Fisch, vom Alligator und vom Menschen, ferner kleine Stückchen verkohltes Holz, aber keine Aschenschichten und ebenso wenig irgend welches Geräth. Die Muschelschalen überragen so sehr an Zahl alle übrigen Objekte, daß der Schluß gerechtfertigt erscheint, daß die damalige Bevölkerung sich so gut wie ausschließlich von Muscheln nährte.

Das Vorkommen von Muschelschalen auf einer vom Fluß durch weit vorgelagerte Alluvialflächen getrennten Anhöhe macht es wahrscheinlich, daß zur Zeit ihrer Anhäufung andere physikalisch = geographische Verhältnisse geherrscht haben. Eine Senkung des Landes von nur sechs Meter würde das ganze untere Stromgebiet des Amazonas in ein weites Seebecken verwandeln, in welches der Xingu, Curuá, Tapajoz, Maué=assú, Abacaxis und Canumá einmünden würden. Diese Bucht würde dann den Fuß jener Muschelhaufen bespülen, und dabei würden in ihr bei den enormen Wassermengen des Riesenstromes

---

[1]) Archivos do Museu nacional do Rio de Janeiro. Vol. VI. 1001. Referat im Archiv f. Anthropologie 18. Bd. S. 184.

doch noch die Süßwassermuscheln leben können, welche ihre Schalen dort hinterlassen haben.

Ähnliche Muschelhaufen, wie sie Hartt bei Taperinha beobachtet, fanden sich am Ufer des Maicá (15 Meilen westlich von dem vorigen) an den Cagõa de Villa Franca, auf einer Insel bei Obidos, bei Mondongo, westlich vom Trombetas-Fluß. Ebenso an der Mündung des Tocantins am Canaticú, Maracanao und Merappanim. Bei Cametá am unteren Tocantins untersuchte Penna einen etwa 1600 Quadratmeter großen Muschelhaufen, der aus Schalen von Castalia und Hyria mit Beimischung weniger Unio- und Anodonta-Schalen bestand. In dem großen Muschelhaufen von Jassapetuba fand Penna vorwiegend Schalen von Cyprina. Außerdem wurden in den letztgenannten Sambaquis kleine Thonscherben, Unterkieferreste und ein humerus eines großen Carniforen (Jaguar?) sowie ein zerbrochenes Steingeräth gefunden.

Sambaquis mariner Muscheln finden sich bei Pinheiro am Südufer des Rio Pará (Schalen von Austern, die heute nicht mehr im süßen Wasser des Pará vorkommen), dann bei Salinas an der Mündung des Amazonas (überwiegend Venus, selten Ostraea und Schalen der Univalven Fusus und Faciolaria); dabei grobe Thonscherben (die aber zum Theil sicherlich viel jünger sind, als die Muschelhaufen), hier und da Menschenknochen; ferner zwischen Salinas und Braganza (Topfscherben, Menschenknochen), bei Corôa nova (zwei Skelette, in einem anderen Sambaqui ein Skelett in einem roh gearbeiteten Thongefäß; die Muscheln hauptsächlich Ostraea, Pholas, Arca, Cardium ꝛc.).

Eine altindianische Ruinenstadt im Staate Arizona ist von Frank Cushing aufgefunden und be-

schrieben worden.[1]) Sie soll einen Flächenraum von
9 engl. Quadratmeilen bedeckt haben und bestand hauptsächlich aus großen Häuserquadraten, von einem hohen,
augenscheinlich zur Vertheidigung dienenden Wall umgeben; in der Mitte fanden sich die Trümmer eines
ungeheuren Tempels und unter ihnen zahlreiche Skelette.
Auch mannigfache Begräbnisstätten konnten bloßgelegt
werden, und aus den verschiedenen Begräbnisarten, sowie
aus den Beigaben, welche in gleicher Weise heute noch
bei den Zuni-Indianern üblich sind, konnte Cushing,
Dank seiner Eigenschaft eines in die religiösen Ceremonien
Eingeweihten, nachweisen, daß die Bewohner dieser mächtigen Stadt als die Vorfahren der heutigen Zuni-Indianer
anzusehen sind. Die Stadt ist, wie der Augenschein
lehrt, und wie auch noch alte Überlieferungen der Zuni
berichten, von einem furchtbaren Erdbeben zerstört worden.
Indem nach der plötzlich hereinbrechenden Katastrophe,
deren Größe die in die Tausende gehende Zahl der aufgefundenen Skelette bemessen läßt, und welche jedenfalls
einen großen Theil des Volkes vernichtete, die Trümmer
allmählich vom Flugsand zugedeckt wurden, wurden alle
Geräthschaften auf das Beste erhalten und so bedeutende
Funde an allerlei Geräthen, hauptsächlich Gegenständen
des täglichen Gebrauchs gemacht, die sich in der Form
und in der Ornamentik der keramischen Erzeugnisse eng
an die heute noch bei den Zunis im Gebrauch befindlichen Geräthe anschließen. Metallgegenstände wurden
keine gefunden. Einige Meilen von Los Muertos entdeckte Cushing eine zweite Stadt, die er nach den Trümmern
einer Wasserleitung Las Acequias nannte. Die Städte
sind jedenfalls dem mächtigen, kriegerischen und auch in

---

[1]) American Naturalist Vol. XXII. No. 255.

Künsten und Wissenschaften erfahrenen Volke zuzuweisen, dessen Spuren sich in den Trümmern von Städten, Befestigungswerken, Palästen, Tempeln, Pyramiden und andern Denkmalen in ununterbrochener Reihe von den Nordgrenzen Chiles an durch Peru, Ecuador, ganz Centralamerika, Mexiko, Neu-Mexiko und Arizona hindurch bis zum Salz=See in Utah nachweisen lassen, dessen Blüthezeit aber zur Zeit der spanischen Invasion längst überschritten war.

Die Bronzefunde von Goluzzo und Limone bei Livorno sind von J. Orsi beschrieben und gewürdigt worden.[1] Sie reihen sich den Depotfunden aus der ersten Eisenzeit Italiens an und sind von besonderem Interesse deshalb, weil sie uns Formen des Hausrathes und Handwerkzeuges überliefern, welche wir unter den Grabbeigaben nicht antreffen und, da Wohnplätze aus jener Epoche in Italien noch kaum nachgewiesen sind, diese Lücke unserer Kenntnis ausfüllen. Zugleich geben sie Kunde von dem in manchen Gegenden noch heute nicht erloschenen Gewerbe der herumziehenden Metallhändler und Gießer, denen wir diese Überreste verdanken. Mit Recht erinnert Orsi daran, daß es Zeit wäre, manchen solchen Fund, der sich in Sammlungen mit der Ausbeute von Gräbern vermischt haben mag, abzutrennen und gesondert zu behandeln. Der jüngere Depotfund von Goluzzo besteht aus zahlreichen, zum Theil stark abgenützten oder zerbrochenen Schaftketten, Messern, Lanzenspitzen, Meißeln, Bogenfibeln, Vasenfragmenten u. dgl. und gehört der Hauptmasse nach in die Blüthezeit der Villanova=Kultur (von IX.—VIII. J. v. Chr.). Der Depot-

---

[1] Estralla dal Bollettino di paletnologia italiano XIII. 1887. No. 7, 8.

fund von Limone stammt aus einer Grotte, wo er an=
geblich in 3 mit Steinen umfriedeten Gruppen nieder=
gelegt war, und enthält außer den oben angeführten
Formen noch Haarnadeln, Ringe, Sicheln und einiges
Andere; sein Gesammtcharakter ist alterthümlicher als der
des Fundes von Goluzzo. Auf Votivgaben werden
bekanntlich auch im Norden manche der unter Steinen
niedergelegten Funde gedeutet; es ist aber immer wahr=
scheinlicher, daß wir es mit dem (bis zur Rückkehr)
geborgenen Besitz eines wandernden Kleinhändlers zu
thun haben, und daß diese Sachen bestimmt waren, früher
oder später in irgend einer Gußstätte umgearbeitet zu
werden.

Die Besiedelung des Alpengebietes zwischen
Inn und Lech und des Innthales in vorgeschicht=
licher Zeit bildet den Gegenstand einer Studie von
von Fr. Weber.[1]) Den sichersten Anhalt für die Be=
urtheilung der prähistorischen Bevölkerung findet der Verf.
in den erhaltenen Grabstätten, welche vor Allem durch
die Verschiedenheit der Bestattungsweise auffällig sind.
In dem nichtgebirgigen Theil jener Gegend zeigen sich
nämlich ausschließlich Tumuli, welche jedoch am Fuße der
Vorberge gänzlich aufhören. Dagegen kommen im Inn=
thale nur Flachgräber vor, während in dem zwischen den
Vorbergen und dem Innthale liegenden Gebirgslande
Grabstätten überhaupt vollständig fehlen. Weber findet
darin eine Bestätigung der Annahme, daß die Bewohner
Vindeliciens Kelten, die Rhätiens rasenischer Abkunft
waren, indem er die Errichtung von Grabhügeln als eine
allgemein keltische Sitte in Anspruch nimmt und dagegen

---

[1]) Beiträge zur Anthropologie und Urgeschichte Baierns
VIII. Bd. 1.—2. München 1888.

an den bei den Etruskern, den Stammverwandten der
Rhätier, herrschenden Brauch, ihre Todten unter der Erde,
in Felshöhlen und Grabkammern beizusetzen, erinnert.
Das Inventar der Grabhügel Vindeliciens vertheilt sich
auf alle Perioden der vorrömischen Metallzeit; aber auch
in den Flachgräbern Rhätiens sind verschiedene, zeitlich
getrennte Kulturstufen vertreten. Sonst ist der Inhalt
beider vielfach verschieden. Schon im Innthale, noch
entschiedener aber am Brennerpaß, in den Funden von
Sonnenburg, Matrei und Steinach, tritt uns in den
Bronzen der Charakter italienischen Einflusses und
Importes entgegen. Dagegen ist eine ausgeprägte Hallstatt-Kultur, wie in Vindelicien, hier trotz einzelner Funde
bis jetzt nicht nachweisbar. Ebensowenig ist die La Tène-
Kultur im Innthale vertreten, was entweder damit zu-
sammenhängt, daß die römische Eroberung die beginnende
Entwicklung dieses Stiles unterbrach, oder seinen Grund
darin hat, daß die jahrhundertelange Herrschaft des
italischen Verkehrs und Handels diesen von Westen herein-
bringenden Geschmack und seine Fabrikate bei der rhäti-
schen Bevölkerung nicht aufkommen ließ. Auffallend ist
nebst namhaften anderen Verschiedenheiten das Fehlen
der Fibeln im Innthale gegenüber dem häufigen Auftreten derselben in den oberbaierischen Gräbern, welche
überhaupt viel reicheren und abwechselnderen Schmuck
enthalten. „Zweifelsohne", sagt Weber, „existirten Handels-
verbindungen und Wege sowohl nach Süden als nach
Osten. Der vindelicische Theil des Gebiets erhielt seinen
Import von beiden Richtungen, der rhätische nur aus dem
Süden. Dies beweisen die zahlreichen, in einzelnen
Stücken mit Hallstätter und italischen Typen vollkommen
übereinstimmenden Funde. Aus dem Süden stammen
sicher die Bronzehelme von Saulgrub und Steingaden,

die Bronzeeimer von Uffing ꝛc., die Nadeln und Messer
von Bronze aus den Flachgräbern von Völs und
Hötting ꝛc. Aus dem Osten (Noricum) kamen die Fibeln
mit Klapperblechen, die Leibgürtel und Armbänder von
dünnem Bronceblech, die Eisenmesser und Schwerter von
Uffing, Huglfing, St. Andrä ꝛc.

Die frühesten Beziehungen zwischen Mittel-
und Südeuropa sind Gegenstand einer Abhandlung
von M. Hoernes gewesen.[1] Er weist zunächst auf die
merkwürdige Thatsache der Ähnlichkeit hin, welche zwei
so getrennte Gebiete desselben wie Hellas-Italien einerseits und der Festlandkörper des Welttheiles andererseits
in den Formen jener archaischen Kulturstufe an den Tag
legen, welche in Mitteleuropa mit dem Namen der Hallstätter Epoche bezeichnet wird. Die Thatsache selbst steht
fest, ob man auch im Süden die Bezeichnung nach jenem
mitteleuropäischen Fundorte verwirft, und ob auch über
die Art des Zusammenhanges, der hier obwaltet, die tiefen
Schleier der Prähistorie gebreitet sind. Man hat dieselben an verschiedenen Ecken und Enden zu lüften gesucht;
F. v. Hochstetter in Wien, E. Chantre in Lyon,
R. v. Birchow in Berlin haben ihre eigenen, untereinander verschiedentlich abweichenden Formeln zur Lösung
dieses Problems aufgestellt; eine sehr namhafte Summe
geistiger Arbeit ist damit von den genannten Forschern
an eine Aufgabe gesetzt worden, welche wohl als eine
der wichtigsten der gesammten Urgeschichte bezeichnet
werden darf.

Birchow ist der Meinung, daß die Hallstatt-Kultur
aus Italien und weiterhin aus Griechenland und noch

---

[1] Mitth. d. anthropol. Ges. in Wien. Sitzungsberichte 1888.
Nr. 4—6. S. [57] u. ff.

weiterhin aus dem Orient stammt. Dem stimmt Hoernes im Allgemeinen bei, doch betont er bezüglich des ostalpinen Fundgebietes die Wahrscheinlichkeit eines direkten Einflusses der Balkanhalbinsel. Darin begegnet er sich mit Undset, welcher sich dahin ausspricht: „Die in den letzten Jahren in Kärnten und Krain gemachten, ähnlichen großen Funde stehen zum Theil mit der euganeischen Gruppe im Zusammenhange, so daß sie mit dieser als eine große illyrische Gruppe· bezeichnet werden können. In diesen Funden der österreichischen Alpenländer kommen indeß bedeutende Abweichungen von den norditalienischen Fundgruppen vor, welche nicht blos auf lokalen Entwicklungen und Eigenthümlichkeiten, sondern mit auf Einflüssen der griechischen Halbinsel beruhen. Die große Rolle, die hier die halbkreisförmigen Fiebeln bis auf ziemlich späte Zeiten spielen, erklärt sich nur aus diesem Gesichtspunkte.“

Hoernes resümirt seinerseits so: „Wenn die Hallstatt-Kultur in ihrer letzten Quelle auf orientalische, d. h. vorderasiatische Einflüsse zurückgeht, woran kein Kundiger zweifelt, — wenn die dem vorderasiatischen Orient räumlich so naheliegende Balkanhalbinsel, namentlich große nördliche Gebiete derselben, in der homerischen Epoche, welche die Herrschaft dieser Kultur im Süden Europas vertritt, einen hohen, in der griechischen Epik bezeugten Kulturgrad besaß und mannigfache Spuren dafür sprechen, daß diese Kultur ziemlich weit nach Nordwesten hinauf verbreitet war, — wenn dieses Gebiet aber trotzdem archäologisch noch so gut wie unerforscht ist, und wenn schließlich in Mitteleuropa eine räthselhaft hochentwickelte, archaische Metallkultur gleichen Gepräges auftritt, welche mit Sicherheit nach dem Südosten als der Richtung ihrer Herkunft hinweist, — dann sind wir wohl kaum berechtigt, diese Erscheinung so ausschließlich an Italien zu knüpfen, wie dies früher allgemein geschah und jetzt wieder von Virchow nachdrücklich empfohlen wird. Fragen wir zum Schlusse noch einmal: woher stammt die Hallstatt-Kultur in Mitteleuropa? so müssen wir sagen: Wir erwarten die endgiltige Antwort hierauf von einer nahen Zukunft, in der es uns vergönnt sein wird, die Lücke auszufüllen, welche die Unkenntnis der archäologischen Verhältnisse der Balkanhalbinsel derzeit in unserem Wissen bildet. Denn es steht zu erwarten, daß sich das Bild, welches die Fundthatsachen jetzt gewähren, dann nicht unerheblich verändern wird. Das Schicksal der Welt ist auch dasjenige der Wissenschaft. Deutschland und Italien, die beiden Schooßkinder des 19. Jahrhunderts, sind nicht nur so glücklich, den Gang ihrer nationalen Entwicklung bis zu gewissen großen Ruhepunkten zu übersehen, sie sind auch in der Lage, tiefe Blicke in die Vorstadien ihrer literarisch bezeugten Geschichte zu werfen. Die Balkanhalbinsel, dieses Schmerzenskind unseres Jahrhunderts, bildet dazu in doppelter Hinsicht einen Gegensatz. Allein die Zeit kann nicht mehr fern sein, wo man sie weder in der einen, noch in der anderen Beziehung so vollkommen bei Seite liegen läßt wie jetzt".

Die Einwanderung der germanischen Skandinavier in den Norden ist ein Problem, das von verschiedensten Seiten angefochten und in sehr verschiedener Beleuchtung behandelt worden ist. Montelius [1] ist der Überzeugung, daß diese Einwendung gegen Ende der Steinzeit vor etwa 4000 Jahren stattgefunden haben werde. Hierauf weisen die Langschädel aus den Gräbern dieser Periode, während die Kurzschädel vermuthlich Verwandten der Lappen und Finnen angehören. Die Einwanderer

---

[1] Archiv f. Anthropologie 1887. S. 151.

kamen wahrscheinlich aus den Gegenden des Schwarzen Meeres, über Dänemark durch Schonen, längs der Westküste über Westgothland.

Vorgeschichtliche Ansieblungen an der Oder, zwischen den Mündungen der Warthe und des Bober sind von Baldow geschildert worden [1]). Sie finden sich stets in der Nähe der Flüsse und Seen, aber niemals im Inundationsgebiet.

Die prähistorischen Denkmäler Westpreußens sind von dem unermüdlich thätigen Alterthumsforscher Dr. Lissauer geschildert und kartographisch dargestellt worden. Wir entnehmen der Besprechung von Szombothig über dieses große und wichtige Werk folgendes [2]):

„Die Heimat des baltischen Bernsteins ist ein für den Urgeschichtsforscher hochinteressantes Gebiet, über welches den entfernter wohnenden Fachmännern zusammenfassende Mittheilungen um so willkommener sind, je mehr der Einzelne durch die Arbeiten im eigenen Rayon abgehalten ist, dem raschen Fortschritte in jenem Gebiete mit ungetheilter Aufmerksamkeit zu folgen. Herr Lissauer und die naturforschende Gesellschaft in Danzig konnten also von vornherein sicher sein, daß das vorliegende, einem Haupttheile der baltischen Länder gewidmete Werk aller Orten freudig begrüßt werden wird.

In einer sehr gut angelegten und im Maßstabe 1 : 300·000 vorzüglich ausgeführten großen Karte und in fünf (der neolithischen, Hallstädter, La Tène, römischen und arabisch-nordischen Epoche entsprechenden) genauen, bündigen und auch in Bezug auf ihre äußere Ausstattung mustergiltigen Fundkatalogen finden wir nicht weniger als

---

[1]) Baldow, die Ansieblungen a. d. mittl. Oder. Leipzig 1887.
[2]) Mitth. der anthropol. Gesell. z. Wien 1888. II.—III. Heft. S. 208.

1491 Fundorte von Westpreußen und den nächstanstoßen=
den Gebieten verzeichnet. Auf der Karte sind die oben
genannten Perioden durch verschiedene Farben und die
Arten der Funde durch Zeichen unterschieden. Die Kata=
loge enthalten die Fundorte nicht in der bequemen alpha=
betischen Reihe, sondern nach natürlichen geographischen
Gruppen geordnet, mit den wichtigsten Fundangaben und
mit allen wünschenswerthen Literatur= und Sammlungs=
Nachweisen. Referent gibt der in diesen Fundkatalogen
befolgten Anordnung weitaus den Vorzug vor der häufiger
angewendeten tabellarischen, welche auf der einen Seite
Raum verschwendet, um ihn auf der anderen Seite für
eine Reihe von erwünschten Notizen zu versagen.

Durch diese Fundregister wird das Buch als Nach=
schlagewerk für jeden Fachmann unentbehrlich. Seine
Hauptstärke liegt aber nicht in jenen trockenen Theilen,
welche es unentbehrlich machen, sondern in dem ausge=
zeichneten Beiwerk, durch welches es für den Fachmann
angenehm und für den Freund der Urgeschichtsforschung
interessant und lehrreich gemacht wird. Mit diesem Bei=
werk meinen wir die Einleitung und die den einzelnen
Perioden gewidmeten und den Fundregistern vorange=
stellten „Kulturbildern", in welchen Herr Lissauer den
Schatz seines eigenen Wissens und die Resultate der
zahlreichen einschlägigen Specialarbeiten in gemeinver=
ständlicher Form vor unserem Auge ausbreitet.

Die Einleitung gibt eine vollkommen ausreichende
Übersicht über die Bodengestaltung des Gebietes, die
diluviale Vergletscherung und die beim Rückzuge der
nordischen Gletscher eingetretenen Verhältnisse. Mit be=
sonderer Rücksicht auf das erste Auftreten des Menschen
in den Weichselländern wird dargelegt, daß zu Ende der
Eiszeit die Bewohnbarkeit des Landes in den Thälern

begann, während die Plateauhöhen des uralisch-baltischen Landrückens in Folge ihres rauheren Klimas noch lange mit beträchtlichen Resten der Gletschermassen bedeckt blieben. In Übereinstimmung damit fehlen paläolithische Funde gänzlich und zeigen sich die neolithischen Funde fast nur in den tieferen Lagen des Landes. Die „allgemeinen Kulturbilder" der einzelnen Perioden sind durch besondere kleine Karten, in welche die Fundstellen mit rothen Punkten eingetragen und an deren Rand einige kleine Abbildungen typischer Funde angebracht sind, illustirt. Bei weiser Beschränkung auf die Funde der Provinz und das damit eng Zusammenhängende bilden sie ein auf der heutigen Höhe der Forschung stehendes und den ganzen Zeitraum von der neolithischen Epoche bis zur Eroberung des Landes durch den deutschen Orden umfassendes Lehrgebäude. Gewissen Specialitäten, wie dem Bernstein und seinem Handel, den Gesichtsurnen u. s. w. ist die gebührende Aufmerksamkeit gewidmet.

Die Hallstädter Periode ist in Westpreußen durch eine besonders große Menge von Funden (über 40 Proc. der Gesammtfunde) vertreten, aber unter denselben ist das Eisen ganz besonders selten; es erscheint hier als herrschendes Metall erst mit der La Tène-Periode. Diese letztere selbst hingegen und auch die Hallstädter vorangehende eigentliche Bronzeperiode (mit nordischen und ungarischen Bronzeformen) weist im Gegensatze zu den westlichen Nachbargebieten eine überraschend geringe Menge von Funden, beiläufig je 2 Proc. der Gesammtfunde, auf.

Die kleinen Übersichtskarten nehmen noch unsere Aufmerksamkeit in Anspruch. Obwohl in einem sehr kleinen Maßstabe (1 : 1 850 000) ausgeführt, entsprechen sie vollständig ihrem Zwecke und gewähren eine viel bessere Orientirung als die Hauptkarte, in welcher Zeichen und

Farben bunt durcheinander laufen. Diese neuerliche Wahr=
nehmung bestärkt Referenten in der schon von verschie=
denen Seiten vertheidigten Ansicht, daß die Anlage von
getrennten Fundkarten für die verschiedenen Perioden vor=
zuziehen sei einer einzigen Hauptkarte, in welcher die
Perioden durch verschiedene Farben unterschieden sind.
Die Höhenschichtenkarte als Grundlage bewährt sich vor=
trefflich.

Die vorgeschichtlichen Rundwälle im östlichen
Deutschland sind Gegenstand einer Studie von Dr. R.
Behla gewesen [1]). Diese Rundwälle gehören trotz ihres ein=
fachen, unscheinbaren Aussehens zu den hervorragendsten
Bauwerken der prähistorischen Völker Mittel= und Nord=
europas. Auf Grund eingehender Forschungen gibt der
Verfasser reichhaltige Mittheilungen über Bauart, wech=
selnde Form und Größe, über Sagen, Funde und ge=
schichtliche Nachrichten, welche zu dem Gegenstande seiner
Untersuchungen in Beziehung stehen und erörtert schließ=
lich die Fragen über Erbauer, chronologische Stellung
und wahrscheinlichen Zweck, wobei er zu dem Ergebnisse
gelangt, daß sowohl Germanen als Slaven einen, wenn
auch oft verschieden gearteten Antheil an den Rundwällen
haben und daß ein großer Theil derselben nicht zu Ver=
theidigungszwecken errichtet wurde, welche Bestimmung
ihnen eine einseitige Anschauung gegeben hat, sondern als
Werke von religiöser Bedeutung aufgefaßt werden muß.

Über die sogenannten Erdställe, jene merk=
würdigen, unterirdischen Gänge, die man in Bayern und
Österreich findet, hat sich Karner eingehend verbreitet [2]).
Sie sind für sich abgeschlossene Systeme, bestehend aus

---

[1]) Berlin 1888.
[2]) Mitth. d. anthropol. Gesellschaft in Wien. 1887.

Gängen und Kammern. Was aber diesen Höhlensystemen
ihre Charakteristik verleiht, das sind die labyrinthischen
Verzweigungen der Gänge, die fast ausschließlich nur für
eine Person und das in der Regel nur gebückt oder
kriechend, zu passiren sind; das sind die senkrechten Schlupf-
gänge mit ihren Einkerbungen zum Einsetzen der Füße,
von denen in einer Höhle einer sich in der Höhe von
6·5 m, also haushoch findet; das sind die kleinen faust-
großen, mit großer Regelmäßigkeit wiederkehrenden Nischen,
in denen brennende Lampen gestanden, wie die Brenn-
spuren zeigen; das sind endlich die Kammern in ihrer
oft eleganten Form und Gestaltung mit ihren Sitzen
und Bänken und den schönen spitzbogigen oder gerundeten,
großen Nischen. Beachtenswerth ist das Größenverhältnis
der Kammern, das bei den hunderten, die Karner gemessen, fast durchschnittlich das gleiche ist, nämlich 1·6 m
hoch, 1·5—2 m breit und ebenso lang. Merkwürdig ist
die übereinstimmende Anlage diese Kammern und nicht
selten des ganzen Baus auf eine Himmelsrichtung, nämlich von Süd zu Nord, jedoch so, daß nicht die Wände,
sondern die Kammerecken der Himmelsgegend entsprechen.
Manchmal sind die Kammern wundervoll gestaltet; so
beschreibt Karner Kammern in Kapellenform mit symmetrisch angebrachten großen Nischen; Kammern mit glocken-
oder kuppelförmiger Decke, ringsherum in der Ausbauchung
mit kleinen Nischen verziert u. s. w. An der Decke der
Kammern befindet sich häufig ein Luftloch; gegenüber
seiner Gangmündung ist meist eine Lichtnische. Die Gänge,
die, wenn sie zu einer weiter unten liegenden Kammer
führen, oft steil abfallen, sind, wie schon erwähnt, sehr
eng. Besonders schwierig gestaltet sich in mehreren Fällen
der Zugang zu der Schlußkammer, die dann auch besonders schön geformt ist und jedenfalls eine Art Heilig-

thum war. Als Beispiel seien die Verhältnisse des Höhlen=
systems bei Oberndorf erwähnt. Der Verbindungsgang
zwischen der vorletzten und der Schlußkammer ist ein Eng=
paß im vollsten Sinn des Wortes; ein 0·5 m breiter,
0·55 m hoher Gang führt vorerst 0·8 m gerade nach
Süd; hier bildet der Gang einen Winkel, um nach Nord=
ost zurückzuführen, so daß diese Partie äußerst schwer zu
passiren ist. Die Kammer, in die man so gelangt, ist
auch in diesem Fall durch Größe und Form vor den
andern ausgezeichnet; sie ist 4 m lang, 1·5 m breit,
gegenwärtig ebenso hoch und im Rundbogen gewölbt.
In den Längswänden finden sich in regelmäßigen Ab=
ständen je zwei schön geformte, 0·9 m hohe und 0·5 m
tiefe Nischen.

Zur vollständigen Charakterisirung der Erdställe ist
noch zu erwähnen, daß bei den Kammern und Gängen
sich oft die Anlage in Kreuzform findet, daß die Höhlen=
systeme mit Brunnen oder mit Quellen in Verbindung
stehen, die in einigen Fällen als „heilig" bezeichnet wer=
den, und das Gänge und Kammern mit Verschlußvor=
richtungen versehen sind.

Was war nun der Zweck dieser Höhlungen? Die
älteste urkundliche Erwähnung derselben reicht in den
Beginn des 13. Jahrhunderts zurück, unstreitig aber haben
dieselben ein beträchtlich höheres Alter. In Erwägung
des großen Verbreitungsbezirkes der Höhlen, die sich in
den schon erwähnten bayerischen Provinzen, in Ober= und
Niederösterreich), dann im Waldviertel, längs der böhmi=
schen Grenze, in Mähren, tief ins Land hinein; aber
auch in Ungarn, nach verbürgten Nachrichten bei Preß=
burg, ferner um Ödenburg und im nördlichen Steier=
mark, überall mit den gleichen charakteristischen Merkmalen
sich finden und in Erinnerung daran, daß dieser Ver=

breitungsbezirk dem großen Reich der Quaden sich an-
passen läßt, kommt Karner zu dem Schluß, daß die Erdställe aus der Zeit der Quaden stammen dürften; eine
Vermuthung, die dadurch unterstützt wird, daß sich that-
ächlich im Innern der großen Quadenfestung zu Still-
fried künstliche Höhlen finden. Daß die Höhlen ausschließlich als Wohnungen gedient haben, glaubt Karner
nicht; denn nirgends findet man eine Feuerstelle in denselben und zudem hatten die Quaden ihre Hütten. Es
ist vielmehr anzunehmen, daß die Höhlen nur zeitweilig
besucht wurden und zwar zu einem bestimmten Zweck,
der wahrscheinlich ein religiöser, ein Kultuszweck war.
Ob Todtenkult oder ein anderer sei dahingestellt, denn
merkwürdigerweise wurde in den hunderten von Kammern,
die Karner durchforscht noch kein entscheidender Fund gemacht, wenngleich dem Forscher von Skeletten berichtet
wurde, die darin gelegen sein sollen und in Mähren und
Röschitz Sagen gehen, daß in den Erdställen Greise ge-
haust hätten, die, als man sie anrührte, zu Staub zer-
fielen. Nach einer von Hartmann in seinem oben genannten Aufsatz citirten Angabe wurden in Oberöster-
reich 1886 in einer künstlichen Höhle zwei Urnen gefunden, der erste derartige Fund in einem „Erdstall“.
Nähere Details bezüglich dieser Urnen sind aber noch
nicht veröffentlicht. Würde sich die Vermuthung bewahr-
heiten, daß die Erdställe den Quaden ihre Existenz verdanken, so wären sie in die ersten Jahrhunderte n. Chr.
zu setzen; denn der Name der Quaden, des mit den
Markomannen stammverwandten Volksstammes, welcher
den Römern in vielen kräftig geführten Kriegen viel zu
schaffen machte und vom 1. bis 4. Jahrh. n. Chr. die
oben im Umriß skizzirten Gebiete inne hatte, verschwindet
im 5. Jahrhundert gänzlich aus der Geschichte.

Die vorgeschichtliche Bestattungsweise in der Niederlausitz wird von Siehe geschildert[1]).

„Eine Sage, die in der Lausitz fast in jedem Dorfe wiederkehrt, ist die von den Lntki's, den kleinen Lenten; die Etymologie dieses Wortes ist dunkel. Die Sage lautet, daß noch heute ein Zwergengeschlecht existirt, welches dem Menschen freundlich gesinnt ist und ihm bei seinen Verrichtungen hilft; dafür müssen die Menschen es gewähren lassen und ihm ab und zu allerlei Geräth und sonstige Gegenstände leihen, unter denen überall ein Backtrog in vorderster Linie steht. Fragt man nun weiter, wo diese Leutchen denn wohnen? so bekommt man zur Antwort: auf dem Lutchenberge oder dem Heidenkirchhof oder den Kiebitzbergen u. s. w. Sieht man diese Lokalitäten näher an, so findet man ein sandiges Terrain, das eine Anhöhe bildet; auf dieser Anhöhe kann man, besonders dort, wo der Platz seit Jahrhunderten Waldboden gewesen ist, noch viele kleinere Hügelchen unterscheiden. Schon bei der äußeren Besichtigung wird man die Entdeckung machen, daß Scherben, die von unserer Töpferarbeit abweichen, und längliche resp. plattenartig geformte Granitsteine in mehr oder minderer Menge den Ort bedecken. Man kann sicher sein, sich auf einem Friedhof zu befinden, und von der Gunst des Zufalls hängt es nun ab, ob die mit Vorsicht und Sachkenntnis unternommene Ausgrabung uns ein vollständiges Bild von der Art und Weise der Bestattung unserer Vorfahren gibt.

Unter dem Worte Vorfahren lasse ich dahingestellt, ob man sich deutscher, wendischer oder wendisch-deutscher Abstammung erfreut. Die Akten über dieses Kapitel sind

---

[1]) Monatl. Mitth. des naturwissenschaftlichen Vereins des Regierungsbezirks Frankfurt. 3. Bd. S. 55.

noch nicht geschlossen, und gerade jetzt ist zwischen den
Fachgenossen der Streit, ob slavisch oder germanisch resp.
vorslavisch, heftiger denn je entbrannt. Die deutschen
Forscher vindiciren diese alten Grabgefilde den Stammes-
genossen der alten Sueven, die slavischen Alterthums-
freunde wollen beweisen, daß die sogenannten Wenden-
friedhöfe wirklich die Reste alter Wenden aus der Heiden-
zeit bergen. Ich werde diese Frage, deren Entscheidung
schwer ist, nicht weiter streifen, bevor nicht das Interesse
für solche Dinge in weitere Kreise gedrungen ist und mit
dem Interesse die Sammlung von Material zu einem
Entscheidung verheißenden Abschluß gediehen ist.

Wir befinden uns also auf einem solchen durchaus
sandigen, etwas erhöhten Terrain, von dem wir wissen,
daß beim Sandgraben, Ackern oder Holzroden alte Töpfe
gefunden worden sind, und im Interesse der Leser dieser
Zeilen nehmen wir an, was nur selten Jemand vergönnt ist zu finden, wir hätten bei vorsichtigem Nach-
graben die Stelle getroffen, an welcher der Scheiterhaufen
entflammt wurde, um die Körper der Abgeschiedenen
durch Feuer zu bestatten. Nach Abräumung des Sandes,
der vielfach mit Holzkohle und Aschenresten gemischt ist,
finden wir in einer Tiefe von 1—3 Fuß ein aus dicht
aneinander gelegten Granitsteinen bestehendes Pflaster, das
an seiner Oberfläche geschwärzt und dicht mit Asche bedeckt ist; dies ist die sogenannte ustrina.

In der nächsten Umgebung stoßen wir auf aus glatten
Granitstücken bestehende, theils viereckig, theils rund ge-
haltene Steinkränze, die einen Durchmesser von 1/2 bis
zu 2 m haben. Zuweilen sind diese Steinkränze noch mit
einer Steindecke aus demselben dünnen, plattenförmigen
Granitmaterial versehen, zuweilen auch findet sich noch
ein gepflasterter Grund. So kann dieses Grabgewölbe,

denn um ein solches handelt es sich, ungemein variiren bis zum gänzlichen Fehlen des Steinkranzes, der Stein- decke und des Steinpflasters.

In der Mitte des Grabgewölbes finden wir eine größere Urne, die entweder aufrecht steht, seitwärts ge- legt ist oder umgekehrt steht, immer aber durch Deckel resp. Untersatz auf das Sorgfältigste verschlossen ist. In dieser Urne, dem ossuarium, befinden sich die aus ge- brannten Menschenknochen bestehenden Überreste des Be- statteten, die, vielleicht zum bequemeren Hineinlegen in das Todtengefäß, zertrümmt sind. Neben diesen Knochen- urnen stehen ein bis zwei, ja bis acht Beigefäße von ver- schiedenster Form; es finden sich kleine Näpfchen, Flaschen, Krüge, kleine runde Töpfe, flache Schalen u. s. w.

Die Form dieser Schalen ist so mannigfach, daß es die Grenzen dieses Aufsatzes, der nur die Bestimmung hat, das Bekannte in komprimirtester Form den Lesern dieser Blätter zu reproduziren, weit überschreiten würde, wenn Alles einzeln hervorgehoben werden sollte. Es möge genügen, daß die Beigaben fast alle Töpfergeräthe umfassen, welche im Leben gebraucht wurden. So hat man unter anderen gefunden: Kinderklappern mit kleinen Steinen gefüllt, Thonlöffel, Trinkschalen, Trinkhörnern, Pokale, Leuchter, Tiegel, Räuchergefäße u. s. w. In den Knochenurnen findet man zuweilen schön grün ge- färbte Bronzegegenstände, als: Nadeln verschiedenster Länge und Form, Haarnadeln, Fibeln, Spiralen, Finger- und Armringe, auch vereinzelt Glasperlen. Auf einigen Fried- höfen, die augenscheinlich einer anderen Epoche angehören, werden in den Knochenurnen auch Gegenstände von Eisen: kleine Messer, Lanzenspitzen u. s. w., ferner Thonwirtel, Knochenkämme u. s. w. gefunden.

Die Gefäße sind aus mit Sand vermischtem Thon

theilweise sehr gut gebrannt und variiren in der Farbe
von einem hellen Lehmgrau bis hellgelb, bis Ziegelroth
zu dunkleren Farbenabtönungen. Die Beigefäße enthalten nur Sand; alle Gefäße sind unbenutzt und haben
offenbar die Bestimmung gehabt, den Todten im jen-
seitigen Leben, das, nach allen diesen Beigefäßen zu
schließen, als eine Fortsetzung des Diesseits gedacht wurde,
zum Gebrauch zu dienen.

Wir finden also, daß bei demjenigen Volke, welches
seine Todten hier zu bestatten pflegte, wahrscheinlich aus-
schließlich die Feuerbestattung üblich war; wir finden
ferner, daß diese Menschen mit rührender Pietät für ihre
Todten sorgten, daß den Verblichenen nicht nur diejenigen
Gegenstände, deren sie sich täglich bedienten, in das Grab
mit gegeben wurden, sondern auch Zierrath und bronzene
Schmucksachen, welche in jener grauen Vorzeit von höchstem
Werthe sein mußten. Also Pietät für die Todten und der
Glaube an ein Fortleben nach dem Tode war diesem
Volksstamm eigenthümlich.“

Die anthropologische Untersuchung des Kaukasus ist in den Jahren 1879—81 Gegenstand der
Reisen und Forschungen von E. Chantre gewesen. Die
Resultate dieser wichtigen Arbeiten liegen nun in einem
großartigen Werke vor, welches zu den hervorragendsten
Erscheinungen der Neuzeit zählt [1]). Der erste Band desselben behandelt die vorhistorische Zeit, nämlich die Stein-
und Bronzezeit. Aus ersterer sind bis jetzt nur vereinzelte
Funde der neolithischen Periode bekannt, aus der paläo-
lithischen dagegen noch nichts. Chantre rechnet zu jener
auch die im Kubangebiet so zahlreich vorkommenden Dolmen,

---

[1]) Chantre, Recherches anthropologiques dans le Caucase.
4 vols. Paris 1885—87.

welche in ihrem Baue ganz mit den französischen übereinstimmen. Höhlen gibt es im Kaukasus nicht häufig; sie haben bisher kein Material für die Steinzeit ergeben. Auch die reine Bronzezeit scheint im Kaukasus nur ganz spärlich vertreten zu sein. Man fand deren Vertreter bisher ebensowenig wie die Repräsentanten der Steinzeit in Gräbern; was davon bisher zum Vorschein kam, beschränkt sich auf einige Funde von Gußformen, sowie auf einige isolirt gefundene Stücke, welche allerdings die Formen der Bronzezeit repräsentiren. Das ist aber auch Alles. Der Idee Lenormant's, daß der Kaukasus die Wiege der europäischen Bronzekultur sei, kann Chantre nicht beipflichten, da es bisher nicht gelungen ist, Zinnerzlagerstätten aufzufinden, während das Vorhandensein von Kupfer reichlich konstatirt ist, und auch die bisher bekannt gewordenen Thatsachen gegen eine solche Annahme sprechen.

Den Ursprung der Bronzekultur sucht Chantre weiter östlich, vielleicht in Indien, von wo er auf verschiedenen Wegen westwärts gewandert sei. „Der älteste dieser Wege war nach Chantre ein südlicher; durch ihn hätten die alten Ägypter, die Assyrer und Babylonier ihre Kenntnis der Verarbeitung der Bronze erhalten. Von da ging er dann weiter über Kleinasien und Griechenland nach Italien (Chantre's Mittelmeergruppe). Der zweite dieser Wege, der jüngere, ging nördlicher, um die Nordgestade des Kaspischen und Schwarzen Meeres, und von da durch das Donauthal (Chantre's Donaugruppe) nach aufwärts. Diesem Wege verdankt der Kaukasus seine Bronzekultur. Einen dritten Zweig, den uralischen, zieht Chantre nicht weiter in Betracht. Und wenn wir nach den Trägern dieser Kultur fragen, so antwortet uns Chantre darauf: es waren die Zigeuner, welche schon in den fernsten Urzeiten von ihrem Heimatlande gegen Westen ziehend, diese Kultur allmählich verbreitet hätten. Diese Zigeunertheorie ist nicht mehr ganz neu; nur klingt dieselbe in ihrer bisherigen Fassung noch etwas zu abenteuerlich, um wissenschaftlich als voll genommen werden zu können.

Auf die schon erwähnte Donaustraße legt nun Chantre das größte Gewicht. Während die südliche Straße maßgebend für die Kulturentwicklung Griechenlands und Italiens wird, stoßen später in Mitteleuropa die beiden getrennt von einander gehenden Einflüsse aufeinander."

Bezüglich der Beschreibung der ältesten Nekropolen muß auf den 2. Band des Werkes selbst verwiesen werden, sowie auch auf die kritische Besprechung von Heger[1]).

Das Alter der nordischen Runenschrift ist Gegenstand eines Vortrages gewesen, den Montelius gelegentlich der dritten nordischen Philologenversammlung in Stockholm gehalten[2]). Über das Alter der Runen haben lange sehr phantastische Ansichten geherrscht. Noch im Anfang des 18. Jahrhunderts nahm Peringskiöld an, daß die Runen durch Magog, Japhet's Sohn, von Asien nach Schweden gebracht seien, dessen Grabstein er unter den schwedischen Runensteinen entdeckt zu haben glaubte.

„Sogar um die Mitte des 18. Jahrhunderts finden diese phantastischen Vorstellungen noch einen eifrigen Fürsprecher in Göransson, der um 1750 sein berühmtes Werk, Bantil, herausgab, das durch seine nahe an 1200 guten, damals längst fertigen, aber noch nicht publicirten Abbildungen schwedischer Runensteine zu den wichtigsten Hülfsmitteln für das Studium der Runen zählt. Aller-

---

[1]) Mittheil. der anthropologischen Gesellschaft in Wien 1888. S. 210 u. ff.

[2]) Dtsch. v. Morstorf. Archiv für Anthropologie. 18. Bd. Seite 151.

dings betrachtet er es als zweifelhaft, ob unter dem auf
einem Runensteine in Södermanland vorkommende Worte
„Sutum" das Sodom zu verstehen ist, „welches im Jahre
der Welt 2100 zerstört wurde;" aber er trägt kein Bedenken, einige von den schwedischen Runensteinen in das
Jahr 2000 v. Chr. zu setzen. Sein Standpunkt wird
außerdem genügend beleuchtet durch den Titel eines Buches,
das er im Jahre 1747 über den Ursprung der Rnnen
herausgab: „Is Atlinga; das ist der alten Gothen hier
im Schwedenreich Buchstaben= und Seligkeitslehre, zwei-
tausend zweihundert Jahre v. Chr. ausgebreitet in allen
Ländern; wieder aufgefunden von Johann Göransson".
Nachdem er erzählt, daß die Rnnen „von einem sehr
weisen Meister erfunden sind, der jedoch das hebräische
Alphabet zum Vorbild gehabt," und daß die Griechen,
Etrusker und Römer ihre Buchstaben von den sechszehn
nordischen Rnnen bekommen, gibt er die Zeit der Er-
findung genauer an. „Die Rnnen sind nicht etwa von
einem Heiden erfunden, sondern von einem frommen,
und von Gottes heiligem geoffenbarten Wort hoch erleuchteten und weisen Mann Gottes, der jedoch nothwendig hier zu Lande dieses sein kostbares Meisterstück
gemacht und ungefähr im Jahre der Welt 2000 gelebt
hat und ohne Zweifel Gomer gewesen ist."

Schon vor Göransson hatten jedoch andere schwedische
Gelehrte, wie Olof Celsius, Ihre und Andere, die Untersuchungen hinsichtlich des Alters der Rnnen in sicherere
Geleise geführt, bis endlich unsere Zeitgenossen, der Nor-
weger Bugge und der Däne Wimmer, unabhäng von
einander zu einer in den Hauptpunkten gleichen Ansicht
über den Ursprung der Runen gekommen sind.

Nach Wimmer sind die 24 Zeichen der ältesten Rnnen-
reihe eine Nachbildung der lateinischen Buchstaben, wahr-

scheinlich in der jüngeren Form, die sie in der ersten Kaiferzeit in ihrer Verwendung zu Inschriften auf Stein oder Metall zeigen. Um die Zeit vor Chr. Geburt ungefähr, sagt Wimmer, waren die Rnnen bei den Germanen in Gebrauch.

Bugge betrachtet die Runen als ein „Schriftsystem, welches sich im letzten Jahrhundert v. Chr. bei einem südgermanischen Stamm bildete nach einer Form der römischen Schrift, welche die Germanen von einem der keltischen Stämme unter den nördlichen Anwohnern der Alpen adoptirten".

Die Frage betreffend das Alter der Rnnen und die Zeit, wo sie zuerst entstanden, ist übrigens eine andere wie die: wann sie im skandinavischen Norden zuerst bekannt und angewandt worden.

Da wir selbstverständlich von den Autoren damaliger Zeit keine Auskunft hierüber erwarten dürfen, müssen wir uns damit begnügen, statt der Antwort auf diese Frage eine solche auf die nachbenannte zu finden, indem wir fragen: Aus welcher Zeit stammen die ältesten jetzt im Norden bekannten Runeninschriften?"

„Es bleibt uns kein anderes Mittel, als ein Versuch das Alter dieser Inschriften mit Hülfe der Aufschlüsse zu bestimmen, welche sie selbst und die Gegenstände, auf die sie eingegraben, dem Sprachforscher oder Archäologen gewähren.

Der Sprachforscher allein wird uns schwerlich an's Ziel führen können. Er kann wohl feststellen, daß eine Sprachform, als solche, älter als eine andere ist. Aber trotz der hochentwickelten Methode und dem Scharfsinn, die unsere heutigen Sprachforscher auszeichnen, dürfte es ihnen doch schwer werden, allein aus sprachlichen Gründen zu entscheiden, welche von zwei Inschriften die älteste ist.

Dies ist um so schwerer, da die Inschriften kurz sind und an verschiedenen Orten vorkommen. Die Erfahrung hat uns nämlich seit lange gelehrt, daß eine Sprachform in einer Gegend sich viel länger erhalten kann als in einer anderen, und das folglich von zwei Inschriften von zwei verschiedenen Orten die eine, trotz ihres alterthümlicheren Aussehens, doch aus einer späteren Zeit sein kann, als die andere, welche jüngere Formen zeigt.

Und selbst wo sich beweisen läßt, daß eine Inschrift älter als eine andere ist, ist damit noch nicht gesagt, wie viel älter sie ist als letztere, noch aus welchem Jahrhundert sie stammt. Und besonders schwer — ja ich wage zu behaupten unmöglich — ist dies für den Sprachgelehrten allein zu entscheiden, wo es sich um die nordischen Runeninschriften aus der Periode handelt, welche die Archäologen als die ältere Eisenzeit zu bezeichnen pflegen. Wir nehmen an, daß sich bestimmen läßt, aus welchen Jahrhunderten die verschiedenen Inschriften aus dem jüngeren Eisenalter herrühren, und daß sich auch aus sprachlichen Gründen nachweisen läßt, daß sie jünger sind als die Inschriften aus der älteren Eisenzeit. Da wir aber über den Standpunkt der nordischen Sprachen um die Zeit vor dem Beginn des Eisenalters absolut nichts wissen, darf man auch nicht einmal muthmaßlich versuchen wollen, einzig und allein nach den Veränderungen der Sprachformen auszurechnen, um wie viel Jahrhunderte eine Inschrift aus dem älteren Eisenalter hinter einer solchen aus dem jüngeren Eisenalter zurück liegt.

Leichter ist das erstrebte Ziel auf archäologischem Wege zu erreichen, indem man mit Hülfe der Aufschlüsse, welche dem Alterthumsforscher heute zu Gebote stehen, das Alter der mit Runen bezeichneten Gegenstände zu bestimmen versucht.

Daß die Runologen bei der Beantwortung der vorliegenden Fragen sich auf die von den Alterthumsforschern
gewonnenen Resultate stützen müssen, ist von ihnen selbst
anerkannt."

Montelius gibt nun zunächst eine Übersicht der wichtigsten
Resultate, die sich gegenwärtig erzielen lassen, wo es sich
um die Zeitbestimmung desjenigen Theils des nordischen
Eisenalters handelt, welches dem ersten halben Jahrhundert
n. Chr. entspricht und geht dann zur Beantwortung der
Frage nach den nordischen Runeninschriften aus dieser
Zeit über. „Die wichtigsten der jetzt im Norden —
Schleswig einbegriffen — bekannten Runeninschriften aus
der genannten Zeit sind eingeritzt:

a) auf Steinen (Grabsteinen);

b) auf verschiedenen Gegenständen aus den großen
Moorfunden in Schleswig (Torsberg und Nydam)
und auf Fünen (Kragehul und Vimose);

c) auf dem einen der beiden Goldhörner von Gallehus
(Schleswig);

d) auf einigen Fibeln, von welchem eine bei Himlingöie auf Seeland, eine bei Ethelhem auf Gotland und eine bei Fonnås in Hedemarken (Norwegen) gefunden ist;

e) auf zahlreichen Goldbracteaten;

f) auf verschiedenen anderen Gegenständen, z. B. auf
einem goldenen Ringe von Strarup, Kirchspiel
Dalby in Schleswig, einem Röhrenknochen von
Lindholm in Schonen u. s. w.

Bei den unter f genannten Gegenständen brauchen
wir hier nicht länger zu verweilen, da sie für die uns
vorliegende Frage von verhältnismäßig geringer Bedeutung sind.

Dasselbe gilt von den meisten Runensteinen, weil sie

keine für eine bestimmte Periode charakteristischen Ornamente zeigen und weil man nicht weiß, daß irgend welche
Altsachen in so sicherem Zusammenhange mit ihnen gefunden sind, daß sie über das Alter der Steine Auskunft
geben könnten. Derartigen Aufschluß gewähren nur zwei
Runensteine aus dem älteren Eisenalter.

Der eine derselben steht bei Einang in Balders (Norwegen) auf einem Grabhügel: der einzige Runenstein, der
noch auf seinem Hügel steht. In diesem Hügel fand man
freilich keine Altsachen, die weitere Auskunft hätte geben
können, aber in drei daneben liegenden, also zu derselben Gräbergruppe gehörenden Hügel sind ein eisernes
Schwert mit römischem Fabrikstempel (RANVICI . . .),
mehrere Speerspitzen und Schildbuckel, eine Fibel und
andere Gegenstände gefunden, sämmtlich von Formen,
die uns aus dem Nydamer Moorfunde bekannt sind. Es
kann deshalb als unzweifelhaft gelten, daß der Runenstein von Einang ungefähr gleichalterig mit den in oben
genanntem Moor gefundenen Sachen ist, von welchen
etliche gleichfalls mit Runeninschriften versehen waren.
Und weiter unten werden wir sehen, daß der Nydamer
Moorfund ins 4. Jahrhundert gesetzt werden muß.

Der zweite Runenstein, dessen Alter sich auf archäologischem Wege bestimmen läßt, wurde bei Stenstad in
Thelemarken in einem Grabhügel gefunden, nebst einer
Bronzefibel, einem kleinen Schmuck von vergoldetem
Silber mit ähnlichem Spiralornament, einem kleinen hölzernen Eimer mit bronzenen Bändern und Henkel und
drei Thongefäßen. Die Fibel gehört, aus oben entwickelten Gründen, dem 5. Jahrhundert an, und aus
derselben Zeit stammen die übrigen aus demselben Hügel
gehobenen Gegenstände.

Man hat nun freilich, hinsichtlich der Massenfunde

51*

aus den vier genannten Mooren, angenommen, daß
sämmtliche zu Tage geförderten Gegenstände einst als
Dankopfer für die Götter nach einem gewonnenen Siege
dort gleichzeitig versenkt worden seien. Allein, wenngleich
es außer Frage steht, daß dies von der Mehrzahl zutrifft,
so ist doch die Möglichkeit nicht ausgeschlossen, daß einzelne
Objekte zu anderen Zeiten in das Moor hinein gerathen
konnten. Dies ist um so eher möglich, als die Gegen=
stände nicht alle genau an derselben Stelle lagen, und
die Moore einstmals Gewässer waren, die wahrscheinlich,
gleichviel ob schon vor der Versenkung der Weihegeschenke,
oder erst nach dem Akt, als heilige Stätten betrachtet
wurden. Die Namen Torsberg (Thorsbjerg) und Vimose
stützen in Betreff dieser beiden Fundorte obige Vermuthung.

Von diesen vier Moorfunden ist der von Torsberg
unbestritten der älteste. Die Mehrzahl der dort ausge=
hobenen Sachen gehört dem 3. Jahrhundert an, etliche
sind älter. Einige Fibeln sind vielleicht aus der Zeit
um 300, aber es wäre, wie oben gesagt, denkbar, daß
diese etwas später in das Moor hineingerathen sein
können.

Aus dem Torsberger Moor sind 37 römische Silber=
münzen ausgehoben, die jüngste derselben von Septimius
Severus. Die meisten sind stark verschlissen, einige sind
einem starken Feuer ausgesetzt gewesen, wodurch das Ge=
präge beschädigt worden; andere dahingegen sind sehr gut
konservirt.

Sonach sprechen auch die Münzen dafür, daß die
Mehrzahl der im Torsberger Moor versenkten Gegen=
stände dem 3. Jahrhundert angehören, und dies wird
außerdem noch durch die vielen anderen zu dem Funde
gehörenden römischen oder unter römischem Einfluß fabri=
cirten Sachen bestätigt.

Unter den aus diesem Moor gehobenen Gegenständen, die für die Zeitbestimmung in Betracht kommen, kann ich nur einen ähnlichen Goldring anführen. Die Enden bilden, wie bei dem Ringe von Vallöby noch wirkliche Köpfe mit deutlichen Augen, weshalb er als älter betrachtet werden muß als der von Varpelev, der in Begleitung einer um 280 n. Chr. geprägten römischen Münze gefunden ist.

Die mit Runeninschriften versehenen Gegenstände aus dem Torsberger Moor bestehen in einem Schildbuckel und dem Ortband einer Schwertscheide, beide von Bronze und beide von Formen, die nicht wohl jünger als aus dem 3. Jahrhundert sein können.

Ein Vergleich der Fundsachen aus dem Torsberger Moor mit denen von Vimose ergibt, daß letztere ungefähr gleichalterig, oder doch nur unbedeutend jünger als erstere sind. Die meisten Fibeln von Vimose stehen am nächsten. — Runeninschriften finden wir dort auf einer Bronzeschnalle, einem Schwertscheidenbeschlag von Bronze mit Silber- und Goldbelag, einem Beinkam und auf einem hölzernen Hobel.

Etwas jünger als die vorbenannten Funde ist der aus dem Moor Nydam. Die hier gefundenen römischen Münzen sind 34 Denare, von denen die jüngste von Macrinus um 217 n. Chr. geprägt ist. Die Mehrzahl der Münzen sind abgeschliffen, nur einige aus der Zeit der Antonine sind wohl erhalten.

In dem Moore Nydam sind keine Fibeln von den aus den Funden von Torsberg und Vimose bekannten Formen gefunden; sondern nur solche von jüngeren Typen, theils mit umgebogenem Fuß, theils mit gewöhnlicher langer Nadelscheide. Diese Fibeln gehören, wie wir oben gezeigt, dem 4. Jahrhundert an.

Auch die übrigen Fundsachen von Nydam erweisen sich durchschnittlich als jünger, als die von Torsberg. Dies gilt hauptsächlich von den Schwertern mit ihren Griffen und den Ortbändern der Scheiden. Ähnliche Dinge wie die Gegenstände von zierlicher römischer Arbeit oder die nach römischen Mustern angefertigten aus dem Torsberger Moor sind zu Nydam nicht gefunden (nur einige Schwertklingen mit römischen Fabrikstempeln). Rnnen sind auf mehreren Pfeilschäften bemerkt und offenbar als Eigenmarken zu betrachten.

Ungefähr gleichen Alters mit den Funden von Nydam, vielleicht etwas jünger, sind die aus dem Moor Kragehul, was unter anderem an der Form der Schwertgriffe ersichtlich. — Rnnen sind dort bemerkt auf einem Speerschaft (eine lange Inschrift) und auf einem leider zerbrochenen Messerheft, beide von Holz. Außerdem sind einige schon im vorigen Jahrhundert in demselben Moor gefundene, aber leider jetzt abhanden gekommene Geräthe von Holz und Horn mit Runeninschrift versehen gewesen.

Das bei Gallehus unweit Tondern (Schleswig) gefundene kostbare goldene Horn mit einer Runeninschrift an dem weiteren Ende existirt bekanntlich auch nicht mehr. Dasselbe wurde im Jahre 1734 ganz in der Nähe der Stelle gefunden, wo 1639 ein zweites ähnliches Horn gleichfalls von Gold und mit figürlichen Darstellungen bedeckt, doch ohne Runenschrift, gefunden war. Beide Hörner sind Anfangs dieses Jahrhunderts gestohlen und eingeschmolzen; ein großer unersetzlicher Verlust, der speciell im Hinblick auf die uns beschäftigende Frage umsomehr zu beklagen ist, als die Formen der Figuren und die Art und Weise der Darstellung das einzige Mittel geboten hätten das Alter dieser kostbaren Arbeiten zu bestimmen.

Wir sind jetzt allein auf die im 17. und 18. Jahrhundert angefertigten Abbildungen der Hörner angewiesen, doch haben diese weder Beweiskraft, noch können sie uns alle die Aufklärungen geben, welche die Originale uns gewährt haben würden. Soviel läßt sich jedoch aus den Zeichnungen und Beschreibungen ersehen, daß die Figuren theils für sich gegossen oder getrieben und auf die Hörner aufgenietet, theils eingravirt oder mit Stempel eingeschlagen gewesen sind. Insofern man jetzt zu urtheilen vermag, zeigen diese Figuren, sowohl im Stil der Zeichnung als der technischen Ausführung, eine so große Ähnlichkeit mit demjenigen, welche einige Fundstücke aus dem Torsberger Moor schmücken, und desgleichen mit den oben beschriebenen silbernen Bechern von Vallöby und Himlingöie, daß — vom archäologischen Gesichtspunkt — kein Grund vorzuliegen scheint, die beiden goldenen Hörner einer nennenswerth späteren Zeit zuzusprechen. Ich bin deshalb der Ansicht, daß, so lange das unrichtige derselben nicht mit völliger Klarheit bewiesen wird, man die goldenen Hörner von Gallehus in die Zeit um 300, oder in die erste Hälfte des 4. Jahrhunderts setzen muß.

Die zahlreichen Goldbracteaten mit Runenschrift, — jedenfalls die Mehrzahl derselben — stammen, wie wir gesehen, aus dem 5. und aus der ersten Hälfte des 6. Jahrhunderts.

Der mir zu Gebote stehende knappe Raum hat mir nicht gestattet, alles das anzuführen, was über die chronologischen Verhältnisse im Norden während der ersten Hälfte des ersten Jahrtausends n. Chr. Licht zu breiten geeignet wäre. Ich habe deshalb die sichersten und die nach dieser Richtung lehrreichsten Funde und die am klarsten beweisenden typologischen Verhältnisse auszuwählen gesucht.

So viel dürfte übrigens durch obige Darstellungen

gewonnen sein, daß man leichter als zuvor die Stich-
haltigkeit der Gründe prüfen kann, auf die man sich von
archäologischer Seite bei der Zeitstellung der ältesten
nordischen Runeninschriften beruft.

Erweisen sich die Resultate, zu den wir in vorstehenden Blättern gekommen, als richtig, so gehören die mit
Runeninschrift versehenen

Fundsachen von Torsberg	}	in das 3. Jahrh. (oder spätestens
„ „ Vimose		in die Zeit um 300 n. Chr.)
„ „ Nydam	}	
„ „ Kragehul		in das 4. Jahrhundert
Das goldene Horn von Gallehus		(oder spätestens in die
Die Fibel von Himlingöie		Zeit um 400).
Der Stein von Einang		
Der Stein von Stenbal	}	in das 5. Jahrhundert
Die Fibel von Fonnås		(oder spätestens in die
Die Fibel von Ethelhem		Zeit um 500 n. Chr.).
Zahlreiche Goldbracteaten		

Es ist indessen zu bemerken, daß die Reihenfolge,
in welcher die verschiedenen, bestimmten Jahrhunderten
zugesprochenen Gegenstände hier aufgeführt sind, nicht
das Altersverhältnis derselben zu einander innerhalb des
Jahrhunderts angibt.

Die ältesten gegenwärtig bekannten Runeninschriften
im Norden gehören sonach dem 3. Jahrhundert n. Chr.
an, aber da sie derzeit schon auf solchen Dingen, wie
Waffen, Werkzeuge u. s. w. vorkommen, können wir mit
Fug und Recht annehmen, daß der Gebrauch der Runen
wenigstens um einige Menschenalter früher hier eingeführt worden ist."

Studien über die römischen Militärstraßen
und Handelswege in der Schweiz und in Süd-
westdeutschland hat J. Naeher veröffentlicht[1]) Er

---

[1]) 2. Aufl. Straßburg 1888.

kommt hauptſächlich zu folgenden Reſultaten: „Unter die von den Römern zu Kriegszwecken angelegten Heerſtraßen ſind nur die in den beiden Itinerarien beglaubigten zu rechnen. Die anderen Wegeverbindungen oder die ſoge= nannten Handelswege beſtanden meiſt ſchon in der vor= römiſchen Zeit, waren von den Galliern und Kelten be= reits benützt und wurden ſodann von den Römern über= nommen und theilweiſe in einen beſſeren Zuſtand ge= bracht. . . . . In der germaniſchen Zeit eigneten ſich im Allgemeinen die römiſchen Heerſtraßen nicht mehr zur Vermittelung des Verkehres . . . Die Handelswege er= hielten ſich mehr; ſie wurden in der germaniſchen Zeit verbeſſert und verbreitet und die neuen Anſiedlungen durch neue Wegeanlagen verbunden. So entſtand in der germaniſchen Zeit ein durchaus neues und ausgebreitetes Wegnetz.“ . . . „Bei gewiſſen Bodenverhältniſſen kann ohne beſondere Arbeit eine Straße ſchon nach 200 jähriger Verödung ſchon ſo verödet und übergraſt ſein, daß man in die Verſuchung geräth, ſie auf römiſchen Urſprung zurück= zuführen. In ſolchen Fällen darf man ſich nicht von Vorur= theilen leiten laſſen. Man muß hier mit dem Germanen= ſtab ſtatt mit dem Römerſtab ſondiren, dann wird man das Richtige treffen.“ „Man war bisher in Süddeutſch= land viel zu ſehr geneigt, alle Baureſte, die man ſich nicht erklären konnte, auf römiſchen Urſprung zurückzu= führen: als ob es ein größeres Verdienſt wäre, ein römiſches Bauweſen entdeckt zu haben, als ein auf die mittelalter= liche Zeit zurückgehendes.“

Über die Handelsbeziehungen der norddeut= ſchen Küſtenſtriche in grauer Vorzeit, gibt, wie Virchow auf der 17. Verſammlung der Anthropologen ausführte, das ſagenumwobene Vineta, Aufſchluß. „Urſprünglich Jumneta lautend, wurde es in einem Codex in Vineta verſchrieben;

Jumneta ist eine verlängerte Form von Julin, entprechend
dem heutigen Wollin. Jumneta war noch im 13. Jahrhundert die größte Handelsstadt des Nordens, ungefähr
dem heutigen Hamburg entsprechend. Selbst „Graeci",
d. h. Leute des schwarzen Meeres kamen nach Aussage
des Chronisten dorthin und begegneten Leuten des Nordens
(Schweden). Der Verkehr Vinetas mit Schweden wurde
vor einigen Jahren durch Aufgrabungen der alten Stadt
in der „schwarzen Erde" auf der Insel Björkoe in Mälar-
see bestätigt. Für den weiten Verkehr der alten Handelsstadt nach Osten hat der in der Nähe von Wollin liegende
Hügel, welcher Silberberg genannt ist, einen Beweis geliefert. Allerdings fanden sich keine Münzen von Konstantinopel, aber Münzen, die aus noch viel östlicher
gelegenen Gegenden stammen, sogen. arabische oder kufische
Münzen von Ländern jenseits des kaspischen Meeres, aus
dem alten Turkestan. Dafür, daß diese Handelsbeziehungen einer soweit hinter uns liegenden Zeit tief nach
Asien hineinreichten, spricht das Vorkommen einer Kauri-
muschel in einem Rügenwalder Funde. Aufgabe späterer
Forschung wird es sein, diesen Handelsstraßen nachzu-
gehen, auf denen auch die Civilisation nach Norden drang,
um hier selbständig weiter entwickelt zu werden."

Alphabetisches Inhaltsverzeichnis.

Anilinkamphorat.
Anilinsalze.
Ansiedelungen, vorgeschichtl., an der Oder.
Anstrich für Häuser.
Anthrachinon.
Anthranol.
Antifebrin.
Antimon.
Antimonverbindungen.
Antipyrin.
Antithermium. 651.
Anthropophagie.
Apfelsinenwein.
Arabinose.
Arbutin.
Archäologie der Naturvölker.

Arginin.
Arsen.
Arsenigsäureanhybrid.
Arsenwasserstoffgas.
Asiminin. 702.
Asparaginsäure.
Astronomie.
Atmosphäre, periodische Schwankungen ders. zwischen beiden Halbkugeln der Erde.
Atmosphärische Elektricität.
Atomgewichtsbestimmung aus der spec. Wärme.
Ausdehnung und Zusammendrückbarkeit des Wassers.
Ausscheidung von Luft oder Gasen in frierenden Flüssigkeiten.
Azolitmin.

Barium.
Bariummanganat.
Basen der Chinolin- u. Pyridinreihe. — im Blute.
— im Paraffinöle.
Bataten.
Baumwollenfarbstoffe.
Benzidinfarbstoffe.
Beryll.
Beryllium.

Besiedelung des Alpengebietes zw. Inn u. Lech u. des Innthales in vorgeschichtlicher Zeit.
Bestattungsweise in der Niederlausitz, vorgeschichtl.
Betelöl. 680.
Bewegungen im Innern einer Flüssigkeit.
Bewölkung, durchschnittliche Vertheilung ders. auf der Erdoberfläche.
Beziehungen, früheste, zwischen Mittel- und Südeuropa.
Bienenwachs.
Biere.
Bildungswärme organ. Körper. 580.
Bleichmittel für Holz.
Bleikammerproceß.
Bleisaccharat.
Blitzschläge in Deutschland, Statistik ders. — Zunahme ders. und die Ursache dieser wachsenden Häufigkeit.

Blut. — Basen in dems.

Bogenlicht, elektrisches.
Bor.
Bordeauxroth.
Borneol.
Borsäure.
Branntwein der Marokkaner.

Brom.
Brombampf.
Bromjodoform.
Bromsilber.
Bronzefunde von Goluzzo und Limone bei Livorno.
Brucin.
Buchenholztheerkreosot.
Butenyltrikarbonsäure.
Butter.
Butterfarben.
Butterverfälschung.

leiten.   — Wirkung deßf.
im Wismuth.
Maleïnsäure.
Mallotoxin.
Mandelsäure.
Mangan.
Manganselenite.
Mangantetroxyd.
Margarin.
Mars.   — Veränderungen
auf dems.
Mechanik, allgemeine.
Melitriose.
Mellinit.
Menschenknochen aus der Grotte
in Spy.
Menthol.
Messing.
Metallabscheidung, elektrolyt.,
an der freien Oberfläche einer
Salzlösung.
Metalle.   — edle.   —
nach persischen Quellen.
— neue.
Metallisirung von organ. Sub-
stanzen.
Metalloide.
Metallspitzen, Erwärmen ders.
beim Ausfließen von Elektri-
cität.
Meteoreisen von Mazapil, Za-
catecas.
Meteorite, gasförm. Bestand-
theile einiger.
Meteorologie.
Meteorströme, hauptsächlichste.

Meth.
Methan.
Methangährung der Essigsäure.

Methylen.
Methylenblau.
Mikroorganismen des Mundes
und der Fäcalstoffe, Wirkung
ders. auf einige Nahrungs-
mittel.
Milch.
Milchsäure.

Milchuntersuchungen.
Milchwein.
Milchzucker.
Militärstraßen, römische.
Mineral, neues.
Minerale, Schmelzbarkeit ders.

Mineralöl.
Mineralwasser, freies Jod in
einem solchen.
Molukulargewichte des Phosphors, Antimons, Arsens.

Molekularvolum, Einfluß der
doppelten u. ringförm. Bindung auf dasf.
Monatmittel, jährl. Gang ders.
von Central- u. Süd-Europa.

Monobromäthylbenzoylecgonin

Monobromresorcin.
Monochlorsalicylsäuren.
Monotelephon.
Mollin.
Morphin.
Mucin.
Muscheln, marine.

Nachwirkung, Zusammenhang
zw. elastischer u. thermischer.

Naphtalin.
Naphtolkarbonsäuren.
Naringin.
Natrium.   — unterchlorig-
saures.
Natriumbikarbonat.

Naturvölker, Archäologie ders.

Nebel, einige, bei denen Ver-
änderlichkeit der Eigenbewe-
gung vermuthet wird.
— großer, um η Argûs.
Nebelflecke.
Neosot.
Nickel.
Niederschläge.   — jährl.